ENZYMOLOGIE

EINE DARSTELLUNG FÜR CHEMIKER BIOLOGEN UND MEDIZINER

VON

OTTO HOFFMANN-OSTENHOF

DR. PHIL. PRIVATDOZENT AM I. CHEMISCHEN LABORATORIUM
DER UNIVERSITÄT WIEN

MIT 44 TEXTABBILDUNGEN

WIEN
SPRINGER-VERLAG
1954

ISBN-13:978-3-7091-7834-8 e-ISBN-13:978-3-7091-7833-1
DOI: 10.1007/ 978-3-7091-7833-1

Softcover reprint of the hardcover 1st edition 1954

Vorwort

Die Enzymologie befindet sich schon seit einigen Jahrzehnten in einer stürmischen Entwicklung; die Anzahl der enzymologischen Experimentalarbeiten steigt von Jahr zu Jahr an. Aber auch ihre Bedeutung für die verschiedensten Wissenszweige nimmt ständig zu; es ist heute fast unmöglich, bestimmte medizinische oder biologische Teilgebiete ohne die Kenntnis mindestens ihrer Grundlagen zu verstehen.

Gerade dieser raschen Entwicklung dürfte die verhältnismäßig geringe Zahl der Darstellungen des Gesamtgebietes der Enzymologie zuzuschreiben sein. So existieren zur Zeit in deutscher Sprache nur zwei kurz gehaltene Einführungen in die Lehre von den Enzymen; dagegen gibt es seit langem keine eingehendere Darstellung. Vor einigen Jahren vor die Aufgabe gestellt, eine ausführlichere Vorlesung über Enzyme für Chemiestudierende der höheren Semester an der Wiener Universität zu halten, konnte ich die Hörer für ihr Selbststudium nur auf das in vielen Belangen ausgezeichnete Lehrbuch von SUMNER und SOMERS verweisen. Da aber dieses Buch offensichtlich vor allem den Bedürfnissen des angelsächsischen Lesers angepaßt ist, erschien eine eigene Darstellung nicht überflüssig.

Das vorliegende Werk ist im wesentlichen eine erweiterte Ausarbeitung dieser bereits mehrmals gehaltenen zweisemestrigen Vorlesung über Enzymologie für vorgeschrittene Hörer der Chemie. Die Ergänzungen betreffen vor allem die Literatur-angaben sowie solche Teile, welche das Buch für Biologen und Mediziner wertvoller machen sollen. Die gewählte Darstellung setzt eine gewisse Vorbildung voraus, dürfte aber dem im Titel des Buches genannten Leserkreis ohne weiteres verständlich sein. Dem Studenten der Chemie sollte dieses nach Abschluß des organischen Praktikums und dem Medizin-studenten nach der Vorlesung über physiologische Chemie bzw. nach Durcharbeiten eines Lehrbuchs über diesen Gegenstand nützlich werden können.

Die Einteilung des Buches entspricht dem üblichen Schema; die ersten 18 Kapitel beschäftigen sich mit der allgemeinen Enzymologie; es folgt dann die Besprechung der einzelnen Enzyme unter besonderer Betonung der Vielfalt enzymkatalysierter Vorgänge und zum Abschluß eine kurze Darstellung des Zusammenwirkens der Enzyme im Intermediärstoffwechsel. In allen Teilen des Buches wird versucht, die biologische Bedeutung der berichteten Tatsachen herauszuarbeiten. Bei der speziellen Behandlung der Enzyme wird auch oft auf eine etwaige technische Verwendung Bezug genommen; eine vollständige Besprechung der Enzym-technologie lag aber nicht in der Absicht des Autors. Die Methodik wird insoweit behandelt, daß der Leser eine Vorstellung darüber erhält, wie die berichteten Ergebnisse erarbeitet wurden.

Bei der Abfassung wurde mir bewußt, in welchem Maße die traditionelle, bisher allgemein geübte Systematik und Nomenklatur der Enzyme durch historische Gesichtspunkte beeinflußt ist und deshalb der Konsequenz und Zweckmäßigkeit entbehrt. Aus diesem Grund unternahm ich den Versuch, eine rationellere Systematik und Nomenklatur auszuarbeiten und habe vor kurzem entsprechende Vorschläge in der Fachliteratur veröffentlicht. Wenn auch dieser Nomenklatur-vorschlag keine vollkommene und endgültige Lösung des Problems darstellen kann, weil das schon allein wegen der überaus raschen Entwicklung des Gebietes gar nicht möglich ist, glaube ich doch, daß er gegenüber der bisher geübten völlig unsystematischen Namensgebung genügend große Vorteile aufweist, um ihn in dieser Darstellung zu verwenden. Damit aber der Leser die volle Möglichkeit rascher Orientierung in der gesamten übrigen Literatur erhält, wird den von mir geprägten neuen Enzymbenennungen stets der traditionelle Name in Klammer und Kursivschrift beigefügt. Bei dieser Gelegenheit möchte ich alle Fachkollegen ersuchen, die hier vorgeschlagene Nomenklatur zu prüfen und eventuell zu übernehmen; es dürfte wohl allgemeine Lehrerfahrung sein, wie sehr eine konsequente und deskriptive Terminologie den Studenten das Eindringen in ein Gebiet erleichtert. Schon aus diesem pädagogischen Grunde halte ich eine rationellere Nomenklatur, welche nach Möglichkeit sowohl die Wirkungs-spezifität als auch die Substrat-spezifität bezeichnet, für eine Notwendigkeit, der man früher oder später wird Rechnung tragen müssen. Auch die Bemerkung eines verdienten und geachteten Kollegen, daß er die Mängel der von ihm selbst verwendeten Nomenklatur zwar durchaus anerkennt, aber doch als weniger störend empfindet als alle Versuche, zu einer rationelleren Bezeichnungsweise zu gelangen, kann mich von dieser Meinung nicht abbringen.

Als weitere Neuerung wurde in dieser Darstellung, ebenfalls zum ersten Male, konsequent der wohl unbestrittenen Tatsache Rechnung getragen, daß Enzyme gleicher Spezifität, die aus verschiedenen Organismen-arten stammen, bis zum ausdrücklichen Beweis des Gegenteils als chemisch voneinander verschiedene Stoffe anzusehen sind. Dieser Sachverhalt, der durch die Art-spezifität der Proteine bedingt ist, findet bisher im allgemeinen nur wenig Beachtung. Im Sinne unserer Darstellung soll man also nicht sagen, ein bestimmtes Enzym komme in verschiedenen Arten vor, sondern man soll von einem Enzymtypus sprechen, dessen einzelne Vertreter in verschiedenen Organismen nachweisbar sind.

Bei der Darstellung der einzelnen Tatsachen habe ich mich stets bemüht, die Grenzen unseres derzeitigen Wissens aufzuzeigen. Deshalb wurden Befunde und Vorstellungen, welche nicht als genügend sichergestellt erschienen, als solche gekennzeichnet, gelegentlich auch zwei sich widersprechende Theorien nebeneinander referiert. Dieses Verfahren schien am besten geeignet, den Leser über den tatsächlichen Stand der Dinge zu informieren; es wurde in diesem Sinne nicht versucht, auf Kosten einer Kennzeichnung der Problematik vieler Fragen eine „Lehrmeinung" zu bringen. Der interessierte Leser soll in der Lage sein, die Grenzen unseres heutigen Wissens möglichst klar zu erkennen, besonders wenn er selbst daran arbeiten will, diese zu erweitern.

Aus diesen Gründen wurde auch die Original-literatur ausführlicher zitiert, als es sonst in Lehrbüchern üblich ist, und zwar etwa nach folgenden Prinzipien: Vor allem sollte der Leser die Möglichkeit erhalten, mühelos den Weg zur Originalliteratur eines ihn interessierenden Teilgebietes zu finden. Deshalb sind fast alle wichtigeren Einzelbefunde durch Zitate belegt. Außerdem werden besonders Arbeiten angeführt, in denen wesentliche Beobachtungen, Gedanken oder Zusammenhänge das erstemal festgelegt sind; viele selbst relativ alte Publikationen dieser Art stellen oft heute noch eine interessante und anregende Lektüre dar. Weiters werden häufig Arbeiten aus neuester Zeit zitiert, die einen guten Überblick über die Gesamt-entwicklung eines Problems im Verlauf der letzten Jahre geben. Außerdem werden zu Beginn vieler einzelner Kapitel oder Abschnitte Monographien, Handbuchartikel und Übersichtsreferate genannt, die einen Bezug auf den Inhalt des betreffenden Kapitels bzw. Abschnittes haben.

Schließlich ein Wort zur Orthographie: Die vielleicht etwas ungewohnt anmutende Trennung längerer Wörter durch Bindestriche soll dem Leser, dessen Muttersprache nicht Deutsch ist, das Verständnis erleichtern.

Das Manuskript der vorliegenden Darstellung wurde im Mai 1953 abgeschlossen und in Druck gegeben. Während der Drucklegung wurden noch verschiedene Ergänzungen vorgenommen, die vor allem wesentliche Erkenntnisse aus dem Jahre 1953 betreffen, so daß die wichtigste Literatur bis weit in dieses Jahr hinein verarbeitet ist. Die Ergänzungen während des Druckes führen zwar zu gewissen Ungleichmäßigkeiten in der Literatur-berücksichtigung; dieser Nachteil dürfte aber dadurch, daß damit die Darstellung auf den letzten Stand gebracht wurde, weitgehend wettgemacht werden.

Es bleibt mir noch die angenehme Pflicht, all denen zu danken, welche an der Fertigstellung dieses Buches einen Anteil haben. Hier möchte ich vor allem meines früheren Lehrers, Herrn Prof. Dr. P. Karrer (Zürich), gedenken, der mich durch sein Beispiel gelehrt hat, ein größeres Fachgebiet umfassend zu bearbeiten. Mein Dank gilt weiter dem Vorstand des I. Chemischen Laboratoriums der Universität Wien, Herrn Prof. Dr. L. Ebert, welcher mir und meiner Arbeit stets die größte Förderung angedeihen ließ und mir bei der Gestaltung einiger Kapitel wertvolle Ratschläge gab. Weiters danke ich herzlich Herrn Dozenten Dr. med. E. Deutsch (Wien) und Herrn Dr. F. Kohler (Wien) für die Mitarbeit an einzelnen Kapiteln; Herrn Prof. Dr. Dr. K. Lang (Mainz) für die Überlassung noch ungedruckter für mich sehr wertvoller Manuskripte; verschiedenen Freunden, Mitarbeitern und Hörern meiner Vorlesungen, welche bei der Ausarbeitung des Manuskriptes, bei den Korrekturen oder bei der Herstellung der Register mitgeholfen haben; dem Springer-Verlag und der Manzschen Buchdruckerei in Wien, die gemeinschaftlich alles dazu getan haben, dieses Buch in einer ansprechenden Form herauszubringen; schließlich auch meiner Frau, die im Interesse des Buches lange Zeit auf die gemeinsame Freizeit verzichtete und selbst an dessen sprachlicher Ausfeilung Anteil hat.

Wien, im März 1954.

O. Hoffmann-Ostenhof

Inhaltsverzeichnis

1. Einleitung

> Die unermeßliche Zahl chemischer Reaktionen in den lebenden Zellen wird durch die organischen Katalysatoren nach Richtung und Geschwindigkeit gelenkt. Leben ist das geregelte Zusammenwirken enzymatischer Vorgänge.
>
> (R. WILLSTÄTTER, 1929)

Eine der eindrucksvollsten Eigenschaften der lebenden Materie ist ihre Fähigkeit, die verschiedensten chemischen Umsetzungen mit größter Geschwindigkeit und Exaktheit zu vollbringen. Viele Reaktionen, deren Durchführung im chemischen Laboratorium mit den heute vorhandenen Mitteln sehr schwierig oder gar unmöglich ist, werden von der lebenden Zelle mit Leichtigkeit vollbracht. Es sei hier z. B. an die Umwandlung von Brenztraubensäure in Fumarsäure erinnert, eine Reaktion, deren Verwirklichung mit den Methoden der präparativen organischen Chemie nicht bewerkstelligt werden kann, zu der aber, wie wir heute wissen, praktisch jede lebende Zelle imstande ist. Ebenso bewundernswert ist auch die Zweckmäßigkeit von Prozessen und Prozeßfolgen, die von der lebenden Materie vollbracht werden; unter physiologischen Bedingungen finden immer gerade jene Umsetzungen statt, deren Endprodukte entweder vom Organismus benötigt oder als unschädliche Abfallprodukte ausgeschieden werden. Nebenreaktionen, die im chemischen Laboratorium eine oft große Rolle spielen, werden bei biologischen Vorgängen fast niemals beobachtet.

Ursprünglich wurden diese Fähigkeiten als inhärente Eigenschaften der Lebensvorgänge aufgefaßt, die mit diesen untrennbar verbunden sind; erst spät konnte gezeigt werden, daß viele derartige Prozesse auch außerhalb der lebenden Zelle reproduzierbar sind. Die Faktoren, welche in kleinster Menge und ohne dabei verändert zu werden, die Umsetzungen bewirken, wurden Fermente oder Enzyme genannt. Etwa gleichzeitig mit der Entdeckung der ersten Enzyme beobachteten verschiedene Forscher, daß manche chemische Reaktionen durch kleine Mengen von zugesetzten Substanzen beschleunigt werden, die selbst anscheinend nicht an den Reaktionen teilnehmen. Die Analogien zwischen dieser Art von Reaktions-beschleunigung und der Wirkung der Enzyme veranlaßte BERZELIUS, beide Erscheinungen unter dem Namen Katalyse zusammenzufassen; die Enzyme können demnach als eine Klasse der Katalysatoren aufgefaßt werden.

Die Lehre von den Enzymen und ihren Wirkungen wird Enzymologie genannt; sie bildet ein Teilgebiet der Biochemie, der Chemie der lebenden Materie. Sie leistet heute einen wesentlichen Beitrag zum Verständnis der Lebensvorgänge; die Bedeutung enzymatisch verursachter Vorgänge in der Biologie kann wohl kaum überschätzt werden, denn es steht mit Sicherheit fest, daß die meisten chemischen Prozesse in den Organismen durch Enzyme katalysiert werden.

Die vorliegende Darstellung wird in ihrem ersten Teil die allgemeinen Eigenschaften der Enzyme und der durch sie verursachten Vorgänge beschreiben. Im zweiten, speziellen Teil folgt eine systematische Beschreibung der wichtigsten heute bekannten Enzyme unter Berücksichtigung ihres Zusammenwirkens in wesentlichen Stoffwechsel-prozessen der Organismen sowie ihrer Bedeutung für die medizinische Forschung und auch für die biochemische Technologie.

Zunächst sollen einige Begriffs-definitionen vorausgeschickt werden, welche zum Verständnis der grundlegenden Tatsachen erforderlich sind.

Unter Enzymen oder Fermenten verstehen wir hoch-molekulare Substanzen, die von lebenden Zellen produziert werden, innerhalb oder außerhalb der Zellen vorkommen und als spezifische Katalysatoren chemischer Vorgänge in allen lebenden Organismen fungieren. Es mag hier noch erwähnt werden, daß in der vorliegenden Darstellung unter Enzym (oder Ferment) immer nur ein Einzelferment, ein Enzym-individuum, verstanden wird, während aus mehreren Enzymindividuen bestehende Enzymsysteme, deren Bestandteile gleichzeitig oder nacheinander ihre Wirkung entfalten, als solche durch die Bezeichnung *System* gekennzeichnet werden (z. B. Zymase-system).

Während man in früheren Zeiten, als man über die chemische Natur der Enzyme noch weniger unterrichtet war als heute, annehmen konnte, daß Enzyme aus verschiedenen Organismen, deren Wirkungsweise die gleiche war, auch chemisch identisch sind, spricht das jetzt vorliegende Material eindeutig dafür, daß Enzyme gleicher Spezifität aus verschiedenen Arten auch eine verschiedene chemische Zusammensetzung aufweisen. Die Feststellung, daß ein bestimmtes Enzym in verschiedenen Arten vorkommt, ist deshalb als unkorrekt abzulehnen; richtig ist vielmehr, in solchen Fällen von Enzymen des gleichen Typus zu sprechen.

Jede Substanz, welche durch die Wirkung eines Enzyms chemisch verändert wird, ist als *Substrat* zu bezeichnen; wir sprechen also von den spezifischen Substraten eines Enzyms.

Unter einem *Coenzym* wird eine niedermolekulare organische Substanz verstanden, deren Anwesenheit für die Wirksamkeit eines Einzelfermentes notwendig ist; abweichend von vielen anderen Bearbeitern des Gebietes wird in der vorliegenden Darstellung der Coenzym-begriff durch die Forderung eingeschränkt, daß ein Coenzym insoweit die Definition eines Katalysators erfüllen muß, als es nicht in die Bruttogleichung der durch das Einzelferment katalysierten Reaktion eingehen darf, also nicht gleichzeitig eine Substrat-funktion erfüllt. Anorganische Substanzen, Ionen und Salze, deren Anwesenheit für das Zustandekommen einer enzymatischen Reaktion erforderlich ist, werden als *anorganische Komplemente* bezeichnet.

Substanzen, deren Anwesenheit für das Zustandekommen einer Enzymreaktion zwar nicht erforderlich ist, die aber den Verlauf dieser Reaktion beeinflussen, also entweder beschleunigen oder hemmen, fallen unter den Gesamtbegriff *Effektoren.* Stoffe mit reaktions-beschleunigender Wirkung werden als *Aktivatoren* bezeichnet, solche mit hemmendem Einfluß als *Inhibitoren* oder Hemmstoffe.

Nieder-molekulare organische Substanzen, die zwar die Bedingungen der oben gegebenen Coenzym-definition nicht erfüllen, da sie in einer von einem Einzelferment bewirkten Reaktion als Substrate fungieren, anderseits aber in einer von einem Enzymsystem katalysierten Reaktionsfolge als Katalysatoren fungieren, wie z. B. die Pyridinnucleotide, sollen nach MICHAELIS als *enzymatische Komplemente* bezeichnet werden. Ein enzymatisches Komplement ist somit ein Teilkatalysator einer von einem multiplen System von Fermenten bewirkten Folge von Vorgängen, während ein Coenzym einen Teilkatalysator einer von einem Einzelenzym katalysierten Einzelreaktion darstellt.

Eine nieder-molekulare organische Gruppe in einem Enzym, welche mit Hilfe chemischer Mittel vom Gesamt-molekül des Enzyms abtrennbar ist, wird als *prosthetische Gruppe* bezeichnet; ein chemisch nicht abtrennbares aktives Zentrum eines Enzym-moleküls nennen wir *Wirkgruppe des Enzyms.*

Es muß betont werden, daß einige der hier gebrachten Begriffs-definitionen, so insbesondere diejenigen für das Coenzym und den Effektor, nicht unerheblich von den in anderen Darstellungen gebräuchlichen Definitionen abweichen; eine ausführliche Besprechung und Begründung dieser Abweichungen wird in späteren Kapiteln gegeben werden.

Quellenwerke; die enzymologische Literatur

Für den Leser, der sich auf irgend einem Teilgebiet näher unterrichten möchte, soll an dieser Stelle eine kurze Aufzählung der wichtigsten Werke der enzymologischen Fachliteratur gebracht werden. An Lehrbüchern neueren Datums sind zu nennen: J. B. SUMNER und G. F. SOMERS, *Chemistry and Methods of Enzymes,* 3. Aufl. New York: Academic Press. 1953; T. BERSIN, *Kurzes Lehrbuch der Enzymologie,* 3. Aufl. Leipzig: Akad. Verlagsges. Geest & Portig. 1951; H. TAUBER: *Chemistry and Technology of Enzymes.* New York: Wiley. 1949.

Das modernste Handbuch ist: *The Enzymes,* herausgegeben von J. B. SUMNER und K. MYRBÄCK, 2 Bände in 4 Teilen. New York: Academic Press. 1950—1952. Ältere Handbuchwerke, aus denen der Leser aber unter Umständen ebenfalls sehr wertvolles Material entnehmen kann, sind: *Handbuch der Enzymologie,* herausgegeben von F. F. NORD und R. WEIDENHAGEN, 2 Bände. Leipzig: Akad. Verlagsges. Becker & Erler. 1940; und C. OPPENHEIMER: *Die Fermente und ihre Wirkungen,* 4 Bände. Leipzig: Thieme. 1925—1929; dazu Supplement, 3 Bände, den Haag: Dr. Junk. 1936—1939. Die methodischen Grundlagen der Enzymologie werden ausführlich behandelt in: *Die Methoden der Fermentforschung,* herausgegeben von E. BAMANN und K. MYRBÄCK, 4 Bände. Leipzig: Thieme. 1941. Eine wertvolle Ergänzung zu diesem Werk ist: *Manometric Techniques and Tissue Metabolism,* herausgegeben von W. W. UMBREIT, R. H. BURRIS und J. F. STAUFFER, 2. Aufl. Minneapolis: Burgess Publishing Co. 1949.

Monographien über einzelne Spezialgebiete werden in dieser Darstellung bei der Besprechung der Gebiete erwähnt. An dieser Stelle sollen nur einige wichtige derartige Werke aufgezählt werden: J. H. NORTHROP, M. KUNITZ und R. M. HERRIOTT: *Crystalline Enzymes,* 2. Aufl. New York: Columbia University Press. 1948; M. DIXON: *Multi-enzyme Systems.* Cambridge: Cambridge University Press. 1949; *Enzymes and Enzyme Systems,* herausgegeben von J. T. EDSALL. Cambridge, Mass.: Harvard University Press. 1951; K. LINDERSTRØM-LANG: *Proteins and Enzymes.* Stanford: Stanford University Press. 1952; O. WARBURG: *Schwermetalle als Wirkungsgruppen von Fermenten.* Berlin: Verlag Dr. W. Saenger. 1946; O. WARBURG: *Wasserstoffübertragende Fermente.* Freiburg i. Br.: Editio Cantor. 1949; *Enzymes and Their Role in Wheat Technology,* herausgegeben von J. A. ANDERSON. New York: Interscience Publ. 1946. Eine speziellere Darstellung der Fermente der Oxydation und Reduktion (Oxydoreductasen) findet sich in: *Respiratory Enzymes,* herausgegeben von H. A. LARDY, 2. Aufl. Minneapolis: Burgess Publishing Co. 1949; eine ältere Zusammenstellung über dasselbe Gebiet ist: D. E. GREEN: *Mechanisms of Biological Oxidation.* Cambridge: Cambridge University Press. 1940.

Übersichtsreferate über enzymologische Einzelgebiete finden sich vor allem in *Advances in Enzymology* (seit 1941, bis 1953 14 Bände), herausgegeben von F. F. NORD. New York: Interscience Publ.; *Ergebnisse der Enzymforschung* (seit 1932, bis 1953 13 Bände), herausgegeben Bd. I—VIII von F. F. NORD und R. WEIDENHAGEN, ab Band IX von R. WEIDENHAGEN allein. Leipzig: Akad. Verlagsges.; sowie in mehr referierender Form in *Annual Review of Biochemistry* (seit 1932, bis 1953 22 Bände und 2 Registerbände), herausgegeben von einem Kollegium. Stanford, Calif.: Annual Review Inc.

Gute moderne Darstellungen über die Rolle der Enzyme im Stoffwechsel sind: E. BALDWIN: *Dynamic Aspects of Biochemistry*, 2. Aufl. Cambridge: Cambridge University Press. 1952; K. LANG: *Der intermediäre Stoffwechsel*. Berlin: Springer-Verlag. 1952; für den pflanzlichen Intermediärstoffwechsel: J. BONNER: *Plant Biochemistry*. New York: Academic Press. 1950; für den mikrobiellen Stoffwechsel: M. STEPHENSON: *Bacterial Metabolism*, 3. Aufl. London: Longmans. 1949; und *Bacterial Physiology*, herausgegeben von C. H. WERKMAN und P. W. WILSON. New York: Academic Press. 1951.

In der vorliegenden Darstellung werden zu Beginn der Kapitel oder auch bei manchen Abschnitten Handbuchartikel und Übersichtsreferate angeführt, die eine ausführlichere Darstellung des betreffenden Gebietes enthalten. Bei Rückverweisung auf diese zu Anfang des Kapitels oder des Abschnitts zitierten Arbeiten in der weiteren Darstellung — und nur in diesem Falle — werden die Autorennamen mit der Abkürzung *l. c. (loco citato)* angeführt.

2. Historischer Überblick über die Entwicklung der Enzymologie[1]

> Wir stehen alle auf den Schultern unserer Vorgänger; ist es da auffallend, daß wir eine weitere Aussicht haben als sie? (P. KEKULÉ, 1890)

I. Frühzeit

Der Mensch bediente sich schon in frühesten Zeiten enzymatischer Vorgänge. Der Genuß alkoholischer Getränke findet sich bei fast allen urtümlichen Kulturen; er wird z. B. auch in der Genesis erwähnt. Die Anwendung von Extrakten, welche Fermente enthalten, wie z. B. das Lab-ferment zur Käsebereitung, scheint schon in vorgeschichtlichen Zeiten bekannt gewesen zu sein; HOMER beschreibt das Gerinnen-lassen der Milch mit Hilfe von Feigensaft, einem Material, das eiweiß-spaltende Fermente enthält.

Andrerseits kann aber, wenn wir von einigen wenigen Beobachtungen (VAN HELMONT, SALA, GLAUBER, BOYLE und STAHL, vgl. hierzu WALDEN, *l. c.*) absehen, von einer Erforschung enzymatischer Vorgänge bis zum letzten Viertel des 18. Jahrhunderts kaum gesprochen werden. Der Begriff „*fermentatio*" läßt sich wohl weit zurückverfolgen; er umfaßte aber nicht nur Vorgänge, die wir heute als fermentativ bezeichnen können, sondern einen weit größeren Umkreis von Prozessen. Zeitweise wurde er sogar als Sammelbegriff für alle Vorgänge, die mit Gas-entwicklung vor sich gehen, verwendet, so daß z. B. auch die Kohlendioxydabspaltung aus Carbonaten als „*fermentatio*" bezeichnet wurde. FABRONI definiert im Jahre 1787 jede Zersetzung einer Substanz durch eine andere als Fermentation.

[1] Übersichtsreferate: P. WALDEN: Ergebn. Enzymforsch. **10**, 1 (1949); P. F. FLEURY und J. E. COURTOIS: Endeavour **9**, 146 (1950); vgl. auch die Monographien: F. LIEBEN: Geschichte der physiologischen Chemie. Leipzig und Wien: Deuticke. 1935; P. WALDEN: Geschichte der organischen Chemie seit 1880. Berlin: Springer. 1941.

Mit dem ausgehenden 18. Jahrhundert häufen sich die Beobachtungen enzymatischer Reaktionen, wobei allerdings die Gemeinsamkeiten dieser Erscheinungen noch keineswegs erkannt wurden. 1783 berichtete SPALLANZANI, daß Fleisch durch den Magen-saft von Falken verflüssigt wird. Zwei Jahre später beobachtete IRVINE die Verflüssigung der Stärke durch wäßrige Auszüge aus gekeimter Gerste. Eine quantitative Untersuchung der alkoholischen Gärung durch LAVOISIER (1785) zeigte, daß die Endprodukte dieses Vorgangs nur Alkohol und Kohlendioxyd sind; diese Arbeiten führten später (1810) zur Aufstellung der noch heute gültigen Gesamtgleichung der alkoholischen Gärung

$$\text{Glucose} \rightarrow 2\ \text{Äthylalkohol} + 2\ \text{Kohlendioxyd}$$

durch GAY-LUSSAC. Im gleichen Jahre (1810) beobachtete PLANCHE, daß Extrakte aus Pflanzenwurzeln eine thermolabile lösliche Substanz enthalten, welche Guaiactinktur blau färbt; er nannte dieses Agens „Cyanogen". 1814 konnte KIRCHHOFF zeigen, daß in Getreide-samen eine Substanz existiert, welche die Umwandlung von Stärke in Zucker verursacht, wobei nicht nur die im Getreidekorn vorhandene, sondern auch zugesetzte Stärke dieser Reaktion unterzogen werden kann. 1830 beobachteten fast gleichzeitig ROBIQUET und BOUTRON einerseits und CHALARD andrerseits die Hydrolyse des Glykosids Amygdalin durch einen Extrakt aus bitteren Mandeln; das für diesen Vorgang verantwortliche Prinzip wurde einige Jahre später von LIEBIG und WÖHLER (1837) „Emulsin" genannt. Die Verzuckerung der Stärke durch ein im Speichel vorhandenes Agens wurde 1831 von LEUCHS entdeckt.

Eine Arbeit, welche in vieler Hinsicht bereits mit späteren enzymologischen Studien zu vergleichen ist, war die von PAYEN und PERSOZ (1833) durchgeführte Abtrennung eines Stärke verflüssigenden Prinzips, also, wie wir heute sagen würden, einer Amylase, aus gekeimter Gerste. Bei ihrer sehr exakt durchgeführten Untersuchung beobachteten die Autoren bereits einige für Enzyme allgemein gültige Eigenschaften:

1. Die Tatsache, daß verhältnismäßig kleine Mengen ihres Präparats imstande sind, große Stärke-mengen zu verflüssigen;
2. die Thermolabilität des aktiven Prinzips; und
3. die Möglichkeit, die aktive Substanz aus einer wäßrigen Lösung mit Alkohol auszufällen und damit eine Reinigung und Konzentrierung zu erzielen.

PAYEN und PERSOZ nannten ihr Produkt nach dem griechischen Wort *διάστασις* (Trennung) Diastase, welche Bezeichnung noch heute im französischen Sprachgebrauch allgemein für Enzyme verwendet wird.

II. 1835 bis 1897. (Von der Aufstellung des Katalyse-begriffes durch BERZELIUS bis zum Nachweis der zellfreien Gärung durch BUCHNER)

Der erste theoretische Unterbau für die Lehre von den Fermenten war die Feststellung des großen schwedischen Chemikers BERZELIUS, daß es sich bei den enzymatischen Vorgängen um katalytische Prozesse handelt. Die von ihm verfaßten „Jahresberichte über die Fortschritte der physischen Wissenschaften für 1834" enthalten ein besonderes Kapitel: „Einige Ideen über eine bei der Bildung organischer Verbindungen wirksame, aber bisher nicht bemerkte Kraft". Hier vergleicht BERZELIUS die schon damals bekannten und insbesondere von MITSCHERLICH untersuchten chemischen Kontakt-reaktionen mit den enzymatischen Vorgängen der belebten Natur und führt beide Erscheinungen auf das Wirken einer besonderen Kraft zurück, die er katalytische Kraft nennt (von *κατά* = ab, hinab und *λύσις* = Lösung, also etwa Ablösung). Die Träger dieser Kraft, die

Katalysatoren, definiert BERZELIUS als *Körper, die durch ihre bloße Gegenwart chemische Tätigkeiten hervorrufen, die ohne sie nicht stattfinden*, und erkennt bereits die Bedeutung der Erscheinung für die Lebensvorgänge; er schreibt: „Wir bekommen begründeten Anlaß, zu vermuten, daß in den lebenden Pflanzen und Tieren Tausende von katalytischen Prozessen zwischen den Geweben und Flüssigkeiten vor sich gehen.“ Es zeugt von einem geradezu prophetischen Blick des schwedischen Forschers, daß er mit diesen Worten bereits die Bedeutung der Enzyme für alle Lebensprozesse und damit das gesamte Lehrgebäude der heutigen Enzymologie und des Intermediär-stoffwechsels vorausgesehen hat.

Die Anschauungen von BERZELIUS blieben allerdings nicht unwidersprochen. So war es insbesondere LIEBIG, der in einer Reihe von Veröffentlichungen gegen die Vorstellung einer „katalytischen Kraft“ Stellung nimmt. Er formuliert 1839 seine „mechanische Ferment-theorie“, nach welcher ein bereits in Zersetzung befindlicher Körper (ein Ferment) imstande sei, sein gestörtes Gleichgewicht auf andere metastabile Substanzen (die Substrate) zu übertragen. Die Vorgänge der Gärung und Fäulnis hätten ihren Ursprung in einer primären Einwirkung von Sauerstoff auf die organischen Substanzen, wobei der Sauerstoff nur die Aufgabe habe, die Reaktionen in Gang zu bringen, diese aber dann unter Luftabschluß ihren Fortgang nehmen könnten, bis die Zersetzung ihren Abschluß finde. Der große Unterschied gegenüber der Auffassung von BERZELIUS und auch gegenüber den heutigen Anschauungen liegt darin, daß LIEBIG für die Wirkung der Katalysatoren deren eigene Reaktions-betätigung verantwortlich macht. Andrerseits muten manche Vorstellungen LIEBIGS über die katalytischen Phänomene durchaus modern an; so nimmt er, dabei übrigens eine Idee des Schöpfers der Phlogistontheorie, G. E. STAHL (*Zymotechnia fundamentalis*, 1697), ausbauend, an, daß die Reaktions-bereitschaft von Ferment auf Substrat durch eine Art molekularer Stöße oder Molekül-schwingungen übertragen wird.

Obwohl wir heute klar erkennen, daß in dem Streit zwischen BERZELIUS und LIEBIG der schwedische Forscher den größeren Weitblick gezeigt hat, muß hier doch erwähnt werden, daß auch die Gedankengänge von LIEBIG — dem großen Ansehen dieses Forschers entsprechend — eine starke Nachwirkung hatten und auf die Entwicklung des Gebietes befruchtend einwirkten.

1836 gelang es SCHWANN, Pepsin, das eiweiß-spaltende Ferment des Magensaftes, gereinigt darzustellen und in seinen wichtigsten Eigenschaften zu charakterisieren. Bei Behandlung der Mucosa, der Drüsenhaut des Magens, mit verdünnter Salzsäure erhielt er ein aktives Verdauungs-gemisch, aus welchem das Ferment mit Sublimat gefällt werden konnte. Das auf diese Weise hergestellte Pepsin-präparat verdaute koaguliertes Hühner-eiweiß, Fibrin und Muskelgewebe.

SCHWANN war es auch, der ein Jahr später gleichzeitig mit dem von ihm unabhängig arbeitenden Franzosen CAGNIARD-LATOUR nachwies, daß die Hefe ein Mikroorganismus ist und daß die alkoholische Gärung als eine Folge der Lebensprozesse der Hefezelle aufzufassen sei. Die mikroskopischen Befunde von SCHWANN und CAGNIARD-LATOUR, welche 1839 von TURPIN bestätigt wurden, fanden bei sehr bedeutenden Chemikern dieser Zeit, wie bei BERZELIUS, LIEBIG und WÖHLER, einhellige Ablehnung. BERZELIUS sprach von einer Leichtfertigkeit in den Schlüssen, und das Urteil von LIEBIG war durchaus nicht milder. WÖHLER persiflierte sogar die neue Lehre in einer anonym in den „Annalen der Chemie“ erschienenen humoristischen Abhandlung, die noch heute eine vergnügliche Lektüre darstellt. Obwohl sich insbesondere HELMHOLTZ auf die Seite von SCHWANN und CAGNIARD-LATOUR stellte, konnte sich die Vorstellung, daß die alkoholische Gärung einen Lebensvorgang eines Mikroorganismus darstellt, in der wissenschaftlichen Welt erst durchsetzen, nachdem PASTEUR seine noch später zu besprechenden Arbeiten auf diesem Gebiet (1857) veröffentlicht hatte.

Im Jahre 1839 wurde ein Fermentgemisch aus Senf-samen isoliert, welches die hydrolytische Spaltung des Thioglykosids Sinigrin bewirkte. Auch diese Entdeckung wurde etwa zur gleichen Zeit unabhängig von zwei Seiten, von BUSSY sowie von BOUTRON und FRÈMY gemacht. Das wirksame Prinzip, von welchem wir heute wissen, daß es aus zwei Enzymen, einer Sulfatase und einer Thioglykosidase, besteht, wurde Myrosin genannt.

Die Fähigkeit des Pankreas-sekrets, Fette hydrolytisch zu spalten, wurde erstmalig von CLAUDE BERNARD 1846 beobachtet und somit kann dieser Forscher als der Entdecker der Pankreas-lipase angesprochen werden. Nachdem schon PURKINJE und PAPPENHEIM eine proteolytische Wirkung beobachtet hatten, vermutete auch BERNARD in diesem Sekret die Anwesenheit eines eiweiß-verdauenden Ferments. Es war aber erst CORVISART, der ab 1857 sehr eingehende Arbeiten über die proteolytische Wirkung des Saftes der Bauchspeicheldrüse verschiedener Tiere veröffentlichte und diese Annahme beweisen konnte, weshalb er als der Entdecker des Trypsins gilt. Seine Ergebnisse konnten von MEISSNER und KÜHNE bestätigt werden; dem letzteren verdanken wir auch den Namen des Enzyms (von *ϑρύπτω*, zerreiben, zermalmen).

Die ebenfalls ab 1857 erschienenen Arbeiten von PASTEUR über die alkoholische Gärung, welche an die Beobachtungen von SCHWANN und CAGNIARD-LATOUR in den Dreißigerjahren anschlossen, brachten völlig neue Gesichtspunkte zum Gärungsproblem und widersprachen in ihren Schlußfolgerungen sowohl den Vorstellungen von LIEBIG als auch denjenigen von BERZELIUS. Nach PASTEUR ist der Vorgang der alkoholischen Gärung an eine Lebenstätigkeit der Hefe gebunden und tritt niemals ohne gleichzeitige Bildung, Entwicklung oder Vermehrung auf. Die sehr gründliche Bearbeitung des Gesamtproblems der Gärungen durch den französischen Forscher muß auch heute noch als bewundernswert bezeichnet werden; er konnte so unter anderem als erster zeigen, daß bei der alkoholischen Gärung nicht nur Alkohol und Kohlendioxyd, sondern auch Nebenprodukte, wie Bernsteinsäure, Glycerin usw., entstehen; der Zucker wird teilweise auch in Polysaccharide und Fette umgewandelt; die Eiweiß-bildung der Hefe kann ihren Stickstoff-bedarf durch Ammoniak decken.

Indirekt ist PASTEUR auch der Entdecker der stereochemischen Spezifität der Fermente; er zeigte, daß der Schimmelpilz *Penicillium glaucum*, wenn ihm ein racemisches Gemisch von Weinsäure als Nährmedium vorgelegt wird, nur die rechtsdrehende Form für seinen Stoffwechsel verbraucht, während die linksdrehende Form der Weinsäure nicht angegriffen wird. Diese stereochemische Spezifität eines biologischen Vorgangs kann heute nur als entsprechende Spezifität eines Ferments gedeutet werden.

Auf Grund seiner Anschauungen über die Hefegärung unterschied PASTEUR zwischen den „organisierten Fermenten", welche für die eigentlichen Gärungen (*fermentations proprement dites*) verantwortlich seien, und den „nichtorganisierten" oder „löslichen Fermenten". Zu den letzteren zählte er alle bis dahin bekannten Verdauungs-enzyme, die Amylasen und die 1860 von BERTHELOT aus der Hefe isolierte Invertase (β-h-Fructosidase); die löslichen Fermente, welche sich von den organisierten Fermenten dadurch unterscheiden sollten, daß sie von den Lebensvorgängen abtrennbar seien, wurden später nach einem Vorschlag von KÜHNE (1867) Enzyme (von ἐν, in und ζύμη, Hefe) genannt.

Es ist verständlich, daß die Vorstellungen von PASTEUR, die weitgehend auf biologischen Grundlagen beruhen, von den formaler denkenden, chemisch orientierten Forschern wie LIEBIG abgelehnt wurden. LIEBIG ging sogar so weit, daß er an der Richtigkeit der von PASTEUR beschriebenen Versuchsergebnisse zweifelte. Wenn wir aber von derartigen Auswüchsen absehen, muß man einige von LIEBIG gebrachte Einwände als wohlbegründet anerkennen. PASTEUR hatte es abgelehnt, auf diejenigen Vorgänge, die zur Spaltung des Zuckers in Anwesenheit der Hefezelle führen, also auf die Intermediär-prozesse der alkoholischen Gärung, überhaupt einzugehen. Dies nahm LIEBIG zum Anlaß für den Vorwurf, daß PASTEUR versuche, die Vorstellung der Lebenskraft, der *vis vitalis*, zur Erklärung mehr oder minder einfacher chemischer Vorgänge zu benützen, anstatt, wie es doch möglich wäre, den Chemismus der Prozesse näher zu untersuchen. LIEBIG wies auch mit Recht auf die Gleichartigkeit der durch „organisierte" und der durch „lösliche" Fermente katalysierten Prozesse hin. Er stellte fest, daß alle diese Vorgänge durch leichtveränderliche, eiweiß-ähnliche Stoffe verursacht werden; die durch eine Substanz in der Hefe bewirkte Inversion des Rohrzuckers wie auch die Eiweiß-verdauung durch proteolytische Fermente gleichen in dieser Hinsicht völlig der alkoholischen Gärung. Ebenso richtig schrieb er das Entstehen der an der Gärung beteiligten Enzyme den Lebensvorgängen der Hefezelle zu: diese würden aber vollkommen gleichartig wirken wie die „löslichen Fermente". Die alkoholische Gärung ist somit für LIEBIG ebenso ein chemischer Vorgang wie die Hydrolyse des Amygdalins durch das Emulsin oder die Stärke-spaltung durch die Amylase des Speichels.

Es würde zu weit führen, an dieser Stelle den späteren Verlauf der Kontroverse zwischen PASTEUR und LIEBIG, an der auch andere bedeutende Forscher, wie MORITZ TRAUBE, BERTHELOT und NÄGELI teilnahmen, zu referieren. Die wesentlichsten Streitfragen wurden erst nach dem Tode beider Protagonisten durch die 1897 veröffentlichten Arbeiten von BUCHNER entschieden. Dieser Forscher bewies die Abtrennbarkeit der Gärungs-enzyme von der lebenden Hefezelle — eine Entdeckung, welche uns noch später beschäftigen wird — und löste so das Hauptproblem im Sinne von LIEBIG; die Unterscheidung zwischen organisierten Fermenten und löslichen Fermenten (Enzymen) verlor damit ihren Sinn. *Von diesem Zeitpunkt an werden die beiden Bezeichnungen Ferment und Enzym synonym gebraucht.*

Über die 1860 erfolgte Entdeckung des Rohrzucker invertierenden Ferments in der Hefe wurde schon kurz berichtet; BERTHELOT war damit der erste Bearbeiter dieses Enzyms, an dem später viele wesentliche Erkenntnisse über die Enzymwirkung gewonnen werden sollten. 1862 gelang DANILEWSKI erstmalig die Separation zweier Fermente; mit Hilfe eines Adsorptionsverfahrens, also einer in der Folge noch oft verwendeten Technik, trennte er die Amylase des Pankreassekrets vom Trypsin ab.

In den Siebzigerjahren des vorigen Jahrhunderts waren die Gemeinsamkeiten der enzymatisch katalysierten Vorgänge, zumindest soweit es die sog. löslichen Fermente betraf, genügend erkannt und in das Bewußtsein der führenden Forscher auf diesem Gebiet eingedrungen, daß eine zusammenfassende Arbeit über die damaligen Kenntnisse in dem von DECHAMBRE herausgegebenen *Dictionnaire encyclopédique des Sciences médicales* (1877) vorgesehen wurde. Der Verfasser dieses wenig mehr als zehn Seiten umfassenden Kapitels, welches den Titel „*Action des diastases ou ferments solubles*" trug, war DUCLAUX, ein Schüler von PASTEUR. Ein Vergleich des Umfanges dieser Abhandlung, die das damalige Wissen in adäquater Form wiedergibt, mit demjenigen unserer heutigen Handbücher zeigt eindrucksvoll die Entwicklung der Enzymologie in den letzten siebzig Jahren.

Auch der erste und leider bisher einzige allgemein durchgeführte Vorschlag zur Nomenklatur der Enzyme stammt von DUCLAUX, nämlich die Anregung, Enzyme durch Anhängung des Suffixes -ase an den Namen ihrer Substrate zu kennzeichnen.

Erst am Ende dieser Epoche brach sich die Erkenntnis Bahn, daß auch die mit der Atmung verknüpften Oxydations-prozesse durch Enzyme katalysiert werden. Wohl entwickelte SCHÖNBEIN schon in den Sechzigerjahren Vorstellungen, die eine Teilnahme von Fermenten an diesen Vorgängen als wahrscheinlich einschließen; ähnliche Gedanken äußerte auch HOPPE-SEYLER (1878), doch der

Verdienst der Entdeckung des ersten oxydierenden Ferments muß BOURQUELOT und BERTRAND zuerkannt werden. Die 1894 erfolgte Auffindung der sog. „Laccase" veranlaßte diese Forscher, die Existenz einer neuen Fermentgruppe, der Oxydasen, zu postulieren.

Im gleichen Jahre (1894) begann auch EMIL FISCHER seine Arbeiten über die Spezifität verschiedener Fermente, die Kohlehydrate und Eiweißstoffe hydrolysieren; diese Studien, welche jahrzehntelang fortgesetzt wurden, legten die Grundlagen zu unseren heutigen Vorstellungen über die Spezifitäts-verhältnisse bei den Enzymen.

III. 1897 bis 1926. (Von der Entdeckung der zellfreien Gärung durch BUCHNER bis zur ersten Darstellung eines kristallinen Fermentpräparats durch SUMNER)

Als es, wie schon kurz berichtet, BUCHNER 1897 gelang, durch Auspressen von vorher mit Kieselgur zerriebenen Hefezellen einen gärungsfähigen zellfreien Preßsaft zu erhalten, fiel die Unterscheidung zwischen organisierten und nichtorganisierten Fermenten und damit eine wesentliche Schranke für die Weiterentwicklung der enzymologischen Forschung. PASTEUR und seine Schule hatten wohl die Gärungs-vorgänge eingehend mikrobiologisch und chemisch auf ihre Ausgangs- und Endprodukte untersucht; sie begnügten sich aber mit der Feststellung, daß diese Prozesse als Lebensvorgänge der Zellen aufzufassen und von diesen nicht abzutrennen seien, ohne näher auf die verursachenden Faktoren einzugehen. Erst nach der Entdeckung der zellfreien Gärung, die nun als ein chemischer, enzymatisch katalysierter Prozeß aufgefaßt werden mußte, wurde eine Untersuchung der Zwischenvorgänge möglich. Langsam breitete sich die Erkenntnis aus, daß die Enzyme nicht nur einfache hydrolytische Reaktionen verursachen können, sondern daß die meisten chemischen Prozesse in den lebenden Organismen auf enzymatische Katalysen zurückgeführt werden müssen. Allerdings handelt es sich hier oftmals um sehr verwickelte Zusammenhänge; so dauerte es etwa vierzig Jahre, von der Entdeckung von BUCHNER an gerechnet, bis die wichtigsten Folgereaktionen im Verlauf der alkoholischen Gärung im wesentlichen aufgeklärt waren.

Die geschilderten Erwägungen gemeinsam mit den um diese Zeit bekanntgewordenen auf thermodynamischen Grundlagen aufgebauten Vorstellungen über die Katalyse von WILHELM OSTWALD veranlaßten schon um die Jahrhundertwende manche Forscher, Versuche über eine etwaige Beteiligung der damals bekannten Enzyme an der Synthese der wichtigsten Grundstoffe der Organismen anzustellen. Nach OSTWALD ist ein Katalysator, also auch ein Enzym, eine Substanz, welche die Geschwindigkeit einer Reaktion verändert, ohne selbst an ihr teilzunehmen und auch ohne das schließliche End-gleichgewicht zu verändern. Man konnte demnach annehmen, daß die Enzyme unter geeigneten Bedingungen imstande sein müßten, den der gewöhnlich beobachteten Spaltung entgegengesetzten Vorgang, also eine Synthese, zu katalysieren, da sie als Katalysatoren die Geschwindigkeiten der Reaktionen in beide Richtungen, sowohl in diejenige der Spaltung als auch in die der Synthese beschleunigen sollten. Wenngleich die damals bekannten Enzyme, wie wir heute wissen, kaum eine wesentliche Rolle bei dem Aufbau ihrer Substrate spielen dürften, wurden doch dieser Arbeitsrichtung beträchtliche Anfangserfolge zuteil; unter allerdings extremen Bedingungen konnten verschiedene hydrolysierende Fermente zur Synthese ihrer Substrate veranlaßt werden. So beschrieb CROFT-HILL 1898 die enzymatische Synthese von Isomaltose aus Glucose, und 1900 berichteten KASTLE und LOVENHART über die durch Pankreas-lipase katalysierte Bildung von Buttersäureäthylester aus Buttersäure und Äthanol. Ähnliche Befunde über die synthetisierende Wirkung anderer Hydrolasen folgten.

Schon 1897 konnte BERTRAND beobachten, daß Mangan-ionen die Wirkung der aus dem japanischen Lackbaum gewonnenen „Laccase" steigerten. Er bezeichnete die Mangan-ionen, welche er als integralen Bestandteil des Ferments auffaßte, als Coferment der Laccase. Obwohl der ursprüngliche Befund von BERTRAND über die Rolle der Mangan-ionen bei dem durch „Laccase" katalysierten Vorgang nicht voll bestätigt werden konnte, bildete er doch indirekt die Grundlage für die sog. Trägertheorie, eine Vorstellung, die in ihren Grundzügen auch heute noch von vielen Forschern anerkannt wird. Die Trägertheorie, welche von PERRIN, GLENN und MATHEWS sowie später insbesondere von WILLSTÄTTER und seiner Schule entwickelt wurde, sagt aus, daß die Enzyme allgemein aus einem kolloiden Träger und einer niedermolekularen aktiven Gruppe bestehen und daß das Zusammenwirken von Träger und aktiver Gruppe für die besonderen Eigenschaften des Enzyms (Wirkung, Spezifität usw.) notwendig ist.

Eine wesentliche Entdeckung im ersten Jahrzehnt unseres Jahrhunderts stellte der Nachweis eines wasserstoff-übertragenden Ferments in der Milch durch SCHARDINGER dar. Das Enzym reduziert Methylenblau, wenn Aldehyd anwesend ist; dieser wird zur Carbonsäure dehydriert. Die Erforschung der Dehydrogenasen wurde später insbesondere von BATELLI und STERN, THUNBERG, WIELAND und EULER fortgesetzt.

Eine andere wichtige Beobachtung wurde von HARDEN und YOUNG gemacht, welche zeigen konnten, daß bei der Vergärung von Glucose durch zellfreie Hefesäfte eine Anhäufung von Fructosediphosphat stattfindet. Dies war der erste Hinweis auf die überragende Rolle der Phosphorsäure-ester in biologischen Prozessen.

In den ersten Jahrzehnten des zwanzigsten Jahrhunderts wurde eine große Anzahl der heute bekannten Fermente entdeckt. Es seien hier nur die Arginin-amidinase (*Arginase*) (KOSSEL und DAKIN, 1904), die Phosphoesterasen (SUZUKI und Mitarbeiter, 1907), die Nucleasen (LEVENE, 1911) und die Pyruvat-decarboxylase (NEUBERG, 1911) erwähnt. Auch methodisch wurden in diesem Zeitraum große Fortschritte erzielt; die Isolierung von Enzym-präparaten aus Macerationssäften von Geweben und Mikroorganismen, und auch die Glycerinextraktion von Fermenten erwiesen sich als recht vielseitig verwendbar. Die Schule von WILLSTÄTTER arbeitete besonders erfolgreich mit der schon von DANILEWSKI zur Reinigung von Enzym-präparaten eingeführten Adsorptionstechnik. Einen besonderen Fortschritt auf dem Gebiet der quantitativen Bestimmung von Enzymwirkungen bedeutete die Einführung manometrischer Methoden durch WARBURG (1923).

Die große Bedeutung der Wasserstoffionen-konzentration für enzymatisch katalysierte Reaktionen wurde zuerst von SØRENSEN 1909 erkannt und besonders von MICHAELIS bearbeitet. Erst nach diesem Zeitpunkt gibt es gut reproduzierbare enzymologische Arbeiten; sämtliche Fermentreaktionen sind so stark von der Wasserstoffionen-konzentration abhängig, daß ohne Kontrolle des p_H die Versuchsergebnisse großen Schwankungen unterworfen sind. Die Bedeutung der Wasserstoffionen-konzentration für Enzymkatalysen wurde besonders von MICHAELIS theoretisch unterbaut.

1911 stellten MICHAELIS und MENTEN zur Erklärung der Kinetik der enzymatisch katalysierten Rohrzucker-inversion ein Reaktionsschema auf, das den ersten Versuch zur kinetischen Deutung einer Enzymreaktion darstellt und auch heute noch für viele Fälle volle Gültigkeit besitzt.

1914 wurde von ABDERHALDEN die erste, ausschließlich Enzymstudien gewidmete Zeitschrift, die *Fermentforschung*, gegründet, welche allerdings nur von einem kleinen

Bruchteil der über das Gebiet arbeitenden Forscher als Veröffentlichungs-organ benützt wurde, da es zu dieser Zeit bereits eine Anzahl biochemisch orientierter Zeitschriften gab, welche enzymologische Arbeiten publizierten. Die genannte Zeitschrift wurde in der ursprünglichen Form bis 1944 fortgeführt und wird heute unter dem Namen *Zeitschrift für Vitamin-, Hormon- und Fermentforschung* von dem Sohn des Gründers herausgegeben. Erst viel später wurde von OPPENHEIMER ein zweites für enzymologische Arbeiten spezialisiertes Organ, die *Enzymologia (Acta biocatalytica)*, ins Leben gerufen (1936).

Die enzymologischen Kenntnisse am Ende der in diesem Abschnitt besprochenen Epoche, also um die Mitte der Zwanzigerjahre dieses Jahrhunderts, sind am vollständigsten in dem monumentalen Handbuch von OPPENHEIMER, *Die Fermente und ihre Wirkungen*, 5. Auflage 1925 bis 1929, zusammengefaßt. Bei seiner Durchsicht findet man, daß trotz des ungeheuer angewachsenen Tatsachenmaterials, welches bereits zu diesem Zeitpunkt vorlag, noch viele wesentliche Probleme einer Lösung harrten und ihre Bearbeitung noch kaum in Angriff genommen war. So war zu diesem Zeitpunkt noch kein Ferment als eine auch nur einigermaßen einheitliche chemische Substanz erhalten worden und man wußte dementsprechend noch kaum etwas über die chemische Konstitution der Enzyme; ihre Eiweißnatur wurde sogar manchmal geleugnet.

1926 gelang es nun SUMNER, ein Harnstoff hydrolysierendes Enzym, eine Urease, aus einem pflanzlichen Ausgangsmaterial durch Fällung mit einem organischen Lösungsmittel als kristallinen globulin-ähnlichen Eiweißstoff zu gewinnen. Weder die Aktivität noch die elementare Zusammensetzung des Produkts wird durch mehrfaches Umkristallisieren verändert; ebenso sprechen sämtliche eiweißchemische Methoden für ein einheitliches Produkt. In der kristallinen Urease von SUMNER lag somit das erste rein dargestellte Ferment vor. Wohl wurden die Befunde von SUMNER vielfach, so insbesondere von der Schule von WILLSTÄTTER, angezweifelt; die Richtigkeit seiner Angaben ist aber heute völlig gesichert.

IV. Die letzten drei Jahrzehnte in der Enzymforschung

Mit der ersten Reindarstellung eines Ferments durch SUMNER beginnt eine neue Ära der Enzymforschung. Seit damals ist es als wahrscheinlich zu betrachten, daß alle Enzyme Eiweißkörper sind; die Reinigungs- und Konzentrierungsmethoden der amerikanischen Schule wurden an vielen Orten mit Erfolg angewandt und heute sind bereits an die fünfzig Einzelenzyme in kristallinem Zustand bekannt.

Die Fortschritte, welche in den letzten Jahrzehnten erzielt wurden, sind mannigfaltiger Art. An neuentdeckten Fermenten sind besonders diejenigen zu erwähnen, welche die Übertragung von Molekülbestandteilen (Phosphat-resten, Aminogruppen, Kohlehydrat-resten, Methyl- und Acetyl-gruppen usw.) von einem Substrat auf ein anderes katalysieren und welchen in vielen Fällen eine besonders große funktionelle Bedeutung im Stoffwechsel der Organismen zukommt.

Auch methodisch konnten wesentliche Fortschritte erreicht werden. Eine Reihe physikalischer Methoden, sowohl zur Kennzeichnung der Enzymproteine als auch zur Verfolgung der Fermentwirkungen, wurden entwickelt; von den letzteren sei insbesondere die spektrophotometrische Technik hervorgehoben. Zum Studium der funktionellen Bedeutung der Enzyme in den Zellen und Geweben hat sich die von LINDERSTRØM-LANG und HOLTER ausgearbeitete enzymatische Histochemie hervorragend bewährt; sie gestattet die Bestimmung enzymatischer Wirkungen in kleinsten Gewebe-teilen und sogar in Einzelzellen und läßt oftmals weitgehende Rückschlüsse auf die Lokalisierung der Enzyme in den Zell-bestandteilen zu.

Eine nicht weniger wertvolle Arbeitsweise bedient sich der fraktionierten Zentrifugierung von Gewebe-homogenaten, um auf diese Weise die einzelnen Zell-elemente voneinander zu trennen und in den einzelnen Fraktionen auf das Vorkommen von Enzymen zu prüfen.

Besondere Fortschritte konnten auch bei der Aufklärung der biologischen Funktionen der einzelnen Enzyme und Enzymsysteme erreicht werden. Vor allem wurde gezeigt, daß zwischen Vitaminen und Fermenten eine sehr enge Beziehung besteht; viele Vitamine, so insbesondere diejenigen der B-Gruppe, fungieren — meist in conjugierter Form — entweder als Coenzyme oder als Akzeptor- und Donator-substrate (enzymatische Komplemente) einzelner Fermente. Unter den an diesen Arbeiten beteiligten Forschern sind besonders Hopkins, Karrer, Warburg, Richard Kuhn, Elvehjem, Szent-Györgyi, Euler und Myrbäck zu erwähnen. Meyerhof gelang es, das Zusammenwirken der Enzyme bei der alkoholischen Gärung und bei der anaeroben Glykolyse im Muskel genau zu analysieren und entsprechende Schemata aufzustellen, welche jedem teilnehmenden Ferment eine besondere Rolle zuschreiben. Die beiden Schemata stimmen übrigens bis auf Einzelheiten erstaunlich miteinander überein. Ganz ähnlich konnte der aerobe Abbau der Kohlehydrate durch die Arbeiten von Krebs, Martius, Ochoa, Green, Lehninger, Lynen und anderen Autoren weitgehend geklärt werden; hier gelang es auch, bestimmte Verbindungen zum Stoffwechsel der Fette und der Eiweißstoffe aufzuzeigen. Das Ehepaar Cori und ihre Mitarbeiter untersuchten in langjähriger Arbeit die Auf- und Abbau-reaktionen von Glykogen und Stärke und konnten die für diese Vorgänge verantwortlichen Enzyme isolieren. Die große Bedeutung der sog. energiereichen Phosphat-bindung für die energetische Kopplung von energie-verbrauchenden (synthetischen) Vorgängen mit energieliefernden Prozessen wurde zuerst durch Arbeiten aus den Schulen von Warburg und Meyerhof aufgedeckt; die Tragweite dieser Mechanismen konnte dann vor allem von Lipmann und Kalckar gezeigt werden.

Auch die Rolle der Enzyme bei den Vorgängen der Reizübertragung in den Nerven und der Muskelkontraktion konnte zumindest teilweise geklärt werden, wobei sich im ersten Falle besonders Loewi, Muralt und Nachmansohn verdient gemacht haben; an der Erforschung der enzymatischen Vorgänge, welche mit der Muskelkontraktion verknüpft sind, waren vor allem Meyerhof, Lohmann, Engelhardt, Szent-Györgyi und das Ehepaar Needham beteiligt.

Die praktische Verwertung enzymatischer Reaktionen ist in den letzten Jahrzehnten nicht zurückgeblieben. Verschiedene Enzymreaktionen finden in der industriellen Produktion Anwendung; vielleicht noch wichtiger ist die medizinische Auswertung der Enzymologie. Veränderungen des Gehaltes mancher Fermente im Blut zeigen bestimmte pathologische Zustände an und werden deshalb für die klinische Diagnostik herangezogen; auch als Arzneimittel kommen Enzympräparate zur Anwendung.

Ein Rückblick auf die historische Entwicklung der Enzymologie zeigt uns also, daß in weniger als sechzig Jahren aus einer kleinen Anzahl von Einzelbeobachtungen ein gewaltiges Lehrgebäude geworden ist. Die Schnelligkeit der Entwicklung in den letzten Jahren hat allerdings, worauf hier ausdrücklich hingewiesen werden muß, verhindert, daß das vorliegende enorme Tatsachenmaterial entsprechend gesichtet und koordiniert wurde. Der derzeitige Entwicklungsstand der Enzymologie ist vielleicht *cum grano salis* demjenigen der organischen Chemie in den Neunzigerjahren des vergangenen Jahrhunderts vergleichbar, einer Zeitepoche, in der in immer steigendem Maße neue Beobachtungen gemacht und neue Substanzen und Methoden gefunden wurden, aber die theoretische Unterbauung des Tatsachenmaterials noch nicht allzu weit vorgeschritten war und auch die ordnende Hand des Systematikers noch fast völlig fehlte.

Es wird wohl die Aufgabe der nächsten Jahrzehnte sein, das heute angesammelte Tatsachenmaterial der Enzymologie nicht nur zu erweitern, sondern auch systematisch zu ordnen und — noch gründlicher als bisher — die theoretischen Grundlagen der beobachteten Erscheinungen zu erforschen, ähnlich, wie das im Bereich der organischen Chemie im Verlauf der vergangenen fünfzig Jahre so erfolgreich geschehen ist.

3. Die eigentliche Chemie der Enzyme Die Enzyme als Eiweißstoffe[1]

Stets ist das Ganze noch etwas anderes als die Summe der einzelnen Teile.

(M. Planck, 1935)

Bis vor verhältnismäßig kurzer Zeit war über den chemischen Aufbau der Enzyme so gut wie nichts bekannt. Wohl nahmen viele Forscher an, daß die Fermente Eiweißstoffe oder zumindest eiweiß-ähnliche Substanzen sind, doch konnte darüber so lange keine Klarheit geschaffen werden, als nicht Enzympräparate einer hinreichenden Reinheit vorlagen, welche entsprechende Analysen erlaubten. Die Vermutungen über die Protein-natur der Fermente stützten sich vor allem auf Analogien, wie z. B. das gleichartige Verhalten gegenüber Veränderungen der Wasserstoffionen-konzentration oder gegenüber Eiweiß-denaturierenden Reagenzien und auch die Tatsache, daß bei der Hitze-inaktivierung von Enzymen der Temperatur-koeffizient der Inaktivierungs-geschwindigkeit ausnehmend hoch ist und in dieser Hinsicht mit demjenigen der Hitze-denaturierung von Proteinen übereinstimmt, während sonst keine andere Reaktion mit einem derartig hohen Temperatur-koeffizienten bekannt war.

Von Willstätter und seiner Schule wurde die Eiweiß-natur der Enzyme zeitweise sogar heftig bestritten. Die Forscher gingen von der Vorstellung aus, daß die Proteine in Enzymlösungen nicht die Enzyme selbst, sondern nur Beimengungen darstellten, und unternahmen es mit Hilfe verschiedener Methoden, so insbesondere mit der von Willstätter weitgehend verfeinerten Adsorptions-technik, möglichst aktive und gereinigte Enzymlösungen darzustellen. Manche dieser Präparationen, welche tatsächlich eine besonders starke Enzymwirksamkeit aufwiesen, gaben keine der bekannten Reaktionen auf Kohlehydrate und Eiweißstoffe mehr, woraus Willstätter schloß, daß die betreffenden Fermente weder Proteine noch Kohlehydrate seien. Der Grund für diesen Trugschluß war, wie wir heute wissen, daß die Präparationen von Willstätter trotz der hohen Aktivität derartig stark verdünnt waren, daß sie keine entsprechenden Reaktionen mehr geben konnten. Es ist heute möglich, aus kristallinen Enzymproteinen so stark verdünnte Lösungen herzustellen, daß sie auf keine der bekannten Eiweiß-reaktionen mehr ansprechen, aber trotzdem noch eine beachtliche Enzymaktivität zeigen. Die Arbeiten von Willstätter und seiner Schule waren aber, obgleich die Arbeitshypothese, welche ihnen zugrunde lag, falsch war, von größtem Wert, da durch sie erstmalig gezeigt wurde, daß den Fermenten eine weitaus höhere Aktivität zukommt, als bis dahin angenommen worden war; außerdem wurde im Verlauf dieser Untersuchungen eine größere Anzahl neuer Enzyme entdeckt.

[1] Lehrbücher und Monographien über Eiweißchemie: F. Haurowitz: Chemistry and Biology of Proteins. New York: Academic Press. 1950; E. Waldschmidt-Leitz: Chemie der Eiweißkörper. Stuttgart: Enke. 1950; D. Ackermann, G. Blix, K. Felix, W. Grassmann, F. Schneider und J. Trupke, in „Physiologische Chemie", herausgegeben von B. Flaschenträger und E. Lehnartz, S. 484. Berlin: Springer. 1951; „Amino Acids and Proteins", herausgegeben von D. M. Greenberg. Springfield: Thomas. 1951; sowie das eben erscheinende Handbuch „The Proteins", herausgegeben von H. Neurath und K. Bailey. New York: Academic Press. 1953—54; für Fragen der Untersuchungsmethodik vgl. auch insbesondere: P. Desnuelle: Adv. Enzymology **14**, 261 (1953).

Der erste sichere Hinweis darauf, daß ein Enzym ein Protein ist, konnte 1926 von SUMNER erbracht werden, welchem es gelang, aus dem Mehl der Schwertbohne die Urease als kristallines globulin-artiges Protein darzustellen. Anderen amerikanischen Forschern, so insbesondere NORTHROP und Mitarbeitern, glückte in den darauffolgenden Jahren die Darstellung weiterer Enzyme im hochgereinigten, kristallinen Zustand, und zur Zeit sind bereits etwa fünfzig Enzyme aus verschiedenen biologischen Ausgangsmaterialien als kristalline Präparate hergestellt worden, von denen sich sämtliche entweder als einfache oder als konjugierte Eiweißstoffe erwiesen haben. Es besteht auch wenig Grund zur Annahme, daß ein bisher noch nicht so hoch gereinigtes Ferment kein Protein ist; die Eiweißnatur der meisten Enzyme muß jedenfalls heute als eine unbestrittene Tatsache anerkannt werden.

Es mag an dieser Stelle darauf hingewiesen werden, daß in den letzten Jahrzehnten auch mehrere Gruppen anderer biologischer Wirkstoffe als Proteine erkannt worden sind, darunter sämtliche von der Hypophyse sezernierte Hormone, alle Antikörper und die meisten Antigene sowie schließlich auch zumindest die einfacher gebauten Viruskörper. Wir können somit die Chemie der Enzyme zusammen mit derjenigen der genannten Wirkstoffe als Teilgebiete der allgemeinen Proteinchemie auffassen; die Methoden, welche zur Isolierung, zur Rein-darstellung, zur Bestimmung der Molekular-gestalt und -größe und auch zur Prüfung der Einheitlichkeit der Enzyme angewandt werden, sind dem Gesamtgebiet der Eiweißchemie gemeinsam.

Die Erkenntnis der Eiweißnatur der Enzyme läßt eine kurze Darstellung einiger ausgewählter Aspekte der Eiweißchemie, die für die Lehre von den Enzymen wesentlich sind, an dieser Stelle als notwendig erscheinen. Der vorliegende Abschnitt erhebt natürlich keinerlei Anspruch darauf, mehr als eine Einführung in das Gebiet vom Standpunkt des Enzymologen darzustellen.

Definitionsgemäß verstehen wir unter Eiweißstoffen oder Proteinen hochmolekulare Substanzen biologischen Ursprungs, deren wesentlichste Bestandteile Aminosäuren (L-α-Aminocarbonsäuren) sind, welche Säureamid-artig (Peptid-artig) zu Ketten verbunden sind.

I. Einteilung der Proteine

Da über die chemische Natur der Eiweißstoffe noch nicht ausreichendes Material vorhanden ist, um eine Einteilung nach der chemischen Konstitution, so etwa nach der Anordnung der Aminosäuren in den Peptid-ketten, durchzuführen, ist man gezwungen, andere Kriterien für die Klassifikation der Proteine zu benützen.

Eine sehr wichtige Gruppierung ist diejenige in *einfache Proteine* und *konjugierte Proteine* oder *Proteide*; unter den erstgenannten versteht man Eiweißstoffe, die nur aus Aminosäuren aufgebaut sind, während die andere Klasse diejenigen Proteine umfaßt, welche außer einer nur aus peptid-artig verbundenen Aminosäuren bestehenden Komponente noch einen anderen, chemisch verschiedenen Bestandteil, eine prosthetische Gruppe, enthalten. Unter den Enzymen findet man sowohl einfache als auch konjugierte (zusammengesetzte) Eiweißstoffe.

Je nach der Gestalt der gelösten Protein-moleküle kann man auch *fibrilläre Proteine* oder *Linearproteine*, d. h. Eiweißstoffe mit gestreckten Peptid-ketten, und *Sphäroproteine* oder *globuläre Proteine*, deren Peptid-ketten annähernd zur Kugelform geknäuelt sind, unterscheiden.

Eine weitere sehr gebräuchliche Klassifikation der Eiweißstoffe begründet sich auf Unterschiede in der Löslichkeit in verschiedenen Medien. Diese Unterscheidungs-prinzipien sind allerdings nicht sehr befriedigend; da die Einteilung aber ziemlich allgemein verwendet wird, soll hier eine kurze Übersicht gebracht werden.

Durch fraktionierte Fällung mit Ammoniumsulfat lassen sich zwei Fraktionen unterscheiden: die *Albumine*, die schon aus halbgesättigten Ammoniumsulfat-lösungen gefällt werden, aber in reinem Wasser löslich sind, und die *Globuline*, welche erst bei höheren Ammoniumsulfat-konzentrationen präzipitieren. Die Globuline lassen sich wieder auf Grund ihrer Löslichkeit in reinem Wasser unterteilen; die sogenannten *Euglobuline* sind in Wasser unlöslich, während die *Pseudoglobuline* sich leicht lösen. Globulin-ähnliche Eiweißstoffe in Pflanzen, die sich durch Löslichkeit in hochkonzentrierten Alkohol-Wasser-gemischen auszeichnen, werden *Prolamine* genannt. Pflanzliche Proteine, welche weder in Salzlösungen noch in Alkohol löslich sind, führen die Bezeichnung *Glutenine*; sie lassen sich mit verdünnten Säuren oder Laugen extrahieren. Unter *Protaminen* versteht man stark basische Eiweißstoffe der Zellkerne mit verhältnismäßig niedrigem Molekulargewicht; sie lassen sich durch Schwefelsäure freisetzen und aus ihrer schwefelsauren Lösung als Pikrate ausfällen. Einen ähnlichen Charakter zeigen die ebenfalls aus Zellkernen isolierbaren *Histone*, welche aber weniger basisch sind und ein etwas höheres Molekulargewicht aufweisen als die Protamine. Sie können nicht mehr als Pikrate gefällt werden; eine Präzipitation erfolgt hingegen bei Ammoniak-zugabe an ihrem isoelektrischen Punkt (p_H 8,5). Als völlig unlösliche Substanzen sind schließlich die tierischen Gerüst-eiweißstoffe, die *Skleroproteine*, zu erwähnen.

Fast alle bisher in genügender Reinheit vorliegenden Enzyme müssen zum Albumin-Globulin-typus gerechnet werden.

II. Die analytische Bestimmung von Eiweißkörpern

Zum Nachweis von Proteinen kennt man eine größere Anzahl von Reaktionen, von denen allerdings nur wenige absolut spezifisch für Eiweiß sind. Der positive Ausfall mehrerer dieser Nachweis-reaktionen kann aber doch als eindeutiger Beweis für das Vorliegen eines Proteins aufgefaßt werden.

Wir können zwischen Fällungs-reaktionen und Farb-reaktionen unterscheiden. Unter den Fällungs-reaktionen werden am häufigsten die Nachweise mit Hilfe von Sulfosalicylsäure, Trichloressigsäure und Tannin angewandt.

Als einzige, streng für die Peptid-bindungen spezifische Farb-reaktion ist die sogenannte *Biuret-reaktion* zu nennen, die eine alkalische Eiweiß-lösung bei Versetzen mit einer geringen Menge verdünnten Kupfersulfats gibt. Es tritt Violettfärbung auf.

Die anderen Farb-reaktionen sind entweder für einzelne Aminosäure-reste (Tyrosin, Tryptophan, Histidin, Arginin) oder für die Aminosäure-konfiguration im allgemeinen spezifisch. Hier sind zu nennen:

1. Die *Ninhydrin-reaktion*, die von allen Aminosäuren gegeben wird und sehr empfindlich ist; beim Kochen mit Ninhydrin (Triketohydrinden) tritt eine Blau-färbung auf.

2. Die *Xanthoprotein-reaktion;* starke Salpetersäure gibt mit Proteinen eine gelbe Farbe, die auf Zusatz von Ammoniak nach Orangegelb umschägt (Nitroderivate von Tyrosin und Tryptophan).

3. Die MILLON*sche Reaktion*: Bei Kochen von Eiweißkörpern mit dem sogenannten MILLONschen Reagens (Nitrit-haltige Lösung von Quecksilbernitrat in schwacher Mineralsäure) wird der entstandene Niederschlag gefärbt (Reaktion mit den Tyrosin-resten).

4. Die PAULY*sche Diazoreaktion*: Alkalische Eiweiß-lösungen werden mit diazotierter Sulfanilsäure versetzt; es tritt eine kirschrote Färbung auf, die durch die Kupplung der diazotierten Komponente mit Tyrosin und Histidin zustande kommt.

5. Die *Reaktion von* SAKAGUCHI: Bei Zusatz von α-Naphthol und Natriumhypobromit zu einer Eiweiß-lösung erfolgt Rotfärbung, die durch eine Reaktion mit dem Eiweiß-baustein Arginin zustande kommt.

Eine absolut befriedigende Methode zur quantitativen Bestimmung von Eiweißkörpern ist noch nicht gefunden. Man kann die Proteine beim isolelektrischen Punkt zur Koagulation bringen und nach Auswaschen und Trocknen bei 105° zur Wägung bringen. Weit häufiger wird der Stickstoff-gehalt der Probe nach KJELDAHL bestimmt und die Protein-menge durch Multiplikation des gefundenen Wertes mit dem Faktor 6,25 errechnet. Für Spezialzwecke sind weitere Methoden vorgeschlagen worden, die meist auf physikalisch-chemischen Grundlagen beruhen; es wird auf die eingangs zitierten Monographien verwiesen.

Elementar-zusammensetzung der Eiweißstoffe

Die verschiedenen Eiweißkörper und auch die Enzyme weisen eine weitgehend übereinstimmende Elementar-zusammensetzung auf, wenn wir von Abweichungen, die durch die Anwesenheit einer Protein-fremden prosthetischen Gruppe verursacht sind, absehen.

Bei einem Protein, das keine prosthetische Gruppe enthält, können wir allgemein als Richtzahlen annehmen:

C: 51 bis 56%,
H: 6,5 bis 7,5%,
O: 20 bis 23%,
N: 15,5 bis 18,5%,
S: 0 bis 2,0%,
P: 0 bis 1,0%.

III. Bausteine und Aufbau-prinzip der Proteine[1]

Zur Ermittlung der Bausteine eines Eiweißkörpers ist es notwendig, diesen komplett zu hydrolysieren; die Hydrolyse wird meist mit Säuren (am häufigsten 20,5%ige HCl, seltener H_2SO_4) durchgeführt, während Alkali und Peptidasen (proteolytische Fermente) weniger häufig verwendet werden.

Tabelle 1. *Aminosäure-zusammensetzung einiger kristalliner Enzympräparationen* (nach DESNUELLE[2])

I = Gramm Aminosäuren pro 100 g Enzymprotein, II = Gramm Stickstoff pro 100 g Totalstickstoff, III = Anzahl der Aminosäure-reste pro Molekül des Enzymproteins, IV = Anzahl der Aminosäure-reste pro Molekül unter der Annahme eines M. G. von 100000.

Nr.	Aminosäure	Chymotrypsinogen aus Rinder-pankreas, M. G. 25 000[3]			Ribonuclease aus Rinder-pankreas, M. G. 15 000[3]			Pepsin aus Rinder-magen, M. G. 34 500[3]			Lysozym aus Hühner-ei, M. G. 14 700[4]		
		I	II	III	I	II	III	I	II	III	I	II	III
1	Alanin	7,6	7,4	21	—	—	—	—	—	—	6,0	5,1	10
2	Arginin	2,8	5,6	4	5,2	10,2	5	1,0	2,2	2	12,9	22,5	11
3	Asparaginsäure	11,3	7,3	21	14,2	9,1	16	16,0	11,5	41	18,2	10,3	20
4	Glutaminsäure	9,0	5,3	15	13,0	7,5	13	11,9	7,7	28	4,3	2,2	4
5	Cystein	1,3	0,9	3	0,6	0,4	0,7	0,5	0,4	2	0	0	0
6	Cystin/2	3,3	2,4	7	6,5	4,6	8	1,6	1,3	4	8,0	5,0	10
7	Glykokoll	5,3	6,1	18	1,3	1,5	3	6,4	8,2	29	5,7	5,7	11
8	Histidin	1,2	2,0	2	4,2	6,9	4	0,9	1,7	2	1,0	1,5	1
9	Isoleucin	5,7	3,8	11	3,1	2,0	4	10,8	7,9	28	5,3	3,0	6
10	Leucin	10,4	6,9	20	0	0	0	10,4	7,6	27	8,4	4,8	9
11	Lysin	8,0	9,5	14	10,4	12,1	11	0,9	1,2	2	5,9	6,1	6
12	Methionin	1,2	0,7	2	4,4	2,5	5	1,7	1,1	4	2,0	1,0	2
13	Phenylalanin	3,6	1,9	5	3,6	1,8	3	6,4	3,7	13	3,1	1,4	3
14	Prolin	5,9	4,4	13	3,6	2,7	5	5,0	4,1	15	1,4	0,9	2
15	Serin	11,4	9,4	27	12,0	9,7	17	12,2	11,1	40	7,0	5,0	10
16	Threonin	11,4	8,3	24	9,0	6,4	11	9,6	7,7	28	5,4	3,4	7
17	Tryptophan	5,6	4,7	7	0	0	0	2,4	2,2	4	10,6	7,8	8
18	Tyrosin	3,0	1,4	4	7,9	3,7	7	8,5	4,5	16	3,7	1,5	3
19	Valin	10,1	7,4	22	7,3	5,3	9	7,1	5,8	21	4,7	2,2	6
20	Amid (NH_2)	1,86	9,5	(27)	2,5	12,5	(22)	1,6	9,0	(32)	1,8	8,0	(18)
	Total	119,96	104,9	240	108,8	98,9	121	114,9	98,9	306	115,4	97,4	129

[1] Handbuchartikel: G. R. TRISTRAM: In „The Proteins", herausgegeben von H. NEURATH und K. BAILEY, Bd. I, S. 181. New York: Academic Press. 1953.

[2] P. DESNUELLE: Adv. Enzymology 14, 261 (1953).

[3] E. BRAND: zitiert nach J. H. NORTROP, M. KUNITZ und R. M. HERRIOTT: Crystalline Enzymes. New York: Columbia Univ. Press. 1948.

[4] J. C. LEWIS, N. S. SNELL, D. J. HIRSCHMANN und H. FRAENKEL-CONRAT: J. biol. Chem. **186**, 23 (1950); C. FROMAGEOT und M. P. DE GARILHE: Biochim. biophys. Acta **4**, 509 (1950); R MONIER, Y. GENDRON, M. JUTISZ und C. FROMAGEOT: Ibid. **8**, 588 (1952).

(Fortsetzung der Tabelle 1.)

Nr.	FDP-Triosephosphat-lyase *(Aldolase)* aus Kaninchenmuskel, M. G. 140000[1]			Phosphorylierende Phosphoglycerin-aldehyd → DPN-trans-hydrogenase *(Triose-phosphatdehydrase)* aus Kaninchen-muskel, M. G. 99000[1]			Glucose-1-phosphat → Amylose-transgluco-sidase *(Phosphorylase)* aus Kaninchenmuskel[2]			Ungesättigte Fettsäure → O_2-transhydro-genase *(Lip-oxydase)* aus Sojabohnen, M. G. 102000[3]		Pyrophosphatase aus Hefe, M. G. 100000[4]		
	I	II	III	I	II	III	I	II	IV	I	III	I	II	III
1	8,6	8,0	135	6,7	6,4	75	4,8	4,5	54	—	—	6,4	6,2	72
2	6,3	12,1	51	5,2	10,2	30	11,6	22,6	67	4,7	30	3,2	7,3	18
3	9,7	6,1	102	12,4	8,0	93	9,3	5,9	70	6,2	47	14,2	9,3	107
4	11,4	6,5	109	6,8	3,9	46	13,4	7,8	91	10,4	73	10,2	6,8	69
5, 6	1,1	0,8	13	1,1	0,8	9	0,4	0,4	3	0	0	—	—	—
7	5,6	6,2	105	6,0	6,9	80	3,8	4,3	51	6,3	82	3,7	4,3	49
8	4,2	6,8	38	5,0	8,3	32	3,3	5,4	21	3,6	22	2,6	4,3	17
9	7,9	5,0	84	9,1	5,9	69	6,5	4,2	50	8,1	63	10,3	6,8	79
10	11,5	7,3	123	6,8	4,4	51	10,5	6,8	80	11,4	89	7,5	4,9	57
11	9,5	10,9	91	9,4	11,0	64	7,2	8,4	49	7,8	54	12,5	14,8	85
12	1,2	0,6	11	2,7	1,7	18	2,7	1,5	18	1,6	13	1,6	0,6	11
13	3,1	1,5	26	5,5	2,9	33	6,2	3,2	38	4,9	30	7,1	3,7	43
14	5,7	4,1	69	3,7	2,7	32	4,7	3,5	41	5,1	46	7,4	5,5	64
15	7,3	5,8	97	8,5	6,9	81	3,1	2,4	30	—	—	3,7	3,1	35
16	7,4	4,8	87	7,6	5,5	63	4,2	3,0	35	8,9	53	5,9	4,3	49
17	2,3	1,9	16	2,0	1,7	10	2,0	1,6	10	0,4	4	3,6	3,1	18
18	5,3	2,4	41	4,6	2,2	25	5,9	2,8	33	6,2	35	6,5	3,1	36
19	7,4	5,3	88	12,0	9,0	105	7,3	5,3	62	7,8	65	5,0	3,7	43
20	1,1	5,4	(91)	1,2	5,8	(67)	1,5	7,3	(88)	—	—	1,4	7,4	(82)
Total	116,6	101,5	1286	116,3	104,2	916	108,4	100,9	803	93,4	706	112,8	99,2	852

Die ursprünglich von Emil Fischer ausgearbeiteten Verfahren zur Trennung des erhaltenen Gemisches der Aminosäuren, die eine sehr mühsame Aufarbeitung durch fraktionierte Destillation der Methylester darstellten, wurden in den letzten Jahrzehnten durch eine Anzahl modernerer Methoden ersetzt, von denen an dieser Stelle die wichtigsten erwähnt werden sollen:

1. Die verschiedenen chromatographischen Techniken (Adsorptions-chromatographie[5], Verteilungs-chromatographie[6], Papier-chromatographie[7]).
2. Die Methode der Isotopenverdünnung[8].
3. Mikrobiologische Methoden (entweder unter Benützung von Mikroorganismen, welche die Anwesenheit bestimmter Aminosäuren in ihrem Nährmedium unbedingt benötigen[9] oder durch Ausnützung der Fähigkeit mancher Bakterien, einzelne Aminosäuren spezifisch zu decarboxylieren[10]).

Mit Hilfe der genannten Methoden ist es heute durchaus möglich, ein recht genaues Bild über die einzelnen Aminosäure-bestandteile von Eiweißstoffen und somit auch von rein darstellbaren Enzymen zu erhalten. In Tabelle 1 ist die Aminosäure-zusammensetzung einzelner Fermente dargestellt.

[1] S. F. Velick und E. Ronzoni: J. biol. Chem. **173**, 627 (1948).
[2] S. F. Velick und L. F. Wicks: Ibid. **190**, 741 (1951).
[3] R. T. Holman, F. Panzer, B. S. Schweigert und S. R. Ames: Arch. Biochem. **26**, 199 (1950).
[4] W. Hausmann: J. Amer. chem. Soc. **74**, 3181 (1952).
[5] A. Tiselius, B. Drake und L. Hagdahl: Exper. **3**, 21 (1947).
[6] S. Moore und W. H. Stein: J. biol. Chem. **192**, 663 (1951).
[7] Monographie: F. Cramer: Papierchromatographie, 2. Aufl. Weinheim: Verlag Chemie. 1953.
[8] D. Shemin und G. L. Foster: Ann. N. Y. Acad. Sci. **47**, 119 (1946).
[9] E. E. Snell: Adv. Protein Chem. **2**, 85 (1945).
[10] E. F. Gale: Adv. Enzymology **6**, 1 (1946).

Tabelle 2. *Die wichtigsten am Aufbau der Eiweißstoffe beteiligten Aminosäuren*

Glykokoll (Glycin)
H_2NCH_2COOH

Alanin
$H_2NCHCOOH$ | CH_3

Valin
$H_2NCHCOOH$ | CH / \ H_3C CH_3

Leucin
$H_2NCHCOOH$ | CH_2 | CH / \ H_3C CH_3

Isoleucin
$H_2NCHCOOH$ | $CHCH_3$ | C_2H_5

Serin
$H_2NCHCOOH$ | CH_2OH

Threonin
$H_2NCHCOOH$ | $CHOH$ | CH_3

Cystein
$H_2NCHCOOH$ | CH_2SH

Cystin
$H_2NCHCOOH$ | CH_2SSCH_2 | $HOOCCHNH_2$

Methionin
$H_2NCHCOOH$ | CH_2 | CH_2SCH_3

Lysin
$H_2NCHCOOH$ | $(CH_2)_3$ | CH_2NH_2

Arginin
$H_2NCHCOOH$ | $(CH_2)_2$ | CH_2 | $NHCNH_2$ ‖ NH

Histidin
$H_2NCHCOOH$ | CH_2 | C——N, ‖ ‖, CH CH, \ / NH

Asparaginsäure
$H_2NCHCOOH$ | CH_2 | $COOH$

Glutaminsäure
$H_2NCHCOOH$ | $(CH_2)_2$ | $COOH$

Prolin
HN——CHCOOH, | |, H_2C CH_2, \ /, CH_2

Oxyprolin
HN——CHCOOH, | |, H_2C CH_2, \ /, CHOH

Phenylalanin
$H_2NCHCOOH$ | CH_2 | (Benzolring)

Tyrosin
$H_2NCHCOOH$ | CH_2 | (Benzolring) | OH

Tryptophan
$H_2NCHCOOH$ | CH_2 | C—(Benzolring), ‖, CH, \ /, NH

Die wichtigsten aus Proteinen isolierten Aminosäuren sind in Tab. 2 angeführt.

Das Aufbauprinzip der Proteine durch säureamid-artige (peptid-artige) Verknüpfung der einzelnen Aminosäuren, wie es erstmalig fast gleichzeitig von

EMIL FISCHER[1] und HOFMEISTER[2] postuliert wurde, ist heute durch eine große Anzahl von experimentellen Befunden wohl fundiert. Das allgemeine Strukturbild der Eiweißstoffe läßt sich somit durch die Kettenformel

$$\underset{R'}{H_2NCH}COHN\underset{R''}{CH}COHN\underset{R'''}{CH}CO—\ldots—HN\underset{R^n}{CH}COOH$$

darstellen.

Obwohl die Anwesenheit von Aminodicarbonsäuren und Diaminocarbonsäuren die Möglichkeit für ein Vorkommen verzweigter Ketten bietet, scheint die Peptid-verknüpfung in den Eiweißkörpern fast immer durch die am α-Kohlenstoff der Aminosäuren befindlichen Aminogruppen und Carboxylgruppen vermittelt zu werden. Wohl sind in manchen natürlichen Peptiden, so z. B. im Glutathion, Peptid-bindungen nachgewiesen worden, an denen die γ-Carboxylgruppe der Glutaminsäure beteiligt ist, doch scheint es sich hier um Ausnahmefälle zu handeln.

Proteine verhalten sich aber nicht so, wie man es von einfachen Polypeptid-ketten annehmen müßte. Alle Untersuchungen weisen auf eine weitaus größere Stabilität der Eiweiß-moleküle hin, als sie freien Peptid-ketten zukommen müßte. Es wurde deshalb die Vorstellung einer Superstruktur entwickelt, d. h. intramolekularer Bindungen, die die freie Beweglichkeit der Peptid-ketten verhindern.

Nach einer Theorie von PAULING und Mitarbeitern[3] bilden die Peptid-ketten innerhalb der Protein-moleküle spiralen- oder schnecken-förmige Gebilde („helix"), die durch Wasserstoffbrücken zwischen den CO- und NH-Gruppen der Peptid-bindungen innerhalb der Kette fixiert sind. Es werden zwei verschiedene Möglichkeiten für derartige Gebilde diskutiert. In der einen Art von „helix" (Abb. 1) enthält jede Windung

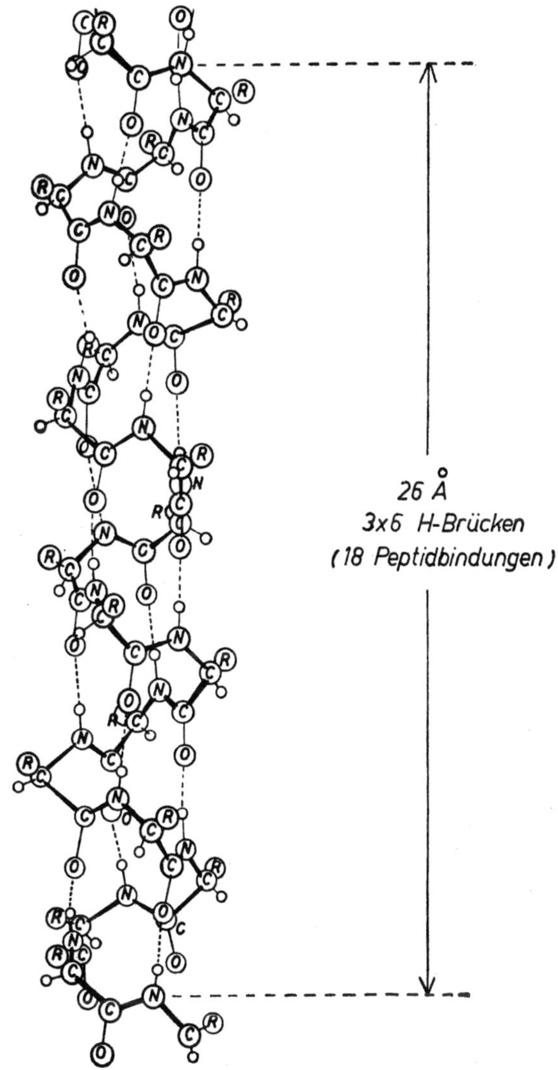

Abb. 1. Wasserstoff-Brücken-systeme in der „3,7-residue helix" von PAULING, COREY und BRANSON[3].

[1] E. FISCHER: Ber. dtsch. chem. Ges. 35, 1095 (1902).

[2] F. HOFMEISTER: Ergebn. Physiol. 1, 759 (1902).

[3] L. PAULING, R. B. COREY und H. R. BRANSON: Proc. nat. Acad. Sci. U. S. 37, 205 (1951); L. PAULING und R. B. COREY: Ibid. 37, 235, 241, 251, 256, 261, 272, 283 (1951).

3,7 Aminosäure-reste („3,7-residue helix"); hier bildet eine Peptid-kette von 48 Aminosäuren eine Schnecke mit 13 Windungen. An dem System der Wasserstoff-brücken sind sämtliche CO- und NH-Gruppen der Peptid-bindungen mit Ausnahme der ersten drei NH-Gruppen und der letzten drei CO-Gruppen beteiligt, und zwar ziehen sich drei parallele Wasserstoff-brückensysteme in steilen Windungen zwischen den einzelnen Schneckenwindungen mit nur kleinen Winkeln gegenüber der Schneckenachse durch die gesamte Peptidkette. Die Seitenketten der Aminosäuren sind durchwegs nach außen gerichtet. Die andere von PAULING diskutierte Struktur hat eine ähnliche Form; hier enthält aber jede Schneckenwindung 5,1 Aminosäure-reste. Die Konfiguration ist deshalb lockerer als bei der „3,7-residue helix"; die Anzahl der freien NH- und CO-Gruppen an den beiden Enden beträgt fünf.

Wenn wir das System der Peptid-bindungen als *primäre Struktur* der Eiweißstoffe auffassen, so können wir das Wasserstoff-brücken-system als die *sekundäre Struktur* der Proteine bezeichnen[1]. Daneben müssen wir aber noch die Existenz einer *tertiären Struktur* im Eiweiß-molekül annehmen, die dadurch zustande kommt, daß die in den Protein-molekülen nebeneinanderliegenden Peptid-ketten durch verschiedene Brücken-bindungen miteinander vernetzt sind, wodurch diese Ketten in geregelter Form zu dreidimensionalen Systemen zusammentreten. Hierfür sind vor allem die aus den Peptid-ketten herausragenden Seitenketten der Aminosäure-reste verantwortlich.

Es scheint vier verschiedene Formen für eine derartige Brückenbildung zu geben[2]:

1. Eine homöopolare Kohäsiv-bindung, wie sie z. B. durch wechselseitige Anziehung zweier Alkylgruppen zustande kommt;

2. eine heteropolare Kohäsiv-bindung; hier ist wiederum vor allem der Typus der Wasserstoff-bindung zu erwähnen[3];

3. eine heteropolare Valenz-bindung, die vor allem dadurch zustande kommt, daß sich zwei gegenüberliegende entgegengesetzt geladene Atom-gruppierungen salzartig verbinden (Salzbindungen); und schließlich

4. eine homöopolare Valenz-bindung, wie sie vor allem durch S — S-Brücken repräsentiert wird. Die Entstehung derartiger Brücken kann derart erklärt werden, daß zwei gegenüberliegende SH-Gruppen von Cystein-resten durch Oxydation miteinander zu reagieren vermögen.

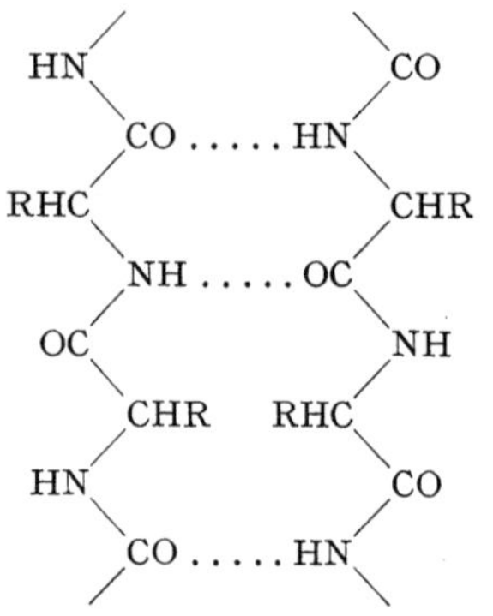

HN CO
CO ..... HN
RHC CHR
NH ..... OC
OC NH
CHR RHC
HN CO
CO ..... HN

Wasserstoff-bindung zwischen Peptid-bindungen

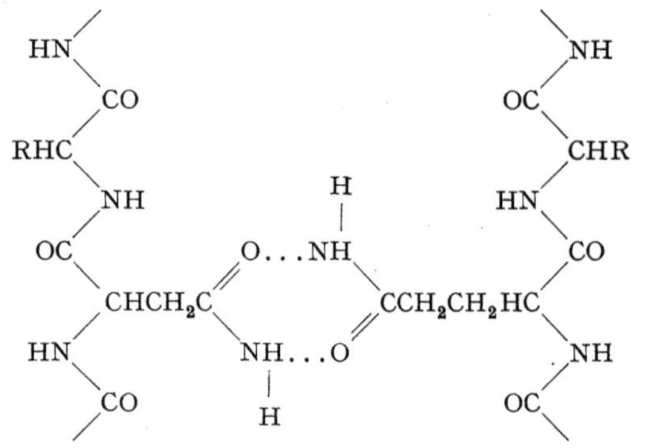

HN NH
CO OC
RHC CHR
NH H HN
OC O...NH CO
$CHCH_2C$ CCH_2CH_2HC
HN NH...O NH
CO H OC

Wasserstoff-bindung zwischen Säureamid-resten

---

[1] K. LINDERSTRØM-LANG: Proteins and Enzymes. Stanford: Stanford Univ. Press. 1952.

[2] A. FREY-WYSSLING: Submicroscopic Morphology of Protoplasm and Its Derivatives. Amsterdam: Elsevier. 1948.

[3] Bei Zutreffen der Gedankengänge von PAULING können Bindungen dieses Typus zwischen zwei Peptid-ketten nur durch die freien CO- und NH-Gruppen an den beiden Enden vermittelt werden.

```
HN                                              CO
   CO                                        HN
RHC                                             CHR
   NH                                        OC
OC                                              NH
   CHCH2CH2COO-....+NH3CH2CH2CH2CH2HC
HN                                              CO
   CO                                        HN
```

Beispiel für eine Salz-bindung zwischen einem Glutaminsäure-rest und einem Lysin-rest

Es besteht guter Grund zur Annahme, daß die Art der Verknüpfung der Peptid-ketten untereinander innerhalb der verschiedenen Eiweißstoffe und somit auch in den Enzymproteinen einen wesentlichen Faktor für die Spezifität dieser Stoffe darstellt[1].

```
HN                    CO
   CO              HN
RHC                   CHR
   NH              OC
OC                    NH
   CHCH2S—SH2CHC
HN                    CO
   CO              HN
```

S—S-Brückenbindung

Die Bestimmung der Reihenfolge der einzelnen Aminosäuren in den Polypeptid-ketten der Proteine ist ein Problem, dessen Lösung wohl in den letzten Jahren nähergerückt ist, aber doch noch auf große methodische Schwierigkeiten stößt. Durch kombinierte Anwendung von Methoden der klassischen organischen Chemie und solchen der modernen Strukturforschung gelang es vor kurzem SANGER und Mitarbeitern[2], weitgehende Aufschlüsse über die Aminosäure-reihenfolge im Insulin zu erhalten, wobei es sich hier allerdings um einen besonders günstig gelagerten Fall handelt. Insulin besitzt nämlich eine vergleichsweise einfache Struktur; es besteht aus vier offenen, relativ kurzen Polypeptid-ketten.

Die End-aminogruppen dieser Polypeptid-ketten wurden durch Kondensation mit Dinitrofluorbenzol mit dem Dinitrophenyl-rest markiert und die Peptid-kette dann mit verschiedenen Mitteln (Säurehydrolyse, spezifische Peptidasen) gespalten. Aus den erhaltenen Bruchstücken, die durch Verteilungs-chromatographie getrennt und dann — meist wiederum durch Reaktion mit Dinitrofluorbenzol — identifiziert wurden, konnte durch Kombination die Reihenfolge der Aminosäuren in den Ketten mit einiger Sicherheit festgestellt werden.

Eine Anwendung der Methodik von SANGER auf Enzymproteine scheint bisher noch nicht versucht worden zu sein, obwohl sich auch unter diesen niedermolekulare Eiweißstoffe finden, die günstige Untersuchungs-objekte wären.

Wir sind bisher nicht in der Lage, auf Grund unserer Kenntnisse über die chemische Zusammensetzung der Enzymproteine irgend eine Aussage darüber zu machen, wie ein Eiweißstoff beschaffen sein muß, um als Enzym wirken zu können.

---

[1] Vgl. zu den Fragen der Protein-struktur den umfassenden Handbuchartikel von B. W. LOW: In „The Proteins", herausgegeben von H. NEURATH und K. BAILEY, Bd. I, S. 235. New York: Academic Press. 1953.

[2] F. SANGER: Biochem. J. **45**, 563 (1949); F. SANGER und H. TUPPY: Ibid. **49**, 463, 481 (1951); F. SANGER und E. O. P. THOMPSON: Ibid. **53**, 353, 366 (1953); vgl. dazu auch die vor kurzem geglückte Strukturaufklärung des Uterus-stimulierenden Hypophysen-hormons Oxytocin von H. TUPPY: Biochim. biophys. Acta **11**, 449 (1953); H. TUPPY und H. MICHL: Mh. Chem. **84**, 1011 (1953); Übersichtsreferat über diese Methoden: F. SANGER: Adv. Protein Chem. **8**, 1 (1952).

IV. Molekulargewicht der Proteine

Alle bisher durchgeführten Untersuchungen lassen auf eine hoch-molekulare Natur der Eiweißstoffe und auch der Enzyme schließen. Das Molekulargewicht (M. G.), das mit Hilfe verschiedener Methoden bestimmbar ist, stellt eine wichtige Kennzahl dieser Substanzen dar.

Zur Bestimmung des Molekulargewichts hoch-molekularer Stoffe müssen Methoden verwendet werden, die sich von denjenigen, die in der organischen Chemie nieder-molekularer Substanzen gebräuchlich sind, weitgehend unterscheiden. So ist es z. B. unmöglich, ein M. G. eines hoch-molekularen Körpers durch Messung des Dampfdruckes einer Lösung oder der davon abgeleiteten Größen der Gefrierpunkts-erniedrigung bzw. der Siedepunkts-erhöhung zu bestimmen, da bei derartigen Versuchen eine genügende Genauigkeit nur dann erzielt werden kann, wenn die Konzentration der Lösung an dem zu untersuchenden Stoff zumindest $^1/_{100}$-bis $^1/_{10}$-m ist. Bei Eiweißstoffen, deren M. G. oft 100000 oder mehr beträgt, wäre zur Herstellung einer $^1/_{100}$-m Lösung notwendig, daß 1000 g Protein im Liter Wasser gelöst würden. Selbst bei gut löslichen Eiweißstoffen mit verhältnismäßig niedrigem M. G. wäre das Verfahren außerdem schon deshalb kaum durchführbar, weil auch kleinste Spuren einer Verunreinigung durch nieder-molekulare Substanzen große Meßfehler verursachen würden.

Die modernen Methoden zur Bestimmung des M. G. hochmolekularer Stoffe sind auf verschiedene Prinzipien aufgebaut; ihnen allen ist gemeinsam, daß sie ihr Rüstzeug aus der physikalischen Chemie beziehen. Eine besondere Schwierigkeit bei ihrer Anwendung besteht oft darin, daß die erhaltenen Meßgrößen nicht immer nur Funktionen der Molekular-größe bzw. des M. G. sind, sondern auch von anderen Faktoren, wie der Form und der elektrischen Ladung der Moleküle, abhängig sind.

Unter den vorgeschlagenen Meßmethoden werden wohl die Bestimmung des osmotischen Druckes, die Messungen in der Ultrazentrifuge und die Bestimmung der Lichtstreuung am häufigsten angewandt und sollen deshalb hier in ihren Grundzügen referiert werden.

Osmotischer Druck von Proteinlösungen. Der osmotische Druck wird in einem Osmometer gemessen; dieses besteht in der Hauptsache aus einem mit einer semipermeablen, also für Wasser durchlässigen, für Makromoleküle aber undurchlässigen Membran versehenen Gefäß, in dem sich die Eiweißlösung befindet, und einer als Manometer dienenden Kapillare (Abb. 2). Bei Einbringen des mit der Eiweißlösung beschickten Osmometers in ein Gefäß mit Wasser wird so lange Wasser in die Protein-lösung hineindiffundieren, bis der hydrostatische Druck p dem osmotischen Druck der Eiweiß-lösung gleich ist.

In sehr verdünnten Lösungen gilt nun nach Ostwald die Beziehung

$$M = R\,T\,c/p, \qquad (1)$$

wobei M das M. G., R die Gaskonstante (0,08207 Liter-Atmosphären pro Grad) und c die Konzentration des gelösten Stoffs in Gramm pro Liter darstellt. Die Abweichungen, welche durch zu hohe Eiweiß-konzentrationen hervorgerufen werden, können mathematisch durch die Einführung einer für jedes System verschiedenen Konstante K beschrieben werden:

$$M = R\,T\,c/\,(p - K\,c^2). \qquad (2)$$

Bei sehr geringen Konzentrationen wird c^2 so klein, daß $K\,c^2$ vernachlässigt werden darf.

Eine recht genaue Bestimmung des M. G. läßt sich durch Messung des osmotischen Drucks bei verschiedenen Konzentrationen, Auftragen von p

gegen c in einem Diagramm und Extrapolation der erhaltenen Kurve auf $c = 0$ durchführen.

Auch die Wasserstoffionen-konzentration beeinflußt den osmotischen Druck von Protein-lösungen; dieser durchläuft ein Minimum in der Gegend des isoelektrischen Punktes des Proteins (vgl. S. 26). Der Grund für diese Erscheinung liegt in der Zwitterionen-natur der Eiweißstoffe; in sauren Lösungen verhalten sie sich wie Kationen, weshalb dialysable Anionen zum Ausgleich ihrer Ladung erforderlich sind, im alkalischen Gebiet sind die Verhältnisse umgekehrt. Hieraus resultiert eine ungleiche Verteilung der Ionen außerhalb und innerhalb der Membran, eine Erscheinung, welche als DONNAN-Effekt bezeichnet wird. Zur Ausschaltung dieser Einflüsse werden die Messungen gewöhnlich in konzentrierten Salzlösungen vorgenommen; das Protein wird also in einer derartigen Lösung gelöst und gegen eine gleichkonzentrierte Lösung dialysiert. Durch Messung der Membran-potentiale läßt sich der Druck-anteil berechnen, welcher auf den DONNAN-Effekt zurückzuführen ist.

Eine häufig auftretende Fehlerquelle der osmometrischen Molekulargewichts-bestimmung liegt auch in der langen Zeitdauer, welche zur Einstellung des Gleichgewichts erforderlich ist, weil man es oft — selbst bei Arbeiten in der Kälte — nicht vermeiden kann, daß die zu untersuchende Lösung bakterieller Zersetzung unterliegt.

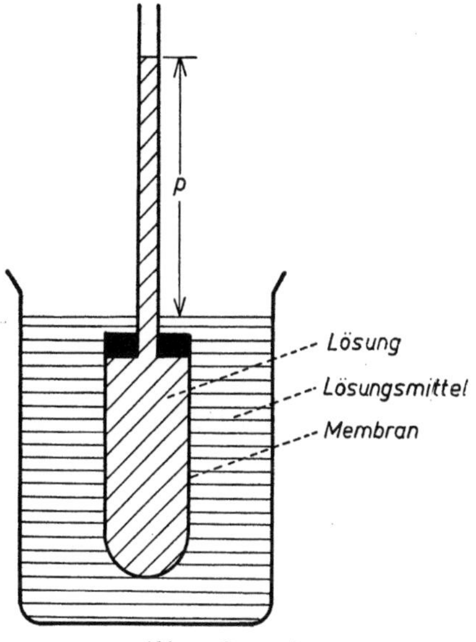

Abb. 2. Osmometer.

Trotz all dieser Schwierigkeiten ist die osmometrische Molekulargewichts-bestimmung für Eiweißstoffe bis zu einem M. G. von etwa 150000 ohne Zweifel die exakteste der vorhandenen Methoden und hat noch dazu den Vorteil des verhältnismäßig geringen experimentellen Aufwands. Die erhaltenen Meßwerte sind, wenn alle genannten Vorsichtsmaßnahmen berücksichtigt werden, unabhängig von Form, Solvatation und elektrischer Ladung der Moleküle. Eine Aussage über die Einheitlichkeit eines Eiweißstoffs ist hingegen auf Grund einer osmometrischen Messung unmöglich; wenn mehr als eine Art von Molekülen in der Lösung vorliegt, stellt die durch Bestimmung des osmotischen Drucks erhaltene Größe des M. G. einen Mittelwert dar.

Messungen in der Ultrazentrifuge[1]. Suspendierte Teilchen ordnen sich unter dem Einfluß eines homogenen Schwerefeldes in einem Lösungsmittel derartig an, daß ihre Konzentration mit der Höhe nach einem Exponentialgesetz abnimmt. Das Konzentrations-gefälle hängt vom Gewicht der Teilchen, von der Größe des Schwerefeldes und von der Temperatur ab, so daß sich, wenn man die beiden letztgenannten Variablen konstant hält, das M. G. bestimmen läßt. Unter dem Einfluß der Schwerkraft der Erde ist dies jedoch nur bei sehr großen, molekulare Dimensionen weit übersteigenden Teilchen, wie z. B. den von PERRIN in seinen klassischen Versuchen zur Messung der LOSCHMIDTschen Zahl benützten Gummigutt-suspensionen, möglich. Die Konzentrations-unterschiede lassen sich aber durch Ersetzen des Schwerefeldes der Erde durch eine Ultrazentrifuge so weit vergrößern, daß auf diese Weise auch die Molekulargewichts-bestimmung gelöster makromolekularer Stoffe ermöglicht wird.

Die von SVEDBERG entwickelte Ultrazentrifuge, mit der Schwerefelder bis zum 1000000fachen der Schwerkraft der Erde erzeugt werden können, enthält einen Rotor,

[1] Monographie: T. SVEDBERG und K. O. PEDERSEN: Die Ultrazentrifuge. Dresden: Steinkopff. 1940.

dessen Durchmesser etwa 10 cm beträgt. In diesem ist exzentrisch radial eine Küvette eingebaut, in welche die zur Untersuchung gelangende Lösung gebracht wird.

Die Messungen mit der Ultrazentrifuge können nach zwei Gesichtspunkten durchgeführt werden: Man kann das sich einstellende *Sedimentations-gleichgewicht* beobachten oder man bestimmt die *Sedimentations-geschwindigkeit.*

Bei der erstgenannten Methodik wird die Lösung so lange der Wirkung des Zentrifugalfeldes überlassen, bis sich ein Gleichgewicht zwischen der Tendenz der Moleküle, an der Peripherie des Rotors zu sedimentieren, und der durch den Einfluß der Wärmebewegung bedingten Tendenz zur Rückdiffusion in den Mittelteil des Rotors einstellt. Das Konzentrations-gefälle in der Küvette nach Erreichen des Gleichgewichts muß mit Hilfe sinnreicher optischer Einrichtungen während der Zentrifugierung beobachtet werden; ein Anhalten der Zentrifuge würde verständlicherweise das ausgebildete Gleichgewicht stören.

Unter der vereinfachenden Voraussetzung, daß eine ideal verdünnte Lösung vorliegt, ist das Molekulargewicht M im Gleichgewicht durch den Ausdruck

$$M = \frac{2\,R\,T \ln c_2/c_1}{(1 - V\varrho)\,\omega^2\,(x_2^2 - x_1^2)} \tag{3}$$

gegeben. Hierbei sind R die Gaskonstante, T die absolute Temperatur, c_2 und c_1 die Konzentrationen an den Punkten mit den Abständen x_2 und x_1 von der Rotationsachse, V das partielle spezifische Volumen der gelösten Substanz, ϱ die Dichte des Lösungsmittels und ω die Winkelgeschwindigkeit.

Ein Nachteil der Molekulargewichts-bestimmung auf diesem Wege ist ähnlich wie bei der osmometrischen Messung der lange Zeitraum, der zur Erreichung der Gleichgewichte oft erforderlich ist. Die Bestimmung des Sedimentations-gleichgewichts erlaubt eine allerdings nicht völlig ausreichende Aussage über die Einheitlichkeit der untersuchten Substanz. Zur Prüfung auf Einheitlichkeit mißt man die Konzentration in verschiedenen Abständen vom Rotor und berechnet das jeweilige M. G.; ist dieses konstant, hat man es mit *gleich großen* Molekülen zu tun; die Aussage enthält aber naturgemäß nichts über die chemische Identität der Moleküle.

Die zweite erwähnte Möglichkeit, das M. G. mit Hilfe der Ultrazentrifuge zu bestimmen, beruht auf der Messung der Sedimentations-geschwindigkeit der gelösten Moleküle, wobei es allerdings auch erforderlich ist, die Diffusionskonstante des zu untersuchenden Stoffes zu kennen.

Die Diffusions-konstante D wird experimentell durch Beobachtung der zeitlichen Konzentrations-änderung längs einer vertikalen Lösungsmittel-säule, welche zu Versuchsanfang am unteren Ende von einer Lösung der Substanz im gleichen Lösungsmittel begrenzt wurde, bestimmt. Es gilt das Diffusions-gesetz von Fick:

$$dm = -D\,A\,(dc/dx)\,dt, \tag{4}$$

wobei dm die Menge gelösten Stoffs ist, welche in der Zeit dt durch eine Fläche A, an der der Konzentrations-gradient dc/dx herrscht, durchtritt.

Zur Bestimmung der Sedimentations-geschwindigkeit sind weitaus größere Schwerefelder (etwa das 500000fache der Schwerkraft der Erde) als zur Einstellung der Sedimentationsgleichgewichte erforderlich. Die Messung erfolgt wiederum mit Hilfe optischer Einrichtungen.

Aus der Sedimentations-geschwindigkeit und der Diffusions-konstante läßt sich das M. G. nach folgender Formel berechnen:

$$M = \frac{R\,T\,s}{D(1 - V\varrho)}. \tag{5}$$

Hier stellen V wiederum das Volumen der gelösten Substanz und ϱ die Dichte des Lösungsmittels dar. Die Sedimentations-konstante s wird als die Sedimentations-geschwindigkeit in einem Einheitsfeld definiert; sie ist

$$s = (dx/dt)\,(1/\omega^2\,x), \tag{6}$$

worin x der Abstand der sich bewegenden Bande zur Zeit t und ω die Winkelgeschwindigkeit darstellen. Formel (5) gilt nur für unendliche Verdünnungen, so daß es unter Umständen notwendig ist, bei mehreren Konzentrationen zu messen und auf $c = 0$ zu extrapolieren. Größere Schwierigkeiten treten hier bei der Untersuchung von fadenförmigen Molekülen auf, da sowohl Diffusions-geschwindigkeit als Sedimentations-geschwindigkeit weitgehend von der Form, bzw. vom Reibungs-koeffizienten, abhängig sind. In konzentrierteren Lösungen kommt noch hinzu, daß Zusammenstöße der Moleküle und zeitweises Zusammenhängen störende Effekte verursachen. Bei globulären Proteinen, also bei den meisten Enzymen, können aber diese Faktoren weitgehend vernachlässigt werden.

Bestimmung der Lichtstreuung[1]. Kolloide Lösungen, wie es auch die Lösungen von Proteinen sind, streuen einen Teil des eingestrahlten Lichtes. Diese seit langem bekannte Erscheinung wird als TYNDALL-Effekt bezeichnet.

Die Intensität der Lichtstreuung ist von Zahl und Größe der kolloid gelösten Moleküle nach der Formel

$$\tau = M\,H\,c \qquad (7)$$

abhängig; hier bedeutet τ die Trübungs-vermehrung entsprechend der Intensitäts-verminderung des eingestreuten Lichtes

$$I = I_0\,e^{-\tau\,l} \qquad (8)$$

(I_0 ist die eingestrahlte Lichtintensität, l die Weglänge im streuenden System). M stellt wiederum das M. G., c die Konzentration in Gramm pro Milliliter dar, während H eine Proportionalitäts-konstante ist, deren Größe sich nach der Gleichung

$$H = \frac{32\,\pi^3}{3}\,\frac{\mu_0^2}{N\,\lambda^4}\left(\frac{\mu-\mu_0}{c}\right)^2 \qquad (9)$$

berechnen läßt. In Gl. (9) sind μ_0 der Brechungsindex des Lösungsmittels, μ derjenige der Lösung, λ die Wellenlänge des eingestrahlten Lichtes und N die Zahl von AVOGADRO. Sämtliche Größen der Gl. (9) lassen sich experimentell bestimmen, wodurch eine Molekulargewichtsbestimmung nach Gl. (7) ermöglicht wird. Man sieht, daß die Intensität der Trübung einerseits umgekehrt proportional der vierten Potenz der Wellenlänge ist und anderseits von den Größen der beiden Brechungsindizes abhängt. Wenn Lösung und Lösungsmittel den gleichen Brechungsindex haben, kann dementsprechend keine Lichtstreuung auftreten.

Die Methode hat für die Eiweißchemie den großen Vorteil der raschen Durchführbarkeit; sie erfordert aber einen relativ großen experimentellen Aufwand.

Ergebnisse der referierten Methoden. In Tab. 3 wird eine Zusammenstellung von Werten für das M. G. einer Anzahl von Enzymen, welche auf eine der geschilderten Arten erhalten wurden, gebracht. Im allgemeinen stimmen die mit Hilfe der verschiedenen Methoden erhaltenen Werte — manchmal sogar gegen jede Erwartung — gut überein. Dies mag darauf zurückzuführen sein, daß eine der wesentlichen Fehlerquellen, nämlich die Hydratation, die in der Größe V, also dem partiellen spezifischen Volumen, steckt, für alle Proteine ziemlich gleich sein dürfte, und dieser Faktor auch bei fast allen Methoden den gleichen Einfluß hat.

In manchen Fällen der Molekulargewichts-bestimmung von Proteinen hat es sich gezeigt, daß Differenzen zwischen den mit verschiedenen Methoden erhaltenen Resultaten nicht auf Ungenauigkeiten in den Bestimmungen zurückzuführen sind, sondern andere Ursachen haben.

So wird osmometrisch für das Insulin ein M. G. von 48000 gefunden, während die Röntgenstrahlen-analyse und auch die Methode der Sedimentations-geschwindigkeit Werte um 36000 ergeben. Auf Grund chemischer Analysen kann man annehmen, daß das Insulinmolekül aus Untereinheiten mit einem M. G. von 12000 besteht. Es ist nun wahrscheinlich, daß unter den Bedingungen der osmometrischen Messung, also in Lösung ohne wesentlichen Einfluß eines großen Schwerefeldes, das Insulin-molekül aus vier solchen Untereinheiten besteht, während der Insulin-kristall nur aus drei Untereinheiten zusammengesetzt ist und auch unter dem Einfluß des Schwerefeldes bei der Messung der Sedimentationsgeschwindigkeit Moleküle aus drei Untereinheiten vorliegen. Bei der Molekulargewichtsbestimmung durch Messung des Sedimentations-gleichgewichts, wobei ein weitaus geringeres Schwerefeld zur Anwendung kommt, wird ein Zwischenwert, nämlich 41000, gefunden, was man vielleicht so deuten kann, daß das angelegte Schwerefeld nicht dazu ausreicht, um die komplette Umwandlung aus der in Lösungen normalerweise vorliegenden Modifikation mit vier Untereinheiten in diejenige mit drei Untereinheiten zu bewirken.

Die tabellierten Werte sind in manchen Fällen Durchschnitts-werte aus mehreren Messungen mit verschiedenen Methoden; zum Teil handelt es sich aber

[1] Übersichtsreferat: G. OSTER: Progr. Biophysics 1, 73 (1950).

Tabelle 3. *Molekulargewichte einiger hochgereinigter Enzymproteine*

Enzym	Molekulargewicht
α-Amylase aus Malz	59500
α-Amylase aus Schweine-pankreas	45000
β-Amylase aus Bataten	152000
Ribonuclease aus Rinder-pankreas	15000
Desoxyribonuclease aus Rinder-pankreas	60000
Urease aus der Schwertbohne	483000
Carboxypeptidase aus Rinder-pankreas	31600
Pepsin (Rind)	34000
Trypsin (Rind)	36500
Chymotrypsin (Rind)	41000
Papain	27000
Chymopapain	45000
Glucose-1-phosphat → Amylose-transphosphatase *(Phosphorylase)* aus Kaninchen-muskel	340000—400000
ATP → Hexose-transphosphatase *(Hexokinase)* aus Hefe	96000
Phosphorylierende D-3-Phospho-glycerinaldehyd → DPN-transhydro-genase *(Triosephosphat-dehydrase)* aus Hefe	96000
Enzym gleicher Spezifität aus Kaninchen-muskel	99000
TPN · H_2 → O_2-transhydrogenase *(„altes gelbes Ferment“)*	80000
Glucose → O_2-transhydrogenase *(Notatin)*	152000
L-Aminosäure → O_2-transhydrogenase *(L-Aminosäure-oxydase)* aus Schlangengift	62000
Ungesättigte Fettsäure → O_2-transhydrogenase *(Lipoxydase)* aus Sojabohnen	102000
TPN · H_2 → Cytochrom *c*-transelektronase *(TPN-Cytochromreductase)* aus Hefe	78000
Enzym gleicher Spezifität aus Leber	68000
DPN · H_2 → Cytochrom *c*-transelektronase *(DPN-Cytochromreductase)* aus Schweine-herz	75000—78000
Diaphorase aus Herzmuskel (Rind)	70000
Cytochrom *c* aus Herzmuskel (Rind)	13000
Katalase aus Rinder-leber	148000
Peroxydase aus Meerrettich	44000
Pyruvat-decarboxylase aus Hefe	141000
FDP-Triosephosphat-lyase *(Aldolase)* aus Kaninchen-muskel	150000
2-Phosphoglycerat-dehydratase *(Enolase)* aus Hefe	66000
Fumarat-hydratase *(Fumarase)* aus Schweine-herz	200000
Carbonat-anhydratase aus Rinder-erythrozyten	30000

um Ergebnisse, die mit Hilfe nur einer einzigen Methode erhalten wurden und deshalb weniger Anspruch auf Genauigkeit und Verläßlichkeit machen.

Man kann aus Tab. 3 entnehmen, daß die Werte für das M. G. der Enzymproteine zwischen verhältnismäßig weiten Grenzen schwanken; im allgemeinen scheint es sich aber bei den Enzymen im Vergleich mit anderen Proteinen um Stoffe zu handeln, deren M. G. verhältnismäßig niedrig ist.

V. Die elektrochemischen Eigenschaften der Proteine; der isoelektrische Punkt

Alle Eiweißstoffe sind Elektrolyte, und zwar amphotere Körper, d. h., sie können sowohl mit Säuren als auch mit Basen Salze bilden. Für dieses Verhalten sind vor allem die dissoziablen Reste der funktionellen Gruppen verantwortlich; die Aminogruppen und Carboxylgruppen, die an der Peptid-verknüpfung beteiligt sind, können nicht dissozieren und kommen deshalb hier nicht in Betracht. Unter den dissoziablen Resten der funktionellen Gruppen sind vor allem die freien Carboxylgruppen von Glutaminsäure und Asparaginsäure, daneben auch die Hydroxylgruppe des Tyrosins als Protonen-donatoren, die Guanidinogruppe des Arginins und die ε-Aminogruppe des Lysins als Protonen-akzeptoren zu nennen.

Neben dem Gehalt an derartigen funktionellen Gruppen ist aber auch die Anordnung dieser Reste im Molekül sowie dessen Gestalt und Größe von wesentlichem Einfluß auf die elektrochemischen Eigenschaften eines Proteins. Diese können — ebenso wie bei den Aminosäuren — durch einen isoelektrischen Punkt (I. P.) charakterisiert werden, der eine wesentliche individuelle Konstante dieser Stoffe darstellt. Wir können den I. P. eines Eiweißstoffes als diejenige Wasserstoffionen-konzentration (in p_H-Einheiten ausgedrückt) definieren, bei welcher die Substanz gleich viele positive und negative Ladungen aufweist, wodurch die resultierenden Ladungen gleich Null werden und bei Anlegen eines elektrischen Feldes keine Wanderung eintritt.

Beim I. P. zeigen die Eiweißkörper die geringste Löslichkeit; ebenso haben hier das Quellungs-vermögen und der osmotische Druck Minima. Hingegen finden wir beim I. P. Maxima der Koagulierbarkeit, der Viskosität und der Spreitungsfähigkeit.

Die Bestimmung des I. P. kann auf verschiedene Weise erfolgen; die heute gebräuchlichste Methode ist die Elektrophorese, aber auch durch Feststellung des Viskositäts-maximums, des Flockungs-maximums und des Löslichkeits-minimums und schließlich auch durch Ermittlung des p_H-Wertes einer Pufferlösung, der durch Zusatz beliebiger Mengen des (elektrolytfreien) Proteins nicht mehr verändert wird („isoionischer Punkt"), können Messungen des I. P. durchgeführt werden.

Die ursprüngliche Versuchsanordnung der Elektrophorese bestand aus einem einfachen U-Rohr, in dem der zu untersuchende Stoff, gelöst in einer Pufferlösung von bestimmtem p_H-Wert und überschichtet mit der gleichen Pufferlösung, der Einwirkung eines elektrischen Feldes unterworfen wurde. Die beiden Arme des U-Rohrs waren mit unpolarisierbaren Elektroden verbunden. Die Bewegung der Grenzfläche zwischen Protein und Pufferlösung wurde beobachtet.

Heute wird die Elektrophorese in verhältnismäßig komplizierten Apparaturen durchgeführt, die in ihren wesentlichen Grundzügen auf die Arbeiten von TISELIUS[1] zurückgehen. Zur Verfolgung der Wanderungs-geschwindigkeit werden die Messung der Lichtabsorption im UV, die interferometrische Messung des Brechungsindex sowie vor allem die sog. Schlieren-methode angewandt[2]. In letzter Zeit wurden verschiedene einfachere Anordnungen unter Verwendung von Filtrierpapier vorgeschlagen[3].

Außer zur Bestimmung des I. P. kann die Elektrophorese auch zur Trennung von Eiweißkörpern sowie zu ihrer Prüfung auf Einheitlichkeit benützt werden. Bei Anwesenheit einer Komponente allein wird eine einzige scharfe Bande beobachtet, während Lösungen mehrerer Komponenten entsprechend mehrere Banden verursachen. Die Feststellung der elektrophoretischen Einheitlichkeit genügt aber nicht, um eine verbindliche Aussage über die chemische Einheitlichkeit zu machen, da es durchaus vorstellbar ist, daß zwei chemisch verschiedene Proteine völlig übereinstimmende elektrochemische Eigenschaften haben und

---

[1] A. TISELIUS: Trans. Faraday Soc. **36**, 16 (1937); vgl. auch den NOBEL-Vortrag: A. TISELIUS: Naturwiss. **37**, 25 (1950).

[2] Vgl. z. B. die Monographie: F. WUHRMANN und C. WUNDERLY: Die Bluteiweißkörper des Menschen. Basel: Schwabe. 1947.

[3] T. WIELAND: Angew. Chem. **60**, 313 (1948); H. D. CREMER und A. TISELIUS: Biochem. Z. **220**, 273 (1950); F. TURBA und H. J. ENENKEL: Naturwiss. **37**, 93 (1950); W. GRASSMANN und K. HANNIG: Ibid. **37**, 496 (1950); Hoppe-Seyler's Z. physiol. Chem. **290**, 1 (1952); K. WALLENFELS und E. PECHMANN: Angew. Chem. **63**, 44 (1951); H. MICHL: Mh. Chem. **82**, 944 (1951); **83**, 210 (1952); T. WIELAND und L. WIRT: Angew. Chem. **62**, 473 (1950).

dementsprechend bei der elektrophoretischen Wanderung eine einzige Bande zeigen.

Tabelle 4. *Isoelektrische Punkte einiger Enzymproteine*

Enzym	Isoelektrischer Punkt (p_H)
α-Amylase aus Malz	5,7
α-Amylase aus *Aspergillus oryzae*	4,2
α-Amylase aus Schweine-pankreas	5,2—5,6
β-Amylase aus Bataten	4,77
β-Amylase aus Malz	6,0
Ribonuclease aus Pankreas	7,8
Desoxyribonuclease aus Pankreas	4,7—5,0
Urease aus der Schwertbohne	5,0
Carboxypeptidase aus Pankreas	6,0
Pepsin	<1,0
Pepsinogen	3,7
Trypsin	7—8
Chymotrypsin	8,1—8,6
Chymotrypsinogen	9,5
Papain	9,0
„*Phosphorylase b*" (Glucose-1-phosphat → Amylose-transglucosidase) aus Kaninchen-muskel	5,8
ATP → Hexose-transphosphatase *(Hexokinase)* aus Hefe	4,5—4,8
Phosphorylierende D-3-Phosphoglycerinaldehyd → DPN-transhydrogenase *(Triosephosphat-dehydrase)* aus Kaninchen-muskel	6,55
TPN · H_2 → O_2-transhydrogenase *(„altes gelbes Ferment")*	5,22
Xanthin → O_2-transhydrogenase *(Xanthin-oxydase)* aus Milch	6,2
Ungesättigte Fettsäure → O_2-transhydrogenase *(Lipoxydase)* aus Sojabohnen	5,4
Cytochrom *c* aus Rinderherz	9,8
Katalase aus Rinder-leber	5,7
Pyruvat-decarboxylase aus Hefe	5,1
FDP-Triosephosphat-lyase *(Aldolase)* aus Kaninchen-muskel	6,05
Enzym gleicher Spezifität aus Ratten-muskel	5,7
Carbonat-anhydratase aus Rinder-erythrozyten	5,3

VI. Denaturierung der Eiweißkörper[1]

Der Erscheinungskomplex der Eiweiß-denaturierung ist für die Enzymologie von größter Bedeutung, da sich verschiedene Phänomene, so vor allem die Thermolabilität der Enzyme, ihre Unbeständigkeit gegen starke Säuren und Basen und auch ihre Inaktivierung durch andere chemische und physikalische Einflüsse als Denaturierung deuten lassen.

Die Eiweiß-denaturierung ist eine Erscheinung, die uns allen vertraut ist; das bekannteste Beispiel ist die irreversible Koagulation des Hühner-eiweißes beim Kochen der Eier. Außer durch thermische Einflüsse können ähnliche Effekte aber auch durch verschiedene andere physikalische Einwirkungen, wie z. B. durch heftiges Schütteln und Rühren, durch Ultraviolett-bestrahlung, Röntgenstrahlen, elektrische Kurzwellen, hohe Drucke und Spreitung, durch Behandlung mit Ultraschall sowie auch unter dem Einfluß mancher chemischer Reagenzien, wie starker Säuren und Basen, Schwermetall-salze, organischer Lösungsmittel, oberflächenaktiver Substanzen, Harnstoff und anderer Säureamide, Guanidin und Sulfosalicylsäure hervorgerufen werden.

Das erste Anzeichen einer Denaturierung ist meist eine verringerte Löslichkeit. Die Denaturierung ist weiters fast immer von einem Verlust der spezifischen

[1] Übersichtsreferate: M. L. ANSON: Adv. Protein Chem. **2**, 361 (1945); H. NEURATH, J. P. GREENSTEIN, F. W. PUTNAM und J. O. ERICKSON: Chem. Revs. **34**, 152 (1944).

biologischen Eigenschaften begleitet: Enzyme verlieren ihre Aktivität, Proteinhormone ihre Wirksamkeit und Antikörper sind in denaturiertem Zustand nicht mehr zur Reaktion mit dem entsprechenden Antigen imstande, da die immunchemischen Spezifitäten grundlegend verändert werden[1]. Ebenso geht die Kristallisierbarkeit verloren; weiters werden Proteine, die im nativen Zustand von proteolytischen Fermenten (Peptidasen) nicht angegriffen werden, nach Denaturierung leicht verdaulich[2].

Die Form der Proteinmoleküle ändert sich: der Eiweißstoff nähert sich bei der Denaturierung in seiner Form den fibrillären Proteinen; gleichzeitig findet eine Volumsverringerung statt[3]. Außerdem wird eine verstärkte optische Aktivität beobachtet, was dafür spricht, daß diejenigen Gruppen, welche den asymmetrischen C-Atomen der Peptid-ketten benachbart sind, an dem Vorgang beteiligt sind[4].

Mit der Denaturierung sind außerdem Änderungen der chemischen Eigenschaften verbunden, und zwar ist fast immer zu bemerken, daß die verschiedenen Farb-reaktionen, die für eine bestimmte Seitenketten-gruppierung spezifisch sind, intensiver ausfallen als bei den nativen Proteinen[5]. Unter Umständen können sogar Reaktionen auf derartige Gruppierungen erst nach der Denaturierung positiv ausfallen. Besonders gut untersucht ist das Auftreten von Sulfhydrylgruppen, die z. B. in nativem Ovalbumin durch die Nitroprussid-reaktion nicht nachgewiesen werden können, während das denaturierte Eiweiß eine positive Reaktion gibt.

Die Denaturierung hat einen auffallend hohen Temperatur-koeffizienten (zirka 600fache Geschwindigkeit bei 10° Temperatur-erhöhung). Dementsprechend läßt sich ein sehr hoher Wert für die Aktivierungs-wärme der Reaktion errechnen; andrerseits ist die Entropie-zunahme bei der Denaturierung sehr groß.

Über den Mechanismus der Denaturierungs-vorgänge ist noch nicht sehr viel bekannt. Die erste brauchbare Theorie hierüber wurde seinerzeit von Wu[6] entwickelt, welcher die Denaturierung — gleichgültig durch welches Agens — als ein Aufbrechen von Brücken-bindungen zwischen den einzelnen Polypeptid-ketten der Proteinmoleküle auffaßt. Durch dieses Aufbrechen erhalten die Ketten, die im nativen Zustand in einer genau bestimmten Konfiguration vorliegen, die Möglichkeit, sich zu entfalten. Diese Vorstellung muß nach unserem heutigen Wissen aber in dem Sinne ergänzt werden, daß nicht nur die Brücken-bindungen *zwischen* den einzelnen Peptid-ketten, sondern auch die Wasserstoffbrücken *innerhalb* der Peptid-ketten, also die sekundären Strukturen ebenso wie die tertiären Strukturen, bei der Denaturierung mehr oder minder quantitativ aufgebrochen werden. Das weitere Verhalten hängt in jedem Einzelfalle davon ab, ob die Polypeptid-ketten nach dem Aufbrechen wieder zu ihrer ursprünglichen Konfiguration (I) zusammengelagert werden, oder in offener Form (II) verbleiben, oder schließlich

---

[1] Vgl. K. Landsteiner: The Specificity of Serological Reactions. 2. Aufl. Cambridge, Mass.: Harvard Univ. Press. 1945.

[2] M. L. Anson und A. E. Mirsky: J. gen. Physiol. **17**, 399 (1934).

[3] K. Linderstrøm-Lang: Cold Spring Harbor Symp. quant. Biol. **14**, 117 (1950).

[4] D. B. Dill und C. L. Alsberg: J. biol. Chem. **65**, 279 (1925); F. G. Hopkins: Nature **126**, 328, 383 (1930); W. Pauli und R. Weiss: Biochem. Z. **233**, 381 (1931); H. A. Barker: J. biol. Chem. **103**, 1 (1933).

[5] Vgl. z. B.: A. E. Mirsky und M. L. Anson: J. gen. Physiol. **19**, 427 (1936); M. L. Anson: Ibid. **24**, 399 (1941); F. Haurowitz und S. Tekman: Biochim. biophys. Acta **1**, 484 (1947); J. Roche und M. Mourge: Bull. Soc. chim. biol. **30**, 322 (1948); C. H. Li: J. Amer. chem. Soc. **67**, 1065 (1945).

[6] H. S. Wu: Chinese J. Physiol. **5**, 231 (1931); vgl. dazu A. E. Mirsky und L. Pauling: Proc. nat. Acad. Sci. U. S. **22**, 439 (1936).

unter Ausbildung neuer Brücken-bindungen eine neue Konfiguration (III) ausbilden (Abb. 3).

Mit Hilfe dieser Vorstellungen läßt sich der durch den Einfluß verschiedener Reagenzien oder Einwirkungen zustande kommende Denaturierungs-effekt oft recht plausibel erklären.

So kann man die denaturierende Wirkung von starken Säuren und Basen dadurch erklären, daß unter dem Einfluß dieser Stoffe die Salzbrücken, die zwischen COO^--Gruppen und NH^+_3-Gruppen der Polypeptid-ketten bestehen, gesprengt werden und die Ketten sich entfalten können. Durch eine darauffolgende Neutralisation wird der ursprüngliche amphotere Charakter des Proteins wiederhergestellt und damit die Möglichkeit zur Bildung neuer Brücken gegeben, wobei aber meist andere Bindungen entstehen als diejenigen, welche im nativen Produkt vorhanden waren. Außerdem erfolgt unter diesen Umständen fast immer eine Brücken-bildung zwischen entgegengesetzt geladenen Gruppen verschiedener Moleküle, so daß große unlösliche Molekül-aggregate entstehen; wir beobachten eine Koagulation[1].

I II III

Abb. 3. Schema der Denaturierung (nach HAUROWITZ, *l. c.*).

Bei der Hitze-denaturierung werden durch die thermische Bewegung sowohl die Salzbrücken als auch die Wasserstoffbrücken innerhalb und zwischen den Polypeptid-ketten gesprengt. Da der Zwitterionen-zustand erhalten bleibt, können sich innerhalb des Moleküls und auch zwischen mehreren Molekülen neue derartige Bindungen bilden, wodurch ebenfalls Koagulation eintritt.

Bei der Spreitung erfolgt die Bildung eines Oberflächenfilms unter vollständiger Auffaltung der Polypeptid-ketten. Ähnlich dürften auch mechanische Mittel — heftiges Rühren oder Schütteln — wirken; in dem entstehenden Schaum dürfte das Protein als Oberflächenfilm vorliegen.

Weitaus komplizierter sind die Vorgänge, die bei der UV-Bestrahlung zur Denaturierung führen. Die Strahlung wird vor allem durch die aromatischen Kerne von Tyrosin, Phenylalanin und Tryptophan absorbiert; es konnte gezeigt werden, daß Peptid-bindungen, die diesen Aminosäure-resten benachbart sind, durch Strahlung mit der Wellenlänge 2700 Å gespalten werden[2]. Längerwellige Strahlung wirkt hingegen nur unter aeroben Bedingungen denaturierend; hier scheint eine Photo-oxydation der Proteine vorzuliegen[3].

Die bemerkenswerte Fähigkeit scheinbar ziemlich inerter Substanzen, wie z. B. des Harnstoffs und mancher anderer Säureamide, Proteine zu denaturieren, läßt sich vor allem dadurch erklären, daß Harnstoff in Wasser gelöst die an sich schon sehr hohe Dielektrizitäts-konstante des Wassers noch erhöht, weil er in wäßriger Lösung hauptsächlich in seiner polaren Form $H_2\overset{+}{N}{=}\underset{}{\overset{O^-}{\overset{|}{C}}}{-}NH_2$ existiert[4]. Durch die Kleinheit und die polare Natur der Harnstoff-moleküle können diese

[1] F. HAUROWITZ: Kolloid-Z. 71, 198 (1935); vgl. auch: Idem (*l. c.*).
[2] J. S. MITCHELL und E. K. RIDEAL: Proc. Roy. Soc. London A 167, 342 (1939).
[3] S. FIALA: Biochem. Z. 318, 67 (1947).
[4] E. J. COHN und J. T. EDSALL: Proteins, Amino Acids and Peptides. S. 144. New York: Reinhold. 1943.

nun leicht zwischen die Polypeptid-ketten gelangen; sie sprengen die Wasserstoff-brücken und nehmen selbst an neuentstehenden Wasserstoff-brücken teil, wodurch eine Auffaltung der Ketten und somit Denaturierung erfolgt.

Nach diesen Vorstellungen muß angenommen werden, daß der Angriffspunkt des Harnstoffs und ähnlich wirkender Substanzen die Wasserstoffbrücken sind. Nun wird vielfach berichtet, daß manche Proteine unter dem Einfluß von Harnstoff in kleinere Molekül-einheiten gespalten werden; die naheliegende Deutung für diese Erscheinung ist, daß die im nativen Protein vorgelegenen größeren Komplexe nur durch Wasserstoff-bindungen zusammengehalten waren.

$$
\begin{array}{c}
—N—C— \\
|\quad O \\
H\quad : \\
:\quad H \\
O\quad | \\
—C—N—
\end{array}
\; + 2\, H_2NCONH_2 \rightarrow
\begin{array}{c}
—N—C— \\
|\quad O \\
H\quad : \\
:\quad H \\
O\quad | \\
H_2N—C—NH \\
HN—C—NH_2 \\
|\quad O \\
H\quad : \\
:\quad H \\
O\quad | \\
—C—N—
\end{array}
$$

Wir haben nun gesehen, daß die Angriffspunkte der verschiedenen denaturierenden Agenzien durchaus nicht identisch sind. Das Gemeinsame ist die Auffaltung der Polypeptidketten, die aber durch ganz verschiedene chemische Veränderungen der Protein-moleküle zustande kommen kann. Es ist deshalb auch nicht zu erwarten, daß sich Denaturierungsprodukte ein und desselben Eiweißstoffes, die durch verschiedene Denaturierungs-methoden erhalten wurden, gleichartig verhalten. Daraus ergibt sich die Notwendigkeit, bei Angaben über ein denaturiertes Proteinpräparat auch die Art des Denaturierungs-prozesses zu beschreiben.

In manchen Fällen läßt sich eine scheinbare Reversibilität der Denaturierung beobachten, nachdem der denaturierende Einfluß entfernt wurde. So wird das proteolytische Ferment Trypsin (vgl. S. 312) sowohl durch Hitze als auch durch stärkere Alkalien leicht denaturiert, wobei es unlöslich wird und seine enzymatische Aktivität verliert. Wenn das Enzym aber den denaturierenden Einflüssen nur kurze Zeit ausgesetzt wird und dann diese wieder entfernt werden (Abkühlen, Neutralisation), so gewinnt es seine Ferment-aktivität zurück und seine Löslichkeit entspricht weitgehend der des nativen Produktes. Eine Reihe weiterer derartiger Beispiele ist bekannt; es konnte aber gezeigt werden, daß in allen diesen Fällen einer reversiblen Denaturierung doch kleine Unterschiede zwischen den ursprünglichen Proteinen und dem „renaturierten" Stoff nachweisbar sind[1]. So lassen sich die „renaturierten" Eiweißstoffe enzymatisch leichter abbauen als die nativen Proteine; ebenso finden sich kleinere Verschiedenheiten in der Kristallform, im elektrophoretischen Verhalten und in der Löslichkeit.

Levy und Slobodiansky[2] deuten die geschilderten Reversibilitäts-erscheinungen mit der Tautomerie organischer Substanzen; eine Renaturierung wäre dann eine Wiederherstellung eines Gleichgewichtes, nachdem die Störung des Gleichgewichtes aufgehört hat. Eine solche Rückbildung kann natürlich nur dann stattfinden, wenn die ursprüngliche Konfiguration des Proteins stabiler ist als die anderen in Frage kommenden Konfigurationen. Bei der Vielzahl der Möglichkeiten für Brücken-bindungen, die innerhalb eines Protein-moleküls gegeben ist, sind natürlich viele Konfigurationen als möglich anzunehmen und dementsprechend ist es recht unwahrscheinlich, daß bei der Renaturierung genau die ursprüngliche Konfiguration erhalten wird. Somit wird es leicht verständlich, daß selbst in denjenigen Fällen, in welchen wir eine Reversibilität der Denaturierung beobachten, kleine, aber meßbare Unterschiede der nativen und der renaturierten Proteine zu beobachten sind.

---

[1] J. Roche und R. Combette: Bull. Soc. Chim. biol. **19**, 627 (1937); J. Roche und M. Chouaiech: C. R. Soc. biol. **133**, 477 (1940); vgl. auch das Übersichtsreferat: H. Neurath, J. P. Greenstein, F. W. Putnam und J. E. Erickson: Chem. Revs. **34**, 157 (1944).

[2] M. Levy und E. Slobodiansky, Cold Spring Harbor Symp. quant. Biol. **14**, 113 (1950).

Bei der Betrachtung von Inaktivierungs-vorgängen an Enzymen muß aber festgehalten werden, daß nicht jede Inaktivierung als Denaturierung aufgefaßt werden darf. Wie wir später sehen werden, gibt es Inaktivierungen, bei denen spezifisch die Wirkgruppen des Enzyms in irgend einer Weise blockiert werden, ohne daß die sonstigen Eigenschaften des Enzym-moleküls, so insbesondere die durch die labilen Brücken bedingte innere Konfiguration, geändert werden.

4. Die Isolierung, Konzentrierung und Reinigung von Enzymen[1]

Die Darstellung hochgereinigter Enzym-präparationen ist ein Teilgebiet der präparativen Eiweißchemie. Grundsätzlich sind sämtliche Aufarbeitungs-methoden zur Herstellung nicht-denaturierter Proteine auch für Enzyme anwendbar.

Die Herstellung hochgereinigter Enzym-präparate ist naturgemäß um so leichter, je reicher das Ausgangsmaterial an dem betreffenden Enzym ist. Im allgemeinen ist es notwendig, von großen Mengen des Ausgangsmaterials auszugehen, da im Verlauf der Reinigungs-operationen oftmals ein größerer Prozentsatz an Enzym verlorengeht und der Enzym-gehalt der Materialien selten 1% überschreitet. So werden zur Darstellung eines hochgereinigten Phenol-oxydasepräparats aus Pilzen 15 kg der Pilze benötigt[2]; für die Kristallisation des sog. „condensing enzyme" (S. 372) waren 70 Schweine-herzen erforderlich[3].

Manchmal ist es allerdings auch notwendig, mit weitaus geringeren Mengen Ausgangsmaterial auszukommen; ein Beispiel dafür ist die Isolierung von L-Amino-säure → O_2-transhydrogenase (*L-Aminosäure-oxydase*) eines Schlangengiftes aus wenigen Gramm des Materials[4].

Manche Enzyme finden sich bereits im Ausgangsmaterial in gelöstem Zustand; dies gilt vor allem für sämtliche Enzyme, die von den Zellen, welche sie produzieren, in das Außenmedium abgegeben werden, so z. B. für alle Verdauungsenzyme des menschlichen Magen-Darmtrakts. Solche Enzyme werden *extracelluläre Fermente* genannt.

In vielen anderen Fällen gelangen aber die Enzyme, solange der Organismus lebt, nicht aus den Zellen hinaus; zu ihrer Gewinnung ist zumindest notwendig, daß die Zellwände entweder auf mechanische Weise oder durch die dem Zelltod folgende Auflösung (Autolyse) zerstört bzw. durchlässig gemacht werden. Enzyme, die während der Lebensdauer des Organismus nicht außerhalb der Zellen vorzufinden sind, werden als *endocelluläre Fermente* bezeichnet.

Endocelluläre Enzyme sind oftmals mehr oder minder fest an verschiedenen Zell-bestandteilen verankert und müssen zur Isolierung von diesen Elementen abgetrennt werden, wozu eine größere Anzahl von Methoden zur Verfügung steht.

Eine Einteilung der endocellulären Fermente nach ihrer Bindungsweise an die Zell-elemente wurde von WILLSTÄTTER und ROHDEWALD[5] vorgeschlagen. Als Kriterium wurde hierfür

---

[1] Monographie: J. H. NORTHROP, M. KUNITZ und R. M. HERRIOTT: Crystalline Enzymes. New York: Columbia Univ. Press. 1948; Übersichtsreferat: S. SCHWIMMER und A. B. PARDEE: Adv. Enzymology **14**, 373 (1953); vgl. auch den Handbuchartikel von J. F. TAYLOR: In „The Proteins", herausgegeben von H. NEURATH und K. BAILEY, Bd. I, S. 1. New York: Academic Press. 1953.

[2] M. F. MALETTE, S. LEWIS, S. R. AMES, J. M. NELSON und C. R. DAWSON: Arch. Biochem. **16**, 283 (1948).

[3] S. OCHOA, J. R. STERN und M. C. SCHNEIDER: J. biol. Chem. **193**, 691 (1951).

[4] T. P. SINGER und E. B. KEARNEY: Arch. Biochem. **29**, 190 (1950).

[5] R. WILLSTÄTTER und M. ROHDEWALD: Hoppe-Seyler's Z. physiol. Chem. **203**, 189 (1931); **209**, 38 (1932); **221**, 13 (1933); **229**, 241 (1934); vgl. auch das Übersichtsreferat: E. BAMANN und W. SALZER: Ergebn. Enzymforsch. **7**, 28 (1938).

die Extrahierbarkeit der Enzyme mit Wasser und Glycerin herangezogen. Es wird unterschieden zwischen sog. *lyo*-Enzymen, die in der Zelle entweder in löslichem Zustand vorliegen oder nur adsorptiv an Zell-bestandteile gebunden sind, und sog. *desmo*-Enzymen, die durch eine chemische Bindung an den Zellelementen verankert sein sollen. Diese Einteilung in *lyo*- und *desmo*-Fermente beschreibt also nur rein quantitative Verhältnisse; es muß auch als fraglich angesehen werden, ob die genannten Lösungsmittel, Glycerin und Wasser, dazu geeignet sind, tatsächlich eine Unterscheidung zwischen adsorptiver und chemischer Bindung zu erlauben.

I. Herstellung von Enzym-lösungen.

Bei allen Enzymen, die in irgend einer Weise an Zell-bestandteile gebunden sind, besteht somit der erste Schritt zu ihrer Isolierung darin, sie in Lösung zu bringen. Hier wie bei allen anderen später beschriebenen Arbeitsgängen ist es natürlich notwendig, mit größter Vorsicht alle Einflüsse auszuschalten, die zu einer Denaturierung des Enzyms führen könnten, wie z. B. zu stark saure oder alkalische Reaktion, zu hohe Temperatur, Wirkung mancher organischer Lösungsmittel und schließlich Oberflächen-denaturierung durch Schäumen. Vor allem muß die Zellwand zerstört werden, damit die intracellulären Enzyme freigesetzt werden können. Hierzu werden verschiedene Zerkleinerungs-geräte verwendet, von denen der sog. *Waring-Blendor*, im deutschen Sprachbereich auch „Turmix" genannt, heute wohl am meisten verbreitet ist. Allerdings werden in manchen Fällen die Fermente durch eine derartige Behandlung zerstört. Weitere Zerkleinerungs-möglichkeiten sind Zerreiben (mit oder ohne Sand) im Mörser, im Fleischwolf, in der sog. Latapie-mühle, „Homogenisieren" im Homogenisator nach POTTER und ELVEHJEM[1] sowie Zerreiben mit Glas-staub in der Bakterienmühle von BOOTH und GREEN[2].

Eine traditionsreiche, aber heute kaum mehr angewandte Methodik zur Gewinnung von Enzym-extrakten aus biologischem Material ist das Auspressen mit Hilfe einer hydraulischen Presse; auf diese Weise konnte BUCHNER aus Hefe einen gärfähigen Extrakt erhalten, der somit das komplette Zymase-system enthielt.

Die Methode der Autolyse, einer durch organische Lösungsmittel geförderten Selbstverdauung, wird bei tierischem oder pflanzlichem Gewebe weitaus weniger häufig angewandt als zur Gewinnung von Enzymen aus Mikroorganismen. Sehr oft kann man durch Behandeln des Gewebes mit kaltem Aceton, folgender Filtration und Trocknung ein Pulver gewinnen, aus dem sich die Enzyme leicht herauslösen lassen. In ähnlicher Weise können auch Mikroorganismen zu Acetontrockenpulvern verarbeitet werden; ebenso sind Enzyme aus luft- oder vakuum-getrockneten Mikroorganismen oft leicht extrahierbar. *Micrococcus lysodeikticus* und einige wenige andere Bakterien werden durch Lysozyme (S. 252) aufgelöst, d. h. ihre Zellstruktur wird zerstört. Hierbei werden einige Enzyme dieser Organismen frei und können leicht isoliert werden[3]. Auch durch Ultraschall läßt sich in manchen Fällen ein Enzym aus Mikroorganismen freisetzen[4].

Zur Extraktion der Enzyme aus den Zell-resten kann man nach SCHWIMMER und PARDEE *(l. c.)* zwei verschiedene Methoden anwenden; entweder eine Extraktion unter milden Bedingungen mit einem Lösungsmittel, in dem sehr viele Enzyme stabil sind, wie z. B. mit verdünnten Salzlösungen, oder eine selektive Extraktion, wobei zuerst ein Lösungsmittel verwendet wird, in dem nur wenige Enzyme löslich sind, worauf die Extraktion mit anderen Lösungsmitteln, welche wieder andere Enzyme extrahieren, wiederholt wird.

---

[1] Vgl. z. B. V. R. POTTER und C. A. ELVEHJEM: J. biol. Chem. **114**, 495 (1936).
[2] V. H. BOOTH und D. E. GREEN: Biochem. J. **32**, 855 (1938).
[3] D. HERBERT und J. PINSENT: Ibid. **43**, 193 (1948).
[4] Vgl. z. B. O. MEYERHOF und P. OHLMEYER: J. biol. Chem. **195**, 11 (1952).

Die Schule von WILLSTÄTTER arbeitete häufig mit Glycerin als Extraktions-mittel; die so erhaltenen Enzym-lösungen erwiesen sich wohl als sehr haltbar, sind aber zu einer weiteren Reinigung und Konzentrierung sehr wenig geeignet, weshalb diese Technik heute nur mehr selten angewandt wird.

Manche Enzyme lassen sich mit den bis heute bekannten Mitteln überhaupt nicht von den Zellresten abtrennen; zu ihrer Untersuchung muß man die Zellreste mit dem daran haftenden Enzym verwenden.

Aus den erhaltenen Enzym-extrakten müssen die Zellreste durch Filtration oder Zentrifugieren entfernt werden. Hier bewährt sich oft die Verwendung von Filterpressen oder Filtertüchern; Filtrierpapier wird häufig sehr schnell verklebt.

II. Konzentrierung und Reinigung der Enzym-lösungen

Die Konzentrierung und Reinigung der Enzym-extrakte muß nunmehr unter ständiger Kontrolle der Aktivität vorgenommen werden, wobei die Aktivität immer in eine Beziehung zum Eiweiß- oder Stickstoff-gehalt der Präparationen gesetzt werden soll.

Vor einer weiteren Reinigung ist es immer nötig, die Bedingungen zu erforschen, unter welchen das gewünschte Enzym stabil ist.

In vielen Fällen erhält man bei der Herstellung der Extrakte stark verdünnte Lösungen, mit denen Reinigungs-operationen nur schwer durchführbar sind. Es ist deshalb notwendig, entweder einen Teil des Wassers zu entfernen, was am besten mit Hilfe der „freeze-drying"-Technik erfolgt, oder das Enzym mit organischen Lösungsmitteln oder Salzen in der Kälte auszufällen.

Die Technik des *Ausfällens mit Salzen oder organischen Lösungsmitteln* ist gleichzeitig eine der am häufigsten verwendeten Methoden zur Reinigung der Enzyme. Unter den Salzen wird Ammoniumsulfat am meisten verwendet, das besonders gut löslich ist und dadurch erlaubt, praktisch jedes Protein auszufällen. Daneben werden auch Natriumchlorid, Natriumsulfat, Natriumacetat, Kaliumphosphat und Magnesiumsulfat angewandt. Unter den organischen Lösungsmitteln, die mit Wasser mischbar sein müssen, werden Aceton, Äthanol sowie auch Methanol und Dioxan am häufigsten verwendet. Hier muß besonders darauf geachtet werden, daß in der Kälte gearbeitet wird, da bei Zimmer-temperatur die genannten organischen Lösungsmittel eine starke denaturierende Wirkung besitzen, während dieser Einfluß in der Kälte kaum zur Geltung kommt.

Sowohl mit Hilfe von Salzen als auch mit organischen Lösungsmitteln läßt sich die häufig verwendete *fraktionierte Fällung* von Enzym-extrakten durchführen. So ist es z. B. oft möglich, durch Zusatz einer geringen Menge eines Fällungsmittels inerte Proteine auszufällen, die durch Filtration und Zentrifugieren entfernt werden können. Bei Erhöhung der Konzentration des Fällungsmittels erfolgt dann das Ausfällen einer Fraktion, die das Enzym enthält.

Eine weitere sehr oft angewandte Methode zur Ausfällung von Proteinen ist die *Veränderung des* p_H; dies erklärt sich dadurch, daß alle Eiweißkörper in der Nähe ihres I. P. am schwersten löslich sind und daher leicht ausfallen. Mit Hilfe dieser Methode lassen sich häufig große Mengen von Verunreinigungen entfernen; in manchen Fällen gelingt es, das Enzym selbst in der Nähe seines I. P. auszufällen, während andere, inerte Proteine in Lösung bleiben.

Andere Methoden, die oft zur Reinigung von Enzymen verwendet werden, beruhen darauf, daß man versucht, Begleit-proteine selektiv zu denaturieren, die dadurch ausfallen und entfernt werden können. So ist es oftmals möglich, durch vorsichtiges Erwärmen einen großen Teil der inerten Proteine in der Lösung zu denaturieren, ohne daß das gewünschte Enzym geschädigt wird. Auch die partielle Denaturierung durch Säure wird manchmal angewandt; ein ähnlicher Effekt der partiellen Oberflächen-denaturierung wird durch Schütteln der Enzymlösung mit Chloroform erreicht. Ebenso kann man in manchen Fällen inertes Material durch Schwermetall-salze ausfällen. Die Anwendbarkeit aller dieser Methoden setzt natürlich voraus, daß das Enzym, welches man isolieren will, gegen die schädigenden Einflüsse wesentlich widerstandsfähiger ist als die Begleit-proteine.

In vielen Fällen ist es notwendig, zur Reinigung eines Enzyms Begleit-material zu entfernen, das nicht Protein-charakter trägt. Bei niedermolekularen Verbindungen bedient man sich hierzu vor allem der Dialyse. Zur Entfernung von hochmolekularen Begleit-stoffen (Nucleinsäuren, Mucine) muß man andere Methoden anwenden. Mucine, die auch schon in Spuren die Kristallisation von Proteinen verhindern können, werden durch Behandlung mit starken Säuren, Kupferhydroxyd, Aceton oder am elegantesten mit Kieselgur-artigen Adsorbentien *(Hyflo Filter-Cel)* entfernt. Zur Ausfällung von Nucleinsäuren, die besonders in bakteriellen Extrakten oft störend wirken, können Protamin, Salmin und auch Manganchlorid benützt werden.

Manchmal gelingt es auch, das gewünschte Enzym durch Ausfällung mit einem *spezifischen Fällungsmittel* aus der Lösung zu gewinnen. So konnten WARBURG und CHRISTIAN[1] die 2-Phosphoglycerat-dehydratase *(Enolase)* aus Hefe als Quecksilber(II-)salz kristallin erhalten. Dieses Schwermetall-salz war selbst inaktiv; bei seiner Auflösung in cyanid-haltiger ammoniakalischer Ammoniumsulfat-lösung und folgendem Zusatz von mehr Ammoniumsulfat fällt aber das freie, mit Mg-Salzen aktivierbare Enzymprotein in amorpher Form aus. In anderen Fällen gelingt es, das Fermentprotein durch fraktionierte Ausfällung mit Nucleinsäure zu konzentrieren (vgl. z. B. BÜCHER[2]). Die Nucleinsäure läßt sich in einem weiteren Schritt leicht durch Salmin oder Protamin entfernen.

Eine traditionsreiche und auch heute noch viel benützte Technik zur Reinigung von Enzymen stellen die verschiedenen *Adsorptionsmethoden* dar, die insbesondere von WILLSTÄTTER und seiner Schule entwickelt wurden. Nach dem heutigen Stand[3] können wir zwei verschiedene Verfahren unterscheiden: die „klassische Adsorption“ und die Chromatographie.

Bei der *klassischen Adsorption*, wie sie von WILLSTÄTTER benützt wurde, wird die schwach angesäuerte Lösung mit einer Suspension des Adsorbens [$Al(OH)_3$ $C\gamma$, Calciumphosphat-gel, Bentonit, Silikagel u. a.] versetzt, das Gemisch nach kurzer Zeit zentrifugiert, die überstehende Flüssigkeit verworfen und das Enzym dann in schwach alkalischem Medium mit einem geeigneten Solvens eluiert. Nach NORTHROP, KUNITZ und HERRIOTT *(l. c.)* eignet sich das Verfahren aber — in sinngemäßer Abänderung — weitaus besser zur Abtrennung von Verunreinigungen als zur Konzentrierung von Enzymen, da Adsorption und Elution zwei sehr verlustreiche Schritte sind.

Die *Chromatographie von Enzymen* wurde erst in verhältnismäßig wenigen Fällen durchgeführt[4]. Die Methodik bewährt sich besonders zur Trennung verschiedener Enzym-aktivitäten; so gelang es ZECHMEISTER und Mitarbeitern[5], durch Chromatographie auf kurzen Bauxit-kolonnen eine Trennung eines rohen Emulsin-präparats in β-Glucosidase, α-Galactosidase und Chitinase durchzuführen. Die Anwesenheit der meist farblosen Enzym-proteine läßt sich durch Aufstreichen des Substrats mit einem Pinsel und darauffolgender Färbung des Reaktionsprodukts mit Hilfe eines entsprechenden Farb-reagens nachprüfen („paint brush test“)[6]. Obwohl gegen die allgemeine Anwendung der chromatographischen Methodik

---

[1] O. WARBURG und W. CHRISTIAN: Biochem. Z. **310**, 384 (1941).
[2] T. BÜCHER: Biochim. biophys. Acta **1**, 292 (1947).
[3] Übersichtsreferat: C. A. ZITTLE: Adv. Enzymology **14**, 319 (1953).
[4] Übersichtsreferat: L. ZECHMEISTER und M. ROHDEWALD: Fortschr. Chem. organ. Naturstoffe **8**, 341 (1951).
[5] L. ZECHMEISTER, G. TÓTH und M. BÁLINT: Enzymologia **5**, 302 (1938).
[6] L. ZECHMEISTER und M. ROHDEWALD: Ibid. **13**, 388 (1949).

bei Enzym-trennungen der Einwand gemacht wird, daß wegen der hohen M. G. und der dadurch bedingten langsamen Diffusion schwer exakte Trennungen erzielt werden können, dürfte doch die Chromatographie ein wertvolles Hilfsmittel zur Reinigung und Konzentrierung mancher Fermente darstellen.

Unter den physikalischen Methoden, die zur Abtrennung der Enzymproteine von Begleitstoffen dienen, wurde die *Dialyse* bereits erwähnt; sie wird zur Entfernung nieder-molekularer Substanzen verwendet.

Die bereits an anderer Stelle besprochene *Elektrophorese* kann in manchen Fällen auch zur Reinigung von Enzymen verwendet werden. Die Methodik diente bereits 1934 zur Reindarstellung der TPN · $H_2 \rightarrow O_2$-transhydrogenase (*„altes gelbes Ferment“*)[1]; neuere Anwendungen betreffen die Ungesättigte Fettsäure → O_2-transhydrogenase (*Lipoxydase*) aus Sojabohnen[2] und die L-Aminosäure → O_2-transhydrogenase (*L-Aminosäure-oxydase*) aus Schlangengift[3]. Mit Hilfe der vor kurzem entwickelten und wohl allgemeiner anwendbaren Methodik der Konvektions-elektrophorese gelang MATHIES[4] eine weitgehende Reinigung der Phosphomonoesterase Typus I (*alkalische Phosphatase*) aus Schweinenieren.

Während bis vor kurzem die *hochtourige Zentrifuge* nur zur Abtrennung von partikel-gebundenen Enzymen angewendet wurde, berichteten SANADI und Mitarbeiter[5], daß sie decarboxylierende α-Ketoglutarat → DPN-transhydrogenase (*α-Ketoglutarsäure-oxydase*) aus Herzmuskel mit Hilfe einer präparativen Ultrazentrifuge mit 40000 Umdrehungen pro Minute (144000 × g) aus einer Lösung abscheiden konnten.

III. Kristallisation der Enzyme

Seitdem es SUMNER im Jahre 1927 gelungen war, die Urease aus der Schwertbohne in kristallinem Zustand zu erhalten, weiß man, daß die Kristallisation von Enzymen möglich ist und einen wertvollen Reinigungsschritt darstellt. In dem Vierteljahrhundert, das seither vergangen ist, konnten viele andere Enzyme kristallin dargestellt werden.

Die Kristallisation eines Enzyms bedeutet aber nicht etwa, wie das in analogen Fällen in der präparativen organischen Chemie fast immer der Fall ist, daß das Enzym in absolut reinem Zustand vorliegt. In mehreren Fällen wurde gezeigt, daß kristalline Enzym-zubereitungen Mischungen mehrerer Proteine sind.

So konnte BARANOWSKI[6] nachweisen, daß das sog. Myogen A aus Muskel, welches in schönen Kristallen erhalten werden konnte und sich sogar in der Ultrazentrifuge und bei der Elektrophorese als einheitlich erwies, nicht, wie ursprünglich angenommen wurde, eine kristallisierte FDP-Triosephosphat-lyase (*Aldolase*) ist, sondern neben diesem Ferment auch noch DPN. $H_2 \rightarrow$ Phosphodioxyaceton-transhydrogenase (*α-Glycerophosphat-dehydrase*) sowie auch wahrscheinlich inerte Proteine enthält. Ein anderes Beispiel für ein ähnliches Verhalten stellt die Ribonuclease aus Pankreas dar; dieses Enzym wurde 1940 von KUNITZ[7] in kristallinem Zustand erhalten. Die Präparation erwies sich sowohl in der Ultrazentrifuge als auch bei der Elektrophorese und im Löslichkeits-test als einheitlich. Trotzdem zeigte sich neben der eigentlichen Aktivität noch proteolytische Wirkung, die ursprünglich als inhärente Eigenschaft des Fermentproteins angesehen wurde. Erst acht Jahre später gelang es McDONALD[8], durch Abtrennung der proteolytischen Komponente ein weiter gereinigtes Präparat herzustellen. In

---

[1] H. THEORELL: Biochem. Z. **272**, 155 (1934); **278**, 263 (1935).
[2] H. THEORELL, R. T. HOLMAN und Å. ÅKESON: Acta chem. Scand. **1**, 571 (1947).
[3] T. P. SINGER und E. B. KEARNEY: Arch. Biochem. **29**, 190 (1950).
[4] J. C. MATHIES: Science **115**, 144 (1952).
[5] D. R. SANADI, J. W. LITTLEFIELD und R. M. BOCK: J. biol. Chem. **197**, 851 (1952).
[6] T. BARANOWSKI und T. R. NIEDERLAND: J. biol. Chem. **180**, 543 (1949).
[7] M. KUNITZ: J. gen. Physiol. **24**, 15 (1940).
[8] M. R. McDONALD: Ibid. **32**, 39 (1948).

letzter Zeit konnte aber mit Hilfe der Chromatographie gezeigt werden, daß die Ribonuclease aus Pankreas aus zwei verschiedenen Komponenten besteht, welche beide enzymatisch aktiv sind[1].

Obwohl somit die Kristallisation eines Enzyms nicht ein absolutes Kriterium der Reinheit darstellt, stellt diese Operation doch einen Beweis dafür dar, daß man eine verhältnismäßig hochgereinigte Präparation in den Händen hat. Leider gibt es bisher noch keine allgemein gültigen Regeln, nach denen es möglich ist, ein Enzym zu kristallisieren. Es ist meist eine Angelegenheit von vielen zeitraubenden Versuchen, bis es gelingt, die günstigsten Bedingungen zu einer Kristallisation aufzufinden. Nach SCHWIMMER und PARDEE *(l. c.)* ist es wahrscheinlich, daß eine Einhaltung ganz enger Bedingungen um so notwendiger ist, je unreiner die Ausgangspräparation ist, aus der man Enzym-kristalle herstellen will. NORTHROP (zitiert nach SCHWIMMER und PARDEE) gibt an, daß die Leichtigkeit der Kristallisation der Total-konzentration proportional, dem Grad der Übersättigung aber umgekehrt proportional ist, was bedeutet, daß eine konzentrierte, gerade gesättigte Lösung die besten Aussichten für eine Kristallisation bietet. Eine Umkristallisation bereits kristallinen Materials kann meist bedeutend leichter erreicht werden als eine Erst-kristallisation.

Bei Erscheinen von Kristallen in Enzym-lösungen muß in allen Fällen vorerst sichergestellt werden, daß es sich nicht um Kristalle anorganischer Verbindungen handelt. Irrtümer dieser Art sind häufig vorgekommen; so bestand die als kristalline Phosphomonoesterase Typus I *(alkalische Phosphatase)* angesprochene Präparation von ROCHE und Mitarbeitern[2] aus Magnesium-orthophosphat, an welches das Enzym adsorbiert war. In ähnlicher Weise handelte es sich bei den angeblich kristallisierten „Abwehrproteasen" von MALL und BERSIN[3] um Adsorbate an verschiedenen anorganischen Kristallen. Eine Unterscheidung kann dadurch erzielt werden, daß man die Doppelbrechung der Kristalle untersucht. Eine sehr starke oder gar keine Doppelbrechung wird nur bei anorganischen Kristallen beobachtet; schwache Doppelbrechung läßt auf das Vorliegen organischer Kristalle schließen.

IV. Die Bestimmung der Einheitlichkeit einer Enzym-präparation[4]

Während in der niedermolekularen organischen Chemie das wesentlichste Kriterium für die Reinheit und Einheitlichkeit einer Substanz die Gleichheit der Kristallform sowie ihr Schmelzpunkt ist, der sich bei mehrfacher Umkristallisation nicht mehr ändern darf, gibt es im Bereich der makromolekularen Chemie, zu der die Eiweißchemie und damit auch die Chemie der Enzyme zu rechnen ist, keine derartig einfachen Untersuchungsmethoden. Wie bereits erwähnt wurde, ist die Tatsache, daß ein Enzympräparat im kristallinen Zustand erhalten wurde, durchaus noch kein Beweis für seine Einheitlichkeit, wie auch die Kristallform kein wesentliches Merkmal darstellt, da mehrfach beobachtet wurde, daß Enzympräparate gleicher Reinheit unter verschiedenen Bedingungen in verschiedenen Formen kristallisieren.

Zur Bestimmung der Reinheit von Enzym-präparationen stehen uns wohl eine Anzahl von Methoden zur Verfügung; leider ist aber keine einzige von ihnen

[1] A. J. P. MARTIN und R. R. PORTER: Biochem. J. **49**, 215 (1951).

[2] NG. VAN-THOAI, J. ROCHE und L. SARTORI: C. R. Soc. biol. **138**, 47 (1944); M. A. M. ABUL-FADL, E. J. KING, J. ROCHE und NG. VAN-THOAI: Biochem. J. **44**, 428 (1949).

[3] G. MALL und T. BERSIN: Hoppe-Seyler's Z. physiol. Chem. **268**, 149 (1941); G. MALL: Z. Vitamin-, Hormon-, Fermentforsch. **1**, 257 (1947/48).

[4] Handbuchartikel: C. H. LI: In „Amino Acids and Proteins", herausgegeben von D. M. GREENBERG, S. 487. Springfield Ill.: Thomas. 1951.

geeignet, allein eine absolut schlüssige positive Aussage über die Einheitlichkeit eines Präparats zu gestatten. Man ist somit gezwungen, mehrere oder noch besser sämtliche möglichen Teste mit der zu untersuchenden Präparation durchzuführen. Bei positivem Ausfall, d. h. wenn das Präparat sich bei allen Prüfungen als einheitlich erweist, ist man dann zu der Behauptung berechtigt, daß die Enzympräparation — zumindest nach den heute zur Verfügung stehenden Methoden — wirklich als rein anzusehen ist.

Unter den Reinheits-testen wurden die Prüfungen in der Ultrazentrifuge, die Elektrophorese und die Chromatographie bereits besprochen. Mit Hilfe der zwei letztgenannten Methoden konnte gerade in letzter Zeit mehrfach die Uneinheitlichkeit von kristallisierten Enzym-präparationen, die vorher für rein angesehen worden waren, nachgewiesen werden.

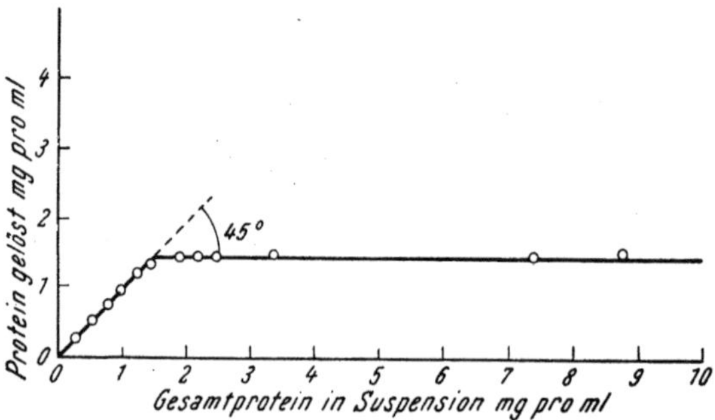

Abb. 4. Löslichkeits-kurve des gereinigten Trypsin-inhibitors aus Sojabohne (nach NORTHROP, KUNITZ und HERRIOTT, *l. c.*).

Ein weiterer wichtiger Test ist der sog. Löslichkeits-test für Proteine, der von NORTHROP und seiner Schule entwickelt wurde. In seiner einfachsten Form wird in ein Reagensglas mit einem entsprechenden Lösungsmittel (Pufferlösung) eine gerade so große Menge des auf Einheitlichkeit zu prüfenden Proteins gebracht, daß nur sehr wenig ungelöst bleibt. In ein zweites Reagensglas, das dieselbe Menge des Lösungsmittels enthält, wird die zehnfache Menge des Eiweißstoffes eingebracht. Nach einiger Zeit, die zur Gleichgewichts-einstellung nötig ist, zentrifugiert man und untersucht die überstehenden Flüssigkeiten aus beiden Reagensgläsern auf ihren Gehalt an dem betreffenden Körper. Bei einem einheitlichen Protein müssen beide Proben den gleichen Wert geben. Zu einer genaueren Prüfung ist es notwendig, Zwischenwerte zu messen und ein entsprechendes Diagramm (vgl. Abb. 4) aufzustellen.

Die theoretische Grundlage des Löslichkeits-testes bildet die Phasenregel von GIBBS (vgl. NORTHROP, KUNITZ und HERRIOTT, *l. c.*, S. 288).

Eine weitere Prüfung auf Reinheit stellt die mehrfache Umfällung bzw. Umkristallisation dar. Bei einem einheitlichen Enzympräparat muß die spezifische Ferment-aktivität nach diesen Schritten unverändert bleiben.

In diesem Zusammenhang mag es auch wichtig sein, darauf hinzuweisen, daß oft eine Prüfung auf „enzymatische Reinheit" einen guten Aufschluß über die Einheitlichkeit einer Präparation ergibt. Wenn man in einem Präparat eines bestimmten Enzyms neben seiner spezifischen Wirkung eine weitere enzymatische Aktivität nachweisen kann, die mit der spezifischen Aktivität in keinem Zusammenhang steht, so muß eine Verunreinigung der Präparation angenommen werden, wenngleich es bis heute noch nicht absolut ausgeschlossen werden konnte, daß es Enzymproteine mit zwei oder mehreren völlig verschiedenen aktiven Zentren gibt, die dementsprechend zwei oder mehrere verschiedene Aktivitäten entfalten können.

5. Coenzyme und enzymatische Komplemente

Vor der Besprechung der Faktoren, die mit den Namen Coenzym und enzymatisches Komplement bezeichnet werden, ist es notwendig, eine kurze historische Übersicht über die Entwicklung des Coenzym-begriffs vorauszuschicken, da nur dadurch die Komplikationen, die mit einer exakten Festlegung des Begriffs Coenzym verbunden sind, verstanden werden können.

Das Wort Coenzym oder Coferment scheint erstmalig 1897 von BERTRAND[1] verwendet worden zu sein. BERTRAND verstand darunter anorganische Stoffe (Metall-ionen), deren Anwesenheit für die Wirksamkeit bestimmter Fermente unbedingt erforderlich ist. Einige Jahre später gelang es HARDEN und YOUNG[2], gärungs-fähigen Preßsaft aus Hefe durch Dialyse in zwei für sich gärungs-inaktive Anteile zu trennen, die aber vereint wieder imstande waren, die Gärung zu katalysieren. Sie bezeichneten den dialysablen, nieder-molekularen Anteil des Preßsaftes als *Cozymase* oder *Coferment der Zymase*, des damals als einheitlich angesehenen Enzymsystems der Gärung. Heute wissen wir, daß die Cozymase von HARDEN und YOUNG ein Gemisch verschiedener Stoffe darstellt, von denen einige organischer und andere anorganischer Natur sind. Wie wir sehen, entspricht der Coferment-begriff von HARDEN und YOUNG auch nicht mehr demjenigen von BERTRAND; die Cofermente von BERTRAND werden in dieser Darstellung als „anorganische Komplemente" klassifiziert.

Die weitere Entwicklung des Coenzym-begriffs fällt im wesentlichen mit dem Ausbau der sogenannten *Trägertheorie* über den Bau der Fermente zusammen. Diese hat ihre Wurzeln in den Vorstellungen von PERRIN[3] sowie MATTHEWS und GLENN[4] und sagt aus, daß ein Ferment allgemein aus einer nieder-molekularen aktiven Gruppe und ihrem hoch-molekularen Träger besteht. Die Theorie wurde in den Zwanzigerjahren von WILLSTÄTTER und seiner Schule übernommen und weiter ausgebaut. In einer wohl in dieser Form heute nicht mehr zulässigen Verallgemeinerung wurde postuliert, daß jedes Enzym auf diese Weise gebaut sei.

Während WILLSTÄTTER[5] von einer *aktiven Gruppe* und einem *Träger* spricht, die zu einem *Enzym-Symplex* zusammentreten können, griffen EULER und MYRBÄCK[6] bald darauf die von HARDEN und YOUNG geprägte Bezeichnung Cozymase für den dialysablen Anteil des Hefepreßsaftes wieder auf. NEUBERG und EULER[7] schlugen dann für die Unterteilung des Zymasekomplexes die Begriffe *Apozymase* und *Holozymase* vor, wobei unter Holozymase das gesamte Enzymsystem der alkoholischen Gärung und unter Apozymase der nicht dialysable Anteil verstanden wurde. Diese Nomenklatur wurde dann sinngemäß auf alle übrigen Fermente übertragen; WARBURG und Mitarbeiter[8] sprechen von einem „wasserstoff-übertragenden Coferment", und 1936 schlugen EULER und ADLER[9] sowie ALBERS[10] allgemein die Beziehung

$$\text{Apoferment} + \text{Coferment} = \text{Holoferment}$$

vor. Etwa zur gleichen Zeit versuchten KRAUT und PANTSCHENKO-JUREWICZ[11], eine neue Bezeichnungsweise einzuführen: die aktive Gruppe eines Ferments sollte *Agon* und der Träger *Pheron* genannt werden; unter Verwendung der bereits von WILLSTÄTTER gebrauchten Bezeichnung *Symplex* stellten sie die Beziehung

$$\text{Agon} + \text{Pheron} = \text{Symplex}$$

auf. Die Komponenten sollen miteinander in einem durch das Massenwirkungs-gesetz geregelten Gleichgewicht stehen. Die Vorstellungen von KRAUT und PANTSCHENKO-JUREWICZ sind mit denjenigen von EULER, ADLER und ALBERS weitgehend identisch.

Dem bisher Gesagten entsprechend, ließe sich ein Coenzym als eine niedermolekulare Substanz definieren, welche für sich allein katalytisch unwirksam ist, aber mit einem — für sich ebenfalls inaktiven — hoch-molekularen Träger ein katalytisch voll-aktives Enzym oder multiples Enzymsystem ergibt.

Gerade die Tatsache, daß somit unter Coenzymen vielfach sowohl Substanzen verstanden werden, die zur Ergänzung eines Einzelenzyms notwendig sind, als auch solche, deren Anwesenheit für die Wirksamkeit eines multiplen Enzymsystems erforderlich sind, gibt aber häufig zu Begriffsverwirrungen Anlaß. Viele der „klassischen" Coenzyme, die für das Funktionieren eines multiplen Enzymsystems notwendig sind, stehen nämlich gegenüber den Einzelenzymen, aus welchen das System aufgebaut ist, in der Beziehung eines Substrates.

---

[1] G. BERTRAND, C. R. Acad. Sci. Paris **124**, 1032, 1035 (1897).
[2] A. HARDEN und W. J. YOUNG: Proc. Roy. Soc. London B **77**, 405 (1906).
[3] J. PERRIN: J. Chim. phys. **3**, 102 (1907).
[4] A. P. MATTHEWS und T. H. GLENN: J. biol. Chem. **9**, 29 (1911).
[5] R. WILLSTÄTTER: Ber. dtsch. chem. Ges. **55**, 3601 (1922).
[6] H. VON EULER und K. MYRBÄCK: Hoppe-Seyler's Z. physiol. Chem. **131**, 180 (1923).
[7] C. NEUBERG und H. VON EULER: Biochem. Z. **240**, 245 (1931).
[8] O. WARBURG, W. CHRISTIAN und A. GRIESE: Ibid. **282**, 157 (1935).
[9] H. VON EULER und E. ADLER: Hoppe-Seyler's Z. physiol. Chem. **238**, 233 (1936).
[10] H. ALBERS: Angew. Chem. **49**, 194, 448 (1936).
[11] H. KRAUT und W. VON PANTSCHENKO-JUREWICZ: Biochem. Z. **275**, 114 (1935).

Wir wollen dies an Hand eines Beispiels erklären. Unter dem Namen Cozymase oder Coenzym I wird heute allgemein eine komplizierte Pyridin-verbindung, das Diphosphopyridinnucleotid (DPN), verstanden. Die Anwesenheit dieser Substanz ist sowohl beim Vorgang der alkoholischen Gärung als auch beim Prozeß der Glykolyse im Muskel und in anderen tierischen Geweben unbedingt notwendig; sie wird im Gesamt-vorgang nicht verändert und entspricht somit der oben gegebenen Definition des Coenzyms. Wenn wir aber einen bestimmten Teilprozeß der Glykolyse, z. B. die Reduktion der Brenztraubensäure zur Milchsäure, betrachten, der durch ein spezifisches Einzelferment, eine $DPN \cdot H_2 \rightarrow$ Pyruvat-transhydrogenase *(Milchsäure-dehydrase)*, katalysiert wird, so sehen wir aus der Reaktionsgleichung

$$\text{Pyruvat} + DPN \cdot H_2 \rightleftharpoons \text{Lactat} + DPN,$$

daß hier die Cozymase durchaus nicht nur als Teil des Ferments, also als Teilkatalysator, fungiert, sondern bei der Reaktion im stöchiometrischen Verhältnis verändert wird und somit ein Substrat dieses Enzyms darstellt. Tatsächlich spielen die beiden Stoffpaare Lactat — Pyruvat und DPN — $DPN \cdot H_2$ dem Enzym gegenüber grundsätzlich die gleiche Rolle.

Dasselbe, was hier für das Beispiel des DPN eingehender ausgeführt wurde, gilt auch für viele andere allgemein als Coenzym bezeichnete Substanzen, so insbesondere für die Adenosinpolyphosphate (ATP, ADP), die manchmal „Coferment der Phosphorylierung" genannt werden, und für das „Coenzym A" (CoA), einen Teil-katalysator der komplexen Acylierungs-vorgänge, der sich aber gegenüber den Einzelfermenten als Donator- oder Akzeptor-substrat verhält.

Demgegenüber können wir auch Substanzen finden, die sowohl in multiplen Enzymsystemen als auch bei Einzelfermenten die Funktion eines Teil-katalysators innehaben, d. h. auch bei den Vorgängen, die durch Einzelfermente bewirkt werden, nicht in der Reaktionsgleichung aufscheinen. Hier sind vor allem die Coenzyme der verschiedenen Decarboxylierungs-vorgänge zu erwähnen: Das Thiaminpyrophosphat (Cocarboxylase, TPP), das als Coenzym der Brenztraubensäure-decarboxylierung und verschiedener anderer Decarboxylierungen wirkt, und das Pyridoxal-5'-phosphat, das Coenzym der Aminosäure-decarboxylasen, der Transaminasen sowie verschiedener anderer Fermente.

Damit soll nicht ausgesagt werden, daß die zuletzt genannten Substanzen nicht an dem Vorgang, welcher von dem Enzym bewirkt wird, teilnehmen. Selbstverständlich muß auch hier die Bildung von Zwischenverbindungen angenommen werden, aber diese Coenzyme entsprechen insoweit der Definition des Katalysators, als sie nicht in der Reaktionsgleichung aufscheinen.

Ein gutes Beispiel einer wahren Coenzym-funktion, deren Mechanismus bereits aufgeklärt ist, bieten uns die Coenzyme der Phosphomutasen, Glucose-1,6-diphosphat, das Coenzym der Glucose(1 → 6)-phosphomutase und 2,3-Diphosphoglycerinsäure, das Coenzym der Glycerat(2 → 3)-phosphomutase. Der durch das erstgenannte Enzym ausgelöste Vorgang

$$\text{Glucose-1-phosphat} \rightleftharpoons \text{Glucose-6-phosphat}$$

erfolgt unter Mitwirkung des Glucose-1,6-diphosphats als Coenzym in der Weise, daß Glucose-1,6-diphosphat einen Phosphorsäure-rest an Glucose-1-phosphat abgibt, wodurch Glucose-6-phosphat gebildet und gleichzeitig das Coenzym regeneriert wird:

Glucose-1,6-diphosphat + *Glucose*-1-phosphat.

$$\upharpoonleft\downharpoonright$$

Glucose-6-phosphat + *Glucose*-1,6-diphosphat

In ganz analoger Weise kann auch die Umwandlung der 3-Phosphoglycerinsäure in 2-Phosphoglycerinsäure unter Mitwirkung von 2,3-Diphosphoglycerinsäure als Coenzym formuliert werden:

2,3-Diphosphoglycerat + 3-Phospho*glycerat*

$\rightleftarrows$

2-Phosphoglycerat + 2,3-Diphospho*glycerat*.

Wenngleich in diesen beiden Fällen die Coenzym-moleküle, welche bei Reaktionsbeginn zugegen waren, nicht mit denjenigen identisch sind, die nach Beendigung der Reaktion vorliegen, so ist durch den Mechanismus des Vorganges doch sichergestellt, daß sich am Ende die gleiche Menge Coenzym im Reaktionsgemisch befindet wie am Anfang.

Zur Unterscheidung der beiden geschilderten Typen von Substanzen, die, wie wir gesehen haben, wesentlich verschiedene Funktionen haben und doch häufig unter der gemeinsamen Bezeichnung Coenzyme zusammengefaßt werden, hat der Verfasser dieser Darstellung an anderer Stelle[1] eine Definition vorgeschlagen, nach der nur diejenigen Substanzen als Coenzyme bezeichnet werden sollen, die dem zweiten oben ausgeführten Typus entsprechen:

Ein Coenzym ist eine organische nieder-molekulare Substanz, die als (Teil-) Katalysator einer durch ein Einzelenzym ausgelösten Reaktion fungiert, d. h. nicht in die Reaktions-gleichung dieses Vorganges eingeht.

Obwohl rein formal die Substanzen der erstbesprochenen Gruppe, also die dialysablen Teilkatalysatoren von Vorgängen, welche durch multiple Enzymsysteme ausgelöst werden, als Substrate aufgefaßt werden können, besteht, wie MICHAELIS[2] ausführt, funktionell doch ein wesentlicher Unterschied zwischen diesen Substanzen und den üblicherweise als Substrat bezeichneten Stoffen. Dieser liegt darin, daß ein normales Substrat im Verlauf des Stoffwechsels allgemein in einer bestimmten Richtung verändert wird, da das Endprodukt eines einzelnen enzymatischen Vorgangs sofort durch einen weiteren enzymatischen Prozeß umgewandelt wird. Im Gegensatz dazu werden die genannten Substanzen im Verlauf der Stoffwechsel-vorgänge immer wieder regeneriert, ohne daß ein wesentlicher Anteil verlorengeht, und werden deshalb nur in kleinen Mengen benötigt. MICHAELIS schlägt vor, Stoffe dieser Funktionsweise als enzymatische Komplemente zu bezeichnen. Man kann den Begriff enzymatisches Komplement folgenderweise definieren:

Ein enzymatisches Komplement ist ein Substrat einer Transferase oder einer Oxydoreductase, das während der Stoffwechsel-vorgänge dauernd reversiblen Veränderungen unterliegt und unter physiologischen Bedingungen nur in kleinen Mengen vorhanden ist.

Als übergeordnet wurde vom Verfasser der Begriff *Cofaktor* eingeführt, der alle nieder-molekularen Substanzen umfaßt, deren Anwesenheit in kleinen Mengen für das Stattfinden irgend eines enzymatischen Prozesses — sei er durch ein Einzelenzym oder durch ein Enzymsystem katalysiert — erforderlich ist. Unter den Begriff Cofaktor fallen somit sowohl die „wahren" Coenzyme als auch die enzymatischen Komplemente und die im folgenden Kapitel besprochenen anorganischen Komplemente.

Nach Klarstellung des Coenzym-begriffs ist es nun noch notwendig, eine Abgrenzung gegenüber dem Begriff der *prosthetischen Gruppe* vorzunehmen, der oft synonym mit Coenzym gebraucht wird. Der Begriff stammt aus der Eiweiß-

---

[1] O. HOFFMANN-OSTENHOF: Enzymologia **14**, 61 (1950); Adv. Enzymology **14**, 219 (1953).

[2] L. MICHAELIS: In „The Enzymes", herausgegeben von J. B. SUMNER und K. MYRBÄCK, Bd. II/1, S. 1. New York: Academic Press. 1951.

chemie, man versteht dort darunter eine niedermolekulare Substanz, die an ein Proteinmolekül gebunden ist. Für die prosthetische Gruppe eines Enzyms hat der Autor die folgende Definition vorgeschlagen:

Eine prosthetische Gruppe eines Enzyms ist eine organische Substanz mit niedrigem Molekulargewicht, die an ein Enzymprotein gebunden ist, ohne Rücksicht darauf, ob sie bei dem durch das Enzym katalysierten Vorgang eine Rolle spielt oder nicht.

Als Beispiele für prosthetische Gruppen mögen die Flavinnucleotide und die Eisenporphyrin-verbindungen angeführt werden; hier ist es manchmal schwer zu unterscheiden, ob die prosthetische Gruppe wie ein „wahres" Coenzym wirkt oder sich substrat-artig, also wie ein enzymatisches Komplement, verhält. Für die Flavinnucleotide dürfte in fast allen Fällen der Coenzym-charakter unzweifelhaft sein; eine Ausnahme bilden diejenigen Enzyme, bei denen der natürliche Elektronen-akzeptor noch unbekannt ist und durch Methylenblau ersetzt werden muß, wie z. B. das Flavin-enzym, das von HAAS[1] aus der Hefe isoliert wurde. Hier könnte man annehmen, daß die prosthetische Gruppe, das Flavin-adenin-dinucleotid (FAD), als Akzeptor-substrat fungiert und unter physiologischen Bedingungen ein anderes spezifisches Enzym die Elektronen auf ein weiteres noch unbekanntes Akzeptor-substrat überführt. Ebenfalls Coenzym-charakter haben die prosthetischen Gruppen von Cytochrom-oxydasen, Katalasen und Peroxydasen, dagegen kommt den Eisen-porphyrin-komponenten in den Cytochromen eher Substrat-charakter zu.

Wenn wir nunmehr die chemische Zusammensetzung der Faktoren betrachten, welche in diesem Kapitel als Coenzyme, enzymatische Komplemente und prosthetische Gruppen gemeinsam besprochen wurden, so finden wir, daß es sich um Stoffe der verschiedensten Körperklassen handelt. Wir finden darunter Eisen-porphyrin-verbindungen, ein Polypeptid (das Glutathion), weiters verhältnismäßig einfache Stoffe, wie Glucose-1,6-diphosphat oder 2,3-Diphosphoglycerinsäure, schließlich aber vor allem Nucleotid-artige Substanzen, welche meist einen Adenin-rest und Ribose enthalten.

Während also vom chemischen Standpunkt aus nur wenige Gemeinsamkeiten derartiger Stoffe vorliegen, besteht bezüglich ihrer Herkunft bei vielen dieser Körper die Übereinstimmung, daß sie sich von Vitaminen ableiten. Das bedeutet, daß bestimmte Lebewesen — zahlreiche Tiere und Mikroorganismen — nicht imstande sind, die Grundkörper vieler der hier besprochenen Cofaktoren selbst zu synthetisieren, sondern darauf angewiesen sind, diese mit der Nahrung zu sich zu nehmen. Pflanzen sind hingegen zur Synthese aller dieser Körper befähigt und so handelt es sich vor allem um pflanzliche Nahrung, aus der die Tiere ihren Vitamin-bedarf decken können. Die Tatsache, daß verschiedene Vitamine die Grundkörper einiger wichtiger Coenzyme, enzymatischer Komplemente und prosthetischer Gruppen darstellen, erklärt auch die Bedeutung der Vitamine als notwendige Bestandteile der Nahrung, da ohne sie der tierische Organismus oder auch manche Mikroorganismen nicht imstande wären, wichtige Stoffwechsel-leistungen, an welchen Cofaktoren, die von den Vitaminen abgeleitet sind, beteiligt sind, zu vollbringen.

Die Beziehungen zwischen Vitaminen einerseits und Coenzymen, enzymatischen Komplementen und prosthetischen Gruppen von Fermenten andrerseits sind am besten geklärt bei der Gruppe der sog. B-Vitamine, unter denen fast jedes bereits als Grundkörper eines derartigen Cofaktors erkannt werden konnte. Diese Zusammenhänge sind in Tab. 5 dargestellt.

---

[1] E. HAAS: Biochem. Z. **296**, 378 (1938).

Obwohl es fast sicher ist, daß auch Biotin und Vitamin B_{12} in ähnlicher Weise als Grundkörper von Cofaktoren fungieren, sind hier die Beziehungen noch nicht klar genug, um eine Aufnahme in Tab. 5 zu erlauben. Für Biotin werden Funktionen bei der Decarboxylierung von Bernsteinsäure und Oxalessigsäure, weiters bei den Reaktionen, welche von den Aspartat-ammoniak-lyasen, den Serin-dehydratasen und den Succinat-dehydrogenasen katalysiert werden, sowie bei der Synthese von Citrullin postuliert[1], während Vitamin B_{12} neben Folsäure bei der Übertragung von C_1-Körpern (Transformylierung ?) eine Rolle spielen soll (vgl. S. 363).

Tabelle 5. *Die Beziehungen zwischen enzymatischen Komplementen, Coenzymen, und prosthetischen Gruppen einerseits und Vitaminen andrerseits.*

Cofaktor	Funktionen	abgeleitet von
Diphosphopyridinnucleotid (DPN) und Triphosphopyridinnucleotid (TPN)	enzymatische Komplemente verschiedener anaerober Transhydrogenasen	Nicotinsäureamid (PP-Faktor, Antipellagravitamin)
„Coenzym A" (CoA)	enzymatisches Komplement der Transacetylierungs-vorgänge	Pantothensäure
Thiaminpyrophosphat (TPP)	Coenzym verschiedener Ketosäure-decarboxylasen	Thiamin (Vitamin B_1, Aneurin)
Pyridoxal-5'-phosphat	Coenzym verschiedener Aminosäure-decarboxylasen	Pyridoxin (Vitamin B_6, Adermin)
Riboflavinphosphat (FMN) und Riboflavin-Adenin-dinucleotid (FAD)	prosthetische Gruppen verschiedener aerober Transhydrogenasen und anderer Oxydoreductasen	Riboflavin (Vitamin B_2, Lactoflavin)
Leuconostoc citrovorum-Faktor	enzymatisches Komplement verschiedener C_1-Körperübertragungen (Transformylierungen?)	Folsäure (Pteroylglutaminsäure)
Lipothiamidpyrophosphat	Coenzym der oxydativen Decarboxylierung von Brenztraubensäure	Thiamin (Vitamin B_1, Aneurin) und Lipoinsäure (Pyruvat-oxydase-faktor, Protogen)

6. Anorganische Komplemente[2]

Unter der Bezeichnung „Anorganische Komplemente" werden in dieser Darstellung allgemein anorganische Verbindungen (Salze, Ionen) verstanden, deren Anwesenheit für das Zustandekommen einer bestimmten Enzymkatalyse unbedingt erforderlich ist. Eine Abgrenzung gegenüber anorganischen Effektoren, die Enzym-reaktionen wesentlich beschleunigen, ist allerdings schwierig, da es manchmal schwer feststellbar ist, ob eine Reaktion auch ohne Anwesenheit des Effektors verläuft oder nicht. Unter den anorganischen Komplementen spielen vor allem Metall-ionen eine wesentliche Rolle, und es ist heute wohl sicher, daß zumindest die meisten sog. „Spuren-elemente", die für die Ernährung der Organismen erforderlich sind, ihre Funktion dadurch erfüllen, daß sie an enzymatischen Vorgängen in den Organismen teilhaben.

In manchen Fällen konnte beobachtet werden, daß bereits verschiedene Metalle allein — also ohne Mitwirkung von Enzymen — bestimmte Reaktionen zu katalysieren vermögen. So wird Wasserstoffperoxyd durch Eisen-salze zersetzt; derselbe Vorgang erfolgt allerdings

[1] Vgl. das Übersichtsreferat von H. C. LICHSTEIN: Vitamins and Hormones **9**, 26 (1951).

[2] Übersichtsreferate: E. L. LEHNINGER: Physiol. Revs. **30**, 393 (1950); V. A. NAJJAR: In „Phosphorus Metabolism", herausgegeben von W. D. MCELROY und B. GLASS, Bd. I, S. 500. Baltimore: John Hopkins Press. 1951; H. A. LARDY: Ibid. S. 477.

viel rascher bei Mitwirkung der Enzyme Katalase und Peroxydase, die beide Eisen als Bestandteil ihrer prosthetischen Gruppe enthalten. Ebenso können Kupfer-salze die Oxydation der Ascorbinsäure bewirken; das kupfer-haltige Ferment Ascorbinat-oxydase beschleunigt diesen Vorgang viel stärker. Ein weiteres Beispiel für ein derartiges Verhalten bietet das Mangan. Wie KREBS[1] feststellen konnte, sind Mangan-salze imstande, eine langsame Decarboxylierung der Oxalessigsäure zu katalysieren; das Enzym, welches spezifisch dieselbe Reaktion bewirkt, die Oxalacetat-β-decarboxylase, benötigt für ihre Wirksamkeit die Anwesenheit von Mn^{++}.

Allerdings ist ein derartiges Verhalten nicht allgemein, denn wir kennen zahlreiche Enzyme, die für ihre Wirksamkeit die Anwesenheit eines Metall-ions benötigen, ohne daß das Metall-ion allein imstande ist, die Reaktion, die das Enzym katalysiert, auch allein auszulösen. So zeigen die Arbeiten von KEILIN und MANN[2] eindeutig, daß die Carbonat-anhydratasen Zn-Proteine sind und daß Zink das aktive Zentrum dieser Fermente darstellt, wie das durch die starke und komplett reversible Hemmbarkeit der Aktivität der Carbonat-anhydratasen durch Natriumazid, Schwefelwasserstoff und Cyanid bewiesen wird. Es konnte aber niemals beobachtet werden, daß Zink-salze und organische Verbindungen von Zn die Einstellung des Gleichgewichts zwischen Kohlendioxyd und Carbonat-ion beschleunigen. Dasselbe gilt für die Arginin-amidinasen *(Arginase)*, die für ihre Wirksamkeit die Anwesenheit zweiwertiger Metall-ionen (Co^{++}, Mn^{++}, Ni^{++}, Fe^{++}) benötigen, während die genannten Metall-ionen allein ohne jede Wirkung auf Arginin sind.

Systematisch können wir diejenigen Enzyme, welche für ihre Wirksamkeit die Anwesenheit eines Metalls benötigen, in drei Gruppen einteilen:

1. Metall-enzyme, in denen das Metall als Bestandteil der prosthetischen Gruppe fest gebunden und nicht abdissoziierbar ist; zu dieser Gruppe gehören die Eisenporphyrin-fermente, wie Katalase, Peroxydase, Cytochrom-oxydase, die Cytochrome u. a.

2. Metall-enzyme, in denen ein bestimmtes Metall-ion, das selbst anscheinend allein als prosthetische Gruppe des Enzyms fungiert, fest und nicht dissoziierbar an das Enzym gebunden ist; zu dieser Gruppe sind die bereits erwähnte Carbonat-anhydratasen (Zn), die verschiedenen Phenol-oxydasen (Cu) sowie die Ascorbinat-oxydasen (Cu) zu zählen.

3. Enzyme, bei welchen die für die Wirksamkeit notwendigen Metall-ionen mehr oder minder dissoziabel sind. Während bei den beiden vorher besprochenen Gruppen in bezug auf das Metall eine strenge Spezifität zu beobachten ist, finden wir hier oft eine Ersetzbarkeit eines Metall-ions durch ein anderes. Zu dieser Gruppe gehören u. a. die Arginin-amidinasen *(Arginase)*, verschiedene Exopeptidasen, wahrscheinlich alle Enzyme des Phosphat-stoffwechsels (Phosphoesterasen, Polyphosphatasen, Transphosphatasen, Phosphomutasen), verschiedene Carboxylasen, 2-Phosphoglycerat-dehydratasen *(Enolase)* u. a.

Die Funktion der Metall-ionen als anorganische Komplemente von Enzymen wird derzeit eifrig diskutiert. Im Falle der Kupfer-haltigen Oxydasen, der Cytochrom-oxydase und der Cytochrome wird angenommen, daß die Wirkung des Metall-ions auf einem ständigen Valenzwechsel ($Cu^{++} \rightleftharpoons Cu^{+}$, $Fe^{3+} \rightleftharpoons Fe^{++}$) beruht, während die Katalasen und die Peroxydasen ohne Valenzwechsel des Eisens, das in der dreiwertigen Stufe vorliegt, ihre Wirkungen ausüben. Bei den beiden letztgenannten Enzymen ist also die Rolle des Metalls noch ziemlich unklar; dasselbe gilt auch für den Typus der Carbonat-anhydratase.

Zur Erklärung der Funktion der Metall-ionen bei der dritten obengenannten Gruppe ist insbesondere von HELLERMAN[3] und später von SMITH[4] die Auffassung vertreten worden, daß diese darin besteht, eine dissoziable Metall-Enzym-

[1] H. A. KREBS: Biochem. J. 36, 303 (1942).

[2] D. KEILIN und T. MANN: Biochem. J. 34, 1163 (1940).

[3] L. HELLERMAN: Physiol. Revs. 17, 454 (1937).

[4] E. L. SMITH: Proc. nat. Acad. Sci. U. S. 35, 80 (1949); Idem: in „Enzymes and Enzyme Systems", herausgegeben von J. T. EDSALL, S. 47. Cambridge, Mass.: Harvard Univ. Press. 1951.

Substrat-komplexverbindung zu bilden, wodurch eine Veränderung der Bindungs-verhältnisse im Substrat-moleküle im Sinne einer Lockerung stattfindet.

Bei der Untersuchung der Metallaktivierung der Arginin-amidinase fanden HELLERMAN und Mitarbeiter[1], daß bei Verwendung verschiedener Metall-ionen als Aktivatoren (Mn^{++}, Co^{++}, Ni^{++}) unterschiedliche p_H-Aktivitäts-kurven erhalten werden. Mn^{++} verschiebt das Optimum auf die alkalische Seite, während Ni^{++} und besonders Co^{++} eine Verschiebung ins saure Bereich bewirken. Die Metalle bilden Komplexe mit der α-Aminogruppe des Arginins und durch Titration der α-Aminogruppe des Arginins in Anwesenheit dieser Metall-ionen wurde festgestellt, daß die Co- und Ni-Komplexe stabiler sind als der Komplex mit Mn. Auf Grund ihrer Beobachtungen hielten die Forscher einen Zusammenhang zwischen der Stabilität dieser Komplexe und der Verschiebung der p_H-Optima für wahrscheinlich und postulierten die Bildung einer Zwischenverbindung des Typus

```
                    Enzym
                     | |
                    Metall
                  .        .
H2N+            .            H .
 ||           .              |    .
 C—N————————(CH2)3——————————C——————NH2,
 |  |                        |
H2N H                        C—O⁻
                             ||
                             O
```

in welchem das Metall an das Enzym und außerdem koordinativ an das innere Stickstoff-atom des Guanidin-restes und an den α-Amino-stickstoff des Argininmoleküls gebunden ist. Dadurch käme eine Veränderung der Resonanz-verhältnisse des Guanidinium-ions und eine Lockerung der Bindung zwischen der Guanidin-gruppe und dem Rest des Arginin-moleküls zustande.

Die geschilderten Vorstellungen von HELLERMAN stimmen weitgehend mit unseren Kenntnissen der Spezifitäts-verhältnisse der Arginin-amidinasen *(Arginase)* überein; eine Veränderung der α-Aminogruppe durch Methylierung oder andere Substitution macht die entstehende Verbindung für das Enzym unangreifbar, während die der Guanidino-gruppe benachbarte Methylen-gruppe durch eine Carbonyl-gruppe wie im Canavanin ersetzt werden kann und dieses trotzdem durch das Enzym hydrolysiert wird.

Ähnliche Vorstellungen über die Rolle der Metalle bei verschiedenen Endopeptidasen wurden von SMITH (*l. c.*) entwickelt und postulieren die Existenz ganz analoger Komplexe:

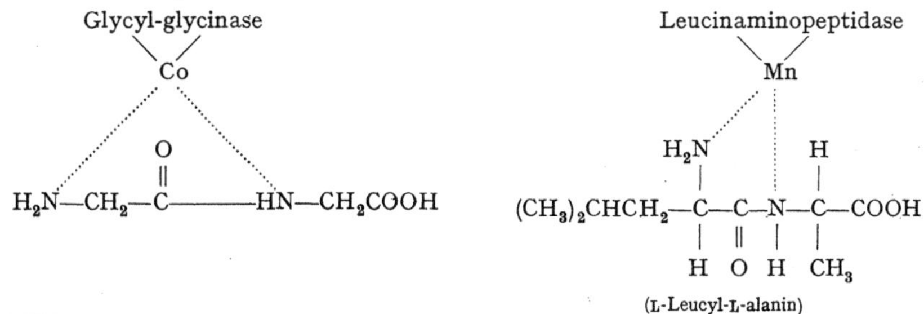

(L-Leucyl-L-alanin)

[1] L. HELLERMAN und M. E. PERKINS: J. biol. Chem. **112**, 175 (1935); L. HELLERMAN und C. C. STOCK: Ibid. **125**, 771 (1938).

Das Metall soll hier durch einen doppelten Chelat-komplex die Bindung zwischen Enzym und Substrat bewirken, wodurch eine Veränderung der Resonanz-verhältnisse stattfindet, welche die Sprengung der Peptid-bindung hervorrufen soll. Im Falle der Glycyl-glycinase konnte gezeigt werden, daß nur solche Substrate hydrolysiert werden, die zur Bildung einer koordinativen Komplexverbindung mit Co^{++} imstande sind. Für eine derartige Komplexbildung sind eine intakte freie Aminogruppe und der Peptid-stickstoff unbedingt erforderlich: dementsprechend können Dimethylglycylglycin und Glycylsarkosin keine Kobaltkomplexe bilden und werden auch vom Enzym nicht angegriffen.

Wenn diese Vorstellungen richtig wären, müßte aber eine Mischung eines Enzyms mit seinem Substrat, welche beide vorher getrennt mit dem entsprechenden Metall-ion gesättigt wurden, eine geringere Reaktions-geschwindigkeit aufweisen als eine gleichartige Mischung, welcher aber alle drei Komponenten gleichzeitig zugesetzt wurden, da bei dem erstgenannten System entweder der Metall-Enzymkomplex oder der Metall-Substrat-komplex vorerst dissoziieren müßte, damit die Bildung des ternären Komplexes ermöglicht wird. Tatsächlich wird aber beobachtet, daß eine vorherige getrennte Inkubation von Enzym und Substrat mit den Metall-ionen keine Reaktions-hemmung zur Folge hat. Auf Grund dieser Erwägungen stellte NAJJAR (*l. c.*) vor kurzem den geschilderten Vorstellungen von HELLERMAN und SMITH eine Alternativtheorie gegenüber, welche die bisher beobachteten Erscheinungen befriedigender deutet. Seiner Auffassung nach ist es nicht erforderlich, die Bildung von ternären Komplexen anzunehmen; man könne die Sachlage viel einfacher deuten, wenn man sich vorstellt, daß die wahren Substrate der verschiedenen Metall-enzyme die Metallverbindungen ihrer Substrate sind; d. h. die Arginin-amidinasen könnten nicht Arginin selbst, sondern einen Metallkomplex des Arginins hydrolysieren, ebenso wären die wahren Substrate der β-Ketodecarboxylasen die Mn-Komplexe der β-Ketocarbonsäuren, die Substrate der verschiedenen Peptidasen nicht die Peptide selbst, sondern die koordinativen Chelat-komplexe der Peptide usw. Eine eingehende experimentelle Prüfung dieser sehr plausiblen Vorstellungen steht allerdings noch aus.

Es ist sehr wahrscheinlich, daß die hier geschilderten Mechanismen der Metalleinwirkung auf Enzymkatalysen nicht die einzigen sind. Insbesondere in den Fällen einer Effektor-wirkung, in welchen die Anwesenheit des Metalles nicht unbedingt für das Zustandekommen der katalysierten Reaktion erforderlich ist, diese aber beträchtlich beschleunigt, muß nach anderen Wirkungsweisen gesucht werden. So dürften aktivierende Wirkungen häufig durch einen stabilisierenden Einfluß der Metall-ionen auf die Enzymproteine zustande kommen; Erscheinungen, die in diesem Sinne zu deuten sind, werden vom Trypsin (BIER und NORD[1], GORINI[2]) sowie von bestimmten Amylasen (vgl. S. 242) und anderen Fermenten berichtet.

Wesentlich seltener sind die Fälle, in denen ein Anion als anorganisches Komplement einer enzymatischen Reaktion fungiert. Das prominenteste Beispiel für ein derartiges Verhalten ist die Aktivierbarkeit der tierischen α-Amylasen durch verschiedene Säure-anionen. Eine befriedigende Erklärung für diesen Effekt liegt noch nicht vor.

Es muß hier besonders darauf hingewiesen werden, daß der Bedarf eines bestimmten Ions für eine Reaktion nicht unbedingt bedeuten muß, daß dieses Ion als anorganisches Komplement des enzymatischen Vorgangs fungiert; anorganische Ionen können unter Umständen auch die Rolle eines zweiten Substrats erfüllen. So fand KLEIN[3], daß ein Enzym, von dem er annahm, daß

---

[1] M. BIER und F. F. NORD: Arch. Biochem. Biophys. **33**, 320 (1951).
[2] L. GORINI: Biochim. biophys. Acta **7**, 318 (1951).
[3] W. KLEIN: Hoppe-Seyler's Z. physiol. Chem. **231**, 125 (1935).

es die Hydrolyse von Nucleosiden katalysiere, für seine Wirksamkeit die Anwesenheit anorganischer Phosphat-ionen benötigt. Spätere Untersuchungen von KALCKAR[1] und DISCHE[2] ergaben, daß dieser Effekt durch eine direkte Teilnahme des Phosphat-ions an der Reaktion bedingt ist und demnach der Vorgang nicht als Hydrolyse

$$\text{Inosin} + H_2O \rightarrow \text{Hypoxanthin} + \text{Ribose},$$

sondern als Phosphorolyse

$$\text{Inosin} + H_3PO_4 \rightleftharpoons \text{Hypoxanthin} + \text{Ribose-1-phosphat}$$

aufzufassen ist.

7. Die Enzyme als Katalysatoren; die Kinetik der Enzymwirkungen

Es dürfte leicht dahin kommen, daß die physiologische Chemie ein Teil der katalytischen würde.

(K. LUDWIG, 1852)

In jeder Definition des Enzymbegriffs ist die Feststellung enthalten, daß die Enzyme *spezifische Katalysatoren* sind. Wir müssen uns deshalb hier kurz mit dem Wesen der Katalyse und ihren wichtigsten Erscheinungs-formen beschäftigen, bevor wir die Stellung der Enzyme im Gesamtgebiet der Katalyse zu beschreiben versuchen.

A. Allgemeines über Katalyse[3]

I. Definition des Katalyse-begriffs

Bereits in der ersten Hälfte des 19. Jahrhunderts erkannte BERZELIUS die Gemeinsamkeiten, die zwischen den damals schon bekannten Kontakt-prozessen und den enzymatischen Vorgängen bestehen. Ihm verdanken wir auch die Prägung des Wortes Katalyse und schließlich die erste Definition: Katalyse ist das Vermögen, wonach „Körper durch ihre bloße Gegenwart chemische Tätigkeiten hervorrufen, welche ohne sie nicht stattfinden".

Es konnte bald erkannt werden, daß die Definition von BERZELIUS den Erscheinungen der Katalyse nicht in jeder Hinsicht gerecht wird: man kennt eine Anzahl von Vorgängen, die wohl auch ohne Zusatz eines Katalysators verlaufen können, deren Reaktions-geschwindigkeit aber durch Zusatz eines Katalysators wesentlich beschleunigt wird. Dieser anscheinend doppelten Rolle der Katalyse — nämlich Hervorrufung und Beschleunigung von chemischen Reaktionen — wurde von verschiedenen Seiten Rechnung getragen. So definiert z. B. VAN'T HOFF (1898) einen Katalysator als einen Körper, der eine Reaktion *beschleunigen oder einleiten* kann, ohne sich dabei selbst zu verändern.

Auf Grund thermodynamischer und reaktionskinetischer Überlegungen postulierte OSTWALD etwa zur gleichen Zeit, daß sämtliche Vorgänge, die an-

[1] H. M. KALCKAR: J. biol. Chem. **158**, 723 (1945).

[2] Z. DISCHE: Naturwiss. **26**, 252 (1938).

[3] Handbücher und Monographien: „Handbuch der Katalyse", herausgegeben von G. M. SCHWAB, 7 Bde. Wien: Springer. 1940 bis 1944; W. FRANKENBURGER: Katalytische Umsetzungen in homogenen und enzymatischen Systemen. Leipzig: Akad. Verlagsges. 1937; G. M. SCHWAB: Katalyse vom Standpunkt der chemischen Kinetik. Berlin: Springer. 1931; W. LANGENBECK: Die organischen Katalysatoren und ihre Beziehungen zu den Fermenten. 2. Aufl. Berlin: Springer. 1949.

scheinend durch einen Katalysator hervorgerufen werden, in Wirklichkeit auch ohne diesen — wenn auch manchmal mit nicht mehr meßbarer Geschwindigkeit — verlaufen. Auch katalytische Vorgänge dürfen nicht dem zweiten Hauptsatz der Thermodynamik widersprechen. OSTWALD[1] schlug deshalb eine Definition der Katalyse vor, die sich auf das Beschleunigungs-moment beschränkt: „Ein Katalysator ist jeder Stoff, der, ohne im Endprodukt einer chemischen Reaktion zu erscheinen, ihre Geschwindigkeit verändert"[2]. Eine Lenkung steht, wie schon OSTWALD hervorgehoben hat, durchaus nicht im Widerspruch zu dieser Definition, denn man kann sich vorstellen, daß eine solche durch eine selektive Beschleunigung eines Vorgangs von mehreren möglichen erfolgt.

Eine von BREDIG[3] vorgeschlagene Präzisierung der Einschränkung, daß ein Katalysator nicht in das Endprodukt der Reaktion, also auch nicht in die Reaktions-gleichung, eingehen dürfe, sagt aus: „Hierbei können die sog. Katalysatoren unverändert bleiben oder sich auch verändern, sie werden aber im letzteren Falle doch auch so lange als Katalysatoren zu betrachten sein, als keine stöchiometrisch ganzzahlige Beziehung zwischen der eventuell umgewandelten Menge des sog. Katalysators und der Menge der anderen umgewandelten Substanzen, der sog. Substrate, besteht."

Diese Definitionen werden bereits allen unseren heutigen Kenntnissen über katalytische Vorgänge gerecht; es mag aber sein, daß eine Formulierung von MITTASCH[4] das Wesen der Katalyse noch klarer erscheinen läßt: „Ein Katalysator ist ein Stoff, der scheinbar durch bloße Gegenwart eine chemische Reaktion oder Reaktionsfolge nach Richtung und Geschwindigkeit bestimmt, und zwar in der Regel auf dem Wege der Schaffung neuer Elementarakte und damit gewisser mehr oder weniger gut erkennbarer Zwischenstufen oder Zwischenzustände." Der erste Teil dieser Definition beschreibt umfassend die formale Rolle des Katalysators im Reaktions-geschehen, während der Nachsatz bereits den Versuch einer Erklärung des Katalyse-mechanismus enthält, nämlich die sog. Zwischenreaktions-theorie, auf die in einem späteren Abschnitt eingegangen wird.

In einem instruktiven Beispiel hat HALDANE[5] gezeigt, wie wir uns die Lenkung der Vorgänge durch einen Katalysator vorstellen müssen. Wenn aus einer Substanz A in Abwesenheit eines Katalysators 99% B und 1% C (als Nichtgleichgewichts-zustand) entstehen, ein Katalysator aber nur den Umsatz von A zu C beeinflußt, und zwar um das Millionenfache beschleunigt, so werden in der gleichen Zeit mit diesem Katalysator 99,99% C und nur 0,01% B entstehen. Hier wird also das Schicksal der Substanz A auch in qualitativer Weise verändert. Der Katalysator ist für das Ausbeute-verhältnis nach einer bestimmten Zeit verantwortlich.

Zur Unterscheidung katalysierter Prozesse von unkatalysierten haben SUMNER und SOMERS[6] einige empirische Regeln aufgestellt, die beim Vorliegen einer Katalyse erfüllt sein müssen:

1. Die Reaktions-geschwindigkeit wird durch Zusatz der Substanz, von der man annimmt, daß sie ein Katalysator ist, erhöht.

---

[1] W. OSTWALD: Physik. Z. **3**, 313 (1902).

[2] In der Definition von OSTWALD ist also auch die negative Katalyse enthalten. Da aber dieser Begriff in der Biochemie kaum angewandt wird, wird im folgenden unter Katalyse stets *positive* Katalyse verstanden.

[3] G. BREDIG: zitiert nach G. M. SCHWAB, *l. c.*

[4] A. MITTASCH: Über Katalyse und Katalysatoren in Chemie und Biologie. Berlin: Springer. 1936.

[5] J. B. S. HALDANE und K. G. STERN: Allgemeine Chemie der Enzyme. Dresden und Leipzig: Steinkopff. 1932.

[6] J. B. SUMNER und G. F. SOMERS: Chemistry and Methods of Enzymes. 3. Aufl. New York: Academic Press. 1953.

2. Der Katalysator wird während der Reaktion nicht in einem wesentlichen Ausmaße verändert bzw. zerstört.

3. Schon kleine Mengen des Katalysators sind wirkungsvoll: so wird die Reaktion

$$H_2O_2 + 2\,HJ \rightarrow J_2 + 2\,H_2O$$

bereits durch 1 Mol Molybdänsäure in 32 Millionen Liter Wasser meßbar beschleunigt.

4. Der Katalysator ist oft wirkungs-spezifisch, was besonders für Enzyme gilt.

5. Auch kleine Mengen von Fremd-substanzen sind bereits imstande, den Katalysator zu vergiften, d. h. unwirksam zu machen.

II. Die Erscheinungsformen der Katalyse

Die katalytischen Prozesse werden in althergebrachter Weise in solche eingeteilt, bei denen der Katalysator molekular-dispers im Reaktionsmedium verteilt ist — *homogene Katalyse* — und solche Vorgänge, bei denen der in grobdisperser fester Form vorliegende Katalysator mit den reagierenden Stoffen hauptsächlich an seiner Oberfläche in Wechselwirkung tritt; diese Form wird als *heterogene Katalyse* bezeichnet. Diese Klassifikation ist aus mehreren Gründen wohl gerechtfertigt: die beiden Arten katalytischen Geschehens sind schon in ihren äußeren Erscheinungsformen deutlich voneinander verschieden; die experimentelle Methodik bei der Untersuchung von homogenen und heterogenen Katalyse-formen weist wesentliche Unterschiede auf und dasselbe gilt auch für die Wege zur theoretischen Deutung dieser beiden Erscheinungsarten der Katalyse.

Eine ausgesprochene Zwischenstellung zwischen den beiden Hauptgebieten, der homogenen und der heterogenen Katalyse, nehmen diejenigen Vorgänge ein, bei welchen die katalysierende Substanz in der Größenordnung von Kolloiden vorliegt, also wohl hoch-dispers aber nicht molekular-dispers im Reaktionsmedium verteilt ist. Dieses Teilgebiet, das uns in der vorliegenden Darstellung besonders beschäftigen muß, da ja die Enzyme allgemein in den Reaktionsmischungen kolloid gelöst sind, wird als *mikroheterogene Katalyse* bezeichnet. Neben den enzymatisch katalysierten Vorgängen umfaßt es noch Reaktionen, die durch feinst verteilte feste Substanzen, vor allem Metalle („Anorganische Fermente" von BREDIG) sowie Metalloxyde in flüssiger oder gasförmiger Phase, katalysiert werden. Die Übergangsstellung der Enzyme und der anderen mikroheterogenen Katalysatoren zwischen homogenen und heterogenen Katalysatoren wird dadurch charakterisiert, daß die Enzyme einerseits wie molekular gelöste Stoffe reagieren, da ihre Vereinigung mit dem Substrat kaum anders als in molekular-dispersen Lösungen vor sich geht und die bei heterogenen Katalysen oft sehr einflußreichen Diffusions-vorgänge und andere Transport-prozesse — zumindest als geschwindigkeits-bestimmende Faktoren — weitgehend in den Hintergrund treten. Andrerseits zeigen insbesondere die Aktivierungs- und Hemmungs-effekte der Enzymreaktionen oftmals eine große Ähnlichkeit mit analogen, an den Oberflächen von grob-dispersen Kontakten der heterogenen Katalyse auftretenden Phänomenen, so daß auch hier eine Verwandtschaft nicht abzustreiten ist. Wir werden weiters sehen, daß eine kinetische Deutung der Enzymreaktionen mit Hilfe des Massenwirkungs-gesetzes sowohl im Sinne der homogenen als auch im Sinne der heterogenen über Adsorptions-verbindungen verlaufenden Katalysen erfolgen kann. Dasselbe gilt naturgemäß auch für Reaktionen, die durch feinverteilte anorganische Kolloide katalysiert werden.

III. Enzymatische und nicht-enzymatische Katalyse

Zum Verständnis der Enzymwirkungen ist es nützlich, kurz eine Übersicht über genauer untersuchte Beispiele von nicht-enzymatischen Katalysen zu bringen.

Homogene Katalyse durch anorganische Ionen. Es sind die verschiedensten katalytischen Wirkungen anorganischer Ionen bekannt. Systematisch sind hier vor allem die Katalysen zu erwähnen, welche als Wirkungen von H^+- und OH^--Ionen aufgefaßt werden müssen; ihre Erforschung erfolgte im engen Zusammenhang mit der Entwicklung der Theorie der elektrolytischen Dissoziation. Es handelt sich dabei um Reaktionen verschiedenster Art, die katalytisch beeinflußt werden; neben der Hydrolyse von Estern, Amiden, Peptiden und Glykosiden werden auch verschiedene Umlagerungs-, Abspaltungs-, Kondensations- und Polymerisations-katalysen beschrieben.

Oxydations- und Reduktions-prozesse, sowie auch manche Polymerisations vorgänge werden vor allem durch Schwermetall-ionen (Fe, Co, Ni, Cu, Mn, V u. a.) beschleunigt. Die Katalyse durch anorganische Ionen zeigt aber wenig Gemeinsamkeiten mit der Enzymkatalyse.

Katalyse durch Metall-komplexe. Eine weitaus größere Ähnlichkeit mit der fermentativen Katalyse findet sich aber bei Vorgängen, die durch Metallkomplexe katalysiert werden. Komplexe Verbindungen von Fe^{++} mit Dioxyweinsäure, Dioxymaleinsäure, Acetondicarbonsäure und Thioglykolsäure sind energische Oxydations-katalysatoren[1]. Die ausgeprägtesten Wirkungen zeigen aber unter diesen Metall-komplexen die Hämine, die Eisen-verbindungen der Porphyrine. Hämin selbst wirkt als Katalysator der Oxydation von Cystein zu Cystin und auch ungesättigte Fettsäuren und Polyene werden in Anwesenheit von Hämin durch Luft-sauerstoff oxydiert[2]. Außerdem beschleunigt Hämin die Zersetzung von H_2O_2 in ähnlicher Weise wie das Ferment Katalase[3]. Es ist bemerkenswert, daß diese Wirkungen — ebenso wie diejenigen analoger Fermente — durch Kohlenmonoxyd gehemmt werden. Die Verbindung des Hämins mit dem Eiweißkörper Globin verstärkt diese Wirkungen beträchtlich: Hämoglobin, Oxyhämoglobin und ähnliche Körper sind zur Katalyse der verschiedensten Oxydationsvorgänge imstande. Wir kommen hier allerdings bereits in den Bereich der mikroheterogenen Katalyse, denn Hämoglobin und verwandte Verbindungen liegen als Proteine in kolloiden Lösungen vor.

Immerhin sind die katalytischen Wirkungen des Hämins und auch des Hämoglobins noch um Größenordnungen geringer als diejenigen der Fermente. Eine instruktive Zusammenstellung der molaren Wirksamkeiten (Umsatzzahlen) von GRASSMANN und TRUPKE[4] zeigt, daß bei 0° und in wäßriger Lösung

1 Mol Fe^{II} bzw. Fe^{III}	$6 \cdot 10^{-4}$ Mole H_2O_2 in 1 Min.
1 Mol Hämin bzw. Mesohämin	$6 \cdot 10^{-1}$ Mole H_2O_2 in 1 Min.
1 Mol Katalase	$5 \cdot 10^{6}$ Mole H_2O_2 in 1 Min.

zersetzen. Es scheint somit die Bindungsweise an das Katalysator-molekül derjenige Faktor zu sein, der für die Steigerung der an sich bereits vorhandenen katalytischen Fähigkeit verantwortlich ist.

Homogene Katalyse durch niedermolekulare organische Stoffe: Fermentmodelle[5]. Schon seit längerer Zeit ist bekannt, daß verschiedene organische Verbindungen katalytische Wirkungen ausüben können, doch die eingehende Erforschung dieser Phänomene ist vor allem den Arbeiten von LANGENBECK zu verdanken. Diesem Katalyse-typus ist gemeinsam, daß die Vorgänge über

[1] H. WIELAND und W. FRANKE: Liebig's Ann. Chem. **475**, 1 (1929).
[2] R. KUHN und K. MEYER: Hoppe-Seyler's Z. physiol. Chem. **185**, 193 (1929).
[3] R. KUHN und L. BRAUN: Ber. dtsch. chem. Ges. **59**, 2370 (1926).
[4] W. GRASSMANN und J. TRUPKE: In „Physiologische Chemie", herausgegeben von B. FLASCHENTRÄGER und E. LEHNARTZ: Bd. I, S. 1012. Berlin: Springer. 1951.
[5] W. LANGENBECK: *l. c.*; Idem: Adv. Enzymology **14**, 163 (1953).

wohldefinierte, valenzmäßig formulierbare und in vielen Fällen isolierte Zwischenverbindungen verlaufen, weshalb LANGENBECK die Bezeichnung „Hauptvalenzkatalyse" vorschlägt; in einer neueren Arbeit stellt er fest, daß der Ausdruck „Covalenz-katalyse" exakter wäre.

Als Beispiele für derartige Vorgänge mögen erwähnt werden: *o*-Chinone haben die Fähigkeit, in Gegenwart von Sauerstoff die Dehydrierung von Aminosäuren und auch von Schwefelwasserstoff zu katalysieren. Hierbei wird primär Schwefel und das entsprechende Hydrochinon gebildet; dieses geht bei Einwirkung von Luft-sauerstoff rasch wieder in das Chinon über[1].

C=O | C=O + H_2S → COH ‖ COH + S $\xrightarrow{+ {}^1/_2 O_2}$ C=O | C=O + H_2O

Phenanthrenchinon

Außer dem Phenanthrenchinon sind auch andere *o*-Chinone wirksam; das aktivste Chinon ist das 1,2-Anthrachinon. Als Zwischenstoff tritt aber in jedem Fall das entsprechende 1,2-Hydrochinon auf.

In analoger Weise verläuft die katalytische Dehydrierung von α-Aminosäuren in Gegenwart von Isatin:

$CH_3CHCOOH$ | NH_2 + H_2O + 2 C=O | C=O NH

Alanin Isatin

↓

$CH_3CHO + NH_3 + CO_2$ + OH | C — C | C=O NH OH | C | O=C HN

Isatyd

↓ + O_2

H_2O_2 + 2 C=O | C=O NH

Der Zwischenstoff, das Isatyd, läßt sich leicht isolieren[2]. Hier wie im erstbeschriebenen Fall übernimmt der Katalysator zwei Wasserstoff-atome, die gleich darauf an das zweite Substrat, den Sauerstoff, weitergegeben werden. Die Rolle des Isatins ist somit hier völlig analog derjenigen der Riboflavin-nucleotide, die als prosthetische Gruppen der verschiedenen Aminosäure → O_2-transhydrogenasen (*Aminosäure-oxydasen*, vgl. S. 516) fungieren.

[1] W. LANGENBECK, O. TARHAN, G. KEITEL und B. HIRSCH: Chem. Ber. **81**, 356 (1948).
[2] W. LANGENBECK: Ber. dtsch. chem. Ges. **60**, 930 (1927).

Primäre Amine sind imstande, die Decarboxylierung von α-Ketocarbonsäuren zu katalysieren. Der Reaktions-mechanismus läßt sich durch die folgende Formelreihe darstellen:

$$\underset{\text{Phenylglyoxylsäure}}{C_6H_5COCOOH} + \underset{\text{Anilin}}{H_2NC_6H_5} \longrightarrow \begin{matrix} C_6H_5CCOOH \\ \| \\ NC_6H_5 \end{matrix} + H_2O$$

$$\begin{matrix} C_6H_5CCOOH \\ \| \\ NC_6H_5 \end{matrix} \longrightarrow \begin{matrix} C_6H_5CH \\ \| \\ NC_6H_5 \end{matrix} + CO_2$$

$$\begin{matrix} C_6H_5CH \\ \| \\ NC_6H_5 \end{matrix} + C_6H_5COCOOH \rightarrow \underset{\text{Benzaldehyd}}{C_6H_5CHO} + \begin{matrix} C_6H_5CCOOH \\ \| \\ NC_6H_5 \end{matrix}$$

Es wird somit primär eine Zwischenverbindung vom Typus einer Iminosäure gebildet, die bei höherer Temperatur CO_2 abspaltet. Das entstandene Aldehyd-imin reagiert mit einem weiteren Mol Phenylglyoxylsäure, wobei Benzaldehyd entsteht und gleichzeitig wieder die Iminosäure gebildet wird.

Unter den untersuchten primären Aminen ist Anilin einer der am wenigsten wirksamen Katalysatoren. Durch systematische Abwandlung des Katalysatormoleküls bzw. durch Einführung „aktivierender Gruppen" konnten Katalysatoren erhalten werden, welche die Wirksamkeit des Anilins um Größenordnungen übertreffen. Von diesen ist das aktivste das 6-Methyl-3-amino-α-naphthoxindol.

CHNH$_2$ | H$_3$C | CO | NH

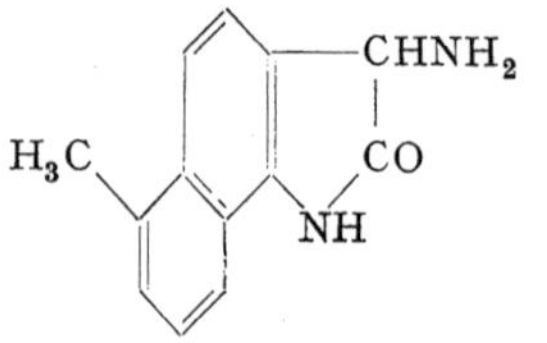

6-Methyl-3-amino-α-naphthoxindol

Die zuletzt beschriebenen Ergebnisse erlangen besonders dadurch Bedeutung, weil einige Jahre nach der Entdeckung der katalytischen Wirkung primärer Amine bei der Decarboxylierung von α-Ketosäuren festgestellt werden konnte, daß das Coferment der Pyruvat-decarboxylase und anderer α-Ketosäure-decarboxylasen, das Thiamin, ein primäres Amin ist (vgl. S. 609).

LANGENBECK bezeichnet die von ihm entwickelten organischen Katalysatoren, die sich von den Enzymen allerdings durch weitaus geringere Aktivität und Spezifität unterscheiden, als Ferment-modelle; die an ihnen gewonnenen Erkenntnisse bilden die Grundlage für seine Theorie der Fermentwirkung, die an anderer Stelle (S. 67) besprochen wird.

Oberflächen-katalyse. Die große wissenschaftliche und technische Bedeutung, die verschiedenen Kontakt-katalysen zukommt, hat zu einer eingehenden theoretischen Bearbeitung des Gebiets geführt. Hier sind es vor allem die Wasserstoffaktivierung an Pt und Pd (katalytische Hydrierungen) sowie Katalysen an Metalloxyden (Ammoniak-synthese, Methanol-synthese, Kontakt-schwefelsäure, Chlor-gewinnung nach DEACON, u. a.), die am gründlichsten erforscht wurden.

Es wurde erkannt, daß bei Katalysen dieses Typus eine Adsorption der reagierenden Stoffe an der Oberfläche des Katalysators unbedingt erforderlich ist. Die Adsorption ist aber eine zwar notwendige, jedoch nicht hinreichende Voraussetzung für ein Zustandekommen der katalytischen Reaktion. Der wichtigste Teilprozeß der Kontakt-katalyse besteht vielmehr darin, daß die an der Kontakt-oberfläche angelagerten Substrat-moleküle unter dem Einfluß der an der Oberfläche wirkenden Kräfte mehr oder weniger tiefgreifende Änderungen ihres inneren Aufbaus und ihres Zusammenhalts und damit eine Steigerung ihrer Reaktions-fähigkeit erfahren. Dieser Teilprozeß geht nur an einzelnen diskreten, durch ihre spezifische Zusammensetzung und Struktur besonders wirksamen „aktiven Bezirken" der Katalysator-oberfläche vor sich, während sowohl der Primärprozeß der Adsorption als auch die folgende Desorption gewöhnlich über die ganze Grenzfläche hin stattfindet.

Die Analogien zwischen Oberflächen-katalyse und Enzymkatalyse sind häufig betont worden[1]; trotzdem scheint auch heute noch nicht klar zu sein, ob ihnen mehr als formale Bedeutung zukommt. Es mag erwähnt werden, daß die Reaktionsgeschwindigkeit vieler Oberflächen-katalysen in ähnlicher Weise von der Substratkonzentration und dem Milieu (p_H) abhängig ist wie diejenige der enzymatischen Vorgänge, weiters daß verschiedene Kontaktgifte (z. B. Cyanid oder Arsen-verbindungen) gleichzeitig auch als Hemmstoffe enzymatischer Katalysen fungieren können und schließlich, daß häufig eine Verstärkung durch Kombination mit Zusatzstoffen („Mehrstoff-katalyse") beobachtet wird, die der Aktivierbarkeit der Fermente durch bestimmte Effektoren weitgehend analog ist. Selbst über eine optische Spezifität eines anorganischen Kontakts mit asymmetrischem Gitter (mit Cu bedeckte Oberflächen von Rechts- oder Linksquarz) wird berichtet[2].

IV. Das Wesen der Katalyse; die Zwischenstoff-theorie

Wie bereits aus der Definition des Katalyse-begriffs hervorgeht, kann ein Katalysator nur dann eine Reaktion beschleunigen bzw. auslösen, wenn diese thermodynamisch möglich ist, d. h. wenn dabei eine Abnahme der freien Energie erfolgt. Wir müssen uns nun die Frage vorlegen, auf welche Weise die Katalysatoren die Reaktions-beschleunigung bewerkstelligen.

Hier muß vor allem vorausgeschickt werden, daß die meisten in der Natur vorkommenden Substanzen außerordentlich reaktions-träge sind; die aus der Thermodynamik als stabile Zustände stofflicher Gemische berechenbaren Gleichgewichte stellen sich oft gar nicht oder nur sehr langsam ein, sofern nicht durch Katalysatoren eine entsprechende Reaktions-beschleunigung bzw. Lenkung erfolgt. FRANKENBURGER *(l. c.)* erinnert besonders nachdrücklich daran, daß auf dieser Tatsache letzten Endes die Existenz der belebten Welt beruht, denn fast alle organischen Verbindungen sind im sauerstoff-haltigen Medium der Luft thermodynamisch instabil und müßten bei ungehemmter Gleichgewichtseinstellung bis zur Stufe des Kohlendioxyds oxydiert werden.

Die geschilderte Reaktions-trägheit ist wesentlich dadurch bedingt, daß eine Reaktion zwischen zwei zusammentreffenden Molekülen oder auch der Zerfall eines Einzelmoleküls nur dann stattfinden kann, wenn die zusammentreffenden Moleküle bzw. das zur Zersetzung prädestinierte Einzelmolekül eine gewisse, über den Durchschnitts-energiegehalt der Moleküle herausragende Mindestenergie, die sog. *Aktivierungs-energie* besitzen. Wenn dieser Schwellenwert nicht erreicht wird, erfolgt keine Reaktion, d. h. das Molekül zersetzt sich nicht oder es verläßt nach dem Zusammenstoß mit dem Reaktions-partner diesen unverändert.

Der Wert der Aktivierungs-energie kann experimentell ermittelt werden, wenn die Temperatur-abhängigkeit der Geschwindigkeits-konstanten k der betreffenden Reaktion bekannt ist. Für k gilt in erster Näherung die Beziehung:

$$\ln k = \ln a - A/R\,T; \qquad (1)$$

---

[1] Vgl. z. B. das Übersichtsreferat von W. FRANKENBURGER: Ergebn. Enzymforsch. **3**, 1 (1934).

[2] G. M. SCHWAB und L. RUDOLPH: Naturwiss. **20**, 363 (1932).

da a als eine für jede Reaktion charakteristische Konstante im allgemeinen wenig von der Temperatur abhängt, kann man setzen:

$$\frac{d \ln k}{dT} = A/R\,T^2$$

woraus folgt:

$$A = R\,T^2 \frac{d \ln k}{dT} \quad \text{bzw.} \quad A = \frac{\log k_2 - \log k_1}{0{,}4343} \cdot R \cdot \frac{T_2\,T_1}{T_2 - T_1} \qquad (1\,a)$$

wobei A die Aktivierungs-energie, k_1 und k_2 die Reaktions-geschwindigkeiten bei den Temperaturen T_1 und T_2 darstellen[1].

Die Notwendigkeit der Aktivierungs-energie für das Zustandekommen einer Reaktion kann etwa in dem Sinn erklärt werden, daß dabei Zwischenzustände durchschritten werden müssen, die energiereicher sind als der Ausgangs- und der Endzustand.

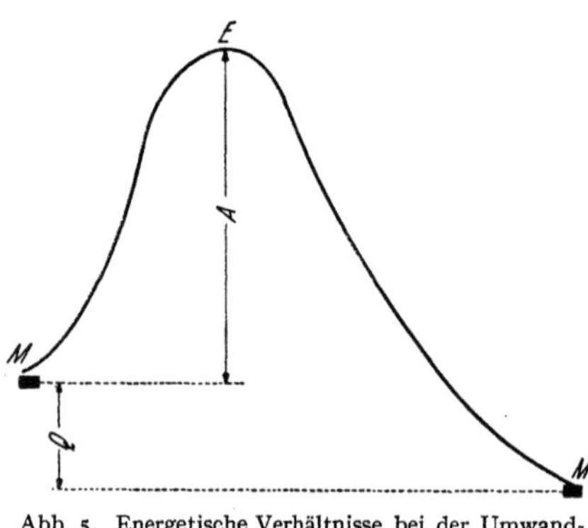

Abb. 5. Energetische Verhältnisse bei der Umwandlung einer Molekül-art M in eine Molekül-art M'.

Modellmäßig wird die Bedeutung der Aktivierungs-energie in Abb. 5 veranschaulicht. Eine Molekül-art M wandelt sich in die isomere Molekül-art M' um; die Reaktions-wärme dieses Vorgangs ist Q. Die Energie-werte von M und M' lassen sich durch zwei um den Betrag von Q verschiedene Energie-niveaus darstellen. Entsprechend der Notwendigkeit einer Aktivierungs-energie für die Umwandlung (Überwindung der energetischen Reaktions-hemmungen) kann der direkte Übergang $M \to M'$ nicht erfolgen, sondern nur mittels eines Hubes über den Energieberg E. Die Hubhöhe $M - E$ entspricht für die Reaktion $M \to M'$ der Aktivierungs-energie A; für die Rückreaktion $M' \to M$ ist die Aktivierungs-energie offenbar gleich $E + Q$. In analoger Weise könnte eine in M liegende Kugel nicht direkt unter Entbindung der Fall-energie Q bis zum Niveau M' fallen, sondern müßte erst über den Berg E unter Aufwendung der Arbeit A gehoben werden; dasselbe gilt für den Übergang $M' \to M$.

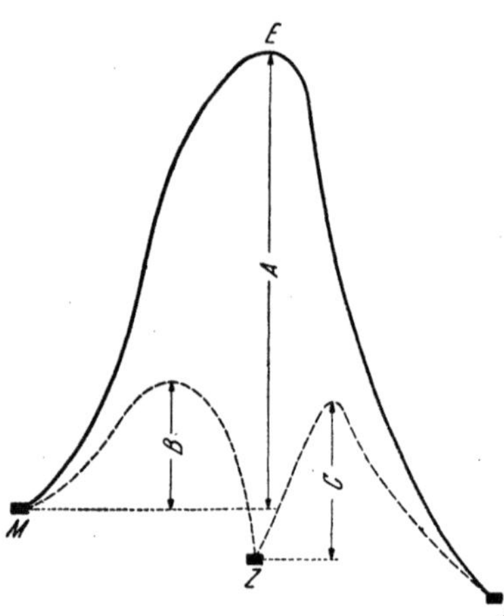

Abb. 6. Energie-schema zur Veranschaulichung der Katalysator-wirkung.

Die Einschaltung des Katalysators in das Reaktions-geschehen bedeutet eine Erhöhung von k; nach (1) kann eine solche zwei Gründe haben: entweder eine Erhöhung der Größe a oder eine Verringerung von A. Beides kommt vor, wenn auch nur für den letztgenannten Vorgang eine einfache anschauliche Deutung gegeben werden kann; wenn A abnimmt, wird der zu überschreitende Energieberg *erniedrigt*, und zwar wird durch Enzyme — entsprechend ihrem sehr hohen Wirkungsgrad — die Aktivierungs-energie relativ stärker herabgesetzt als durch andere Katalysatoren (Tab. 6).

Diese allgemeine Wirkung eines Katalysators kann speziell durch die Bildung von Zwischenverbindungen erklärt werden, wobei der Begriff der Zwischen-

[1] S. Arrhenius: Z. physik. Chem. **4**, 226 (1889).

verbindung möglichst weit zu fassen ist: es können darunter sowohl langlebige isolierbare Verbindungen als auch Gebilde von extrem kurzer Lebensdauer, die sehr bald nach ihrer Entstehung in Katalysator und Endprodukt zerfallen, verstanden werden.

In Abb. 6 ist dieser Mechanismus modellmäßig dargestellt. Aus dem Katalysator und Substrat-molekül M entsteht unter Aufwendung des verhältnismäßig geringen Betrages B an Aktivierungs-energie die Zwischenverbindung Z, die bei Zuführung der wiederum nur geringen Aktivierungs-energie C in Katalysator und Endprodukte zerfällt. Der erniedrigende Einfluß des Katalysators auf die Aktivierungs-energie läßt sich durch seine „umordnende“ Wirkung auf das Atomgefüge des Substrat-moleküls erklären.

Tabelle 6. *Aktivierungs-energien einiger katalysierter und unkatalysierter Reaktionen* (nach LINEWEAVER[1], gekürzt)

Reaktion	Katalysator	Aktivierungs-energie in cal/Mol
H_2O_2-Zersetzung	ohne	18000
	Kolloidales Pt	11700
	Leber-katalase	5500
Rohrzucker-inversion	Wasserstoff-ionen	26000
	β-h-Fructosidase aus Hefe	11500
	Ferment gleicher Wirkungsweise aus Malz	13000
Casein-hydrolyse	HCl	20600
	Trypsin	12000
	Chymotrypsin	12000
Äthylbutyrat-hydrolyse	Wasserstoff-ionen	13200
	Pankreas-lipase	4200

Wie vor allem von EYRING[2] betont wurde, kann aus der nach Gl. (1a) berechneten Aktivierungs-energie allein nicht die Reaktions-geschwindigkeit vorausberechnet werden. Nach den Überlegungen dieses Autors, die auf molekularkinetischen Vorstellungen beruhen, bilden bei katalysierten Reaktionen der Katalysator und das Substrat einen „aktivierten Komplex“; die Geschwindigkeit der Bildung dieses Komplexes ist durch $\Delta F^{\ddagger}$, den Wert der freien Energie für die Bildung des „aktivierten Komplexes“, festgelegt. Diese Größe ist — wie bei jeder anderen chemischen Reaktion — mit der Bildungs-wärme des aktivierten Komplexes $\Delta H^{\ddagger}$ durch die Gleichung

$$\Delta H^{\ddagger} = \Delta F^{\ddagger} - T\,\Delta S^{\ddagger} \tag{2}$$

verbunden, worin T die absolute Temperatur und $\Delta S^{\ddagger}$ die Entropie der Aktivierung darstellt. Die Aktivierungs-energie A der ARRHENIUS-Gleichung (1a) ist mit $\Delta H^{\ddagger}$ durch Gl. (3) verbunden:

$$\Delta H^{\ddagger} = A + R\,T \tag{3}$$

Die Werte von A müssen somit als Maß der Aktivierungs-wärme aufgefaßt werden; sie erlauben also nur dann eine Abschätzung der Reaktions-geschwindigkeit, wenn der Wert für die Aktivierungs-entropie $\Delta S^{\ddagger}$ vergleichsweise klein ist.

[1] H. LINEWEAVER: J. Amer. chem. Soc. **61**, 403 (1939).

[2] Vgl. hierzu die Monographie: S. GLASSTONE, K. J. LAIDLER und H. EYRING: The Theory of Rate Processes. New York: McGraw-Hill. 1941; weiters die Übersichtsreferate: A. E. STEARN: Ergebn. Enzymforsch. **7**, 1 (1938); Adv. Enzymology **9**, 25 (1949).

Den Vorstellungen von EYRING und STEARN entsprechend kann Abb. 6 in dem Sinne gedeutet werden, daß die Ordinate die freie Energie des Systems darstellt. In M befinden sich die Moleküle des oder der Ausgangs-stoffe in einem ungestörten Zustande; dasselbe gilt bei M' für die Moleküle des oder der Endprodukte. Die Spitze des Energie-berges (E) stellt den aktivierten Komplex dar; die Kurve repräsentiert die Energie-inhalte einer Serie von Konfigurationen, die über das niedrigste mögliche Maximum verlaufen. Das bedeutet, daß die Konfiguration an der Spitze des Energie-berges nur einen einzigen Freiheitsgrad besitzt und sonst gegenüber allen Verzerrungen und Deformationen stabil ist. Der aktivierte Komplex hat also bis auf diesen einen Freiheitsgrad die Eigenschaften eines stabilen Moleküls.

STEARN berichtet, daß nach statistisch-mechanischen Berechnungen die Geschwindigkeit des Zerfalls des aktivierten Komplexes — ohne Rücksicht auf die Natur des betreffenden Vorgangs — nur von der Temperatur abhängig ist. Sie ist gleich $k\,T/h$, wobei k die BOLTZMANN-Konstante (d. h. R/N oder die Gas-konstante pro Molekül), h die PLANCKsche Konstante und T die absolute Temperatur darstellt. Eine Berechnung der Reaktions-geschwindigkeit des Gesamtvorgangs kann nunmehr unter der einzigen Voraussetzung vorgenommen werden, daß zwischen den Molekülen im Anfangszustand und dem aktivierten Komplex ein Gleichgewicht besteht. Wenn $K^{\ddagger}$ die Gleichgewichts-konstante für die Bildung des aktivierten Komplexes aus den Ausgangs-stoffen ist, gilt für Standard-konzentrationen der reagierenden Stoffe:

$$k' = \varkappa\,(k\,T/h)\,K^{\ddagger} \tag{4}$$

In Gl. (4) stellt k' die Geschwindigkeits-konstante der Reaktion dar, $\varkappa$ ist der sog. „transition coeffizient", ein Maß der Wahrscheinlichkeit, daß der aktivierte Komplex nicht wieder in den Anfangszustand zurückkehrt, sondern in Richtung der Endprodukte abreagiert. $K^{\ddagger}$ ist mit $\Delta F^{\ddagger}$ durch Gl. (5) verbunden:

$$\Delta F^{\ddagger} = -R\,T \ln K^{\ddagger} \tag{5}$$

Unter der Annahme, daß $\varkappa \sim 1$, was für die meisten Reaktionen zutrifft, kann die Geschwindigkeits-konstante der Gesamt-reaktion k' aus experimentell zugänglichen Daten nach Gl. (6) berechnet werden:

$$k' = (k\,T/h)\,e^{-\Delta F^{\ddagger}/R\,T} = (k\,T/h)\,e^{-\Delta H^{\ddagger}/R\,T}\,e^{\Delta S^{\ddagger}/R} \tag{6}$$

Durch Logarithmieren beider Seiten und Differenzieren nach der Temperatur kann wiederum die ARRHENIUS-Gleichung (1) erhalten werden:

$$d \ln k'/d\,T = 1/T + \Delta H^{\ddagger}/R\,T^2 = (\Delta H^{\ddagger} + R\,T)/R\,T^2 = A/R\,T^2 \tag{7}$$

Da in letzter Zeit Betrachtungen dieser Art auch für biologische Probleme und für enzymatische Vorgänge Anwendung gefunden haben (vgl. hier besonders STEARN[1]), wurde an dieser Stelle eine kurze Darstellung der Gedankengänge der Theorie des aktivierten Komplexes gebracht. Für ein eingehenderes Studium und insbesondere für die Ableitung der verschiedenen Beziehungen muß auf die zitierte Monographie von GLASSTONE, LAIDLER und EYRING sowie auf das Lehrbuch von LAIDLER[2] verwiesen werden.

V. Allgemeine Kinetik der Katalyse

Aus dem letzten Abschnitt geht hervor, daß es sich bei jedem katalysierten Prozeß um einen aus mindestens zwei Teilreaktionen bestehenden Vorgang handelt; die erste Teilreaktion ist die Bildung einer Zwischenverbindung aus Substrat und Katalysator und die zweite deren Zerfall in Katalysator und Reaktions-produkte. Die Brutto-geschwindigkeit und die Reaktions-ordnung von aus mehreren aufeinander-folgenden Teilvorgängen zusammengesetzten Reaktionen wird durch die Geschwindigkeit und die Ordnung des langsamsten Teilprozesses bestimmt.

Der einfachste Fall einer Katalyse läßt sich durch das folgende Schema darstellen:

$$A + K \underset{k_2}{\overset{k_1}{\rightleftarrows}} Z \xrightarrow{k_3} K + B$$

[1] A. E. STEARN: Adv. Enzymology 9, 25 (1949).

[2] K. J. LAIDLER: Chemical Kinetics. New York: McGraw-Hill. 1950.

Hier ist A das Substrat, K der Katalysator, Z der Zwischenstoff und B das Endprodukt. Wenn der Zwischenstoff Z — wie es meistens der Fall ist — als instabil angenommen werden muß, kann er nur in geringen Konzentrationen auftreten; außerdem werden in dem nach der Anlauf-periode der Reaktion und vor Beginn ihres Abklingens sich ausbildenden stationären Teil des Reaktionsverlaufs seine Bildung und sein Verbrauch gleich rasch erfolgen. Es ergibt sich hieraus:

$$k_1 [A] ([K] - [Z]) - k_2 [Z] = k_3 [Z] \tag{8}$$

(Bildungs-geschwindigkeit aus A und freiem K — Rückzerfalls-geschwindigkeit = Zerfalls-geschwindigkeit in K und B), woraus für die Konzentration von Z der Ausdruck

$$[Z] = \frac{k_1 [A] [K]}{k_2 + k_3 + k_1 [A]} \tag{8a}$$

erhalten wird.

Bei zusammengesetzten Reaktionen, zu welchen auch die katalytischen Vorgänge zählen, lassen sich hinsichtlich der Geschwindigkeit der Teilprozesse zwei Möglichkeiten unterscheiden:

1. Im einen Falle ist die Bildungs-geschwindigkeit k_1 des instabilen Zwischenkörpers relativ gering und daher für die Gesamt-reaktion bestimmend; der Zwischenkörper reagiert dann mit weitaus größerer Geschwindigkeit weiter (k_3 ist groß). Ein Zwischenstoff dieses Typus wird als VAN'T HOFFscher Zwischenstoff bezeichnet.

2. Im zweiten Fall, der uns im folgenden weit häufiger beschäftigen wird, ist k_1 groß, während k_3 klein ist, d. h. hier ist die Weiter-reaktion des Zwischenstoffs, der mit seinen Ausgangs-stoffen im Gleichgewicht („vorgelagertes Gleichgewicht") steht, als langsamster Prozeß zeit-bestimmend. Ein Zwischenstoff, der sich so verhält, wird ein ARRHENIUSscher Zwischenstoff genannt.

Eine Unterscheidung dieser beiden Möglichkeiten läßt sich in einfacher gelagerten Fällen durch Bestimmung der Reaktions-ordnung des Gesamt-vorgangs vornehmen. Wenn ein VAN'T HOFFscher Zwischenstoff vorliegt, ist die bimolekulare Reaktion $A + K \rightarrow Z$ geschwindigkeits-bestimmend; ihre Geschwindigkeit wird dem Produkt der Konzentrationen von A und K proportional, also von zweiter Ordnung (Potenzsumme der geschwindigkeits-bestimmenden Konzentrationen) sein:

$$\frac{d[B]}{dt} = k_1 [A] [K] \tag{9}$$

Bei einem ARRHENIUSschen Zwischenstoff ist der monomolekulare Zerfall von Z in K und B, der proportional $[Z]$, also nach der ersten Ordnung verläuft, geschwindigkeits-bestimmend. Die Brutto-geschwindigkeit wird dann durch das vorgelagerte Gleichgewicht bestimmt: wenn wir $K_g = k_2/k_1$ als die Gleichgewichtskonstante des vorgelagerten Gleichgewichts bezeichnen, so erhalten wir unter Berücksichtigung von $k_3 \ll k_2$ die Beziehung:

$$[Z] = \frac{[A] [K]}{K_g + [A]} \quad \text{bzw.} \quad \frac{d[B]}{dt} = \frac{k_3 [A] [K]}{K_g + [A]} \tag{10}$$

Häufig ist aber die Konzentration der Zwischenverbindung Z *erheblich kleiner* als diejenige des Katalysators K; K_g wird dann sehr groß und $[A]$ sehr klein gegenüber K_g, so daß Gl. (10) übergeht in

$$\frac{d[B]}{dt} = \frac{k_3 A [K]}{K_g} \tag{10a}$$

wodurch die Geschwindigkeit des Teilprozesses und damit auch die Bruttogeschwindigkeit der Reaktion wiederum wie im Falle des VAN'T HOFFschen

Zwischenstoffs vom Produkt der Konzentrationen von A und K abhängig ist. Eine Unterscheidung der beiden Möglichkeiten kann in einem solchen Fall nicht vorgenommen werden.

Die Verhältnisse werden anders, wenn die Konzentration von Z die gleiche Größenordnung hat wie diejenige von K_g; d. h., wenn im Gleichgewicht ein wesentlicher Anteil des Katalysators an das Substrat gebunden ist. In diesem Falle wird der Wert von K_g vergleichsweise klein. Eine Verwirklichung dieser Möglichkeit kann nur bei relativ großer Affinität zwischen Substrat und Katalysator stattfinden; experimentell läßt sich $[Z]$ gegenüber $[K]$ entsprechend dem Massenwirkungs-gesetz dadurch steigern, daß bei konstant gehaltener Katalysatorkonzentration die Konzentration an Substrat erhöht wird. Hierdurch kann $[A]$ allmählich die Größenordnung von K_g erreichen; dann wächst die Gleichgewichtskonzentration des Zwischenstoffs Z und damit die Reaktions-geschwindigkeit nicht mehr proportional dem Produkt von Substrat-konzentration und Katalysator-konzentration, sondern langsamer, nämlich proportional dem Produkt $[A]([K]-[Z])$. Bei einer entsprechend großen Affinität zwischen Substrat und Katalysator läßt sich somit ein Prozeß mit langsamer Einstellung des Gleichgewichts $A + K \rightarrow Z$, gefolgt durch einen raschen Abbau des Zwischenstoffs, von einem Prozeß mit rascher Bildung und langsamem Abbau von Z wohl unterscheiden. Im ersten Falle wird nämlich bei sukzessivem Zusatz von Substrat die Reaktions-geschwindigkeit immer proportional der Substrat-konzentration ansteigen, während bei einem ARRHENIUSschen Zwischenstoff die Reaktions-geschwindigkeit bei geringerer Substrat-konzentration dieser proportional sein wird; bei folgendem Substratzusatz wird sie aber allmählich immer langsamer als die Substrat-konzentration ansteigen, um schließlich einen Grenzwert zu erreichen.

An dieser Stelle soll noch ein Fall besprochen werden, der bei katalytischen Vorgängen eine nicht seltene Komplikation darstellt. Da der Zwischenstoff Z als lose Verbindung zwischen A und K aufgefaßt werden muß, besteht die Möglichkeit, daß sich Z in einer Nebenreaktion zu einer beständigen Verbindung C stabilisiert. Eine Reaktions-folge dieses Typus ließe sich durch das nebenstehende Schema darstellen.

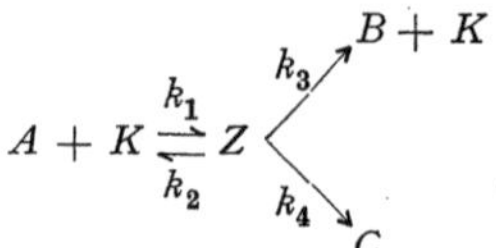

Ein Beispiel für eine derartige Reaktion bietet uns die durch HCl katalysierte Umlagerung von Maleinsäure in Fumarsäure; durch Stabilisierung einer lockeren Zwischenverbindung von Maleinsäure und HCl entsteht als Nebenprodukt Chlorbernsteinsäure. Ähnlichen Phänomenen werden wir auch bei Fermenten begegnen.

B. Die Kinetik enzymatisch katalysierter Reaktionen[1]

Die Kinetik von Enzymkatalysen war und ist häufig das Objekt eingehender Untersuchungen, da es bei Kenntnis der kinetischen Verhältnisse oft möglich wird, mehr oder minder weitgehende Aussagen über den Mechanismus der betreffenden Vorgänge zu machen.

I. Der Einfluß der Enzym- und Substrat-konzentration auf Enzymreaktionen

Die Enzymreaktionen verhalten sich allgemein recht unterschiedlich: in manchen Fällen können wir eine Reaktions-geschwindigkeit beobachten, die bis

[1] Handbuchartikel und Übersichtsreferate: E. A. MOELWYN-HUGHES: In „The Enzymes", herausgegeben von J. B. SUMNER und K. MYRBÄCK, Bd. I/1, S. 28. New York: Academic Press. 1951; P. W. WILSON: In „Respiratory Enzymes", herausgegeben von H. A. LARDY, 2. Aufl., S. 16. Minneapolis: Burgess. 1949; A. E. STEARN: Adv. Enzymology 9, 35 (1949); Idem: Ergebn. Enzymforsch. 7, 1 (1938); I. W. SIZER: Adv. Enzymology 3, 35 (1943).

zum fast völligen Verbrauch des Substrats konstant bleibt; der Reaktionsverlauf ist also linear, die Ordnung der Reaktion null. In anderen Fällen finden wir Reaktionen, die sich annähernd wie Vorgänge erster Ordnung verhalten und schließlich gibt es auch Enzymkatalysen, bei denen die Reaktions-geschwindigkeit schneller absinkt als es dem Verlauf einer Reaktion erster Ordnung entspricht. In der Mehrzahl der Fälle findet man jedenfalls, daß die Reaktions-geschwindigkeiten nicht den einfachen Gesetzen der ersten, zweiten oder nullten Ordnung entsprechen. Gewöhnlich folgt die Reaktion eine bestimmte Zeit einer dieser Ordnungen, um dann wieder davon abzuweichen.

Die Theorie von MICHAELIS und MENTEN. Zur Erklärung dieser Phänomene wurde schon frühzeitig angenommen[1], daß das Enzym seine Wirkung durch Bildung eines Enzym-Substrat-komplexes ausübt, also einer Zwischenverbindung, die den bisher besprochenen Zwischenverbindungen in anderen katalytischen Vorgängen völlig analog ist.

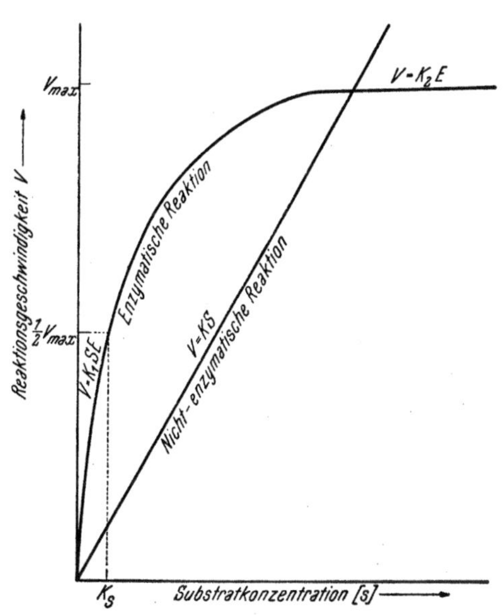

Abb. 7. Typische Substratkonzentration-Reaktionsgeschwindigkeits-kurven einer enzymatischen Reaktion.

Auf Grund von Versuchen über die enzymatisch katalysierte Rohrzuckerinversion stellten MICHAELIS und MENTEN[2] 1913 ein Reaktionsschema auf, das ihre Ergebnisse erklären sollte; dieses Schema beherrscht auch heute noch zu einem beträchtlichen Teil die Vorstellungen über die Kinetik enzymatisch katalysierter Reaktionen.

Es wird angenommen, daß das Enzym E, eine β-h-Fructosidase nach der heutigen Bezeichnung, mit dem Rohrzucker S eine instabile Zwischenverbindung bildet, die mit den Ausgangs-stoffen (Enzym und Rohrzucker) im Gleichgewicht steht. Für die weitere Ableitung ist es dabei gleichgültig, welcher Art diese Zwischenverbindung ist, d. h. ob es Haupt- oder Nebenvalenzen sind, die für die Bindung zwischen Enzym und Substrat verantwortlich sind. Der Zerfall dieser Zwischenverbindung soll nun der geschwindigkeits-bestimmende Vorgang sein: der Enzym-Substrat-komplex ist also ein ARRHENIUSscher Zwischenstoff. Eine weitere Annahme sagt aus, daß die Konzentration der Zwischenverbindung in der Reaktions-mischung zwar immer klein gegenüber der Substrat-konzentration ist, aber immerhin so groß, daß sie gegenüber der Konzentration an Enzym nicht vernachlässigt werden darf.

Wir erhalten das Schema

$$E + S \underset{k_2}{\overset{k_1}{\rightleftharpoons}} E\,S; \qquad E\,S + H_2O \overset{k_3}{\rightleftharpoons} E + G + F$$

wobei G und F die Reaktions-produkte, Glucose und Fructose, darstellen. Aus

[1] A. J. BROWN: J. chem. Soc. 81, 373 (1902); V. HENRI: Lois générales de l'action des diastases. Paris 1903.

[2] L. MICHAELIS und M. L. MENTEN: Biochem. Z. 49, 333 (1913).

diesem Schema ergibt sich unter Berücksichtigung der geschilderten Annahmen und in völliger Analogie zu Gl. (10) der folgende Ausdruck:

$$[E\,S] = \frac{[E]\,[S]}{k_2/k_1 + [S]} \tag{11}$$

und wir erhalten für die Reaktions-geschwindigkeit

$$v = -\frac{d[S]}{dt} = \frac{k_3\,[E]\,[S]}{k_2/k_1 + [S]} \tag{11a}$$

oder, wenn wir in gewohnter Weise k_2/k_1 als die Gleichgewichts-konstante des vorgelagerten Gleichgewichts $E + S \rightleftarrows E\,S$ betrachten,

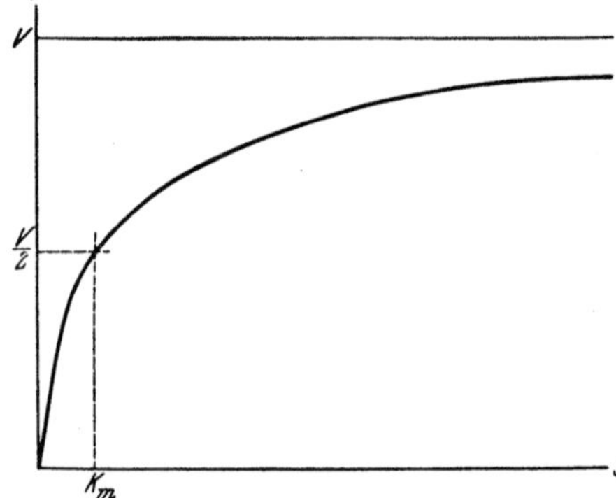

Abb. 8. Theoretische Kurve für die Gleichung nach MICHAELIS und MENTEN (x = Substrat-konzentration) (nach BALDWIN).

$$v = -\frac{d[S]}{dt} = \frac{k_3\,[E]\,[S]}{K_m + [S]} \tag{11b}$$

wobei die als konstant anzunehmende Konzentration des Wassers in k_3 miteinbezogen ist.

Die Konstante K_m, welche eine für die Beziehung eines Enzyms zu einem bestimmten Substrat typische Größe darstellt, kann auch als Dissoziations-konstante des Komplexes $E\,S$ aufgefaßt werden. Sie ist der Affinität des Enzyms zum Substrat umgekehrt proportional und wird in der Literatur gewöhnlich als MICHAELIS-Konstante bezeichnet. Sie hat die Dimension einer Konzentration. Ihr reziproker Wert $\frac{1}{K_m} = K_A$ wird Affinitäts-konstante genannt.

Aus Gl. (11a) können wir entnehmen, daß die Maximal-geschwindigkeit der Reaktion — bei gleichbleibender Enzym-konzentration, Temperatur und Wasserstoffionen-konzentration — dann erreicht sein wird, wenn die Substrat-konzentration so groß wird, daß praktisch die gesamte vorliegende Enzym-menge im Enzym-Substrat-komplex gebunden ist, d. h. wenn $[E] = [E\,S]$. Die Maximal-geschwindigkeit V wird dann proportional der Enzym-konzentration sein; wir können somit schreiben:

$$V = k\,[E]$$

Wenn wir diesen Ausdruck in Gl. (11b) einsetzen, erhalten wir

$$v = \frac{V\,[S]}{[S] + K_m} \tag{12}$$

und

$$K_m = [S]\left(\frac{V}{v} - 1\right) \tag{12a}$$

und haben damit aus Gl. (11b) die schwer zu bestimmende Enzym-konzentration eliminiert.

Diese Gleichung erlaubt uns eine Voraussage, in welcher Weise die Reaktions-geschwindigkeit durch die Substrat-konzentration beeinflußt wird. Bei graphischer Darstellung der Reaktions-geschwindigkeit (Ordinate) als Funktion der Substrat-konzentration erhalten wir eine rechtwinklige Hyperbel (Abb. 8). Aus der Kurve lassen sich folgende Schlußfolgerungen ziehen:

a) Die Maximal-geschwindigkeit V ist der asymptotische Wert, dem sich die Kurve bei Ansteigen der Substrat-konzentration nähert.

b) Die Konstante K_m entspricht derjenigen Substrat-konzentration, bei welcher die Reaktions-geschwindigkeit den halben Wert der Maximal-geschwindigkeit V erreicht. Dies läßt sich leicht verstehen, wenn wir für v in Gl. (12) $V/2$ einsetzen:

$$\frac{V}{2} = \frac{V\,[S]}{[S] + K_m}$$

woraus wir, wenn wir auf beiden Seiten durch V kürzen

$$1/2 = \frac{[S]}{[S] + K_m}, \quad 2\,[S] = [S] + K_m$$

und schließlich $[S] = K_m$ erhalten.

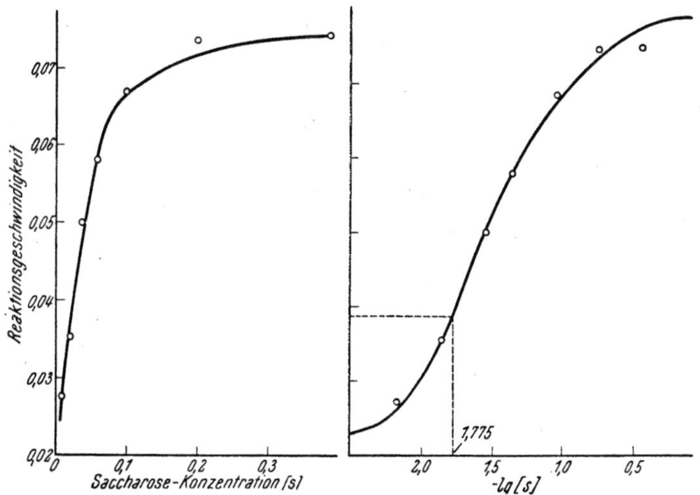

Abb. 9. Typische Substratkonzentration-Reaktionsgeschwindigkeits-kurven. Es wurden die experimentellen Daten von Michaelis und Menten verwendet. Das Diagramm auf der rechten Seite illustriert die Methode dieser Autoren zur Berechnung von K_m.

Eine selbstverständliche Folgerung, von der wir übrigens schon bei der Ableitung von Gl. (12) Gebrauch gemacht haben, soll hier noch einmal festgehalten werden: bei hohen Substrat-konzentrationen, bei denen die Maximal-geschwindigkeit V erreicht wird, ist deren Wert unter gegebenen Bedingungen ausschließlich von der Enzym-konzentration abhängig. Daraus folgt, daß man bei der Messung von Enzym-aktivitäten allgemein mit Substrat-überschuß arbeiten muß; trotz der Selbstverständlichkeit dieser Forderung kommen Verstöße dagegen nicht allzu selten vor.

Die Bestimmung der Konstante K_m kann experimentell durch Auftragen der Geschwindigkeiten v gegen die Substrat-konzentration oder besser gegen den negativen Logarithmus der Substrat-konzentration p_S erfolgen (Abb. 9). Die Benützung des Logarithmus der Substrat-konzentration hat den Vorteil, daß die den niedrigen Konzentrationen entsprechenden Punkte, die für die Bestimmung von K_m (Abszisse des Wendepunkts) von Wichtigkeit sind, nicht zusammengedrängt werden, wie das beim Auftragen der Substrat-konzentration der Fall wäre. Da $\log [S] = \log K_m - \log (V/v - 1)$ ist, hat die so erhaltene Wendepunkts-kurve die gleiche Form wie eine Kurve, in welcher der dissoziierte Anteil eines schwachen Elektrolyten gegen p_H aufgetragen wird.

Lineweaver und Burk[1] schlugen 1934 vor, zur Bestimmung von K_m und V die reziproken Werte der Gl. (12) zu verwenden, da dann ein linearer Verlauf der Kurve erzielt wird, wodurch die Größen leichter bestimmbar werden:

$$\frac{1}{v} = \frac{K_m + [S]}{V\,[S]} = \frac{1}{V} + \frac{K_m}{V} \cdot \frac{1}{[S]} \qquad (13)$$

[1] H. Lineweaver und D. Burk: J. Amer. chem. Soc. **56**, 658 (1934).

Aus Gl. (13) sieht man, daß in einem Diagramm, in dem $1/v$ gegen $1/[S]$ aufgetragen wird, eine gerade Linie erhalten wird, deren Steigung K_m/V ist und welche die Ordinate bei $1/V$ schneidet.

Nach denselben Autoren kann man durch Multiplikation der gesamten Gl. (13) mit $[S]$

$$[S]/v = [S]/V + K_m/V \tag{13a}$$

eine noch genauere Bestimmungs-methode für die Konstanten erhalten. Man trägt hier $[S]/v$ gegen $[S]$ auf; die Steigung der geraden Linie ist hier gleich $1/V$ und der Schnittpunkt mit der Ordinate entspricht K_m/V. Diese beiden Methoden werden in Abb. 10 unter Verwendung derselben Daten wie in Abb. 9 illustriert. Der Vorteil liegt hier darin, daß man durch die experimentell gefundenen Punkte mit Hilfe statistischer Methoden gerade Linien legen kann und damit tatsächlich K_m und V direkt aus den Daten erhält und nicht aus einer doch ungenau konstruierten Kurve ablesen muß.

Wir müssen uns nun die Frage vorlegen, was die Theorie von MICHAELIS und MENTEN leistet, d. h. inwieweit sie uns in die Lage versetzt, die bei verschiedenen Fermenten experimentell gefundenen Daten zu deuten. Nach dem heutigen

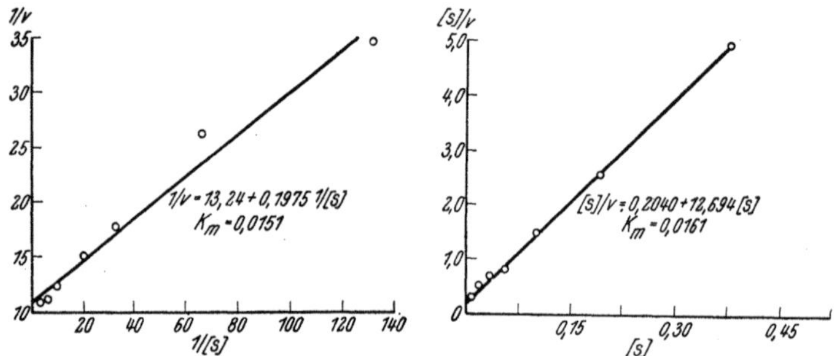

Abb. 10. Die beiden Methoden von LINEWEAVER und BURK zur Bestimmung von K_m.

Stand der Forschung darf ausgesagt werden, daß die geschilderten kinetischen Vorstellungen bei der Wirkung der meisten Hydrolasen und mit gewissen Modifikationen auch bei Fermenten anderer Hauptklassen experimentell weitgehend unterbaut sind. Wohl handelt es sich hier nur um eine erste, aber doch gute Annäherung, die sich in sehr vielen Fällen als höchst wertvoll erwiesen hat.

So gelingt es, wie wir später sehen werden (S. 135 ff.), mit Hilfe des Schemas von MICHAELIS und MENTEN, die *Hemmungs-erscheinungen*, die *durch Reaktions-produkte* und auch durch andere Inhibitoren hervorgerufen werden, befriedigend zu deuten. Im folgenden Abschnitt wollen wir aber vorerst die Kritik an der geschilderten Theorie und ihre Modifikationen behandeln.

Kritik und Modifikationen zur Theorie von MICHAELIS und MENTEN. Gegen das Schema von MICHAELIS und MENTEN wurde besonders in der älteren Literatur häufig der Einwand gemacht, daß es niemals gelungen sei, einen tatsächlichen Nachweis für die Existenz von Enzym-Substrat-komplexen zu erbringen. Wohl sind schon früher derartige Verbindungen beschrieben worden, die sich aber immer als inaktiv erwiesen; d. h. sie zerfielen nicht in Enzym und Reaktions-produkte. Dagegen muß allerdings festgestellt werden, daß die Vorstellungen von MICHAELIS keinerlei Aussagen über die Natur der Enzym-Substrat-verbindungen und ebenso auch keine Angaben über die für ihre Bildung verantwortlichen Kräfte oder über ihre Stabilität machen. Die Annahme von MICHAELIS und MENTEN, daß der enzymatisch katalysierten Reaktion ein Gleichgewicht zwischen Enzym, Substrat und einem Enzym-Substrat-komplex vorgelagert ist, enthält implizit nur die Vorstellung, daß der nicht näher definierte Enzym-Substrat-komplex wesentlich rascher in die Ausgangs-stoffe als in die Reaktions-produkte zerfällt. Es ist deshalb auch durchaus nicht notwendig, daß isolierte Enzym-Substrat-verbindungen mit den Enzym-Substrat-komplexen nach MICHAELIS und MENTEN identisch sein müssen; unter Umständen kann es sich hier um stabilisierte Enzym-Substrat-verbindungen handeln, die etwa der Monochlorbernsteinsäure in der Reaktion Maleinsäure $\xrightarrow{HCl}$ Fumarsäure (S. 58) analog sind.

In letzter Zeit konnte CHANCE[1] bei Katalasen und Peroxydasen auf spektrophotometrischem Wege die Existenz von Komplexen dieser Fermente mit ihrem Substrat H_2O_2 nachweisen, die tatsächlich katalytisch aktiv waren, d. h. mit der Geschwindigkeit der Gesamtreaktion übereinstimmend in Enzym und Reaktionsprodukte zerfielen und somit mit den von MICHAELIS und MENTEN postulierten Enzym-Substrat-komplexen zu identifizieren sind. In ähnlicher Weise konnten THEORELL und BONNICHSEN die Bildung von Intermediär-komplexen zwischen DPN · H_2 → Aldehyd-transhydrogenasen *(Alkohol-dehydrase)* aus tierischem Gewebe oder Hefe und DPN · H_2 in Gegenwart von Aldehyd nachweisen[2]. Die Existenz von Enzym-Substrat-komplexen, die den Forderungen der Theorie von MICHAELIS und MENTEN entsprechen, scheint somit außer Frage gestellt zu sein.

Ein anderer Einwand gegen diese Theorie wurde vor einiger Zeit von ROTHEN[3] gemacht. Der Autor berichtete, daß es ihm gelungen sei, eine Enzymwirkung in einer Versuchs-anordnung zu beobachten, in der die Ferment-lösung (Pepsin oder Trypsin) durch eine inerte bis zu mehr als 100 Å dicke Schicht vom Substrat (Albumin) getrennt war. Dies würde bedeuten, daß hier für das Zustandekommen der Enzymwirkung die primäre Bildung eines Enzym-Substratkomplexes nicht notwendig ist. Zur Erklärung seiner Beobachtungen postuliert ROTHEN die Existenz von Kräften, die auf größere Distanzen wirken können („long distance forces"). Die Gültigkeit der experimentellen Ergebnisse von ROTHEN wird aber von verschiedenen Seiten bestritten[4].

In manchen Fällen wird beobachtet, daß bei steigender Substrat-konzentration die Reaktions-geschwindigkeit nicht einem konstanten Maximalwert zustrebt, wie das nach der Theorie von MICHAELIS und MENTEN der Fall sein müßte, sondern wieder absinkt. Ein solches Verhalten wird unter anderem bei der enzymatischen Rohrzucker-spaltung beobachtet; hier läßt es sich, wie NELSON[5] gezeigt hat, dadurch erklären, daß bei hohen Rohrzucker-konzentrationen die Konzentration des Wassers, das ja auch als Reaktions-teilnehmer aufgefaßt werden muß und dessen Konzentration bei hydrolytischen Prozessen gewöhnlich als konstant angesehen wird, den begrenzenden Faktor darstellt. Ein ähnliches Phänomen bei der Urease ist schon seit langem bekannt; höhere Harnstoff-konzentrationen verursachen ein Absinken der Reaktions-geschwindigkeit[6].

Zur Erklärung dieser Erscheinung bei der Urease nehmen LAIDLER und HOARE[7] an, daß das Urease-molekül über zwei Arten von aktiven Zentren verfügt, von denen die einen für den Harnstoff und die anderen für das zweite Substrat, das Wasser, spezifisch sind. Für das Zustandekommen der Reaktion ist eine paarweise gleichzeitige Adsorption von Wasser und Harnstoff an den entsprechenden aktiven Zentren erforderlich. Bei hohen Harnstoff-

[1] Vgl. hierzu insbesondere die Handbuchartikel und Übersichtsreferate: B. CHANCE: Adv. Enzymology **12**, 153 (1951); Idem: in „Modern Trends in Physiology and Biochemistry", herausgegeben von E. S. G. BARRON, S. 25. New York: Academic Press. 1952; Idem: in „The Enzymes", herausgegeben von J. B. SUMNER und K. MYRBÄCK, Bd. II/1, S. 428. New York: Academic Press. 1951.

[2] Vgl. das Übersichtsreferat von R. BONNICHSEN: In „Biologie und Wirkung der Fermente", 4. Mosbacher Kolloquium Ges. physiol. Chem., S. 151. Berlin: Springer. 1953.

[3] A. ROTHEN: J. biol. Chem. **167**, 299 (1947); **168**, 75 (1947); Adv. Protein Chem. 3, 123 (1947); Helv. chim. Acta 33, 834 (1950).

[4] Vgl. z. B. S. J. SINGER: J. biol. Chem. **182**, 189 (1950); H. J. TRURNIT: Science **111**, 1; **112**, 239 (1950); J. IBALL: Ibid. **109**, 18 (1949).

[5] J. M. NELSON: Chem. Revs. **12**, 1 (1933).

[6] Vgl. z. B. S. F. HOWELL und J. B. SUMNER: J. biol. Chem. **104**, 619 (1934).

[7] K. J. LAIDLER und J. P. HOARE: J. Amer. chem. Soc. **71**, 2699 (1949).

konzentrationen blockiere nun der Harnstoff teilweise auch die Adsorptions-stellen für das Wasser, weshalb die Reaktions-geschwindigkeit entsprechend der steigenden Harnstoffkonzentration absinke. Die sehr exakt durchgeführten kinetischen Messungen der Autoren schließen aber, wie diese selbst zugeben, eine andersartige Deutung des Phänomens nicht aus.

Ähnliche Hemmungs-erscheinungen unter dem Einfluß eines Substrat-überschusses werden auch von verschiedenen anderen Enzymen berichtet, ohne daß bisher eine schlüssige Erklärung gegeben werden konnte; es ist aber kaum anzunehmen, daß die berichteten Phänomene ein ernstes Argument gegen die Gültigkeit der Grundvorstellungen von MICHAELIS und MENTEN darstellen. Interessanterweise stellt die Hemmbarkeit durch den Substrat-überschuß im Falle der Cholinesterasen ein wichtiges Unterscheidungs-merkmal für die beiden Typen dieser Fermente dar: während die Acetylcholinesterasen oder Cholinesterasen I bei allzu hoher Konzentration an Acetylcholin in ihrer Wirksamkeit gehemmt werden und die Aktivitäts-p_S-kurven eine glockenartige Form zeigen, werden die „unspezifischen" Cholinesterasen oder Cholinesterasen II nicht in dieser Weise beeinflußt; die entsprechenden Kurven zeigen die gewohnte S-Form.

Im folgenden sollen einige wichtige Erweiterungen und Ergänzungen zur Theorie von MICHAELIS und MENTEN besprochen werden, die deren Anwendungsbereich vergrößern. BRIGGS und HALDANE[1] diskutierten den Fall, welcher eintritt, wenn der Enzym-Substrat-komplex nicht der Definition des ARRHENIUSschen Zwischenstoffes entspricht, d. h. wenn die Voraussetzung, daß k_3 in seiner Größenordnung gegen k_2 nicht zu vernachlässigen ist, nicht erfüllt ist. Es konnte gezeigt werden, daß man bei Ersatz der Gleichgewichts-konstante $K_m = k_2/k_1$ durch den Ausdruck $\frac{k_2 + k_3}{k_1}$ zu dem gleichen Ergebnis kommt wie nach der Theorie von MICHAELIS und MENTEN. Der Ausdruck $\frac{k_2 + k_3}{k_1}$ kann natürlich nicht mehr als Gleichgewichts- bzw. Dissoziations-konstante gewertet werden; er besitzt aber die Dimension einer solchen. Da wir selten die Möglichkeit haben, festzustellen, ob die Voraussetzung $k_2 \gg k_3$ erfüllt ist, muß man bei der Interpretation von MICHAELIS-Konstanten, die aus experimentellen Daten errechnet wurden, jedenfalls vorsichtig sein.

Eine Erweiterung von STRAUS und GOLDSTEIN[2] berücksichtigt die Möglichkeit, daß nicht nur die Konzentration an freiem Enzym, sondern auch diejenige an (freiem) Substrat der Konzentration des Enzym-Substrat-komplexes vergleichbar ist, so daß man nicht mehr das gesamte Substrat als freies Substrat betrachten darf, sondern

$$[S] = [S_f] + [E\,S]$$

schreiben muß. Daraus folgt dann als Ansatz für die Reaktions-geschwindigkeit

$$k_1\,([S] - [E\,S])\,([E] - [E\,S]) - k_2\,[E\,S] = k_3\,[E\,S]$$

Da dieser Ausdruck für $[E\,S]$ und damit auch für die Reaktions-geschwindigkeit quadratische Gleichungen ergibt, lösen ihn STRAUS und GOLDSTEIN nach der gesamten Substrat-konzentration auf:

$$[S] - [E\,S] = \frac{k_2 + k_3}{k_1} \cdot \frac{[E\,S]}{[E] - [E\,S]}$$

$\frac{k_2 + k_3}{k_1}$ kann wiederum als K_m bezeichnet werden; $[E\,S]/[S]$ entspricht, da $v = k_3\,[E\,S]$ und $V = k_3\,[E]$, dem Verhältnis zwischen tatsächlicher Reaktions-geschwindigkeit v und maximaler Reaktions-geschwindigkeit V. Wir können deshalb $a = v/V$ schreiben und kommen so zur Gleichung:

$$[S] = K_m \frac{a}{1 - a} + [E\,S] = K_m \frac{a}{1 - a} + a\,[E] \tag{14}$$

[1] G. E. BRIGGS und J. B. S. HALDANE: Biochem. J. **19**, 338 (1925).

[2] O. H. STRAUS und A. GOLDSTEIN: J. gen. Physiol. **26**, 559 (1943); A. GOLDSTEIN: Ibid. **27**, 529 (1944).

Gl. (14) unterscheidet sich um den Term $a\,[E]$ von der entsprechenden Ableitung aus der Gleichung von MICHAELIS und MENTEN. STRAUS und GOLDSTEIN betonen, daß man nicht immer annehmen kann, daß die Enzym-konzentration zu vernachlässigen ist, da es nicht auf deren Absolut-wert ankomme, sondern auf ihr Verhältnis zu K_m. Sie drücken deshalb $[E]$ und ähnliche Größen in sog. spezifischen Konzentrationen $E' = [E]/K_m$ aus; diese sind in Analogie zum spezifischen Gewicht dimensions-los. Gl. (14) läßt sich durch Division durch K_m in die Form der spezifischen Konzentrationen bringen:

$$S' = a/(1 - a) + a\,E' \tag{14a}$$

Wenn E' sehr klein ist, was ja meist der Fall sein wird, so geht der Ausdruck in die einfache Form von MICHAELIS und MENTEN über.

Die Bedeutung dieser Betrachtungsweise tritt vor allem bei der Behandlung der Hemmungserscheinungen in den Vordergrund.

Die wichtigste Erweiterung der Theorie von MICHAELIS und MENTEN wurde aber durch die Untersuchungen von MANN[1] über die Meerrettich-peroxydase eingeleitet und von CHANCE[2] experimentell verifiziert sowie theoretisch unterbaut[3]. Während die ursprüngliche Theorie von MICHAELIS und MENTEN einen monomolekularen Zerfall des Enzym-Substrat-komplexes postuliert, konnte gezeigt werden, daß vor allem bei Katalasen und bei Peroxydasen dieser Zerfall bimolekular vor sich geht, da die Zerfall-reaktion des Komplexes nur dann stattfindet, wenn dieser mit einem Donator-molekül reagieren kann. Das allgemeine Schema für den Wirkungsmechanismus von Katalasen und Peroxydasen, das vermutlich für viele übertragende Fermente (Oxydoreductasen und Transferasen) in entsprechend modifizierter Form Gültigkeit besitzt, lautet nach CHANCE:

$$E + S \underset{k_2}{\overset{k_1}{\rightleftharpoons}} E\,S$$

$$E\,S + A\,H_2 \xrightarrow{k_4} E + S\,H_2 + A$$

Hier ist $A\,H_2$ ein Wasserstoff-donator, dessen Reaktion mit $E\,S$ zur Rückbildung des Enzyms und des hydrierten Substrats S führt, während A als die dehydrierte Form des Donators entsteht. Die Differentialgleichungen, welche die Reaktionskinetik im Sinne des Massenwirkungs-gesetzes darstellen, sind dann:

$$\frac{d[E\,S]}{dt} = k_1\,[S]\,([E] - [E\,S]) - (k_2 + k_4\,[A\,H_2])\,[E\,S] \tag{15}$$

$$\frac{d[S]}{dt} = -\,k_1\,[S]\,([E] - [E\,S]) + k_2\,[E\,S] \tag{15a}$$

$$-\frac{d[A\,H_2]}{dt} = k_4\,[E\,S]\,[A\,H_2] \tag{15b}$$

Die Reaktions-geschwindigkeit ist somit, wenn wir sie als den Umsatz des Donatormoleküls definieren, proportional dem Produkt aus der Konzentration des Enzym-Substrat-komplexes $E\,S$ und der Donator-konzentration. Dieselbe Proportionalität gilt auch für den Umsatz des Substrats S, wenn $d[S]/dt$ weitaus größer ist als $d[E\,S]/dt$.

Aus verschiedenen Gründen, so insbesondere deshalb, weil ein einfacher Mechanismus für die Oxydoreduktion als Übertragung einzelner Elektronen dann leicht zu formulieren wäre, wird bei Reaktionen des beschriebenen Typus die Intermediär-bildung ternärer Enzym-Substrat-Donator-komplexe vermutet, wenngleich für deren Auftreten noch keine ein-

[1] P. J. G. MANN: Biochem. J. **24**, 918 (1931).

[2] Vgl. Fußnote 1 auf S. 63.

[3] Vgl. auch: J. E. LUVALLE und D. R. GODDARD: Quart. Revs. Biol. **23**, 197 (1948).

deutigen experimentellen Beweise vorliegen. Der Mechanismus wäre dann folgendermaßen zu formulieren:

$$E + S \underset{k_2}{\overset{k_1}{\rightleftharpoons}} E S$$

$$E S + A\,H_2 \xrightarrow{k_4} E S \cdot A\,H_2$$

$$E S \cdot A\,H_2 \underset{k_{10}}{\overset{k_9}{\rightleftharpoons}} E + S\,H_2 + A$$

Wenn die Bildung des ternären Komplexes die geschwindigkeits-bestimmende Reaktion ist, d. h. wenn $k_4\,[A\,H_2]$ kleiner als k_9 ist, wäre die Reaktions-geschwindigkeit — wiederum als Umsatz des Donators definiert — auch hier $k_4\,[E\,S]\,[A\,H_2]$. Wenn hingegen $k_4\,[A\,H_2]$ größer ist als k_9, so ist die Reaktions-geschwindigkeit von der Zerfalls-geschwindigkeit des ternären Komplexes abhängig und es gilt

$$-\frac{d\,[A\,H_2]}{dt} = k_9\,[E\,S \cdot A\,H_2] \tag{16}$$

Wir können dann auch eine MICHAELIS-konstante des ternären Komplexes

$$K_m = \frac{k_9 + k_{10}}{k_4} \tag{16a}$$

formulieren.

Für weitere Einzelheiten dieser interessanten Betrachtungsweise, die sich, wie erwähnt, vermutlich auf die meisten übertragenden Fermenten anwenden lassen dürfte, muß auf die zitierte Original-literatur verwiesen werden.

Alternativvorstellungen. Verschiedene ältere Autoren nahmen an, daß sich manche enzymatische Katalysen eher vom Standpunkt der mikroheterogenen Katalyse behandeln lassen, während die Theorie von MICHAELIS und MENTEN auf der Annahme beruht, daß sowohl die Reaktion zwischen Enzym und Substrat als auch der Zerfall des Enzym-Substrat-komplexes durch stöchiometrisch formulierbare Reaktions-gleichgewichte geregelt wird, welche Vorstellung sich im wesentlichen mit der Theorie der homogenen Katalyse deckt.

HITCHCOCK[1] und später WEIDENHAGEN und LANDT[2] konnten nun zeigen, daß man durch Anwendung der Adsorptions-isotherme von LANGMUIR zu einer Formel kommt, die formal der entsprechenden Beziehung von MICHAELIS und MENTEN völlig analog ist.

Wenn wir die mit Substrat-molekülen bedeckte Oberfläche des Enzyms mit φ_s und seine gesamte Oberfläche mit φ bezeichnen, so lautet die Formel der LANGMUIRschen Adsorptions-isotherme:

$$q = \frac{\varphi_s}{\varphi} = \frac{k_1\,c}{k_2 + k_1\,c} \tag{17}$$

Hier bedeutet q den von Substrat-molekülen bedeckten Teil der adsorbierenden Enzym-oberfläche, k_1 und k_2 sind Konstanten und c ist die Konzentration des gelösten Substrats, nachdem sich ein Gleichgewicht eingestellt hat. Wenn wir hier ebenso wie bei MICHAELIS und MENTEN die Konzentration des an der Enzymoberfläche gebundenen Substrats gegenüber der Gesamt-konzentration des Substrats vernachlässigen, so gilt, wenn die Gesamt-substrat-konzentration mit $[S]$ bezeichnet wird:

$$c = [S]$$

und wir können schreiben:

$$\frac{\varphi_s}{\varphi} = \frac{k_1\,[S]}{k_2 + k_1\,[S]} \tag{17a}$$

Die maximale Reaktions-geschwindigkeit wird dann erreicht, wenn die gesamte

[1] D. L. HITCHCOCK: J. Amer. chem. Soc. 48, 2870 (1926).

[2] R. WEIDENHAGEN und E. LANDT: Z. Ver. dtsch. Zuckerind. 80, 25 (1930).

Enzym-oberfläche bzw. alle aktiven Zentren des Enzyms mit Substrat beladen sind. Der Ausdruck φ_s/φ ist somit identisch mit dem Verhältnis der Reaktionsgeschwindigkeit bei der Substrat-konzentration $[S]$ zur maximalen Reaktionsgeschwindigkeit, das wir wiederum als v/V bezeichnen, und wir kommen somit nach Umformung von Gl. (17a) zu

$$\frac{v}{V} = \frac{[S]}{k_2/k_1 + [S]} \quad \text{oder} \quad v = \frac{V\,[S]}{k_1/k_2 + [S]}; \tag{18}$$

dieser Ausdruck entspricht völlig Gl. (12) (S. 60).

Wir sehen also, daß man unter der Annahme, daß die zur Reaktion kommenden Substrat-moleküle an einer katalytisch wirksamen Enzym-oberfläche adsorbiert werden, mathematisch zur gleichen Formel kommt wie nach der Theorie von MICHAELIS und MENTEN.

Bei der bisherigen Diskussion wurde die Frage nach der Natur der Bindung des Substrats im Enzym-Substrat-komplex offengelassen; aus den Reaktionsschemata ließe sich eher die Annahme ableiten, daß das Substrat an der Stelle, an welcher sich die katalysierte Reaktion vollzieht, vom Enzym nicht hauptvalenz-mäßig gebunden wird, d. h. daß sich die eigentliche Reaktion wohl im Kraftfeld des Enzyms abspielt, nicht aber mit dem Enzym selbst vor sich geht.

Auf Grund von Modellversuchen mit organischen Katalysatoren, sog. Fermentmodellen (vgl. S. 50), vertritt LANGENBECK[1] hingegen die Meinung, daß das Enzym hauptvalenz-mäßig bzw. covalenz-mäßig an der Reaktion teilnimmt. Er weist weiters darauf hin, daß der Zerfall der Rohrzucker-Enzym-verbindung in Enzym, Fructose und Glucose, wie er von MICHAELIS und MENTEN für die enzymatische Rohrzucker-spaltung als zweiter Teilschritt postuliert wird, ebenso unwahrscheinlich ist wie ein Dreierstoß, d. h. daß drei Moleküle gleichzeitig aneinander-prallen.

Er lehnt deshalb die Voraussetzung von MICHAELIS und MENTEN, daß die Bildung von Enzym-Substrat-komplexen durch Dissoziations-gleichgewichte geregelt wird, ab. Für den Verlauf einer einfachen Spaltungs-reaktion stellt LANGENBECK das folgende Schema auf:

$$A\,B + E \underset{k_2}{\overset{k_1}{\rightleftharpoons}} A\,E + B$$

$$A\,E \underset{k_4}{\overset{k_3}{\rightleftharpoons}} A + E$$

Unter der Annahme, daß die Spaltungs-reaktion des Komplexes $A\,E$ praktisch irreversibel ist, kann k_4 vernachlässigt werden. Wenn diese Spaltungs-reaktion der geschwindigkeits-bestimmende Prozeß ist, so ist die Reaktions-geschwindigkeit des Gesamt-vorgangs der Konzentration von $A\,E$ proportional:

$$-\frac{d[A\,B]}{dt} = k_3\,[A\,E]$$

Die Gesamt-konzentration des Enzyms ist

$$[E'] = [E] + [A\,E]$$

Man gelangt somit zu der folgenden Gleichung für die Reaktions-geschwindigkeit:

$$-\frac{d[A\,B]}{dt} = \frac{k_3\,[E']\,[A\,B]}{k_3/k_1 + k_2/k_1\,[B] + [A\,B]} \tag{19}$$

Diese Formel unterscheidet sich aber nur äußerlich von der entsprechenden Gleichung für die Reaktions-geschwindigkeit von MICHAELIS und MENTEN, da man

[1] Vgl. besonders die Monographie: W. LANGENBECK: Die organischen Katalysatoren und ihre Beziehungen zu den Fermenten. 2. Aufl. Berlin: Springer. 1949.

unter der Annahme, daß das Reaktions-produkt B ein kompetitiv wirkender Hemmkörper des Vorgangs ist (S. 136), auch hier wieder zu einer völlig analogen Formulierung kommt, in der allerdings die Konstanten eine andere Bedeutung haben. Die Kinetik gibt uns somit keine Möglichkeit in die Hand zu unterscheiden, ob im Einzelfalle die Hauptvalenz-theorie von LANGENBECK oder die Vorstellungen von MICHAELIS und MENTEN zutreffen.

In einzelnen Fällen wurde postuliert, daß enzymatische Vorgänge Ketten-reaktionen darstellen. So schlugen HABER und WILLSTÄTTER[1] für die Wasserstoffperoxyd-zersetzung einen Kettenmechanismus vor und in gleicher Weise werden analoge Mechanismen für weitere Fermente [Xanthin → O_2-transhydrogenasen *(Xanthin-oxydase)*[2], Luziferase[2] und Ungesättigte Fettsäure → O_2-transhydrogenasen *(Lipoxydase)*[3]] vorgeschlagen, ohne daß in irgend einem dieser Fälle ein eindeutiger experimenteller Beweis für das Vorkommen radikalartiger Zwischenprodukte vorliegt.

II. Der Einfluß der Temperatur auf Enzymreaktionen

Während bei unkatalysierten oder nicht-enzymatisch katalysierten Reaktionen, deren Kinetik sich über ein Temperatur-intervall von mehreren 100 Graden messen läßt, eine Bestimmung der Temperatur-abhängigkeit oft ein wertvolles Hilfsmittel der kinetischen Analyse ist, lassen sich Enzymreaktionen allgemein nur über ein Intervall von einigen zehn Graden verfolgen, weshalb diese Untersuchungs-methode zum Studium der Kinetik enzymatischer Vorgänge nur selten geeignet ist.

Temperatur-koeffizient und Aktivierungs-energie. Der Temperatur-quotient Q_{10} ist definiert durch die Gleichung

$$Q_{10} = \frac{\text{Reaktions-geschwindigkeit bei } (T^\circ + 10^\circ)}{\text{Reaktions-geschwindigkeit bei } T^\circ}$$

und steht mit der Aktivierungs-energie der ARRHENIUS-Gleichung (1) (S. 53) in der Beziehung

$$\log Q_{10} = \frac{A}{2{,}303 \cdot R} \cdot \frac{T_2 - T_1}{T_2\, T_1}$$

Bei der Untersuchung von Temperatur-quotienten und Aktivierungs-energie von Enzymreaktionen besteht durch die große Temperatur-empfindlichkeit der Enzyme immer die Gefahr, daß man den Einfluß der Wärme-inaktivierung bei den Versuchen nicht ausschalten kann und dadurch zu irreführenden Resultaten kommt.

In seiner bereits mehrfach zitierten Übersicht gibt STEARN ein lehrreiches Beispiel für den Effekt der Hitze-inaktivierung auf den Temperatur-koeffizienten und die scheinbare Aktivierungs-energie, das in Tab. 7 wiedergegeben ist.

Tabelle 7. *Stärke-hydrolyse durch Amylase und Hitze-inaktivierung der Amylase als Konkurrenz-reaktionen* (nach STEARN, *l. c.*)

Temp.	Hitze-inaktivierung der Amylase $-\log k_1'$	Stärke-hydrolyse durch Amylase			k_2'/k_1'
		$-\log k_2'$	$\Delta H^{\ddagger}$[4]	Q_{10}	
15°	7,39	5,29	12200	2,18	126,0
25°	6,31	4,95	12300	2,21	23,0
35°	5,30	4,68	9300	1,92	4,2
45°	4,36	4,51	4400	1,28	0,71

[1] F. HABER und R. WILLSTÄTTER: Ber. dtsch. chem. Ges. **64**, 2844 (1931).
[2] A. E. MOELWYN-HUGHES: Ergebn. Enzymforsch. **6**, 23 (1937).
[3] S. BERGSTRÖM und R. T. HOLMAN: Adv. Enzymology **8**, 425 (1948).
[4] In Kalorien pro Mol; der Wert ist numerisch fast identisch mit der Aktivierungsenergie A der ARRHENIUS-Gleichung.

Die Daten der Tab. 7, die aus zwei voneinander unabhängigen Versuchsreihen stammen, zeigen, daß es sich nur bis 25° um eine verhältnismäßig einfache Reaktion handelt, da hier die Inaktivierung des Enzyms noch kaum in Erscheinung tritt. Bei 45° ist die Situation aber schon grundlegend anders; die Reaktions-geschwindigkeiten von Stärke-hydrolyse und Amylase-inaktivierung sind fast gleich. Bei weiterer Verfolgung der in Tab. 7 berichteten Experimente bis zu noch höheren Temperaturen würde man sogar wahrscheinlich in Bereiche kommen, wo die Aktivierungs-energie bzw. $\Delta H^{\ddagger}$ negativ wird, um dann bei einer noch höheren Temperatur wieder positive Werte anzunehmen, da hier bereits die Geschwindigkeit der nicht-katalysierten Reaktion eine Rolle spielt. Ergebnisse dieser Art dürften — nach der Meinung von STEARN — die Ursache für die früher häufig geäußerte Behauptung darstellen, daß enzym-katalysierte Reaktionen nicht der Gleichung von ARRHENIUS folgen.

Untersuchungen über die Temperatur-quotienten von Enzymreaktionen ergeben bei den Temperaturen, bei welchen man auf die Hitze-inaktivierung noch keine Rücksicht zu nehmen hat, Q_{10}-Werte, die etwa zwischen 1,4 und 2,0 liegen. In allen Fällen wurden die Temperatur-koeffizienten und damit auch die Aktivierungsenergien bei Enzymkatalysen niedriger gefunden als diejenigen der gleichen nicht-katalysierten oder nicht-enzymatisch katalysierten Reaktionen (vgl. Tab. 6, S. 55).

Beim Studium der Temperatur-abhängigkeit und der Aktivierungs-energien von Enzymkatalysen konnten SIZER und JOSEPHSON[1] vor einiger Zeit Phänomene beobachten, die auf eine innerhalb eines verhältnismäßig kleinen Temperatur-intervalls verlaufende Umwandlung bestimmter Enzyme von einer Modifikation in eine andere schließen lassen. So fanden sie, daß bei der Hydrolyse von Tributyrin durch Pankreas-lipase die Aktivierungs-energie A bei Temperaturen oberhalb 0° den Wert von 7600 Kalorien besitzt, unterhalb 0° hingegen 37000 Kalorien. Ähnlich verhalten sich die Rohrzucker-spaltung (A oberhalb 0° 11100 Kalorien, unterhalb 0° 60000 Kalorien) sowie die Casein-hydrolyse durch Trypsin (A oberhalb 0° 15400, unterhalb 0° 65000 Kalorien). Die Ursache für diese Erscheinung kann nicht das Gefrieren der Lösungen sein, da sie auftritt, gleichgültig ob ein Einfrieren stattfindet oder nicht. Etwas anders verhält sich die Harnstoff-spaltung durch Urease: in einem schwach oxydierenden Milieu beträgt die Aktivierungs-wärme im Bereich von 0° bis 50° unverändert 11700 Kalorien: in einem Medium, das ein mildes Reduktionsmittel enthält, ist A oberhalb des „Umwandlungs-punktes", der hier bei 22° liegt, 11700 Kalorien, unterhalb 22° 8700 Kalorien. Eine Erklärung für diese Phänomene konnte bisher noch nicht gegeben werden; es wäre möglich, daß oberhalb und unterhalb des Umwandlungs-punktes verschiedene Teilreaktionen die Geschwindigkeit bestimmen.

Als Maßstab der Wechselwirkung zwischen der Erhöhung der Enzymwirkung bei steigender Temperatur und der Hitze-inaktivierung wird häufig die sog. *Optimal-temperatur der Enzymwirkung* bestimmt, d. h. diejenige Temperatur, bei welcher die Geschwindigkeit der katalysierten Reaktion am größten ist. Bei der Optimal-temperatur halten sich die schädigende Wirkung und der beschleunigende Effekt die Waage; der Temperatur-quotient Q_{10} ist hier 1. Es handelt sich dabei um eine kaum mit Sicherheit zu bestimmende Größe, da bei ihrer Messung eine Anzahl schlecht kontrollierbarer Faktoren einen wesentlichen Einfluß ausübt, so die Dauer des Versuchs, verschiedene Beimischungen und auch p_H-Änderungen der verwendeten Pufferlösungen.

Die Hitze-inaktivierung der Enzyme. Nahezu alle Enzyme werden durch Erhitzen auf 80° irreversibel zerstört und unterscheiden sich schon durch diese Eigenschaft von den nicht-enzymatischen Katalysatoren. Als wichtigste Ausnahmen sind Ribonuclease, Trypsin in $^1/_{10}$-n HCl und Meerrettich-peroxydase zu erwähnen, deren Inaktivierung bei dieser und bei noch höheren Temperaturen reversibel ist. Entsprechend der Eiweiß-natur der Enzyme muß die Hitze-zerstörung als Denaturierung aufgefaßt werden. Auf die hohen Werte für die Aktivierungs-energie der Hitze-denaturierung von Enzymen, die in ähnlicher Weise nur bei der Denaturierung anderer Proteine beobachtet werden, wurde schon hingewiesen; eine Zusammenstellung ist in Tab. 8 gegeben.

[1] I. W. SIZER und E. S. JOSEPHSON: Food Research 7, 201 (1942); I. W. SIZER: Adv. Enzymology 3, 35 (1943).

Tabelle 8. *Zahlenwerte für die Aktivierungs-wärme*[1], *die Aktivierungs-entropie und die freie Energie der Aktivierung für die Inaktivierungs-reaktion verschiedener Enzyme und die Denaturierung verschiedener Proteine* (nach STEARN, *l. c.*)

Enzym oder Protein	Temp.	p_H	$\Delta H^{\ddagger}$ [2]	$\Delta S^{\ddagger}$ [3]	$\Delta F^{\ddagger}$ [2]
Trypsin	50	6,5	40000	44,7	25700
„Emulsin"	60	—	45000	65,3	23200
Solanain	60	7,0	61300	109	25100
β-h-Fructosidase (Hefe)	50	4,0	110400	263	25500
Insulin	80	1,5	35600	23,8	27200
Hämoglobin	60,5	5,7	75600	153	24700
Leukosin	55	6,1	84300	185	23620
Vibriolysin	50	—	128000	326	22700
Eier-albumin	65	5,0	132000	316	25400
Tetanolysin	50	—	172000	459	24350
Hämolysin (Ziege)	50	—	198000	537	24600

In Tab. 8 ist bemerkenswert, daß die Werte für $\Delta H^{\ddagger}$, die sich von der ARRHENIUSschen Aktivierungs-energie ja nur durch den numerisch unbedeutenden Faktor RT unterscheiden, sehr verschieden sind, während die Werte für die freie Aktivierungs-energie des Vorgangs $\Delta F^{\ddagger}$, die einen Maßstab für die Geschwindigkeit des Prozesses darstellen, fast überall genau die gleiche Größe aufweisen. Die Differenz wird hier allgemein durch die Aktivierungs-entropie ausgeglichen, die bei Vorgängen dieses Typus sehr verschieden groß ist und eine wesentliche Rolle spielt. Bei der Protein-denaturierung — und somit auch bei der Inaktivierung von Enzymen durch Hitze — handelt es sich, wie bereits ausgeführt wurde (S. 28), um ein Aufbrechen verschiedener Brückenbindungen, die sich innerhalb und zwischen den Polypeptid-ketten der Proteine befinden; ein solcher Vorgang ist naturgemäß mit einer bedeutenden Vermehrung der Entropie verbunden[4].

Als Maßstab für die Temperatur-empfindlichkeit eines Enzyms wird manchmal die *kritische Inaktivierungs-temperatur* $T_c°$ angewandt, die als diejenige Temperatur definiert wird, bei welcher das Enzym innerhalb einer Stunde seine halbe Aktivität einbüßt. Auch hier handelt es sich wie bei der Optimal-temperatur der Enzymwirkung um eine schwierig zu bestimmende Größe, da dabei verschiedene schwer kontrollierbare Faktoren ihre Einflüsse ausüben.

Im allgemeinen findet man, daß hochgereinigte Enzyme beträchtlich thermolabiler sind als ungereinigte Präparate, was u. a. dadurch zustande kommen könnte, daß in ungereinigten Lösungen verschiedene Schutzkolloide oder andere „Protektoren" enthalten sind. Auch über eine Schutzwirkung der Substrate, der Reaktions-produkte und mancher, besonders kompetitiver Inhibitoren wird berichtet. Hier wäre vorstellbar, daß durch die Bindung dieser Stoffe an das Enzym-molekül dessen Struktur „versteift" wird, wodurch eine Denaturierung schwerer erfolgen kann.

Der Einfluß von Kälte auf Enzyme. Obwohl die Frage der Enzymaktivität bei tiefen Temperaturen eine nicht geringe technologische Bedeutung für die Lebensmittel-konservierung besitzt[5], liegen erst aus verhältnismäßig neuerer Zeit eingehendere Untersuchungen darüber vor. Die ersten Experimente zu diesem Problem waren naturgemäß rein qualitativer Natur; es konnte dabei

[1] Die Werte für $\Delta H^{\ddagger}$ sind mit der Aktivierungs-energie der ARRHENIUS-Gleichung numerisch fast identisch.

[2] In Kalorien pro Mol.

[3] In Kalorien pro Mol pro Grad.

[4] Vgl. hierzu A. E. STEARN: *l. c.*; H. EYRING und A. E. STEARN: Chem. Revs. **24**, 253 (1939).

[5] Übersichtsreferat: M. A. JOSLYN: Adv. Enzymology **9**, 613 (1949).

festgestellt werden, daß viele — aber nicht alle — Enzyme bei Temperaturen bis zu derjenigen der flüssigen Luft (—191°) nicht zerstört werden[1].

In gründlichen Untersuchungen über den Einfluß des Gefrierens auf die Aktivität von Fermenten stellten NORD und Mitarbeiter[2] fest, daß bei verschiedenen Enzymen und Enzym-systemen (Zymase-system, Peroxydasen, Tyrosinoxydasen u. a.) durch länger dauerndes Frieren und folgendes Auftauen eine Aktivitäts-steigerung — unter manchen Umständen aber auch eine Aktivitätsverminderung — erfolgt. Versuche mit Modell-substanzen machten eine plausible Erklärung dieser Effekte möglich: Durch Frieren in Wasser erfahren lyophile Kolloide, zu denen auch die Enzyme zu zählen sind, bis zu einer Konzentration von etwa 1% eine Desaggregation in kleinere Partikeln, während bei höherer Konzentration eine Aggregation stattfindet. Mit der Desaggregation ist eine Aktivitäts-steigerung verbunden, die vielleicht einer besseren Zugänglichkeit oder einer Vermehrung der aktiven Zentren der Enzyme entspricht. Ähnliche Befunde wurden vor kurzer Zeit von KIERMEIER[3] bei Katalase- und Lipaselösungen erhoben.

Die Kinetik der Enzymwirkung im gefrorenen Zustand hat bisher nur eine begrenzte Bearbeitung erfahren; die verschiedenen Untersuchungen zeigen aber durchwegs, daß Einfrieren die Enzymaktivität nicht völlig hemmt, wenngleich vielfach eine verminderte Wirkung beobachtet wird. Diese Tatsache ist für die Lebensmittel-konservierung von größter Bedeutung, da geschlossen werden muß, daß selbst bei Tiefkühlung (gewöhnlich —22°) verschiedene enzymatische Vorgänge die Qualität der Lebensmittel verändern (Auftreten von Geschmacksänderungen u. ä.). Um diesen Einflüssen entgegenzuwirken, behandelt man gewöhnlich die Lebensmittel vor der Einkühlung kurze Zeit mit feuchter Hitze („Blanchieren“), wodurch die Enzyme zerstört werden sollen.

Die bekannte Erscheinung des Süß-werdens gefrorener Kartoffeln dürfte wohl dadurch zustande kommen, daß durch die Kälte manche Enzyme mehr und manche weniger gehemmt werden, wodurch sich Zwischenprodukte — in diesem Falle Zucker —, die sonst rasch abgebaut werden, ansammeln. Die Erklärung, daß durch Desaggregation der in der Pflanze vorliegenden synthetisierenden „makroheterogenen“ Enzyme „mikroheterogene“ spaltende Fermente entstehen, ist mit unseren heutigen Vorstellungen über die Individualität der Enzymproteine kaum zu vereinen.

III. Einfluß der Wasserstoffionen-konzentration auf die Enzym-wirksamkeit

Es ist vor allem den grundlegenden Arbeiten von SØRENSEN[4] und MICHAELIS[5] zu verdanken, daß man schon seit mehr als 40 Jahren den wesentlichen Einfluß der Wasserstoffionenkonzentration auf die Enzymwirkung berücksichtigt. Der große Effekt, der häufig durch Verschiebung der p_H-Werte bei Enzymkatalysen verursacht wird, läßt viele ältere Arbeiten, in denen auf diesen Faktor noch nicht Bezug genommen wurde, wertlos erscheinen.

Trägt man die Aktivität eines Enzyms — ausgedrückt durch die Geschwindigkeit des Umsatzes eines Substrats — gegen die p_H-Skala auf, so erhält man eine charakteristische Kurve (Abb. 11). Der dem Scheitelpunkt der Kurve entsprechende p_H-Wert wird als das p_H-Optimum des betreffenden Enzyms bezeichnet; dieses ist allerdings nur in einem beschränkten Ausmaß eine charakteristische Konstante des betreffenden Enzyms, da viele Enzyme gegenüber verschiedenen Substraten unterschiedliche p_H-Optima aufweisen und auch die Substrat-

[1] Vgl. J. S. HEPBURN: J. Franklin Inst. **1915**, 581.

[2] Vgl. die Übersichtsreferate: F. F. NORD: Ergebn. Enzymforsch. **1**, 77 (1932); **2**, 28 (1933); Naturwiss. **24**, 481 (1936).

[3] F. KIERMEIER: Biochem. Z. **318**, 275 (1947).

[4] S. P. L. SØRENSEN: Biochem. Z. **21**, 131 (1909).

[5] Vgl. die Monographie L. MICHAELIS: Die Wasserstoffionenkonzentration. 2. Aufl. Berlin: Springer. 1922.

konzentrationen, die Art und die Menge des angewendeten Puffers und andere Faktoren Verschiebungen bewirken. Ein derartiger Fall, die Abhängigkeit der Urease-wirkung von der Substrat-konzentration und der Art des verwendeten Puffers ist in Abb. 12 dargestellt.

Die Ähnlichkeit der Aktivitäts-p_H-Kurve mit denjenigen Kurven, welche erhalten werden, wenn man den Anteil der undissoziierten Moleküle eines Ampholyten gegen das p_H aufträgt, veranlaßten MICHAELIS und DAVIDSOHN[1] zu der Annahme, daß der Charakter der Enzyme als Ampholyte mit mehreren sauren und basischen Gruppen für die p_H-Abhängigkeit ihrer Wirksamkeit verantwortlich ist. Bei genaueren Untersuchungen konnten allerdings die vermuteten Beziehungen nicht voll verifiziert werden. NORTHROP[2] wies darauf hin, daß die Wasserstoffionen-konzentration bei eiweiß-spaltenden Fermenten die Reaktions-geschwindigkeit anscheinend in erster Linie durch Änderung der Ladung des Substrats und nicht des Enzyms beeinflußt. Er konnte wahrscheinlich machen, daß das im sauren Medium wirkende Pepsin ausschließ-

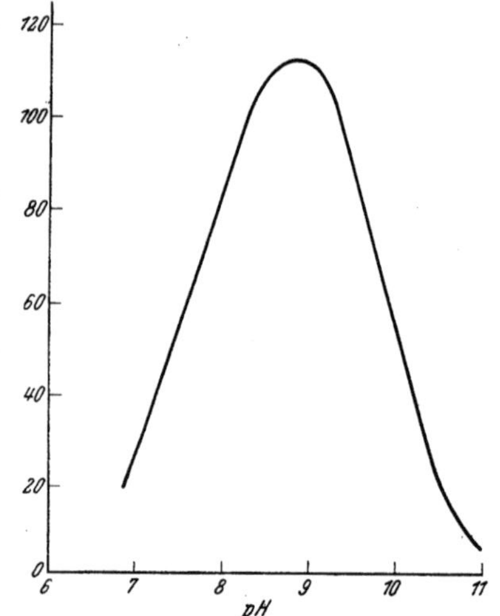

Abb. 11. Typische Aktivitäts-p_H-kurve eines Ferments.

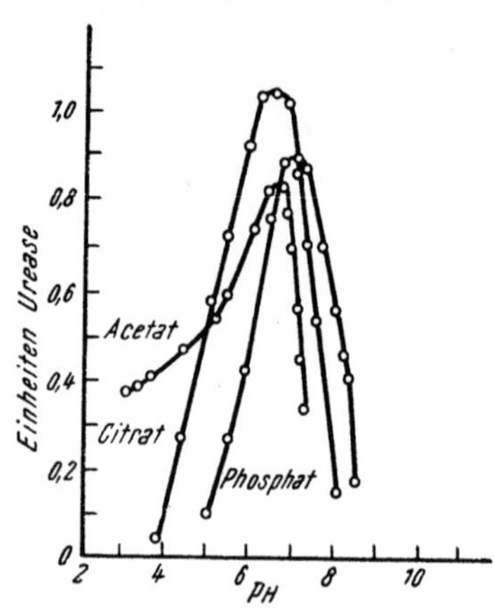

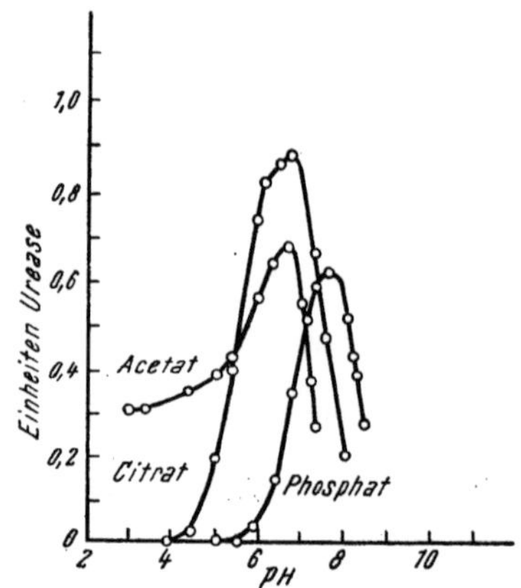

Abb. 12. Der Einfluß der Art der verwendeten Pufferlösung und der Wasserstoffionenkonzentration auf die Aktivität von Schwertbohnen-urease bei verschiedener Substratkonzentration. Oben: Harnstoff-konzentration = 2,5%; unten: Harnstoff-konzentration = 0,1% (nach HOWELL und SUMNER[3]).

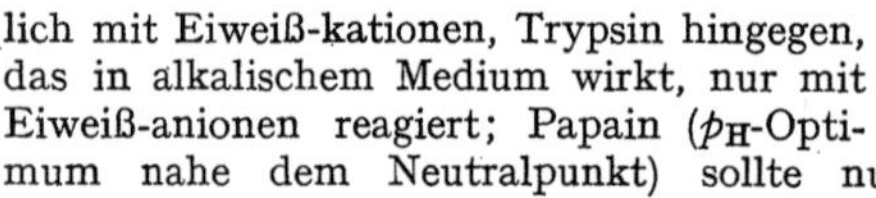

lich mit Eiweiß-kationen, Trypsin hingegen, das in alkalischem Medium wirkt, nur mit Eiweiß-anionen reagiert; Papain (p_H-Optimum nahe dem Neutralpunkt) sollte nur isoelektrische Proteine umsetzen können.

Aus den bisherigen Untersuchungen über dieses Gebiet läßt sich jedenfalls noch kaum eine allgemeine Gesetzmäßigkeit herauslesen. Immerhin müssen wir einen bestimmten Dissoziations-zustand des Enzyms, des Substrats und des Enzym-Substrat-komplexes als bestimmend für den Ablauf der Reaktion annehmen und können so die p_H-Abhängigkeit der Enzym-wirksamkeit zumindest zum großen Teil auf die p_H-Abhängigkeit des Dissoziations-zustands der beteiligten Komponenten zurückführen.

---

1 L. MICHAELIS und H. DAVIDSOHN: Biochem. Z. 35, 386 (1911).
2 J. H. NORTHROP: J. gen. Physiol. 5, 263 (1923); 6, 239, 337 (1924).
3 S. F. HOWELL und J. B. SUMNER: J. biol. Chem. 104, 619 (1934).

Bei Vergleich der p_H-Optima verschiedener Enzyme zeigt sich, daß diese Größen innerhalb verhältnismäßig weiter Grenzen schwanken; für die Hydrolyse von Hämoglobin durch Pepsin wird ein Optimum von p_H 1,5 angegeben, während die Spaltung von Arginin durch bestimmte Arginin-amidinasen optimal bei p_H-Werten knapp unter 10 vor sich geht. Inwieweit das p_H-Wirkungs-optimum eines Enzyms mit der Wasserstoffionen-konzentration an seinem biologischen Wirkungsort konform geht, ist nur in Einzelfällen bekannt. Es ist wahrscheinlich, daß der Organismus bzw. die Zelle den Ablauf enzymatisch katalysierter Vorgänge durch p_H-Änderungen beeinflussen kann; ob es sich hier um biologische Regulations-mechanismen handelt, ist noch nicht genügend erforscht.

In der später folgenden systematischen Darstellung der einzelnen Fermente wird, soweit das möglich ist, bei jedem Enzym das p_H-Optimum der Wirkung als charakteristische Größe angeführt.

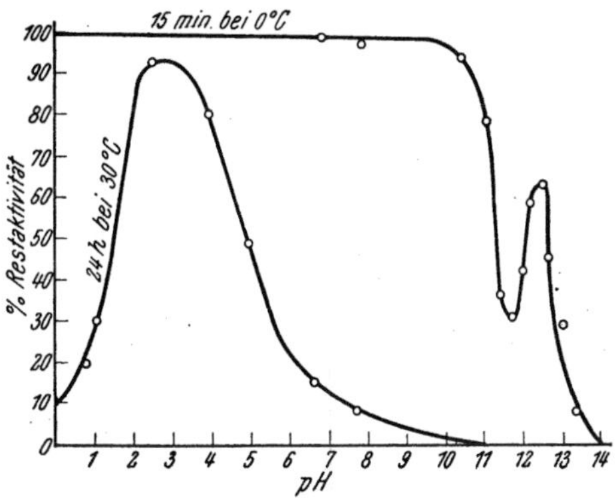

Abb. 13. Aktivitäts-verlust einer Trypsin-lösung bei verschiedenen p_H-Werten (nach NORTHROP und KUNITZ).

Da sowohl H-Ionen als auch OH-Ionen die Denaturierung von Proteinen zu katalysieren imstande sind, ist auch die Stabilität der Enzyme eine Funktion der Wasserstoffionen-konzentration. Die meisten Fermente erleiden bei höherer Säure- oder Basen-konzentration eine — häufig irreversible — Inaktivierung, die wohl als Denaturierung gedeutet werden muß. Wenn wir Lösungen eines Enzyms mit verschiedenem p_H eine bestimmte Zeit bei einer festgelegten Temperatur stehenlassen und hernach die Enzym-aktivität der verschiedenen Proben bestimmen, so erhalten wir im Aktivitäts-p_H-Diagramm eine Kurve, deren Scheitelpunkt wir als p_H-Optimum der Stabilität bezeichnen können. Dieser Wert stimmt manchmal aber durchaus nicht immer mit dem p_H-Optimum der Wirkung überein.

Ein Beispiel, das einer Arbeit von KUNITZ und NORTHROP[1] entnommen ist, zeigt, wie komplex unter Umständen das Stabilitäts-verhalten eines Enzyms sein kann (Abb. 13). Kristallines Trypsin wird bei p_H-Werten unter 2,0 irreversibel zerstört. Bei mittleren p_H-Werten befindet sich das aktive Enzym im Gleichgewicht mit einer instabilen Form, die gleichzeitig ein Substrat der aktiven Form darstellt. Die Reaktions-geschwindigkeit dieses Vorgangs wächst mit steigenden p_H-Werten und ist im alkalischen Gebiet am größten, weil hier Trypsin am aktivsten ist. Im Gebiet zwischen p_H 12 und 13 ist jedoch die Konzentration der inaktiven Form, die als Substrat fungiert, sehr groß, die Konzentration des aktiven Trypsins hingegen gering. Deshalb ist hier die Inaktivierungs-geschwindigkeit klein, was sich in dem zweiten Maximum der Kurve ausdrückt. Oberhalb p_H 13 erfolgt irreversible Denaturierung.

Das Stabilitäts-verhalten der Enzyme hat naturgemäß oft einen — nicht immer abschätzbaren Einfluß auf die Gestalt der Aktivitäts-p_H-kurve; ein solcher ist wahrscheinlich immer dann zu vermuten, wenn diese Kurve keine symmetrische Gestalt aufweist.

IV. Andere Milieu-bedingungen, welche die Enzym-aktivität beeinflussen

Nachdem wir nun den Einfluß der Substrat-konzentration, der Enzym-konzentration, der Temperatur und der Wasserstoffionen-konzentration behandelt haben, bleibt uns noch die Besprechung anderer wesentlicher Faktoren, die eine

[1] M. KUNITZ und J. H. NORTHROP: J. gen. Physiol. 17, 591 (1934).

Wirkung auf Enzym-katalysen haben können, nämlich Strahlungen, hohe Redoxpotentiale, hohe Drucke und schließlich chemische Substanzen, sog. Effektoren; das letztgenannte Gebiet wird aber, da es sich hier um einen recht umfangreichen und bedeutsamen Problem-komplex handelt, in einem eigenen Kapitel (S. 133) besprochen.

Bei den *Strahlungs-einwirkungen* sind grundsätzlich die Effekte nicht-ionisierender und ionisierender Strahlen zu unterscheiden; der Einfluß nicht-ionisierender Strahlen (sichtbares Licht und UV) wurde kürzlich von McLAREN[1] in einer umfassenden Übersicht behandelt. Sichtbares Licht scheint nur in Anwesenheit sensibilisierender Farbstoffe einen Einfluß auf Enzyme auszuüben; die größten Inaktivierungs-effekte werden durch UV-Strahlen bewirkt, deren Wellenlängen etwa im Bereich der maximalen Absorption der Enzyme, also bei 2600 Å liegt, obwohl eine exakte Korrelation zwischen Inaktivierung und Absorptions-maximum nicht eindeutig festgestellt werden konnte. Es scheint sich hier allgemein um Vorgänge zu handeln, die der Protein-denaturierung durch gleichartige Strahlungen analog sind. Es scheint noch nicht sichergestellt zu sein, ob zur Inaktivierung die Lösung einer beliebigen Bindung im Protein-molekül genügt, oder ob dabei eine bestimmte aktive Gruppierung des Enzym-moleküls betroffen werden muß.

Die Wirkung ionisierender Strahlen (Röntgenstrahlen, radioaktive Strahlung) dürfte hingegen nicht dadurch bedingt sein, daß die Enzyme primär verändert werden. Es ist wahrscheinlicher, daß diese Effekte indirekt durch Reaktion der Enzyme mit labilen Produkten, die bei der Ionisation des Wassers entstehen, zustande kommen.

Nach den Untersuchungen von WEISS[2] verursachen Röntgenstrahlen in Wasser das Auftreten folgender Reaktionskette:

$$H_2O \rightarrow H_2O^+ + e$$
$$H_2O + e \rightarrow H_2O^-$$
$$H_2O^- \rightarrow H + OH^-$$

Diese Radikale reagieren mit dem im Wasser gelösten Sauerstoff unter Bildung von Zwischenprodukten, die eine starke oxydierende Wirkung auf bestimmte Teile der aktiven Zentren der Enzym-moleküle, wie z. B. SH-Gruppen, haben. Experimente von BARRON und Mitarbeitern[3] zeigten, daß verschiedene Enzymtypen, von denen bekannt ist, daß SH-Gruppen einen Teil des aktiven Zentrums darstellen [Urease, ATP-monophosphatase (*ATP-ase*), phosphorylierende Phosphoglycerinaldehyd → DPN-transhydrogenase (*Phosphotriose-dehydrase*) und Succinat-dehydrogenase] durch Röntgen- bezw. radioaktive Strahlen inaktiviert werden; bei geringer Dosierung kann die Hemmung durch Glutathion zumindest teilweise aufgehoben werden. Bei höherer Dosierung sind die Effekte allerdings irreversibel. Die Ergebnisse deuten darauf hin, daß bei der geringeren Dosierung die Wirkung eine Oxydation der SH-Gruppen nach dem Schema

$$2\,RSH \xrightarrow{\text{Oxydation}} RSSR$$

darstellt; der Effekt höherer Dosen muß als irreversible Denaturierung gedeutet werden. Enzyme, die keine leicht oxydablen Gruppierungen in ihrem aktiven Zentrum besitzen, sind gegen niedrigere Dosierungen ionisierender Strahlen relativ resistent[4]; der Denaturierungs-effekt höherer Dosen ist natürlich auch hier zu beobachten.

---

[1] A. D. McLAREN: Adv. Enzymology **9**, 75 (1949).

[2] J. WEISS: Nature **153**, 748 (1944); **157**, 584 (1946).

[3] E. S. G. BARRON, S. DICKMAN, J. A. MUNTZ und T. P. SINGER: J. gen. Physiol. **32**, 537 (1949); E. S. G. BARRON und S. DICKMAN: Ibid. **32**, 595 (1949).

[4] Vgl. z. B. J. H. NORTHROP: Ibid. **17**, 359 (1933/34).

In ganz ähnlicher Weise kann die *Wirkung hoher Redoxpotentiale* erklärt werden: Enzyme, deren aktive Zentren leicht oxydable Gruppen — hier wiederum vor allem Sulfhydryl-gruppen — enthalten, sind schon gegen milde Oxydationsmittel recht empfindlich; die Hemmung kann aber durch Reduktion wieder aufgehoben werden. Besonders starke Oxydationsmittel wirken denaturierend. In Anbetracht der Tatsache, daß die Enzym-beeinflussung durch hohe Redoxpotentiale immer gleichzeitig als eine Effektor-wirkung gedeutet werden kann, werden wir auf diese Erscheinungen bei der Besprechung der Effektoren noch einmal zurückkommen.

Zuletzt muß hier noch der *Einfluß höherer Drucke* auf Enzyme und enzymkatalysierte Reaktionen kurz besprochen werden. Es scheint, daß Enzyme gegen hohe Drucke relativ widerstandsfähig sind; nach MACHEBOEUF und BASSET[1] werden β-h-Fructosidase aus Hefe, Trypsin, Trypsinogen, Pankreaslipase und Pankreas-amylase in ihrer Wirksamkeit durch Drucke von 6000 bis 8000 Atm. kaum verändert; erst bei noch höheren Drucken (über 10000 Atm.) erfolgt eine sukzessive Inaktivierung, die wohl als Denaturierung angesehen werden muß.

Es liegen vereinzelte Berichte über die Verlangsamung verschiedener enzymatischer Vorgänge bei erhöhten Drucken vor. Nach BRESLER[2] erfolgt bei Drucken zwischen 5000 und 8000 Atmosphären sogar eine Umkehr der hydrolytischen Wirkung des Trypsins und anderer proteolytischer Fermente; unter der Einwirkung der Fermente werden aus Aminosäuren und Peptiden protein-artige Substanzen aufgebaut (vgl. dazu auch S. 289 ff.); ebenso sei unter den gleichen Bedingungen die Synthese von Stärke durch Amylase möglich. Die Ergebnisse, die allerdings von anderer Seite noch nicht reproduziert wurden, sind unter Berücksichtigung des Prinzips von LE CHATELIER verständlich: es ist zu erwarten, daß erhöhter Druck Reaktionen, die unter Volums-vermehrung vor sich gehen (Spaltungen, Hydrolysen), hemmt, während Synthesen begünstigt werden.

8. Die analytische Verfolgung enzymatischer Reaktionen

Zum Nachweis und zur Messung enzymatisch katalysierter Reaktionen können grundsätzlich alle Methoden verwendet werden, die eine Verfolgung der durch das Enzym bewirkten Veränderungen der Substrate ermöglichen. So finden wir unter den Methoden der Enzymologie gravimetrische, titrimetrische, kolorimetrische und gasvolumetrische Verfahren neben einer Anzahl von komplizierteren Techniken, die der physikalischen Chemie entlehnt sind, wie Spektroskopie, Dilatometrie, Bestimmungen der Viskosität, Trübungs-messungen, polarimetrische Bestimmungen, Leitfähigkeits-messungen, potentiometrische und interferometrische Bestimmungen. Ausführliche Zusammenfassungen über diese Methoden finden sich vor allem in dem bereits genannten Handbuch „Die Methoden der Fermentforschung", herausgegeben von E. BAMANN und K. MYRBÄCK. Im vorliegenden Kapitel sollen nur einige wenige Techniken, die als besonders typisch für die enzymologische Forschung angesehen werden können, besprochen werden.

---

[1] M. MACHEBOEUF und J. BASSET: Ergebn. Enzymforsch. 3, 303 (1934).

[2] S. E. BRESLER: Doklady Akad. Nauk S. S. S. R. 55, 141 (1947); S. E. BRESLER und M. V. GLIKINA: Biochimija 12, 389 (1947); S. E. BRESLER, G. V. SAMSONOV und N. A. SELEZNEVA: Ibid. 14, 524 (1949).

I. Allgemeines

Bei allen Untersuchungen von Enzymreaktionen muß streng darauf geachtet werden, daß während ihrer Durchführung die Bedingungen der Reaktion möglichst konstant gehalten werden. Dies gilt vornehmlich für die Temperatur und für die Wasserstoffionen-konzentration.

Allgemein ist die Reaktionsgeschwindigkeit sehr temperatur-empfindlich; bei enzymatisch katalysierten Vorgängen kommt noch dazu, daß alle Enzyme mehr oder minder thermolabil sind. Die Verfolgung enzymatischer Prozesse wird deshalb fast immer unter weitgehender Konstant-haltung der Temperatur vorgenommen, wozu verschieden konstruierte Thermostaten Verwendung finden. Elektrisch geheizte, mit Wasser gefüllte Thermostaten, deren Temperatur mit Hilfe von Thermoregulatoren konstant gehalten wird, sind entsprechenden Luftbehältern (Brutschränken) fast immer vorzuziehen.

Die große Empfindlichkeit enzymatisch katalysierter Reaktionen gegenüber Änderungen der Wasserstoffionen-konzentration wurde an anderer Stelle ausführlich behandelt (S. 71). Der gewünschte p_H-Wert läßt sich nur in den seltensten Fällen durch Zusatz wäßriger Säure oder Alkali-lösungen einstellen, da bereits geringe Verunreinigungen, wie z. B. der Alkali-gehalt des Glases oder die Luftkohlensäure, weiters aber unter Umständen auch die Reaktionsprodukte im ungepufferten Medium eine störende Verschiebung des p_H-Wertes verursachen können. Man ist aus diesem Grunde meist gezwungen, Pufferlösungen, d. h. Lösungen, die schwache Säuren oder Basen zusammen mit deren Salzen in bestimmten Verhältnissen enthalten, zu verwenden, wodurch eine Kompensation eventueller Änderungen des p_H-Wertes erreicht wird. Hierbei muß aber auf die Tatsache Rücksicht genommen werden, daß manche Bestandteile von Pufferlösungen verschiedene Enzyme in ihrer Aktivität beeinflussen, so daß es oft nicht gleichgültig ist, welche Art Pufferlösung eines bestimmten p_H-Wertes benützt wird.

Bei Untersuchung länger dauernder Enzymreaktionen muß weiters darauf geachtet werden, daß keine Infektion der Lösungen, die meist einen sehr guten Nährboden darstellen, durch Mikroorganismen erfolgt, weil sonst die Gefahr besteht, daß Stoffwechselvorgänge dieser Lebewesen die zu untersuchenden Fermentprozesse in unkontrollierbarer Weise überlagern. Die Methode, welche zur Keimfrei-machung verwendet wird, darf allerdings keinesfalls die Ferment-tätigkeit schädigen; es scheiden somit alle radikaleren Desinfektions-methoden, wie Erhitzen auf höhere Temperaturen, Zusatz von Schwermetall-verbindungen, starken Säuren oder Laugen sowie Oxydations- oder Reduktionsmitteln aus. Zur Desinfektion von Enzym-ansätzen werden vor allem Toluol, Thymol, Chloroform, weiters auch Phenol, Kampfer, Jodoform und Natriumfluorid empfohlen, wobei aber in jedem einzelnen Falle untersucht werden muß, ob das verwendete Mittel nicht eine Schädigung der Fermentreaktion verursacht.

II. Die manometrische Methode[1]

Unter den Spezialmethoden, die hauptsächlich zur Verfolgung enzymatisch katalysierter Vorgänge Anwendung finden, ist eine der wichtigsten und gebräuchlichsten die hauptsächlich von WARBURG entwickelte manometrische Technik, die sich zur Messung einer großen Zahl von Fermentvorgängen eignet.

---

[1] Monographien: M. DIXON: Manometric Methods, 3. Aufl. Cambridge: Cambridge University Press. 1951; „Manometric Methods and Tissue Metabolism", herausgegeben von W. W. UMBREIT, R. H. BURRIS und J. F. STAUFFER, 2. Aufl. Minneapolis: Burgess. 1949.

Man läßt eine Reaktion, die unter Gas-entwicklung oder Gas-aufnahme stattfindet, bei strenger Temperatur-konstanz in einem geschlossenen Gefäß ablaufen; das Gefäß ist mit einem mit Flüssigkeit gefüllten Manometer verbunden, an dem man die Druck-änderung im Gefäß und damit die Veränderung der Gasmenge im System genau ablesen kann (Abb. 14). Mit Hilfe dieser als WARBURG-apparat bezeichneten Versuchsanordnung kann die Sauerstoff-aufnahme oder die Abgabe von CO_2 durch atmende Zellen, allgemein aber auch jede Entwicklung oder Absorption von Gasen im Verlauf einer Fermentreaktion exakt gemessen werden. Die Methode spielte eine große Rolle bei der Aufklärung verschiedener Mechanismen der Zellatmung.

Der Anwendungsbereich dieser Technik erstreckt sich aber noch weiter: Vorgänge, die unter Bildung oder Verschwinden saurer oder alkalischer Substanzen vor sich gehen, können ebenfalls manometrisch verfolgt werden, wenn man die Reaktion in einer Bicarbonat-pufferlösung, die mit einem Kohlendioxyd enthaltenden Gasgemisch im Gleichgewicht steht, ablaufen läßt.

Beispiele für die Anwendung der manometrischen Methode werden bei der speziellen Besprechung der einzelnen Fermente gegeben.

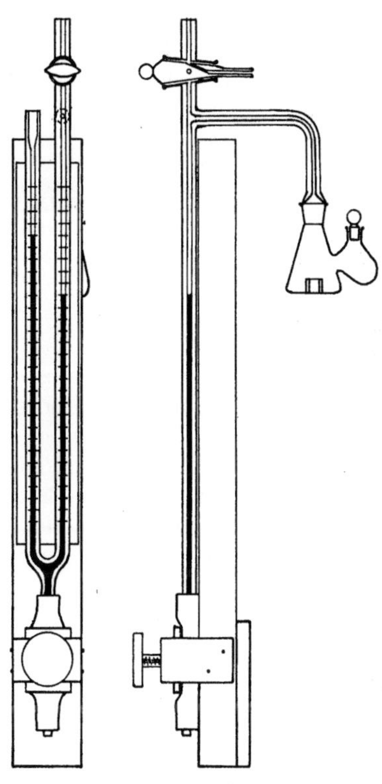

Abb. 14. WARBURG-Manometer

III. Die THUNBERG-Methode[1]

Eine heute wohl weniger verwendete Technik, durch deren Anwendung aber zahlreiche wichtige Ergebnisse auf dem Gebiet der Fermente der Oxydoreduktion erarbeitet wurden, ist die sog. THUNBERG-Methode, die 1917 von THUNBERG eingeführt wurde. Sie beruht im wesentlichen darauf, daß man in besonders konstruierte Reagensgläser, die mit einem eingeschliffenen Hahn und mit einem kurzen Seitenröhrchen versehen sind, eine abgemessene Menge des Enzympräparats, des Substrats und eines Akzeptor-farbstoffs — meist Methylenblau — einbringt, worauf die Reagensgläser evakuiert werden. Man stellt sie dann in einen Wasser-thermostaten. Durch die Wirkung des Enzyms erfolgt nun eine Übertragung des Wasserstoffs von dem Substrat auf den Akzeptor-farbstoff, der im Verlauf dieses Vorgangs zu seiner Leukoform reduziert und somit entfärbt wird. Bei gegebenen Bedingungen — Variation von Enzymkonzentration und Substrat-konzentration — ist die Entfärbungsgeschwindigkeit ein Maß für die Aktivität des Enzyms.

Da es oft von Vorteil ist, einen Bestandteil des Reaktionssystems erst nach beendeter Evakuierung hinzuzusetzen, wurden verschiedene Modifikationen der ursprünglichen Methode vorgeschlagen, von denen nach der Erfahrung des Verfassers die von KEILIN[2] angegebene Konstruktion des Reagensglases mit ausgehöhltem Stöpsel am zweckmäßigsten ist.

IV. Absorptions-spektrophotometrie

Die Messung von Absorptionsspektren ist eine Bestimmungsmethode, die besonders in den letzten Jahrzehnten eine immer steigende Bedeutung für die

[1] Handbuchartikel: C. G. HOLMBERG: In „Die Methoden der Fermentforschung", herausgegeben von E. BAMANN und K. MYRBÄCK, Bd. III, S. 2279. Leipzig: Thieme. 1941; R. H. BURRIS: In „Manometric Techniques and Tissue Metabolism", herausgegeben von W. W. UMBREIT, R. H. BURRIS und J. F. STAUFFER, 2. Aufl., S. 105. Minneapolis: Burgess. 1949.

[2] D. KEILIN: Proc. Roy. Soc. London B **104**, 206 (1929).

Enzymforschung erhalten hat. Eine spezifische Lichtabsorption im sichtbaren oder im ultravioletten Gebiet wird immer dann beobachtet, wenn die betreffenden Substanzen (Substrate bzw. Reaktionsprodukte) bestimmte ungesättigte Gruppierungen, wie z. B. —C=C—, —C=O, —N=N—, —C_6H_5 u. a. enthalten.

Die physikalische Grundlage der spektrophotometrischen Messungen ist das Absorptionsgesetz von LAMBERT-BEER, welches aussagt, daß zwischen Schichtdicke und Konzentration einerseits und der Extinktion andrerseits eine einfache lineare Beziehung

$$\log \frac{I_0}{I} = E = \varepsilon \cdot c \cdot d \qquad (1)$$

besteht, wobei I_0 die Intensität des einfallenden Lichtes, I die Intensität des austretenden Lichtes, E die Extinktion der Lösung, c die Konzentration des absorbierenden Stoffes und d die Schichtdicke bedeutet. Der Proportionalitätsfaktor ε wird als Extinktions-koeffizient bezeichnet; wenn wir c in Mol/Liter und d in cm angeben, so sprechen wir von ε als dem molaren dekadischen Extinktions-koeffizienten. Das Gesetz von LAMBERT-BEER ist allerdings nur dann streng gültig, wenn der Extinktions-koeffizient des zu untersuchenden Stoffes tatsächlich von der Konzentration unabhängig ist, was exakt nur in unendlich verdünnten Lösungen der Fall ist, und wenn das für die Untersuchung verwendete Licht monochromatisch ist. Wenn diese Bedingungen erfüllt sind, läßt sich nach einmaliger Bestimmung der Extinktion E_1 einer bekannten Konzentration c_1 jede unbekannte Konzentration einfach durch Bestimmung der Extinktion messen; bei konstanter Schichtdicke und gegebener Wellenlänge ist

$$c_2 = c_1 \frac{E_2}{E_1} \qquad (2)$$

Zur Bestimmung von Absorptionsspektren sind in den letzten Jahrzehnten verschiedene apparative Anordnungen vorgeschlagen worden, die alle grundsätzlich aus zwei Bestandteilen, einem Monochromator und einer photometrischen Einrichtung bestehen. Als Monochromatoren werden im allgemeinen Glasprismen oder für Messungen im UV-Bereich Quarzprismen verwendet, während die Lichtintensitäten in den moderneren Apparaten durchwegs mit Hilfe photoelektrischer Zellen gemessen werden. Ausgezeichnete Konstruktionen von lichtelektrischen Spektralphotometern werden von den Firmen HILGER, London, und BECKMAN, Berkeley, Calif., in den Handel gebracht.

Die spektrophotometrische Methodik findet in der Enzymologie vor allem bei den Oxydoreductasen, den Fermenten der Oxydation und Reduktion, Verwendung, da dort oftmals zwischen der oxydierten und der reduzierten Form eines Substrats, eines enzymatischen Komplements oder einer prosthetischen Gruppe große Unterschiede zu beobachten sind. So gründet sich der größte Teil unserer Kenntnisse der Cytochrome auf die Anwendung der Spektrophotometrie, aber auch bei der Aktivitäts-bestimmung von Pyridinnucleotid-spezifischen Transhydrogenasen *(Dehydrasen)* wird heute mehr denn je auf diese Methodik zurückgegriffen, da die Pyridinnucleotide in ihrer reduzierten Form ein sehr ausgeprägtes Maximum bei 340 mμ aufweisen. Ein weiteres Anwendungsgebiet, das erst vor kurzer Zeit erschlossen wurde, sind diejenigen enzymatischen Reaktionen, bei welchen ungesättigte Verbindungen, wie z. B. Fumarsäure oder Aconitsäure, entstehen oder verbraucht werden[1].

Bei der Besprechung der einzelnen Enzyme in den speziellen Kapiteln dieser Darstellung wird auf die Verwendung spektrophotometrischer Methoden hingewiesen werden.

V. Pharmakologische Methoden

In Einzelfällen, und zwar dann, wenn entweder das Substrat oder die Produkte einer enzymatischen Reaktion auch noch in großer Verdünnung gut meßbare pharmakologische Effekte erzeugen, können pharmakologische Methoden zur quantitativen Bestimmung von Enzymwirkungen herangezogen werden.

[1] Vgl. z. B. E. RACKER: Biochim. biophys. Acta 4, 211 (1950).

So wurde bereits 1926 das Verschwinden des Acetylcholins unter der Einwirkung von Acetylcholinesterase durch Bestimmung der Wirkung des Reaktionsgemisches auf den isolierten Dünndarm[1] sowie auf das Froschherz[2] gemessen. Weitere günstige Testobjekte für die Bestimmung dieses Enzyms sind Froschmuskel[3] und Muskel des Blutegels[4]. In ganz analoger Weise ist es natürlich auch möglich, die Synthese von Acetylcholin durch das Fermentsystem, das für diese Reaktion verantwortlich ist, nachzuweisen.

Ebenso lassen sich die Aktivitäten derjenigen Fermente, die Histamin bilden oder zerstören, also der Histidin-decarboxylasen und der Diamin $\rightarrow O_2$-transhydrogenasen *(Diaminoxydase)*, durch Messung des Blutdruckabfalls an der Atropin-behandelten Katze nach Injektion des Reaktionsgemisches quantitativ bestimmen[5]; auf diese Art werden auch noch Bruchteile von μg an Histamin nachweisbar.

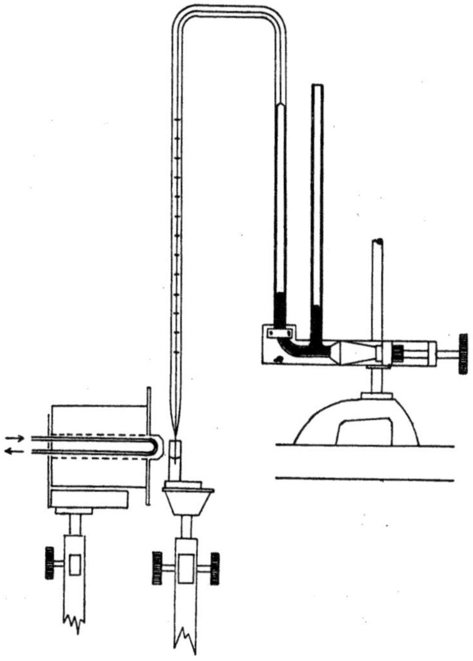

VI. Die Methoden der „enzymatischen Histochemie"[6]

Als „enzymatische Histochemie" wird eine Anzahl von Methoden bezeichnet, die im wesentlichen dazu dienen, die Lokalisation von Enzymen in Geweben und in Zellen festzustellen. Es handelt sich hier vor allem um verschiedene Arbeitsverfahren, die von LINDERSTRØM-LANG und HOLTER entwickelt wurden, und eine quantitative Messung der Enzymaktivität in den Fragmenten von Geweben und Zellen, die durch Mikrodissektion erhalten werden, erlauben. Diese Methoden sind besonders zum Studium der Enzymverteilung in einem nichthomogenen Organ geeignet, während ihre Anwendung zum Zwecke der Enzymlokalisierung in den Einzelzellen weitaus schwieriger ist und man oftmals mit Hilfe anderer Techniken leichter zum Ziele kommt.

Abb. 15. Titrationsgefäß mit elektrischer Rührung und Mikrobürette. Die Spitze ist so fein, daß die Titrations-flüssigkeit nur auslaufen kann, wenn ein genügender Überdruck herrscht und wenn die Wirkung der Oberflächenspannung durch direktes Eintauchen der Spitze in die zu titrierende Lösung aufgehoben wird. Der Überdruck wird durch Hebung der Quecksilberoberfläche in der Niveauröhre mittels einer Mikrometer-schraube erzeugt. Das Quecksilber ist von der Titrations-flüssigkeit durch einen Luftraum getrennt; die Bürette kann deshalb auch bei Titrations-flüssigkeiten verwendet werden, welche nicht in unmittelbaren Kontakt mit Quecksilber kommen dürfen. Die Ablesung erfolgt direkt am Flüssigkeits-meniscus (nach HOLTER und LINDERSTRØM-LANG, *l. c.*).

Bei der „enzymatischen Histochemie" von LINDERSTRØM-LANG und HOLTER kommen vier verschiedene Mikromethoden zur Anwendung: titrimetrische bzw. volumetrische, dilatometrische, gasometrische und kolorimetrische Verfahren.

---

[1] E. ABDERHALDEN und H. PAFFRATH: Fermentforsch. **8**, 299 (1926).
[2] O. LOEWI und E. NAVRATIL: Pflüger's Arch. ges. Physiol. **214**, 678, 689 (1926).
[3] H. SCHEINER: C. R. Soc. biol. **130**, 748, 752 (1939).
[4] B. MINZ: Naunyn-Schmiedeberg's Arch. exp. Path. Pharmakol. **168**, 292 (1932).
[5] P. HOLTZ, K. CREDNER und R. HEISE: Ibid. **186**, 377 (1937).
[6] Monographie: K. LINDERSTRØM-LANG: Proteins and Enzymes. Stanford, Calif.: Stanford University Press. 1952; vgl. auch: D. GLICK: Techniques of Histo- and Cytochemistry. New York: Interscience 1949. — Handbuchartikel: K. LINDERSTRØM-LANG und H. HOLTER: In „Die Methoden der Fermentforschung", Bd. I, S. 1132. Leipzig: Thieme. 1941; H. HOLTER und K. LINDERSTRØM-LANG: In „Handbuch der Enzymologie", herausgegeben von F. F. NORD und R. WEIDENHAGEN, Bd. I, S. 65. Leipzig: Akad. Verlagsges. 1940.

Zur Ausführung der *titrimetrischen Bestimmungen* wurden besonders fein ausgearbeitete Pipetten, Titrations-gefäße mit 0,2 ml Fassungsvermögen und elektromagnetischer Rührung sowie Mikrobüretten mit einer Genauigkeit bis zu 0,02 μl (Abb. 15) entwickelt. In Abb. 16 wird gezeigt, wie eine titrimetrische Bestimmung der Aktivität einer Dipeptidase in einem Stück biologischen Materials von einem Durchmesser von 100 μ durchgeführt wird.

Auf den Boden des Reaktionsgefäßes werden zuerst 5 μl einer Glycerin-Wasser-lösung eingebracht. Dann wird das zu untersuchende Gewebe und darauf 5 μl einer Lösung des Substrats — in unserem Falle eine entsprechend gepufferte Lösung von Alanyl-glycin — zugegeben. Als Rührer werden kleine mit Eisen-pulver gefüllte Glaskugeln eingeführt, die unter dem

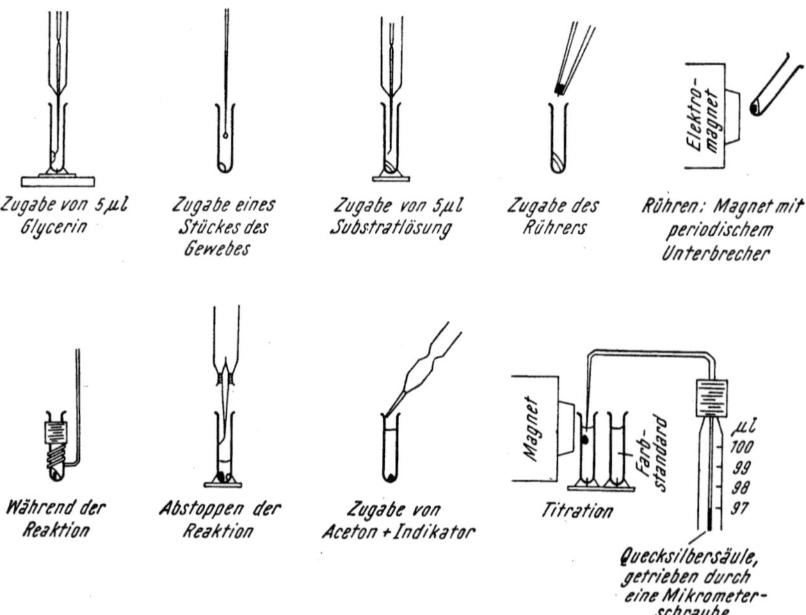

Abb. 16. Mikrotitrimetrische Bestimmung der Aktivität einer Dipeptidase in biologischem Material (nach LINDERSTRØM-LANG, *l. c.*).

Einfluß eines Elektromagneten mit periodisch wirkendem Unterbrecher für die Durchmischung sorgen. Nach einer entsprechenden Zeit wird die Reaktion mit einer abgemessenen Menge alkoholischer Salzsäure abgestoppt und die Anzahl der Aminogruppen, die während der Einwirkung des Enzyms freigesetzt wurden, durch Titration mit Salzsäure in Aceton bestimmt. Hierzu wird eine Bürette verwendet, die auf μl kalibriert ist. Auch während der Titration wird die Durchmischung mit Hilfe des Elektromagneten fortgesetzt.

Die *dilatometrische Methodik* beruht auf folgendem Prinzip: Erzeugt man in einem vertikalen Glasrohr durch partielles Mischen zweier Flüssigkeiten von verschiedenem spezifischem Gewicht einen Dichte-gradienten, so wird ein in der Flüssigkeit schwebender Tropfen einer darin nicht löslichen Substanz auf einem Niveau zur Ruhe kommen, das seinem eigenen spezifischen Gewicht entspricht. Wenn sich nun das spezifische Gewicht des Schwebetropfens infolge einer in ihm ablaufenden Reaktion verändert, so kann durch Messung der Fall- bzw. Steigegeschwindigkeit des Tropfens die Geschwindigkeit der in dem Tropfen stattfindenden Reaktion bestimmt werden.

Auch diese Technik kann am Beispiel der enzymatischen Spaltung von Alanyl-glycin durch eine Dipeptidase erläutert werden. Bei dieser Spaltung werden zwei Ladungen gebildet: eine NH_3^+-Gruppe und eine COO^--Gruppe. Durch die sog. Elektrostriktion, d. h. dadurch, daß sich die Wasser-moleküle fest an diese beiden Ladungen anlagern, erfolgt eine Erhöhung der Dichte, die in der entsprechenden Apparatur gemessen werden kann. Das benützte Gradienten-rohr, das sich in einem Wasserbad von 30° befindet, ist in seinem unteren Teil mit einer Mischung von Petroleum und Brombenzol der Dichte 1,01 gefüllt, während im obersten Teil des Rohres eine Mischung derselben Flüssigkeiten von der Dichte 0,99 vorliegt. In dem dazwischenliegenden Teil finden sich alle Dichtewerte von 1,01 bis 0,99, so daß zwischen dem Niveau im Rohr und der Dichte eine lineare Beziehung besteht. Die Flüssigkeiten sind mit Wasser eines bestimmten Dampfdrucks gesättigt, so daß ein Tropfen, der in das Rohr eingebracht wird, ohne Veränderung seiner chemischen Zusammensetzung bis zu dem Punkte fällt, der seiner Dichte entspricht. Eine Eichung erfolgt mit Hilfe von Standard-tropfen einer bekannten Dichte, wie z. B. Tropfen von Kalium chlorid-lösungen.

Wenn man nun einen Tropfen eines Enzym-Substrat-gemisches — in unserem Falle Alanylglycin-lösung mit einem Dipeptidase-präparat — in das Gradienten-rohr einbringt, so bleibt der Tropfen nicht auf einem konstanten Niveau stehen, denn durch die stattfindende Reaktion erfolgt eine Erhöhung des spezifischen Gewichts und der Tropfen wird langsam fallen. Die Geschwindigkeit dieser Bewegung ist der Enzymaktivität proportional. Mit Hilfe dieser Technik können ungefähr fünfzigmal kleinere Enzym-quantitäten bestimmt werden als mit den Titrationsmethoden, die oben beschrieben wurden.

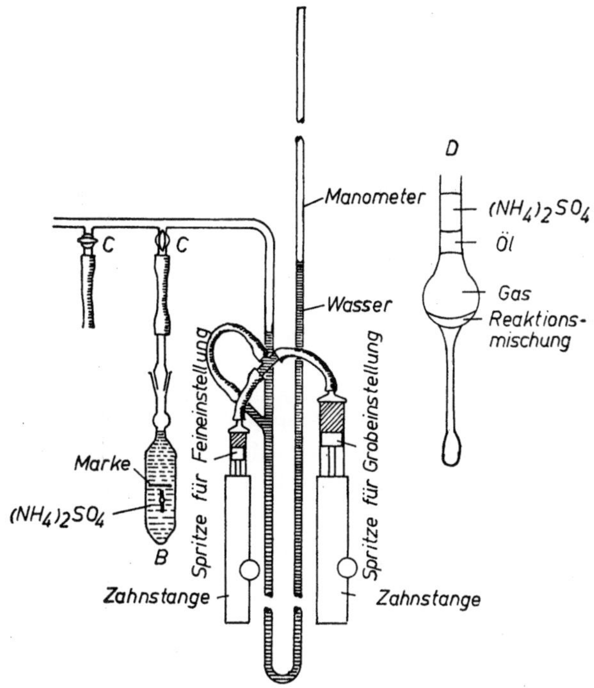

Abb. 17. Apparatur zur mikrogasometrischen Bestimmung enzymatischer Reaktionen. *D* stellt den Cartesianischen Taucher selbst in vergrößertem Maßstabe dar; Gewicht ca. 25 mg, Gesamt-volumen ca. 12 mm³. Der Taucher befindet sich im Gefäß *B* (nach HOLTER und LINDERSTRØM-LANG, *l. c.*).

Ein weiteres wertvolles, im Carlsberg-Laboratorium entwickeltes Verfahren eignet sich zur Messung aller Enzymreaktionen, die *gasometrisch* gemessen werden können, d. h. der Anwendungsbereich erstreckt sich qualitativ ebenso weit wie derjenige des WARBURG-apparats. Das Verfahren beruht auf dem Prinzip des Cartesianischen Tauchers (Abb. 17). Ändert sich durch irgend eine Reaktion das in einem solchen Taucher eingeschlossene Gasvolumen, so ändert sich in entsprechender Weise auch der Druck, der notwendig ist, um den Taucher auf einem gegebenen Niveau zum Stillstand zu bringen; dieser Druck kann mit großer Genauigkeit gemessen werden. So kann man mit Tauchern, die 10 μl fassen, Volums-änderungen in der Größenordnung von 0,01 μl in der Stunde erfassen. Mit Hilfe eines Kapillartauchers, der von ZEUTHEN[1] entwickelt wurde, lassen sich noch Sauerstoff-aufnahmen bis hinunter zu 0,001 μl pro Stunde bestimmen. ZEUTHEN verwendete diesen Apparat zur Verfolgung der rhythmischen Schwankungen der Atmung während der Zellteilung des befruchteten Frosch-eies.

Unter Verwendung neuartiger Instrumente, welche die Bestimmung der Lichtabsorption in kleinen Volumina erlauben, lassen sich, wenn man gleichzeitig die eingangs erwähnten Mikropipetten und Mikrobüretten benützt, enzy-

[1] E. ZEUTHEN: C. R. Lab. Carlsberg, sér. chim. **25**, 191 (1946).

matische Reaktionen auch *kolorimetrisch* verfolgen. So konnte KRUGELIS[1] mit Hilfe einer von HOLTER und LØVTRUP[2] entwickelten Technik eine kolorimetrische Phosphomonoesterase-bestimmung in einer Kapillarküvette von 1 cm Länge und 10 μl Inhalt vornehmen, die auf einem Mikroskop-tisch angebracht war.

Untersuchungen mit den geschilderten eleganten Mikromethoden haben aber nur dann einen Wert, wenn wir über *die Art und die Menge des zu prüfenden biologischen Materials* vollständig unterrichtet sind. Bei der Messung von Enzymaktivitäten in Gewebsstücken größerer Lebewesen ist es deshalb erforderlich, mit Mikrotom-schnitten von genau charakterisiertem Volumen zu arbeiten, wobei ständig eine histologische Kontrolle vorgenommen werden muß. Man arbeitet meist in Parallelversuchen, indem man etwa bei Schnittserien die Schnitte abwechselnd enzymatisch und histologisch untersucht, oder, wenn sich das mit den Erfordernissen der histologischen Technik nicht vereinbaren läßt, die Gewebeproben zur histologischen Untersuchung in unmittelbarer Nähe der enzymatisch geprüften Proben entnimmt.

Infolge der wechselnden Dichte vieler Gewebe ist das Volumen als Vergleichsgrundlage nicht immer zweckmäßig. Als andere Bezugs-systeme kommen in Frage: Anzahl von Zellen eines bestimmten Typus, Frisch- oder Trockengewicht der Schnitte, oder auch deren Gehalt an bestimmten Substanzen. Die Auszählung der Zellen erfolgt naturgemäß im Mikroskop. Zur Bestimmung des Gewichts der Präparationen wurden verschiedene Mikrowaagen konstruiert[3], deren Benützung bei Serien-untersuchungen allerdings recht mühevoll ist. Eine brauchbare Bezugsgröße ist auch das sog. „reduzierte Gewicht", worunter das Gewicht einer Probe minus dem Gewicht eines gleich großen Wasservolumens verstanden wird. Diese Größe kann in dem bereits beschriebenen Gradientenrohr dadurch bestimmt werden, daß man die Dichte eines Wassertropfens mit und ohne hinzugefügte Probe bestimmt. Auf diese Weise läßt sich das reduzierte Gewicht mit einer Genauigkeit von etwa $5 \cdot 10^{-7}$ mg bestimmen. Eine noch elegantere Methode zur Messung des reduzierten Gewichtes ist die Taucherwaage von ZEUTHEN[4], auf deren Beschreibung aber an dieser Stelle verzichtet werden muß.

Eine häufig verwendete Bezugsgröße ist schließlich auch der Stickstoff-gehalt der Probe, der mit Hilfe verschiedener Modifikationen der ursprünglichen Methode von KJELDAHL bestimmt werden kann. LINDERSTRØM-LANG behauptet, daß die von ihm und seinen Mitarbeitern entwickelte Technik[5] mit einer Genauigkeit von 0,01 μg Stickstoff arbeitet.

Der Haupt-anwendungsbereich der Methoden der enzymatischen Histochemie liegt bei den histochemischen Problemen im engeren Sinne, die sich mit der enzymatischen Rolle gewisser Zelltypen oder anderer histologischer Einheiten in größeren Zellverbänden befassen. Daneben können auch Probleme nicht eigentlich histochemischer Art, die nur infolge der Kleinheit der Objekte oder der geringen Mengen des Untersuchungsmaterials Schwierigkeiten bieten, am besten mit Hilfe dieser Methoden gelöst werden.

Als Beispiele für histochemische Untersuchungen im engeren Sinne seien hier vor allem die bereits vor etwa zwanzig Jahren begonnenen Arbeiten über die Verteilung verschiedener Enzyme in der Magen-schleimhaut des Schweines

---

1 E. J. KRUGELIS: C. R. Lab. Carlsberg, sér. chim. **27**, 273 (1950).

2 H. HOLTER und S. LØVTRUP: Ibid. **27**, 27 (1949).

3 Vgl. hierzu: D. GLICK, *l. c.*, sowie die Monographie: P. L. KIRK: Quantitative Ultramicroanalysis. New York: Wiley. 1950.

4 E. ZEUTHEN: C. R. Lab. Carlsberg, sér. chim. **26**, 243 (1948).

5 D. BRÜEL, H. HOLTER, K. LINDERSTRØM-LANG und K. ROZITS: Ibid. **25**, 289 (1946).

genannt. Es konnte dabei gezeigt werden, daß in den Fundusdrüsen der Magenschleimhaut vor allem die sog. Hauptzellen Pepsin enthalten[1]; im weiteren Verlauf der Untersuchungen wurde auch die Lokalisation einer Anzahl anderer Enzyme in diesem Gewebe bestimmt (vgl. LINDERSTRØM-LANG, *l. c.*). Eine Anwendung der Methodik auf pflanzliche Gewebe wurde von LINDERSTRØM-LANG und ENGEL[2] vorgenommen, und zwar wurde die Lokalisation der β-Amylase im Gerstenkorn bestimmt. Es konnte gezeigt werden, daß die höchste Konzentration des Enzyms sich gerade in der Grenzzone zwischen dem Endosperm und der Aleuron-schicht befindet, weshalb die Autoren die Amylase-produktion den protein-reichen Stärke-zellen zuschreiben. Ähnliche Untersuchungen über die Verteilung einer Peptidase in den Wurzeln von Gerste wurden von BOTTELIER und Mitarbeitern[3] berichtet.

Als Beispiel für die Probleme, für welche die Methoden der enzymatischen Histochemie wegen der Kleinheit der untersuchten Objekte am besten geeignet waren, sollen hier vor allem die Arbeiten von DUSPIVA[4] über die Verdauungsfermente der Kleidermotte erwähnt werden. Während Keratin, also auch Wolle, durch Enzyme weitgehend unangreifbar ist, können sich die Larven der Kleidermotte von Keratin ernähren. Durch die Versuche konnte nachgewiesen werden, daß der Verdauungs-trakt der Kleidermotte ein stark alkalisches Medium ist (p_H etwa 10) und daß er ein proteolytisches Ferment enthält, das bei diesem p_H-Wert wirken kann und durch SH-Gruppen in seiner Aktivität nicht beeinträchtigt wird. Außerdem dürfte ein Reduktionsmittel in den Verdauungs-trakt sezerniert werden, das die S—S-Brücken zwischen den Polypeptid-ketten des Keratins zu SH-Gruppen reduziert, wodurch das Keratin löslich und dem Angriff der Endopeptidase zugänglich wird. Nach der Einwirkung dieses proteolytischen Ferments werden die Bruchstücke des Keratins durch weitere Peptidasen verschiedener Spezifität zu Aminosäuren abgebaut, welche entweder absorbiert und in art-spezifisches Eiweiß umgewandelt oder abgebaut und als Harnsäure ausgeschieden werden.

Ein anderes ähnliches Problem ist die Enzym-sekretion von *Drosera rotundifolia*, einer „fleischfressenden" Pflanze, die auf ihren gabel-förmigen Blättern kleine Härchen mit daraufsitzenden klebrigen Tropfen trägt. Wenn nun ein Insekt mit den Blättern in Kontakt kommt, wird es durch die Tropfen gefangen, dann langsam verdaut und schließlich absorbiert. Bei der Untersuchung dieser Tropfen konnte festgestellt werden, daß sie ein proteolytisches Ferment mit dem Wirkungsoptimum bei p_H 3 enthalten, das für die Eiweißverdauung der Insekten verantwortlich zu sein scheint[5].

Die hier beschriebenen Mikromethoden können aber auch zur Bestimmung der Lokalisierung von Enzymen in Einzelzellen angewandt werden, wenngleich es nicht möglich zu sein scheint, damit Zellen zu untersuchen, welche kleiner sind als Amöben oder Seeigel-eier. Man kann so nach einer von NEWTON HARVEY[6] eingeführten Technik eine Einzelzelle mit dem Mikromanipulator isolieren und sie dann zentrifugieren, wodurch der eine Teil der Zelle mehr geformte Elemente einer bestimmten Art enthalten wird als der andere. Es ist dann möglich, die Zelle mit einer feinen Glasnadel zu zerschneiden und die beiden Teile getrennt auf die Aktivität verschiedener Enzyme zu untersuchen. Die Anwendung dieser Methodik ist wohl auf

---

1 K. LINDERSTRØM-LANG, H. HOLTER und A. SØEBORG-OHLSEN: Hoppe-Seyler's Z. physiol. Chem. **227**, 1 (1934).

2 K. LINDERSTRØM-LANG und C. ENGEL: Enzymologia **3**, 138 (1937).

3 H. P. BOTTELIER, H. HOLTER und K. LINDERSTRØM-LANG: C. R. Lab. Carlsberg, sér. chim. **24**, 289 (1943).

4 F. DUSPIVA: Ibid. **21**, 177 (1936); Protoplasma **32**, 211 (1939).

5 H. HOLTER und K. LINDERSTRØM-LANG: Hoppe-Seyler's Z. physiol. Chem. **214**, 223 (1933).

6 E. NEWTON HARVEY: Biol. Bull. **61**, 273 (1931); **62**, 141 (1932).

wenige günstige Fälle beschränkt; sie hat aber immerhin schon recht wertvolle Resultate ergeben. So konnten z. B. HOLTER und LØVTRUP[1] bei Untersuchungen an der Amöbe *Chaos chaos* finden, daß eine Dipeptidase im Cytoplasma verteilt ist, während eine Endopeptidase *(Proteinase)* an irgend welche größere Zellelemente, die bei 10000 ×g sedimentieren, gebunden ist. Ebenso scheint die Succinat-dehydrogenase in *Chaos chaos* an derartigen Zell-partikeln verankert zu sein[2].

Die wenigen angeführten Beispiele für die Anwendung der Methoden der enzymatischen Histochemie auf biologische Probleme dürften immerhin genügen, um dem Leser ein ausreichendes Bild über die Nützlichkeit und Brauchbarkeit dieser eleganten Technik zu vermitteln.

VII. Methoden zur Lokalisierung der Enzyme in der Zelle[3]

Eines der wesentlichsten und interessantesten Probleme der Enzymologie ist es, das Zusammenwirken der einzelnen Enzyme, sei es innerhalb der Zelle oder in dem die Zelle umgebenden Medium zu untersuchen und auf diese Weise Zusammenhänge im Stoffwechsel aufzudecken. Zu diesem Zwecke ist bei endocellulären Enzymen verständlicherweise eine Bestimmung des Sitzes der Fermente innerhalb des Zellganzen von größter Bedeutung, da in vielen Fällen durch eine ähnliche Lokalisierung das Zusammenwirken mehrerer Enzyme in bestimmten Stoffwechsel-prozessen wahrscheinlich gemacht werden kann, während in entgegengesetzt gelagerten Fällen eine derartige Koordination mit einiger Sicherheit ausgeschlossen werden kann.

Zu solchen Untersuchungen gibt es grundsätzlich drei verschiedene Wege, die im folgenden kurz besprochen werden sollen:

1. *Die histochemischen Methoden*, die wohl als älteste Technik zur Lokalisierung von Enzymwirkungen angesprochen werden müssen. Sie beruhen auf dem Nachweis von gefärbten Reaktions-produkten, die *in situ* in Gewebe-schnitten oder Zellpräparationen mit dem Mikroskop beobachtet werden können. Methoden dieser Art sind schon seit langem bekannt; es handelt sich hier durchwegs um qualitative Bestimmungen von Enzymwirkungen *in situ*, die aber nicht kritiklos durchgeführt werden dürfen, da sie unter Umständen stark verfälschte Ergebnisse liefern. Bevor die Resultate einer Untersuchung mit einer histochemischen Technik als schlüssig zu betrachten sind, ist es notwendig, die folgenden Fragen zu berücksichtigen[4]:

a) Wie weit erfolgt während der Vorbereitung des Präparats eine Zerstörung des gesuchten Enzyms und findet diese Zerstörung nur selektiv an bestimmten Stellen der Zelle statt oder betrifft sie das Enzym gleichmäßig in der gesamten Zelle?

b) Erscheint der durch die Enzymwirkung entstehende Niederschlag oder Farbstoff tatsächlich an der Stelle, an welcher das Enzym wirkt, oder wird er durch Diffusion verteilt und an anderen Stellen, die eine besondere Affinität für das Reaktionsprodukt haben, adsorbiert?

c) Bleibt das Enzym während der Fixierung des Präparats und auch während der darauffolgenden Inkubation mit dem Substrat an seiner ursprünglichen physiologischen Lokalisation in der Zelle?

---

[1] H. HOLTER und S. LØVTRUP, C. R. Lab. Carlsberg, sér. chim. **27**, 27 (1949).

[2] N. ANDRESEN, F. ENGEL und H. HOLTER: Ibid. **27**, 408 (1951).

[3] Handbuchartikel und Übersichtsreferate: A. L. DOUNCE: In „The Enzymes", herausgegeben von J. B. SUMNER und K. MYRBÄCK, Bd. I/1, S. 187. New York: Academic Press. 1950; H. HOLTER: Adv. Enzymology **13**, 1 (1952); J. R. G. BRADFIELD: Biol. Revs. Cambridge phil. Soc. **25**, 113 (1950); W. C. SCHNEIDER: In „Respiratory Enzymes", herausgegeben von H. E. LARDY, S. 273. Minneapolis: Burgess. 1949; A. CLAUDE, Adv. Protein Chem. **5**, 423 (1949).

[4] J. F. DANIELLI: J. exp. Biol. **22**, 110 (1946).

Nur wenn alle drei dieser Fragen in befriedigender Weise beantwortet werden können, ist es möglich, auf Grund derartiger Farbreaktionen Rückschlüsse auf die Enzymlokalisierung *in vivo* zu machen. Es muß aber noch immer als fraglich erachtet werden, ob überhaupt eine der vielen bekannten Methoden dieses Typus den Anforderungen völlig entspricht. Mit diesem Vorbehalt soll daher die folgende Aufzählung betrachtet werden.

Die älteste histochemische Methode zur Bestimmung einer Fermentwirkung ist die sog. *Nadi*-reaktion, die zum Nachweis der Cytochrom-oxydase-aktivität dient, und darauf beruht, daß unter der Einwirkung des Enzyms aus α-Naphthol und Dimethyl-*p*-phenylendiamin Indophenolblau entsteht[1]. Die Oxydation von Benzidin durch Wasserstoffperoxyd unter der Einwirkung von Peroxydase kann durch die Bildung eines gefärbten Oxydationsprodukts *in situ* nachgewiesen werden[2]. Fermente, die 3,4-Dioxyphenylalanin (DOPA) oxydieren, lassen sich durch die Bildung dunkelgefärbter Melanine in Gewebe-präparaten nachweisen[3]. Oster und Schlossman[4] entwickelten einen histochemischen Test für die Monoamin → O_2-transhydrogenasen *(Monoamin-oxydase)*, der darauf beruht, daß der aus dem oxydierten Amin — z. B. Tyramin — entstehende Aldehyd mit fuchsinschwefeliger Säure eine Farbreaktion gibt.

Besonders eingehend wurde in letzter Zeit der histochemische Nachweis der Phosphatasen (Phosphoesterasen und Polyphosphatasen) bearbeitet. Gleichzeitig und unabhängig voneinander konnten 1939 Gomori[5] und Takamatsu[6] zeigen, daß Paraffin-schnitte von alkoholfixiertem Gewebe durch die in ihnen enthaltenen phosphat-spaltenden Fermente in einem alkalischen Medium, das Ca^{++} und Glycerinphosphat enthält, Glycerinphosphat hydrolysieren. Die freiwerdenden Phosphat-ionen bilden mit den Ca^{++} einen unlöslichen Niederschlag von Calciumphosphat, der durch Überführung in Kobaltphosphat und weitere Umwandlung in das schwarze Kobaltsulfid sichtbar gemacht wird. Trotz des recht komplizierten Verfahrens soll die Methode weitgehend die Lokalisation der Phosphoesterasen und Polyphosphatasen mit alkalischem Wirkungsoptimum aufzeigen. Allerdings wurden in letzter Zeit mehrere kritische Stimmen laut, welche die Verläßlichkeit der Methode anzweifeln[7].

Für die isodynamen Phosphoesterasen mit saurem Wirkungsoptimum kann das ursprüngliche Verfahren von Gomori nicht angewandt werden, da Calciumphosphat bei p_H 5 löslich wird. Es wurde deshalb für diesen Zweck eine Modifikation der Technik vorgeschlagen, bei der an Stelle von Ca^{++} ein Bleisalz verwendet wird[8]; das entstandene Bleiphosphat kann entweder in Bleisulfid umgewandelt oder mit Acridinrot angefärbt werden. Die Verläßlichkeit der Resultate scheint allerdings nicht sehr befriedigend zu sein.

In analoger Weise wurden von Gomori auch Methoden für den histochemischen Nachweis von esterspaltenden Fermenten entwickelt[9].

2. Als zweiter Typus der Methoden, die zur Feststellung der Enzym-lokalisierung innerhalb der Zelle verwendet werden können, sind die bereits erwähnten Verfahren der sog. „*enzymatischen Histochemie*" von Linderstrøm-Lang und Holter zu nennen, die bereits ausführlich besprochen wurden. Wie erwähnt, eignen sich diese Methoden für derartige Zwecke nur dann, wenn Zellen vorliegen, die eine gewisse Größe überschreiten.

3. Der dritte Typus von Methoden zur Feststellung der Enzym-lokalisation, die *Homogenat-technik*, wird heute wohl am meisten angewandt. Im Prinzip handelt es sich hier um eine Zerkleinerung von ganzen Gewebe-stücken, wobei man

[1] P. Ehrlich: Das Sauerstoffbedürfnis der Organismen. Berlin 1885.

[2] F. A. McJunkin: Anat. Rec. **24**, 67 (1922); F. L. Armitage: J. Path. Bact. **49**, 579 (1939).

[3] G. F. Laidlaw: Anat. Rec. **53**, 399 (1932); G. F. Laidlaw und S. N. Blackberg: Amer. J. Path. **8**, 491 (1932).

[4] K. A. Oster und N. C. Schlossman: J. cell. comp. Physiol. **20**, 373 (1942).

[5] G. Gomori: Proc. Soc. exp. Biol. Med. **42**, 23 (1939).

[6] H. Takamatsu: Trans. Soc. Path. Japan **29**, 429 (1939).

[7] H. Holter, S. Løvtrup und J. Rubin: Acta chem. Scand. **5**, 194 (1951); G. Johansen und K. Linderstrøm-Lang: Ibid. **5**, 965 (1951); B. F. Martin und F. Jacoby: J. Anat. **83**, 351 (1949); A. B. Novikoff: Science **113**, 320 (1950).

[8] G. Gomori: Arch. Path. **32**, 189 (1941).

[9] G. Gomori: Ibid. **41**, 121 (1946); Übersichtsreferat: Idem: Internat. Rev. Cytology **1**, 323 (1952).

bestrebt ist, die Zellwände aufzubrechen, ohne dabei die Elemente des Zell-inhalts zu zerstören. Zur Zerkleinerung werden meist der „homogenizer" von POTTER und ELVEHJEM[1] oder ähnlich gebaute Apparate verwendet. Nach der Zerkleinerung wird die erhaltene Suspension durch Zentrifugieren mit verschiedener Geschwindigkeit in einzelne Fraktionen aufgeteilt, die dann auf ihre Enzymaktivität analysiert werden.

Die Methodik hat den großen Vorteil, daß man mit ihrer Hilfe die Zell-bestandteile in so großen Mengen erhält, daß Mikromethoden nicht mehr erforderlich sind und man die Bestimmung der Enzym-aktivität in den Fraktionen mit denjenigen Verfahren durchführen kann, die normalerweise, d. h. bei ausreichenden Mengen an Material, zur Anwendung gelangen. Andrerseits ist die Homogenattechnik naturgemäß nicht frei von Fehlerquellen, unter denen vor allem die Wirkung der immer stattfindenden Autolyse und auch die Möglichkeit einer Adsorption von Enzymen an bestimmten Zell-bestandteilen oder umgekehrt eine Herauslösung von Fermenten während der Zubereitung der Präparate zu nennen sind. Weiters können durch die doch ziemlich drastische Behandlung der Zellen während der Präparation Stoffe entstehen, die ein Enzym hemmen oder aktivieren und dadurch ein verfälschtes Bild geben. Schließlich ist noch zu berücksichtigen, daß durch fraktionierte Zentrifugierung kaum jemals eine quantitative Abtrennung der verschiedenen Partikeln voneinander gelingt und man somit immer mit einer gewissen Überschneidung zu rechnen hat.

Zur Vermeidung dieser Fehlerquellen sind eine Reihe von Verfahren entwickelt worden, von denen hier besonders die Verwendung von verschiedenen Medien bei der Homogenisierung erwähnt werden muß. In letzter Zeit wird meist in einem Rohrzucker-haltigen Medium gearbeitet, das in zwei Konzentrationen verwendet wird: 0,88-m Saccharose-lösung („hypertonic sucrose")[2], wobei die morphologische Struktur der Partikeln am besten erhalten bleibt, und 0,25-m Saccharose-lösung („isotonic sucrose"), in der manche Enzyme stabiler sind[3].

Die bisherigen Ergebnisse dieser Art von Untersuchungen scheinen zu zeigen, daß die verschiedenen Enzyme der Zelle in einer bestimmten Weise auf die einzelnen Form-elemente verteilt sind. Die wichtigsten Fermente der Oxydation von Kohlehydraten und Fetten und somit des oxydativen Energie-stoffwechsels scheinen an größere Partikeln gebunden zu sein, die im allgemeinen mit den Mitochondrien gleichgesetzt werden, während sich die Enzyme des Glykolysevorgangs hauptsächlich in der überstehenden Flüssigkeit, die beim Zentrifugieren erhalten wird und auch als Hyaloplasma bezeichnet wird, befinden[4]. Durch besonders hochtouriges Zentrifugieren kann eine Fraktion submikroskopischer Partikeln erhalten werden, die Mikrosomen genannt werden; auch diese Körper, deren Beziehung zu den Mitochondrien noch ungeklärt ist, enthalten einige wichtige Enzyme. Schließlich finden sich auch in den Zellkernen verschiedene Fermente. Eine Zusammenstellung einiger Untersuchungen über die Verteilung einzelner Fermente auf die verschiedenen Zell-bestandteile der Leber-zelle, die im wesentlichen dem Übersichtsreferat von HOLTER *(l. c.)* entnommen ist, findet sich in Tab. 9. Eine vollständigere Tabelle wird von LANG[5] gegeben.

---

[1] V. R. POTTER und C. A. ELVEHJEM: J. biol. Chem. **114**, 495 (1936).

[2] G. H. HOGEBOOM, W. C. SCHNEIDER und G. E. PALLADE: Ibid. **172**, 619 (1948).

[3] W. C. SCHNEIDER: Ibid. **176**, 259 (1948); G. H. HOGEBOOM und W. C. SCHNEIDER: Ibid. **186**, 417 (1950).

[4] Vgl. die Übersichtsreferate: A. L. LEHNINGER: In „Enzymes and Enzyme Systems", herausgegeben von J. T. EDSALL, S. 1. Cambridge, Mass.: Harvard University Press. 1951; D. E. GREEN: Ibid. S. 15.

[5] K. LANG: Der intermediäre Stoffwechsel. Berlin: Springer. 1952.

Die Bedeutung der Arbeiten auf diesem Gebiete liegt vor allem darin, daß sie uns zeigen sollen, wie die einzelnen Regionen der Zelle für die verschiedenen Phasen der Stoffwechsel-vorgänge verantwortlich sind und wie die Regulation dieser Vorgänge innerhalb der Zelle erfolgt. Das Endziel dieser Studien wird es der Zell-physiologie ermöglichen, die Lokalisation der Enzyme und die Bewegung der Substrate innerhalb der Zelle zu verstehen. Die verschiedenen Vorgänge der Aufnahme und Abgabe von Substraten und insbesondere diejenigen Vorgänge, die nur durch Energie-kopplung bewerkstelligt werden können, werden durch die Ergebnisse derartiger cytochemischer Untersuchungen in der Zukunft erst richtig verständlich werden.

Tabelle 9. *Die prozentuale Verteilung einiger Enzyme und Enzymsysteme in den Zell-bestandteilen der Leber*

<table>
<tr><th>Enzym</th><th>Hyalo-plasma</th><th>Kleine Partikeln (Mikrosomen)</th><th>Große Partikeln (Mitochondrien)</th><th>Kerne</th></tr>
<tr><td>Esterase[1]</td><td>14</td><td>47</td><td>17</td><td>17</td></tr>
<tr><td>Phosphomonoesterase Typus I (alkalische Phosphatase)[2]</td><td>55—70</td><td></td><td>17—20</td><td></td></tr>
<tr><td>Phosphomonoesterase Typus II (saure Phosphatase)[2]</td><td>35—50</td><td></td><td>35—40</td><td></td></tr>
<tr><td>Hexosediphosphatase</td><td>80—96</td><td></td><td>1</td><td></td></tr>
<tr><td>Adenosin-5-phosphatase[2]</td><td>10—15</td><td>5—10</td><td>40—45</td><td>40—45</td></tr>
<tr><td>Glucose-6-phosphatase[3]</td><td>6</td><td>83</td><td colspan="2">5</td></tr>
<tr><td>Arginin-amidinase (Arginase)[4]</td><td>12</td><td>17</td><td>30—35</td><td>30—35</td></tr>
<tr><td>ATPase[5]</td><td>5</td><td>15</td><td>50</td><td>31</td></tr>
<tr><td>ATPase[2]</td><td>0—1</td><td>2—4</td><td>70—75</td><td>10—20</td></tr>
<tr><td>Isocitrat → TPN-transhydrogenase (Isocitronensäure-dehydrase)[6]</td><td>82—89</td><td></td><td>12—13</td><td></td></tr>
<tr><td>Oxydoreduktions-system der Glykolyse[7]</td><td>82</td><td></td><td>3</td><td></td></tr>
<tr><td>Uricat → O_2-transhydrogenase (Uricase)[8]</td><td>wenig</td><td>wenig</td><td>70—80</td><td>10—15</td></tr>
<tr><td>Succinat-oxydase-system[9]</td><td colspan="2">4</td><td>57</td><td>20</td></tr>
<tr><td>Capronsäure-oxydase-system[10]</td><td>0</td><td>0</td><td>81</td><td>3</td></tr>
<tr><td>DPN · H_2 → Cytochrom c-transelektronase (DPN-Cytochrom-reductase)[11]</td><td>5</td><td>58</td><td>32</td><td></td></tr>
<tr><td>TPN · H_2 → Cytochrom c-transelektronase (TPN-Cytochrom-reductase)[6]</td><td>7</td><td>36</td><td>49</td><td>12</td></tr>
<tr><td>Cytochrom-oxydase[9]</td><td>0</td><td>4</td><td>79</td><td>20</td></tr>
<tr><td>Katalase[12]</td><td>66</td><td></td><td>18</td><td>16</td></tr>
<tr><td>FDP-Triosephosphat-lyase (Aldolase)[7]</td><td>96</td><td></td><td>1</td><td>3</td></tr>
<tr><td>Glucose (1 → 6)-phosphomutase[3]</td><td>100</td><td>0</td><td>0</td><td>0</td></tr>
</table>

[1] A. OMACHI, C. P. BARNUM und D. GLICK: Proc. Soc. exp. Biol. Med. **67**, 133 (1948).
[2] A. B. NOVIKOFF, E. PODBER und J. RYAN: Federation Proc. **9**, 210 (1950).
[3] H. G. HERS, G. BERTHET, L. BERTHET und C. DE DUVE; Bull. Soc. chim. biol. **33**, 21 (1950).
[4] A. H. SCHEIN und E. M. YOUNG: Federation Proc. **10**, 243 (1951).
[5] W. C. SCHNEIDER, G. H. HOGEBOOM und H. E. ROSS: J. nat. Cancer Inst. **10**, 977 (1950).
[6] G. H. HOGEBOOM und W. C. SCHNEIDER: J. biol. Chem. **186**, 417 (1950).
[7] E. P. KENNEDY und A. L. LEHNINGER: Ibid. **179**, 957 (1949).
[8] A. H. SCHEIN, E. PODBER und A. B. NOVIKOFF: Federation Proc. **9**, 224 (1950).
[9] W. C. SCHNEIDER und G. H. HOGEBOOM: J. nat. Cancer Inst. **10**, 969 (1950).
[10] W. C. SCHNEIDER: J. biol. Chem. **176**, 259 (1948).
[11] G. H. HOGEBOOM: Ibid. **177**, 847 (1949).
[12] H. VON EULER und L. HELLER: Z. Krebsforsch. **56**, 393 (1949).

VIII. Einheiten der Enzymwirkung. Die numerische Festlegung der Enzym-konzentration

Obwohl heute bereits einige Enzyme in mutmaßlich absolut reinem Zustand vorliegen und es somit möglich wäre, ihre Konzentration in Gewichts-einheiten anzugeben, zieht man es doch aus praktischen Gründen allgemein vor, die spezifische Aktivität einer Ferment-präparation als Maß ihres Enzymgehalts zu benützen. Es ist deshalb auch heute noch üblich, die Ferment-konzentration in willkürlich gewählten, für jedes Enzym verschiedenen Einheiten anzugeben, wobei naturgemäß die Bedingungen der Aktivitäts-bestimmung genau festgelegt sein müssen. Es wird hierbei nach Möglichkeit bei Optimal-bedingungen gearbeitet.

So wird z. B. die Urease-einheit definiert als diejenige Menge Urease, die in 5 Min. bei p_H 7 und 20° aus Harnstoff 1 mg Ammoniak-stickstoff freisetzt[1]. Als Einheit der Lipasewirkung wird diejenige Menge des Ferments bezeichnet, die in 1 Std. bei 30° und einem Anfangswert des p_H von 8,9 in Anwesenheit von 15 mg Ovalbumin und 10 mg $CaCl_2$ 2,5 g Olivenöl zu 24% hydrolysiert[2]. In analoger Weise definiert WILLSTÄTTER[3] die Einheit der Trypsin-wirkung als die Trypsin-menge, die aus Casein in 20 Min. diejenige Menge von Carboxyl-gruppen freisetzt, welche 1,05 ml einer 0,2-n Säure äquivalent ist. Hier sind die Reaktionsbedingungen besonders genau spezifiziert: Man gibt 3 ml einer Lösung von vollaktiviertem Trypsin zu 5 ml 6%igem Natriumcaseinat und 2 ml Puffergemisch, das in bezug auf Ammoniak und Ammoniumchlorid je 1-n ist; die Titration wird in heißem Alkohol mit alkoholischer Natronlauge durchgeführt, wobei Thymolphthalein als Indikator dient.

In der Literatur finden sich für manche Fermente verschiedene derartige Angaben, je nach welcher Methode die Aktivität bestimmt wird. So gibt es z. B. eine Anzahl von Einheiten der Phosphoesterase-wirkung, die untereinander schwer vergleichbar sind.

Bei Versuchen, ein Enzym zu konzentrieren und zu reinigen, kann man den Fortschritt der Reinigungs-operationen durch Bestimmung der Aktivität in derartig willkürlich gewählten Einheiten und Beziehung auf die Volums- oder Gewichts-einheit prüfen. So enthält z. B. der rohe Magensaft des Rindes 0,0025 Pepsin-einheiten pro ml, nach dem ersten Reinigungs-schritt erhöht sich die spezifische Aktivität bereits auf 0,018 Einheiten pro ml, um schließlich bei Lösungen höchstgereinigter Präparate den Wert von 1 Einheit/ml zu erreichen[4].

Um eine allgemein verwendbare Aktivitäts-bestimmung für Enzym-reinigungen zu erhalten, schlugen EULER und Mitarbeiter[5] vor, die Reinheit der Präparationen durch die „Enzym-fähigkeit" f auszudrücken, die sie durch die Gleichung

$$f = \frac{K \cdot \text{g Substrat}}{\text{g Enzympräparation}}$$

definieren. Hier bedeutet K die monomolekulare Reaktions-konstante, die der Reaktions-geschwindigkeit zu Beginn des Vorgangs proportional ist; wie wir in den Ausführungen über die Kinetik der Enzymwirkung (S. 58) gesehen haben, nimmt die Reaktions-geschwindigkeit im Verlauf der Reaktion häufig stark ab.

Dementsprechend wird von EULER zur Kennzeichnung der Aktivität von β-h-Fructosidasepräparaten die Inversions-fähigkeit If als Einheit benützt. Diese wird durch polarimetrische

---

[1] J. B. SUMNER und D. B. HAND: J. biol. Chem. **76**, 149 (1928).

[2] R. WILLSTÄTTER, E. WALDSCHMIDT-LEITZ und F MEMMEN: Hoppe-Seyler's Z. physiol. Chem. **125**, 93 (1923).

[3] R. WILLSTÄTTER, E. WALDSCHMIDT-LEITZ, S. DUNATUIRRA und G. KÜNSTNER: Ibid. **161**, 191 (1926).

[4] J. H. NORTHROP: J. gen. Physiol. **16**, 615 (1933).

[5] H. VON EULER und O. SVANBERG: Hoppe-Seyler's Z. physiol. Chem. **106**, 201 (1919); H. VON EULER und K. JOSEPHSON: Ber. dtsch. chem. Ges. **56**, 1749 (1923).

Messung der Spaltung von 10 g Rohrzucker, gelöst in 10 ml 1-n Puffer von p_H 4,5 und soviel Wasser, daß das Volumen 98 ml beträgt, ermittelt. Das Reaktions-gemisch wird auf 20° gebracht, 2 ml der zu untersuchenden Enzymlösung hinzugefügt, nach 5, 10, 15 und 20 Min. je 10 ml entnommen, diese Proben in 10 ml 5%ige Soda-lösung einpipettiert und die optische Aktivität X der Proben bestimmt. Die monomolekulare Reaktions-konstante K läßt sich nach der Formel

$$K = \frac{1}{t} \log \frac{R + L}{X + L}$$

ermitteln, wobei hier R die Anfangs-drehung und L die daraus berechnete maximale Links-drehung bedeutet. Bei einem Trocken-gewicht des angewandten Enzympräparats von g Gramm ist die „Inversions-fähigkeit"

$$If = \frac{K \cdot 10}{g}$$

Eine wahrscheinlich noch allgemeinere Verwendung als Einheit der Enzymwirkung gestattet die von WARBURG[1] vorgeschlagene *molare Wirksamkeit*, die auch als Wechselzahl, Umsatzzahl oder „turnover number" bekannt ist. Sie ist definiert durch die Gleichung

$$\varphi = \frac{\text{Mole umgesetzter Substanz}}{\text{Mole Enzym} \cdot \text{Minuten}}$$

Wenn das M. G. eines Enzyms nicht bekannt ist, hilft man sich oft durch willkürliche Festlegung des M. G. mit 100000 und erhält dadurch eine brauchbare Basis für Vergleiche der Aktivitäten von Enzymen verschiedener Wirkungsweise. Eine Zusammenstellung der molaren Wirksamkeiten φ einiger Fermente unterschiedlicher Spezifität ist in Tab. 10 gegeben.

Tabelle 10. *Molare Wirksamkeit (Wechselzahl) einiger hochgereinigter Enzym-präparationen*

Ferment	Substrate	p_H	Temp.	Molare Wirksamkeit
Serum-cholinesterase[2]	Acetylcholin	8,5	30°	90000
	Butyrylcholin	8,5	30°	210000
Acetylcholinesterase aus *Electrophorus electricus*[3]	Acetylcholin	7,5	25°	18000000
Urease aus *Canavalia ensiformis*[4]	Harnstoff	7,0	20°	460000
Pepsin aus Rinder-magen[5]	Casein	2,5	20°	1000
α-Amylase aus Malz[6]	Stärke	4,6	30°	19000
1,3-Diphosphoglycerat → ADP-transphosphatase (3-*Phosphoglycerat-kinase*) aus Hefe[7]	1,3-Diphosphoglycerinsäure und ADP	6,9	25°	320000
	ATP und 3-Phosphoglycerinsäure	6,9	25°	36400

[1] Vgl. O. WARBURG: Wasserstoffübertragende Fermente. S. 34. Freiburg i. Br.: Editio Cantor. 1949.

[2] L. H. EASSON und E. STEDMAN: Proc. Roy. Soc. London B **121**, 142 (1936).

[3] M. A. ROTHENBERG und D. NACHMANSOHN: J. biol. Chem. **168**, 223 (1947).

[4] J. B. SUMNER: In „The Enzymes", herausgegeben von J. B. SUMNER und K. MYRBÄCK, Bd. I/2, S. 879. New York: Academic Press. 1951.

[5] Berechnet nach den Daten von J. H. NORTHROP, M. KUNITZ und R. M. HERRIOTT: Crystalline Enzymes, 2. Aufl. New York: Columbia Univ. Press. 1948.

[6] S. SCHWIMMER und A. K. BALLS: J. biol. Chem. **179**, 1063 (1949).

[7] T. BÜCHER: Biochim. biophys. Acta **1**, 292 (1947).

(Fortsetzung der Tabelle 10.)

Ferment	Substrate	p_H	Temp.	Molare Wirksamkeit
Phosphoenolpyruvat → ADP-transphosphatase *(Pyruvat-kinase)* aus menschlichem Muskel[1]	Phosphoenolbrenztraubensäure und ADP	6,77	20°	6000
	ATP und Brenztraubensäure	6,77	20°	12
ATP → Hexose-transphosphatase *(Hexokinase)* aus Hefe[2]	ATP und Glucose	7,5	30°	13000
	ATP und Fructose	7,5	30°	27000
	ATP und Mannose	7,5	30°	6000
Phosphorylierende 3-Phosphoglycerinaldehyd → DPN-transhydrogenase *(Triosephosphat-dehydrase)* aus Hefe[3]	3-Phosphoglycerinaldehyd, DPN und Orthophosphat	8,45	20°	28500
		7,4	20°	16600
Ferment gleichartiger Spezifität aus Kaninchen-muskel[4]	dieselben	8,6	27°	6700
DPN · H_2 → Aldehyd-transhydrogenase *(Alkohol-dehydrase)* aus Hefe[5]	DPN · H_2 und Acetaldehyd	7,8	20°	28500
	Äthanol und DPN	7,8	20°	17000
Ferment gleichartiger Spezifität aus Pferdeleber[6]	dieselben	7,6	20°	220
DPN · H_2 → Pyruvat-transhydrogenase *(Milchsäure-dehydrase)* aus Rattenmuskel[7]	DPN · H_2 und Brenztraubensäure	8,15	20°	31000
DPN · H_2 → Phosphodioxyaceton-transhydrogenase *(Glycerophosphat-dehydrase)* aus Kaninchen-muskel[8]	DPN · H_2 und Phosphodioxyaceton	7,0	20°	26500
TPN · H_2 → O_2-transhydrogenase *(altes gelbes Ferment)* aus Hefe[9]	TPN · H_2 und O_2	7,4	38°	55
Diaphorase aus Schweine-herz[10]	DPN · H_2 und Methylenblau	8,5	30°	8500
D-Aminosäure → O_2-transhydrogenase (D-*Aminosäure-oxydase*) aus Rinder-niere[11]	D-Alanin und O_2	8,3	38°	2000
L-Aminosäure → O_2-transhydrogenase *(L-Aminosäure-oxydase)* aus Ratten-niere[12]	L-Leucin und O_2	6,7	38°	6
L-Aminosäure → O_2-transhydrogenase *(Ophio-L-aminosäure-oxydase)* aus Schlangengift[13]	L-Leucin und O_2	7,4	38°	3100

[1] O. MEYERHOF und P. OESPER: J. biol. Chem. **179**, 1371 (1949).

[2] M. DIXON und D. M. NEEDHAM: Nature **158**, 432 (1946); L. BERGER, M. W. SLEIN, S. COLOWICK und C. F. CORI: J. gen. Physiol. **29**, 379 (1946).

[3] O. WARBURG und W. CHRISTIAN: Biochem. Z. **303**, 40 (1939).

[4] J. F. TAYLOR, S. F. VELICK, G. T. CORI, C. F. CORI und M. W. SLEIN: J. biol. Chem. **173**, 619 (1948).

[5] E. NEGELEIN und H. J. WULFF: Biochem. Z. **289**, 436 (1936); **290**, 445 (1937).

[6] R. K. BONNICHSEN und A. M. WASSEN: Arch. Biochem. **18**, 361 (1948).

[7] F. KUBOWITZ und P. OTT: Biochem. Z. **314**, 94 (1943).

[8] T. BARANOWSKI: J. biol. Chem. **180**, 535 (1949).

[9] H. THEORELL: Biochem. Z. **288**, 317 (1936).

[10] F. B. STRAUB: Biochem. J. **33**, 787 (1939); H. S. CORRAN, D. E. GREEN und F. B. STRAUB: Ibid. **33**, 793 (1939).

[11] O. WARBURG und W. CHRISTIAN: Biochem. Z. **298**, 150 (1938); E. NEGELEIN und W. BRÖMEL: Ibid. **300**, 225 (1939).

[12] M. BLANCHARD, D. E. GREEN, V. NOCITO und S. RATNER: J. biol. Chem. **155**, 421 (1944); **161**, 583 (1945).

[13] T. P. SINGER und E. B. KEARNEY: Arch. Biochem. **27**, 348; **29**, 190 (1950).

(Fortsetzung der Tabelle 10.)

Ferment	Substrate	*p*H	Temp.	Molare Wirksamkeit
Ungesättigte Fettsäure → O_2-transhydrogenase *(Lipoxydase)* aus Sojamehl[1]	Linolsäure und O_2	9,0	20°	360
Katalase aus Pferde-leber[2]	H_2O_2	6,8	0°	5000000
Ferment gleichartiger Spezifität aus *Micrococcus lysodeikticus*[2]	dasselbe	6,8	0°	19000000
Pyruvat-decarboxylase aus Hefe[3]	Brenztraubensäure	6,15	20°	850
FDP-Triosephosphat-lyase *(Aldolase)* aus Ratten-muskel[4]	Fructosediphosphat	7,5	38°	10100
2-Phosphoglycerat-dehydratase *(Enolase)* aus Hefe[5]	2-Phosphoglycerinsäure	7,34	20°	9900
Triosephosphat-isomerase aus Kaninchenmuskel[6]	Phosphodioxyaceton	7,0	38°	1000000
Glucose (1 → 6)-phosphomutase[7]	Glucose-1-phosphat	7,5	30°	16800

Aus Tab. 10 ist zu entnehmen, daß die Enzyme sich in ihrem Wirkungsgrad oft um viele Größenordnungen voneinander unterscheiden. Es gibt hochaktive Fermente, so z. B. die Katalasen oder die Acetylcholinesterase aus dem Zitterrochen, die millionenfach wirksamer sind als andere, wie z. B. die L-Aminosäure → O_2-transhydrogenase aus Säugetier-gewebe. Derartige Unterschiede haben natürlich biologische Bedeutung. Toxische oder pharmakologisch wirksame Substanzen können durch besonders aktive Fermente rasch beseitigt werden; auch beim Zusammenwirken der Enzyme spielen Unterschiede der Aktivität eine Rolle: das am langsamsten wirkende Enzym einer Reaktionsfolge bestimmt die Geschwindigkeit des Gesamtvorgangs.

IX. Die Anwendung von Enzymen zur Analyse

Es ist verständlich, daß die große Spezifität der Enzyme die Möglichkeit bietet, mit ihrer Hilfe die Analyse von Naturstoffen vorzunehmen. Man kann in jedem Falle, in welchem ein genügend gereinigtes, für die zu bestimmende Substanz spezifisches Enzym vorliegt, dieses in der Weise zur Analyse verwenden, daß man das Enzym auf die Probe einwirken läßt und darauf die durch die Enzym-wirkung erfolgte Veränderung mit Hilfe einer entsprechenden Analysenmethode bestimmt.

Als Beispiele für eine derartige Anwendung sei vor allem die Harnstoft-bestimmung in Körperflüssigkeiten und Geweben mit Hilfe der Urease genannt, die heute eine Standardmethode der klinischen Laboratorien darstellt. Die fermentativ gebildeten Spalt-produkte des Harnstoffs — Ammoniak und Kohlendioxyd — können mit Hilfe verschiedener Methoden leicht nachgewiesen werden. Eine andere wertvolle Methode der enzymatischen Analyse ist der Nachweis und die quantitative Bestimmung der Bernsteinsäure unter Verwendung eines Präparats des Succinat-oxydase-systems. Die sehr spezifischen Aminosäure-decarboxylasen erlauben eine quantitative Bestimmung einzelner Aminosäuren in Gemischen.

Auf eine Aufzählung weiterer Beispiele an dieser Stelle soll verzichtet werden; es sei auf die Monographie von STETTER[8] verwiesen, die eine umfassende Zusammenstellung dieser Methoden enthält.

---

[1] R. T. HOLMAN und S. BERGSTRÖM: In „The Enzymes", herausgegeben von J. B. SUMNER und K. MYRBÄCK, Bd. II/1, S. 572. New York: Academic Press. 1951.

[2] D. HERBERT und J. PINSENT: Biochem. J. **43**, 193 (1948).

[3] F. KUBOWITZ und W. LÜTTGENS: Biochem. Z. **307**, 170 (1941).

[4] O. WARBURG und W. CHRISTIAN: Ibid. **314**, 149 (1943): der Wert ist nach dem neubestimmten M. G. des Enzymproteins von 150000 (S. F. VELICK und E. RONZONI: J. biol. Chem. **173**, 627 (1948) korrigiert.

[5] O. WARBURG und W. CHRISTIAN: Biochem. Z. **310**, 385 (1941).

[6] O. MEYERHOF und L. BECK: J. biol. Chem. **156**, 109 (1944).

[7] V. A. NAJJAR: Ibid. **175**, 281 (1948).

[8] H. STETTER: Enzymatische Analyse. Weinheim: Verlag Chemie. 1951.

9. Die Spezifität der Enzyme[1]

Wie bereits mehrfach erwähnt wurde, unterscheiden sich die Enzyme von den meisten übrigen bekannten Katalysatoren durch ihre ausgesprochene Spezifität, und zwar können wir hier sowohl von einer Spezifität der Wirkung als auch von einer Substrat-spezifität sprechen. Unter der Wirkungs-spezifität verstehen wir, daß die Enzyme in bezug auf ihre Wirkungsweise spezifisch sind: esterspaltende Fermente sind im allgemeinen nicht imstande, irgend eine andere als eine Esterbindung zu spalten, während Enzyme, die Oxydoreduktionen bewirken, nur Reaktionen dieses Typus und keine anderen katalysieren. Als Substrat-spezifität wird die Fähigkeit der Enzyme verstanden, nur ein einziges Substrat oder nur einige wenige nahe verwandte Substanzen zu verändern.

Systematisch lassen sich hier weiters zwei verschiedene Formen der Spezifität unterscheiden: die absolute Spezifität und die relative Spezifität.

Absolute Spezifität. Als absolute Spezifität — korrekter absolute Substratspezifität — bezeichnet man die Erscheinung, daß ein Enzym nur ein einziges Substrat umsetzen kann. Ein Beispiel für ein derartiges Verhalten bieten die Ureasen, welche einzig die hydrolytische Spaltung des Harnstoffs zu Ammoniak und Kohlendioxyd katalysieren. Auch schon die geringste Veränderung des Harnstoff-moleküls, wie z. B. der Ersatz eines Wasserstoff-atoms durch ein Chlor-atom oder eine Methyl-gruppe, macht die Substanz für die Ureasen unangreifbar. Obwohl es verhältnismäßig viele Fermente gibt, die absolute Spezifität zeigen, ist die Mehrzahl der Enzyme doch nicht so streng an ein einziges Substrat gebunden.

Relative Spezifität. Wenn ein Enzym mehrere chemisch verwandte Substanzen in derselben Weise katalytisch verändern kann, spricht man von einer relativen Spezifität. Wir finden meist, daß unter den von einem bestimmten Enzym angegriffenen Substraten einzelne Stoffe mit weitaus größerer Geschwindigkeit umgesetzt werden als die anderen.

Nur in seltenen Fällen beobachtet man, daß ein Enzymtypus zwei weitgehend voneinander verschiedene Substrattypen angreifen kann. Das prominenteste Beispiel für ein solches Verhalten stellen die Xanthin (und Aldehyd) $\rightarrow O_2$-transhydrogenasen *(Xanthin-oxydase)* dar, welche sowohl Purin-derivate als auch Aldehydhydrate — chemisch kaum verwandte Stoffe — dehydrieren können.

Es lassen sich verschiedene Grade der relativen Spezifität unterscheiden; so gibt es insbesondere unter den Esterasen eine Anzahl verhältnismäßig unspezifischer Fermente, wie z. B. viele Carbonsäure-esterasen und auch die verschiedenen isodynamen Phosphomonoesterasen. Die Carbonsäure-esterasen sind zur Spaltung einer großen Gruppe von Estern organischer Säuren befähigt; die Phosphomonoesterasen spalten praktisch sämtliche bekannte Phosphorsäuremonoester. Es handelt sich also hier um eine Spezifität gegenüber Gruppen von Substanzen, und wir können Enzyme, welche diese Art von relativer Spezifität zeigen, als *gruppen-spezifische Fermente* bezeichnen. Die Spezifität der Enzyme bezieht sich hier also auf eine bestimmte Atom-gruppierung im Substrat-molekül; jedes Substrat, das diese Gruppierung enthält, wird angegriffen, wobei natürlich quantitative Unterschiede in bezug auf die Umsetzungs-geschwindigkeit existieren, welche als Funktion der Affinität des Enzyms zu den einzelnen Substraten zu werten sind. In Tab. 11 ist ein Beispiel für die Spezifitäts-verhältnisse eines gruppen-spezifischen Ferments gegeben.

---

[1] Handbuchartikel und Übersichtsreferate: B. HELFERICH: in „The Enzymes", herausgegeben von J. B. SUMNER und K. MYRBÄCK, Bd. I/1, S. 79. New York: Academic Press. 1950; A. GOTTSCHALK: Adv. Carbohydrate Chem. 5, 49 (1950).

Ein engerer Grad der relativen Spezifität findet sich in vielen anderen Fällen. Es handelt sich hier um Enzyme, die verhältnismäßig wenige recht nahe verwandte Substrate umsetzen, wobei fast immer neben der von dem Ferment angegriffenen Atom-gruppierung auch noch die chemische Konfiguration des übrigen Substratmoleküls weitgehend übereinstimmen muß. Eine derartige, ausgeprägtere relative Spezifität ist meist mit der Erscheinung der stereochemischen Spezifität verbunden. In Tab. 12 wird ein Beispiel für ein Ferment mit einer engeren relativen Spezifität gegeben; es handelt sich um die β-Glucosidase des Süßmandel-emulsins, welche von HELFERICH[1] eingehend untersucht wurde. Das Enzym kann nur die Hydrolyse von β-Glucopyranosiden, nicht aber von β-Glucofuranosiden, α-Glucosiden, Galactosiden, Mannosiden oder Fructosiden katalysieren. Wie wir aus Tab. 12 entnehmen können, ist die Spaltungs-geschwindigkeit weitgehend von der Natur des β-glykosidisch gebundenen Restes abhängig; so wird das β-Glucosid des Vanillins etwa 300mal schneller hydrolysiert als das Methyl-β-glucosid. Auch der große Unterschied in der Spaltungs-geschwindigkeit der Glucoside der Kresole ist bemerkenswert; obwohl sich die Verbindungen nur durch die Stellung der Hydroxyl-gruppe im aromatischen Kern unterscheiden, genügt dieser geringe Unterschied in der Konfiguration des Substrats, um die Affinität des Enzyms sehr wesentlich zu verändern.

Tabelle 11. *Zusammenstellung der durch Phosphomonoesterasen spaltbaren Phosphorsäureverbindungen* (modifiziert nach ALBERS[2])

a) Monoester der primären aliphatischen Alkohole: Methyl-, Äthyl-, Propyl-, Isopropyl-, sec. Butyl-, Amyl-, Hexyl-, Cetyl-, Chloräthyl-, Aminoäthylalkohol.

b) Monoester der sekundären aliphatischen Alkohole: Methylpropyl-, Isopropylalkohol.

c) Ester der Polyole und Zucker: u. a. Glykol, Glycerin, Glykolaldehyd, D-Weinsäure, Phosphoglycerinsäure, Diphosphoglycerinsäure, Glycerophosphorsäure, Acetonglycerophosphorsäure, Kohlehydrate der C_6-Reihe.

d) Phenolester: Phenol, *p*-Nitrophenol, Kresole (verschiedene Angreifbarkeit der *o*-, *m*- und *p*-Ester), Thymol, *m*- und *p*-Oxybenzoesäure, Dioxybenzole, Naphthole, kernbromierte Naphthole und Thymole.

e) Alicyclische und fettaromatische Ester: Benzylalkohol, Phenäthylalkohol, Cyclohexanol, Methylcyclohexanole, Borneol, Menthol, Fenchol, Cholesterin.

f) Nucleotide, Phosphoproteine und Peptone.

Über eine neuartige Erscheinung der relativen Enzym-spezifität, und zwar eine Art relativer Wirkungs-spezifität, wurde kürzlich von NEURATH und Mitarbeitern[3] berichtet. Nach den Befunden dieser Autoren sind manche Peptidasen (Chymotrypsin, Carboxypeptidasen) imstande, neben ihren spezifischen Peptidsubstraten auch Verbindungen des Ester-typus zu spalten, vorausgesetzt, daß die Konfiguration der Gruppen, welche der angegriffenen Bindung benachbart sind, mit derjenigen identisch ist, die in den Peptid-substraten vorliegt, d. h. daß nur die NH-Gruppe der Peptid-bindung durch O ersetzt ist.

C_6H_5—CO—NH—CH_2—CO—O—CH($CH_2C_6H_5$)—COOH

Hippuryl-β-phenylmilchsäure

C_6H_5—CO—NH—CH_2—CO—NH—CH($CH_2C_6H_5$)—COOH

Hippurylphenylalanin

(Substrate der Carboxypeptidasen)

[1] B. HELFERICH: Ergebn. Enzymforsch. 7, 85 (1938).

[2] H. ALBERS: In „Handbuch der Enzymologie", herausgegeben von F. F. NORD und R. WEIDENHAGEN, S. 408. Leipzig: Akad. Verlagsges. 1940.

[3] J. E. SNOKE, G. W. SCHWERT und H. NEURATH: J. biol. Chem. **175**, 7 (1948); S. KAUFMANN, G. W. SCHWERT und H. NEURATH: Arch. Biochem. **17**, 203 (1948); H. NEURATH und G. W. SCHWERT: Chem. Revs. **46**, 69 (1950).

Tabelle 12. *Einfluß des Aglucons auf die Spaltung von β-D-Glucopyranosiden durch die β-Glucosidase des Süßmandel-emulsins* (nach HELFERICH, *l. c.*)

Aglucon	Formel	Wertigkeit Süßmandel-emulsin β-Gl-W. 1,2
Methanol	H_3COH	0,034
n-Butanol	$H_3C(CH_2)_2CH_2OH$	0,3
Phenol	C_6H_5—OH	0,33
Saligenin (Salicin)	$C_6H_4(CH_2OH)$—OH	1,7
o-Kresol	$C_6H_4(CH_3)$—OH	4,3
m-Kresol	H_3C—C_6H_4—OH	0,55
p-Kresol	H_3C—C_6H_4—OH	0,12
o-Oxybenzaldehyd (Helicin)	C_6H_4(HC=O)—OH	8,6
Kaffeesäure	HOOCCH=CH—C_6H_3(OH)—OH	8,4
Protocatechualdehyd	O=C(H)—C_6H_3(OH)—OH	10
Isovanillin	O=C(H)—C_6H_3(OH)—OCH_3	11
Isobourbonal	O=C(H)—C_6H_3(OH)—OC_2H_5	2,5
Vanillin	O=C(H)—C_6H_3(OCH_3)—OH	13

Die genannten Fermente sind also in bezug auf den von ihnen angegriffenen Bindungs-typus verhältnismäßig unspezifisch; sie erweisen sich aber als streng spezifisch für die der hydrolysierten Bindung benachbarten Konfigurationen.

Stereochemische Spezifität. Bekanntlich sind viele wichtige Naturstoffe optisch aktiv, was durch das Vorhandensein eines an vier verschiedene Substituenten gebundenen (asymmetrischen) Kohlenstoff-atoms verursacht wird. Dies gilt für sämtliche Zucker, für alle Aminosäuren außer Glykokoll, dementsprechend auch für alle Peptide und Eiweißstoffe und für noch viele andere am Stoffwechsel der Organismen beteiligte Substanzen. Eine große Anzahl von Fermenten kann nur einen der beiden Antipoden eines optisch aktiven Stoffes umsetzen. Wir können hier also von einer absoluten stereochemischen Spezifität sprechen, die z. B. sämtliche Fermente aufweisen, welche Kohlehydrate verändern, wie die Glykosidasen, die Transglykosylasen u. a. m., weiters auch die meisten Enzyme, welche für die Umwandlung von Aminosäuren verantwortlich sind. Bei der letzteren Gruppe finden sich sogar zwei Typen von sonst völlig gleichartig wirkenden Fermenten, die sich nur durch ihre optische Spezifität unterscheiden, nämlich die D-Aminosäure → O_2-transhydrogenasen (D-*Aminosäure-oxydase*) und die L-Aminosäure → O_2-transhydrogenasen (L-*Aminosäure-oxydase*). Die erstgenannten Enzyme katalysieren die Umwandlung der sog. „unnatürlichen" Aminosäuren der D-Reihe in optisch inaktive α-Ketosäuren, während die zweite Gruppe die Oxydation der natürlichen L-Aminosäuren zu denselben Endprodukten bewirkt.

Es gibt aber auch Fälle von relativer stereochemischer Spezifität bei Fermenten. Als Beispiel mag der Typus der Arginin-amidinasen (*Arginase*) angeführt werden, die Arginin hydrolytisch zu Ornithin und Harnstoff abbauen. Bei geringen Enzymkonzentrationen wird nur die L-Form des Arginins angegriffen, während durch Einwirkung verhältnismäßig höherer Ferment-konzentrationen auch die „unnatürliche" D-Form gespalten wird[1].

Die Bedeutung dieser Art der stereochemischen Spezifität der Enzyme liegt darin, daß eine große Anzahl von wesentlichen Naturstoffen, wie z. B. die Aminosäuren und die aus diesen aufgebauten Eiweißstoffe, weiters die Kohlehydrate und auch die Sterine biologisch nur in einer der beiden möglichen optischen Konfigurationen für die Organismen verwertbar sind und in dieser Form die Grund-bausteine für die Stoffwechsel-vorgänge bilden. Es ist also zur Aufrechterhaltung des Lebens notwendig, daß optisch aktives Material dauernd aus inaktiven Stoffen synthetisiert wird und daß die Bildung von Racematen in den Organismen verhindert wird. Diese Funktion wird von den stereochemisch spezifischen Fermenten erfüllt, denen somit die Erhaltung der optischen Reinheit der Naturstoffe als eine sehr wesentliche Rolle im Stoffwechsel-haushalt der Lebewesen zukommt. Dabei ist zu bedenken, daß die Synthese optisch aktiver Stoffe unter Aufwand von Energie erfolgen muß, da ja der umgekehrte Vorgang, die Racemisierung, unter Vergrößerung der Entropie, also freiwillig, vor sich geht.

Eine andere Art der stereochemischen Spezifität ist die schon erwähnte *cis-trans*-Spezifität, die bei der Einwirkung mancher Fermente auf geometrisch isomere Substrate beobachtet werden kann. Beispiele von absoluter *cis-trans*-Spezifität sind die verschiedenen Enzyme, welche Fumarsäure umsetzen, und zwar die Fumarat-hydratasen (*Fumarase*), die durch Wasser-anlagerung aus Fumarsäure Äpfelsäure bilden, die Aspartat-ammoniak-lyase (*Aspartase*), welche durch Ammoniak-anlagerung an Fumarsäure die Bildung von L-Asparaginsäure katalysiert, die Fumarat-reductase aus Hefe, deren Funktion die Reduktion der Fumarsäure zu Bernsteinsäure ist, und schließlich die verschiedenen Succinatdehydrogenasen, welche die inverse Reaktion verursachen. Alle diese Enzyme

---

[1] S. Edlbacher und A. E. Zeller: Hoppe-Seyler's Z. physiol. Chem. **242**, 253 (1936).

katalysieren nur Umsetzungen der Fumarsäure; sie sind aber nicht imstande, analoge Veränderungen an dem geometrischen Isomeren der Fumarsäure, der Maleinsäure, zu bewirken.

Eine relative *cis-trans*-Spezifität konnten RONA, AMMON und FISCHGOLD[1] bei der estersynthetisierenden Wirkung von Pankreas-präparaten beobachten: Die Veresterung der Ölsäure und die Veresterung ihres geometrischen Isomeren, der Elaidinsäure, gehen mit meßbar verschiedenen Geschwindigkeiten vor sich.

Isodynamie und Homospezifität. Bei relativ unspezifischen Fermenten finden wir oft, daß mehrere Enzyme aus verschiedenen Ausgangs-materialien unter verschiedenen physikalischen Bedingungen sehr ähnliche Wirkungen entfalten. So kennen wir vier verschiedene Typen der Phosphomonoesterasen, die weitgehend übereinstimmende relative Spezifitäten aufweisen, aber ihre Wirkungen bei verschiedenen p_H-Werten ausüben. Fermente, die sich auf diese Art unterscheiden, werden als isodyname Enzyme bezeichnet. Unter Isodynamie versteht man somit die Erscheinung, daß Fermente wohl gleichartige Wirkungs-spezifitäten aufweisen, sich aber sonst, besonders in ihrer Beeinflußbarkeit durch verschiedene Faktoren, wesentlich voneinander unterscheiden. Derartige Gruppen isodynamischer Fermente finden wir besonders bei den Phosphomonoesterasen, den Pyrophosphatasen und den Glykosidasen.

Während der Begriff der Isodynamie sich im wesentlichen darauf beschränkt, qualitative Verhältnisse zu beschreiben, sind die von BERGMANN und Mitarbeitern[2] geschaffenen Begriffe Homospezifität und Heterospezifität eher dazu geeignet, die quantitative Seite der Spezifitäts-verhältnisse zu erfassen.

Nach BERGMANN werden Fermente aus verschiedenem Ausgangsmaterial, die aber genau die gleiche relative Spezifität aufweisen, als homospezifisch bezeichnet, während Enzyme, die sich in ihrer relativen Spezifität unterscheiden, heterospezifisch genannt werden. Die Erscheinung der Homospezifität wird durch Vergleich der Aktivität homospezifischer Fermente gegenüber verschiedenen Substraten auf eine quantitative Grundlage gestellt. Allerdings scheinen bisher die Begriffe der Homospezifität und Heterospezifität nur auf die Klasse der Peptidasen konsequent angewendet worden zu sein.

Eine vollkommene Homospezifität von gruppen-spezifischen Enzymen verschieden-artiger Herkunft ist aus theoretischen Gründen nicht sehr wahrscheinlich, da angenommen werden muß, daß solche Fermente, auch wenn sie bezüglich ihrer Spezifität demselben Typus angehören, doch in ihrem chemischen Aufbau wesentliche Unterschiede aufweisen. Obwohl, wie vermutet werden darf, die aktiven Zentren weitgehend übereinstimmen, dürften doch die Verschiedenheiten der chemischen Konfiguration genügen, um zumindest kleine Spezifitäts-unterschiede zu bewirken.

In Tab. 13 wird ein Beispiel für homospezifische Fermente verschiedenen Ursprungs gegeben. Es handelt sich hier um fünf Peptidasen, deren Wirkung gegenüber den beiden Substraten Benzoyl-L-argininamid und Benzoyl-L-lysinamid untersucht wurde. Unter den gewählten Versuchsbedingungen konnten in allen Fällen Geschwindigkeits-konstanten erster Ordnung für die Reaktionen erhalten werden. Diese Konstanten bei Enzym-konzentrationen von 1 mg Protein-stickstoff pro ml der Versuchslösungen werden als proteolytische Koeffizienten C bezeichnet. In der Tabelle finden wir C für die Wirkung der fünf Enzyme auf

[1] P. RONA, R. AMMON und H. FISCHGOLD: Biochem. Z. **241**, 460 (1931).
[2] J. S. FRUTON, G. W. IRVING, Jr. und M. BERGMANN: J. biol. Chem. **141**, 763 (1941).

Benzoyl-L-argininamid (C_{BAA}) und für die Wirkung auf Benzoyl-L-lysinamid (C_{BLA}). Der Quotient C_{BAA}/C_{BLA} wird als proteolytischer Quotient bezeichnet und ist für alle fünf Enzyme ungefähr gleich.

Tabelle 13. *Hydrolyse von Benzoyl-L-argininamid* (BAA) *und Benzoyl-L-lysinamid* (BLA) *durch verschiedene homospezifische Enzyme*

Enzym	Temperatur	Aktivator	p_H	$C \cdot 10^3$ BAA	$C \cdot 10^3$ BLA	$\frac{C_{BAA}}{C_{BLA}}$
Kathepsin B aus Rinder-milz	40	Cystein	4,7	8,3	3,8	2,2
Kathepsin B aus Rinder-niere	40	Cystein	4,7	8,7	3,7	2,3
Kathepsin B aus Schweine-niere	40	Cystein	4,7	27	11	2,5
Trypsin	25	—	7,4	42	20	2,1
Trypsin-artiger Anteil des Papains	40	Cystein	5,0	167	78	2,1

Die Ursachen der Enzym-spezifität. Nach den bereits ausgeführten Vorstellungen über den Mechanismus der Enzym-wirkung, welche die Bildung von instabilen Zwischenverbindungen voraussetzen, müssen wir annehmen, daß für die Spezifität der Fermente bestimmte Konfigurationen („aktive Zentren") in den Enzym-molekülen verantwortlich sind, und zwar vermutlich dieselben Konfigurationen, welche die Bildung der genannten Enzym-Substrat-zwischenverbindungen bewirken. Über die Natur dieser Konfigurationen läßt sich heute allerdings noch sehr wenig aussagen. In denjenigen Fällen, wo es gelungen ist, ein „wahres" Coenzym (vgl. S. 38) nachzuweisen und zu isolieren, scheint es sicher zu sein, daß nicht das Coenzym, sondern das Träger-protein, das sog. Apoenzym, für die engere Substrat-spezifität verantwortlich ist. So fungiert das Thiaminpyrophosphat (TPP), das Coenzym der Pyruvat-decarboxylasen, auch gleichzeitig als Coenzym einer Anzahl weiterer, andere Substrate decarboxylierender Fermente. Ebenso ist das Pyridoxalphosphat das Coenzym der meisten bisher bekannten Aminosäure-decarboxylasen, wirkt aber auch in gleicher Eigenschaft bei anderen Vorgängen, wie z. B. bei der Transaminierung und der Tryptophan-spaltung, während in allen diesen Fällen die Enzym-proteine je nach den Substraten verschieden sind.

In Anschluß an die bereits von EULER[1] formulierte „Zwei-affinitäts-theorie", nach welcher zwei verschiedene Affinitäts-stellen im Ferment-molekül für die Verbindung eines Enzyms mit seinem Substrat verantwortlich sind, läßt sich die Vorstellung entwickeln, daß im Enzym-molekül zwei verschiedene Konfigurationen gemeinschaftlich ein aktives Zentrum bilden, von welchen die eine vergleichsweise unspezifisch ist und die Wirkung auslöst, während die andere für die Fixierung der erstgenannten Gruppierung in einer solchen Stellung zu der reagierenden Atom-gruppierung des Substrats sorgt, so daß jene ihre Wirkung ausüben kann. Diese zweite Konfiguration, die als Haftstellen-gruppierung bezeichnet wird, ist gleichzeitig für die engere Spezifität verantwortlich. Sie besteht vermutlich aus mehreren einzelnen Atom-gruppierungen, die als Haftstellen für verschiedene Teile des Substrats fungieren, wie das in manchen Fällen nachgewiesen werden konnte (vgl. S. 149). Derartige Vorstellungen werden besonders durch die bereits zitierten Versuche von NEURATH und Mitarbeitern gestützt (vgl. S. 93). Während die relativ unspezifische Wirkgruppe der von diesen Autoren untersuchten Fermente sowohl Peptid-bindungen als auch Ester-bindungen hydrolysieren kann, muß die Konfiguration der den hydrolysierten Bindungen benachbarten Gruppen in beiden Fällen völlig übereinstimmen, und diese Gruppen

[1] H. VON EULER: Hoppe-Seyler's Z. physiol. Chem. **143**, 79 (1925).

sind es vermutlich, die den Angriffspunkt für die Haftstellen des Enzym-moleküls darstellen.

Die Erscheinung der stereochemischen Spezifität läßt sich mit der Annahme eines asymmetrischen Baus der Enzyme, die stereochemisch spezifische Reaktionen katalysieren, erklären. Auch hier können wir mit der Theorie der Enzym-Substrat-zwischenverbindungen operieren, da man sich vorstellen kann, daß bei einem stereochemisch spezifischen Enzym die Bildungs-geschwindigkeit oder auch die Zerfalls-geschwindigkeit dieser Zwischenverbindungen für die beiden Diastereomeren verschieden ist.

Wir bezeichnen das racemische Substrat als D,L-S und das Ferment, von dem wir annehmen, daß es auf Verbindungen der D-Reihe einwirkt und selbst der L-Reihe angehört, als L-E. Die zu erwartenden diastereomeren Ferment-Substrat-verbindungen sind dann L-E-D-S und L-E-L-S. Die zur Bildung dieser Zwischenverbindungen führenden Reaktionen folgen den Gleichungen:

$$K_1 = \frac{[\text{L-}E] \cdot [\text{D-}S]}{[\text{L-}E\text{-D-}S]} \quad \text{und} \quad K_2 = \frac{[\text{L-}E] \cdot [\text{L-}S]}{[\text{L-}E\text{-L-}S]}.$$

Beim Zerfall der Ferment-Substrat-verbindungen L-E-D-S und L-E-L-S in das Enzym und die Spaltprodukte A und B lassen sich die Zerfallskonstanten K_3 und K_4 durch die Gleichungen

$$K_3 = \frac{[\text{L-}E\text{-D-}S]}{[\text{L-}E] \cdot [A] \cdot [B]} \quad \text{und} \quad K_4 = \frac{[\text{L-}E\text{-L-}S]}{[\text{L-}E] \cdot [A] \cdot [B]}$$

ausdrücken. Dementsprechend kann das Entstehen eines optisch aktiven Spaltprodukts durch Unterschiede zwischen K_1 und K_2 oder zwischen K_3 und K_4 bedingt sein. Wenn diese Unterschiede nun sehr groß sind, sollte die Umsetzung des einen optischen Antipoden so weit bevorzugt sein, daß der andere Antipode praktisch überhaupt nicht verändert wird und somit eine absolute stereochemische Spezifität vorliegt. Bei entsprechend geringeren Unterschieden der Geschwindigkeitskonstanten für die Bildung der Zwischenverbindungen bzw. für den Zerfall dieser Verbindungen kommt dann eine Bevorzugung des einen Antipoden, also die relative stereochemische Spezifität zustande.

Die Erscheinung der absoluten stereochemischen Spezifität kann aber auch dadurch verursacht sein, daß das Enzym auf Grund seines räumlichen Baus überhaupt nur mit einem Antipoden eine Zwischenverbindung eingehen kann, während eine Reaktion mit dem anderen ausgeschlossen ist. Für ein derartiges Verhalten kann einerseits die sterisch bedingte Unmöglichkeit der Bildung einer Zwischenverbindung mit dem nicht umsetzbaren Antipoden verantwortlich sein; anderseits ist es auch möglich, daß wohl eine Zwischenverbindung gebildet wird, in der aber die katalytisch wirksame Gruppe des Enzyms nicht in räumliche Nähe der zu spaltenden Gruppierung im Substratmolekül kommt. Während also in diesem Falle die spezifische Wirkung des Enzyms nicht zustande kommen kann, ist bei dem umsetzbaren Antipoden als Substrat sowohl die Bildung der Zwischenverbindung als auch die Wechselwirkung zwischen Wirkgruppe und anzugreifender Gruppierung leicht möglich.

10. Die Einteilung der Enzyme

Während im allgemeinen in der Chemie die Einteilung der Substanzen nach ihrer Konstitution vorgenommen wird, steht dem Fermentchemiker die Möglichkeit, die Enzyme ebenfalls nach diesem Gesichtspunkt zu ordnen, nicht zur Verfügung. Wie schon erwähnt wurde, sind die Fermente hoch-molekulare Substanzen und gehören anscheinend durchwegs der Gruppe der Eiweißstoffe an. Die Proteinchemie bietet aber noch nicht genügenden Einblick in die chemische Struktur der Eiweiß-moleküle, um auf dieser Basis die Aufstellung eines Systems vorzunehmen.

Einteilungen nach der Herkunft und dem Vorkommen der Fermente (z. B. Zoofermente, Phytofermente, bakterielle Fermente) oder solche nach dem Ort ihrer Wirkung (extracelluläre, endocelluläre Fermente) erweisen sich nur in beschränktem Ausmaß von Nutzen. Der einzige und auch fast immer beschrittene Weg zu einer übersichtlichen Systematik der Enzyme ist deshalb wohl eine

Klassifikation entsprechend den Reaktionen, die von den Fermenten spezifisch katalysiert werden.

Obgleich das grundsätzliche Prinzip der Enzym-klassifikation nach den spezifisch veranlaßten Umsetzungen allgemein anerkannt wird, unterscheiden sich die von den Verfassern der einzelnen Lehrbücher gebrachten Systeme der Einteilung der Enzyme in wesentlichen Punkten voneinander. Die hier mitgeteilte Systematik, die vom Autor schon an anderer Stelle[1] vorgeschlagen wurde, stellt einen Versuch dar, die Enzyme in möglichst konsequenter Weise entsprechend der formalen Reaktions-gleichung der von ihnen katalysierten Vorgänge zu klassifizieren.

Hauptklassen der Enzyme. Wir können grundsätzlich drei Typen enzymatischer Reaktionen unterscheiden. Unter Typus I können wir sämtliche Vorgänge zusammenfassen, die sich durch die Gleichung

$$A + B \rightleftharpoons C + D$$

darstellen lassen. Bei dieser Art von Vorgängen werden also in beiden Reaktionsrichtungen zwei Substrate gleichzeitig verändert.

Die Reaktionen des Typus II gehorchen formal der Gleichung

$$A + B \rightleftharpoons C;$$

während also in der einen Reaktions-richtung zwei Substrate beteiligt sind, wird in der anderen Richtung nur eines verändert.

Schließlich gibt es noch Enzyme, welche Vorgänge katalysieren, die sich durch die Gleichung

$$A \rightleftharpoons B$$

darstellen lassen (Typus III); derartige Reaktionen sind demnach intramolekulare Veränderungen.

Enzyme, die Reaktionen des Typus I katalysieren, stellen die weitaus größte Gruppe dar. Eine Unterteilung läßt sich auf Grund der Art des katalysierten Vorgangs leicht durchführen und entspricht auch der traditionellen Einteilung in Hauptklassen. Die erste Hauptklasse stellen die *Hydrolasen* dar, deren Funktion die Übertragung eines Molekül-bestandteils ihres ersten Substrats vorzüglich auf Wasser, unter Umständen aber auch auf ein anderes zweites Substrat ist. Als zweite Hauptklasse sind die *Transferasen* zu nennen; sie übertragen Molekül-bestandteile — außer Wasserstoff und Elektronen — auf ein zweites Substrat, welches nicht Wasser sein darf. Die dritte Hauptklasse sind schließlich die *Oxydoreductasen*, deren Funktion die Übertragung von Elektronen oder Wasserstoff von einem Substrat auf ein anderes ist.

Typus II umfaßt, wie bereits gezeigt, die Reaktionen, welche von den hier als *Lyasen und Syntheasen* bezeichneten Fermenten katalysiert werden; diese stellen somit die vierte Hauptklasse der Enzyme dar.

Die vergleichsweise wenigen Enzyme, die Reaktionen des Typus III verursachen, können wir schließlich als fünfte Hauptklasse unter dem Namen *Isomerasen und Racemasen* zusammenfassen.

Unterteilung der Hauptklassen. Die Unterteilung der einzelnen Hauptklassen der Enzyme erfolgt hier konsequent nach der Spezifität der Wirkung. In anderen Lehr- und Handbüchern wird dieses Prinzip durchaus nicht immer verfolgt; in

[1] Übersichtsreferat: O. Hoffmann-Ostenhof: Adv. Enzymology 14, 219 (1953).

vielen Fällen benützt man die Substrat-spezifität allein als Kriterium für die Unterteilung der Enzyme. So wird oftmals eine Klasse der Nucleasen zusammengestellt, welche alle Enzyme umfaßt, die Nucleinsäuren oder ihre Spaltprodukte hydrolytisch abbauen. Diese Enzyme müssen entsprechend ihren verschiedenartigen Wirkungsweisen als Phosphomonoesterasen, Phosphodiesterasen, Amidasen usw. klassifiziert werden. In Tabelle 14 ist eine diesen Grundlagen entsprechende Unterteilung der einzelnen Hauptklassen der Enzyme wiedergegeben; der Bindungs-typus, der verändert wird, und die Art dieser Veränderung sind für die Klassifikation allein maßgeblich.

Bei der Hauptklasse der Hydrolasen wird demnach die Natur der hydrolytisch gespaltenen Bindungen berücksichtigt. Fermente, welche die Hydrolyse von Ester-bindungen jeder Art katalysieren, werden als *Esterasen* bezeichnet; Enzyme, die glykosidische Bindungen hydrolysieren, heißen *Glykosidasen*. Die Hydrolyse von N—C-Bindungen wird durch *Amidasen* katalysiert, von welcher Klasse man aus Zweckmäßigkeits-gründen diejenigen Fermente abtrennt, die Peptidbindungen hydrolysieren; diese werden *Peptidasen* genannt. Man kennt weiters Fermente, welche die N—P-Bindung hydrolysieren können und bezeichnet diese als *Phosphoamidasen*. Eine kleine, bisher meist als Untergruppe der Esterasen behandelte Klasse der Hydrolasen stellen die *Polyphosphatasen* dar, die Polyphosphat-bindungen hydrolysieren. Fermente, welche die Hydrolyse von Halogen-alkylen katalysieren, werden als *Halogenasen* bezeichnet. Ebenso kennen wir Enzyme, die C—S-Bindungen und C—C-Bindungen hydrolytisch spalten: *C—S-Hydrolasen* und *C—C-Hydrolasen*.

Ganz analog läßt sich eine Unterteilung der Transferasen nach der Natur des übertragenen Molekül-bestandteils durchführen. Wir kommen so zu den Klassen der *Transmethylasen*, *Transacylasen*, *Transglykosylasen*, *Transphosphatasen*, *Transaminasen*, *Transadenylasen*, *Transsulfurasen*.

Bei der Klassifikation der Oxydoreductasen können wir aus Zweckmäßigkeitsgründen *Transelektronasen* und *Transhydrogenasen* unterscheiden; eine weitere Unterteilung ist dann auf Grund der Akzeptor-spezifität möglich. Enzyme, welche Sauerstoff als Akzeptor für Wasserstoff oder Elektronen verwenden können, werden als aerob, alle anderen als anaerob bezeichnet. Der Wirkungsmechanismus von Katalase und Peroxydase ist noch nicht ausreichend geklärt, um diese beiden Enzyme exakt klassifizieren zu können, weshalb ihre Sonderstellung als eigene Klasse berechtigt ist.

Bei der Klassifikation der als Lyasen und Syntheasen bezeichneten Enzyme kann man wiederum von dem Bindungstypus ausgehen, der gespalten oder synthetisiert wird. Die Klasse der *Carbolyasen und Carbosyntheasen* umfaßt somit alle Fermente, welche nicht-hydrolytisch C—C-Bindungen spalten oder synthetisieren, also Carboxylasen, Carboligasen und Triosephosphat-lyasen. Als *Hydratasen und Dehydratasen* sind alle Enzyme zu bezeichnen, welche Wasser-anlagerungen und Wasser-abspaltungen bewirken. Entsprechend bilden sich hier Klassen von Enzymen, welche C—S-Bindungen und C—N-Bindungen spalten bzw. synthetisieren, und dementsprechend C—S-*Lyasen* und C—N-*Lyasen* und *Syntheasen* genannt werden. Schließlich sind auch die *Hydrogenasen* und *Hydrogenlyasen* in diese Hauptklasse einzureihen.

Als letzte Hauptklasse fungieren die *Isomerasen* und *Racemasen*. Da die Grundlage für die Klassifikation die formale Reaktionsgleichung ist, gehören zu dieser Hauptklasse auch die sog. *Phosphomutasen*, deren Reaktionsgleichung einer intramolekularen Umlagerung entspricht, obwohl es sich, wie später gezeigt wird, bei den von diesen Enzymen katalysierten Vorgängen um bimolekulare Reaktionen handelt.

Tabelle 14. *Systematik der Enzyme.* (Abkürzungen: A. R. = Allgemeine Reaktionsgleichung, B. = Beispiele)

I. Hauptklasse: **Hydrolasen**

A. R. für die gesamte Hauptklasse:

$$R{-}R' + HOH \rightleftharpoons R{-}OH + R'{-}H$$

Klasse I: **Esterasen**

Unterklasse A: Carbonsäure-esterasen

A. R.: $$R{-}\underset{\underset{O}{\|}}{C}{-}O{-}R' + HOH \rightleftharpoons R{-}\underset{\underset{O}{\|}}{C}{-}OH + R'{-}OH$$

B.: Lipasen, Lecithinasen, Chlorophyllase, Tannase, Cholinesterasen

Unterklasse B: Phosphoesterasen

A. R.: $$R{-}O{-}\overset{\overset{O}{\uparrow}}{\underset{\underset{OH}{|}}{P}}{-}O{-}R' + HOH \rightleftharpoons R{-}OH + HO{-}\overset{\overset{O}{\uparrow}}{\underset{\underset{OH}{|}}{P}}{-}O{-}R'$$

1. Phosphomonoesterasen

A. R.: $$R{-}O{-}\overset{\overset{O}{\uparrow}}{\underset{\underset{OH}{|}}{P}}{-}OH + HOH \rightleftharpoons R{-}OH + HO{-}\overset{\overset{O}{\uparrow}}{\underset{\underset{OH}{|}}{P}}{-}OH$$

B.: Phosphomonoesterasen Typus I *(alkalische Phosphatasen)*, Phytasen, Nucleotidasen

2. Phosphodiesterasen

A. R.: identisch mit A. R. für die gesamte Unterklasse B

B.: Phosphodiesterasen in Schlangengiften, Phospholipasen C und D, Ribonucleasen, Desoxyribonucleasen

Unterklasse C: Schwefelsäure-esterasen

A. R.: $$R{-}OSO_3H + HOH \rightleftharpoons R{-}OH + H_2SO_4$$

B.: Phenol-sulfatasen, Glucose-sulfatasen, Chondroitin-sulfatasen, Sinigrin-sulfatase *(Myrosulfatase)*

Klasse II: **Glykosidasen**

A. R.: $$\begin{array}{l}-O\\ \quad\searrow\\ |\quad CHOR\\ |\ \nearrow\\ -C\\ \ \ |\end{array} + HOH \rightleftharpoons \begin{array}{l}-O\\ \quad\searrow\\ |\quad CHOH\\ |\ \nearrow\\ -C\\ \ \ |\end{array} + R{-}OH$$

Unterklasse A: Oligosaccharidasen

B.: α-Glucosidasen, β-Glucosidasen, β-Glucuronidasen, α-Galactosidasen, β-Galactosidasen, β-h-Fructosidasen, Chitobiase

Unterklasse B: Polysaccharidasen

B.: α-Amylasen, β-Amylasen, Cellulasen, Chitinasen, Hyaluronidasen

Klasse III: **Amidasen**

A. R.: $$\rangle N{-}\overset{|}{\underset{|}{C}}{-} + HOH \rightleftharpoons \rangle N{-}H + HO{-}\overset{|}{\underset{|}{C}}{-}$$

Unterklasse A: Aminasen

B.: AMP-aminasen, Guanosin-aminasen

Unterklasse B: Acylamidasen

B.: Asparaginasen, Glutaminasen, Ureasen

Unterklasse C: Cycloamidasen
B: Allantoinasen, Histidasen, Urocaninasen

Unterklasse D: Amidinasen
B.: Arginin-amidinasen *(Arginase)*, Kreatin-amidinase

Unterklasse E: Nucleosidasen

Klasse IV: **Peptidasen**

A. R.:

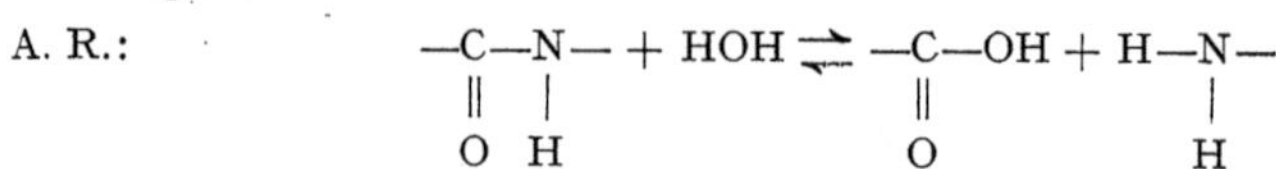

Unterklasse A: Exopeptidasen
B.: Carboxypeptidasen, Leucinaminopeptidasen, Aminotripeptidasen

Unterklasse B: Endopeptidasen
B.: Pepsin, Trypsin, Chymotrypsin, Papain

Klasse V: **Polyphosphatasen**

$$\text{A. R.: } R{-}O{-}\underset{OH}{\overset{O\atop\uparrow}{P}}{-}O{-}\underset{OH}{\overset{O\atop\uparrow}{P}}{-}O{-}R' + HOH \rightleftharpoons R{-}O{-}\underset{OH}{\overset{O\atop\uparrow}{P}}{-}OH + HO{-}\underset{OH}{\overset{O\atop\uparrow}{P}}{-}O{-}R'$$

B.: Pyrophosphatasen, ATP-monophosphatasen *(ATP-ase)*, Metaphosphatasen

Klasse VI: **Phosphoamidasen**

$$\text{A. R.: } \rangle N{-}\underset{OH}{\overset{O\atop\uparrow}{P}}{-}OH + HOH \rightleftharpoons \rangle N{-}H + HO{-}\underset{OH}{\overset{O\atop\uparrow}{P}}{-}OH$$

Klasse VII: **Halogenasen**

Unterklasse A: C-Halogen-halogenasen

Unterklasse B: P-Halogen-halogenasen

Klasse VIII: **C—S-Hydrolasen**

$$\text{A. R.: } {-}\underset{|}{\overset{|}{C}}{-}\underline{\overline{S}}{-}R + HOH \rightleftharpoons {-}\underset{|}{\overset{|}{C}}{-}OH + H{-}\underline{\overline{S}}{-}R$$

Unterklasse A: Thioätherasen
B.: Cystathioninase

Unterklasse B: Thioesterasen
B.: Succinyl-Coenzym A-deacylase

Unterklasse C: Thioglykosidasen
B. Thioglucosidase im Myrosin

Klasse IX: **C—C-Hydrolasen**

$$\text{A. R.: } {-}\underset{|}{\overset{|}{C}}{-}\underset{|}{\overset{|}{C}}{-} + HOH \rightleftharpoons {-}\underset{|}{\overset{|}{C}}{-}OH + H{-}\underset{|}{\overset{|}{C}}{-}$$

B.: Tryptophanase, Kynureninase

2. Hauptklasse: **Transferasen**

A. R. für die gesamte Hauptklasse: $R{-}A + R'{-}B \rightleftharpoons R{-}B + R'{-}A$

Klasse I: **Transmethylasen**

A. R.: $R{-}CH_3 + R'{-}H \rightleftharpoons R{-}H + R'{-}CH_3$

B.: Betain → Homocystein-transmethylasen, S-Adenosylmethionin → Guanidinacetat-transmethylase, Dimethylthetin → Homocystein-transmethylase

Klasse II: **Transacylasen**

A. R.: $R{-}\underset{\underset{O}{\|}}{C}{-}R' + R''{-}H \rightleftharpoons R{-}H + R'{-}\underset{\underset{O}{\|}}{C}{-}R''$

B.: Acetylphosphat → CoA-transacetylasen *(Phosphotransacetylase)*, Pyruvat → CoA-transacetylasen *(Formotransacetylase)*, Benzoyl-CoA → Glykokoll-transbenzoylase

Klasse III: **Transglykosylasen**

A. R.: R-Glykosyl + $R'{-}OH \rightleftharpoons R{-}OH + R'$—Glykosyl

B.: Glucose-1-phosphat → Amylose-transglucosidasen *(Phosphorylase)*, Saccharose → → Orthophosphat-transglucosidasen *(Saccharose-phosphorylase)*, Saccharose → → Dextran-transglucosidasen *(Dextran-saccharase)*, Saccharose → Lävan-transfructosidasen *(Lävan-saccharase)*, Ribose-1-phosphat → Purin-transribosidasen *(Nucleosid-phosphorylase)*

Klasse IV: **Transphosphatasen**

A. R.: $R{-}\overset{\overset{O}{\uparrow}}{\underset{\underset{OH}{|}}{P}}{-}OH + R'{-}H \rightleftharpoons R{-}H + R'{-}\overset{\overset{O}{\uparrow}}{\underset{\underset{OH}{|}}{P}}{-}OH$

B.: ATP → Glucose-transphosphatasen *(Hexokinase, Glucokinase)*, 1,3-Diphosphoglycerat → ADP-transphosphatasen *(3-Phosphoglycerat-kinase)*, Phosphopyruvat → → ADP-transphosphatasen *(Pyruvat-kinase)*

Klasse V: **Transaminasen**

A. R.: $R{-}\underset{|}{C}H{-}NH_2 + R'{-}\underset{|}{C}{=}O \rightleftharpoons R{-}\underset{|}{C}{=}O + R'{-}\underset{|}{C}H{-}NH_2$

B.: Alanin → α-Ketoglutarat-transaminasen, Aspartat → α-Ketoglutarat-transaminasen

Klasse VI: **Transadenylasen**

A. R.: Adenyl—R + $R'{-}H \rightleftharpoons H{-}R$ + Adenyl—R'

B.: ATP → Nicotinamidmononucleotid-transadenylase, ATP → Riboflavin-phosphat-transadenylase

Klasse VII: **Transsulfurasen**

A. R.: $R = \overline{\underline{S}} + R' \rightleftharpoons R + R' = \overline{\underline{S}}$

B.: Thiosulfat → Cyanid-transsulfurasen *(Rhodanese)*

Klasse VIII: **CoA-Transferasen**

A. R.: $Co\bar{A}{-}S{-}R + R'{-}H \rightleftharpoons R{-}H + Co\bar{A}{-}S{-}R'$

Klasse IX: **Transformylasen**

Klasse X: **Transadenosylasen**

B.: ATP → Methionin-transadenosylasen (bewirken die Bildung „aktiven" Methionins)

Klasse XI: **Transglutamasen und Transaspartasen**

3. Hauptklasse: **Oxydoreductasen**

Klasse I: **Anaerobe Transhydrogenasen**

A. R.:

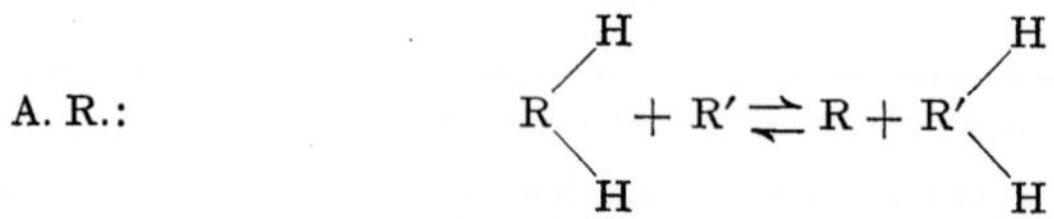

B.: DPN · H_2 → Pyruvat-transhydrogenasen *(Milchsäure-dehydrase)*, DPN · H_2 → → Aldehyd-transhydrogenasen *(Alkohol-dehydrase)*, Glucose → DPN-transhydrogenasen *(Glucose-dehydrase)*, Glucose-6-phosphat → TPN-transhydrogenase *(„Zwischenferment")*, Isocitrat → TPN-transhydrogenasen *(Isocitronensäure-dehydrase)*

Klasse II: **Aerobe Transhydrogenasen**

A. R.: $$RH_2 + O_2 \rightarrow R + H_2O_2$$

B.: β-Glucose → O_2-transhydrogenase *(Glucose-oxydase)*, D-Aminosäure → O_2-transhydrogenasen *(D-Aminosäure-oxydase)*, Xanthin (und Aldehyd) → O_2-transhydrogenasen *(Xanthin-oxydase)*, Monoamin → O_2-transhydrogenasen *(Monoamin-oxydase)*, Diamin → O_2-transhydrogenasen *(Diamin-oxydase)*, Ungesättigte-Fettsäure → O_2-transhydrogenasen *(Lipoxydase)*

Klasse III: **Anaerobe Transelektronasen**

A. R.: $$R + R'^{+} \rightleftharpoons R^{+} + R'$$

B.: DPN · H_2 → Cytochrom c-transelektronasen *(DPN-Cytochrom-reductase)*, Diaphorasen, Cytochrome (?)

Klasse IV: **Oxydasen** (Aerobe Transelektronasen)

A. R.: $$R + O_2 \rightarrow R^{+} + O_2^{-}$$

B.: Cytochrom-oxydasen, Phenol-oxydasen *(Tyrosinase)*, Ascorbinat-oxydase

Klasse V: **Peroxydasen und Katalasen**

A. R.: $$RH_2 + H_2O_2 \rightarrow R + 2\,H_2O \ (?)$$

---

4. Hauptklasse: **Lyasen und Syntheasen**

Klasse I: **Carbolyasen und Carbosyntheasen**

A. R.: $$R{-}\overset{|}{\underset{|}{C}}{-}\overset{|}{\underset{|}{C}}{-}R' \rightleftharpoons R{-}\overset{|}{\underset{|}{C}}{-} + {-}\overset{|}{\underset{|}{C}}{-}R'$$

Unterklasse A: Carboxylasen und Decarboxylasen

A. R.: $$R{-}\underset{\overset{\|}{O}}{C}{-}OH \rightleftharpoons R{-}H + CO_2$$

B.: Pyruvat-decarboxylasen *(Carboxylase)*, Oxalacetat-β-decarboxylasen, Aminosäure-decarboxylasen

Unterklasse B: Carboligasen (?)

A. R.: $$R{-}CHO + OHC{-}R' \rightleftharpoons R{-}CHOH{-}CO{-}R'$$

Unterklasse C: Triosephosphat-lyasen

B.: FDP-Triosephosphat-lyasen *(Aldolase)*

Klasse II: **Hydratasen und Dehydratasen**

A. R.:

$$R\begin{matrix} \diagup OH \\ \diagdown H \end{matrix} \rightleftharpoons R + H_2O$$

B.: Fumarat-hydratasen *(Fumarase)*, Aconitat-hydratasen *(Aconitase)*, 2-Phosphoglycerat-dehydratasen *(Enolase)*, Carbonat-anhydratasen

Klasse III: **C—S-Lyasen**

A. R.:

$$R{-}\overset{|}{\underset{|}{C}}{-}\overline{\underline{S}}{-} \rightleftharpoons R{-}\overset{|}{\underset{|}{C}}{-} + {-}\overline{\underline{S}}{-}$$

Unterklasse A: Desulfhydrasen

A. R.:

$$R{-}\overset{|}{\underset{\underset{H}{|}}{C}}{-}CH_2SH \rightleftharpoons R{-}\overset{|}{C}{=}CH_2 + H_2S$$

B.: Cystein-desulfhydrasen, Homocystein-desulfhydrasen

Unterklasse B: Desulfinasen

A. R.: $R{-}SO_2H \rightleftharpoons R{-}H + SO_2$

Unterklasse C: Sulfoxyd-lyasen

A. R.:

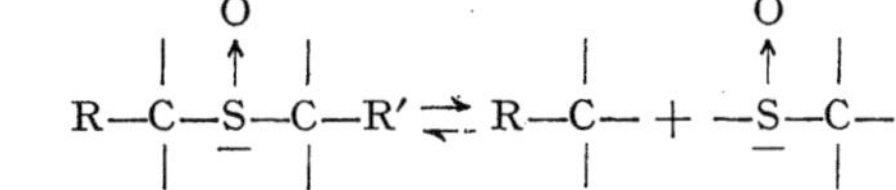

B.: Alliinase

Klasse IV: **C—N-Lyasen und Syntheasen**

Unterklasse: Ammoniak-lyasen

A. R.:

$$R{-}\underset{\underset{NH_2}{|}}{CH}{-}CH_2{-}R' \rightleftharpoons R{-}CH{=}CH{-}R' + NH_3$$

B.: Aspartat-ammoniak-lyase *(Aspartase)*

Klasse V: **Hydrogenasen**

A. R.: $H_2 \rightleftharpoons 2\,H$

Klasse VI: **Hydrogenlyasen**

A. R.:

$$R\begin{matrix} \diagup H \\ \diagdown H \end{matrix} \rightleftharpoons R + H_2$$

B.: Formiat-hydrogenlyase

---

5. Hauptklasse: **Isomerasen und Racemasen**

Klasse I: **Isomerasen**

A. R.: $A \rightleftharpoons B$

B.: Glucose-6-phosphat-isomerasen *(Phosphohexose-isomerase)*, Triosephosphat-isomerasen

Unterklasse: Phosphomutasen

B.: Glucose(1 → 6)-phosphomutasen, Glycerat(3 → 2)-phosphomutasen

Klasse II: **Racemasen**

B.: Lactat-racemasen, Glucopyranose-mutarotase

II. Die Nomenklatur der Enzyme

The invention and clarification of terms is one of the greatest limiting factors in scientific advance.

(J. NEEDHAM, 1942)

Die Nomenklatur der Enzyme war bisher ein Gebiet, für das kaum irgendwelche Vorschriften bestanden, wenn wir von der schon 1883 vorgeschlagenen Regel von DUCLAUX absehen, daß die Enzym-natur einer Substanz durch die Anhängung der Silbe *-ase* an den Namen des Substrats gekennzeichnet werden soll. Wir finden in den Lehrbüchern wie in der Original-literatur die verschiedensten Namen für Enzyme, die aber vielfach weder die Substrat-spezifität noch die Wirkungs-spezifität der betreffenden Fermente erkennen lassen. Es wurde bisher als das Vorrecht jedes Entdeckers eines Enzyms mit einer neuartigen Wirkung betrachtet, dieses nach seinem Gutdünken zu benennen. Dieser Zustand erschwert es dem Anfänger auf dem Gebiete, sich eine Übersicht über die mannigfaltigen Wirkungen der Enzyme zu verschaffen.

Der Autor[1] hat nun vor kurzer Zeit ein System einer rationelleren Enzymnomenklatur vorgeschlagen, das diesen Schwierigkeiten abhelfen soll. In dem vorliegenden Buche wird grundsätzlich diese neu vorgeschlagene Nomenklatur verwendet; um aber den Leser in die Lage zu versetzen, die Bezeichnungen in den Handbüchern, anderen Lehrbüchern und der Original-literatur zu verstehen, werden den neuen Namen die bisher gebräuchlichen Bezeichnungen in Klammer und Kursivschrift beigesetzt.

Die vom Verfasser vorgeschlagene Enzym-nomenklatur soll es ermöglichen, bei Kenntnis der Regeln für diese Namensgebung, auf Grund des Namens eines Enzyms seine Wirkungs-spezifität ebenso wie seine Substrat-spezifität zu erkennen.

Im folgenden werden die für die rationellere Nomenklatur der Enzyme aufgestellten Regeln wiedergegeben:

1. Die Namen der Enzyme müssen eine Bezeichnung des optimal angegriffenen Substrats enthalten, von dem angenommen werden kann, daß es auch physiologisch als Substrat fungieren kann, sowie eine Bezeichnung der Art von Umwandlung, welche dieses Substrat unter dem Einfluß des betreffenden Enzyms erleidet.

2. Die Substrat-spezifität in den Enzymnamen muß durch den bestbekannten Namen des optimal angegriffenen Substrats bezeichnet werden. Die optische Spezifität des Enzyms wird nur dann besonders bezeichnet, wenn der optische Antipode des namengebenden Substrats ebenfalls eine natürlich vorkommende Substanz mit biologischer Bedeutung ist.

Bei den sog. gruppenspezifischen Enzymen muß der Name des optimal angegriffenen Substrats durch eine Bezeichnung derjenigen Gruppe chemischer Substanzen, die durch die Wirkung des Enzyms umgewandelt werden, ersetzt werden.

3. Alle Enzyme, deren Wirkung bis jetzt noch nicht in einer stöchiometrischen Gleichung formuliert werden kann, sollen durch Trivialnamen oder durch Namen, welche den bekannten Teil der Enzymwirkung bezeichnen, benannt werden. Ebenso sollen Enzyme, deren Substratspezifität, obgleich sie klargestellt ist, keine Möglichkeit für eine Namensgebung bietet, mit Trivialnamen bezeichnet werden.

4. Um multiple Enzymsysteme von Einzelenzymen zu unterscheiden, werden Enzymsysteme, die aus mehreren Einzelenzymen bestehen, durch Anhängung des Wortes *System* an den Namen gekennzeichnet. Ansonsten soll die Nomenklatur dieser Systeme soweit als möglich an die allgemeine Enzym-nomenklatur angeglichen werden.

5. Bei Enzymen, welche reversible Reaktionen katalysieren, soll die physiologische Rolle der Enzymwirkung, d. h. die Richtung der katalysierten Reaktion mit der größeren physiologischen Bedeutung den Namen des Enzyms bestimmen. Nur dann, wenn beide Reaktionsrichtungen gleich wichtig erscheinen, oder wenn wir keine Kenntnis von der physiologischen Rolle des Enzyms haben, wird die Stellung des Gleichgewichtes, das durch das Enzym unter

[1] Übersichtsreferat: O. HOFFMANN-OSTENHOF: Adv. Enzymology 14, 219 (1953).

Standard-bedingungen katalysiert wird, für die Namensgebung in Betracht gezogen. (Unter Standard-bedingungen werden äquimolekulare Konzentrationen beider Substrate, optimales p_H und optimale Temperatur verstanden.)

6. Hydrolasen werden in der traditionellen Weise durch Nennung des Substrats oder der Substrat-gruppe und Anhängung der Silbe *-ase* benannt. Nur dann, wenn die Gefahr von Mißverständnissen bezüglich der im Substrat-molekül hydrolysierten Bindung besteht, wird eine deskriptivere Namensgebung verwendet, welche die spezifische Wirkung des Enzyms anzeigt. Die Benennung der Enzyme durch einfaches Anhängen der Nachsilbe *-ase* an den Substrat-namen darf nur bei Hydrolasen angewandt werden.

7. Transferasen und Oxydoreductasen werden auf folgende Weise benannt: Als erster Teil des Namens fungiert der Name des Donator-substrats, darauf folgt der Name des Akzeptor-substrats, gefolgt von der Silbe *trans*, darauf der Name des übertragenen Molekülteils und schließlich die Endung *-ase*. Zwischen den Namen des Donators und des Akzeptors wird ein kleiner Pfeil eingefügt.

In den Namen der Oxydasen (aeroben Transelektronasen), also derjenigen Enzyme, die Elektronen von einem Donator-substrat auf Sauerstoff übertragen, ist die Bezeichnung von Sauerstoff als Akzeptor-substrat nicht notwendig; der Name wird durch Nennung des Donator-substrats und Anhängung des Wortes *Oxydase* gebildet. Bei den aeroben Transhydrogenasen muß aber Sauerstoff als Akzeptor genannt werden.

Die traditionellen Bezeichnungen Peroxydase und Katalase werden in die neue Nomenklatur übernommen.

8. Enzyme, die zwei verschiedene Arten von Substraten durch zwei verschiedene Reaktionstypen angreifen, werden nach derjenigen Wirkung bezeichnet, der die größere physiologische Bedeutung zukommt. Wenn man auf die andere Wirkungsweise, die nicht im Namen berücksichtigt ist, Bezug nimmt, so wird diese nach folgendem Schema bezeichnet: „Die Wirkung X des Enzyms Y".

Enzyme, die gleichzeitig ein Substrat mit zwei verschiedenen Wirkungen angreifen, müssen so benannt werden, daß beide Wirkungstypen im Namen des Enzyms aufscheinen.

9. Allgemein gebräuchliche und verständliche Abkürzungen von Substrat-namen dürfen bei der Enzym-nomenklatur verwendet werden. Wenn durch diese Verkürzungen keinerlei Gefahr von Mißverständnissen entsteht, können die Silben *-in* am Ende von Substrat-namen ausgelassen werden.

Um die Anwendung dieser Regeln zu illustrieren, werden im folgenden eine Anzahl von Beispielen gegeben:

Nach Regel 1 muß die Enzym-bezeichnung den Namen des optimal angegriffenen Substrats enthalten; der Fermenttypus, welcher Brenztraubensäure decarboxyliert, ist auch imstande, andere Substrate in derselben Weise anzugreifen; diese Reaktionen gehen aber viel langsamer vor sich als der erstgenannte Vorgang. Folgerichtig sind derartige Enzyme als *Pyruvat-decarboxylasen* zu bezeichnen. Nach derselben Regel muß das namengebende Substrat auch physiologisch als Substrat fungieren können; obwohl in Meta-stellung des Benzolkerns substituierte Hippursäuren durch eine Gruppe hydrolytischer Enzyme schneller gespalten werden als die unsubstituierte Hippursäure selbst, ist trotzdem diese Substanz im Namen anzuführen, da die genannten substituierten Hippursäuren als physiologische Substrate wohl kaum in Frage kommen. Die betreffenden Fermente sind deshalb als *Hippuricasen* zu bezeichnen.

Derselben Regel zufolge muß außer der Substrat-spezifität auch die Wirkungsweise des Enzyms im Namen berücksichtigt werden. Ein Ferment, welches Tyrosin oxydiert, ist deshalb nicht als Tyrosinase, sondern als *Tyrosin-oxydase* zu bezeichnen.

Nach Regel 2 ist der bestbekannte Name des optimal angegriffenen Substrats in der Bezeichnung des Enzyms zu nennen. Dies bezieht sich besonders auf Verbindungen, die, obwohl sie nach der Genfer Nomenklatur organischer Substanzen bezeichnet werden können, Trivialnamen besitzen, welche allgemein bekannt und viel kürzer als die der Nomenklatur entsprechenden Namen sind. Es ist überhaupt größter Wert darauf zu legen, daß die Enzym-namen möglichst kurz sind.

Eine spezielle Bezeichnung der optischen Spezifität erübrigt sich praktisch in allen Fällen von Fermenten, welche Kohlehydrate angreifen, da die optischen Antipoden dieser Substanzen nur sehr selten eine biologische Rolle spielen. Hingegen ist es bei denjenigen Enzymen, welche Aminosäuren umwandeln, oftmals nötig, eine derartige Bezeichnung anzuwenden, da auch Aminosäuren der „unnatürlichen" D-Reihe häufig physiologische Bedeutung haben.

Fermente, bei welchen es auf Grund ihrer geringen Spezifität Schwierigkeiten bereitet, ein Substrat als das optimal angegriffene zu bezeichnen, werden als gruppenspezifisch bezeichnet. Sie sind nach der Gruppe chemischer Substanzen, welche durch sie umgewandelt werden, zu nennen. Wir sprechen so von *gruppen-spezifischen Phosphomonoesterasen* und *gruppen-spezifischen β-Glucosidasen.*

In vielen Fällen ist es bisher noch nicht möglich, die Wirkungsweise von Fermenten in einer stöchiometrischen Gleichung auszudrücken, weil der Reaktionsmechanismus noch nicht ausreichend erforscht ist. Nach Regel 3 sollen diese Enzyme provisorisch durch Trivialnamen oder durch Namen, die den bekannten Teil der Enzym-wirkung charakterisieren, benannt werden. So werden die Enzyme, welche Bernsteinsäure zu Fumarsäure dehydrieren, ohne daß der Wasserstoffakzeptor bisher mit Sicherheit bekannt ist, als *Succinat-dehydrogenasen* bezeichnet.

Obwohl die Substrat-spezifität wie auch die Wirkungsweise der Peptidasen (proteolytischen Fermente) ausreichend bekannt ist, ist es doch schwer oder fast unmöglich, auf dieser Basis die Enzyme zu benennen, weshalb in dieser Fermentklasse die traditionellen Namen, z. B. *Pepsin, Trypsin, Papain* usw. beibehalten werden müssen.

Komplexe Systeme, die aus mehreren Enzymen bestehen, wurden bisher in der Namensgebung vielfach nicht von Einzelenzymen unterschieden, was manchmal zu Mißverständnissen Anlaß gab. Durch Nachsetzung des Wortes *System* läßt sich eine Kennzeichnung leicht durchführen, z. B. *Succinat-oxydase-system, Zymase-system, Pyruvat-oxydase-system* oder *Cyclophorase-system.*

Regel 5, welche sich auf Enzyme bezieht, die reversible Reaktionen katalysieren, läßt sich am besten am Beispiel desjenigen Fermenttypus erklären, welcher die Synthese des Amylose-anteils der Stärke durch Transglucosidierung von Glucose-1-phosphat (CORI-ester) auf vorgebildete Amylose- oder Amylopectin- bzw. Glycogenmoleküle katalysiert, aber auch die umgekehrte Reaktion, die phosphorolytische Spaltung von Stärke, bewirkt. Der Richtung des Stärke-aufbaus kommt vermutlich die größere Bedeutung zu. Deshalb ist hier der Name *Glucose-1-phosphat → Amylose-transglucosidase* zu wählen. Hingegen ist das bakterielle Enzym, das die Transglucosidierung von Glucose-1-phosphat auf Fructose unter Bildung von Rohrzucker, bzw. die umgekehrte Reaktion, die phosphorolytische Spaltung des Rohrzuckers katalysiert, als *Saccharose → Orthophosphat-transglucosidase* zu bezeichnen, da der Aufbau-reaktion im bakteriellen Stoffwechsel wohl kaum eine Bedeutung zukommt.

Regel 6 sagt aus, daß hydrolysierende Fermente in der traditionellen Weise durch Anhängung der Silbe *-ase* an den Namen des Substrats bzw. der Substratgruppe zu benennen sind. Dies setzt allerdings, wenn man Mißverständnisse vermeiden will, voraus, daß Fermente einer anderen Wirkungsweise nicht auf dieselbe Art bezeichnet werden.

Die Bezeichnung der Transferasen und Oxydoreductasen erfolgt nach Regel 7. Ein Ferment, das die Übertragung von Phosphat-resten von Adenosintriphosphat (ATP) auf Glucose katalysiert (die sog. Hexokinase), wird der Regel entsprechend *ATP → Glucose-transphosphatase* genannt. Analog bezeichnet man ein Ferment, dessen Wirkung die Übertragung eines Aminorestes von Asparaginsäure auf

α-Ketoglutarsäure ist, als *Aspartat → α-Ketoglutarat-transaminase*. Ein Ferment, das die Übertragung von Elektronen von einem Polyphenol auf Sauerstoff katalysiert, ist — der Regel entsprechend — eine *Polyphenol-oxydase*. Hingegen muß ein Enzym, welches die Übertragung von Wasserstoffatomen von Aminosäuren auf Sauerstoff bewirkt, als *Aminosäure →* O_2*-transhydrogenase* bezeichnet werden.

Obwohl es vielleicht möglich wäre, die Wirkung der Peroxydasen und Katalasen als eine Wasserstoff-übertragung zu formulieren, rechtfertigen die Verschiedenheiten dieser Enzyme von den übrigen Transhydrogenasen die Beibehaltung der traditionellen Nomenklatur.

Regel 8 beschäftigt sich mit Fermenten, die zwei verschiedene Wirkungen auslösen können. Wenn ein Ferment verschiedene Arten von Substraten auf verschiedene Weise angreifen kann, so soll diejenige Wirkungsweise für die Namensgebung maßgebend sein, der vermutlich größere physiologische Bedeutung zukommt. So sind z. B. manche Peptidasen, wie Carboxypeptidasen und Chymotrypsin, imstande, auch Ester einer bestimmten Konfiguration, die derjenigen analog ist, welche ihren gewöhnlichen Peptidsubstraten zukommt, zu spalten. Diese Wirkung hat aber wahrscheinlich keine biologische Bedeutung, weshalb die Fermente entsprechend ihrer proteolytischen Wirkungsweise klassifiziert und benannt werden. Zur Bezeichnung der esterspaltenden Wirkung dieser Fermente spricht man von der „*Esterase-wirkung einer Carboxypeptidase*", bzw. von der „*Esterase-wirkung des Chymotrypsins*".

Anders liegen aber die Verhältnisse bei Fermenten, die gegenüber einem Substrat zwei Wirkungen *gleichzeitig* entfalten können. So scheint ein Teilferment der Glycolyse gleichzeitig die Übertragung von zwei Wasserstoff-atomen des 3-Phosphoglycerinaldehyds auf Diphosphopyridinnucleotid und die Phosphorylierung des Donator-substrats bewirken zu können; es muß dementsprechend als *phosphorylierende* 3-*Phosphoglycerinaldehyd → DPN-transhydrogenase* bezeichnet werden. Ebenso ist ein kürzlich entdeckter Fermenttypus („*malic enzyme*") dazu befähigt, gleichzeitig Äpfelsäure unter Übertragung des Wasserstoffs auf ein Pyridinnucleotid zu dehydrieren und zu decarboxylieren; er muß dementsprechend *decarboxylierende Malat → TPN-transhydrogenase* genannt werden.

Zur Verhinderung der Bildung allzu langer Namen, welche allerdings oft nicht völlig vermieden werden können, ist die Verwendung von allgemein bekannten und gebräuchlichen Abkürzungen für die Substrat-namen zu empfehlen, wie z. B. ATP für Adenosintriphosphat, DPN für Diphosphopyridinnucleotid, FAD für Flavin-adenindinucleotid, FDP für Fructose-1,6-diphosphat u. a. m. Die Auslassung der Silbe *-in* kann durch das Beispiel der sogenannten *Phytase*, dem Ferment, welches Phytin hydrolysiert, illustriert werden. Leider ist es in der deutschen Sprache selten möglich, das Wort *Säure* bei der Bildung von Enzym-namen auszulassen. Man kann sich aber fast immer dadurch helfen, daß man an Stelle des Namens der Säure eine vom Namen des entsprechenden Salzes abgeleitete Bezeichnung im Enzym-namen verwendet, wie z. B. *Succinat-dehydrogenase* an Stelle von Bernsteinsäure-dehydrogenase oder *Lactat-racemase* an Stelle von Milchsäure-racemase.

Die angegebenen und erläuterten Regeln ermöglichen es dem Enzymologen, jedes neu aufgefundene Ferment, dessen Wirkungsweise ausreichend erkannt ist, entsprechend zu benennen. Sie befähigen aber auch den Leser dieses Buches, die Wirkungsweise jedes hier besprochenen Ferments sofort auf Grund seines Namens zu erkennen, wenn wir von den verhältnismäßig wenigen Fällen absehen, in denen die Verwendung von Trivialnamen noch immer nötig ist.

12. Vorkommen und Konzentration der Enzyme im biologischen Material[1]

Da das Phänomen des Lebens immer mit chemischen Umsetzungen, also mit Stoffwechsel-vorgängen, verknüpft ist, von denen wir wissen, daß es sich fast ausschließlich um enzymatisch katalysierte Reaktionen handelt, können wir mit Sicherheit behaupten, daß überall dort, wo sich Leben findet, auch Enzyme nachweisbar sein müssen, welche für die zu den Lebensvorgängen gehörenden chemischen Veränderungen verantwortlich sind. Jedes Lebewesen und auch schon jede lebende Zelle muß eine Anzahl von Fermenten besitzen, welche die Stoffwechsel-funktionen des Organismus oder der Zelle steuern. Diese fermentative Ausrüstung ist nun je nach den Bedürfnissen der Organismen von Lebewesen zu Lebewesen und auch schon von Zelle zu Zelle sowohl in qualitativer als auch in quantitativer Hinsicht verschieden.

Beim Vielzeller scheint es wohl Enzyme zu geben, die in allen oder fast in allen Zellen des Organismus — allerdings in verschiedener Konzentration — vorkommen; andere Fermente finden sich aber nur in einzelnen Gewebe-arten bzw. in spezialisierten Organen. Als Beispiel darf der Typus der L-Arginin-amidiasen *(Arginase)* angeführt werden, der sich bei Säugetieren fast nur in der Leber findet, wo er eine wesentliche Funktion als Teil-katalysator der Harnstoff-synthese innehat. Weitere Beispiele für isoliertes Vorkommen in spezialisierten Organen bzw. Gewebe-flüssigkeiten stellen die verschiedenen Verdauungs-fermente dar.

Bei Einzellern ist die fermentative Ausrüstung sowohl quantitativ als auch qualitativ von Art zu Art und unter Umständen auch von Stamm zu Stamm verschieden. Hier konnte häufig beobachtet werden, daß Fermente, die in den Organismen normalerweise nicht nachweisbar sind, dann entstehen, wenn die Einzeller auf einem Nährboden wachsen müssen, der das Substrat dieser Enzyme in größerer Menge enthält; man nennt Fermente dieser Art, die also erst in Anwesenheit ihrer Substrate entstehen, *adaptive Enzyme*. Fermente, die immer — unabhängig von der Zusammensetzung des Nährmediums — in den betreffenden Organismen nachgewiesen werden können, werden als *konstitutive Enzyme* bezeichnet. Auf diese Verhältnisse wird im folgenden Kapitel noch näher eingegangen werden.

I. Der Enzym-gehalt der Zellen

Für den Gesamtgehalt der Zellen an Enzymen sind wir zur Zeit noch fast durchwegs auf mehr oder minder grobe Schätzungen angewiesen, da bisher nur verhältnismäßig wenige Enzyme in einem derart reinen Zustand aus den Zellen isoliert werden konnten, daß man aus den Ausbeuten oder aus den unter Standardbedingungen gemessenen Aktivitäten den tatsächlichen Gehalt der Zellen an diesen Enzymen berechnen kann. Trotzdem läßt sich bereits mit Sicherheit sagen, daß die Fermente einen beträchtlichen Teil der Gesamt-proteine der Zelle ausmachen.

Lang *(l. c.)* hat vor kurzem Berechnungen und Schätzungen über den Enzymgehalt einiger Zellarten durchgeführt. Man unterscheidet hier zweckmäßig zwischen Zellen, deren Funktion es ist, nicht nur für den eigenen Bedarf, sondern auch noch für die Sekretion zu produzieren, wie besonders die Zellen der Verdauungs-drüsen, und solchen Zellen, die nur Enzyme synthetisieren, welche sie für ihren eigenen Stoffwechsel brauchen.

[1] Übersichtsreferat: K. Lang: In „Biologie und Wirkung der Fermente", 4. Mosbacher Kolloquium Ges. physiol. Chem., S. 1. Berlin: Springer. 1953.

Da bereits viele Verdauungs-fermente in reiner kristalliner Form bekannt sind, läßt sich der Gehalt der für ihre Produktion spezialisierten Zellen an solchen Enzymen manchmal berechnen. In Tab. 15 ist eine derartige Berechnung für die Pankreas-drüse angeführt, wobei vor allem zu bemerken ist, daß der Wert von etwa 20% der fettfreien Trockensubstanz oder rund 25% des Eiweiß-bestandes nur die sezernierten Enzyme umfaßt, die in der Tabelle angegeben sind; ohne Zweifel besitzt aber jede Pankreas-zelle eine weitere große Anzahl von Fermenten, die sie für ihren Stoffwechsel braucht.

Tabelle 15. *Gehalt des Pankreas an Verdauungs-enzymen*[1] (nach LANG, *l. c.*)

Enzyme	% der fettfreien Trockensubstanz	% des Frischgewichtes
Trypsin	5,0	0,65
Chymotrypsin	5,0	0,65
Carboxypeptidase	2,0	0,26
Ribonuclease	0,2	0,03
Desoxyribonuclease	0,004	0,0005
Amylase	5,0	0,65
Lipase (geschätzt)	2,5	0,33
Summe der Enzyme	19,7	2,57

Schätzungen über den Enzym-gehalt von Körperzellen ergeben, daß z. B. in den Muskel-zellen etwa 30% des Gesamtprotein-gehaltes oder das gesamte Nicht-struktur-eiweiß Enzymnatur besitzt. Für die Leber-zelle kommt man zu Werten, die etwa zwei Drittel des gesamten Eiweiß-bestandes entsprechen; dies ist leicht verständlich, wenn man bedenkt, daß es die Hauptaufgabe der Leber ist, eine Unzahl chemischer Umsetzungen durchzuführen, während die Stoffwechsel-leistungen des Muskels, wenn wir von den mit der Energie-gewinnung verknüpften Vorgängen absehen, gering sind. Die wesentlichste Funktion des Muskels besteht darin, chemische Energie in mechanische Arbeit zu überführen, zu welchem Zwecke er große Mengen kontraktiler Substanz, d. h. Struktur-eiweiß, enthält.

Ähnlich hohe Enzym-konzentrationen können auch für Mikroorganismen angenommen werden; nach VIRTANEN[2] ist zumindest bei jungen stoffwechsel-aktiven Zellen anzunehmen, daß fast das ganze Zell-eiweiß als Enzym-eiweiß vorliegt. Eine überschlagsmäßige Berechnung über den Enzym-gehalt der Hefezelle, die vor kurzem vom Verfasser vorgenommen wurde (unveröffentlicht), ergibt allerdings Werte für die Enzym-konzentration, die höher liegen als der Eiweiß-gehalt der Zelle (etwa 150 bis 180%). Eine Bestätigung dieser Berechnung würde bedeuten, daß die Zelle entweder Enzyme enthält, die nicht Proteine sind, oder daß manche Enzymproteine nicht nur eine, sondern mehrere enzymatische Wirkungen ausüben können, wozu sie mehrere verschiedene aktive Zentren besitzen müßten.

Es darf an dieser Stelle bemerkt werden, daß der Gehalt der Zellen an manchen Fermenten, insbesondere an den Enzymen der biologischen Oxydation, wesentlich größer ist, als er dem Umfang des Stoffwechsels nach zu sein brauchte.

So führt LANG *(l. c.)* aus, daß im Herz unter Annahme eines Q_{O_2} von —22,4 in der Stunde pro mg Trockensubstanz 0,167 Mikromole Glucose oxydiert werden. Würde die Oxydation der Glucose durch Wirkung eines einzigen

[1] Der Berechnung ist zugrunde gelegt, daß Pankreas-gewebe 12% Fett und 75% Wasser enthält.

[2] A. I. VIRTANEN: Ann. med. exp. biol. Fenn. **30**, 234 (1952); A. I. VIRTANEN und U. WINKLER: Acta chem. Scand. **3**, 272 (1949).

Tabelle 16. *Angaben über den Gehalt, die mögliche und die tatsächliche Aktivität verschiedener kristallin isolierbarer Enzyme aus Skelettmuskel oder Herzmuskel* (modifiziert nach LANG, *l. c.*)

Enzym	Organ (M = Skelettmuskel, H = Herzmuskel)	Konzentration %	Wechselzahl pro Min.	M. G. (etwa)	Substrat-umsatz in Mikromolen pro Enzym und Stunde	Substrat-umsatz in Mikromolen pro mg Trockensubstanz Organ	Theoretisch möglicher Q-Wert des Organs
Glucose-1-phosphat → Amylose-transglucosidase (*Phosphorylase*)	M	0,08	96000	400000	14,4	57,6	1290
Glucose (1 → 6)-phosphomutase	M	0,08	40320	100000	24,2	96,8	2168
Phosphorylierende Phosphoglycerinaldehyd → DPN-transhydrogenase (*Triosephosphat-dehydrase*)	M	0,40	10000	100000	6,0	120,0	2688
DPN · H_2 → Pyruvat-transhydrogenase (*Milchsäure-dehydrase*)	M	0,10	73000	100000	43,8	219,0	4827
DPN · H_2 → Phosphodioxyaceton-transhydrogenase (*Glycerophosphat-dehydrase*)	M	0,015	140000	100000	84,0	61,2	1411
„Condensing Enzyme"	H	0,07	27000	100000	16,2	56,7	1270
DPN · H_2 → Cytochrom c-transelektronase (*DPN-Cytochrom-reductase*)	H	0,056	11000	80000	8,4	23,3	526

Ein Umsatz von 1 Mikromol Substrat pro mg Trockengewicht entspricht einem Q-Wert von 22,4. Alle Werte dieser Tabelle wurden einheitlich unter den folgenden Voraussetzungen berechnet: Trockensubstanz = 20% des Feuchtgewichtes, N = 10% der Trockensubstanz, Umsatz bei 38° = 2,4mal Wert bei 30° = 3,0mal Wert bei 28° = 5,4mal Wert bei 20°.

Enzyms geschehen und hätte dieses ein M. G. von 100000 und die sehr niedrige Wechselzahl von 10000/Min., so wären zur Oxydation der 0,167 Mikromole Glucose 0,028 γ Enzym notwendig, was einem Enzym-gehalt von 0,0007% des Feuchtgewichtes entspräche. Nun wissen wir aber, daß die biologische Oxydation von Glucose nicht von einem einzigen Enzym bewirkt wird, sondern daß vermutlich etwa 50 Enzyme an diesem Vorgang beteiligt sind; unter der Annahme, daß alle diese Enzyme in der Minimal-konzentration vorliegen, wäre zur Leistung eines Q_{O_2} von —22,4 ein Enzym-gehalt von 0,035% erforderlich. Die tatsächlichen Verhältnisse ersehen wir aus Tab. 16, in der die entsprechenden Daten für einige aus Muskel oder aus Herz isolierte und kristallisierte Enzyme der biologischen Oxydation angeführt sind. Es ergibt sich daraus, daß der Gehalt dieser Fermente in der Zelle um etwa zwei Zehnerpotenzen höher ist, als er nach den an Organschnitten *in vitro* gemessenen Umsätzen zu erwarten wäre.

Ganz analoge Verhältnisse finden wir beim Cytochrom-Cytochrom-oxydasesystem (Tabelle 17) und es ist auch schon seit langem bekannt, daß die Verdauungsenzyme in Konzentrationen sezerniert werden, die den Bedarf um mindestens zwei Zehnerpotenzen überschreiten.

Diese Schätzungen und Berechnungen haben insbesondere für das Studium des Intermediär-stoffwechsels Interesse; wir können nämlich daraus schließen, daß bei den angeführten Reaktionen die Konzentration der Enzyme nicht den geschwindigkeits-begrenzenden

Faktor darstellt. Die Beschränkung dieser Vorgänge dürfte durch andere Faktoren — Diffusions-geschwindigkeiten, Konzentration von Hemmstoffen, Konzentration von Coenzymen und enzymatischen Komplementen — bedingt sein.

Tabelle 17. *Auf Grund des Cytochrom c-gehaltes mögliche Sauerstoff-aufnahme und tatsächliche Sauerstoff-aufnahme verschiedener Organe*[1] (nach STADIE und MARSH[2])

Organ	Cytochrom c in % der Trockensubstanz	Maximal möglicher Q_{O_2}	Physiologischer Bereich des Q_{O_2}
Nierenrinde	0,14	720	10—50
Leber	0,06	309	10—30
Hirnrinde	0,04	206	10—40
Skelettmuskel	0,05	257	5—110
Herzmuskel	0,22	1133	3—60

Wenn wir also unter den für ein Enzym optimalen Bedingungen (p_H, Substratkonzentration usw.) mit Organ-homogenaten, d. h. mit Aufschwemmungen von mechanisch zerstörten Zellen, arbeiten, so heben wir damit zumindest alle Dif-

Tabelle 18. *Lebensalter und Enzymaktivitäten* (nach LANG, *l. c.*)

Enzym	Tier und Organ	Verhalten der Aktivität
Cholin-dehydrogenase (*Cholin-oxydase*)	Ratte: Leber und Niere	Bei jungen Tieren sehr niedrig; die volle Aktivität erwachsener Tiere wird sehr langsam erreicht[3, 4]
Xanthin → O_2-transhydrogenase (*Xanthin-oxydase*)	Ratte: Leber	Bei neugeborenen Tieren keine Aktivität[5]
Adenosin-aminase	Rind: Darmschleimhaut	fehlt im Foetus fast vollständig[6]
Esterase	Rind: Darmschleimhaut	Im Foetus sehr geringe Aktivität[6]
Phosphomonoesterase Typus I (*Alkalische Phosphatase*)	Rind: Darmschleimhaut	Im Foetus nur etwa 50% der Aktivität im erwachsenen Tier[6]
Glutaminase	Mensch: Niere	Bei Frühgeburten sehr geringe Aktivität[7]
Monoamin → O_2-transhydrogenase (*Monoamin-oxydase*)	Mensch: Niere, Duodenum, Colon	Bei Neugeborenen geringere Aktivität; nach 4 Monaten gleich hohe Werte wie bei Erwachsenen[8]
β-Glucuronidase	Maus: Uterus	Enzym-gehalt nimmt mit steigender Größe des Organs zu[9]
Cytochrom-oxydase	Ratte: Uterus	Aktivität nimmt mit steigendem Alter ab[10]
Dehydropeptidase I	Ratte: Leber und Niere	Bei erwachsenen Tieren höhere Aktivität als bei noch wachsenden[11]

[1] Die Wechselzahl gibt an, wieviel Moleküle Substrat von einem Molekül Ferment in der Minute umgesetzt werden (vgl. S. 89).
[2] W. C. STADIE und B. MARSH: J. clin. Investigations **26**, 899 (1947).
[3] C. J. KENSLER, M. RUDDEN, E. SHAPIRO und H. LANGEMANN: Proc. Soc. exp. Biol. Med. **79**, 39 (1952).
[4] D. A. RICHERT und W. W. WESTERFIELD: J. biol. Chem. **199**, 829 (1952).
[5] W. W. WESTERFIELD und D. A. RICHERT: Ibid. **184**, 163 (1950).
[6] H. STERN, V. ALLFREY, A. E. MIRSKY und H. SAETREN: J. gen. Physiol. **35**, 559 (1952).
[7] R. M. ARCHIBALD: J. biol. Chem. **154**, 657 (1944).
[8] H. M. R. EPPS: Biochem. J. **39**, 37 (1945).
[9] L. M. H. KERR, J. G. CAMPBELL und G. A. LEVVY: Biochem. J. **44**, 487 (1949).
[10] R. ROSSI: Exper. **8**, 386 (1952).
[11] P. D. BARTLETT: Enzymologia **15**, 77 (1951).

fusions-schwierigkeiten auf und können dann erheblich höhere Umsätze beobachten als beim Arbeiten mit intakten Zellen und Gewebe-schnitten. Unter diesen Umständen mißt man also die potentiellen Aktivitäten der Zellfermente, die aber keinen Rückschluß auf die *in vivo* in der Zelle stattfindenden Umsätze erlauben.

II. Einfluß verschiedener Faktoren auf die Enzym-konzentration

Die Enzym-konzentration der Zellen ist nicht konstant; sie läßt sich durch endogene und durch exogene Faktoren beeinflussen. So finden sich in verschiedenen Lebensaltern verschiedene Konzentrationen an Enzymen in den gleichen Organzellen (Tab. 18). Weiters wird der Enzym-gehalt der Zelle stark durch Hormone beeinflußt; Exstirpation endokriner Drüsen verändert die Konzentration mancher Enzyme in beträchtlichem Ausmaß (Tab. 19). Ebenso finden wir bei verschiedenen Krankheitserscheinungen häufig charakteristische Veränderungen der Enzym-konzentrationen; als Beispiele mögen der veränderte Enzym-gehalt des Muskels bei degenerativen Prozessen[1], Veränderungen der Ferment-konzen-

Tabelle 19. *Einfluß der Exstirpation innersekretorischer Drüsen auf die Enzymaktivität in einigen Organen* (modifiziert nach LANG, *l. c.*)

Eingriff	Enzym	Organ	Zunahme (+) oder Abnahme (—) der Enzymaktivität
Kastration	Succinat-oxydase-system	Samenblasen	—
	Phosphomonoesterase Typus I (*Alkalische Phosphatase*)	Samenblasen	—
		Niere	+
		Leber	+
	Arginin-amidinase (*Arginase*)	Niere	+
	D-Aminosäure → O_2-transhydrogenase (*D-Aminosäure-oxydase*)	Niere	—
	β-Glucuronidase	Uterus	—
Adrenalektomie	Arginin-amidinase (*Arginase*)	Leber	—
		Niere	—
	Prolin → O_2-transhydrogenase (*Prolin-oxydase*)	Niere	—
	D-Aminosäure → O_2-transhydrogenase (*D-Aminosäure-oxydase*)	Leber	—
Hypophysektomie	Succinat-oxydase-system	Leber	+
	Phosphomonoesterase Typus I (*Alkalische Phosphatase*)	Leber	+
		Niere	—
	Phosphomonoesterase Typus II (*Saure Phosphatase*)	Niere	—
	Arginin-amidinase (*Arginase*)	Leber	—
		Niere	—
	D-Aminosäure → O_2-transhydrogenase (*D-Aminosäure-oxydase*)	Leber	+
	Adaptives Tryptophan-oxydase-system	Leber	—[2]

[1] Vgl. z. B. C. L. HOAGLAND: Adv. Enzymology **6**, 193 (1946); Idem: in „Currents in Biochemical Research", herausgegeben von D. E. GREEN, S. 413. New York: Interscience. 1946; G. SCHAPIRA und J. C. DREYFUS: Exp. ann. Biochimie méd. **12**, 303 (1951).

[2] I. I. GESCHWIND und C. H. LI: Nature **172**, 732 (1953).

Tabelle 20. *Aktivität von Enzymen in homologen Lebergeweben von Ratten*[1] (nach GREENSTEIN[2])

Enzym oder Enzymsystem	Normale Leber	Re-generierende Leber	Foetale Leber	Trans-plantiertes Hepatom 31
Arginin-amidinase *(Arginase)*	213	250	60	21
Katalase	6,8	6,8	0,4	0
Xanthin → O_2-transhydrogenase *(Xanthin-oxydase)*	14	27	300	28
Phosphomonoesterase Typus II *(Saure Phosphatase)*	25	29	48	52
Phosphomonoesterase Typus I *(Alkalische Phosphatase)*	4	3	27	542
Desoxyribonuclease	7	6	6	5
Ribonuclease	0,09	0,08	0,08	0,07
Fermente der Glykogen-spaltung	1,5	1,6	1,5	1,5
Fermentsystem der Harnstoff-synthese	0,14	0,12	0	0
Esterase	312	303	152	104
(Exo-)Cystin-desulfhydrase	9	9	5	0
Cytochrom-oxydase	31	30	12	7
D-Aminosäure → O_2-transhydrogenase (*D-Aminosäure-oxydase*)	0,24	0,20	0,04	0,02
System der Desaminierung von Desoxyribonucleat	4	4	8	38
System der Desaminierung von Ribonucleat	20	20	32	58
„Benzoylargininamid-amidase" (Kathepsin B?)	32	32	18	56
Dehydropeptidase II	20	20	5	1
Dehydropeptidase I	20	20	20	20
Riboflavin	29	25	6	5

tration bei degenerativen oder regenerativen Vorgängen in der Leber sowie der Enzym-gehalt von Tumor-geweben (Tab. 20) angeführt werden.

Weitere Beispiele für eine endogen bedingte Veränderung der Enzym-konzentration stellen die einzelnen Befunde über den Gehalt der Körperflüssigkeiten und Sekrete an bestimmten Enzymen bei verschiedenen Krankheiten dar. Die Bestimmung verschiedener Enzym-aktivitäten im Blutplasma oder im Harn hat oft diagnostischen Wert, da die in diesen Flüssigkeiten enthaltenen Fermente bestimmten Organen entstammen und aus einer Veränderung der Konzentration auf einen pathologischen Prozeß in den betreffenden Organen geschlossen werden kann. Beispiele derartiger Enzym-bestimmungen für diagnostische Zwecke werden in den speziellen Kapiteln gegeben.

Der Einfluß aller endogenen Faktoren kann nun auf zweifache Weise erfolgen: entweder durch Beeinflussung der Neu-synthese der Enzyme oder durch Einwirkung auf den Enzym-abbau. Eine Entscheidung über den Mechanismus im Einzelfall scheint noch nirgends vorzuliegen.

Als wichtigster exogener Faktor, der die Enzym-konzentration in den einzelnen Geweben beeinflussen kann, ist die Art der Ernährung zu nennen. Hier ist wohl ohne Zweifel, daß es sich um eine Wirkung auf die Neubildung der Enzyme handelt, weshalb auf diese Verhältnisse im folgenden Kapitel näher eingegangen wird.

---

[1] Die Aktivitäts-messung für jedes Enzym erfolgte unter gleichartigen Bedingungen in allen vier Gewebe-arten. Eine Erläuterung der Maßeinheiten erübrigt sich, da es sich hier um Daten handelt, die nur zu Vergleichszwecken angegeben werden.

[2] J. P. GREENSTEIN: Biochemistry of Cancer, S. 255. New York: Academic Press. 1947; vgl. auch: J. P. GREENSTEIN und A. MEISTER: in „The Enzymes", herausgegeben von J. B. SUMNER und K. MYRBÄCK, Bd. II/2, S. 1131. New York: Academic Press. 1952.

13. Enzym-bildung und Enzym-abbau[1]

Die lebende Zelle hat offenbar die Fähigkeit, eine von Fall zu Fall verschiedene Anzahl von Enzymen in verschiedenen Konzentrationen zu synthetisieren. Wir müssen uns nun die Fragen vorlegen, aus welchen Grund-substanzen die Fermente entstehen und welche Mechanismen dafür verantwortlich sind, daß die Zelle gerade diejenigen Enzyme synthetisiert, welche ihrer fermentativen Ausrüstung angehören.

I. Grundbausteine der Enzym-synthese

Wir wissen, daß die bisher näher untersuchten Enzyme durchwegs Eiweißkörper sind. Das Problem der Enzym-synthese wird damit identisch mit dem allgemeinen Problem der Synthese spezifischer Proteine, das an einer anderen Stelle dieser Darstellung (S. 289) ausführlicher behandelt wird. Nach unseren Kenntnissen läßt sich nur die Aussage machen, daß als Grund-bausteine Aminosäuren und wahrscheinlich auch α-Ketocarbonsäure, die durch Transaminierung zu Aminosäuren umgewandelt werden können, in Frage kommen. Diese Elementarbausteine werden von der Zelle aufgenommen, vermutlich in energiereichere Formen noch ungeklärter Natur überführt und daraus werden Peptide aufgebaut. Wahrscheinlich unter Mitwirkung spezifischer Fermente (Peptidasen) erfolgt dann im weiteren Verlauf — vermutlich über Vorstufen — die Bildung der Enzyme.

Für einen derartigen Mechanismus spricht unter anderem die bereits berichtete Tatsache, daß die Enzym-konzentration in den Geweben und Zellen durch die Art der Ernährung beeinflußbar ist. So kann man beobachten, daß der Gehalt der Zelle an verschiedenen Enzymen bei Hunger oder bei eiweiß-armer Ernährung stark absinkt, während die Konzentration anderer — vielleicht lebenswichtigerer — Enzyme auch unter diesen Bedingungen konstant bleibt (Tab. 21).

Ebenso liegen bereits vereinzelte Untersuchungen vor, die zeigen, daß bei Mangel an bestimmten essentiellen Aminosäuren, nämlich Tryptophan und Methionin, bestimmte Fermente in weitaus geringerer Konzentration produziert werden als bei optimaler Aminosäure-ernährung. So zeigten WILLIAMS und ELVEHJEM[2], daß bei Fehlen von Tryptophan in der Nahrung in der Ratten-leber verschiedene Oxydoreductasen, und zwar Xanthin $\rightarrow O_2$-transhydrogenase *(Xanthin-oxydase)* und das Succinat-oxydase-system in wesentlich verringerter Konzentration nachweisbar sind und auch die Gesamt-sauerstoff-aufnahme vermindert ist. Der Tryptophanmangel hat aber keinerlei Einfluß auf die Konzentration der endocellulären Peptidasen (Kathepsin). Auch durch Fehlen von Methionin können ähnliche Effekte verursacht werden: Die Leber von Tieren, die eine methionin-freie Nahrung erhalten haben, zeigt einen starken Abfall der Xanthin $\rightarrow O_2$-transhydrogenase *(Xanthin-oxydase)*, der fast bis Null gehen kann, sowie eine verringerte Aktivität des Succinat-oxydase-systems[3]. Hingegen hat das Fehlen von Histidin in der Nahrung kaum irgend einen Einfluß auf die Konzentration von Xanthin $\rightarrow O_2$-transhydrogenase, Cholin $\rightarrow O_2$-transhydrogenase *(Cholin-oxydase)*, das Succinat-oxydase-system oder die Gesamt-sauerstoff-aufnahme[4].

Diese Befunde lassen sich in dem Sinne deuten, daß die Aminosäuren Methionin und Tryptophan für die Synthese der genannten Enzyme gebraucht werden, während der Organismus entweder genügend große Reserven von Histidin hat,

---

[1] Vgl. das Übersichtsreferat: K. LANG: In „Biologie und Wirkung der Fermente". 4. Mosbacher Kolloquium Ges. physiol. Chem., S. 1. Berlin: Springer. 1953.

[2] J. N. WILLIAMS, Jr. und C. A. ELVEHJEM: J. biol. Chem. **183**, 539 (1950).

[3] J. N. WILLIAMS, Jr., A. E. DENTON und C. A. ELVEHJEM: Proc. Soc. exp. Biol. Med. **72**, 386 (1949).

[4] J. W. BOTHWELL und J. N. WILLIAMS, Jr., J. biol. Chem. **191**, 539 (1951).

Tabelle 21. *Einfluß von Hunger oder eiweiß-armer Ernährung auf die Enzym-konzentration bei der Ratte* (nach LANG, *l. c.*)

Enzym	Organ	Effekt
Xanthin → O_2-transhydrogenase *(Xanthin-oxydase)*	Leber	Abnahme
D-Aminosäure → O_2-transhydrogenase *(D-Aminosäure-oxydase)*	Niere	Abnahme
Succinat-oxydase-system	Leber	Abnahme
Katalase	Leber	Abnahme
Phosphomonoesterase Typus I *(alkalische Phosphatase)*	Leber	Abnahme[1], Zunahme[2]
Phosphomonoesterase Typus II *(saure Phosphatase)*	Leber	Abnahme
Kathepsin	Leber	Abnahme
Arginin-amidinase *(Arginase)*	Leber	Abnahme
Cytochrom-oxydase	Leber	unverändert
Thiosulfat → Cyanid-transsulfurase *(Rhodanese)*	Leber	Abnahme
(Pseudo-)Cholinesterase	Leber	unverändert
	Gesamt-organismus	Abnahme
Glucose-6-phosphat → Amylose-transglucosidase *(Phosphorylase)*	Muskel	Abnahme
ATP-monophosphatase	Muskel	unverändert
ATP-ase	Leber	unverändert[3], Abnahme[4]
Dipeptidase	Leber	unverändert
Esterase	Leber	Abnahme
Cholin-oxydase-system	Leber	Abnahme

um eine zeitweilige Verarmung an dieser Aminosäure ohne Hemmung der Enzymbildung zu überstehen, oder daß Histidin zur Synthese der genannten Enzyme nicht unbedingt erforderlich ist.

In ganz gleicher Weise sind die Befunde zu werten, welche aussagen, daß verschiedene Aminosäure-antagonisten die Synthese bestimmter Enzyme im Tier oder auch in Mikroorganismen hemmen. Die bisherigen, recht spärlichen Untersuchungen zeigen, daß Äthionin, ein Antagonist des Methionins, sowohl die Bildung von Tryptophan-peroxydase[5] und Katalase[6] in der Ratten-leber als auch die Synthese von Amylase[5] in der Bauchspeicheldrüse der Ratte hemmt. Weiters verhindern Fluorphenylalanin (ein Antagonist des Phenylalanins und des Tyrosins) sowie Äthionin, daß *Saccharomyces cerevisiae* (Bierhefe) auf galactose-haltigem Nährboden adaptiv das Enzymsystem der Galactose-vergärung, das sog. Galactozymase-system, bildet[7].

Alle diese noch recht spärlichen Ergebnisse sprechen jedenfalls dafür, daß die Enzym-synthese denselben Gesetzen unterliegt wie die Protein-synthese im allgemeinen. Als ein wesentlicher Gesichtspunkt folgt daraus weiter, daß der Organismus anscheinend zwischen Enzymen differenziert, die auch unter ungünstigsten Ernährungs-bedingungen soweit als möglich in normaler Konzentration synthetisiert werden, während die Bildung anderer Fermente durch derartige Umstände stark gehemmt wird. Unsere Kenntnisse des Zell-stoffwechsels erlauben noch nicht den naheliegenden Schluß, daß diese beiden Gruppen von Enzymen

---

[1] L. L. MILLER: J. biol. Chem. **172**, 113 (1948).
[2] J. O. ELY und M. H. ROSS: Nature **168**, 323 (1951).
[3] O. ROSENTHAL, C. S. ROGERS, H. M. VARS und C. C. FERGUSON: J. biol. Chem. **185**, 669 (1950).
[4] N. BARGONI: Exper. **7**, 104 (1951).
[5] N. D. LEE und R. H. WILLIAMS: Biochim. biophys. Acta **9**, 698 (1952).
[6] W. BOLLAG und E. GALLICO: Ibid. **9**, 193 (1952).
[7] H. O. HARVORSON und S. SPIEGELMAN: J. Bacter. **64**, 207 (1952).

identifizierbar sind mit denjenigen Fermenten, deren Wirksamkeit für die Aufrecht-erhaltung der wichtigsten Lebensfunktionen unbedingt nötig ist, bzw. mit denjenigen Enzymen, deren Aufgaben im Zellgeschehen weniger wichtig sind.

II. Der Ort der Enzym-bildung in der Zelle

Über den Ort der Enzym-bildung in der Zelle sind die Meinungen noch sehr geteilt. Nach den Ansichten von CASPERSSON[1] ist das Zentrum der Protein-synthese — und damit auch der Enzym-bildung — der Zellkern und hier wiederum das Chromatin. Das sog. Euchromatin, das aus Desoxynucleinsäure-histon besteht, soll nach CASPERSSON Proteine sezernieren; daneben finde auch eine Protein-synthese im Cytoplasma statt, die aber durch das Heterochromatin des Nucleolus gesteuert werde. Diese Anschauungen leiten sich von den Beobachtungen von CASPERSSON[1] und BRACHET[2] ab, die beide unabhängig voneinander feststellen konnten, daß die Orte der Protein-synthese besonders reich an Nucleinsäuren sind. So erfolgt z. B. bei hungernden Tieren in der Leber eine merkliche Abnahme der Nucleinsäure-konzentration parallel zu dem Schwinden der Protein-synthese. Andrerseits ist das Eindringen eines Virus in die Zelle und das Wachstum dieses Virus von einem raschen Anstieg des Nucleinsäure-gehaltes begleitet.

Im Gegensatz zu CASPERSSON nimmt aber BRACHET an, daß es weniger der Kern als bestimmte Körper des Cytoplasmas, so vor allem die Mitochondrien, sind, die das Zentrum der Eiweiß-synthese und damit auch der Enzym-bildung darstellen. Auch BRACHET glaubt an einen engen Zusammenhang zwischen Nucleinsäure-konzentration und Intensität der Protein-synthese; er weist aber darauf hin, daß der größte Teil der Ribonucleinsäure in den cytoplasmatischen Partikeln vorliegt.

In letzter Zeit haben BRACHET und CHANTRENNE[3] bei Versuchen an der Alge *Acetabularia mediterranea* in eindrucksvoller Weise gezeigt, daß für die Synthese bestimmter Enzyme nicht einmal die Anwesenheit eines Kernes unbedingt erforderlich ist. Dank der Größe des Organismus ist es möglich, den Kern der Alge durch Mikrodissektion zu entfernen, wobei zumindest einige Zeit lang die Lebensfunktionen erhalten bleiben, und es ergab sich, daß die kern-losen Algen in quantitativ gleicher Weise imstande sind, adaptiv in Anwesenheit von H_2O_2 Katalase zu bilden wie die kern-haltigen Organismen. Sie behalten diese Fähigkeit mehrere Wochen und sogar Monate bei. Diese Versuche scheinen zu zeigen, daß zumindest in diesem Falle die Bildung eines spezifischen Enzyms eine rein cytoplasmatische Reaktion ist, auf welche der Kern höchstens einen entfernten Einfluß ausüben kann. Dies stimmt auch mit Angaben verschiedener anderer Autoren überein, nach denen die wichtigsten Vorgänge des Energie-stoffwechsels in den Partikeln des Cytoplasmas lokalisiert sind; da die Enzym-synthese wie ja die Protein-synthese allgemein als energie-bedürftiger Vorgang aufgefaßt werden muß (vgl. S. 168f.), ist eine Lokalisierung dieser Prozesse in der Nähe energieliefernder Reaktionen durchaus verständlich.

Andrerseits liegen aber wiederum Befunde vor, die wahrscheinlich machen, daß auch der Kern die Fähigkeit besitzt, einige bestimmte Enzyme zu synthetisieren. Dies gilt vor allem für diejenigen Fermente, die im Zellkern in einer Konzentration angetroffen werden, welche die Konzentration in anderen Zellelementen stark übersteigt, wobei das Enzym aber im Zellkern offensichtlich keine Funktion ausüben kann, weil es entweder in einer inaktiven Form vorliegt oder die Bedingungen für seine Wirksamkeit nicht gegeben sind (LANG, *l. c.*).

[1] Monographie: T. CASPERSSON: Cell Growth and Cell Function. New York: Norton. 1950.
[2] Übersichtsreferat: J. BRACHET: Exp. ann. Biochimie méd. **12**, 1 (1950).
[3] Zitiert nach einem Vortrag von H. CHANTRENNE (Brüssel, April 1953).

So ist nach Untersuchungen von LANG, SIEBERT und FISCHER[1] an Pankreasgewebe die Konzentration von Kathepsin (optimale Wirksamkeit bei p_H 4,1) und Trypsin im Zellkern etwa fünfmal höher als im Cytoplasma, wobei das Trypsin als inaktive Vorstufe (Trypsinogen) vorliegt, die durch Enterokinase aktiviert werden kann. Die Konzentration der Lipase im Zellkern übersteigt den Gehalt des Cytoplasmas an demselben Enzym sogar um ein bis zwei Zehnerpotenzen. Weniger stark ausgeprägt, aber immerhin noch deutlich ist der Konzentrations-unterschied zwischen Zellkern und Cytoplasma bei der Amylase des Pankreas. Ein weiteres von LANG (*l. c.*) beschriebenes Beispiel ist die Arginin-amidinase *(Arginase)* der Leber, die ebenfalls vorwiegend im Kern lokalisiert gefunden wird, ohne daß es bisher gelungen ist, eine Funktion dieses Enzyms innerhalb des Kerns nachzuweisen.

LANG *(l. c.)* hält es aus diesen Gründen für sehr wahrscheinlich, daß zumindest die extracellulären Enzyme, d. h. alle Enzyme, die von spezialisierten Zellen sezerniert werden, ihren Ursprung im Kern haben und führt zur Unterstützung dieser Auffassung auch morphologische Befunde an. Die Frage, welche Vorgänge innerhalb des Kernes die energetische Grundlage für die sicherlich energieerfordernde Enzym-synthese darstellen, wäre allerdings noch zu klären.

III. Enzym-synthese *in vitro*

In letzter Zeit ist es gelungen, die Bildung von Enzymen in überlebenden Organ-schnitten nachzuweisen. Nach Untersuchungen von HOKIN[2] synthetisieren Pankreas-schnitte aus Tauben bis zu 5 μg Amylase pro mg Trockengewicht und Stunde, wobei es notwendig ist, daß die für die Synthese des Ferments erforderlichen Aminosäuren zugegen sind; Methionin kann fehlen, da Amylase kein Methionin enthält. Außer den Aminosäuren müssen auch Sauerstoff sowie ein Substrat, das aerob abgebaut werden kann, wie z. B. Glucose, anwesend sein.

Bei ähnlichen Versuchen mit Schnitten aus Ratten-leber konnten DHUNGAT und SREENIVASAN[3] die Synthese einer Xanthin $\rightarrow$ O_2-transhydrogenase *(Xanthin-oxydase)* beobachten, wenn die Gewebe-schnitte unter aeroben Bedingungen in Glucose-haltigem Serum inkubiert wurden. Bei Zusatz von Glykokoll, Methionin, Riboflavin und Bicarbonat erfolgte verstärkte Enzym-synthese.

Nach Inkubation von Pankreas-schnitten mit $NaH^{14}CO_3$ gelang es ANFINSEN[4], radioaktive Ribonuclease in kristalliner Form zu isolieren.

IV. Umsatz-geschwindigkeit der Enzyme; der Umfang der Enzym-produktion

Alle bisher erhobenen Befunde scheinen dafür zu sprechen, daß die Umsatzgeschwindigkeit der Enzymproteine eine weitaus größere ist als diejenige der Struktur-eiweißkörper. So zeigte BIDINOST[5], daß Myosin und Actin im Muskel erheblich langsamer umgesetzt werden als die anderen Zellproteine. Das Struktur-protein Kollagen ist besonders bei älteren Individuen fast völlig stoffwechselinert; nur bei jüngeren Individuen kann eine beschränkte Teilnahme an Austauschprozessen nachgewiesen werden[6]. DALY, ALLFREY und MIRSKY[7] berichteten vor kurzem, daß der Einbau markierter Aminosäuren in das Histon, das Strukturprotein des Zellkerns, wesentlich langsamer vor sich geht als in das „Residualprotein", von dem angenommen werden kann, daß es zu einem großen Teil aus Enzymen besteht. Während im Tag etwa 13% des vorhandenen Cytochrom c umgesetzt werden, ist der entsprechende Wert für das Hämoglobin 1%.

[1] K. LANG, G. SIEBERT und F. FISCHER: Biochem. Z. **324**, 1 (1953).
[2] L. E. HOKIN: Biochem. J. **48**, 320 (1951); **50**, 216 (1952); Biochim. biophys. Acta **8**, 225 (1952).
[3] S. B. DHUNGAT und A. SREENIVASAN: J. biol. Chem. **197**, 830 (1952).
[4] C. B. ANFINSEN: Ibid. **185**, 827 (1950).
[5] L. E. BIDINOST: Ibid. **190**, 423 (1951).
[6] A. NEUBERGER, J. C. PERRONE und H. G. B. SLACK: Biochem. J. **49**, 199 (1951); A. NEUBERGER und H. G. B. SLACK: Ibid. **53**, 47 (1953).
[7] M. M. DALY, F. G. ALLFREY und A. E. MIRSKY: J. gen. Physiol. **36**, 173 (1952).

Einer Schätzung von LANG (*l. c.*) zufolge produziert der menschliche Organismus allein an Verdauungs-enzymen (Speichel-amylase, Pepsin, Pankreas-enzyme) täglich 6 bis 8 g. Für die Gesamt-produktion an Enzymen gibt derselbe Autor die Zahl von 49 g an, eine Menge, die etwa die Hälfte der täglichen Eiweißsynthese beim Menschen ausmacht. Diese Werte sind aber sicherlich gering gegenüber den entsprechenden Zahlen bei der Hefe und anderen Mikroorganismen, die täglich ein Vielfaches ihres Eigengewichtes an Eiweiß zu produzieren imstande sind, von dem ein Großteil Enzymprotein ist.

V. Der Abbau der Enzyme

Wie wir erfahren haben, ist die Umsatz-geschwindigkeit der Enzyme verhältnismäßig hoch; damit wird ausgesagt, daß dauernd Enzyme abgebaut und durch Neusynthese ersetzt werden.

Über die Mechanismen des Abbaus sind wir aber heute noch sehr wenig unterrichtet. Wohl wissen wir, daß z. B. die in den Verdauungskanal sezernierten Enzyme praktisch vollkommen zerstört werden, da sie weder in den Faeces wiedergefunden werden können, noch durch die Darmwand in die Blutbahn resorbiert werden. Es ist aber noch völlig unbekannt, ob die Zerstörung enzymatisch erfolgt oder ob dafür die Darm-bakterien verantwortlich sind.

Noch weniger läßt sich über das Schicksal der intracellulären Enzyme aussagen. Untersuchungen *in vitro*, wobei Extrakte oder Homogenate verwendet werden, zeigen, daß viele Enzyme rasch inaktiviert werden, während einige andere lange ihre Aktivität bewahren. Die für die Inaktivierung der Fermente in den Extrakten verantwortlichen Faktoren sind vor allem die Proteolyse durch entsprechende Peptidasen, weiters die Oxydation von Tyrosin-gruppen in den Enzymproteinen durch Tyrosin-oxydasen (SIZER[1]), die Oxydation von Sulfhydrylgruppen und der Abbau von Coenzymen und enzymatischen Komplementen. Wieweit aber alle diese Faktoren bei unzerstörter Organ-struktur eine Rolle spielen, ist noch völlig unbekannt.

Wenn die Organ-struktur nicht zerstört wird, sind manche Enzyme längere Zeit beständig, insbesondere wenn die Organe bei tiefer Temperatur aufbewahrt werden. So konnten SCHWEIGERT und Mitarbeiter[2] feststellen, daß in intaktem Muskelgewebe nach vier Wochen Aufbewahrung bei 2° die Fähigkeit zur Glykolyse, zur Spaltung von ATP und zur Oxydation der Bernsteinsäure unverändert erhalten blieb.

14. Faktoren, die für die Bildung der individuellen fermentativen Ausrüstung der Organismen verantwortlich sind[3]

Auf Grund eingehender, vergleichend biochemischer Untersuchungen ist die verallgemeinernde Aussage erlaubt, daß die enzymatische Ausrüstung der Organismen sowohl qualitativ als auch quantitativ von Klasse zu Klasse und von

[1] Übersichtsreferat: I. W. SIZER: Adv. Enzymology **14**, 129 (1953).

[2] M. M. ANDREWS, B. T. GUTHNECK, B. H. MCBRIDE und B. S. SCHWEIGERT: J. biol. Chem. **194**, 715 (1952); M. M. MARQUETTE und B. S. SCHWEIGERT: Science **111**, 660 (1950).

[3] Übersichtsreferate: G. PONTECORVO: Adv. Enzymology **13**, 121 (1952); A. BUTENANDT: Naturwiss. **40**, 91 (1953); N. H. HOROWITZ: Adv. Genetics **3**, 33 (1950); G. W. BEADLE: Fortschr. Chem. organ. Naturstoffe **5**, 300 (1948); H. K. MITCHELL: Vitamins and Hormones **8**, 127 (1950); D. M. BONNER: In „Phosphorus Metabolism", herausgegeben von W. D. MCELROY und B. GLASS. Bd. II, S. 153, Baltimore: John Hopkins Press. 1952.

Art zu Art verschieden ist. Das bedeutet, daß Unterschiede morphologischer oder physiologischer Natur immer von Unterschieden in der enzymatischen Ausrüstung begleitet sind.

Andrerseits wissen wir, daß Organismen der gleichen Art eine weitgehend identische enzymatische Ausrüstung aufweisen. Diese Erkenntnis führte bereits vor längerer Zeit zu dem Schluß, daß zwischen den Erbfaktoren, den Genen, und den Fermenten nahe Beziehungen bestehen, während die allgemeine Rolle der Enzyme im Lebensgeschehen die Annahme nahelegte, daß die Gene auf dem Wege über die Enzyme ihre Wirkung ausüben. Auf Grund des vorhandenen Untersuchungsmaterials läßt sich die Behauptung aufstellen, daß jedes Gen für den Wirkungsgrad eines bestimmten Ferments verantwortlich ist.

Wir müssen uns nun die Frage vorlegen, in welcher Weise diese Wechselwirkung zwischen Genen und Enzymen im einzelnen vor sich geht. Nach Butenandt *(l. c.)* wären drei Möglichkeiten für die Wirkungsweise der Gene zu diskutieren:

1. Das Gen besitzt selbst die Eigenschaften eines Ferments und katalysiert die gen-abhängige Reaktion.
2. Das Gen produziert das Ferment, sei es als primäres oder als sekundäres Gen-produkt.
3. Das Gen bewirkt nicht die Enzym-produktion, sondern beeinflußt die Enzymaktivität, z. B. durch Bildung von spezifischen Aktivatoren oder Inhibitoren.

Alle unsere Kenntnisse über die Natur und die Lokalisation der Gene scheinen die erstgenannte Möglichkeit, die Identität von Gen und Ferment, auszuschließen. Um die Entscheidung treffen zu können, welcher der beiden anderen Zusammenhänge wahrscheinlicher ist, bzw. ob nicht beide Möglichkeiten gleichzeitig in Frage kommen, mag es nützlich sein, an dieser Stelle kurz einige der wichtigsten Befunde über die Wechselwirkung zwischen Genen und Enzymen zu besprechen.

Frühe Arbeiten über angeborene Stoffwechsel-anomalien beim Menschen (vgl. Garrod[1]) zeigten bereits, daß zwischen Gen-wirkungen und Stoffwechsel-anomalien ein Zusammenhang besteht. So konnte Bateson bereits 1902 die seltene Erbkrankheit Alkapton-urie, die durch eine Ausscheidung von „Alkapton" (Homogentisinsäure) im Harn charakterisiert ist, als Folge der Unterbrechung einer normalen chemischen Abbaureihe des Tyrosinstoffwechsels nach Mutation eines Gens deuten. 1914 wies Gross[2] nach, daß dem Alkapton-uriker im Blut das Ferment fehlt, das beim Gesunden den Abbau der Homogentisinsäure bewirkt. Eine ähnliche erbliche Stoffwechsel-störung beim Menschen ist die Phenylketon-urie, die dadurch gekennzeichnet ist, daß Phenylbrenztraubensäure im Harn ausgeschieden wird. Nach Fölling und Mitarbeitern[3] sowie Penrose[4] beruht diese Erscheinung auf der Unfähigkeit, Phenylbrenztraubensäure zu ihrem *p*-Oxyderivat bzw. Phenylalanin zu Tyrosin zu oxydieren. Die Krankheit ist rezessiv vererbbar und dürfte ebenfalls durch die Mutation eines Einzelgens verursacht werden. Bemerkenswert ist, daß Phenylketon-urie immer mit Schwachsinn verbunden ist; der Zusammenhang zwischen dem Stoffwechsel-defekt und der geistigen Demenz ist noch unerklärt.

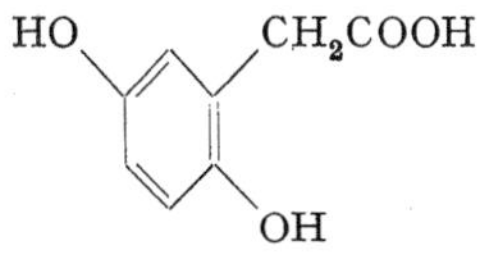

HO CH_2COOH OH — Homogentisinsäure

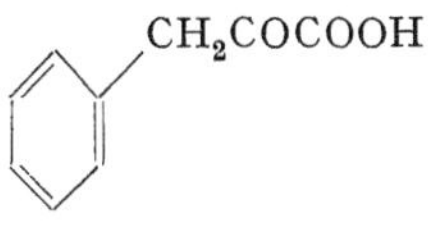

$CH_2COCOOH$ — Phenylbrenztraubensäure

In letzter Zeit konnten die wichtigsten Zwischen-reaktionen im Stoffwechsel von Phenylalanin und Tyrosin aufgeklärt werden. Dadurch ist es möglich, diejenigen Teilreaktionen, welche durch gen-abhängige Fermente katalysiert werden, im Gesamtsystem des Phenylalanin-abbaus zu charakterisieren[5].

---

[1] A. E. Garrod: Inborn Errors of Metabolism. 2. Aufl. Oxford: Oxford Univ. Press. 1923.

[2] O. Gross: Biochem. Z. **61**, 165 (1914).

[3] A. Fölling: Hoppe-Seyler's Z. physiol. Chem. **227**, 169 (1934); A. Fölling, O. L. Mohr und L. Rüüd: Skrifter Norske Videnskaps-Acad. Oslo, Mat.-Naturw. Klasse, No. 13, 44 (1945).

[4] L. S. Penrose: Lancet **229**, 192 (1935); Biochem. Soc. Symp. **4**, 10 (1950).

[5] Vgl. z. B. das Übersichtsreferat von A. B. Lerner: Adv. Enzymology **14**, 73 (1953).

Schema des oxydativen Abbaus von L-Phenylalanin und L-Tyrosin

$C_6H_5CH_2CH(NH_2)COOH$ ⇄ $C_6H_5CH_2COCOOH$ $\xrightarrow{-CO_2}$ $C_6H_5CH_2COOH$

L-Phenylalanin — Phenylbrenztraubensäure — Phenylessigsäure

⇅ gen-abhängig (Enzym fehlt bei Phenylketon-urie)

$HOC_6H_4CH_2CH(NH_2)COOH$ ⇄ $HOC_6H_4CH_2COCOOH$ $\xrightarrow{-CO_2}$ $HOC_6H_4CH_2COOH$

L-Tyrosin — 4-Oxyphenylbrenztraubensäure — 4-Oxyphenylessigsäure

4-Oxyphenylbrenztraubensäure $\xrightarrow{+\,^1/_2O_2}$

$(OH)_2C_6H_3CH_2COCOOH$ $\xrightarrow{-CO_2}$ $(OH)_2C_6H_3CH_2COOH$

2,5-Dioxyphenylbrenztraubensäure — Homogentisinsäure

Homogentisinsäure $\xrightarrow{+O_2}$ gen-abhängig (Enzym fehlt bei Alkapton-urie)

$COOH{-}CH{=}CH{-}CO{-}CH_2{-}COCH_2COOH$ (4-Fumarylacetessigsäure) $\xrightarrow{+H_2O_2}$ $COOH{-}CH{=}CH{-}COOH$ + $COOH{-}CH_2{-}CO{-}CH_3$

Fumarsäure — Acetessigsäure — 4-Fumarylacetessigsäure

In diesem Zusammenhang sind auch die Untersuchungen über die Melanin-bildung bei Tieren zu nennen. Es läßt sich eindeutig eine Beziehung zwischen einer Reihe alleler Gene, welche die Melanin-bildung determinieren, und bestimmten in Haut-extrakten nachweisbaren Phenol-oxydasen feststellen; durch die Wirkung dieser Fermente wird Dioxyphenyl-alanin zu melanin-artigen Farbstoffen oxydiert[1].

Auf Grund eingehender Forschungen über die Biosynthese von Anthocyanin-farbstoffen in höheren Blütenpflanzen konnte gezeigt werden, daß auch diese Vorgänge durch die Intervention von Einzel-genen gesteuert werden[2].

Als weitere Marksteine in dieser Richtung sind die Arbeiten von BUTENANDT und Mitarbeitern[3] über gen-gesteuerte Pigment-bildung bei der Mehlmotte *Ephestia kühniella* zu erwähnen. Die Wildform dieses Insekts ist durch dunkelbraune Pigmentierung der Falteraugen, der Raupenaugen, der Raupenhaut und einiger Organe gekennzeichnet. Die Färbung wird durch Bildung und Ablagerung bestimmter Pigmente, der sog. Ommochrome, hervorgerufen. Durch Spontanmutation eines einzigen Gens ($a^+ \rightarrow a$) entsteht eine Mehlmotten-rasse, die sich homozygot von der Wildform durch den Mangel an Ommochromen unterscheidet.

---

[1] Vgl. hierzu S. WRIGHT: Physiol. Revs. **21**, 487 (1941).

[2] R. SCOTT-MONCRIEFF: Ergebn. Enzymforsch. **8**, 277 (1939); W. J. C. LAWRENCE und J. R. PRICE: Biol. Rev. Cambridge phil. Soc. **15**, 35 (1940).

[3] Vgl. hierzu A. BUTENANDT, *l. c.*

Die Falter dieser Mutations-rasse haben hellrote Augen und die Raupen sind praktisch unpigmentiert.

Durch Überpflanzung von Organen der Wildform in das letzte Raupenstadium der Mutations-rasse oder auch durch Injektion alkoholisch-wäßriger Extrakte aus a^+-enthaltendem Gewebe gewinnt die *aa*-Rasse die Fähigkeit zur Ommochrombildung. Die Gewebe der Wildform enthalten somit einen extrahierbaren Stoff, der nur unter dem Einfluß des a^+-Gens gebildet wird; dieser konnte mit Kynurenin, einem Zwischenprodukt des Tryptophan-stoffwechsels, identifiziert werden. Durch quantitative Untersuchung der Beziehungen zwischen der verwendeten Menge Kynurenin und der entstandenen Pigment-menge konnte eindeutig gezeigt werden, daß Kynurenin nicht ein Katalysator für die Ommochrombildung, sondern ein Baustoff für dieses Pigment ist.

Kynurenin ist also ein Zwischenprodukt der Ommochrom-bildung, dessen Vorstufe in der Wildform mit größter Wahrscheinlichkeit Tryptophan ist, da unter anderem auch festgestellt werden konnte, daß pigment-lose Mutanten der Mehlmotte einen statistisch gesichert höheren Gehalt an Tryptophan aufweisen als die Wildform.

Der Wirkungsmechanismus des Gens a^+ kann deshalb in dem Sinn gedeutet werden, daß die Anwesenheit dieses Erbfaktors für das Funktionieren des Enzymsystems notwendig ist, das die Umwandlung von Tryptophan in Kynurenin katalysiert. Diese Reaktion dürfte bei Insekten, ebenso wie es bei Säugetieren bereits nachgewiesen wurde, von einem aus drei Einzelenzymen bestehenden System bewirkt werden (vgl. S. 574).

In *Drosophila melanogaster*, der von den Genetikern so bevorzugten Taufliege, existieren ganz ähnliche Mechanismen. Die dunkelrote Augenfarbe der Wildrasse ist von dem Gen v^+ abhängig, dessen Mutation zu v die Augenfarbe der Insekten stark herabsetzt. Auch in diesem Falle ist die Gen-wirkung durch Kynurenin voll ersetzbar. Die Gene a^+ von *Ephestia kühniella* und v^+ von *Drosophila melanogaster* sind somit homolog.

Bei *Drosophila* kann aber auch durch Mutation eines zweiten Gens eine gleichartige Wirkung auf die Augenpigment-bildung eintreten; die Mutation des Gens cn^+ zum Allel cn führt ebenfalls zum Verlust der Fähigkeit, Ommochrome zu bilden. Der Einfluß des Gens cn^+ läßt sich nicht durch Kynurenin, sondern durch 3-Oxykynurenin ersetzen. Dies läßt sich offenbar in der Weise erklären, daß 3-Oxykynurenin aus Kynurenin unter Einwirkung eines spezifischen Ferments entsteht, das nur in Geweben wirksam ist, die das Gen cn^+ enthalten. Die Verhältnisse sind im Schema verdeutlicht, das gleichzeitig zeigt, wie verschiedene Gene bei der Ausprägung eines Merkmals zusammenwirken können.

Gen-wirkkette der Pigment-bildung bei Insekten (nach BUTENANDT, *l. c.*)

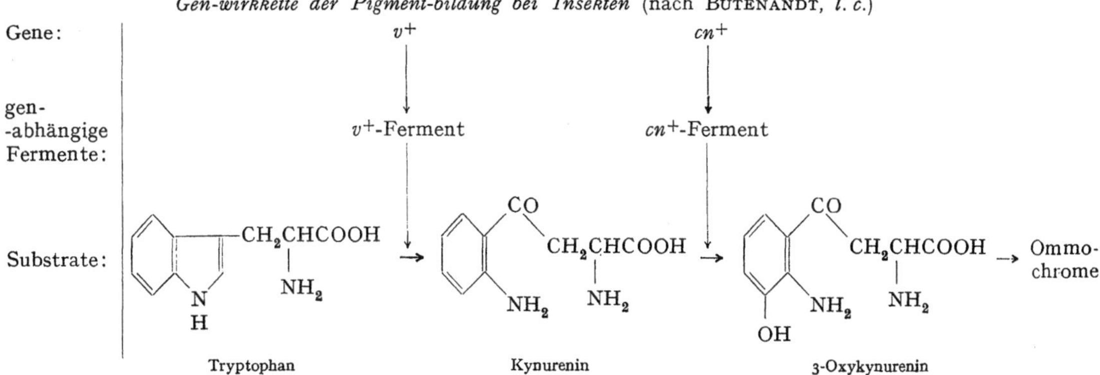

Weitaus kompliziertere Verhältnisse finden wir bei der gen-abhängigen Geschlechtsdetermination bei der Grünalge *Chlamydomonas*. Die genetische und chemische Analyse ergab, daß es sich hier um gen-gesteuerte chemische Prozesse handelt, durch die das Geschlecht bestimmt und die Kopulation ermöglicht wird. Hierfür sind zahlreiche Erbfaktoren verantwortlich, die jeweils an bestimmter Stelle in den Stoffwechsel der Carotinoide und der Anthocyanin-Flavonol-verbindungen eingreifen, indem sie über spezifische Fermente die von ihnen kontrollierten Reaktionsschritte bewirken. Für eine ausführliche Darstellung der Verhältnisse muß auf ein Übersichtsreferat von MOEWUS[1] verwiesen werden.

Die umfassendsten Untersuchungen über die Beeinflussungen von Stoffwechsel-vorgängen durch Erbfaktoren wurden aber an Mikroorganismen und hier wieder vor allem an dem roten Brotpilz *Neurospora crassa* vorgenommen. Der Wildstamm dieses Organismus benötigt außer anorganischen Salzen und einer Kohlenstoff-quelle, wie z. B. Zucker, nur Biotin als Wuchsstoff. Er ist somit dazu befähigt, sämtliche andere für seine Lebensfunktionen notwendigen Substanzen selbst zu synthetisieren. Durch den Einfluß mutations-auslösender Strahlen oder Chemikalien können aber Mutanten erzeugt werden, bei welchen jeweils eine bestimmte chemische Reaktion blockiert ist und die deshalb auf die Zuführung einer lebensnotwendigen Substanz, z. B. einer Aminosäure oder eines Wuchsstoffes, angewiesen sind.

BEADLE und seine Mitarbeiter (vgl. hierzu BEADLE, *l. c.*, HOROWITZ, *l. c.*, MITCHELL, *l. c.*, BONNER, *l. c.*) konnten in jahrelangen Untersuchungen viele hundert *Neurospora*-Mutanten isolieren, die sich von der Wildform fast durchwegs dadurch unterscheiden, daß sie offenbar eine bestimmte chemische Reaktion nicht mehr vollziehen können und deshalb für ihr Wachstum den Zusatz entsprechender Aminosäuren oder Wuchsstoffe zu ihrem Nährmedium benötigen.

Auf Grund dieser Versuche ist es oftmals gelungen, noch unbekannte Zusammenhänge bei der Biosynthese verschiedener Stoffe aufzudecken. Als erstes Beispiel soll die Biosynthese von Methionin bei *Neurospora* besprochen werden; Untersuchungen über sechs verschiedene Typen von Mutanten, bei denen in irgend einer Weise die Methionin-bildung gestört war, ergaben die Reaktionsfolge:

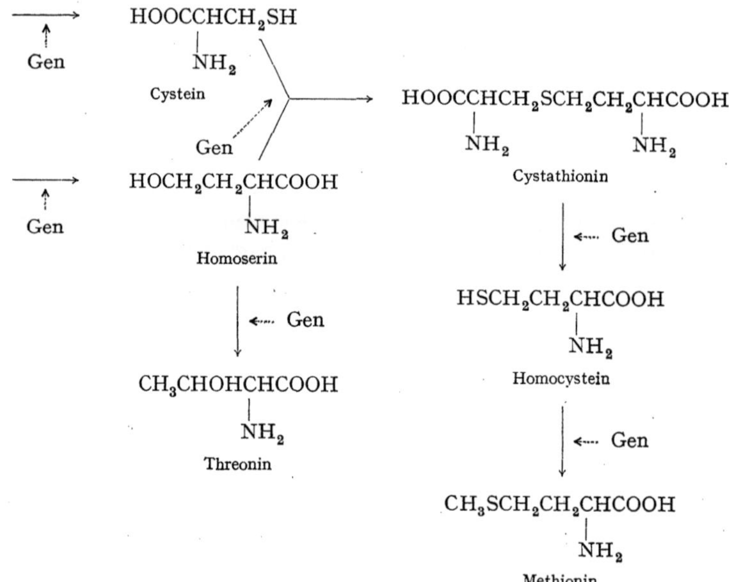

Schema für die Entstehung von Methionin bei *Neurospora*.

[1] F. MOEWUS: Ergebn. Enzymforsch. **12**, 173 (1951).

Homoserin kann somit als gemeinsamer Vorläufer von Methionin und Threonin angesehen werden; auf diese Weise erklärt sich auch, daß eine *Neurospora*-Mutante, die sowohl Methionin als auch Threonin für ihr Wachstum benötigt, in Wahrheit nur in einer einzigen Reaktion, nämlich der Bildung von Homoserin, gestört ist. Der hier gezeigte Aufbauweg für Methionin und Threonin dürfte nicht nur für *Neurospora* gültig sein, sondern weit allgemeinere Bedeutung besitzen.

Ein analoges Beispiel bieten die verschiedenen Mutanten, bei denen Einzelschritte des Tryptophan-stoffwechsels selektiv blockiert sind. Es konnte gezeigt werden, daß Tryptophan aus Indol und Serin gebildet wird; die Vorstufen von Indol sind vermutlich Shikimisäure und sicher Anthranilsäure. Andrerseits konnte auf Grund eingehender Versuche dieser Art geschlossen werden, daß in *Neurospora* Tryptophan eine Vorstufe von Nicotinsäure ist. So wurde eine Mutante gefunden, die einen Vorläufer der Nicotinsäure produziert und akkumuliert, welcher von einer anderen Mutante, die diesen Vorläufer nicht synthetisieren kann, in Nicotinsäure umgewandelt wird. Eine dritte Mutante benötigt entweder Tryptophan oder Nicotinsäure für ihr normales Wachstum; sie ist somit nicht zur Synthese von Tryptophan fähig, besitzt aber alle Fermente für die Umwandlung von Tryptophan in Nicotinsäure. Auf Grund gleichartiger Versuche konnten Kynurenin und 3-Oxyanthranilsäure als Zwischenstufen des Umbaus von Tryptophan zu Nicotinsäure identifiziert werden.

Gen → Shikimisäure —Gen→ Anthranilsäure —Gen→ Indol + $HOCH_2CH(NH_2)COOH$ (Serin) —Gen→

→ Tryptophan ($-CH_2CH(NH_2)COOH$) → Kynurenin ($COCH_2CH(NH_2)COOH$, NH_2) —Gen→ 3-Oxykynurenin ($COCH_2CH(NH_2)COOH$, NH_2, OH) →

→ 3-Oxyanthranilsäure (COOH, NH_2, OH) —Gen→ [HC=O, NH_2, COOH, COOH] → Chinolinsäure (COOH, COOH, N)

↓ ← Gen ↓ ?

[HC=O, NH_2, COOH] → Nicotinsäure (COOH, N)

Schema des Tryptophan-stoffwechsels bei *Neurospora crassa*

Das Schema gibt unsere heutige Kenntnis über den Tryptophan-stoffwechsel bei *Neurospora* wieder; die Richtigkeit dieser Anschauungen wurde auch durch Versuche mit isotopem Stickstoff erhärtet. Der mit Hilfe der Versuche an *Neurospora* gewonnene Einblick in den Stoffwechsel von Tryptophan und Nicotinsäure stimmt weitgehend mit Ergebnissen bei anderen Organismen überein, so daß die Mechanismen eine gewisse Allgemeingültigkeit besitzen dürften.

Unter Versuchen mit anderen Mikroorganismen sind hier die Arbeiten von FRIES[1] an *Ophiostoma*, die Untersuchungen an *Aspergillus nidulans* von PONTECORVO[2] und seiner Schule sowie analoge Versuchsreihen über *Escherichia coli*[3], *Ustilago maydis*[4] und Hefe[5] zu erwähnen. Auch hier gelang es überall, durch Anwendung von mutations-auslösenden Agenzien (Strahlen, Chemikalien) Mutanten zu erhalten, die sich von der Wildform durch die Unfähigkeit, eine bestimmte Reaktion zu katalysieren, unterschieden.

BEADLE[6] zog aus den von ihm und seiner Schule erarbeiteten Ergebnissen an *Neurospora* den Schluß, daß diese sich am besten durch eine Theorie erklären lassen, die etwa in dem Satz zusammengefaßt werden kann: *Bei der Synthese eines bestimmten Enzyms oder eines anderen spezifischen Proteins hängt die Spezifität von einem einzigen Gen ab.* Somit könnte jedes einzelne Ferment nur dann entstehen, wenn das ihm übergeordnete Gen vorhanden ist. Die Theorie sagt aber natürlich nicht aus, daß die bloße Anwesenheit dieses Gens genügt, daß die Zelle das Enzym tatsächlich synthetisiert; sie ist zu dieser Synthese lediglich befähigt. Durch die Gen-zusammensetzung würde also die *potentielle* enzymatische Ausrüstung der Zelle bestimmt, während die *tatsächliche* enzymatische Ausrüstung noch von verschiedenen anderen Faktoren — Anwesenheit von Substraten, Vorhandensein der Grund-bausteine u. dgl. — abhängt.

Auf Grund der seither erhobenen Befunde ist es weder möglich, die Richtigkeit der „Ein-Gen-ein-Enzym-Theorie" anzuerkennen noch sie abzulehnen (vgl. PONTECORVO, *l. c.*). Zur Zeit ist ihre Rolle wohl die einer sehr nützlichen Arbeitshypothese.

Wenn wir nun zu unserer ursprünglichen Fragestellung zurückkehren, auf welche Weise die Wechselwirkung zwischen Genen und Fermenten vor sich geht, so scheinen auf den ersten Blick alle Befunde dafür zu sprechen, daß im allgemeinen die Gene ihre Wirkung dadurch ausüben, daß sie an der Enzym-synthese maßgeblich beteiligt sind. Zur Prüfung dieser Vorstellung ist es aber erforderlich festzustellen, ob in den Mutanten, die zu einer bestimmten Reaktion nicht mehr befähigt sind, das Ferment, welches die betreffende Reaktion katalysiert, tatsächlich nicht vorhanden ist.

Bisher sind nur zwei Befunde bekannt geworden, die auf diese Frage Bezug nehmen. MITCHELL und GORDON[7] konnten bei einer Mutante, die zur Synthese von Tryptophan nicht imstande war, das Ferment der Tryptophansynthese aus Indol und Serin auch *in vitro* nicht nachweisen. Andrerseits berichtet WAGNER[8], daß er in aceton-getrockneten Zellresten einer Mutante, die für ihr Wachstum Pantothensäure benötigte, das Ferment nachweisen konnte, welches die Kupplung von Pantoyllacton und β-Alanin katalysiert, während die intakten

[1] N. FRIES: Nature **155**, 757 (1945).
[2] G. PONTECORVO: Heredity **4**, 270 (1950); Biochem. Soc. Symp. **4**, 40 (1950).
[3] J. LEDERBERG: Genetics **32**, 505 (1947).
[4] D. D. PERKINS: Ibid. **34**, 607 (1949).
[5] S. POMPER: Ibid. **35**, 130 (1950).
[6] G. W. BEADLE: Chem. Revs. **37**, 15 (1945).
[7] H. K. MITCHELL und M. GORDON: Zitiert nach N. H. HOROWITZ und H. K. MITCHELL: Annu. Rev. Biochem. **20**, 465 (1951).
[8] R. P. WAGNER: Proc. nat. Acad. Sci. U. S. **35**, 181 (1949).

Zellen diese Reaktion nicht vollbringen konnten. Der zuletzt besprochene Befund würde also bedeuten, daß in diesem Falle die Mutation eines Gens nicht die Enzym-synthese beeinflußt, sondern daß durch die Wirkung des mutierten Gens ein Hemmkörper gebildet wird, der die Aktivität des an sich vorhandenen Ferments *in vivo* inhibiert.

Diese noch sehr spärlichen Untersuchungen lassen also nicht klar erkennen, ob die Gene tatsächlich überall die Enzym-bildung direkt steuern oder ob sie nicht in manchen Fällen ihren Einfluß durch Aktivierung oder Hemmung der spezifischen enzym-katalysierten Reaktion ausüben.

15. Die Ausbildung der tatsächlichen fermentativen Ausrüstung der Einzelzellen; die induzierte Ferment-bildung[1]

Den Ausführungen des letzten Abschnitts zufolge können wir es als erwiesen annehmen, daß die *potentielle* enzymatische Ausrüstung der Organismen und auch der Einzelzelle unter der Kontrolle der Erbfaktoren, also der Gene, steht. Andrerseits ist es aber wohlbekannt, daß die *tatsächliche* Enzym-ausrüstung der verschiedenen Zellen in Vielzellern von Gewebe-art zu Gewebe-art wesentlich verschieden ist. Dies ist leicht verständlich, denn den verschiedenen physiologischen Funktionen der einzelnen Gewebe-arten entsprechen natürlich verschiedene Ferment-konzentrationen; der früher aufgestellte Satz, daß Unterschiede morphologischer oder physiologischer Natur immer von Unterschieden in der enzymatischen Ausrüstung begleitet sind, gilt auch hier. Die gesamte Problematik der Entwicklungs-physiologie, die Ursache der Differenzierung der Zellen und Gewebe im Vielzeller, welche bereits in einem sehr frühen Stadium der Entwicklung des Organismus beginnt, kann somit auch als eine enzymologische Fragestellung aufgefaßt werden.

Nach den derzeitigen Vorstellungen, die im wesentlichen auf Spemann zurückgehen, ist das Agens der individuellen Differenzierung in den sog. „Organisatoren" zu suchen; diese, die bis jetzt wohl nur als funktionelle Einheiten aufgefaßt werden können, üben ihre Wirkung fast sicher durch chemische Beeinflussung aus; die daran beteiligten Substanzen wurden allerdings noch nicht identifiziert. Vom Standpunkt des Enzymologen aus kann man wohl sagen, daß die „Organisatoren" die Ferment-bildung in den Einzelzellen qualitativ und quantitativ beeinflussen; über die Art dieser Beeinflussung, die in ihrer Richtung selbstverständlich auch genetisch festgelegt sein muß, ist aber noch kaum etwas bekannt.

Unter den auf S. 114 genannten Faktoren, die einen Einfluß auf die Enzymkonzentration in den Zellen haben können, kommen bei den Vorgängen der Differenzierung allein die Hormone in Frage. Es ist auch fast sicher, daß dieser hormonelle Einfluß bei der Zell-differenzierung — allerdings erst in späteren Entwicklungs-stadien — eine gewisse Rolle spielt.

Wir sind heute wohl noch weit von einer wirklich brauchbaren Konzeption über die Fragen der enzymatischen Differenzierung der einzelnen Gewebe und Zellen im Vielzeller entfernt. Ein interessanter Hinweis ergibt sich aus dem

---

[1] Handbuchartikel und Übersichtsreferate: J. Monod und M. Cohn: Adv. Enzymology 13, 67 (1952); S. Spiegelman: In „The Enzymes", herausgegeben von J. B. Sumner und K. Myrbäck, Bd. I/1, S. 267. New York: Academic Press. 1950; Idem: Symp. Soc. exp. Biol. 2, 286 (1948); R. Y. Stanier: Annu. Rev. Microbiol. 5, 35 (1951).

Studium der sog. adaptiven oder induzierten Ferment-bildung, die vor allem aus Versuchen mit Mikroorganismen bekannt ist und der nach Meinung vieler Autoren eine Bedeutung bei der Differenzierung der Zellen zukommt.

Induzierte Enzym-bildung

Unter der Bezeichnung „enzymatische Adaption" oder „induzierte Biosynthese von Enzymen" verstehen wir definitions-gemäß allgemein eine Veränderung der enzymatischen Ausrüstung eines Organismus oder eines Teils eines Organismus, welche durch eine spezifische Substanz — gewöhnlich durch das Substrat des induzierten Ferments — bewirkt wird.

Die Verwendung der Bezeichnung „induzierte Biosynthese von Enzymen" an Stelle des gebräuchlicheren Ausdrucks „enzymatische Adaption" wird von MONOD und COHN *(l. c.)* deshalb vorgeschlagen, weil „Adaption" in der Mikrobiologie häufig auch im Sinne einer Selektion von Spontan-mutanten in einer Population gebraucht wird, wodurch es leicht zu Begriffsverwirrungen kommen kann[1].

Die erste Beobachtung über eine induzierte Biosynthese eines Enzyms bzw. eines Enzymsystems wurde 1900 von DIENERT[3] berichtet. Die Vergärung von Galactose durch Hefe ist weitgehend davon abhängig, ob die Organismen vorher Gelegenheit hatten, auf einem galactose-haltigen Nährboden zu wachsen. Von der Verpflanzung der Hefe in einen derartigen Nährboden bis zur Erlangung der Fähigkeit, Galactose zu vergären, vergeht eine gewisse Zeitspanne, die als Anpassungszeit bezeichnet wird.

In den folgenden Jahren wurde über verschiedene andere Fälle von adaptiver Ferment-bildung bei Mikroorganismen berichtet. Bei genauer Prüfung dieser Befunde muß aber festgestellt werden, daß wir es hier mit zwei biologisch unterscheidbaren Kategorien von Erscheinungen zu tun haben: In manchen Fällen handelt es sich um eine während der Anpassungs-zeit erfolgende Selektion von Mutanten, so daß die genetische Zusammensetzung der „adaptierten" Population von derjenigen der ursprünglichen Kultur abweicht. In anderen Fällen kann aber nachgewiesen werden, daß die beobachtete Veränderung — die Mehrbildung eines Enzyms oder Enzymsystems — bei unverändertem genetischem Hintergrund zustande kommt; nur diese Erscheinungen können als induzierte Enzym-synthese angesprochen werden.

Eine Zusammenstellung von derartigen induzierten Enzym-synthesen bei Mikroorganismen, die aber keinerlei Anspruch auf Vollständigkeit erhebt, ist in Tab. 22 gegeben. In allen diesen Fällen ist durch eingehende Untersuchung die Möglichkeit einer Selektion oder einer Mutation mit Sicherheit ausgeschlossen worden.

---

[1] Einige der aktivsten Bearbeiter dieses Gebietes[2] publizierten kürzlich einen Vorschlag zur Begriffs-klärung und Nomenklatur der verschiedenen hier behandelten Phänomene. Danach soll die durch Einwirken einer bestimmten chemischen Substanz verursachte Erhöhung der Bildungs-geschwindigkeit eines Enzymproteins als *Enzym-induktion* bezeichnet werden; die entsprechende Substanz ist ein *(Enzym-)Induktor*. Ein Enzym-bildendes System, das durch einen Induktor aktiviert werden kann, ist *induzierbar*, und das auf diese Weise entstehende Enzym ist ein *induziertes Enzym*. Es wird weiters darauf hingewiesen, daß es die Systeme der Enzym-bildung sind, welche als konstitutiv oder induzierbar bezeichnet werden müssen, und nicht die Enzyme selbst. Man muß also, wenn man die Bezeichnungen „konstitutives Enzym" bzw. „induzierbares Enzym" aus Gründen der Bequemlichkeit verwendet, dabei im Auge behalten, daß diese Kurzformen für „ein Enzym, dessen Bildung in dem betreffenden Organismus vollständig oder zum Teil induzierbar bzw. konstitutiv ist", stehen.

[2] M. COHN, J. MONOD, M. R. POLLOCK, S. SPIEGELMAN und R. Y. STANIER: Nature **172**, 1096 (1953).

[3] I. DIENERT: Ann. Inst. Pasteur **14**, 139 (1901).

Tabelle 22. *Induzierbare („adaptive") Enzyme und Enzymsysteme in Mikroorganismen* (nach MONOD und COHN, *l. c.*)

Enzym oder Enzymsystem	Organismus	Katalysierte Reaktion
Hydrolasen:		
β-Galactosidase	*Escherichia coli*	R-β-Galactosid + HOH → D-Galactose + ROH
β-Galactosidase *(Lactase)*	*Saccharomyces fragilis*	Lactose + HOH → Glucose + Galactose
Polysaccharidasen, die Kapsel-polysaccharide der Pneumokokken abbauen	Bodenbakterien	Polysaccharide → Hydrolysenprodukte
Penicillinase	*Bacillus cereus*	Penicillin + HOH → Penicilloinsäure
Kreatinase	Bodenbakterien	Kreatin → Kreatinin
Transferasen:		
Saccharose → Orthophosphat-transglucosidase *(Saccharose-phosphorylase)*	*Pseudomonas saccharophila*	Saccharose + Orthophosphat → → Glucose-1-phosphat + Fructose
Maltose → Amylose-transglucosidase *(Amylo-maltase)*	*E. coli*	Maltose + $(Glucose)_n$ → Glucose + + $(Glucose)_{n+1}$
ATP → Hexose-transphosphatase *(Hexokinase)*	*Pseudomonas putrefaciens*	ATP + Glucose → ADP + Glucose-1-phosphat
ATP → Arabinose-transphosphatase *(Arabinokinase)*	*E. coli*	ATP + Arabinose → ADP + Arabinose-phosphat
ATP → Ribose-transphosphatase *(Ribokinase)*	*E. coli*	ATP + Ribose → ADP + Ribosephosphat
ATP → Gluconat-transphosphatase *(Gluconokinase)*	*E. coli*	ATP + Gluconsäure → ADP + + 6-Phosphogluconsäure
ATP → Galactose-transphosphatase *(Galactokinase)*	*Saccharomyces cerevisiae*	ATP + Galactose → ADP + Galactose-1-phosphat
Oxydoreductasen:		
Protocatechusäure-oxydase(-system)	*Pseudomonas fluorescens*	Protocatechusäure → β-Ketoadipinsäure
Cytochrom-oxydase + Cytochrom c	*S. cerevisiae*	Cytochrom c-Fe^{++} → Cytochrom c-Fe^{+++}
Lactat-dehydrogenase	*S. cerevisiae*	Milchsäure — H_2 → Brenztraubensäure
Lyasen und Syntheasen:		
L-Lysin-decarboxylase	*E. coli, B. cadaveris*	L-Lysin → Cadaverin + CO_2
L-Ornithin-decarboxylase	*E. coli, Clostridium septicum*	L-Ornithin → Putrescin + CO_2
L-Arginin-decarboxylase	*E. coli*	L-Arginin → Agmatin + CO_2
L-Tyrosin-decarboxylase	*E. coli, Streptococcus faecalis*	L-Tyrosin → Tyramin + CO_2
L-Histidin-decarboxylase	*E. coli, Clostridium welchii* B. W. 21	L-Histidin → Histamin + CO_2
L-Glutaminat-decarboxylase	*E. coli, Cl. welchii* S. R. 12	Glutaminsäure → Aminobuttersäure + CO_2
Decarboxylierende L-Malat → DPN-transhydrogenase *(„malic enzyme")*	*Lactobacillus arabinosus*	L-Äpfelsäure + DPN → Brenztraubensäure + CO_2 + DPN · H_2
Isomerasen und Racemasen:		
Galactose-1-phosphat-isomerase *(Galactowaldenase)*	*S. cerevisiae*	Galactose-1-phosphat → Glucose-1-phosphat

Die Frage, ob bei der induzierten Enzym-synthese tatsächlich die Neubildung eines Fermentproteins erfolgt, oder ob diese Erscheinung etwa durch Aufhebung einer Hemmung zustande kommt, konnte — zumindest in einem Falle — in dem Sinn entschieden werden, daß das neu-synthetisierte Enzym, die β-Galactosidase bei *Escherichia coli*, eine vorher in den Zellen nicht nachweisbare Protein-art ist, die sich auch immunologisch von den anderen Eiweißstoffen der Organismen unterscheidet[1].

Spezifität der Induktion

Der induzierende Körper ist meist — aber nicht immer — das Substrat des induzierten Enzyms, d. h. die Spezifität der Induktion ist meist identisch mit der Wirkungsspezifität des neugebildeten Enzymproteins.

Eine ausführliche Untersuchung über diese Verhältnisse wurde von MONOD und Mitarbeitern[2] an der β-Galactosidase von *Escherichia coli* ausgeführt; hierbei stellte sich heraus, daß außer verschiedenen β-D-Galactosiden, die von dem entstandenen Enzym gespalten werden, auch Galactose selbst und Melibiose (6-Glucose-α-D-galactosid), die nicht hydrolysiert wird, als Induktoren der Enzym-bildung wirken können. Melibiose hat keine Affinität zu dem Enzym; sie wird von diesem nicht gebunden. Die Versuche zeigten also auch, daß zwischen der Fähigkeit einer Substanz zur Induktion und ihrer Substrat-eigenschaft bzw. Affinität zu dem entstehenden Enzym keine direkte Beziehung besteht. Eine theoretische Deutung dieser Erscheinungen steht noch aus.

Weitere Bedingungen der induzierten Enzym-synthese

Für das Zustandekommen der induzierten Enzym-synthese ist das gleichzeitige Stattfinden energie-liefernder Prozesse erforderlich. Substanzen, wie 2,4-Dinitrophenol, Natriumazid oder Arsenat, welche die Verwertung der durch den Stoffwechsel entstehenden Energie hemmen (vgl. S. 165), verhindern die Bildung induzierter Enzyme[3, 4, 5]. In den meisten Fällen ist auch die Anwesenheit einer exogenen Stickstoff-quelle notwendig; bei Hefe konnte jedoch gezeigt werden, daß eine Enzym-synthese auch ohne zugeführten Stickstoff stattfindet; allerdings wird sie durch Ammoniak stark stimuliert[6]. Die Hefezelle ist hier offenbar imstande, endogene Stickstoff-reserven für die Enzym-bildung zu mobilisieren. Es liegen aber auch Berichte vor, daß in Abwesenheit einer Stickstoffquelle eine Ferment-synthese zustande kommen kann, die durch Ammoniakzusatz nicht beeinflußt wird[7].

Über die quantitativen Beziehungen zwischen der Konzentration der induzierenden Substanz und der Menge des entstehenden Enzyms liegen bisher nur wenige Untersuchungen vor. POLLOCK[8] konnte bei Versuchen mit *Bacillus cereus* zeigen, daß für die adaptive Bildung einer Penicillinase (vgl. S. 265) bereits sehr geringe Mengen von Penicillin genügen (Konzentrationen von etwa 10^{-8}-m). Für die induzierte Synthese einer β-Galactosidase in *Escherichia coli* sind weitaus höhere Konzentrationen (10^{-5}-m) der induzierenden Substanz — Methyl-β-galactosid — erforderlich (MONOD und COHN, *l. c.*).

Bei den Versuchen von POLLOCK ergab sich die bemerkenswerte Tatsache, daß eine induzierte Penicillinase-bildung auch schon dann einsetzte, wenn das zugesetzte Penicillin bereits nach 1 Minute wieder entfernt wurde; die Penicillinase-produktion dauert unter diesen Umständen noch längere Zeit ungestört an. In anderen Fällen, wie z. B. bei der β-Galactosidase von *Escherichia coli* hört die Ferment-bildung sofort auf, wenn die induzierende Substanz entfernt wird (MONOD und COHN, *l. c.*).

Theoretische Deutung

Es erhebt sich nun die Frage, auf welche Weise wir diese recht verwirrenden Daten über die induzierte Enzym-bildung in eine allgemeine Theorie der induzierten

[1] M. COHN und A. M. TORRIANI: Biochim. biophys. Acta **10**, 280 (1953).
[2] J. MONOD, G. COHEN-BAZIRE und M. COHN: Ibid. **7**, 585 (1951).
[3] J. MONOD: Ann. Inst. Pasteur **70**, 381 (1944).
[4] S. SPIEGELMAN: J. cell. comp. Physiol. **30**, 315 (1947).
[5] M. SUSSMAN und S. SPIEGELMAN: Arch. Biochem. **29**, 54 (1950).
[6] S. SPIEGELMAN: Ann. Missouri Bot. Garden **32**, 139 (1945).
[7] M. R. POLLOCK und S. D. WAINWRIGHT: Brit. J. exp. Path. **29**, 223 (1948).
[8] M. R. POLLOCK: Ibid. **31**, 739 (1950); Idem: In „Symposium sur la Biogénèse des Protéines", 2e Congr. internat. Biochimie, S. 67. Paris 1952.

Synthese zusammenfassen können. Der erste Versuch in dieser Richtung war die sog. „Massenwirkungs-theorie" von YUDKIN[1], nach welcher das induzierte Enzym aus einer Vorstufe, die in der Zelle vorhanden ist und mit der es im Gleichgewicht steht, gebildet wird. Durch Verbindung der geringen bereits vorliegenden Menge Enzym mit irgend einer Substanz — vor allem aber mit dem Substrat — werde dieses Gleichgewicht gestört; es wird mehr Enzym aus der Vorstufe entstehen und das Gleichgewicht auf diese Art wiederhergestellt werden.

In letzter Zeit hat MANDELSTAM[2] versucht, die Theorie von YUDKIN, die in ihrer ursprünglichen Form sicherlich keine ausreichende Erklärung für alle bekannten Phänomene der induzierten Enzym-synthese darstellt, zu erweitern. Er setzt als Grundannahmen voraus, daß zwischen den verschiedenen Eiweißkomponenten der Zelle ein chemisches Gleichgewicht besteht, weiters daß die Proteine aus Elementar-bausteinen aufgebaut werden und schließlich, daß die Endprodukte einer Enzym-reaktion für den Aufbau des Zellmaterials im allgemeinen und für die Synthese von Enzymen im besonderen verwendet werden.

Mit Hilfe dieser Grundannahmen konstruiert MANDELSTAM ein schematisches Modell für die Bildung zweier Fermente, das im folgenden wiedergegeben ist.

In diesem Schema bedeutet B einen „pool" von Grund-bausteinen der Eiweiß- und Enzym-synthese; Pr_1, Pr_2 und Pr_3 sind Proteine, V_1 und V_2 sind Enzym-vorstufen („precursors"), E_1 und E_2 Enzyme und S_1 und S_2 deren Substrate. Gebrochene Pfeile sollen anzeigen, daß mehrere Teilreaktionen beteiligt sein können.

Abbau ↑

$$V_2 \rightleftharpoons E_2 + S_2 \rightleftharpoons E_2S_2 \rightarrow E_2 + \text{Produkte}$$

Protein-synthese

$$Pr_2 \rightleftharpoons \quad B \quad \rightleftharpoons Pr_1$$
$$Pr_3 \rightleftharpoons$$

Protein-synthese

$$V_1 \rightleftharpoons E_1 + S_1 \rightleftharpoons E_1S_1 \rightarrow E_1 + \text{Produkte}$$

Abbau ↓

Der „pool" B schließt sämtliche Stoffe ein, deren Anwesenheit für die Eiweiß-synthese erforderlich ist, also neben Kohlenstoff- und Stickstoff-quellen auch anorganische Ionen, Wuchsstoffe u. dgl. Die Mengen der Elementar-bausteine im „pool" können im Vergleich zur Gesamtmenge des Zellmaterials sehr gering sein; durch das Bestehen der Gleichgewichts-beziehungen werden aber immer bestimmte Mengen freier Bausteine im „pool" verfügbar sein. Sowohl die verschiedenen Proteine Pr_1, Pr_2 und Pr_3 als auch die Enzym-vorstufen V_1 und V_2 werden aus den Bausteinen des „pool" synthetisiert und stehen mit diesen im Gleichgewicht. Die Enzyme E_1 und E_2 werden aus ihren spezifischen Vorstufen in einer monomolekularen Reaktion gebildet; bei der Reaktion mit ihren Substraten verbinden sie sich mit diesen zu den üblicherweise angenommenen Enzym-Substrat-verbindungen $E_1 S_1$ und $E_2 S_2$. Ein Teil der Reaktions-produkte wird abgebaut, ein anderer Teil wird hingegen als Baustein-material für die Eiweißsynthese in den „pool" überführt, wobei das Verhältnis zwischen abgebauten Produkten und solchen, die zum Zell-aufbau verwendet werden, je nach der Art des Produkts und nach den physiologischen Bedingungen verschieden sein wird. So wird z. B. beim Wachstum der Zelle vermutlich ein großer Teil der Reaktionsprodukte nach B überführt werden.

---

[1] J. YUDKIN: Biol. Rev. Cambridge phil. Soc. **13**, 93 (1938).
[2] J. MANDELSTAM: Biochem. J. **51**, 674 (1952).

Adaptive und konstitutive Fermente

Man ersieht aus dem Schema und aus den vorhergehenden Ausführungen, daß in der Theorie von MANDELSTAM kein qualitativer Unterschied zwischen „induzierten" und „konstitutiven" Fermenten gemacht wird; bei einem induzierbaren Enzym liegt die Summe der Gleichgewichte zwischen B und dem Enzym auf der Seite von B, während sie bei einem konstitutiven Enzym auf der Seite des Enzyms liegt. Diese Feststellung macht die Theorie von MANDELSTAM zu einer allgemeinen Theorie der Enzym-bildung.

Das Fallenlassen der strengen Unterscheidung zwischen adaptiv und konstitutiv entstehenden Enzymen entspricht auch den Befunden, nach welchen zwischen induzierten und spontan gebildeten Fermenten weder ein Unterschied in der chemischen Zusammensetzung noch in der Spezifität oder in der Aktivität besteht[1]. Es wurde auch beobachtet, daß bei Organismen der gleichen Art — von Stamm zu Stamm verschieden — derselbe Enzymtypus einmal als konstitutives und das andere Mal als induziertes Enzym auftritt[2]. Es sind weiters viele Befunde darüber bekannt, daß sich typisch konstitutive Fermente, zumindest was ihre Konzentration betrifft, analog den induzierbaren Enzymen verhalten.

So wurde schon seit langem beobachtet, daß die β-h-Fructosidase der Hefe (vgl. S. 229) in Hefezellen, die auf einem Rohrzucker-haltigen Nährboden gewachsen waren, in weitaus höherer Konzentration nachweisbar ist als in solchen Hefezellen, die auf einem Rohrzucker-freien Medium gezüchtet wurden. Vielleicht noch eindrucksvoller sind aber die Befunde über Fermente tierischen Ursprungs, welche in weitaus höherer Konzentration gefunden werden, wenn eine vorhergehende Fütterung mit dem Substrat stattfand. Eine Verfütterung von Kohlehydrat-reicher Nahrung führt im Pankreas zu einer Vermehrung des Amylase-gehaltes und zu einer Verminderung der Trypsin-bildung. Andrerseits kann durch eine Eiweiß-reiche Nahrung eine Erhöhung der Trypsin-konzentration in der Bauchspeicheldrüse erzielt werden[3]. Nach Untersuchungen von LONG[4] verursacht die Verabreichung von großen Fett-mengen ein Absinken des Gehaltes der Darmschleimhaut an ATP → Hexose-transphosphatase *(Hexokinase)* und an Phosphomonoesterase Typus I *(alkalische Phosphatase)*. Auch manche endocelluläre Enzyme können auf diese Weise in ihrer Konzentration beeinflußt werden. KNOX und MEHLER[5] konnten zeigen, daß nach peroralen oder auch parenteralen Tryptophan-gaben bei der Ratte oder auch beim Kaninchen in der Leber die Konzentration des Fermentsystems, das Tryptophan zu Kynurenin umwandelt und welches aus drei Einzelenzymen besteht (vgl. S. 574 f.), stark erhöht wird. Die Beobachtung von DAVIES und YUDKIN[6], daß bei Acidose der Glutaminase-gehalt der Ratten-niere stark erhöht wird, läßt sich vermutlich ebenfalls als induzierter Vorgang deuten und in ähnlicher Weise ist das Verhalten der Arginin-amidinase *(Arginase)* der Ratten-leber zu deuten, die bei vergrößerter Eiweiß-zufuhr stark vermehrt wird und bei Rückkehr zu einer Eiweiß-ärmeren Diät wieder auf die Normalwerte zurückgeht[7].

Alle diese Befunde sprechen somit dafür, daß zwischen konstitutiven und induzierbaren Enzymen kein tiefgreifender Unterschied besteht, sondern daß auch anscheinend typisch konstitutive Enzyme durch Induktion in ihrer Konzentration beeinflußt werden.

Gegenseitige Beeinflussung von Induktions-vorgängen

Im Schema von MANDELSTAM ist die gleichzeitige Bildung zweier Fermente dargestellt, um die Beziehungen, die zwischen zwei derartigen Vorgängen durch das Bestehen der Gleichgewichte gegeben ist, zu illustrieren.

Tatsächlich wurden derartige Wechselwirkungen häufig beobachtet. Schon DIENERT berichtete, daß Fructose die durch Galactose induzierte Bildung eines

[1] M. COHN und A. M. TORRIANI: Biochim. biophys. Acta **10**, 280 (1953).
[2] Vgl. z. B. J. LEDERBERG: In „Genetics in the 20th Century". New York 1951.
[3] M. I. GROSSMAN, H. GREENBERG und C. A. IVY: Amer. J. Physiol. **138**, 676 (1943).
[4] C. LONG: Biochem. J. **53**, 7 (1953).
[5] W. E. KNOX und A. H. MEHLER: Science **113**, 237 (1951).
[6] B. M. A. DAVIES und J. YUDKIN: Nature **167**, 117 (1951); Biochem. J. **52**, 407 (1952).
[7] J. MANDELSTAM und J. YUDKIN: Biochem. J. **51**, 681 (1952).

Fermentsystems, das diesen Zucker abbaut, hemmt. Ähnliche Befunde wurden von MONOD[1] erhoben; dieser Forscher zeigte, daß die induzierte Synthese einer ganzen Serie von spezifischen Enzymen für den Abbau verschiedener Zucker in Anwesenheit bestimmter anderer Zucker, die selbst durch andere Enzymsysteme abgebaut werden, verhindert wird und nannte diese Erscheinung *Diauxie*. Gleichartige Beobachtungen stammen auch von SPIEGELMAN[2]; dabei konnte gezeigt werden, daß diese Hemmeffekte in Anwesenheit einer exogenen Stickstoff-quelle abgeschwächt oder sogar unterdrückt werden können.

Das Schema von MANDELSTAM bietet eine plausible Erklärung für derartige Erscheinungen; aus der Vorstellung, daß die Rohstoffe für die Enzym-bildung aus einem gemeinsamen „pool" bezogen werden und die Enzyme mit diesem „pool" im Gleichgewicht stehen, läßt sich das Diauxie-phänomen leicht verstehen. Es ist nicht abzusehen, inwieweit die Gedankengänge von YUDKIN und MANDELSTAM, wie sie in dem Schema von MANDELSTAM dargestellt sind, allgemein für die Enzym-synthese angewandt werden können, d. h., ob tatsächlich alle „konstitutiven" Enzyme in Wirklichkeit nur in Anwesenheit ihrer Substrate aus entsprechenden Vorstufen entstehen, ihre Bildung also durch endogene Induktoren verursacht wird. Dies wäre natürlich denkbar, da wohl die meisten der Substrate normale Nährstoffe oder Stoffwechsel-produkte der Zellen sind und somit dauernd die Bildung der für sie spezifischen Enzyme katalysieren können.

Kinetische Verhältnisse bei der induzierten Enzym-bildung

Gegen die ursprüngliche Theorie von YUDKIN wurde häufig der Einwand erhoben, daß sie nicht die Möglichkeit gibt, die Geschwindigkeit der Induktions-prozesse in den einzelnen Fällen entsprechend zu deuten, und zwar vor allem, daß sie keine befriedigende Erklärung für die häufig beobachtete exponentielle Vermehrung des induziert gebildeten Ferments erlaubt. Die Neuformulierung und Verbesserung der YUDKINschen Massenwirkungs-theorie durch MANDELSTAM macht aber eine Deutung dieser Phänomene möglich. Durch eine exakte Berechnung, für die auf die Originalarbeit[3] verwiesen werden muß, legt MANDELSTAM dar, daß bei Rückführung der Produkte der Enzym-wirkung in den „pool", also bei ansteigender Menge der Grundbausteine, ein exponentielles Ansteigen der Enzym-konzentration erfolgen muß. Eine lineare Zeitabhängigkeit ist dann zu erwarten, wenn die Endkonzentration des Enzyms verhältnismäßig gering ist und keine Überführung von Grund-bausteinen in den „pool" stattfindet. Wenn die endgültige Enzym-konzentration hingegen recht hoch ist, finden wir, wenn keine Nachfüllung des „pool" erfolgt, sogar ein Abfallen der Bildungs-geschwindigkeit.

Ebenso konnte MANDELSTAM auch mathematisch die Beziehungen zwischen Induktorkonzentration und Menge entstehenden Enzyms festlegen und eine Erklärung für die Wechselwirkungen zwischen zwei oder mehreren Induktions-vorgängen aufstellen.

16. Effektoren der Enzymwirkung[4]

Unter der von BERSIN in glücklicher Weise geprägten Bezeichnung Effektor werden in dieser Darstellung, wie bereits in der Einleitung ausgeführt wurde, alle Substanzen verstanden, deren Anwesenheit für das Zustandekommen einer

[1] J. MONOD: Recherches sur la croissance des cultures bactériennes. Paris: Hermann. 1942.

[2] S. SPIEGELMAN: Cold Spring Harbor Symp. quant. Biol. 11, 256 (1946).

[3] J. MANDELSTAM: Biochem. J. 51, 674 (1952).

[4] Handbuchartikel: L. MASSART: In „The Enzymes", herausgegeben von J. B. SUMNER und K. MYRBÄCK, Bd. I/1, S. 307. New York: Academic Press. 1950; T. BERSIN: In „Handbuch der Enzymologie", herausgegeben von F. F. NORD und R. WEIDENHAGEN, Bd. I, S. 154. Leipzig: Akad. Verlagsges. 1940; P. W. WILSON: In „Respiratory Enzymes", herausgegeben von H. A. LARDY, 2. Aufl., S. 16. Minneapolis: Burgess. 1949; J. KÜHNAU: In „Biologie und Wirkung der Fermente", 4. Mosbacher Kolloquium Ges. physiol. Chem., S. 115. Berlin: Springer. 1953; vgl. auch die Monographie T. S. WORK und E. WORK: The Basis of Chemotherapy. Edinburgh: Oliver & Boyd. 1948.

Enzymreaktion zwar nicht unbedingt erforderlich ist, die aber den Verlauf des Vorgangs beeinflussen, d. h. seine Geschwindigkeit entweder fördern oder verlangsamen. Durch diese Definition fallen Coenzyme, enzymatische Komplemente und anorganische Komplemente — im Gegensatz zur ursprünglichen Festlegung von Bersin — nicht mehr in den Rahmen des Effektor-begriffes.

Wir können naturgemäß zwei Typen der Effektoren unterscheiden: *Aktivatoren*, welche die Geschwindigkeit einer Enzym-reaktion erhöhen, und *Inhibitoren* oder *Hemmstoffe*, deren Wirkung die entgegengesetzte ist.

A. Aktivatoren der Enzyme

Obwohl eine Unterscheidung zwischen Aktivatoren, die der oben gegebenen Definition entsprechen und solchen Stoffen, deren Anwesenheit für das Zustandekommen einer bestimmten Reaktion unbedingt erforderlich ist, wie Coenzymen, anorganischen Komplementen und enzymatischen Komplementen, theoretisch einfach ist, stößt die praktische Differenzierung zwischen diesen beiden Wirkstoff-typen auf Schwierigkeiten, da es oft fast unmöglich ist, die absolute Abwesenheit einer bestimmten Substanz in einem Reaktions-gemisch nachzuweisen und damit eindeutig festzustellen, daß die Reaktion auch ohne den betreffenden Stoff stattfindet. So scheint bis heute die Frage nicht entschieden zu sein, ob die Anwesenheit bestimmter anorganischer Anionen für die Wirksamkeit der tierischen Amylasen notwendig ist oder nur eine sehr starke Aktivierung zur Folge hat, d. h. ob diese Anionen nach unserer Begriffs-bestimmung anorganische Komplemente oder Aktivatoren sind. Die Übergänge zwischen anorganischen Komplementen und Aktivatoren sind zur Zeit also noch ziemlich fließend.

Eine allgemeine Theorie der Aktivierungs-erscheinungen gibt es nicht; der Grund dafür ist vor allem, daß die Wirkung der einzelnen Aktivatoren verschiedenen Mechanismen folgt. Es scheint, daß in den meisten Fällen eines Aktivator-effekts dieser als eine Enthemmung, d. h. als Schutzwirkung gegenüber irgend einem störenden Einfluß erklärt werden muß. Substanzen, die in dieser Weise wirken, werden als *Protektoren* bezeichnet. So schützen die verschiedenen Schwermetall-komplexbildner jene Enzyme, die auch schon gegen Spuren von Schwermetallen empfindlich sind.

Ein Beispiel für ein solches Verhalten stellen die Ureasen dar. Sumner und Hand[1] beobachteten, daß Lösungen kristalliner Urease häufig durch Zusatz von Blutserum, Eiweißstoffen, Aminosäuren, Gummi arabicum, Blausäure, Schwefelwasserstoff und verschiedenen anderen Substanzen eine Aktivitäts-steigerung erfahren. Der Grund für dieses Verhalten war, daß das destillierte Wasser, in dem die Urease gelöst wurde, Spuren von Schwermetallen enthielt. Mit Wasser, das aus Glas redestilliert worden war, konnten keine derartigen Aktivierungs-erscheinungen mehr beobachtet werden. In ähnlicher Weise sind die meisten Aktivierungs-effekte, welche bei Enzymen beobachtet werden, die Sulfhydryl-gruppen enthalten, zu erklären; entweder handelt es sich um einen Schutz gegenüber Oxydation oder um einen solchen gegenüber der Einwirkung von Schwermetallen.

Neben den Protektor-effekten, die sich als Gegenwirkung gegen den Einfluß von Inhibitoren erklären lassen, finden wir aber auch Fälle, bei denen der Protektor (Aktivator) seinen Einfluß dadurch ausübt, daß er eine Schädigung des Enzymproteins durch physikalische Einflüsse verhindert. Die an anderer Stelle (S. 74) bereits berichtete Inaktivierung verschiedener Sulfhydryl-enzyme durch ionisierende Strahlen kann durch Zusatz von Glutathion verhindert oder zumindest verzögert werden. In ähnlicher Weise, wie das für das Calcium-ion bei Trypsin nachgewiesen wurde[2], dürften viele der bekannten Aktivatoren (darunter auch die sog. Schutzkolloide) ihre Wirkung durch Stabilisierung des Enzym-moleküls gegen inaktivierende bzw. denaturierende Einflüsse des Milieus ausüben.

[1] J. B. Sumner und D. B. Hand: J. biol. Chem. **76**, 149 (1928).

[2] L. Gorini: Biochim. biophys. Acta **7**, 318 (1951); M. Bier und F. F. Nord: Arch. Biochem. Biophys. **33**, 320 (1951).

Es sind aber auch andere Mechanismen der Aktivierung vorstellbar. So wäre durchaus möglich, daß eine Substanz durch Veränderungen am Enzym-molekül dessen katalytische Leistungsfähigkeit steigert; ein solcher Effekt könnte z. B. durch Änderung der Dispersitätsverhältnisse des Enzyms oder auch durch eine Reaktion mit den aktiven Zentren des Fermentproteins zustande kommen. Ein eindeutiges Beispiel für eine derartige „Enzym-aktivierung" ist allerdings bisher noch nicht bekannt geworden, wenn wir von den Fällen absehen, die wir definitions-gemäß als Wirkung von Coenzymen usw. ausgeschlossen haben. In ähnlicher Weise kann auch eine „Substrat-aktivierung" vorkommen: durch Reaktion des Aktivators mit dem Substrat wird eine bessere Angreifbarkeit bewirkt. Es mag sein, daß die Wirkung von Gallensalzen, Calciumoleat und Albumin gegenüber Lipasen auf derartige Effekte zurückzuführen ist, aber auch hier wie in ähnlich gelagerten Fällen liegen kaum schlüssige Beweise für einen derartigen Mechanismus vor, wie überhaupt das Gebiet der Aktivatoren, wenn wir von den Protektoren absehen, noch sehr wenig erforscht ist.

Nur bedingt zu den Aktivatoren sind diejenigen Substanzen zu rechnen, welche die Überführung eines Enzyms aus seiner inaktiven Vorstufe, dem Zymogen, in die aktive Form verursachen. Substanzen dieser Wirkungsweise werden als *Kinasen* bezeichnet. Der bekannteste Fall einer Kinase ist die Enterokinase, welche Trypsinogen in Trypsin umwandeln kann. Der Vorgang kann aber auch durch Trypsin selbst, weiters durch konzentriertes Ammoniumsulfat oder Magnesiumsulfat bewirkt werden. Der Mechanismus dürfte hier ein katalytischer sein; die Freilegung der aktiven Gruppen des Trypsins durch Enterokinase oder durch Trypsin muß als enzymatischer Prozeß klassifiziert werden (vgl. auch S. 313). Die Kinase des Chymotrypsinogens ist Trypsin; bei der Aktivierung werden vermutlich Peptid-bindungen des Chymotrypsinogens aufgespalten (S. 318). Im Falle der Überführung des Pepsinogens in das Pepsin handelt es sich um einen autokatalytischen Vorgang, der bei p_H-Werten unter 6,0 vor sich geht. In ähnlicher Weise erfolgt die Bildung des Rennins aus seiner Vorstufe, dem Prorennin. Bei verschiedenen Insekten liegt die Tyrosin-oxydase *(Tyrosinase)* in einer inaktiven Form vor, die durch verschiedene oberflächenaktive Stoffe, weiters durch Behandlung mit Aceton, Chloroform und Harnstoff sowie durch Hitze aktiviert werden kann[1]. Die natürliche Kinase ist hier noch nicht bekannt. Kinasen im gleichen Sinne sind schließlich auch die Thrombokinase, welche die Aktivierung des Thrombins verursacht (S. 333), und die verschiedenen Faktoren, die Plasminogen in Plasmin überführen (S. 337).

B. Inhibitoren der Enzyme

Das Gebiet der Enzym-hemmung ist weitaus besser durchgearbeitet als dasjenige der Aktivierung. Man verfügt hier vor allem bereits über eine weitgehende kinetische Deutung der Vorgänge, die in ihren Grundzügen auf die klassische Arbeit von MICHAELIS und MENTEN[2] zurückgeht. Wir beginnen deshalb die Behandlung der Inhibitor-wirkung mit einer Besprechung der kinetischen Grundlagen.

I. Kinetische Betrachtung der Enzym-hemmung

Wie bereits an anderer Stelle ausführlich dargelegt wurde, erfolgt nach den heutigen Vorstellungen bei der Einwirkung eines Enzyms auf ein Substrat primär die Bildung eines labilen Enzym-Substrat-komplexes, der dann später in Enzym und Reaktions-produkte zerfällt. Die Wirkung eines Hemmstoffes kann nun dadurch erfolgen, daß er entweder die Entstehung dieser Enzym-Substrat-zwischenverbindung oder ihren Zerfall verlangsamt oder völlig verhindert.

---

[1] J. H. BODINE und T. H. ALLEN: J. cell. compar. Physiol. **18**, 151 (1941); J. H. BODINE, T. N. TAKMISIAN und D. L. HILL: Arch. Biochem. **4**, 402 (1944).

[2] L. MICHAELIS und M. MENTEN: Biochem. Z. **49**, 333 (1913).

Bei einer rein formalen Betrachtung der Reaktions-möglichkeiten des Inhibitors können wir hier drei mögliche Fälle unterscheiden:

I. Kompetitive Hemmung. Der Hemmstoff kann nur mit dem freien Enzym reagieren; er tritt dabei sozusagen mit dem Substrat in Konkurrenz, indem er die sonst für die Bildung des Enzym-Substrat-komplexes verantwortlichen aktiven Zentren des Enzym-moleküls blockiert und damit entweder die Konzentration der aktiven Zwischenverbindung verringert oder — in Extremfällen — deren Bildung vollständig verhindert. Ein derartiges Verhalten wird als kompetitive Hemmung bezeichnet.

Bei der kompetitiven Hemmung verlaufen primär zwei Konkurrenz-reaktionen nebeneinander:

$$E + S \underset{k_2}{\overset{k_1}{\rightleftharpoons}} E\,S \quad \text{und} \quad E + I \underset{k_6}{\overset{k_5}{\rightleftharpoons}} E\,I$$

Wir bezeichnen k_6/k_5, die Dissoziations-konstante des Enzym-Inhibitor-komplexes, mit K_i und können entsprechend dem Massenwirkungs-gesetz formulieren:

$$[S]\,([E] - [E\,S] - [E\,I]) = K_m\,[E\,S]$$

$$[I]\,([E] - [E\,S] - [E\,I] = K_i\,[E\,I]$$

Wenn wir $[E\,I]$ eliminieren, erhalten wir:

$$K_i = \frac{[I]\,K_m}{[S]\,([E]/[E\,S] - 1) - K_m} \tag{1}$$

Wir bezeichnen nunmehr die Geschwindigkeit der ungehemmten Reaktion mit v_0, die Geschwindigkeit der Reaktion in Anwesenheit des Hemmstoffes mit v und die Konzentration des Enzym-Substrat-komplexes in Abwesenheit des Inhibitors mit $[E\,S_0]$. Da die Reaktions-geschwindigkeit in jedem Falle der Konzentration des Enzym-Substrat-komplexes proportional ist, gilt

$$\frac{v_0}{v} = \frac{[E\,S_0]}{[E\,S]} \quad \text{sowie} \quad [E\,S_0] = \frac{v_0}{v}\,[E\,S];$$

$[E\,S_0]$, die Konzentration des Enzym-Substrat-komplexes in Abwesenheit des Inhibitors ist bekanntlich (vgl. S. 60) bereits festgelegt als $\frac{[E]\,[S]}{K_m + [S]}$; es folgt daraus

$$\frac{v_0}{v}\,[E\,S] = \frac{[E]\,[S]}{K_m + [S]} \quad \text{und} \quad \frac{[E]}{[E\,S]} = \frac{v_0}{v} \cdot \frac{K_m + [S]}{[S]}$$

Wenn wir nunmehr $\frac{[E]}{[E\,S]}$ in Gl. (1) einsetzen, erhalten wir

$$K_i = \frac{[I]\,K_m}{[S]\left(\frac{v_0}{v} \cdot \frac{K_m + [S]}{[S]} - 1\right) - K_m} = \frac{[I]\,K_m}{\frac{v_0}{v}\,(K_m + [S]) - [S] - K_m}$$

und durch Umformung

$$K_i = \frac{[I]\,K_m}{(K_m + [S])\left(\frac{v_0}{v} - 1\right)} \tag{2}$$

Die Geschwindigkeit der gehemmten Reaktion ist dann

$$v = \frac{v_0}{1 + \frac{[I]\,K_m}{K_i\,([S] + K_m)}} \tag{3}$$

Aus den Gleichungen können wir ersehen, daß der Effekt einer mit dem Substrat um das Enzym konkurrierenden Substanz in einer scheinbaren Erhöhung von K_m besteht. Dies ist qualitativ leicht verständlich: in Anwesenheit eines mit dem Substrat um die Bindung an das Enzym konkurrierenden Hemmkörpers wird eine größere Substrat-konzentration erforderlich sein, um dieselbe Menge Substrat an das Enzym zu binden, die in Abwesenheit des Inhibitors gebunden wird. Bei einer weitergehenden Erhöhung der Substrat-konzentration wird schließlich auch hier ein Punkt erreicht werden, bei dem das gesamte vorhandene Enzym an das Substrat gebunden sein wird und damit der Einfluß des Hemmkörpers ausgeschaltet wird, d. h. der Grenzwert für die maximale Geschwindigkeit bei hohen Substrat-konzentrationen wird durch den Inhibitor nicht verändert; die Aktivitäts-p_s-Kurve wird nur in Richtung höherer Substrat-konzentrationen verschoben. Im wesentlichen ist somit die kompetitive Hemmung eine Funktion der Affinitäten des Substrats und des Inhibitors zum Enzym; daraus folgt auch, daß die Umsatz-geschwindigkeiten zweier verschiedener Substrate desselben Ferments durch den gleichen Hemmkörper in verschiedenem Ausmaß herabgesetzt werden können, wenn die beiden Substrate verschiedene Affinitäten zum Enzym haben.

Eine nützliche Umformung der Gl. (2) wurde von HUNTER und DOWNS[1] vorgeschlagen: Wenn wir den Wert von $\frac{v}{v_0}$, das Verhältnis der ungehemmten Geschwindigkeit zu der Reaktionsgeschwindigkeit in Anwesenheit des Inhibitors, als α bezeichnen („fractional activity"), so erhalten wir

$$K_i = \frac{[I]\,K_m}{(K_m + [S])\left(\frac{1}{\alpha} - 1\right)}$$

und weiter

$$[I]\,\frac{\alpha}{1-\alpha} = K_i + \frac{K_i}{K_m}[S] \qquad (4)$$

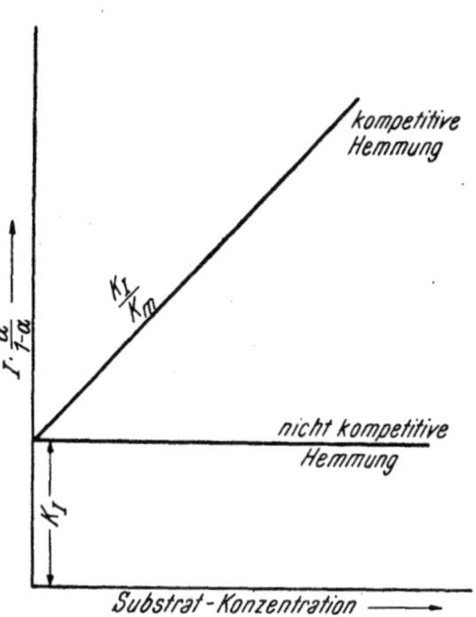

Abb. 18. Diagramm der kompetitiven und nicht-kompetitiven Hemmung nach HUNTER und DOWNS[1]. I = Inhibitor-konzentration, α = „fractional activity".

Wenn man nun in einem Diagramm $[I]\frac{\alpha}{1-\alpha}$ gegen $[S]$ aufträgt, erhält man eine Gerade, deren Steigung K_i/K_m ist und deren Schnittpunkt mit der Ordinate den Wert von K_i angibt. $[I]\,\frac{\alpha}{1-\alpha}$ ist numerisch gleich derjenigen Konzentration an Inhibitor, die eine 50%ige Reaktions-verzögerung bewirkt (Abb. 18).

Kompetitive Inhibitoren, also Hemmstoffe, welche den hier gegebenen Gesetzmäßigkeiten folgen, sind, wie wir später noch ausführlicher sehen werden, vor allem die Produkte der Enzymreaktionen, die ja eine ähnliche chemische Konfiguration haben wie das Substrat und damit naturgemäß auch eine Affinität zum Enzym entwickeln können. Mit der Vorstellung der kompetitiven Hemmung durch die Reaktionsprodukte lassen sich viele Abweichungen im Reaktionsverlauf enzymatisch katalysierter Vorgänge erklären.

Daneben finden sich aber auch andere Inhibitoren, deren Hemmungs-mechanismen als kompetitiv gedeutet werden müssen; es handelt sich hier um Verbindungen, die eine chemische Verwandtschaft zu einem Substrat aufweisen, so daß sie ebenfalls durch Affinität zum Enzym mit dem wahren Substrat in Konkurrenz treten können.

[1] A. HUNTER und C. E. DOWNS: J. biol. Chem. 157, 427 (1945).

2. Nicht-kompetitive Hemmung. Bei der nicht-kompetitiven Hemmung gehen drei Vorgänge gleichzeitig vor sich:

$$E + S \underset{k_2}{\overset{k_1}{\rightleftharpoons}} E S, \quad E + I \underset{k_6}{\overset{k_5}{\rightleftharpoons}} E I \text{ und } E S + I \underset{k_8}{\overset{k_7}{\rightleftharpoons}} E S I$$

Nur $E S$ kann in Enzym und Produkte zerfallen; $E S I$ ist inaktiv und die Dissoziations-konstante $K_{esi} = \frac{k_8}{k_7}$ ist mit K_i numerisch gleich.

In diesem Falle reagiert also der Hemmstoff mit dem Enzym und mit dem Enzym-Substrat-komplex in gleicher Weise; dabei wird eine Region des Enzymmoleküls betroffen, die nicht mit derjenigen identisch ist, welche die Bindung mit dem Substrat vermittelt. Der Hemmstoff konkurriert somit nicht mit dem Substrat; das Ausmaß der Hemmung ist deshalb nur von der Menge Enzym abhängig, welche vom Inhibitor gebunden wird.

Unter der Annahme, daß nur eine zu vernachlässigende Menge des Inhibitors mit dem Enzym verbunden ist, können wir nun entsprechend dem Massenwirkungs-gesetz formulieren:

$$[I]\,([E] - [E\,I]) = K_i\,[E\,I] \quad \text{bzw.} \quad [I]\,\frac{[E] - [E\,I]}{[EI]} = K_i$$

Wenn wir wiederum die „fractional activity" $\frac{v_0}{v}$ als α bezeichnen, so kann man schreiben:

$$[E\,I] = [E]\,(1 - \alpha)$$

und entsprechend

$$[I]\,\frac{1 - \alpha}{\alpha} = K_i \tag{5}$$

Bei Auftragung von $[I]\,\frac{1-\alpha}{\alpha}$ gegen die Substrat-konzentration erhält man eine Gerade, die parallel zur $[S]$-Koordinate verläuft; ihr Schnittpunkt mit der Ordinate gibt den Wert für K_i an (Abb. 18). Man sieht, daß der Hemmeffekt nicht von der Substrat-konzentration beeinflußt werden kann; das Substrat kann auch bei höchster Konzentration den Inhibitor nicht aus seiner Bindung mit dem Enzym verdrängen.

Im allgemeinen werden Hemmeffekte solcher Inhibitoren dem Schema der nicht-kompetitiven Hemmung folgen, welche mit Gruppen des Enzym-moleküls reagieren, die wohl auf die Aktivität einen wesentlichen Einfluß ausüben, selbst aber bei der Bildung des Enzym-Substrat-komplexes nicht mitwirken. Als Beispiel für nicht-kompetitive Hemmstoffe können die Reagenzien angeführt werden, die sich mit Sulfhydryl-gruppen des Enzyms umsetzen (vgl. S. 143).

3. Die sogenannte „unkompetitive Hemmung".

Es ist auch vorstellbar, daß ein Hemmstoff nur mit dem Enzym-Substrat-komplex, nicht aber mit dem Enzym selbst reagiert. Hier haben wir also mit den zwei nebeneinander verlaufenden Vorgängen

$$E + S \underset{k_2}{\overset{k_1}{\rightleftharpoons}} E S \overset{k_3}{\longrightarrow} E + P \text{ und } E S + I \underset{k_6}{\overset{k_5}{\rightleftharpoons}} E S I$$

zu tun. Dieser Fall ist anscheinend sehr selten. Es ist bisher nur ein einziges eindeutiges Beispiel für eine derartige Hemmung berichtet worden: nach WINZLER[1] reagiert Azid nur mit der oxydierten Form von Cytochrom-oxydase, die als ES gewertet werden muß, hingegen nicht mit der reduzierten Form (E). Ein solches Verhalten wird als „unkompetitive Hemmung" *(uncompetitive inhibition)* bezeichnet. Hier ist die Größe des Hemmeffekts naturgemäß wieder von der Substrat-konzentration abhängig, aber in einer anderen Weise als bei der kompetitiven Hemmung.

---

[1] R. J. WINZLER: J. cell. compar. Physiol. **21**, 229 (1943).

Die praktische Bestimmung des Hemmungs-typus. Nach den berichteten Ableitungen erscheint die Feststellung, welchem Typus eine beobachtete Hemmung angehört, recht einfach. Durch Variation der Substrat-konzentration bei gleichbleibender Konzentration des Inhibitors läßt sich leicht bestimmen, ob der Hemm-effekt mit steigender Substrat-konzentration abnimmt oder nicht. Im ersteren Falle hätten wir es mit einer kompetitiven Hemmung zu tun, im zweiten Falle mit einer nicht-kompetitiven.

Von verschiedenen Seiten[1] wird aber festgestellt, daß diese Art der Untersuchung für die Unterscheidung nicht genügend verläßlich ist, weshalb vorgeschlagen wird, die Reaktions-geschwindigkeit über einen möglichst weiten Bereich von Substrat-konzentrationen und zumindest zwei Inhibitor-konzentrationen zu verfolgen. Hierbei ist es vorteilhaft, nach dem geschilderten Verfahren von LINEWEAVER und BURK[2] (S. 61) den reziproken Wert der Geschwindigkeits-konstante als Ordinate und die reziproke Substrat-konzentration als Abszisse zu wählen; bei kompetitiver Hemmung werden die Kurven alle den gleichen Ursprung in der Ordinate haben, während bei nicht-kompetitiver Hemmung die Kurven auf der Ordinate in verschiedenen Abständen vom Nullpunkt beginnen.

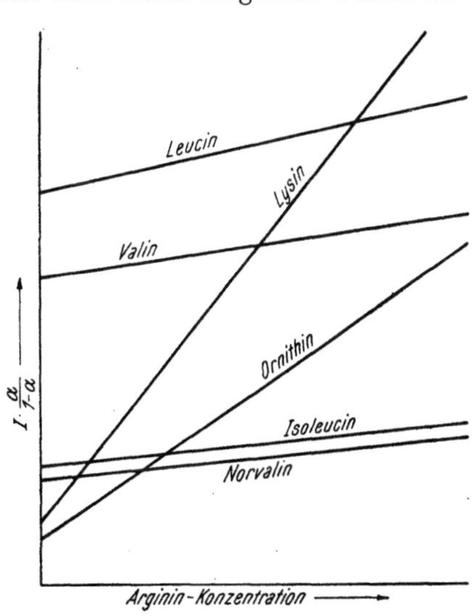

Abb. 19. Hemmung einer Arginin-amidinase (*Arginase*) durch verschiedene Aminosäuren; Bestimmung des Hemmungstypus nach HUNTER und DOWNS[3].

Wahrscheinlich gleichwertig ist das von HUNTER und DOWNS[3] vorgeschlagene Verfahren, bei dem $[I]\frac{\alpha}{\alpha - 1}$ gegen die Substrat-konzentration aufgetragen wird; Abb. 19 gibt ein Beispiel: die Hemmung einer Arginin-amidinase (*Arginase*) durch verschiedene Aminosäuren; die Diaminosäuren Lysin und Ornithin hemmen kompetitiv, während die Monoaminosäuren Leucin, Valin, Norvalin und Isoleucin eine nicht-kompetitive Hemmung hervorrufen.

II. Vorgeschlagene Modifikationen der klassischen kinetischen Behandlung der Enzym-hemmung

Die berichteten Ableitungen für die Gesetzmäßigkeiten, die bei Enzym-hemmungen auftreten, ergeben im allgemeinen ein befriedigendes Bild dieser Vorgänge. Wir müssen uns allerdings dessen bewußt sein, daß es sich hier nur um eine gute Annäherung an die tatsächlichen Verhältnisse handelt, da wir oft keine Sicherheit haben, ob die in den Formulierungen implizit enthaltenen Prämissen tatsächlich erfüllt sind.

Wie bereits bei der Besprechung der allgemeinen Enzymkinetik berichtet wurde, haben STRAUS und GOLDSTEIN[4] den Fall berücksichtigt, daß nicht nur die Menge des freien Enzyms, sondern auch die freie Substrat-konzentration größenordnungsmäßig mit der Konzentration des Enzym-Substrat-komplexes vergleichbar ist; dasselbe gilt natürlich in analoger Weise für die Menge des frei vorhandenen Inhibitors. Die unter Berücksichtigung der geschilderten

[1] Vgl. z. B.: R. H. BURRIS: In „Manometric Techniques and Related Methods", 2. Aufl., S. 95. Minneapolis: Burgess. 1949.

[2] H. LINEWEAVER und D. BURK: J. Amer. chem. Soc. **56**, 658 (1934).

[3] A. HUNTER und DOWNS: J. biol. Chem. **157**, 427 (1945).

[4] O. H. STRAUS und A. GOLDSTEIN: J. gen. Physiol. **26**, 559 (1943); A. GOLDSTEIN: Ibid. **27**, 529 (1944).

Verhältnisse abgeleiteten Gleichungen sind recht kompliziert, weshalb auf die Originalliteratur und auf das Übersichtsreferat von WILSON (*l. c.*) verwiesen werden muß; die Theorie stellt aber sicherlich eine wertvolle Erweiterung der klassischen Vorstellungen dar, die es erlaubt, verschiedene Hemmungs-erscheinungen exakter zu beschreiben, als dies mit den bisherigen Mitteln möglich war.

Auf ganz anderen Grundlagen baut sich eine Deutung der Hemmungs-erscheinungen auf, die von JOHNSON, EYRING und WILLIAMS[1] vorgeschlagen wurde. Unter der plausiblen Annahme, daß auch bei den Versuchs-temperaturen ein Gleichgewicht zwischen der nativen Form des Enzyms und seiner denaturierten Form besteht, wird eine Kombinations-möglichkeit des Inhibitors sowohl mit der nativen als auch mit der denaturierten Form in Betracht gezogen. Dem entspricht das nebenstehende Schema.

$$\begin{array}{ccc} I + E_n & \overset{K_1}{\rightleftharpoons} & E_d + I \\ K_2 \downarrow\uparrow & & K_3 \downarrow\uparrow \\ E_n I & & E_d I \end{array}$$

E_n und E_d bedeuten hier die native bzw. die denaturierte Form des Enzyms; K_1 ist die Konstante des Denaturierungs-gleichgewichtes $E_n \rightleftharpoons E_d$, K_2 die des Gleichgewichtes zwischen Hemmstoff und Enzym in der denaturierten Form und K_3 diejenige für die Kombination zwischen Hemmstoff und denaturiertem Enzym:

$$K_1 = \frac{[E_d]}{[E_n]}, \quad K_2 = \frac{[E_n\, I]}{[E_n]\,[I]}, \quad K_3 = \frac{[E_d\, I]}{[E_d]\,[I]}, \quad K_1\, K_3 = \frac{[E_d\, I]}{[E_n]\,[I]}$$

Die Gesamt-konzentration des Enzyms setzt sich somit zusammen aus

$$[E] = [E_n] + [E_n]\, K_1 + [E_n]\,[I]\, K_2 + [E_n]\,[I]\, K_1\, K_3$$

und die Konzentration an nativem Enzym ergibt sich dementsprechend als

$$[E_n] = \frac{[E]}{1 + K_1 + K_2\,[I] + K_1\, K_3\,[I]};$$

daraus läßt sich die Geschwindigkeit der gehemmten Reaktion durch folgenden Ausdruck darstellen:

$$v = \frac{k'\,[E]\,[S]}{1 + K_1 + K_2\,[I] + K_1\, K_3\,[I]} \tag{6}$$

Hier bedeutet k' die Geschwindigkeits-konstante der ungehemmten Reaktion[2].

Wir können nun zwei Grenzfälle unterscheiden:

1. $K_2 = K_3$, d. h. der Hemmstoff vereinigt sich in gleicher Weise mit der nativen und mit der denaturierten Form des Enzyms, oder — anders ausgedrückt — er hat keinen Einfluß auf die Lage des Denaturierungs-gleichgewichtes.

2. $K_2 = 0$: der Hemmstoff reagiert nur mit der denaturierten Form; er verschiebt damit das Denaturierungs-gleichgewicht auf die Seite der Denaturierung.

Der dritte denkbare Grenzfall — eine Verschiebung des Denaturierungs-gleichgewichtes durch den Inhibitor auf die Seite der nativen Form — kann als unwahrscheinlich vernachlässigt werden.

Grenzfall 1 kann weitgehend mit der kompetitiven Hemmung identifiziert werden; hier werden die aktiven Zentren des Moleküls angegriffen, ohne daß das Denaturierungsgleichgewicht verschoben wird. Grenzfall 2 entspricht der nicht-kompetitiven Hemmung; das Denaturierungs-gleichgewicht wird verschoben und damit die Enzym-konzentration, ohne Rücksicht darauf, ob das Enzym an das Substrat gebunden ist oder nicht, verringert. Dadurch ließe sich auch erklären, daß der Inhibitor sowohl Enzym als auch Enzym-Substratkomplex inaktiviert, wobei die Inaktivierung doch an verschiedenen Gruppierungen angreifen müßte; eine solche Inaktivierung setzt eben nicht an Zentren an, die für die Enzymaktivität spezifisch sind, sondern erfolgt durch Verschiebung des Denaturierungs-gleichgewichtes.

Eine Unterscheidung der beiden Grenzfälle ist durch Bestimmung der thermodynamischen Daten (Reaktions-enthalpie und Reaktions-entropie) der Hemmungs-reaktionen möglich; bei Verschiebung des Denaturierungs-gleichgewichtes sind weitaus höhere Werte zu erwarten als bei Ausbleiben dieser Erscheinung. Im Falle des Luminiszenz-prozesses verschiedener Bakterien wurde eine derartige Messung durchgeführt; die Hemmungs-reaktion durch *p*-Aminobenzoesäure, eines vermutlich kompetitiven Hemmstoffes des Systems, ergab die Werte $\Delta H = -15\,000$ cal/Mol und $\Delta S = -35$ Entropie-einheiten. Ein Hemmstoff des Typus 2, der also den nicht-kompetitiven Inhibitoren entspricht, ist das Urethan; bei

[1] F. H. JOHNSON, H. EYRING und R. W. WILLIAMS: J. cell. compar. Physiol. **20**, 247 (1942).

[2] Gl. (5) gilt in dieser vereinfachten Form nur für geringe Substrat-konzentrationen, bei denen die Reaktion in bezug auf das Substrat erster Ordnung ist.

der Hemmung der gleichen Reaktion wurden die Werte $\Delta H =$ 56000 bis 70000 cal/Mol und $\Delta S = -165$ Entropie-einheiten erhalten.

Eine andere Möglichkeit der Unterscheidung ist das Verhalten bei hohen Drucken, die, da die Denaturierung mit einer Volumens-vergrößerung vor sich geht, das Denaturierungsgleichgewicht in Richtung des nativen Enzyms verschieben und dadurch die Wirkung der Hemmstoffe des Typus 2, der nicht-kompetitiven Hemmstoffe, abschwächen müßten, während keine Beeinflussung der Effekte kompetitiv wirkender Inhibitoren (Typus 1) erfolgen dürfte. Diese Vorstellungen konnten an demselben Versuchsmaterial verifiziert werden; vermutlich kompetitiv wirkende Inhibitoren wurden in ihren Effekten durch Druck-erhöhung nicht beeinflußt, während die Hemmung durch anscheinend nicht-kompetitive Inhibitoren zurückgedrängt wurde.

Wenngleich die hier berichtete Betrachtungsweise experimentell bisher wenig unterbaut ist, verdienen doch die verschiedenen neuen in ihr enthaltenen Gesichtspunkte Beachtung, und zwar vor allem die Vorstellung, daß der Typus der nicht-kompetitiven Hemmung mit einer Verschiebung des Denaturierungs-gleichgewichtes verbunden ist.

III. Einige Beispiele für Inhibitor-wirkungen; verschiedene Hemmungs-typen

Bevor hier einige typische Fälle von Enzym-hemmungen besprochen werden, muß noch auf eine andersartige Einteilung der Inhibitoren verwiesen werden, die nicht auf kinetischen Verhältnissen beruht. Es handelt sich um die oft sehr nützliche Unterscheidung zwischen *spezifischen* und *unspezifischen Hemmstoffen*, wobei unter spezifischen Hemmstoffen diejenigen Inhibitoren verstanden werden, welche nur gegenüber einem einzigen oder einigen wenigen Enzymen eine Hemm-wirkung entfalten, während unspezifische Inhibitoren alle oder zumindest viele Enzyme beeinflussen (vgl. WORK und WORK, *l. c.*). So sind z. B. Eiweiß-fällungsmittel oder Schwermetall-salze unspezifische Inhibitoren, während das Eserin, welches ausschließlich Fermente des Cholinesterase-typus hemmt, ein gutes Beispiel für einen spezifischen Inhibitor darstellt. Die Einteilung ist durchaus nicht mit der Klassifikation in kompetitive und nicht-kompetitive Hemmstoffe identisch; unter den spezifischen Inhibitoren finden wir viele, deren Hemmwirkung als nicht-kompetitiv erkannt wurde. Naturgemäß sind für den Enzymologen die Effekte der spezifischen Inhibitoren von weitaus größerem Interesse, weil es durch ihre Analyse möglich erscheint, Aufschluß über die Natur der aktiven Zentren der betreffenden Enzyme zu erhalten (vgl. S. 149).

a) Hemmung durch Reaktions-produkte. Die Hemmung durch die Produkte, welche bei einer Enzymkatalyse entstehen, ist eine allgemeine Erscheinung, die schon in der oft zitierten klassischen Arbeit von MICHAELIS und MENTEN Berücksichtigung fand. Die inhibitorische Wirkung der Reaktions-produkte läßt sich anschaulich durch die Vorstellung erklären, daß diese Verbindungen naturgemäß eine konfigurative Ähnlichkeit mit den Substraten haben müssen und entsprechend eine mehr oder minder starke Affinität zu den aktiven Zentren entwickeln. Eine theoretische Deutung bedient sich der prinzipiellen Reversibilität aller Enzymkatalysen; es ist verständlich, daß Verbindungen, die bei der Umkehr der beobachteten Vorgänge selbst als Substrate fungieren, eine Affinität zur aktiven Gruppierung des Enzyms besitzen müssen.

Das Ausmaß der Hemmwirkung ist naturgemäß von der Größe dieser Affinität abhängig, wie das ja auch aus der kinetischen Deutung der kompetitiven Hemmung hervorgeht; die Inhibitor-wirkung von Reaktions-produkten entspricht sehr oft dem Typus der kompetitiven Hemmung.

b) Hemmung durch Struktur-analoge der Substrate. Wie bereits berichtet wurde, können neben dem Substrat und den Reaktions-produkten auch Struktur-analoge des Substrats eine Affinität zu den aktiven Zentren des Enzyms entwickeln und dadurch reaktions-hemmend wirken. Das klassische Beispiel für einen derartigen Fall stellt die Malonat-hemmbarkeit der Succinat-dehydrogenasen dar[1]. Die strukturelle Verwandtschaft der Malonsäure mit der Bernsteinsäure ist offenbar:

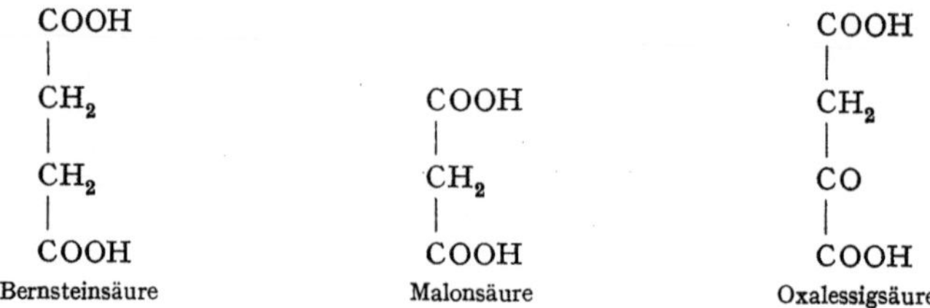

Bernsteinsäure Malonsäure Oxalessigsäure

Nach einer Messung von POTTER und DUBOIS[2], welche die Affinität von Malonsäure und Bernsteinsäure zum Ferment bestimmten, ist das Verhältnis zwischen Inhibitor und Substrat bei 50%iger Hemmung 1 : 50. Eine so große Affinität des kompetitiven Inhibitors zum Enzym stellt allerdings eher eine Ausnahme dar; in den meisten untersuchten Fällen ist K_m kleiner als K_i, d. h. die Affinität des Substrats ist größer als diejenige des Hemmkörpers.

Ein anderer bedeutsamer Inhibitor der Succinat-dehydrogenase ist die Oxalessigsäure[3]; auch hier handelt es sich um eine kompetitive Hemmung, was auf Grund der Struktur-analogie zwischen Bernsteinsäure und Oxalessigsäure leicht verständlich ist.

Ein weitgehend analoges Beispiel ist die Hemmung der DPN · H_2 → Pyruvat-transhydrogenasen *(Milchsäure-dehydrase)* und Glucose → DPN-transhydrogenasen *(Glucose-dehydrase)* durch Pyridin-3-sulfonsäure, die als Struktur-analoges der Nicotinsäure, eines wesentlichen Bestandteils von DPN, aufgefaßt werden muß. Auch hier ist die Hemmung kompetitiv, was dadurch bewiesen werden kann, daß bei entsprechender Vermehrung der DPN-Konzentration der Effekt zum Verschwinden gebracht wird[4].

COOH N

Nicotinsäure

SO_3H N

Pyridin-3-sulfonsäure

Gleichartige Fälle sind auch die von CORI und Mitarbeitern[5] beobachtete Hemmung der Wirkung der Glucose-1-phosphat → Amylose-transglucosidasen *(Phosphorylase)* durch Glucose, die als Struktur-analoges des Glucose-1-phosphats aufgefaßt werden muß, weiters die Befunde über die Hemmbarkeit von Monoamin → O_2-transhydrogenasen *(Amin-oxydase)* und Diamin → O_2-transhydrogenasen *(Diamin-oxydase)* durch verschiedene Monoamine bzw. Diamine, die von den Fermenten nicht angegriffen werden[6].

Eine Hemmung durch Struktur-analoge muß nicht unbedingt dem Typus der kompetitiven Hemmung entsprechen; es gibt Beispiele, daß Struktur-analoge auch in nicht-kompetitiver Weise ihre Wirkung ausüben. Allerdings scheint es, daß Struktur-analoge, deren Konfiguration derjenigen des Substrats sehr nahe kommt, eher kompetitive Inhibitoren sind, während weniger ähnliche

[1] J. H. QUASTEL und W. R. WOOLDRIDGE: Biochem. J. **22**, 689 (1928).
[2] V. R. POTTER und K. P. DUBOIS: J. gen. Physiol. **26**, 391 (1943).
[3] N. B. DAS: Biochem. J. **31**, 1124 (1937).
[4] H. VON EULER: Ber. dtsch. chem. Ges. **75**, 1876 (1942).
[5] C. F. CORI, G. T. CORI und A. A. GREEN: J. biol. Chem. **159**, 565 (1945).
[6] Vgl. E. A. ZELLER: Adv. Enzymology 2, 93 (1942); H. BLASCHKO und R. DUTHIE: Biochem. J. **39**, 347, 478 (1945).

Verbindungen nicht-kompetitiv wirken. Ein instruktives Beispiel ist die von HUNTER und DOWNS berichtete Hemmbarkeit einer Arginin-amidinase *(Arginase)* durch verschiedene Aminosäuren, die sämtlich als Struktur-analoge des Arginins aufgefaßt werden können (vgl. Abb. 19, S. 139). Während das Reaktions-produkt, das Ornithin, sowie das sehr nahe verwandte Lysin kompetitiv hemmen, sind die anderen Aminosäuren nicht-kompetitive Inhibitoren der Arginin-hydrolyse.

Die meisten Fälle eines „biologischen Antagonismus"[1] müssen wahrscheinlich als Hemmung von Enzymkatalysen durch Struktur-analoge aufgefaßt werden; allerdings wissen wir heute fast niemals, wenn wir einen Antagonismus einer struktur-analogen Substanz gegenüber einem Vitamin oder einem anderen Wirkstoff beobachten, welcher Enzym-prozeß im besonderen betroffen ist, bzw. welcher dieser Vorgänge für die Wirkung ausschlaggebend ist. Die Verhältnisse sind hier oft sehr kompliziert.

Die Aufdeckung des kompetitiven Antagonismus zwischen den Sulfonamiden und *p*-Aminobenzoesäure durch WOODS[2] veranlaßte diesen Forscher zu der Annahme, daß *p*-Aminobenzoesäure ein lebenswichtiger Stoffwechsel-teilnehmer *(essential metabolite)* sei und daß die Sulfonamide kompetitiv einen enzymatischen Prozeß hemmen, dessen Substrat — oder Coenzym — *p*-Aminobenzoesäure sei. Wir wissen heute, daß *p*-Aminobenzoesäure ein Teil des Moleküls der Folsäure ist und daß Folsäure bzw. ihr Derivat, der *Leuconostoc citrovorum*-Faktor, bei der Übertragung von C_1-Körpern und damit bei der Purin-synthese und anderen wichtigen Stoffwechsel-vorgängen eine Rolle spielt, und zwar vermutlich diejenige eines enzymatischen Komplements (vgl. S. 363). Andrerseits wurden in den letzten fünfzehn Jahren zahlreiche Enzymkatalysen verschiedener Natur entdeckt, die durch Sulfonamide gehemmt werden. Trotzdem ist der wahre Wirkungsmechanismus der Sulfonamide noch nicht aufgeklärt; das Schlüssel-enzym in der Bakterienzelle, das betroffen wird und dessen Hemmung die bakteriostatische Wirkung der Verbindungen verursacht, ist noch nicht bekannt. Ähnlich verwickelt liegen die Dinge in anderen Fällen von biologischem Antagonismus[3].

c) Hemmung durch Reaktion mit Sulfhydryl-gruppen[4]. Enzymproteine enthalten allgemein Cystein-reste und dementsprechend auch Sulfhydryl-gruppen in ihren Polypeptid-ketten. Die Existenz dieser Gruppen in freier, nicht veränderter Form scheint bei vielen Enzymen eine Vorbedingung für deren Aktivität darzustellen (vgl. Tab. 23); durch Blockierung der SH-Gruppen mittels geeigneter Reagenzien wird eine Hemmung der Enzym-wirkung verursacht. Das Phänomen ist schon seit längerer Zeit bekannt; die älteren Arbeiten über dieses Gebiet wurden von BERSIN[5] referiert.

In Proteinen und Enzymen scheint es drei verschiedene Arten von SH-Gruppen zu geben: solche, die leicht mit entsprechenden Reagenzien reagieren, solche, deren Reaktions-vermögen geringer ist („träge" SH-Gruppen), und schließlich sog. maskierte Sulfhydryl-gruppen, die erst nach Aufbrechen der zwischen den Polypeptid-ketten bestehenden Vernetzungen, also nach Denaturierung, nachweisbar werden. Vermutlich sind es ausschließlich die ersten beiden Arten, die für die Enzym-wirkung von direkter Bedeutung sind.

Unter den Reagenzien, die mit Sulfhydryl-gruppen reagieren, können wir wiederum drei verschiedene Arten unterscheiden: Oxydationsmittel, Mercaptid-

---

[1] D. W. WOOLLEY: Biological Antagonism. New York: Wiley. 1950; P. MEUNIER: Fortschr. Chem. organ. Naturstoffe **9**, 88 (1952).

[2] D. D. WOODS: Brit. J. exp. Path. **21**, 74 (1940).

[3] Vgl. hierzu auch M. G. SEVAG, J. S. GOTS und E. STEERS: In „The Enzymes", herausgegeben von J. B. SUMNER und K. MYRBÄCK, Bd. I/1, S. 115. New York: Academic Press. 1950.

[4] Übersichtsreferat: E. S. G. BARRON: Adv. Enzymology **11**, 201 (1951).

[5] T. BERSIN: Ergebn. Enzymforsch. **4**, 68 (1935).

bildende Substanzen, wie z. B. organische Quecksilber- oder trivalente Arsenverbindungen, und schließlich alkylierende Reagenzien, darunter besonders Jodessigsäure und Jodacetamid. Während die Hemmungen, welche durch die ersten beiden Substanz-gruppen verursacht werden, meist — allerdings nicht immer — reversibel sind, ist der durch alkylierende Reagenzien hervorgerufene Effekt nicht mehr aufhebbar.

Tabelle 23. *Liste der wichtigsten Enzyme, für deren Aktivität die Anwesenheit freier Sulfhydrylgruppen erforderlich ist* (im wesentlichen nach BARRON, *l. c.*)[1]

Pankreas-esterase
Lipase
Cholinesterasen Typus II
ATP-monophosphatase *(ATPase)* des Myosins
β-Amylasen
Ureasen
Carboxypeptidasen (Pankreas),
katheptische Exopeptidasen
Papain
Ficin
Bromelin
Asclepain
Folsäure-conjugase
Transacylasen und viele Fermente, an deren Wirkung CoA beteiligt ist (vgl. S. 364 ff.)
Transaminasen
Glucose-1-phosphat → Amylose-transglucosidase *(Phosphorylase)* aus Kartoffeln
Phosphoenolpyruvat → ADP-transphosphatasen *(Pyruvat-kinase)*
ATP → Kreatin-transphosphatasen *(Kreatin-kinase)*
ATP → Hexose-transphosphatase *(Hexokinase)* aus Hefe
ADP → ADP-transphosphatase *(Myokinase)*
DPN · H_2 → Aldehyd-transhydrogenase *(Alkohol-dehydrase)* aus Hefe
Aldehyd → DPN-transhydrogenase *(Acetaldehyd-dehydrase)* aus Hefe
phosphorylierende Phosphoglycerinaldehyd → DPN-transhydrogenasen *(Triosephosphat-dehydrase)*
β-Oxybutyrat → DPN-transhydrogenasen *(β-Oxybuttersäure-dehydrase)*
L-Malat → DPN-transhydrogenasen *(Äpfelsäure-dehydrase)*
Aminosäure → O_2-transhydrogenasen *(Aminosäure-oxydase)*
Cholin-dehydrogenasen
Succinat-dehydrogenasen *(Bernsteinsäure-dehydrase)*
Monoamin → O_2-transhydrogenasen *(Monoamin-oxydase)*
Pyruvat-decarboxylase *(Carboxylase)* aus Hefe
Glyoxalase-system (vgl. S. 662)
Glucose(1 → 6)-phosphomutasen *(Phosphoglucomutase)*

Durch *milde Oxydationsmittel* (Cu^{++}, Cu_2O, H_2O_2, Ferricyanid, Porphyrindin, Jodosobenzoat, Tetrathionat, Jod, selenige Säure, Cystin, oxydiertes Glutathion, 2,6-Dichlorphenolindophenol, Alloxan und salpetrige Säure) kann eine große Anzahl von Enzymen gehemmt werden; in den meisten Fällen nimmt man an, daß die Reaktion zwei SH-Gruppen betrifft:

$$2\ \text{Enzym-SH} - 2\,e \rightleftarrows \text{Enzym-SS-Enzym} + 2\,H^+$$

$$\text{oder Enzym}\begin{matrix}\diagup \text{SH}\\ \diagdown \text{SH}\end{matrix} - 2\,e \rightleftarrows \text{Enzym}\begin{matrix}\diagup \text{S}\\ \diagdown \text{S}\end{matrix}\Big| + 2\,H^+$$

[1] Die Tabelle soll nur als Illustration dafür dienen, daß sehr viele wichtige Enzyme SH-Proteine sind. Die verschiedenen darin wiedergegebenen Befunde sind durchaus nicht gleich verläßlich; es ist möglich, daß einige der verzeichneten Enzyme hier zu Unrecht aufscheinen; andrerseits dürften noch viele andere Fermente essentielle SH-Gruppen enthalten.

Es werden aber nicht alle Enzyme, welche für ihre Wirksamkeit die Anwesenheit freier SH-Gruppen in ihrem Molekül benötigen, durch Oxydationsmittel gehemmt. So konnte gezeigt werden, daß Papain nicht durch Porphyrindin[1], Ureasen nicht durch Ferricyanid[2] und β-Amylasen weder durch 2,6-Dichlorphenolindophenol noch durch Cystin beeinflußt werden.

Die Hemmbarkeit der SH-Enzyme durch Oxydationsmittel wird im allgemeinen durch den Einfluß von Reduktionsmitteln (Ascorbinsäure, Cyanid, Schwefelwasserstoff u. a.) oder auch durch Thiole rückgängig gemacht; es gibt allerdings einige Fälle, in denen das nicht möglich ist.

Unter den *Mercaptid-bildenden Reagenzien* ist vor allem *p*-Chlormercuribenzoesäure zu erwähnen, die heute als das spezifischste Reagens auf SH-Gruppen in Enzymen gilt. Bei der Empfindlichkeit von SH-Enzymen gegen trivalente Arsen-verbindungen werden große Unterschiede beobachtet: das Giftgas Lewisit $ClHC{=}CHAsCl_2$ hemmt fast alle Sulfhydryl-enzyme; andere organische dreiwertige Arsenverbindungen sind weniger aktiv[3]. BERSIN *(l. c.)* konnte zeigen, daß Selen und Tellur in analoger Weise wirken; allgemein ist festzustellen, daß auch die meisten Schwermetall-wirkungen auf SH-Enzyme als Mercaptid-bildungen aufgefaßt werden müssen.

Auch die Effekte der Mercaptid-bildenden Substanzen sind meist reversibel, und zwar können hier Thiole, also Verbindungen, welche selbst Sulfhydryl-gruppen enthalten, die Hemmung rückgängig machen. Das Ausmaß der Reaktivierung ist hauptsächlich von der Affinität des Enzyms und des Thiols zu der Mercaptid-bildenden Verbindung abhängig, da der Protektor den Inhibitor aus der Bindung mit dem Enzym verdrängen muß. Es hat sich gezeigt, daß Dithiole in dieser Hinsicht aktivere Protektoren bzw. Enthemmer sind als Monothiole; als besonders wirkungsvoll hat sich das 2,3-Dimercaptopropanol („British antilewisite", BAL) erwiesen, das mit Lewisit stabile zyklische Verbindungen bildet und es dadurch von den SH-Gruppen der Enzyme abdrängt[4].

$$ClHC{=}CHAs\begin{matrix}\diagup Cl\\ \diagdown Cl\end{matrix} + \begin{matrix}HSCH_2\\ |\\ HSCH\\ |\\ CH_2OH\end{matrix} \rightarrow ClHC{=}CHAs\begin{matrix}\diagup S{-}CH_2\\ \quad\;\; |\\ \diagdown S{-}CH\\ \quad\;\; |\\ \quad CH_2OH\end{matrix} + 2\,HCl$$

Lewisit 2,3-Dimercaptopropanol (BAL)

Es konnte gezeigt werden, daß BAL imstande ist, *in vivo* die toxischen Effekte von Lewisit zu verhindern oder rückgängig zu machen, wenn die Anwendung bis höchstens eine Stunde nach der Einwirkung erfolgt. Dies erlaubt den Schluß, daß die Wirkung von Lewisit und anderen Arsen-verbindungen auf den Organismus durch eine Reaktion mit SH-Gruppen lebenswichtiger Enzym-systeme erfolgt.

Eine Zwischenstellung zwischen den oxydierenden und den Mercaptid-bildenden Substanzen nehmen die Chinone ein, die neben ihrer oxydierenden Wirkung auch häufig die Anlagerung der SH-Verbindung, also des Enzyms, an ihr Molekül verursachen. Chinone sind Inhibitoren sehr vieler Enzyme[5]; der Effekt wird wohl meist durch Reaktion mit den SH-Gruppen ausgelöst. Im Falle einer rein oxydativen Wirkung ist die Hemmung reversibel.

---

[1] A. K. BALLS und H. LINEWEAVER: J. biol. Chem. **130**, 669 (1939).

[2] L. HELLERMAN: Physiol. Revs. **17**, 454 (1937).

[3] E. S. G. BARRON, Z. B. MILLER, G. R. BARTLETT, J. MEYER und T. P. SINGER: Biochem. J. **41**, 69 (1947).

[4] Übersichtsreferat: L. A. STOCKEN und R. H. S. THOMPSON: Physiol. Revs. **29**, 168 (1948).

[5] Übersichtsreferat: O. HOFFMANN-OSTENHOF: Fortschr. Chem. organ. Naturstoffe **6**, 154 (1950).

Als dritte Gruppe der SH-Reagenzien haben wir die *alkylierenden Reagenzien* zu besprechen. Unter diesen werden vor allem Jodessigsäure und Jodacetamid zum Nachweis von Sulfhydryl-gruppen in Enzymen verwendet. Die Wirkung kann durch die Gleichung

$$RSH + JCH_2CONH_2 \rightarrow RSCH_2CONH_2 + HJ$$

dargestellt werden; sie ist allerdings, wie vor allem MICHAELIS und SCHUBERT[1] zeigen konnten, nicht spezifisch, da auch Aminogruppen mit diesen Verbindungen reagieren. Immerhin kann die Hemmung eines Enzyms durch Jodessigsäure oder Jodacetamid meist als Anzeichen dafür gewertet werden, daß wir ein SH-Enzym vor uns haben; ein eindeutiger Nachweis dafür wird aber erst erbracht sein, wenn andere SH-Reagenzien, so vor allem *p*-Chlormercuribenzoat, ebenfalls eine Hemmung verursachen.

Ähnlich unspezifisch dürften auch verschiedene im ersten Weltkrieg verwendete Giftgase und verwandte Verbindungen, wie Lost, Stickstoff-lost, Jodäthylalkohol, Chloracetophenon, Brompikrin, Chlorpikrin, Chloraceton, Bromaceton und Isosulfocyanat[2] primär wohl unter Alkylierung mit Sulfhydryl-gruppen, daneben aber auch mit anderen Gruppierungen des Enzymproteins reagieren. Die toxischen Effekte dieser Substanzen *in vivo* können also nicht eindeutig einer Hemmung von SH-Enzymen zugeschrieben werden.

Die Wirkung der alkylierenden Reagenzien ist irreversibel.

Es muß aber festgestellt werden, daß die Hemm-effekte aller drei Kategorien von SH-Inhibitoren nicht immer als eine Reaktion der Stoffe mit SH-Gruppen der Enzymproteine aufgefaßt werden dürfen. Gerade in letzter Zeit konnte festgestellt werden, daß bei verschiedenen Enzymkatalysen nieder-molekulare organische Verbindungen, das sog. „Coenzym A" (CoA) und auch das Glutathion, welche Sulfhydryl-gruppen enthalten, als enzymatische Komplemente, d. h. also als zweite Substrate, fungieren. CoA ist das enzymatische Komplement der Transacylierungs-vorgänge (S. 364); Glutathion spielt die gleiche Rolle beim Glyoxalase-system. In derartigen Fällen muß man wahrscheinlich die Wirkung der SH-Reagenzien einer Reaktion mit den enzymatischen Komplementen zuschreiben, die sich naturgemäß ebenfalls mit diesen Substanzen umsetzen und dabei entweder oxydiert, in Mercaptide überführt oder alkyliert werden. Wir hätten hier also einen Fall einer *Substrat-inaktivierung* vor uns, d. h. eines der beiden spezifischen Substrate eines übertragenden Enzyms oder einer Synthease wird verändert, wodurch naturgemäß das Stattfinden des Enzym-prozesses verhindert wird. Es ist sicher, daß bei manchen der in Tab. 23 angeführten Fermente, deren Wirksamkeit durch SH-Reagenzien gehemmt wird, der Mechanismus nicht eine Reaktion mit SH-Gruppen des Enzymproteins, sondern eine Substratinaktivierung des geschilderten Typus darstellt.

Über die Rolle der SH-Gruppen in den Enzymproteinen sind wir noch sehr wenig unterrichtet. Immerhin scheint es, daß diese Gruppierungen zumindest in manchen Fällen einen Teil des aktiven Zentrums der Enzyme bilden können. Hierfür spricht vor allem die als HOPKINS-Phänomen bezeichnete Erscheinung[3], daß Succinat-dehydrogenasen gegen die Wirkung von SH-Inhibitoren durch vorherige Zugabe des Substrats, Bernsteinsäure, oder auch des kompetitiv wirkenden

[1] L. MICHAELIS und M. P. SCHUBERT: J. biol. Chem. **106**, 331 (1934).

[2] Vgl. hierzu die Übersichtsreferate in Symp. Biochem. Soc. Nr. 2 (1948); sowie Z. M. BACQ: Actualités biochimiques. Travaux récents sur les toxiques de guerre. Liége: Desoer. 1947.

[3] F. G. HOPKINS, E. Y. MORGAN und C. LUTWAK-MANN: Biochem. J. **32**, 1829 (1938); F. G. HOPKINS und E. Y. MORGAN: Ibid. **32**, 611 (1938); L. RAPKINE: Ibid. **32**, 1729 (1938); L. HELLERMAN, F. CHINARD und V. R. DEITZ: J. biol. Chem. **147**, 443 (1943): V. R. POTTER und K. P. DUBOIS: J. gen. Physiol. **26**, 391 (1943); E. S. G. BARRON und T. P. SINGER: J. biol. Chem. **157**, 221 (1945); T. P. SINGER und E. S. G. BARRON: Ibid. **157**, 241 (1945).

Inhibitors Malonsäure geschützt werden. Ähnliches wird auch von anderen, und zwar vor allem von wasserstoff-übertragenden Enzymen berichtet, so daß die Annahme nahegelegt wird, daß bei diesem Enzymtypus die SH-Gruppen häufig in irgend einer Weise an der Bildung des Enzym-Substrat-komplexes teilnehmen.

d) Hemmung durch Bindung des anorganischen Komplements. Wie wir bereits aus dem vorhergehenden Kapitel wissen, ist für die Wirkung vieler Fermente die Anwesenheit sog. anorganischer Komplemente erforderlich. In den meisten Fällen handelt es sich um die Ionen zweiwertiger Metalle. Es ist leicht verständlich, daß Substanzen, welche diese anorganischen Komplemente binden und dadurch dem Reaktionsgeschehen entziehen, als Inhibitoren wirken.

Einen solchen Fall stellt die sehr häufige Hemmbarkeit von Enzymen durch Fluorid dar, deren Mechanismus — zumindest für die 2-Phosphoglycerat-dehydratase *(Enolase)* aus Hefe — von WARBURG und CHRISTIAN[1] aufgeklärt wurde. Das enzymatische Komplement dieses Enzyms ist Mg^{++}; es wurde beobachtet, daß die Hemm-wirkung von der Anwesenheit von Phosphat-ionen abhängig ist; in einem phosphat-freien Medium ist das Enzym gegen Fluor-ion unempfindlich. Arsenat kann Phosphat ersetzen. Diejenige Substanz, welche die Hemm-wirkung tatsächlich ausübt, ist Magnesiumfluorphosphat, das mit dem Enzymprotein reagiert und dabei das Magnesium-ion verdrängt.

Durch Variation der Konzentrationen von Mg^{++}, F^- und PO_4^{3-} konnte festgestellt werden, daß die Hemmung der Gleichung

$$[\mathrm{Mg}]\,[\mathrm{PO_4}]\,[\mathrm{F}]^2 \times \frac{\text{Restaktivität}}{\text{Hemmung}} = K$$

folgt. Daraus ergibt sich die Existenz eines Gleichgewichtes, dessen Konstante

$$K_A = \frac{[\text{Magnesiumfluorphosphat}]\,[\text{Magnesium-Enzym}]}{[\text{Magnesium}]\,[\text{Magnesiumfluorphospho-Enzym}]}$$

ist, während die Bildung des Magnesiumfluorphosphats der Gleichung

$$K_B = \frac{[\text{Magnesiumfluorphosphat}]}{[\mathrm{Mg}]\,[\mathrm{PO_4}]\,[\mathrm{F}]^2}$$

gehorcht. $K = K_A/K_B = 3{,}2 \cdot 10^{-12}$ bei p_H 7,3 und 20°.

Dieser Mechanismus der Fluorid-hemmung scheint ziemlich allgemein zu sein, wenngleich an der Komplex-bildung nicht immer Orthophosphat beteiligt ist. So konnte NAJJAR[2] zeigen, daß bei der Hemmung der Glucose(1 → 6)-phosphomutase *(Phosphoglucomutase)* Glucose-1-phosphat an Stelle von Phosphat an der Komplex-bildung teilnimmt; die Konstante K (ebenso definiert wie oben) hat hier den Wert von $1{,}7 \cdot 10^{-12}$. Die Untersuchungen von KORNBERG und PRICER[3] über die Hemmbarkeit der Nucleotid-pyrophosphatasen geben einen interessanten Hinweis darauf, welche organischen Phosphat-verbindungen mit Mg^{++} und F^- zur Bildung inhibitorischer Komplexe befähigt sind. In einem phosphat-freien Medium (Glycylglycin-pufferlösung) wurde die Hydrolyse von TPN, ADP und ATP durch Fluorid gehemmt, diejenige von DPN nicht beeinflußt und die Spaltung von FAD sogar etwas beschleunigt, während in Phosphatpuffer Fluorid auch die Hydrolyse der beiden letztgenannten Verbindungen hemmte. Dies deutet darauf hin, daß sekundär gebundene Phosphat-reste nicht mehr imstande sind, inhibitorische Komplexe zu bilden.

---

[1] O. WARBURG und W. CHRISTIAN: Biochem. Z. **310**, 384 (1942).
[2] V. A. NAJJAR: J. biol. Chem. **175**, 281 (1948).
[3] A. KORNBERG und W. E. PRICER, Jr.: Ibid. **182**, 763 (1950).

Auch der Fluorid-hemmung der Phosphoesterasen dürfte ein ähnlicher Mechanismus zugrunde liegen; MASSART und DUFAIT[1] sowie OHLMEYER[2] konnten zeigen, daß die Hemmbarkeit durch Fluorid mit der Zugabe von zweiwertigen Kationen verstärkt wird. Hingegen dürfte die Fluorid-hemmung bei der Pyruvat-decarboxylase nach einem anderen noch unbekannten Mechanismus verlaufen[3]. Ebenso stellt die Hemmbarkeit der Lecithin-phosphodiesterase aus *Clostridium welchii* durch Fluorid einen andersgelagerten Fall dar; Untersuchungen von NAJJAR[4] zeigen, daß ein Lecithin-Magnesium-fluorid- oder Lecithin-Calcium-fluorid-komplex gebildet wird. Diese Komplexe sind für das Enzym unangreifbar. Es handelt sich also hier um eine Substrat-inaktivierung.

Ein weiteres Beispiel für eine Hemmung durch Reaktion mit dem anorganischen Komplement ist die Oxalacetat-β-decarboxylase von *Azotobacter vinelandii*, die, wenn Mn^{++} als anorganisches Komplement fungiert, durch Orthophosphat und Pyrophosphat hemmbar ist. Die Ergebnisse von PLAUT und LARDY[5] lassen annehmen, daß sich ein Manganphosphat-komplex bildet, der mit dem Enzym eine Bindung eingeht und es dadurch inaktiviert. Bei diesem Ferment kann aber Kobalt Mangan als anorganisches Komplement vertreten; hier haben Phosphat und Pyrophosphat keine Wirkung auf das Enzym und Co^{++} kann sogar den schon entstandenen hemmenden Manganphosphat-komplex aus der Bindung mit dem Enzym kompetitiv verdrängen.

e) Hemmung durch Reaktion mit den Metall-bestandteilen der prosthetischen Gruppe. Dem zuletzt besprochenen Erscheinungs-komplex sind diejenigen Hemmungen nahe verwandt, die durch Reaktion des Inhibitors mit dem Metallbestandteil einer prosthetischen Gruppe, also insbesondere dem Eisen bei den Eisen-porphyrin-fermenten und dem Kupfer bei den kupfer-haltigen Oxydasen, ausgelöst werden.

Hemmungen dieses Typus sind bei den Cytochromen, den Cytochromoxydasen, den Peroxydasen und den Katalasen seit langem wohlbekannt und haben bei der Aufklärung der Wirkungsmechanismen dieser Fermente eine nicht unbedeutende Rolle gespielt. Die wichtigsten Inhibitoren dieser Fermente sind Cyanid, Azid, Schwefelwasserstoff sowie Kohlenmonoxyd, die durchwegs mit dem Eisen der prosthetischen Gruppe eine Bindung eingehen; der Komplex mit CO dissoziiert im Licht.

Analoge Erscheinungen werden bei den kupferhaltigen Oxydasen durch Verbindungen ausgelöst, die mit Kupfer stabile Komplexe bilden. Unter diesen sind die wichtigsten Cyanid, Diäthyldithiocarbaminat, Schwefelwasserstoff, Xanthogenat und Kohlenmonoxyd. Die Hemmung durch Kohlenmonoxyd ist hier auch im Licht irreversibel.

f) Hemmung durch Reaktion mit dem Coenzym. Nach dem bisher Gesagten ist verständlich, daß Substanzen, die imstande sind, mit Coenzymen eine Verbindung einzugehen, die Reaktion derjenigen Enzyme hemmen, welche das betreffende Coenzym für ihre Wirksamkeit benötigen. So werden die Aminosäure-decarboxylasen, deren Coenzym Pyridoxal-5'-phosphat ist, durch Carbonylreagenzien, wie Cyanid, Hydroxylamin und Semicarbazid, gehemmt; diese Inhibitoren reagieren mit der Aldehyd-gruppe des Coenzyms.

---

[1] L. MASSART und R. DUFAIT: Naturwiss. **27**, 806 (1939).

[2] P. OHLMEYER: Z. Naturforsch. **1**, 18 (1946).

[3] O. WARBURG und W. CHRISTIAN: Biochem. Z. **310**, 384 (1942).

[4] V. A. NAJJAR: In „Phosphorus Metabolism", herausgegeben von W. D. MCELROY und B. GLASS, Bd. I, S. 500. Baltimore: John Hopkins Press. 1951.

[5] G. W. E. PLAUT und H. A. LARDY: J. biol. Chem. **180**, 13 (1949).

g) Hemmung durch Reaktion mit dem Substrat. Eine chemische Substanz, die mit dem Substrat eine Verbindung eingeht und dieses dadurch für das Ferment unspaltbar macht, bewirkt durch Verringerung der Substrat-konzentration, daß die Reaktion verlangsamt wird. Auch diese Erscheinung muß als Hemmung klassifiziert werden. Beispiele für eine Hemmung durch Substrat-inaktivierung sind uns bereits begegnet. Entsprechend der in diesem Buche vertretenen Auffassung, daß auch viele bisher als Coenzyme betrachtete Verbindungen in Wirklichkeit die Funktion von Substraten innehaben (enzymatische Komplemente), muß folgerichtig jede Reaktion einer Substanz mit einem enzymatischen Komplement, die diesem die Fähigkeit nimmt, bei der betreffenden Enzymkatalyse seine spezifische Rolle zu spielen, als Substrat-inaktivierung gedeutet werden. So sind z. B. diejenigen Fermente, welche auf verschiedene Weise die Pyridinnucleotide abbauen, Inhibitoren aller Vorgänge, an denen diese enzymatischen Komplemente teilnehmen.

Aber auch sonst dürfte eine Reaktion mit dem Substrat häufig die Erklärung für bisher ungeklärte Hemmungs-erscheinungen darstellen. So wäre es vielleicht durchaus wert zu untersuchen, ob die einzige in der Literatur berichtete Cyanidhemmung einer Pyridinnucleotid-spezifischen Transhydrogenase, der Formiat → → DPN-transhydrogenase *(Ameisensäure-dehydrase)*, nicht durch eine Reaktion des Cyanids mit der Ameisensäure unter Bildung einer nicht dehydrierbaren Verbindung zustande kommt.

IV. Die Aufklärung der Natur der aktiven Gruppierung durch Inhibitor-versuche.

Wie wir bereits mehrfach gesehen haben, stellen Hemmungs-versuche eines der wertvollsten Mittel dar, über die Natur der aktiven Zentren einen Aufschluß zu erlangen. Unsere Kenntnisse über dieses Gebiet leiten sich vor allem aus Experimenten dieser Art und aus Betrachtungen über die Spezifitäts-verhältnisse ab. Obwohl wir heute noch in keinem Fall in der Lage sind, eine exakte Darstellung über die Zusammensetzung der aktiven Molekül-teile eines Enzyms zu geben, konnte insbesondere bei den Enzymen mit prosthetischen Gruppen durch Inhibitor-versuche eine weitgehende Klärung über deren Wirkungsmechanismen erhalten werden.

Schwieriger sind die Verhältnisse bei denjenigen Enzymen, bei welchen keine prosthetische Gruppe nachweisbar ist, d. h. wo das aktive Zentrum zur Gänze innerhalb des Protein-moleküls liegen muß. Während bei Fermenten mit prosthetischen Gruppen anscheinend der Anteil, welcher für die Wirkungsspezifität verantwortlich ist, der prosthetischen Gruppe angehört, und nur diejenigen Gruppierungen, welche die Bindung des Substrats und damit die Substratspezifität determinieren, sich im Protein-anteil befinden, sind in den einheitlich aufgebauten Enzymproteinen beide Teile des Wirkungszentrums Bestandteile des Protein-moleküls.

Ältere Studien zur Erforschung der Gruppierungen, die für die Enzym-aktivität erforderlich sind, bedienen sich relativ unspezifischer Inhibitoren. So konnte durch Behandlung des Pepsins mit Keten, Jod und anderen Reagenzien nachgewiesen werden, daß die phenolischen Gruppen der Tyrosin-reste im Enzymmolekül für dessen Aktivität notwendig sind, während die primären Aminogruppen acetyliert oder anderweitig verändert werden können, ohne daß ein wesentlicher Aktivitäts-verlust eintritt[1]. In ähnliche Richtungen bewegen sich die bereits

[1] R. M. Herriott und J. H. Northrop: J. gen. Physiol. **18**, 35 (1934); R. M. Herriott: Ibid. **19**, 1935 (1935); **20**, 335 (1937); **25**, 185 (1941).

referierten Versuche über die Hemmbarkeit von Fermenten durch Sulfhydrylreagenzien.

Unter den Untersuchungen mit spezifischen Inhibitoren müssen insbesondere die Arbeiten über die Inhibitor-wirkung des Diisopropylfluorphosphats (DFP) auf Chymotrypsin erwähnt werden[1]. DFP reagiert mit dem Ferment in irreversibler Weise unter Abspaltung von Fluor in einem stöchiometrischen Verhältnis (1 Enzym : 1 DFP). Daraus geht hervor, daß die Hemmung durch Reaktion des DFP mit einer einzigen Gruppe des Enzym-moleküls zustande kommt. Der Hemmstoff vereinigt sich nur mit aktivem Chymotrypsin; weder an die Vorstufe des Ferments, an das Chymotrypsinogen, noch an denaturiertes Chymotrypsin wird DFP angelagert. Aus einer Verbindung zwischen Chymotrypsin und am Phosphor radioaktiv markiertem DFP gelang es kürzlich, radioaktives Serinphosphat zu isolieren[2]. Dies macht wahrscheinlich, daß ein Serin-rest des Enzyms mit DFP reagiert und somit einen Teil der aktiven Gruppierung darstellt. Allerdings kann eine Wanderung des Phosphat-restes während der Aufarbeitung nicht ausgeschlossen werden.

Sehr weit vorgeschritten sind auch die Untersuchungen über die Natur der aktiven Zentren bei den Cholinesterasen, die ebenfalls hauptsächlich mit Hilfe spezifischer Inhibitoren durchgeführt wurden. Aber auch hier ist man, obwohl bereits Modell-vorstellungen (vgl. S. 181) vorliegen, über die tatsächliche Natur der aktiven Gruppierung noch im Unklaren[3].

Die Bedeutung von Inhibitor-versuchen für die Aufklärung von Reaktionsfolgen, die durch multiple Enzymsysteme katalysiert werden, wird an anderer Stelle besprochen (S. 675 f.).

V. Natürliche Hemmkörper der Enzyme

Verschiedene Organismen sind imstande, Stoffe zu produzieren, die spezifische Inhibitoren bestimmter Fermente darstellen, wobei der Zweck dieser Inhibitorbildung entweder ein Schutz gegen eine Enzym-wirkung oder eine Regulation von Stoffwechsel-vorgängen sein dürfte. Das wohl am längsten bekannte Beispiel für einen solchen Mechanismus ist die Fähigkeit verschiedener Darm-parasiten der Gattung *Ascaris*, Stoffe zu bilden, die den Angriff der Endopeptidasen des Magens und des Darmes (Pepsin, Trypsin und Chymotrypsin) auf die Organismen verhindern und den Parasiten dadurch erst die Lebensmöglichkeit im Darm vermitteln[4]. Die Hemmstoffe können aus den Würmern durch Extraktion isoliert werden; nach einer Arbeit von COLLIER[5] handelt es sich anscheinend um Polypeptide, die nicht durch Trichloressigsäure fällbar sind. Die Parasiten besitzen aber nicht die Fähigkeit, auch Inhibitoren für pflanzliche Proteasen vom Papaintypus zu synthetisieren; sie werden durch verdünnte Lösungen dieser Fermente bei lebendigem Leibe verdaut, was zu ihrer Bekämpfung benützt wird[6, 7].

Unter den natürlichen Hemmkörpern, die spezifisch gegen ein bestimmtes Enzym gerichtet sind, müssen vor allem diejenigen Inhibitoren erwähnt werden, die Trypsin hemmen. Ein derartiger Stoff konnte aus Pankreas in kristalliner Form erhalten werden; weitere

[1] Übersichtsreferat: A. K. BALLS und E. F. JANSEN: Adv. Enzymology **13**, 321 (1952).

[2] N. K. SCHAFFER, S. C. MAY, Jr. und W. H. SUMMERSON: Federation Proc. **11**, 282 (1952); J. biol. Chem. **202**, 67 (1953).

[3] Übersichtsreferat: D. NACHMANSOHN und I. B. WILSON: Adv. Enzymology **12**, 259 (1951).

[4] E. WEINLAND: Z. Biol. **44**, 1 (1903); L. D. MENDEL und A. F. BLOOD: J. biol. Chem. **8**, 177 (1910).

[5] H. B. COLLIER: Canad. J. Res. **19**, 91 (1941).

[6] B. K. HARNED und T. P. NASH, Jr.: J. biol. Chem. **97**, 443 (1932).

[7] B. H. ROBBINS: Ibid. **87**, 251 (1930); B. H. ROBBINS und P. D. LAMSON: Ibid. **106**, 725 (1934).

Trypsin-inhibitoren finden sich im Blutplasma, im Eier-albumin, im Colostrum, in der Sojabohne u. a. Die biologische Bedeutung dieser Stoffe konnte bisher noch nicht erkannt werden (vgl. S. 314).

Ein Hemmstoff des Pepsins, der in Pepsinogen-lösungen vorkommt, wurde von HERRIOTT isoliert und kristallisiert (S. 309).

Zahlreiche weitere gleichartige Mechanismen sind in der Literatur beschrieben und werden bei der Besprechung der Einzelfermente behandelt.

VI. Die Enzyme als Antigene; Hemmung durch Antikörper[1]

Enzyme sind als Proteine dazu befähigt, bei parenteraler Einverleibung die Bildung von spezifisch gegen sie gerichteten Antikörpern, sog. Anti-enzymen, zu induzieren. Während ältere Befunde dieser Art dadurch, daß mit unreinen Präparaten gearbeitet wurde, zumindest zweifelhaft oder sogar wertlos sind, konnte in letzter Zeit mehrfach die Antikörper-bildung durch hochgereinigte Enzyme beobachtet werden.

Eines der überzeugendsten Beispiele für diesen Mechanismus ist die Bildung von Antiurease im Serum von Kaninchen, die wiederholte Injektionen einer Lösung kristalliner Urease erhalten hatten[2]. Die Antiurease kann verhältnismäßig leicht gereinigt werden, indem man sie mit Urease reagieren läßt und die ausfallende Antigen-Antikörper-verbindung nach gründlichem Waschen mit verdünnter Säure behandelt. Dadurch wird wohl das Ferment, nicht aber der Antikörper denaturiert; die Bindung zwischen Urease und Antiurease löst sich, das Ferment fällt aus, während der Antikörper in Lösung bleibt. Es soll sich bei der Antiurease um ein Glykoproteid handeln.

Urease ist, wenn sie in die Blutbahn gelangt, für Säugetiere — nicht aber für Vögel — ein schweres Gift; die Ursache dieser Toxizität ist die Bildung von Ammoniak aus Harnstoff, der bei Säugetieren in größerer Menge im Blut vorhanden ist. Durch Antiurease können Kaninchen gegen diese toxische Wirkung geschützt werden; dieser Effekt kann aber nicht einfach dadurch erklärt werden, daß Enzym und Anti-enzym eine Verbindung eingehen, denn der Antikörper ist hier kein direkter Inhibitor des Enzyms; der Urease-Antiurease-komplex zeigt *in vitro* etwa 80% der ursprünglichen Urease-aktivität. Eine mögliche Erklärung für die Entgiftungs-wirkung ist, daß die Urease-Antiurease-verbindung durch Enzyme des Plasmas leichter abgebaut werden kann als die Urease selbst.

Die bemerkenswerte Feststellung, daß die Urease-Antiurease-verbindung ihre Urease-wirksamkeit zum größten Teil behält, läßt sich in dem Sinne deuten, daß hier die für Antigen-wirkung und -bildung bestimmenden Gruppierungen des Enzyms nicht mit dem aktiven Zentrum identisch sind.

Anders sind die Verhältnisse bei dem α-Toxin von *Clostridium welchii*, das zugleich eine Lecithin-phosphodiesterase ist[3]. Wenn Anti-lecithin-phosphodiesterase-serum zu einer Mischung des Ferments mit Lecithin hinzugesetzt wird, so verbindet sich der Antikörper mit dem Ferment und hemmt dabei die Aktivität des Enzyms[4]. Hier wirkt also der Antikörper gleichzeitig als Inhibitor; die für die Bildung und Bindung der Immun-körper verantwortlichen Zentren sind entweder mit der aktiven Gruppierung des Ferments identisch oder diesen so nahe benachbart, daß bei Bindung des Antikörpers die Annäherung des Substrats verhindert wird. Für die Deutung, daß nur räumliche Nähe und nicht Identität vorliegt, spricht, daß Enzym-toxine der gleichen Wirkung von *Clostridium oedematiens*, welche genau dieselbe enzymatische Spezifität aufweisen wie das α-Toxin von *Cl. welchii*, was auf eine gleiche Konfiguration der aktiven Zentren schließen läßt, nicht durch Immun-seren dieses Toxins inaktiviert werden[5].

Andere Fälle, wo eine Anti-enzym-bildung eindeutig nachgewiesen ist, sind die Katalase aus Rinder-leber[6], das Luciferase-system[7], die Ribonuclease aus Pankreas[8], eine

[1] Monographie: M. S. SEVAG: Immunocatalysis. 2. Aufl. Springfield: Thomas. 1951. Handbuchartikel: J. R. MARRACK: In „The Enzymes", herausgegeben von J. B. SUMNER und K. MYRBÄCK, Bd. I/1, S. 343. New York: Academic Press. 1950.

[2] J. S. KIRK und J. B. SUMNER: J. biol. Chem. **94**, 21 (1931).

[3] M. G. MACFARLANE und B. C. J. G. KNIGHT: Biochem. J. **35**, 884 (1941).

[4] P. C. ZAMEZNIK und F. LIPMANN: J. exp. Med. **85**, 395 (1947).

[5] C. L. OAKLEY, G. H. WARRACK und P. H. CLARKE: J. gen. Microbiol. **1**, 91 (1947).

[6] D. H. CAMPBELL und L. FOURT: J. biol. Chem. **129**, 385 (1939); E. TRIA: Ibid. **129**, 377 (1939).

[7] E. N. HARVEY und J. E. DIETRICK: J. Immunology **18**, 65 (1930).

[8] J. SMOLENS und M. G. SEVAG: J. gen. Physiol. **26**, 11 (1942/43).

Tyrosin-oxydase *(Tyrosinase)*[1] und das Papain[2]. Bei allen diesen Enzymen behält die Enzym-Antikörper-verbindung zumindest eine Rest-aktivität; die Tyrosin-oxydase-Antienzym-verbindung ist sogar ebenso aktiv wie das Enzym selbst. Auch Zymogene, wie z. B. Trypsinogen und Chymotrypsinogen wirken Antikörper-bildend[3]; die Immun-körper reagieren aber nicht mit den entsprechenden Fermenten Trypsin und Chymotrypsin, woraus geschlossen wird, daß diese immunologisch von ihren Zymogenen verschieden sind, d. h. daß die für die Antikörper-bildung verantwortlichen Gruppen der Moleküle in denjenigen Teilen liegen, die bei der Umwandlung in das Enzym verändert werden.

Diese Aufzählung von Anti-enzym-bildungen erhebt keinen Anspruch auf Vollständigkeit; sie soll nur zeigen, daß es sich hier um ein allgemeines Phänomen handelt, wie das ja auch in Anbetracht der Protein-natur der Enzyme zu erwarten ist. Als bemerkenswert muß noch einmal die Tatsache unterstrichen werden, daß in keinem Fall von Anti-enzym-bildung der Nachweis gelungen ist, daß die aktiven Zentren des Enzyms mit denjenigen Gruppen des Moleküls identisch sind, welche für die Bildung und die Bindung der Antikörper verantwortlich sind. Wohl wird manchmal Hemmung der Enzym-aktivität durch Antikörper-bildung beobachtet, doch auch dann dürfte es wahrscheinlicher sein, daß die Bindung des Immun-körpers durch Strukturen erfolgt, die in räumlicher Nähe zum aktiven Zentrum des Ferments liegen, denn sonst müßten Fermente durch Antikörper gegen gleich-spezifische Fermente anderer Organismen, von denen man annehmen muß, daß sie dieselbe Konfiguration als aktives Zentrum besitzen, gebunden und gehemmt werden; dies ist aber, wie wir gezeigt haben, nicht der Fall.

VII. Die biologische Bedeutung der Effektoren-wirkung

Auf Grund der in diesem Kapitel berichteten Tatsachen ist leicht verständlich, daß Aktivierungs- und Hemmungs-effekte eine bedeutende Rolle beim Stoffwechsel der Organismen und damit auch bei allen durch den Stoffwechsel gesteuerten Vorgängen spielen können. Es ist denkbar und wohl auch wahrscheinlich, daß die meisten Stoffwechsel-regulationen, über welche die Organismen verfügen, in ihrem Wesen auf Beeinflussungen von Enzym-wirkungen zurückzuführen sind. Da, wie wir später noch ausführlicher erfahren werden (vgl. S. 675ff.), die meisten der in die Organismen eingebrachten Substanzen nicht nur durch ein einziges Enzym verändert werden können, sondern dem Einfluß mehrerer Enzyme ausgesetzt sind, welche das Substrat in verschiedener Weise angreifen, ist leicht vorstellbar, daß durch spezifische Hemmung oder Aktivierung eines bestimmten Ferments das Schicksal einer Substanz im Organismus wesentlich beeinflußt werden kann. Mechanismen dieser Art sind allerdings nur mit größten Schwierigkeiten der Erforschung zugänglich. Ein gutes Beispiel für einen derartigen Regulations-mechanismus stellt der sog. PASTEUR-Effekt dar; unter dieser Bezeichnung versteht man die Erscheinung, daß Sauerstoff den anaeroben Abbau der Kohlehydrate (Glykolyse, alkoholische Gärung) hemmt. Aber auch hier ist noch nicht mit Sicherheit bekannt, welches Einzelferment des Glykolyse- bzw. Zymase-systems durch den Sauerstoff gehemmt wird, wenngleich darüber schon recht plausible Vorstellungen bestehen (vgl. S. 705ff.).

Es muß angenommen werden, daß auch die Hormone ihre Wirkungen in ähnlicher Weise verursachen und zwar dürfte hier der Angriffspunkt häufig bei Enzym-systemen liegen, deren Aufgabe selbst wiederum die Synthese von Enzymen ist. Beispiele für derartige Beeinflussungen wurden bereits berichtet (S. 114).

---

[1] M. H. ADAMS: J. exp. Med. **76**, 175 (1942).
[2] R. HAAS: Biochem. Z. **305**, 280 (1940).
[3] C. TEN BROECK: J. biol. Chem. **106**, 729 (1934).

Ebenso kann die Wirkung verschiedener Arzneimittel und Giftstoffe häufig als spezifische Beeinflussung bestimmter Enzyme gedeutet werden. Einzelne Beispiele für derartige Mechanismen wurden bereits erörtert. In letzter Zeit wird deshalb ziemlich häufig die Meinung vertreten, daß die meisten Arzneimittel- und Gift-wirkungen einfach als Effektor-wirkungen gegenüber Enzymen aufzufassen sind[1]. Diese Betrachtungsweise konnte auch in zahlreichen Fällen experimentell verifiziert werden, wenngleich eine derartige Analyse fast immer auf große Schwierigkeiten stößt, weil aus Versuchen *in vitro* wegen der verschiedenen variablen Faktoren im Organismus nicht ohne weiteres auf die Verhältnisse *in vivo* geschlossen werden kann. Als Beispiel mögen die Sulfonamide erwähnt werden, welche *in vitro* in recht unspezifischer Weise eine große Anzahl von Enzymen verschiedenster Wirkungsweise hemmen können, während *in vivo* ihre Wirkung wohl fast ausschließlich gegen bestimmte — allerdings noch nicht eindeutig identifizierte — Enzyme oder Enzymsysteme pathogener Organismen, welche für deren Lebensvorgänge und insbesondere für die Vermehrung unbedingt notwendig sind, gerichtet ist. Die Erscheinung, daß Substanzen, welche *in vitro* recht unspezifisch wirken, im Organismus streng spezifische Effekte hervorrufen, dürfte recht allgemein sein; andrerseits darf nicht vergessen werden, daß viele Stoffe erst im Körper unter dem Einfluß von Enzymen zu dem tatsächlich wirksamen Agens umgewandelt werden, so daß Versuche mit den ursprünglichen Stoffen *in vitro* uns naturgemäß keinen Aufschluß über deren Wirkungsweise *in vivo* geben können.

Die Erforschung der Zusammenhänge zwischen Arzneimittel-wirkung und der Beeinflussung enzymatischer Vorgänge ist trotz aller damit verbundenen Schwierigkeiten eine sehr lohnende Aufgabe, da zu hoffen ist, daß Erfolge in dieser Richtung schon in naher Zukunft eine planmäßigere Synthese neuer Arzneimittel ermöglichen werden.

17. Thermodynamische Betrachtungen

Wie auch die Definition der Enzyme als Katalysatoren erkennen läßt, kann ein Enzym nur einen solchen Vorgang beschleunigen, der thermodynamisch möglich ist, d. h. welcher unter Abnahme der freien Energie verläuft. Die Gleichgewichtslage einer Reaktion wird somit durch die Anwesenheit des Enzyms nicht verändert; ein Ferment, das z. B. die Geschwindigkeit des Vorgangs

$$A + B \xrightarrow{k_1} C + D$$

auf ein bestimmtes Vielfaches erhöht, muß auch in gleicher Weise die Geschwindigkeit der inversen Reaktion

$$C + D \xrightarrow{k_2} A + B$$

steigern. Das Verhältnis der Geschwindigkeits-konstanten, die Gleichgewichtskonstante

$$K = \frac{k_2}{k_1} = \frac{[C]\,[D]}{[A]\,[B]} \tag{1}$$

[1] Vgl. dazu die Monographien: A. J. CLARK: The Mode of Action of Drugs on Cells. London: Arnold. 1933; Idem: In „Handbuch der experimentellen Pharmakologie", begründet von A. HEFFTER, herausgegeben von W. HEUBNER und J. SCHÜLLER, Erg.-Werk, Bd. IV: „General Pharmacology". Berlin: Springer. 1937; T. S. WORK und E. WORK: The Basis of Chemotherapy. Edinburgh: Oliver & Boyd. 1948; J. F. DANIELLI: Cell Physiology and Pharmacology. Amsterdam: Elsevier. 1950.

erfährt durch das Enzym keine Änderung; bei konstanter Temperatur, gleichbleibender Wasserstoffionen-konzentration, gleichbleibendem Lösungszustand, gleichbleibender Ionisation der Reaktions-teilnehmer sowie konstantem Druck ist die mit den Konzentrationen $[A]$, $[B]$ ... $[C]$, $[D]$... ausgedrückte Konstante K eine festgelegte Größe. Streng gilt dies allerdings nur für genügend geringe Konzentrationen aller Teilnehmer $A, B, \ldots C, D \ldots$; in nicht genügend verdünnten Lösungen wären die Konzentrationen durch die „Aktivitäten" der Reaktions-teilnehmer zu ersetzen. Enzymkatalysen verlaufen aber im allgemeinen in stark verdünnten Lösungen, so daß die Verwendung der Konzentrationen an Stelle der Aktivitäten meist eine befriedigende Annäherung ergibt.

Ist in einer Lösung das Konzentrations-verhältnis $\frac{[C]\,[D]}{[A]\,[B]}$ größer als K, so muß die Reaktion im Sinne von k_2, ist es kleiner als K, im Sinne von k_1 verlaufen. Die Größe von K ist thermodynamisch bestimmt durch ΔF_0, den Wert der freien Energie unter Standard-bedingungen (siehe unten):

$$\ln K = -\frac{\Delta F_0}{R\,T}; \tag{2}$$

bei 25° ($T = 293{,}2°\,K$) gilt

$$\log K = -\frac{\Delta F_0}{13600}. \tag{2a}$$

Eine andere gebräuchliche Form dieser Formel ist auch

$$\Delta F_0 = -R\,T \ln K. \tag{2b}$$

In diesen Gleichungen stellt ΔF_0 die Änderung der freien Energie (Arbeitsfähigkeit) des Systems bei einem Formelumsatz unter Standard-bedingungen (Konzentrationen der Ausgangs- und Endprodukte 1 Mol/Liter mit den Eigenschaften einer idealen Lösung) dar; R ist die Gaskonstante und T die absolute Temperatur.

I. Reversibilität der Enzymwirkungen

Von großer Bedeutung ist die Frage, inwieweit die bekannten Enzymkatalysen als reversibel anzusehen sind; d. h. ob ein Ferment, das eine bestimmte Reaktion bewirkt, unter entsprechend veränderten Bedingungen auch den umgekehrten Vorgang katalysieren kann.

Bereits um die Jahrhundertwende bemühte man sich intensiv, die Umkehrbarkeit der Enzym-wirkungen nachzuweisen. Da damals fast ausschließlich Hydrolasen bekannt waren, bei deren Reaktionen das Gleichgewicht meist weit auf der Seite der Hydrolyse liegt, war es zum Nachweis einer synthetisierenden Wirkung notwendig, mit vergleichsweise extremen Konzentrationen zu arbeiten; man verwendete sehr hohe Substrat-konzentrationen oder arbeitete in alkoholischer oder Aceton-lösung, um die Konzentration des Reaktions-teilnehmers Wasser herabzusetzen.

Mit derartigen Maßnahmen konnte z. B. Croft Hill[1] bereits 1898 zeigen, daß aus Glucose auf enzymatischem Weg ein Disaccharid entstehen kann, das allerdings nicht — wie ursprünglich angenommen wurde — der Substrat-spezifität des angewandten Ferments entsprechend, Maltose, sondern Isomaltose war[2]. Eine direkte Umkehrbarkeit einer Fermentwirkung beobachteten erstmalig Kastle und Loevenhart[3], denen es gelang, die fermentative Bildung von Buttersäureäthylester aus Buttersäure und Äthanol unter dem Einfluß der

---

[1] A. Croft Hill: J. chem. Soc. **73**, 634 (1898).

[2] O. Emmerling: Ber. dtsch. chem. Ges. **34**, 600, 3810 (1910).

[3] J. H. Kastle und A. S. Loevenhart: Amer. chem. J. **24**, 491 (1900).

Pankreas-lipase zu bewirken. Ähnliche Experimente über die Reversibilität der Wirkung verschiedener Glykosidasen wurden vor allem von BOURQUELOT[1] mit besonderem Erfolg durchgeführt.

Heute ist eine große Anzahl von Fermenten anderer Hauptklassen bekannt, bei denen die Umkehrbarkeit ihrer Wirkung dank der günstigeren Gleichgewichtslage leicht nachweisbar ist. Trotzdem ist es in einigen Fällen noch immer nicht gelungen, die Umkehrbarkeit von Enzym-katalysen nachzuweisen. Dies braucht nicht darauf zu beruhen, daß in diesen Einzelfällen eine solche prinzipiell unmöglich wäre; als Gründe kommen für derartige Schwierigkeiten in Frage: 1. kann die Gleichgewichts-lage so extrem sein, daß eine Rückreaktion mit den verfügbaren analytischen Mitteln nicht mehr erkennbar ist, 2. kann im Verlauf des Vorgangs eine Änderung des Ionisations-zustands der Reaktions-teilnehmer stattfinden, wodurch der p_H-Wert und die Gleichgewichts-lage verschoben werden, oder schließlich kann 3. das Enzym während der Reaktion zerstört oder durch Bindung an ein Substrat bzw. an Begleit-stoffe inaktiviert werden.

Die Gleichgewichts-lage enzym-katalysierter Vorgänge ist besonders zur Deutung der biologischen Funktion der einzelnen Enzyme von großem Interesse. In früherer Zeit, als fast ausschließlich Fermente bekannt waren, welche *in vitro* ihre Substrate hydrolysieren, wurde ziemlich allgemein angenommen, daß diese Fermente *in vivo* dieselben Substrate katalytisch synthetisieren. Heute wissen wir, daß gerade bei den Reaktionen, die von den Hydrolasen bewirkt werden, die Gleichgewichte für die Synthese sehr ungünstig liegen, so daß wohl nur ganz selten eine Beteiligung dieser Fermente an der Biosynthese derjenigen Verbindungen, welche *in vitro* gewöhnlich von ihnen gespalten werden, anzunehmen ist. Andrerseits hat man in den letzten Jahrzehnten Mechanismen aufgeklärt, die für die Synthese verschiedener wichtiger Metaboliten verantwortlich sind; es handelt sich hier durchwegs um Enzymsysteme, die *in vivo* diese Synthesen auf einem Umweg bewirken, und fast niemals um eine Umkehr der Hydrolyse. Der Grund dafür, daß die Zelle zur Synthese dieser Verbindungen nicht den direkten Weg — die Umkehr der Hydrolyse — verwendet, sondern daß sie ihr Ziel auf Umwegen erreicht, liegt eben in der ungünstigen Gleichgewichts-lage der Hydrolyse-reaktionen; in der Zelle werden kaum jemals diejenigen Bedingungen verwirklicht sein, welche eine Synthese durch Umkehr einer Hydrolyse ermöglichen.

Für derartige Betrachtungen ist es günstig, die enzymatisch katalysierten Vorgänge vom Standpunkt der Gleichgewichts-lage in drei verschiedene Kategorien einzuteilen:

1. Reaktionen, deren Gleichgewicht — außer unter extremen Bedingungen — sehr weit auf Seite der Endprodukte liegt, d. h. deren $-\Delta F_0$ sehr groß ist. Hier werden also Ausgangsstoffe mit hohem Energie-inhalt zu Produkten, deren freie Energie weitaus niedriger liegt, umgesetzt.

Vorgänge dieser Art sind, wie bereits erwähnt wurde, fast alle von den Hydrolasen bewirkten Reaktionen, weiters z. B. die Katalase-wirkung oder die von bestimmten Transphosphatasen katalysierten Phosphat-übertragungen von Adenosintriphosphat (ATP) auf verschiedene Monosaccharide und ähnliche Akzeptoren. Solche Vorgänge werden häufig als *exergon* bezeichnet. Exergon ist ein Vorgang unter Abnahme der *freien Energie F*. Exotherm ist dagegen ein Vorgang mit Abfall der *Gesamtenergie H*, wobei die Veränderungen ΔH durch kalorimetrische Messungen ermittelt werden.

---

[1] E. BOURQUELOT und M. BRIDEL: C. R. Acad. Sci. Paris **154**, 944, 1375; **155**, 86, 437 (1912); **156**, 827; **157**, 72 (1913); **168**, 323 (1919); E. BOURQUELOT und J. COIRRE: Ibid. **156**, 643 (1913); E. BOURQUELOT und E. VERDON: Ibid. **156**, 1264, 1638 (1913); E. BOURQUELOT und A. LUDWIG: Ibid. **158**, 1037 (1914).

2. Reaktionen, in deren Gleichgewicht sowohl von den Ausgangsstoffen als auch von den Endprodukten *vergleichbare* oder überhaupt *meßbare* Mengen vorliegen; der Absolutwert von ΔF_0 ist hier manchmal relativ sehr klein. Die Prozesse sind entsprechend energetisch indifferent; sie können als *anergon* bezeichnet werden[1]. Ein Beispiel für einen derartigen Vorgang ist die durch die Glucose-1-phosphat → Amylose-transglucosidase *(Phosphorylase)* katalysierte Synthese von Amylose; je nach den Bedingungen kann man hier einen Abbau oder eine Synthese der Amylose beobachten. Ähnlich verhält sich die Spaltung des Fructose-1,6-phosphats (FDP) durch die FDP-Triosephosphat-lyase *(Aldolase)*. Viele andere Beispiele sind bekannt.

3. Reaktionen, bei denen Produkte höheren freien Energie-inhalts aus an freier Energie ärmeren Ausgangsstoffen entstehen. Diese finden *in vitro* nur dann statt, wenn während des Versuchs entsprechende Veränderungen der Gleichgewichts-lage erfolgen, wie das z. B. durch ständige rasche Entfernung der entstehenden Produkte (Weiterreagieren oder Ausfallen) aus der Reaktionsmischung geschehen kann. Die Gleichgewichts-lage ist hier weit auf der Seite der inversen Reaktion; ΔF_0 ist stark positiv. Reaktionen dieses Typus werden als *endergon* bezeichnet. Wenn das Stattfinden eines derartigen Prozesses *in vivo* beobachtet wird, muß man daraus schließen, daß der Vorgang mit einer anderen Reaktion, die exergon ist, gekoppelt ist.

Es sei hier nochmals auf den Unterschied zwischen den Bezeichnungen einerseits *exergon* und *endergon*, andrerseits *exotherm* und *endotherm* hingewiesen. Für die Gleichgewichtseinstellung ist nur die freie Energie — nicht die Gesamtenergie — maßgebend. Von selbst — und dann immer auf das Gleichgewicht zu — verlaufende Vorgänge sind stets exergon, aber durchaus nicht immer exotherm. Wegen der überragenden Bedeutung der freien Energie wird in Übereinstimmung mit einem verbreiteten Sprachgebrauch im folgenden zur Vereinfachung mit den Bezeichnungen Energie, energie-reich und energie-arm *immer* auf die *freie Energie* ΔF_0 Bezug genommen.

II. Biosynthese energiereicher Verbindungen.

Die Mechanismen, die den Zellen erlauben, auch Synthesen energiereicher Verbindungen aus Ausgangsstoffen mit niedrigerer Energie zu vollbringen, konnten in den letzten zwei Jahrzehnten teilweise aufgeklärt werden. Es handelt sich hier fast durchwegs um Reaktionskopplungen: der erste Schritt ist meist die Überführung des Ausgangsstoffes in eine energiereichere Form, was fast immer durch Umsetzung mit einer besonders energiereichen Verbindung bewerkstelligt wird; der darauffolgende zweite Schritt ist die energetisch entweder begünstigte oder zumindest indifferente Weiterreaktion des energiereichen Zwischenprodukts zum Endprodukt. Wir haben hier also immer mit einem Zusammenwirken von zwei oder mehreren Enzymen zu tun; die Bedingungen für die gemeinschaftliche Wirkung solcher *multipler Enzymsysteme* wird noch in einem späteren Kapitel (S. 675 ff.) ausführlicher besprochen werden.

Zur Erklärung dieser Verhältnisse muß hier kurz auf die *Konzeption der energiereichen Bindung* eingegangen werden, welche im wesentlichen von Lipmann[2] und Kalckar[3] entwickelt wurde[4]. Dazu muß vorausgeschickt werden, daß man den Absolutbetrag der freien Energie F einer Verbindung grundsätzlich nicht bestimmen kann; es ist immer nur möglich, die Differenz der freien Energie ΔF_0 zu messen, die bei einem *Vorgang* verbraucht oder freigesetzt wird. Der genannten Kon-

---

[1] L. Ebert: persönliche Mitteilung (1953).
[2] F. Lipmann: Adv. Enzymology **1**, 99 (1941).
[3] H. M. Kalckar: Chem. Revs. **28**, 7 (1941); Biol. Rev. Cambridge phil. Soc. **17**, 28 (1942).
[4] Handbuchartikel: N. O. Kaplan: In „The Enzymes", herausgegeben von J. B. Sumner und K. Myrbäck, Bd. II/1, S. 55. New York: Academic Press. 1951.

zeption liegt die Vorstellung zugrunde, daß die gesamte freie Energie einer Substanz nicht gleichmäßig über das Molekül verteilt sei, sondern daß ein relativ großer Teil dieser freien Energie auf bestimmte einzelne Bestandteile der Gesamtstruktur konzentriert sei. Wenn wir z. B. beobachten, daß bei der hydrolytischen Spaltung einer Substanz A zu B und C ein bestimmter Betrag von ΔF freigesetzt wird, so könne daraus geschlossen werden, daß dieser Anteil in der hydrolysierten Bindung von A konzentriert war und wir können hier von einer speziellen Energie dieser Bindung sprechen. Die Organismen verfügen über Mittel, die ihnen gestatten, energiereich gebundene Reste zusammen mit der Energie der Bindung ohne wesentlichen Verlust von einer Verbindung auf eine andere zu übertragen. Diese Übertragungs-reaktionen ermöglichen somit, eine energiearme Verbindung auf Kosten einer energiereicheren Substanz selbst in eine Verbindung mit hohem Energie-inhalt zu überführen.

Es handelt sich also um Mechanismen, die etwa durch das Schema[1]

$$D \sim R + A \rightarrow A \sim R + D \qquad \text{(a)}$$

$$A \sim R + X \rightarrow A - X + R \qquad \text{(b)}$$

dargestellt werden können. Hier ist $D \sim R$ die Verbindung, die als Donator des energiereich gebundenen Restes R fungiert und A die energiearme Verbindung, die durch Übernahme des energiereichen Restes einen höheren Energie-inhalt erhält, wodurch sie befähigt wird, *dann* mit X zusammenzutreten, wobei der Rest R meist abgespalten wird. Bei Vorgang (a) darf man sich nicht vorstellen, daß der Rest R in einer Zwischenreaktion freigesetzt und erst dann auf A übertragen wird, da das wohl sicher zur Folge hätte, daß dabei die Energie der Bindung als Wärme verlorenginge. Es ist vielmehr wahrscheinlich, daß der gesamte Vorgang in Bindung am Enzym erfolgt und hierbei Zwischenverbindungen nach dem Schema

$$D \sim R + \text{Enzym} \rightleftarrows D \sim R - \text{Enzym}$$

$$D \sim R - \text{Enzym} + A \rightleftarrows \underset{\displaystyle A}{D \sim R - \overset{}{\underset{|}{\text{Enzym}}}} \rightleftarrows \underset{\displaystyle D}{A \sim R - \underset{|}{\text{Enzym}}} \rightleftarrows A \sim R + \text{Enzym} + D$$

entstehen; dadurch kann dieser Verlust an freier Energie vermieden werden.

III. Energiereiche Phosphat-bindung

Die bei biologischen Vorgängen wichtigste, aber nicht einzige Form der energiereichen Bindung ist die Bindung des Phosphats an verschiedene Substanzen. Hier ist vor allem das Adenosintriphosphat (ATP) zu erwähnen, das bei den verschiedensten Mechanismen eine geradezu zentrale Rolle spielt. Wir wollen uns hier aber vorerst allgemein mit dem Unterschied zwischen energiereich und energiearm gebundenem Phosphat beschäftigen und zu diesem Zweck Tab. 24 betrachten, die einer Arbeit von OESPER[2] entnommen ist.

In Tab. 24 sind die Werte für ΔH_0 und ΔF_0 angeführt; es handelt sich somit um die Reaktionswärme und die freie Energie dieser Vorgänge, wenn die Konzentration bzw. Aktivität der hydrolysierten Verbindung 1 ist.

Im oberen Teil sind energiearme Phosphat-verbindungen angeführt; außer bei Glucose-1-phosphat handelt es sich hier durchaus um Phosphoester, bei deren Hydrolyse durchschnittlich etwa 3000 cal/Mol frei werden. Im unteren Teil

[1] Mit dem Zeichen $\sim$ wird die energiereiche Bindung symbolisiert.

[2] P. OESPER: In „Phosphorus Metabolism", herausgegeben von W. D. MCELROY und B. GLASS, Bd. I, S. 521. Baltimore: John Hopkins Press. 1951.

Tabelle 24. *Reaktionswärme und freie Energie bei der Hydrolyse verschiedener Phosphatverbindungen* (nach OESPER[1])

Verbindung	$-\Delta H_0$ der Hydrolyse bei p_H 7,0	$-\Delta F_0$ der Hydrolyse		
α-Glycerophosphat	1280 cal[2]	2200 cal[3]	p_H 8,5	38°
		2600 cal	p_H 5,8	38°
Glucose-6-phosphat		3000 cal[3]	p_H 8,5	38°
Glucose-1-phosphat		4900 cal[5]		
Galactose-6-phosphat		3000 cal[3]	p_H 8,5	38°
Mannose-6-phosphat		2650 cal[3]	p_H 8,5	38°
Fructose-1-phosphat		2790 cal[3]	p_H 8,5	38°
Fructose-6-phosphat		3000 cal[3]	p_H 8,5	38°
3-Phosphoglycerinsäure		3000 cal[4]	p_H 8,5	30°
2-Phosphoglycerinsäure		4050 cal[4]	p_H 8,5	30°
p-Nitrophenylphosphat	4530 cal[2]			
Muskeladenylsäure (AMP)	1550 cal[2]			
Adenosintriphosphat (ATP) (terminaler Phosphat-rest)	12500 cal[6] 12000 cal[7]	10460 cal[1]	p_H 7,8	20°
Adenosindiphosphat (ADP)		wie ATP[8]		
Pyrophosphat	9100 cal[2]	wie ATP?[9]		
Diphosphopyridinnucleotid (DPN)	13000 cal[2]	wie ATP?[9]		
Phosphoenolbrenztraubensäure	8500 cal[10]	15950 cal[11]	p_H 8,5	25°
		4300 cal über dem Wert für ATP[4]	p_H 8,4	20°
Acetylphosphat	(8000 cal)[11]	15000?		37°
1,3-Diphosphoglycerinsäure		4600 cal über dem Wert für ATP[12]	p_H 6,9	25°
Kreatinphosphat	10700 cal[10]	1100 cal über dem Wert für ATP[13]	p_H 7,7	20°
		1600 cal über dem Wert für ATP[13]	p_H 9,8	20°
Argininphosphat	8000 cal[10]	11800 cal[14]	p_H 7,7	20°

der Tab. 24 finden sich hingegen diejenigen Substanzen, in welchen der Phosphorsäure-rest energiereich gebunden ist, und wir können hier vier verschiedene Typen von Körpern unterscheiden:

[1] P. OESPER: In „Phosphorus Metabolism", herausgegeben von W. D. MCELROY und B. GLASS, Bd. I, S. 521. Baltimore: John Hopkins Press. 1951.
[2] P. OHLMEYER und R. SATAS: Arch. Biochem. Biophys. **36**, 411 (1952).
[3] O. MEYERHOF und H. GREEN: J. biol. Chem. **178**, 655 (1949).
[4] O. MEYERHOF und P. OESPER: Ibid. **179**, 1371 (1949).
[5] Berechnet aus der Gleichgewichts-einstellung der von einer Glucose(1 → 6)-phosphomutase katalysierten Reaktion (vgl. S. 670).
[6] O. MEYERHOF und K. LOHMANN: Biochem. Z. **253**, 431 (1932).
[7] P. OHLMEYER: Z. Naturforsch. **1**, 30 (1946).
[8] Berechnet aus der Gleichgewichts-einstellung der von einer ADP → ADP-transphosphatase *(Myokinase)* katalysierten Reaktion (vgl. S. 423).
[9] Berechnet aus der Gleichgewichts-einstellung der von einer ATP → Nicotinamidmononucleotid-transadenylase katalysierten Reaktion (vgl. S. 436).
[10] O. MEYERHOF und W. SCHULZ: Biochem. Z. **281**, 292 (1935).
[11] F. LIPMANN: Adv. Enzymology **1**, 99 (1941); **6**, 243 (1946).
[12] T. BÜCHER: Biochim. biophys. Acta **1**, 292 (1947).
[13] H. LEHMANN: Biochem. Z. **286**, 336 (1935).
[14] A. W. D. AVIDSON und J. D. HAWKINS: Quart. Revs. chem. Soc. **5**, 171 (1951).

a) Pyrophosphate und Polyphosphate, wie z. B. ATP, ADP, DPN, anorganisches Pyrophosphat und Polymetaphosphate.

b) Enolphosphate; das einzige bekannte Beispiel für eine solche Substanz ist die Phosphoenolbrenztraubensäure

$$\begin{array}{l} CH_2 \quad O \\ \| \qquad \uparrow \\ CO \sim P-OH \\ | \qquad | \\ | \qquad OH \\ COOH \end{array}$$

c) Acylphosphate, wie 1,3-Diphosphoglycerinsäure und Acetylphosphat; Verbindungen dieses Typus sind als gemischte Anhydride zwischen einer organischen Säure und Orthophosphorsäure aufzufassen;

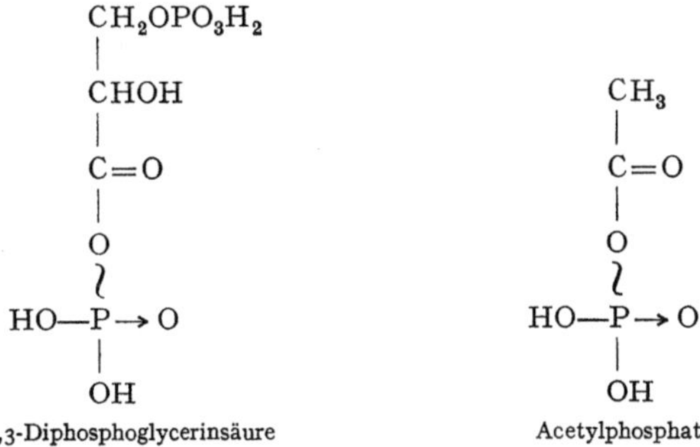

1,3-Diphosphoglycerinsäure Acetylphosphat

d) Amidinphosphate, wie Kreatinphosphat und Argininphosphat.

$$HN{=}C\begin{array}{l} \diagup NH \sim P(\rightarrow O)-OH,\ |\ OH \\ \diagdown NH(CH_2)_3CH(NH_2)COOH \end{array}$$

Argininphosphat

$$HN{=}C\begin{array}{l} \diagup NH \sim P(\rightarrow O)-OH,\ |\ OH \\ \diagdown N(CH_3)CH_2COOH \end{array}$$

Kreatinphosphat

Die angegebenen ΔF_0-Werte sind nicht sehr genau, da ihre Bestimmung auf große experimentelle Schwierigkeiten stößt; OESPER, dessen Arbeit die Tab. 24 entnommen ist, hält es für durchaus möglich, daß der Fehler bis zu 2000 cal/Mol ausmacht. Unzweifelhaft ist aber die Größenordnung dieser Daten richtig, d. h. es besteht zwischen dem Energie-inhalt der energiearmen und der energiereichen Phosphat-bindungen ein Unterschied von mindestens 7000 cal/Mol. Die meisten dieser Daten sind durch Gleichgewichts-messungen von Reaktionen mit ATP bestimmt worden, so daß die Richtigkeit des Wertes für ΔF_0 bei der Hydrolyse von ATP für die entsprechenden ΔF_0-Werte bei den anderen Verbindungen maßgeblich ist; die Differenz zwischen den ΔF_0-Werten von ATP und den anderen Typen energiereicher Verbindungen müssen als sicherer angesehen werden als die Absolutwerte.

Die Gründe dafür, warum die aufgezählten Typen von Phosphat-bindungen eine höhere freie Energie der Hydrolyse aufweisen als die Phosphorsäure-ester, sind noch nicht ganz klargestellt. Eingehende Diskussionen dieser Fragen finden sich vor allem bei OESPER[1] sowie bei HILL und MORALES[2]. Hier mag nur kurz festgehalten werden, daß bei den einzelnen Bindungstypen anscheinend verschiedene Faktoren für das Auftreten einer hohen Hydrolysen-

[1] P. OESPER: Arch. Biochem. 27, 255 (1950).

[2] T. HILL und M. MORALES: J. Amer. chem. Soc. 73, 1656 (1951).

energie verantwortlich sind: bei den Acylphosphaten scheint es vor allem die Erscheinung der „entgegengesetzten Resonanz" zu sein, welche die Instabilität bzw. den hohen Energieinhalt der Körper zur Folge hat. Unter „entgegengesetzter Resonanz" wird verstanden, daß die Carboxyl-gruppe bei der Hydrolyse in eine durch Resonanz stabilisierte Form übergeht, während eine Resonanz der Carboxyl-gruppe im Carboxylphosphat unvereinbar ist mit der Resonanz der Phosphat-gruppe. Daneben dürfte die Ionisation der Carboxyl-gruppe bei der Hydrolyse auch einen wesentlichen Faktor darstellen.

Bei den Pyrophosphaten dürfte wiederum „entgegengesetzte Resonanz" zwischen den beiden Phosphat-resten, daneben aber auch elektrostatische Abstoßung zwischen den negativ geladenen Sauerstoff-atomen und schließlich auch die freie Energie der Ionisation zu dem Zustandekommen der hohen ΔF_0-Werte der Hydrolyse beitragen. Hingegen scheint bei Enolphosphat der hohe Betrag der Hydrolysen-energie hauptsächlich der Tatsache zu verdanken zu sein, daß bei der Hydrolyse eine Umwandlung der Enolform in die Ketoform stattfindet und dieser Vorgang unter starker Abnahme der freien Energie (Schätzungen zwischen 5500 cal und 9000 cal) erfolgt. Daneben dürften die Faktoren der „entgegengesetzten Resonanz" und der elektrostatischen Abstoßung zwischen den Sauerstoff-atomen des Carboxyls und des Phosphatrestes nur eine untergeordnete Rolle spielen.

Der hohe Energie-inhalt der N-P-Bindung in den Amidinphosphaten dürfte wohl vor allem dadurch bedingt sein, daß die Resonanz innerhalb der Phosphat-gruppe durch die Bindung an den Guanidin-stickstoff sehr stark eingeschränkt ist.

IV. Andere Typen energiereicher Bindungen von biologischer Bedeutung

In den allerletzten Jahren konnte gezeigt werden, daß neben der energiereichen Phosphat-bindung auch andere Bindungstypen mit hohem Energie-inhalt existieren, welche bei Biosynthesen eine Rolle spielen.

Hier ist vor allem die Acylmercaptid-bindung zu nennen, wie sie in den Verbindungen vom Typus des Acetyl-„Coenzym A" (Acetyl-CoA) vorliegt. Durch experimentelle Bestimmung der Gleichgewichts-konstanten der Reaktionsfolge

$$\text{Acetyl-CoA} + \text{Oxalacetat}^{2-} + H_2O \rightleftharpoons \text{Citrat}^{3-} + \text{CoA} + H^+ \qquad (1)$$

$$\text{L-Malat}^{2-} + \text{DPN}^+ \rightleftharpoons \text{Oxalacetat}^{2-} + \text{DPN}\cdot H + H^+ \qquad (2)$$

Summe:

$$\text{L-Malat}^{2-} + \text{Acetyl-CoA} + \text{DPN}^+ + H_2O \rightleftharpoons \text{Citrat}^{3-} + \text{CoA} + \text{DPN}.H + 2\,H^+$$

konnte berechnet werden, daß die freie Energie der Hydrolyse der Acylmercaptidbindung in Acetyl-CoA in der Größenordnung von 12000 cal pro Mol ist, also ungefähr gleich groß wie diejenige der energiereichen Phosphat-bindungen[1].

Bei der Biosynthese von Acetylcholin und anderen wichtigen Substanzen fungiert Acetyl-CoA als Acetyl-donator; eine Synthese von Acetylcholin durch Umkehrung der Hydrolyse-reaktion, die von der Acetylcholinesterase katalysiert wird, ist durch die ungünstige Gleichgewichts-lage in biologischen Medien kaum anzunehmen.

Eine andere Form energiereicher Bindung konnte vor kurzem von CANTONI[2] aufgefunden werden. Bei verschiedenen Transmethylierungs-vorgängen fungiert Methionin als Methylgruppen-donator; die Reaktionen können aber nur dann erfolgen, wenn ATP in äquivalenter Menge vorhanden ist. CANTONI konnte nun zeigen, daß primär ATP mit Methionin unter Abspaltung von anorganischem Phosphat zu „aktivem Methionin" zusammentreten muß; in dieser Verbindung, die als die Sulfonium-verbindung S-Adenosyl-methionin identifiziert wurde, ist die Methyl-gruppe energiereich gebunden und kann unter Mitwirkung spezifischer Enzyme leicht auf verschiedene Akzeptoren, wie z. B. Glycocyamin oder Nicotinamid, übertragen werden.

[1] J. R. STERN, S. OCHOA und F. LYNEN: Federation Proc. 11, 293 (1952); J. biol. Chem. 198, 313 (1952).

[2] Übersichtsreferat: G. L. CANTONI: In „Phosphorus Metabolism", herausgegeben von W. D. MCELROY und B. GLASS, Bd. II, S. 129. Baltimore: John Hopkins Press. 1952.

Die Synthese von Kreatin durch Methyl-übertragung von Methionin auf Glycocyamin geht somit in zwei Stufen vor sich:

a) ATP + Methionin $\rightleftarrows$ S-Adenosyl-methionin + 3 H_3PO_4

b) S-Adenosyl-methionin + Glycocyamin $\rightleftarrows$ Kreatin + S-Adenosyl-homocystein.

Es muß angenommen werden, daß die Methyl-gruppen in den anderen bekannten Methyl-donatoren, den Thetinen und dem Betain, ebenfalls energiereich gebunden sind.

In ähnlicher Weise ist, wie WOOLLEY[1] vor kurzem glaubhaft machte, der 2-Methyl-4-amino-5-methylen-pyrimidin-rest des Thiamins an die Thiazolkomponente energiereich gebunden und kann durch spezifische Enzyme, die sog. „Thiaminasen", auf Amine übertragen werden (vgl. S. 442 ff.).

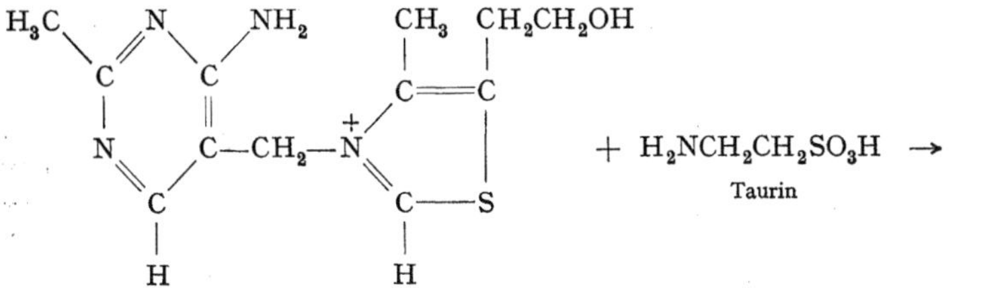

```
 H3C     N     NH2       CH3  CH2CH2OH
    \  //  \  /           |    |
     C      C            C====C
     |      ||        + /      |
     N      C—CH2—N            |      + H2NCH2CH2SO3H  →
      \\   /         \\        |           Taurin
        C              C-----S
        |              |
        H              H

              Thiamin

 H3C     N     NH2                                CH3  CH2CH2OH
    \  //  \  /                                    |    |
     C      C                                     C====C
     |      ||                                   /      |
     N      C—CH2—HNCH2CH2SO3H  +  N               |      + H+
      \\   /                           \\          |
        C                                C-----S
        |                                |
        H                                H

     „Icthiamin"                 Thiazol-komponente des Thiamins
```

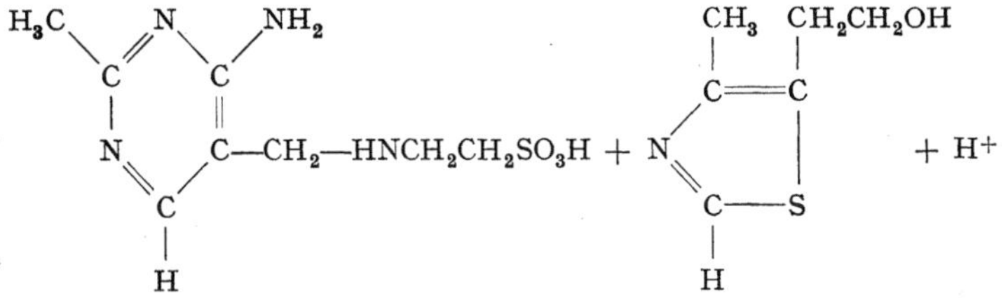

Reaktionen dieses Typus sind irreversibel; die Übertragung des Pyrimidin-restes auf ein primäres Stickstoff-atom scheint unter starker Abnahme von freier Energie zu erfolgen. Im Gegensatz dazu ist die entsprechende Reaktion mit Pyridin als Akzeptor reversibel[2].

Diese Erfahrungen lassen sich wahrscheinlich mit WOOLLEY[1] dadurch erklären, daß „Onium"-Verbindungen, wie S-Adenosyl-methionin oder Thiamin, die an das „Onium"-Atom (Schwefel oder Stickstoff) gebundenen Reste leicht unter Reduktion abspalten; der anscheinend hohe Energie-inhalt des tertiär gebundenen Schwefel-atoms bzw. des quartär gebundenen Stickstoff-atoms ist durch deren Tendenz bedingt, in die entsprechend niedriger-wertigen Formen — dreiwertiger Stickstoff, zweiwertiger Schwefel — überzugehen. Die Übertragung des Pyrimidinrestes auf Pyridin ist deshalb reversibel, weil dabei wiederum ein quartär gebundener Stickstoff, also eine „Onium"-Verbindung entsteht, während die Übertragung auf primäre Amine irreversibel ist.

Die Bedeutung der energiereichen „Onium"-Verbindungen läßt sich zurzeit noch nicht abschätzen; es muß aber als durchaus wahrscheinlich angenommen werden, daß es sich auch hier um einen wichtigen Mechanismus der Biosynthese energiereicher Verbindungen handelt.

---

[1] D. W. WOOLLEY: Nature **171**, 323 (1953).

[2] A. FUJITA, Y. NOSE, K. UEDA und E. HASEGAWA: J. biol. Chem. **196**, 297 (1952).

V. Die Entstehung energiereicher Bindungen[1]

In einem früheren Abschnitt haben wir erfahren, daß sich der Organismus zur Synthese von Verbindungen mit höherem Energie-inhalt eines Mechanismus bedient, bei dem ein Ausgangsprodukt mit niedrigerem Energie-inhalt durch eine Übertragungs-reaktion in eine Zwischenverbindung mit höherem Energie-inhalt überführt wird; diese kann dann zum gewünschten Endprodukt weiterreagieren.

Wir müssen uns nun die Frage vorlegen, auf welche Weise unter biologischen Bedingungen energiereiche Bindungen entstehen können, die für synthetische Prozesse der geschilderten Art ebenso wie für andere energie-bedürftige Vorgänge, die wir noch später kennenlernen werden, unbedingt erforderlich sind.

Es ist bekannt, daß der Energiebedarf der Organismen zum größten Teil durch den oxydativen Abbau von Kohlehydraten und Fetten gedeckt wird. Es ist somit vor allem die bei diesen Oxydations-vorgängen freiwerdende Energie, welche nicht völlig als Wärme verlorengeht, sondern — zumindest teilweise — in chemische Energie, die durch die freie Energie der Hydrolyse repräsentiert wird, überführt wird.

Bei der Verbrennung von Glucose in einem Bombenkalorimeter beträgt die freiwerdende Wärme ($-\Delta H_0$) etwa 674000 cal pro Mol; die Veränderung der Entropie ($T\,\Delta S_0$) beläuft sich auf etwa 12000 cal, so daß mit der kompletten Verbrennung von einem Mol Glucose insgesamt eine Abgabe von zirka 686000 cal an freier Energie ($-\Delta F_0$) verbunden ist; d. h. zur Synthese eines Mols Glucose in der grünen Pflanze ist der Aufwand von 686000 cal Energie erforderlich, oder in anderen Worten, bei der Oxydation von Glucose im tierischen Organismus zu CO_2 und H_2O können maximal 686000 cal freie Energie verfügbar werden.

Die Organismen sind nun imstande, einen mehr oder minder großen Anteil dieser freiwerdenden Oxydations-energie in verwertbare, in Bindungen gespeicherte Energie zu überführen; der Wirkungsgrad dieser Funktion der lebenden Zellen liegt etwa zwischen 50 und 75%.

Es gibt allerdings auch Organismen, die unter anaeroben Bedingungen leben und deshalb Kohlehydrate nicht bis CO_2 und H_2O oxydieren können; Glucose wird hier nur bis zu einer weitaus niedrigeren Oxydations-stufe abgebaut. So kann die Hefe Glucose anaerob nach der Gleichung

$$C_6H_{12}O_6 \rightarrow 2\,C_2H_5OH + 2\,CO_2$$

vergären; in analoger Weise erfolgt in Muskel-zellen unter anaeroben Bedingungen der glykolytische Abbau, der zur Milchsäure führt:

$$C_6H_{12}O_6 \rightarrow 2\,CH_3CHOHCOOH$$

Hierbei werden naturgemäß weitaus geringere Mengen an freier Energie, nämlich etwa 36000 cal pro Mol Glucose, verfügbar. Somit muß ein anaerob lebender Organismus zur Gewinnung desselben Energie-betrags etwa die 20fache Menge an Glucose abbauen wie ein Lebewesen, das zur kompletten Oxydation von Glucose befähigt ist.

Über den Mechanismus der Überführung von Oxydations-energie in chemische Energie sind wir bisher nur teilweise unterrichtet. Wohl konnte in vielen Fällen nachgewiesen werden, daß bei biologischen Oxydations-vorgängen anorganisches Phosphat aufgenommen und in eine energiereiche Bindung überführt wird, doch sind die Einzelprozesse, die zu dieser Kopplung zwischen Oxydation und

[1] Übersichtsreferate: A. G. Ogston und O. Smithies: Physiol. Revs. **28**, 283 (1948); F. E. Hunter, Jr.: In „Phosphorus Metabolism", herausgegeben von W. D. McElroy und B. Glass, Bd. I, S. 298. Baltimore: John Hopkins Press. 1951; vgl. auch N. O. Kaplan, *l. c.*

Phosphorylierung führen, nur teilweise bekannt. Im allgemeinen läßt sich feststellen, daß bei bestimmten Teilvorgängen der Glykolyse und des oxydativen Abbaus der Brenztraubensäure über den Citronensäure-zyklus eine oder mehrere energiereiche Phosphat-bindungen entstehen (vgl. Tab. 25); die Aufklärung der hierbei funktionierenden Mechanismen ist aber nur in wenigen Fällen gelungen.

Tabelle 25. *Bildung energiereicher Phosphat-bindungen im Verlauf der biologischen Oxydation von Glucose über den Citronensäure-zyklus*

Reaktionsschritt[1]	Mole ATP aus ADP (maximal)
1. 3-Phosphoglycerinaldehyd + DPN → 3-Phosphoglycerinsäure + DPN · H_2	1
2. DPN · H_2 + $^1/_2O_2$ → DPN + H_2O	3
3. 2-Phosphoglycerinsäure → Brenztraubensäure (nicht-oxydativ)	1
4. Brenztraubensäure + CoA + DPN → Acetyl-CoA + DPN · H_2 + CO_2....	0
5. DPN · H_2 + $^1/_2$ O_2 → DPN + H_2O	3
6. Isocitronensäure + TPN → α-Ketoglutarsäure + TPN · H_2 + CO_2	0
7. TPN · H_2 + $^1/_2$ O_2 → TPN + H_2O	3
8. α-Ketoglutarsäure + DPN → Bernsteinsäure + DPN · H_2 + CO_2	1
9. DPN · H_2 + $^1/_2$ O_2 → DPN + H_2O	3
10. Bernsteinsäure + $^1/_2$ O_2 → Fumarsäure + H_2O	2
11. L-Äpfelsäure + DPN → Oxalessigsäure + DPN · H_2	0
12. DPN · H_2 + $^1/_2$ O_2 → DPN + H_2O	3
Summe pro Triose-einheit...	20

(Da pro Molekül Glucose 2 Phosphat-bindungen „investiert" werden müssen, ist die maximale Gesamtausbeute pro Molekül Glucose 2 × 20 — 2 = 38 energiereich gebundene Phosphat-bindungen.

Beim anaeroben Abbau von Glucose finden nur bei den Teilschritten 1 und 3 der Tabelle Phosphorylierungen statt; pro Molekül vergorenem oder glykolysiertem Phosphoglycerinaldehyd werden somit zwei energiereiche Phosphatbindungen gebildet. Da aber der Organismus zu Beginn des Gärungs-vorgangs zwei energiereiche Phosphat-bindungen pro Mol Glucose „investieren" muß, damit die Spaltung der Hexose in zwei Moleküle Triosephosphat erfolgen kann, ist die Gesamtausbeute des anaeroben Glucose-abbaus nur zwei energiereiche Phosphat-bindungen (2 × 2 — 2 = 2). Bei der vom Glykogen ausgehenden Glykolyse werden auf diese Weise drei energiereiche Phosphat-bindungen gewonnen, da das beim Glykogen-abbau entstehende Glucosephosphat nur mehr einfach phosphoryliert werden muß, um in zwei Moleküle Triosephosphat zu zerfallen. Hier ist somit die Ausbeute pro Glucose-einheit drei energiereiche Phosphatbindungen.

Unter den in Tab. 25 aufgezählten Reaktionsschritten sind bisher die mit den Teilvorgängen 1, 3 und 8 verbundenen Phosphorylierungen aufgeklärt. Bei Teilschritt 1 erfolgt die Oxydation von 3-Phosphoglycerinaldehyd zu 3-Phosphoglycerinsäure über 1,3-Diphosphoglycerinsäure nach der Gleichung

$$\text{3-Phosphoglycerinaldehyd} + \text{DPN} + \text{Orthophosphat} \rightleftharpoons \text{1,3-Diphosphoglycerinsäure} + \text{DPN} \cdot H_2$$

[1] Unter der Bezeichnung „Reaktionsschritt" sollen hier nicht Vorgänge verstanden werden, die von einem Einzelenzym katalysiert werden; die meisten der tabellierten Reaktionen werden durch Enzymsysteme bewirkt.

Hier wird also pro Mol oxydierten Aldehyds ein Mol Orthophosphat energiereich als Carboxylphosphat gebunden; in einer Folgereaktion

1,3-Diphosphoglycerinsäure + ADP $\rightleftarrows$ 3-Phosphoglycerinsäure + ATP

wird der Phosphat-rest auf ADP übertragen. Die Oxydations-energie des Primärvorgangs wird somit zu chemischer Energie, die für Synthesen und andere energiebedürftige Zellfunktionen zur Verfügung steht[1].

Teilschritt 3 ist der einzige bisher bekannte Reaktionsvorgang, der eine energiereiche Bindung von Phosphat zur Folge hat, ohne daß gleichzeitig eine Oxydation stattfindet. Durch Dehydratisierung von 2-Phosphoglycerinsäure, einer Verbindung, deren Phosphat-rest energiearm gebunden ist, entsteht Phosphoenolbrenztraubensäure nach der Gleichung

$$\begin{array}{lcl} CH_2OH & & CH_2 \\ | & & \| \\ CHOPO_3H_2 & \rightleftarrows & C \sim OPO_3H_2 + H_2O \\ | & & | \\ COOH & & COOH \\ \text{2-Phosphoglycerinsäure} & & \text{Phosphoenolbrenztraubensäure} \end{array}$$

Diese Reaktion wird von einer 2-Phosphoglycerat-dehydratase *(Enolase)* katalysiert. Es handelt sich hier um einen thermodynamisch fast indifferenten („anergonen") Vorgang; trotzdem entsteht dabei eine energiereiche Phosphat-bindung[2]. Anscheinend wird bei der Dehydratisierung ein Großteil des Gesamt-energieinhalts der Verbindung gerade in der Enolphosphat-gruppierung konzentriert. In einer Sekundär-reaktion wird der nunmehr energiereich gebundene Phosphatrest wiederum auf ADP übertragen:

Phosphoenolbrenztraubensäure + ADP $\rightleftarrows$ Brenztraubensäure + ATP;

hier erfolgt gleichzeitig eine Umwandlung in die Ketoform.

Wir sehen also, daß alle Vorgänge, die zur Bildung energiereicher Phosphatbindungen während der Gärung und der Glykolyse führen, in ihrem Mechanismus weitgehend aufgeklärt sind. In einer weniger glücklichen Lage ist man bei den Reaktionen, die bei dem aeroben Abbau der Kohlehydrate mit einer Phosphorylierung gekoppelt sind, bei der sog. *Atmungsketten-phosphorylierung* oder *oxydativen Phosphorylierung*. Wohl scheint nach den Arbeiten von LEHNINGER[3] eindeutig festzustehen, daß bei der Oxydation von reduzierten Pyridinnucleotiden (Reaktionsschritte 2, 5, 7, 9 und 12 in Tab. 25) pro Mol oxydiertes enzymatisches Komplement drei Mole Orthophosphat energiereich gebunden werden, doch ist der dabei wirkende Mechanismus noch unbekannt. Nach den Vorstellungen über diese Oxydations-reaktionen erfolgt der Elektronen-transport zum Sauerstoff auf dem Wege über ein Flavin-enzym und das Cytochrom-system; im Vorlauf dieses Vorgangs muß die Bindung der drei Mole Phosphat erfolgen, wobei anscheinend sehr labile Zwischenkörper gebildet werden, deren energiereich gebundener Phosphat-rest schnell auf ADP übertragen wird. Bisher ist es noch nicht gelungen, das Gesamtsystem in Lösung zu bringen; es wird behauptet, daß dieses so enge mit strukturellen Anteilen der Zelle verknüpft ist, daß der

---

[1] Vgl. O. MEYERHOF und P. OESPER: J. biol. Chem. **170**, 1 (1947); O. WARBURG und W. CHRISTIAN: Biochem. Z. **303**, 40 (1939); E. NEGELEIN und H. BRÖMEL: Ibid. **303**, 132 (1939).

[2] O. MEYERHOF und P. OESPER: J. biol. Chem. **179**, 1371 (1949).

[3] Vgl. besonders A. L. LEHNINGER: Ibid. **190**, 345 (1951); sowie das Übersichtsreferat desselben Autors in „Phosphorus Metabolism", herausgegeben von W. D. MCELROY und B. GLASS, Bd. I, S. 344. Baltimore: John Hopkins Press. 1951.

Versuch einer Abtrennung sofort eine Zerstörung des Mechanismus, d. h. eine Entkopplung von Oxydation und Phosphorylierung zur Folge hat. Dasselbe gilt auch für Reaktionsschritt 10 der Tabelle; der Elektronen-transport von der Bernsteinsäure zum Sauerstoff erfolgt ebenfalls über das Cytochrom-system, wobei pro Mol oxydierte Bernsteinsäure zwei Mole Orthophosphat energiereich gebunden werden, ohne daß der Mechanismus bisher erkannt werden konnte.

In diesen beiden Fällen (Oxydation von reduzierten Pyridinnucleotiden und von Bernsteinsäure), in denen die Phosphorylierung also anscheinend auf dem Niveau des Überträger-systems erfolgt, ist die Empfindlichkeit des Kopplungsmechanismus gegenüber verschiedenen Einflüssen besonders bemerkenswert. Die Systeme lassen sich nicht in Lösung bringen; eine Zerstörung der Struktur verursacht, wie bereits erwähnt wurde, eine Entkopplung von Oxydation und Phosphorylierung. Aber auch chemische Einflüsse können den gleichen Effekt bewirken; hier sind vor allem 2,4-Dinitrophenol und Azid zu erwähnen, unter deren Einfluß die Bindung von Phosphat gehemmt wird, während die Oxydation ungestört vor sich geht, was sich durch unveränderte Sauerstoff-aufnahme erkennen läßt (Tab. 26).

Tabelle 26. *Entkopplung von Oxydation und Phosphorylierung durch 2,4-Dinitrophenol in einer gewaschenen Mitochondrial-präparation aus Niere. Der Ansatz enthält außer der Präparation Fructose, Glutaminsäure,* Mg^{++}, *Orthophosphat und ATP → Hexose-transphosphatase* (Hexokinase)[1]

	O_2-Aufnahme (Mikroatome)	Phosphat-aufnahme (Mikromole)	Quotient P : O
In Abwesenheit von Dinitrophenol	8,0	17,5	2,2
Mit $1{,}8 \cdot 10^{-4}$-*m* Dinitrophenol	7,9	1,3	0,2

In letzter Zeit wird von verschiedener Seite[2] behauptet, daß die Wirkung des Schilddrüsen-hormons Thyroxin ebenfalls durch eine Entkopplung von Oxydation und Phosphorylierung zustande kommt; diese Vorstellung wurde auf Grund gewisser struktureller Ähnlichkeiten zwischen Dinitrophenol und Thyroxin entwickelt.

O_2N, HO, NO_2

2,4-Dinitrophenol

J, J, HO, O, $CH_2CH(NH_2)COOH$, J, J

Thyroxin

Die beobachteten Analogien der Wirkungen scheinen aber doch nicht so weit zu gehen, daß auf eine tatsächliche Gleichartigkeit der Wirkungsmechanismen der beiden Substanzen geschlossen werden kann, denn weder *in vitro* noch *in vivo* stimmen die Effekte überein. Trotzdem kann angenommen werden, daß die Wirkung des Thyroxins über eine Beeinflussung der Atmungsketten-phosphorylierung zustande kommt; anscheinend handelt es sich um eine selektive Entkopplung von Oxydation und Phosphorylierung bei einzelnen Teilvorgängen, ohne daß der Gesamt-apparat der oxydativen Phosphorylierung zusammenbricht, wie das unter dem Einfluß von Dinitrophenol der Fall ist.

Wie wir gesehen haben, finden also die meisten Phosphorylierungen beim aeroben Abbau der Kohlehydrate über den Citronensäure-zyklus auf dem Niveau

[1] W. F. Loomis und F. Lipmann: J. biol. Chem. **173**, 807 (1948).

[2] C. Martius und B. Hess: Arch. Biochem. Biophys. **33**, 486 (1951); H. A. Lardy und G. Feldott: Ann. New York Acad. Sci. **54**, 636 (1951); G. F. Maley und H. A. Lardy: J. biol. Chem. **204**, 435 (1953); vgl. auch das Übersichtsreferat von C. H. DuToit: In „Phosphorus Metabolism", herausgegeben von W. D. McElroy und B. Glass, Bd. II, S. 597. Baltimore: John Hopkins Press. 1952.

der Überträger statt, während bei anaeroben Vorgängen (Gärung, Glykolyse) die beiden Prozesse, die zur Bildung energiereicher Phosphat-bindungen führen, auf dem Substrat-niveau erfolgen. Immerhin konnte aber in der letzten Zeit gezeigt werden, daß auch im Rahmen des Citronensäure-zyklus ein Teilvorgang existiert, bei dem eine Phosphorylierung auf dem Substrat-niveau stattfindet. Es ist dies der Reaktionsschritt 8 der Tab. 25, die oxydative Decarboxylierung von α-Ketoglutarsäure unter Wasserstoff-übertragung auf DPN. Der Mechanismus der Reaktion wurde vor kurzem aufgeklärt: als Zwischenprodukt tritt hier Succinyl-CoA auf[1]. Die Reaktionsfolge ist:

$$\alpha\text{-Ketoglutarsäure} + \text{DPN} + \text{CoA} \rightarrow \text{Succinyl-CoA} + \text{DPN} \cdot \text{H}_2 + \text{CO}_2$$

$$\text{Succinyl-CoA} + \text{Orthophosphat} \rightarrow \text{Bernsteinsäure} + \text{CoA-phosphat}$$

$$\text{CoA-phosphat} + \text{ADP} \rightarrow \text{CoA} + \text{ATP}$$

Hier wird also primär eine energiereiche Acylmercaptid-bindung gebildet, die erst sekundär in eine energiereiche Phosphat-bindung überführt wird.

Teilschritt 4 der Tab. 25 stellt einen weitgehend analogen Fall dar; die oxydative Decarboxylierung der Brenztraubensäure unter Wasserstoff-übertragung auf DPN stimmt mit der entsprechenden Reaktion der α-Ketoglutarsäure völlig überein. Aber nur bestimmte Bakterien besitzen ein Enzymsystem, das eine Überführung der chemischen Energie des Acetyl-CoA in Phosphat-bindungsenergie nach der Gleichung

$$\text{Acetyl-CoA} + \text{Orthophosphat} \rightarrow \text{Acetylphosphat} + \text{CoA}$$

$$\text{Acetylphosphat} + \text{ADP} \rightarrow \text{Essigsäure} + \text{ATP}$$

ermöglicht[2]. Bei höheren Tieren und vermutlich auch bei vielen anderen Lebewesen wird die Energie der Acetylmercaptid-bindung zum Aufbau der Citronensäure verwendet und die weitere Reaktionsfolge entspricht dem Citronensäurezyklus.

Unsere Vorstellungen über den oxydativen Abbau der Fette sind zur Zeit noch nicht so klar wie bei den Kohlehydraten. Dementsprechend ist auch unsere Kenntnis derjenigen Teilprozesse, welche bei der Oxydation der Fette für die Bildung energiereicher Phosphat-bindungen verantwortlich sind, noch recht gering. Da aber auch hier gezeigt werden konnte, daß der Elektronentransport über die Pyridinnucleotide und das Cytochrom-system erfolgt, so ist wohl sicher, daß der größte Teil der entstehenden energiereichen Phosphatbindungen durch Reaktionen des Typus

$$\text{PN} \cdot \text{H}_2 + {}^1/_2\,\text{O}_2 \rightarrow \text{PN} + \text{H}_2\text{O}$$

erzeugt wird, wobei auch hier angenommen werden kann, daß pro Mol oxydiertes Pyridinnucleotid drei energiereiche Phosphat-bindungen entstehen.

VI. Die zentrale Stellung des Adenylsäure-systems; die Phosphagene

Wir haben im letzten Abschnitt gesehen, daß Bindungs-energie auf verschiedene Weise entstehen kann. In bezug auf ihr weiteres Schicksal gibt es hingegen im wesentlichen nur zwei Möglichkeiten: entweder wird die chemische Energie sofort in einer Folge-reaktion verbraucht, wie das z. B. im Verlauf des Citronensäure-zyklus

---

[1] S. KAUFMAN: In „Phosphorus Metabolism“, herausgegeben von W. D. McELROY und B. GLASS, Bd. I, S. 370. Baltimore: John Hopkins Press. 1951; D. R. SANADI und J. W LITTLEFIELD: Federation Proc. **11**, 280 (1952).

[2] G. D. NOVELLI und F. LIPMANN: J. biol. Chem. **182**, 213 (1950); E. R. STADTMAN und H. A. BARKER: Ibid. **180**, 1095, 1117 (1949).

der Fall ist (wo das aus der Brenztraubensäure entstehende Acetyl-CoA, in dem eine energiereiche Acylmercaptid-bindung vorliegt, in der Folge-reaktion mit Oxalessigsäure zu Citronensäure kondensiert wird), oder sie wird in Phosphatbindungsenergie in Form von ATP umgewandelt. So finden wir z. B. bei der alkoholischen Gärung oder bei der Glykolyse im Muskel, daß die im Verlauf dieser Vorgänge entstehenden energiereich gebundenen Phosphat-reste der 1,3-Diphosphoglycerin-säure und der Phosphoenolbrenztraubensäure in einer Sekundär-reaktion auf ADP übertragen werden.

Das Adenylsäure-system hat somit eine geradezu zentrale Stellung im Energiestoffwechsel der Organismen.

Bei größerem Anfall an energiereich gebundenem Phosphat reicht aber anscheinend die vorhandene Menge von ADP im Organismus nicht aus, um diese Akzeptor-funktion zu erfüllen. In solchen Fällen tritt — zumindest im Muskel — ein sinnreicher Mechanismus in Funktion: in einer reversiblen Reaktion kann energiereich gebundenes Phosphat von ATP auf bestimmte Guanidin-basen, die sog. Phosphagene[1], übertragen werden; diese dienen sozusagen als Energie- und Phosphat-speicher. Bei allen Wirbeltieren und bei einigen Klassen der Echinoderma und Protochordata ist es das Kreatin, das als Phosphat-akzeptor wirkt; der Vorgang

$$\text{ATP} + \text{HN}{=}\text{C}\begin{matrix}\diagup \text{NH}_2 \\ \diagdown \text{NCH}_2\text{COOH} \\ \mid \\ \text{CH}_3\end{matrix} \rightleftarrows \text{HN}{=}\text{C}\begin{matrix}\diagup \text{NH}\sim\text{PO}_3\text{H}_2 \\ \diagdown \text{NCH}_2\text{COOH} \\ \mid \\ \text{CH}_3\end{matrix} + \text{ADP},$$

Kreatin Kreatinphosphat

auch als LOHMANN-Reaktion bekannt, wird durch spezifische Fermente, die ATP → Kreatin-transphosphatasen (*Kreatin-kinase*, vgl. S. 424) katalysiert. Die Speicherfunktion des Kreatinphosphats ist etwa in dem Sinne zu verstehen, daß bei erhöhtem Anfall von energiereich gebundenem Phosphat dies wohl primär auf ADP übertragen, von dem ATP aber dann an Kreatin weitergegeben wird. Im Falle eines Bedarfs an Phosphat-energie erfolgt eine Rückübertragung des Phosphat-restes von Kreatinphosphat auf ADP, von wo aus die Phosphatbindungsenergie nach Bedarf weiter verteilt wird.

Eine ganz analoge Rolle kommt dem System Arginin-Argininphosphat bei vielen Wirbellosen zu[2]; auch hier wird das Gleichgewicht

$$\text{ATP} + \text{HN}{=}\text{C}\begin{matrix}\diagup \text{NH}_2 \\ \diagdown \text{NH} \\ \mid \\ (\text{CH}_2)_3 \\ \mid \\ \text{CHNH}_2 \\ \mid \\ \text{COOH}\end{matrix} \rightleftarrows \text{HN}{=}\text{C}\begin{matrix}\diagup \text{NH}\sim\text{PO}_3\text{H}_2 \\ \diagdown \text{NH} \\ \mid \\ (\text{CH}_2)_3 \\ \mid \\ \text{CHNH}_2 \\ \mid \\ \text{COOH}\end{matrix} + \text{ADP}$$

Arginin Argininphosphat

durch ein spezifisches Ferment, die ATP → Arginin-transphosphatase (*Arginin-kinase*, vgl. S. 424) katalysiert. Bei manchen Klassen der Invertebrata (*Annelida*,

[1] Übersichtsreferat: P. EGGLETON: Ergebn. Enzymforsch. **3**, 227 (1934).
[2] O. MEYERHOF und K. LOHMANN: Biochem. Z. **196**, 22, 49 (1928).

Gephyrea) scheinen weitere Typen von Guanidin-phosphagenen vorzuliegen, die kürzlich als Glycocyaminphosphat und Taurocyaminphosphat (Phosphat des Guanidyltaurins) identifiziert wurden[1].

Bisher konnte in Pflanzen noch kein Mechanismus entdeckt werden, der in ähnlicher Weise für eine Speicherung der Phosphat-bindungsenergie sorgt, wie es das System ATP-Guanidinbase bei den Tieren tut. In der Hefe und vielleicht in manchen anderen Organismen könnte dem polymeren Metaphosphat die Rolle eines Energie- und Phosphat-speichers zukommen[2]; die Existenz eines Enzyms, welches das Gleichgewicht

$$\mathrm{ATP} + (\mathrm{HPO_3})_n \rightleftharpoons \mathrm{ADP} + (\mathrm{HPO_3})_{n+1}$$

katalysiert, konnte allerdings bisher noch nicht eindeutig nachgewiesen werden (vgl. S. 425).

VII. Die Verwertung der Bindungsenergie

Wie bereits erwähnt wurde, ist eine der wichtigsten Verwertungsformen der Bindungsenergie im Organismus der Aufbau von Substanzen mit höherem Energie-inhalt aus energie-ärmeren Stoffen. Durch die ohne wesentlichen Energieverlust erfolgende Übertragung eines energiereich gebundenen Restes erfährt eine Substanz eine Erhöhung ihres Energie-inhalts und kann so für die Synthese eines energie-reicheren Stoffes Verwendung finden.

Ein gutes Beispiel für eine derartige Reaktionsfolge ist die Synthese der Stärke aus Glucose, ein Vorgang, der in fast allen Lebewesen vor sich gehen kann. Bekanntlich führt die Hydrolyse der Stärke durch die Amylasen zu einem Gleichgewicht, das so weit auf Seite der Spaltung liegt, daß im Organismus kaum jemals die Bedingungen für eine Synthese auf diesem Wege vorliegen werden. Die Lebewesen helfen sich vielmehr durch einen Umweg: die Glucose wird primär durch Übertragung eines Phosphat-restes von ATP in eine phosphorylierte Form, in Glucose-6-phosphat, überführt; dieses wird nach einer Isomerisierung zu Glucose-1-phosphat an bereits vorgebildete Amylose-reste angelagert, ein Vorgang, der thermodynamisch etwa indifferent (anergon) ist[3].

1. ATP + Glucose → Glucose-6-phosphat + ADP [katalysiert durch ATP → → Glucose-transphosphatase *(Glucokinase)* bzw. ATP → Hexose-transphosphatase *(Hexokinase)*];

2. Glucose-6-phosphat ⇄ Glucose-1-phosphat (katalysiert durch die Glucose-(1 → 6)-phosphomutase);

3. Glucose-1-phosphat + $(C_6H_{10}O_5)_n \rightleftharpoons (C_6H_{10}O_5)_{n+1} + H_3PO_4$ [katalysiert durch die Glucose-1-phosphat → Amylose-transglucosidase *(Phosphorylase)*].

In analoger Weise können Carbonsäuren in den Stoffwechsel eingeschaltet werden; es wird ein energiereiches Derivat, und zwar ein Acyl-CoA, welches eine Acylmercaptid-bindung enthält, gebildet, das dann zu den verschiedensten Synthesen verwendet werden kann. So ist es, wie bereits berichtet wurde, dem Organismus nicht möglich, aus Essigsäure und Cholin direkt Acetylcholin zu synthetisieren, da das Gleichgewicht der von den Cholinesterasen katalysierten Reaktion

$$\text{Acetylcholin} + H_2O \rightleftharpoons \text{Cholin} + \text{Essigsäure}$$

weit auf der Seite der Hydrolyse liegt. Die Bildung von Acetylcholin wird vielmehr auf einem Umweg erreicht:

---

[1] NG.-VAN THOAI, J. ROCHE, Y. ROBIN und NG.-VAN THIEM: Biochim. biophys. Acta 11, 593 (1953); vgl. dazu E. BALDWIN und W. H. YUDKIN: Proc. Roy. Soc. London B 136, 614 (1950).

[2] O. HOFFMANN-OSTENHOF und W. WEIGERT: Naturwiss. 39, 303 (1952).

[3] Vgl. hierzu z. B. C. F. CORI: In „Carbohydrate Metabolism" herausgegeben von V. A. NAJJAR, S. 3. Baltimore: John Hopkins Press. 1952.

1. ATP + CoA + Essigsäure ⇌ Acetyl-CoA + AMP + Pyrophosphat (katalysiert durch ein Enzym oder Enzymsystem, dessen Wirkungsmechanismus noch nicht völlig geklärt ist, vgl. S. 376).

2. Acetyl-CoA + Cholin → Acetylcholin + CoA (katalysiert durch die Acetyl-CoA → Cholin-transacetylase, vgl. S. 371).

Das Gesamtsystem, das alle Enzyme enthält, welche bei dieser Reaktionsfolge mitwirken, wird als Cholinacetylase-system bezeichnet. Die Essigsäure wird dabei unter Aufwand von Phosphat-bindungsenergie aktiviert; es entsteht der schon seit langem gesuchte aktive C_2-Körper, die „aktive Essigsäure", die mit Acetyl-CoA identisch ist.

In ganz analoger Weise wird auch die Biosynthese der Hippursäure bewerkstelligt; das von der Hippuricase katalysierte Gleichgewicht der Hippursäurehydrolyse liegt so weit auf Seite der Spaltung, daß eine Synthese durch Umkehr der Hydrolyse unter biologischen Bedingungen sehr unwahrscheinlich ist. Auch hier ist eine energiereiche Benzoesäure-verbindung, das Benzoyl-CoA, der Vorläufer der Hippursäure; durch Übertragung des Benzoyl-restes von Benzoyl-CoA auf Glykokoll entsteht Hippursäure.

Es scheint, daß die Bildung von Peptiden aus Aminosäuren allgemein in analoger Weise vor sich geht und die Umkehr der von den Peptidasen verursachten Hydrolyse-reaktionen höchstens bei der Bildung von höheren Peptiden aus niedrigeren eine Rolle spielt. Die Primär-entstehung der Peptid-bindungen muß also als eine Reaktion einer „aktivierten" Aminosäure mit einer anderen aufgefaßt werden; über die Mechanismen dieser Aktivierung ist bisher allerdings noch nicht allzuviel bekannt[1] (vgl. S. 289 ff.).

Im Verlauf der biologischen Harnstoff-synthese über den Ornithin-zyklus (vgl. S. 412) finden wir ebenfalls zwei Teilschritte, die nur unter Verbrauch von Bindungsenergie vor sich gehen können[2]. Nach den Arbeiten von COHEN und Mitarbeitern[3] erfolgt die Umwandlung von Ornithin in Citrullin unter Mitwirkung von ATP, und zwar wird primär aus NH_3, CO_2 und Glutaminsäure unter Aufwendung von Phosphat-bindungsenergie in einer noch ungeklärten Reaktion α-Ureidoglutarsäure gebildet, die wiederum mit ATP reagiert. Ein vermutlich phosphoryliertes Derivat der α-Ureidoglutarsäure kann unter Aufnahme von CO_2 und NH_3 ein Zwischenprodukt bilden, welches dann mit Ornithin unter Rückbildung von α-Ureidoglutarsäure Citrullin ergibt.

Die zweite Etappe des Zyklus[4], die Reaktion

$$\text{Citrullin} + \text{Asparaginsäure} \rightarrow \text{Arginin} + \text{Fumarsäure} + H_2O,$$

erfordert ebenfalls die Anwesenheit von ATP; auch hier muß Phosphat-bindungsenergie aufgewendet werden, aber ebenso wie bei der ersten Stufe ist der genaue Mechanismus der Reaktionsfolge nur teilweise bekannt.

Ein anderes Beispiel für eine Aktivierung einer energiearmen Verbindung mit Hilfe von chemischer Energie wurde bereits in diesem Kapitel behandelt: es ist dies die Entstehung „aktivierten Methionins", d. h. S-Adenosylmethionins, durch Reaktion von ATP mit Methionin. Im Gegensatz zum nicht-aktivierten Methionin kann die aktivierte Form als Donator bei verschiedenen Transmethylierungs-vorgängen fungieren (vgl. S. 361).

---

[1] Vgl. dazu das Übersichtsreferat von H. BORSOOK: Fortschr. Chem. organ. Naturstoffe 9, 292 (1952).

[2] Vgl. dazu F. LEUTHARDT: In „Symposium sur le Cycle Tricarboxylique", 2e Congr. internat. Biochimie, S. 89. Paris 1952.

[3] Vgl. S. GRISOLIA: In „Phosphorus Metabolism", herausgegeben von W. D. MCELROY und B. GLASS, Bd. I, S. 619. Baltimore: John Hopkins Press. 1951.

[4] S. RATNER: Ibid. S. 601.

In ähnlicher Weise geht vermutlich die Bildung von Phenolsulfat aus Phenol und anorganischem Sulfat vor sich. Unter anaeroben Bedingungen erfolgt diese Synthese nur, wenn ATP und Mg^{++} anwesend sind. Anscheinend wird primär einer der beiden Reaktionspartner durch ATP „aktiviert“[1].

Die Abspaltung von CO_2 aus Oxalessigsäure ist ein stark exergoner Vorgang; dementsprechend ist es unwahrscheinlich, daß die Bildung von Oxalessigsäure aus Brenztraubensäure und CO_2 durch Umkehr der Spaltreaktion erfolgt. UTTER und WOOD[2] konnten vor einigen Jahren zeigen, daß in Geflügel-leber ein Enzymsystem existiert, das in Anwesenheit von ATP die Reaktion

$$\text{Brenztraubensäure} + CO_2 \rightarrow \text{Oxalessigsäure}$$

katalysiert; allerdings konnte bis heute die genaue Reaktionsfolge noch nicht geklärt werden. Jedenfalls handelt es sich aber auch hier um eine Synthese unter Aufwendung von Phosphat-bindungsenergie.

Die Verwertung der chemischen Energie beschränkt sich in den Organismen jedoch nicht nur auf Synthese-vorgänge. Wir wissen heute, daß auch eine Anzahl anderer energie-erfordernder Prozesse durch Bindungsenergie betrieben wird. So steht ohne Zweifel fest, daß bei der Muskel-kontraktion Phosphat-bindungsenergie verbraucht wird, d. h. daß chemische Energie durch einen sinnreichen Mechanismus in mechanische Energie verwandelt wird. Wenngleich bereits seit 1939 die Fähigkeit des Myosins, ATP zu dephosphorylieren, bekannt ist[3], so ist bisher doch noch nicht gelungen, die Wechselwirkungen zwischen ATP und den strukturellen Proteinen des Muskels eindeutig aufzuklären und selbst die Frage, ob die Dephosphorylierung von ATP während der Kontraktion oder während der Relaxation des Muskels erfolgt, bzw. ob die Kontraktion oder die Relaxation der energie-erfordernde Prozeß ist, muß noch als offen bezeichnet werden. Für die ausführliche Diskussion dieser Probleme wird auf die Originalliteratur[4] verwiesen.

Phosphat-bindungsenergie dürfte auch bei der Biolumiiniszenz eine wesentliche Rolle spielen. Hier sind die Arbeiten von MCELROY[5] zu erwähnen, der zeigen konnte, daß Extrakte aus dem Leuchtkäfer *Photinus pyralis* in Anwesenheit von ATP Licht ausstrahlen, wobei die Licht-intensität der ATP-Konzentration proportional ist. Nach der Ansicht des genannten Autors ist es ein Mg-Luciferin-Luciferase-komplex (vgl. S. 603), der ATP bindet. Nur der quartäre Komplex, ATP-Mg-Luciferin-Luciferase ist zur Aussendung des Lichtes imstande, und zwar wird durch die enzymatische Oxydation von Luciferin in Anwesenheit von ATP ein freies Radikal oder eine sehr resonanzfähige Verbindung gebildet, wobei

[1] S. BERNSTEIN und R. W. MCGILVERY: J. biol. Chem. **198**, 195 (1952); R. H. DE MEIO, M. WITHERKANIUK und E. FABIANI: Ibid. **203**, 257 (1953).

[2] M. F. UTTER und H. G. WOOD: J. biol. Chem. **164**, 455 (1946); vgl. dazu auch B. VENNESLAND, E. A. EVANS, Jr., und K. I. ALTMAN: Ibid. **171**, 675 (1947); sowie die Übersichtsreferate: M. F. UTTER: In „Phosphorus Metabolism“, herausgegeben von W. D. MCELROY und B. GLASS, Bd. I, S. 646. Baltimore: John Hopkins Press. 1951; M. F. UTTER und H. G. WOOD: Adv. Enzymology **12**, 41 (1951).

[3] V. A. ENGELHARDT und M. N. LYUBIMOVA: Nature **144**, 668 (1939); vgl. das Übersichtsreferat von V. A. ENGELHARDT: Adv. Enzymology **6**, 147 (1946).

[4] Monographien und Übersichtsreferate: A. SZENT-GYÖRGYI: Chemistry of Muscular Contraction. 2. Aufl. New York: Academic Press. 1951; W. F. H. M. MOMMAERTS: Muscular Contraction. New York: Interscience. 1950; Idem: In „Phosphorus Metabolism“, herausgegeben von W. D. MCELROY und B. GLASS, Bd. I, S. 551. Baltimore: John Hopkins Press. 1951; D. M. NEEDHAM: Adv. Enzymology **13**, 151 (1952); H. H. WEBER: Z. Elektrochem. **55**, 511 (1951).

[5] W. D. MCELROY: Proc. nat. Acad. Sci. U. S. **33**, 342 (1947); vgl. auch das Übersichtsreferat desselben Autors: In „Phosphorus Metabolism“, herausgegeben von W. D. MCELROY und B. GLASS, Bd. I, S. 585. Baltimore: John Hopkins Press. 1951.

zirka 50000 cal. an einer Stelle konzentriert sind. Elektronen, die vermutlich aus dem Luciferin stammen, werden dabei so stark angeregt, daß sie Photonen aussenden. Wenn keine Oxydation stattfindet, setzt sich der quartäre Komplex zum größten Teil zu einer labilen Verbindung um, deren Umwandlung in den aktiven Komplex aber in einem so geringen Ausmaß erfolgt, daß nur eine schwache Licht-aussendung aufrechterhalten wird. Wenn ATP, wie angenommen wird, tatsächlich die Energiequelle der Biolumiiszenz ist, so ist zu erwarten, daß bei der Licht-aussendung anorganisches Phosphat freigesetzt wird. Dies konnte allerdings bisher noch nicht geprüft werden, da unter den experimentellen Bedingungen die Anzahl der Lichtquanten so gering ist, daß die entsprechende Phosphatmenge analytisch nicht nachweisbar ist; pro Lichtquant wären etwa 4 Moleküle Phosphat zu erwarten.

Weiters muß angenommen werden, daß die chemische Energie die Quelle der elektrischen Ströme im Nerven und ebenso in den elektrischen Organen verschiedener Fische ist. Hier scheint es nach den Versuchen von NACHMANSOHN[1] allerdings nicht ATP zu sein, durch dessen Dephosphorylierung Energie frei wird; der energie-liefernde Vorgang dürfte vielmehr die Hydrolyse von Acetylcholin sein, weil zwischen der Konzentration der Acetylcholinesterase und der Stromspannung eine Proportionalität festgestellt werden konnte. Da nun aber die Synthese von Acetylcholin als energie-erfordernder Prozeß nur auf Kosten von Bindungsenergie vor sich geht, so ist diese auch hier die primäre Energiequelle.

Schließlich besteht guter Grund zur Annahme, daß Phosphat-bindungsenergie auch Transport- bzw. Resorptions-vorgänge, wie z. B. die Aufnahme von Kalium in Zellen oder den Transport von bestimmten Stoffen durch die Nierentubuli, betreibt, da diese Prozesse durch Inhibitoren, welche die Bildung energiereicher Phosphat-bindungen verhindern, wie z. B. 2,4-Dinitrophenol und Azid, gehemmt werden. Genaue Vorstellungen über die hier zugrunde liegenden Mechanismen bestehen allerdings noch nicht.

Zusammenfassend muß festgestellt werden, daß die so fruchtbare Konzeption der energiereichen Bindung uns zeigt, daß wahrscheinlich alle endergonen Vorgänge in den Organismen durch chemische Energie betrieben werden. Unsere Kenntnisse über die daran beteiligten Mechanismen sind zwar naturgemäß noch recht lückenhaft, doch haben die letzten Jahre auch auf diesem Gebiete wesentliche Fortschritte gebracht.

18. Carbonsäure-esterasen[2]

Mit der Besprechung der ersten Klasse der Hydrolasen, der Esterasen, beginnt der spezielle Teil dieser Darstellung. Es darf daran erinnert werden, daß wir die Hydrolasen als Fermente definiert haben, deren Funktion die Übertragung eines Molekül-bestandteils ihres (ersten) Substrats vorzüglich auf Wasser, unter Umständen aber auch auf ein anderes zweites Substrat ist.

Unter Esterasen versteht man demnach Enzyme, welche vor allem die Hydrolyse von Ester-bindungen, also von Verbindungen zwischen Hydroxyl- und Säuregruppen katalytisch beschleunigen. Auf Grund der Natur der Substrate ist

[1] Vgl. besonders die Übersichtsreferate: D. NACHMANSOHN: In „Phosphorus Metabolism", herausgegeben von W. D. McELROY nnd B. GLASS, Bd. I, S. 568. Baltimore: John Hopkins Press. 1951; D. NACHMANSOHN und I. B. WILSON: Adv. Enzymology **12**, 259 (1951).

[2] Handbuchartikel: R. AMMON und M. JAARMA: In „The Enzymes", herausgegeben von J. B. SUMNER und K. MYRBÄCK, Bd. I/1, S. 390. New York: Academic Press. 1950.

eine Unterteilung möglich; nämlich je nach dem, ob die angegriffenen Substanzen Ester von Alkoholen mit Carbonsäuren oder Ester von Alkoholen mit anorganischen Säuren sind. Die erste Gruppe wird in dieser Darstellung als Carbonsäure-esterasen bezeichnet; die Fermente, welche Ester anorganischer Säuren hydrolysieren, werden entsprechend der Natur der Säure Phosphoesterasen und Schwefelsäure-esterasen *(Sulfatasen)* genannt und werden im folgenden Kapitel behandelt.

Klassifikation der Carbonsäure-esterasen. Unter den Carbonsäure-esterasen können wir entsprechend dem Spezifitäts*grad* zwei Gruppen von Fermenten unterscheiden. Die erste umfaßt eine größere Anzahl von Fermenten mit vergleichsweise geringer Substrat-spezifität; hierher gehören die meisten in der Literatur als Esterasen im engeren Sinne, sowie als Lipasen bezeichneten Fermente. Als zweite Gruppe können wir spezifische Carbonsäure-esterasen zusammenfassen, welche entweder mit absoluter Spezifität nur einen einzigen Ester hydrolysieren können oder doch eine recht eingeschränkte relative Spezifität aufweisen. Es sind dies Cholinesterasen und andere sog. Azolesterasen, Phospholipasen, Cholesterinesterasen, Chlorophyllasen, Tannasen und Pectinesterasen.

A. Gruppen-spezifische Carbonsäure-esterasen (Esterasen im engeren Sinne und Lipasen)

Eine scharfe Trennung zwischen den „Esterasen im engeren Sinne" und den Lipasen ist schwer durchzuführen, da die Übergänge zwischen den beiden Arten von Fermenten ziemlich fließend sind und fast alle diese Enzyme imstande sind, sowohl Ester einwertiger Alkohole und Phenole als auch Glycerin-ester zu spalten. Die Unterschiede sind also rein quantitativer Natur; das eine Ferment verhält sich mehr wie eine Lipase, da es schneller Fette und weniger gut Ester einwertiger Alkohole hydrolysiert, während eine Esterase im engeren Sinne umgekehrt wirkt.

Hingegen finden wir unter den Fermenten dieser Gruppe oftmals eine bemerkenswerte relative optische Spezifität. So konnte schon DAKIN[1] beobachten, daß bei der Hydrolyse des racemischen Mandelsäure-äthylesters durch Schweineleber-esterase die entstehende Mandelsäure rechtsdrehend ist, wenn die Reaktion vorzeitig unterbrochen wird, also bevor die gesamte Substratmenge gespalten ist. Die Leber-esterase gibt somit bei der Einwirkung auf den racemischen Ester der rechtsdrehenden Form den Vorzug; der Teil des Substrats, welcher rechtsdrehende Mandelsäure mit Äthanol verestert enthält, wird schneller hydrolysiert.

Umgekehrt verhält sich die Lipase aus Schweine-pankreas, welche bei Hydrolyse desselben Substrats die linksdrehende Form schneller angreift als die rechtsdrehende[2]. Ein biologischer Zusammenhang zwischen der stereochemischen Spezifität dieser Enzyme und der Konfiguration ihrer physiologischen Substrate läßt sich nicht feststellen; diese Art der stereochemischen Spezifität erstreckt sich übrigens auch auf optisch aktive Substanzen, welche sicher im Organismus nicht als Substrate vorkommen.

Wenngleich es noch durchaus nicht erwiesen und eher unwahrscheinlich ist, daß die Enzyme dieser Klasse auch die Synthese von Estern und Fetten *in vivo* katalysieren, konnte doch bei vielen Vertretern der Esterasen im engeren Sinne

---

[1] H. D. DAKIN: J. Physiol. **30**, 253 (1904); **32**, 199 (1905).
[2] Vgl. H. H. WEBER und R. AMMON: Biochem. Z. **204**, 197 (1929).

und der Lipasen unter entsprechenden Bedingungen eine synthetisierende Wirkung in vitro nachgewiesen werden.

Diese Verhältnisse wurden bereits 1906 von BODENSTEIN und DIETZ[1] eingehend untersucht. Ein Versuchsansatz mit Isoamylalkohol und Buttersäure und ein zweiter mit Isoamylbutyrat in der zur Buttersäure des ersten Ansatzes äquimolekularen Menge wurden mit gleichen Mengen eines Esterase-präparates behandelt, wobei der erste Versuchsansatz zur Verfolgung der Synthese und der zweite zur Messung der Hydrolyse diente. Nach einer bestimmten Zeit stellte sich in beiden Ansätzen dasselbe Gleichgewicht zwischen den Komponenten ein. Bei den durch die Esterasen katalysierten Vorgängen handelt es sich also um Gleichgewichts-reaktionen, wobei es unwesentlich ist, von welcher Seite das Gleichgewicht erreicht wird. Die Versuche von BODENSTEIN und DIETZ wurden von zahlreichen Forschern mit verschiedenen Enzympräparaten und Substraten reproduziert; in Abb. 20 werden die Ergebnisse von RONA und AMMON[2] wiedergegeben. Abschließend muß bemerkt werden, daß die Esterasen auch bei der Synthese stereochemische Spezifität zeigen.

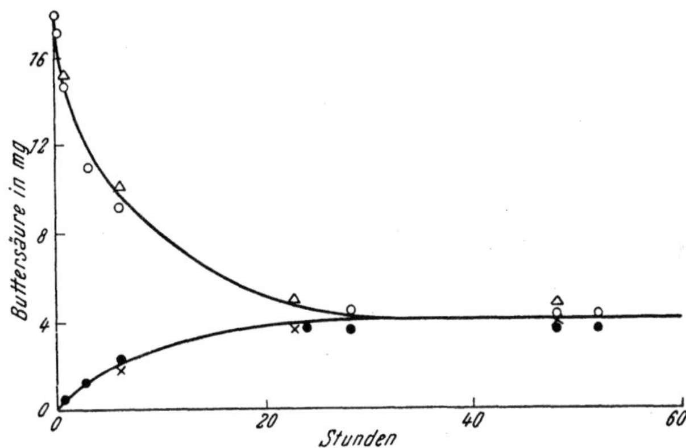

Abb. 20. Bildung und Spaltung von *n*-Buttersäure-*n*-butylester durch ein Fermentpräparat aus Schweine-pankreas (nach RONA und AMMON).

Bestimmung der Aktivität. Zur Aktivitäts-bestimmung von Carbonsäure-esterasen bedient man sich titrimetrischer, manometrischer oder stalagmometrischer Methoden. Die erstgenannten beruhen auf der alkalimetrischen Titration der aus dem Substrat durch die Enzym-einwirkung freigesetzten Fettsäuren. Bei manometrischen Bestimmungen bedient man sich der beschriebenen Apparatur von WARBURG (vgl. S. 76)[3]; die Messungen beruhen im Prinzip darauf, daß die durch die Esterase-wirkung freigesetzte Fettsäure aus Bicarbonatlösung Kohlendioxyd freisetzt und der steigende Gasdruck manometrisch gemessen wird. Hier muß allerdings erwähnt werden, daß manche Lipasen im bicarbonat-gepufferten Medium nicht ihre volle Wirksamkeit entfalten können, also unter diesen Bedingungen gehemmt werden.

Die stalagmometrische Methode[4] benützt als Meßgröße die bei der hydrolytischen Spaltung eintretende Änderung der Oberflächenspannung des Reaktionsgemisches, welche aus der Tropfenzahl bestimmt wird. Als Substrat ist besonders Tributyrin gebräuchlich. Das bei derartigen Messungen meist angewandte Stalagmometer nach OSTWALD ist im wesentlichen eine Tropfpipette, die zur Aufrechterhaltung der Temperatur-konstanz mit einem Wassermantel umgeben ist. Man mißt die Tropfenzahl für ein bestimmtes Volumen; diese ist der Oberflächenspannung direkt proportional. Die erhaltene Tropfenzahl gibt so bei Vergleich mit einer vorher aufgestellten Eichkurve die Konzentration des ungespaltenen Substrats im Reaktionsgemisch direkt an. Bezüglich der Einheit der Lipase-wirkung vgl. S. 88.

I. Gruppen-spezifische Carbonsäure-esterasen animalischen Ursprungs

Es ist üblich, entsprechend der relativen Spezifität dieser Fermente zwei Gruppen zu unterscheiden, u. zw. die „Esterasen im engeren Sinne" und die

[1] M. BODENSTEIN und W. DIETZ: Z. Elektrochem. **12**, 605 (1906).
[2] P. RONA und R. AMMON: Biochem. Z. **249**, 446 (1932).
[3] P. RONA und A. LASNITZKI: Ibid. **152**, 504 (1924).
[4] P. RONA und L. MICHAELIS: Ibid. **31**, 345 (1911); R. WILLSTÄTTER und F. MEMMEN: Hoppe-Seyler's Z. physiol. Chem. **129**, 1 (1923).

Lipasen. Wie schon eingangs erwähnt wurde, ist es allerdings schwierig, Grenzen zwischen diesen beiden Typen, die sich in vieler Hinsicht als sehr ähnlich erweisen, zu ziehen.

a) Esterasen im engeren Sinne

Esterasen im engeren Sinne finden sich in fast allen Teilen des tierischen Organismus[1]; die frühere Annahme, daß Muskel-gewebe keine derartigen Enzyme enthält, konnte widerlegt werden.[2]

Unter den Fermenten dieses Typus ist dasjenige der Leber am besten charakterisiert und soll deshalb hier etwas ausführlicher besprochen werden. Sie spaltet am schnellsten einfache Ester organischer Säuren mit einwertigen Alkoholen, wogegen Fette und andere Glycerin-ester viel langsamer hydrolysiert werden.

$$\underset{\text{Essigester}}{CH_3COOC_2H_5} + H_2O \rightarrow \underset{\text{Essigsäure}}{CH_3COOH} + \underset{\text{Äthanol}}{C_2H_5OH}$$

Das p_H-Optimum liegt etwa zwischen 7,8 und 8,8. Die Leber-esterase wird durch viele organische Substanzen und auch durch Schwermetall-salze in ihrer

Tabelle 27. *Vergleich von Pankreas-lipase mit Leber-esterase* (Nach AMMON und DIRSCHERL[3])

	Verhalten gegenüber Effektoren				Wirkung gegenüber Substraten		
	Atoxyl	Chinin	Leucylglycylglycin	Albumin Ca-Oleat	Tributyrin	Methylbutyrat	*d, l*-Methylmandelat
Pankreas-lipase	resistent	empfindlich	aktiviert	aktivieren	besser gespalten	schlechter gespalten	links-drehendes Spalt-produkt
Leber-esterase	empfindlich	resistent	unbeeinflußt	hemmen	schlechter gespalten	besser gespalten	rechts drehendes Spalt produkt

Wirksamkeit gehemmt; unter den organischen Stoffen seien hier die Alkaloide Coffein, Nicotin, Pilocarpin, weiters Adrenalin und das Schilddrüsen-hormon Thyroxin genannt. Auf das ungereinigte Ferment hat auch Atoxyl eine starke Hemmwirkung; hochgereinigte Esterase-präparate sollen aber gegen diese Substanz völlig resistent sein, weshalb angenommen werden muß, daß das Atoxyl mit einem Begleitstoff der Esterase einen Hemmstoff bildet. Im Gegensatz zu den Verhältnissen bei der in der Folge zu besprechenden Pankreas-lipase haben die dieses Ferment stark aktivierenden Zusätze von cholsauren Salzen und Calciumoleat bei der Leber-esterase eher eine hemmende Wirkung. Als Aktivatoren der Leber-esterase können reduzierende Agentien sowie Taurocholat wirken.

Die Darstellung eines kristallinen Präparats von Leber-esterase wurde seinerzeit von MOHAMED[4] beschrieben. Als Ausgangs-material wird mit Aceton getrocknete Pferde-leber verwendet, welche mit Natriumacetat-lösung extrahiert wird. Das Verfahren zur Herstellung des kristallisierten Ferments beruht auf dem Prinzip der fraktionierten Fällung mit Aceton

---

[1] Vgl. R. AMMON und M. JAARMA (*l. c.*).

[2] K. G. FALK und M. M. NOYES: J. biol. Chem. **72**, 489 (1927).

[3] R. AMMON und W. DIRSCHERL: Fermente, Vitamine, Hormone. 2. Aufl. Leipzig: Thieme. 1948.

[4] M. S. MOHAMED: Acta chem. Scand. **2**, 90 (1948).

und Ammoniumsulfat, wobei zur Entfernung inerter Proteine auch für kurze Zeit höhere Temperaturen (65°) angewandt werden. 1 ml gelöster Kristalle mit einem Stickstoff-gehalt von 0,1 mg setzen bei 40° aus 1,75 g Buttersäure-äthylester soviel Säure frei, daß 35 ml $^{1}/_{100}$-n Natronlauge neutralisiert werden.

CONNORS und Mitarbeiter[1] bestreiten aber, daß MOHAMED tatsächlich eine kristalline Esterase in den Händen hatte. Nach ihren Angaben verlieren die Kristalle, die sie auch aus Pferde-leber erhielten, bei Umkristallisation ihre Esterase-wirkung.

b) Lipasen

Unter den Lipasen ist diejenige des Pankreas-sekretes am besten bekannt; sie spaltet am schnellsten Tripropionin (den Tripropionsäure-ester des Glycerins), darauf folgen in entsprechender Reihe Tributyrin, Tricaproin, Triacetin und Trivalerin[2]. Ester einwertiger Alkohole werden viel langsamer gespalten.

Das p_H-Optimum der Pankreas-lipase liegt ziemlich weit im Alkalischen bei 9,0; andere Fermente des Lipase-typus verhalten sich in dieser Hinsicht allerdings ziemlich verschieden; so zeigt die Magen-lipase ihrem saueren Wirkungsmedium entsprechend die stärksten Spalteffekte bei einem p_H unter 6,0. Diese Unterschiede dürften aber auf die Wirkung von Begleitstoffen zurückzuführen sein, denn nach der Reinigung der Fermente verschiebt sich allgemein das p_H-Optimum zu einem ziemlich konstanten Wert zwischen p_H 7,5 und 8,0.

Ein kristallines lipase-aktives Präparat, welches von BAMANN und LAEVERENZ[3] aus Pankreas-extrakten hergestellt wurde, konnte von den Autoren wie auch von anderen Forschern nicht wieder reproduziert werden. GLICK und KING[4] gewinnen ein hochaktives Präparat von Pankreas-lipase aus der mit Aceton-Äther getrockneten Pankreasdrüse durch 3stündige Extraktion mit 10%iger Kochsalzlösung. Der erhaltene Extrakt wird nach Filtrieren mit Magnesiumsulfat gesättigt, der entstandene Niederschlag durch Zentrifugieren isoliert und in destilliertem Wasser gelöst. Nochmaliges Ausfällen mit Magnesiumsulfat erhöht die Reinheit und Aktivität des Präparats.

Ein wesentlicher Unterschied der Pankreas-lipase gegenüber der Leber-esterase besteht in der schon besprochenen stereochemischen Spezifität (vgl. S. 172), weiters in dem Verhalten gegenüber verschiedenen Aktivatoren und Hemmstoffen. Die Lipase wird von Atoxyl überhaupt nicht beeinflußt, hingegen wirkt Chinin als Hemmstoff. Aktivatoren sind Leucylglycylglycin, Albumin, Calciumoleat und Gallensalze, Substanzen, von welchen die erstgenannte keinen Einfluß auf die Leber-esterase hat, die anderen drei sogar als Hemmstoffe fungieren können. Die Unterschiede zwischen Leber-esterase und Pankreas-lipase werden in Tab. 27, welche einem Werk von AMMON und DIRSCHERL[5] entnommen ist, zusammengefaßt.

Wie schon erwähnt, finden sich Fermente vom Typus der Lipasen und der „Esterasen im engeren Sinn" in jedem Organ des Organismus; in manchen Fällen ist es leicht, ein derartiges Enzym als Lipase zu klassifizieren, da es sich der Pankreas-lipase sehr ähnlich verhält; in anderen Fällen handelt es sich um Fermente, welche der Leber-esterase analog sind. Im Blut scheinen beide Typen von Carbonsäure-esterasen vorhanden zu sein, aber auch im Pankreas dürfte neben der Lipase eine geringere Menge eines Enzyms des Esterase-typus vorliegen. Im Magen, in der Lunge, der Niere, der Nebenniere, dem Fettgewebe und der Placenta finden sich lipase-artige Fermente.

---

[1] W. M. CONNORS, A. PIHL, A. L. DOUNCE und E. STOTZ: J. biol. Chem. **184**, 29 (1950).

[2] S. S. WEINSTEIN und A. M. WYNNE: J. biol. Chem. **112**, 641 (1935/6).

[3] E. BAMANN und P. LAEVERENZ: Hoppe-Seyler's Z. physiol. Chem. **223**, 1 (1934).

[4] D. GLICK und KING: J. Amer. chem. Soc. **55**, 2445 (1933).

[5] R. AMMON und W. DIRSCHERL: Fermente, Hormone, Vitamine. 2. Aufl. Leipzig: Thieme. 1948.

Was die biologische Rolle der gruppen-spezifischen Carbonsäure-esterasen im tierischen Organismus betrifft, so muß hier streng zwischen extracellulären, also sezernierten Enzymen und intracellulären Enzymen unterschieden werden. Die Lipase des Pankreas, die den typischesten Vertreter der Sekretions-enzyme darstellt, hat ohne Zweifel die Aufgabe, die mit der Nahrung aufgenommenen Fette, welche in ihrer ursprünglichen Form nicht von der Darmwand resorbiert werden können, zumindest teilweise in Glycerin und freie Fettsäuren zu zerlegen und damit resorbierbar zu machen. Nach Arbeiten von FRAZER[1] scheint es nicht notwendig zu sein, daß die gesamte Menge Fett vor der Resorption in Fettsäuren und Glycerin hydrolisiert wird; resorbierbare Triglycerid-emulsionen werden unter den Bedingungen der Verdauung im Dünndarm dadurch gebildet, daß ein Gemisch von Fettsäuren, Gallensäuren und Monoglyceriden als Emulgator fungiert. Dementsprechend wäre die Rolle der im Darm aktiven Lipase nicht die vollkommene, sondern nur eine teilweise Aufspaltung, um die zur Bildung des Emulgator-systems notwendigen Mengen von freier Fettsäure und Monoglycerid zu erzeugen.

Tatsächlich konnte auch gezeigt werden, daß bei der Verdauung durch Pankreas-saft vorwiegend Mono- und Diglyceride entstehen[2]. Pankreas-lipase spaltet vorzugsweise die 1- und 3-Esterbindungen von Triglyceriden höherer Fettsäuren, so daß 2-Monoglyceride gebildet werden[3]; die Triglyceride niedrigerer Fettsäuren werden vor allem zu 2,3-Diglyceriden hydrolysiert[4]. Die Verhältnisse sind recht kompliziert, da die Konzentrationen von Gallensalzen und Ca^{++} einen großen Einfluß auf die Zusammensetzung der Reaktions-produkte ausüben[5].

Die Rolle der intracellulären Carbonsäure-esterasen ist weitaus schwerer zu deuten. Es ist wahrscheinlich, daß ihre Funktion darin besteht, im Falle der Notwendigkeit die Fett-reserven der Zelle zur Speisung des Energie-stoffwechsels zu mobilisieren.

Eine histochemische Methode zum Nachweis der Lipase-wirkung stammt von GOMORI[6]. In aceton-fixierten, in Paraffin eingebetteten Gewebe-schnitten bilden sich bei der Hydrolyse von wasserlöslichen Palmitin- oder Stearinsäure-estern in Gegenwart von Calciumchlorid unlösliche Calciumsalze dieser Säuren, welche in die entsprechenden Bleisalze überführt werden können. Durch Schwärzung dieser Bleisalze mit Schwefelwasserstoff kann das Vorhandensein von Lipasen demnach bewiesen werden. Die Methode soll auch einen Hinweis auf die Lokalisierung der Enzyme in den Geweben geben (vgl. S. 85).

II. Gruppen-spezifische Carbonsäure-esterasen pflanzlichen und mikrobiellen Ursprungs

Eine Esterase ähnlicher Spezifität wie die Leber-esterase kommt auch in dem aus *Aspergillus oryzae* hergestellten Fermentgemisch Takadiastase vor[7]. Verschiedenheiten zeigen sich im Verhalten gegenüber Aktivatoren und Inhibitoren; so wird die Taka-esterase von Albumin gehemmt, das gegenüber der Leber-esterase wirkungslos ist, während stark wirksame Hemmstoffe dieses Ferments, wie Oleate, auf die Taka-esterase keine Wirkung ausüben. Ähnliche Fermente konnten auch in Hefe[8] und in *Aspergillus niger* nachgewiesen werden.

Obwohl wahrscheinlich eine große Anzahl von Esterasen der gleichen Spezifität im Pflanzenreich entdeckt werden könnten, sind bisher nur wenige Untersuchungen auf diesem Gebiet bekannt geworden. JANSEN, JANG und MACDONELL[9]

---

[1] Übersichtsreferate: A. C. FRAZER: Physiol. Rev. **26**, 103 (1946); Bull. Soc. chim. biol. **33**, 961 (1951).

[2] C. ARTOM und L. REALE: Arch. Sci. biol. **21**, 368 (1935).

[3] P. DESNUELLE, M. NAUDET und J. ROUZIER: Biochim. biophys. Acta **2**, 561 (1948).

[4] F. SCHØNHEYDER und K. VOLQVARTZ: Ibid. **8**, 407 (1952).

[5] P. DESNUELLE und M. J. CONSTANTIN: 2e Congr. internat. Biochimie, Résumés des communications, S. 153. Paris 1952.

[6] G. GOMORI: Proc. Soc. exp. Biol. Med. **58**, 362 (1945).

[7] P. RONA, R. AMMON und M. WERNER: Biochem. Z. **217**, 42 (1930); J. OGAVA: Biochem. Z. **149**, 216 (1924).

[8] G. GORBACH und H. GÜNTHER: Mh. Chem. **61**, 47 (1932).

[9] E. F. JANSEN, R. JANG und L. R. MACDONELL: Arch. Biochem. **15**, 415 (1946); E. F. JANSEN, M. D. F. NUTTING und A. E. BALLS: J. biol. Chem. **170**, 417 (1947), **175**, 975 (1948).

konnten die Existenz von Esterasen, welche gegenüber Olivenöl keinerlei Spaltwirkung zeigten, hingegen alle Acetylester hydrolysieren, in Citrusfrüchten und auch in Weizenkeimlingen nachweisen. Entsprechend der eingeschränkten Spezifität ihrer Fermente bezeichnen sie diese als *Acetylesterasen*. Acetylphosphat sowie N-Acetyl-verbindungen werden nicht angegriffen. Die Enzyme werden kompetitiv durch Diisopropylfluorphosphat, einen spezifischen Inhibitor der Cholinesterasen (vgl. S. 180), in seiner Wirksamkeit gehemmt. Physostigmin zeigt hingegen keine Hemmwirkung.

Fermente des Lipase-typus sind im Pflanzenreich wie auch bei Bakterien weitverbreitet; in höheren Pflanzen finden sie sich in größter Menge in den Samen, daneben aber auch in den vegetativen Organen. Die Lipasen der Pflanzensamen zeigen gewisse Abweichungen von den besprochenen animalischen Lipasen. Das best-untersuchte Enzym dieser Gattung ist die Lipase des Ricinus-samens, welche ein ausgesprochenes *desmo*-Ferment (vgl. S. 33) ist und nur an öl-haltige Bestandteile des Ricinus-samens gebunden isoliert werden kann. Die Spezifität dieses Ferments entspricht derjenigen der animalischen Lipasen; das p_H-Optimum ihrer Wirkung liegt zwischen 4,7 und 5,0[1].

Die Ricinus-lipase ist gegen wasserhaltige Lösungen und gegen Oxydationsmittel sehr empfindlich. Reduziertes Glutathion und Ascorbinsäure wirken aktivierend. Der synthetisch dargestellte, auxin-artig wirkende Wuchsstoff 2,4-Dichlorphenoxyessigsäure hemmt die Aktivität des Enzyms[2].

Das Ferment des Samens, auch Spermato-lipase genannt, geht bei der Keimung und auch bei Behandlung mit proteolytischen Enzymen in eine andere Modifikation über, welche als Blasto-lipase bezeichnet wird. Die Blasto-lipase erweist sich gegenüber Trocknungs- und Entfettungs-operationen als weitaus stabiler als die Spermato-lipase.

Nach einer Untersuchung von BAMANN und ULLMANN[3] unterscheiden sich die meisten übrigen Pflanzen-lipasen von der Ricinus-lipase dadurch, daß ihre Wirkungsoptima bei p_H 9,0 liegen. Sogar die Lipase der Stengel und Blätter der Ricinus-pflanze hat ihr p_H-Optimum im alkalischen Gebiet. Als besonders reich an derartigen Fermenten erweisen sich die Samen verschiedener Ranunculaceen, wie z. B. *Nigella sativa, N. arvensis, N. damascena, Delphinium ajacis* und *Helleborus foetidus,* mancher Papaveraceen, wie *Chelidonium majus* und *Bocconia chordata,* sowie die vegetativen Organe von *Urtica dodarti (Urticaceae), Brassica rapa (Cruciferae), Gossypium herbaceum (Malvaceae), Avena sativa* (Hafer), einiger Ranunculaceen und Papaveraceen. Eine Parallelität zwischen dem Öl-gehalt und dem Gehalt an Enzym tritt interessanterweise nirgends auf.

Unter den Fermenten dieses Typus aus Kryptogamen ist eine Lipase aus *Penicillium oxalicum* am besten charakterisiert; sie spaltet einfache Ester etwa im gleichen Ausmaß wie niedrige Triglyceride und emulgierte Öle. Hier wie auch bei manchen Bakterien *(Pseudomonas fluorescens, Serratia marcescens)* kann der Lipase-gehalt der Organismen durch ein entsprechendes Nährmedium stark gesteigert werden. Wenn Tributyrin als alleinige Kohlenstoff-quelle in der Nährlösung vorhanden ist, so weisen die Mikroorganismen einen besonders hohen Lipase-gehalt auf[4]. Das p_H-Optimum der Lipase aus *Penicillium oxalicum* und *Aspergillus flavus* liegt bei 5,0. Die Bakterien-lipasen wirken hingegen besser im alkalischen Gebiet; Tributyrin wird optimal bei p_H 8,3—8,6 gespalten.

---

[1] R. WILLSTÄTTER und E. WALDSCHMIDT-LEITZ: Hoppe-Seyler's Z. physiol. Chem. **134**, 161 (1924).
[2] C. E. HAGEN, C. O. CLAGETT und E. A. HELGESON: Science **110**, 116 (1949).
[3] E. BAMANN und E. ULLMANN: Biochem. Z. **312**, 9 (1942).
[4] E. S. TAMMISTO: Ann. Acad. Sci. Fenn. A **38**, 1 (1933).

B. Spezifische Carbonsäure-esterasen

I. Cholinesterasen[1]

Der ursprüngliche Versuch, welcher zur Aufklärung der Rolle des Acetylcholins bei der „humoralen Übertragung" der Nerv-impulse führte, stammt von OTTO LOEWI[2]. Der Grazer Pharmakologe stimulierte den Vagusnerv eines mit RINGER-Lösung durchströmten Frosch-herzens und ließ die Durchströmungsflüssigkeit in ein zweites Herz fließen. Dabei konnte er beobachten, daß dieses zweite Herz ebenso seine Schläge verlangsamte, wie wenn es selbst über den Vagusnerv stimuliert worden wäre. Er schloß daraus auf die Freisetzung einer chemischen Substanz aus dem ursprünglich stimulierten Herzen und nannte diese „Vagus-stoff". LOEWI und NAVRATIL[3] konnten dann zeigen, daß der „Vagusstoff" mit Acetylcholin identisch ist. Die Rolle des Acetylcholins ist, wie später insbesondere von MURALT[4] und NACHMANSOHN[5] gezeigt werden konnte, eine weitaus umfassendere, als es ursprünglich angenommen werden konnte. Heute scheint es festzustehen, daß dem Acetylcholin eine recht allgemeine Funktion bei der Übertragung von Nerv-impulsen zukommt.

Der erste Hinweis auf die Existenz eines Acetylcholin zerstörenden Ferments stammt bereits aus dem Jahre 1914 von DALE. LOEWI und NAVRATIL[6] konnten später die Anwesenheit eines Faktors in Herzmuskel-extrakten nachweisen, welcher ihren Vagus-stoff inaktiviert und etwa zur gleichen Zeit berichtete PLATTNER über die starke hydrolysierende Wirkung von Blut auf Acetylcholin. 1932 konnten STEDMAN, STEDMAN und EASSON[7] ein Enzym aus Pferdeserum isolieren, welches Acetylcholin, aber auch andere Cholinester hydrolysierte und bezeichneten dieses Ferment als Cholinesterase.

Die hydrolysierende Wirkung dieser Enzyme gegenüber Acetylcholin läßt sich durch die Gleichung

$$\underset{\text{Acetylcholin}}{\begin{matrix} CH_2OCOCH_3 \\ | \quad + \\ CH_2N(CH_3)_3OH \end{matrix}} + HOH \rightarrow \underset{\text{Cholin}}{\begin{matrix} CH_2OH \\ | \quad + \\ CH_2N(CH_3)_3OH \end{matrix}} + \underset{\text{Essigsäure}}{CH_3COOH}$$

beschreiben.

1940 berichteten ALLES und HAWES[8] über ihre Untersuchungen zur Kenntnis der Cholinesterase der Erythrozyten. Sie stellten fest, daß sich dieses Enzym in verschiedener Hinsicht von der bis dahin am besten charakterisierten Serumcholinesterase unterscheidet. ALLES und HAWES sowie auch spätere Forscher[9] beobachteten, daß die Erythrozyten-cholinesterase durch große Mengen von Acetylcholin in ihrer Wirksamkeit gehemmt wird, während das Enzym aus Serum sich in dieser Hinsicht entsprechend der Gleichung von MICHAELIS und MENTEN (vgl. S. 59) verhält, also seine stärkste Aktivität bei hohen Substratkonzentrationen erreicht. Auch in bezug auf die Spezifitäts-verhältnisse und die

---

[1] Handbuchartikel und Übersichtsreferat: K. B. AUGUSTINSSON: In „The Enzymes", herausgegeben von J. B. SUMNER und K. MYRBÄCK, Bd. I/1, S. 443. New York: Academic Press. 1950; D. NACHMANSOHN und I. B. WILSON: Adv. Enzymology **12**, 259 (1951).

[2] O. LOEWI: Pflüger's Arch. ges. Physiol. **189**, 239 (1921).

[3] O. LOEWI und E. NAVRATIL: Ibid. **214**, 678, 689 (1926).

[4] Monographie: A. VON MURALT: Die Signalübermittlung im Nerven. Basel: Birkhäuser. 1945.

[5] Übersichtsreferat: D. NACHMANSOHN: Rec. Progr. Hormone Res. **1**, 1 (1947).

[6] O. LOEWI und E. NAVRATIL: Pflüger's Arch. ges. Physiol. **214**, 112 (1926).

[7] E. STEDMAN, E. STEDMAN und L. H. EASSON: Biochem. J. **26**, 2056 (1932).

[8] G. A. ALLES und R. C. HAWES: J. biol. Chem. **133**, 375 (1940).

[9] Vgl. z. B. B. MENDEL und H. RUDNEY: Biochem. J. **37**, 59 (1943).

Beeinflußbarkeit durch Aktivatoren zeigen sich markante Unterschiede. Das Gebiet wurde in den letzten Jahren recht eingehend bearbeitet und die Verteilung der verschiedenen Cholinesterase-typen in den einzelnen Organen genau untersucht.

Nach dem heutigen Stand muß man annehmen, daß es eine Familie von nahe verwandten Cholin-ester spaltenden Enzymen gibt, deren relative Spezifitäten und andere Eigenschaften sich in mancher Hinsicht unterscheiden. Es ist möglich, hier zwei Typen derartiger Fermente zu unterscheiden, von welchen der eine durch das Enzym der Erythrozyten (Cholinesterase I, Acetylcholinesterase) repräsentiert wird, während der andere Typus (Cholinesterase II, „unspezifische" Cholinesterase) der Serum-cholinesterase entspricht.

Entsprechend einem Vorschlag von AUGUSTINSSON und NACHMANSOHN[1] wird eine Acetylcholinesterase (oder Cholinesterase I) als ein Ferment definiert, welches die folgenden Eigenschaften aufweist: 1. eine hohe Affinität zu Acetylcholin; 2. kein anderer Ester wird mit größerer Geschwindigkeit gespalten als Acetylcholin; 3. Propionylcholin wird entweder gleich schnell oder langsamer, Butyrylcholin auf jeden Fall langsamer hydrolysiert als Acetylcholin; 4. Ester, welche kein Cholin enthalten, werden entweder überhaupt nicht oder nur sehr langsam gespalten; und 5. das Enzym hat eine hohe Wechselzahl.

Die wesentlichsten Unterschiede zwischen den beiden Typen werden in Tab. 28 zusammengefaßt.

Was das Vorkommen der Cholinesterasen betrifft, finden wir Fermente des Typus I, also Acetylcholinesterasen, in den Erythrozyten, in Nervenfasern, Synapsen und motorischen Endplatten, in gestreiftem Muskel und im Thymus, in geringeren Konzentrationen aber auch in verschiedenen anderen Geweben und Körperflüssigkeiten. Nach NACHMANSOHN[2] ist das elektrische Organ des Zitterrochen *Electrophorus electricus* besonders reich an einem Ferment dieses Typus; Enzyme der gleichen Spezifität finden sich auch reichlich in der Leber des Tintenfisches und im Blut der Weinbergschnecke *(Helix pomatia)*.

Das wichtigste Vorkommen der „unspezifischen" Cholinesterasen ist das Serum; aber auch verschiedene andere Gewebe und Körperflüssigkeiten der Säugetiere enthalten Fermente dieses Typus in größerer Menge. Im Hepatopankreas der Weinbergschnecke wird ebenfalls eine Cholinesterase II vorgefunden.

Im Gift der Schlangen der Klasse *Colubridae* (Kobra, *Bungarus fasciatus* und andere Arten) konnte ebenfalls Cholinesterase-aktivität nachgewiesen werden. Hingegen enthalten die Gifte der *Viperidae* keine Cholinesterasen. In ihrem Spezifitäts-verhalten stehen die Cholinesterasen der Schlangengifte anscheinend zwischen den beiden geschilderten Typen: ihre Aktivität wird wohl durch Substrat-überschuß gehemmt wie diejenige der Fermente des Typus I; andrerseits hydrolysieren sie aber mit beachtlicher Geschwindigkeit Ester, welche kein Cholin enthalten.

Wie weit die Gift-wirkung dieser Sekrete durch die in ihnen enthaltenen Cholinesterasen mitverursacht wird, ist noch nicht geklärt; jedenfalls sind die Fermente nicht die einzig wirksamen Komponenten der *Colubridae*-gifte, denn daneben konnten curare-artig wirkende Stoffe (Neurotoxine) aus den Giften isoliert werden, welche hochtoxisch sind und dabei keine Cholinesterase-aktivität entfalten[3].

Wie bereits erwähnt wurde, ist die Spezifität beider Fermenttypen nur eine relative. Neben Acetylcholin werden viele andere Cholinester und auch Ester, welche Cholin überhaupt nicht enthalten, mit wechselnder Geschwindigkeit gespalten. Insbesondere werden Ester, deren Alkohol in seiner Konstitution dem Cholin sehr ähnlich ist, leicht hydrolysiert. So konnte ADAMS[4] zeigen, daß

[1] K. B. AUGUSTINSSON und D. NACHMANSOHN, Science **110**, 98 (1949).
[2] D. NACHMANSOHN: Bull. Soc. Chim. biol. **21**, 797 (1939).
[3] Vgl. das Übersichtsreferat: A. E. ZELLER: Adv. Enzymology **8**, 459 (1948).
[4] D. H. ADAMS: Biochim. biophys. Acta **3**, 1 (1949).

Tabelle 28. *Die wesentlichsten Eigenschaften der beiden Typen der Cholinesterasen* (nach AUGUSTINSSON[1])

	Cholinesterase I	Cholinesterase II
Nomenklatur	Spezifische Cholinesterase, wahre Ch.-E., *e*-Typus, Acetylcholin-esterase	Unspezifische Cholinesterase, Pseudo-Ch.-E., *s*-Typus
Vorwiegendes Vorkommen	Erythrozyten, Nerven-gewebe, Thymus usw.	Blut-serum, Pankreas, Drüsen
p_H-Optimum	7,5—8,0	8,5
Isoelektrischer Punkt	4,65—4,70	4,36
Beständigkeit gegenüber p_H-Verschiebungen	geringer	größer
Hemmung durch Substrat-überschuß	+	—
Aktivierbarkeit durch NaCl	+	—
Katalysiert Hydrolyse von Tributyrin	—	+
Acetyl-β-methylcholin	+	—
Benzoylcholin	—	+
Phenylacetylcholin	—	+
Atrolactylcholin	—	+
Hemmbarkeit durch		
quaternäre Ammoniumbasen	++	+
tertiäre Amine	+	++
Dimethylcarbaminat des 2-Oxy-5-phenylbenzyltri-methyl-ammoniumbromids	—	+
Coffein	++	—
Perkain, Irgamid	+	++
Priscol	++	+
Privin	+	++
Chinin	+	++
Intocostrin (Curare)	+	++
Paludrin	+	++
Diisopropylfluorphosphat	+	++

++ stark positiv
+ positiv
— negativ

3,3-Dimethylbutylacetat, das Kohlenstoff-analoge des Acetylcholins von der Cholinesterase der Erythrozyten fast so schnell hydrolysiert wird wie das Acetylcholin selbst. Bezüglich der wichtigsten Spezifitäts-unterschiede der beiden Typen wird auf Tab. 28 verwiesen.

Über Hemmungs- und Aktivierungs-erscheinungen bei Cholinesterasen liegen zahlreiche Untersuchungen vor. Manche zweiwertige Kationen, so insbesondere Mg^{++}, Ca^{++} und Mn^{++}, verstärken die Wirkung des Enzyms, ebenso verhalten sich Cystein und SH-Glutathion. Einer der wirkungsvollsten Hemmstoffe ist das Alkaloid Physostigmin (Eserin), welches noch in der Konzentration von 10^{-6}-m die Hydrolyse von Acetylcholin verhindert. Qualitativ ähnlich verhält sich das synthetische Prostigmin. Erst in letzter Zeit wurde die besonders starke Hemmwirkung von Diisopropylfluorphosphat[2], Tetraäthylpyrophosphat und Hexaäthyltetraphosphat[3] auf Cholinesterasen entdeckt. Eine Reihe von weiteren organischen Verbindungen, darunter sämtliche quaternären Ammonium-

[1] K. B. AUGUSTINSSON: Acta physiol. Scand. **15**, Suppl. 52 (1948).

[2] H. McCOMBIE und B. C. SAUNDERS: Nature **157**, 287, 776 (1946); A. MAZUR und O. BODANSKI: J. biol. Chem. **163**, 261 (1946).

[3] K. P. DUBOIS und G. H. MANGUN: Proc. Soc. exp. Biol. Med. **64**, 137 (1947); L. E. CHADWICK und D. L. HILL: J. Neurophysiol. **10**, 235 (1947).

basen außer Betain, viele tertiäre Amine, Urethane, Thiol-reagenzien, aber auch viele andere Substanzen erweisen sich als Inhibitoren der Cholinesterase-Wirksamkeit. Im Falle der quaternären Ammoniumbasen und der Urethane liegt wohl eine kompetitive Hemmung vor; das Physostigmin dürfte seine spezifische Wirkung dadurch ausüben, daß es in seinem Molekül sowohl die Gruppierung des Urethans enthält als auch eine Ammoniumbase ist. Auch die Hemmung durch Tetraäthylpyrophosphat, Hexaäthyltetraphosphat und Diisopropylfluorphosphat dürfte kompetitiv sein, denn AUGUSTINSSON und NACHMANSOHN[1] konnten zeigen, daß gleichzeitiger Zusatz von Acetylcholin das Ferment teilweise gegen die Inaktivierung durch die genannten Stoffe schützt.

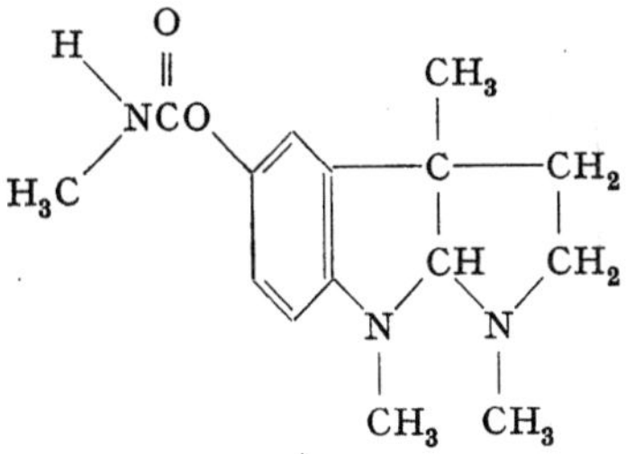

Physostigmin (Eserin)

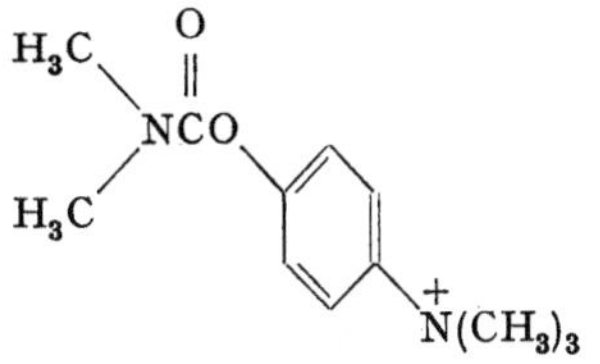

Prostigmin

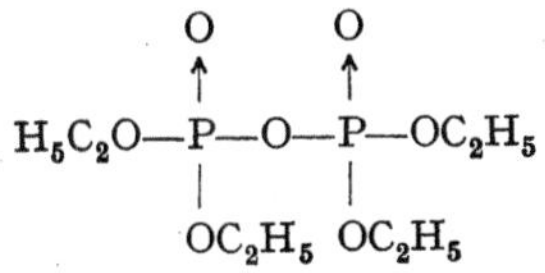

Tetraäthylpyrophosphat

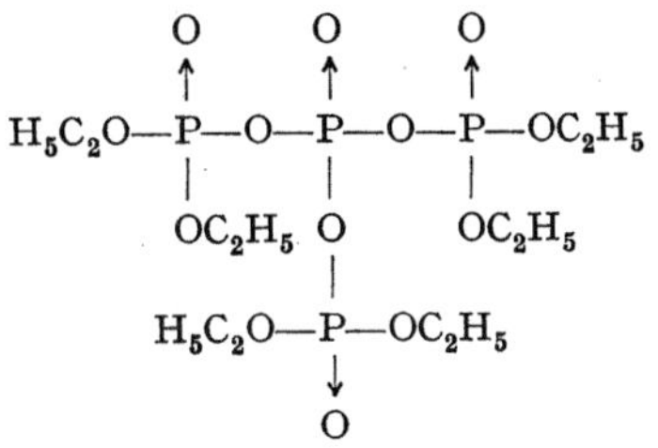

Hexaäthyltetraphosphat

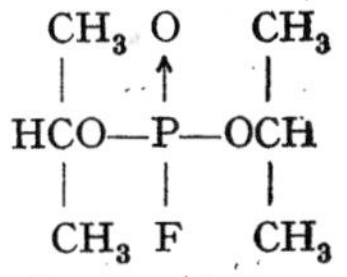

Diisopropylfluorphosphat

Die Untersuchung der Inhibitor-wirkungen auf die Cholinesterasen erlaubte die Entwicklung von Vorstellungen über die Natur der aktiven Zentren dieser Enzyme[2]. Es scheint, daß diese Zentren aus zwei Struktur-einheiten bestehen, welche für die spezifische Bindung von Substraten und Inhibitoren verantwortlich sind: eine „anionic site" mit saurem Charakter und eine „esteratic site", welche Protonen aufnehmen und abgeben kann und deshalb vermutlich aus zwei eng benachbarten Ampholyt-gruppierungen besteht. Acetylcholin wird mit dem Stickstoff des Cholins an der „anionic site" und mit der Ester-Konfiguration an der „esteratic site" gebunden. Physostigmin und Prostigmin können ebenfalls an beide „sites" (Haftstellen) gebunden werden; neutrale Inhibitoren, wie Tetraäthylpyrophosphat, gehen vermutlich nur mit der „esteratic site" eine Bindung ein, während schwach basische Verbindungen sich vorwiegend an der „anionic site" anlagern.

Die Messung der Cholinesterase-aktivität wird durch Bestimmung der freigesetzten Essigsäure durch Titration, eventuell elektrometrisch oder auf manometrischem Wege durch Messung des aus Bicarbonat durch die Enzymwirkung freigesetzten Kohlendioxyds vorgenommen. Außerdem gibt es biologische Methoden, welche darauf beruhen, daß die Zer-

[1] K. B. AUGUSTINSSON und D. NACHMANSOHN: J. biol. Chem. **179**, 543 (1949).

[2] D. NACHMANSOHN, M. A. ROTHENBERG und E. A. FELD: Ibid. **174**, 247 (1948); K. B. AUGUSTINSSON und D. NACHMANSOHN: Ibid. **179**, 543 (1949); I. B. WILSON und D. NACHMANSOHN: Ibid. **185**, 479 (1950); D. NACHMANSOHN und I. B. WILSON: Adv. Enzymology **12**, 259 (1952).

störung des Acetylcholins, das ja eine pharmakologisch höchst wirksame Substanz ist, durch die Abnahme der Effekte auf ein entsprechendes Versuchsobjekt (überlebender Darm, Herz, Blutegelmuskel) bestimmt wird.

Die Einheit der Cholinesterase-wirkung wird nach ROTHENBERG und NACHMANSOHN[1] durch 1 mg Fermentprotein repräsentiert, welches in 1 Stunde 1 mg Acetylcholin hydrolysieren kann. AUGUSTINSSON[2] symbolisiert die Cholinesterase-aktivität durch das Zeichen b_{30}, das die Menge Kohlendioxyd in μl darstellt, welche bei Verwendung der manometrischen Methodik innerhalb 30 Minuten freigesetzt wird.

Verschiedene Versuche zur Konzentrierung der Cholinesterasen führten zur Darstellung hochaktiver Präparate. Durch eine fraktionierte Ammoniumsulfatfällung gelang es ROTHENBERG und NACHMANSOHN[1], aus dem elektrischen Organ des Zitterrochens ein Ferment-konzentrat zu erhalten, von welchem 1 mg Protein 20000—21000 mg Acetylcholin in der Stunde hydrolysierte. Dialyse inaktiviert die Cholinesterase; dieser Effekt läßt sich aber durch Zugabe zweiwertiger Metallionen (Mg^{++}, Ca^{++}) wieder aufheben.

Die physiologische Rolle der Cholinesterasen der Nerven und der Muskel scheint weitgehend geklärt zu sein. Acetylcholin wird auf physiologische und auch auf pathologische Reize hin an den sog. cholinergischen Nervenendungen, weiters in den Synapsen cholin- und adrenergischer Nerven und schließlich im Bereich der motorischen Endplatten gebildet; es wird als eine „Aktions-substanz" der Nerven angesehen. Die Aufgabe der Fermente scheint nun offenbar darin zu bestehen, das durch die Reize gebildete Acetylcholin schnell abzubauen, damit wieder die Möglichkeit eines neuen Reiz-impulses gegeben ist, da dieser beim Verweilen des Wirkstoffes am Entstehungsort für weitere Reiz-impulse refraktär würde.

Die Arbeiten von NACHMANSOHN[3] machen es wahrscheinlich, daß die Hydrolyse von Acetylcholin im elektrischen Organ des Zitterrochens, welche durch eine Acetylcholinesterase katalysiert wird, derjenige Vorgang ist, der für die Entstehung der elektrischen Spannung in diesem Organ verantwortlich ist.

Bezüglich der biologischen Rolle der anderen Fermente dieser Gruppe, insbesondere der Cholinesterasen des Typus II, ist noch kaum etwas bekannt.

II. Andere Azolesterasen

Den Cholinesterasen sind verschiedene Fermente nahe verwandt, welche die Hydrolyse von bestimmten stickstoff-haltigen Estern katalysieren können: Atropin-esterasen, Tropacocain-esterasen, Cocain-esterasen, Procain-esterasen und Dolantin-esterasen, sowie Fermente, die Acetyl-derivate des Morphins hydrolytisch spalten. Einem Vorschlag von GLICK[4] zufolge werden die hier genannten Enzymtypen gemeinsam mit den Cholinesterasen als Azolesterasen zusammengefaßt.

a) Atropin-esterasen

Bereits frühere Autoren beobachteten, daß Atropin im Organismus verschiedener Säugetiere zerstört wird, doch war man sich über den Mechanismus dieses Vorgangs nicht im klaren. Erst 1938 konnten BERNHEIM und BERNHEIM[5] zeigen, daß die Inaktivierung des Atropins durch eine Hydrolyse der Verbindung zu Tropin und Tropasäure bedingt ist:

$$\begin{array}{l} H_2C—CH——CH_2 \quad CH_2OH \\ |\qquad\quad NCH_3 \quad CHOCHC—C_6H_5 \quad + H_2O \rightarrow \\ H_2C—CH——CH_2 \quad O \end{array}$$

Atropin

[1] M. A. ROTHENBERG und D. NACHMANSOHN: J. biol. Chem. 168, 223 (1947).

[2] K. B. AUGUSTINSSON: Acta physiol. Scand. 15, Suppl. 52 (1948).

[3] Vgl. D. NACHMANSOHN: In „Phosphorus Metabolism", herausgegeben von W. D. MCELROY und B. GLASS. Bd. I, S. 568. Baltimore: John Hopkins Press. 1951.

[4] D. GLICK: J. Amer. chem. Soc. 64, 564 (1942).

[5] F. BERNHEIM und M. L. C. BERNHEIM: J. Pharmacol. exp. Therap. 64, 209 (1938).

$$\begin{array}{l} H_2C—CH——CH_2 \\ |\quad\; |\qquad\; | \\ |\;\; NCH_3\;\; CHOH \\ |\quad\; |\qquad\; | \\ H_2C—CH——CH_2 \end{array} + HOOCH\underset{|}{\overset{CH_2OH}{C}}—C_6H_5$$

Tropin Tropasäure

Wie bereits erwähnt wurde, finden sich Atropin-hydrolysierende Fermente in verschiedenen Säugetier-arten; dabei ist es aber bemerkenswert, daß die Fähigkeit zur Atropin-spaltung nicht allen Tieren derselben Art zukommt. Nach einer Untersuchung von GLICK und GLAUBACH[1] besitzen unter Kaninchen nur etwa 25% eine Atropin-esterase im Serum. Dies scheint genetisch bedingt zu sein; nach Arbeiten von SAWIN und GLICK[2] befindet sich das für die Bildung des Ferments verantwortliche Gen im selben Chromosom wie das Gen für die Ausbreitung des schwarzen Fells.

Atropin-esterasen spalten außer Atropin auch Hyoscyamin, Homatropin, Scopolamin und Novatropin; die Hydrolyse von Cocain und Tropacocain muß aber anderen Ferment-typen zugeschrieben werden.

Physostigmin hemmt die Aktivität der Atropin-esterasen; allerdings sind höhere Konzentrationen des Inhibitors erforderlich als zur Hemmung der Cholinesterasen[3].

b) Cocain-esterasen

Ungefähr im Blutserum jedes dritten Kaninchens findet sich ein Ferment, das Cocain hydrolytisch spaltet und sicher von der Atropin-esterase verschieden ist, da das Spaltungsvermögen gegenüber Atropin und Cocain durchaus nicht parallel geht[4].

c) Tropacocain-esterasen

Ein weiterer nahe verwandter Fermenttypus sind die Tropacocain-esterasen. Im Gegensatz zu den vorher besprochenen Enzymen scheinen aber alle Kaninchen-seren diese Faktoren zu enthalten[5].

$$\begin{array}{l} H_2C—CH——CHCOOCH_3 \\ |\quad\; |\qquad\; | \\ |\;\; NCH_3\;\; CHOOC—C_6H_5 \\ |\quad\; |\qquad\; | \\ H_2C—CH——CH_2 \end{array} \qquad \begin{array}{l} H_2C—CH——CH_2 \\ |\quad\; |\qquad\; | \\ |\;\; NCH_3\;\; CHOOC—C_6H_5 \\ |\quad\; |\qquad\; | \\ H_2C—CH——CH_2 \end{array}$$

Cocain Tropacocain

d) Procain-esterasen

Nach Arbeiten von KISCH und Mitarbeitern[5] finden sich in verschiedenen Seren und Organgeweben von Säugetieren und Vögeln sowie im Weißen des Hühner-eis Fermente, welche das synthetisch dargestellte Medikament Procain hydrolytisch spalten. Die Bedeutung dieses Fermenttypus ist unbekannt, da Procain in der Natur sicher nicht vorkommt. Es wäre denkbar, daß eine noch unbekannte Substanz das physiologische Substrat der Procain-esterasen ist. Der Gehalt an diesem Ferment im Serum ist bei schwangeren Frauen stark vermindert, bei Patienten mit toxischem Kropf erhöht.

$$H_2N—C_6H_4—COOCH_2CH_2N(C_2H_5)_2 +$$

Procain

$$+ H_2O \rightarrow H_2N—C_6H_4—COOH + HOCH_2CH_2N(C_2H_5)_2$$

p-Aminobenzoesäure 2-Diäthylaminoäthanol

[1] D. GLICK und S. GLAUBACH: J. gen. Physiol. 25, 197 (1941/42).
[2] P. B. SAWIN und D. GLICK: Proc. nat. Acad. Sci. U. S. 29, 55 (1943).
[3] R. AMMON und W. SAVELSBERG: Hoppe-Seyler's Z. physiol. Chem. 284, 135 (1949).
[4] D. GLICK und S. GLAUBACH: J. gen. Physiol. 25, 179 (1941/42).
[5] B. KISCH, H. KOSTER und E. STRAUSS: Exp. Med. Surg. 1, 51 (1943); B. KISCH und E. STRAUSS: Ibid. 1, 66 (1943); H. KOSTER und B. KISCH: Ibid. 1, 71 (1943); B. KISCH: Ibid. 1, 278, 841 (1943); E. STRAUSS und B. KISCH: Ibid. 1, 371 (1943); vgl. auch R. HAZARD und J. RAVASSE: C. R. Soc. biol. 139, 13 (1945).

e) Dolantin-esterasen

Ebenso ungeklärt ist die biologische Rolle der Fermente, welche das synthetische Analgeticum Dolantin oder Meperidin (1-Methyl-4-phenyl-4-carboäthoxypiperidin) hydrolysieren. Sie finden sich in der Leber vieler Säugetiere und scheinen mit keinem anderen bekannten Enzymtypus identisch zu sein[1].

H_5C_6 $COOC_2H_5$
C
H_2C CH_2
H_2C CH_2
N
CH_3

Dolantin

f) Fermente, welche Acetyl-derivate des Morphins hydrolysieren

Nach Untersuchungen von WRIGHT[2] enthält Kaninchen-serum Fermente, die Heroin (Diacetylmorphin) hydrolysieren. Dabei konnte beobachtet werden, daß wohl die Seren aller verwendeter Kaninchen zur Hydrolyse der Acetylester-bindung in 3-Stellung imstande waren, während die Acetyl-gruppe in 6-Stellung nur von wenigen Seren abgespalten wurde. Es scheint, daß hier zwei verschiedene Fermente beteiligt sind; nach ELLIS[3] wird die Acetylgruppe in 3-Stellung von der gruppen-spezifischen Serumlipase hydrolysiert, während für die Abspaltung der Acetyl-gruppe in 6-Stellung ein spezifisches Ferment verantwortlich ist, das mit keiner anderen bisher beschriebenen Esterase identisch sein soll.

Fermente gleicher Spezifität finden sich auch in geringerer Menge in verschiedenen Organen des Kaninchens sowie im Serum und in Organen der Ratte und des Menschen.

CH_2—NCH_3
CH_2
6 3
CH_3COO O $OOCCH_3$

Heroin

III. Phospholipasen

Als Phospholipasen werden nach einem Vorschlag von FAIRBAIRN[4] alle Enzyme bezeichnet, welche imstande sind, aus den weitverbreiteten Phospholipoiden (Lecithin, Kephalin, Sphingomyelin, Protagon, Cerebron, Plasmalogene usw.) Fettsäuren hydrolytisch abzuspalten. Unter diesen Fermenten haben bisher nur diejenigen, welche den Abbau von Lecithin und Kephalin katalysieren, weitergehende Bearbeitung gefunden[5].

Das Lecithin-molekül kann an vier verschiedenen Stellen hydrolytisch gespalten werden.

---

[1] F. BERNHEIM und M. L. C. BERNHEIM: J. Pharmacol. exp. Therap. **85**, 74 (1945); E. L. WAY, R. SWANSON und A. I. GIMBEL: Ibid. **91**, 178 (1947).

[2] C. I. WRIGHT: J. Pharmacol. exp. Therap. **71**, 164 (1941); **75**, 328 (1943).

[3] S. ELLIS: Ibid. **94**, 130 (1948).

[4] D. FAIRBAIRN: J. biol. Chem. **157**, 633 (1945).

[5] Vgl. A. ERCOLI: in „Handbuch der Enzymologie", herausgegeben von F. F. NORD und R. WEIDENHAGEN, S. 480. Leipzig: Akad. Verlagsges. 1940; A. E. ZELLER: in „The Enzymes", herausgegeben von J. B. SUMNER und K. MYRBÄCK, Bd. I/2, S. 986. New York: Academic Press. 1951.

Die Hydrolyse der Phosphorester-bindungen an den Spaltstellen III und IV wird durch spezifische Phosphodiesterasen katalysiert, welche später (S. 205) besprochen werden. Die Hydrolyse der Fettsäureester-bindungen (I und II) wird hingegen von spezifischen Carbonsäure-esterasen, den Lecithinasen, bewirkt. Hier müssen zwei Fermenttypen, Lecithinasen A und Lecithinasen B, unterschieden werden.

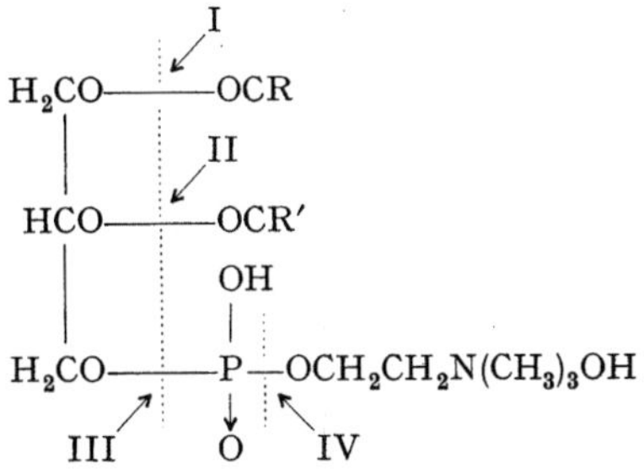

```
                I
                ↙
H2CO ──────── OCR
 |          II
 |          ↙
HCO ───────── OCR'
 |            OH
 |            |
H2CO ──────── P ── OCH2CH2N(CH3)3OH
       ↗      ↓   ↖
     III      O    IV
```

Als *Lecithinase A* wird ein Ferment-typus bezeichnet, der spezifisch die veresterten ungesättigten Fettsäure-reste des Lecithin- bzw. des Kephalin-moleküls hydrolysiert[1]. Enzyme dieses Typus finden sich vor allem in tierischen Giften (Schlangen, Bienen, Skorpione); sie lassen sich aber auch in Extrakten aus dem Pankreas und anderen Organen von Säugetieren nachweisen. Die durch Einwirkung von Lecithinasen A auf Lecithin oder Kephalin gebildeten Substanzen, welche nur mehr einen veresterten Fettsäure-rest tragen, der gesättigt ist, werden Lysolecithin bzw. Lysokephalin genannt. Dem Lysolecithin kommt eine starke hämolytische Wirkung zu.

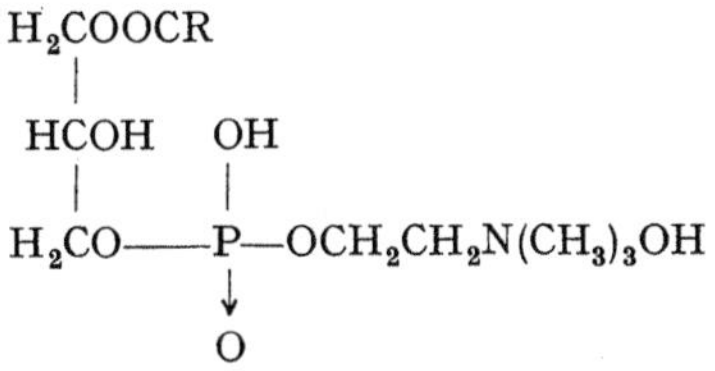

```
H2COOCR
 |
HCOH    OH
 |      |
H2CO ── P ── OCH2CH2N(CH3)3OH
        ↓
        O
```

Lysolecithin

Die lytische Wirkung der Lecithinase A kann auch zur quantitativen Bestimmung der Ferment-aktivität verwendet werden.

Das Gift der Schlange *Crotalus terrificus terrificus*, das Crotoxin, welches vor einiger Zeit kristallin dargestellt werden konnte[2], ist eine Lecithinase A und muß, da es in der Ultrazentrifuge und bei der Elektrophorese als einheitlich erkannt wurde[3], als kristallines Ferment bezeichnet werden.

Die Lecithinasen A aus Organ-extrakten zeichnen sich dadurch aus, daß sie vergleichsweise hitze-beständig sind und sich in 50%igem Äthanol lösen. So gelang es GRONCHI[4], aus Pankreas eine Präparation der entsprechenden Lecithinase A herzustellen, die frei von proteolytischer, amylatischer und lipatischer Wirkung war.

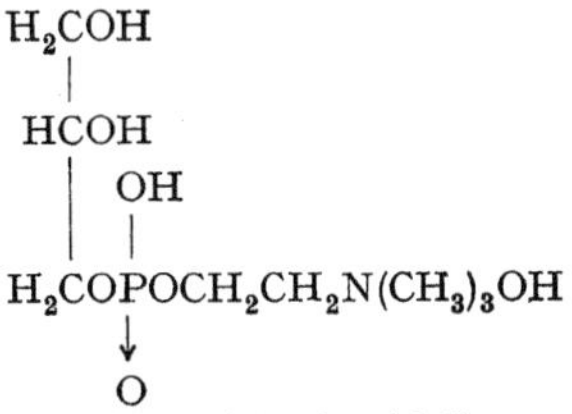

```
H2COH
 |
HCOH
 |    OH
 |    |
H2COPOCH2CH2N(CH3)3OH
    ↓
    O
```

Glycerylphosphorylcholin

Die *Lecithinasen B* sind Fermente, welche einen gesättigten Fettsäure-rest aus Lysolecithin oder Lysokephalin abspalten, wobei Glycerylphosphorylcholin bzw. Glycerylphosphorylcolamin entsteht[5]. Während frühere Autoren die Frage offen ließen, ob Lecithinasen B auch intaktes Lecithin bzw. Kephalin angreifen, konnte FAIRBAIRN[6] zumindest für ein Ferment aus *Penicillium notatum* beweisen, daß nur Lysolecithin und Lysokephalin, nicht aber die ursprünglichen Phosphatide Lecithin und Kephalin, der Hydrolyse durch Lecithinase B unterworfen sind.

---

[1] K. LÜDECKE: Dissertation München 1905; zitiert nach ERCOLI, *l. c.*; P. A. LEVENE und I. P. ROLF: J. biol. Chem. **55**, 743 (1923); P. A. LEVENE, I. P. ROLF und H. S. SIMMS: Ibid. **58**, 859 (1924); A. CONTARDI und P. LATZER: Biochem. Z. **197**, 222 (1928).

[2] K. H. SLOTTA und H. L. FRAENKEL-CONRAT: Ber. dtsch. chem. Ges. **71**, 1076 (1938).

[3] C. H. LI und H. L. FRAENKEL-CONRAT: J. Amer. chem. Soc. **64**, 1586 (1942).

[4] V. GRONCHI: Sperimentale **90**, 223, 262 (1936).

[5] A. CONTARDI und A. ERCOLI: Biochem. Z. **261**, 275 (1933).

[6] D. FAIRBAIRN: J. biol. Chem. **173**, 705 (1948).

Lecithinasen B finden sich in verschiedenen Schimmelpilzen, in manchen Pflanzen, so z. B. in der Reiskleie, in den Wespengiften[1], im Pankreas und in anderen Säugetier-geweben[2].

Die Lecithinase B aus *P. notatum* wird durch Cyanid gehemmt. Die *p*H-Optima der Wirkung liegen je nach dem Ausgangs-material zwischen 3,8 und 5,5.

Es ist sehr wahrscheinlich, daß die toxische Wirkung mancher Schlangen- und Insekten-gifte der Lecithinase-aktivität dieser Toxine zuzuschreiben ist.

IV. Cholesterin-esterasen

Das Vorkommen von freiem Cholesterin neben seinen Estern im menschlichen Blut ließ in Anbetracht der Alkohol-natur des Cholesterins die Existenz spezifischer Fermente vermuten, welche für die Hydrolyse und die Bildung der Cholesterin-fettsäure-ester verantwortlich sind.

```
                                                    CH3
                                   CH3               |
                               CH2 |                 CH
                              /    \|               /  \
                          H2C       C------------CH     CH2
                       CH3 |        |            |       |
                 CH2 |    CH       CH           CH2     CH2
                /    \  |/  \    /    \       /         /
        H2C          C      CH         CH2         CH2
RCO--:--O   |         |      |                       |
         \  |         |      |                       |
           C          C      CH2                     CH
         /   \      /   \\  /                      /    \
       H      CH2          CH                   CH3      CH3
```

Verestertes Cholesterin

KONDO[3] gelang es bereits 1910, das Vorkommen eines Fermentes nachzuweisen, welches Cholesterin-ester hydrolysiert. Enzyme dieser Spezifität, die Cholesterin-esterasen genannt werden, konnten bisher im Serum, im Pankreas, in der Leber, der Niere, der Darmschleimhaut, der Galle und auch in der Milz festgestellt werden. Nach den Auffassungen der früheren Bearbeiter des Gebietes sollten sie sowohl die Hydrolyse als auch die Synthese der Cholesterin-ester im Organismus katalysieren. IMAZUMI[4] konnte 1938 die Existenz bakterieller Cholesterin-esterasen in *Eberthella typhosa*, *Serratia marcescens*, *Proteus vulgaris* und *Staphylococcus aureus* nachweisen.

Die einzelnen Fermente zeigen charakteristische Unterschiede; nach einer Beobachtung von KLEIN[5] ist die Cholesterin-esterase des Pankreas von den Enzymen der anderen tierischen Gewebe insoweit verschieden, als sie ein recht breites p_H-Optimum zwischen 6,3 und 8,7 hat, während die Fermente der anderen Organe ihre stärkste Aktivität bei p_H 5,4 zeigen. Weiters haben Salze der Gallensäuren auf das Pankreas-enzym eine aktivierende Wirkung; die andere Enzymgruppe wird durch diese Stoffe in ihrer Wirksamkeit gehemmt.

Eine neuere Untersuchung von NIEFT und DEUEL[6] zeigt, daß wir, zumindest was die Enzyme aus Leber und Eingeweide betrifft, zwei verschiedene Fermente betrachten müssen, welche am Stoffwechsel der Cholesterin-ester teilhaben,

---

1 M. FRANCIOLI: Enzymologia **3**, 204 (1937).
2 M. FRANCIOLI: Fermentforsch. **14**, 241 (1935).
3 K. KONDO: Biochem. Z. **26**, 243 (1910).
4 M. IMAZUMI: J. Biochem. **27**, 227 (1938).
5 W. KLEIN: Hoppe-Seyler's Z. physiol. Chem. **254**, 1 (1938).
6 M. L. NIEFT und H. J. DEUEL, Jr.: J. biol. Chem. **177**, 143 (1949).

nämlich ein hydrolysierendes Ferment und ein Enzymsystem, das für die Bildung der Cholesterin-ester verantwortlich ist. Das hydrolysierende Ferment wird durch Lecithin in seiner Wirksamkeit gefördert, während das synthetisierende System die Anwesenheit von Phosphat-ionen benötigt. NIEFT[1], welcher die Cholesterin-esterase aus Leber näher untersuchte, stellte fest, daß diese aus einem Globulin-artigen Protein und einer thermostabilen, nicht dialysablen prosthetischen Gruppe besteht. Er erklärt die Aktivierbarkeit durch Lecithin dadurch, daß dieser Stoff mit der abgespaltenen Fettsäure zu einer noch nicht charakterisierten Verbindung zusammentritt.

Bei Icterus läßt sich ein starkes Absinken des Gehaltes an verestertem Cholesterin im Serum nachweisen („Estersturz"). Dieser Erscheinung kommt klinische Bedeutung zu. Sie kann entweder durch die Wirkung der Cholesterinesterase, welche sich in der Galle befindet, die ins Blut ausgeschüttet wird, oder durch eine Hemmung des synthetisierenden Systems erklärt werden. Die Enzyme der menschlichen Galle und Duodenal-sekrete scheinen überhaupt besonders wirksam zu sein, da weder in der Galle noch im Duodenal-saft verestertes Cholesterin nachgewiesen werden kann. Beim Hund enthält die Galle neben freiem Cholesterin beträchtliche Mengen an Ester.

V. Tannasen

Tannasen, deren Wirkung schon 1786 von SCHEELE beobachtet wurde, sind spezifische Esterasen, die imstande sind, Ester zu hydrolysieren, welche als Säure-komponente aromatische Carbonsäuren mit zumindest zwei phenolischen Hydroxyl-gruppen enthalten, wobei die veresterte Carboxyl-gruppe nicht in Orthostellung zu einer dieser OH-Gruppen stehen darf. Typische Substrate der Tannasen sind die Methylester von Gallussäure und Protocatechusäure, das Gallotannin, die Digallussäure, die Chlorogensäure sowie die Bestandteile der Eichengerbstoffe, die Chebulinsäure, die Ellag- und die Quercussäure[2].

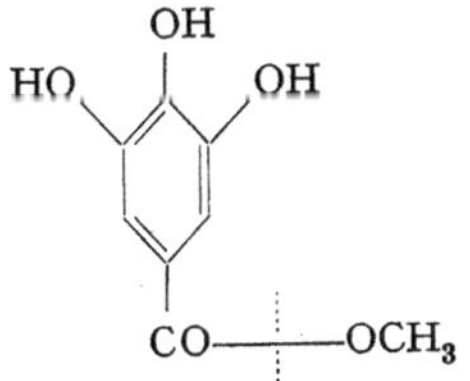

Gallussäuremethylester

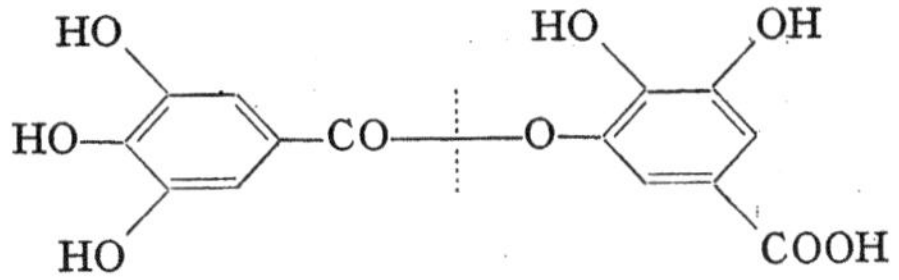

m-Digallussäure

Tannasen scheinen nur in Schimmelpilzen vorzukommen. Ein solches Ferment läßt sich aus *Aspergillus niger* darstellen, gleichartige Enzyme sind aber auch in *Citromyces*- und *Penicillium*-Arten in reichlicher Menge nachweisbar.

Die tannin-spaltenden Fermente werden meist von unspezifischen Esterasen begleitet, welche aber durch schwache Alkalien zerstört werden, während die Tannasen unter diesen Umständen beständig sind. TÓTH und BARSONY[3] führten die Trennung der beiden Fermente auf dem Wege der chromatographischen Adsorption durch. Nach DYCKERHOFF und ARMBRUSTA[2] liegt das p_H-Optimum der durch Tannase bewirkten Hydrolyse zwischen 5 und 6.

VI. Chlorophyllasen

Die Reaktion, die zur Entdeckung der Chlorophyllasen führte, ist keine Hydrolyse, sondern eine Alkoholyse. Es liegt also hier ein Fall vor, in dem eine

1 M. L. NIEFT: J. biol. Chem. **177**, 151 (1949).
2 H. DYCKERHOFF und R. ARMBRUSTA: Hoppe Seyler's Z. physiol. Chem. **219**, 38 (1933).
3 G. TÓTH und G. BARSONY: Enzymologia **11**, 19 (1943).

Esterase einen Molekül-bestandteil ihres ersten Substrats nicht auf Wasser, sondern auf ein anderes Akzeptor-substrat, hier Äthanol, überträgt. WILLSTÄTTER und STOLL[1] beobachteten 1910, daß Chlorophyll durch einen Extrakt grüner Blätter in Äthanol unter Aufnahme eines Alkohol-moleküls in Äthylchlorophyllid und Phytol gespalten wird. In feuchtem Äther kann aber eine Chlorophyllase auch die Hydrolyse des Chlorophylls zu freiem Chlorophyllid bewirken.

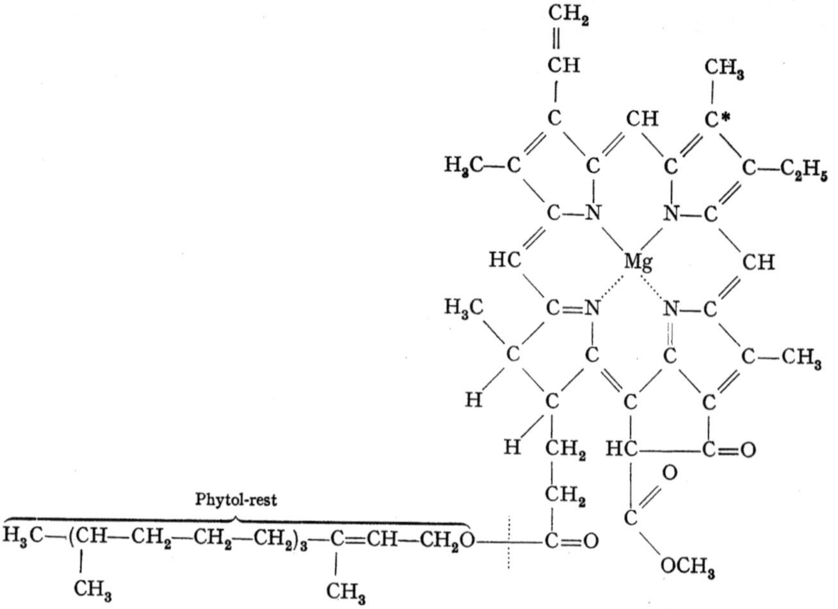

Phytol-rest

$H_3C—(CH(CH_3)—CH_2—CH_2—CH_2)_3—C(CH_3)=CH—CH_2O—C=O$

Chlorophyll *a*

Chlorophyll *b* trägt an dem mit einem Stern bezeichneten C-Atom eine Formyl-gruppe statt eines Methyl-restes; es wird von Chlorophyllase etwas weniger schnell gespalten als Chlorophyll *a*.

Dieser Ferment-typus ist in den Chloroplasten aller chlorophyll-haltigen Pflanzen vorhanden[2], allerdings sind große quantitative Unterschiede zu bemerken. So sind Monokotyledonen vergleichsweise arm an diesen Enzymen, wogegen Umbelliferen, Labiaten und Solanaceeen große Mengen davon enthalten. Die Herstellung eines wirksamen Fermentpräparates geschieht durch Auspressen zerkleinerter Blätter in einer hydraulischen Presse (250 at) und Ausfällung durch Zusatz des doppelten Volumens Alkohol zum Preßsaft.

Bestimmte Bakterien, welche Bakterien-chlorophyll enthalten, wie z. B. die Purpur-bakterien, haben ebenfalls Chlorophyllasen[3].

Das p_H-Optimum der Chlorophyllasen liegt bei 5,9[4]. Bei diesem Ferment-typus ist es bemerkenswert, daß das Temperatur-optimum bedeutend niedriger ist als das der meisten anderen Enzyme; es liegt bei 20°, obwohl die Chlorophyllasen vergleichsweise sehr thermostabil sind und durch Kochen mit Alkohol nur

[1] R. WILLSTÄTTER und A. STOLL: Liebigs Ann. Chem. **378**, 63 (1910); **380**, 148 (1911), vgl. auch die Monographie derselben Autoren: Untersuchungen über Chlorophyll. Berlin: Springer. 1913.

[2] G. KROSSING: Biochem. Z. **305**, 359 (1940).

[3] H. FISCHER, R. LAMBRECHT und H. MITTENZWEI: Hoppe-Seyler's Z. physiol. Chem. **253**, 1 (1938); H. FISCHER und R. LAMBRECHT: Ibid. **253**, 253 (1938).

[4] K. NOACK: Biochem. Z. **183**, 135 (1927).

langsam zerstört werden. Die Wirkung der Chlorophyllasen beschränkt sich nur auf das Chlorophyll und seine nächsten Derivate, die Magnesium-freien Phäophytine.

WILLSTÄTTER und STOLL konnten auch eine synthetisierende Wirkung einer Chlorophyllase nachweisen. Das so entstandene Chlorophyll zeigte alle Eigenschaften des natürlichen Produkts.

VII. Pectin-esterasen[1]

Mit dem Namen Pectin-esterasen werden in Pflanzen, Schimmelpilzen und Bakterien vorkommende Enzyme bezeichnet, welche imstande sind, aus den methoxylierten Carboxyl-gruppen der Galacturonsäure-reste in Pectin-derivaten („pectinic acid") Methyl-gruppen hydrolytisch abzuspalten. Andere Namen für diese Fermente sind Pectin-methylesterasen und Pectin-methoxylasen.

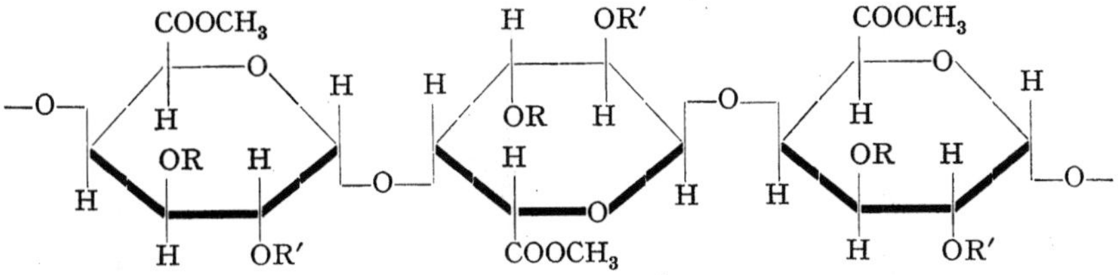

Teilstück einer vollmethylierten Pectin-kette (R und R′ symbolisieren entweder H oder Kohlehydrat-reste)

Die Fermente dieses Typus weisen eine strenge Spezifität auf; anscheinend werden nur Methylester der Pectinsäure gespalten.

Pectin-esterasen aus höheren Pflanzen unterscheiden sich in manchen Eigenschaften von denjenigen der Schimmelpilze. Das p_H-Optimum für die Wirkung der letztgenannten Enzyme liegt zwischen 4,5 und 5,0, während die p_H-Kurve der Enzyme aus höheren Pflanzen ein breites Plateau um den Neutralpunkt zeigt. Auch in Hinsicht auf ihre Beeinflussung durch Effektoren zeigen sich wesentliche Unterschiede, obgleich beide Arten von Pectin-esterasen gegenüber Hemmstoffen sehr resistent sind. Synthetische Netzmittel, wie Natriumlaurylsulfat oder Alkylarylsulfonate, hemmen die Wirksamkeit des pflanzlichen Typus schon in geringen Mengen, haben aber auf die Fermente aus Schimmelpilzen erst in weitaus höherer Konzentration einen meßbaren Einfluß. Verschiedene Salze ein- und zweiwertiger Kationen zeigen gegenüber beiden Enzymtypen eine Aktivator-wirkung, die sich aber durch verschiedene p_H-Abhängigkeit unterscheidet. Nach MCCOLLOCH und KERTESZ[2], welche Pectin-esterasen aus Schimmelpilzen und aus Tomaten gleichzeitig auf Pectinsäure einwirken ließen, ist die Wirkung der beiden Fermente voneinander unabhängig.

Die Bestimmung der Pectinesterase-aktivität erfolgt nach KERTESZ (*l. c.*) am besten durch kontinuierliche Titration während der Dauer des Experimentes. Eine ungepufferte Pectin-lösung, welche in bezug auf Kochsalz 0,1-n ist, wird in einem mit einer Rührvorrichtung und einem p_H-Meßgerät versehenen Gefäß mit 0,1-n NaOH-Lösung auf das gewünschte p_H der Messung gebracht. Hierauf wird die Enzym-lösung hinzugesetzt. Durch die Wirksamkeit des Enzyms wird das p_H entsprechend der Freisetzung von Säureresten herabgesetzt, was durch ständige Zugabe der Titrierlösung kompensiert werden muß. Am Ende der Reaktionszeit wird die verbrauchte Lauge-menge festgestellt; die Mischung wird dann schnell auf p_H 7,5 (den Äquivalenzpunkt der Pectinsäuren) gebracht und die

[1] Übersichtsreferate und Handbuchartikel: Z. I. KERTESZ und R. J. MCCOLLOCH: Adv. Carbohydrate Chem. 5, 79 (1950); H. LINEWEAVER und E. F. JANSEN: Adv. Enzymology 11, 267 (1951); Z. I. KERTESZ in „The Enzymes", herausgegeben von J. B. SUMNER und K. MYRBÄCK, Bd. I/2, S. 745. New York: Academic Press. 1951.

[2] R. J. MCCOLLOCH und Z. I. KERTESZ: Arch. Biochem. 13, 217 (1947).

hierfür benötigte Lauge-menge gemessen. Eine Kontrollprobe, bestehend aus denselben Mengen Substrat-lösung, wie sie im Hauptversuch verwendet wurden und einem gleichen Quantum inaktivierter Enzym-lösung wird ebenfalls durch Titration mit Lauge auf p_H 7,5 gebracht. Die Gesamtmenge der während der Reaktion verbrauchten Lauge weniger der von der Kontrollprobe verbrauchten Menge ergibt den durch die Enzym-wirkung verursachten Laugen-verbrauch.

Die Darstellung hochkonzentrierter Präparate von Pectin-esterasen aus Orangen[1] und Tomaten[2] wurde kürzlich berichtet.

Pectin-esterasen sind ein Bestandteil der industriell zur Klärung von Fruchtsäften verwendeten Ferment-präparate, die unter dem Namen *Filtrazym*, *Pectinol*, *Clarase* usw. in den Handel gebracht werden (vgl. S. 250). Der Bedarf an niedermolekularen, wenig veresterten Pectin-präparaten läßt erwarten, daß Pectinesterasen, welche von anderen Enzymen frei sind, ebenfalls industrielle Verwertung finden werden, da ihre Wirkung derjenigen von Säure oder Alkali jedenfalls vorzuziehen ist.

VIII. Esterase-wirkungen proteolytischer Fermente

Neurath, Schwert und Mitarbeiter[3] konnten in den letzten Jahren zeigen, daß bestimmte proteolytische Fermente Carbonsäure-ester, welche sich von ihren spezifischen Peptidsubstraten nur dadurch unterscheiden, daß sie an der Stelle der Peptid-bindung eine Esterbindung enthalten, ebenso schnell oder sogar schneller spalten als ihre spezifischen Substrate. So hydrolysiert Trypsin Benzoylargininmethylester schneller als Benzoylargininamid, und Hippurylphenylmilchsäure wird ebenso schnell gespalten wie Hippurylphenylalanin.

NH ‖ NHCNH$_2$ | (CH$_2$)$_3$ | C_6H_5–COHNCHCO⋮OCH$_3$

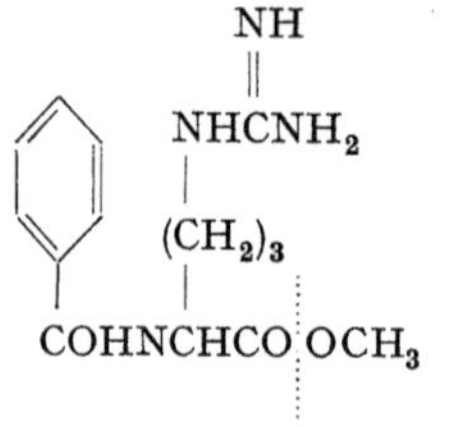

Benzoyl-L-argininmethylester

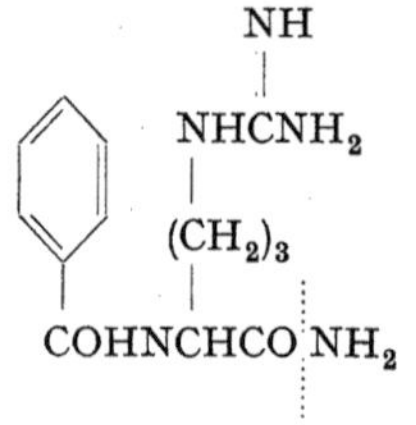

NH | NHCNH$_2$ | (CH$_2$)$_3$ | C_6H_5–COHNCHCO⋮NH$_2$

Benzoyl-L-argininamid

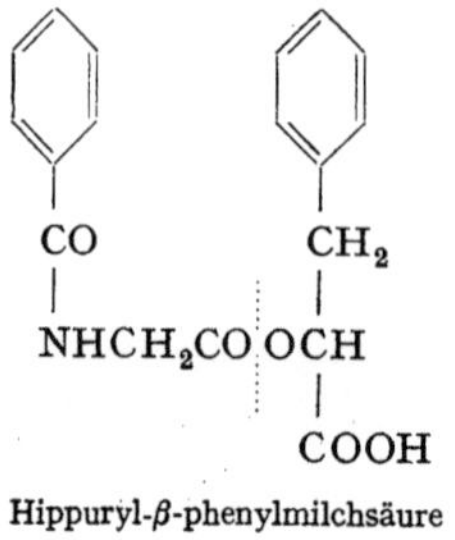

C_6H_5–CO–NHCH$_2$CO⋮OCH(CH$_2$–C_6H_5)–COOH

Hippuryl-β-phenylmilchsäure

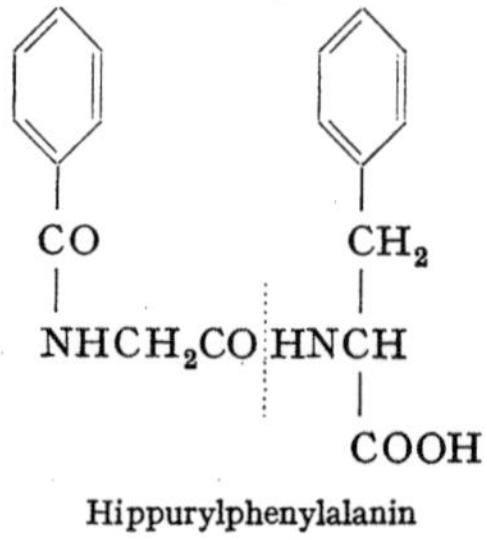

C_6H_5–CO–NHCH$_2$CO⋮HNCH(CH$_2$–C_6H_5)–COOH

Hippurylphenylalanin

Diese Beobachtungen, welche eine große Bedeutung für die Theorie der Spezifität der Enzyme haben (S. 93), werden in dem Kapitel über proteolytische Fermente ausführlicher besprochen werden.

IX. Cerase

Die Raupen der Wachsmotte *Galleria melonella* können das für andere Organismen unverdauliche Bienenwachs, welches eine Mischung von Fettsäure-estern höherer Alkohole darstellt, als Nahrung benützen. Diese Tatsache läßt auf das Vorliegen eines spezifischen

[1] L. R. MacDonell, R. Jang, E. F. Jansen und H. Lineweaver: Arch. Biochem. **28**, 260 (1950).

[2] R. J. McColloch, J. C. Moyer und Z. I. Kertesz: Ibid. **10**, 479 (1946); H. R. Pithawala, G. R. Savur und A. Sreenivasan: Ibid. **17**, 235 (1948).

[3] Vgl. das Übersichtsreferat: H. Neurath und G. W. Schwert: Chem. Revs. **46**, 69 (1950).

Ferments zur hydrolytischen Spaltung von Wachsen, einer Cerase, schließen. Die Existenz dieses Ferments konnte allerdings *in vitro* noch nicht nachgewiesen werden[1].

Nach Angaben verschiedener Autoren sind Pankreas-präparate imstande, Cetylalkohol mit höheren Fettsäuren zu verestern, woraus ebenfalls auf die Existenz einer Cerase im Pankreas geschlossen wurde. Allerdings sind Pankreas-präparate zu den verschiedensten Estersynthesen befähigt, so daß auch diese Berichte kaum die Annahme spezifischer Fermente vom Hydrolase-typus rechtfertigen.

19. Esterasen, welche Ester anorganischer Säuren hydrolysieren

A. Schwefelsäure-esterasen *(Sulfatasen)*

Die Schwefelsäure-esterasen, welche meist kurz Sulfatasen genannt werden, sind eine weitverbreitete Ferment-gruppe, deren biologische Bedeutung allerdings noch nicht erkannt wurde.

Ihre Wirkungsweise läßt sich allgemein durch die Gleichung

$$ROSO_3K + H_2O \rightarrow ROH + KHSO_4$$

wiedergeben; die Verfolgung ihrer Wirkung erfolgt am günstigsten durch Bestimmung des gebildeten Sulfat-ions auf acidimetrischem Wege. Bei guter analytischer Erfaßbarkeit des organischen Paarlings (z. B. Phenol) ist es natürlich auch möglich, eine Bestimmung der freigesetzten Menge dieses Bestandteils durchzuführen.

Nach FROMAGEOT[2] werden folgende Untergruppen der Sulfatasen entsprechend ihrer Spezifität unterschieden:

1. *Phenolsulfatasen,* welche die Spaltung von Schwefelsäure-estern an phenolischen Hydroxylen katalysieren. Fermente dieser Art wurden erstmalig von DERRIEN[3] 1911 beschrieben; sie finden sich ziemlich weitverbreitet im Tierreich, sowohl bei niedrigen als auch bei höheren Tieren sowie auch in der „Takadiastase" aus *Aspergillus oryzae*[4]. Ihre p_H-Optima liegen etwa beim Neutralpunkt.

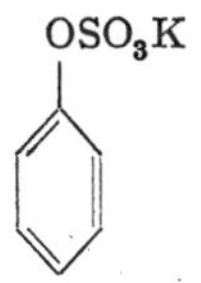

OSO_3K

Phenolsulfat

2. *Chondroitin-sulfatasen,* ein Fermenttypus, der bisher nur in Bakterien nachgewiesen wurde[5]. Er ist imstande, die Chondroitinschwefelsäure, einen Bestandteil des Knorpels, und die ihr nahe verwandte Mucoitinschwefelsäure hydrolytisch in schwefelsäure-freie Derivate dieser Substanzen und freie Schwefelsäure zu zerlegen.

Chondroitinschwefelsäure ist ein Mucopolysaccharid, welches bei nichtenzymatischer Säure-hydrolyse etwa äquimolekulare Mengen 2-Desoxy-2-aminogalactose (Chondrosamin), Glucuronsäure, Schwefelsäure und Essigsäure ergibt. Die Mucoitinschwefelsäure scheint ähnlich aufgebaut zu sein; an Stelle von Chondrosamin wird Glucosamin (2-Desoxy-2-aminoglucose) erhalten. Über die Verbindung der einzelnen Bestandteile dieser Mucopolysaccharide ist noch nichts Gesichertes bekannt.

3. *Sinigrin-sulfatase* (bisher als *Myrosulfatase* bezeichnet), die im Myrosin der Senfkörner zusammen mit einer Thioglucosidase (vgl. S. 353) vorkommt; ihr natürliches Substrat ist das Sinigrin. Das Myrosin, welches schon seit 1839 be-

[1] Vgl. H. KRAUT, H. BURGER und W. VON PANTSCHENKO-JUREWICZ: Biochem. Z. **269**, 205 (1934).

[2] Handbuchartikel: C. FROMAGEOT, in „The Enzymes", herausgegeben von J. B. SUMNER und K. MYRBÄCK, Bd. I/1, S. 517. New York: Academic Press. 1950.

[3] M. DERRIEN: Bull. Soc. chim. (4) **9**, 110 (1911).

[4] C. NEUBERG und K. KURONO: Biochem. Z. **140**, 259 (1923).

[5] C. NEUBERG und E. HOFMANN: Ibid. **234**, 345 (1931).

kannt ist und ursprünglich als einheitliches Ferment aufgefaßt wurde, läßt sich leicht aus Senfsamen herstellen. Eine Trennung der Sulfatase von der sie begleitenden Thioglucosidase wurde von NEUBERG und SCHOENEBECK[1] durchgeführt. Die Spezifität ist nicht absolut; es werden auch nahe verwandte Schwefelsäure-ester, wie das Sinalbin und das Glucocheirolin hydrolysiert.

$$\begin{array}{c} C_6H_{11}O_5SC{=}NCH_2CH{=}CH_2 \\ | \\ OSO_3K \end{array}$$

Sinigrin

Die Wirkung der im Myrosin vorhandenen Fermente läßt sich auch durch den Geschmack erkennen. Senfsamen schmecken zuerst mild; der scharfe Geschmack tritt erst nach Zerstörung der Zellstruktur, d. h. mit der Aufhebung der räumlichen Trennung zwischen Fermenten und Substrat, nach Bildung des Senföls, auf.

Das p_H-Optimum der Sinigrin-sulfatase liegt zwischen 5,4 und 7,4. NEUBERG und WAGNER[2] konnten auch Fermente mit Sinigrin-sulfatase-wirksamkeit in verschiedenen tierischen Organen nachweisen.

4. *Glucose-sulfatasen*, Fermente, die Schwefelsäure-monoester der Glucose hydrolysieren. Ein Enzym dieses Typus wurde 1931 von SODA und HATTORI[3] erstmalig in Gewebe von Schnecken der Gattung *Eulota* nachgewiesen; gleichartige Enzyme finden sich allgemein bei niedrigen Tieren, wie Mollusken, Echinodermata, Cephalopoda und Arthropoda sowie auch in manchen Bakterien[4]. Das p_H-Optimum der Fermente liegt etwa bei 5,0. Außer dem Schwefelsäureester der Glucose werden auch verschiedene andere Schwefelsäure-ester von Kohlehydraten, nicht aber Chondroitinschwefelsäure und Mucoitinschwefelsäure hydrolysiert.

B. Phosphoesterasen[5]

I. Allgemeines

Wie bereits in dem Kapitel über Systematik und Einteilung der Enzyme (S. 98) ausgeführt wurde, wurden bisher unter dem Sammelbegriff *Phosphatasen* sowohl Fermente verstanden, die Ester der Phosphorsäure hydrolysieren und demnach zu den Esterasen zu zählen sind, als auch Enzyme, welche polyphosphatische Bindungen, wie z. B. diejenige des Pyrophosphats, hydrolytisch spalten. Da die letztgenannte Bindungsform keinesfalls eine Ester-bindung ist, ist systematisch eine Zusammenfassung dieser beiden Enzymklassen, also der Phosphoesterasen und der Polyphosphatasen, nicht zulässig. Trotz der großen Gemeinsamkeiten zwischen den beiden Klassen ziehen wir es deshalb vor, Phosphoesterasen und Polyphosphatasen in zwei getrennten Kapiteln zu behandeln.

Die erste Beschreibung eines Ferments mit Phosphoesterase-wirkung stammt von den Japanern SUZUKI, YOSHIMURA und TAKAHISHI aus dem Jahre 1907[6]. Die Forscher konnten beobachten, daß Reiskleie ein Enzym enthält, welches Phosphorsäure aus dem Phytin, einem Calciumsalz der Inosithexaphosphorsäure,

---

[1] C. NEUBERG und O. VON SCHOENEBECK: Biochem. Z. **265**, 223 (1933).

[2] C. NEUBERG und G. WAGNER: Z. ges. exp. Med. **56**, 334 (1927).

[3] T. SODA und C. HATTORI: Bull. chem. Soc. Japan **6**, 258 (1931).

[4] B. TANKO: Biochem. Z. **247**, 486 (1932).

[5] Handbuchartikel und Übersichtsreferate: S. J. FOLLEY und H. D. KAY: Ergebn. Enzymforsch. **5**, 159 (1936); H. ALBERS in „Handbuch der Enzymologie", herausgegeben von F. F. NORD und R. WEIDENHAGEN, S. 408. Leipzig: Akad. Verlagsges. 1940; J. ROCHE und J. COURTOIS: Exp. ann. Biochim. méd. **4**, 219 (1944); F. MOOG: Biol. Revs. Cambridge phil. Soc. **21**, 41 (1946); H. BAUR: Z. Vitamin-, Hormon-, Fermentforsch. **2**, 507 (1948/49). J. ROCHE: In „The Enzymes", herausgegeben von J. B. SUMNER und K. MYRBÄCK, Bd. I/1, S. 473. New York: Academic Press. 1950.

[6] U. SUZUKI, Y. YOSHIMURA und M. TAKAHISHI: Tokyo Imp. Univ. Coll. Agric. Bull. **7**, 503 (1907).

freisetzt. In der darauffolgenden Zeit wurde in den verschiedensten Ausgangsmaterialien nach Fermenten geforscht, die ebenfalls Phosphorsäure aus ihren Estern abspalten können. Die Beschäftigung mit der Enzymgruppe der Phosphoesterasen wurde besonders durch die Aufdeckung der bedeutenden Rolle der Phosphorsäure-ester im Zwischenstoffwechsel der Kohlehydrate gefördert und dies und auch ihre Allgegenwart im biologischen Material dürfte der Grund sein, daß die Phosphoesterasen heute eine der am meisten untersuchten Klassen der Enzyme darstellen. Trotzdem muß festgestellt werden, daß unsere Kenntnisse des Gebietes durchaus nicht erschöpfend sind; insbesondere über die biologische Bedeutung vieler aufgefundener Phosphoesterasen ist noch sehr wenig bekannt. Ebenso ist es, wenn wir von den doch nur bedingt hierher gehörenden Nucleasen absehen, noch nicht gelungen, auch nur eine Phosphoesterase als kristallines Präparat darzustellen.

Klassifikation. Die Phosphoesterasen lassen sich grundsätzlich in zwei Gruppen, nämlich in Phosphomonoesterasen und Phosphodiesterasen, einteilen. Die durch die Phosphomonoesterasen katalysierte Hydrolyse der Phosphomonoester kann allgemein durch die Gleichung

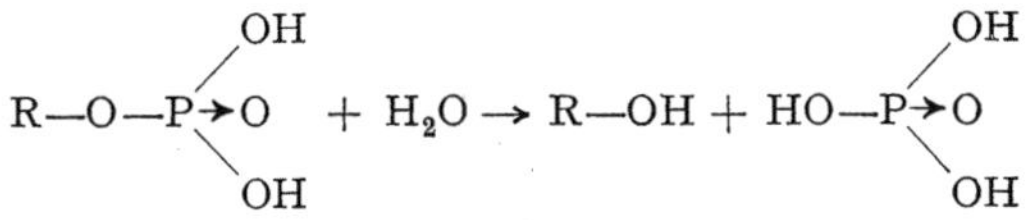

$$\text{R—O—P}(\text{OH})_2\!\rightarrow\!\text{O} + H_2O \rightarrow \text{R—OH} + \text{HO—P}(\text{OH})_2\!\rightarrow\!\text{O}$$

dargestellt werden, während die von den Phosphodiesterasen bewirkten Reaktionen der Gleichung

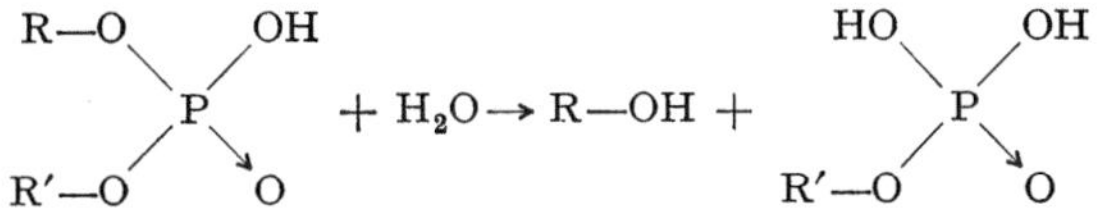

$$(\text{R—O})(\text{R'—O})\text{P}(\text{OH})\!\rightarrow\!\text{O} + H_2O \rightarrow \text{R—OH} + (\text{HO})(\text{R'—O})\text{P}(\text{OH})\!\rightarrow\!\text{O}$$

entsprechen. Fermente, welche Triester der Phosphorsäure zu hydrolysieren imstande sind, also Phosphotriesterasen, konnten bisher noch nicht aufgefunden werden.

Eine weitere Unterteilung der beiden Gruppen wird dadurch erschwert, daß wir es hier, wie auch schon bei den Carbonsäure-esterasen, vielfach mit relativ unspezifischen Fermenten zu tun haben. Insbesondere bei den Phosphomonoesterasen gibt es Enzyme aus den verschiedensten biologischen Materialien, die zur Spaltung sämtlicher biologischer und auch fast aller synthetisch darstellbarer Phosphomonoester befähigt sind (vgl. Tab. 11, S. 93); daneben existieren aber auch Phosphomonoesterasen mit sehr eingeschränkter relativer oder gar absoluter Spezifität. Für die gruppen-spezifischen Phosphomonoesterasen, welche sich voneinander in ihrem Spezifitätsbereich nur unwesentlich unterscheiden — „isodyname Fermente" nach BAMANN und DIEDERICHS (vgl. S. 96) — wird auch heute noch eine schon 1936 von FOLLEY und KAY[1] vorgeschlagene Einteilung dieser Fermente in vier Gruppen verwendet (Tab. 29).

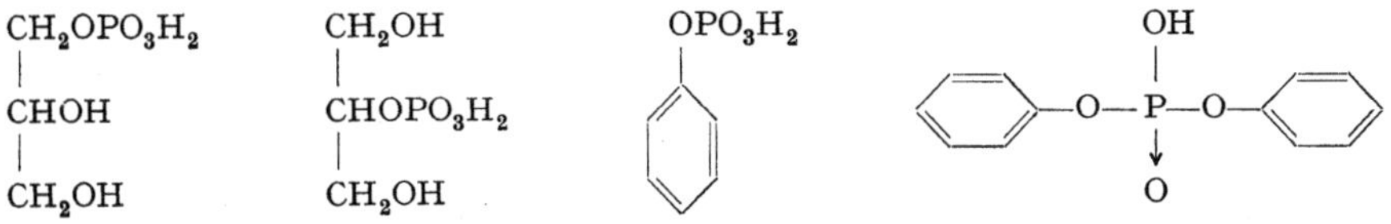

$CH_2OPO_3H_2$—CHOH—CH_2OH
α-Glycerophosphat

CH_2OH—$CHOPO_3H_2$—CH_2OH
β-Glycerophosphat

C_6H_5—OPO_3H_2
Phenolphosphat

C_6H_5—O—P(OH)(→O)—O—C_6H_5
Diphenolphosphat

[1] S. J. FOLLEY und H. D. KAY: Ergebn. Enzymforsch. 5, 159 (1936).

Die Phosphodiesterasen sind bisher noch nicht ausreichend bearbeitet, um eine gleichartige Unterteilung zu erlauben. Aber auch hier scheint es sowohl relativ unspezifische Fermente, die also wieder als isodynam zu bezeichnen wären, als auch einzelne Enzyme mit eingeschränkterer relativer Spezifität zu geben.

Tabelle 29. *Klassifikation der gruppen-spezifischen Phosphomonoesterasen nach* FOLLEY und KAY (modifiziert nach ROCHE, *l. c.*)

Typus	p_H-Optimum		Wesentliche Eigenschaften
	der Wirkung	der Stabilität	
I	8,6—9,4	7,5—8,5	durch Mg^{++} aktivierbar, durch SH-Verbindungen hemmbar, β-Glycerophosphat wird schneller gespalten als das α-Isomere
II	5,0—5,5	5,0—6,0	keine Aktivierung durch Mg^{++}, Hemmung durch F^-, Spezifität wie I
III	3,4—4,2	4,5—5,5	Hemmung durch Mg^{++}, Spezifität wie I
IV	5,0—6,0	6,5—7,5	durch Mg^{++} aktivierbar, α-Glycerophosphat wird bedeutend schneller gespalten als das β-Isomere

Nach unseren heutigen Kenntnissen des Aufbaues der Nucleinsäuren müssen auch die Nucleasen zu den Phosphodiesterasen gerechnet werden. Ihre Sonderstellung rechtfertigt aber ihre Behandlung in einem eigenen Abschnitt.

Bestimmungsmethoden. Zur Bestimmung der Phosphoesterase-wirkung sind grundsätzlich zwei Möglichkeiten vorhanden, nämlich einerseits die Messung des entstandenen freien Orthophosphats und andrerseits die Bestimmung des aus dem Substrat freigesetzten organischen Paarlings. Zur Messung des freigesetzten Orthophosphats wird auch heute noch häufig die Methode von FISKE und SUBBAROW[1] verwendet.

Nach Einwirkung des Enzym-präparats auf die Substrat-lösung unter entsprechenden Bedingungen werden die Eiweißstoffe aus dem Reaktions-gemisch mit Trichloressigsäure ausgefällt und durch Abzentrifugieren oder Filtrieren entfernt. Zu der erhaltenen Lösung wird nunmehr Ammoniummolybdat in 5-n Schwefelsäure hinzugefügt. Nach Zugabe eines Reduktionsmittels entsteht aus der gebildeten Phosphormolybdänsäure der Farbstoff Molybdänblau, dessen Konzentration kolorimetrisch gemessen wird, womit man ein Maß für die durch die Fermentreaktion freigesetzte Menge Orthophosphat erhält. Es existiert eine Anzahl mehr oder minder wertvoller Modifikationen dieser Methodik; hier ist insbesondere diejenige von ZELLER[2] zu erwähnen, die mit geringem Zeitaufwand Serien-bestimmungen erlaubt.

Auf demselben Prinzip, nämlich der Bestimmung des freigesetzten Orthophosphats, beruht auch die zur Lokalisation von Phosphoesterasen in Geweben und Zellen geeignete histo- bzw. cytochemische Methode von GOMORI[3,5], welche etwa gleichzeitig auch von TAKAMATSU[4] vorgeschlagen wurde. Ihre Beschreibung erfolgte bereits an anderer Stelle (S. 85).

Die Messung der Phosphoesterase-wirkung durch Bestimmung des freigesetzten organischen Paarlings wird insbesondere bei der Verwendung von Phenolphosphat als Substrat durchgeführt, da das entstandene Phenol leicht mit Hilfe der Farbreaktion von FOLIN und CIOCALTEU kolorimetrisch gemessen werden kann. Diese Methode hat sich — besonders in einer Modifikation von KING und ARMSTRONG[6] — im klinischen Laboratorium bewährt.

---

[1] A. FISKE und Y. SUBBAROW: J. biol. Chem. **66**, 375 (1925).
[2] A. E. ZELLER: Helv. chim. Acta **32**, 2512 (1949).
[3] G. GOMORI: Proc. Soc. exp. biol. Med. **42**, 23 (1939).
[4] H. TAKAMATSU: Trans. Soc. Path. Japan **29**, 429 (1939).
[5] G. GOMORI: Arch. Pathol. **32**, 189 (1941); Amer. J. clin. Pathol., Techn. Sect. **16**, 347 (1946).
[6] E. J. KING und A. R. ARMSTRONG: Canad. J. Med. Assoc. **31**, 376 (1934); **32**, 379 (1935).

Nach HUGGINS und TALALAY[1] ist auch die Verwendung von Phenolphthaleinphosphat als Reagens auf Phosphoesterasen empfehlenswert; während diese Substanz auch bei alkalischer Reaktion farblos ist, zeigt freigesetztes Phenolphthalein die Wirkung des Enzyms durch seine Rotfärbung im Alkalischen an; durch Messung der Farbintensität läßt sich die Fermentaktivität kolorimetrisch bestimmen. BESSEY, LOWRY und BROCK[2] verwenden *p*-Nitrophenylphosphat als Substrat; *p*-Nitrophenol, welches durch die Wirkung der Phosphoesterasen gebildet wird, läßt sich sehr exakt kolorimetrieren.

Kinetik der Phosphoesterase-wirkung, synthetische und Übertragungs-wirkung. Die Kinetik der durch Phosphoesterasen katalysierten Reaktionen wurde in einigen Fällen recht eingehend studiert. Die MICHAELIS-Konstanten (vgl. S. 59) einer Anzahl von Phosphomonoesterasen gegenüber verschiedenen Substraten sind sehr von der Anwesenheit von Begleit-stoffen und vom p_H-Wert abhängig; sie variieren auch bei gleichem Substrat sehr stark von Enzym zu Enzym. Fermente des gleichen Typus aus verschiedenen Ausgangsmaterialien verhalten sich verschieden[3].

In allen Fällen von Phosphomonoesterase-wirkungen verursacht das im Verlauf der Reaktion freigesetzte Phosphat Hemmeffekte, welche als kompetitive Hemmung gedeutet werden müssen. Auch das Arsenat-ion kann als kompetitiver Inhibitor fungieren.

Unter verhältnismäßig extremen Bedingungen gelingt es *in vitro* mit Hilfe von Phosphoesterasen, die Synthese von Phosphorsäure-estern zu bewerkstelligen. Wie bei den oben besprochenen Carbonsäure-esterasen ist der durch die Phosphoesterasen katalysierte Vorgang eine Gleichgewichts-reaktion; unter den üblichen Bedingungen des Laboratoriums-versuches wie auch vermutlich unter den Bedingungen, welche in den Geweben, Zellen und Flüssigkeiten der lebenden Organismen vorherrschen, liegt jedenfalls das Gleichgewicht soweit auf der Seite der Spaltung, daß es schwer vorstellbar ist, daß die Phosphoesterasen eine biologische Rolle bei der Synthese ihrer Substrate spielen. Zu erwähnen sind hier allerdings Arbeiten von THOAI, ROCHE und DANZAS[4], die berichten, daß es ihnen gelungen sei, sehr labile Faktoren, welchen vermutlich Peptid-natur zukommt, zu isolieren, die imstande seien, die synthetisierenden Wirkungen der Phosphomonoesterasen zu verstärken, also das Gleichgewicht auf die Seite der Synthese zu verschieben. Eine Nachprüfung dieser Ergebnisse in einem anderen Laboratorium scheint noch nicht vorgenommen worden zu sein.

Eine Übertragung von Phosphatresten von einem Phosphorsäure-ester auf einen Alkohol, welche durch ein pflanzliche Phosphomonoesterasen enthaltendes Präparat katalysiert wird, konnte von AXELROD[5] nachgewiesen werden. Eine derartige Umesterungsreaktion, wie sie z. B. durch die Reaktionsgleichung

$$p\text{-Nitrophenolphosphat} + \text{Methanol} \longrightarrow p\text{-Nitrophenol} + \text{Methylphosphat}$$

dargestellt wird, ist völlig analog den durch die Transphosphatasen katalysierten Vorgängen, die später besprochen werden (vgl. S. 415). AXELROD nahm deshalb die Existenz eines gesonderten Enzyms an, das er *Phosphotransferase* nannte. MEYERHOF und GREEN[6], welche ganz analoge Reaktionen mit Hilfe einer Phosphomonoesterase vom Typus I hervorrufen konnten, halten es für wahrscheinlicher, daß eine derartige Phosphat-übertragung oder Umesterung unter bestimmten Bedingungen von allen Phosphomonoesterasen bewerkstelligt werden kann. Sie erfolgt besonders leicht unter Bedingungen, welche für eine Synthese günstig sind und von einem Phosphat-träger, dessen Phosphorsäure-rest energiereich gebunden

[1] C. HUGGINS und P. TALALAY: J. biol. Chem. **159**, 399 (1945).
[2] O. A. BESSEY, O. H. LOWRY und A. BROCK: Ibid. **164**, 321 (1946).
[3] Vgl. z. B. J. ROCHE und H. SARLES: C. R. Soc. biol. **142**, 917 (1948).
[4] NG.-VAN THOAI, J. ROCHE und E. DANZAS: Bull. Soc. chim. biol. **26**, 1139 (1944); **27**, 599 (1945).
[5] B. AXELROD: J. biol. Chem. **172**, 1; **176**, 295 (1948).
[6] O. MEYERHOF und H. GREEN: Ibid. **178**, 655 (1949); **183**, 377 (1950).

ist (vgl. S. 157), auf einen Alkohol, dessen Phosphorsäure-ester eine energiearme Bindung aufweisen. Es ist durchaus möglich, daß dieser Art von Phosphat-transfer eine biologische Bedeutung zukommt.

Einheiten der Phosphoesterase-wirkung. Zur quantitativen Charakterisierung von Phosphoesterase-präparaten sind von verschiedenen Bearbeitern des Gebiets Einheiten der Phosphoesterase-wirkung vorgeschlagen worden, welche aber nicht ohne weiteres miteinander zu vergleichen sind. Nach ALBERS[1] wird eine Phosphatase-einheit oder besser Phosphoesterase-einheit (PE) definiert als diejenige Ferment-menge, welche unter optimalen Bedingungen (p_H, Mg^{++}-Konzentration, Temperatur, zur vollständigen Bindung der Fermente ausreichende Substrat-konzentration) aus dem optimal spaltbaren Substrat in einer Stunde die 0,1 mg elementarem Phosphor entsprechende Phosphat-menge freisetzt.

KING und ARMSTRONG[2] setzen für ihre Phosphoesterase-bestimmungsmethode im Serum als Einheit diejenige Menge des Enzyms in 100 ml Serum fest, welche unter bestimmten Standardbedingungen 1 mg Phenol aus Phenolphosphat freisetzt. Fast identisch mit der Einheit von KING und ARMSTRONG ist die Phosphoesterase-einheit von JENNER und KAY[3] und sehr ähnlich wird auch die in der Klinik manchmal verwandte BODANSKI-Einheit[4] der Phosphoesterase definiert.

Leider lassen sich die genannten Maßeinheiten der Phosphoesterase-wirkung kaum einwandfrei ineinander umrechnen, da die Kinetik der durch diese Enzyme katalysierten Vorgänge besonders stark durch die Versuchsbedingungen und auch durch den Reinheitsgrad der Fermente beeinflußt wird und so kaum jemals vergleichbare Bedingungen bestehen.

Chemische Konstitution der Phosphoesterasen. Über den chemischen Aufbau der Phosphoesterasen ist noch wenig Gesichertes bekannt. Wie bereits erwähnt wurde, ist bisher, wenn wir von den Nucleasen absehen, kein Enzym dieser Gruppe im höchstgereinigten Zustande erhalten worden; die Behauptung von THOAI, ROCHE und SARTORI[5], eine Phosphomono-esterase mit alkalischem Wirkungsoptimum aus Rinder-nieren kristallin dargestellt zu haben, mußte fünf Jahre später widerrufen werden[6].

ALBERS, BEYER, BOHNENKAMP und MÜLLER[7] gelang es, Phosphomonoesterasen der Typen I und III durch Dialyse bei p_H 5 bis 6 in eiweiß-artige Apoenzyme und niedermolekulare organische Substanzen, Coenzyme, zu spalten und sie konnten auch zeigen, daß wohl die Apoenzyme der einzelnen isodynamen (gruppen-spezifischen) Phosphomonoesterasen verschieden, die Coenzyme aber vermutlich identisch oder zumindest nahe verwandt sind, da ein auf diese Weise erhaltenes Coenzym des einen Typus imstande war, mit dem Apoenzym des anderen Typus ein vollaktives Ferment zu bilden. Diese Ergebnisse konnten in letzter Zeit von ABUL-FADL und KING[8] bestätigt werden; über die chemische Natur des Coenzyms ist allerdings noch nichts bekannt.

KUTSCHER und SIEG[9] berichteten vor kurzem über die Isolierung einer Substanz aus Muskel-dialysat, deren Anwesenheit für die volle Wirksamkeit der Phosphomonoesterase II aus Muskel und auch der Phosphomonoesterase I aus Nieren erforderlich sein soll. Derselbe Stoff soll auch in Nieren-gewebe vorkommen. Nach den Autoren handelt es sich um Cholinpyrophosphat oder eine diesem sehr ähnliche Substanz.

Nach TAMAYO und MUNICIO[10] läßt sich aus dem Dialysat eines Präparats von Phosphomonoesterase I aus Nieren eine Substanz isolieren, welche als Coenzym dieses Ferments fungieren soll und nach Angaben der Autoren ein Metall-derivat eines Diphosphonucleosids der Adenosin-reihe sei.

---

[1] H. ALBERS und E. ALBERS: Hoppe-Seyler's Z. physiol. Chem. **232**, 165; **235**, 47 (1935).
[2] E. J. KING und A. R. ARMSTRONG: Canad. J. Med. Assoc. **31**, 376 (1934).
[3] R. JENNER und H. D. KAY: Brit. J. exp. Path. **13**, 22 (1932).
[4] O. BODANSKI: J. biol. Chem. **101**, 93 (1933).
[5] NG.-VAN THOAI, J. ROCHE und L. SARTORI: C. R. Soc. biol. **138**, 47 (1944).
[6] E. J. KING, M. ABUL-FADL, NG.-VAN THOAI und J. ROCHE: Biochem. J. **44**, 428 (1949).
[7] H. ALBERS, E. BEYER, A. BOHNENKAMP und G. MÜLLER: Ber. dtsch. chem. Ges. **71**, 1913 (1938).
[8] M. ABUL-FADL und E. J. KING: Biochem. J. **44**, 435 (1949).
[9] W. KUTSCHER und H. SIEG: Naturwiss. **37**, 451 (1950).
[10] M. L. TAMAYO und A. M. MUNICIO: Nature **168**, 249 (1951).

Eine Bestätigung der zuletzt berichteten Befunde steht aber noch aus; die Frage, ob es tatsächlich Coenzyme der Phosphoesterasen gibt, muß bis auf weiteres als ungeklärt angesehen werden.

Verschiedene Typen der Phosphomonoesterasen enthalten mit Sicherheit Magnesium als integralen Bestandteil; durch Entfernung des Magnesiums werden die Enzyme völlig gehemmt, sie lassen sich aber durch Zugabe von Magnesiumionen reaktivieren. Magnesium läßt sich auch in manchen Fällen durch andere Ionen, insbesondere Mangan und Zink ersetzen. Über die Bindungsform dieser anorganischen Komplemente ist noch nichts bekannt.

II. Die isodynamen (gruppen-spezifischen) Phosphomonoesterasen

a) Phosphomonoesterasen des Typus I[1]

Die Phosphomonoesterasen dieses Typus finden sich sehr weit verbreitet in tierischen Geweben, weniger häufig bei Schimmelpilzen und Mikroorganismen und überhaupt nicht im Bereich der höheren Pflanzen. Sie sind durch ihre geringe Spezifität und dadurch, daß sie β-Glycerophosphat weitaus schneller spalten als das α-Isomere, durch das p_H-Optimum ihrer Wirkung, welches um 9,0 liegt, und durch ihre starke Aktivierbarkeit durch Mg^{++} gekennzeichnet. Ebenso ist den Fermenten dieses Typus die Hemmbarkeit durch verschiedene Komplexbildner gemeinsam, wie z. B. Alkalicyanide, Cystein, Glutathion, Phenanthrolin, α,α'-Dipyridyl und Wolframate; weiters sind auch verschiedene Substanzen, welche mit Aminogruppen reagieren, wie Nitrite, Keten, Phenylisocyanat, Formaldehyd und Chinone, als Hemmkörper zu erwähnen. Während aber die durch die Komplexbildner verursachten Hemm-erscheinungen bis zu einem gewissen Grade durch Dialyse oder durch Zugabe von Magnesium-ionen oder anderen zweiwertigen Metall-ionen rückgängig gemacht werden können, sind die Wirkungen der mit den Aminogruppen der Enzyme reagierenden Substanzen irreversibel.

Die wichtigsten Ausgangsstoffe zur Herstellung von hochwirksamen Präparaten der Phosphomonoesterasen des Typus I sind Pferde- oder Rindernieren, Darmschleimhaut von Hunden, Schweinen oder Ratten, Hundekot, Knochen aus Tier-embryonen, Schweine- oder Hunde-leber, aber auch bestimmte, sehr schnellwüchsige Hefestämme.

Die Fermente dieses Typus scheinen je nach ihrer Herkunft ganz verschiedene biologische Aufgaben zu haben. Die relativ großen Mengen, welche in Niere und Darmschleimhaut nachgewiesen wurden, lassen eine wesentliche Rolle dieser Fermente bei den Funktionen dieser Organe vermuten. LUNDSGAARD[2] stellte bezüglich des Nieren-ferments die Theorie auf, daß dieses Enzym für die Reabsorption der Glucose aus den Tubuli der Niere verantwortlich sei. Obgleich sich die ursprünglichen Grundlagen dieser Theorie als unrichtig erwiesen — LUNDSGAARD postulierte eine synthetisierende Wirkung der Phosphomonoesterase—, so scheint der Grundgedanke der Vorstellung doch richtig zu sein. KALCKAR[3] konnte nämlich in den Nieren die Existenz eines Phosphorylierungs-mechanismus nachweisen; dementsprechend kann man sich heute folgendes Bild über die Reabsorption der Glucose aus den Tubuli machen: Die Zucker-moleküle werden aus der Tubular-flüssigkeit durch Phosphorylierung abgefangen und passieren als Phosphorsäure-ester die Zellwand. Sie werden nach Passage der Zellwand vor Rückkehr in den Blutstrom durch die Phosphomonoesterase wieder dephosphoryliert.

Eine ganz analoge Rolle — Absorption von Zucker- und Fettsäure-molekülen — wird dem entsprechenden Enzymsystem, phosphorylierendes Ferment und Phosphomonoesterase, in der Darmschleimhaut zugeschrieben und dieser Vorstellung kommt große Wahrscheinlichkeit zu. Für die Richtigkeit dieser Auffassungen sprechen insbesondere histochemische Befunde.

[1] Übersichtsreferat: J. ROCHE und NG.-VAN THOAI: Adv. Enzymology **10**, 83 (1950).
[2] E. LUNDSGAARD: Biochem. Z. **264**, 221 (1933).
[3] H. M. KALCKAR: Skand. Arch. Physiol. **77**, 46 (1937); Biochem. J. **33**, 631 (1939).

Eine besondere Bedeutung kommt der im wachsenden Knochen in großer Menge enthaltenen Phosphomonoesterase des gleichen Typus zu, wie das schon von dem Entdecker des Ferments, ROBISON[1], angenommen wurde. Nach einer Vorstellung von ROCHE[2] geht die Knochen-bildung (Ossifikation) in zwei Phasen vor sich: der erste Schritt ist eine Bildung einer spezifischen Proteinbasis („Matrix"), welcher die Fähigkeit zur Verkalkung zukommt; die zweite Etappe die Bildung unlöslicher Calciumphosphate, worauf schließlich die Fixation dieser Salze auf der Matrix erfolgt. Die Knochen-phosphomonoesterase greift nun im zweiten Stadium dadurch in den Vorgang ein, daß sie die Bildung anorganischen Phosphats aus organischen Phosphorsäure-estern katalysiert und durch Erhöhung der Phosphat-ionen-konzentration zur Calciumphosphat-bildung beiträgt. Die Calcium-ionen stammen aus den Gewebe-flüssigkeiten, während das gemeinsame Vorkommen von Glykogen und Phosphomonoesterase in den Ossifikations-zonen dafür spricht, daß es hauptsächlich phosphorylierte Abbau-produkte des Glykogens (Glucosephosphate) sind, welche als Phosphorsäure-lieferanten für die Calciumphosphat-bildung in Frage kommen.

Die Anwesenheit der Phosphomonoesterase ist für die Ossifikation allerdings nicht unbedingt erforderlich, da nachgewiesen werden konnte, daß die Verkalkung der Knochen, wenn auch unvergleichlich langsamer, auch ohne das Ferment vor sich gehen kann. Es ist bemerkenswert, daß der Gehalt an diesem Ferment in den Knochen rachitischer Tiere bedeutend höher liegt als in den Knochen normaler Kontroll-tiere. Ein derartig gesteigertes Vorkommen ist allerdings kein spezifisches Zeichen für Rachitis, sondern ein allgemeines Indiz für eine krankhafte Überfunktion der Osteoblasten, der an der Knochen-bildung beteiligten Zellen.

Zwischen dem Ferment des Typus I im Knochen und dem entsprechenden Enzym im Serum dürften sehr nahe Beziehungen bestehen, da bei gewissen mit Überfunktion der Osteoblasten verbundenen Knochen-erkrankungen eine Erhöhung des Ferment-spiegels im Serum beobachtet werden kann; dieser leicht durchführbaren Prüfung kommt hier diagnostische Bedeutung zu. Es muß allerdings erwähnt werden, daß auch bestimmte Leber-erkrankungen eine ähnliche Vermehrung des Ferments im Serum zur Folge haben.

Insbesondere bei Obstruktion der Gallenwege (Cholelithiasis, Carcinom u. a.) finden sich sehr hohe Konzentrationen der Phosphomonoesterase vom Typus I im Serum. Nach BODANSKY und JAFFE[3] sowie ARMSTRONG, KING und HARRIS[4] wird durch eine vollständige Ligatur des *Ductus choledochus* das Auftreten extrem hoher Werte für das Ferment im Serum hervorgerufen. Durch Bestimmung der Enzymkonzentration im Serum oder Plasma läßt sich eine Differenzierung zwischen akutem Stauungs-icterus und hämolytischem Icterus durchführen. Im erstgenannten Fall sind die Phosphomonoesterase-werte stark erhöht, während der hämolytische Icterus auch bei schweren Formen normale Enzym-konzentrationen zeigt, da kein primärer Leberschaden vorliegt.

Eine heute noch ungeklärte Rolle scheinen Enzyme dieses Typus bei der Zellteilung und der embryonalen Entwicklung zu spielen. Mit Hilfe der cytochemischen Methode von GOMORI (vgl. S. 85) konnte erstmalig KRUGELIS[5] den Nachweis erbringen, daß die Chromosomen in mitoseaktiven Zellen bei Mäusen eine Phosphomonoesterase vom Typus I enthalten. Aus späteren Arbeiten geht hervor, daß in den Zellen der Speicheldrüsen der Taufliege *Drosophila* das Ferment in den Chromosomen in Bändern angeordnet zu sein scheint, welche mit den sog. FEULGEN-positiven Zonen mehr oder minder übereinstimmen. Da bekanntlich die Färbung nach FEULGEN die Lokalisation der Desoxypentosenucleinsäure anzeigt, ist also die Phosphomonoesterase mit diesem wesentlichen Bestandteil der Chromosomen vergesellschaftet (KRUGELIS[6]; DANIELLI und CATCHESIDE[7]). Bei der Entwicklung von Embryonen von Amphibien und Hühnern konnte von mehreren Forschern (vgl. z. B. das Übersichtsreferat von MOOG, *l. c.*) beobachtet werden, daß der Enzym-gehalt im Verlauf des Entwicklungsvorgangs sehr signifikante Veränderungen erfährt, welche übrigens entsprechenden Konzentrations-veränderungen der Nucleinsäuren bzw. Nucleoproteine parallel gehen. Wenngleich auf Grund dieser Befunde noch keine Aufklärung über die Rolle der Phosphomonoesterase vom Typus I in der Zell-vermehrung und Gewebe-entwicklung gegeben werden kann, so deutet doch vieles darauf hin, daß das Ferment einen wichtigen Anteil an diesen Vorgängen

---

[1] R. ROBISON: Biochem J. **17**, 286 (1923); vgl. auch das Übersichtsreferat desselben Autors: Ergebn. Enzymforsch. **1**, 280 (1932).

[2] Übersichtsreferat J. ROCHE: Exper. **2**, 325 (1946).

[3] A. BODANSKY und H. L. JAFFE: Proc. Soc. exp. Biol. Med. **29**, 199 (1933); **31**, 107, 1179 (1933/34).

[4] A. R. ARMSTRONG, E. J. KING und W. HARRIS: Canad. med. Assoc. J. **31**, 14 (1934).

[5] E. J. KRUGELIS: J. cell. compar. Physiol. **19**, 377 (1942).

[6] E. J. KRUGELIS: Genetics **30**, 12 (1945).

[7] J. F. DANIELLI und D. G. CATCHESIDE: Nature **156**, 294 (1945).

hat und vermutlich enge mit dem Nucleinsäure-stoffwechsel verknüpft ist, von dem ja angenommen wird, daß er in wesentlicher Weise mit der biologischen Eiweiß-synthese verbunden ist.

Während, wie bereits erwähnt wurde, bisher noch kein Nachweis für die Existenz von Fermenten des Typus I in höheren Pflanzen erbracht wurde, ist das Vorkommen derartiger Enzyme in Schimmelpilzen und Mikroorganismen gesichert. Ein verhältnismäßig gut charakterisiertes Beispiel hierfür ist die in besonders wuchskräftigen Hefestämmen angereichert vorhandene Phosphomonoesterase mit alkalischem Wirkungsoptimum[1], die in jeder Hinsicht dem Typus I entspricht.

b) Phosphomonoesterasen des Typus II

Phosphomonoesterasen des Typus II finden sich weit verbreitet im Tierreich, bei höheren Pflanzen und höheren Pilzen. Über ein Vorkommen in Schimmelpilzen, Hefen und Bakterien sind hingegen bisher nur einzelne Befunde vorhanden, welche vielleicht noch der Nachprüfung bedürfen. Die Fermente dieses Typus zeichnen sich wie diejenigen des Typus I durch ihre recht geringe Spezifität aus; allgemein wird β-Glycerophosphat schneller angegriffen als das α-Isomere; dieser Unterschied tritt aber nicht so deutlich hervor wie beim Typus I. Das p_H-Optimum der Wirkung liegt um 5,5; die Enzyme dieses Typus werden durch Mg^{++} nicht aktiviert[2]. Als besonders wirksamer Hemmstoff ist Fluorid zu nennen.

Man findet Enzyme des Typus II in einer Anzahl von tierischen Organen vielfach vergesellschaftet mit isodynamen Fermenten der anderen Typen und zwar besonders in der Prostata, der Milz und der Leber, aber auch in geringeren Menge im Hirn, in der Niere und in den Nebennieren. Ein Ferment dieses Typus wird auch als einzige Phosphomonoesterase im Harn ausgeschieden.

Tabelle 30. *Phosphomonoesterase-aktivität im Serum unter pathologischen Bedingungen* (nach HINSBERG)

	Phosphomonoesterase	
	Typus I *(alkalische Phosphatase)*	Typus II *(saure Phosphatase)*
Floride Rachitis	erhöht	erhöht
Renale Rachitis	erhöht	
Osteomalacie	erhöht	
Ostitis deformans PAGET	erhöht	
Ostitis fibrosa RECKLINGHAUSEN	erhöht	
Verschluß-icterus	erhöht	
Parenchymatöser Icterus	(erhöht)	
Carcinom, Knochen-metastase	erhöht	erhöht
Knochen-sarkom, Prostata-carcinom		erhöht
Gravidität mens III und bei *Abortus imminens*	erhöht	

In höheren Pflanzen und Basidiomyceten sind Fermente des Typus II meist die einzigen Vertreter der Gruppe der Phosphomonoesterasen; besonders reich an ihnen sind öl-haltige Samen und Kartoffeln, aus welchen HELFERICH und

[1] O. HOFFMANN-OSTENHOF, H. MOSER und E. PUTZ: Exper. 4, 352 (1948); O. HOFFMANN-OSTENHOF, H. MOSER und R. EHRENREICH: Mh. Chem. 82, 295 (1951).

[2] E. BAMANN, R. RIEDEL und K. DIEDERICHS: Hoppe-Seyler's Z. physiol. Chem. 230, 175 (1934); D. R. DAVIES: Biochem. J. 28, 529 (1934).

STETTER[1] ein hochkonzentriertes Präparat herstellten. Verhältnismäßig große Mengen der Fermente sind auch in grünen Blättern zu finden. Unter den Bakterien scheinen *Clostridium acetobutylicum* und *Bacillus lacticus aerogenes* Enzyme dieses Typus zu produzieren.

Die biologische Rolle der Phosphomonoesterasen des Typus II in tierischen Geweben ist noch ziemlich ungeklärt; die hohe Konzentration in der Prostata deutet auf eine Funktion beim Stoffwechsel der Spermatozoen im Befruchtungs-vorgang; es muß allerdings erwähnt werden, daß nur beim Menschen und beim Affen in der Prostata mehr Ferment vom Typus II als solches vom Typus I vorgefunden wurde[2]. Eine Erhöhung der „sauren Phosphatase" im Serum wird heute allgemein als ein Zeichen für Prostata-carcinom als Metastase einer Neubildung im Knochen angesehen. Prostata-carcinom allein wie auch andere Erkrankungen dieser Drüse bleiben meist ohne Einfluß auf den Gehalt des Ferments im Serum; hingegen werden häufig Erhöhungen bei Überfunktionen der Parathyreoidea (Nebenschilddrüse) und bei *Ostitis deformans* PAGET, nicht aber bei anderen Knochen-erkrankungen beobachtet.

c) Phosphomonoesterasen des Typus III

Die Verbreitung der Phosphomonoesterasen des Typus III ähnelt in vieler Hinsicht derjenigen des Typus I. Fermente dieser Art finden sich in vielen tierischen Geweben, so besonders in der Leber, der Milz, den Erythrozyten, weiters in Basidiomyceten, Schimmelpilzen und Hefen. Nach THOAI[3] enthält auch die Sojabohne ein Ferment dieses Typus, das aber erst nach Ausschaltung eines natürlichen Hemmstoffes zur Wirkung kommt. Das p_H-Optimum der Wirkung liegt zwischen 3,0 (Hepatopankreas und Nieren der Schnecke[4]) und 4,2 (Hefe[5]). Auch diese Enzyme haben eine größere Affinität zu β-Glycerophosphat als zu α-Glycerophosphat; sie scheinen aber allgemein eine noch geringere Spezifität zu zeigen als die bisher behandelten isodynamen Fermente; Untersuchungen mit einem ziemlich hochgereinigten Präparat aus Oberhefe lassen vermuten, daß dieses Oberhefe-enzym nicht nur als Phosphomonoesterase, sondern auch als Polyphosphatase agieren kann, denn das Präparat, welches alle Anzeichen der enzymatischen Einheitlichkeit zeigt, ist zur Spaltung von Pyrophosphat, Adenosintriphosphat und Metaphosphat ebenso imstande wie zur Hydrolyse von Monoestern der Phosphorsäure[6]. Magnesium-ionen hemmen die Wirkung des Ferments, weitere Hemmstoffe sind Fluorid, Arsenat, während Cystein aktiviert.

Über die biologische Bedeutung dieser Gruppe der Phosphomonoesterasen ist noch kaum etwas bekannt.

d) Phosphomonoesterasen des Typus IV

Die Phosphomonoesterasen des Typus IV finden sich neben anderen isodynamen Fermenten in den Erythrozyten[7], in der Unterhefe[8], in Schimmelpilzen (Takadiastase) und schließlich in manchen Bakterien (*Propionibacterium Jenseni*). Während die bisher geschilderten Phosphomonoesterasen durchwegs β-Glycerophosphat schneller spalten als das α-Isomere, verhält es sich hier umgekehrt; dieser Spezifitäts-unterschied ist so ausgeprägt, daß man bei der Entdeckung dieser Fermente annahm, ein vergleichsweise sehr spezifisches Enzym,

[1] B. HELFERICH und H. STETTER: Liebig's Ann. Chem. **558**, 234 (1947).
[2] A. B. GUTMANN und E. B. GUTMANN: Proc. Soc. exp. Biol. Med. **39**, 529 (1938).
[3] NG.-VAN THOAI: Bull. Soc. Chim. biol. **24**, 1 (1942).
[4] P. KARRER und R. FREULER: Festschrift A. TSCHIRCH. S. 421. Zürich 1926.
[5] O. HOFFMANN-OSTENHOF, H. MOSER und F. NEUMANN: Mh. Chem. **81**, 708 (1950).
[6] O. HOFFMANN-OSTENHOF: Abstr. XIIth intern. Congr. pure appl. Chem. S. 119. New York. 1951.
[7] J. ROCHE: Bull. Soc. chim. biol. **12**, 636 (1930); J. ROCHE und E. BULLINGER: Enzymologia **7**, 278 (1939).
[8] A. SCHÄFFNER und E. BAUER: Hoppe-Seyler's Z. physiol. Chem. **232**, 66 (1935).

eine α-Glycerophosphatase, vor sich zu haben. Spätere Arbeiten haben aber gezeigt, daß die Fermente des Typus IV auch zur Spaltung verschiedener anderer Monoester der Phosphorsäure imstande sind. Das Ferment aus den Erythrozyten unterscheidet sich in manchen wesentlichen Eigenschaften von dem Unterhefe-enzym; so liegt bei dem erstgenannten Ferment das p_H-Optimum der Wirkung zwischen 5,0 und 6,2, während das Hefe-enzym etwa beim Neutralpunkt optimal wirkt. Das Erythrozyten-enzym ist weitaus labiler und durch Magnesium-ionen schwächer aktivierbar als das Ferment aus Unterhefe; während das erstgenannte Enzym durch Mangan-ionen, Cystein und Glutathion stark aktiviert wird, sind die Thiole Inhibitoren des Unterhefe-fermentes. Trotz dieser nicht unwesentlichen Unterschiede bestehen allerdings genügend Gemeinsamkeiten, um die einzelnen Vertreter der Gruppe als Varianten eines bestimmten Typus anzusehen.

Auch über die biologische Bedeutung der Phosphomonoesterasen des Typus IV ist so gut wie nichts bekannt.

Tabelle 31. *Verteilung der isodynamen gruppen-spezifischen Phosphomonoesterasen in verschiedenen tierischen Organen, Pflanzen und Mikroorganismen* (nach ROCHE und COURTOIS, *l. c.*)

Ursprung	Typen			
	I	II	III	IV
Säugetier-gewebe und Organ-flüssigkeiten				
Hirn	++	+	o	o
Leber	+	++	+	o
Milchdrüse	++	—	—	—
Erythrozyten	+	o	+	++
Darm-schleimhaut	++	(+)	(+)	o
Milch	++	+	—	—
Knochen	++	o	o	o
Prostata	(+)	++	o	o
Milz	++	++	o	o
Niere	++	+	+	o
Serum	++	+	+	o
Urin	o	++	o	o
Pflanzen				
Reis	o	++	+	o
Kartoffel	o	++	o	o
Getreidekörner	o	++	+	—
Basidiomyceten	o	++	+	—
Mikroorganismen				
Oberhefe	+	o	++	o
Unterhefe	(+)	o	+	+
Bakterien	+	+	—	—
Aspergillus oryzae	o	++	+	—

++ Hohe Aktivität.
+ Leicht nachweisbar.
(+) Geringe Aktivität.
o Nicht vorhanden.
— nicht geprüft.

III. Phosphomonoesterasen mit engerem Spezifitäts-bereich

Neben den beschriebenen gruppen-spezifischen Phosphomonoesterasen scheint es auch Fermente zu geben, welche gegenüber einzelnen Phosphorsäure-estern eine absolute oder zumindest sehr eingeschränkte relative Spezifität aufweisen.

a) Hexosediphosphatasen

Die Existenz einer spezifisch auf Hexosediphosphat (Fructose-1,6-diphosphat, FDP) wirkenden Phosphomonoesterase konnte von GOMORI[1] sichergestellt werden. Das von diesem Forscher aus Niere und Leber verschiedener Tiere gewonnene Präparat wird nach selektiver Zerstörung anderer Phosphomonoesterasen durch Extraktion mit einer Lactat-pufferlösung von p_H 3,5 isoliert und zeigt gegenüber Glycerophosphaten und Phenolphosphat kaum irgend welche Spaltwirkung, ist aber imstande, den Phosphat-rest in 1-Stellung vom Hexosediphosphat abzuspalten. Das p_H-Optimum der Enzymwirkung ist 9,7; das Ferment läßt sich durch Mg^{++} aktivieren.

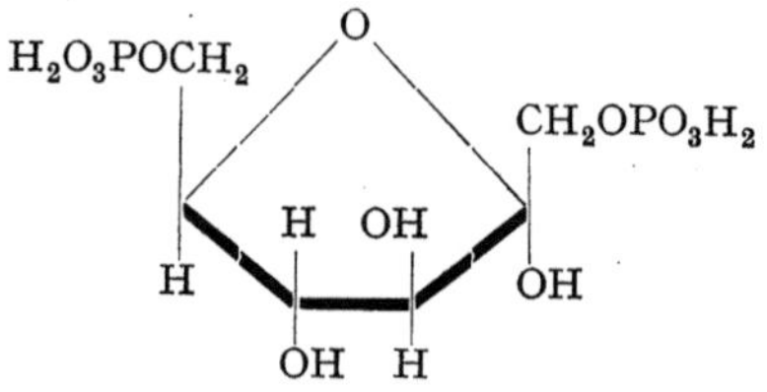

Hexosediphosphat
(Fructose-1,6-diphosphat, FDP, HARDEN-YOUNG-Ester)

Die biologische Bedeutung des Enzyms ist noch unbekannt.

b) Spezifische Nucleotidasen

Zur Abspaltung von Phosphat-resten aus Mononucleotiden sind wohl alle isodynamen unspezifischen Phosphomonoesterasen imstande; REIS[2] berichtet aber über die Isolierung einer spezifischen Phosphomonoesterase aus Säugetier-gewebe, die schnell Muskel-adenylsäure (Adenosin-5′-phosphat, AMP) und die entsprechende Inosinsäure spaltet, auf die Hefe-adenylsäure (Adenosin-3′-phosphat) hingegen kaum irgend eine Wirkung hat. Nach GULLAND und JACKSON[3], welche die Beobachtung bestätigen konnten, verschwindet aber dieser Unterschied nach Dialyse des Enzym-präparats. Beide Substrate werden dann gleich schnell hydrolysiert.

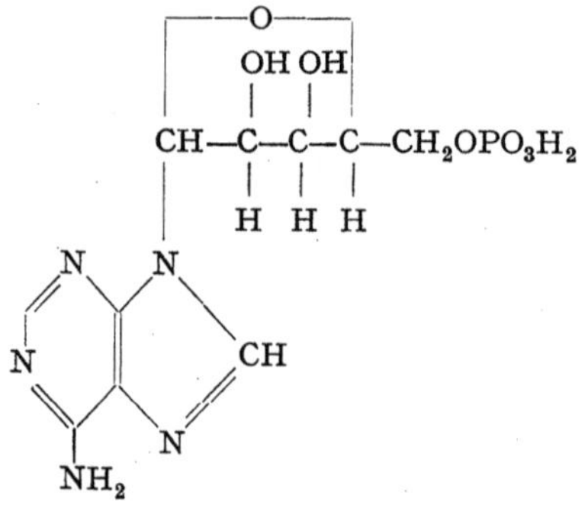

Muskel-adenylsäure (AMP)

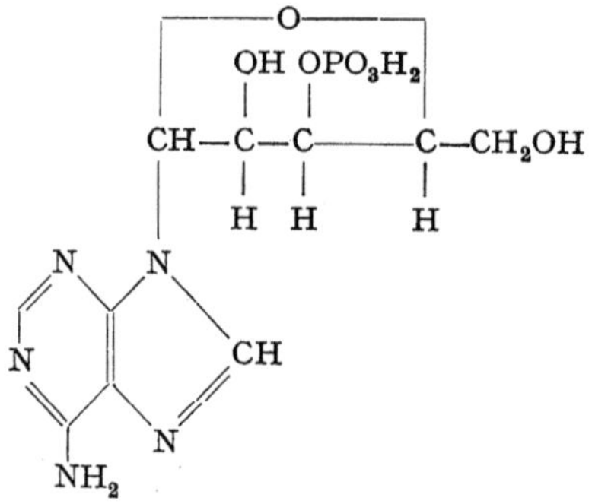

Hefe-adenylsäure

HEPPEL und HILMOE[4] führten vor kurzem eine Reinigung eines Ferments mit 5′-Nucleotidase-wirkung aus dem Samenplasma des Stieres durch. Die gereinigte Präparation war

[1] G. GOMORI: J. biol. Chem. 148, 139 (1943).
[2] J. REIS: Enzymologia 2, 183 (1937).
[3] J. M. GULLAND und E. M. JACKSON: Biochem. J. 32, 590 (1938).
[4] L. A. HEPPEL und R. J. HILMOE: J. biol. Chem. 188, 665 (1951).

gegen Cytidin-5′-phosphat, Uridin-5′-phosphat, AMP, Nicotinamidmononucleotid und Ribose-5-phosphat aktiv, während Hefe-adenylsäure und sog. *a*-Nucleotide nicht angegriffen werden. Fermente der gleichen Spezifität ließen sich auch in Schlangengiften und in der Kartoffel nachweisen.

Durch Trennung mit Hilfe von Ionen-austauschern können aus Nucleinsäure-hydrolysaten isomere Nucleotide erhalten werden, die sich untereinander nur durch die Stellung des Phosphat-restes im Ribose-anteil unterscheiden[1]. Eine exakte Zuordnung konnte bisher noch nicht getroffen werden, weshalb man heute von *a*-Nucleotiden und von *b*-Nucleotiden spricht. Vermutlich befindet sich der Phosphat-rest der *a*-Nucleotide in 2-Stellung, derjenige der *b*-Nucleotide in 3-Stellung.

Diese beiden Reihen der Nucleotide werden durch verschieden spezifische Fermente angegriffen. Kornberg und Pricer[2] stellten vor einiger Zeit eine Enzym-präparation aus Kartoffeln her, welche bei *p*H 5,0 sowohl AMP (Adenosin-5′-phosphat) als auch *a*-Adenylsäure und *b*-Adenylsäure hydrolysiert. Bei *p*H 9,4 werden aber nur AMP und *b*-Adenylsäure angegriffen.

In letzter Zeit gelang es Shuster und Kaplan[3], aus verschiedenen pflanzlichen Materialien ähnliche Präparate zu gewinnen, aus denen sie Fermente abtrennen konnten, die sowohl Pyrimidin- als auch Purin-*b*-nucleotide spalten, während *a*-Nucleotide und 5′-Nucleotide nicht angegriffen werden. Die *b*-Nucleotidasen haben *p*H-Optima bei 7,5; ihre Wirksamkeit wird sowohl durch 5′-Nucleotide als auch durch *a*-Nucleotide kompetitiv gehemmt.

c) Phytasen

Obwohl die hydrolytische Spaltung des Phytins die erste Wirkung einer Phosphomonoesterase war, die jemals beobachtet wurde (vgl. S. 192), ist die Frage, ob es wirklich spezifische Phytasen gibt, bis heute nicht eindeutig geklärt.

Phytin, ein Hexaphosphorsäure-ester des *myo*-Inosits, ist bei Pflanzen ein weitverbreiteter Reservestoff.

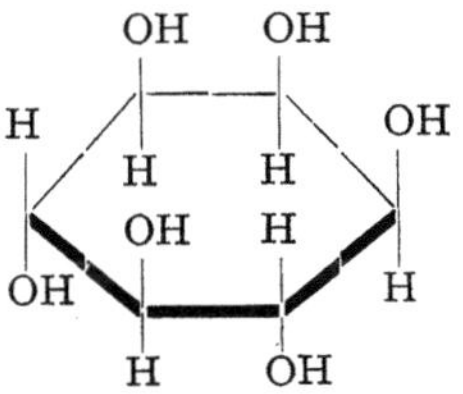

myo-Inosit

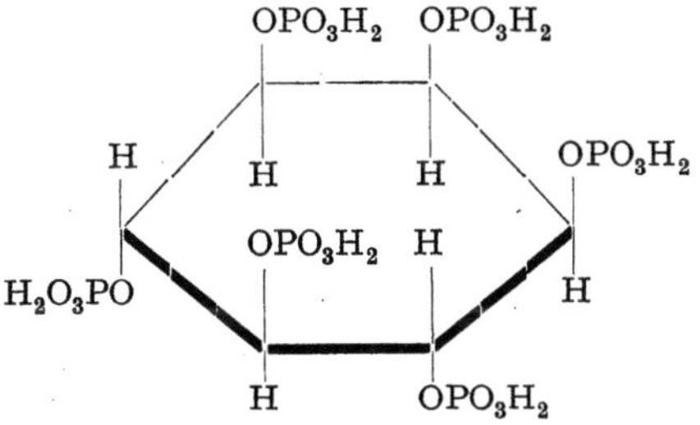

Phytin

Die isodynamen unspezifischen Phosphomonoesterasen sind nicht zur Spaltung des Phytins befähigt; in Weizenkleie, Malz-extrakt, Kartoffeln, Zuckerrüben und auch in der Takadiastase ist aber ein Ferment enthalten, welches Phytin spaltet. Fleury und Courtois[4] sind nun der Auffassung, daß es pflanzliche Phosphomonoesterasen gibt, welche neben der Fähigkeit zur Spaltung sämtlicher bekannter Substrate der isodynamen Phosphomonoesterasen auch zur Spaltung des Phytins imstande sind. Nach den Versuchen dieser Forscher wäre es allerdings nicht vollständig auszuschließen, daß die Phytasen selbständige spezifische Fermente sind, welche immer nur mit einer Phosphomonoesterase des Typus II vergesellschaftet vorkommen und von dieser bisher noch nicht zu trennen waren. Das *p*H-Optimum der Phytase-wirkung liegt zwischen 5,0 und 6,0.

---

[1] C. E. Carter und W. E. Cohn: Federation Proc. 8, 190 (1949); W. E. Cohn: J. cell. compar. Physiol. 38, Suppl. 1, 21 (1951).
[2] A. Kornberg und W. E. Pricer, Jr.: J. biol. Chem. **186**, 557 (1950).
[3] L. Shuster und N. O. Kaplan: Ibid. **201**, 535 (1953).
[4] P. Fleury und J. Courtois: Helv. chim. Acta **29**, 1297 (1946).

Die Fähigkeit getrockneter Hefe, bei Schweinen Rachitis hervorzurufen, wurde von HOFF-JØRGENSEN[1] der Existenz eines spezifischen Inhibitors der Phytase in der Hefe zugeschrieben. Spätere Untersuchungen von DE MAN[2] konnten aber zeigen, daß die Phytase-hemmung durch anorganisches Phosphat verursacht wird.

Der Abbau des Phytins durch die Phytasen führt zuerst zu weniger phosphorylierten Estern des *myo*-Inosits, welche im Gegensatz zu diesem optische Aktivität zeigen.

d) Acylphosphatasen

In tierischem Gewebe finden sich Enzyme, welche Acetylphosphat und seine höheren Homologen (Propionylphosphat, Butyrylphosphat usw.) zu Orthophosphat und der freien Säure spalten[3].

$$\underset{\text{Acetylphosphat}}{CH_3COOPO_3H_2} + H_2O \rightarrow CH_3COOH + H_3PO_4$$

Die Acylphosphate sind keine Phosphorsäure-ester, sondern müssen als gemischte Anhydride der Phosphorsäure und der Carbonsäuren aufgefaßt werden.

Die Acylphosphatasen, welche sich in besonders hoher Konzentration im Muskel und in der Leber nachweisen lassen, scheinen basische Proteine zu sein; sie werden durch Trichloressigsäure kaum angegriffen und vertragen längeres Kochen bei *p*H 3 bis 4. Ihre Aktivität wird durch verschiedene Anionen, darunter besonders Phosphat, Pyrophosphat, Hexosephosphate, Nucleinsäuren und Hyaluronsäure, gehemmt; geringere inhibitorische Wirkungen haben auch Citrat, Sulfat, Oxalat und schließlich Fluorid.

Es ist sicher, daß wir es hier mit einer selbständigen Gruppe von Enzymen zu tun haben, die nicht mit den gruppen-spezifischen Phosphomonoesterasen identisch sind; sowohl die Verteilung als auch die Beeinflussung durch verschiedene Effektoren der beiden Enzymtypen unterscheiden sich wesentlich.

e) Glucose-6-phosphatasen

Für die Existenz spezifischer Glucose-6-phosphatasen in der Leber sprechen Befunde von BROH-KAHN und MIRSKY[4] und anderen Autoren[5]. Es scheint, daß die Hydrolyse des Glucose-6-phosphats vor allem durch diesen Enzymtypus und nicht durch eine der üblichen isodynamen Phosphomonoesterasen, an welchen die Leber ja keinen Mangel hat, katalysiert wird.

BROH-KAHN und MIRSKY[4] schreiben dem Ferment eine wesentliche Rolle bei dem Zustandekommen des *Diabetes mellitus* (Zuckerkrankheit) zu; in der Leber diabetischer Organismen sollte die Reaktionsgeschwindigkeit der Dephosphorylierung von Glucose-6-phosphat diejenige der durch ATP→ Glucose-transphosphatase *(Glucokinase)* katalysierten Übertragung eines Phosphat-restes von Adenosintriphosphat auf Glucose übersteigen, während im normalen Organismus die Verhältnisse umgekehrt liegen müßten. Eine Beeinflussung der Hydrolyse von Glucose-6-phosphat durch Insulin konnte allerdings *in vitro* nicht festgestellt werden.

Nach CORI und CORI[6] ist bei der sog. Glykogen-speicher-krankheit (VON GIERKE) in der Leber die Glucose-6-phosphatase-aktivität sehr stark vermindert;

---

[1] E. HOFF-JØRGENSEN: Nature **159**, 99 (1947).

[2] T. J. DE MAN: Ibid. **162**, 574 (1948).

[3] S. SHAPIRO und E. WERTHEIMER: Ibid. **156**, 690 (1945); F. LIPMANN: Adv. Enzymology **6**, 231 (1946).

[4] R. H. BROH-KAHN und A. E. MIRSKY: Arch. Biochem. **16**, 87 (1948).

[5] C. DE DUVE, J. BERTHET, H. G. HERS und L. DUPRET: Abstr. 1st internat. Congr. Biochem., S. 401. Cambridge 1949; Bull. Soc. chim. biol. **32**, 20 (1950); M. SWANSON: J. biol. Chem. **184**, 647 (1950); G. T. CORI und C. F. CORI: Ibid. **199**, 661 (1952).

[6] G. T. CORI und C. F. CORI: J. biol. Chem. **199**, 661 (1952); C. F. CORI: In „Carbohydrate Metabolism", herausgegeben von V. A. NAIJAR, S. 3. Baltimore: John Hopkins Press. 1952.

bei diesem Zustand ist die Mobilisierung der Glucose aus Glykogen, welche über Glucose-6-phospat erfolgt, gehemmt.

f) Phosphomonoesterasen fraglicher individueller Spezifität

Von verschiedenen Forschern wurde die Existenz weiterer spezifischer Phosphomonoesterasen postuliert. Es muß aber nach den bisherigen Befunden angenommen werden, daß die diesen Enzymen zugeschriebenen Wirkungen in Wahrheit von den gruppen-spezifischen Phosphomonoesterasen verursacht werden. Dies gilt insbesondere für die sogenannte Amylophosphatase, welche die in Stärke-präparaten esterartig gebundene Phosphorsäure abspalten soll und vielleicht ebenso für eine sogenannte Proteinphosphatase[1].

IV. Phosphodiesterasen

Die Gruppe der Phosphodiesterasen ist weitaus weniger gut erforscht als die Phosphomonoesterasen. Es scheint, daß in der Natur Phosphodiesterasen eine ziemlich weite Verbreitung haben, aber meist vergesellschaftet mit Phosphomonoesterasen vorkommen, von denen sie bisher nur in seltenen Fällen abgetrennt wurden. UDAGAWA[2] gelang es, sowohl aus tierischem Gewebe als auch aus Takadiastase Ferment-präparate zu isolieren, welche nur Diesterase-wirkung zeigten, d. h. sie spalteten aus Diphenylphosphat nur ein Molekül Phenol ab, so daß Phenolphosphat übrigblieb. Im Serum soll es drei isodyname Phosphodiesterasen geben, deren p_H-Optima bei 4,5, 6,8 und 8,5 liegen[3].

Ein besonders reiches Vorkommen von Phosphodiesterasen findet sich in manchen Schlangengiften und bakteriellen Toxinen. UZAWA[4] und GULLAND und JACKSON[5] fanden in den Giften verschiedener Schlangenarten Phosphodiesterasen, welche nur durch kleine Beimengungen von Phosphomonoesterase verunreinigt waren. Nach UDAGAWA[2] zeigt ein aus der in Japan vorkommenden Schlange „Habu" *(Trimeresurus flavoviridis)* gewonnenes Ferment bei der Hydrolyse von Lecithin insoweit eine von den Phosphodiesterasen anderer Herkunft verschiedene Spezifität, als die „Habu-diesterase" Lecithin (und Lysolecithin) in freies Cholin und Glycerophosphat spaltet, während z. B. die Phosphodiesterase aus Taka als Endprodukte Di-fettsäure-glycerid und Cholinphosphat ergibt.

$$
\begin{array}{l}
H_2COOCR \\
| \\
HCOOCR' \\
|\quad\quad O \\
|\quad\quad\uparrow \\
H_2CO \,\vdots\, -P- \,\vdots\, OCH_2CH_2N(CH_3)_3OH \\
\quad\quad\quad | \\
\quad\quad II\ OH\ I
\end{array}
$$

Lecithin

I Spaltstelle bei Einwirkung von „Habu-diesterase"

II Spaltstelle bei Einwirkung von Taka-phosphodiesterase

MACFARLANE und KNIGHT[6] konnten zeigen, daß das α-Toxin von *Clostridium welchii (perfringens)* ebenfalls eine starke Phosphodiesterase-wirkung gegenüber Lecithin zeigt, die in ihrer Spezifität dem Enzym aus Taka-diastase entspricht.

Außer Lecithin wird auch Sphingomyelin angegriffen[7]; hingegen werden Phosphatidylserin, Lysolecithin, Ochsenhirn-cerebroside, Glycerylphosphorylcholin[7], Nucleinsäuren oder Diphenylphosphat[8] nicht hydrolysiert. Es scheint sich somit um eine Phosphodiesterase mit weitgehend eingeschränkter Spezifität zu handeln; dementsprechend wird das Ferment in der Literatur vielfach als

---

1 Vgl. aber B. NORBERG: Acta chem. Scand. **4**, 1206 (1950); sowie H. MATTENHEIMER: Hoppe-Seyler's Z. physiol. Chem. **292**, 276 (1953).
2 U. UDAGAWA: J. Biochem. **22**, 323 (1936).
3 P. FLEURY, J. COURTOIS und M. PLUMEL: Bull. Soc. chim. biol. **32**, 40 (1950).
4 S. UZAWA: J. Biochem. **15**, 1 (1932).
5 J. M. GULLAND und E. M. JACKSON: Biochem. J. **32**, 590 (1938).
6 M. G. MACFARLANE und B. C. G. KNIGHT: Ibid. **35**, 884 (1941).
7 M. G. MACFARLANE: Ibid. **42**, 587 (1948).
8 P. G. ZAMECNIK, L. E. BREWSTER und F. LIPMANN: J. exp. Med. **85**, 381 (1947).

„Lecithinase C“ oder „Phospholipase C“ bezeichnet. Der hier verwendeten Nomenklatur würde der Name Lecithin-phosphodiesterase I entsprechen.

Es ist mit Sicherheit anzunehmen, daß die toxische Wirkung des α-Toxins gegenüber dem Organismus eben auf seiner Wirkung gegenüber Lecithin beruht, welches ja als wichtiger Baustein insbesondere der Zellmembranen eine Rolle spielt. Sämtliche bisher bekannten Wirkungen des α-Toxins von *Clostridium welchii* dürften sich durch die spezifische Wirkung gegenüber dem Lecithin erklären lassen. Spezifische Antisera sind imstande, die Lecithin-hydrolyse durch α-Toxin zu hemmen.

Enzyme gleicher Spezifität finden sich auch in anderen *Clostridium*-Arten (*Cl. oedematiens*, Typen A und B, *Cl. haemolyticum*, *Cl. sporogenes*, *Cl. sphenoides* und *Cl. sordelli*).

Spezifische Enzyme, welche an Spaltstelle I im Lecithin angreifen, finden sich in verschiedenen pflanzlichen Materialien[1]. Sie setzen aus Lecithin Cholin frei. Die üblichen Bezeichnungen für Enzyme dieser Spezifität sind „Lecithinase D“ und „Phospholipase D“; den hier berichteten Nomenklatur-prinzipien entspricht der Name Lecithin-phosphodiesterase II.

C. Nucleasen[2]

Wie bereits erwähnt wurde, müßten entsprechend unseren derzeitigen Vorstellungen über den Aufbau der Nucleinsäuren die Nucleinsäure depolymerisierenden Fermente systematisch zu den Phosphodiesterasen gezählt werden. Andrerseits zeigen die Nucleasen einige Eigenschaften, die von denjenigen der übrigen Phosphoesterasen sehr stark verschieden sind und sie werden dementsprechend in den meisten Hand- und Lehrbüchern der Enzymologie in gesonderten Kapiteln abgehandelt. Durch die Besprechung im Anhang des Kapitels über Phosphoesterasen soll hier die wahrscheinliche Zugehörigkeit der Nucleasen zu den Phosphodiesterasen betont werden.

Entsprechend der chemischen Konstitution der angegriffenen Substrate, der Ribonucleinsäure und der Desoxyribonucleinsäure, können wir grundsätzlich zwei Gruppen von Nucleasen unterscheiden: Ribonucleasen und Desoxyribonucleasen; Fermente der einen Gruppe sind nicht imstande, die Substrate der anderen Gruppe anzugreifen.

I. Ribonucleasen

Ein Ferment, dessen spezifische Wirkung die Depolymerisierung der Ribonucleinsäure ist, wurde erstmalig von Jones[3] im Pankreas nachgewiesen. Enzyme gleichartiger Wirkung sind sehr weit verbreitet; sie kommen in den verschiedensten tierischen Geweben vor; Drüsen-gewebe scheint am meisten Ribonucleasen zu enthalten. Auch pflanzliche Fermente der gleichen Wirkung sind bekannt; weiters ist ein Vorkommen in Bakterien mit Sicherheit nachgewiesen. Es muß angenommen werden, daß entsprechend der Verbreitung des Substrats in der gesamten belebten Welt auch dieser Enzymtypus ubiquitär vorkommt,

---

[1] D. J. Hanahan und I. L. Chaikoff: J. biol. Chem. **168**, 233; **169**, 699 (1947); **172**, 191 (1948).

[2] Handbuchartikel und Übersichtsreferate: M. Laskowski: in „The Enzymes“, herausgegeben von J. B. Sumner und K. Myrbäck, Bd. I/2, S. 956. New York: Academic Press. 1951. F. Schlenk: Adv. Enzymology **9**, 455 (1949); E. Chargaff: Exper. **6**, 201 (1950); weiters die Monographie von J. N. Davidson: The Biochemistry of the Nucleic Acids, London: Methuen. 1950.

[3] W. Jones: Amer. J. Physiol. **52**, 203 (1920).

so daß systematische Studien sicherlich Ribonucleasen verschiedensten Ursprungs zutage fördern könnten.

Obgleich, wie wir weiter unten ausführlicher berichten werden, hochgereinigte Enzym-präparate verfügbar sind, ist der derzeitige Stand unseres Wissens über den Mechanismus der Ribonucleinsäure-depolymerisation noch recht unbefriedigend, was allerdings zu einem guten Teil der Tatsache zuzuschreiben ist, daß die Struktur-aufklärung der Ribonucleinsäuren auf sehr große Schwierigkeiten stößt.

Nach der zur Zeit angenommenen Konstitution der Nucleinsäuren ist die Wirkung der Ribonucleasen nur als eine Hydrolyse von Phosphorsäure-brücken in Art einer Phosphodiesterase vorstellbar. Die enzymatische Depolymerisierung der Ribonucleinsäure bringt das Auftreten primärer Phosphorsäure-gruppen mit sich; es wird aber keine freie Phosphorsäure gebildet.

Das Enzym aus Pankreas, welches Ribonucleinsäure hydrolysiert, wurde in letzter Zeit eingehend auf seine Spezifität untersucht. Dabei wurde von Bacher und Allen[1] festgestellt, daß während des enzym-katalysierten Abbaus der Ribonucleinsäure das Verhältnis zwischen dialysablen Purin- und Pyrimidinbestandteilen insofern verändert wird, als weitaus mehr Pyrimidin-nucleotide freigesetzt werden als Purin-nucleotide. Es bleibt schließlich ein für das Ferment nicht mehr angreifbares „Grenz-polynucleotid" zurück, das fast alle Purinbestandteile der ursprünglichen Nucleinsäure, aber kaum mehr Pyrimidin-reste enthält.

Durch Untersuchungen mit Hilfe moderner Methoden wurde von verschiedenen Forschern[2] gezeigt, daß als Endprodukte der Reaktion zwischen Pankreasribonuclease und Ribonucleinsäure drei verschiedene Fraktionen erhalten werden:

1. Mononucleotide, und zwar fast nur Uridylsäure und Cytidylsäure, hingegen überhaupt keine Purin-nucleotide.

2. Dialysable Oligonucleotide; diese bestehen meist aus Verbindungen zwischen Purin- und Pyrimidin-mononucleotiden. Hier findet sich vor allem der größte Teil der im ursprünglichen Substrat enthaltenen Adenylsäure, weiters in geringeren Mengen Guanylsäure und sehr wenig Cytidylsäure und Uridylsäure.

3. „Grenz-polynucleotide"; diese enthalten den größten Teil der im Substrat vorhandenen Guanylsäure. Das Verhältnis zwischen Guanylsäure und anderen Nucleotiden ist etwa 2 : 1[3].

Zur Erklärung dieser Verhältnisse kann man entweder annehmen, daß die Pankreas-ribonuclease spezifisch nur Bindungen zwischen Pyrimidin-nucleotidresten hydrolysiert, oder daß das Enzym alle Bindungen außer solchen, die Guanylsäure einbeziehen, spaltet. Für die zweite Hypothese spricht vor allem, daß die Ribonucleinsäure der Pankreas-drüse selbst, welche besonders reich an Guanylsäure-resten ist, gegen die Ribonuclease aus demselben Organ resistent ist.

---

[1] J. E. Bacher und F. W. Allen: J. biol. Chem. **183**, 633 (1950).

[2] H. S. Loring, F. H. Carpenter und P. M. Roll: Ibid. **169**, 601 (1947); G. Schmidt, R. Cubiles, B. H. Swartz und S. J. Thannhauser: Ibid. **170**, 759 (1947); S. E. Kerr, K. Seraidarian und M. Wargon: Ibid. **181**, 773 (1949); G. Schmidt, R. Cubiles, N. Zöllner, L. Hecht, N. Strickler, K. Seraidarian, M. Seraidarian und S. J. Thannhauser: Ibid. **192**, 715 (1951); C. E. Carter und W. E. Cohn: J. Amer. chem. Soc. **72**, 2604 (1950); R. Markham und J. D. Smith: Research **4**, 344 (1951); P. Boulanger, J. Montreuil und L. Masse: C. R. Acad. Sci. Paris **232**, 1256 (1951); vgl. auch E. Chargaff: J. cell. compar. Physiol. **38**, Suppl. 1, 41 (1951); G. Schmidt, R. Cubiles und S. J. Thannhauser: Ibid. **38**, Suppl. 1, 61 (1951); W. E. Cohn, D. G. Doherty und E. Volkin: In „Phosphorus Metabolism", herausgegeben von W. D. McElroy und B. Glass, Bd. II, S. 339. Baltimore: John Hopkins Press. 1952.

[3] B. Magasanik und E. Chargaff: Biochim. biophys. Acta **7**, 396 (1951).

Interessanterweise sind aber ungereinigte Extrakte aus der Pankreas-drüse wohl imstande, Ribonucleinsäuren verschiedenster Herkunft komplett, d. h. bis zu den Mononucleotiden, zu hydrolysieren. Dies läßt darauf schließen, daß im Pankreas außer dem beschriebenen Ferment noch zumindest ein zweites Enzym vorhanden ist; dessen Aufgabe wäre es, die Bindungen zu hydrolysieren, welche von der geschilderten Ribonuclease nicht angegriffen werden. SCHMIDT und Mitarbeiter[1] postulieren deshalb die Existenz eines Ferments im Pankreas, welches imstande sei, Bindungen zwischen Purin-nucleotid-resten anzugreifen. Ein Enzym dieser Spezifität soll auch in der Milz vorkommen.

Die Frage der Spezifität der Ribonucleasen wird durch Beobachtungen aus der letzten Zeit, daß auch Substrate gespalten werden können, welche nicht direkt als Ribonucleinsäure bezeichnet werden können, kompliziert. So berichten ZAMENHOF und Mitarbeiter[2], daß ein Polyribosephosphat, das als typen-spezifisches Antigen in *Haemophilus influenzae* Typus b vorkommt, durch hochgereinigte Pankreas-ribonuclease langsam hydrolysiert wird. Nach Angaben verschiedener Forscher[3] wird auch desaminierte Ribonucleinsäure von demselben Ferment angegriffen.

KUNITZ[4] gelang eine Darstellung eines kristallisierten Präparates von Ribonuclease aus Pankreas auf recht einfache Weise:

Frische Rinder-pankreas werden mit 0,25-n Schwefelsäure extrahiert und der erhaltene Extrakt mit Ammoniumsulfat bis zur 0,6fachen Sättigung versetzt; der Niederschlag enthält u. a. Trypsinogen, Chymotrypsinogen (vgl. S. 321) und Desoxyribonuclease und kann zur Herstellung dieser Fermente verwendet werden. Das Filtrat wird durch weitere Zugabe von Ammoniumsulfat auf 0,8fache Sättigung gebracht, worauf die Ribonuclease ausfällt und durch wiederholte fraktionierte Fällung zur Kristallisation gebracht werden kann. Sie läßt sich aus Alkohol umkristallisieren.

Die so erhaltene Ribonuclease enthält allerdings noch Spuren von proteolytischen Fermenten, was seinerzeit zur Annahme führte, daß die Fähigkeit zur Eiweiß-spaltung eine inhärente Eigenschaft der Ribonuclease sei. Diese Vorstellung eines Ferments mit zwei grundsätzlich verschiedenen Wirkungen konnte aber durch McDONALD[5] widerlegt werden, da es der Forscherin gelang, auf einem allerdings recht komplizierten Wege ein von proteolytischer Wirkung freies Präparat des Ferments zu erhalten.

Die kristalline Ribonuclease aus Pankreas ist ein Protein vom Albumintypus und hat das verhältnismäßig sehr niedrige Molekulargewicht von etwa 15000. Der isoelektrische Punkt liegt bei 7,8; an der gleichen Stelle der p_H-Skala ist auch das Optimum der Wirkung. Eine weitere bemerkenswerte Eigenschaft des Ferments ist seine große Thermostabilität; es verträgt kürzeres Kochen ohne wesentliche Inaktivierung. Das Temperatur-optimum seiner Wirkung liegt dementsprechend bei 65°[4].

In letzter Zeit wurde berichtet, daß kristalline Pankreas-ribonuclease-präparationen durch Chromatographie in zwei aktive Fraktionen geteilt werden können[6]. Ob die Spezifität beider Proteine dieselbe ist, wurde anscheinend noch nicht untersucht.

---

[1] G. SCHMIDT, N. ZÖLLNER, L. HECHT, R. CUBILES, M. WARGON und S. J. THANNHAUSER: Federation Proc. **9**, 224 (1950).

[2] S. ZAMENHOF, G. LEIDY, P. L. FITZGERALD, H. E. ALEXANDER und E. CHARGAFF: J. biol. Chem. **203**, 695 (1953).

[3] S. TAKEMURA: J. chem. Soc. Japan, pure Chem. Sect. **72**, 674 (1951); Chem. Abstr. **46**, 6168 (1952); L. VANDENDRIESSCHE: C. R. Trav. Lab. Carlsberg, sér. chim. **27**, 341 (1951).

[4] M. KUNITZ: J. gen. Physiol. **24**, 15 (1940); vgl. die Monographie: J. H. NORTHROP, M. KUNITZ und R. M. HERRIOTT: Crystalline Enzymes. New York: Columbia Univ. Press. 1948.

[5] M. R. McDONALD: J. gen. Physiol. **32**, 39 (1948).

[6] A. J. P. MARTIN und R. R. PORTER: Biochem. J. **49**, 215 (1951); C. H. W. HIRS, S. MOORE und W. H. STEIN: J. biol. Chem. **200**, 493 (1953).

Zur Messung der Ribonuclease-aktivität kann man nach KLEIN[1] nach Einwirkung des Ferments auf Ribonucleinsäure den nicht hydrolysierten Anteil mit Uranylacetat ausfällen und durch Vergleich des Phosphat-gehaltes des Präzipitats mit demjenigen des ursprünglichen Substrats die Enzym-wirksamkeit feststellen. Eine bequemere und wahrscheinlich auch exaktere Bestimmungs-methode ist von ZITTLE und READING[2] ausgearbeitet worden. Die bei der enzymatischen Hydrolyse der Nucleinsäure entstehenden Phosphorsäure-gruppen setzen aus einem Bicarbonat-puffer Kohlendioxyd frei, welches manometrisch gemessen wird. Mit hochgereinigten Systemen ist auch eine spektrophotometrische Verfolgung der Reaktion möglich[3].

Als Hemmstoffe der Ribonuclease-wirkung sind bisher Substanzen bekannt geworden, welche mit freien Aminogruppen reagieren, wie z. B. Formaldehyd, Ninhydrin und Phenylisocyanat.

Die biologische Bedeutung der Ribonucleasen kann heute noch nicht abgeschätzt werden. Die Allgegenwart ihrer Substrate und deren vermutete Beteiligung an der biologischen Eiweißsynthese lassen aber annehmen, daß die Rolle der Ribonucleasen im Zellstoffwechsel sehr wesentlich ist.

Eine interessante Verwendung erfahren Ribonuclease-präparate nach einem Vorschlag von BRACHET[4] bei der cytochemischen Differenzierung der Nucleinsäuren in Gewebe-schnitten und anderen mikroskopischen Präparaten. Der cytochemische Nachweis von Nucleinsäuren mit Hilfe von basischen Farbstoffen, Lanthansalzen und durch Messung der Ultraviolettabsorption erlaubt bei Vergleich von Präparaten, die mit Ribonuclease vorbehandelt wurden, mit solchen, bei denen das nicht der Fall war, eine exakte Feststellung über die Lokalisierung der beiden Nucleinsäure-typen in Zellen und Geweben.

II. Desoxyribonucleasen

Der erste Bericht über ein zur Spaltung von Desoxyribonucleinsäure geeignetes Ferment stammt bereits von LEVENE und MEDEGRECEANU[5]. Auch Enzyme dieses Typus dürften entsprechend der Allgegenwart der Desoxyribonucleinsäure in Zellkernen fast ubiquitär verbreitet sein.

Die Wirkung der Desoxyribonucleasen ist ebenso unklar wie diejenige der Ribonucleasen, obwohl das Bild, das wir über den Aufbau der Desoxyribonucleinsäuren haben, doch schon etwas weniger Unklarheiten enthält als unsere Vorstellungen über die Konstitution der Ribonucleinsäuren.

Auch hier bewirkt die enzymatische Depolymerisation die Freilegung von Phosphorsäure-gruppen, ohne daß dabei freie Phosphorsäure entsteht. Ebenso wie bei der Ribonuclease-wirkung zeigt sich auch beim Abbau der Desoxynucleinsäure, daß zwar das hochpolymere Substrat zu einem großen Teil in niedermolekulare, dialysable Anteile gespalten wird, daß sich aber ein gewisser Teil des ursprünglichen Substrats gegenüber dem Ferment als resistent erweist. In einer sehr exakten Untersuchung dieser Verhältnisse fanden ZAMENHOF und CHARGAFF[6], daß bei enzymatischem Abbau von Desoxyribonucleinsäure aus Kalbs-thymus die Zusammensetzung der enzym-resistenten Fraktion sich in bezug auf die Verteilung der Purin- und Pyrimidinbasen sowohl vom Ausgangsmaterial als auch von dem dialysablen, also abgebauten Anteil der Reaktionsmischung wesentlich unterschied (Tab. 32).

---

1 W. KLEIN: Hoppe-Seyler's Z. physiol. Chem. **271**, 246 (1933).
2 C. A. ZITTLE und E. H. READING: J. biol. Chem. **160**, 519 (1945).
3 M. KUNITZ: Ibid. **164**, 563 (1946).
4 J. BRACHET: Arch. Biol. **53**, 207 (1941).
5 P. A. LEVENE und F. MEDEGRECEANU: J. biol. Chem. **9**, 375 (1911).
6 S. ZAMENHOF und E. CHARGAFF: Ibid. **178**, 531 (1949): S. ZAMENHOF, E. CHARGAFF und G. BRAWERMAN: Ibid. **187**, 1 (1950).

Tabelle 32. *Enzymatischer Abbau von Desoxyribonucleinsäure aus Kalbs-thymus* (nach CHARGAFF, *l. c.*)

	Dauer der Einwirkung (Std.)	Dauer der Dialyse	Prozent der Ausgangs-substanz	Zusammensetzung der Fraktionen (molare Proportionen)			
				Adenin / Guanin	Thymin / Cytosin	Adenin / Cytosin	Pyrimidin / Purin
Ausgangs-substanz	0	0	100	1,2	1,3	1,6	1,2
Dialysat	6	6	53	1,2	1,2	1,2	1,0
Dialysen-rückstand ...	24	72	7	1,6	2,2	3,8	2,0

Neuere Untersuchungen von CHARGAFF und Mitarbeitern[1] über die Wirksamkeit der kristallinen Desoxyribonuclease aus Pankreas gegenüber verschieden vorbehandelten Desoxyribonucleinsäuren ergaben vor allem, daß das Ferment in Anwesenheit von Mg^{++} native und physikalisch veränderte Ribonucleinsäuren in gleicher Weise zu dialysablen Fragmenten abbaut. Substrate, aus welchen durch entsprechende Vorbehandlung ein Teil oder auch alle Purin-reste entfernt wurden („apurinic acid"), wurden weitaus langsamer abgebaut. Die Purin-nucleotid-reste scheinen somit für die Angreifbarkeit der Präparationen notwendig zu sein. Die Wirksamkeit des Enzyms ist von der Anwesenheit von Mg^{++} abhängig; Mg^{++} allein hat aber auch schon eine abbauende Wirkung auf Desoxyribonucleinsäure.

Eine Darstellung eines hochgereinigten Präparats der Desoxyribonuclease aus Pankreas wurde von MCCARTHY[2] durchgeführt; wenige Jahre später gelang KUNITZ[3] die Kristallisation des Enzyms aus demselben Ausgangsmaterial.

Im Taubenkropf und in verschiedenen Säugetier-geweben[4] finden sich spezifische Inhibitoren der Desoxyribonuclease aus Pankreas; es scheint, daß die Hemmstoffe, deren Natur noch unbekannt ist, eine reversible Verbindung mit dem Ferment eingehen.

ZAMENHOF und CHARGAFF[5] stellten ein hochgereinigtes Präparat eines ähnlichen Ferments aus Hefe dar, das anscheinend in der Hefe von einer seine Aktivität hemmenden Protein-fraktion begleitet wird. Der Inhibitor ist für das Hefe-enzym spezifisch; er hat keinen Einfluß auf das entsprechende Ferment aus Pankreas. Das Enzym aus Hefe unterscheidet sich auch in manchen anderen Eigenschaften vom Pankreas-ferment.

Als Beispiel für ein pflanzliches Enzym dieses Typus kann hier dasjenige aus dem Saft des Knoblauchs *(Allium sativum)* angeführt werden, welches kürzlich entdeckt und näher charakterisiert wurde[6].

Auch Bakterien enthalten Fermente, welche Desoxyribonucleinsäure in ähnlicher Weise abbauen. So lassen sich derartige Fermente im Toxin von *Clostridium septicum* nachweisen[7]; ein analoges Ferment konnte neben seinem spezifischen

---

[1] C. TAMM, H. S. SHAPIRO und E. CHARGAFF: J. biol. Chem. **199**, 313 (1952).
[2] M. MCCARTHY: J. gen. Physiol. **29**, 123 (1946).
[3] M. KUNITZ: Science **108**, 19 (1948); J. gen. Physiol. **33**, 349 (1950).
[4] W. DABROWSKA, E. J. COOPER und M. LASKOWSKI: J. biol. Chem. **177**, 991 (1949); E. J. COOPER, M. L. TRAUTMANN und M. LASKOWSKI: Proc. Soc. exp. Biol. Med. **73**, 219 (1950); H. H. HENSTELL und R. I. FREEDMAN: Cancer Res. **12**, 341 (1952).
[5] S. ZAMENHOF und E. CHARGAFF: J. biol. Chem. **180**, 727 (1949).
[6] W. FRISCH-NIGGEMEYER, K. KECK, H. KALJUNEN und O. HOFFMANN-OSTENHOF: Mh. Chem. **82**, 758 (1951).
[7] G. H. WARRACK, E. BIDWELL und C. L. OAKLEY: J. path. Bacter. **63**, 293 (1951).

Inhibitor aus *Streptococcus* isoliert werden[1]. Der Inhibitor ist eine Ribonucleinsäure, welche durch Ribonucleasen zerstört wird; allerdings sind nur Ribonucleinsäure-präparationen bakterieller Herkunft zur Hemmung des Streptokokkenferments imstande.

Die p_H-Optima der Fermente aus den verschiedenen Ausgangsmaterialien variieren beträchtlich: dasjenige des Pankreas-enzyms liegt bei etwa 7,4. Daneben gibt es aber im Säugetier-organismus intracelluläre Desoxyribonucleasen, deren p_H-Optima bei 5,2 liegen[2]. Die Desoxyribonuclease aus Hefe wirkt optimal bei 6,0 und das Knoblauch-enzym hat sein p_H-Optimum bei 6,5. Während die Enzyme aus Pankreas und Hefe für ihre Wirksamkeit die Anwesenheit von Mg^{++} benötigen, ist dies bei dem Ferment aus Knoblauch nicht der Fall. Dementsprechend sind Citrat und Fluorid Hemmstoffe der erstgenannten Enzyme, haben aber auf das Knoblauch-ferment keinen Einfluß. Histonbasen (Arginin, Histidin und Lysin) sowie Cystein verursachen eine Aktivierung der Desoxyribonucleasen aus Pankreas und aus Knoblauch[3].

Welche biologische Bedeutung den Desoxyribonucleasen zukommt, ist heute noch nicht zu entscheiden; es ist aber mit Sicherheit anzunehmen, daß die Rolle dieser Fermente im Stoffwechsel der Zellkerne und wahrscheinlich auch bei den Vorgängen der Zellteilung eine sehr wesentliche ist.

20. Glykosidasen. I. Oligosaccharidasen

Unter dem Namen Glykosidasen werden diejenigen Enzyme zusammengefaßt, welche imstande sind, halbacetal-artige — sog. glykosidische — Bindungen zwischen Kohlehydraten untereinander, sowie zwischen Kohlehydraten und Alkoholen bzw. Phenolen hydrolytisch zu spalten. Fermente dieses Typus hydrolysieren Poly- und Oligosaccharide in einfachere Zucker-bausteine und spalten die sog. Heteroside, wie man Glykoside mit einem nicht zucker-artigen Paarling nennt, in die Zucker-komponenten und die Aglykone, d. h. die zucker-freien Bestandteile der Heteroside.

Glykosidasen sind in tierischen, pflanzlichen und mikrobiellen Zellen weit verbreitet. Es ist wohl kaum anzunehmen, daß es Organismen gibt, welchen keine Glykosidasen zur Verfügung stehen.

Die Wirkungen der Glykosidasen sind schon seit langer Zeit bekannt (vgl. den historischen Überblick über die Entwicklung der Enzymologie, S. 4 ff.); die Entdeckung der fermentativen Stärke-spaltung durch Irvine und Kirchhoff, die Isolierung der Amylase durch Payen und Persoz, die Entdeckung des Emulsins durch Robiquet und Boutron sowie Chalard und die Auffindung eines Rohrzucker-spaltenden Ferments in der Hefe durch Berthelot bildeten Marksteine in der Entwicklung der Enzymforschung. Die vermutete biologische und die technische Bedeutung der Glykosidasen, wie auch eine Reihe anderer günstiger Faktoren, unter welchen vor allem die teilweise recht genaue Kenntnis der Substrate und Spalt-produkte und auch die leichte analytische Erfaßbarkeit der katalysierten Vorgänge zu erwähnen sind, führten zu einer eingehenden Erforschung dieser Enzyme.

A. Spezifität und Klassifikation der Glykosidasen

Unter den Glykosidasen läßt sich entsprechend der Natur der gespaltenen Substrate eine grobe Unterscheidung in zwei Gruppen vornehmen: Enzyme, welche Oligosaccharide und Heteroside spalten und als *Oligosaccharidasen* oder

[1] A. W. Bernheimer und N. K. Ruffier: J. exp. Med. 93, 399 (1951); A. W. Bernheimer: Trans. N. Y. Acad. Sci. 14, 137 (1952).
[2] V. Allfrey und A. E. Mirsky: J. gen. Physiol. 36, 227 (1952).
[3] W. Frisch-Niggemeyer und O. Hoffmann-Ostenhof: Mh. Chem. 81, 607 (1950).

Oligosidasen bezeichnet werden, und solche, deren hydrolytische Wirkung sich auf Polysaccharide beschränkt, die *Polysaccharidasen* oder Polyosidasen. Wohl werden in beiden Fällen glykosidische Bindungen gespalten und man konnte manchmal sogar — allerdings geringfügige — Überschneidungen der Wirkungen beider Gruppen beobachten; andrerseits ist es aber sicher, daß keine der bisher bekannten Glykosidasen gleichzeitig als Oligosaccharidase und als Polysaccharidase angesprochen werden kann. Die Einteilung ist auch aus heuristischen Gründen recht nützlich, weshalb ihr Gebrauch in dieser Darstellung beibehalten werden soll.

Unterteilung der Oligosaccharidasen. Den Bemühungen vieler Bearbeiter des Gebietes verdanken wir eine recht gute Kenntnis der Spezifität der Oligosaccharidasen. Ursprünglich nahm man an, daß für jedes enzymatisch spaltbare Disaccharid, Trisaccharid und Heterosid ein eigenes Ferment vorhanden sei. Spätere Befunde zeigten aber, daß z. B. alle β-glucosidisch verknüpften Glykoside der Glucose durch ein einziges im Süßmandel-emulsin vorkommendes Enzym, das man entsprechend β-Glucosidase nannte, gespalten werden. Ähnlich konnten WILLSTÄTTER, KUHN und SOBOTKA[1] feststellen, daß ein und dasselbe Ferment befähigt ist, sowohl α-Methylglucosid als auch die aus zwei α-glykosidisch verbundenen Glucose-resten aufgebaute Maltose zu hydrolysieren. Andrerseits zeigte R. KUHN[2], daß es zwei verschiedene Typen von Rohrzucker spaltenden Enzymen gibt, nämlich Fermente, die als α-Glucosidasen wirken, und solche, welche die β-fructosidische Bindung spezifisch hydrolysieren.

Auf Grund dieser und ähnlicher Befunde stellte WEIDENHAGEN[3] eine Theorie auf, nach der für jeden Glykosid-typus nur ein einziges Enzym existiere. Unter Berücksichtigung aller damals bekannten in der Natur vorkommenden Oligosaccharid-typen und Heterosid-typen postulierte er, daß es nur eine einzige α-Glucosidase, die alle α-Glucoside spalten sollte, und entsprechend eine β-Glucosidase, eine α-Galactosidase, eine β-Galactosidase und schließlich eine β-h-Fructosidase geben sollte. Das h im Namen des letzten Ferments bedeutet „hetero" und soll andeuten, daß es sich hier um ein Enzym handelt, dessen Substrat den Zucker, die Fructose, nicht wie in den anderen Fällen in der Pyranose-form enthält, sondern in der Furanose-form.

Die Theorie von WEIDENHAGEN, die in ihrer ursprünglichen Form zweifellos über das Ziel hinausschießt, hat aber, wie man zugeben muß, die Forschung über die Spezifitäts-verhältnisse der Oligosaccharidasen sehr gefördert und auch die heute gültige Klassifikation dieser Fermente ist vom System von WEIDENHAGEN abgeleitet, wenngleich manche der Modifikationen recht weitgehend sind. Das Hauptargument gegen das System von WEIDENHAGEN war sicher das starre Festhalten an der Identität der aus verschiedenen Ausgangsmaterialien stammenden Enzyme, welche auf denselben Substrat-typus einwirken. WEIDENHAGEN selbst begründete Verschiedenheiten in der relativen Spezifität der einzelnen Fermentpräparate aus verschiedenen Quellen durch unterschiedliche „Träger" (Apoenzyme) der Enzyme; nun ist aber bei den Oligosaccharidasen noch kein Fall einer Abtrennung eines Coenzyms vom Gesamtenzym bekannt geworden, so daß keinerlei Beweis für einen dualistischen Aufbau, wie er in

---

[1] R. WILLSTÄTTER, R. KUHN und H. SOBOTKA: Hoppe-Seyler's Z. physiol. Chem. **134**, 224 (1924).

[2] R. KUHN: Ibid. **125**, 28; **129**, 57 (1923); **163**, 1 (1927).

[3] Vgl. die Darstellung von R. WEIDENHAGEN in „Handbuch der Enzymologie", herausgegeben von F. F. NORD und R. WEIDENHAGEN, S. 512. Leipzig: Akad. Verlagsges. 1940; sowie die älteren Übersichtsreferate: R. WEIDENHAGEN: Ergebn. Enzymforsch. **1**, 168 (1932), **2**, 90 (1933).

den Vorstellungen von WEIDENHAGEN verlangt wird, vorliegt. Demnach können wir heute mit Sicherheit sagen, daß es sich bei den gleichartig wirkenden Oligosaccharidasen aus verschiedenen Ausgangsmaterialien um verschiedene isodyname Enzym-individuen handelt.

Man kann nun bei einer Neueinteilung der Oligosaccharidasen die von WEIDENHAGEN ursprünglich postulierten Einzelenzyme als Gruppen verschiedener isodynamer Enzyme mit einer auf dieselbe Bindungsform gerichteten Affinität beibehalten. Die in Tab. 33 gebrachte Klassifikation der Oligosaccharidasen entspricht, in einigen Teilen vom Verfasser modifiziert, einer Darstellung von PIGMAN[1];

Tabelle 33. *Einteilung der Oligosaccharidasen*

Enzyme	Ältere Namen der Enzyme	Substrate
Gruppen-spezifische α-Glucosidasen	Maltasen	Maltose, α-D-Glucoside, α-D-Xyloside (?), Heptoside mit α-D-Glucosekonfiguration
Saccharose-α-glucosidase	Glucosaccharase	Rohrzucker
Trehalase		Trehalose
Gruppen-spezifische β-Glucosidasen	Emulsin, Cellobiasen, Gentiobiasen	Cellobiose, Gentiobiose, Amygdalin, β-D-Glucoside, β-D-Xyloside (?), Heptoside mit β-D-Glucose-konfiguration
Scillarenase, Digilanidase, Digipurpidase, Strophantobiase		Scillarenin, Digilanid, Digipurpurin, Strophantin
Gruppen-spezifische β-Glucuronidasen		β-D-Glucuronide
Baicalinase		Baicalin, Scutellarin
α-Galactosidasen	Melibiasen	α-D-Galactoside, β-L-Arabinoside, α-D-Fucoside (?), Melibiose, Raffinose, Heptoside mit α-D-Galactose-konfiguration
β-Galactosidasen	Lactasen	Lactose, Allolactose, Vicianose, β-D-Galactoside, α-L-Arabinoside, β-D-Fucoside (?), Heptoside mit β-D-Galactosekonfiguration (?), β-D-Galacturonide (?)
α-Mannosidasen		α-D-Mannoside, α-D-Lyxoside, Heptoside mit α-D-Mannose-konfiguration
β-h-Fructosidasen	Invertasen, Saccharasen	Rohrzucker, β-D-Fructofuranoside
Chitobiase		Chitobiose
Hyaluronat-oligomucasen		Hyaluronsäure-hydrolysate
Oligosulfomucasen		Chondroitinsulfat-hydrolysate

[1] Übersichtsreferat: W. W. PIGMAN: Adv. Enzymology 4, 41 (1944); vgl. hierzu auch die Darstellung in W. W. PIGMAN und R. M. GAEPP, Jr.: Chemistry of the Carbohydrates, S. 474ff. New York: Academic Press. 1948.

ihre Grundlagen sind die Spezifitäts-untersuchungen von EMIL FISCHER, HELFERICH, VEIBEL, PIGMAN und anderen Autoren[1].

Grundlagen der Klassifikation. PIGMAN begründet seine Einteilung der Glykosidasen mit einer Reihe experimentell gesicherter Befunde, welche sich in folgenden Sätzen wiedergeben lassen:

1. Kleinere Veränderungen (Substitutionen) an einem Glykosid, die außerhalb des Zucker-ringes vorgenommen werden, machen dieses für ein Enzym, welches das ursprüngliche Glykosid zu hydrolysieren imstande war, nicht unspaltbar.
2. Konfigurations-änderungen eines oder mehrerer Kohlenstoff-atome im Zucker-ring eines Glykosid-substrats wie auch Substitution eines Ring-hydroxyls machen dieses für diejenigen Enzyme, die das ursprüngliche Glykosid angreifen, unspaltbar.
3. Thioglykoside und N-Glykoside, in denen die Glykosid-bindung durch ein Schwefel- oder ein Stickstoff-atom an der Stelle des Sauerstoff-atoms vermittelt wird, sind nur durch spezifische Enzyme, die von den anderen Glykosidasen verschieden sind, spaltbar.

Satz 1 umfaßt sowohl Veränderungen im Paarlings-anteil als auch solche an den Kohlenstoff-atomen, die im Glykosid-zucker außerhalb des Zucker-ringes liegen, wie z. B. die CH_2OH-Gruppe in 6-Stellung bei den Hexopyranosen. Die Behauptung, daß Veränderungen im Paarlings-anteil des Glykosids nur quantitative Unterschiede in der Spaltbarkeit hervorrufen, läßt sich z. B. durch die Tatsache illustrieren, daß α-Glucosidasen verschiedenen Ursprungs ebenso zur Hydrolyse von Maltose wie zur Spaltung von Alkyl- oder Aryl-α-glucosiden imstande sind (vgl. auch Tab. 12, S. 94 als entsprechendes Beispiel für β-Glucosidasen).

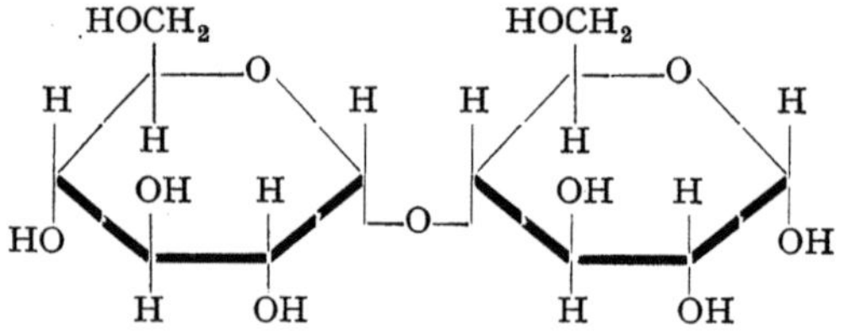

Maltose

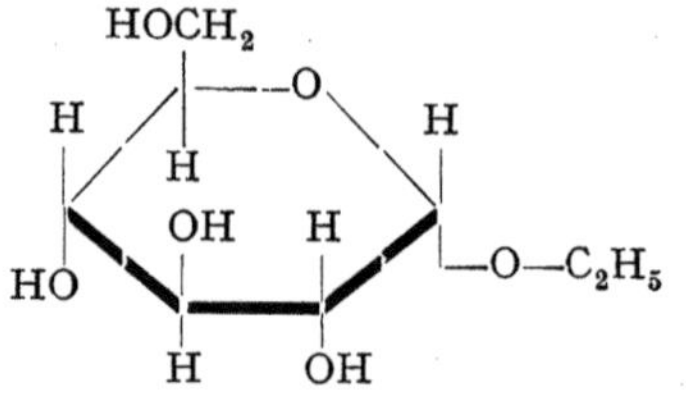

Äthyl-α-glucosid

Der zweite Teil des Satzes läßt unter anderem erwarten, daß Glykoside derjenigen Heptosen, die aus den Hexopyranosen durch Ersatz eines Wasserstoffatoms in der CH_2OH-Gruppe der 6-Stellung durch eine weitere CH_2OH-Gruppe abzuleiten sind, durch dieselben Fermente hydrolysiert werden, welche die Glykoside der entsprechenden Hexosen spalten. Tatsächlich konnte ein solches Verhalten mehrfach nachgewiesen werden. Andrerseits werden aber entsprechend dieser Regel auch die Glykoside derjenigen Pentosen, welche sich von den Hexopyranosen bei Ersatz der CH_2OH-Gruppe in 6-Stellung durch ein Wasserstoffatom ableiten lassen, durch dieselben Glykosidasen gespalten, welche für die Glykoside der ursprünglichen Hexopyranosen spezifisch sind. Auch andere Substitutionen in der CH_2OH-Gruppe in 6-Stellung der Hexosen verändern die Verhältnisse nur in quantitativer Weise. Ausnahmen hiervon werden nur dann beobachtet, wenn die substituierende Gruppe sehr groß ist; in solchen Fällen kann Unspaltbarkeit eintreten.

Bei der Spezifität der Oligosidasen handelt es sich demnach weitgehend um eine solche gegenüber Ring-systemen und wir können den isodynamen Gruppen dieser Enzyme Substrat-typen zuweisen, die sich voneinander nur in der Ringstruktur und in der Konfiguration am Glykosid-kohlenstoff unterscheiden. Diese Verhältnisse werden in Tab. 34 illustriert.

[1] Vgl. hier besonders die Übersichtsreferate von: B. HELFERICH: Ergebn. Enzymforsch. 2, 74 (1933); 7, 83 (1938); 9, 70 (1943).

Tabelle 34. *Die Substrat-typen für die einzelnen gruppen-spezifischen Oligosaccharidasen* (nach PIGMAN[1])

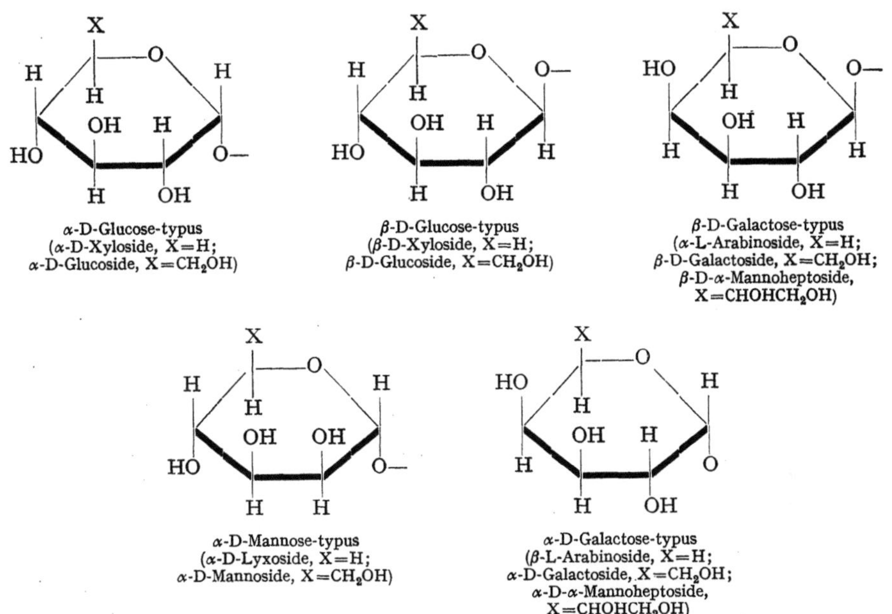

Ob ähnliche Substitutionen der außerhalb des Ringsystems der β-h-Fructoside liegenden Kohlenstoff-atome ebenfalls nur quantitative Veränderungen in der Spaltbarkeit hervorrufen, scheint noch nicht untersucht worden zu sein.

Satz 2 umfaßt Umwandlungen aus dem Pyranose- in den Furanose-typus, Konfigurations-änderungen am Glykosid-atom und Substitutionen der Ringhydroxyle. Sämtliche derartig veränderte Glykoside erweisen sich als unspaltbar für diejenigen Fermente, welche das ursprüngliche Glykosid als spezifisches Substrat hydrolysieren können. Eine einzige Ausnahme konnte HELFERICH[2] auffinden. Das Phenyl-2-desoxy-α-glucosid, eine Substanz, die sowohl den Glucosiden als auch den Mannosiden verwandt ist, ließ sich durch die α-Mannosidase des Mandel-emulsins hydrolysieren. Der Grund für diese Ausnahme dürfte in der relativen Kleinheit des Wasserstoff-atoms liegen.

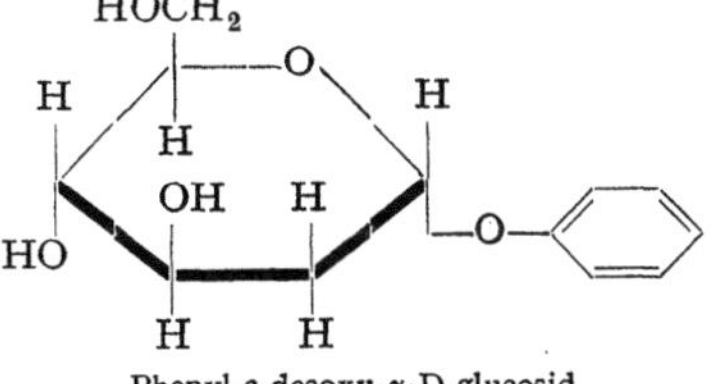

Phenyl-2-desoxy-α-D-glucosid

Satz 3 entspricht der allgemeinen Erfahrung, daß keiner der bekannten für O-Glykoside spezifischen Glykosidase-typen zur Spaltung von S- oder N-Glykosiden imstande ist. Hingegen wurden spezifische Fermente, Thioglykosidasen (S. 353) und Nucleosid-hydrolasen (S. 281) gefunden, welche die Hydrolyse derartiger Verbindungen bewirken.

Transglykosylierende Wirkungen der Oligosaccharidasen[3]. In letzter Zeit konnte durch Verwendung der Papier-chromatographie und ähnlicher empfind-

[1] W. W. PIGMAN und R. M. GAEPP, Jr.: Chemistry of the Carbohydrates. New York: Academic Press. 1948.

[2] B. HELFERICH und A. ILOFF: Hoppe-Seyler's Z. physiol. Chem. **221**, 252 (1933).

[3] Übersichtsreferat: K. WALLENFELS: In „Biologie und Wirkung der Fermente", 4. Mosbacher Kolloquium Ges. physiol. Chem., S. 160. Berlin: Springer. 1953.

licher Analysen-methoden gezeigt werden, daß die Wirkung der Oligosaccharidasen nicht immer eine einfache Hydrolyse ihrer Substrate ist, sondern daß häufig — zumindest vorübergehend — eine Übertragung von Glykosid-resten auf andere Akzeptoren als Wasser, nämlich Zucker oder Alkohole stattfindet. Diese Reaktionen sind denjenigen völlig analog, welche von den sog. Transglykosylasen (S. 377 ff.) katalysiert werden; der wesentliche Unterschied zwischen den Oligosaccharidasen und den Transglykosylasen dürfte darin bestehen, daß die letztgenannten Fermente nur auf andere Akzeptoren als Wasser übertragen können. Wallenfels bezweifelt überhaupt, daß zwischen den beiden Fermentklassen ein so weitgehender Unterschied besteht; er vermutet eher einen fließenden Übergang zwischen Oligosaccharidasen und Transglykosylasen[1].

Allgemein folgen Reaktionen dieser Art dem Schema:

$$\text{Glykosyl-A} + \text{Enzym-H} \rightarrow \text{Glykosyl-Enzym} + \text{A—H},$$

$$\text{Glykosyl-Enzym} + \text{ROH} \rightarrow \text{Glykosyl-OR} + \text{Enzym-H},$$

wobei ROH den Akzeptor und Glykosyl-OR das Produkt darstellt. Wenn ROH Wasser ist, so ist das Produkt ein freies Monosaccharid.

Wir werden auf derartige Reaktionen bei der Besprechung der einzelnen Oligosaccharidasen zurückkommen.

Analytische Bestimmung der Wirkungen der Oligosaccharidasen[2]. Der Nachweis und die quantitative Bestimmung der Oligosaccharidasen kann auf sehr verschiedene Weise vorgenommen werden. Die wichtigsten Methoden sind die polarimetrische Verfolgung der Reaktion und die Messung der Veränderung des Reduktions-vermögens der Substrat-lösung unter dem Einfluß des Enzyms. Bei der Spaltung von Glykosiden, deren Aglykon (Nicht-zuckeranteil) analytisch leicht nachweisbar ist, ist es oft von Vorteil, die Konzentrations-zunahme des freien Aglykons in der Reaktions-lösung zu verfolgen.

Die polarimetrischen Methoden beruhen darauf, daß die optischen Drehungen der einzelnen Oligosaccharid-substrate ebenso wie diejenigen der Spaltprodukte gut bekannt sind, so daß durch eine Messung dieser Größe der genaue Gehalt des Reaktions-gemisches an unverändertem Substrat ebenso wie an freigesetztem Monosaccharid exakt bestimmt werden kann.

Die Messung des Reduktions-vermögens der Substrat-lösung kann auf verschiedene Weise vorgenommen werden: 1. Nach Bertrand[3] wird das zu analysierende Gemisch mit Fehlingscher Lösung gekocht, das gebildete Kupfer(I)-oxyd in einer Lösung von schwefelsaurem Eisen(III)-sulfat gelöst und das entstandene Eisen(II)-sulfat mit Permanganat titriert. 2. Nach Lehmann-Maquenne wird ebenfalls mit Fehlingscher Lösung gekocht, aber danach das überschüssige Kupfer(II)-sulfat jodometrisch bestimmt. 3. Hagedorn und Jensen[4] oxydieren mit Ferricyanid, fällen das gebildete Ferrocyanid mit Zink aus und bestimmen das überschüssige Ferricyanid jodometrisch. 4. Die Methode von Willstätter und Schudel[5] beruht auf der Tatsache, daß Aldosen durch alkalische Hypojoditlösung zu Aldonsäuren oxydiert werden, wobei genau zwei Äquivalente Jod verbraucht werden.

---

[1] Vgl. die Diskussion zwischen K. Wallenfels und O. Hoffmann-Ostenhof: In „Biologie und Wirkung der Fermente“, 4. Mosbacher Kolloquium, Ges. physiol. Chem., S. 174. Berlin: Springer 1953.

[2] Handbuchartikel: H. K. Barrenschen und J. Pany: In „Methoden der Fermentforschung“, herausgegeben von E. Bamann und K. Myrbäck, S. 1059. Leipzig: Thieme. 1941.

[3] G. Bertrand: Bull. Soc. chim. (3) **35**, 1293 (1906).

[4] H. C. Hagedorn und B. N. Jensen: Biochem. Z. **135**, 46; **137**, 92 (1923).

[5] R. Willstätter und G. Schudel: Ber. dtsch. chem. Ges. **51**, 780 (1918).

Eine elegante histochemische und kolorimetrische Methode zum Nachweis von Glykosidase-wirkungen wurde kürzlich von SELIGMAN und Mitarbeitern[1] entwickelt. Als Substrate werden Glykoside des 6-Brom-2-naphthol verwendet; das abgespaltene 6-Brom-2-naphthol wird dann mit tetrazotiertem Di-*o*-Anisidin zu einem unlöslichen Farbstoff gekuppelt; das Auftreten dieses Farbstoffs zeigt die Lokalisation des Ferments in den Gewebe-elementen an. Zur kolorimetrischen Bestimmung wird der entstandene Diazo-farbstoff in Chloroform gelöst.

B. Die einzelnen Oligosaccharidasen

I. Gruppen-spezifische α-Glucosidasen *(Maltase)*[2]

Fermente, die Maltose hydrolytisch spalten, wurden um 1880 von mehreren Forschern in verschiedenen biologischen Materialien entdeckt[3,4,5]; entsprechend ihrer Wirkung wurde für sie der Name Maltase vorgeschlagen.

Enzyme dieses Typus kommen allgemein in Gemeinschaft mit den sehr weit verbreiteten Amylasen vor. Im Säugetier-organismus findet man sie hauptsächlich im Verdauungstrakt (Speichel, Pankreas-sekret, Dünndarm); es wird über ein recht allgemeines Vorkommen sowohl bei Tieren als auch bei höheren Pflanzen und Mikroorganismen berichtet.

Wie bereits EMIL FISCHER[6] beobachtete, beschränkt sich die Spezifität dieser Fermente nicht nur auf Maltose; FISCHER konnte eine Aktivität eines Maltose-spaltenden Hefe-extrakts gegenüber Methyl-α-glucosid feststellen. Spätere Untersucher fanden eine sehr weitgehende relative Spezifität; es werden praktisch alle Verbindungen gespalten, die einen nichtsubstituierten α-D-Glucopyranose-rest enthalten, so daß die Bezeichnung „gruppenspezifische α-Glucosidasen" berechtigt ist.

Die wichtigsten natürlichen Substrate der α-Glucosidasen sind Maltose und Saccharose. Für Aktivitäts-untersuchungen werden oft Phenyl-α-glucosid und Methyl-α-glucosid verwendet.

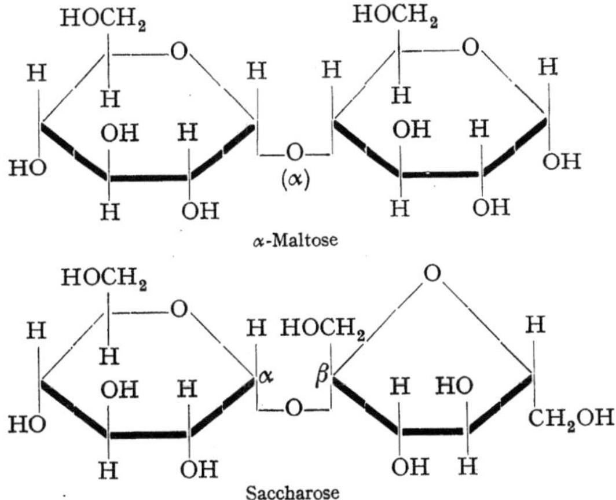

α-Maltose

Saccharose

[1] R. B. COHEN, K.-C. TSOU, S. H. RUTENBURG und A. SELIGMAN: J. biol Chem. **195**, 239 (1952); R. COHEN, S. H. RUTENBURG, K.-C. TSOU und A. SELIGMAN: Ibid. **195**, 607 (1952); K. C. TSOU und A. SELIGMAN: J. Amer. chem. Soc. **74**, 3066 (1952).

[2] Handbuchartikel: A. GOTTSCHALK: In „The Enzymes", herausgegeben von J. B. SUMNER und K. MYRBÄCK, Bd. I/1, S. 551. New York: Academic Press. 1950.

[3] H. T. BROWN und J. HERON: Liebig's Ann. chem. **204**, 228 (1880).

[4] J. VON MERING: Hoppe-Seyler's Z. physiol. Chem. **5**, 185 (1881).

[5] E. BOURQUELOT, C. R. Acad. Sci. Paris **97**, 1322 (1883).

[6] E. FISCHER: Ber. dtsch. chem. Ges. **27**, 2985, 3479 (1894); **28**, 1429 (1895).

Die relative Spezifität und die p_H-Wirkungsoptima der einzelnen α-Glucosidasen sind je nach deren Herkunft verschieden. So liegt das p_H-Optimum des Hefe-ferments nahe dem Neutralpunkt[1], das des Enzyms der Darmschleimhaut bei 6,5[2], während die α-Glucosidase des Gerstenmalzes ebenso wie verschiedene isodyname Enzyme aus Schimmelpilzen ihre Substrate optimal bei p_H 4,5 hydrolysieren[3, 4, 5].

Das Reaktionsprodukt der Maltose-spaltung, D-Glucose, übt eine starke Inhibitor-wirkung auf die von der α-Glucosidase aus Hefe katalysierte Reaktion aus[6]; ebenso ist auch D-Fructose ein Hemmstoff. Es handelt sich, wie JSAIEV[7] zeigte, in beiden Fällen um einen kompetitiven Inhibitor-effekt. D-Glucose hat etwa eine zehnfach größere Affinität zum Enzym als Maltose.

In der letzten Zeit wurde mehrfach berichtet, daß Fermente verschiedenen Ursprungs, die vermutlich als α-Glucosidasen zu klassifizieren sind, außer der Hydrolyse ihrer Substrate auch bestimmte Übertragungs-reaktionen katalysieren können. In manchen Fällen ist die Zuordnung dieser Enzyme allerdings noch nicht ganz sicher; es wäre auch möglich, daß die Wirkungen spezifischen Transglykosylasen zuzuschreiben sind.

Durch Enzyme aus *Aspergillus*-Arten, welche auf Maltose einwirken, erfolgt eine Übertragung eines Glucose-restes auf Glucose, Maltose oder Isomaltose, wobei der Glucose-rest stets in 1,6-Stellung angehängt wird[8]. Die Produkte sind dementsprechend Isomaltose (6-Glucosyl-glucose), 6-Glucosyl-maltose („Panose"),[9] 6-Glucosyl-isomaltose und 6-Isomaltosyl-maltose. Nach WALLENFELS[10] ist das primäre Synthese-produkt allerdings Maltotriose (4-Glucosyl-maltose); diese Verbindung wird aber durch das Enzym wieder rasch hydrolysiert, während die genannten 6-Glucosyl-produkte weniger leicht gespalten werden.

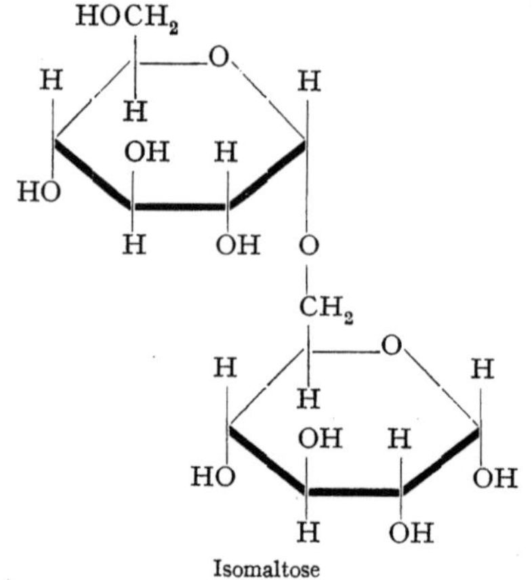

Isomaltose

[1] R. WILLSTÄTTER und E. BAMANN: Hoppe-Seyler's Z. physiol. Chem. **151**, 242, 273 (1926).

[2] G. STEENSHOLT und S. VEIBEL: Acta physiol. Scand. **6**, 62 (1943).

[3] H. PRINGSHEIM und J. LEIBOWITZ: Biochem. Z. **161**, 456 (1925).

[4] J. LEIBOWITZ und P. MECHLINSKI: Hoppe-Seyler's Z. physiol. Chem. **154**, 64 (1926).

[5] E. HOFMANN: Biochem. Z. **275**, 320 (1935).

[6] E. F. ARMSTRONG: Proc. Roy. Soc. London B **73**, 516 (1904).

[7] V. J. JSAIEV: J. Inst. Brewing **32**, 552 (1926).

[8] S. C. PAN, L. W. NICHOLSON und P. KOLACHOW: J. Amer. chem. Soc. **73**, 2547 (1951); J. PAZUR und D. FRENCH: J. biol. Chem. **196**, 265 (1952).

[9] M. L. WOLFROM, A. THOMPSON und T. T. GALKOWSKI: J. Amer. chem. Soc. **73**, 4093 (1951).

[10] K. WALLENFELS: In „Biologie und Wirkung der Fermente", 4. Mosbacher Kolloquium Ges. physiol. Chem., S. 160. Berlin: Springer. 1953.

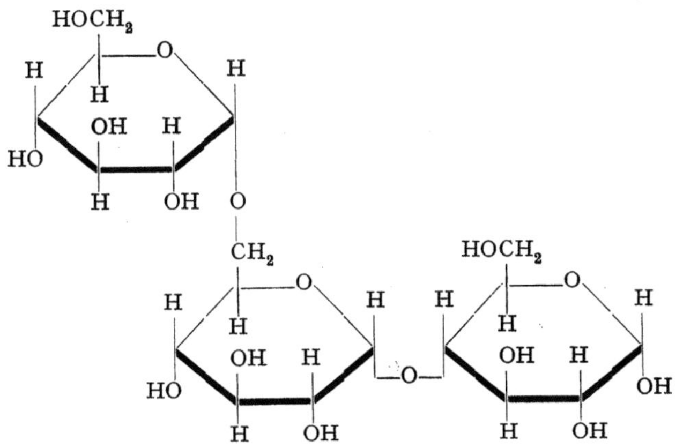

6-Glucosyl-maltose („Panose“)

Bei tierischen α-Glucosidasen scheinen die Verhältnisse anders zu sein; die Verknüpfung der übertragenen Glucose-reste erfolgt wahrscheinlich ausschließlich in 1,4-Bindung. So findet sich im Darm und im Honigmagen der Biene ein Ferment, das höchstwahrscheinlich als α-Glucosidase zu klassifizieren ist und bei der Einwirkung auf Saccharose einen Glucose-rest auf ein zweites Molekül Saccharose überträgt; es entsteht eine 2-Maltosyl-fructose („Erlose“)[1]. Nach den Arbeiten von Wallenfels sind α-Glucosidasen des Säugetier-darms nur zur Verknüpfung in 1,6-Bindung imstande; das Hauptprodukt bei der Einwirkung auf Maltose ist Maltotriose, die langsamer gespalten wird als vom *Aspergillus*-Ferment und deshalb in größeren Konzentrationen vorgefunden wird.

Eine interessante Reaktion dieser Art wird auch von Whitby[2] berichtet: ein Enzym aus Ratten-leber, das vermutlich eine α-Glucosidase ist, kann einen Glucose-rest von Maltose auf das End-hydroxyl des Ribityl-restes im Riboflavin übertragen; das Produkt dieser Reaktion ist Riboflavinyl-glucosid.

Zur Darstellung möglichst aktiver Präparate einer α-Glucosidase geht man am besten von Bierhefe aus, die einer Autolyse mit Äthylacetat unterworfen wird, wobei aber darauf zu achten ist, daß die Reaktion der Mischung stets alkalisch bleibt, da das Enzym gegen Säure sehr empfindlich ist. Durch Adsorption an *meta*-Aluminiumhydroxyd läßt es sich aus dem Autolysat isolieren, während dieses Adsorbens gegenüber der β-h-Fructosidase *(Invertase)* nur geringe Affinität zeigt. Durch fraktionierte Elution wird die α-Glucosidase praktisch frei von β-h-Fructosidase erhalten[3].

In letzter Zeit wird berichtet, daß in der Hefe zwei verschieden spezifische α-Glucosidasen vorkommen können, von denen die eine Maltose und Melecitose, die andere nur Heteroside vom Typus des α-Methylglucosids spaltet. Das erstgenannte Enzym müßte in traditioneller Weise als *Maltase* bezeichnet werden; das zweite als *α-Heteroglucosidase*. Es gibt Hefestämme, welche nur eines dieser beiden Fermente besitzen; für ihre Bildung sind verschiedene Gene verantwortlich[4]. Auch über eine Trennung der beiden Enzyme aus Hefe, die zur Vergärung beider Substrate befähigt ist, wurde bereits berichtet.[5]

---

1 J. W. White, Jr.: Arch. Biochem. Biophys. **39**, 238 (1952); J. W. White, Jr. und J. Maher: J. Amer. chem. Soc. **75**, 1259 (1953).

2 L. G. Whitby: Biochem. J. **50**, 433 (1952).

3 R. Willstätter und W. Steibelt: Hoppe-Seyler's Z. physiol. Chem. **111**, 157 (1920).

4 C. C. Lindegren, G. Lindegren und S. Hestrin: Proc. nat. Acad. Sci. U. S. **35**, 23 (1949); S. Hestrin und C. C. Lindegren: Arch. Biochem. **29**, 315 (1950).

5 S. Spiegelman, M. Sussman und B. Taylor: Federation Proc. **6**, 209 (1947).

II. Saccharose-α-glucosidasen

Außer den noch später (S. 229) besprochenen β-h-Fructosidasen gibt es in der Natur auch andere Fermente, die den Rohrzucker auf eine von derjenigen der β-h-Fructosidasen verschiedenen Art hydrolysieren. KUHN[1] konnte zeigen, daß in *Aspergillus oryzae* ein Enzym vorkommt, dessen vorwiegende Affinität auf den unsubstituierten Glucose-teil der Saccharose gerichtet hat. Das Enzym kann Saccharose und Melezitose, nicht aber Raffinose hydrolysieren, während die β-h-Fructosidasen außer Rohrzucker auch Raffinose spalten und somit ihre Affinität vornehmlich auf den unsubstituierten Fructose-anteil des Rohrzuckers richten. Es ist allerdings nicht sicher, daß es sich hier um ein selbständiges Enzym-individuum handelt, das spezifisch die Spaltung des Rohrzuckers auf diese Weise katalysiert.

Von WEIDENHAGEN[2] wird die Ansicht vertreten, daß das hier wirksame Enzym mit einer (gruppenspezifischen) α-Glucosidase identisch ist. Nun gibt es allerdings α-Glucosidasen, welche nicht imstande sind, Saccharose zu hydrolysieren; dies ist aber wohl kein hinreichender Beweis dafür, daß das fragliche Enzym nicht doch eine α-Glucosidase allgemeinerer Spezifität ist, da bei dieser Gruppe ziemlich große relative Spezifitäts-unterschiede existieren.

III. Trehalasen[3]

Die Trehalose ist ein nicht reduzierender Zucker, der als 1,1'-α-D-Glucopyranosyl-α-D-glucopyranosid erkannt wurde und ziemlich allgemein in Pilzen, häufig in Algen, aber auch in manchen höheren Pflanzen und Bakterien vorkommt.

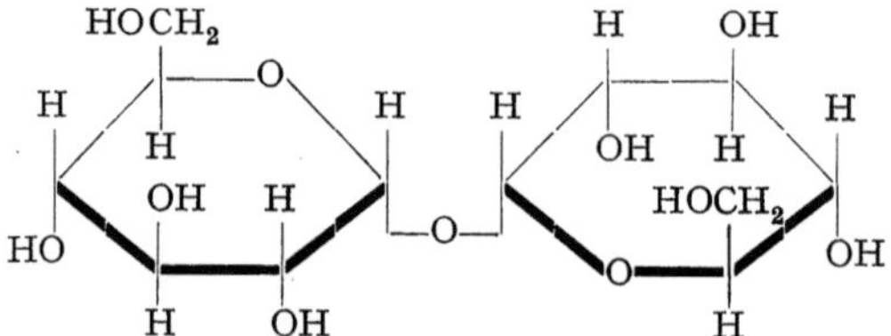

Ein Enzym, welches Trehalose hydrolysieren kann, wurde erstmalig von BOURQUELOT[4] in *Aspergillus niger* nachgewiesen. Es unterschied sich von der vom selben Autor kurz vorher gefundenen α-Glucosidase des Maltase-typus durch seine geringere Thermostabilität, da es bereits bei 63° zerstört wurde, während die Maltase ihre Aktivität erst bei etwa 75° verliert.

Trehalasen kommen in verschiedenen Pilzen, weiters im Grünmalz und in der Süßmandel vor; auch im Tierreich scheinen sie ziemlich verbreitet zu sein. So konnten FISCHER und NIEBEL[5] bereits 1896 über einen Nachweis einer Trehalase in der Darmschleimhaut von Pferden und Rindern berichten.

Trehalasen spalten außer der Trehalose noch Substitutions-produkte dieses Zuckers, nämlich 6-Methansulfonyltrehalose und einen Trehalosemonophosphoester[6]. Wie bereits erwähnt, kann keine α-Glucosidase des Maltase-typus Trehalose spalten. Trehalasen können leicht aus *Aspergillus niger* oder aus Hefe hergestellt werden. Allerdings enthalten alle bisher dargestellten Trehalase-präparationen auch α-Glucosidasen des Maltase-typus.

Die Enzym-aktivität kann durch Verfolgung der Reduktionskraft der Versuchs-mischung oder auch durch Bestimmung der optischen Drehung erfolgen.

Über die biologische Bedeutung der Trehalasen ist bisher nur bekannt geworden, daß sie die Organismen befähigen, Trehalose zu vergären und somit für den Stoffwechsel nutzbar zu machen. Daß die kürzlich von ELANDER und MYRBÄCK[7] berichtete Bildung von Trehalose in Hefe-macerationssäften durch das beschriebene Ferment katalysiert wird, dürfte nicht sehr wahrscheinlich sein.

IV. α-Glucosaminidasen

In ungereinigten Hyaluronidase-präparationen und verschiedenen Extrakten aus tierischem Gewebe konnten vor kurzem Enzyme nachgewiesen werden, welche Phenyl-N-acetyl-

[1] R. KUHN: Hoppe-Seyler's Z. physiol. Chem. **129**, 57 (1923); Naturwiss. **11**, 732 (1923).

[2] R. WEIDENHAGEN: Naturwiss. **16**, 654 (1928).

[3] Übersichtsreferat: K. MYRBÄCK: Ergebn. Enzymforsch. **10**, 168 (1949).

[4] E. BOURQUELOT: C. R. Acad. Sci. Paris **116**, 826 (1893).

[5] E. FISCHER und W. NIEBEL: Sitzungsber. kgl. preuß. Akad. Wiss. **1896**, 73.

[6] B. HELFERICH und F. VON STRYK: Ber. dtsch. chem. Ges. **74**, 1794 (1941); T. BABA: Biochem. Z. **273**, 207 (1934).

[7] M. ELANDER und K. MYRBÄCK: Arch. Biochem. **21**, 249 (1949).

α-D-glucosaminid hydrolysieren; gleichzeitig wurde festgestellt, daß diese Wirkung weder von gereinigter Hyaluronidase noch von β-Glucosaminidasen, α-Glucosidasen oder β-Glucosidasen verursacht werden kann, so daß die Annahme eines eigenen Enzymtypus berechtigt erscheint[1].

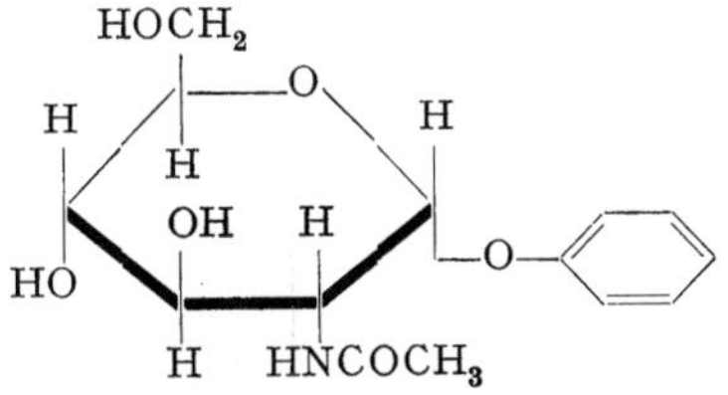

Phenyl-N-acetyl-α-D-glucosaminid

Es ist möglich, daß Fermente dieses Typus bei der Hydrolyse von kleineren Spaltstücken der Hyaluronsäure beteiligt sind; eine Identität mit der Hyaluronat-oligomucase von HAHN[2] ist nicht unwahrscheinlich.

V. Gruppen-spezifische β-Glucosidasen[3] *(Cellobiase, Gentiobiase)*.

Die Wirkung von Fermenten, die β-glucosidische Bindungen hydrolysieren, ist schon seit langem bekannt. 1830 beobachteten ROBIQUET und BOUTRON, daß ein Extrakt aus bitteren Mandeln das β-Glucosid Amygdalin spaltet; das für diese Wirkung verantwortliche Prinzip bezeichneten LIEBIG und WÖHLER als *Emulsin*. Heute weiß man, daß das Emulsin von LIEBIG ein Gemisch verschiedener Enzyme darstellt, unter denen sich allerdings eine stark wirksame β-Glucosidase befindet.

Einem Vorschlag von HELFERICH[4] zufolge bezeichnet man jetzt allgemein jedes Gemisch von Oligosaccharidasen als Emulsin; man spricht also von einem Süßmandel- bzw. Bittermandel-emulsin, einem Luzernen-emulsin und einem Schnecken-emulsin. Hingegen besteht m. E. kein Anlaß dafür, entsprechend einer Anregung von PIGMAN[5] alle Enzym-gemische als Emulsine zu bezeichnen.

Die wichtigsten Substrate der β-Glucosidasen sind die natürlich vorkommenden Disaccharide Cellobiose und Gentiobiose, sowie die vielen pflanzlichen β-glucosidisch verknüpften Heteroside, unter denen das Prunasin, das Salicin, das Helicin und das Amygdalin erwähnt werden sollen.

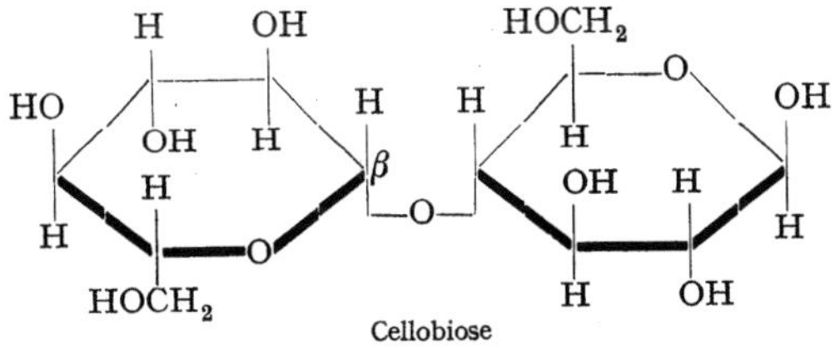

Cellobiose

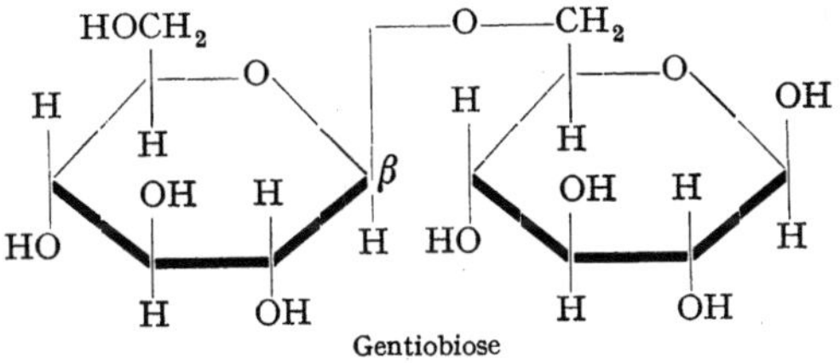

Gentiobiose

---

1 S. ROSEMAN und A. DORFMAN: J. biol. Chem. **191**, 607 (1951).

2 A. HAHN: Ark. Kem. Mineral. Geol. **22** A, No. 2 (1946).

3 Handbuchartikel: S. VEIBEL: In „The Enzymes", herausgegeben von J. B. SUMNER und K. MYRBÄCK, Bd. I/1, S. 583. New York: Academic Press. 1950.

4 B. HELFERICH und F. VORSATZ: Hoppe-Seyler's Z. physiol. Chem. **237**, 254 (1935).

5 W. W. PIGMAN: Adv. Enzymology 4, 41 (1944).

Salicin

Amygdalin

β-Glucosidasen hydrolysieren neben den eigentlichen β-Glucosiden auch β-Xyloside, also Verbindungen, bei welchen die CH_2OH-Gruppe in 6-Stellung des D-Glucopyranose-restes durch ein Wasserstoff-atom ersetzt ist[1].

Über die Spaltung des Phenyl-2-desoxy-β-D-glucosids durch die β-Glucosidase aus Mandel-emulsin wurde schon berichtet (S. 215).

Die einzelnen isodynamen Fermente verschiedenen Ursprungs zeigen durchaus nicht gleichartige Spezifitäts-verhältnisse. Es finden sich sogar manchmal wesentliche Unterschiede; so konnten HUDSON und Mitarbeiter[2] beobachten, daß die β-Glucosidase aus Hefe wohl Gentiobiose und verschiedene andere β-Glucoside, nicht aber Cellobiose angreift.

Ein Beispiel für die relative Spezifität eines Ferments dieser Gruppe wurde bereits auf S. 94, Tab. 12, gegeben.

Auch β-Glucosidasen können Glucose-reste auf andere Akzeptoren als Wasser übertragen, was schon vor längerer Zeit von RABATÉ[3] berichtet wurde, ohne daß die grundlegende Bedeutung der Reaktion erkannt wurde. Neuere Arbeiten von MIWA und Mitarbeitern[4] zeigen, daß verschiedene pflanzliche β-Glucosidasen den Glucose-rest von β-Phenylglucosid auf Methanol, Äthanol und Butanol übertragen können.

Gruppenspezifische β-Glucosidasen finden sich in der Leber, der Niere und der Darmschleimhaut von Säugetieren[5]. Unter den Wirbellosen scheint bisher nur die Weinbergschnecke auf ein derartiges Ferment untersucht worden zu sein; ein Vorkommen einer β-Glucosidase neben Cellulase konnte nachgewiesen werden[6].

Bei den höheren Pflanzen sind β-Glucosidasen sehr weit verbreitet; sie finden sich besonders in den Kernen der Rosaceen. Ebenso wurden die Fermente in Hefe[7], *Aspergillus oryzae*[8], *Aspergillus niger* sowie in manchen Bakterien-arten nachgewiesen[9].

---

[1] B. HELFERICH: Ergebn. Enzymforsch. 7, 83 (1938).
[2] M. ADAMS, N. K. RICHTMYER und C. S. HUDSON: J. Amer. chem. Soc. **65**, 1369 (1943).
[3] J. RABATÉ: Bull. Soc. chim. biol. **17**, 561 (1935).
[4] T. MIWA, K. TAKANO, K. MAFUNE und S. FURUTANI: Proc. Japan. Acad. Sci. **25**, 111 (1949); K. TAKANO und T. MIWA: J. Biochem. **37**, 435 (1950).
[5] C. NEUBERG und E. HOFMANN: Biochem. Z. **281**, 431 (1935); G. STEENSHOLT und S. VEIBEL: Acta physiol. Scand. **6**, 62 (1943).
[6] P. KARRER: Kolloid-Z. **52**, 304 (1930).
[7] C. NEUBERG und E. HOFMANN: Biochem. Z. **256**, 450 (1932).
[8] J. HATANO: Ibid. **151**, 501 (1924).
[9] E. HOFMANN: Ibid. **272**, 133; **275**, 320 (1934).

Das p_H-Optimum der Wirkung hängt sowohl von der Herkunft des Enzyms als auch in einem geringeren Grade von der Natur des Substrates und des angewandten Puffers ab. Das Enzym des Süßmandel-emulsins spaltet *n*-Butyl-β-glucosid sowohl in Acetat- als auch in Citrat-phosphatpuffer optimal bei p_H 4,4, während *o*-Kresyl-β-glucosid in Citrat-phosphatpuffer ebenfalls bei diesem p_H-Wert hydrolysiert wird; in Acetatpuffer hingegen liegt das p_H-Optimum für dieses Substrat etwa bei 5,0[1].

β-Glucosidasen aus Süßmandel-emulsin sind gegen Inhibitoren sehr resistent. Nur sehr destruktiv wirkende Agenzien, wie Schwermetall-salze, starke Oxydationsmittel (Ozon und Osmiumtetroxyd) sowie Formaldehyd, zeigen Hemmwirkung.

Unter den β-Glucosidasen wurde bisher nur das Enzym des Süßmandel-emulsins einer weitergehenden Reinigung unterzogen. HELFERICH[2] fällt das Enzym aus dem „Rohferment", einem wäßrigen Extrakt aus zerkleinerten und entfetteten Mandeln, mit Tannin und Silberacetat aus, worauf er an Carboraffin C *(Leuna)* und schließlich an Silikagel adsorbiert. Durch chromatographische Methoden gelang es ZECHMEISTER und Mitarbeitern[3], das Enzym von den Begleit-fermenten α-Galactosidase und Chitinase zu trennen.

VI. β-Glucosidasen mit strengerer Spezifität

Außer den zuletzt besprochenen gruppen-spezifischen β-Glucosidasen sind auch pflanzliche β-Glucosidasen mit weitaus strengerer Spezifität bekannt. Nach den Untersuchungen von STOLL[4] sowie JACOBS[5] enthalten diejenigen Pflanzen, welche die sogenannten Herzglykoside produzieren, immer auch Fermente, die den hydrolytischen Abbau dieser Verbindungen bewirken.

Die Herzglykoside sind allgemein nach dem Schema

$$\text{Aglykon—(Desoxyzucker)}_x\text{—(Glucose)}_y$$

aufgebaut. Als Beispiel für die Struktur einer derartigen Verbindung sei hier die Formel des Scillaren A angegeben:

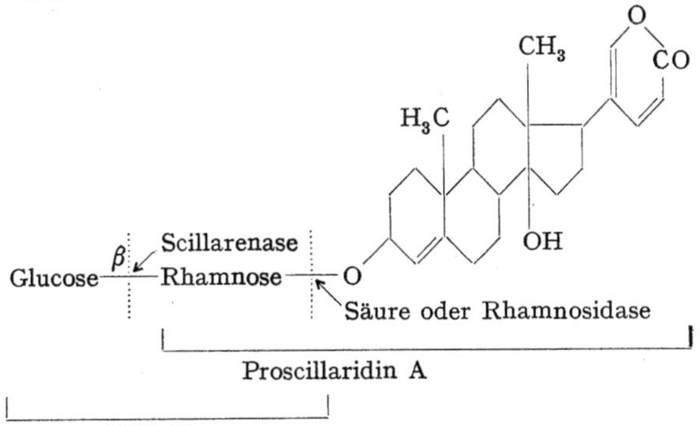

Scillaren A

[1] S. VEIBEL und H. LILLELUND: Enzymologia 9, 161 (1940).

[2] B. HELFERICH und S. WINKLER: Hoppe-Seyler's Z. physiol. Chem. **209**, 269 (1932); B. HELFERICH und W. W. PIGMAN; Ibid. **259**, 253 (1939).

[3] L. ZECHMEISTER, G. TÓTH und L. BALINT, Enzymologia 5, 302 (1938/39); L. ZECHMEISTER und G. TÓTH: Ibid. 7, 165 (1939); L. ZECHMEISTER, G. TÓTH und P. FÜRTH: Ibid. 9, 155 (1940/41).

[4] A. STOLL, W. KREIS und A. HOFMANN: Hoppe-Seyler's Z. physiol. Chem. **222**, 24 (1933); A. STOLL und J. RENZ: Enzymologia 7, 362 (1939).

[5] Vgl. W. A. JACOBS und R. C. ELDERFIELD: Annu. Rev. Biochem. 7, 449 (1938).

Die β-glykosidisch gebundene Glucose wird durch die *Scillarenase*, eine streng für das Scillaren A spezifische β-Glucosidase, abgespalten, wodurch Proscillaridin A entsteht, dessen Rhamnose-rest nur mehr durch Säure oder durch die spezifische Rhamnosidase aus *Penicillium* (S. 229) abspaltbar ist.

Ähnliche Enzyme sind die *Digilanidase*, die *Digipurpidase* und die *Strophantobiase*, die alle ebenfalls β-glykosidisch gebundene Glucose-reste aus ihren Substraten Digilanid, Purpureaglucosid und Strophantosid freisetzen können. Beim k-Strophantosid, das zwei Glucose-reste trägt, von denen der äußere α-glucosidisch gebunden ist, kann dieser durch gruppen-spezifische α-Glucosidasen abgespalten werden, während der zweite β-glykosidisch gebundene Rest nur durch die Wirkung des spezifischen Enzyms, der Strophantobiase, entfernt wird.

Die besprochenen Enzyme erschweren sehr wesentlich die Gewinnung der genuinen Herzglykoside, da durch ihr gleichzeitiges Vorkommen in den Ursprungspflanzen der Substanzen bewirkt wird, daß diese in ihrer abgebauten Form erhalten werden, wenn bei der Isolierung nicht besondere Vorsichtsmaßnahmen („enzym-hindernde Extraktion") angewandt werden.

Vor kurzem konnten auch Enzyme in anderen Materialien, und zwar in niederen Pilzen[1] und in tierischen Organen[2] aufgefunden werden, welche die Glucose-reste aus Scillaren A und den anderen Herzglykosiden abspalten.

VII. Gruppenspezifische β-Glucuronidasen[3]

Der tierische Organismus ist imstande, phenolische Verbindungen mit Glucuronsäure zu β-Glucuroniden zu konjugieren; der Zweck dieser Reaktion scheint die Entgiftung der Phenole zu sein. Auch manche Pflanzen enthalten Glykoside, deren Zucker-anteil β-glykosidisch gebundene Glucuronsäure ist.

Die enzymatische Spaltung von β-Glucuroniden wurde bereits frühzeitig entdeckt. Neuberg und Niemann[4] beobachteten schon 1905, daß Süßmandelemulsin Euxanthinsäure und Phenolglucuronsäure hydrolysiert; es wurde aber ursprünglich angenommen, daß diese Wirkung durch die β-Glucosidase zustande kommt. Erst nachdem Helferich und Sparmberg[5] gezeigt hatten, daß bei der Reinigung des Emulsins die Aktivität gegenüber L-Menthol-β-D-glucuronid und L-Menthol-β-D-glucosid durchaus nicht parallel geht, wurde die Existenz einer von der β-Glucosidase verschiedenen β-Glucuronidase angenommen.

Über das Vorkommen von β-Glucuronidasen in tierischen Organen wurde bereits 1914 von Sera[6] berichtet, dessen Befunde später von Masamune und Oshima[7] ergänzt wurden. Durch die eingehenden Untersuchungen von Fishman und Mitarbeitern[8] steht es heute fest, daß β-Glucuronidasen wechselnder Aktivität in den verschiedensten Organen und Gewebe-arten der Säugetiere vorkommen. Mills[9] konnte in der Ochsen-milz sogar drei verschiedene Protein-fraktionen nachweisen, welche die Hydrolyse von β-Glucuroniden katalysierten. Sie unter-

---

[1] A. Stoll, J. Renz und A. Brack: Helv. chim. Acta **34**, 397 (1951); R. Tschesche, K. Sellhorn und K. H. Brathge: Chem. Ber. **84**, 576 (1951).

[2] A. Stoll und J. Renz: Helv. chim. Acta **34**, 782 (1951).

[3] Handbuchartikel: W. H. Fishman: In „The Enzymes", herausgegeben von J. B. Sumner und K. Myrbäck, Bd. I/1, S. 635. New York: Academic Press. 1950.

[4] C. Neuberg und C. Niemann: Hoppe-Seyler's Z. physiol. Chem. **44**, 114 (1905).

[5] B. Helferich und G. Sparmberg: Ibid. **221**, 92 (1933).

[6] Y. Sera: Ibid. **92**, 261 (1914).

[7] H. Masamune: J. Biochem. **19**, 353 (1934); G. Oshima: Ibid. **20**, 361 (1934); **23**, 305 (1936).

[8] W. H. Fishman: J. biol. Chem. **127**, 367 (1939); **136**, 229 (1940); P. Talalay, W. H. Fishman und C. Huggins: Ibid. **166**, 757 (1946); W. H. Fishman, B. Springer und R. Brunetti: Ibid. **173**, 449 (1948).

[9] G. T. Mills: Biochem. J. **43**, 125 (1948); G. T. Mills und J. Paul: Ibid. **44**, XXXI (1949).

scheiden sich insbesondere durch die p_H-Optima ihrer Wirkungen; die sog. β-Glucuronidase I spaltet ihre Substrate optimal bei p_H 4,5, das Wirkungsoptimum der β-Glucuronidase II, liegt zwischen p_H 5,0 und 5,2 und die β-Glucuronidase III hat ein p_H-Optimum bei 3,4.

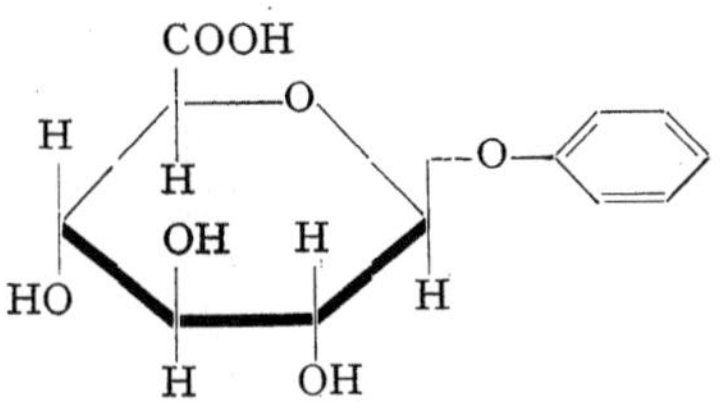

Phenyl-β-glucuronid

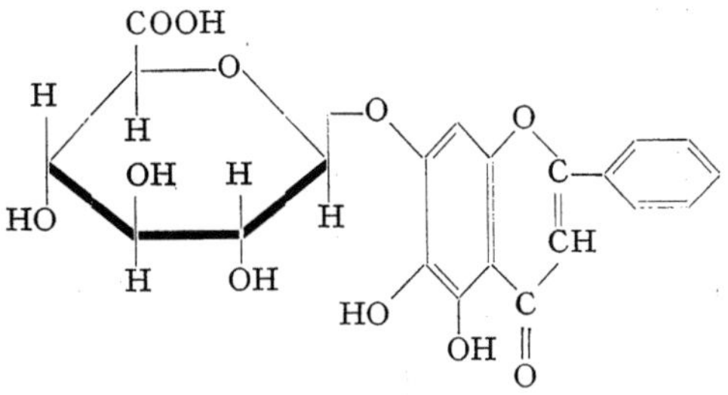

Baicalin

Die tierischen β-Glucuronidasen scheinen sämtliche β-Glucuronide zu spalten; α-Glucuronide sowie α- und β-Glucoside werden hingegen nicht angegriffen. Die β-Glucuronidase des Mandel-emulsins ist nicht imstande, die beiden pflanzlichen β-Glucuronide Scutellarin und Baicalin zu hydrolysieren; diese beiden Glykoside sind die Substrate einer β-Glucuronidase mit anscheinend strengerer Spezifität, der sog. Baicalinase, die aus den Wurzeln der Ursprungspflanze dieser Verbindungen, *Scutellaria baicalensis*, gewonnen werden kann[1, 2].

Polyhydroxylsäuren, Polyoxymono- und -dicarboxylsäuren wirken als Inhibitoren der tierischen β-Glucuronidasen.

Untersuchungen von Fishman[3] zeigen, daß die Enzyme eine weitaus größere Affinität zu Östriol-β-glucuronid haben als zu den Glucuroniden von Phenol, Menthol und Borneol. Nur Phenolphthalein-β-glucuronid zeigt eine noch stärkere Affinität.

Es wurde behauptet, daß Desoxyribonucleinsäure als Coenzym der β-Glucuronidasen fungiert[4]. Diese Auffassung ist aber nicht unwidersprochen geblieben; Smith und Mills[5] halten die Effekte der Nucleinsäure für eine unspezifische Aktivierung, wie sie auch durch andere saure Poly-elektrolyten hervorgerufen werden kann.

Die biologische Funktion der β-Glucuronidasen löste in letzter Zeit interessante Diskussionen aus. Die Beobachtung von Fishman und Fishman[6], daß die β-Glucuronidase im Uterus von Mäusen nach Ovariotektomie stark vermindert ist, aber durch Östrogen-gaben wieder auf Normalwerte gebracht werden kann, konnte von Kerr und Levvy[7] bestätigt werden. Während der Schwangerschaft konnte beim Menschen eine starke Vermehrung der β-Glucuronidase-aktivität im Blute festgestellt werden, die besonders dann ausgeprägt war, wenn die Geburt bevorstand. Odell und McDonald[8] fanden extrem hohe β-Glucuronidasewerte bei solchen schwangeren Frauen, bei denen später Eklampsie auftrat. Durch Gaben von Stilböstrol nach der Geburt konnte der während der Schwangerschaft erhöhte β-Glucuronidase-spiegel aufrechterhalten werden[9]. Alle diese Befunde lassen auf einen engen Zusammenhang zwischen dem Ferment und den östrogenen Hormonen schließen, dessen Mechanismus aber noch völlig unklar ist.

---

[1] K. Shibata: Acta phytochim. 1, 105 (1923); 5, 117 (1930).
[2] T. Miwa: Ibid. 8, 231 (1935); 9, 89 (1936).
[3] W. H. Fishman: J. biol. Chem. 131, 225 (1939).
[4] P. Bernfeld und W. H. Fishman: Science 112, 653 (1950).
[5] E. E. B. Smith und G. T. Mills: Biochem. J. 52, I (1952).
[6] W. H. Fishman und L. W. Fishman: J. biol. Chem. 152, 487 (1944).
[7] L. M. H. Kerr und G. A. Levvy: Nature 162, 219 (1948).
[8] D. F. McDonald und L. D. Odell: J. clin. Endocrinology 7, 535 (1947); L. D. Odell und D. F. McDonald: Amer. J. Obstetrics Gynecol. 56, 1 (1948).
[9] W. H. Fishmann, L. D. Odell, J. E. Gill und R. A. Christensen: Amer. J. Obstetrics Gynecol. 59, 414 (1950).

LEVVY und Mitarbeiter[1] beobachteten, daß in der Milz, der Leber und den Nieren junger Mäuse (1 bis 15 Tage alt) eine stärkere β-Glucuronidase-aktivität gemessen werden kann als in den entsprechenden Organen erwachsener Tiere. Auch regenerierendes Gewebe enthält erhöhte Mengen des Enzyms. Nach FISHMAN und Mitarbeitern[2] findet sich auch in Neoplasmen erhöhte β-Glucuronidase-wirksamkeit im Vergleich zu den Ursprungsgeweben. Es scheint somit, daß proliferierende Gewebe allgemein einen erhöhten Gehalt an β-Glucuronidase aufweisen, aber auch hier können bisher nur die Erscheinungen berichtet werden, ohne daß deren Bedeutung erkennbar wäre.

β-Glucuronidasen dürften auch am Abbau der Mucopolysaccharide teilhaben. Hyaluronsäure enthält bekanntlich neben Acetylglucosamin auch Glucuronsäure. K. MEYER und Mitarbeiter[3] konnten kürzlich zeigen, daß die Endprodukte des Hyaluronsäure-abbaus, die durch eine gereinigte Präparation von Testes-hyaluronidase erhalten werden, von β-Glucuronidase aus Leber weiter abgebaut werden; die Autoren halten es für wahrscheinlich, daß die Oligomucase von HAHN[4], die den Endabbau der Hyaluronsäure katalysieren soll, mit β-Glucuronidase identisch ist.

In jüngster Zeit konnten auch mikrobielle β-Glucuronidasen in der Flora des Schaf-magens entdeckt werden[5].

Die ursprüngliche Annahme, daß β-Glucuronidasen die Biosynthese der Glucuronide ebenso katalysieren wie die Hydrolyse, muß heute als unwahrscheinlich angesehen werden.

VIII. β-Glucosaminidasen

Schon vor längerer Zeit berichteten HELFERICH und ILOFF[6] über ein Enzym aus Mandel-emulsin, das Phenyl-N-acetyl-β-glucosaminid und ähnliche Substrate hydrolysiert. Ähnliche Fermente kommen auch in der Weinbergschnecke[7], in *Testis*-extrakten[8] und in verschiedenen anderen tierischen Geweben[9, 10] vor. Sie sind nicht mit den Hyaluronidasen identisch; hingegen ist eine Identität mit den Chitobiasen (S. 231) nicht unwahrscheinlich, da deren Substrat, die Chitobiose, ein β-glucosaminidisch verbundenes Disaccharid ist.

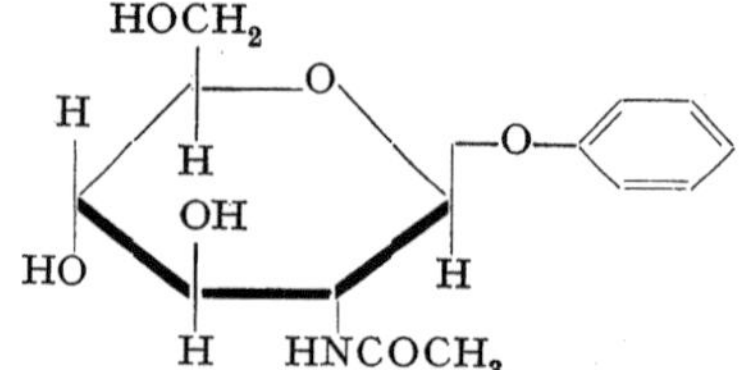

Phenyl-N-acetyl-β-D-glucosaminid

IX. α-Galactosidasen

Die ersten Berichte über Fermente, die α-Galactoside hydrolysieren können, stammen von FISCHER und LINDNER[11], sowie von BAU[12]; derartige Enzyme konnten in der Bierhefe nachgewiesen werden. Weitere Vorkommen von α-Galactosid-

[1] G. A. LEVVY, L. M. H. KERR und J. G. CAMPBELL: Biochem. J. **42**, 462 (1948).
[2] W. H. FISHMAN und A. J. ANYLAN: Science **106**, 66 (1947); J. biol. Chem. **169**, 449 (1947); W. H. FISHMAN, A. J. ANYLAN und E. GORDON: Cancer Res. **7**, 808 (1947).
[3] K. MEYER und M. M. RAPPORT: Adv. Enzymology **13**, 199 (1952).
[4] L. HAHN: Biochem. Z. **315**, 6 (1944).
[5] M. C. KARUNAIRATNAM und G. A. LEVVY: Biochem. J. **49**, 210 (1951).
[6] B. HELFERICH und A. ILOFF: Hoppe-Seyler's Z. physiol. Chem. **221**, 252 (1933).
[7] A. NEUBERGER und R. V. PITT-RIVERS: Biochem. J. **33**, 1580 (1939).
[8] M. E. EAST, J. MADINAVEITIA und A. R. TODD: Ibid. **35**, 872 (1941).
[9] L. HAHN: Ark. Kem. Mineral. Geol. **21** A, No. 1 (1945).
[10] S. ROSEMAN und A. DORFMAN: J. biol. Chem. **191**, 607 (1951).
[11] E. FISCHER und P. LINDNER: Wschr. Brau. **12**, 959 (1895).
[12] A. BAU: Ibid. **12**, 1062 (1895); **20**, 560, 596 (1903).

asen sind das Mandel-emulsin[1], Alfalfa-samen[2], Kaffee-emulsin[3] und der Verdauungssaft der Weinbergschnecke *Helix pomatia*[4]. Geringe Mengen finden sich auch in der Takadiastase und in Malz-auszügen, hingegen enthält die Oberhefe das Enzym nicht[5].

Als einziges natürlich vorkommendes Substrat der α-Galactosidasen ist die Raffinose zu nennen, deren α-galactosidisch gebundener Galactose-rest von diesen Fermenten abgespalten wird. Die durch enzymatische oder Säure-hydrolyse aus Raffinose entstehende Melibiose, welche in der Natur nicht vorkommt, wird von den Enzymen dieser Gruppe ebenso wie Aryl- oder Alkyl-α-galactoside hydrolysiert[6].

Raffinose

Melibiose

α-Galactosidasen verschiedenen Ursprungs zeigen auffallende Unterschiede in ihrer relativen Spezifität und im p_H-Optimum ihrer Wirkung.

Nach FISCHER und LINDNER[5] läßt sich das Ferment aus Unterhefe durch die Art der Autolysen-führung leicht von der α-Glucosidase abtrennen, da es bedeutend fester an die Zellkomponenten gebunden ist als die α-Glucosidase.

X. β-Galactosidasen *(Lactase)*

Fermente, die das β-Galactosid Lactose spalten, finden sich in verschiedenen biologischen Materialien meist mit β-Glucosidasen vereint. Dieses gemeinsame Vorkommen ließ HELFERICH[7] sogar annehmen, daß β-Glucosidasen allgemein auch β-Galactoside hydrolysieren können, was aber dadurch unwahrscheinlich wird, daß es Enzyme gibt, die wohl β-Galactoside hydrolysieren, aber kaum irgend eine Wirkung gegenüber β-Glucosiden zeigen. Solche wurden z. B. in den Samen von *Rosa canina*, in Sojabohnen und in manchen Bakterien *(Escherichia coli, Lactobacillus delbrückii)* nachgewiesen (HOFMANN[8]). Als reichhaltigstes Ausgangsmaterial für die Herstellung von β-Galactosidase-präparaten werden Kaffee und Luzernen-samen empfohlen[9].

1 B. HELFERICH und H. APPEL: Hoppe-Seyler's Z. physiol. Chem. **205**, 231 (1932).
2 K. HILL: Ber. Verhandl. sächs. Akad. Wiss., Math.-phys. Kl. **95**, 134 (1934).
3 B. HELFERICH und F. VORSATZ: Hoppe-Seyler's Z. physiol. Chem. **237**, 254 (1935).
4 H. BIERRY: C. R. Acad. Sci. Paris **156**, 265 (1913).
5 E. FISCHER und P. LINDNER: Wschr. Brau. **12**, 959 (1895).
6 R. WEIDENHAGEN: Z. Ver. dtsch. Zuckerindustrie **77**, 696, 707 (1927); **86**, 22 (1936).
7 B. HELFERICH: Ergebn. Enzymforsch. **7**, 83 (1938).
8 E. HOFMANN: Biochem. Z. **267**, 309 (1933); **272**, 133, 426 (1934).
9 K. HILL: Ber. Verhandl. sächs. Akad. Wissensch. Leipzig; Math.-phys. Klasse **86**, 115 (1934); B. HELFERICH und F. VORSATZ: Hoppe-Seyler's Z. physiol. Chem. **237**, 254 (1935).

HELFERICH und BREDERECK[1] konnten zeigen, daß β-Galactosidase auch Vicianose hydrolysiert; Vicianose ist ein Disaccharid, das sich von der Lactose dadurch unterscheidet, daß es an Stelle des β-Galactose-restes einen α-L-Arabinoserest im Molekül enthält. Die Fähigkeit der β-Galactosidasen Glykoside der α-L-Arabinose zu spalten, fügt sich gut in unsere Vorstellungen über die Spezifitäts-verhältnisse bei den Oligosaccharidasen ein (S. 211 ff.). Ein weiteres natürlich vorkommendes Substrat der β-Galactosidasen ist die in der Frauenmilch nachgewiesene Allolactose, eine 6-β-Galactosido-glucose.

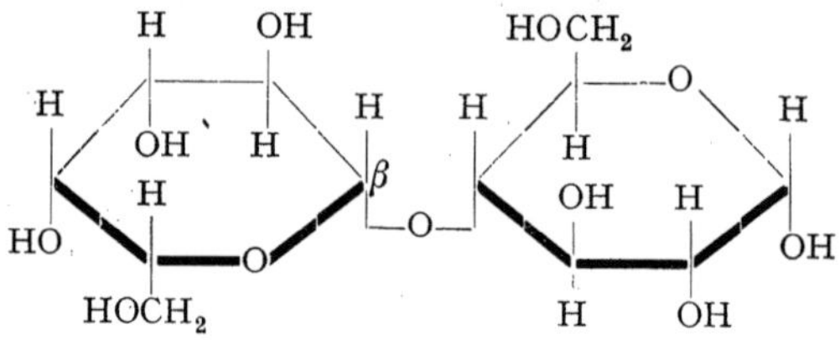

Lactose

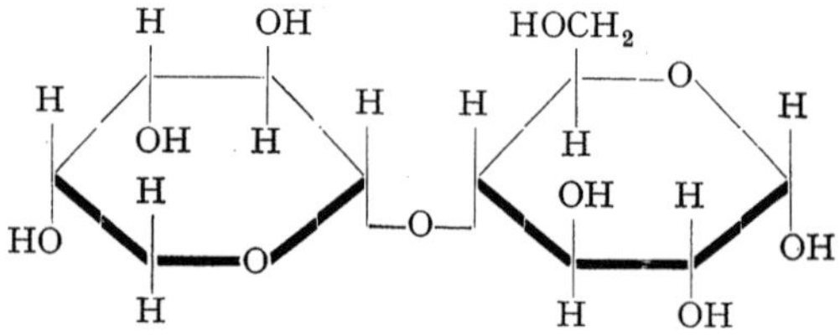

Vicianose

In den letzten Jahren konnte mehrfach gezeigt werden, daß ebenso wie die anderen Glykosidasen auch β-Galactosidasen verschiedenster Herkunft neben ihrer hydrolytischen Wirkung auf β-Galactoside auch Galactose übertragen können[2]. Bei der Einwirkung der Enzyme auf Lactose entstehen verschiedene Oligosaccharide (Galactosyl-lactose, Galactosyl-glucose, Galactosyl-galactose, u. a.), wobei zwischen den Enzymen aus verschiedenen Ausgangs-materialien wesentliche Spezifitäts-unterschiede bestehen.

XI. α-Mannosidasen

Im Mandel-emulsin, im Luzernen-emulsin und in vielen anderen pflanzlichen Materialien finden sich Fermente, die zur Spaltung von α-Mannosiden befähigt sind. Natürliche Substrate dieser Enzyme sind bisher noch nicht bekannt geworden; es ist denkbar, daß den Fermenten eine Funktion beim Abbau der in Pflanzen vorkommenden, aus Mannose-resten aufgebauten Polysaccharide (Mannane) zukommt.

Die im Mandel-emulsin vorkommende α-Mannosidase ist gegen Hitze resistenter als die β-Glucosidase und läßt sich dadurch von ihr trennen[3].

XII. β-Mannosidase

ADAMS, RICHTMYER und HUDSON[4] berichten über ein Enzym aus Hefe, welches zur Spaltung von β-Mannosiden befähigt ist. Genauere Untersuchungen über dieses Ferment scheinen aber noch nicht vorzuliegen.

---

[1] B. HELFERICH und A. BREDERECK: Liebig's Ann. Chem. **465**, 166 (1928).

[2] K. WALLENFELS: Naturwiss. **38**, 306 (1951); Idem: In „Biologie und Wirkung der Fermente", 4. Mosbacher Kolloquium Ges. physiol. Chem., S. 160. Berlin: Springer. 1953; M. ARONSON: Arch. Biochem. Biophys. **39** 370 (1952).

[3] B. HELFERICH und S. WINKLER: Hoppe-Seyler's Z. physiol. Chem. **209**, 269 (1932).

[4] M. ADAMS, N. K. RICHTMYER und C. S. HUDSON: J. Amer. chem. Soc. **65**, 1369 (1943).

XIII. Rhamnosidase[1]

Durch Züchtung eines *Penicillium*-Stammes auf einem Rhamnose-haltigen Nährboden gelang es kürzlich, die Bildung eines Enzyms zu induzieren, das den Rhamnose-rest aus Proscillaridin A abspaltet (vgl. S. 223). Ein Enzym dieses Typus konnte bisher noch in keinem natürlich vorkommenden Material nachgewiesen werden.

XIV. β-h-Fructosidasen *(Invertase, Saccharase)*[2]

Die Fähigkeit verschiedener biologischer Materialien, Rohrzucker zu invertieren, d. h. durch Hydrolyse in seine Bestandteile Glucose und Fructose zu zerlegen, ist schon seit langem bekannt. BERTHELOT[3] konnte 1860 durch Alkoholfällung eine Enzympräparation aus Hefe gewinnen, die spezifisch die Spaltung von Saccharose katalysierte; er nannte sein Enzym „*ferment inversif*".

Viel später zeigte KUHN[4], daß für die Hydrolyse von Saccharose zwei verschiedene Enzymtypen verantwortlich sein können, die sich durch ihre Affinität zum Fructose- oder Glucose-anteil des Rohrzuckers unterscheiden. Der eine Typus hydrolysiert nur Oligosaccharide, deren Fructose-teil nicht substituiert ist, also neben Saccharose auch Raffinose, nicht aber Melecitose, an deren Fructose-teil noch ein Glucose-rest hängt. Dieser Typus wird als β-h-Fructosidase bezeichnet und an dieser Stelle besprochen.

Der zweite Typus, der insbesondere durch die tierischen Fermente repräsentiert wird, die zur Saccharose-spaltung imstande sind, kann neben Saccharose auch Melecitose, nicht aber Raffinose, in welcher der Glucose-teil durch einen Galactose-rest substituiert ist, hydrolysieren. Er ist demnach als α-Glucosidase zu klassifizieren und wurde mit diesen Enzymen gemeinsam behandelt (S. 217).

β-h-Fructosidasen finden sich in verschiedenen Hefe-arten, manchmal sogar in besonders großer Menge. Fast alle höheren Pflanzen enthalten Enzyme dieses Typus; weiters wird über ein Vorkommen von β-h-Fructosidasen in manchen Schimmelpilzen und Bakterien berichtet. Für die Existenz tierischer β-h-Fructosidasen sind bisher noch keine schlüssigen Beweise erbracht worden. Sog. tierische Saccharasen sind wohl immer als α-Glucosidasen zu klassifizieren.

Außer Saccharose werden durch die β-h-Fructosidasen auch die schon erwähnte Raffinose, weiters Gentianose, Stachyose und Hesperonal, sämtlich Oligosaccharide mit β-h-Fructosid-resten, hydrolysiert.

Die Fermente dieser Spezifität sind wie andere Oligosaccharidasen imstande, den Fructose-rest nicht nur auf Wasser, sondern auch auf verschiedene Akzeptoren zu übertragen, wobei eine Reihe von Di-, Tri- und Tetrasacchariden entsteht, deren Natur bisher nur zum Teil aufgeklärt ist[5]. Als Akzeptoren kommen Saccharose selbst, weiters Fructose, Glucose sowie auch schon durch die Transfructosidierung entstandene Oligosaccharide in Frage.

In letzter Zeit wird über ein Ferment aus haploiden Hybrid-stämmen von *Saccharomyces* berichtet, das streng spezifisch nur Saccharose, nicht aber Raffinose oder Maltose spaltet[6].

[1] A. STOLL, J. RENZ und A BRACK: Helv. chim. Acta **34**, 2301 (1951).

[2] Handbuchartikel: C. NEUBERG und I. MANDL: In „The Enzymes", herausgegeben von J. B. SUMNER und K. MYRBÄCK, Bd. I/1, S. 527. New York: Academic Press. 1950.

[3] M. BERTHELOT: C. R. Acad. Sci. Paris **50**, 980 (1860).

[4] R. KUHN: Hoppe-Seyler's Z. physiol. Chem. **129**, 57 (1923).

[5] J. S. D. BACON und J. EDELMAN: Arch. Biochem. **28**, 467 (1950); P. H. BLANCHARD und N. ALBON: Ibid. **29**, 220 (1950); K. WALLENFELS: Naturwiss. **38**, 306 (1951); K. WALLENFELS und E. BERNT: Angew. Chem. **64**, 28 (1952); E. H. FISCHER, L. KOTHÈS und J. FELLIG: Helv. chim. Acta **34**, 1132 (1951); L. M. WHITE und G. E. SECOR: Arch. Biochem. Biophys. **36**, 490 (1952); F. J. BEALING und J. S. D. BACON: Biochem. J. **53**, 277 (1953).

[6] C. C. LINDEGREN, G. LINDEGREN und S. HESTRIN: Proc. nat. Acad. Sci. U. S. **35**, 23 (1949).

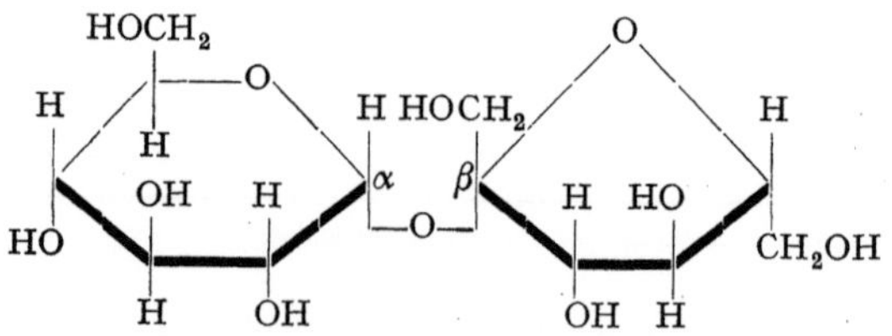

Saccharose

Das p_H-Optimum des Enzyms aus Hefe wird übereinstimmend mit 4,5 angegeben; Fermente aus verschiedenen anderen Ausgangs-materialien zeigen p_H-Wirkungsoptima zwischen 4,2 und 7,0.

Als anorganische Effektoren des Enzyms aus Hefe, das unter den β-h-Fructosidasen weitaus am besten untersucht ist, sind stärkere Oxydationsmittel und Schwermetall-salze sowie salpetrige Säure zu erwähnen, die irreversibel hemmen. Fluorid hat keinen Einfluß. Äthanol kann vollständig inaktivieren, wobei es bemerkenswert ist, daß 50%ige Lösungen stärker hemmen als absoluter Alkohol[1]. Weiters wirken verschiedene Amine, wie Anilin, Phenylhydrazin und Aminoguanidin als Inhibitoren; dieser Effekt wird durch die Anwesenheit einer Carbonyl-gruppe im aktiven Zentrum des Enzyms erklärt.

Bereits frühzeitig wurde erkannt, daß Fructose auf das Ferment eine Hemmwirkung ausübt[2, 3, 4]. Aber auch andere Zucker, wie β-Glucose (nicht α-Glucose), α- und β-Galactose, α- und β-Arabinose, Methylglucoside und β-Rhamnose verursachen denselben Effekt[5, 6]. Es dürfte sich hier in den meisten Fällen um eine kompetitive Hemmung handeln, wenngleich die Verhältnisse trotz der zahlreichen Untersuchungen nicht eindeutig geklärt sind.

Die Kinetik der enzymatischen Rohrzucker-spaltung ist besonders eingehend untersucht worden. So wurde die in Kap. 5 dargestellte Theorie von MICHAELIS und MENTEN an dieser Reaktion erarbeitet (vgl. S. 59ff.).

Die wichtigste Quelle zur Herstellung von β-h-Fructosidase-präparaten ist die Hefe. Durch Inkubation der Hefe mit Rohrzucker-lösung und andere Stimulationsverfahren (z. B. Durchleiten von Luft) kann der Ferment-gehalt der Hefe auf ein Mehrfaches gesteigert werden. Das Enzym wird am besten durch Autolyse mit Toluol bei neutraler Reaktion und 30° freigelegt und kann dann nach verschiedenen Verfahren weiter aufgearbeitet werden. Besonders hochkonzentrierte und aktive Präparate wurden vor kurzer Zeit von SUMNER und O'KANE[7] hergestellt; die Methode dieser Autoren beruht im wesentlichen auf einer Adsorption an Calciumtriphosphat und Auswaschen des Adsorbats mit Wasser, wodurch die Hefegummi, welche die am schwersten zu entfernende Verunreinigung darstellen, gelöst werden, während das Enzym weiter adsorbiert bleibt. Durch zweimalige Adsorption konnte eine 3000fache Reinigung gegenüber der Rohlösung erzielt werden. Trotzdem können auch diese Präparationen nicht als völlig rein angesehen werden; sie enthalten noch immer beträchtliche Mengen von Polysacchariden, die aber vielleicht als integraler Bestandteil des Enzyms angesprochen werden müssen.

---

[1] C. S. HUDSON und A. S. PAINE: J. Amer. chem. Soc. **32**, 1350 (1910).
[2] V. HENRI: C. R. Acad. Sci. **135**, 916 (1902).
[3] H. E. ARMSTRONG und E. F. ARMSTRONG: Proc. Roy. Soc. London B **79**, 360 (1907).
[4] L. MICHAELIS und H. PECHSTEIN: Biochem. Z. **60**, 79 (1914).
[5] R. KUHN und H. MÜNCH: Hoppe-Seyler's Z. physiol. Chem. **150**, 220 (1925); **163**, 1 (1927).
[6] H. VON EULER und K. JOSEPHSON: Ibid. **132**, 301 (1924); **152**, 31 (1926).
[7] J. B. SUMNER und D. J. O'KANE: Enzymologia **12**, 251 (1948).

Versuche von FISCHER und Mitarbeitern[1] scheinen in diese Richtung zu weisen. Die Autoren befreiten ein hochgereinigtes Präparat einer β-h-Fructosidase aus Hefe durch Behandlung mit Bentonit von den Beimischungen an Polymannanen; das Ferment wurde labil und verlor rasch seine Aktivität. Daraus kann geschlossen werden, daß die Polysaccharide das Enzymprotein gegenüber denaturierenden Einflüssen stabilisieren und somit als „Protektoren" (S. 134) fungieren.

Die auch noch in letzter Zeit mehrfach aufgestellte Behauptung russischer Autoren, daß das Ferment innerhalb der Organismen an der Biosynthese des Rohrzuckers teilnimmt[2,3], muß mit Skepsis betrachtet werden; bisher besteht kaum ein Grund zur Annahme, daß unter physiologischen Bedingungen das Ferment eine andere Funktion als die Hydrolyse seiner Substrate erfüllen kann.

Roh-präparate der β-h-Fructosidase aus Hefe finden eine beschränkte Anwendung zur Herstellung von Invertzucker bzw. Sirupen in der Lebensmittelindustrie.

XV. Oligomucasen

Außer den Mucopolysaccharidasen, die den hydrolytischen Abbau der sog. Mucopolysaccharide katalysieren (vgl. S. 250), gibt es auch Enzyme, die nur die niedrigeren Abbaustufen der Mucopolysaccharide, die „Mucooligosaccharide" spalten. So konnten ZECHMEISTER und Mitarbeiter[4] durch eine fraktionierte Adsorptions-analyse nachweisen, daß das ursprünglich als einheitlich angesehene Fermentsystem Chitinase in Wirklichkeit aus drei Komponenten besteht, von denen eine vornehmlich das Disaccharid Chitobiose hydrolysiert und demnach als *Chitobiase* zu bezeichnen ist. Chitobiase findet sich nach ZECHMEISTER in Glycerin-extrakten aus dem Darmtrakt der Weinbergschnecke *Helix pomatia*. Der Spezifität entsprechend ist eine Identität mit den β-Glucosaminidasen (S. 226) anzunehmen.

Auch das Fermentsystem, das Hyaluronsäure hydrolysiert, ist nicht einheitlich, wie man es früher geglaubt hat, sondern besteht vermutlich ebenfalls aus drei Komponenten, von denen die eine niedrige Abbau-produkte der Hyaluronsäure hydrolysiert und demnach als *Hyaluronat-oligomucase* bezeichnet werden kann. Eine Vorschrift zur Darstellung hochaktiver Hyaluronat-oligomucase-Präparationen aus *Testis* wird von HAHN[5] gegeben. In letzter Zeit wird aber eine Identität dieses Enzyms mit einer β-Glucuronidase (S. 224) oder mit einer α-Glucosaminidase vermutet (S. 220).

Ebenfalls nach HAHN[6] dürfte die Hydrolyse des Chondroitinsulfats durch einen eigenen Enzymkomplex, das Sulfomucase-system, katalysiert werden, der wahrscheinlich ebenfalls ein Ferment enthält, das für die Spaltung niedriger Abbau-produkte spezifisch ist. Dieses wäre demnach als *Oligosulfomucase* zu bezeichnen.

21. Glykosidasen. II. Polysaccharidasen

Wie bereits im letzten Kapitel erwähnt wurde, ist die Abgrenzung der Oligosaccharidasen von den Polysaccharidasen verhältnismäßig einfach; die Unterscheidung ist durch die Kettenlänge der Substrate gegeben.

Immerhin wird in der Literatur von Überschneidungen berichtet, die allerdings nicht von großer Bedeutung sind. So kann nach WEIDENHAGEN[7] das aus Fructose-resten β-glykosidisch aufgebaute Polysaccharid Inulin wohl von einer β-h-Fructosidase hydrolysiert werden; der Abbau geht aber etwa 5000mal langsamer vor sich als die Hydrolyse von Rohrzucker.

---

[1] E. H. FISCHER und L. KOHTÈS: Helv. chim. Acta 34, 1123 (1951); E. H. FISCHER, L. KOHTÈS und J. FELLIG: Ibid. 34, 1132 (1951).

[2] A. I. OPARIN: Biochimija 4, 13 (1937).

[3] A. L. KURSSANOV, E. ISAEVA und V. POPATEKO: Ibid. 11, 401 (1946).

[4] L. ZECHMEISTER, G. TÓTH und M. BALINT: Enzymologia 5, 302 (1938); L. ZECHMEISTER und G. TÓTH: Ibid. 7, 165 (1939); L. ZECHMEISTER, G. TÓTH und E. VAJDA: Ibid. 7, 170 (1935).

[5] L. HAHN: Biochem. Z. 315, 6 (1944); Ark. Kemi Min. Geol. 22A, No. 2 (1946).

[6] L. HAHN: Ibid. 21A, No. 1 (1945).

[7] R. WEIDENHAGEN: Z. Ver. dtsch. Zuckerindustrie 82, 316, 912 (1932).

Die Spezifitäts-bereiche der β-Glucosidasen und der Cellulase überschneiden sich ungefähr bei den Hexapolymeren; höherpolymere β-glucosidische Polysaccharide werden fast ausschließlich von der Cellulase hydrolysiert, während die gruppen-spezifischen β-Glucosidasen auf die Spaltung der niedrigeren Polymeren bzw. der Oligosaccharide eingestellt sind.

Bei der Einteilung der Polysaccharidasen begegnen wir der Schwierigkeit, daß wir in deren Substraten keine so wohldefinierten Körper vor uns haben wie die strukturell völlig aufgeklärten Heteroglykoside und Oligosaccharide. Immerhin ist heute die Kenntnis des Aufbaues der Polysaccharide vielfach doch so weit vorgeschritten, daß wir bei den meisten Polysaccharidasen nicht mehr allein auf die Substrat-spezifität angewiesen sind, sondern auch die Wirkungsspezifität, d. h. die Art der hydrolysierten Bindungen kennen und die Fermente dementsprechend klassifizieren können.

Unter den Polysaccharidasen finden wir eine Anzahl von Enzymen, die technisch und biologisch von großer Bedeutung sind und demgemäß ausführlichst bearbeitet wurden. Hier sind vor allem die Amylasen, dann auch die Pectinasen und die Hyaluronidasen zu nennen. Andrerseits sind die Enzyme, die den hydrolytischen Abbau von Cellulose, Hemicellulosen, pflanzlichen Gummi u. dgl. katalysieren, noch verhältnismäßig wenig bekannt.

Es muß an dieser Stelle betont werden, daß die Polysaccharidasen, also diejenigen Enzyme, die den hydrolytischen Abbau der Polysaccharide katalysieren, nicht die einzigen Fermente sind, die diese Substanzen abbauen können; wir werden in einem späteren Kapitel Fermente kennenlernen, die durch Übertragung von Zucker-resten sowohl den Abbau als auch die Synthese mancher Polysaccharide bewirken und die als Transglykosylasen bezeichnet werden (vgl. S. 377 ff.).

I. Amylasen[1]

Die Existenz von Enzymen, die den hydrolytischen Abbau der Stärke zu niedrigeren Glucose-ketten katalysieren, ist schon lange bekannt. IRVINE soll schon 1785 beobachtet haben, daß Stärke durch wäßrige Auszüge aus gekeimter Gerste verflüssigt wird. KIRCHHOFF beschrieb bereits 1814 eine Substanz aus Getreidesamen, welche die Umwandlung von Stärke in Zucker verursacht und 1831 konnte LEUCHS zeigen, daß der Speichel die Fähigkeit besitzt, dieselbe Reaktion hervorzurufen. Auch die für die Entwicklung der Enzymologie grundlegende Arbeit von PAYEN und PERSOZ (vgl. S. 5) beschäftigte sich mit der Amylase; den Autoren gelang es 1833, ein aktives Amylase-präparat aus Malz darzustellen und dabei die auch heute noch anerkannt wichtigsten Eigenschaften eines Enzyms zu beschreiben. Die Trennung der pankreatischen Amylase von Trypsin, die DANILEWSKY 1862 unter Anwendung der Adsorption gelang, stellt das erste Beispiel einer Verwendung dieser wertvollen Reinigungs-methode in der Enzymologie dar. 1878 zeigte MÄRCKER[2], daß es im Malz zwei verschiedenartig wirkende Enzyme des hydrolytischen Stärke-abbaus gibt, was von LINTNER[3] bestätigt werden konnte. Dieser Forscher stellte auch fest, daß in der ungekeimten Gerste nur das eine von den beiden Enzymen, und zwar dasjenige,

---

[1] Handbuchartikel und Übersichtsreferate: K. MYRBÄCK und G. NEUMÜLLER: In „The Enzymes", herausgegeben von J. B. SUMNER und K. MYRBÄCK, Bd. I/1, S. 653. New York: Academic Press. 1950; Ergebn. Enzymforsch. **12**, 1 (1951); K. H. MEYER: Angew. Chem. **63**, 153 (1951); Exper. **8**, 405 (1952). P. BERNFELD: Adv. Enzymology **12**, 379 (1951); R. H. HOPKINS: Ibid. **6**, 389 (1946); W. F. GEDDES: Ibid. **6**, 415 (1946); M. SAMEC: Ergebn. Enzymforsch. **9**, 89 (1943); M. L. CALDWELL und M. ADAMS: Adv. Carbohydrate Chem. **5**, 229 (1950); idem: In „Enzymes and Their Role in Wheat Technology", herausgegeben von J. A. ANDERSON, S. 23. New York: Interscience. 1946.

[2] M. MÄRCKER: Chem. Zbl. **1878**, 559.

[3] C. J. LINTNER: J. prakt. Chem. **34**, 378 (1886).

welches die Stärke verzuckert, vorkommt, während das andere, das für die Verflüssigung der Stärke verantwortlich ist, fehlt.

Die von Märcker getroffene Unterscheidung zwischen den beiden Stärke hydrolysierenden Fermenten ist auch heute noch gültig; man bezeichnet die beiden Typen als α-Amylasen und β-Amylasen.

Zur Erklärung der Unterschiede in der Wirkung dieser beiden Enzyme ist es notwendig, kurz einiges über die chemische Konstitution der Substrate der Amylasen, der Stärke und des Glykogens, zu sagen. Beide Substanzen sind als Hochpolymere der Glucose aufzufassen.

Die Stärke ist, wie aus den Forschungen von Meyer, Samec, Myrbäck, Freudenberg und Haworth hervorgeht, keine einheitliche Substanz, sondern enthält als Haupt-bestandteile zwei Gruppen von Polysacchariden, die sich in ihrer Konstitution und ihren physikalischen und chemischen Eigenschaften erheblich voneinander unterscheiden. Von diesen beiden Gruppen ist die eine eine Mischung unverzweigter Polysaccharide, in denen hundert bis zweitausend Glucose-reste durch α-1,4-Bindungen, den Bindungstypus der Maltose, verbunden sind. Polysaccharide dieses Typus werden *Amylose* genannt.

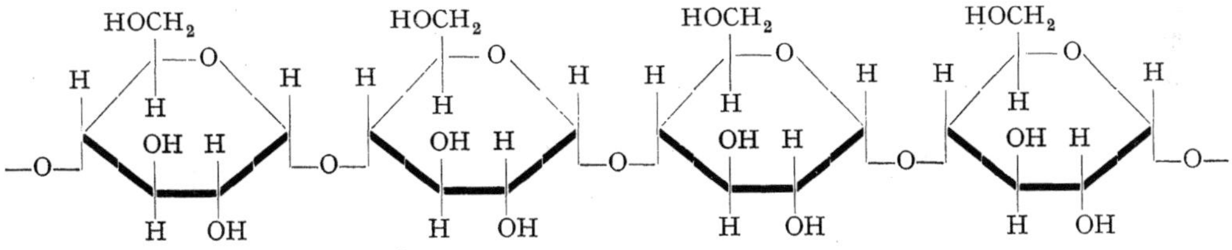

Amylose-kette

Weiters kommen in der Stärke stark verzweigte Polysaccharide vor, die sowohl α-1,4- als auch α-1,6-Bindungen, „Isomaltose-bindungen", enthalten. Dieser Anteil wird als *Amylopectin* bezeichnet. Amylopectine haben allgemein einen recht hohen Polymerisations-grad (1100 bis 1800 Glucose-einheiten pro Molekül).

Während die Stärke das wichtigste Reserve-kohlehydrat des Pflanzenreichs darstellt, kommt die gleiche Funktion bei den tierischen Organismen dem Glykogen zu. Allerdings finden sich auch in der Hefe und in manchen höheren Pflanzen Polysaccharide, die chemisch vom Glykogen nicht unterscheidbar sind. Das Glykogen kann als ein besonders stark verzweigtes Amylopectin aufgefaßt werden.

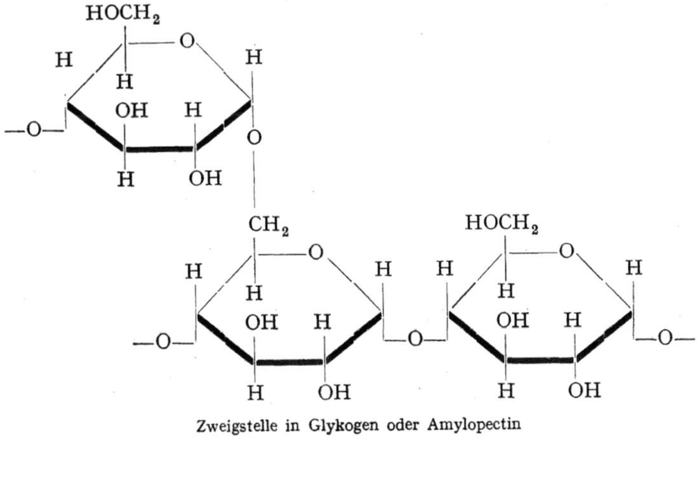

Zweigstelle in Glykogen oder Amylopectin

Bei der Einwirkung der verschiedenen Amylasen auf einen Stärkekleister werden — mehr oder minder deutlich — die folgenden Erscheinungen beobachtet:

1. Die Viskosität des Kleisters nimmt ab; der eine Enzymtypus bewirkt besonders starke Viskositätsabnahme; man spricht von einer „Verflüssigung".

2. Die Farbe, die bei Zusatz einer Jod-lösung zu einer Probe des Enzym-Substratgemisches beobachtet wird, ändert sich, und zwar kann diese Änderung, je nach der Art des verwendeten Ferments, entweder darin bestehen, daß die ursprüngliche tiefblaue Färbung langsam schwächer wird, ohne daß sie im Verlauf des Experiments völlig verschwindet, wobei manch-

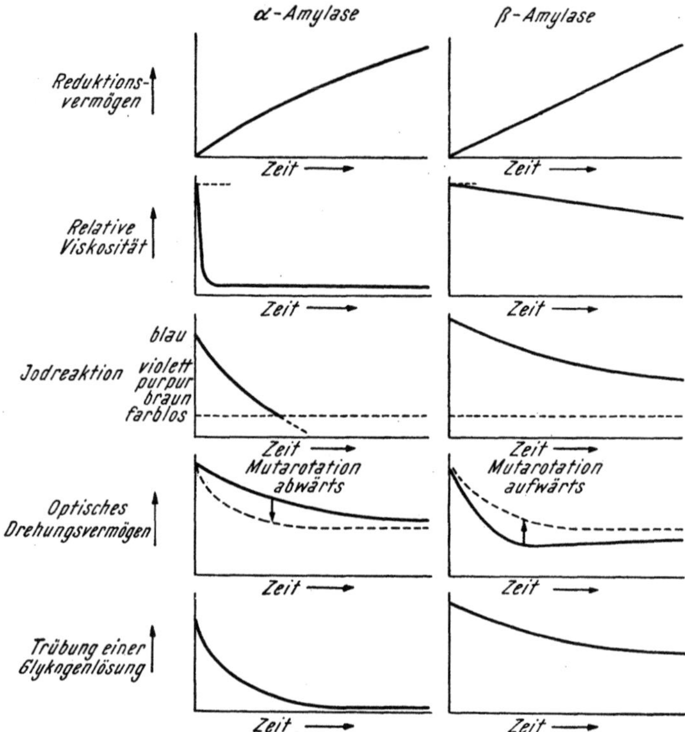

Abb. 21. Die zwei Typen der Amylasen. In dem Diagramm zum optischen Drehungsvermögen bedeutet die ausgezogene Kurve die sofortige Messung und die strichlierte Kurve die Messung, nachdem Mutarotation in Anwesenheit von Na_2CO_3 eingetreten ist. (Nach BERNFELD, *l. c.*)

mal ein Stich ins Rötliche auftritt, oder es kann eine sehr schnelle Veränderung der Farbe von Blau über Violett und Rot ins Farblose auftreten. Der mit der schnellen Farbänderung verbundene Vorgang wird als „Dextrinierung" bezeichnet, da die Phase bis zum Verschwinden der Jod-reaktion durch eine Bildung von Dextrinen gekennzeichnet ist; diese sind wohl niedermolekular genug, daß sie dünnflüssige Lösungen geben, aber nicht ausreichend abgebaut, um vergärbar zu sein. Kleinere Mengen vergärbarer Zucker werden aber auch in dieser Phase gebildet.

3. Schließlich beobachten wir die Bildung vergärbarer Zucker (fast ausschließlich Maltose); der eine Enzymtypus bewirkt dies parallel mit der Verflüssigung und der Dextrinierung, unter dem Einfluß der anderen Fermentart entstehen auch schon größere Mengen von vergärbaren (= niedermolekularen) Oligosacchariden, ohne daß Verflüssigung und Dextrinierung stattfinden.

Wir finden also, daß bei manchen Enzympräparaten die Zucker-bildung sehr stark ist, während sich die Viskosität kaum verändert und die Jodfarbe bestehen bleibt; andere Amylase-präparate erniedrigen sehr schnell die Viskosität und bringen die Jod-reaktion bald zum Verschwinden, während nur geringe Mengen vergärbaren Zuckers entstehen.

Den ersten Typus, die verzuckernden Amylasen, nennt man β-Amylasen, während die primär dextrinierenden Amylasen als α-Amylasen bezeichnet werden.

Der Wirkungsmechanismus der beiden Amylasen-typen konnte in letzter Zeit durch die Arbeiten verschiedener Forscher, unter denen besonders die Schule von K. H. MEYER (*l. c.*) hervorzuheben ist, weitgehend aufgeklärt werden. Dies gelang vor allem dadurch, daß man Reinpräparate der einzelnen Amylasen auf reine Amylose und reines Amylopectin einwirken ließ und die entstehenden Endprodukte genau untersuchte.

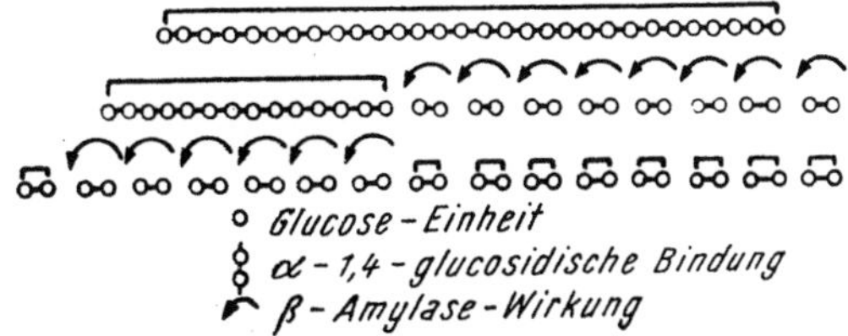

Abb. 22. Die Wirkung der β-Amylasen auf Amylose (nach BERNFELD, *l. c.*)

β-Amylasen. Reine Amylose wird, wie schon SAMEC und WALDSCHMIDT-LEITZ 1931 feststellen konnten, durch β-Amylase komplett hydrolysiert, wobei β-Maltose entsteht (Abb. 22). Aus Amylopectin wird hingegen neben 60% β-Maltose eine hochmolekulare Substanz, ein sog. „Grenzdextrin", gebildet, das mit Jod eine rotviolette Farbreaktion gibt.

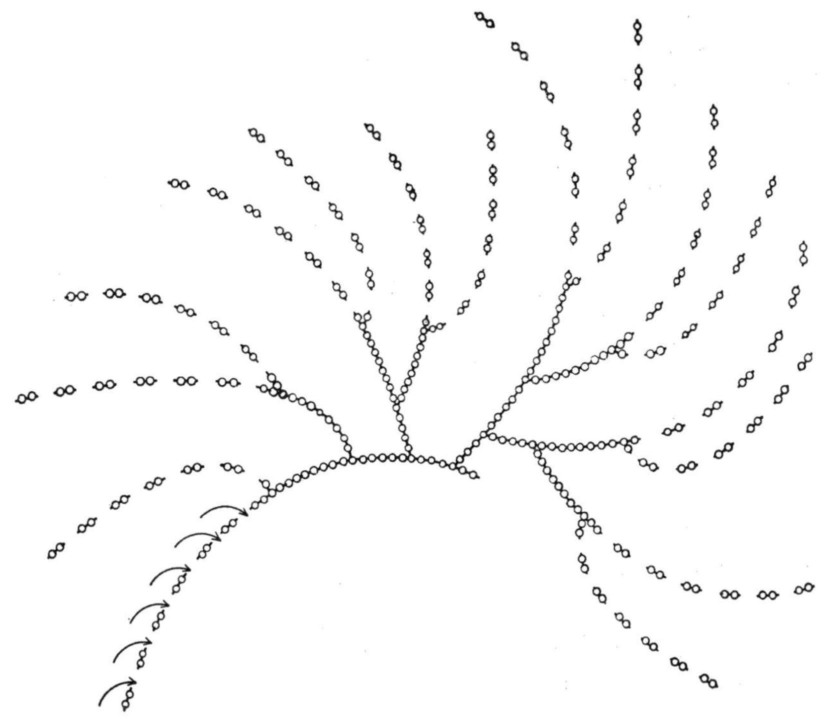

Abb. 23. Wirkung von β-Amylase auf Amylopectin. Überführungs-grenze 61%. In der Mitte das übrigbleibende hochmolekulare Grenzdextrin (nach BERNFELD, *l. c.*)

Die Erklärung für dieses Verhalten liegt darin, daß das Enzym die unverzweigte Amylose vom nicht-aldehydischen Ende aus beginnend vollkommen abbauen kann, aber bei der Einwirkung auf Amylopectin durch die Verzweigungsstellen gehindert wird (Abb. 23). Es konnte nämlich gezeigt werden, daß alle „Endgruppen" und damit auch alle Zweigstellen des Amylopectins noch im

Abbauprodukt, dem „Grenzdextrin" vorliegen; das Enzym kann somit nur die äußeren langen Zweige abbauen. Bei Anwendung großer Enzym-konzentrationen wird Amylopectin durch β-Amylase weitaus rascher angegriffen als Amylose. Dies läßt sich dadurch erklären, daß im Amylopectin durch die Verzweigung die Konzentration der Endgruppen, an denen die Reaktion einsetzen kann, viel größer ist als in einer äquivalenten Amylose-lösung.

(o) Glucose-Einheit; (o-o) α-1,4-glucosidische Bindung
(↓) α-Amylase-Wirkung

Abb. 24. Die Wirkung der α-Amylasen auf Amylose (nach BERNFELD, *l. c.*)

Noch nicht erklärbar ist die Erscheinung, daß die durch Einwirkung der β-Amylase entstehende Maltose eine β-Konfiguration aufweist, d. h. die aufwärts mutarotierende Form des Zuckers darstellt, wie bereits von BROWN und HERON[1] beobachtet und später von EULER[2] sowie von KUHN[3] bestätigt wurde. Diese Erscheinung ist um so weniger verständlich, da heute eindeutig festgestellt ist, daß sämtliche Bindungen in Stärke und Glykogen α-glykosidisch sind. Bei der Spaltung dieser Substrate durch die β-Amylase muß also eine komplette WALDENsche Umkehrung stattfinden, während unter dem Einfluß der α-Amylase keine Umkehrung eintritt und die Spalt-produkte nach abwärts mutarotieren.

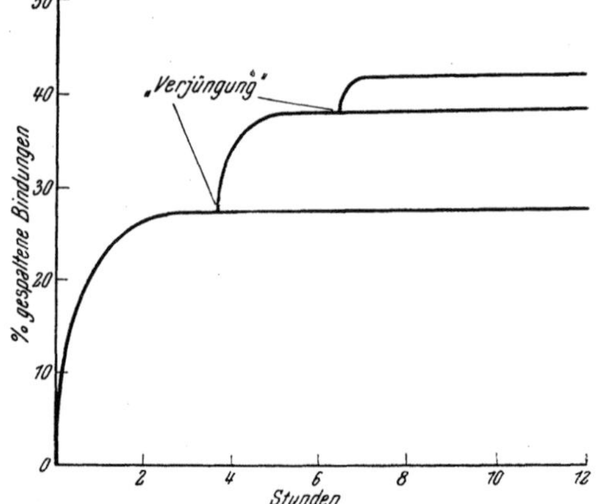

Abb. 25. Die Wirkung der „Verjüngung" auf den Abbau von Amylose durch α-Amylase (nach BERNFELD *l. c.*)

In letzter Zeit wird auch bestritten, daß der Abbau der Amylose durch β-Amylase tatsächlich so einfach vor sich geht, wie es in Abb. 22 gezeigt wird. Nach Arbeiten von PEAT und Mitarbeitern[4] ist nämlich nicht jedes β-Amylase-präparat imstande, Amylose komplett zu hydrolysieren. So erfolgt unter dem Einfluß einer kristallinen β-Amylase aus „sweet potatoes" nur ein teilweiser Abbau von Amylose; es bleibt ein hochpolymeres Grenzdextrin übrig. Im Gegensatz dazu kann Amylose von einem β-Amylase-präparat aus der Sojabohne, das allerdings nicht so hochgereinigt ist, komplett abgebaut werden. Zur Erklärung ihrer Befunde postulieren die Autoren, daß in der Amylose-kette abnormale Bindungen vorkommen sollen, welche durch β-Amylase nicht hydrolysiert werden. In dem genannten Präparat aus der Sojabohne gäbe es als Beimischung ein Enzym, das für diese Bindungen spezifisch ist und von den Autoren als Z-Enzym bezeichnet wird. Da Emulsin-präparate mit hoher β-Glucosidase-aktivität ebenfalls imstande sind, in Gemeinschaft mit hochgereinigten β-Amylase-präparationen Amylose komplett abzubauen, wird angenommen, daß das Z-Enzym eine spezifische β-Glucosidase ist und daß die abnormalen Bindungen in der Amylose β-glucosidisch gebundene Seitenarme sind.

[1] H. T. BROWN und J. HERON: J. chem. Soc. **35**, 596 (1879).

[2] H. VON EULER und K. HELLEBERG: Hoppe-Seyler's Z. physiol. Chem. **139**, 24 (1924).

[3] R. KUHN: Ber. dtsch. chem. Ges. **57**, 1965 (1924).

[4] S. PEAT, S. J. PIRT und W. J. WHELAN: J. chem. Soc. **1952**, 705, 714; S. PEAT, G. J THOMAS und W. J. WHELAN: Ibid. **1952**, 722; S. J. PEAT und W. H. WHELAN: Nature **172**, 494 (1953).

Diese Anschauungen werden aber von HOPKINS und BIRD[1] kritisiert; nach der Meinung dieser Forscher ist es wahrscheinlicher, daß die Wirkungen, welche dem Z-Enzym zugeschrieben werden, in Wirklichkeit durch Spuren einer α-Amylase verursacht werden.

α-Amylasen. Bei der Wirkung von α-Amylasen auf reine Amylose erfolgt primär eine schnelle Reaktion entlang der ganzen Kette, wobei Dextrin-ketten geringeren Molekulargewichts entstehen. Die Glucosid-bindungen werden anscheinend wahllos gespalten, und einzig und allein die Bindungen am Ende der Ketten werden nicht oder nur sehr langsam angegriffen. Man kann die Fermente deshalb auch als *Endo-amylasen* bezeichnen. Die Dextrin-ketten werden nun wiederum zu kleineren Polysacchariden abgebaut, die keine Jod-reaktion mehr geben. Dann erfolgt in einer verhältnismäßig langsameren Reaktion der Abbau dieser Polysaccharide zu einer Mischung von Maltose und Maltotriose und als letzte Stufe findet auch eine ganz langsame Hydrolyse des Trisaccharids zu Maltose und Glucose statt (Abb. 24). Die Endprodukte der kompletten α-Amylase-wirkung auf Amylose sind 87% Maltose und 13% Glucose. In letzter Zeit wird aber bezweifelt, daß α-Amylasen Maltotriose angreifen[2]. Dementsprechend wären die Endprodukte der Amylose-spaltung durch reine α-Amylase eine Mischung von Maltose und Maltotriose im Verhältnis 2,35 zu 1.

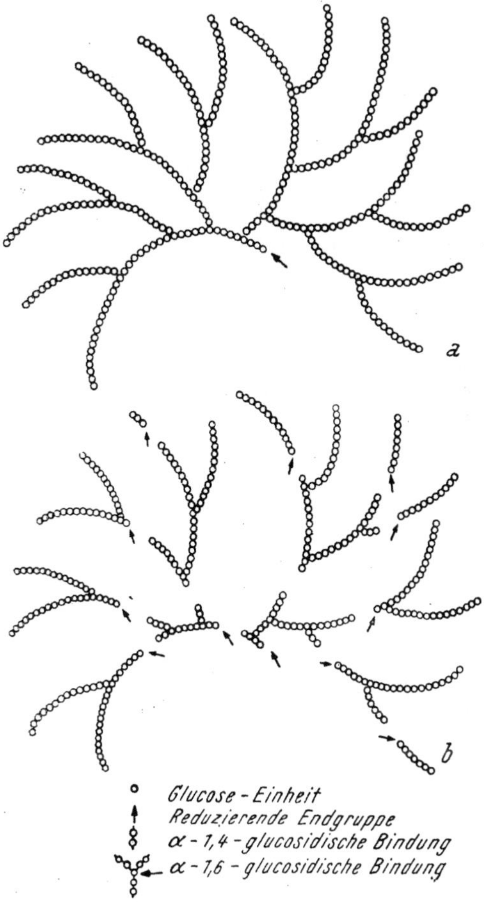

Abb. 26. Wirkung von α-Amylase auf Amylopectin: a) Amylopectin-modell nach MEYER und BERNFELD (*l. c.*); M. G. 53000; 4,85% Endgruppen; 68% der Glucose-reste befinden sich in den äußeren Zweigen, woraus sich berechnen läßt, daß β-Amylase das Produkt zu 61% abbauen kann. b) Dextrine mit mittleren M. G. (Jod-reaktion violett bis rot), entstanden durch Hydrolyse von 4% der glucosidischen Moleküle im Amylopectin-molekül

Das geschilderte Bild wird aber häufig durch eine Erscheinung getrübt, die man „Altern“ oder „Retrogradation“ nennt. Man beobachtet, daß die Reaktion bis zu einem bestimmten Spaltungsgrad rasch verläuft, die Spaltungs-geschwindigkeit aber dann stark absinkt und schließlich praktisch Null wird. Durch nachträglichen Enzym-zusatz kann die einmal verlangsamte Reaktion nicht wieder beschleunigt werden. Diese Befunde lassen sich nach BERNFELD und STUDER-PECHA[3] in dem Sinn erklären, daß reine Amylose in den meist vorliegenden, übersättigten Lösungen die Tendenz hat, kristalline submikroskopische Aggregationen zu bilden, die von dem Enzym nur sehr langsam oder überhaupt nicht angegriffen werden können. Diese Aggregat-bildung, eben das „Altern“, läßt sich dadurch aufheben, daß die Lösung alkalisch gemacht wird und man frisches Enzym zusetzt („Verjüngung“, vgl. Abb. 25).

---

[1] R. H. HOPKINS und R. BIRD: Nature **172**, 492 (1953).
[2] P. J. P. ROBERTS und W. J. WHELAN: Biochem. J. **51**, XVIII (1952).
[3] P. BERNFELD und H. STUDER-PECHA: Helv. chim. Acta **30**, 1895 (1947).

Analoge Alterungs-erscheinungen können auch bei der Einwirkung von β-Amylase auf die Amylose beobachtet werden; bei Anwendung höherer Enzymkonzentration spielen sie hier aber eine weit geringere Rolle als bei der α-Amylase.

Die Wirkung der α-Amylase auf Amylopectin ist derjenigen auf Amylose analog. Zuerst werden verzweigte Dextrine mittleren Molekulargewichts gebildet, die violette bis braune Jod-reaktion geben. Später entstehen Dextrine kleineren Molekulargewichts, die keine Jod-reaktion mehr geben, und außerdem wird Maltose und etwas Glucose gebildet. Die Endprodukte des Amylopectinabbaues sind je nach dem Verzweigungs-grad der Substanz verschieden; nach MEYER und GONON[1] entstehen aus einem Amylopectin mit 4% Endgruppen 19% Glucose, 73% Maltose und 8% Isomaltose (Abb. 26).

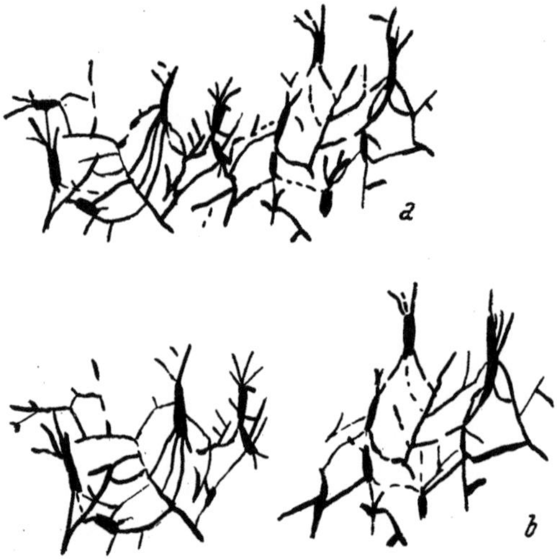

Abb. 27. Die Wirkung von α-Amylase auf Stärkekleister. a) Schematische Abbildung eines Riesenpartikels im Stärkekleister. b) Dasselbe Teilchen nach Hydrolyse von nur zwei glucosidischen Bindungen; die Teilchengröße ist auf die Hälfte reduziert worden. (Nach BERNFELD, *l. c.*)

Einwirkung von Amylasen auf Stärke und Stärkekleister. Das intakte Stärkekorn besteht größtenteils aus radiär angeordneten, nadelförmigen, sehr kleinen Kristalliten; beim Angriff der Amylase erfolgt zunächst der Abbau der nicht kristallinen Partien; anders als in wäßrigen Lösungen wird hier das Amylopectin zuerst angegriffen, da Amylose fast ausschließlich in kristallisierter Form vorliegt.

Im Stärkekleister sind Amylopectin und Amylose durch kristalline Regionen zusammengehalten, die gemeinsam mit den nichtkristallinen Teilen weitmaschige Netze bilden, zwischen denen sich das Wasser befindet. Schon durch die Aufspaltung einiger weniger Glucosid-bindungen in den nichtkristallinen Teilen der Netze erfolgt ein Abbau der Riesenteilchen in kleinere Partikeln, der mit einem scharfen Abfall der Viskosität verbunden ist (Abb. 27). Ein derartiger Abbau kann durch α-Amylasen bewirkt werden, und Berechnungen ergaben, daß bei einer Durchschnittsgröße der Partikel im Stärkekleister von 20000000 eine Aufspaltung von 0,1% aller Glucosid-bindungen bereits eine Verkleinerung der Teilchen auf das $^{1}/_{100}$fache bewirken kann. Dadurch wird naturgemäß ein starkes Absinken der Viskosität erreicht, während das Reduktions-vermögen durch die Hydrolyse so weniger glucosidischer Bindungen nicht meßbar erhöht wird. Diese Erscheinungen haben oftmals zu der falschen Auffassung geführt, daß Verflüssigung und Verzuckerung durch zwei verschiedene Enzyme bewirkt werden.

Da β-Amylasen nur die Enden der Glucosid-ketten angreifen können, sind sie nicht imstande, die Netze der Riesenteilchen im Stärkekleister aufzubrechen; dies hat zur Folge, daß β-Amylasen die Viskosität von Stärkekleister nur in einem geringen Grade herabsetzen.

Vorkommen der Amylasen. Nach BERNFELD (*l. c.*) wurden α-Amylasen bisher nachgewiesen in:

---

[1] K. H. MEYER und W. F. GONON: Helv. chim. Acta **34**, 308 (1951).

1. Tierischen Organen und Körper-flüssigkeiten, und zwar besonders im Pankreas des Menschen, des Schweines, des Hundes, des Pferdes, des Rindes und des Schafes usw., weiters in den Speicheldrüsen *(Parotis)* vom Menschen, Affen, Schwein, Ratte, Meerschweinchen und Eichhörnchen, nicht aber im Speichel des Pferdes, des Hundes und der Katze.

2. In höheren Pflanzen, besonders in gekeimtem Getreide, wie Hafer, Gerste und Weizen. In ungekeimten Getreidekörnern findet sich keine α-Amylase; diese wird also entweder bei der Keimung gebildet oder aus einer inaktiven Vorstufe in die aktive Form überführt.

3. In vielen Mikroorganismen — Pilzen *(Aspergillus oryzae)* und Bakterienkulturen *(Bacillus subtilis, B. mesentericus, B. polymyxa* und *Clostridium acetobutylicum)*.

β-Amylasen sind in Tieren noch nicht nachgewiesen worden. Sie finden sich besonders in gekeimtem und ungekeimtem Getreide (Gerste, Roggen, Hafer und Weizen) sowie in Reis, Bataten und Sojabohnen.

Bestimmung der Amylase-wirkung. Die Messung der Amylase-aktivität läßt sich mit den verschiedensten Methoden durchführen; der unterschiedlichen Wirkungsweise der beiden Gruppen von Amylasen entsprechend sind manche Meßmethoden für α-Amylasen und andere wiederum für β-Amylasen vorzuziehen. So wird man bei der Bestimmung der α-Amylase-wirkung allgemein die jod-kolorimetrischen und viskosimetrischen Methoden vorziehen, während die Messung der Aktivität der β-Amylasen mit Hilfe der Bestimmung des Reduktions-vermögens, das ein Maß der relativen Anzahl der hydrolysierten Glucosidbindungen darstellt, oder durch Bestimmung der gärfähigen Zucker vorgenommen wird. Die beiden letztgenannten Verfahren haben aber auch für die genaue Bestimmung der α-Amylase-wirkung eine Bedeutung.

Die jod-kolorimetrischen Methoden gehen durchwegs auf die klassische Bestimmungsmethode von WOHLGEMUTH[1] zurück. In ihren moderneren Ausführungen wird die Bestimmung des gewählten Endpunktes durch Anwendung eines oder mehrerer Farbstandards erleichtert (vgl. z. B. MEYER und FULD[2]). Die Viskosimetrie bedarf keines weiteren Kommentars; es muß nur wiederholt werden, daß keinerlei Proportionalität zwischen der Anzahl der gespaltenen Glucosid-bindungen und dem Viskositäts-abfall besteht, da, wie wir gesehen haben, schon die Spaltung sehr weniger Glucosid-bindungen im Stärkekleister eine sehr wesentliche Verringerung der Viskosität zur Folge haben kann.

Die Verfolgung der Amylase-wirkung mit reduktometrischen Methoden wird entweder durch Titrieren mit Jod nach WILLSTÄTTER und SCHUDEL[3] oder durch Oxydation mit FEHLINGscher Lösung oder kolorimetrisch nach SUMNER[4] bzw. NOELTING und BERNFELD[5] mit Dinitrosalicylsäure vorgenommen.

Um die Spaltprodukte der Amylase-wirkung nebeneinander zu bestimmen, kann man sich der von KLUYVER[6] angegebenen Methode der auswählenden Vergärung der Zucker durch besondere Hefearten bedienen, wie sie in letzter Zeit von MEYER und GONON[7] angewandt wurde. Nach Zerstörung des Enzyms durch Erhitzen wird *Torula monosa* zugesetzt, ein Pilz, der nur Glucose vergärt. Aus der Bestimmung des Reduktions-wertes vor und nach der Vergärung läßt sich der Glucose-gehalt berechnen. Dann wird *Saccharomyces chodati* hinzugegeben; dieser Pilz vergärt neben Glucose auch Maltose und langsamer Isomaltose. Der nicht vergärbare Rest besteht aus Tri-, Tetra- und höheren Polymeren, den sog. Dextrinen.

Reindarstellung der Amylasen. In den letzten Jahren ist es gelungen, eine größere Anzahl von Amylasen in vermutlich einheitlicher Form als kristalline Eiweißstoffe darzustellen. Das Hauptverdienst auf diesem Gebiet kommt der Genfer Schule unter dem kürzlich verstorbenen K. H. MEYER zu.

---

[1] J. WOHLGEMUTH: Biochem. Z. **9**, 1 (1908).
[2] K. H. MEYER und M. FULD: Helv. chim. Acta **31**, 1420 (1948).
[3] R. WILLSTÄTTER und G. SCHUDEL: Ber. dtsch. chem. Ges. **51**, 780 (1918).
[4] J. B. SUMNER: J. biol. Chem. **62**, 287 (1925).
[5] G. NOELTING und P. BERNFELD: Helv. chim. Acta **31**, 286 (1948).
[6] A. J. KLUYVER: Biochemische Suikerbepalingen, Leiden 1914, zit. nach K. H. MEYER: Angew. Chem. **63**, 153 (1951).
[7] K. H. MEYER und W. F. GONON: Helv. chim. Acta **34**, 290 (1951).

MEYER[1] selbst beschreibt seine Methoden als weitgehend empirisch: fraktionierte Fällungen bei 0° mit Säure, Aceton, Ammoniumsulfat oder anderen Salzen, ferner Erwärmungs- und Schüttel-denaturierung zur Entfernung störender Proteine und ähnliche Kunstgriffe werden angewandt. Bei jedem Schritt wird die Anreicherung durch Analyse des Stickstoff-gehaltes und der enzymatischen Aktivität kontrolliert und auf Einheitlichkeit mit Hilfe der Elektrophorese geprüft. Sobald diese erreicht ist, müssen geduldige Versuche zur Kristallisation durchgeführt werden und das kristallisierte Produkt wird schließlich mehrfachen Umkristallisierungen unterzogen.

Unter den β-Amylasen sind bisher das Enzym der Batate *(Ipomoea batatas,* „sweet potato") von BALLS und Mitarbeitern[2] sowie die β-Amylase des Malzes von MEYER und seiner Schule[3] kristallin erhalten worden.

Von α-Amylasen sind aus tierischen Ausgangsprodukten das Pankreasferment des Schweines[4], das Pankreas-ferment des Menschen[5] und das Speichelferment des Menschen[6] („Ptyalin") kristallisiert worden. Die beiden menschlichen Enzyme sind anscheinend chemisch identisch, während sich das Pankreasenzym des Schweines wesentlich von demjenigen des Menschen unterscheidet. Es scheint somit, daß es nur eine einzige menschliche α-Amylase gibt und daß es die Art und nicht das Organ ist, welche die Konstitution des Enzyms bestimmt.

Von pflanzlichen und mikrobiellen α-Amylasen konnten das Ferment des Malzes[7] sowie die Enzyme aus *Aspergillus oryzae* („Takadiastase"[8]) und aus *Bacillus subtilis*[9] kristallisiert werden. Die Eigenschaften der einzelnen kristallinen Amylasen sind in Tab. 35 zusammengefaßt.

Wie man aus der Tabelle ersieht, unterscheiden sich auch die einzelnen Reinenzyme des gleichen Typus sowohl in ihren physikalischen Eigenschaften und ihrer chemischen Zusammensetzung als auch in ihrer enzymatischen Wirkung. Die letztgenannten Unterschiede beziehen sich allerdings nicht auf die Spezifität, da das Verhältnis zwischen saccharogener und dextrinogener Wirkung für alle α-Amylasen einerseits und ebenso auch für die beiden rein dargestellten β-Amylasen andrerseits gleich ist. Es scheint jedoch, daß die einzelnen Enzyme verschiedene Affinitäten zu den Substraten aufweisen; leider sind aber bisher nur wenige MICHAELIS-Konstanten bestimmt worden. Die Unterschiede zwischen der α-Amylase des Schweine-pankreas und den entsprechenden Fermenten von *B. subtilis* und Malz sind aber doch so groß, daß man ihnen eine Bedeutung zuerkennen muß. Die α-Amylase des Malzes hat die höchste MICHAELIS-Konstante und demnach die geringste Affinität zum Substrat, während das Ferment aus Schweine-pankreas eine weitaus höhere Affinität aufweist. Es scheint, daß die Affinität der α-Amylasen parallel mit ihrer Wirkung entsprechend der niedriger werdenden Molekular-größe der Substrate abnimmt und bei einer bestimmten Abbau-stufe so gering wird, daß die weitere Hydrolyse praktisch abgestoppt

[1] K. H. MEYER: Exper. **8**, 405 (1952).

[2] A. K. BALLS, R. L. THOMPSON und M. K. WALDEN: J. biol. Chem. **163**, 571 (1946); **173**, 9 (1948).

[3] K. H. MEYER, E. H. FISCHER und A. PIGUET: Helv. chim. Acta **34**, 316 (1951); A. PIGUET und E. H. FISCHER: Ibid. **35**, 257 (1952).

[4] K. H. MEYER, E. H. FISCHER und P. BERNFELD: Exper. **2**, 362 (1946); **3**, 106 (1947); E. H. FISCHER und P. BERNFELD: Helv. chim. Acta **31**, 1831 (1948).

[5] K. H. MEYER, E. H. FISCHER, A. STAUB und P. BERNFELD: Ibid. **31**, 2158 (1948).

[6] K. H. MEYER, E. H. FISCHER, P. BERNFELD und F. DUCKERT: Arch. Biochem. **18**, 203 (1948); E. H. FISCHER, F. DUCKERT und P. BERNFELD: Helv. chim. Acta **33**, 1060 (1950).

[7] S. SCHWIMMER und A. K. BALLS: J. biol. Chem. **176**, 465 (1948).

[8] E. H. FISCHER und R. DE MONTMOLLIN: Helv. chim. Acta **34**, 1987, 1994 (1951); L. A. UNDERKOFLER und D. K. ROY: Cereal Chem. **28**, 18 (1951).

[9] K. H. MEYER, M. FULD und P. BERNFELD: Exper. **3**, 411 (1947).

Tabelle 35. *Eigenschaften der kristallinen Amylasen* (nach MEYER[1])

	β-Amylasen		α-Amylasen					
	Bataten	Malz	Malz	*A. oryzae*	*B. subtilis*	Schweine-pankreas	Menschen-pankreas	Menschen-speichel
Aktivität/mg N	2500	1665	2350	2400	3600	4000	6200	6200
Aktivität/mg Enzym	378	235	315	310	500	630	980	980
% N	15,1	14,1	13,4	12,9	14	15,8	15,8	15,8
% P			0	0	0	0,05	0	0
SH-Gruppen	+	+	—	—	—	—	—	—
p_H-Wirkungsoptimum	4—5	5,2	4,7—5,4	5,5—5,9	5,3—6,8	6,9	6,9	6,9
p_H-Stabilitätsoptimum		4—8	4,9—9,1	5,5—8,5	4,8—8,5	7—8,5	4,8—11	4,8—11
% Löslichkeit (2°, p_H 7,0)		15	15	10	6	0,6	0,3	0,3
MICHAELIS-Konstante (g/100 ml)			0,06		0,063	0,018		
Aktivierungswärme		16200	7050	10650		13500	13500	13500
M. G.	152000		59500			45000		
Wechselzahl (gespaltene Glykosid-bindungen pro Min.)	53000		17000			25000		
Elektrophoretische Mobilität (p_H 7,9, $\mu = 0,1$) $U \cdot 10^{-5}\, cm^2 \cdot Volt^{-1} \cdot sec^{-1}$		2,4	3,1		3,3	3,1	3,2	3,2
I. P.	4,77	6,0	5,7	4,2		5,2—5,6	5,2—5,6	5,2—5,6
Aktivierung durch Cl^-	—	—	—	—	±	+	+	+
Aktivierung durch Ca^{++}	—	—	+	—	—	—	—	—
Verhältnis $\frac{\text{saccharogene}}{\text{dextrinogene}}$ Wirkung	61	62	9,8	9,8	9,8	9,8	9,6	9,6

[1] K. H. MEYER: Angew. Chem. **63**, 153 (1951); Exper. **8**, 405 (1952).

wird. Es ist nun anzunehmen, daß bei einer schon zu Anfang geringen Substrat-affinität dieser Punkt schneller erreicht wird als bei einer ursprünglich hohen Affinität, wodurch das unterschiedliche Verhalten der α-Amylasen gegenüber Amylose erklärt werden kann[1].

Effektoren der Amylasen. Eine Anzahl von α-Amylasen wird durch bestimmte Anionen, und zwar besonders durch das Chlor-ion, stark in ihrer Wirkung aktiviert. Durch Dialyse der Enzym-lösungen erfolgt eine wesentliche Abnahme der Enzymaktivität, die aber durch Zusatz von Kochsalz oder anderen löslichen Chloriden völlig rückgängig gemacht werden kann. Die Frage, ob völlig salzfreie Lösungen dieser Enzyme gänzlich inaktiv sind oder doch noch eine geringe Wirksamkeit aufweisen, scheint zur Zeit noch nicht eindeutig geklärt zu sein, da es sehr schwer ist, Enzym-lösungen herzustellen, die einwandfrei keine aktivierenden Anionen enthalten. Versuche von MYRBÄCK[2] mit Speichel-amylase und von BERNFELD, STAUB und FISCHER[3] scheinen eher zu beweisen, daß auch den salzfreien Präparationen noch eine wenn auch geringe Rest-aktivität zukommt.

Die Aktivierung dieser α-Amylasen durch Choride und andere Anionen hat eine merkbare Verschiebung des p_H-Optimums der Ferment-wirkung in alkalischere Bereiche zur Folge.

Eine schlüssige Erklärung der geschilderten Effekte der Anionen liegt noch nicht vor.

Die α-Amylase des Malzes wird durch kleine Mengen Calcium-ionen aktiviert; hier dürfte es sich um einen stabilisierenden Effekt handeln.

β-Amylasen sind Sulfhydryl-enzyme und werden dementsprechend durch verschiedene Reagenzien, die für SH-Gruppen spezifisch sind, inaktiviert; diese Hemmungs-erscheinungen können aber durch Behandlung mit Schwefelwasserstoff, Cystein oder Glutathion rückgängig gemacht werden.

In verschiedenen Getreidearten konnten natürliche Inhibitoren der Amylasen nachgewiesen werden[4, 5]. Der Inhibitor aus Weizen dürfte ein Polypeptid sein, das Tryptophan enthält, welches für die Inhibitor-wirkung wesentlich ist. Eine Hemmung erfolgt nur bei den tierischen Amylasen und dem Ferment aus *B. subtilis*, während die Amylase aus *A. oryzae* und beide Amylasen des Malzes nicht beeinflußt werden. Die Wirkung ist reversibel und nicht kompetitiv.

Hingegen ist der Inhibitor aus der Kleie des Sorghum-weizens eine relativ nieder-molekulare Substanz ohne nachweisbare Aminogruppen, die eine positive Reaktion auf Indol gibt. Es wird angenommen, daß die Hemmwirkung durch physikalische Adsorption zustande kommt.

Die biologische Bedeutung der Amylasen. Der Funktion der Stärke und des Glykogens als Reserve-kohlehydrate entsprechend ist anzunehmen, daß die Aufgabe der Amylasen in der Mobilisierung der Polysaccharide für den Stoffwechsel besteht. So kommt den tierischen Amylasen — Speichel, Pankreas — sicher die Rolle zu, die mit der Nahrung zugeführten Mengen Stärke und Glykogen in kleine Spaltstücke abzubauen und damit der Resorption durch die Darmschleimhaut zugänglich zu machen.

Dem Vorkommen von Amylasen im Blut und im Harn wird von klinischer Seite ein gewisses Interesse geschenkt. Es ist wohl als sicher zu werten, daß die Bauchspeicheldrüse hier der wesentlichste oder vielleicht sogar der einzige Lieferant des Ferments ist, und tatsächlich konnte gezeigt werden, daß bei verschiedenen Erkrankungen der Pankreasdrüse, so insbesondere bei akuter Pankreatitis, Pankreas-nekrose und bei Verschluß durch Steine oder

---

[1] P. BERNFELD und H. STUDER-PECHA: Helv. chim. Acta **30**, 1904 (1947).
[2] K. MYRBÄCK: Hoppe-Seyler's Z. physiol. Chem. **159**, 1 (1926).
[3] P. BERNFELD, A. STAUB und E. H. FISCHER: Helv. chim. Acta **31**, 2165 (1948).
[4] T. CHRASZCZ und J. JANICKI: Biochem. Z. **260**, 354 (1933); Biochem. J. **28**, 296 (1934).
[5] E. KNEEN und R. M. SANDSTEDT: J. Amer. chem. Soc. **65**, 1247 (1943); Arch. Biochem. **9**, 235 (1946); W. MILITZER, C. IKEDA und E. KNEEN: Ibid. **9**, 309, 321 (1946); B. S. MILLER und E. KNEEN: Ibid. **15**, 251 (1947).

Tumoren ein erhöhter Amylase-gehalt im Blut und im Harn nachweisbar ist, der durch einen Übertritt des nicht ableitbaren Verdauungs-sekrets in die Blutbahn erklärt wird. Die Besstmmung der Harn-amylase muß unter bestimmten Bedingungen (konstantes p_H und konstainter Elektrolyt-gehalt) durchgeführt werden[1, 2]. Eine Verminderung des Amylase-gehaltes im *Liquor cerebrospinalis* bei der *Lues cerebrospinalis* wurde von MARCHIONINI[3] beobachtet und wird darauf zurückgeführt, daß dem Erreger der Syphilis, *Spirochaeta pallida*, die Fähigkeit zukommt, das Ferment im Liquor zu vernichten, was durch Versuche *in vitro* bewiesen wurde.

Ältere Berichte über das Vorkommen und die Bedeutung von Amylasen in anderen tierischen Organen dürften weitgehend revisionsbedürftig sein, da damals noch keine Unterscheidung zwischen den Amylasen und denjenigen Fermenten vorgenommen wurde, die den Stärke-abbau auf nicht-hydrolytischem Wege katalysieren (Transglucosidasen, „Phosphorylasen", vgl. S. 381).

In Pflanzen scheint den Amylasen ebenfalls vor allem die Funktion zuzukommen, die Stärke, die ja das wichtigste Reserve-kohlehydrat der meisten Pflanzen darstellt, für den Stoffwechsel zu mobilisieren. Entgegen früheren Anschauungen dürfte aber die Synthese der Stärke nicht durch die Amylasen, sondern vielmehr durch Transglucosidasen bewirkt werden.

Im Gerstenkorn ist vor der Keimung nur β-Amylase nachweisbar, die sich durch Extraktion des vermahlenen Korns mit Wasser isolieren läßt. Während der Keimung wird nun „gebundene Amylase" (= α-Amylase) freigesetzt. Die α-Amylase des Gerstenkorns läßt sich aber außer durch Keimung auch durch Behandlung mit proteolytischen Fermenten, mit H_2S oder mit organischen Lösungsmitteln in die freie Form überführen[4, 5]. Es ist nach Untersuchungen von MYRBÄCK und ÖRTENBLAD[6] anzunehmen, daß im ungekeimten Gerstenkorn die α-Amylase an andere Proteine gebunden ist und durch die proteolytischen Fermente, bzw. durch ein zelleigenes H_2S-aktivierbares proteolytisches Enzym freigesetzt wird. *In vivo*, d. h. bei der Keimung, dürfte ebenfalls eine Aktivierung der zelleigenen proteolytischen Fermente für die Freisetzung der α-Amylase verantwortlich sein; für diese Aktivierung könnte die Quellung des Korns und eine durch den Stoffwechsel verursachte Veränderung der Wasserstoffionen-konzentration verantwortlich sein.

Auch bei dem für den Wasser-haushalt der Pflanzen sehr wesentlichen Transpirationsvorgang soll die Amylase regulierend beteiligt sein. In den Schließzellen um die Spalt-öffnungen der Blätter finden sich Stärke und inaktive Amylase; bei Aktivierung erfolgt Stärke-abbau und naturgemäß Erhöhung des osmotischen Druckes, wodurch wiederum Wasser-aufnahme erfolgt, die Schließzellen gestreckt werden und die Spalt-öffnungen freigeben. Der Schließvorgang erfolgt in umgekehrter Weise durch eine Krümmung der Schließzellen, die durch eine Verringerung des osmotischen Druckes verursacht wird.

Es muß als bemerkenswert bezeichnet werden, daß durchaus nicht alle Mikroorganismen Amylasen enthalten. Bisher sind Fermente dieses Typus nur in wenigen Bakterien aufgefunden worden; auch die Hefe scheint keine Amylase zu besitzen. Unter den Mikroorganismen ohne Amylasen gibt es viele, die nicht zur Verwertung von Stärke als Nährstoff imstande sind. Andere hingegen besitzen wohl die Fähigkeit zum Stärke-abbau; dieser wird aber anscheinend durch andere Fermente (Transglukosasen) katalysiert.

Jedenfalls ist zu beachten, daß vom energetischen Standpunkt aus der hydrolytische Abbau der Stärke, wie er von den Amylasen katalysiert wird, einen großen Energie-verlust bedingt, da die Bindungs-energie der Glucosid-bindung völlig als Wärme verlorengeht, während der „phosphorolytische" Abbau und überhaupt jeder Abbau durch Transglucosidierung mit weitaus geringeren Energie-verlusten verbunden ist, weil auf diese Weise die Bindungsenergie der Glucosid-bindung entweder in Phosphat-bindungen (Glucose-1-phosphat) oder in andere Glucosid-bindungen überführt wird.

Industrielle Anwendungen. Amylasen werden in der Industrie für die verschiedensten Zwecke verwendet. Am wichtigsten ist wohl in dieser Hinsicht die Überführung von Stärke in vergärbare Zucker, wie sie in größtem Ausmaß in der Alkohol-industrie geübt wird. Hierfür finden Amylase-präparationen ver-

---

1 J. BAUMANN: Klin. Wschr. **1929**, 982.

2 G. NØRBY: C. R. Labor. Carlsberg **18**, No. 7 (1931).

3 A. MARCHIONINI und B. OTTENSTEIN: Klin. Wschr. **1932**, 1345, 1424 (1932); A. MARCHIONINI und C. PATEL: Ibid. **1937**, 1132.

4 J. S. FORD und J. M. GUTHRIE: J. Inst. Brewry **14**, 61 (1908).

5 T. CHRASZCZ und J. JANICKI: Biochem. Z. **263**, 250; **264**, 192; **265**, 260 (1933); **274**, 274 (1934); **278**, 112; **281**, 408 (1935); Biochem. J. **28**, 1949 (1934); **30**, 342 (1936).

6 K. MYRBÄCK und B. ÖRTENBLAD: Enzymologia **2**, 305 (1938).

schiedener Herkunft Verwendung. Während in der Bier-erzeugung das Malz gewöhnlich sowohl die Quelle der Stärke als auch der Amylasen ist, wird in der Spiritus-industrie von verschiedenen anderen stärke-haltigen Materialien (Kartoffeln, Getreide usw.) ausgegangen, die durch Malz- oder Pilzamylasen verzuckert werden.

Weitere wichtige Anwendungen von Amylasen sind die Herstellung wie auch die Entfernung von stärke-haltigen Schlichten und Appreturen in der Textilindustrie; hierzu finden verschiedene Amylase-präparate tierischer oder mikrobieller Herkunft Verwendung, welche unter Phantasie-namen („Biolase", „Rapidase", „Diastafor" usw.) in den Handel kommen. Auch zur Oberflächenverbesserung von Papier-sorten werden Spalt-produkte von Stärke angewandt, welche durch Amylase-wirkung erhalten werden. Ebenso erfolgt die Herstellung von Klebstoffen auf Dextrin-basis häufig unter Verwendung von Amylasepräparaten.

Ein weiteres wichtiges Anwendungs-gebiet der Amylasen ist die Lebensmittelindustrie. Amylase — meist in Form von Malz-präparaten — wird oft dem Mehl zugegeben, da die im Mehl vorhandenen Amylase-mengen nicht immer ausreichen, um bei der Teig-bereitung genügend vergärbare Zucker zu erzeugen, wodurch keine Teig-gärung auftreten kann und das Brot nicht locker wird. Weiters werden aus Stärke mit Hilfe von Amylase-präparaten süße Sirupe hergestellt; diese finden vor allem in der Zuckerwaren-industrie Verwendung. Malz-extrakte werden auch als Nährmittel empfohlen; hier handelt es sich zum größten Teil um Kohlehydrate, welche durch die Wirkung der Amylase aufgeschlossen wurden.

Die in der Industrie verwendeten Amylase-präparationen sind meist verhältnismäßig wenig gereinigte Zubereitungen; hoch-gereinigte oder gar kristalline Präparationen scheinen für diese Zwecke noch nicht gebraucht worden zu sein.

II. 1,6-Amylasen *(Amylo-1,6-glucosidasen, R-Enzyme, Isoamylase, Grenzdextrinase)*

Erst in den letzten Jahren konnte die Existenz von Enzymen eindeutig nachgewiesen werden, deren Wirkung eine hydrolytische Spaltung der α-1,6-glucosidischen Bindungen im Stärke- und Glykogenmolekül ist.

Nach Untersuchungen von CORI und LARNER[1] enthält der Kaninchen-muskel ein Enzym, die sog. *Amylo-1,6-glucosidase*, das nur dann die α-1,6-glucosidischen Bindungen angreifen kann, wenn das Substrat vorher der abbauenden Wirkung einer sog. *Phosphorylase* — in dieser Darstellung Glucose-1-phosphat → Amylose-transglucosidase genannt (S. 381) — unterworfen wurde. Das bedeutet, daß eine Einwirkung nur dann zustande kommt, wenn durch vorherigen Abbau der 1,4-glucosidischen Bindungen die 1,6-glucosidischen Bindungen dem Angriff des Enzyms zugänglich gemacht worden sind. Durch die gemeinsame Wirkung der Glucose-1-phosphat → Amylose-transglucosidase und des neuentdeckten Enzyms wird Glykogen komplett zu Glucose und Glucose-1-phosphat abgebaut; das Verhältnis freie Glucose zu Total-glucose stellt ein Maß des Verzweigungs-grades dar.

Während also das Enzym von CORI und LARNER[1] nur Grenzdextrine abbaut und seine Wirkung somit derjenigen der β-Amylasen vergleichbar ist, die auch nur an den freien Enden der Moleküle angreifen, gibt es in pflanzlichem Material Enzyme, die auch in intakten Stärke- oder Glykogen-molekülen 1,6-glucosidische Bindungen lösen können und so eine Analogie mit den α-Amylasen aufweisen[2]. Die sog. *R-Enzyme* aus Kartoffeln und anderen höheren Pflanzen hydrolysieren wohl die 1,6-glucosidischen Bindungen in Stärke, Glykogen und β-Grenzdextrinen, haben aber keine Wirkung auf Isomaltose oder bakterielle Dextrane. Ebensowenig werden 1,4-Bindungen angegriffen.

Die sog. *Isoamylase* aus Bierhefe-autolysaten[3] scheint eine gleiche Spezifität zu zeigen wie die R-Enzyme. Sie bewirkt die Überführung von Reis-stärke und Amylopectin in amyloseartige Produkte.

---

[1] G. T. CORI und J. LARNER: J. biol. Chem. **188**, 17 (1951).
[2] P. N. HOBSON, W. J. WHELAN und S. PEAT: J. chem. Soc. **1951**, 1451.
[3] B. MARUO und T. KOBAYASHI: Nature **167**, 606 (1951).

In *Aspergillus oryzae* findet sich neben α-Amylase ein Enzym, das spezifisch Grenzdextrine angreift und vermutlich durch Hydrolyse spaltet. UNDERKOFLER und ROY[1] konnten dieses Ferment von der α-Amylase abtrennen und kristallin erhalten; sie nennen es *Grenzdextrinase* („limit dextrinase").

III. Dextranasen

Enzyme, die zur hydrolytischen Spaltung des bakteriellen Polysaccharids Dextran befähigt sind, wurden erst in allerletzter Zeit entdeckt[2]. Dextran besteht zum allergrößten Teil aus α-1,6-glykosidisch aneinander gebundenen Glucopyranose-resten.

Dextranasen werden hauptsächlich von verschiedenen Schimmelpilzen produziert; Bakterien und Hefen scheinen, wenn überhaupt, nur ganz geringe Mengen dieses Enzymtypus zu erzeugen.

Bei den Schimmelpilzen scheint es sich um induziert entstehende Fermente zu handeln; nur bei Anwesenheit von Dextranen im Nährmedium werden entsprechende Mengen Dextranase gebildet[3]. Bemerkenswerterweise werden diejenigen Dextran-arten von den Schimmelpilzenzymen weitaus besser abgebaut, die dem Nährboden des Organismus zugesetzt waren, während „heterologe" Dextran-arten viel langsamer hydrolysiert werden.

Die Enzyme wirken im p_H-Bereich zwischen 4,0 und 5,5 optimal. Der Abbau dürfte nicht bis hinunter zu den Monosacchariden verlaufen, sondern bei Oligosaccharid-stufen stehen bleiben.

Da Dextran in immer steigendem Ausmaß als Blutplasma-ersatz verwendet wird, dürfte der Dextranase-wirkung, die es erlaubt, aus hochmolekularen Dextranen Produkte herzustellen, welche diesem Zweck besser angepaßt sind als natives Dextran, auch wirtschaftliche Bedeutung zukommen.

IV. Cellulasen

Der erste Nachweis einer enzymatischen Spaltung von Cellulose wurde von SEILLIÈRE[4] geliefert, welcher zeigen konnte, daß der Verdauungs-saft der Weinbergschnecke *Helix pomatia* native Cellulose sehr langsam, regenerierte Cellulosen hingegen weitaus schneller hydrolysiert. PRINGSHEIM[5] konnte später zeigen, daß auch thermophile Cellulose-bakterien ein Ferment enthalten, das dieselbe Wirkung hervorruft.

Cellulasen finden sich in manchen höheren Pflanzen, in vielen Pilzen und einigen Bakterien. Im Tierreich scheinen Protozoen der Darmflora von Tieren, manche Mollusken und wahrscheinlich auch Insekten, Fermente dieser Art zu enthalten. So wird insbesondere über eine Cellulase bei den Termiten berichtet; es scheint aber bei allen tierischen Enzymen dieser Spezifität noch nicht ganz eindeutig festgestellt zu sein, ob es sich hier um tatsächlich von den Tieren produzierte Fermente oder um Enzyme handelt, die von der bakteriellen Darmflora erzeugt werden.

Eine weitergehende Reinigung der Cellulasen scheint bisher noch nicht erreicht worden zu sein. Immerhin gelang es zu zeigen, daß man manche dieser Fermente durch fraktionierte Fällung mit Äthanol teilweise von Verunreinigungen trennen kann.

Der enzymatische Abbau der Cellulose führt zu Cellobiose-resten, so daß es scheint, daß das Enzym nur jede zweite glucosidische Bindung hydrolysiert. Dies wird verständlich, wenn man sich überlegt, daß das Cellulose-molekül eine diagonale Schraubung der Faserachse aufweist, wodurch jeder zweite Glucoserest eine analoge Lage hat.

---

[1] L. A. UNDERKOFLER und D. K. ROY: Cereal Chem. **28**, 18 (1951).

[2] B. INGELMANN: Acta chem. Scand. **2**, 803 (1948); E. HULTIN und L. NORDSTRÖM: Ibid. **3**, 1405 (1949); E. J. HEHRE und T. W. SERY: J. Bacter. **63**, 424 (1952); W. WHITESIDE-CARLSON und W. W. CARLSON: Science **115**, 43 (1952).

[3] H. M. TSCHUIYA, A. JEANES, H. M. BRICKER und C. A. WILHAM: J. Bacter. **64**, 513 (1952).

[4] G. SEILLIÈRE: C. R. Soc. biol. **61**, 205 (1906); **68**, 107 (1910).

[5] H. PRINGSHEIM: Hoppe-Seyler's Z. physiol. Chem. **78**, 266 (1912).

Als Substrat der Cellulasen werden vorteilhaft umgelöste Cellulosen, wie z. B. Kupferammoniak-faser, verwendet, da sie weitaus schneller angegriffen werden als das native Produkt. Die Cellulasen sind sicherlich von den β-Glucosidasen verschieden; sie können von diesen auch durch Adsorptions-analyse getrennt werden, wie dies von GRASSMANN und Mitarbeitern[1] im Falle des Ferments aus *Aspergillus oryzae* gezeigt wurde. Das niedrigste Polymere, das von Cellulasen angegriffen wird, ist die Cellohexaose, ein aus 6 Glucose-resten β-glykosidisch aufgebautes Polysaccharid.

Die Bestimmung der Wirksamkeit von Cellulasen kann durch Messung der Bildung reduzierender Zucker oder durch gravimetrische Bestimmung des ungelösten Rückstandes erfolgen. Die p_H-Optima der Cellulasen unterscheiden sich je nach dem Ausgangsmaterial; das p_H-Optimum des Schnecken-enzyms liegt bei 5,28[2]; manche bakteriellen Cellulasen haben ihr Wirkungsoptimum bei 7,0[3], hingegen liegt der entsprechende Wert für das Ferment aus Malz bei 3,0[4].

Nach einem Vorschlag von GRASSMANN findet ein Cellulase enthaltendes Enzym-gemisch, das aus *Aspergillus oryzae* hergestellt wird, medizinische Verwendung und wird unter dem Namen „Luizym" in den Handel gebracht. Es soll u. a. Verdauungs-störungen, die nach Aufnahme großer Mengen cellulose-haltiger Nahrung vorkommen und mit starker Gas-entwicklung verbunden sind, beseitigen.

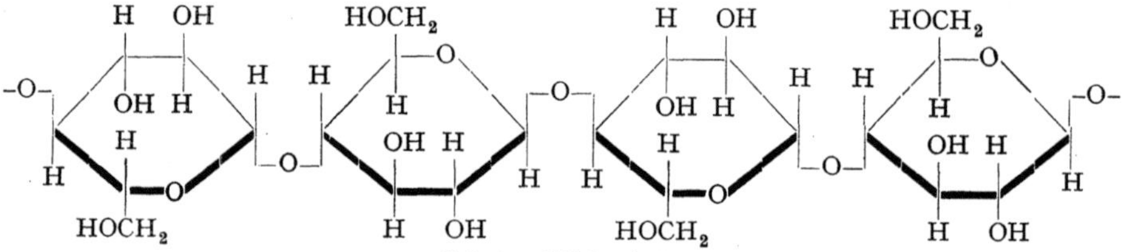

Teil einer Cellulose-kette

V. Lichenasen

Das Lichenin, ein im Isländischen Moos aber auch in vielen anderen Pflanzen vorkommendes Reserve-kohlehydrat, ist der Cellulose nahe verwandt und besteht ebenfalls aus β-glykosidisch verketteten Glucose-resten. Aus diesem Grund nahm man lange Zeit an, daß die beobachtete enzymatische Spaltung der Substanz durch Cellulasen katalysiert wird. FREUDENBERG und PLÖTZ[5] konnten aber nachweisen, daß das in *Aspergillus oryzae* vorkommende lichenin-spaltende Ferment sich in seinen Eigenschaften wesentlich von der im selben Organismus nachgewiesenen Cellulase unterscheidet. Dasselbe trifft auch für die entsprechenden Enzyme der Weinbergschnecke *Helix pomatia*[6] zu, so daß der Schluß auf eine weitergehende Verschiedenheit der beiden Enzyme berechtigt erscheint.

Spezifische Wirkung auf Lichenin wird von Extrakten aus verschiedenen Ausgangsmaterialien (Pilze, höhere Pflanzen, Wirbellose, sowie Verdauungs-sekrete von höheren Tieren) berichtet.

Das Endprodukt der Hydrolyse des Lichenins durch Lichenase ist D-Glucose[6].

VI. Inulinasen

Ein Fermenttypus, der Inulin und andere Polysaccharide, die aus D-Fructose-resten aufgebaut sind, hydrolysiert, wurde von BOURQUELOT[7] in *Aspergillus niger* entdeckt. Derartige

[1] W. GRASSMANN, R. STADLER und R. BENDER: Liebig's Ann. Chem. **503**, 167 (1933); W. GRASSMANN, L. ZECHMEISTER, L. TÓTH und R. STADLER: Ibid. **502**, 20 (1933).

[2] P. KARRER, P. SCHUBERT und W. WEHRLI: Helv. chim. Acta **8**, 797 (1925).

[3] G. FÅHRAEUS: Exper. **2**, 413 (1946).

[4] H. PRINGSHEIM und E. THILO: Cellulosechemie **11**, 100 (1930).

[5] K. FREUDENBERG und T. PLÖTZ: Hoppe-Seyler's Z. physiol. Chem. **259**, 19 (1939); T. PLÖTZ: Ibid. **261**, 183 (1939).

[6] P. KARRER, B. JOOS und M. STAUB: Helv. chim. Acta **6**, 800 (1923); P. KARRER, M. STAUB, A. WEINHAGEN und B. JOOS: Ibid. **7**, 144 (1924); P. KARRER und M. STAUB: Ibid. **7**, 916 (1924).

[7] E. BOURQUELOT: C. R. Acad. Sci. Paris **116**, 1143 (1893).

Fermente finden sich außerdem in autolysierter Hefe[1], in *Penicillium glaucum*[2], in Pneumokokken[3] sowie — allerdings nur in geringen Mengen — im Verdauungs-saft der Weinbergschnecke *Helix pomatia*[4].

PRINGSHEIM und ARONOWSKY[2] konnten beobachten, daß Inulase von *Penicillium glaucum* besonders dann produziert wird, wenn der Pilz auf inulin-haltigem Nährboden gezüchtet wird. PRINGSHEIM und HENSEL[5] stellten das Enzym aus *Aspergillus niger* in gereinigter Form dar; es zeigt ein p_H-Optimum bei 6,8. Bei seiner Einwirkung auf Inulin entsteht Fructose.

Inulin kann, wie schon erwähnt wurde, auch von β-*h*-Fructosidasen, allerdings nur mit sehr geringer Geschwindigkeit, gespalten werden. Die ursprüngliche Vorstellung von WEIDENHAGEN[6], daß dieser Enzymtypus mit den Inulinasen identisch ist, trifft sicher nicht zu.

VII. Cytasen

Unter dem Namen Cytasen oder Hemicellulasen werden Enzyme zusammengefaßt, die solche Polysaccharide hydrolysieren, welche weder aus Glucose- noch aus Fructose-resten aufgebaut sind. Ihre Substrate sind bisher noch wenig erforscht; nach dem wesentlichsten Bestandteil dieser Polysaccharide spricht man gewöhnlich von Xylanen, Mannanen, Mannogalactanen usw., und dementsprechend kann man in manchen Fällen spezifische Fermente, **Xylanasen, Arabanasen, Galactanasen und Mannanasen** unterscheiden.

Enzyme dieser Typen finden sich als extracelluläre Fermente der Mikroorganismen, weiters in Pflanzensamen und im Verdauungssaft von Wirbellosen. Die bestuntersuchten Enzyme der Gruppe scheinen diejenigen der Weinbergschnecke *Helix pomatia*, des Malzes und verschiedener *Aspergillus*-Arten zu sein. GRASSMANN und Mitarbeiter[7] konnten ein Xylanspaltendes Enzym aus *Aspergillus oryzae* durch Adsorptionsmethoden von verschiedenen Begleitenzymen trennen. DEUEL, LEUENBERGER und HUBER[8] halten es auf Grund von Versuchen über den enzymatischen Abbau des Galactomannans Carubin für glaubhaft, daß diese Reaktion durch zwei Fermente katalysiert wird, von welchen das eine die Galactoseseitengruppen abspaltet, während das andere die Mannan-hauptkette hydrolysiert.

Die p_H-Optima aller Cytasen scheinen um p_H 4,0 bis 5,5 zu liegen.

VIII. Pectin-polygalacturonidasen[9]

Die zu dieser Gruppe gehörenden Enzyme nehmen am Abbau des in der Pflanzenwelt sehr verbreiteten Pectins teil. Das erste Ferment dieses Typus wurde von BOURQUELOT und HÉRISSEY[10] als *Pectinase* bezeichnet; erst nach genauerer Kenntnis der Wirkungsweise erfolgte eine Umbenennung, die deshalb notwendig war, da gezeigt werden konnte, daß die bis dahin *Pectinase* genannten Enzympräparate nicht nur ein einziges Ferment, sondern zumindest zwei enthalten, die beide Pectin bzw. Pectinsäure in spezifischer Weise hydrolysieren.

Das eine dieser beiden Enzyme gehört dem bereits an anderer Stelle behandelten Typus der Pectinesterasen an (vgl. S. 189), deren Wirkung die Entmethylierung des Pectins ist; das andere ist eine für α-D-Polygalacturonide spezifische Polysaccharidase und stellt den Enzymtypus dar, der hier besprochen werden soll.

Fermente dieser Wirkungsweise finden sich in vielen Bakterien und Schimmelpilzen, weiters in manchen höheren Pflanzen und schließlich im Darmsaft der Schnecken.

---

1 P. LINDNER: Wschr. Brau. **17**, 713 (1900).
2 H. PRINGSHEIM und A. ARONOWSKY: Ber. dtsch. chem. Ges. **55**, 1414 (1922).
3 O. T. AVERY und G. E. CULLEN: J. exp. Med. **32**, 583 (1920).
4 H. BIERRY: C. R. Acad. Sci. Paris **150**, 116 (1910).
5 H. PRINGSHEIM und W. G. HENSEL: Ber. dtsch. chem. Ges. **64**, 1431 (1931).
6 R. WEIDENHAGEN: Naturwiss. **20**, 254 (1932).
7 W. GRASSMANN, R. STADLER und K. BENDER: Liebig's Ann. Chem. **502**, 20 (1933).
8 H. DEUEL, R. LEUENBERGER und G. HUBER: Helv. chim. Acta **33**, 942 (1950).
9 Handbuchartikel und Übersichtsreferate: Z. I. KERTESZ: In „The Enzymes", herausgegeben von J. B. SUMNER und K. MYRBÄCK, Bd. I/2, S. 745. New York: Academic Press. 1951; H. LINEWEAVER und E. F. JANSEN: Adv. Enzymology **11**, 267 (1951); Z. I. KERTESZ und R. J. MCCOLLOCH: Adv. Carbohydrate Chem. **5**, 79 (1950).
10 E. BOURQUELOT und H. HÉRISSEY: C. R. Acad. Sci. Paris **127**, 191 (1898).

Das optimal angegriffene Substrat ist die Pectinsäure, d. h. das durch Hydrolyse entmethylierte Pectin. Methyliertes Pectin wird entweder gar nicht oder nur sehr langsam angegriffen[1, 2]. Dies erklärt, warum frühere Arbeiten über die Pectin-polygalacturonidasen mit Pectin als Substrat schwer reproduzierbare Resultate ergaben, denn die tatsächlich beobachtete Wirkung war nicht diejenige des Enzyms allein, sondern hing auch weitgehend von der Anwesenheit einer Pectinesterase in den Präparationen ab, da ja dieses Ferment das Substrat erst für den Angriff durch die Pectin-polygalacturonidase vorbereiten mußte.

Das Enzym dürfte auch in bezug auf die gespaltene Bindung streng spezifisch sein; es werden nur α-D-Polygalacturonide hydrolysiert[3].

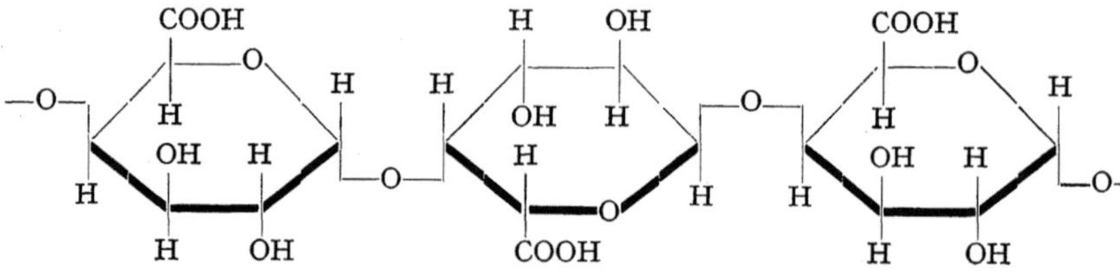

Teilstück einer Pectinsäure-kette

Gereinigte Enzympräparate wirken nicht auf Stärke, Maltose, Saccharose, Carboxymethylcellulose, Inulin und andere Glykoside ein, während in ungereinigten Präparationen Fermente zugegen sind, die auch diese Verbindungen hydrolysieren. Ebensowenig ist das Reinenzym imstande, Gummi arabicum und andere Gummiarten oder das *Pneumococcus*-polysaccharid (Typus I) zu spalten, obwohl in den gummi-artigen Substanzen bis zu 12% und im *Pneumococcus*-polysaccharid sogar 60% Galacturonsäure enthalten sind; es scheint aber, daß die Galacturonsäure-reste in diesen Stoffen in anderer Weise gebunden sind als in der Pectinsäure. Auch Mannuronide, wie Alginsäure, oder Glucuronide, wie Heparin und Hyaluronsäure, werden nicht angegriffen; schließlich erweist sich auch Methyl-α-D-galacturonid als resistent, was darauf hinweist, daß Pectin-polygalacturonidase eine echte Polysaccharidase und nicht eine einfache Galacturonidase ist.

Neben den Fermenten der geschilderten Spezifität, die vorwiegend entmethylierte Pectinsäure hydrolysieren und dementsprechend Pectin-polygalacturonidasen genannt werden, gibt es aber, wie kürzlich gezeigt wurde[4], in Schimmelpilzen Enzyme, welche die glykosidischen Bindungen im methylierten Pectin angreifen können. Diese Fermente spalten sogar das methylierte Polysaccharid weitaus schneller als das entmethylierte Produkt. Enzyme dieses Typus können als **Polymethylgalacturonidasen** bezeichnet werden.

Pectin-polygalacturonidase kann aus kommerziellen Pectinase-präparaten, die neben dem hier besprochenen Enzym als wesentlichste Beimengung noch Pectinesterase enthalten, gereinigt erhalten werden. Die Pectinesterase läßt sich durch Behandlung mit Säure, gegen die sie weitaus weniger beständig ist als Pectinpolygalacturonidase, und nachfolgender Salzfällung aus der Präparation entfernen.

Als p_H-Optimum der Fermentwirkung wird bei Präparaten aus Schimmelpilzen etwa 3,5 angegeben; Enzympräparationen aus Bakterien sollen etwas höhere p_H-Optima aufweisen[5].

---

[1] S. Waksman und M. C. Allen: J. Amer. chem. Soc. **55**, 3408 (1933).
[2] E. F. Jansen, L. R. MacDonell und R. Jang: Arch. Biochem. **8**, 133 (1945).
[3] H. Lineweaver, R. Jang und E. F. Jansen: Ibid. **20**, 137 (1949).
[4] C. Seegmiller und E. F. Jansen: J. biol. Chem. **195**, 327 (1952); E. Roboz, R. Barrat und E. Tatum: Ibid. **195**, 459 (1952).
[5] H. J. Phaff und M. A. Joslyn: Wallerstein Lab. Commun. **10**, 133 (1947).

Als Aktivatoren kommen vor allem Alkalichloride in Frage, und zwar konnte beobachtet werden, daß Rubidiumchlorid die stärkste Aktivator-wirkung und Lithiumchlorid die schwächste aufweist[1]. MATUS[2] berichtet, daß polyvalente Kationen eine noch stärkere Aktivierung bewirken als die monovalenten, und zwar steige dieser Effekt entsprechend der Reihe

$$Na^+ < Ca^{++} < Al^{+++} < Th^{++++}.$$

Über Hemmstoffe der Pectin-polygalacturonidase-wirkung ist noch sehr wenig bekannt, obwohl solchen Substanzen unter Umständen eine gewisse technische Bedeutung zukommen könnte.

Die Bestimmung der Enzymwirkung kann auf verschiedene Weise erfolgen. Während bei der Untersuchung von Präparaten für technische Zwecke meist die gemeinsame Wirkung von Pectinesterase und Pectin-polygalacturonidase gemessen wird und deshalb Pectin als Substrat Verwendung findet, ist zur Bestimmung der Pectin-polygalacturonidase-wirkung allein die Anwendung unveresterter Pectinsäure erforderlich. Durch die Enzymwirkung werden verschiedene meßbare Effekte erzeugt: ein Zuwachs an reduzierenden Gruppen, eine Abnahme der Viskosität, eine Abnahme der Fällbarkeit durch Calcium oder durch nichtpolare Lösungsmittel und schließlich eine Abnahme der optischen Drehung. Das exakteste Maß der durch die Enzymwirkung erfolgten Hydrolyse wird zweifellos durch Bestimmung der neu-gebildeten reduzierenden Gruppen erhalten, wobei die Titration mit Hypojodit nach WILLSTÄTTER und SCHUDEL[3] die beste Methode ist; sie wurde von JANSEN und MACDONELL[4] für diesen speziellen Zweck adaptiert. Häufig werden auch viskosimetrische Methoden angewandt, wobei aber zu beachten ist, daß das Verhältnis zwischen Viskositäts-abnahme und gespaltener Glykosid-bindungen durchaus nicht konstant ist, da es je nach den angewandten Enzym-präparationen und Substrat-lösungen zu wechseln scheint.

Die biologische Bedeutung der Pectin-polygalacturonidasen für die Organismen, die Fermente dieses Typus produzieren, ist noch nicht völlig geklärt. Es muß als sicher gelten, daß die Enzyme wahrscheinlich in Zusammenwirken mit anderen Fermenten, die Pectinstoffe angreifen, für die Vorgänge der sog. Flachsröste verantwortlich sind. Auch bei den Pilz-erkrankungen höherer Pflanzen dürfte den pectin-spaltenden Enzymen eine wesentliche Rolle zukommen; die Erweichung und das spätere Absterben der Gewebe in den von pathogenen Pilzen befallenen Pflanzen kann wohl meist durch die Wirkung dieser Fermente auf die Pectin-stoffe der Pflanze erklärt werden.

Weitere Enzyme, die Pectinsubstanzen angreifen. Über die Pectinesterasen wurde bereits an anderer Stelle berichtet (S. 189). Schon vor längerer Zeit wurde von verschiedenen Seiten die Existenz eines Enzyms Protopectinase postuliert, das in ungeklärter Weise das native „Protopectin" in den Pflanzen angreife und löslich mache. Es muß aber auf Grund späterer Befunde als zumindest nicht wahrscheinlich bezeichnet werden, daß ein solches Enzym existiert, da alle ihm zugeschriebenen Wirkungen auch durch gemeinsame Aktion von Pectin-polygalacturonidase und Pectin-esterase erklärt werden können; es ist aber immerhin möglich, daß die rohen Präparationen der Protopectinase andere Polysaccharidasen enthalten, die das Pectin aus seinen Bindungen in der Pflanze, die vielleicht nicht uronidartig sind, herauslösen können.

Andrerseits ist es aber auf Grund verschiedener Angaben recht wahrscheinlich, daß die Pectinstoffe außer den Uronidbindungen auch andere Bindungsarten enthalten, und es ist durchaus möglich, daß es spezifische Enzyme gibt, die gerade diese Anteile des Pectinmoleküls hydrolysieren können, doch ist über derartige Enzyme noch nichts bekannt.

Die Bezeichnung eines Enzyms aus Tomaten als Pectin-depolymerase, wie sie von MCCOLLOCH und KERTESZ[5] vorgeschlagen wurde und womit diesem Ferment eine Sonderstellung eingeräumt würde, ist wahrscheinlich nicht gerechtfertigt, weil sich das Enzym aus Tomaten in seiner Substrat-spezifität und Wirkungs-spezifität von den Pectin-polygalac-

---

[1] H. PALLMANN, J. MATUS, H. DEUEL und F. WEBER: Rec. Trav. chim. Pays-Bas **65**, 333 (1946).

[2] J. MATUS: Ber. schweiz. bot. Ges. **58**, 319 (1948).

[3] R. WILLSTÄTTER und G. SCHUDEL: Ber. dtsch. chem. Ges. **51**, 373 (1918).

[4] E. F. JANSEN und L. R. MACDONELL: Arch. Biochem. **8**, 97 (1945).

[5] R. J. MCCOLLOCH und Z. I. KERTESZ: Ibid. **17**, 197 (1948).

turonidasen nicht wesentlich zu unterscheiden scheint und dementsprechend als solche zu klassifizieren ist. Die beobachteten Unterschiede sind eine geringere Affinität zu den Abbauprodukten der Pectinsäure, so daß die Hydrolyse bei höhermolekularen Spalt-produkten stehenbleibt als bei der Spaltung durch andere Enzyme des Polygalacturonidase-typus, weiters ein anderes p_H-Optimum (p_H 4,5) und größere Hitze-beständigkeit.

Pectin-spaltende Ferment-präparate, welche meist aus Schimmelpilzen gewonnen werden, finden zur Klärung von Fruchtsäften in der Lebensmittelindustrie weitgehende Verwendung („Pectinol", „Clarase" usw.).

IX. Mucopolysaccharidasen[1]

Nach einer Definition von K. MEYER[2] sind Mucopolysaccharide solche Polysaccharide, die Hexosamine als Komponenten enthalten, während einem Vorschlag von STACEY[3] entsprechend ein Mucopolysaccharid jede Substanz mit geringem Eiweiß-gehalt ist, die hauptsächlich aus Kohlehydraten besteht, deren wäßrige Lösungen eine hohe Viskosität aufweisen und die durch starken Wasserentzug unlöslich wird. Nach STACEY[3] wären also die bakteriellen Polysaccharide Dextran und Lävan, die zwar diesen Kriterien entsprechen, aber kein Hexosamin enthalten, als Mucopolysaccharide zu bezeichnen; diese Klassifikation wird aber wenig gebraucht, so daß sich in der Literatur die oben angegebene Definition von K. MEYER[2] durchgesetzt hat.

Den neuesten Erkenntnissen auf diesem Gebiete entsprechend hat FISHMAN[1], ausgehend von der chemischen Natur der Substrate und der Herkunft der Enzyme, eine Klassifikation der Mucopolysaccharidasen ausgearbeitet, die in Tab. 36 wiedergegeben wird.

Wie man aus der Tabelle ersieht, existieren für einzelne Fermente verschiedene Bezeichnungen, wodurch das Studium der Original-literatur erschwert wird. In letzter Zeit konnte auch gezeigt werden, daß Enzyme, die ursprünglich als einheitlich aufgefaßt wurden, in Wahrheit aus mehreren enzymatisch wirksamen Komponenten bestehen.

a) Chitinase und Chitodextrinase

Chitin-spaltende Enzyme wurden erstmalig von KARRER und HOFMANN[4] im Verdauungssaft der Weinbergschnecke *Helix pomatia* entdeckt. Nach Angaben von GRASSMANN und Mitarbeitern[5] enthalten auch Schimmelpilze chitin-spaltende Enzyme; ebenso finden sich Fermente der gleichen Wirkungsweise im Mandel-emulsin, wobei die äußeren Teile der Mandeln besonders reich an diesen Enzymen sind.

Von ZECHMEISTER und Mitarbeitern[6] wurde eine weitergehende Untersuchung der Chitinasen durchgeführt, wobei die chromatographische Trennungsmethode zur Anwendung gelangte. Auf diese Art lassen sich das Enzymsystem von *Helix* und dasjenige aus Mandeln in zumindest zwei, wahrscheinlich aber drei Einzelkomponenten zerlegen. Die eine dieser Komponenten, welche Chitobiase genannt wird und als Oligosaccharidase klassifiziert werden muß, wurde bereits besprochen (S. 231). Die eigentliche Chitinase scheint nur das ursprüngliche Chitin anzugreifen, während ein als Chitodextrinase bezeichnetes Ferment höhere Abbauprodukte des Chitins hydrolysieren soll.

---

[1] Handbuchartikel und Übersichtsreferate: W. H. FISHMAN: In „The Enzymes", herausgegeben von J. B. SUMNER und K. MYRBÄCK, Bd. I/2, S. 769. New York: Academic Press. 1951; K. MEYER: In „Currents in Biochemical Research", herausgegeben von D. E. GREEN, S. 277. New York: Interscience. 1946.

[2] K. MEYER: Adv. Protein Chem. **2**, 249 (1945).

[3] M. STACEY: Adv. Carbohydrate Chem. **2**, 162 (1946).

[4] P. KARRER und A. HOFMANN: Helv. chim. Acta **12**, 616 (1929).

[5] W. GRASSMANN und H. RUBENBAUER: Münchner med. Wschr. **78**, 1817 (1931); W. GRASSMANN, R. STADLER und R. BENDER: Liebig's Ann. Chem. **502**, 20 (1933); W. GRASSMANN, L. ZECHMEISTER, G. TOTH und R. STADLER: Ibid. **503**, 167 (1933).

[6] L. ZECHMEISTER, G. TOTH und M. BALINT: Enzymologia **5**, 302 (1938); L. ZECHMEISTER und G. TÓTH: Ibid. **7**, 165 (1939); L. ZECHMEISTER, G. TÓTH und E. VAJDA: Ibid. **7**, 170 (1939).

Tabelle 36. *Klassifikation der Mucopolysaccharidasen* (nach FISHMAN, *l. c.*)

Ferment	Substrat	Frühere Bezeichnung
I. Mucasen		
A. Neutralmucasen Chitinasen	Chitin	Chitinase
B. Saure Mucasen		
1. Hyaluronidasen	Hyaluronsäure	Hyaluronidase, Depolymerase
a) Bakterielle H. *Pneumococcus* *Streptococcus* *Clostridium perfringens*		Mucopolysaccharidase
b) Tierische H. Blutegel Mensch und Säugetiere (*Testis*)		
2. Lysozym	bakterielle Polysaccharide (*Micrococcus lysodeikticus* u. a.)	Lysozym
3. Sulfomucasen	Chondroitinsulfat, Mucoitinsulfat, Heparin	Hyaluronidase
a) Bakterielle S. *Pneumococcus* *Cl. perfringens*		
b) Tierische S. *Testis* Leber (Heparinase)		Hyaluronidase Heparinase
II. Mucodextrinasen		
A. Neutrale Mucodextrinasen Chito-dextrinase	Chitodextrin	
B. Saure Mucodextrinasen		
1. Hyaluronat-mucodextrinase	teilweise abgebaute Hyaluronsäure	Hyaluronidase
2. Sulfomuco-dextrinase	teilweise abgebautes Chondroitinsulfat	
III. Oligomucasen		
A. Neutrale Oligomucasen Chitobiasen	Chitobiose	Chitobiase
B. Saure Oligomucasen		
1. Hyaluronat-oligomucasen	Hyaluronsäure-hydrolysate	Mucooligosaccharase
a) Bakteriell		
b) Tierisch *Testis* Milz		
2. Oligosulfomucasen	Chondroitinsulfat-hydrolysat	Mucooligosaccharase
a) Bakterielle O.		
b) Tierische O. *Testis*		

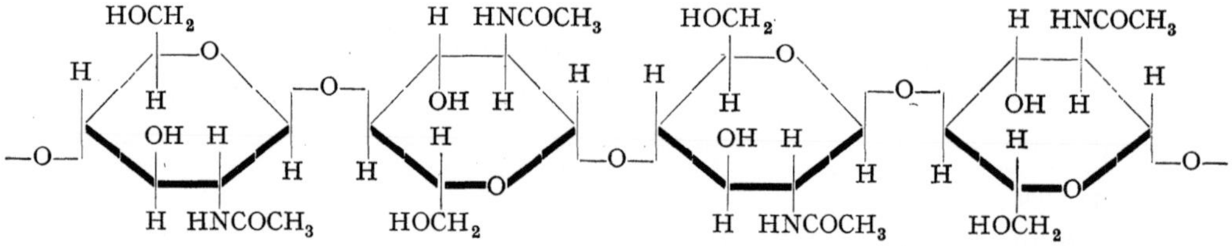

Teil einer Chitinkette

b) Lysozyme

1922 berichtete Fleming[1], daß ein Faktor aus der Nasenschleimhaut zur Auflösung verschiedener Bakterien, darunter insbesondere *Micrococcus lysodeikticus*, imstande ist. Dieser Faktor, dessen Fermentnatur schon von Fleming festgestellt wurde, erhielt den Namen Lysozym. Enzyme dieses Typus kommen im Speichel, der Nasenschleimhaut, in den Tränen, in den Leukozyten, im Ovalbumin und auch im Saft verschiedener *Ficus*-Arten[2] vor.

Unter dem Einfluß von Lysozymen finden bei den Mikroorganismen, die für seine Wirkung empfindlich sind, komplexe Vorgänge statt, welche schließlich zur Auflösung führen. Die Zellen schwellen zuerst auf ein Mehrfaches ihres ursprünglichen Volumens an, lassen sich mit der Färbemethode nach Gram nicht mehr anfärben, die Sauerstoff-aufnahme verschwindet und im umgebenden Medium lassen sich anorganisches Phosphat, niedermolekulare Stickstoff-verbindungen und reduzierende Stoffe nachweisen. Wie Meyer und Hahnel[3] vor einiger Zeit zeigten, findet sich in der Zellwand eine mucoide Substanz in komplexer Bindung, die sich isolieren läßt. Lysozym vermag diesen Stoff zu hydrolysieren, wobei Acetylglucosamin freigesetzt wird. Es muß angenommen werden, daß die Wirkung des Lysozyms auf die Bakterien durch die hydrolysierenden Effekte des Enzyms gegenüber diesem und vielleicht auch noch anderen Mucopolysacchariden der bakteriellen Zellwand verursacht wird. Mucopolysaccharide dieses Typus stellen bei manchen Bakterien-arten 3 bis 5% der gesamten Bakterien-masse dar und scheinen eine besondere Rolle beim Aufbau der Zellmembran zu spielen.

Die Messung der Lysozym-aktivität läßt sich durch nephelometrische Bestimmung der Lysis von *M. lysodeikticus* vornehmen; das p_H-Optimum für die Abtötung der Bakterien liegt bei p_H 4,5. Zur Messung der Lysis ist es aber erforderlich, die Mischung nach der Inkubation auf neutrales oder schwach alkalisches p_H zu bringen, da erst unter diesen Umständen die Auflösung der Bakterien erfolgt.

Es gibt auch Bakterien, die durch Lysozym abgetötet werden, ohne daß eine Lysis stattfindet, wie z. B. *Bacillus megatherium*; bei *Sarcina muscae* ist es erforderlich, das p_H bis auf 13 zu bringen, um eine sichtbare Auflösung zu bewirken.

Unter Verwendung des aus *M. lysodeikticus* isolierten Mucopolysaccharids als Substrat haben Meyer und Hahnel eine viskosimetrische Bestimmung der Lysozym-wirkung ausgearbeitet, die verläßlichere Ergebnisse liefern soll als die nephelometrische Messung der bakteriellen Lysis.

Das Ferment aus Eier-eiweiß wird durch Alkalien, weiters durch oxydierende Reagenzien, wie Peroxyd, Jod und Cu_2O inaktiviert; oxydiertes Lysozym läßt sich durch Reduktionsmittel (Cyanid, H_2S) reaktivieren. Bei der viskosimetrischen Bestimmung der Lysozym-wirkung hat NaCl einen aktivierenden Effekt.

---

[1] A. Fleming: Proc. Roy. Soc. London B **93**, 306 (1922).

[2] K. Meyer, E. Hahnel und A. Steinberg: J. biol. Chem. **163**, 733 (1946).

[3] K. Meyer und E. Hahnel: Ibid. **163**, 723 (1946).

ABRAHAM und ROBINSON[1] gelang es bereits 1937, Lysozym aus Eier-eiweiß kristallin zu erhalten; das Enzym ist ein basisches Protein mit einem Molekulargewicht von etwa 14700. Eine verbesserte Methode zur Herstellung kristallisierten Lysozyms wurde von ALDERTON und Mitarbeitern[2] beschrieben[3]. Das Enzym aus dem Latex verschiedener *Ficus*-Arten scheint sich chemisch und auch in seinen enzymatischen Eigenschaften vom Lysozym aus tierischen Quellen zu unterscheiden; es weist auch eine beträchtlich höhere Aktivität auf.

Schon FLEMING konnte zeigen, daß das Lysozym nicht mit den bakteriellen Viren, den Bakteriophagen, identisch ist. Es ist aber immerhin möglich, daß die Bakteriophagen ihre Wirkung durch Vermittlung lysozym-ähnlicher Enzyme ausüben, die ihren Ursprung vielleicht in den Phagen-empfindlichen Organismen haben.

In letzter Zeit wurde mehrfach berichtet, daß lysozym-artige Fermente im Magen-Darmtrakt von Patienten mit ulcerativer Colitis vermehrt seien. Obwohl beobachtet wurde, daß Filtrate aus der Faeces derartiger Kranker tatsächlich eine cytolysierende Wirkung auf Epithel-zellen haben, ist der Schluß, daß die lysozym-ähnlichen Fermente für den Angriff auf die Darm-wände verantwortlich sind, wohl verfrüht. Es wäre durchaus möglich, daß die Konzentrations-erhöhung derartiger Fermente im Darm der Kranken nur eine Neben-erscheinung der entzündlichen Prozesse ist und mehr eine Folge als eine Ursache der krankhaften Veränderungen darstellt[4]. Der Ursprung der Fermente ist ohne Zweifel in den Leukozyten zu suchen.

Die Funktion des Lysozyms in den Körper-sekreten ist noch ungeklärt. Die Tatsache, daß die auf Lysozym ansprechenden Keime meist harmlose Saprophyten sind, macht die Annahme einer Schutzfunktion recht unwahrscheinlich.

Durch Injektion von Lösungen kristallinen Lysozyms aus dem Weißen des Hühner-eies gelang es SMOLENS und CHARNEY[5], die Bildung eines Antikörpers im Kaninchen-serum hervorzurufen. Dieser ist imstande, die Lysis von *M. lysodeikticus* durch hohe Enzym-konzentration zu verhindern.

c) *Hyaluronidasen* (Poly-β-glucosaminidasen?)[6]

DURAN-REYNALS[7] beobachtete 1928, daß Extrakte aus Hodengewebe einen Stoff enthalten, der die Ausbreitung von injizierten Farbstoffen oder Toxinen beschleunigt („spreading factor"). Erst viel später gelang es MEYER und Mitarbeitern[8], ein aus Acetylglucosamin und Glucuronsäure bestehendes Polysaccharid zu isolieren, das sich in vielen Geweben und insbesondere in Körper-flüssigkeiten findet (Synovial-flüssigkeit, Glaskörper des Auges usw.) und Hyaluronsäure genannt wird. Dieselbe Arbeitsgruppe konnte berichten, daß die Hyaluronsäure durch Enzyme aus verschiedenen Bakterien (*Pneumococcus*-Arten, hämolytische Streptokokken, verschiedene Anaerobier) sowie auch durch Fermente tierischer Herkunft hydrolysiert wird.

1939 zeigten CHAIN und DUTHIE[9], daß der Faktor aus Hoden-gewebe, der die Ausbreitung injizierter Substanzen begünstigt („spreading factor"), mit dem Ferment, das Hyaluronsäure spaltet, der Hyaluronidase, identisch ist.

---

[1] E. P. ABRAHAM und R. ROBINSON: Nature **140**, 24 (1937).

[2] G. ALDERTON, W. H. WARD und H. L. FEVOLD: J. biol. Chem. **157**, 43 (1945).

[3] Bezüglich der Aminosäure-zusammensetzung von kristallinem Lysozym aus Hühner-ei vgl. S. 16.

[4] Vgl. die kritische Untersuchung: R. B. HIATT, C. ENGLE, C. FLOOD und A. KARUSH: J. clin. Investigations **31**, 721 (1952).

[5] J. SMOLENS und J. CHARNEY: J. Bacter. **54**, 101 (1947).

[6] Übersichtsreferate: K. MEYER und M. M. RAPPORT: Adv. Enzymology **13**, 199 (1952); K. MEYER: Physiol. Revs. **27**, 340 (1947); H. GIBIAN: Angew. Chem. **63**, 105 (1951); E. EICHENBERGER: Z. Vitamin-, Hormon-, Fermentforsch. **2**, 126 (1948/49); sowie die auf S. 250 zitierten Handbuchartikel und Übersichtsreferate.

[7] F. DURAN-REYNALS: J. exp. Med. **50**, 327 (1929).

[8] K. MEYER, R. DUBOS und E. M. SMYTH: J. biol. Chem. **118**, 71 (1937); K. MEYER, G. L. HOBBY, E. CHAFFEE und M. H. DAWSON: J. exp. Med. **71**, 137 (1940).

[9] E. CHAIN und E. S. DUTHIE: Nature **144**, 977 (1939); Brit. J. exp. Path. **21**, 324 (1940).

Da die chemische Konstitution der Hyaluronsäure noch nicht bis in alle Einzelheiten geklärt ist, ist man nicht in der Lage, die chemische Wirkung der Hyaluronidase auf ihr Substrat exakt zu beschreiben. Es wird aber allgemein angenommen, daß die verschiedenen im folgenden beschriebenen Effekte der Hyaluronidasen auf eine Hydrolyse der N-acetylglucosamidinischen Bindungen zurückzuführen sind; demnach wären die Hyaluronidasen als Poly-β-glucosamidinasen zu klassifizieren.

Die bisher als Wirkungen der Hyaluronidasen beschriebenen Effekte sind fast durchwegs zu mehr oder minder brauchbaren quantitativen Bestimmungsmethoden ausgearbeitet worden, die aber nicht immer untereinander vergleichbare Ergebnisse liefern.

Tabelle 37. *Wirkungen der Hyaluronidasen und daraus abgeleitete Bestimmungs-methoden*

Wirkung	Abgeleitete Bestimmungsmethode
1. Verminderung der Viskosität des Substrates	Viskosimetrische Bestimmung
2. Zunahme reduzierender Substanzen im Enzym-Substrat-gemisch	Bestimmung der reduzierenden Substanzen
3. Verhinderung der Bildung eines Gerinnsels aus nativer Hyaluronsäure und angesäuertem Serum	Mucin-gerinnsel-verhinderungs-test[1]
4. Verschwinden der Spinnbarkeit von Synovial-flüssigkeit	Spinnbarkeits-test[2]
5. Verminderung der Trübungsbildung bei Zusatz von verdünntem Serum zu einer Hyaluronsäure-lösung bei p_H 4,2	Turbidimetrische Methode[3], „Ringtest" (qualitativ)
6. Beschleunigung der Ausbreitung injizierter Farbstoffe	Farbausbreitungs-test
7. Auflösung der Kapseln von entsprechenden Stämmen von *Streptococcus haemolyticus*, Typus A und C.	Decapsulations-test[4]
8. Ablösung der Cumulus-Zellen *(Corona radiata)* vom Rattenei	Rattenei-test[5]
9. Durch intravenöse Hyaluronidase-applikation Austritt von Blut-flüssigkeit durch die Kapillaren und deshalb Blut-eindikkung	Hämatokrit-test[6]
10. Veränderung der Anfärbbarkeit von histologischen Gewebe-schnitten nach Hyaluronidase-einwirkung	Qualitative histochemische Bestimmung der Hyaluronidasen

[1] W. B. Robertson, M. W. Ropes und W. Bauer: J. biol. Chem. **133**, 261 (1940); D. McClean: Biochem. J. **37**, 169 (1943).

[2] G. S. Gunter: Austral. J. exp. Biol. Med. **27**, 265 (1949).

[3] E. H. Kass und C. V. Seastone: J. exp. Med. **79**, 319 (1944); K. Meyer: J. biol. Chem. **176**, 993 (1948).

[4] J. K. Fulton, S. Marcus und W. D. Robinson: Proc. Soc. exp. biol. Med. **69**, 258 (1948); Ann. N. Y. Acad. Sci. **52**, 1133 (1950).

[5] S. Leonhard und R. Kurzrok: Endocrinology **39**, 85 (1946).

[6] S. K. Elster, M. E. Freeman und P. Anderson: J. Lab. clin. Med. **34**, 834 (1949).

Die Spezifität der Hyaluronidasen scheint sehr streng zu sein; nach Arbeiten von MEYER und Mitarbeitern[1] wird von allen Mucopolysacchariden einzig Hyaluronsäure hydrolysiert, während die Spaltung von Chondroitinsulfat, Glucuroniden und anderen Polysacchariden nur gelegentlich beobachtet wird und wahrscheinlich auf eine Verunreinigung der Präparationen durch entsprechende andere Enzyme zurückgeführt werden muß. Für die Tatsache, daß Chondroitinsulfat nicht durch Hyaluronidasen abgebaut wird, scheint die Veresterung mit Schwefelsäure nicht verantwortlich zu sein, da die Fermente zur Hydrolyse einer mit Schwefelsäure veresterten Hyaluronsäure imstande sind.

Befunde verschiedener Autoren lassen darauf schließen, daß in den Hyaluronidase-präparationen mehrere Enzyme vorliegen, von denen jedes einzelne für eine bestimmte Phase des Hyaluronsäure-abbaues verantwortlich wäre[1, 2, 3, 4]. In Tab. 36 wird dieser Sachlage in etwas schematischer Weise insoweit Rechnung getragen, als neben den Hyaluronidasen auch Hyaluronat-mucodextrinasen und Hyaluronat-oligomucasen verzeichnet sind, von denen die erstgenannten Enzyme die Abbau-produkte mittleren Molekulargewichts weiter zu Oligomucosacchariden hydrolysieren sollten, während das letztgenannte Ferment den Abbau eben dieser Oligomucosaccharide katalysieren würde. Es muß allerdings an dieser Stelle betont werden, daß eindeutige Beweise für die Existenz derartiger Enzyme noch nicht vorliegen und es z. B. möglich ist, daß manche dieser Wirkungen auf die Anwesenheit von β-Glucuronidasen in den Präparationen zurückzuführen sind.

Es dürfte jedenfalls gerechtfertigt sein, von einem Hyaluronidase-komplex zu sprechen, der also nicht ein einheitliches Ferment sondern ein Enzymsystem darstellt.

Die Berichte über das Vorkommen der Hyaluronidasen sind von diesem Gesichtspunkt aus zu werten. Eine weitere Komplikation erfahren die Verhältnisse dadurch, daß außer den Hyaluronidasen auch nicht-enzymatische Faktoren manche der Wirkungen dieser Enzyme vollbringen können. So kann Hyaluronsäure auch durch Ascorbinsäure in Gegenwart von H_2O_2 oder Cu^{++}[5], durch Röntgenstrahlen, durch Azoverbindungen[6], durch Schwermetall-salze[7] sowie durch Ultraschall depolymerisiert werden. Andrerseits kann die Ausbreitung injizierter Farbstoffe auch durch andere Faktoren außer den Hyaluronidasen beschleunigt werden.

Alle diese Umstände bedingen, daß manche Berichte über ein Vorkommen von Hyaluronidasen stark angezweifelt oder widerlegt wurden. So scheint zur Zeit als einzig sicher festgestelltes Vorkommen in Geweben und Sekreten von Säugetieren nur der Hoden und die Samenflüssigkeit auf, während die Berichte über Hyaluronidase-aktivität in der Haut nicht unbestritten sind und die Angaben über ein Vorkommen im Augengewebe und in der Milz mit einiger Sicherheit als widerlegt anzusehen sind. Die Gifte verschiedener Schlangen und Insekten sowie die Blutegel dürften Hyaluronidasen enthalten, weiters wird über ein Vorkommen des Enzyms in folgenden Mikroorganismen berichtet: in *Clostri-*

---

[1] K. MEYER, G. L. HOBBY, E. CHAFFEE und M. H. DAWSON: J. exp. Med. **71**, 137 (1940); K. MEYER, E. CHAFFEE, G. L. HOBBY und M. H. DAWSON: Ibid. **73**, 309 (1941).

[2] J. MADINAVEITIA und T. H. H. QUIBELL: Biochem. J. **34**, 625 (1941); M. E. EAST, J. MADINAVEITIA und A. R. TODD: Ibid. **35**, 872 (1941).

[3] L. HAHN: Ark. Kemi Mineral. Geol. **19** A, No. 33; **21** A, No. 1 (1945); **22** A, No. 1, No. 2 (1946).

[4] H. J. ROGERS: Biochem. J. **40**, 583, 782 (1946).

[5] B. SKANSE und L. SUNDBLAD: Acta physiol. Scand. **6**, 37 (1943).

[6] D. MCCLEAN und C. W. HALE: Biochem. J. **35**, 159 (1941).

[7] C. E. JENSEN: Acta chem. Scand. **3**, 584 (1949).

dium perfringens, in *Pneumococcus* (Typen I, II, III, VI, VIII und XIII), weiters in geringeren Mengen in *Clostridium oedematiens*, *Cl. oedematis maligni*, *Streptococcus viridans*, *Str. moniliformis*, in einigen Arten von *Staphylococcus* und *Streptococcus haemolyticus* (Gruppen A, B, C und G) sowie in einem nichtvirulenten Stamm von *Treponema pallidum*.

Die p_H-Optima der Wirkung der Fermente aus den verschiedenen biologischen Materialien sind untereinander stark verschieden; die Hyaluronidase aus *Testis* soll zwei p_H-Optima, eines bei 4,4 und eines bei 5,8 aufweisen; das Ferment aus dem Kopf des Blutegels wirkt optimal bei p_H 5,4, während die bakteriellen Enzyme breite p_H-Optima zwischen etwa 5,4 und 7,0 zeigen. Wie MEYER[1] auf Grund seiner Untersuchungen feststellte, sind die p_H-Optima der Hyaluronidasen weitgehend von der Salz-konzentration der Versuchs-gemische abhängig; in einer neueren Arbeit aus seinem Laboratorium wird berichtet, daß die Wirkung der Testis-hyaluronidase bei konstanter NaCl-Konzentration über einen weiten Bereich von p_H 3,8 bis etwa 5,4 fast konstant bleibt, um dann oberhalb p_H 5,4 rasch abzusinken[2]. Nach den Autoren spiegelt allerdings die p_H-Kurve nicht nur die Wechselwirkung Hyaluronidase—Hyaluronsäure, sondern auch diejenige zwischen Hyaluronidase und Hemmkörper wider.

Die Hyaluronidase-wirkung wird, wie bereits erwähnt, durch Salz-ionen beeinflußt, und zwar liegt das Optimum der Salz-wirkung für die Viskositätserniedrigung zwischen 0,5 und 1,0 Mol NaCl pro Liter[3]; Cl′ kann ohne merkliche Änderung der Aktivität gegen Br′, J′, SO_4'', NO_3'; Na^+ gegen K^+, Ba^{++}, Fe^{++} und Mn^{++} ausgetauscht werden. F′ und Mg^{++} hemmen, während Ca^{++} aktiviert. Es handelt sich aber hier durchaus um unspezifische Effekte.

Nach einer Untersuchung von PANTLITSCHKO und KAISER[4] sind allgemein positiv geladene hochpolymere Verbindungen, darunter Histone, Protamin und Pepton, Aktivatoren der Hyaluronidasen.

Als kompetitive Inhibitoren sind acetylierte und nitrierte Derivate der Hyaluronsäure, weiters Heparin und andere Antikoagulantien (darunter auch Dicumarol) sowie Chondroitinsulfat zu erwähnen. Fe^{+++} und Cu^{++} sowie Salicylsäure, verschiedene Phenole und Chinone wirken als nicht-kompetitive Hemmkörper, wobei es aber sehr wahrscheinlich ist, daß unter den zuletzt genannten organischen Substanzen nicht diese selbst sondern Oxydations-produkte noch unbekannter Natur die wahren Inhibitoren darstellen, da weder frisch zubereitete Lösungen von *p*-Benzochinon noch solche von Homogentisinsäure eine Hemmwirkung ausüben. Wenn man hingegen die Lösungen oxydieren läßt, so wirken sie als starke Inhibitoren[5].

Wie bereits 1941 festgestellt wurde, werden Hyaluronidasen durch Blutserum unspezifisch gehemmt[6]. Die für diesen Effekt verantwortlichen Stoffe sind thermolabile Substanzen, die anscheinend Protein-natur besitzen und in der Elektrophorese mit der Albumin-fraktion oder der Globulin-fraktion wandern, worüber noch keine Einigkeit besteht (vgl. z. B. DORFMAN und Mitarbeiter[7], GLICK und MOORE[8]). Der Hemmeffekt wird durch die Anwesenheit von Salzen stark beeinflußt, und zwar wird die Hemmung durch Borat gefördert, während Phosphat abschwächend wirkt. Nach Angaben von MEYER und SIEGEL (zitiert nach MEYER

[1] K. MEYER: Physiol. Revs. **27**, 340 (1947).
[2] M. M. RAPPORT, K. MEYER und A. LINKER: J. biol. Chem. **186**, 615 (1950).
[3] E. WERLE, F. TURTUR und R. BAUEREIS: Biochem. Z. **319**, 337 (1949).
[4] M. PANTLITSCHKO und E. KAISER: Ibid. **322**, 137 (1951).
[5] K. MEYER und M. M. RAPPORT: Adv. Enzymology **13**, 199 (1952).
[6] G. L. HOBBY, M. H. DAWSON, K. MEYER und E. CHAFFEE: J. exp. Med. **73**, 109 (1941).
[7] A. DORFMAN, M. L. OTT und R. WHITNEY: J. biol. Chem. **174**, 621 (1948).
[8] D. GLICK und D. H. MOORE: Arch. Biochem. **19**, 173 (1948).

und RAPPORT, *l. c.*) dürfte die Hemmung durch eine stöchiometrische Reaktion zwischen dem Enzym und dem Serum-inhibitor zustande kommen; dieser weist eine höhere Affinität zur Hyaluronidase auf als das Substrat und könnte vielleicht mit einer der mucoiden Fraktionen des Serums identisch sein. Jedenfalls scheint es sichergestellt zu sein, daß der Hemmkörper kein Hyaluronidase zerstörendes Ferment („Anti-invasin" von HAAS[1]) ist. Bei verschiedenen Krankheiten (malignen Geschwülsten, chronischen und akuten Entzündungen, besonders solchen mit erhöhter Senkungs-geschwindigkeit) findet man die Inhibitor-konzentration im Serum höher als normal. Bei rheumatischen Patienten wird der ursprünglich erhöhte Inhibitor-spiegel im Serum durch Behandlung mit Cortison oder ACTH gleichzeitig mit dem Verschwinden der Symptome normalisiert[2, 3].

Durch wiederholte Injektion von Hyaluronidase-präparationen können Antikörper erzeugt werden, die aber nur gegen die benutzte Ferment-art wirken, d. h. ein Antikörper gegen Testis-hyaluronidase ist nur gegen diese, nicht aber gegen bakterielle Hyaluronidasen wirksam[4, 5]. Menschliches Normalserum enthält aber eine gewisse Menge Antikörper gegen die Hyaluronidasen von *Streptococcus haemolyticus* (Typus A), sowie von Pneumokokken, wobei es sich wahrscheinlich um eine natürliche Immunität handelt, die durch die Allgegenwart der genannten Bakterien bedingt ist[6, 7].

Biologische Bedeutung der Hyaluronidasen. Der Frage der biologischen Bedeutung der Hyaluronidasen ist in den letzten Jahren besondere Aufmerksamkeit geschenkt worden, wobei es allerdings schwer ist, aus der fast unübersehbar gewordenen Literatur die gesicherten Tatsachen herauszufinden.

In der extracellulären Grundsubstanz des Bindegewebes fungiert Hyaluronsäure als eine Art Kitt-substanz; der Flüssigkeits-austausch und die Diffusion aller Arten von Stoffen ist nun weitgehend von dem Zustand dieser Grundsubstanz abhängig, so daß ein Abbau der Hyaluronsäure durch bakterielle Hyaluronidasen für das Eindringen von Erregern, Toxinen und anderen Stoffen entscheidend sein kann. Doch auch hier ist es unwahrscheinlich, daß die beobachteten Effekte auf die Wirkung des Ferments allein zurückzuführen sind; es konnte gezeigt werden, daß histamin-artige Substanzen, wie sie bei Entzündungserscheinungen auftreten, die Permeabilität des Gewebes ebenfalls erhöhen, während Anti-histaminica wiederum die durch Hyaluronidase verursachte „spreading reaction" hemmen, ohne aber *in vitro* die Fermentwirkung zu beeinflussen[8]. Ohne Zweifel müssen wir hier mit komplizierten Mechanismen rechnen, deren Einzelheiten noch ihre Aufklärung erwarten.

Die ersten Berichte über die Rolle der Testis-hyaluronidase bei der Befruchtung[9], wonach das Ferment allein die Aufgabe habe, das befruchtungsfähige Säugetier-ei von den umgebenden Schichten *(Cumulus, Corona radiata)* zu befreien und damit erst die Befruchtung zu ermöglichen, mußten insoweit modifiziert werden, als für die Befruchtung nur eine Durchdringung der umgebenden Schichten erforderlich ist und neben der Hyaluronidase ein zweiter aus der Tube stammender Faktor als zumindest mitverantwortlich erkannt wurde[10]. Es

---

1 E. HAAS: J. biol. Chem. **163**, 63, 89, 101 (1046).
2 K. SCHMITH und V. FABER: Acta Endocrinol. **3**, 310 (1949).
3 E. Y. HAKANSON und R. LUFT: Ibid. **3**, 318 (1949).
4 O. v. BEHRING: Z. Immunitätsforsch. **100**, 1 (1941).
5 F. DURAN-REYNALS: Bact. Revs. **6**, 197 (1942).
6 G. J. FRIOU: Ann. N. Y. Acad. Sci. **52**, 1112 (1950).
7 R. T. THOMPSON: J. Lab. clin. Med. **33**, 919 (1948); R. T. THOMPSON und F. E. MOSES: Science **110**, 70 (1949).
8 Vgl. z. B.: M. FÖLDI, I. RUSZNYÁK und G. SZABÓ: Biochim. biophys. Acta **4**, 579 (1950).
9 D. MCCLEAN und I. W. ROWLANDS: Nature **150**, 627 (1942); I. W. ROWLANDS: Ibid. **154**, 382 (1944).
10 G. I. M. SWYER: Ibid. **159**, 873 (1947).

kann heute nicht als bewiesen angesehen werden, daß das Enzym bei der Befruchtung eine Funktion erfüllt[1].

Das Vorkommen der Hyaluronidasen in tierischen Giften und auch die Produktion von Fermenten dieses Typus durch Bakterien wird allgemein in dem Sinn gedeutet, daß die Hyaluronidasen die aus Mucopolysaccharid-säuren bestehende Gewebe-schranke gegen Invasionen aller Art schädigen oder sogar abbauen und damit den Weg für die Giftstoffe oder für die Erreger selbst öffnen. Allerdings konnte festgestellt werden, daß die Fähigkeit mancher Erreger zu Invasionen nicht mit ihrer Hyaluronidase-produktion *in vitro* parallel geht; dies könnte aber darauf zurückzuführen sein, daß neben der Ferment-produktion auch noch andere Faktoren die Invasions-fähigkeit der Keime beeinflussen. Bei Misch-infektionen können unter Umständen für sich allein harmlose Erreger, die Hyaluronidase produzieren, als Wegbereiter für pathogene Keime dienen, welche zur Hyaluronidase-bildung nicht befähigt sind.

Außer den geschilderten Funktionen der Hyaluronidasen in biologischen Systemen sind auch einige andere Wirkungen der Fermente postuliert worden, auf die aber hier nicht weiter eingegangen werden kann (vgl. die eingangs zitierten Übersichtsreferate).

d) *Sulfomucasen*

Es scheint gesichert zu sein, daß die Enzyme, welche Hyaluronsäure hydrolysieren, nicht mit denjenigen identisch sind, welche die Spaltung von Chondroitinsulfat katalysieren. So konnten MEYER und Mitarbeiter[2] an Präparaten aus *Clostridium perfringens* zeigen, daß unter gleichen Bedingungen Hyaluronsäure weitaus besser gespalten wird als Chondroitinsulfat, das kaum angegriffen wird. In Testis-Extrakten kann das Chondroitinsulfat spaltende Enzym durch Behandlung mit Aceton zerstört werden, während die Hyaluronidase ihre Wirksamkeit nicht einbüßt.

Wie bereits erwähnt wurde, gelang es HAHN[3], die Existenz mehrerer Enzyme im Sulfomucase-komplex wahrscheinlich zu machen; von diesen ist ein Ferment vermutlich als Oligosaccharidase zu klassifizieren und wurde dementsprechend bereits unter dem Namen Oligosulfomucase besprochen. Es scheint nun nicht ganz sicher zu sein, ob der andere Teil des Enzymkomplexes neben einem Ferment, welches das ursprüngliche Chondroitinsulfat angreift, auch noch ein Enzym, Sulfomucodextrinase, enthält, welches teilweise abgebaute Produkte, Sulfomucodextrine, hydrolysiert.

e) *Heparinase*

Nach Angaben von JAQUES[4] existiert in der Kaninchen-leber ein Enzym, das imstande ist, die Wirksamkeit des blutgerinnungs-hemmenden Sulfomucopolysaccharids Heparin zu zerstören. Das Ferment läßt sich durch Ammoniumsulfat-fraktionierung reinigen. Es hat ein Wirkungsoptimum zwischen p_H 5,3 bis 6,8. Da keine Schwefelsäure-abspaltung nachgewiesen werden konnte, muß man annehmen, daß das Enzym die glykosidischen Bindungen des Heparins angreift. Es ist deshalb als spezifische Sulfomucase zu klassifizieren.

22. Amidasen

Es ist eine große Anzahl von Fermenten bekannt, deren Wirkung die Hydrolyse von C—N-Bindungen ist. Aus praktischen Erwägungen werden diese C—N-Hydrolasen allgemein in zwei Gruppen unterteilt:

1. Amidasen; das sind alle Enzyme, die C—N-Bindungen spalten, außer denjenigen, welche eine Peptid-bindung zwischen zwei Aminosäure- oder Peptid-resten hydrolysieren; und

---

[1] U. PLOBERGER: Persönliche Mitteilung (1953).
[2] K. MEYER, E. CHAFFEE, G. L. HOBBY und M. H. DAWSON: J. exp. Med. 73, 309 (1941).
[3] L. HAHN: Ark. Kem. Mineral. Geol. 21 A, No. 1 (1945).
[4] L. B. JAQUES: J. biol. Chem. 133, 445 (1940).

2. Peptidasen; unter diesem Namen werden alle Enzyme zusammengefaßt, die Peptid-bindungen zwischen zwei Aminosäure- oder Peptid-resten hydrolytisch spalten.

Im vorliegenden Kapitel werden die Amidasen besprochen. Die Gruppe der Amidasen läßt sich nach der Natur der gespaltenen Bindung in folgende fünf Unterklassen einteilen:

a) *Aminasen;* darunter werden Enzyme verstanden, die Amine vom Typus RNH_2 oder RNHR′ spalten.

b) *Cycloamidasen;* unter dieser Bezeichnung werden alle Enzyme zusammengefaßt, welche die Hydrolyse von C—N-Bindungen unter gleichzeitiger Aufspaltung eines Ringes katalysieren;

c) *Acylamidasen*, Fermente, deren Wirkung die Hydrolyse von Säureamiden des Typus $RCONH_2$ oder RCONHR′ ist.

d) *Amidinasen;* alle Enzyme, welche die hydrolytische Spaltung einer Amidino-gruppe bewirken; und

e) *Nucleosid-hydrolasen;* Fermente, die N-glykosidische Bindungen hydrolysieren.

Rein systematisch müßten die Peptidasen zu den Acylamidasen gerechnet werden, da ihre Wirkung sich ebenfalls durch die allgemeine Formulierung der Acylamidase-reaktion darstellen läßt; die besondere Bedeutung der Peptidasen (proteolytischen Fermente) rechtfertigt aber ihre Behandlung in einem eigenen Kapitel.

Die kleine Unterklasse der Nucleosid-hydrolasen *(Nucleosidasen)* wurde bisher allgemein bei den Glykosidasen abgehandelt. Bei einer konsequenten Systematik muß aber berücksichtigt werden, daß diese Fermente eine C—N-Bindung angreifen. Die Nucleosid-hydrolasen werden deshalb in dieser Darstellung als Untergruppe der Amidasen klassifiziert und dementsprechend im vorliegenden Kapitel besprochen.

A. Aminasen (Nuclein-aminasen)[1]

Schon 1904 konnte JONES[2] beobachten, daß autolysierte Thymusdrüse oder Nierengewebe Xanthin und auch geringe Mengen von Hypoxanthin enthalten, während bei Hydrolyse dieser Organe Adenin und Guanin erhalten werden. Dieser Befund ließ auf die Existenz von Fermenten schließen, welche die Desaminierung von Adenin und Guanin katalysieren. Das erste derartige Ferment konnte auch kurz nach der ursprünglichen Beobachtung von JONES durch JONES und PARTRIDGE[3] im Pankreas nachgewiesen werden; es katalysiert die hydrolytische Abspaltung von Ammoniak aus Guanin und wurde entsprechend als Guanase bezeichnet.

Heute kennt man eine größere Anzahl von streng spezifischen Enzymen, welche die Desaminierung verschiedener Purinbasen, Nucleoside und Nucleotide katalysieren.

Die Bestimmung der Nucleinaminase-aktivität wird allgemein durch Messung der durch den Vorgang gebildeten Menge Ammoniak entweder durch Titration oder durch kolorimetrische Bestimmung mit Hilfe des NESSLERschen Reagens vorgenommen. Als Einheit der Guanin-aminase-wirkung wurde von SCHMIDT[4] diejenige Enzym-menge vorgeschlagen, welche aus einer kolloiden Guanin-suspension in Gelatine bei 40° und p_H 8,7 in 30 Minuten 0,01 mg Ammoniak freisetzt.

Über die biologische Bedeutung der Nucleinaminasen, welche durch ihre erstaunlich strenge Spezifität bemerkenswert sind, ist noch kaum etwas bekannt.

---

[1] Handbuchartikel: M. LASKOWSKI: In „The Enzymes", herausgegeben von J. B. SUMNER und K. MYRBÄCK, Bd. I/2, S. 956. New York: Academic Press. 1951.

[2] W. JONES: Hoppe-Seyler's Z. physiol. Chem. **42**, 35 (1904).

[3] W. JONES und C. L. PARTRIDGE: Ibid. **42**, 343 (1904).

[4] G. SCHMIDT: Ibid. **219**, 191 (1933).

I. Adenin-aminasen *(Adenase)*

Adenin-aminasen *(Adenase)* katalysieren die Desaminierung des Adenins. Sie sind wenig verbreitet; die einzigen sichergestellten Vorkommen sind in der Kuhmilch und im Rindermuskel[1].

N NH
N CH + H_2O → N CH + NH_3
N N
NH_2 OH

Adenin Hypoxanthin

II. Adenosin-aminasen

Adenosin-aminasen scheinen weitaus verbreiteter zu sein als die Adenin-aminase; sie sind in verschiedenen tierischen Organen enthalten, weiters wird über Vorkommen in der Takadiastase aus *Aspergillus oryzae* berichtet[2]. Ihre spezifische Wirkung ist die Spaltung von Adenosin (Adeninribosid); weder Adenin noch Adenylsäure werden angegriffen. Das p_H-Optimum der Adenosin-aminase aus Kaninchen-leber liegt bei 6,2; das Ferment wird durch Cyanid, Semicarbazid und Hydroxylamin aktiviert.

O O
OH OH OH OH
CH—C—C—C—CH_2OH CH—C—C—C—CH_2OH
H H H + H_2O → H H H + NH_3
N N N N
N CH N CH
N N
NH_2 OH

Adenosin Inosin (Hypoxanthinribosid)

III. AMP-aminasen *(Adenylat-aminase)*

Enzyme, welche nur AMP (Muskel-adenylsäure, Adenosin-5′-phosphorsäure), nicht aber Hefe-adenylsäure (Adenosin-3′-phosphorsäure) hydrolysieren[3], finden sich in verschiedenen tierischen Geweben, meist vergesellschaftet mit anderen Nuclein-aminasen, von welchen sie aber abtrennbar sind. Ihre Spezifität ist sehr streng. Es konnte gezeigt werden, daß neben Hefe-adenylsäure, deren Unspaltbarkeit bereits erwähnt wurde, auch weder Diphosphopyridinnucleotid noch Adenosintriphosphat angegriffen werden[4]. Erst nach Zusatz eines ATP-dephosphorylierenden Enzyms wird Ammoniak freigesetzt, was zeigt, daß zuerst die Überführung des ATP in AMP erforderlich ist, bevor das Enzym wirken kann. Das p_H-Optimum der AMP-aminase-Wirkung liegt zwischen 5,7 und 6,15.

---

[1] E. J. Morgan, C. P. Stewart und F. G. Hopkins: Proc. Roy. Soc. (London) B **94**, 109 (1922/23).

[2] E. J. Conway und R. Cooke: Biochem. J. **33**, 479 (1939).

[3] G. Schmidt: Hoppe-Seyler's Z. physiol. Chem. **179**, 243 (1928).

[4] H. K. Barrenscheen und W. Filz: Biochem. Z. **250**, 281 (1932).

AMP (Muskel-adenylsäure) $+ H_2O \rightarrow$ Inosin-5'-phosphorsäure $+ NH_3$

Kalckar[1] konnte eine Methode ausarbeiten, welche eine Bestimmung der AMP-konzentration mit Hilfe der AMP-aminase erlaubt. Nach Einwirkung eines Fermentpräparats läßt sich eine Verringerung der Intensität der für AMP typischen maximalen Absorptionsbande bei 2650 Å um 65% feststellen; diese beruht auf der Verschiedenheit der Absorptionsmaxima von AMP und Inosinsäure (Abb. 28) und läßt sich sehr genau auf spektrophotometrischem Wege messen.

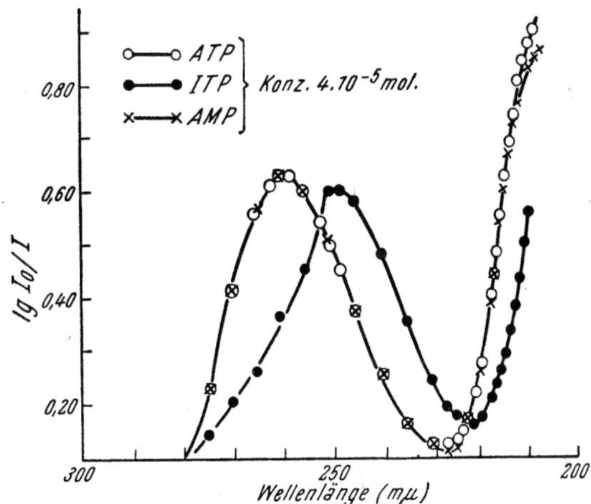

Abb. 28. UV-Absorptionskurven von Adenosintriphosphat (ATP), Inosintriphosphat (ITP) und Adenylsäure (AMP) (nach Kalckar)

In letzter Zeit[2,3] konnte gezeigt werden, daß die AMP-aminase des Säugetier-muskels mit dem Myosin etwa eben so enge verknüpft ist wie die ATP-monophosphatase des Muskels (vgl. S. 342); von allen aus Muskelgewebe isolierten AMP-aminase-präparaten erwies sich mehrfach umkristallisiertes Myosin am aktivsten, so daß man annehmen muß, daß das Myosin-molekül eine für die Desaminierung von AMP spezifische Gruppierung hat. Diese kann aber mit dem für die ATP-ase-wirkung verantwortlichen aktiven Zentrum nicht identisch sein, da Reagenzien auf Sulfhydryl-gruppen, welche die ATP-ase-wirkung blockieren, ohne Einfluß auf die AMP-aminase-aktivität sind. Außerdem kann auch schon durch kurzes Erwärmen auf 50° die ATP-monophosphatase-aktivität des Myosins vernichtet werden, während die AMP-aminase-wirksamkeit voll erhalten bleibt. Eine so behandelte Myosin-präparation ist auch nicht mehr imstande, mit Actin zu regieren, was dafür spricht, daß diejenigen Gruppen des Myosins, welche für die ATP-ase-wirkung verantwortlich sind, auch an der Actomyosin-bildung beteiligt sind[4].

---

1 H. M. Kalckar: J. biol. Chem. 167, 445 (1947).
2 D. L. Ferdman und Z. Y. Nechiporenko: Ukrain. Biochem. J. 18, 105 (1946);
3 V. S. Hermann und G. Josepovits: Hung. Acta Physiol. 2, 64, 73 (1949).
4 V. A. Engelhardt, M. N. Ljubimova, T. V. Venkstern, M. Ja. Timofejeva und Ju. B. Babskaja: Doklady Akad. Nauk S. S. S. R. 85, 397 (1952).

IV. Guanin-aminasen *(Guanase)*

Guanin-aminasen *(Guanase)* sind Fermente, die spezifisch Guanin zu Xanthin hydrolytisch desaminieren[1]; sie kommen in verschiedenen tierischen Organen, aber auch in Pflanzen vor.

$$\text{Guanin} + H_2O \rightarrow \text{Xanthin} + NH_3$$

Guanin Xanthin

Die tierische Guanin-aminase läßt sich mit Hilfe von Adsorptions-methoden von der Guanosin-aminase trennen, so daß man auch hier den Fall eines streng spezifischen Ferments vor sich hat. Das p_H-Optimum der Guanin-aminasen scheint weit im Alkalischen zu liegen; eine genaue Bestimmung liegt aber noch nicht vor; nach den Angaben verschiedener Autoren steigt die Wirksamkeit mit ansteigendem p_H von 5 bis etwa 9,2.

V. Guanosin-aminasen

Fermente dieser Spezifität, die von WAKABAYASI[2] durch wiederholte Adsorption an Aluminiumhydroxyd C_γ und Elution mit Na_2HPO_4 von Guanin-aminase abgetrennt wurden, kommen im Hirn und im Pankreas des Schweines, in Hirn und Leber des Kaninchens sowie in Hirn, Leber und Milz der Katze vor. Ihre spezifische Wirkung ist die Desaminierung des Guanosins zu Xanthosin.

$$\text{Guanosin} + H_2O \rightarrow \text{Xanthosin} + NH_3$$

Guanosin Xanthosin

Das Wirkungsoptimum der tierischen Guanosin-aminasen liegt bei p_H 7,0; Xanthosin, also das Reaktionsprodukt, hemmt — vermutlich in kompetitiver Weise — die Aktivität.

VI. Guanylat-aminase

In der Kaninchen-leber findet sich nach SCHMIDT[1] ein Ferment, das Guanylsäure zu Xanthylsäure desaminiert. Das p_H-Optimum seiner Wirkung liegt bei p_H 5,3; seine Aktivität wird durch Fluorid gehemmt.

---

[1] G. SCHMIDT, Hoppe-Seyler's Z. physiol. Chem. 208. 185 (1932).

[2] Y. WAKABAYASI, J. Biochem. 28, 185 (1938).

VII. Cytosin-aminasen

Mit Hilfe der Papierchromatographie konnten CHARGAFF und KREAM[1] die Existenz von Enzymen sicherstellen, welche in Hefe und in *Escherichia coli* vorkommen und bei p_H 7 die Desaminierung von Cytosin zu Uracil katalysieren.

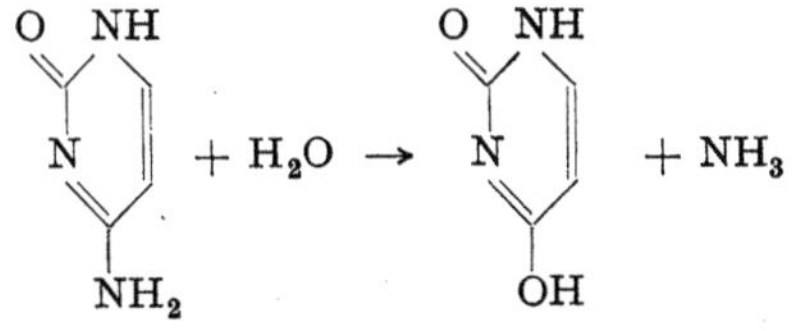

Cytosin $+ H_2O \rightarrow$ Uracil $+ NH_3$

Cytosin | Uracil

VIII. Cytidin-aminasen

SCHMIDT[2] konnte in Kaninchen-leber auch ein Enzym nachweisen, welches Cytidin (Cytosinribosid) zu Uridin (Uracilribosid) abbaut.

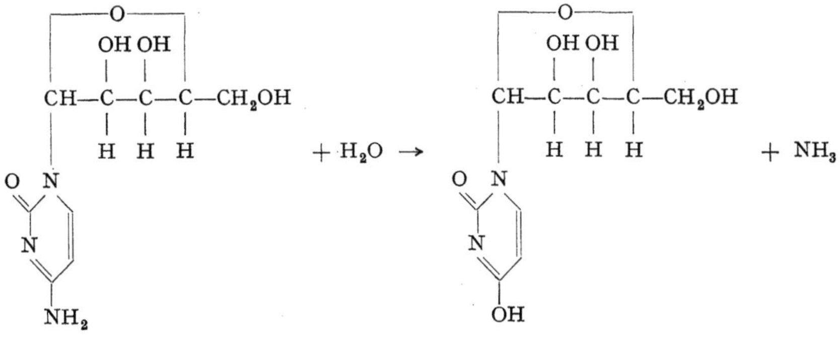

Cytidin $+ H_2O \rightarrow$ Uridin $+ NH_3$

Cytidin | Uridin

Ein Enzym, das Cytidin und Cytosindesoxyribosid hydrolytisch desaminiert, während Cytosin, Adenin, Adenosin, Guanin und Guanosin nicht angegriffen werden, konnte auch aus *Escherichia coli* gewonnen werden[3].

B. Cycloamidasen

Als Cycloamidasen bezeichnet man Fermente, welche amin-artige Ringbindungen des Stickstoffs hydrolytisch spalten.

I. Histidase-systeme *(Histidase)*[4]

Unter der Bezeichnung Histidasen werden Fermente bzw. Fermentsysteme zusammengefaßt, welche L-Histidin zu Glutaminsäure abbauen. „Histidasen" wurden zuerst von EDLBACHER[5] sowie von GYÖRGY und RÖTHLER[6] entdeckt; sie kommen ausschließlich in der Säugetier-leber vor.

Nach den Arbeiten von EDLBACHER und seiner Schule[5] soll der primäre Angriff auf das Histidin in der Weise vor sich gehen, daß ein Stickstoff-atom des

[1] E. CHARGAFF und J. KREAM: J. biol. Chem. 175, 993 (1948).
[2] G. SCHMIDT: Hoppe-Seyler's Z. physiol. Chem. 208, 185 (1932).
[3] T. P. WANG, H. Z. SABLE und J. O. LAMPEN: J. biol. Chem. 184, 17 (1950).
[4] Handbuchartikel: F. LEUTHARDT: In „The Enzymes", herausgegeben von J. B. SUMNER und K. MYRBÄCK, Bd. I/2, S. 1156. New York: Academic Press. 1951.
[5] S. EDLBACHER: Hoppe-Seyler's Z. physiol. Chem. 157, 106 (1926); Übersichtsreferat: Idem: Ergebn. Enzymforsch. 9, 131 (1943).
[6] P. GYÖRGY und H. RÖTHLER: Biochem. Z. 173, 334 (1926).

Imidazol-rings durch Hydrolyse abgespalten wird. Das so entstandene Reaktionsprodukt werde dann — ohne Mitwirkung von Enzymen — weiter hydrolytisch abgebaut, wobei als Endprodukte Glutaminsäure, Ameisensäure und Ammoniak gebildet werden.

Ein Schema der Zwischenvorgänge, welches von EDLBACHER vorgeschlagen wurde, läßt den Abbau des Histidins zur Glutaminsäure über drei Zwischenstufen vor sich gehen:

```
HC—NH                        HC—NH   H
||    \                      ||    \ /
||     CH                    HOC    C=O
||    //                      |
C—N          Histidase       CH2            ——————→
|            ————————→        |
CH2          + 2 H2O         HCNH2
|            — NH3            |
HCNH2                        COOH
|
COOH
```

```
           O=C—NH   H         O=C—NH2             COOH
           |    \  /           |                   |
           H2C    C=O          CH2                 CH2
           |                   |                   |
——————→    CH2     + H2O       CH2     +H2O        CH2
           |      ————→        |      ————→        |
           HCNH2  —HCOOH       HCNH2   —NH3        HCNH2
           |                   |                   |
           COOH                COOH                COOH
```

Obwohl EDLBACHER berichtete, daß er in seinen Untersuchungen niemals Urocaninsäure als Zwischenprodukt des Histidin-abbaus isolieren konnte, und er sogar eine Trennung einer „Histidase" von einer Urocaninase beschreibt[1], wird in letzter Zeit allerdings doch allgemein angenommen, daß der Hauptabbauweg des Histidins nicht nach dem berichteten Schema geht, sondern über Urocaninsäure verläuft[2]. Diese Auffassung wird besonders durch Arbeiten von MEHLER und TABOR[3] gestützt, welche mit isotop-markiertem Histidin arbeiteten und feststellen konnten, daß der erste Schritt beim Histidin-abbau eine Desaminierung zur Urocaninsäure ist, welche durch eine Histidin-ammoniak-lyase katalysiert wird (vgl. S. 657). Die entstandene Urocaninsäure wird in der Folge durch eine Urocaninase weiter hydrolytisch abgebaut (s. u.).

Die Spezifität der Histidase-systeme gegenüber L-Histidin soll absolut sein; andere Imidazol-derivate werden nicht gespalten und D-Histidin ist sogar ein Hemmstoff der Histidase-wirkung. Die Fermente zeigten ihre stärkste Aktivität bei p_H 8 bis 9; durch Dialyse werden sie inaktiviert. Brenztraubensäure sowie verschiedene Ionen zweiwertiger Metalle wirken als Hemmstoffe.

Die biologische Bedeutung der Histidase-systeme ist noch nicht ausreichend erforscht. Nach EDLBACHER mag ihre Funktion darin bestehen, daß bei einem Überangebot von Histidin im Körper dieses hydrolytisch gespalten wird, um eine Mehrbildung des toxisch wirkenden Histamins, das durch enzymatische Decarboxylierung des Histidins entsteht (vgl. S. 635), zu verhindern.

---

[1] S. EDLBACHER und G. VIOLLIER: Hoppe-Seyler's Z. physiol. Chem. **276**, 108 (1942).

[2] V. OYAMADA: J. Biochem. **36**, 227 (1944); A. N. PARSHIN: Doklady Akad. Nauk S. S. S. R. **58**, 1419 (1947).

[3] A. H. MEHLER und H. TABOR: J. biol. Chem. **201**, 775 (1953).

II. Urocaninasen

Die Urocaninasen, welche erstmalig 1939 von SERA und YADA[1] beschrieben wurden, konnten bisher in Säugetier-leber und in Bakterien gefunden werden. Sie sind Fermente, die auf hydrolytischem Wege den Imidazol-ring der Urocaninsäure (Imidazolacrylsäure) öffnen. Das Reaktions-produkt ist Formyl-*iso*-glutamin; es wird kein Ammoniak abgespalten, erst nach Behandlung mit Laugen erfolgt eine Freisetzung von Ammoniak.

```
HC—NH                      O=C—NH  H
‖    \                       |    \ /
‖     CH                     |     C=O
‖    //
C—N          + 2 H2O        HC—NH2
|          ——————————→       |
CH                          CH2
‖                            |
CH                          CH2
|                            |
COOH                        COOH
```

Urocaninsäure   Formyl-*iso*-glutamin

Die Urocaninasen wirken optimal bei p_H-Werten zwischen 8 und 9. Die biologische Bedeutung dieses Fermenttypus dürfte in seiner bereits beschriebenen Rolle als Teilkatalysator des Histidin-abbaus bestehen.

III. Penicillinasen[2]

Ein Ferment, welches das Antibioticum Penicillin inaktiviert, wurde bereits 1940 von ABRAHAM und CHAIN[3] in *Escherichia coli* nachgewiesen. Später konnte gezeigt werden, daß eine Anzahl weiterer Mikroorganismen ebenfalls die Fähigkeit besitzt, Penicillin zu inaktivieren, d. h. auch Penicillinasen zu produzieren. Die chemische Wirkung der Penicillinasen konnte als eine Aufspaltung des Lactam-ringes im Penicillin-molekül erkannt werden; das Endprodukt ist eine Säure, die wahrscheinlich mit Penicilloinsäure identisch ist.

```
(H3C)2C———CHCOOH                 (H3C)2C———CHCOOH
   |         |                      |         |
   S         N                      S         NH
    \      /   \                     \       /
      CH       CO     + H2O →           CH
       \      /                          |
          CH                           CHCOOH
          |                              |
        NHCOR                          NHCOR
```

Penicillin   Penicilloinsäure

Dem geschilderten Wirkungsmechanismus entsprechend können die Penicillinasen als Cycloamidasen klassifiziert werden.

Das p_H-Optimum der Penicillinase-wirkung liegt bei 7,2, das Temperaturoptimum ist 36°; oberhalb 46° wird das Ferment sehr rasch inaktiviert. Die Enzyme sind gegen Inhibitoren verhältnismäßig wenig empfindlich; Natriumbenzoat, Natriumsulfanilat, Bromsaligenin und Procain zeigen hemmende Wirkungen.

[1] K. SERA und S. YADA: J. Osaka med. Soc. 38, 1 (1939); vgl. auch M. TAKEUCHI: J. Biochem. 34, 1 (1941).

[2] Handbuchartikel: E. P. ABRAHAM: In „The Enzymes", herausgegeben von J. B. SUMNER und K. MYRBÄCK, Bd. I/2, S. 1170. New York: Academic Press. 1951.

[3] E. P. ABRAHAM und E. CHAIN: Nature 146, 837 (1940).

Die Aktivität der Penicillinasen kann mit Hilfe einer manometrischen Methode bestimmt werden; die Enzyme setzen aus einer Bicarbonat-pufferlösung Kohlendioxyd frei[1, 2].

Die Penicillinasen sind in vielen, aber nicht allen Fällen für die Penicillinresistenz der verschiedenen Mikroorganismen verantwortlich.

IV. Hydantoinasen

BERNHEIM und BERNHEIM[3] beobachteten 1946, daß Hydantoin von Suspensionen zerriebener Leber fleischfressender und allesfressender Tiere zu Hydantoinsäure hydrolysiert wird.

$$\underset{\text{Hydantoin}}{\begin{array}{l} CH_2NHCONH \\ | \qquad\qquad\quad | \\ CO\text{———} \end{array}} + H_2O \rightarrow \underset{\text{Hydantoinsäure}}{\begin{array}{l} CH_2NHCONH_2 \\ | \\ COOH \end{array}}$$

Die für diese Wirkung verantwortlichen Fermente sind völlig abwesend in Organen von Pflanzenfressern; ein gleichartiges Enzym findet sich hingegen in verschiedenen Pflanzen, wie Bohnen, Erbsen, Kürbis und Melonensamen. Die Spezifität der aus den verschiedenen Ausgangsmaterialien isolierten Enzympräparate ist identisch; sie scheint absolut zu sein, da weder Parabansäure noch substituierte Hydantoine gespalten werden.

Die tierischen und pflanzlichen Präparate unterscheiden sich etwas in den p_H-Optima ihrer Wirkungen; dasjenige der tierischen Fermente liegt bei 8,2, während ein Enzym aus der Schwertbohne bei 8,6 am aktivsten ist. Ebenso finden sich Unterschiede in der Beeinflußbarkeit durch Effektoren; Cyanid, Arsenit sowie kompetitive Inhibitoren, wie Dimethylhydantoin und Metrazol, haben eine stärkere Hemmwirkung auf die Enzyme aus tierischen Geweben als auf diejenigen aus Pflanzen[4].

Die biologische Rolle der Hydantoinasen ist völlig unklar, da es noch nicht einmal einen eindeutigen Beweis dafür gibt, daß Hydantoin in biologischem Material vorkommt. Es ist allerdings vorstellbar, daß beim Stoffwechsel des Glykokolls Hydantoin entsteht. Besonders bemerkenswert ist die große Aktivität der pflanzlichen Hydantoinase, welche auf eine Bedeutung des Ferments für den Pflanzen-stoffwechsel hinweist.

V. Barbiturasen

LARA[5] konnte kürzlich zellfreie Extrakte aus der Bakterien-art *Nocardia corallina* herstellen, die den hydrolytischen Abbau von Barbitursäure zu Harnstoff und Malonsäure katalysieren.

$$\underset{\text{Barbitursäure}}{\begin{array}{c} O \\ \| \\ C \\ / \quad \backslash \\ HN \quad CH_2 \\ | \qquad | \\ C \qquad C \\ /\!/ \backslash \quad / \backslash\!\backslash \\ O \quad N \quad O \\ | \\ H \end{array}} + 2\,H_2O \rightarrow \underset{\text{Harnstoff}}{O{=}C\begin{array}{l} \nearrow NH_2 \\ \searrow NH_2 \end{array}} + \underset{\text{Malonsäure}}{\begin{array}{c} COOH \\ | \\ CH_2 \\ | \\ COOH \end{array}}$$

[1] J. W. FOSTER: Science **101**, 205 (1945).
[2] R. J. HENRY und R. D. HOUSEWRIGHT: J. biol. Chem. **167**, 559 (1947).
[3] F. BERNHEIM und M. L. C. BERNHEIM: Ibid. **163**, 683 (1946).
[4] G. S. EADIE, F. BERNHEIM und M. L. C. BERNHEIM: Ibid. **181**, 449 (1949).
[5] F. J. S. LARA: J. Bacter. **64**, 271, 279 (1952).

Die Enzympräparate enthalten auch eine Urease, so daß der entstandene Harnstoff weiter zu CO_2 und NH_3 abgebaut wird.

Gleichartig wirkende Enzyme wurden auch aus Stämmen der Gattungen *Corynebacterium* und *Mycobacterium* gewonnen[1]. Hier gelang es, diese Enzyme von den begleitenden Ureasen zu befreien. Es scheint sich um Fermente mit strenger Spezifität zu handeln, die nur Barbitursäure in der gezeigten Weise angreifen. Das p_H-Optimum der Wirkung liegt zwischen 8 und 9.

Es ist wahrscheinlich, daß diese Fermente in den Bakterien Teilkatalysatoren von Enzymsystemen darstellen,welche den Abbau von Thymin und Uracil bewirken. Es gäbe somit den folgenden Abbauweg für diese Pyrimidin-derivate:

Thymin → 5-Methylbarbitursäure
↓ ↓ ?
Uracil → Barbitursäure → Malonsäure + Harnstoff
↙ ↘
CO_2 2 NH_3

C. Acylamidasen

I. Gruppen-spezifische Amidasen

Verhältnismäßig unspezifische oder, wie sie manchmal genannt werden, „einfache" Amidasen, wurden bisher nur in Mikroorganismen vorgefunden; es handelt sich hier um eine noch recht wenig untersuchte Fermentgruppe, und man weiß nicht, ob die Spaltung der verschiedenen Fettsäure-amide sowie des Benzamids und ähnlicher Substrate durch einen einzigen Fermenttypus oder durch mehrere katalysiert wird. Als reichste Quelle derartiger „einfacher" Amidasen gilt die Hefe *Torulopsis utilis*[2].

Fermente, welche die Amide von L-α-Aminosäuren hydrolysieren, finden sich in fast allen tierischen Geweben[3]; es scheint noch nicht festzustehen, ob es sich hier um die Effekte selbständiger Enzym-individuen oder um eine Nebenwirkung von bestimmten Endopeptidasen (Dipeptidasen, Aminopeptidasen) handelt. Unter denselben Bedingungen werden Amide der D-Aminosäuren nicht angegriffen; ebenso sind auch die Amide von L-Prolin und Oxy-L-prolin gegen die Wirkung tierischer Fermente resistent[4]. Hingegen konnten PRICE und Mitarbeiter[5] vor kurzem aus dem eßbaren Pilz *Psalliota campestris* ein Enzympräparat herstellen, das eine weitere Spezifität aufweist; neben den Amiden von L-Aminosäuren werden auch D-Aminosäure-amide sowie L- und D-Prolinamid hydrolysiert.

II. Asparaginasen

Fermente, welche spezifisch die hydrolytische Desamidierung von L-β-Asparagin zu L-Asparaginsäure katalysieren[6] und ihrer Wirkung entsprechend als Asparaginasen bezeichnet werden, lassen sich in Bakterien, Hefe, Schimmelpilzen, Pflanzensamen sowie in der Leber und im Darm von Säugetieren nachweisen.

$$\begin{matrix} CONH_2 \\ | \\ CH_2 \\ | \\ CHNH_2 \\ | \\ COOH \end{matrix} + H_2O \rightarrow \begin{matrix} COOH \\ | \\ CH_2 \\ | \\ CHNH_2 \\ | \\ COOH \end{matrix} + NH_3$$

L-β-Asparagin L-Asparaginsäure

[1] O. HAYAISHI und A. KORNBERG: J. biol. Chem. **197**, 717 (1952).

[2] G. GORR und J. WAGNER: Biochem. Z. **254**, 1 (1932); **266**, 96 (1933).

[3] P. BERGELL und H. VON WULFING: Hoppe-Seyler's Z. physiol. Chem. **64**, 348 (1910); M. ERRERA und J. P. GREENSTEIN: J. nat. Cancer Inst. **8**, 71 (1947); E. L. SMITH und W. J. POLGLASE: J. biol. Chem. **180**, 1209 (1949).

[4] E. L. SMITH und M. BERGMANN: Ibid. **153**, 627 (1944).

[5] V. E. PRICE, L. LEVINTOW, J. P. GREENSTEIN und R. B. KINGSLEY: Arch. Biochem. **26**, 92 (1950).

[6] W. GRASSMANN und O. MAYR: Hoppe-Seyler's Z. physiol. Chem. **214**, 185 (1933).

Die Bestimmung der Enzym-wirkung erfolgt am besten durch Übertreiben des entstandenen Ammoniaks aus dem Reaktionsgemisch mit Hilfe eines Luftstroms in eine gestellte Säurelösung und nachfolgender acidimetrischer Titration.

Das p_H-Optimum der Asparaginase-wirkung liegt bei 8,0. Schwermetallsalze, wie Cu^{++}, Hg^{++} und Ag^{+} inaktivieren das Enzym; auch eine besonders große Empfindlichkeit gegenüber Säuren wird berichtet.

Die Asparaginase der Ratten-leber, welche vor einiger Zeit von ERRERA und GREENSTEIN[1] untersucht wurde, schien aus zwei Komponenten zu bestehen, von welchen die eine durch zehn Minuten langes Erhitzen auf 50° komplett inaktiviert wurde, während die zweite, „Asparaginase II", auch nach dieser Behandlung wirksam war, wenn α-Ketosäuren zugesetzt wurden. Bei Verwendung von α-Keto-*iso*-capronsäure wurde das p_H-Optimum der Spaltung auf etwa 7,5 verschoben, während Brenztraubensäure keine Veränderung des ursprünglichen Wirkungsoptimums (p_H 8,0) verursachte. Die Reaktivierung der Asparaginase-wirkung durch Ketosäuren konnte bisher nur in Leber-extrakten beobachtet werden; Präparate aus Niere, Milz und Hirn zeigten keine derartige Erscheinung.

Der Wirkungsmechanismus von „Asparaginase II" wurde in letzter Zeit als eine Übertragung der Amid-gruppe auf die α-Ketosäure erkannt; das Ferment oder Fermentsystem muß deshalb als Transaminase klassifiziert werden[2] (vgl. S. 411).

Die biologische Rolle der Asparaginasen ist nur für das Pflanzenreich einigermaßen aufgeklärt. Für einige Pflanzen scheint dem System Asparagin-Asparaginsäure die Funktion einer Reserve für stets verfügbaren Ammoniak-stickstoff zuzukommen, wie das schon 1885 von SCHULZE und BOSSHARD[3] gezeigt wurde. Wenn z. B. die eiweiß-reichen Samen von *Lupinus luteus* im Dunkeln zum Keimen gebracht werden, enthalten die etiolierten Keimlinge kein Chlorophyll und ihre Entwicklung kommt ziemlich bald zum Stillstand. Eine Analyse der Stickstoff-verteilung in den so behandelten Pflanzen zeigt, daß etwa 80% des ursprünglich vorhandenen Protein-stickstoffs in Asparagin umgewandelt wurden, während die restlichen 20% in den Gewebe-eiweißstoffen des Keimlings zu finden sind. Bei Belichtung verschwindet das Asparagin und auf Kosten des Asparagin-stickstoffs werden neue Proteine gebildet. Die Pflanze scheint also den verfügbaren Ammoniak-stickstoff im Asparagin zu speichern; während der Photosynthese wird nun Ammoniak-stickstoff verbraucht, welcher entweder mit Hilfe der Asparaginase oder mittels der transaminierenden Enzyme (vgl. S. 402) aus dieser Reserve entnommen werden kann.

III. Glutaminasen

Als Glutaminase wird ein Enzym bezeichnet, welches die hydrolytische Desamidierung von L-Glutamin zu L-Glutaminsäure katalysiert.

$$\begin{array}{l} CONH_2 \\ | \\ CH_2 \\ | \\ CH_2 \\ | \\ CHNH_2 \\ | \\ COOH \\ \text{L-Glutamin} \end{array} \quad + H_2O \rightarrow \quad \begin{array}{l} COOH \\ | \\ CH_2 \\ | \\ CH_2 \\ | \\ CHNH_2 \\ | \\ COOH \\ \text{L-Glutaminsäure} \end{array} \quad + NH_3$$

Fermente dieser Spezifität konnten in Pflanzen, weiters aber auch in verschiedenen tierischen Geweben nachgewiesen werden. Diese Enzyme sind sicher nicht mit der eben besprochenen Asparaginase identisch, da glutaminase-aktive Extrakte erhalten wurden, welche keine Wirkung auf Asparagin zeigten (KREBS[4]).

[1] M. ERRERA und J. P. GREENSTEIN: J. nat. Cancer Inst. 7, 437 (1947).
[2] A. MEISTER, H. A. SOBER, S. V. TICE und P. E. FRASER: J. biol. Chem. **197**, 319 (1952).
[3] E. SCHULZE und E. BOSSHARD: Hoppe-Seyler's Z. physiol. Chem. **9**, 420 (1885).
[4] H. A. KREBS: Biochem. J. **29**, 1951 (1935).

BRAY, JAMES, RAFFAN und THORPE[1] konnten in exakten Versuchen beweisen, daß die Endprodukte der Glutaminase-wirkung wohl Glutaminsäure und Ammoniak sind, daß aber bei langdauernden Versuchen daneben meßbare Mengen α-Pyrrolidoncarbonsäure entstehen, welche vermutlich durch spontane (nicht-enzymatische) Zersetzung des Glutamins gebildet werden.

```
H2C——CH2                          H2C——CH2
 |     |                            |     |
OC    CH(NH2)COOH     →            OC    CHCOOH + NH3
  \                                  \   /
   NH2                                NH
 L-Glutamin                    α-Pyrrolidoncarbonsäure
```

Das p_H-Optimum der Glutaminase-wirkung in Nierenextrakten liegt zwischen 7,2 und 7,5. Die Wirksamkeit des Ferments aus Hirnbrei wird durch D-Glutaminsäure stark gehemmt.

In letzter Zeit wurden Glutaminasen aus tierischen Geweben von ERRERA, GREENSTEIN und PRICE[2, 3, 4] besonders ausführlich untersucht. Durch hochtourige Zentrifugation gelang es, zwei verschiedene Glutaminasen aus Rattenleber-homogenaten voneinander zu trennen; die eine, Glutaminase I genannt, findet sich hauptsächlich im Sediment, sie ist wasserunlöslich, vermutlich an Zellbestandteile gebunden und wird durch Phosphat-ionen aktiviert. Das p_H-Optimum der Glutaminase I liegt bei 8,0. Das zweite Ferment, welches als Glutaminase II bezeichnet wird, läßt sich in Wasser lösen und wird durch α-Ketosäuren in ihrer Wirksamkeit gesteigert. Hierbei ist besonders auffallend, daß in Gegenwart von Brenztraubensäure das p_H-Optimum der Glutaminase II bei 7,2 liegt, wenn keine α-Ketosäure zugesetzt wird, ein Wirkungsoptimum bei 8,0 beobachtet wird und durch Zusatz von α-Keto-*iso*-capronsäure eine Verschiebung des p_H-Optimums auf 8,8 eintritt. α-Ketosäuren können auch wäßrige Auszüge aus Ratten-leber, deren Glutaminase-aktivität durch zehn Minuten langes Erwärmen auf 50° verlorengegangen ist, fast komplett reaktivieren.

Glutaminasen I konnten in sämtlichen bisher untersuchten tierischen Geweben nachgewiesen werden; hingegen finden sich Glutaminasen II nur in Leber und in Tumoren, welche sich vom Lebergewebe ableiten.

Auch Glutaminase II konnte vor kurzem als Transaminase erkannt werden; die α-Ketosäuren fungieren als Akzeptoren der Amid-gruppe[5] (vgl. S. 412).

Was die biologische Bedeutung der Glutaminasen in tierischen Geweben betrifft, so sind wir bis heute nur auf vage Vermutungen angewiesen. In manchen Pflanzen spielt hingegen das System Glutamin—Glutaminsäure anscheinend dieselbe Rolle, wie sie in anderen Fällen dem System Asparagin—Asparaginsäure zugeschrieben wird, und es ist wahrscheinlich, daß auch hier die Funktion des desamidierenden Ferments die Mobilisierung von Ammoniak aus dem als Ammoniak-stickstoff-reserve dienenden Glutamin ist.

IV. Ureasen[6]

1876 berichtete MUSCULUS[7], daß man aus Bakterien Lösungen erhalten kann, welche Harnstoff *(urea)* zu Ammoniak und Kohlendioxyd zersetzen.

$$H_2NCONH_2 + H_2O \rightarrow 2\,NH_3 + CO_2.$$

[1] H. G. BRAY, S. P. JAMES, I. M. RAFFAN und I. W. THORPE: Biochem. J. **44**, 625 (1949).
[2] M. ERRERA: J. biol. Chem. **178**, 483 (1949).
[3] M. ERRERA und J. P. GREENSTEIN: Ibid. **178**, 495 (1949).
[4] J. P. GREENSTEIN und V. F PRICE: Ibid. **178**, 695 (1949).
[5] A. MEISTER und S. V. TICE: Ibid. **187**, 173 (1951).
[6] Handbuchartikel: J. B. SUMNER: In „The Enzymes", herausgegeben von J. B. SUMNER und K. MYRBÄCK, Bd. I/2, S. 873. New York: Academic Press. 1951.
[7] M. MUSCULUS: C. R. Acad. Sci. Paris **82**, 333 (1876).

Ureasen kommen in vielen Bakterien-arten, in Schimmelpilzen, in höheren Pflanzen, in niedrigen Tieren sowie auch, wie erst in den letzten Jahrzehnten gezeigt werden konnte, in Geweben von Säugetieren vor. LUCK und SETH[1] sowie LINDERSTRØM-LANG und SOEBORG-OHLSEN[2] konnten Ureasen in der Magenschleimhaut von verschiedenen Säugetieren feststellen. Nach WEIL[3] enthalten auch die Erythrozyten des Menschen und verschiedener Säugetiere eine Urease, deren Wirksamkeit aber durch eine im Plasma enthaltene Komponente gehemmt wird.

Die Ureasen zeichnen sich durch absolute Spezifität aus; Harnstoff ist das einzige von ihnen angegriffene Substrat. Es muß angenommen werden, daß die Primärprodukte der von den Ureasen bewirkten Hydrolyse des Harnstoffs tatsächlich Ammoniak und Kohlendioxyd sind; die Vorstellung, daß Ammoniumcarbaminat oder Ammoniumcyanat als Zwischenprodukte aufzufassen sind, konnte von SUMNER, HAND und HOLLOWAY[4] widerlegt werden. Nur in Abwesenheit von Puffern bildet sich sekundär Ammoniumcarbaminat, während in Pufferlösungen Kohlendioxyd und Ammoniumsalze die Endprodukte darstellen.

Die Aktivität einer Urease wird bestimmt, indem man nach Abstoppen der Reaktion durch einen Säure-überschuß zur Reaktionsmischung Alkali zugibt und das entstandene Ammoniak mit Hilfe eines Luftstroms in eine vorgegebene gestellte Säuremenge einleitet. Die Bestimmung erfolgt titrimetrisch. Nach SUMNER und HAND[5] wird als Urease-einheit diejenige Menge an Urease bezeichnet, welche bei Phosphat-pufferung auf p_H 7,0 in 5 Minuten 1 mg Ammoniak-stickstoff aus Harnstoff freisetzt.

Die hydrolytische Wirkung der Ureasen auf Harnstoff in gepufferten Lösungen folgt den Gesetzen einer Reaktion nullter Ordnung.

Das p_H-Optimum der Urease-wirkung liegt etwa beim Neutralpunkt; je nach der Art des Puffers, der Puffer-konzentration und der Substrat-konzentration können aber Verschiebungen auftreten, welche in letzterem Falle von MYRBÄCK[6] im Sinne der Theorie von MICHAELIS und MENTEN derart gedeutet werden, daß eine basische Gruppe im Urease-molekül mit $K_b = 5 \cdot 10^{-8}$ für die Bildung einer Zwischenverbindung Urease-Harnstoff verantwortlich ist.

LAIDLER und HOARE[7], welche eine genaue kinetische Untersuchung der durch Schwertbohnen-urease katalysierten Harnstoff-hydrolyse vorgenommen haben, vergleichen diese mit der H^+-katalysierten Zersetzung des Harnstoffs. Während bei letzterer die Aktivierungswärme 24,6 kcal und die Aktivierungs-entropie bis 14,0 Entropie-einheiten beträgt, betragen die entsprechenden Daten für den enzymatischen Prozeß 12,5 kcal und 7,5 Entropieeinheiten. Die Autoren nehmen die Existenz eines Harnstoff-Urease-Wasserkomplexes an; bei hohen Substratkonzentrationen verdränge der Harnstoff das Wasser von den reaktiven Zentren, wodurch die häufig beobachtete Hemmung der Urease-wirksamkeit bei hohen Harnstoff-konzentrationen zustande käme.

Ureasen lassen sich in ihrer Wirksamkeit durch Schwermetall-ionen, Fluoride, Halogene, Borate, Chinone, Formaldehyd und Wasserstoffperoxyd, weiters durch eine Anzahl typischer Sulfhydryl-reagenzien hemmen. Nach SUMNER existiert kein wirklicher Aktivator der Urease-wirksamkeit; nur ein Fermentpräparat, welches durch einen der genannten Hemmstoffe geschädigt wurde, kann durch eine Anzahl von Substanzen reaktiviert werden; hier sind vor allem reduzierende

---

[1] J. M. LUCK und T. N. SETH: Biochem. J. **19**, 357 (1925).
[2] K. LINDERSTRØM-LANG und A. SOEBORG-OHLSEN: Enzymologia **1**, 92 (1936/37).
[3] L. WEIL: J. Franklin Inst. **238**, 145 (1944).
[4] J. B. SUMNER, D. B. HAND und R. G. HOLLOWAY: J. biol. Chem. **91**, 333 (1931).
[5] J. B. SUMNER und D. B. HAND: Ibid. **76**, 149 (1928).
[6] K. MYRBÄCK: Acta chem. Scand. **1**, 142 (1947).
[7] K. J. LAIDLER und J. P. HOARE: J. Amer. chem. Soc. **71**, 2699 (1949); **72**, 2489 (1950).

Agenzien, weiters Blausäure, Eiweißstoffe, hydrophile Kolloide u. a. zu nennen, welche also nicht als Aktivatoren sondern vielmehr als Protektoren des Enzyms klassifiziert werden müssen.

Eine Urease war das erste kristallin erhaltene Ferment (SUMNER[1]). Als Ausgangsmaterial diente Feinmehl der Schwertbohne *(Canavalia ensiformis)*, welche besonders reich an diesem Ferment ist. Nach länger dauernden Versuchen, bei welchen eine Anzahl anderer Proteine kristallin dargestellt worden waren (Canavalin, Concavalin A und Concavalin B), gelang die Kristallisation auf einem verhältnismäßig einfachen Weg.

100 g Schwertbohnen-mehl werden mit 500 ml 32%igem Aceton verrührt und dann abfiltriert. Nach Stehen über Nacht finden sich im Filtrat oktaeder-förmige Kristalle, welche bereits Urease-kristalle sind. Das so erhaltene, noch etwas verunreinigte Präparat läßt sich auf verschiedene Weise umkristallisieren; nach DOUNCE[2] werden die Kristalle in Wasser (3 ml pro 100 g als Ausgangsmaterial verwendetes Schwertbohnen-mehl) gelöst und 2 Stunden lang bei hoher Tourenzahl in einem kalten Raum zentrifugiert. Zu je 20 ml der überstehenden Flüssigkeit werden 1 ml 0,5 mol. Citratpuffer von p_H 6,0 und dann ein Fünftel des Gesamtvolumens an Aceton unter Rührung zugegeben und hierauf gekühlt. Die Kristalle fallen innerhalb 30 Min. fast komplett aus; die Ausbeute kann durch Aceton-zugabe, bis die Gesamtaceton-konzentration 25% ist, vermehrt werden.

Die kristallisierte Urease ist ein globulin-artiges Protein von einem Molekulargewicht von 483000; der isoelektrische Punkt liegt bei 5,0. Eine positive Nitroprussid-reaktion läßt auf das Vorhandensein von Sulfhydryl-gruppen im Molekül schließen.

Die Aktivität der kristallinen Urease beträgt 133000 Einheiten nach SUMNER und HAND[3] pro Gramm. Die Wechselzahl ist 460000.

Trotz der vielseitigen Bearbeitung der Ureasen scheint ihre biologische Bedeutung noch nicht völlig geklärt zu sein. Den Bakterien dienen sie wohl zur Bildung des für ihren Stoffwechsel notwendigen Ammoniak-stickstoffs aus dem im Medium vorgegebenen Harnstoff. Bei Pflanzen hingegen ist ihre Rolle noch nicht erklärbar. Die Funktion der Urease in der Mucosa des Magens wird allgemein als eine Schutzwirkung gegenüber der sezernierten Salzsäure gedeutet; durch Ammoniak-bildung erfolgt Neutralisation der Salzsäure an der Oberfläche der Magenschleimhaut.

Nach SUMNER nehmen die Ureasen immerhin eine wichtige Stellung im Stickstoff-zyklus der Natur ein, den er folgendermaßen darstellt:

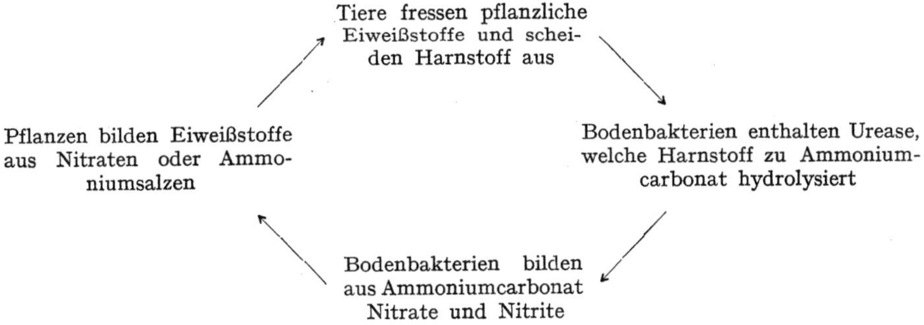

Parenteral injizierte Urease wirkt bei Warmblütern sehr toxisch, da sie aus dem Blutharnstoff Ammoniak freisetzt und höhere Ammoniak-konzentrationen

[1] J. B. SUMNER: J. biol. Chem. **69**, 435 (1927); Übersichtsreferat: Idem: Ergebn. Enzymforsch. **1**, 295 (1932).

[2] A. L. DOUNCE: J. biol. Chem. **140**, 307 (1941).

[3] J. B. SUMNER und D. B. HAND: Ibid. **76**, 149 (1928).

im Blut ziemlich schnell tödlich wirken. Es gelingt aber, wie SUMNER[1] zeigen konnte, durch wiederholte Injektionen von anfangs sehr verdünnten Lösungen kristallisierter Urease Kaninchen gegen diese Wirkung der Urease zu immunisieren (vgl. S. 151). Nach Injektion von etwa zwanzig immer stärker werdenden Urease-dosen waren die Kaninchen imstande, mehr als die tausendfache Menge der ursprünglich letal wirkenden Urease-dosis ohne Schädigung zu überstehen. Diese Erscheinung ist auf die Bildung eines spezifischen Anti-enzyms, der *Antiurease*, zurückzuführen. Injektionen von Serum, welches Antiurease enthält, schützen sonst nicht vorbehandelte Kaninchen vor der toxischen Wirkung der Urease; die Antiurease ist also auch zur passiven Immunisierung geeignet. Zusatz von Antiurease-serum zu einer Urease-lösung verursacht Ausfällung eines Niederschlags und teilweise Inaktivierung der Urease. Antiurease scheint ein Glykoprotein zu sein.

Urease-präparate werden zur quantitativen Bestimmung des Blut-harnstoffs im klinischen Laboratorium verwendet; der gebildete Ammoniak wird entweder durch Durchlüften oder durch Destillation in eine gestellte Säure-lösung überführt und dann durch Titrieren bestimmt oder direkt mit NESSLERs Reagens kolorimetriert.

V. Allantoinasen[2]

Allantoinasen sind Enzyme, welche sich bei Fischen und Amphibien sowie Invertebraten finden und Allantoin hydrolytisch zu Allantoinsäure aufspalten[3].

$$\underset{\text{Allantoin}}{\begin{array}{l}\quad\;\; CO{-}NH \\ \quad\;\;\, | \qquad \diagdown \\ \quad\;\;\, | \qquad\;\; CO \\ \quad\;\;\, | \qquad \diagup \\ H_2NCONHCH{-}NH\end{array}} + H_2O \rightarrow \underset{\text{Allantoinsäure}}{\begin{array}{c} COOH \\ | \\ H_2NCONHCHNHCONH_2\end{array}}$$

Die Fermente scheinen noch nicht ausreichend charakterisiert zu sein; für ihre Individualität und insbesondere für ihre Verschiedenheit von den im folgenden besprochenen Allantoicasen spricht die Tatsache, daß es manche Fische gibt, welche wohl Allantoin, nicht aber Allantoinsäure abbauen können.

VI. Allantoicasen[2]

Viele derjenigen Tiere, die mit Hilfe einer Allantoinase Allantoin zu Allantoinsäure abbauen, besitzen ein weiteres Ferment, welches sie zum Abbau der Allantoinsäure zu Harnstoff und Glyoxylsäure befähigt; dieses wird Allantoicase genannt[3,4].

$$\underset{\text{Allantoinsäure}}{\begin{array}{c} COOH \\ | \\ H_2NCONHCHNHCONH_2\end{array}} + H_2O \rightarrow 2\,H_2NCONH_2 + \underset{\text{Glyoxylsäure}}{COOHCHO}$$

Auch die Allantoicasen scheinen noch nicht ausreichend charakterisiert zu sein.

Sowohl Allantoinasen als auch Allantoicasen haben im Purin-stoffwechsel der Tiere, welche diese Fermente besitzen, die Aufgabe, die bei dem oxydativen Abbau der Harnsäure gebildete Allantoinsäure weiter zu zerlegen. Über den verschiedenen Purin-stoffwechsel der Tiere unterrichtet Tabelle 38.

---

[1] Übersichtsreferat: J. B. SUMNER: Ergebn. Enzymforsch. **6**, 201 (1937).
[2] Handbuchartikel: M. LASKOWSKI: In „The Enzymes“, herausgegeben von J. B. SUMNER und K. MYRBÄCK, Bd. I/2, S. 946. New York: Academic Press. 1951.
[3] R. FOSSE und A. BRUNEL: C. R. Soc. biol. **188**, 426, 1067 (1929).
[4] R. FOSSE, A. BRUNEL und P. DE GRAEVE: Ibid. **189**, 716 (1929); **190**, 79 (1930).

Tabelle 38. *Der Purin-abbau im Tierreich.* (Nach FLORKIN)[1]

Substanz	Endprodukt bei folgenden Tiergattungen
↓ Harnsäure	Mensch, Primaten, Vögel, terrestrische Reptilien, Cyclostoma, Insekten (mit Ausnahme der Dipteren)
↓ Uricat → O_2-transhydrogenase (*Uricase*, vgl. S. 531)	
Allantoin	Säugetiere (mit Ausnahme der Primaten), Dipteren, Gastropoden
↓ Allantoinase	
Allantoinsäure	Eine Gruppe der Teleostier (Salmoniden, Pleuronectiden, Anguilliden)
↓ Allantoicase	
Harnstoff	Selachier, Dipneusta, Crossopterygia, eine Gruppe der Teleostier (Cypriniden, Esociden, Scombriden), Amphibien, Süßwassermuscheln
↓ Urease	
Ammoniak	Sipunculata, Meeres-muscheln, Crustaceen

VII. Acylasen

Mit dem Namen Acylasen wird nach ABDERHALDEN[2] eine Fermentgruppe bezeichnet, welche die hydrolytische Abspaltung von Acyl-resten aus N-acylierten Aminosäuren katalysiert. Enzyme dieses Typus scheinen weitverbreitet vorzukommen.

Wie GREENSTEIN und Mitarbeiter[3] feststellten, zeichnen sich die Fermente dieses Typus durch sehr weitgehende optische Spezifität aus, was dazu benützt werden kann, um die L-Formen verschiedener Aminosäuren aus Racem-gemischen von N-acylierten Aminosäuren rein darzustellen. So gelang es auf die Weise z. B., aus N-Chloracetyl-DL-alanin mit Hilfe von Enzym-präparaten aus Schweinenieren L-Alanin mit einer optischen Reinheit von über 99,9% zu erhalten[4]; N-Chloracetyl-D-alanin blieb unverseift übrig. Dem Verfahren kommt wirtschaftliche Bedeutung zur Reindarstellung beider optischer Formen der Aminosäuren zu.

Vor kurzem wurde festgestellt, daß die Ferment-präparate aus Schweinenieren zumindest zwei verschiedene Enzyme enthalten, welche angereichert und getrennt werden konnten[5]. Die sog. Acylase I hydrolysiert alle N-acylierten Aminosäuren mit Ausnahme von Asparaginsäure. Hingegen spaltet Acylase II vor allem N-acylierte Asparaginsäure, während sie auf die übrigen N-acylierten Aminosäuren wenig oder keine Wirkungen hat.

[1] M. FLORKIN: L'Évolution biochimique. Paris: Masson & Cie. 1944.

[2] E. ABDERHALDEN: Fermentforsch. **12**, 223, 376, 572 (1931); **13**, 408 (1932).

[3] V. E. PRICE und J. P. GREENSTEIN: J. biol. Chem. **175**, 969 (1948); P. J. FODOR, V. E. PRICE und J. P. GREENSTEIN: Ibid. **178**, 503 (1949); V. E. PRICE, J. B. GILBERT und J. P. GREENSTEIN: Ibid. **179**, 1169 (1949); J. B. GILBERT, V. E. PRICE und J. P. GREENSTEIN: Ibid. **180**, 473 (1949); J. P. GREENSTEIN, J. B. GILBERT und P. J. FODOR: Ibid. **182**, 451 (1950); L. LEVINTOW, V. E. PRICE und J. P. GREENSTEIN: Ibid. **184**, 55 (1950); L. LEVINTOW und J. P. GREENSTEIN: Ibid. **188**, 643 (1951); J. P. GREENSTEIN, L. LEVINTOW, C. G. BAKER und J. WHITE: Ibid. **188**, 647 (1951); L. LEVINTOW, J. P. GREENSTEIN und R. B. KINGSLEY: Arch. Biochem. Biophys. **31**, 77 (1951); D. HAMER und J. P. GREENSTEIN: J. biol. Chem. **193**, 81 (1951).

[4] A. MEISTER, L. LEVINTOW, R. B. KINGSLEY und J. P. GREENSTEIN: Ibid. **192**, 535 (1951).

[5] S. M. BIRNBAUM, L. LEVINTOW R. B. KINGSLEY und J. P. GREENSTEIN: Ibid. **194**, 455 (1952); K. R. RAO, S. M. BIRNBAUM, R. B. KINGSLEY und J. P. GREENSTEIN: Ibid. **198**, 507 (1952).

VIII. Hippuricasen[1]

Hippuricasen, früher auch Histozym genannt, spalten Hippursäure in Benzoesäure und Glykokoll.

$$\underset{\text{Hippursäure}}{C_6H_5COHNCH_2COOH} + H_2O \rightarrow \underset{\text{Benzoesäure}}{C_6H_5COOH} + \underset{\text{Glykokoll}}{H_2NCH_2COOH}$$

Fermente dieses Typus, die schon 1881 von SCHMIEDEBERG[2] entdeckt wurden, kommen in der Niere, der Leber, dem Muskelgewebe und dem Pankreas höherer Tiere, wie auch in Schimmelpilzen und in Bakterien vor. Sie zeigen interessante Spezifitäts-verhältnisse; nach ELLIS und WALKER[3] werden in Meta-stellung des Benzolkerns substituierte Hippursäuren schneller gespalten als unsubstituierte Hippursäure; Substitution in Ortho-stellung hat einen hemmenden Einfluß, während para-substituierte Hippursäuren etwa ebenso schnell hydrolysiert werden wie das unsubstituierte Produkt. Als Substituenten wurden Chlor, Brom, Jod, Nitro- und Methyl-gruppen geprüft.

Das p_H-Optimum der Hippuricase-wirkung liegt etwa beim Neutralpunkt. Die Aktivität wird am besten durch Bestimmung der freigesetzten Aminogruppe in aceton-haltiger Lösung durch Titration mit Säure gegen Naphthylrot als Indikator gemessen.

Die früher allgemein akzeptierte Vorstellung, daß die Hippuricasen auch die Synthesen der Hippursäure aus Benzoesäure und Glykokoll katalysieren, kann heute nicht mehr aufrechterhalten werden, da die für diesen Vorgang verantwortlichen Systeme in letzter Zeit ausgiebig studiert wurden (vgl. S. 374) und man mit Sicherheit feststellen konnte, daß die Hippursäure-synthese nicht eine einfache Umkehrung der Hydrolyse darstellt.

IX. Formylkynureninasen *(Formylase)*

MEHLER und KNOX[4] konnten vor kurzem die Existenz von Enzymen in der Säugetier-leber nachweisen, die Formylkynurenin hydrolytisch zu Kynurenin und Ameisensäure spalten.

$$\underset{\text{Formylkynurenin}}{C_6H_4(NHCHO)(COCH_2CH(NH_2)COOH)} + H_2O \rightarrow \underset{\text{Kynurenin}}{C_6H_4(NH_2)(COCH_2CH(NH_2)COOH)} + HCOOH$$

Die Fermente hydrolysieren Formylkynurenin am schnellsten; daneben werden aber auch nahe verwandte Substanzen, wie Formylanthranilsäure, Formylorthanilsäure, Formylnitroanilin, Formyl-*m*-aminobenzoesäure u. a., gespalten. Das p_H-Optimum liegt bei 7,0.

Die Enzyme spielen eine bedeutsame Rolle in der Biosynthese des Nicotinamids aus Tryptophan, bei der Formylkynurenin und Kynurenin als Zwischenprodukte identifiziert werden konnten (vgl. S. 574).

D. Amidinasen[5]

Als Amidinasen werden Enzyme bezeichnet, welche die hydrolytische Abspaltung eines Harnstoff-restes einer Guanidin-verbindung katalysieren. Während

[1] Handbuchartikel: F. LEUTHARDT: In „The Enzymes", herausgegeben von J. B. SUMNER und K. MYRBÄCK, Bd. I/2, S. 951. New York: Academic Press. 1951.
[2] O. SCHMIEDEBERG: Pflüger's Arch. exp. Pathol. Pharmakol. 14, 379 (1881).
[3] S. ELLIS und B. S. WALKER: J. biol. Chem. 142, 291 (1942).
[4] A. H. MEHLER und W. E. KNOX: Ibid. 187, 431 (1950).
[5] Übersichtsreferat: J. ROCHE: Exp. ann. Biochimie méd. 10, 77 (1949).

bis vor verhältnismäßig kurzer Zeit als einzige Fermente dieser Gruppe die sehr weit verbreiteten Arginin-amidinasen *(Arginase)* bekannt waren, konnte in den letzten Jahren gezeigt werden, daß in Mikroorganismen weitere Amidinasen mit anderen Spezifitäts-bereichen vorkommen.

I. Arginin-amidinasen *(Arginase)*[1]

Schon 1904 konnten KOSSEL und DAKIN[2] die Existenz eines Enzyms in tierischem Gewebe nachweisen, das die Spaltung von Arginin in Ornithin und Harnstoff katalysiert.

$$
\begin{array}{llll}
HN{=}C\begin{array}{l}\diagup NH_2\\ \diagdown NH\end{array} & & & \\
\quad\quad | & & NH_2 & \\
\quad\quad CH_2 & & | & \\
\quad\quad | & & CH_2 & \\
\quad\quad CH_2 & + H_2O \rightarrow & | & \\
\quad\quad | & & CH_2 & + H_2NCONH_2 \\
\quad\quad CH_2 & & | & \\
\quad\quad | & & CH_2 & \\
\quad\quad CHNH_2 & & | & \\
\quad\quad | & & CHNH_2 & \\
\quad\quad COOH & & | & \\
 & & COOH &
\end{array}
$$

Arginin-amidinasen kommen sehr weit verbreitet im Pflanzen- und im Tierreich vor; sie finden sich in besonders hoher Konzentration in der Leber der Säugetiere und hier wiederum nach DOUNCE[3] in den Zellkernen. In der Leber von Vögeln und Reptilien lassen sich keine derartigen Enzyme nachweisen, sie finden sich aber in anderen Organen dieser Organismen. Pflanzensamen, Schimmelpilze und verschiedene Bakterien sind weitere wichtige Vorkommen der Arginin-amidinasen.

Die Spezifität der Arginin-amidinasen ist keine absolute; die Angaben verschiedener Autoren schwanken in bezug auf die durch diese Fermente spaltbaren Guanidin-verbindungen. Die Anwesenheit einer Guanidin-gruppe und einer Carboxyl-gruppe scheinen notwendige, aber nicht ausreichende Voraussetzungen für die Spaltbarkeit eines Substrats durch Enzyme dieses Typus darzustellen. Außer Arginin sollen Argininsäure, Octopin, Canavanin, Guanidylacetylglykokoll, Arginylarginin, einige substituierte Arginine sowie Clupein hydrolysiert werden. Auch die stereochemische Spezifität ist nicht streng; nachdem schon seit längerer Zeit bekannt war, daß bei der Durchströmung der überlebenden Leber auch racemisches Arginin komplett abgebaut wird, konnten EDLBACHER und ZELLER[4] in einer interessanten Arbeit feststellen, daß konzentriertere Lösungen des Ferments auch zur Spaltung des „unnatürlichen" Stereoisomeren D-Arginin imstande sind, während verdünntere Zubereitungen nur auf L-Arginin wirken.

---

[1] Handbuchartikel: D. M. GREENBERG: In „The Enzymes", herausgegeben von J. B. SUMNER und K. MYRBÄCK, Bd. I/2, S. 893. New York: Academic Press. 1951.

[2] A. KOSSEL und H. D. DAKIN: Hoppe-Seyler's Z. physiol. Chem. **41**, 321 (1904); **42**, 181 (1904).

[3] A. L. DOUNCE: J. biol. Chem. **147**, 685 (1943).

[4] S. EDLBACHER und A. E. ZELLER: Hoppe-Seyler's Z. physiol. Chem. **242**, 253 (1936).

Das p_H-Optimum der Arginin-amidinasen liegt ziemlich weit im Alkalischen; in früheren Arbeiten werden Werte zwischen 9,0 und 9,8 berichtet. Ein neuerer Befund von MOHAMED[1] scheint die Existenz zweier gleichartig wirkender Enzyme in der Leber wahrscheinlich zu machen; eine sog. *Arginase a* mit einem p_H-Optimum zwischen 7,4 und 7,6 und eine *Arginase b*, deren optimaler Bereich bei p_H 9,9 bis 10,0 liegt. Die Arginase b soll die in der Leber aktivere Komponente sein.

Die älteren Untersuchungen über den Einfluß von Effektoren wurden meistens mit unreinen Präparaten aus Leber durchgeführt und die erhaltenen Ergebnisse müssen in Anbetracht der Tatsache, daß es sich um zwei verschiedene Fermente mit gleicher Wirkung handelt, mit Vorsicht aufgenommen werden. MOHAMED berichtet, daß „Arginase a" durch Co^{++} und Ni^{++} aktiviert und durch Mn^{++} gehemmt wird. Dialyse inaktiviert ebenfalls das Ferment, welches aber durch Zugabe von Co^{++} oder Ni^{++} reaktiviert werden kann. Ein spezifischer Hemmstoff ist schließlich das Borat-ion, dessen Wirkung teilweise durch Dialyse, nicht aber durch Ionenzugabe aufgehoben werden kann. Die „Arginase b" wird durch Mn^{++}, nicht aber durch Ni^{++} oder Co^{++} aktiviert; Dialyse hat kaum einen Effekt auf die Wirksamkeit, ebensowenig hemmen Borat-ionen.

Die Arginin-amidinase-aktivität wird am besten durch nachfolgende Urease-spaltung des gebildeten Harnstoffs und Bestimmung des entstandenen Ammoniaks gemessen. Als Einheit der Fermentwirkung geben HUNTER und DOWNS[2] diejenige Menge Arginin-amidinase an, welche bei 37° in 30 Min. eine Harnstoffmenge produziert, die 0,25 mg Stickstoff äquivalent ist.

Eine frühere Angabe von BACH[3], ein kristallines Präparat einer Arginin-amidinase aus Leber hergestellt zu haben, konnte nicht bestätigt werden. Ein elektrophoretisch einheitliches, aber nicht kristallisiertes Protein mit Arginase-b-Wirkung konnte kürzlich von MOHAMED[4] hergestellt werden.

Die Enzyme dieses Typus in der Säugetier-leber spielen eine bedeutende Rolle bei der Beseitigung des für die Tiere toxischen Ammoniaks, der beim Protein-stoffwechsel und auch beim Purin-stoffwechsel anfällt. Ammoniak wird durch einen Kreisprozeß, dessen Existenz von KREBS und HENSELEIT aufgedeckt wurde[5], in den weniger giftigen Harnstoff umgewandelt.

Schon frühere Versuche hatten gezeigt, daß Hunde, denen die Leber entfernt worden war, keinen Harnstoff mehr ausscheiden. Nach Untersuchungen von CLEMENTI[6] findet sich nur in der Leber von ureotelischen Tieren, also solchen, welche die Hauptmenge des Stickstoffs als Harnstoff ausscheiden, wie z. B. Säugetieren, Amphibien, Schildkröten und manchen Fischen, Arginin-amidinase in großer Konzentration. Versuche mit isolierten, künstlich durchströmten Lebern zeigten, daß Zusatz von Ammoniak zur Durchströmungsflüssigkeit eine beträchtliche Harnstoff-ausscheidung verursachte. Bei Experimenten mit Gewebeschnitten von Ratten-leber konnte KREBS bei Zusatz von Arginin eine weitaus größere Ausbeute an Harnstoff erzielen, als theoretisch — auf Grund der Arginin-amidinase-wirkung — zu erwarten gewesen wäre. Dies ließ eine katalytische Rolle des Arginins bei der Harnstoff-synthese vermuten. Eine ebensolche Funktion konnte auch für das Ornithin, aus dem ja in keinem Falle Harnstoff entstehen kann, nachgewiesen werden. Auf Grund ihrer Untersuchungsergebnisse postulierten schließlich KREBS und HENSELEIT die Existenz eines Kreisprozesses, welcher „Ornithin-zyklus" genannt wird; er wird im folgenden Schema dargestellt.

---

[1] S. MOHAMED: Acta chem. Scand. **4**, 978, 990 (1950).

[2] A. HUNTER und C. E. DOWNS: J. biol. Chem. **155**, 173 (1944).

[3] S. J. BACH: Nature **158**, 376 (1946).

[4] S. MOHAMED: Acta chem. Scand. **3**, 988 (1949).

[5] Übersichtsreferate: H. A. KREBS: Ergebn. Enzymforsch. **3**, 247 (1934); F. LEUTHARDT: Exp. ann. Biochimie méd. **8**, 7 (1948).

[6] A. CLEMENTI: Atti Accad. Lincei (5) **23**, 612 (1914).

Die an der Synthese des Arginins aus Ornithin beteiligten Fermentsysteme werden in einem späteren Kapitel (S. 412) behandelt.

$HN{=}C(NH_2)$–NH–$(CH_2)_3$–$CHNH_2$–COOH
Arginin

$O{=}C(NH_2)_2$
Harnstoff

$+ H_2O$

$+ NH_3$

$-H_2O$

NH_2–$(CH_2)_3$–$CHNH_2$–COOH
Ornithin

$+ CO_2 + NH_3$

$-H_2O$

$O{=}C(NH_2)$–NH–$(CH_2)_3$–$CHNH_2$–COOH
Citrullin

Mit Hilfe dieser zyklischen Reaktionsfolge ist der Organismus der ureotelischen Tiere imstande, aus zwei Molekülen Ammoniak und einem Molekül Kohlendioxyd den relativ ungiftigen Harnstoff zu bilden. Bei uricotelischen Tieren, also solchen, welche die Hauptmenge des Stickstoffs als Harnsäure ausscheiden, wie z. B. Vögel und Schlangen, findet sich keine Arginin-amidinase oder nur Spuren davon in der Leber. Die Synthese der Harn-

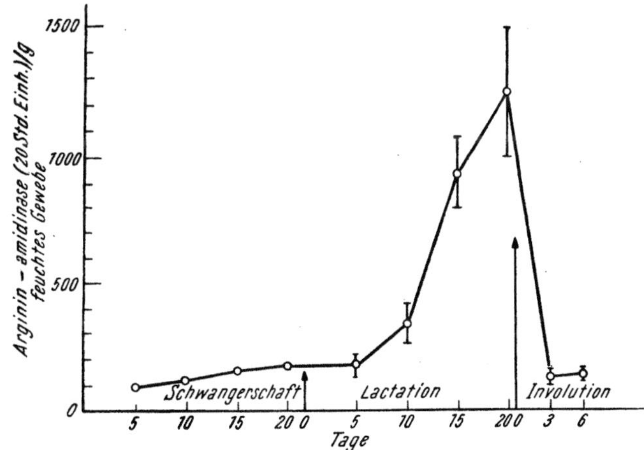

Abb. 29. Die Veränderungen der Arginin-amidinase-aktivität in der Brustdrüse der Ratte während der Schwangerschaft, der Lactation und der Involution. Die vertikalen Linien stellen den doppelten mittleren Fehler der Bestimmungen dar (nach FOLLEY und GREENBAUM)

säure findet übrigens hier auch in der Leber statt; über die daran beteiligten Fermente ist noch sehr wenig bekannt.

Es läßt sich heute noch nicht mit Sicherheit feststellen, wie weit der Ornithin-zyklus im Tier- und Pflanzenreich verbreitet ist. Durch sehr interessante genetische Untersuchungen konnten SRB und HOROWITZ[1] die Existenz dieses Reaktionsweges in dem Brotpilz *Neuro-*

[1] A. M. SRB und N. H. HOROWITZ: J. biol. Chem. **154**, 129 (1944).

spora crassa glaubhaft machen. Bei Behandlung mit gen-schädigenden Strahlen wurden drei verschiedene Mutanten-gruppen des Pilzes gebildet, die isoliert werden konnten. Alle drei Mutanten-gruppen waren nicht imstande, ohne Zusatz von Arginin zu wachsen, während der unbestrahlte Brotpilz kein Arginin im Nährmedium benötigt. Die drei Gruppen unterschieden sich aber insoweit, als die eine nicht nur bei Zugabe von Arginin, sondern auch bei Citrullin oder Ornithin zu wachsen begann; die zweite Gruppe war nur für Arginin oder Citrullin empfänglich, wobei Ornithin also nicht genügte, und die dritte konnte nur bei Zusatz von Arginin selbst gedeihen. In *Neurospora* scheint der Ornithin-zyklus durch die Urease mit dem Harnstoff-abbau gekoppelt zu sein; der Pilz kann wohl Ammoniak, nicht aber Harnstoff verwerten. Vielleicht erklärt eine derartige Koppelung auch die Bedeutung der Arginin-amidinasen für Pflanzen; ihre Funktion könnte hier in der Schaffung einer Harnstoffreserve bestehen.

Außer der beschriebenen Rolle bei der Harnstoff-synthese scheinen die Arginin-amidinasen auch in einer noch nicht geklärten Weise bei der Eiweiß-synthese mitzuwirken; es wird von verschiedenen Autoren berichtet, daß in mitotisch besonders aktiven Geweben der Ferment-gehalt erhöht ist. Folley und Greenbaum[1] konnten bei Untersuchungen der Brustdrüse im Verlauf der Schwangerschaft, der Lactation und der Involution ein sehr interessantes Verhalten der Arginin-amidinase-aktivität in dieser Drüse feststellen (Abb. 29). Auch durch manche Steroidhormone läßt sich die Arginin-amidinase-bildung in verschiedenen Organen beeinflussen; so wird nach verschiedenen Autoren[2] der Enzymgehalt der Niere durch Testosteron und 17-Methyltestosteron stark vermehrt. Bei Hypophysektomie und Adrenalektomie wird eine starke Verminderung der Arginin-amidinase-aktivität der Nierengewebe beobachtet, die aber durch Gaben von adrenocorticotropem Hormon wieder rückgängig gemacht werden kann.

II. Kreatinase

Nach Nimmo-Smith[3] enthält der Bodenorganismus *Pseudomonas eisenbergii* ein Ferment, das die Abspaltung von Harnstoff aus Kreatin katalysiert.

$$\underset{\text{Kreatin}}{HN{=}C(NH_2)\text{—}N(CH_3)CH_2COOH} + H_2O \rightarrow \underset{\text{Sarkosin}}{HN(CH_3)CH_2COOH} + H_2NCONH_2$$

Das Wirkungsoptimum der Kreatinase, die bisher aus den Bakterien noch nicht isoliert werden konnte und von ihnen auch nicht an das Nährmedium abgegeben wird, liegt nach Roche, Lacombe und Girard[4] bei p_H 6,7; die Aktivität wird durch Azid, Cyanid und Diäthyldithiocarbaminat, also durch Komplexbildner, gehemmt.

III. Glycocyaminase

Roche, Girard und Lacombe[5] konnten im Bodenbakterium *Pseudomonas ovalis* ein ebenfalls intrazelluläres Ferment nachweisen, welches die Harnstoff-abspaltung aus Glycocyamin katalysiert.

$$\underset{\text{Glycocyamin}}{HN{=}C(NH_2)\text{—}NHCH_2COOH} + H_2O \rightarrow \underset{\text{Glykokoll}}{H_2NCH_2COOH} + H_2NCONH_2$$

Das p_H-Optimum dieses Bakterienenzyms liegt bei 8,6; die bei der Kreatinase erwähnten Komplexbildner haben auch hier einen hemmenden Einfluß, hingegen soll Mn^{++}, insbesondere in Gegenwart von Cystein, aktivierend wirken.

---

[1] S. J. Folley und A. L. Greenbaum: Biochem. J. **41**, 261 (1947).
[2] Übersichtsreferat: C. D. Kochakian: Rec. Progress Hormone Res. **1**, 177 (1947).
[3] R. H. Nimmo-Smith: Abstr. 1st internat. Congr. Biochem. S. 412. Cambridge 1949.
[4] J. Roche, G. Lacombe und H. Girard: Biochim. biophys. Acta **6**, 210 (1950).
[5] J. Roche, H. Girard und G. Lacombe: Ibid. **2**, 4 (1948).

IV. Kreatininasen

DUBOS und MILLER[1] konnten beobachten, daß verschiedene Bodenbakterien ein Enzym produzieren, welches Kreatinin zu Harnstoff, Ammoniak und anderen nicht definierbaren Substanzen abbaut, wenn dem Nährmedium der Bakterien Kreatinin zugesetzt worden war. ROCHE, LACOMBE und GIRARD[2] bestätigten die Befunde von DUBOS und MILLER an *Pseudomonas ovalis*; es gelang ihnen aber nicht, den Mechanismus der Reaktion aufzuklären; das als Zwischenprodukt zu erwartende Kreatin konnte nicht nachgewiesen werden. Das p_H-Optimum der Kreatininase-wirkung in *Pseudomonas ovalis* ist nach ROCHE und Mitarbeitern 6,8; das Enzym wird durch Cyanid und Azid, nicht aber durch Diäthyldithiocarbaminat in seiner Wirksamkeit gehemmt. Metallionen haben geringen oder keinen Einfluß auf die Aktivität.

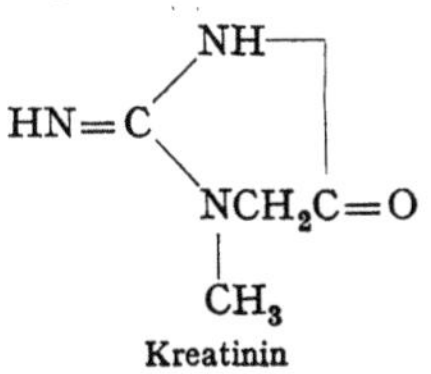

$$\mathrm{HN{=}C}\begin{cases}\mathrm{NH}-\!\!-\!\!\rceil\\ \mathrm{N(CH_3)CH_2C{=}O}\end{cases}$$

Kreatinin

Nach KOPPER und BEARD[3] enthält eine *Pseudomonas*-Species, welche aus faulendem Urin isoliert wurde, ein Enzymsystem, das Kreatinin in Kreatin sowie Glycocyamidin in Glycocyamin umwandeln kann und auch Kreatin und Glycocyamin zu Harnstoff und Sarkosin bzw. Glykokoll hydrolysiert.

V. Arginin-dihydrolase-systeme

Während manche Bakterien ebenso wie tierische und pflanzliche Gewebe Arginin zu Ornithin und Harnstoff abbauen, wobei diese Reaktion durch eine Arginase katalysiert wird, beobachtete HILLS[4], daß verschiedene gram-positive Mikroorganismen, so insbesondere Streptokokken und *Eberthella typhosa*, ein Enzym oder Enzymsystem besitzen, das Arginin direkt zu Ornithin, Ammoniak und Kohlendioxyd abbaut und entsprechend seiner scheinbar doppelten hydrolytischen Wirkung (Abspaltung von Harnstoff und hydrolytische Spaltung des Harnstoffs) Arginin-dihydrolase genannt wird.

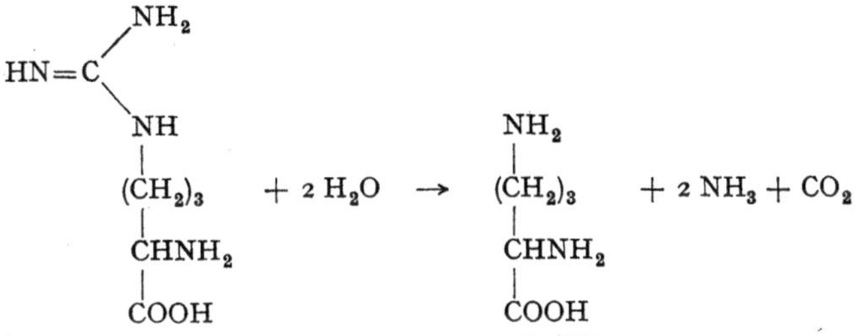

$$\underset{\text{Arginin}}{\mathrm{HN{=}C(NH_2)\!-\!NH\!-\!(CH_2)_3\!-\!CHNH_2\!-\!COOH}} + 2\,H_2O \rightarrow \underset{\text{Ornithin}}{\mathrm{NH_2\!-\!(CH_2)_3\!-\!CHNH_2\!-\!COOH}} + 2\,NH_3 + CO_2$$

Die naheliegende Annahme, daß die Reaktion durch Nacheinanderwirken von Arginin-amidinase und Urease zustande kommt, wurde durch den Befund, daß die betreffenden Organismen kein Vermögen zur Harnstoff-spaltung zeigten, widerlegt. Es scheint vielmehr, daß Arginin primär zu Citrullin desiminiert wird und dieses dann weiter zu Ornithin abgebaut wird[5].

Die Existenz von Arginin-dihydrolasen konnte auch von NIVEN, SMILEY und SHERMAN[6] bei Staphylokokken sowie von ROCHE und Mitarbeitern[7] bei verschiedenen *Pseudomonas*-Arten beobachtet werden. Die letztgenannten Autoren stellten fest, daß Argininsäure und Agmatin in ebensolcher Weise hydrolysiert werden wie Arginin. Das p_H-Optimum der Arginin-dihydrolase-wirkung bei *Pseudomonas* liegt bei 6,4; Fe^{++} verstärkt die Wirksamkeit, während Cyanid und Azid hemmen.

VI. Guanidin-iminasen

Schon 1913 konnte ACKERMANN[8] beobachten, daß Kreatinin durch nicht näher spezifizierte Fäulnisbakterien in Methylhydantoin überführt wird.

---

1 R. DUBOS und B. F. MILLER: J. biol. Chem. **121**, 429 (1937); Proc. Soc. exp. Biol. Med. **39**, 65 (1938).
2 J. ROCHE, G. LACOMBE und H. GIRARD: Biochim. biophys. Acta **6**, 210 (1950).
3 P. H. KOPPER und H. H. BEARD: Arch. Biochem. **15**, 195 (1947).
4 G. M. HILLS: Biochem. J. **34**, 1057 (1940).
5 G. C. SCHMIDT, M. A. LOGAN und A. A. TYTELL: J. biol. Chem. **198**, 771 (1952).
6 C. F. NIVEN, K. L. SMILEY und J. M. SHERMAN: J. Bacter. **43**, 561 (1941).
7 J. ROCHE, G. LACOMBE und H. GIRARD: Biochim. biophys. Acta **6**, 210 (1950).
8 D. ACKERMANN: Z. Biol. **62**, 208 (1913); **63**, 78 (1913).

$$HN{=}C\!\left\langle\begin{matrix}NH\text{—}\\ NCH_2CO\\ |\\ CH_3\end{matrix}\right. + H_2O \rightarrow O{=}C\!\left\langle\begin{matrix}NH\text{—}\\ NCH_2CO\\ |\\ CH_3\end{matrix}\right. + NH_3$$

Kreatinin Methylhydantoin

Derselbe Autor berichtete später, daß Arginin auf gleichartige Weise zu Citrullin hydrolysiert wird[1]; nach LINNEWEH[2] entstehen unter denselben Verhältnissen aus Arcain neben Agmatin und Putrescin, welche durch Desamidinierung gebildet werden, auch Monocarbaminylputrescin und Carbaminylagmatin.

$$HN{=}C\!\left\langle\begin{matrix}NH_2\\ NH\\ |\\ (CH_2)_3\\ |\\ CHNH_2\\ |\\ COOH\end{matrix}\right. + H_2O \rightarrow O{=}C\!\left\langle\begin{matrix}NH_2\\ NH\\ |\\ (CH_2)_3\\ |\\ CHNH_2\\ |\\ COOH\end{matrix}\right. + NH_3$$

Arginin Citrullin

Arcain: $HN{=}C(NH_2)\text{—}NH\text{—}(CH_2)_4\text{—}NH\text{—}C(NH_2){=}NH$

$+ H_2O$, $— NH_3$ *(Iminase)* →

Carbaminylagmatin: $O{=}C(NH_2)\text{—}NH\text{—}(CH_2)_4\text{—}NH\text{—}C(NH_2){=}NH$

Arcain $+ H_2O$, $— H_2NCONH_2$ *(Amidinase)* →

Agmatin: $NH_2\text{—}(CH_2)_4\text{—}NH\text{—}C(NH_2){=}NH$

Agmatin $+ H_2O$, $— NH_3$ *(Iminase)* →

Monocarbaminylputrescin: $NH_2\text{—}(CH_2)_4\text{—}NH\text{—}C(NH_2){=}O$

Agmatin $+ H_2O$, $— H_2NCONH_2$ *(Amidinase)* →

Putrescin: $NH_2\text{—}(CH_2)_4\text{—}NH_2$

[1] D. ACKERMANN: Hoppe-Seyler's Z. physiol. Chem. **203**, 66 (1931).
[2] F. LINNEWEH: Ibid. **200**, 115 (1931); **202**, 1 (1931).

Alle diese Reaktionen lassen auf die Existenz von Guanidin-imidasen schließen, welche — teilweise gemeinsam mit Amidinasen — beim Abbau von Arcain und ähnlichen Guanidin-basen beteiligt sind.

In letzter Zeit gelang es ROCHE und LACOMBE[1], aus Bäckerhefe ein Enzym zu isolieren, das Arginin zu Citrullin desiminiert und als *Arginin-iminase* bezeichnet werden muß. Das Ferment zeigt eine sehr strenge Spezifität; weder Agmatin noch Glycocyamin werden angegriffen. Das p_H-Optimum der Wirksamkeit liegt bei 6,5. Die Hefe enthält keine Arginin-amidinase; es ist deshalb wahrscheinlich, daß der Abbau des Arginins hier durch die Arginin-iminase bewirkt wird. Arginin-iminasen dürften Teilkatalysatoren der Arginin-dihydrolase-systeme darstellen.

E. Nucleosid-hydrolasen

Unter der Bezeichnung Nucleosid-hydrolasen oder Nucleosidasen werden Fermente verstanden, welche die hydrolytische Spaltung der N-Glykosidbindung zwischen einer Purin- oder Pyrimidinbase und einem Ribose- oder Desoxyribose-rest katalysieren. In älteren Arbeiten (vgl. BREDERECK[2]) ist das Vorkommen derartiger Fermente in vielen tierischen Organen beschrieben.

Nachdem aber insbesondere durch die Arbeiten von KALCKAR[3] erkannt wurde, daß die meisten der als Nucleosidasen klassifizierten Fermente ihre Wirkungen nicht durch eine hydrolytische Spaltung ihrer Substrate, sondern durch eine Transglykosylierung, d. h. eine Übertragung des Zucker-restes auf einen Orthophosphat-rest oder auf eine andere Purin- bzw. Pyrimidin-base erzielen, zweifelte man bis vor kurzem, daß es überhaupt Nucleosid-hydrolysierende Enzyme gibt.

Erst in letzter Zeit konnten HEPPEL[4] sowie CARTER[5] in der Hefe Enzyme nachweisen, von denen das eine Purin-nucleoside und das andere streng spezifisch Uridin unter Aufspaltung der Nucleosid-bindung hydrolytisch spaltet. Das Enzym von HEPPEL ist demnach als eine Purin-nucleosidase und das Ferment von CARTER als Uridin-nucleosidase zu bezeichnen.

Ebenfalls vor ganz kurzer Zeit gelang es KALCKAR[6], aus Milchsäure-bakterien Enzyme zu isolieren, die gleichfalls eine hydrolytische Nucleosid-spaltung katalysieren und vom Autor als „Ribosidasen" bezeichnet werden. Aus Inosin wird Hypoxanthin gebildet, während Adenosin als Spaltprodukt Adenin ergibt. Desoxy-riboside werden nicht angegriffen. Der berichteten Spezifität entsprechend wäre dieses Enzym auch als Purin-nucleosidase zu klassifizieren.

23. Peptidasen (proteolytische Fermente)[7]

Die Peptidasen gehören zu denjenigen Enzymen, welche am längsten bekannt sind, da SPALLANZANI schon 1783 die eiweiß-verdauende Wirkung des Magensaftes außerhalb des Körpers beobachtete und 1836 SCHWANN das Ferment, das diesen Vorgang verursacht, das Pepsin, als „katalytische Substanz" nachweisen

---

1 J. ROCHE und G. LACOMBE: Biochim. biophys. Acta **9**, 687 (1952).

2 H. BREDERECK: In „Handbuch der Enzymologie", herausgegeben von F. F. NORD und R. WEIDENHAGEN, S. 495. Leipzig: Akad. Verlagsges. 1940.

3 H. M. KALCKAR: J. biol. Chem. **158**, 723 (1945); **167**, 429, 445, 461, 477 (1947).

4 L. A. HEPPEL und R. J. HILMOE: Ibid. **198**, 683 (1952).

5 C. E. CARTER: J. Amer. chem. Soc. **73**, 1508 (1951).

6 H. M. KALCKAR: Fortschr. Chem. organ. Naturstoffe **9**, 363 (1952), und zwar besonders S. 374; vgl. auch T. P. WANG und J. O. LAMPEN: J. biol. Chem. **198**, 385 (1952).

7 Handbuchartikel und Übersichtsreferate über das Gesamtgebiet: E. L. SMITH: In „The Enzymes", herausgegeben von J. B. SUMNER und K. MYRBÄCK, Bd. I/2, S. 793. New York: Academic Press. 1951; W. GRASSMANN und H. MÜLLER: In „Physiologische Chemie", herausgegeben von B. FLASCHENTRÄGER und E. LEHNARTZ, S. 1117. Berlin: Springer; 1951 H. NEURATH und G. W. SCHWERT: Chem. Revs. **46**, 69 (1950); wesentliches Material findet sich auch in der Monographie: J. H. NORTHROP, M. KUNITZ und R. M. HERRIOTT: „Crystalline Enzymes", 2. Aufl. New York: Columbia Univ. Press. 1948.

und bereits in hochgereinigter Form isolieren konnte. Auch heute ist das Gebiet der Peptidasen eines der meistbearbeiteten Kapitel der Enzymologie. Mehrere proteolytische Fermente sind bereits als kristalline, höchstgereinigte Präparate erhalten worden; man hat sehr genaue Spezifitäts-untersuchungen über eine Anzahl von Enzymen dieser Gruppe durchgeführt. Trotzdem sind noch viele wesentliche Probleme der hydrolytischen Peptid-spaltung weitgehend unaufgeklärt und bieten noch immer ein reiches Arbeitsfeld.

A. Allgemeines

I. Vorkommen

Das Vorkommen der Peptidasen ist entsprechend der überragenden Bedeutung ihrer Substrate, der Eiweißstoffe, und deren Verbreitung ein ubiquitäres; es sind in jeder lebenden Zelle proteolytische Fermente nachweisbar.

Je nachdem, ob die Fermente ihre Wirkung innerhalb der Zelle ausüben oder von der Zelle sezerniert werden und ihre Funktion dann außerhalb erfüllen, können wir von *intracellulären* und *extracellulären Peptidasen* sprechen. Bei höheren Tieren, aber auch bei manchen Pflanzen und Mikroorganismen finden wir spezialisierte Zellen oder Organe (Drüsen), welche diejenigen Peptidasen sezernieren, die für die Verdauung der Nahrungs-proteine verantwortlich sind. Primitivere Organismen, wie z. B. Amöben, bedienen sich häufig der sog. *Phagozytose*, d. h. sie nehmen die Nahrungs-teilchen in die Zelle auf und verdauen sie dort mit Hilfe intracellulärer Enzyme.

II. Spezifität und Einteilung

Bis vor einigen Jahrzehnten hielt man, da noch nicht genügend leistungsfähige Trennungsmethoden bekannt waren, die verschiedenen Gemische proteolytischer Fermente, die man auf unterschiedliche Weise erhalten hatte, für einheitlich. Eine Einteilung wurde auf Grund der Herkunft des Enzyms vorgenommen. So bezeichnete man das im Magensaft vorkommende Ferment als Pepsin, die von der Pankreasdrüse ausgeschiedenen Enzyme als Trypsin und die Fermente der Darm-schleimhaut als Erepsin. Hierzu kam dann später das Kathepsin als intracelluläres proteolytisches Prinzip. Man stellte dabei fest, daß sich vielfach die Wirkungs-spezifitäten der einzelnen Ferment-gemische verschiedener Herkunft überschneiden.

Die Arbeiten von Willstätter und seiner Schule ermöglichten es, manche dieser Gemische durch Adsorptions-verfahren und andere Trennungs-methoden in verschiedene individuelle Fermente zu zerlegen. Auf Grund der damals durchgeführten Spezifitäts-untersuchungen glaubte man, grundsätzlich zwei Typen unterscheiden zu können: die sog. *Proteinasen*, die nur imstande seien, hochmolekulare, synthetisch nicht darstellbare Protein- und Polypeptidsubstrate zu spalten, und die *Peptidasen* (im engeren Sinne), deren Wirksamkeit sich auf niedrigere Peptide beschränke. Während die „Peptidasen" bereits unter Berücksichtigung der chemischen Konstitution der von ihnen gespaltenen Substrate klassifiziert wurden, wurde bei den „Proteinasen" eine weitere Unterteilung nur nach den p_H-Wirkungs-optima der Fermente vorgenommen. Wir geben im folgenden Schema eine Einteilung wieder, die von Grassmann[1], einem Schüler Willstätters, auf Grund dieser Überlegungen aufgestellt wurde und der heute wohl nur noch historische Bedeutung zukommt.

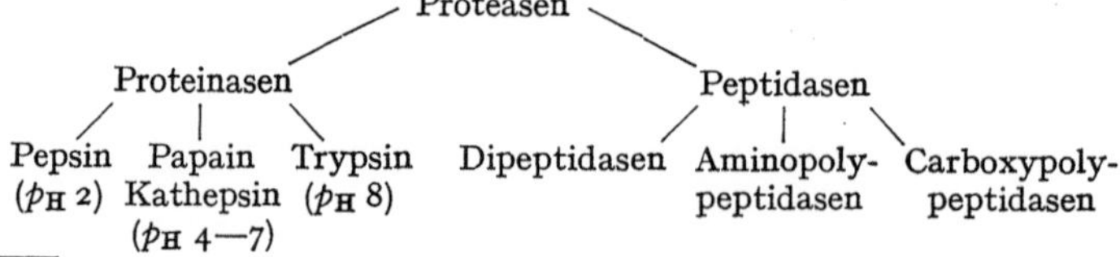

[1] W. Grassmann und F. Schneider: Ergebn. Enzymforsch. 5, 79 (1936).

In den Dreißigerjahren ergaben die von NORTHROP und seinen Mitarbeitern entwickelten Verfahren zur Isolierung und Reinigung der proteolytischen Fermente (vgl. NORTHROP, KUNITZ und HERRIOTT, *l. c.*) und die von BERGMANN und seiner Schule ausgearbeiteten Methoden zur synthetischen Darstellung einer großen Anzahl vorher nicht herstellbarer Peptide[1] neue Möglichkeiten zur Prüfung der Substrat-spezifität dieser Enzyme. Auch diese Arbeiten wurden hauptsächlich von BERGMANN und Mitarbeitern[2] durchgeführt, welche zeigen konnten, daß es wohldefinierte niedermolekulare Peptide gibt, die von den „Proteinasen", von denen man bisher angenommen hatte, daß sie nur hochmolekulare Proteine angreifen, gespalten werden.

Damit war die scharfe Trennung zwischen „Proteinasen" und „Peptidasen", die im System von GRASSMANN zum Ausdruck gekommen war, gefallen. Wenngleich schon vorher die Meinung vertreten wurde, daß auch die „Proteinasen" ihre Wirkung durch hydrolytische Spaltung von Peptid-bindungen ausüben, gaben doch erst die Versuche von BERGMANN[2] dieser Anschauung ihre exakte experimentelle Grundlage.

Diese Forschungsergebnisse ermöglichten gleichzeitig eine genauere Klassifikation der proteolytischen Fermente auf Grund ihrer Substrat-spezifität. Unter den synthetischen Peptiden konnten gewisse Typen mit bestimmten Konfigurationen unterschieden werden. Jeder dieser Typen wurde von einem anderen Enzym hydrolysiert, wobei sich BERGMANN zur Untersuchung der Spezifität der „Proteinasen" vorerst hauptsächlich der in höchster Reinheit vorliegenden Verdauungs-fermente Pepsin, Trypsin und Chymotrypsin bediente. Zur Charakterisierung anderer Peptidasen führte er die Begriffe Homospezifität und Heterospezifität ein.

Diese Begriffe wurden schon an anderer Stelle kurz erläutert (vgl. S. 96). Zur praktischen Bestimmung, ob zwei proteolytische Fermente als homospezifisch zu betrachten sind, ist es notwendig, ihr Spaltvermögen *(proteolytischer Koeffizient)* gegenüber mehreren von ihnen hydrolysierten Peptidsubstraten zu vergleichen. Wenn die erhaltenen Verhältniszahlen der Spaltwirkung *(proteolytische Quotienten)* gegenüber den verschiedenen Substraten gleich sind, liegen homospezifische Enzyme vor. Auf diese Weise konnten BERGMANN und Mitarbeiter feststellen, daß eine Anzahl von intracellulären Peptidasen, die sog. Kathepsine aus verschiedenen tierischen Organen, mit Pepsin bzw. Trypsin homospezifisch ist, und vor einiger Zeit konnten auch intracelluläre Enzyme gefunden werden, die eine Homospezifität mit Chymotrypsin aufweisen.

Die Klassifikation von BERGMANN unterscheidet primär zwischen Fermenten, die nur Peptid-bindungen am Ende einer Peptid-kette hydrolysieren können und welche als **Exopeptidasen** bezeichnet werden, und solchen, die diese Bindungen auch im Innern der Polypeptid-kette spalten; diese werden **Endopeptidasen** genannt. Der Begriff der Exopeptidasen deckt sich weitgehend mit dem der „Peptidasen" (im engeren Sinne) der früheren Einteilung, während die Endopeptidasen mit den „Proteinasen" identisch sind.

Es muß zugegeben werden, daß diese Nomenklatur oftmals zu Mißverständnissen Anlaß gibt, da durch die Präfixe endo- und exo- leicht die Vorstellung des Vorkommens innerhalb bzw. außerhalb der Zelle erweckt wird und dadurch die Gefahr der Verwechslung mit intracellulären und extracellulären Enzymen entsteht. Trotzdem soll die Nomenklatur von BERG-

[1] Vgl. das Übersichtsreferat über synthetische Peptide: J. S. FRUTON: Adv. Protein Chem. 5, 1 (1949).

[2] Übersichtsreferate: M. BERGMANN und J. S. FRUTON: Adv. Enzymology 1, 63 (1941); M. BERGMANN: Ibid. 2, 49 (1942); M. BERGMANN und J. S. FRUTON: Ann. New York Acad. Sci. 45, 409 (1944).

MANN in dieser Darstellung beibehalten werden, da sie klar zum Ausdruck bringt, daß beiden Fermentgruppen die gleiche Wirkungsweise, nämlich die Hydrolyse von Peptid-bindungen, zukommt und durch die Präfixe der Unterschied in der Spezifität sehr gut definiert ist.

Die weitere Unterteilung der beiden Fermentklassen erfolgt unter Berücksichtigung der Spezifität gegenüber verschiedenen Peptid-substraten. Durch derartige Untersuchungen konnte festgestellt werden, welche Atomgruppierungen im Substrat-molekül unbedingt vorhanden sein müssen, damit es von einer bestimmten Peptidase hydrolysiert wird. Diese „Rückgrat-gruppen" *(required backbone)* bilden nun die Grundlage für die Unterteilung der Peptidasen.

Das ursprüngliche Schema, wie es 1942 von BERGMANN[1] aufgestellt wurde, mußte auf Grund neuerer Erkenntnisse mehrfache Revisionen erfahren; in den Tab. 39 und 40 ist ein Schema gegeben, das der momentanen Kenntnis der Peptidasen entspricht. Es erhebt selbstverständlich keinen Anspruch auf Vollständigkeit, da wir viele Peptidasen kennen, die bisher nicht ausreichend auf ihre Fähigkeit, synthetische Peptid-substrate zu spalten, untersucht worden sind, und es sehr wahrscheinlich ist, daß sich darunter und auch unter bisher noch nicht bekannten proteolytischen Fermenten solche finden werden, die einen neuen Typus darstellen, d. h. mit keiner bisher bekannten Gruppe homospezifisch sind.

Bezüglich der optischen Spezifität der Peptidasen wurde bereits in Kap. 9 erwähnt, daß fast alle bekannten Fermente dieser Klasse spezifisch Peptide spalten, in denen zumindest die für die Spezifität wesentlichen Seitenketten in Nachbarschaft der Peptid-bindung Bestandteile eines L-Aminosäure-restes sind. So wird das Modell-substrat Benzoyl-L-tyrosyl-glycinamid durch Chymotrypsin sehr schnell hydrolysiert, während sein optisches Isomeres, das Benzoyl-D-tyrosylglycinamid überhaupt nicht angegriffen wird.

Für den Fall einer Dipeptidase hat BERGMANN[2] in plausibler Weise ausgeführt, daß die optische Spezifität des Ferments vermutlich durch sterische Verhältnisse im Substratmolekül bedingt ist. Er nimmt an, daß das Substrat in der Iminohydrin-form vorliegt; allgemeiner wäre die Aussage, daß eine von der Peptid-bindung vermittelte Wasserstoff-bindung vorhanden ist.

Es ergäbe sich somit das folgende Raumbild für ein Peptid, das aus zwei L-Aminosäuren aufgebaut ist, (I) und ein solches, bei dem eine der beiden Aminosäuren eine D-Konfiguration besitzt (II):

```
α                          α          α
H     NH2  HOOC            H          H     NH2  HOOC            R'
   \  /        \          /              \  /        \          /
    C            C                        C            C
   /  \         /  \                     /  \         /  \     α
R      C=======N     R'                R      C=======N     H
       |                                      |
       OH                                     OH
           (I)                                    (II)
```

Anordnung I ist dadurch gekennzeichnet, daß die beiden α-Wasserstoff-atome auf der einen (oberen)Seite, die beiden Reste R und R′ hingegen auf der anderen (unteren) Seite liegen; diese Anordnung scheint für die Wirksamkeit des Enzyms notwendig zu sein. Man muß sich vorstellen, daß das Enzym von der oberen Seite an das Substrat-molekül herankommt. Wenn nun, wie in II, ein α-H-Atom durch einen Rest R′, der räumlich sicher größer ist als das H-Atom, oder in einem Dipeptid aus zwei D-Aminosäuren sogar beide H-Atome durch Reste R ersetzt sind, so können diese Reste die Annäherung und damit die Wirkung des Enzyms verhindern.

Das Schema läßt sich sinngemäß auch auf andere proteolytische Fermente anwenden und gibt eine anschauliche Erklärung für die optische Spezifität der Peptidasen. Es berück-

---

[1] M. BERGMANN: Adv. Enzymology **2**, 49 (1942).

[2] M. BERGMANN, L. ZERVAS, H. SCHLEICH und F. LEINERT: Hoppe-Seyler's Z. physiol. Chem. **212**, 72 (1932).

Tabelle 39. *Einteilung der Exopeptidasen*

Enzyme	Für die Spaltung erforderliche Gruppierungen	
	in der Hauptkette des Substrats	in den Seitenketten
Dipeptidasen 1. Glycylglycin-dipeptidasen 2. Glycyl-L-leucin-dipeptidasen 3. L-Cysteinylglycin-dipeptidasen	R R′ | | $H_2NCHCO{-}HNCHCOOH$	1. R = R′ = H— 2. R = H— R′ = $(CH_3)_2CHCH_2$— 3. R = $HSCH_2$—, R′ = H—
Glycyl-L-prolin-dipeptidasen (Prolidase)	CH_2CHR $H_2NCH_2CO{-}N$ $CH{-}CH_2$ | COOH	R = H— oder HO—
L-*Prolyl-glycin-dipeptidasen* (Prolinase)	$RHC{-}CH_2$ | | H_2C $CHCO{-}HNCH_2COOH$ NH	R = H— oder HO—
Aminopeptidasen 1. Leucinamino-peptidasen 2. Aminopeptidase-wirkung des Chymotrypsins	R | $H_2NCHCO{-}HN{-}$	1. R = $(CH_3)_2CHCH_2$— 2. R = $HOC_6H_4CH_2$— oder $C_6H_5CH_2$—
Aminotripeptidasen	R R′ R″ | | | $H_2NCHCO{-}HNCHCOHNCHCOOH$	R = R′ = H— oder CH_3— oder $(CH_3)_2CHCH_2$— R″ = H— oder $(CH_3)_2CHCH_2$—
Carboxypeptidasen	R | $-CO{-}HNCHCOOH$ oder R | $-CO{-}OCHCOOH$	R = $HOC_6H_4CH_2$— oder $C_6H_5CH_2$— oder —CH_2— NH
Dehydropeptidasen Typus I	NHR CHR′ | ‖ $-CHCO{-}HNCCOOH$	R = R′ = H— oder CH_3— oder CH_3CO—
Typus II	R CH_2 | ‖ $-CHCO{-}HNCCOOH$	R = H— oder HO— oder Cl—

Tabelle 40. *Einteilung der Endopeptidasen*

Enzyme	Für die Spaltung erforderliche Gruppierungen	
	in der Hauptkette des Substrats	in den Seitenketten
Pepsine und Homopepsine (Kathepsine A)[1]	R | —COHNCHXCO—HNCH—	$R = C_6H_5CH_2$— oder $HOC_6H_4CH_2$— oder $HSCH_2$—[4]
Trypsine und Homotrypsine (Kathepsine B, Papain ?)[2]	R | —COHNCHCO—R′	$R = H_2N(CH_2)_4$— oder H_2N $CNH(CH_2)_3$— HN
Chymotrypsine und Homochymotrypsine (Kathepsine C)[3]	R | —COHNCHCO—R′	$R = HOC_6H_4CH_2$— oder $C_6H_5CH_2$— oder $H_3CS(CH_2)_2$— oder —CH_2— NH

sichtigt allerdings nicht, daß auch das Ferment sicherlich asymmetrisch gebaut und damit optisch aktiv ist, welche Tatsache, wie in Kap. 9 ausgeführt wurde, natürlich auch dazu beitragen kann, daß eine optische Spezifität zustande kommt.

In den letzten Jahren ist mehrfach beobachtet worden (vgl. NEURATH und SCHWERT, *l. c.*), daß manche Peptidasen (Carboxypeptidase, Chymotrypsin und Trypsin) auch Ester-bindungen spalten, vorausgesetzt, daß in den Estersubstraten die übrige Konfiguration völlig derjenigen entspricht, welche die von ihnen gewöhnlich hydrolysierten Peptid-substrate aufweisen. Weiters wurde berichtet, daß manche der genannten Fermente auch Hydroxylamide und Hydrazide der gleichen Konfiguration angreifen. Das bedeutet, daß diese Peptidasen eine weitaus geringere Wirkungs-spezifität als Substrat-spezifität aufweisen, d. h., daß derjenige Teil des aktiven Zentrums im Enzym, der die Spaltung der Bindungen im Substrat bewirkt, weitaus weniger spezifisch ist als diejenigen Teile der aktiven Gruppierung, die für die Bildung des intermediären Enzym-Substrat-komplexes verantwortlich sind. Beispiele für eine derartige Abwandlung der Spezifität sind bei der Besprechung der einzelnen Fermente angegeben.

Was nun die *Nomenklatur* der einzelnen proteolytischen Fermente betrifft, so ist es bei den Endopeptidasen unmöglich, diese nach ihrer Substrat-spezifität zu nennen. Man ist deshalb gezwungen, die traditionellen Trivialnamen der Enzyme, Pepsin, Trypsin, Chymotrypsin, Papain usw., anzuwenden. Für Fermente, die mit einem der „Leit-enzyme" homospezifisch sind, gilt die Bezeichnung Homopepsine, Homotrypsine usw. Die manchmal verwendeten Namen „Pepsinasen", „Trypsinasen" usw. sind abzulehnen, da sie den Eindruck erwecken, daß es sich um Fermente handelt, die Pepsin bzw. Trypsin abbauen.

[1] Die Natur des Restes X scheint von geringer Bedeutung zu sein.
[2] $R' = —NH_2$, NHR″ oder $—OC_2H_5$.
[3] $R' = —NH_2$, NHR″, —NHOH, $—NHNH_2$ oder $—OC_2H_5$.
[4] vgl. dazu aber S. 307 f.

Eine Namengebung auf Grund der Substrat-spezifität finden wir hingegen bei den Exopeptidasen, deren Bezeichnungen im wesentlichen mit den in Kap. II angegebenen Nomenklatur-regeln übereinstimmen.

Die Bezeichnung „Proteinase" wird in der vorliegenden Darstellung nur mehr für solche protein-spaltende Enzyme verwendet, deren Substrat-spezifität noch zu wenig untersucht ist, um sie einem bekannten Typus zuzuordnen.

III. Die Bestimmung der proteolytischen Wirkung der Peptidasen[1]

Die analytische Verfolgung der Peptidase-wirkung kann auf sehr unterschiedliche Weise durchgeführt werden, wobei die Wahl der Methode den besonderen Umständen des Einzelfalles anzupassen ist.

Bei der Hydrolyse der Peptid-bindungen werden Carboxyl-gruppen und Amino- bzw. Imino-gruppen in äquivalenten Mengen freigelegt, deren Bestimmung allerdings dadurch erschwert wird, daß die saure bzw. alkalische Reaktion dieser Gruppen durch ihre gleichzeitige Anwesenheit kompensiert wird. Dieses Hindernis läßt sich dadurch umgehen, daß man die Wirksamkeit der einen oder der anderen Gruppen durch Zusatz geeigneter Reagenzien ausschaltet.

So kann man nach WILLSTÄTTER und WALDSCHMIDT-LEITZ[2] den Zuwachs an Carboxyl-gruppen in hochkonzentrierter heißer alkoholischer Lösung acidimetrisch mit Thymolphthalein als Indikator bestimmen. Durch den Alkoholzusatz wird die Ionisation der Amino-gruppen genügend zurückgedrängt, so daß Indikatoren im alkalischen Gebiet nicht mehr beeinflußt werden.

Eine ältere Methodik, die von SØRENSEN[3] stammt, beruht darauf, daß die basischen Eigenschaften der Amino-gruppen durch Formaldehyd ausgeschaltet werden, wodurch wiederum eine acidimetrische Titration der Carboxyl-gruppen gegen Thymolphthalein als Indikator ermöglicht wird. Formaldehyd bildet mit den Amino-gruppen nicht-ionisierte SCHIFFsche Basen.

Auf der Zurückdrängung der sauren Eigenschaften der Carboxyl-gruppen durch Zusatz von Aceton und acidimetrische Titration gegen Naphthylrot als Indikator beruht eine weitere Bestimmungs-methode[4].

Bei Zusatz von salpetriger Säure zum Reaktions-gemisch werden die freien Amino-gruppen zu molekularem Stickstoff abgebaut, der nach VAN SLYKE[5] volumetrisch bestimmt wird.

In letzter Zeit wird häufig eine von ANSON[6] ausgearbeitete Methodik angewandt, bei welcher denaturiertes Hämoglobin als Substrat verwendet und das freigesetzte Tyrosin mit Hilfe des Phenol-reagens von FOLIN und CIOCALTEU bestimmt wird (vgl. hierzu aber WALLENFELS[7]).

Neben den bisher aufgezählten Verfahren sind eine Anzahl weiterer Methoden beschrieben worden, die in Sonderfällen gute Dienste leisten können. Es handelt sich hier um viskosimetrische[8], refraktometrische und interfero-

---

[1] Handbuchartikel und Übersichtsreferat: W. GRASSMANN und P. STADLER: In „Die Methoden der Fermentforschung", herausgegeben von E. BAMANN und K. MYRBÄCK, Bd. I, S. 1096 und 1107, Leipzig: Thieme. 1941; P. L. KIRK: Adv. Protein Chem. **3**, 149 (1947).

[2] R. WILLSTÄTTER und E. WALDSCHMIDT-LEITZ: Ber. dtsch. chem. Ges. **54**, 2988 (1921).

[3] S. P. L. SØRENSEN: Biochem. Z. **7**, 45 (1908).

[4] K. LINDERSTRØM-LANG: Hoppe-Seyler's Z. physiol. Chem. **173**, 32 (1928); für eine Modifikation als Mikrobestimmung vgl. K. LINDERSTRØM-LANG und H. HOLTER: Ibid. **201**, 9 (1931); **204**, 15 (1932).

[5] D. D. VAN SLYKE: Ber. dtsch. chem. Ges. **43**, 3170 (1910); **44**, 1684 (1911).

[6] M. L. ANSON und J. MIRSKY: J. gen. Physiol. **16**, 33 (1932); M. L. ANSON: Ibid. **22**, 79 (1938).

[7] K. WALLENFELS: Biochem. Z. **321**, 1 (1950).

[8] J. H. NORTHROP: Ibid. **16**, 41 (1932).

metrische,[1] dilatometrische, nephelometrische und kolorimetrische Methoden; grundsätzlich kann natürlich jedes Verfahren angewandt werden, das eine Verfolgung der Veränderung der Substrate (Proteine oder Peptide) erlaubt.

IV. Peptidase-wirkung und Denaturierung.

In unserer allgemeinen Besprechung der Peptidase-wirkung haben wir bisher ausschließlich die Fähigkeit der Peptidasen, Peptid-bindungen zu hydrolysieren, in Betracht gezogen. Nun wissen wir aber, daß die Eiweißstoffe keinesfalls als einfache Polypeptid-moleküle aufgefaßt werden dürfen, in denen die einzelnen Aminosäure-reste nur durch Peptid-bindungen zusammengehalten werden. Wie bereits im 3. Kapitel (S. 19ff.) ausgeführt wurde, bestehen vielmehr sowohl innerhalb der einzelnen Peptid-ketten, aus welchen ein Protein zusammengesetzt ist, als auch zwischen ihnen Brückenbindungen, die, wenn wir die Peptidbindungen als primäre Struktur der Eiweißstoffe bezeichnen wollen, sekundäre bzw. tertiäre Strukturen genannt werden können.

Es erhebt sich nun die Frage, inwieweit diese sekundären und tertiären Strukturen der Proteine die Peptidase-wirkungen beeinflussen können. Rein empirisch läßt sich feststellen, daß diese Strukturen den Eiweißstoffen einen gewissen, wenn auch nicht immer absoluten Schutz gegenüber dem Angriff von Peptidasen verleihen, d. h. allgemein werden native Proteine viel schwerer enzymatisch abgebaut als denaturierte; in vielen Fällen beobachtet man sogar eine komplette Resistenz nativer Eiweißstoffe gegenüber bestimmten Peptidasen. Dies läßt sich wohl am besten durch die Vorstellung erklären, daß durch die sekundären und tertiären Strukturen bzw. durch die von ihnen verursachte enge Packung der Peptid-ketten im nativen Protein-molekül Peptid-bindungen, welche sonst von den Peptidasen hydrolysiert würden, deren Angriff entzogen werden.

Auf den Schutz durch derartige Strukturen ist es vermutlich auch zurückzuführen, daß wir manchmal eine *begrenzte Proteolyse*, d. h. eine streng spezifische Hydrolyse ganz weniger Bindungen in einem Protein beobachten, obwohl in dem betreffenden Eiweißstoff sicher mehr Peptid-bindungen vorhanden sind, welche gespalten würden, wenn sie nicht durch die genannten Strukturen geschützt wären. Als Beispiele für ein derartiges Verhalten sind vor allem die Aktivierungen von inaktiven Enzym-vorstufen, sog. Zymogenen, durch entsprechende Kinasen zu erwähnen[2]. Die Kinasen sind wohl durchwegs als Peptidasen aufzufassen; ihre Wirkung bei der Aktivierung besteht anscheinend darin, spezifisch einige wenige Peptid-bindungen im Zymogen-molekül zu hydrolysieren, wodurch dieses in das aktive Ferment überführt wird. Das am besten durchgearbeitete Beispiel für ein derartiges Verhalten ist die Überführung von Chymotrypsinogen in Chymotrypsin durch Trypsin (S. 318 f.).

Zum selben Reaktions-typus — spezifische Aufspaltung einiger weniger Peptid-bindungen — dürfte auch die Überführung des Fibrinogens in Fibrin bzw. Profibrin gehören, da LORAND[3] zeigen konnte, daß dabei ein Peptid abgespalten wird. Ein weiteres Beispiel ist die vor kurzem aufgeklärte Umwandlung von Ovalbumin und Plakalbumin[4] (vgl. S. 328). Hierbei werden unter der Ein-

---

[1] W. GRASSMANN: Kolloid-Z. **77**, 205 (1936).

[2] Vgl. das Übersichtsreferat von P. DESNUELLE und M. ROVERY in „Biologie und Wirkung der Fermente", 4. Mosbacher Kolloquium Ges. physiol. Chem., S. 133. Berlin: Springer. 1953.

[3] L. LORAND und W. R. MIDDLEBROOK: Biochem. J. **52**, 196 (1952); L. LORAND: Ibid. **52**, 200 (1952).

[4] Vgl. dazu besonders: K. LINDERSTRØM-LANG: Proteins and Enzymes. Stanford: Stanford Univ. Press. 1952, und zwar S. 73ff.

wirkung einer Proteinase von *Bacillus subtilis* bestimmte bereits identifizierte Peptide abgespalten; dieses bakterielle Enzym ist aber, wie TUPPY[1] vor kurzem zeigen konnte, durchaus nicht so streng spezifisch. Es ist vielmehr anzunehmen, daß auch hier die Existenz der Superstruktur eine weitergehende Wirkung des Ferments verhindert.

Eine einfache Deutung derjenigen Fälle, in denen Peptidasen einen weitgehenden Abbau nativer Proteine verursachen, dürfte unmöglich sein, da die Verhältnisse vermutlich von Fall zu Fall verschieden sind. So ist es vorstellbar, daß manchmal die Hydrolyse bestimmter, der Peptidase zugänglicher Peptidbindungen einen Zusammenbruch der sekundären und tertiären Strukturen bedingt, wodurch der weiteren Peptidase-wirkung der Weg geebnet wird. Eine andere durchaus plausible Theorie wurde von LINDERSTRØM-LANG[2] entwickelt: es wird angenommen, daß unter den Bedingungen der enzymatischen Spaltung ein Gleichgewicht zwischen der nativen und der denaturierten Form des Proteins besteht. Wohl ist nur die denaturierte Form der Proteolyse unterworfen; während des Vorgangs wird aber das Gleichgewicht dauernd in Richtung der denaturierten Form verschoben, wodurch im weiteren Verlauf die native Form völlig verschwindet. Eine ausführliche Untersuchung dieser Verhältnisse wurde vor kurzem von KORSGAARD CHRISTENSEN[3] durchgeführt.

Manchmal scheinen sekundäre und tertiäre Strukturen derartig resistent zu sein, daß sie sogar eine weitgehende Spaltung der Peptid-bindungen zumindest teilweise überstehen. Nach ANFINSEN[4] werden bei der Pepsin-spaltung von Pankreas-ribonuclease etwa zehn Peptid-bindungen hydrolysiert, doch die dabei entstehenden Peptide, die durchschnittlich 7 bis 8 Aminosäure-reste enthalten, lassen sich nur schwer voneinander trennen, da sie anscheinend noch durch die Superstruktur des Ribonuclease-moleküls zusammengehalten werden.

Von verschiedener Seite wurde die Existenz von Enzymen, sog. *Denaturasen*, postuliert, deren Wirkung die Zerstörung der Superstruktur sein sollte. Ein vollgültiger Beweis, daß es solche Enzyme gibt, konnte bisher aber noch nicht erbracht werden.

V. Die Funktionen der Peptidasen. Nehmen die Peptidasen an der Biosynthese der Eiweißstoffe teil?[5]

Die biologische Funktion der Verdauungs-fermente, also insbesondere derjenigen Peptidasen, die in den Verdauungs-trakt abgegeben werden (Pepsin, Trypsin, Chymotrypsin und Exopeptidasen des Erepsin-gemisches) ist völlig offenbar. Ihre Aufgabe ist es, die mit der Nahrung aufgenommenen Proteine, die als solche nicht resorbiert werden können, bis zu den resorbierbaren Aminosäuren abzubauen, wodurch dem Organismus deren Verwertung ermöglicht wird.

Außerdem kennen wir die Rolle einiger spezialisierter Peptidasen, wie z. B. der Fermente der Blutgerinnung, wenngleich das sinnvolle Zusammenspiel dieser Enzyme noch nicht in allen Einzelheiten geklärt ist (vgl. das folgende Kapitel!).

Weitgehend unklar sind aber bisher die Funktionen der vielen tierischen und pflanzlichen intracellulären Peptidasen vom Typus der Kathepsine, des Papains

---

[1] H. TUPPY: Mh. Chem. **84**, 996 (1953).

[2] K. LINDERSTRØM-LANG, R. D. HOTCHKISS und C. F. JACOBSEN: Nature **142**, 996 (1938).

[3] L. KORSGAARD CHRISTENSEN: C. R. Trav. Lab. Carlsberg, Sér. chim. **28**, 37 (1952).

[4] C. B. ANFINSEN: J. biol. Chem. **196**, 201 (1952).

[5] Handbuchartikel und Übersichtsreferate: P. P. COHEN: In „The Enzymes", herausgegeben von J. B. SUMNER und K. MYRBÄCK, Bd. II/2, S. 886. New York: Academic Press. 1952; H. BORSOOK: Fortschr. Chem. organ. Naturstoffe **9**, 292 (1952); vgl. auch „Symposium sur la Biogénèse des Protéines", 2e Congr. internat. Biochimie, Paris 1952.

und der intracellulären Exopeptidasen. Es ist wohl als sicher zu bezeichnen, daß — wenn wir von den wenigen zur Phagozytose befähigten Zelltypen absehen — kaum jemals Fremd-eiweißstoffe in die Zelle gelangen. Trotzdem besitzt jede Zelle ein wohlausgebildetes System verschieden spezifischer Peptidasen von manchmal bemerkenswerter Aktivität. Wir wissen insbesondere aus den grundlegenden Versuchen von SCHOENHEIMER[1], daß im tierischen Organismus ein dauernder Abbau und Aufbau der Proteine stattfindet. Inwieweit sind nun die genannten Fermente an diesen Vorgängen und auch besonders an der Synthese der Eiweißstoffe beteiligt, für die sie ja auf Grund ihrer so ausgeprägten Spezifität hervorragend geeignet erscheinen?

Tatsächlich konnte in Übereinstimmung mit der Theorie der Katalyse experimentell nachgewiesen werden, daß auch die Wirkung der Peptidasen allgemein reversibel ist; unter bestimmten, meist allerdings ziemlich extremen und unphysiologischen Bedingungen läßt sich eine synthetisierende Wirkung beobachten.

Als Beispiel dafür können hier die interessanten Versuche von BRESLER und Mitarbeitern[2] angeführt werden. Bei Zugabe von bestimmten Peptidasen zu niedermolekularen Proteinspaltprodukten erfolgt unter hohem Druck (5000 bis 8000 atm) eine zumindest teilweise Resynthese von Proteinen, die sich in ihren Eigenschaften wenig von den nativen Eiweißstoffen unterscheiden.

Bei der Biosynthese der Proteine ist hingegen die direkte Bildung von Peptiden aus Aminosäuren durch einfache Umkehr der hydrolytischen Peptidasenwirkung aus *thermodynamischen Gründen* recht unwahrscheinlich[3]. Für die allgemeine Reaktion

$$\mathrm{RCOOH} + \mathrm{H_2NR'} \rightarrow \mathrm{RCOHNR'} + \mathrm{H_2O}$$

werden ΔF_0-Werte zwischen + 3000 und 4000 cal pro Mol angegeben. Dies gilt für äquimolare Mengen aller Reaktions-teilnehmer; wenn wir nun bedenken, daß unter biologischen Bedingungen Wasser immer im Überschuß vorhanden ist, so verschiebt sich das Gleichgewicht der Reaktion noch mehr auf die Seite der Hydrolyse, als dies auf Grund der ΔF_0-Werte für äquimolare Mengen zu erkennen ist.

Wie LINDERSTRØM-LANG[4] vor einiger Zeit ausführte, ist allerdings zu erwarten, daß bei der Bildung größerer Peptide durch Kondensation einer Carboxyl-gruppe mit einer Aminogruppe eines Peptids geringere Werte für ΔF_0 erforderlich sind. Tatsächlich konnten vor kurzem FRUTON und Mitarbeiter[5] diese Vorstellung bestätigen. Sie untersuchten die durch Chymotrypsin katalysierte Reaktion

$$\text{Benzoyl-L-tyrosin} + \text{Glycinamid} \rightleftharpoons \text{Benzoyl-L-tyrosyl-glycinamid} + \mathrm{H_2O}$$

und fanden bei 1-m Konzentration der Reaktions-teilnehmer im wäßrigen Medium ein ΔF_0 von —0,42 kcal/Mol, also einen Wert, der etwa um eine Zehnerpotenz niedriger ist als die entsprechenden Werte für die Peptid-bindung zweier freier Aminosäuren. Die Kondensation einer Aminogruppe mit einer Carboxyl-

---

[1] Monographie: R. SCHOENHEIMER: The Dynamic State of the Body Constituents. Cambridge, Mass.: Harvard Univ. Press. 1942.

[2] S. E. BRESLER: Doklady Akad. Nauk. S. S. S. R. 55, 145 (1947); S. E. BRESLER, A. P. KONIKOVA und N. A. SELEZNEVA: Ibid. 65, 521 (1949); S. E. BRESLER, M. W. GLIKINA und A. M. TONGUR: Ibid. 78, 543 (1951); S. E. BRESLER und M. W. GLIKINA: Biochimija 12, 389 (1947); S. E. BRESLER, G. W. SAMSONOW und N. A. SELEZNEVA: Ibid. 14, 524 (1949); S. E. BRESLER, M. W. GLIKINA, N. A. SELEZNEVA und P. A. FINOGENOV: Ibid. 17, 44 (1952).

[3] J. S. FRUTON: In „Symposium sur la Biogénèse des Protéines". 2e Congr. internat. Biochimie, S. 1, 19. Paris 1952; H. BORSOOK: Ibid. S. 37.

[4] K. LINDERSTRØM-LANG: Exp. Cell Res., Suppl. 1, 1 (1949).

[5] A. M. DOBRY, J. S. FRUTON und J. M. STURTEVANT: J. biol. Chem. 195, 149 (1952).

gruppe ist somit thermodynamisch begünstigt, wenn die diesen Gruppen benachbarten geladenen Endgruppen durch Substitution verhindert sind, einen Einfluß auszuüben. Dies ist beim Zusammentreten zweier Peptide der Fall; ein derartiger Vorgang kann somit auch unter biologischen Bedingungen als Umkehr der Hydrolyse erfolgen.

Es scheint also, daß der größte „Energie-sprung" bei der Protein-synthese aus Aminosäuren die primäre Bildung der niedrigen Peptide ist. Während es mit recht unwahrscheinlich ist, daß durch einfache Umkehr der hydrolytischen Wirkung der Peptidasen Aminosäuren zu Peptiden kondensiert werden, verlangt die Bildung höhermolekularer Peptide aus niedrigen Peptiden einen weitaus geringeren Aufwand an freier Energie, und es ist durchaus vorstellbar, daß auch unter biologischen Bedingungen die Umkehr der hydrolytischen Wirkung von Peptidasen eine wesentliche Rolle spielen kann.

Wahrscheinlich läßt sich auf dieser Basis die *Bildung des sog. „Plasteins"* erklären. Schon vor längerer Zeit beobachtete DANILEWSKY[1], daß sich, wenn man eine konzentrierte Lösung der durch Pepsin-wirkung erhaltenen Abbau-produkte mit frischem Pepsin einige Zeit stehen läßt, ein Niederschlag bildet, der sich in mancher Hinsicht wie ein Eiweißstoff verhält. Dieser Vorgang wurde von WASTENEYS und BORSOOK[2] einer genauen Untersuchung unterzogen, wobei festgestellt wurde, daß das p_H-Optimum dieser Wirkung bei 4,0 liegt, also nicht dasselbe ist, das bei der hydrolytischen Wirkung des Pepsins beobachtet wird, und weiters, daß tatsächlich eine Synthese stattfindet, die sich durch das Verschwinden von freien Carboxyl- und Aminogruppen zu erkennen gibt. Emulgatoren beschleunigen die Reaktion. Die Ergebnisse dieser Forscher deuten darauf hin, daß wirklich eine Synthese protein-artiger Verbindungen stattfindet, die aber anscheinend unter den Reaktionsbedingungen denaturiert und dadurch unlöslich werden; auf diese Weise werden sie dem Gleichgewicht entzogen und dieses dauernd in Richtung der Synthese verschoben. Es konnte gezeigt werden, daß außer Pepsin auch andere Endopeptidasen zur Plastein-bildung befähigt sind. Alle Untersucher der letzten Zeit[3] scheinen aber darin übereinzustimmen, daß die Plastein-bildung wohl ein synthetischer Prozeß ist, dabei aber nicht die ursprünglichen Proteine rückgebildet werden, sondern niedrige, vielleicht zyklische Peptide mit M. G., die 1000 kaum überschreiten, entstehen.

Bei der Plastein-bildung scheint also der Fall vorzuliegen, daß ein thermodynamisch durchaus mögliches Zusammentreten niedrigerer Peptide zu höheren stattfindet und daß das unlöslichwerdende Produkt dauernd aus dem Gleichgewicht ausscheidet, wodurch dieses in Richtung der Synthese verschoben wird.

Der letztgenannte Mechanismus konnte auch in einfachen Modell-versuchen verwirklicht werden. BERGMANN und FRAENKEL-CONRAT[4] zeigten, daß in Anwesenheit aktivierten Papains Carbobenzoxyglycin und Anilin zu unlöslichem Carbobenzoxyglycyl-anilid kondensiert werden, wobei die treibende Kraft dieser Reaktion die Bildung des unlöslichen kristallinen Produkts ist, wodurch das Gleichgewicht in Richtung der Synthese verschoben wird.

Wie weit ähnliche Mechanismen bei der Biosynthese der Proteine eine Rolle spielen — ein Ausscheiden des Endprodukts aus dem Gleichgewicht könnte nicht nur durch Unlöslichkeit, sondern auch durch schnelle Weiter-reaktion des Produkts zustande kommen —, entzieht sich heute noch unserer Kenntnis.

Ein anderes Beispiel für eine Synthese durch eine Peptidase, bei der anscheinend ebenfalls die Verschiebung eines Gleichgewichts die treibende Kraft dar-

[1] A. DANILEWSKY, zit. nach NORTHROP, KUNITZ und HERRIOTT, *l. c.*

[2] H. WASTENEYS und H. BORSOOK: Physiol. Revs. **10**, 110 (1930).

[3] S. J. FOLLEY: Biochem. J. **26**, 99 (1932); J. N. HADDOCK und L. E. THOMAS: J. biol. Chem. **144**, 691 (1942); J. H. NORTHROP: J. gen. Physiol. **30**, 377 (1947); P. G. ECKER: Ibid. **30**, 399 (1947); H. H. STRAIN und K. LINDERSTRØM-LANG: Enzymologia **5**, 86 (1938); A. VIRTANEN, H. K. KERKKONEN und T. LAAKSONEN: Acta chem. Scand. **2**, 933 (1948); **3**, 520 (1949).

[4] M. BERGMANN und H. FRAENKEL-CONRAT: J. biol. Chem. **119**, 707 (1937).

stellt, fanden BEHRENS und BERGMANN[1]. Während aktiviertes Papain weder Acetyl-DL-phenylalanyl-glycin noch Glycyl-L-leucin einzeln hydrolysieren kann, findet bei gleichzeitiger Anwesenheit äquimolekularer Mengen dieser beiden Peptide eine komplette Spaltung des Glycyl-L-leucins statt. Dies kann durch die intermediäre Bildung eines Tetrapeptides nach dem Schema

Acetyl-DL-phenylalanyl-glycin + Glycyl-L-leucin

$\rightleftharpoons$

Acetyl-L-phenylalanyl-glycyl-glycyl-L-leucin

$\rightleftharpoons$

Acetyl-L-phenylalanyl-glycyl-glycin + L-Leucin

$\rightleftharpoons$

Acetyl-L-phenylalanyl-glycin + Glykokoll

erklärt werden. Die treibende Kraft für die Synthese des Tetrapeptides ist hier sein sofortiges Weiter-reagieren, also die Hydrolyse.

In letzter Zeit sind verschiedene andere durch Peptidasen bewirkte Vorgänge entdeckt worden, die vielleicht bei der biologischen Protein-synthese eine Rolle spielen. So beobachteten FRUTON und Mitarbeiter[2] sowie HANES, HIRD und ISHERWOOD[3], daß verschiedene Peptidasen bestimmte Austausch-reaktionen, die als Transpeptidierungen oder Transamidierungen bezeichnet werden, katalysieren.

FRUTON[2] ließ Papain auf Benzoyl-glycinamid in Gegenwart von $N^{15}H_3$ einwirken und fand dabei, daß während der fortschreitenden Hydrolyse des Substrats als Nebenreaktion auch die Amid-gruppe des unzersetzten Substrats durch $N^{15}H_3$ ersetzt wurde. Eine analoge Reaktion, die sich durch das Schema

$$RCONH_2 + NH_2OH \rightleftharpoons RCONHOH + NH_3$$

darstellen läßt, wird ebenfalls durch Papain bewirkt; hier erfolgt ein Austausch der Amidgruppe eines Säureamids gegen Hydroxylamin, wobei eine Hydroxamsäure und Ammoniak die Endprodukte darstellen.

Allgemein lassen sich die Transpeptidierungs- bzw. Transamidierungs-vorgänge durch die Formel

$$\underset{}{RCOHN\overset{R'}{\overset{|}{C}}HCO{-}NHR''} + NH_2X \rightleftharpoons RCOHN\overset{R'}{\overset{|}{C}}HCO{-}NHX + NH_2R''$$

darstellen. Formal sind diese Reaktionen den bei den Phosphoesterasen und Glykosidasen beobachteten Transphosphorylierungen und Transglykosylierungen völlig analog; bei allen diesen Vorgängen handelt es sich um die Übertragung eines Molekül-restes auf einen anderen Akzeptor als Wasser, das ja bei allen diesen Hydrolase-gruppen den anscheinend normalen Akzeptor darstellt.

Eine Bildung hochpolymerer Peptide findet statt, wenn Glycyl-L-phenylalaninamid der Einwirkung von Kathepsin C bei p_H 7 unterworfen wird. Hier wird die Amid-gruppe des Substrats durch ein weiteres Molekül des Substrats ersetzt und das entstehende Tetrapeptid kondensiert wiederum mit dem Monomeren, bis ein unlösliches Hochpolymeres aus dem Reaktions-gemisch ausfällt.

HANES und Mitarbeiter[3] berichten, daß sie Glutathion mit Leucin, Phenylalanin oder Valin der Wirkung eines Enzympräparats aus Nieren aussetzten, wobei ein Teil des Glutathions hydrolysiert wurde und eine kleine Menge eines

---

[1] O. K. BEHRENS und M. BERGMANN: J. biol. Chem. **129**, 587 (1939).

[2] R. B. JOHNSTON, M. J. MYCEK und J. S. FRUTON: Ibid. **185**, 629; **187**, 205 (1950); J. S. FRUTON, R. B. JOHNSTON und M. FRIED: Ibid. **190**, 39 (1951); M. E. JONES, W. R. HEARN, M. FRIED und J. S. FRUTON: Ibid. **195**, 645 (1952).

[3] C. R. HANES, F. J. R. HIRD und F. A. ISHERWOOD: Nature **166**, 288 (1950); Biochem. J. **51**, 25 (1952).

γ-Glutamyl-peptides der betreffenden Aminosäure mit papierchromatographischen Methoden nachweisbar wurde. Hier handelt es sich anscheinend ebenfalls um eine Übertragung des Aminosäure-restes auf eine Amino-gruppe.

Auch die in letzter Zeit von BRENNER und Mitarbeitern[1] berichteten Peptidsynthesen fallen in die gleiche Kategorie. Bei Einwirkung von Chymotrypsin, das auch als Esterase wirken kann, auf D,L-Methionin- oder D,L-Threoninester erfolgt Bildung von Peptiden verschiedenen Molekulargewichts, die nur die L-Form der betreffenden Aminosäure enthalten. Daneben findet eine Hydrolyse der Ester statt. Eine Erklärung für diese Erscheinung ist, daß primär etwas Ester hydrolysiert wird und nunmehr bei der weiteren Spaltung des Esters die freie Aminosäure zumindest teilweise an Stelle von Wasser als Akzeptor fungiert. Die Bildung höherer Peptide erfolgt dann durch Kondensation der primär gebildeten Peptide mit dem Ester.

Fast alle Transpeptidierungs-reaktionen zeigen ein p_H-Optimum, das etwas mehr im alkalischen Gebiet liegt als die p_H-Optima der gleichen Fermente für die Hydrolyse ihrer Peptid-substrate. Anscheinend besteht eine Beziehung zwischen dieser p_H-Abhängigkeit und dem $p_{K'}$ des Substrats. In Hinblick auf die Spezifitäts-verhältnisse ist es bemerkenswert, daß nur diejenigen Substrate einer Transpeptidierung durch ein bestimmtes Enzym unterliegen, die auch durch dasselbe Enzym hydrolysiert werden.

Es ist durchaus wahrscheinlich, daß den geschilderten Transpeptidierungsmechanismen auch biologische Bedeutung zukommt. Dabei muß aber betont werden, daß eine Bildung höherer Peptide durch Transpeptidierung nur dann erfolgen kann, wenn bereits CO—HN-Bindungen (oder Ester-bindungen) vorliegen. Eine Neubildung von Peptiden aus freien Aminosäuren kann auf diese Weise nicht stattfinden.

Die Bildung von Peptiden aus Aminosäuren scheint hingegen nach den neuesten Erkenntnissen auf einem anderen Wege, u. zw. nicht unter Mitwirkung von Peptidasen, vor sich zu gehen. Die Versuche von SPECK[2], ELLIOTT[3], BORSOOK und DUBNOFF[4], COHEN und MCGILVERY[5] sowie BLOCH und Mitarbeitern[6] scheinen deutlich zu zeigen, daß für die Primärbildung von Peptid-bindungen eine Kopplung mit oxydativen Vorgängen, bzw. Phosphat-bindungsenergie aus ATP, unbedingt erforderlich ist, was schon durch frühere Befunde von GREEN und Mitarbeitern[7] sowie von LOOMIS und LIPMANN[8] wahrscheinlich gemacht worden war, die eine Hemmbarkeit der Peptid-synthese und des Einbaues von Aminosäuren durch 2,4-Dinitrophenol beobachten konnten.

SPECK[2] und ELLIOTT[3] zeigten unabhängig voneinander, daß die Synthese des Glutamins aus Glutaminsäure und NH_3 als gekoppelte Reaktion erfolgt,

---

[1] M. BRENNER, H. R. MÜLLER und R. W. PFISTER: Helv. chim. Acta **33**, 568 (1950); M. BRENNER und R. W. PFISTER: Ibid. **34**, 2085 (1951); M. BRENNER, E. SAILER und K. RÜFENACHT: Ibid. **34**, 2096 (1951); M. BRENNER, H. R. MÜLLER und E. LICHTENBERG: Ibid. **35**, 217 (1952); M. BRENNER, H. R. MÜLLER und A. VETTERLI: Ibid. **35**, 247 (1952).

[2] J. F. SPECK: J. biol. Chem. **168**, 403 (1947); **179**, 1387, 1405 (1949).

[3] W. H. ELLIOTT: Nature **161**, 128 (1948); Biochem. J. **42**, V (1948).

[4] H. BORSOOK und J. W. DUBNOFF: J. biol. Chem. **168**, 397 (1947); vgl. auch H. CHANTRENNE: Ibid. **186**, 227 (1951).

[5] P. P. COHEN und R. W. MCGILVERY: Ibid. **166**, 261 (1946); **169**, 119; **171**, 121 (1947); R. W. MCGILVERY und P. P. COHEN: Ibid. **183**, 179 (1950); vgl. dazu auch P. P. COHEN, *l. c.*

[6] K. BLOCH: Federation Proc. **10**, 163 (1950); R. B. JOHNSTON und K. BLOCH: J. biol. Chem. **188**, 221 (1951); K. BLOCH, J. SNOKE und S. YANARI: In „Symposium sur la Biogénèse des Protéines", 2e Congr. internat. Biochimie, S. 32. Paris 1952.

[7] R. J. GROSS, J. V. TAGGART, G. A. COVO und D. E. GREEN: J. biol. Chem. **177**, 655 (1949).

[8] W. F. LOOMIS und F. LIPMANN: Ibid. **173**, 807 (1947).

wobei für jedes gebildete Mol Amid ein anorganischer Phosphat-rest aus ATP freigesetzt wird. Für die Hippursäure-synthese, die Bildung von Aminohippursäure und die Synthese des Glutathions sind ähnliche Mechanismen nachgewiesen worden.

Schließlich wurden auch Enzyme oder Enzymsysteme entdeckt, die wohl ebenso wie manche Peptidasen Transamidierungs-vorgänge katalysieren, sich aber in verschiedenen Einzelheiten von diesen unterscheiden: die sog. Transglutaminasen und Transaspartasen (WAELSCH und Mitarbeiter[1], STUMPF und LOOMIS[2], vgl. auch S. 445), die für ihre Wirksamkeit die Anwesenheit von ATP oder ADP, Phosphat- oder Arsenat-ion und Mn^{++} benötigen. Es ist aber noch nicht geklärt, in welcher Weise die Adenosinpolyphosphate hier wirken, da diese Verbindungen angeblich nicht verbraucht werden, sondern als „wahre" Coenzyme fungieren sollen.

Wir kennen somit bereits vier verschiedene Typen von enzymatisch katalysierten Reaktionen, die an der biologischen Peptidsynthese beteiligt sein können:

1. Primärbildung von Peptiden unter Verbrauch von Phosphat-energie; die Abspaltung anorganischen Phosphats von ATP verläuft in einem stöchiometrischen Verhältnis zur Peptid-bildung; in manchen Fällen (Hippursäure-synthese) ist CoA beteiligt (Benzoyl-CoA als Primärprodukt).
2. Transamidierungs-reaktionen, katalysiert durch verschiedene Peptidasen; thermodynamisch ungefähr neutral, da keine Neubildung von Peptid-bindungen.
3. Transamidierungs-reaktionen, katalysiert durch Transglutaminase und Transaspartase; Anwesenheit von anorganischem Phosphat (oder Arsenat), Mn^{++}, sowie katalytischer Mengen von ATP oder ADP erforderlich.
4. Zusammentreten von Peptiden durch direkte Kondensation einer α-Aminogruppe mit einer α-Carboxylgruppe, katalysiert durch Peptidasen. Vorgänge dieses Typus sind aus thermodynamischen Gründen nur bei höheren Peptiden oder bei Unlöslichkeit oder schnellem Weiterreagieren des Kondensations-produkts wahrscheinlich.

Zusammenfassend darf die im Titel des Abschnitts gestellte Frage, ob die Peptidasen an der biologischen Peptid-synthese beteiligt sind, in dem Sinn beantwortet werden, daß es sehr wahrscheinlich ist, daß diese Fermente bei der Eiweißbildung eine wichtige Rolle spielen, die allerdings kaum darin bestehen dürfte, die primäre Bildung von Peptiden aus freien Aminosäuren zu katalysieren. Dieser Vorgang wird höchstwahrscheinlich durch andere Enzyme unter Aufwendung von Phosphat-energie bewirkt. Die Funktion der Peptidasen scheint es dabei vielmehr zu sein, bereits vorgebildete Peptide durch Transamidierung umzubauen, wobei eine Verlängerung der Peptid-kette erfolgen kann. Eine direkte Kondensation zweier Peptide als Umkehr der Hydrolyse kann wohl nur bei höhermolekularen Peptiden in Betracht gezogen werden.

B. Exopeptidasen[3]

I. Glycylglycin-dipeptidasen

Während früher allgemein angenommen wurde, daß es Fermente gibt, die für ihre Wirkung nur die Anwesenheit von Carboxyl-gruppen und Amino-gruppen neben der zu spaltenden Peptid-bindung im Substrat benötigen, also spezifisch

[1] Vgl. die Übersichtsreferate: H. WAELSCH: Adv. Enzymology **13**, 237 (1952); in „Symposium sur la Biogénèse des Protéines", 2e Congr. internat. Biochimie, S. 26. Paris 1952.

[2] P. K. STUMPF und W. D. LOOMIS: Arch. Biochem. **25**, 451 (1950); P. K. STUMPF, W. D. LOOMIS: Ibid. **30**, 126 (1951); C. C. DELWICHE, W. D. LOOMIS und P. K. STUMPF: Arch. Biochem. Biophys. **33**, 333 (1951).

[3] Übersichtsreferat: E. L. SMITH: Adv. Enzymology **12**, 191 (1951).

auf die Spaltung aller Dipeptide eingestellt sind, wird heute die Existenz derartiger gruppen-spezifischer Dipeptidasen allgemein angezweifelt. Hingegen konnte gezeigt werden, daß es spezifische Dipeptidasen gibt, also Fermente, die nur bestimmte Dipeptide hydrolysieren.

So gelang es SMITH[1], nachzuweisen, daß in tierischen Geweben Enzyme vorkommen, die spezifisch Glycylglycin und das nahe verwandte Sarcosylglycin hydrolysieren, aber sonst kein anderes Dipeptid angreifen. Fermente dieser Spezifität, die somit als Glycylglycin-dipeptidasen bezeichnet werden, benötigen Co^{++} für ihre Aktivität; Kobalt kann unter Umständen durch Mn^{++} ersetzt werden. Das p_H-Optimum der Enzym-wirkung liegt bei 7,6. Bei 0,05-m Substratkonzentration folgt die hydrolytische Spaltung den Gesetzen einer Reaktion nullter Ordnung.

$$\underset{\text{Glycylglycin}}{H_2NCH_2CO{-}HNCH_2COOH} + H_2O \rightarrow 2\,H_2NCH_2COOH$$

II. Glycyl-L-leucin-dipeptidasen

In verschiedenen tierischen Geweben finden sich Enzyme, die Glycyl-L-leucin hydrolysieren, während sie Carbobenzoxyglycyl-L-leucin, Glycyl-L-leucinamid und Carbobenzoxyglycyl-L-leucinamid nicht angreifen. Außer Glycyl-L-leucin werden nur noch — weitaus langsamer — Sarcosyl-L-leucin und β-Alanyl-L-leucin gespalten[2]. Es handelt sich hier um spezifische Dipeptidasen, für deren Wirkung eine freie (oder einfach methylierte) Aminogruppe und eine freie Carboxyl-gruppe in Nachbarschaft der Peptid-bindung im Substrat sowie die spezifische Konfiguration des Glycyl-L-leucins oder eine sehr ähnliche Struktur erforderlich ist.

Während die Enzyme aus Kaninchen-muskel und der Dünndarm-schleimhaut des Schweines durch Mn^{++} aktiviert werden, bewirkt bei den analogen Fermenten des menschlichen Uterus und des Ratten-muskels Zn^{++} eine gleichartige Aktivierung. Eine optimale Wirksamkeit wird nur bei Verwendung von Phosphatpuffer erreicht, was dadurch erklärt werden kann, daß Ca^{++} eine starke Hemmwirkung hat und mit Phosphat als Calciumphosphat entfernt wird.

Das Enzym aus der Dünndarm-schleimhaut von Schweinen konnte durch Ammoniumsulfat-fällung und darauffolgende Dialyse teilweise gereinigt und in einer stabilen Form erhalten werden.

$$\underset{\text{Glycyl-L-leucin}}{H_2NCH_2CO{-}HN\overset{\overset{\overset{H_3C\diagdown\ \diagup CH_3}{CH}}{|}}{\overset{CH_2}{\overset{|}{C}}}HCOOH} + H_2O \rightarrow \underset{\text{Glykokoll}}{H_2NCH_2COOH} + \underset{\text{L-Leucin}}{H_2N\overset{\overset{\overset{H_3C\diagdown\ \diagup CH_3}{CH}}{|}}{\overset{CH_2}{\overset{|}{C}}}HCOOH}$$

III. L-Cysteinyl-glycin-dipeptidasen

Beim Abbau des Glutathions — γ-L-Glutamyl-L-cysteinyl-glycin — durch Gewebe-extrakte erfolgt primär eine Spaltung in Glutaminsäure und Cysteinylglycin. Die letztgenannte Substanz wird durch ein weiteres Enzym, eine L-Cysteinyl-glycin-dipeptidase, zu Cystein und Glykokoll abgebaut.

---

[1] E. L. SMITH: J. biol. Chem. **173**, 571; **176**, 21 (1948).
[2] E. L. SMITH: Ibid. **176**, 9 (1948).

$$\underset{\text{Cysteinyl-glycin}}{HSCH_2CH(NH_2)CO{-}HNCH_2COOH} + H_2O \rightarrow \underset{\text{Cystein}}{HSCH_2CH(NH_2)COOH} + \underset{\text{Glykokoll}}{H_2NCH_2COOH}$$

L-Cysteinyl-glycin-dipeptidasen finden sich fast in allen tierischen Geweben. Das Enzym aus Schweinenieren wurde kürzlich von BINKLEY[1] eingehend untersucht. Die optimale Spaltwirkung gegenüber Cysteinyl-glycin erfolgt bei etwa *p*H 8,1. Mn^{++}, Co^{++} und Fe^{++} wirken stark aktivierend.

Bei der Reinigung des Enzyms glaubt BINKLEY festgestellt zu haben, daß die Cysteinyl-glycin-dipeptidase nicht ein Protein sondern ein Polynucleotid ist, da seine reinsten Präparationen nur etwa 1% Protein enthalten und trotzdem eine sehr hohe Wechselzahl aufweisen. Das Absorptionsspektrum der Ferment-zubereitung im ultravioletten Gebiet entspricht völlig demjenigen eines Polynucleotids. Die Aktivität wird durch die Einwirkung von Chymotrypsin, Trypsin, Pepsin oder Carboxypeptidase nicht zerstört, allerdings hat Ribonuclease ebenso wenig Einfluß auf die Ferment-wirksamkeit.

BINKLEY selbst gibt allerdings zu, daß seine Argumente nicht völlig ausreichen, um die Polynucleotid-natur der Cysteinyl-glycin-dipeptidase sicherzustellen. Es erscheint aber jedenfalls von großer Wichtigkeit, diese Frage zu klären, da hier das erste Mal eine definierbare Funktion für ein Polynucleotid postuliert wird und andrerseits alle anderen bisher untersuchten Enzyme als Proteine erkannt wurden.

Bei Untersuchungen über die Cysteinyl-glycin-dipeptidase-wirkung in Taubenleber konnte CHANTRENNE[2] keine Parallelität zwischen Aktivität und Ribonucleinsäure-gehalt seiner Präparationen beobachten.

IV. L-Alanyl-glycin-dipeptidase und Glycyl-L-alanin-dipeptidase

Auf Grund von Untersuchungen von SMITH und BERGMANN[3] muß angenommen werden, daß in der Darm-schleimhaut spezifische Enzyme existieren, von denen das eine die Hydrolyse von L-Alanyl-glycin und das andere diejenige des Glycyl-L-alanins bewirkt. L-Alanyl-glycin wird von Roh-extrakten aus der Darmmucosa weitaus schneller abgebaut als jedes andere Peptid; diese Aktivität wird durch Sulfid gehemmt. Es scheint aber, daß diese Enzyme sehr labil sind; über eine Isolierung und Reinigung wurde noch nicht berichtet.

V. Glycyl-L-prolin-dipeptidasen *(Prolidase)*

BERGMANN und Mitarbeiter[4] beobachteten bereits 1932, daß ein Extrakt aus der Darm-schleimhaut Peptide vom Typus des Glycyl-L-prolins und Glycyl-L-oxy-prolins hydrolysiert, wozu der Pankreas-saft nicht imstande ist.

$$\underset{\text{Glycyl-L-prolin}}{H_2NCH_2CO{-}N\begin{matrix} CH_2{-}CH_2 \\ | \\ CH{-}CH_2 \\ | \\ COOH \end{matrix}} + H_2O \rightarrow \underset{\text{Glykokoll}}{H_2NCH_2COOH} + \underset{\text{L-Prolin}}{HN\begin{matrix} CH_2{-}CH_2 \\ | \\ CH{-}CH_2 \\ | \\ COOH \end{matrix}}$$

Nach BERGMANN und FRUTON[5] ist die Wirkung auf ein spezifisches Enzym zurückzuführen, da alle anderen bisher bekannten Fermente aus der Darm-schleimhaut die Hydrolyse dieser Peptide nicht katalysieren können. Für das verant-

---

[1] F. BINKLEY: Nature **167**, 888 (1951); Exp. Cell Res., Suppl. **2**, 145 (1952).

[2] H. CHANTRENNE: Arch. internat. Physiol. **60**, 186 (1952).

[3] E. L. SMITH und M. BERGMANN: J. biol. Chem. **153**, 627 (1944).

[4] M. BERGMANN, L. ZERVAS und H. SCHLEICH: Ber. dtsch. chem. Ges. **65**, 1947 (1932); M. BERGMANN, L. ZERVAS, H. SCHLEICH und F. LEINERT: Hoppe-Seyler's Z. physiol. Chem. **212**, 72 (1932).

[5] M. BERGMANN und J. S. FRUTON: Science **83**, 306 (1936); J. biol. Chem. **117**, 189 (1937).

wortliche Enzym wurde der Name Prolidase vorgeschlagen; der hier verwendeten Nomenklatur entspricht die Bezeichnung Glycyl-L-prolin-dipeptidase.

Fermente dieses Typus konnten bisher in verschiedenen tierischen Geweben nachgewiesen werden. Carbobenzoxyglycyl-L-prolin wird nicht gespalten, was als Beweis dafür aufgefaßt wird, daß für die Enzymwirkung eine freie Amino-gruppe in Nachbarschaft der gespaltenen Peptid-bindung erforderlich ist. Die Glycyl-L-prolin-dipeptidasen können demnach als Dipeptidasen klassifiziert werden, welche für die Iminopeptid-bindungen von Prolin- oder Oxyprolin-dipeptiden spezifisch sind.

Das p_H-Optimum der Wirkung einer Glycyl-L-prolin-dipeptidase aus Kaninchen-muskel liegt bei 7,7[1]. Das Enzym wird spezifisch durch Mn^{++} aktiviert; Mg^{++} ist ohne Wirkung, während Co^{++}, Cu^{++} und Zn^{++} sogar hemmen.

SMITH und BERGMANN[2] konzentrierten die Glycyl-L-prolin-dipeptidase aus der Darm-schleimhaut des Schweines und erreichten eine etwa 40fache Erhöhung der Aktivität verglichen mit den Roh-extrakten. Eine noch aktivere Präparation eines Enzyms der gleichen Spezifität konnte kürzlich aus Pferde-erythrozyten hergestellt werden[3].

Substanzen wie L-Prolyl-glycin werden durch einen anderen Enzymtypus, die als nächste besprochenen L-Prolyl-glycin-dipeptidasen, hydrolysiert.

VI. L-Prolyl-glycin-dipeptidasen *(Prolinase)*

GRASSMANN und Mitarbeiter[4] konnten in der Darm-schleimhaut, aber auch in der Milz und in der Lunge Enzyme nachweisen, die für die Spaltung von Verbindungen des Typus L-Prolyl-glycin und L-Oxyprolyl--glycin spezifisch sind.

```
H2C——CH2                                   H2C——CH2
 |     |                                     |     |
H2C   CHCO—HNCH2COOH + H2O → H2C   CHCOOH + H2NCH2COOH
  \   /                                   \   /
   NH                                      NH
L-Prolyl-glycin                        L-Prolin        Glykokoll
```

Es werden nur Verbindungen des L-Prolins und des L-Oxyprolins gespalten; für die Aktivität des Enzyms ist es außerdem erforderlich, daß die Imino-gruppe des Pyrrolidin-kerns frei ist.

Das p_H-Optimum der Wirkung wird mit 7,6 angegeben[5]; Ag-Salze, H_2S und in einem geringen Grade auch Cyanid hemmen die Ferment-aktivität[6].

Vor kurzem gelang es SMITH und Mitarbeitern[7], ein Ferment dieser Spezifität aus Schweinenieren zu isolieren. Das Enzym wird durch Mn^{++} und durch Cd^{++} aktiviert. Eine gereinigte Fermentpräparation spaltet nur Dipeptide von L-Prolin und L-Oxyprolin, welche die freie Imino-gruppe dieser Körper besitzen. Tripeptide wie L-Prolyl-glycyl-glycin oder L-Prolinamid werden nicht angegriffen. Das p_H-Optimum der Wirkung wird mit 9,0 angegeben.

---

[1] E. L. SMITH: J. biol. Chem. **173**, 553 (1948).
[2] E. L. SMITH und M. BERGMANN: Ibid. **153**, 627 (1944).
[3] E. ADAMS und E. L. SMITH: Ibid. **198**, 671 (1952).
[4] W. GRASSMANN, H. DYCKERHOFF und O. VON SCHOENEBECK: Ber. dtsch. chem. Ges. **62**, 1307 (1929).
[5] E. ABDERHALDEN und S. BUADSE: Fermentforsch. 13, 185 (1932).
[6] W. GRASSMANN, O. VON SCHOENEBECK und G. AUERBACH: Hoppe-Seyler's Z. physiol. Chem. **210**, 1 (1932).
[7] R. E. NEUMAN und E. L. SMITH: J. biol. Chem. **191**, 97 (1951); N. C. DAVIS und E. L. SMITH: Ibid. **200**, 373 (1953).

VII. L-Leucin-aminopeptidasen

LINDERSTRØM-LANG[1] konnte bereits 1929 feststellen, daß in der Darmschleimhaut ein Enzym vorkommt, das spezifisch die Hydrolyse von Peptiden des Leucins katalysiert. Das Ferment wurde von JOHNSON und Mitarbeitern[2] durch Aceton-fällung von anderen Enzymen abgetrennt und später von SMITH und BERGMANN[3] konzentriert.

L-Leucin-aminopeptidasen finden sich sehr weit verbreitet sowohl bei Pflanzen als auch bei Tieren und Mikroorganismen. Ein intracelluläres Ferment dieses Typus wurde bis vor kurzem als Kathepsin III bezeichnet.

Für die Wirksamkeit dieser Fermente ist es notwendig, daß im Substrat eine freie Aminogruppe vorhanden ist; hingegen ist die Anwesenheit einer freien Carboxyl-gruppe nicht erforderlich. Die Spezifität in bezug auf die Leucyl-gruppierung ist nicht absolut, da auch — wenngleich langsamer — andere Peptide und Amide aliphatischer Aminosäuren hydrolysiert werden[4].

Als wichtigste Substrate sind zu nennen:

$(CH_3)_2CHCH_2CH(NH_2)CO$—$HNCH_2COOH$ L-Leucylglycin

$(CH_3)_2CHCH_2CH(NH_2)CO$—$HNCH_2CO$—$HNCH_2COOH$ L-Leucyldiglycin

$(CH_3)_2CHCH_2CH(NH_2)CO$—NH_2 L-Leucylamid

Die optische Spezifität ist sehr streng; D-Leucylglycin und D-Leucylamid sind fast unspaltbar.

Das p_H-Optimum der Wirkung des Enzyms aus der Darmmucosa liegt etwa zwischen 8,0 und 9,0. Für die Wirksamkeit der Leucin-aminopeptidasen ist die Anwesenheit von Mn^{++} oder Mg^{++} unbedingt erforderlich. Obwohl Mn^{++} unter den üblichen Versuchsbedingungen weitaus schneller das Enzym aktiviert als Mg^{++}, ist doch anzunehmen, daß in den Geweben Mg^{++} der Metall-bestandteil der L-Leucin-aminopeptidasen ist, da ungereinigte Gewebe-extrakte durch Citrat gehemmt werden, was nur durch eine Wechselwirkung mit Mg^{++}, nicht aber mit Mn^{++} erklärt werden kann. Mn^{++}-aktivierte Peptidasen wie Glycyl-L-prolin-dipeptidasen und L-Prolyl-glycin-dipeptidasen werden durch Citrat in ihrer Wirksamkeit nicht beeinflußt.

Die Leucin-aminopeptidasen aus Milz und Niere (früher als Kathepsin III bezeichnet), wirken optimal bei niedrigeren p_H-Werten (um 5,0). Sie werden durch Cystein und auch durch Ascorbinsäure aktiviert.

RACKER und KRIMSKY[5] beschrieben kürzlich einen Faktor im Mäuse-hirn, der die phosphorylierende Phosphoglycerinaldehyd → DPN-transhydrogenase *(Triosephosphat-dehydrogenase)* und damit die glykolytische Aktivität des Gewebes hemmt. Dieselbe Wirkung wird auch durch Zusatz einer Präparation von intracellulärer Leucin-aminopeptidase (Kathepsin III) erzielt und auf Grund weiterer Übereinstimmungen des Faktors und der Leucin-aminopeptidase nehmen die Autoren an, daß dieser mit dem Enzym identisch ist.

---

[1] K. LINDERSTRØM-LANG: Hoppe-Seyler's Z. physiol. Chem. **182**, 151 (1929); **188**, 48 (1930).

[2] M. J. JOHNSON, G. H. JOHNSON und W. H. PETERSON: J. biol. Chem. **116**, 515 (1936); J. BERGER und M. J. JOHNSON: Ibid. **130**, 641 (1939).

[3] E. L. SMITH und M. BERGMANN: Ibid. **138**, 786 (1941); **153**, 627 (1944).

[4] E. L. SMITH und W. J. POLGLASE: Ibid. **180**, 1209 (1949).

[5] E. RACKER und I. KRIMSKY: Ibid. **173**, 519 (1948); I. KRIMSKY und E. RACKER: Ibid. **179**, 203 (1949).

VIII. Aminotripeptidasen

Nachdem schon frühere Untersuchungen aus der Schule von WILLSTÄTTER[1] es wahrscheinlich gemacht haben, daß Dipeptide und Tripeptide von verschiedenen Enzymen hydrolysiert werden, konnten SMITH und BERGMANN[2] und etwas später FRUTON und Mitarbeiter[3] eindeutig die Existenz von Fermenten mit Tripeptidase-wirkung nachweisen. Die Präparationen zeigten nur geringe Wirkung auf Dipeptide, wobei diese durch Metall-ionen aktivierbar war, während die Tripeptidase-wirkung dadurch nicht beeinflußt wurde. Tetrapeptide wurden nur sehr langsam gespalten.

Fermente dieses Typus konnten in der Dünndarm-schleimhaut von Schweinen und im Kalbs-thymus nachgewiesen und charakterisiert werden. Es ist aber sehr wahrscheinlich, daß Enzyme dieses Typus auch in vielen anderen Geweben vorkommen. Wahrscheinlich ist ein von GRASSMANN und Mitarbeitern[4] entdecktes Ferment in der Hefe, das als Aminopolypeptidase bezeichnet wurde, ebenfalls als Aminotripeptidase zu klassifizieren.

Als Substrate der Aminotripeptidasen sind zu nennen: Diglycyl-glycin, Glycyl-glycyl-sarcosin, Glycyl-glycyl-L-prolin, L-Alanyl-glycyl-glycin, L-Leucyl-glycyl-glycin, Glycyl-L-leucyl-glycin und Glycyl-glycyl-L-leucin.

Nach FRUTON[3] muß ein Substrat der Aminotripeptidasen die folgende Struktur besitzen:

$$\begin{array}{ccc} R' & R'' & R''' \\ | & | & | \\ \mathbf{H_2N}\text{CH}\mathbf{CO}\text{—}\mathbf{NH}\text{CHCO—NHCH}\mathbf{COOH} \end{array}$$

Die fett gedruckten Gruppen sind für die Spaltbarkeit unbedingt erforderlich. R′ und R″ müssen Wasserstoff, der Methyl-rest von L-Alanin oder der $(CH_3)_2$-$CHCH_2$-Rest von L-Leucin sein, während die dritte Aminosäure Glykokoll, L-Leucin oder auch L-Prolin sein kann. Für den Rest R‴ ist selbst die optische Spezifität nur relativ, da auch Glycyl-glycyl-D-leucin — allerdings viel langsamer — gespalten wird.

Das p_H-Optimum der Enzymwirkung liegt bei 8,0. Die Reaktion, die durch das Enzym aus Kalbs-thymus („Lymphopeptidase“) katalysiert wird, folgt über weite Bereiche den Gesetzen für Vorgänge nullter Ordnung. Metall-ionen haben keine aktivierende Wirkung; dementsprechend sind auch Inhibitoren, wie Cyanid und Sulfid, deren Einfluß auf einer Reaktion mit Metall-ionen beruht, ohne Hemmwirkung.

Ein anscheinend homospezifisches Enzym aus Muskel und aus der Mucosa des Schweine-dünndarms wurde von ÅGREN[5] konzentriert und so weit gereinigt, daß sich die Präparation bei der Elektrophorese als homogen erwies. Das hochgereinigte Enzym wurde durch Pyrophosphat und Cystein in seiner Wirkung gehemmt, während Cyanid keinen Einfluß zeigte. Durch Dialyse bei etwa p_H 4,0 wurde das Enzym inaktiviert; diese Hemmung konnte durch Zugabe des Dialysats wieder rückgängig gemacht werden.

Die Aminotripeptidase aus Kalbs-thymus wurde kürzlich von ELLIS und FRUTON[6] durch fraktionierte Fällung mit Äthanol und Zn^{++} bei tiefen Tempe-

[1] E. WALDSCHMIDT-LEITZ, A. K. BALLS und J. WALDSCHMIDT-GRASER: Ber. dtsch. chem. Ges. **62**, 956 (1929); E. WALDSCHMIDT-LEITZ und A. K. BALLS: Ibid. **63**, 1203 (1930).

[2] E. L. SMITH und M. BERGMANN: J. biol. Chem. **153**, 627 (1944).

[3] J. S. FRUTON, V. A. SMITH und P. E. DRISCOLL: Ibid. **173**, 457 (1948).

[4] W. GRASSMANN: Hoppe-Seyler's Z. physiol. Chem. **167**, 202 (1927); W. GRASSMANN und H. DYCKERHOFF: Ibid. **179**, 41 (1928); W. GRASSMANN, L. EMBDEN und H. SCHNELLER: Biochem. Z. **271**, 216 (1934).

[5] G. ÅGREN: Acta physiol. Scand. **9**, 248, 255, 269 (1945).

[6] D. ELLIS und J. S. FRUTON: J. biol. Chem. **191**, 153 (1951).

raturen und darauffolgende Ammoniumsulfat-fällung weitgehend gereinigt und angereichert.

IX. Polypeptidase aus Hefe

Ein Enzym mit Polypeptidase-aktivität wurde von JOHNSON[1] aus der Hefe isoliert. Da dieses Ferment in seiner Spezifität anscheinend von allen anderen bekannten Exopeptidasen abweicht und auch nicht mit einer von GRASSMANN und Mitarbeitern[2] in Hefe nachgewiesenen Peptidase identisch sein dürfte, muß es hier gesondert besprochen werden.

Das Enzym zeigt einerseits die Spezifität einer Aminotripeptidase, da es Leucyl-glycyl-glycin und Alanyl-glycyl-glycin hydrolysiert, unterscheidet sich aber dadurch von dieser Fermentgruppe, daß es auch Dipeptide wie Leucyl-glycin — allerdings einigermaßen langsamer — spaltet.

Das p_H-Optimum der Enzym-wirkung liegt je nach dem Substrat zwischen 7 und 8. Zn^{++} und Halogen-ionen haben aktivierende Wirkung.

JOHNSON[1] berichtet, daß er das Enzym als anscheinend homogenes Protein darstellen konnte, das sich sowohl in der Ultrazentrifuge als auch bei der elektrophoretischen Wanderung einheitlich verhielt. Er gibt als M. G. den für ein Enzymprotein sehr hohen Wert von 670000 an.

Eine Nacharbeitung der Befunde von JOHNSON[1] erscheint wohl notwendig. Falls die Angabe über die Einheitlichkeit richtig ist, läge ein Enzym vor, das die Eigenschaften einer Tripeptidase mit denjenigen einer Aminopeptidase vereinigt.

Enzyme ähnlicher Spezifität sollen auch in Schimmelpilzen vorkommen[3, 4].

X. Glutathionasen

Nach Untersuchungen von OLSON und BINKLEY[5] enthalten Schweine-nieren ein Enzym, das spezifisch die γ-Glutamyl-gruppe abspaltet. Interessanterweise soll bei diesem Vorgang Glutamin als Coenzym fungieren, da das Ferment in Abwesenheit von Glutamin nicht wirkt und dieses andrerseits nicht verbraucht wird. Der Wirkungsmechanismus wird von den genannten Forschern durch folgendes Schema erklärt:

$$\text{Glutamin} + \text{Enzym} \rightarrow \text{Enzym-amid} + \text{Glutaminsäure}$$

$$\text{Enzym-amid} + \text{Glutathion} \rightarrow \text{Glutamin} + \text{Cysteinylglycin} + \text{Enzym}$$

Die Reaktion wäre somit nicht eine einfache Hydrolyse, sondern eine „Aminolyse".

Das durch die Wirkung des Enzyms entstandene Cysteinylglycin wird durch einen weiteren Enzymtypus, denjenigen der L-Cysteinylglycin-dipeptidasen (S. 295 f.) weiter zu Cystein und Glykokoll gespalten.

XI. Carboxypeptidasen

1929 berichteten WALDSCHMIDT-LEITZ und PURR[6], daß Extrakte aus Pankreas eine Peptidase enthalten, die am Stickstoff acylierte Peptide hydrolysiert, wenn in Nachbarschaft der zu spaltenden Peptid-bindung eine freie Carboxyl-gruppe vorhanden ist. Das pankreatische Enzym liegt in der Drüse als inaktives Zymogen vor, das in dieser Form durch Extraktion in der Kälte erhalten werden kann. Erst nach längerem Stehen des Extraktes oder unter Einfluß von Trypsin wird das aktive Enzym gebildet[7].

Außer im Pankreas finden sich homospezifische Fermente auch in verschiedenen tierischen Geweben. Sie wurden bis vor kurzem als Kathepsin IV bezeichnet.

Die Spezifität der Carboxypeptidasen ist vor allem dadurch eingeschränkt, daß die endständige Aminosäure eine freie Carboxyl-gruppe enthalten und der

[1] M. J. JOHNSON: J. biol. Chem. **137**, 575 (1941).
[2] W. GRASSMANN: Hoppe-Seyler's Z. physiol. Chem. **167**, 202 (1927).
[3] M. J. JOHNSON und W. H. PETERSON: J. biol. Chem. **112**, 25 (1935).
[4] W. GRASSMANN und W. HAAG: Hoppe-Seyler's Z. physiol. Chem. **167**, 188 (1927.)
[5] C. K. OLSON und F. BINKLEY: J. biol. Chem. **186**, 731 (1950); F. BINKLEY und C. K. OLSON: Ibid. **188**, 451 (1951).
[6] E. WALDSCHMIDT-LEITZ und A. PURR: Ber. dtsch. chem. Ges. **62**, 956 (1929).
[7] M. L. ANSON: J. gen. Physiol. **20**, 777 (1937).

L-Reihe angehören muß. Die endständige Aminosäure ist auch für die Geschwindigkeit der Spaltung maßgebend, die in der Reihenfolge Phenylalanin, Tyrosin, Tryptophan, Leucin, Alanin, Glykokoll abnimmt. Es werden aber auch Peptide mit endständigen Aminosäuren, die in der Natur nicht vorkommen, hydrolysiert (DUNN und SMITH[1]). Es ist nicht unbedingt erforderlich, daß die Peptidbindung freien Wasserstoff enthält. Sein Fehlen verursacht wohl eine starke Herabsetzung der Reaktions-geschwindigkeit; es werden aber immerhin Substrate wie Carbobenzoxy-L-tryptophyl-L-prolin hydrolysiert. Eine freie Aminogruppe in der Nähe der Peptid-bindung verhindert deren Spaltung.

Außer Peptiden werden auch Ester-analoge der normalen Peptid-substrate von den Carboxypeptidasen angegriffen[2] und sogar schneller gespalten als die analogen Peptide; sie weisen eine größere Affinität zum Enzym auf als diese[3].

Eine Anzahl der bisher angewandten Peptid-substrate der Carboxypeptidasen ist in Tab. 41 zusammengestellt.

Tabelle 41. *Peptid-substrate der Carboxypeptidasen* (nach SMITH[4])

Substrat	Proteolytischer Koeffizient (Geschwindigkeitskonstante für die Reaktion erster Ordnung in Dezimal-logarithmen) pro mg N/ml bei einer Substrat-konzentration von 0,05 Mol, 25°
Carbobenzoxyglycyl-L-phenylalanin	13,0
Carbobenzoxyglycyl-L-tyrosin	6,2
Carbobenzoxyglycyl-L-leucin	2,6
Carbobenzoxyglycyl-L-alanin	0,038
Carbobenzoxyglycyl-glycin	0,0024
Carbobenzoxyglycyl-L-tryptophan	4,7
Carbobenzoxyglycyl-*p*-methyl-DL-phenylalanin	6,2
Carbobenzoxyglycyl-*o*-fluor-DL-phenylalanin	13
Carbobenzoxyglycyl-*β*-2-thienyl-DL-alanin	8,3
Carbobenzoxyglycyl-*β*-2-naphthyl-DL-alanin	1,1

Die Arbeitsgruppe um NEURATH benützt im allgemeinen Substrate, die nicht durch die Carbobenzoxy-gruppe substituiert sind: Hippuryl-L-phenylalanin, Benzolsulfonylglycyl-DL-phenylalanin, Formyl-L-phenylalanin, Acetyl-L-phenylalanin, Chloracetyl-DL-phenylalanin und Benzoylsarcosyl-DL-phenylalanin. Als Esteranaloge wurden Hippuryl-*β*-*l*-phenylmilchsäure, Acetyl-*d,l*-*β*-phenylmilchsäure, Chloracetyl-*d,l*-*β*-phenylmilchsäure und Bromacetyl-*d,l*-*β*-phenylmilchsäure angewandt. Weiters wird schon seit den Untersuchungen von WALDSCHMIDT-LEITZ Chloracetyl-L-tyrosin als Substrat der Carboxypeptidasen verwendet.

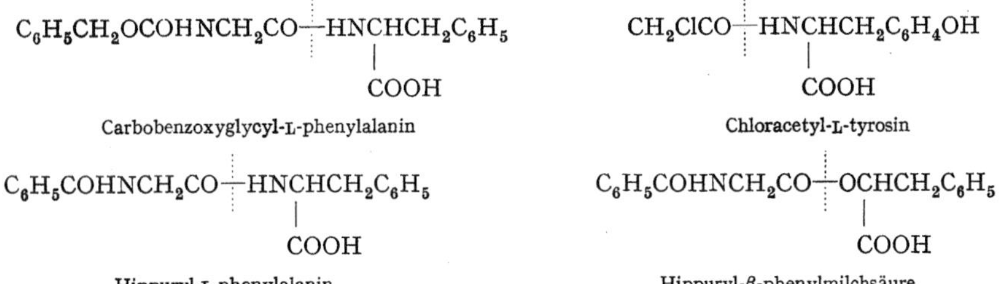

Carbobenzoxyglycyl-L-phenylalanin   Chloracetyl-L-tyrosin

Hippuryl-L-phenylalanin   Hippuryl-*β*-phenylmilchsäure

[1] F. W. DUNN und E. L. SMITH: J. biol. Chem. **187**, 385 (1950).
[2] J. E. SNOKE, G. W. SCHWERT und H. NEURATH: Ibid. **175**, 5 (1948).
[3] J. E. SNOKE und H. NEURATH, Ibid. **181**, 789 (1949).
[4] E. L. SMITH: In „Enzymes and Enzyme Systems", herausgegeben von J. T. EDSALL, S. 47. Cambridge, Mass.: Harvard Univ. Press. 1951.

Das p_H-Optimum der Wirkung der Carboxypeptidase aus Pankreas liegt bei 7,3. Die katheptischen Carboxypeptidasen (Milz und Niere) wirken hingegen optimal bei p_H 5,0.

SMITH und HANSON[1] berichteten vor einiger Zeit, daß die pankreatische Carboxypeptidase durch Sulfid, Cyanid, Cystein, Phosphat, Pyrophosphat, Oxalat und Citrat in ihrer Wirksamkeit gehemmt wird. Andrerseits fanden sie nach Verbrennung eines hochgereinigten kristallinen Präparates von Carboxypeptidase Magnesium in der Asche und schließen aus diesen Befunden, daß das Enzym ein Metallprotein mit Mg^{++} ist. Dies wird allerdings von NEURATH und DE MARIA[2] bestritten; diese Autoren konnten keine Hemmung der Anfangsgeschwindigkeit der Carboxypeptidase-wirkung durch die genannten Inhibitoren feststellen und halten es deshalb für wahrscheinlich, daß die auch von ihnen beobachteten Veränderungen der Reaktions-kurven unter dem Einfluß der Hemmstoffe dadurch zustande kommen, daß die freigesetzten Aminosäuren in deren Gegenwart eine kompetitive Inhibitorwirkung gegenüber dem Ferment zeigen, die in ihrer Abwesenheit nicht auftritt.

Verschiedene Carboxysäuren, die entsprechende Konfigurationen aufweisen, können als kompetitive Inhibitoren der Carboxypeptidase fungieren; von diesen sind besonders Hydrozimtsäure (Phenylpropionsäure), Benzylmalonsäure, Phenylessigsäure, γ-Phenylbuttersäure und p-Nitrophenylessigsäure zu erwähnen. Hingegen dürfte die Hemmwirkung von Benzoesäure, Chloressigsäure und Buttersäure nicht kompetitiv sein (vgl. ELKINS-KAUFMAN und NEURATH[3], NEURATH und SCHWERT[4], SMITH[5], SMITH, LUMRY und POLGLASE[6]).

Die katheptischen Carboxypeptidasen werden durch Cystein aktiviert; dies läßt vermuten, daß die Anwesenheit von Sulfhydryl-gruppen für ihre Wirksamkeit erforderlich ist.

Die pankreatische Carboxypeptidase wurde 1937 von ANSON[7] kristallin erhalten.

Die zur Herstellung des kristallisierten Enzyms angewandte Methode beruht im wesentlichen darauf, daß ein Exsudat oder ein Extrakt aus Pankreas auf etwa p_H 5,0 gebracht und dann mit Wasser auf das 20fache verdünnt wird, wobei ein Niederschlag ausfällt, der das Enzym enthält. Der Niederschlag wird mit Wasser aufgerührt und dann mit Barytlauge bis zur schwach alkalischen Reaktion versetzt. Nach Abtrennen und Verwerfen des Unlöslichen wird die Flüssigkeit bis zur schwachen Trübung mit Essigsäure versetzt und dann stehen gelassen, worauf Kristallisation erfolgt. Durch Lösen in Natronlauge und neuerliche Behandlung mit Essigsäure kann das Enzym umkristallisiert werden. Modifikationen dieser Methode wurden von NEURATH und Mitarbeitern[8] angegeben.

Das mehrfach umkristallisierte Enzym hat nach PUTNAM und NEURATH[9], berechnet auf Grund von Viskositäts- und Diffusions-messungen ein M. G. von 31600, während SMITH und Mitarbeiter[10] mit der Sedimentations-methode in der Ultrazentrifuge den Wert von 33800 erhalten. Es verhält sich sowohl in der Ultrazentrifuge als auch bei der Elektrophorese wie eine einheitliche Substanz. Der I. P. liegt bei p_H 6,0. Das Enzym enthält 14,4% N, 0,47% S und keinen P.

XII. Folsäure-conjugasen (γ-Glutamyl-carboxypeptidasen)[11]

Folsäure (Pteroylglutaminsäure) kommt in tierischen Geweben meist in conjugierter Form (Pteroyltriglutaminsäure und Pteroylheptaglutaminsäure)

[1] E. L. SMITH und H. T. HANSON: J. biol. Chem. **176**, 997 (1948); **179**, 802 (1949).
[2] H. NEURATH und G. DE MARIA: Ibid. **186**, 653 (1950).
[3] E. ELKINS-KAUFMAN und H. NEURATH: Ibid. **178**, 645 (1949).
[4] H. NEURATH und G. W. SCHWERT: Chem. Revs. **46**, 69 (1950).
[5] E. L. SMITH: Federation Proc. **8**, 581 (1949).
[6] E. L. SMITH, R. LUMRY und W. J. POLGLASE: J. phys. Colloid Chem. **55**, 125 (1951).
[7] M. L. ANSON: J. gen. Physiol. **20**, 663 (1937).
[8] H. NEURATH, E. ELKINS und S. KAUFMANN: J. biol. Chem. **170**, 221 (1947).
[9] F. W. PUTNAM und H. NEURATH: Ibid. **166**, 603 (1946).
[10] E. L. SMITH, D. M. BROWN und H. T. HANSON: Ibid. **180**, 33 (1949).
[11] Übersichtsreferate: T. H. JUKES und E. L. R. STOKSTAD: Physiol. Revs. **28**, 51 (1948); G. E. CARTWRIGHT: Blood **2**, 111 (1947).

vor. Enzyme, die aus diesen Conjugaten Folsäure freisetzen, finden sich in Hefe, in verschiedenen tierischen Geweben sowie im Blut verschiedener Tierarten.

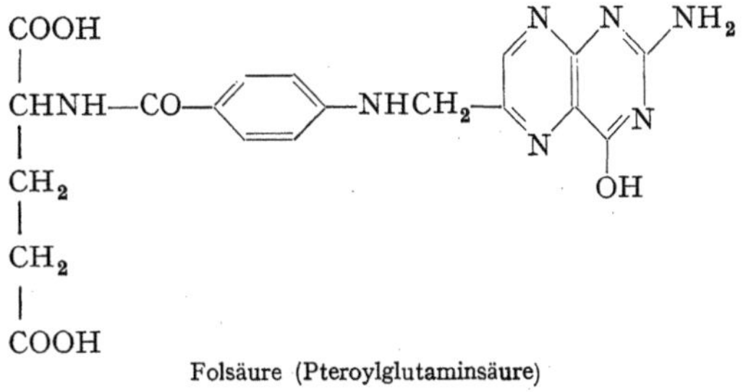

```
COOH                                        N   N   NH2
|
CHNH—CO—⟨  ⟩—NHCH2—
|                                           N     N
CH2                                             OH
|
CH2
|
COOH
```

Folsäure (Pteroylglutaminsäure)

Sie werden als Conjugasen bezeichnet; nach ihrer Wirkungs-spezifität stehen sie anscheinend den Carboxypeptidasen nahe, da sie ein an der Carboxyl-gruppe methyliertes Conjugat nicht hydrolysieren[1]. Ein Enzym aus Hühner-pankreas wurde von LASKOWSKI und Mitarbeitern[2] isoliert und weitgehend gereinigt. Diese Conjugase setzte je ein Molekül Glutaminsäure aus p-Aminobenzoyl-γ-glutamyl-γ-glutamyl-glutaminsäure, aus Pteroyl-glutamat und aus dem natürlichen Fermentations-faktor frei; hingegen wurden α-L-Glutamyl-L-glutaminsäure, Carbobenzoxy-α-L-glutamyl-glutaminsäure, Carbobenz-oxy-L-phenylalanyl-L-glutaminsäure, Carbobenzoxyglycyl-L-glutaminsäure und Glutathion nicht angegriffen. Auch aus höheren Conjugaten wird nur ein Mol Glutaminsäure abgespalten, was nach den Autoren durch eine kompetitive Hemmwirkung der freigesetzten Glutaminsäure auf die Conjugase zu erklären ist. Die Conjugase des Blutes wird in ihrer Wirkung durch H_2S, Cystein, Glutathion und einen dialysablen Faktor aus hämolysierten Erythrozyten aktiviert, während $HgCl_2$, Jodessigsäure, Cystin, oxydiertes Glutathion und Ca^{++} als Hemmkörper fungieren[3].

Ebenso wie Folsäure ist auch das Leucovorin (*Leuconostoc citrovorum*-Faktor, 5-Formyl-5,6,7,8-tetrahydropteroylglutaminsäure) ein Polyglutaminsäure-conjugat. Es wird gleichartig wie die Folsäure-conjugate durch Enzyme aus verschiedenen tierischen Geweben zu freiem Leucovorin abgebaut[4, 5, 6]; es ist wahrscheinlich, aber noch nicht sichergestellt, daß die Leucovorin-conjugasen mit den Folsäure-conjugasen identisch sind.

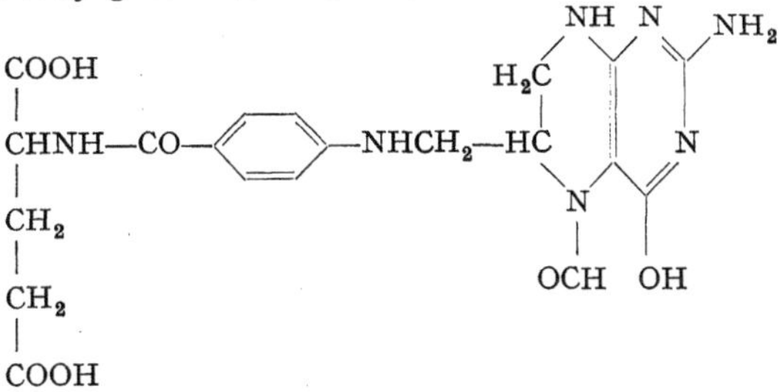

```
                                            NH  N   NH2
COOH                                      H2C
|
CHNH—CO—⟨  ⟩—NHCH2—HC                          N
|                                            N
CH2                                          |     |
|                                           OCH   OH
CH2
|
COOH
```

Leucovorin (*Leuconostoc-citrovorum*-Faktor)

[1] J. J. PFIFFNER, D. G. CALKINS, E. S. BLOOM und B. L. O'DELL: J. Amer. chem. Soc. **68**, 1392 (1946).

[2] M. LASKOWSKI, V. MIMS und P. L. DAY: J. biol. Chem. **157**, 731 (1945); A. KAZENKO und M. LASKOWSKI: Ibid. **173**, 217 (1948).

[3] R. WOLFF und R. KARLIN: Abstr. 1st internat. Congr. Biochem., S. 96. Cambridge 1949.

[4] C. H. HILL und M. L. SCOTT: Federation Proc. **10**, 197 (1951).

[5] M. E. SWENDSEID, F. H. BETHELL und W. W. ACKERMANN: J. biol. Chem. **190**, 791 (1951).

[6] L. S. DIETRICH, W. J. MONSON, H. GWOH und C. A. ELVEHJEM: Ibid. **194**, 549 (1952).

XIII. Dehydropeptidasen[1]

Wie BERGMANN und Mitarbeiter[2] schon 1930 berichten konnten, sind Extrakte verschiedener tierischer Gewebe imstande, Peptid-bindungen, an denen die Aminogruppen von Aminoacrylsäure (Dehydroalanin) oder Aminozimtsäure (Dehydrophenylalanin) beteiligt sind, zu hydrolysieren. Da keine bekannte Peptidase diese Wirkung zeigt, wurde angenommen, daß es sich um einen eigenen Enzymtypus handle; für diesen wurde der Name Dehydropeptidase vorgeschlagen.

Spätere Arbeiten von GREENSTEIN und LEUTHARDT[3] ergaben, daß es sich hier nicht nur um einen einzigen, sondern um mindestens zwei verschiedene Enzymtypen handeln muß. Der eine findet sich in allen untersuchten Geweben; er ist für die Hydrolyse von Glycyl-dehydroalanin, Glycyl-dehydrophenylalanin, Alanyl-dehydroalanin und Diglycyl-dehydroalanin verantwortlich und wird als Dehydropeptidase I bezeichnet. Der andere Enzymtypus, Dehydropeptidase II, konnte bisher nur in Extrakten aus Niere, Leber, Pankreas und einigen Pflanzen nachgewiesen werden; als seine typischen Substrate werden Chloracetyl-dehydroalanin und Acetyl-dehydroalanin angegeben. Dehydropeptidasen I wirken optimal bei p_H 8,0 bis 8,2, während das p_H-Optimum der Dehydropeptidasen II bei p_H 9,6 liegt.

$$H_2NCH_2CO\vdots HN\underset{\underset{COOH}{|}}{C}=CH_2 \qquad\qquad ClCH_2CO\vdots HN\underset{\underset{COOH}{|}}{C}=CH_2$$

Glycyl-dehydroalanin — Chloracetyl-dehydroalanin

Bei der Hydrolyse der Dehydropeptide entsteht eine α-Ketosäure, Ammoniak und die Säure des Acyl-restes. Dies läßt sich dadurch erklären, daß die vermutlich primär entstehenden Dehydro-aminosäuren unter den Versuchsbedingungen spontan in die Ketosäure und Ammoniak zerfallen.

$$H_2NCH_2CO{-}HN\underset{\underset{COOH}{|}}{C}=CHC_6H_5 + 2\,H_2O \rightarrow H_2NCH_2COOH + NH_3 + C_6H_5CH_2COCOOH$$

Glycyl-dehydrophenylalanin — Glykokoll — Phenylbrenztraubensäure

Die Dehydropeptidase I aus der Ratten-niere wurde von YUDKIN und FRUTON[4] teilweise gereinigt und näher untersucht. Das Enzym läßt sich durch Cyanid, Sulfid und Cystein in seiner Wirksamkeit hemmen und wird auch durch längerdauernde Dialyse inaktiviert. Der letztgenannte Effekt kann durch Zn^{++} spezifisch rückgängig gemacht werden, weshalb anzunehmen ist, daß es sich um ein Metallprotein handelt.

Da die Derivate der ungesättigten Aminosäuren charakteristische Absorptions-spektren im ultravioletten Gebiet aufweisen, kann man die Aktivität der Dehydropeptidasen spektrophotometrisch verfolgen.

Die biologische Bedeutung der Dehydropeptidasen kann kaum abgesehen werden, da bisher noch niemals Dehydropeptide aus biologischem Material isoliert wurden. Nach GREENSTEIN *(l. c.)* könnten sie auf folgenden Wegen entstehen: 1. durch Desulfurierung mancher Cystinpeptide (Exocystin-desulfhydrase, vgl. S. 660); 2. durch die Wirkung einer D-Aminosäure → O_2-transhydrogenase

[1] Übersichtsreferat: J. P. GREENSTEIN: Adv. Enzymology **8**, 117 (1948).

[2] M. BERGMANN, V. SCHMITT und A. MIEKELEY: Hoppe-Seyler's Z. physiol. Chem. **187**, 264 (1930); M. BERGMANN und H. SCHLEICH: Ibid. **205**, 65; **207**, 235 (1932).

[3] J. P. GREENSTEIN und F. M. LEUTHARDT: J. nat. Cancer Inst. **5**, 209, 223, 249 (1945); **6**, 179 (1946); **8**, 35 (1947).

[4] W. H. YUDKIN und J. S. FRUTON: J. biol. Chem. **170**, 421 (1947).

(D-*Aminosäure-oxydase,* S. 516) auf D-Peptide, wie z. B. Glycyl-D-alanin; 3. durch den Abbau von Verbindungen des Typus α,α-Diglycyl-aminopropionsäure zu Glycinamid und dem entsprechenden Dehydropeptid; und 4. durch Kondensation von Glutamin oder Asparagin mit α-Ketosäuren.

XIV. Carnosinasen

Carnosin (β-Alanyl-L-histidin) wird in tierischem Gewebe oft in verhältnismäßig großer Menge gefunden. GARKOVI[1] konnte bereits 1937 nachweisen, daß manche tierische Gewebsarten Carnosin in β-Alanin und L-Histidin spalten können. Eine Charakterisierung des für diese Wirkung verantwortlichen Enzyms wurde von HANSON und SMITH[2] vorgenommen.

```
HC═══C—CH2CHCOOH
|    |      |
N    NH     NH—COCH2CH2NH2 + H2O →
 \\ /
  CH          Carnosin

  HC═══C—CH2CHCOOH
  |    |      |
→ N    NH     NH2        + HOOCCH2CH2NH2
   \\ /
    CH
     Histidin                β-Alanin
```

Carnosinasen finden sich in größerer Menge in der Leber, der Milz und der Niere der Ratte sowie in Schweine-nieren. Das Enzym aus Schweine-nieren wird durch Metall-gifte, wie Cyanid und Sulfid, gehemmt und läßt sich durch Zn^{++} und Mn^{++} aktivieren. Da das durch Zn^{++} aktivierte Ferment in seinem Verhalten mit dem aus dem Gewebe isolierten Enzym weitgehend übereinstimmt, nehmen die Autoren an, daß die Carnosinase aus Schweine-nieren ein Zn-Protein ist. Das p_H-Optimum der Ferment-wirkung ist weitgehend von den Bedingungen des Versuches abhängig; in Anwesenheit von Zn^{++} liegt es bei p_H 7,8 bis 7,9; das durch Mn^{++} aktivierte Enzym wirkt optimal bei p_H 8,0 bis 8,4, während die Carnosinase in Abwesenheit von Metall-ionen Carnosin am stärksten bei p_H 7,4 bis 7,5 spaltet.

Die Spezifität der Carnosinasen ist wohl verhältnismäßig streng aber nicht absolut; außer Carnosin werden mit vergleichbarer Geschwindigkeit auch L-Alanyl-L-histidin, D-Alanyl-L-histidin, Glycyl-L-histidin, Glycyl-L-histidinamid sowie — allerdings viel langsamer — L-α-Aminobutyryl-L-histidin und das optische Isomere des Carnosins, das β-Alanyl-D-histidin hydrolysiert.

Es muß als sicher angesehen werden, daß die Carnosinasen mit keinem anderen bisher bekannten Typus der Exopeptidasen identisch sind.

XV. D-Peptidasen

Neben den bisher besprochenen Exopeptidasen, die vorzüglich Peptide der natürlichen Aminosäuren der L-Reihe spalten und nur gelegentlich auch gegenüber D-Peptiden eine geringe Spaltwirkung aufweisen, gibt es auch Fermente, die spezifisch die Hydrolyse von D-Peptiden katalysieren.

Besonders aktive Enzyme dieses Typus sollen in manchen Bakterien vorkommen; BERGER, JOHNSON und BAUMANN[3] konnten zeigen, daß bestimmte Bakterien-präparationen D-Leucylglycin und andere D-Peptide sehr schnell abbauen. Aber auch in tierischen Organen, im Serum und in den Form-elementen des Blutes kommen D-Peptidasen vor, die sich in verschiedenen Eigenschaften (Stabilität, Aktivierbarkeit durch Metalle usw.) von den L-Peptidasen, welche sie stets begleiten, unterscheiden[4, 5, 6, 7, 8, 9, 10].

---

[1] P. G. GARKOVI: Bull. Biol. méd. exp. URSS. **4**, 50 (1937).
[2] H. T. HANSON und E. L. SMITH: J. biol. Chem. **179**, 789 (1949).
[3] J. BERGER, M. J. JOHNSON und C. A. BAUMANN: Ibid. **137**, 389 (1941).
[4] E. BAMANN und O. SCHIMKE: Naturwiss. **29**, 558 (1941); Biochem. Z. **310**, 119 (1941).
[5] E. ABDERHALDEN und R. ABDERHALDEN: Fermentforsch. **16**, 445 (1942).
[6] E. MASCHMANN: Biochem. Z. **311**, 252 (1942).
[7] H. BAYERLE und R. RIEFFERT: Ibid **311**, 73 (1942).
[8] E. L. SMITH und M. BERGMANN: J. biol. Chem. **153**, 627 (1944).
[9] R. MERTEN: Biochem. Z. **318**, 167, 185 (1948).
[10] E. WALDSCHMIDT-LEITZ und M. EXNER: Hoppe-Seyler's Z. physiol. Chem. **282**, 120 (1947).

Es ist aber bisher noch nicht gelungen, D-Peptidasen zu isolieren und näher zu charakterisieren.

Die biologische Funktion der D-Peptidasen könnte vielleicht darin bestehen, daß sie dafür sorgen, die „optische Reinheit" der Proteine im Zellstoffwechsel aufrechtzuerhalten. Ein Zusammenwirken mit den D-Aminosäure → O_2-transhydrogenasen (D-*Aminosäure-oxydase*, S. 516) ist vorstellbar; die letztgenannten Enzyme würden die D-Amino-säuren, die durch die Wirkung der D-Peptidasen freigesetzt werden, durch Überführung in α-Ketosäuren in den Stoffwechsel zurückführen.

XVI. Bakterielle Exopeptidasen[1]

Es ist wohl keine zu weitgehende Aussage, wenn man feststellt, daß alle Bakterien Exopeptidasen produzieren. Es handelt sich hier meist um intracelluläre Enzyme, die erst nach dem Absterben der Organismen freigesetzt werden. Trotz der anzunehmenden Vielfalt derartiger Fermente sind aber bisher noch sehr wenige von ihnen genauer untersucht und charakterisiert worden.

Obligate Anaerobier (*Pseudomonas*- und *Clostridium*-Arten) produzieren Peptidasen, die sich dadurch auszeichnen, daß sie durch Cystein + Fe^{++} aktiviert werden[2]. Enzyme dieser Art — MASCHMANN beschreibt eine „Aminopolypeptidase" und eine „Dipeptidase" — werden als Anaeropeptidasen bezeichnet.

Eine Untersuchung von BERGER, JOHNSON und PETERSON[3] über die Exopeptidasen von *Leuconostoc mesenteroides* ergab, daß zumindest zwei verschieden-spezifische Dipeptidasen und zwei Tripeptidasen vorhanden sind. Die Wirkung der Enzyme wurde meist durch Metallionen in ziemlich unspezifischer Weise aktiviert. Interessanterweise sind die Enzyme durchaus nicht so streng stereospezifisch wie die entsprechenden Fermente aus höheren Tieren: Peptide der „unnatürlichen" D-Aminosäuren werden oft ebenso schnell hydrolysiert wie L-Aminosäure-peptide. Das p_H-Optimum der meisten dieser Exopeptidasen liegt, wie schon GORBACH[4] beobachten konnte, im schwach sauren Gebiet.

Zur Bestimmung bakterieller Peptidasen hat ZELLER[5] eine wertvolle Technik eingeführt, die auch für die Untersuchung tierischer Enzyme verwendet werden kann. Hierbei wird die Fähigkeit der L-Aminosäure → O_2-transhydrogenase aus Schlangengift (*Ophio-L-Aminosäure-oxydase*, vgl. S. 519 ff.), freie Aminosäuren aber nicht Peptide zu den entsprechenden Ketosäuren zu oxydieren, dazu benützt, die Peptid-spaltung durch die Sauerstoff-aufnahme des Systems manometrisch zu messen. Eine mit Hilfe dieser Methodik durchgeführte Untersuchung der Exopeptidasen von *Mycobacterium tuberculosum*[5] ergab, daß der Erreger Fermente zu seiner Verfügung hat, welche die folgenden Peptide hydrolysieren können: Glycyl-L-leucin, L-Leucyl-glycin, L-Leucyl-glycyl-glycin, Glycyl-L-tyrosin, L-Leucyl-L-tyrosin und Glycyl-L-tryptophan.

C. Endopeptidasen

I. Pepsine und Homopepsine

Fermente des Pepsin-typus, der schon 1836 von SCHWANN ausführlich beschrieben wurde, finden sich im Magen sämtlicher Wirbeltiere. Sie werden von den Hauptzellen der Fundus-drüsen als inaktive Vorstufe — Pepsinogen — sezerniert und wandeln sich bei p_H-Werten unter 4,6 autokatalytisch in das vollwirksame Enzym um.

Fermente, die mit den Pepsinen homospezifisch sind, finden sich weitverbreitet in tierischen Geweben, so vor allem in der Milz, der Niere und der Leber; diese Enzyme, die als Kathepsin A (früher Kathepsin I) bezeichnet werden, unterscheiden sich aber in verschiedenen Eigenschaften (p_H-Optimum der Wirkung u. a.) von den Pepsinen des Magensaftes.

---

[1] Übersichtsreferat: E. MASCHMANN: Ergebn. Enzymforsch. **9**, 155 (1943).
[2] E. MASCHMANN: Biochem. Z. **307**, 1 (1940).
[3] J. BERGER, M. J. JOHNSON und W. H. PETERSON: J. biol. Chem. **124**, 395 (1938).
[4] G. GORBACH: Enzymologia **2**, 92; **3**, 65 (1937).
[5] F. ROULET und E. A. ZELLER: Exper. **1**, 122 (1945); Helv. chim. Acta **31**, 1915 (1948).

Pepsine hydrolysieren sämtliche Eiweißstoffe außer Ovomucoid, Mucin, Spongin, Haar-kreatin und die Protamine; sie sind imstande, Milch zur Gerinnung zu bringen. FRUTON und BERGMANN[1] konnten 1938 zeigen, daß auch verschiedene synthetisch dargestellte Peptide durch Pepsine — wenn auch weitaus langsamer als Proteine — hydrolysiert werden; es handelt sich hier durchwegs um Verbindungen mit L-Tyrosin oder L-Phenylalanin:

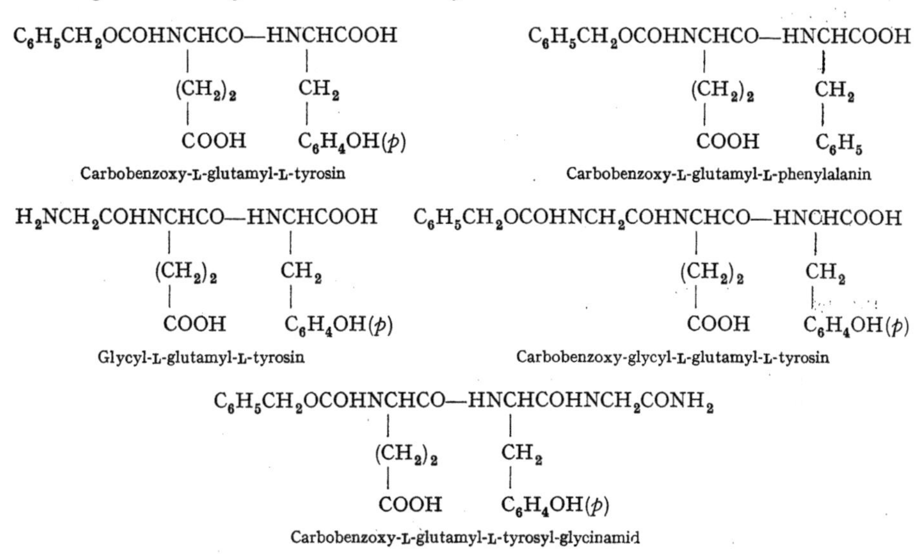

Carbobenzoxy-L-glutamyl-L-tyrosin

Carbobenzoxy-L-glutamyl-L-phenylalanin

Glycyl-L-glutamyl-L-tyrosin

Carbobenzoxy-glycyl-L-glutamyl-L-tyrosin

Carbobenzoxy-L-glutamyl-L-tyrosyl-glycinamid

Später berichteten HARINGTON und PITT RIVERS[2], daß auch bestimmte Peptide des Cysteins (und weniger leicht solche des Cystins) durch Pepsine gespalten werden:

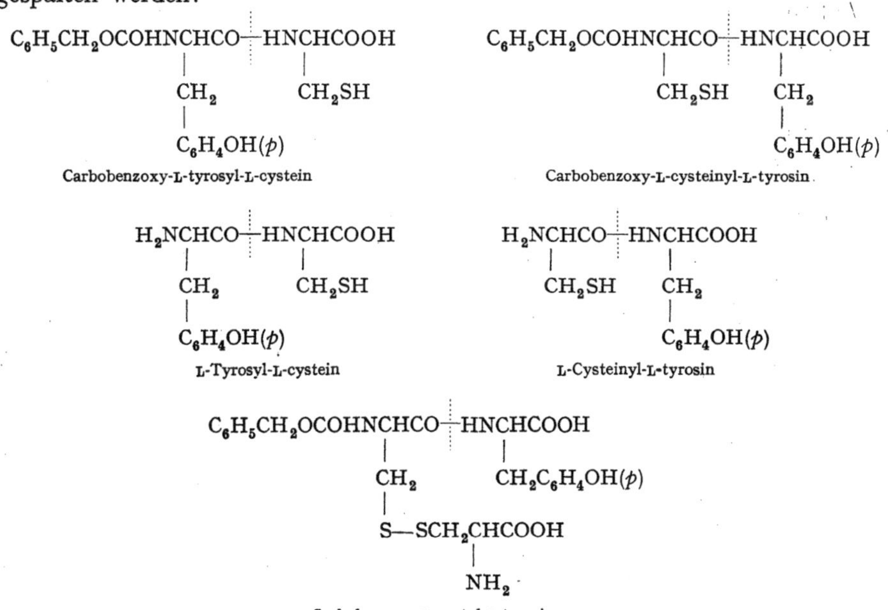

Carbobenzoxy-L-tyrosyl-L-cystein

Carbobenzoxy-L-cysteinyl-L-tyrosin

L-Tyrosyl-L-cystein

L-Cysteinyl-L-tyrosin

Carbobenzoxy-L-cystyl-L-tyrosin

[1] J. S. FRUTON und M. BERGMANN, Science 87, 557 (1938); J. biol. Chem. 127, 627 (1939).
[2] C. R. HARINGTON und R. V. PITT RIVERS: Biochem. J. 38, 417 (1944).

Vor kurzem zeigten FRUTON und Mitarbeiter[1] sowie BAKER[2], daß sich der Spezifitäts-bereich der Pepsine noch weiter erstreckt. Auch Peptide des Methionins sowie N-substituierte Dipeptide, welche aus zwei aromatischen Aminosäureresten (L-Tyrosin, L-Phenylalanin oder Dijodtyrosin) bestehen, können durch Pepsin hydrolysiert werden.

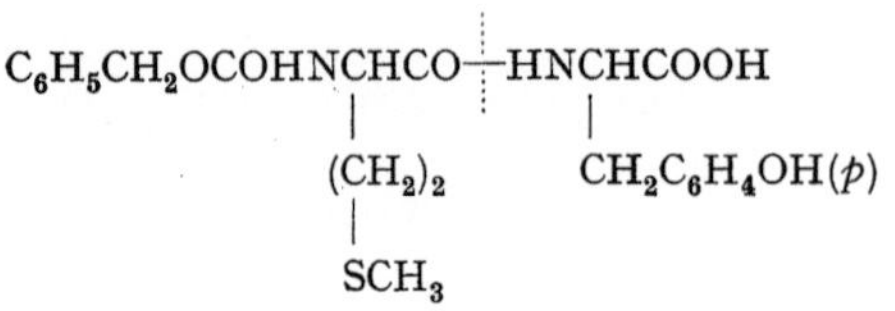

$C_6H_5CH_2OCOHNCHCO \vdots HNCHCOOH$, mit $(CH_2)_2SCH_3$ und $CH_2C_6H_4OH(p)$

Carbobenzoxy-L-methionyl-L-tyrosin

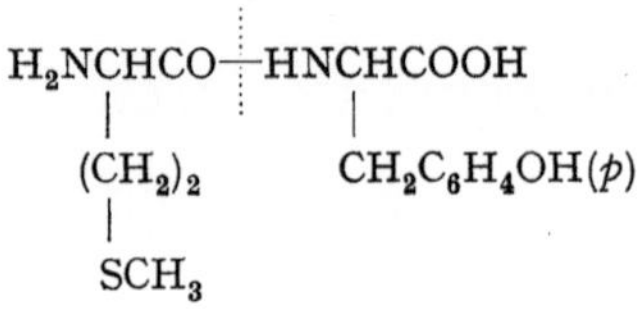

$H_2NCHCO \vdots HNCHCOOH$, mit $(CH_2)_2SCH_3$ und $CH_2C_6H_4OH(p)$

L-Methionyl-L-tyrosin

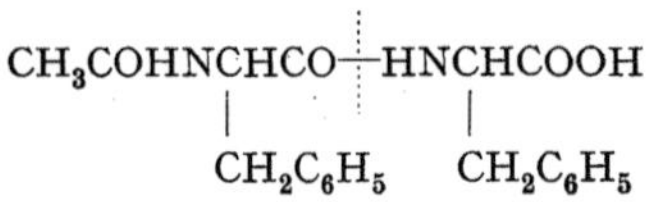

$CH_3COHNCHCO \vdots HNCHCOOH$, mit $CH_2C_6H_5$ und $CH_2C_6H_5$

N-Acetyl-L-phenylalanyl-L-phenylalanin

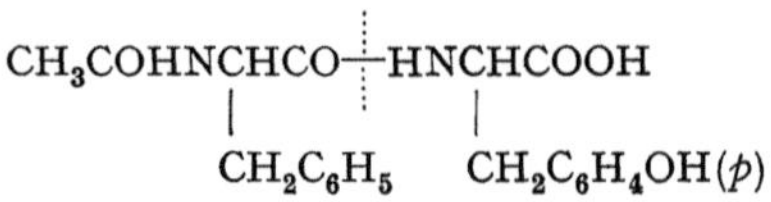

$CH_3COHNCHCO \vdots HNCHCOOH$, mit $CH_2C_6H_5$ und $CH_2C_6H_4OH(p)$

N-Acetyl-L-phenylalanyl-L-tyrosin

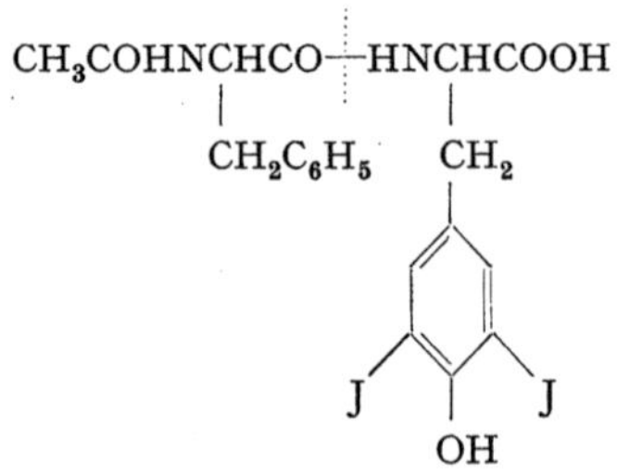

$CH_3COHNCHCO \vdots HNCHCOOH$, mit $CH_2C_6H_5$ und CH_2–(Benzolring mit J, J, OH)

N-Acetyl-L-phenylalanyl-L-dijodtyrosin

Auf Grund dieser Untersuchungen läßt sich zur Zeit nur aussagen, daß an der für Pepsin empfindlichen Bindung eine aromatische Aminosäure beteiligt sein muß. Dies gilt aber streng nur für einfache Peptide; SANGER[3] zeigte, daß bei der Hydrolyse der Polypeptid-ketten A und B des Insulins durch Pepsin auch andere Bindungstypen angegriffen werden können.

Während das p_H-Optimum der Wirkung des Magen-pepsins auf Proteinsubstrate und die *N*-acylierten Dipeptide aus aromatischen Aminosäuren im Bereich zwischen p_H 1,5 und 2,0 liegt, spaltet das Enzym die übrigen genannten Peptid-substrate bei einigermaßen höheren p_H-Werten (um p_H 4,0) am schnellsten. Die dem Pepsin homospezifischen Enzyme des Kathepsin A hydrolysieren ihre Substrate optimal bei p_H 5,6[4].

Das Pepsin des Magens wird durch Alkali rasch inaktiviert; der Vorgang ist praktisch irreversibel. Gegenüber anderen Einflüssen ist das Ferment aber recht resistent. Acetylierung mit Keten bewirkt die Verringerung der Aktivität in dem Ausmaß, in welchem die Acetylierung fortschreitet[5]; eine bloße Acetylierung der freien Aminogruppen des Pepsin-moleküls scheint nur geringen Einfluß zu haben. Wenn Pepsin mit Jod behandelt wird, so erfolgt primär nur ein geringer Abfall der Aktivität, und zwar etwa so lange, bis die Tyrosyl-reste des Moleküls

[1] C. A. DEKKER, S. P. TAYLOR, Jr. und J. S. FRUTON: J. biol. Chem. **180**, 155 (1949).
[2] L. E. BAKER: Ibid. **193**, 809 (1951).
[3] F. SANGER und H. TUPPY: Biochem. J. **49**, 463, 481 (1951); F. SANGER und E. O. P. THOMPSON: Ibid. **53**, 366 (1953); vgl. auch DESNUELLE und ROVERY, *l. c.*
[4] J. S. FRUTON und M. BERGMANN: J. biol. Chem. **130**, 19 (1939).
[5] R. M. HERRIOTT und J. H. NORTHROP: J. gen. Physiol. **18**, 35 (1934).

in Monojodtyrosyl-reste umgewandelt sind. Erst bei weiterer Jodierung sinkt die Aktivität rasch ab[1]. Auch salpetrige Säure reagiert mit den Tyrosyl-resten im Pepsin unter Bildung einer Diazo-verbindung, die etwa die Hälfte der Aktivität des ursprünglichen Präparats aufweist[2].

Pepsin wurde 1930 von NORTHROP[3] als kristallines Protein erhalten.

Bei der Darstellung kann von einem bereits vorgereinigten Handelspräparat ausgegangen werden, das in Wasser gelöst und mit Schwefelsäure versetzt wird (500 g Pepsin U. S. P. 1 : 10000, PARKE, DAVIS & Co., 500 ml Wasser und 500 ml 1-n H_2SO_4). Die Mischung wird unter Rühren mit 1000 ml gesättigter $MgSO_4$-Lösung versetzt, wobei ein Niederschlag entsteht, der nach Abfiltrieren zweimal mit dem gleichen Volumen einer $^2/_3$-gesättigten $MgSO_4$-Lösung gewaschen wird. Dann wird der Niederschlag mit Wasser zu einer dicken Paste verrührt und langsam unter Vermeidung eines lokalen Alkaliüberschusses in $^1/_2$-n NaOH gelöst. Durch Zugabe von $^1/_2$-m Schwefelsäure fällt bei p_H 3,0 ein schwerer Niederschlag aus. Dieser wird nach mehrstündigem Stehen abgesaugt und nunmehr in der Wärme (45°) in $^1/_2$-n NaOH gelöst. Bei ganz langsamem Erkalten scheidet sich ein dicker Kristallbrei aus, der abfiltriert, mit Wasser, darauf mit $^1/_2$-gesättigter $MgSO_4$-Lösung gewaschen und schließlich unter gesättigter $MgSO_4$-Lösung aufbewahrt wird. Das Präparat kann leicht durch Umkristallisieren gereinigt werden.

Pepsin verhält sich im hochgereinigten Zustand wie ein Albumin. Es besteht völlig aus Aminosäuren, wenn wir von der Anwesenheit eines Atoms Phosphor absehen. Das M. G. liegt bei 34000. Als einziges bekanntes Protein wandert es in der Elektrophorese auch noch bei p_H 1,0 zur Anode. Die Elementaranalyse ergab die folgenden Werte: C 52,4%, H 6,67%, S 0,94%, P 0,09%, Total-N 14,6%. Die Aminosäure-zusammensetzung wird in Tab. 1 (S. 16) gegeben.

1 g kristallines Pepsin ist imstande, 50000 g Ovalbumin in zwei Stunden zu lösen; es bringt in der gleichen Zeit 100000 l Milch zur Gerinnung und verflüssigt 2000 l Gelatine.

Auf Grund der Röntgen-analyse der Pepsin-kristalle kommt dem Pepsinmolekül die Gestalt einer sphäroiden Oblate zu; die Dimensionen der Einheitszelle werden mit A = 67 Å und C = 154 Å angegeben[4].

Die in den Fundusdrüsen vorhandene Vorstufe des Pepsins, das bereits erwähnte Pepsinogen, wurde ebenfalls isoliert und kristallin hergestellt[5]. Die Verbindung hat ein höheres M. G. als Pepsin (42000 ± 3000), enthält mehr freien Amino-stickstoff und hat einen I. P. bei p_H 3,7. Es ist zwischen p_H 6,0 und 9,0 stabil. Pepsinogen ist auch immunologisch von Pepsin der gleichen Art zu unterscheiden.

Unterhalb p_H 6,0 findet eine autokatalytische Umwandlung von Pepsinogen in Pepsin statt, wobei eine hydrolytische Spaltung von neun Peptid-bindungen des Pepsinogen-moleküls erfolgt. Hierbei wird ein Bruchstück frei, das mit dem freigesetzten Pepsin eine lose Verbindung eingeht und als Inhibitor der Pepsinwirkung fungieren kann. Bei p_H-Werten unter 5,4 wird diese Pepsin-Inhibitorverbindung langsam gespalten.

Der Pepsin-inhibitor konnte von HERRIOTT[6] isoliert und später auch kristallin erhalten werden. Er wird bei p_H 4,0 von Pepsin abgebaut und ist anscheinend ein arginin-reiches Polypeptid mit einem M. G. zwischen 6000 und 8000. Die Verbindung ist in kochender 2,5%iger Trichloressigsäure löslich und stabil, in 0,8-gesättigter Ammoniumsulfat-lösung hingegen unlöslich; sie dialysiert langsam durch eine Collodium-membran.

---

[1] R. M. HERRIOTT: J. gen. Physiol. **20**, 335 (1937); **25**, 185 (1941).

[2] J. S. PHILPOT und P. A. SMALL: Biochem. J. **33**, 1727 (1939).

[3] J. H. NORTHROP: J. gen. Physiol. **13**, 739, 767; **14**, 713 (1930); vgl. auch J. H. NORTHROP, M. KUNITZ und R. M. HERRIOTT, *l. c.*

[4] J. D. BERNAL und D. CROWFOOT: Nature **133**, 794 (1934).

[5] R. M. HERRIOTT: J. gen. Physiol. **21**, 501 (1938); **22**, 65 (1938).

[6] R. M. HERRIOTT: Ibid. **24**, 325 (1941).

Außer Pepsin sind im Magensaft anscheinend noch weitere proteolytische Enzyme vorhanden. Unreine Pepsin-präparationen enthalten neben Pepsin auch ein Ferment, das Gelatine rascher hydrolysiert als Pepsin selbst[1]. Weiters ist vielleicht das von BRÜCKE isolierte „proteinfreie Pepsin" ebenfalls ein von Pepsin verschiedenes Ferment[2]. Schließlich behauptet BUCHS[3], daß sowohl im Magensaft als auch in kommerziellen Pepsin-präparationen und im kristallinen Pepsin neben dem eigentlichen Pepsin ein weiteres proteolytisches Enzym vorkommt, das er „Magenkathepsin" nennt und das sich in seinen Eigenschaften vom Pepsin dadurch unterscheiden soll, daß es gegen Hitze stabiler ist, ein p_H-Wirkungsoptimum um 4,0 aufweist und durch Cyanid und Sulfid aktiviert wird. Tatsächlich konnten kürzlich MERTEN und Mitarbeiter[4] bei einer eingehenden Untersuchung eines Säureextraktes aus der Magen-schleimhaut des Schweines mit Hilfe der Elektrophorese eine „katheptische" Komponente neben Pepsin nachweisen. Während aber das Pepsin ohne Beimischung des anderen Faktors hergestellt werden konnte, gelang es nicht, das „Kathepsin", dessen Wirkungsoptimum bei p_H 3,5 liegt, frei von Pepsin zu erhalten.

Säugetier-pepsine verschiedener Herkunft (Rind, Schwein, Schaf und Hund) sind wohl immunologisch voneinander verschieden, zeigen aber dieselbe Substratspezifität, so daß man annehmen muß, daß es sich um verschiedene Proteine mit identischen Wirkungsgruppen handelt. Hingegen weist das entsprechende Ferment des Lachses, das von NORRIS und ELAM[5] kristallisiert wurde, offenbar eine verschiedene Spezifität auf, da es gegenüber den synthetischen Substraten von FRUTON und BERGMANN unwirksam ist[6].

Bei Dyspepsien, welche durch eine Funktions-störung der Magen-verdauung bedingt sind, werden Pepsin-präparate meist in Kombination mit Salzsäure peroral gegeben.

II. Rennin *(Labferment, Chymosin)*[7]

Alle Endopeptidasen sind mehr oder minder imstande, Milch zur Gerinnung zu bringen; diese Wirkung beruht auf einer Proteolyse des Caseins.

Eine besonders starke Beschleunigung der Milch-gerinnung (Lab-wirkung) wird aber durch ein Ferment bewirkt, das man aus der Schleimhaut des *Abomasum* (vierten oder wahren Magens) des Kalbes gewinnen kann. Präparate dieses Enzyms werden schon seit langem technisch bei der Käse-bereitung verwendet.

Es gelang HAMMARSTEN[8] nachzuweisen, daß diese Wirkung des Kälbermagens auf ein besonderes Ferment zurückzuführen ist, das mit keiner anderen Peptidase identisch ist, obwohl noch lange Zeit später, insbesondere von PAWLOW und seinen Mitarbeitern, die Meinung vertreten wurde, daß die Lab-wirkung durch Pepsin bedingt ist. Diese Annahme wurde durch die Tatsache gestützt, daß Pepsin und Rennin bei ihrer gerinnungs-fördernden Wirkung fast das gleiche p_H-Optimum (etwa 5,0) zeigen. Die Kontroverse würde schließlich dadurch im Sinne der Nicht-identität der beiden Fermente entschieden, daß TAUBER und KLEINER[9] sowohl die inaktive Vorstufe des Enzyms, das Prorennin, als auch das Rennin selbst weitgehend einigen konnten und die Unterschiede zwischen Pepsin und Rennin aufzeigten.

---

[1] J. H. NORTHROP: J. gen. Physiol. **15**, 29 (1931).

[2] H. KRAUT und E. TRIA: Biochem. Z. **290**, 277 (1937).

[3] S. BUCHS: Die Biologie des Magenkathepsins. Basel und New York: Karger. 1947; Idem: Enzymologia **13**, 208 (1949).

[4] R. MERTEN, A. SCHRAMM, W. GRASSMANN und K. HANNIG: Hoppe-Seyler's Z. physiol. Chem. **289**, 173 (1952).

[5] E. R. NORRIS und D. W. ELAM: J. biol. Chem. **134**, 443 (1940).

[6] J. S. FRUTON und M. BERGMANN: Ibid. **136**, 559 (1940).

[7] Handbuchartikel und Übersichtsreferate: N. J. BERRIDGE: In „The Enzymes", herausgegeben von J. B. SUMNER und K. MYRBÄCK, Bd. I/2, S. 1079. New York: Academic Press. 1951; H. HOLTER: In „Die Methoden der Fermentforschung", herausgegeben von E. BAMANN und K. MYRBÄCK: Bd. II, S. 2081. Leipzig: Thieme. 1941; H. BEAU: Ergebn. Enzymforsch. **4**, 173 (1935).

[8] O. HAMMARSTEN: Hoppe-Seyler's Z. physiol. Chem. **94**, 291 (1915); **121**, 261 (1922).

[9] H. TAUBER und I. S. KLEINER: J. biol. Chem. **96**, 745, 755 (1932).

Die Wirkungsweise des Rennins ist noch nicht völlig aufgeklärt. Der Vorgang der Milch-gerinnung scheint ein sehr komplexer Prozeß zu sein, bei dem der Enzymwirkung nur die Rolle einer Auslösungs-reaktion zukommen dürfte. Nach den Vorstellungen von HOLTER[1] beruht diese Auslösung auf dem proteolytischen Abbau eines schutzkolloid-artig wirkenden Bestandteiles des Caseinogen-komplexes, wodurch dieser labile Komplex zusammenbricht und — anscheinend ohne Mitwirkung von Enzymen — in Gegenwart von Ca^{++} ausflockt. Nach den Messungen von HOLTER, der mit einer sehr empfindlichen Methodik arbeitete, dürfte sich die proteolytische Wirkung des Rennins hierbei auf die Lösung von ein bis zwei Peptid-bindungen im Caseinogen-molekül beschränken. Unter Umständen wäre aber auch eine andersgeartete Wirkung des Rennins, d. h. durch Lösung einer nicht-peptidischen Bindung, zu erwägen.

Nach BEAU[2] depolymerisiert Rennin die Caseinphosphat-micelle soweit, daß freie Carboxyl-gruppen, Aminogruppen, Phosphat-reste und Ca^{++} reaktionsfähig werden. Diese freigewordenen Gruppen reagieren dann miteinander, wobei eine Netzstruktur entsteht, die sich immer vergrößert und ein hohes, nicht mehr definierbares M. G. erreicht.

Demgegenüber deutet BERRIDGE (*l. c.*) die Milch-gerinnung durch Rennin (oder andere Peptidasen) in dem Sinne, daß die Enzyme diejenigen Bindungen spalten, welche für die Aufrechterhaltung des nativen Zustandes verantwortlich sind. Hierdurch werden instabile Moleküle gebildet, die bei entsprechender Temperatur denaturieren und dabei miteinander und mit nativen Molekülen reagieren und so ebenfalls eine Netzstruktur entstehen lassen.

Es scheint heute sichergestellt zu sein, daß Rennin neben seiner spezifischen Wirkung als Labferment auch andere proteolytische Effekte hervorrufen kann. Nach BERRIDGE[3] hydrolysiert ein hochgereinigtes kristallines Präparat Hämoglobin optimal bei p_H 3,7. Frühere Autoren[4, 5, 6] berichteten über eine besonders starke Wirkung von Rennin auf Pflanzen-globuline; Rennin sei in einem stärkeren Ausmaß imstande, die Amylase-wirkung ungekeimter Gerste zu aktivieren als Papain oder Pepsin.

Die Aktivierung des inaktiven Prorennins erfolgt durch Wasserstoff-ionen. Sie findet schon bei p_H 5,3 statt, ist aber bei p_H 1 weitaus rascher.

Über die weitgehende Reinigung des Enzyms durch TAUBER und KLEINER wurde bereits berichtet. 1943 erschienen fast gleichzeitig Mitteilungen von HANKINSON[7] und von BERRIDGE[8], nach welchen es diesen beiden Autoren gelungen war, kristalline Präparationen von Rennin zu erhalten. Vereinfachte Methoden zur Gewinnung kristallinen Rennins wurden vor kurzem von BERRIDGE[9] sowie DE BAUN und Mitarbeitern[10] ausgearbeitet. Rennin hat ein M. G. von 40000; der I. P. liegt bei p_H 4,5. Es enthält wenig Tyrosin und auch wenig Cystein, Cystin und Methionin[11].

---

[1] H. HOLTER: Biochem. Z. **255**, 160 (1932).
[2] M. BEAU: Lait **21**, 113 (1941).
[3] N. J. BERRIDGE: Biochem. J. **39**, 179 (1945).
[4] O. HAMMARSTEN: Hoppe-Seyler's Z. physiol. Chem. **102**, 33, 105 (1918).
[5] H. LÜERS und J. BADER: Biochem. Z. **190**, 122 (1927).
[6] T. CHRZASZSZ und J. JANICKI: Ibid. **278**, 112; **281**, 408 (1935); T. CHRZASZSZ und S. WANDA: Ibid. **290**, 225 (1937).
[7] C. L. HANKINSON: J. Dairy Sci. **26**, 53 (1943).
[8] N. J. BERRIDGE: Nature **151**, 473 (1943).
[9] N. J. BERRIDGE und C. WOODWARD: Biochem. J. **54**, XX (1953).
[10] R. M. DE BAUN, W. M. CONNORS und R. A. SULLIVAN: Arch. Biochem. Biophys. **43**, 324 (1953).
[11] H. SCHWANDER, P. ZAHLER und H. NITSCHMANN: Helv. chim. Acta **35**, 553 (1952).

Die biologische Bedeutung des Rennins für die saugenden Kälber dürfte darin bestehen, daß es das einzige proteolytische Enzym im Magen ist, das den Tieren zur Verfügung steht. Erst nach Absetzen der Milch-nahrung erfolgt sehr rasch die Pepsin-bildung. Im Gegensatz hierzu soll der Magen anderer junger Säugetiere nach HOLTER und ANDERSEN[1] kein Rennin sondern normales Pepsin enthalten.

Wie bereits erwähnt wurde, kommt dem Rennin, das gewöhnlich als ungereinigte Präparation verwendet wird, in der Käse-bereitung eine bedeutende Rolle zu.

III. Trypsine und Homotrypsine

Die Existenz proteolytischer Fermente in der Pankreas-drüse ist seit langem bekannt. Nach einer Angabe von OPPENHEIMER[2] berichteten PURKINJE und PAPPENHEIM bereits 1836 über derartige Enzyme, die auch später (1856) von CLAUDE BERNARD und CORVISART beschrieben wurden.

Die Auftrennung und Charakterisierung der einzelnen pankreatischen Peptidasen gelang allerdings erst gleichzeitig mit der Kristallisierung dieser Fermente durch NORTHROP und KUNITZ[3].

Die wichtigsten der pankreatischen proteolytischen Fermente sind die Trypsine; Enzyme dieses Typus sind im Tierreich allgemein verbreitet und finden sich auch bei Invertebraten. Im menschlichen und Säugetier-körper ist das Vorkommen durchaus nicht auf die Pankreas-drüse beschränkt; Fermente der gleichen Spezifität finden sich in den verschiedensten Geweben und werden als Kathepsin B (früher Kathepsin II) bezeichnet.

Trypsin hat gegenüber nativen Proteinen nur geringe Wirkung; hingegen werden denaturierte Eiweißstoffe sehr rasch gespalten, wie das in einer ausführlichen Untersuchung von HAUROWITZ und Mitarbeitern[4] gezeigt wurde. Der Schule von BERGMANN[5] ist es gelungen, auch für das Trypsin synthetische Peptidsubstrate zu finden, von denen die wichtigsten α-Benzoyl-L-argininamid, Hippuryl-L-argininamid, Hippuryl-L-lysinamid und α-Benzoyl-L-lysinamid sind.

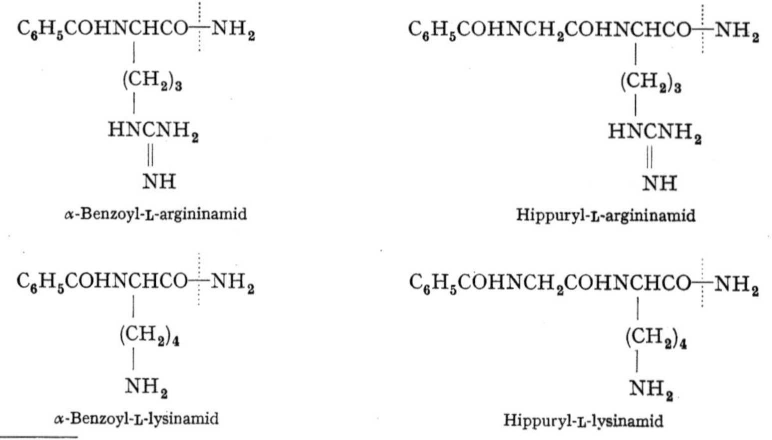

α-Benzoyl-L-argininamid — Hippuryl-L-argininamid — α-Benzoyl-L-lysinamid — Hippuryl-L-lysinamid

[1] H. HOLTER und B. ANDERSEN: Biochem. Z. **269**, 285 (1934).

[2] C. OPPENHEIMER: Die Fermente und ihre Wirkungen, 5. Aufl., Bd. II, S. 894. Leipzig: Thieme. 1925.

[3] J. H. NORTHROP und M. KUNITZ: Science **73**, 262 (1931); J. gen. Physiol. **16**, 267, 295 (1932).

[4] F. HAUROWITZ, M. TUNCA, P. SCHWERIN und V. GÖKSU: J. biol. Chem. **157**, 621 (1945).

[5] M. BERGMANN, J. S. FRUTON und H. POLLOCK: Ibid. **127**, 643 (1939); K. HOFMANN und M. BERGMANN: Ibid. **130**, 81 (1939); **138**, 243 (1941).

SCHWERT, NEURATH, KAUFMAN und SNOKE[1] berichteten vor einiger Zeit, daß Trypsin auch Ester von Aminosäure-derivaten hydrolysieren könne, wenn diese Ester dieselbe Konfiguration aufweisen wie die vom Ferment gespaltenen Amide. Die Hydrolyse dieser Ester geht sogar rascher vor sich als die Hydrolyse der Peptid-bindungen; so wird α-Benzoyl-L-argininmethylester etwa 60mal schneller gespalten als α-Benzoyl-L-argininamid.

$C_6H_5COHNCHCO \vdots OCH_3$
|
$(CH_2)_3$
|
$HNCNH_2$
||
NH

α-Benzoyl-L-argininmethylester

Auf Grund der berichteten Befunde über die Spezifität des Trypsins kann man postulieren, daß die durch das Enzym hydrolysierbaren Verbindungen die Gruppierungen

$—COHNCHCO \vdots X$ oder $—COHNCHCO$
| |
$(CH_2)_3$ $(CH_2)_4$
| |
$HNCNH_2$ NH_2
||
NH

enthalten müssen. Dies stimmt auch mit der Wirkung von Trypsin auf die Polypeptid-ketten A und B des Insulins überein; das Enzym greift vorzugsweise Bindungen an, deren Carboxyl-seite einen basischen Rest trägt.

Das p_H-Optimum der Trypsin-wirkung liegt um 8,0; Trypsin wird aber durch relativ starke Säure nicht inaktiviert und kann sogar für kurze Zeit in verdünnter Säure gekocht werden, ohne daß seine Aktivität völlig verlorengeht. Wohl findet dabei eine Denaturierung statt, die aber reversibel ist[2].

Im Pankreas findet sich Trypsin — ähnlich wie Pepsin in den Fundusdrüsen — in einer inaktiven Form, die als Trypsinogen bezeichnet wird. Trypsinogen kann, wie SCHEPOWALNIKOW[3] in PAWLOWS Laboratorium bereits 1899 feststellte, durch einen in der Darm-schleimhaut enthaltenen Stoff, die sog. Enterokinase, in vollwirksames Trypsin überführt werden. Enterokinase wurde von KUNITZ[4] in gereinigter, aber nicht kristalliner Form hergestellt. Die Umwandlung von Trypsinogen in Trypsin ist wohl enzymatischer Natur; sie erfolgt optimal zwischen p_H 6 und 9. Eine nicht näher beschriebene *Penicillium*-Art ist nach KUNITZ[5] imstande, einen Faktor zu produzieren, der im sauren Bereich (p_H-Optimum 3,0) ebenfalls die Überführung von Trypsinogen in Trypsin bewirkt. Schließlich kann auch Trypsin selbst autokatalytisch Trypsinogen in Trypsin umwandeln[6]; diese Reaktion ist, wie McDONALD und KUNITZ[7] fest-

---

[1] G. W. SCHWERT, H. NEURATH, S. KAUFMAN und J. E. SNOKE: J. biol. Chem. **172**, 221 (1948).
[2] M. L. ANSON und A. E. MIRSKY: J. gen. Physiol. **17**, 393 (1934).
[3] N. P. SCHEPOWALNIKOW: Maly's Jahresber. Tierchemie **29**, 378 (1899).
[4] M. KUNITZ: J. gen. Physiol. **22**, 447 (1938).
[5] M. KUNITZ: Ibid. **21**, 601 (1938).
[6] M. KUNITZ und J. H. NORTHROP: Ibid. **19**, 991 (1936).
[7] M. R. McDONALD und M. KUNITZ: Ibid. **25**, 43 (1941).

gestellt haben, weitgehend von der Anwesenheit anorganischer Ionen (besonders Ca^{++}) abhängig, die den Prozeß stark beschleunigen können.

Untersuchungen der Endgruppen von Trypsinogen und Trypsin ergaben, daß die N-terminalen Gruppen verschieden sind[1]. Dies läßt darauf schließen, daß während der Aktivierung ein niedermolekulares Peptid abgespalten wird. Eine Bestätigung dieser Vorstellung konnte kürzlich durch Isolierung eines Peptids erbracht werden, das während der Aktivierung von Trypsinogen durch Trypsin entsteht; dieses Peptid enthält anscheinend einen Valin-rest, einen Lysin-rest und dazwischen fünf oder sechs Asparaginsäure-reste[2].

Die Tatsache, daß verschiedene Fermente mit vermutlich verschiedener Spezifität (Enterokinase, Faktor aus *Penicillium* von KUNITZ, sowie Trypsin selbst) zur Überführung des Trypsinogens in Trypsin imstande sind, läßt darauf schließen, daß bei dieser begrenzten Proteolyse weniger die Enzyme als das Substrat die Spezifität des Vorgangs bestimmen; wahrscheinlich sind die Bindungen (oder die Bindung), welche während des Aktivierungs-prozesses hydrolysiert werden, dem Angriff von Peptidasen leicht zugänglich, während alle übrigen Peptid-bindungen im Trypsinogen-molekül durch die Superstruktur (sekundäre und tertiäre Strukturen, vgl. S. 19ff. und S. 288) geschützt sind.

Die Herstellung des kristallisierten Trypsins und des kristallisierten Trypsinogens ist gemeinsam mit den entsprechenden Methoden zur Herstellung von kristallinem Chymotrypsin und Chymotrypsinogen in Tab. 45 schematisch dargestellt. In Tab. 46 sind die wichtigsten Eigenschaften dieser kristallinen Proteine verzeichnet.

Unter entsprechenden Bedingungen zeigt Trypsin eine Selbstverdauung; diese Autolyse macht sich durch Abnahme der Aktivität und durch Auftreten von Hydrolyse-produkten bemerkbar. Durch Ca^{++} und Mn^{++} kann die Autolyse verhindert werden[3]. Außerdem erfolgt durch diese Metall-ionen eine leichte Aktivitäts-erhöhung, die dadurch erklärt wird, daß das Gleichgewicht zwischen denaturierter und nativer Form des Trypsins zugunsten der letzteren verschoben wird.

Wie es schon WILLSTÄTTER und ROHDEWALD[4] als wahrscheinlich annahmen, existiert in der Pankreasdrüse eine Substanz, welche die Wirkung von Trypsin hemmen kann. Dieser Inhibitor wurde von KUNITZ und NORTHROP[5] kristallin dargestellt; es handelt sich um eine Substanz mit den Eigenschaften eines Polypeptids und einem M. G. von 6000. Der Inhibitor reagiert langsam mit Trypsin unter Bildung einer Trypsin-Inhibitor-verbindung, in der je ein Molekül Trypsin und Inhibitor enthalten sind. Die Trypsin-Inhibitor-verbindung dissoziiert bei p_H 1,0.

Ein sehr stark wirksamer Inhibitor des Trypsins findet sich im Rindercolostrum; er wurde von LASKOWSKI und Mitarbeitern[6] isoliert und kristallin dargestellt, sein M. G. ist 89000.

Auch in der Sojabohne konnte ein Trypsin-inhibitor gefunden werden[7, 8]. Hier handelt es sich um ein Protein des Globulin-typus mit einem M. G. von

---

[1] E. M. DAVIE und H. NEURATH: J. Amer. chem. Soc. **74**, 6305 (1952); M. ROVERY, C. FABRE und P. DESNUELLE: Biochim. biophys. Acta **9**, 702 (1952).

[2] E. W. DAVIE ind H. NEURATH: Ibid. **11**, 442 (1953).

[3] M. BIER und F. F. NORD: Arch. Biochem. Biophys. **31**, 335; **33**, 220 (1951); Nature **171**, 1022 (1953); L. GORINI: Biochim. biophys. Acta **7**, 318 (1951).

[4] R. WILLSTÄTTER und M. ROHDEWALD: Hoppe-Seyler's Z. physiol. Chem. **218**, 77 (1933).

[5] M. KUNITZ und J. H. NORTHROP: J. gen. Physiol. **19**, 991 (1936).

[6] M. LASKOWSKI, Jr. und M. LASKOWSKI: J. biol. Chem. **190**, 563 (1951); M. LASKOWSKI, P. H. MARS und M. LASKOWSKI, Jr.: Ibid. **198**, 745 (1952).

[7] W. E. HAM und R. M. SANDSTEDT: Ibid. **154**, 505 (1944).

[8] D. E. BOWMAN: Proc. Soc. exp. Biol. Med. **57**, 139 (1944).

etwa 24000; der Soja-inhibitor wurde von KUNITZ[1] kristallin hergestellt. Der kristalline Inhibitor verbindet sich mit dem kristallinen Trypsin zu einem neuen kristallisierbaren Protein, welches von beiden Bestandteilen etwa gleiche Mengen enthält. Ein ähnlicher aber nicht identischer Inhibitor wurde kürzlich aus Lima-bohnen isoliert[2].

Im Weißen der Hühner-eier konnte ein weiterer Trypsin-inhibitor nachgewiesen werden[3], der als das wasserlösliche Ovomucoid identifiziert wurde[4]. Dieses ist ein Glykoproteid, das 21,6% Kohlehydrat enthält. Das M. G. wird mit 29000 angegeben. Die Hemmung durch Ovomucoid ist nicht kompetitiv, da die Bindung des Ovomucoids an Trypsin anscheinend über die Aminogruppen des Enzyms erfolgt, deren Unversehrtheit für die Wirkung des Enzyms nicht unbedingt erforderlich ist, da auch acetyliertes Trypsin noch aktiv ist[5].

Auch das Blut soll einen Trypsin-inhibitor enthalten, der vielleicht mit dem Inhibitor im Pankreas identisch ist[6].

Wenn Trypsin-inhibitoren mit der Nahrung aufgenommen werden, können sie natürlich die Eiweiß-verdauung stören; in Tier-experimenten wurde festgestellt, daß dadurch ein Mangel an essentiellen Aminosäuren, vor allem an Methionin, eintreten kann[7].

Fermente, die mit Trypsin homospezifisch sind (Kathepsin B, früher Kathepsin II), finden sich, wie erwähnt, in verschiedenen tierischen Geweben. Sie unterscheiden sich besonders dadurch vom pankreatischen Trypsin, daß sie durch Cystein oder Glutathion aktiviert werden und daß das p_H-Optimum ihrer Wirkung etwa bei 5,0 liegt. Entsprechend ihrer Aktivierbarkeit durch SH-Verbindungen wirken SH-Reagenzien wie milde Oxydationsmittel, Jodacetamid, p-Chlormercuribenzoat u. a. hemmend.

Wie weit das „Trypsin der Leukozyten", das WILLSTÄTTER und Mitarbeiter[8] sowie STERN[9] beschrieben haben, mit dem pankreatischen Trypsin homospezifisch ist, ist noch ungeklärt, da das Leukozyten-ferment anscheinend noch nie auf seine Wirkung gegenüber den synthetischen Peptid-substraten von BERGMANN und FRUTON untersucht wurde.

Pankreas-präparate, deren Haupt-bestandteil Trypsin ist, werden häufig medikamentös zur Bekämpfung von Dyspepsien verwendet, welche durch eine schlechte Funktion der Pankreas-drüse verursacht werden. Die Präparationen, die peroral gegeben werden, werden vorteilhaft mit einer Hülle umgeben, welche im sauren Milieu des Magens nicht löslich ist, hingegen bei höheren p_H-Werten, wie sie sich im Dünndarm finden, zerfallen. Ohne diese Schutz-maßnahme besteht die Gefahr, daß die Präparate im Magen proteolytisch gespalten und dadurch inaktiviert werden.

IV. Chymotrypsine und Homo-chymotrypsine[10]

VERNON[11] konnte bereits 1914 zeigen, daß im Pankreas-saft zumindest zwei proteolytische Fermente zugegen sind; es gelang ihm, eine Fraktion abzutrennen,

---

[1] M. KUNITZ: J. gen. Physiol. **29**, 149 (1946); **30**, 291, 311 (1947).
[2] H. FRAENKEL-CONRAT, R. C. BEAN, E. D. DUCAY und H. S. OLCOTT: Arch. Biochem. Biophys. **37**, 393 (1952).
[3] A. K. BALLS und T. L. SWENSON: J. biol. Chem. **106**, 419 (1934).
[4] H. LINEWEAVER und C. W. MURRAY: Ibid. **171**, 565 (1947).
[5] H. FRAENKEL-CONRAT, R. S. BEAN und H. LINEWEAVER: Ibid. **177**, 385 (1949).
[6] A. SCHMITZ: Hoppe-Seyler's Z. physiol. Chem. **255**, 234 (1938).
[7] Vgl. dazu das Übersichtsreferat: H. J. ALMQUIST: Annu. Rev. Biochem. **20**, 320 (1951).
[8] R. WILLSTÄTTER, E. BAMANN und M. ROHDEWALD: Hoppe-Seyler's Z. physiol. Chem. **188**, 107 (1930); R. WILLSTÄTTER: Ibid. **204**, 181 (1932).
[9] K. G. STERN: Ibid. **199**, 169 (1931).
[10] Übersichtsreferat: H. NEURATH: In „Modern Trends in Physiology and Biochemistry", herausgegeben von E. S. G. BARRON, S. 453. New York: Academic Press. 1952.
[11] H. M. VERNON: J. Physiol. **47**, 325 (1913/14).

die eine starke gerinnungs-fördernde Wirkung aufwies, während die Hauptfraktion zwar die Milch-gerinnung fast nicht katalysierte, hingegen weitaus stärker proteolytisch wirksam war.

KUNITZ und NORTHROP[1] gelang es 1935, den Faktor, der für die Gerinnungswirkung verantwortlich ist, zu isolieren und kristallin darzustellen; während VERNON den Namen „pankreatisches Rennin" vorschlug, nannten KUNITZ und NORTHROP das von ihnen isolierte Enzym Chymotrypsin.

Chymotrypsin unterscheidet sich in seiner Wirkung nicht unwesentlich von Trypsin; so zeigt es, wie schon erwähnt, in weitaus stärkerem Ausmaß die Fähigkeit, Milch zur Gerinnung zu bringen; hingegen hat es keine beschleunigende Wirkung auf die Blutgerinnung, wie sie dem Trypsin zukommt. Auch seine Wirksamkeit gegenüber synthetischen Substraten unterscheidet sich grundsätzlich von derjenigen des Trypsins. Eine Anzahl von Verbindungen, die von Chymotrypsin hydrolysiert werden, sind in Tab. 42 verzeichnet.

Wie man aus Tab. 42 ersieht, sind nicht nur C-N-Bindungen durch Chymotrypsin spaltbar. Bisher konnte gezeigt werden, daß folgende Bindungstypen durch Chymotrypsin hydrolysiert werden: Peptide, Amide, Ester[2], Hydroxylamide und Hydrazide[3] sowie Phosphoamide[4].

Die Abgrenzung der Substrat-spezifität des Chymotrypsins von derjenigen der Pepsine mag vielleicht durch ein Beispiel illustriert werden: Beide Enzyme sind zur Spaltung einer Peptid-bindung im Carbobenzoxy-L-glutamyl-L-tyrosylglycylamid befähigt[5]; die Hydrolyse erfolgt aber an verschiedenen Stellen, wie in der Formel gezeigt wird.

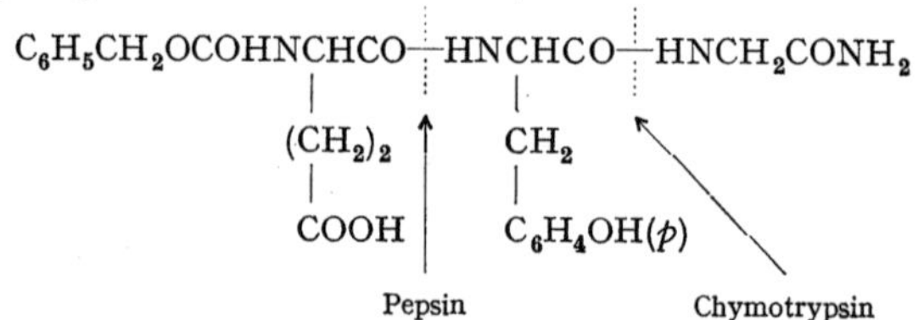

Außer den in Tab. 42 verzeichneten Substraten ist die Spaltbarkeit einfacher Aminosäure-amide, wie z. B. L-Tyrosylamid und L-Phenylalanylamid, durch Chymotrypsin berichtet worden[6]. Chymotrypsin scheint demnach nicht nur als Endopeptidase, sondern auch als Exopeptidase, und zwar als Aminopeptidase einer bestimmten Spezifität, fungieren zu können.

$C_6H_5CH_2CH(NH_2)CO$ ⋮ NH_2 — L-Phenylalanylamid

$HOC_6H_4CH_2CH(NH_2)CO$ ⋮ NH_2 — L-Tyrosylamid

Diese verschiedenen Wirkungen der Chymotrypsine sind aber nicht, wie vielleicht anzunehmen wäre, darauf zurückzuführen, daß es sich bei den Fermentpräparaten um Gemische verschiedener Enzyme handelt. Kristalline Präparationen von Chymotrypsin entsprechen den Einheitlichkeits-kriterien der Eiweiß-

---

[1] M. KUNITZ und J. H. NORTHROP: J. gen. Physiol. **18**, 433 (1935).

[2] G. W. SCHWERT, H. NEURATH, S. KAUFMAN und J. E. SNOKE: J. biol. Chem. **172**, 221 (1948); S. KAUFMAN, H. NEURATH und G. W. SCHWERT: Ibid. **177**, 793 (1949); J. E. SNOKE und H. NEURATH: Arch. Biochem. **21**, 351 (1949).

[3] B. M. NIEMANN, H. T. HUANG und C. NIEMANN: J. biol. Chem. **183**, 403 (1950); R. V. MACALLISTER und C. NIEMANN: J. Amer. chem. Soc. **71**, 3854 (1949).

[4] H. HOLTER und SI-OH LI: Acta chem. Scand. **4**, 1321 (1950).

[5] M. BERGMANN und J. S. FRUTON: Adv. Enzymology **1**, 63 (1941).

[6] J. S. FRUTON und M. BERGMANN: J. biol. Chem. **145**, 253 (1942).

Tabelle 42. *Typische Substrate der Chymotrypsine* (nach NEURATH, *l. c.*)

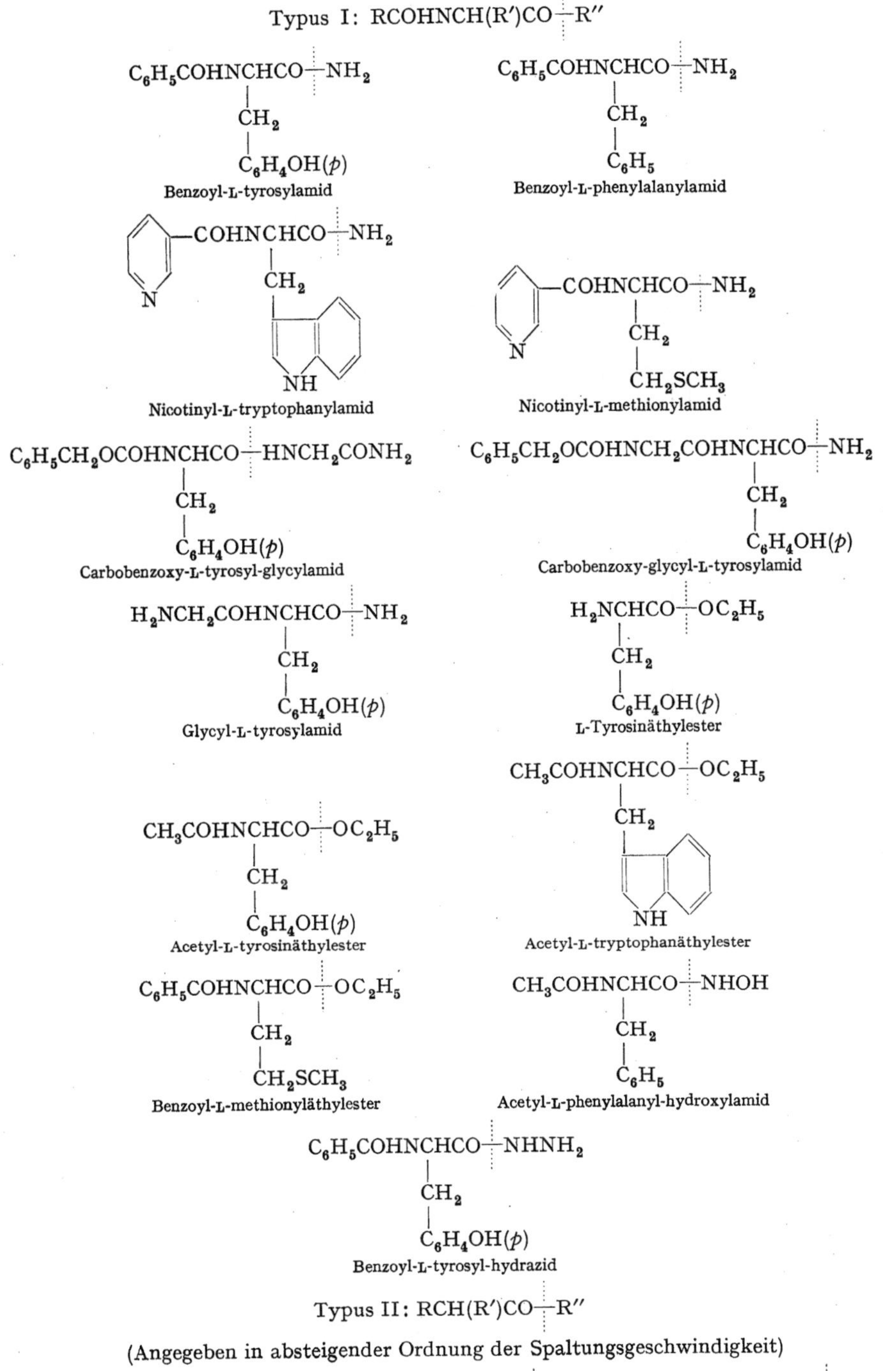

Typus II: RCH(R')CO—R''

(Angegeben in absteigender Ordnung der Spaltungsgeschwindigkeit)

$C_6H_5CH_2CHOHCO$—OCH_3	$C_6H_5CH_2CHClCO$—OCH_3	$C_6H_5CH_2CH_2CO$—OCH_3
l-β-Phenylmilchsäure-methylester *d*-β-Phenylmilchsäure-methylester	*d, l*-α-Chlor-β-phenylpropionsäure-methylester	β-Phenylpropionsäure-methylester

chemie, so daß mit größter Wahrscheinlichkeit angenommen werden muß, daß alle beschriebenen Effekte durch ein und dasselbe Enzym, nämlich Chymotrypsin, katalysiert werden.

Die Substrat-spezifität, wie sie bei den Versuchen an einfachen Peptidsubstraten vorgefunden, stimmt mit der Spezifität des Chymotrypsins gegenüber einzelnen Bindungen in den Polypeptid-ketten A und B des Insulins sehr gut überein; in allen Fällen findet man auf der Carboxyl-seite der gespaltenen Bindungen einen aromatischen Rest (vgl. DESNUELLE und ROVERY, *l. c.*).

Im Pankreas kommt Chymotrypsin als inaktive Vorstufe, Chymotrypsinogen, vor. Chymotrypsinogen wurde von KUNITZ und NORTHROP[1] isoliert und kristallin dargestellt. Es wird durch Trypsin, nicht aber durch Enterokinase oder Chymotrypsin selbst, in aktives Chymotrypsin überführt. KUNITZ und NORTHROP nehmen an, daß bei diesem Vorgang bestimmte Peptid-bindungen im Innern des Chymotrypsinogen-moleküls aufgebrochen werden. Eine ausführliche Untersuchung der Aktivierung des Chymotrypsinogens, die von JACOBSEN[2] durchgeführt wurde, ergab, daß dabei je nach den Bedingungen verschiedene Vorgänge erfolgen. Bei einer langsamen Einwirkung wird primär das sog. α-Chymotrypsin gebildet, das mit demjenigen Produkt identisch ist, das ursprünglich von KUNITZ und NORTHROP kristallin erhalten wurde. Wenn hingegen die Aktivierung sehr schnell vor sich geht, entsteht zuerst ein instabiles Enzymprotein, das etwa doppelt so aktiv ist wie α-Chymotrypsin und als π-Chymotrypsin bezeichnet wird. Bei schneller Aktivierung wandelt sich das π-Chymotrypsin hauptsächlich — anscheinend unter Aufspaltung einer einzigen Peptidbindung — in ein δ-Chymotrypsin genanntes Produkt um, das etwa 1,5mal so aktiv ist wie α-Chymotrypsin; bei langsamerer Aktivierung erfolgt hingegen vorzugsweise die Umwandlung von π-Chymotrypsin — wahrscheinlich unter Hydrolyse dreier Peptid-bindungen — zu dem kristallisierbaren α-Chymotrypsin.

Bei der Kristallisierung des α-Chymotrypsins stellte KUNITZ[3] fest, daß ein beträchtlicher Teil der Aktivität in den Mutterlaugen blieb. Es gelang ihm, daraus zwei weitere kristalline Enzymproteine zu isolieren, die β-Chymotrypsin und γ-Chymotrypsin genannt werden. Es scheint, daß diese beiden Substanzen durch milde Autolyse aus α-Chymotrypsin entstehen, wobei vermutlich aus dem α-Chymotrypsin Molekül-teile abgespalten werden, die für die Enzym-wirkung unwesentlich sind.

Schließlich gelang es LASKOWSKI und Mitarbeitern[4], aus Rinder-pankreas ein kristallines Protein darzustellen, das durch Trypsin in ein kristallisierbares proteolytisches Ferment mit der Spezifität der Chymotrypsine umgewandelt wird, aber mit keinem bisher bekannten Enzymprotein dieser Spezifität identisch ist. Es wird als Chymotrypsin B bezeichnet; auch in seiner Wirksamkeit gegenüber synthetischen Peptid-substraten zeigt es weitgehende Übereinstimmung mit α-Chymotrypsin[5].

Alle genannten Enzymproteine, die als Chymotrypsine bezeichnet werden, weisen, soweit das bisher untersucht wurde, gleichartige Spezifität gegenüber den verschiedensten Substraten auf. Im folgenden Schema wird eine Zusammen-

---

1 M. KUNITZ und J. H. NORTHROP: J. gen. Physiol. **18**, 433 (1935).

2 C. F. JACOBSEN, C. R. Trav. Lab. Carlsberg, Sér. chim. **25**, 325 (1947).

3 M. KUNITZ: J. gen. Physiol. **32**, 207 (1938).

4 M. LASKOWSKI: J. biol. Chem. **166**, 555 (1946); C. K. KEITH, A. KAZENKO und M. LASKOWSKI: Ibid. **170**, 227 (1947); K. D. DROWN, R. E. SHUPE und M. LASKOWSKI: Ibid. **173**, 99 (1948).

5 J. S. FRUTON: Ibid. **173**, 109 (1948).

stellung der einzelnen Chymotrypsinogene und Chymotrypsine mit ihren genetischen Zusammenhängen gegeben.

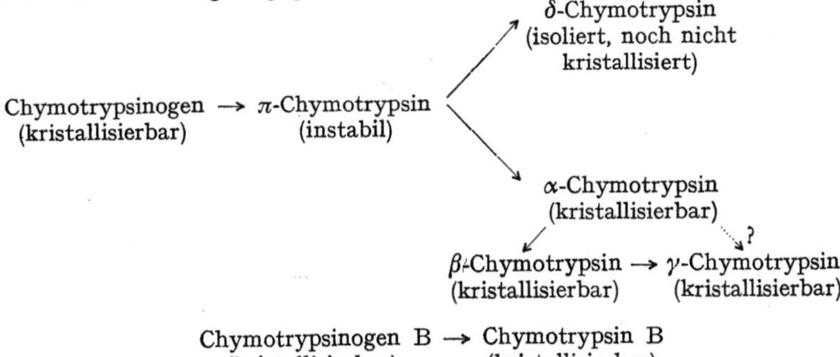

Die Darstellung von kristallinem Chymotrypsinogen und α-Chymotrypsin nach KUNITZ und NORTHROP (*l. c.*) ist in Tab. 44 zusammengefaßt. In Tab. 46 sind die wichtigsten Eigenschaften dieser Proteine beschrieben. Die in Tab. 46 angegebenen Molekulargewichte dürften

Tabelle 43. *Einige kompetitive Inhibitoren der Chymotrypsine* (nach NEURATH[1]); K_i = Dissoziationskonstante der Enzym-Inhibitor-verbindung bei 25°

Formel	Name	K_i
$C_6H_5COHNCHCOOH$ (CH—CH_2—C_6H_5)	Benzoyl-D-phenylalanin Benzoyl-L-phenylalanin	
$CH_3COHNCHCOCH_3$ (CH—CH_2—C_6H_5)	1-Phenyl-2-acetylaminobutanon-3	$K_i = 0{,}78 \cdot 10^{-2}$
C_6H_5COOH	Benzoesäure	$K_i = 4{,}2 \cdot 10^{-2}$
$C_6H_5CH_2COOH$	Phenylessigsäure	$K_i = 4{,}2 \cdot 10^{-2}$
$C_6H_5CH_2CH_2COOH$	β-Phenylpropionsäure	$K_i = 0{,}55 \cdot 10^{-2}$
$C_6H_5CH_2CH_2CH_2COOH$	γ-Phenylbuttersäure	$K_i = 1{,}40 \cdot 10^{-2}$
$C_6H_{11}CH_2CH_2COOH$	Cyclohexylpropionsäure	$K_i = 3{,}0 \cdot 10^{-2}$
(Indolring, NH)—CH_2CH_2COOH	3-Indolylpropionsäure	$K_i = 0{,}25 \cdot 10^{-2}$
CH_2CH_2COOH (am Naphthalinring)	α-Naphthylpropionsäure	$K_i = 0{,}40 \cdot 10^{-2}$
$C_6H_5OCH_2CH_2OH$	2-Phenoxyäthanol	$K_i = 0{,}58 \cdot 10^{-2}$
$C_6H_5CH_2CH_2NH_2$	β-Phenyläthylamin	
$C_6H_5CH_2CH(CONH_2)_2$	α-Benzylmalondiamid	$K_i = 7{,}9 \cdot 10^{-2}$

[1] H. NEURATH: In „Modern Trends in Physiology and Biochemistry", herausgegeben von E. S. G. BARRON, S. 453. New York: Academic Press. 1952.

nach Arbeiten aus dem Laboratorium von NEURATH[1] revisionsbedürftig sein; der Grund scheint in einer teilweisen Dimerisierung der Proteine zu liegen, wodurch zu hohe Werte erhalten werden. Sowohl für Chymotrypsinogen als auch für α-Chymotrypsin werden neuerdings M. G.-Werte von 22000 bis 25000 angegeben.

Das p_H-Optimum der Chymotrypsin-wirkung gegenüber Casein liegt zwischen 8 und 9. Die Versuche mit synthetischen Peptiden wurden von BERGMANN und FRUTON[2] bei p_H 7,6 durchgeführt. Auch die Spaltung der verschiedenen Ester, Hydroxylamide und Hydrazide, die als Substrate des Chymotrypsins fungieren können, erfolgt bei ähnlichen p_H-Werten.

Arbeiten aus dem Laboratorium von NEURATH[1] haben gezeigt, daß eine Anzahl N-acylierter Aminosäuren und deren Derivate sowie einige substituierte Fettsäuren die Wirkung von Chymotrypsin kompetitiv hemmen. Diese Verbindungen müssen gewisse, aber durchaus nicht weitgehende Übereinstimmungen mit den Substraten des Chymotrypsins aufweisen. Eine Liste derartiger kompetitiver Inhibitoren findet sich in Tab. 43.

In einer Anzahl interessanter Arbeiten konnten BALLS, JANSEN und Mitarbeiter[3] vor kurzem zeigen, daß Diisopropylfluorphosphat und verwandte Körper bereits in ganz kleinen Mengen die Wirksamkeit von Chymotrypsin hemmen, wobei eine stöchiometrische Reaktion zwischen dem Enzym und dem Hemmstoff erfolgt. Es gelang, mit den für die Kristallisation von α-Chymotrypsin üblichen Methoden eine Verbindung aus dem Reaktionsgemisch zu isolieren und kristallin zu erhalten. Die analytischen Daten lassen auf eine Reaktion von 1 Mol Chymotrypsin mit 1 Mol Diisopropylfluorphosphat schließen und zwar dürfte dieser Vorgang nach der Gleichung

$$(C_3H_7O)_2P(\rightarrow O)F + Ch{-}H \rightarrow Ch{-}P(\rightarrow O)(OC_3H_7)_2 + HF \quad (Ch{-}H = \text{Chymotrypsin})$$

verlaufen, da im Reaktionsprodukt wohl 2,2 Mole Isopropylgruppen und 1,1 Mol Phosphor, aber kein Fluor nachgewiesen werden konnte. Die geschilderte Reaktion zwischen dem Hemmstoff und dem Enzym verläuft in gleicher Weise bei α-, β- und γ-Chymotrypsin. Chymotrypsinogen aber wird durch Diisopropylfluorphosphat nicht verändert, was dafür spricht, daß durch die Überführung von Chymotrypsinogen in Chymotrypsin nicht nur das für die enzymatische Wirkung verantwortliche aktive Zentrum freigelegt wird, sondern auch die Gruppierung, die mit Diisopropylfluorphosphat reagiert. Es ist deshalb wahrscheinlich, daß diese Gruppierung mit dem aktiven Zentrum identisch ist (vgl. S. 150).

Wie bereits an anderen Stellen (S. 181) berichtet wurde, hemmt Diisopropylfluorphosphat auch Cholinesterasen und andere Esterasen sowie Trypsin. Wenn, wie es den Anschein hat, in allen diesen Fällen eine ähnliche Reaktion zwischen dem Hemmkörper und dem Enzymprotein erfolgt, so läßt das auf eine weitgehende Übereinstimmung der aktiven Gruppierungen dieser Enzyme schließen. Die Wirkungen des Diisopropylfluorphosphats sind besonders deshalb von großem Interesse, weil es sich hier um eine der wenigen bisher durchgeführten

[1] G. W. SCHWERT: J. biol. Chem. **190**, 799 (1951); G. W. SCHWERT und S. KAUFMAN: Ibid. **190**, 807 (1951).

[2] M. BERGMANN und J. S. FRUTON: Ibid. **118**, 405 (1937).

[3] Übersichtsreferat: A. K. BALLS und E. F. JANSEN: Adv. Enzymology **13**, 321 (1952); ferner E. F. JANSEN, M. D. F. NUTTING und A. K. BALLS: J. biol. Chem. **175**, 975 (1948); **179**, 201 (1949); E. F. JANSEN, M. D. NUTTING, R. JANG und A. K. BALLS: Ibid. **179**, 189 (1949); **185**, 209 (1950); E. F. JANSEN, A. L. CURL und A. K. BALLS: Ibid. **189**, 671 (1951).

Untersuchungen handelt, die eine Möglichkeit aufzeigen, über die chemische Natur des aktiven Zentrums in einem Enzymprotein Aufschluß zu erhalten (vgl. S. 149).

Intracelluläre proteolytische Enzyme (Kathepsine), die mit Chymotrypsin homospezifisch sind, konnten erstmalig von GUTMANN und FRUTON[1] in der Schweine-niere nachgewiesen werden. Ein höhergereinigtes Präparat eines gleichartigen Enzyms aus Rinder-milz wurde kürzlich genauer untersucht[2]. Das p_H-Optimum der Wirkung dieser Präparationen gegenüber synthetischen Substraten des Chymotrypsins liegt etwa bei 5,0; in ähnlichen Bereichen werden auch Hämoglobin und Serum-albumin hydrolysiert. Cystein wirkt als Aktivator. Für intracelluläre Enzyme dieser Spezifität wurde der Name Kathepsin C vorgeschlagen (vgl. S. 323).

Tabelle 44. *Darstellung kristallinen Chymotrypsins aus Rinder-pankreas* (nach NORTHROP, KUNITZ und HERRIOTT, *l. c.*)

Die Drüsen werden spätestens 1 Stunde nach dem Schlachten entnommen und in kalte $^1/_4$-n Schwefelsäure eingebracht. Nach Entfernen der Säure wird zerkleinert und 24 Stunden bei 5° im zweifachen Volumen $^1/_4$-n Schwefelsäure suspendiert. Dann wird durch Gaze abfiltriert.

Erhaltener saurer Pankreas-extrakt

Zugabe von Ammoniumsulfat bis zur 40%igen Sättigung; Abfiltrieren ↓

Filtrat

Zugabe von Ammoniumsulfat bis zur 70%igen Sättigung; Abfiltrieren ↓

Niederschlag (100 g)

In Wasser lösen und Wiederholung der fraktionierten Fällung (40%ige und 70%ige Sättigung mit Ammoniumsulfat ↓

Niederschlag bei 70%iger Ammoniumsulfat-sättigung (90 g)

Auflösen in 25%ig gesättigtem Ammoniumsulfat; Einstellen auf p_H 5,0; 2 Tage bei 25° stehen lassen. Filtrieren ↓ (↘ Filtrat; wird weiter auf Trypsin verarbeitet (siehe Tab. 45))

Kristallines *Chymotrypsinogen* (25 g)

8maliges Umkristallisieren in 25%ig gesättigtem Ammoniumsulfat ↓

8mal umkristallisiertes Chymotrypsinogen

Lösen in $^1/_{50}$-n Schwefelsäure; Einstellen auf p_H 7,6; Zugabe einer kleinen Menge Trypsin; 2 Tage bei 5° stehen lassen ↓

Lösung von Chymotrypsin

Einstellen auf p_H 4,0. Aussalzen mit 70%ig gesättigtem Ammoniumsulfat und Filtrieren ↓

Niederschlag: Amorphe Fällung von Chymotrypsin (5 g)

Auflösen in $^1/_{100}$-n Schwefelsäure; 24 Stunden bei 25° stehen lassen. Filtrieren ↓

Kristallines *Chymotrypsin*

[1] H. R. GUTMANN und J. S. FRUTON: J. biol. Chem. **174**, 851 (1948).
[2] H. H. TALLAN, M. E. JONES und J. S. FRUTON: Ibid. **194**, 793 (1952).

Tabelle 45. *Darstellung kristallinen Trypsins aus dem Filtrat, das bei der in Tabelle 44 geschilderten Gewinnung von kristallinen Chymotrypsin aus Rinder-pankreas anfällt*

Filtrat vom kristallinen Chymotrypsinogen

Einstellen auf p_H 4,0; Ausfällen bei 70%iger Sättigung mit Ammoniumsulfat; fraktionierte Fällung mit 40%iger und 70%iger Sättigung an Ammoniumsulfat ↓

Niederschlag bei 70%iger Ammoniumsulfat-sättigung (40 g)

Waschen mit gesättigtem Magnesiumsulfat; Auflösen in 0,4-m Borat (p_H 9,0); Abkühlen auf 5°; auf 50%ige Sättigung mit Magnesiumsulfat bringen und 3 Tage bei 5° stehen lassen. Filtrieren ↓

↘ Filtrat; kann zur Gewinnung von Trypsin-inhibitor und auch einer Verbindung zwischen Trypsin und Inhibitor verwendet werden

Kristallines *Trypsinogen*

Waschen mit 50%ig gesättigter Lösung von Magnesiumsulfat; Auflösen in $^1/_{50}$-n Schwefelsäure. Auf 50%ige Magnesiumsulfat-sättigung bringen und 0,4-m Boratlösung (p_H 9,0) zugeben. 1 Tag bei 5° stehen lassen und dann filtrieren ↓

Kristallines *Trypsin*

Tabelle 46. *Die wichtigsten Eigenschaften kristallisierter Präparate von Chymotrypsinogen, Chymotrypsin* und *Trypsin* (auszugsweise nach NORTHROP, KUNITZ und HERRIOTT, *l. c.*)

		Chymotrypsinogen	Chymotrypsin	Trypsin
Kristallform		Lange, quadratische Prismen	Rhomboeder	Kurze Prismen
Elementaranalyse	C	50,6	50,0	50,0
	H	7,0	7,06	7,1
	N	15,8	15,5	15,0
	Cl	0,17	0,16	2,85
	S	1,9	1,85	1,1
	P	0	0	0
	Asche	0,1	0,12	1,0
Amino-stickstoff in % des Gesamt-stickstoffs: Formoltitration		4,7	6,0	9,3
nach VAN SLYKE		4,75	6,0	
Löslichkeit in destilliertem Wasser		gering	leicht löslich	leicht löslich
Die folgenden Daten gelten für Lösungen in		$^1/_2$-m K_2SO_4, p_H 4,0	$^1/_{10}$-m Acetat	50%ig gesättigtem $MgSO_4$
Diffusions-koeffizient 6°, ccm/Tag		0,039	0,037	0,023
Molekularvolumen aus dem Diffusionskoeffizienten berechnet		52000	52000	65000
Molekulargewicht aus dem osmotischen Druck berechnet		36000[1]	41000[1]	36500
Isoelektrischer Punkt		5,0[2]	5,4[2]	7—8
Spezifische Aktivität Trypsin-einheiten pro mg Protein-N gegenüber	Hämoglobin	$<1\cdot10^{-5}$	0,04	0,17
	Casein gelöst	$<1\cdot10^{-5}$	1,0	2,4
	Gelatine	<0,01	12,0	100
	Lab-wirkung	<0,01	8,5	<0,1
	Blutgerinnung	<2,0	<2,0	1500
p_H-Optimum der Casein-spaltung			8—9	8—9

[1] Nach neueren Messungen mit anderen Methoden (vgl. S. 320) muß sowohl für Chymotrypsinogen als auch für Chymotrypsin ein M. G. zwischen 22000 und 25000 angenommen werden.

[2] Diese Werte stehen durchaus nicht fest; in der Literatur finden sich stark divergierende Angaben über die I. P.-Werte von Chymotrypsinogen und Chymotrypsin.

V. Elastase

Nach Untersuchungen von BÁLO und BANGA[1] enthält Pankreas-extrakt ein Enzym, das weder mit Chymotrypsin noch mit Trypsin identisch ist und imstande ist, die elastischen Fasern der Arterien, das sog. Elastin, löslich zu machen. Bei diesem Vorgang werden keine Aminosäuren freigesetzt. Die Vermutung von BANGA und NOWOTNY[2], daß es sich dabei um eine Depolymerisation ohne Lösung von Peptid-bindungen handelt, kann allerdings noch nicht als bewiesen angesehen werden.

VI. Kathepsine

Nachdem es schon seit langer Zeit bekannt war, daß verschiedene tierische Gewebe intracelluläre proteolytische Fermente enthalten (vgl. z. B. VERNON[3]), die unter anderem die bakterienfreie Autolyse der Gewebe nach Eintritt des Todes verursachen, wurde von WILLSTÄTTER und BAMANN[4] vorgeschlagen, derartige Enzyme als Kathepsine zu bezeichnen. Die Schule von WILLSTÄTTER[5] unternahm es auch, diese Fermente zu charakterisieren; die Forscher fanden, daß die Enzymwirkung allgemein durch Cystein und andere Sulfhydrylverbindungen aktiviert wird. Es konnte festgestellt werden, daß besonders die Leber, die Niere und die Milz reich an Kathepsinen sind.

Durch Untersuchungen von FRUTON und BERGMANN[6] wurde eindeutig gezeigt, daß unter dem Begriff Kathepsin eine Anzahl von Enzymen und nicht ein einziges enzymatisches Individuum verstanden wird. FRUTON und BERGMANN untersuchten die Wirkungen verschiedener Gewebe-extrakte auf synthetische Peptidsubstrate, wie sie zur Feststellung der Spezifität der einzelnen Endopeptidasen und Exopeptidasen verwendet wurden. Dabei ergab sich, daß im Kathepsin neben typischen Exopeptidasen vom Typus der Leucin-aminopeptidasen und Carboxypeptidasen auch Endopeptidasen enthalten sind, die mit Pepsin und Trypsin homospezifisch sind. Später konnte gezeigt werden, daß Fermente mit der Spezifität des Chymotrypsins ebenfalls Bestandteile des Kathepsins sind.

Eine von BERGMANN und FRUTON vorgeschlagene Klassifikation der Kathepsine wurde kürzlich, da sie als überholt anzusehen ist, durch eine neue Einteilung dieser Enzyme ersetzt, in der die Bezeichnung Kathepsin auf Fermente vom Endopeptidase-typus beschränkt wird; eine Übersicht findet sich in Tab. 47.

Tabelle 47. *Nomenklatur der Kathepsine* nach TALLAN, JONES und FRUTON[7]

Neue Bezeichnung	Frühere Bezeichnung	Typisches Substrat
Kathepsin A	Kathepsin I	Carbobenzoxy-L-glutamyl-L-tyrosin
Kathepsin B	Kathepsin II	Benzoyl-L-argininamid
Kathepsin C	—	Glycyl-L-phenylalaninamid
Leucinaminopeptidase	Kathepsin III	L-Leucylamid
Carboxypeptidase	Kathepsin IV	Carbobenzoxyglycyl-L-phenylalanin
Aminotripeptidase	—	Glycylglycylglycin

[1] J. BÁLO und I. BANGA: Biochem. J. **46**, 384 (1950).
[2] I. BANGA: Z. Vitamin-, Hormon-, Fermentforsch. **4**, 49 (1951); I. BANGA und A. NOWOTNY: Ibid. **4**, 54 (1951).
[3] H. M. VERNON: J. Physiol. **47**, 320 (1913/4).
[4] R. WILLSTÄTTER und E. BAMANN: Hoppe-Seyler's Z. physiol. Chem. **180**, 127 (1928).
[5] E. WALDSCHMIDT-LEITZ, E. SCHÄFFNER, J. J. BEK und E. BLUM: Ibid. **188**, 17 (1930); vgl. auch die Übersichtsreferate: W. GRASSMANN: Ergebn. Enzymforsch. **1**, 133 (1932); W. GRASSMANN und F. SCHNEIDER: Ibid. **5**, 79 (1936).
[6] Vgl. die Übersichtsreferate: M. BERGMANN und J. S. FRUTON: Adv. Enzymology **1**, 63 (1941); M. BERGMANN: Ibid. **2**, 49 (1942).
[7] H. H. TALLAN, M. E. JONES und J. S. FRUTON: J. biol. Chem. **194**, 793 (1952).

Die einzelnen Kathepsine wurden bei denjenigen Fermentgruppen, mit welchen sie homospezifisch sind, behandelt. Es muß aber betont werden, daß es außer den drei näher untersuchten Kathepsinen A, B und C, welche die gleiche Spezifität wie Pepsin, Trypsin bzw. Chymotrypsin aufweisen, sicher noch andere katheptische Fermente gibt, die allerdings noch zu wenig charakterisiert sind, um ihre Individualität festzulegen. So enthalten rohe Kathepsin-präparationen Endopeptidasen, die Verbindungen wie Benzoylglycinamid, Carbobenzoxy-L-isoglutamin und Carbobenzoxy-L-serinamid hydrolysieren[1]; alle diese Substanzen werden von den bisher bekannten Kathepsin-typen nicht angegriffen. Es ist zu erwarten, daß die weitere Bearbeitung der Kathepsine die Existenz einer ziemlich großen Anzahl derartiger Fermente unterschiedlicher Spezifität aufdecken wird.

VII. Renin[2]

Wenn man Versuchstieren einen durch Extrahieren mit Kochsalz-lösung erhaltenen Auszug aus frischen Nieren injiziert, so hat dies ein Ansteigen des Blutdrucks zur Folge. Die Entdecker dieser Erscheinung, TIGERSTEDT und BERGMAN[3], konnten feststellen, daß der wirksame Faktor der Nierenextrakte thermolabil ist und schlossen daraus auf das Vorliegen eines Proteins, das sie Renin nannten.

Genauere Untersuchungen über den genannten Faktor wurden vor allem von KOHLSTEDT und Mitarbeitern[4] sowie von SCHALES[5] vorgenommen. Es zeigte sich, daß Renin ein Enzym, und zwar eine Peptidase ist, die aus einem Plasmaprotein, dem α_2-Globulin des Serums, das auch *Hypertensinogen* genannt wird, durch proteolytische Spaltung eine Substanz erzeugt, die für die Blutdrucksteigerung verantwortlich ist. Dieser Stoff scheint ein Polypeptid zu sein und wird als *Hypertensin* oder *Angiotonin* bezeichnet.

Das entstandene Hypertensin wird durch Organextrakte in kurzer Zeit wieder zerstört, was einem weiteren proteolytischen Ferment, der *Hypertensinase* oder *Angiotoninase*, zugeschrieben wird. Nach Spezifitätsuntersuchungen scheint dieses Enzym eine Leucin-aminopeptidase zu sein.

Der geschilderte Mechanismus dürfte bei der Entstehung der sog. essentiellen Hypertonie beim Menschen eine Rolle spielen, obgleich die Beweisführung dafür noch lückenhaft ist. Im späteren chronischen Stadium des Überdrucks ist Renin nicht mehr im Blut nachzuweisen, was dafür spricht, daß nach Ablauf der Entstehungsphase die Regulationsmechanismen, die durch das vegetative Nervensystem gesteuert werden, schon auf das erreichte Druckniveau eingestellt sind. Eine Beeinflussung des Renin-Hypertensin-Hypertensinase-systems ist zu diesem Zeitpunkt bereits nutzlos.

VIII. Plasmin *(Fibrinolysin)*

Neben anderen sehr wenig aktiven Peptidasen enthält das Serum ein Ferment, das vermutlich als Endopeptidase angesprochen werden muß und Plasmin oder Fibrinolysin genannt wird. Dieses Enzym ist in seiner aktivierten Form imstande, geronnenes Blut (Fibrin) in Lösung zu bringen. Die Besprechung des Plasmins erfolgt im Kapitel über die Blutgerinnung (S. 337).

IX. Papain und andere pflanzliche Endopeptidasen

Alle Pflanzen besitzen Endopeptidasen als Teil ihrer enzymatischen Ausrüstung. Von diesen Enzymen sind allerdings nur solche Fermente genauer untersucht worden, die sich durch besonders starke Aktivität auszeichnen oder Pflanzen entstammen, denen wirtschaftliche Bedeutung zukommt.

Wie schon seit langer Zeit bekannt ist (vgl. z. B. VINES[6]), enthält der Milchsaft des tropischen Melonenbaumes, *Carica papaya*, ein Gemisch stark wirksamer

[1] J. S. FRUTON und M. BERGMANN: J. biol. Chem. **130**, 19 (1939); J. S. FRUTON: Ibid. **146**, 463 (1942).

[2] Übersichtsreferat: O. SCHALES: Adv. Enzymology **7**, 513 (1948).

[3] R. TIGERSTEDT und P. G. BERGMAN: Skand. Arch. Physiol. **8**, 223 (1898).

[4] K. G. KOHLSTEDT, O. M. HELMER und I. H. PAGE: Proc. Soc. exp. Biol. Med. **39**, 214 (1938).

[5] O. SCHALES: J. Amer. chem. Soc. **64**, 561 (1942).

[6] S. H. VINES: Ann. Botany **17**, 602 (1903).

Peptidasen, das als Papain bezeichnet wird. Aus dem Milchsaft konnten zwei Einzelfermente in hochgereinigter, kristallisierter Form isoliert werden: Das Papain (im engeren Sinne)[1] und das sog. Chymopapain[2].

Die Spezifität dieser beiden Enzyme scheint noch nicht eingehender bearbeitet worden zu sein; das gereinigte Papain hydrolysiert Benzoyl-glycinamid, ein typisches Substrat des Trypsins. Die Befunde reichen aber nicht aus, um Papain als Homotrypsin zu klassifizieren. Ungereinigtes Papain dürfte neben den beiden genannten Enzymen eine große Anzahl weiterer proteolytischer Fermente enthalten; das Gemisch vermag sowohl freie Peptide als auch acylierte Peptide, Aminosäure-amide und völlig substituierte Peptide anzugreifen.

Sowohl das kristalline Papain als auch das Rohpapain zeigen ein bemerkenswertes Verhalten gegenüber verschiedenen Effektoren. Cyanid, Sulfid, Sulfit, Cystein, Glutathion, Ascorbinsäure und andere reduzierende Agenzien zeigen aktivierende Wirkung.

Bersin und Logemann[3] erklären diese Erscheinung damit, daß das Enzym bzw. die Enzyme im Rohpapain nur dann wirken können, wenn reversibel oxydable und reduzierbare Sulfhydryl-gruppen im Fermentmolekül vorliegen. Fruton und Bergmann[4] nehmen hingegen an, daß die Cyanide und Sulfhydryl-verbindungen eine Art Coenzym-funktion haben. Auf Grund eingehender Versuche formulieren sie eine Theorie, die sich etwa durch das folgende Schema ausdrücken läßt:

$$\alpha\text{-Papain (oxydiert)} \rightleftharpoons \beta\text{-Papain (reduziert?)}$$

$$\beta\text{-Papain} + \text{Coenzym} \rightleftharpoons \text{aktives } \beta\text{-Papain.}$$

Der erste Vorgang führt zur Bildung eines reduzierten, aber noch inaktiven Enzyms, wobei Spuren einer Sulfhydrylverbindung anwesend sein müssen; Cyanid wirkt nicht. Je nach der Art des angewandten Coenzyms erfolgt im zweiten Teil der Reaktionsreihe die Bildung eines anderen Ferments, d. h. die Enzyme, welche durch H_2S, Cystein, Glutathion oder Cyanid aktiviert wurden, zeigen verschiedene Aktivität.

Andrerseits nehmen Krebs[5] und Winnick, Cone und Greenberg[6] an, daß die Funktion der genannten Aktivatoren darin besteht, daß sie kleine Mengen von Schwermetall-ionen, die hemmend einwirken, binden und dadurch unschädlich machen.

Als Inhibitoren sind zu nennen: Sämtliche Sulfhydryl-reagenzien wie Jodessigsäure, milde Oxydationsmittel, Chlormercuribenzoat sowie Schwermetallsalze.

Das Verhalten des Papains gegenüber verschiedenen Effektoren ist deshalb von besonderem Interesse, weil die meisten Kathepsine und intracellulären Exopeptidasen wie auch viele pflanzliche proteolytische Fermente anderen Ursprungs ganz ähnlich reagieren.

Das p_H-Optimum der Papain-aktivität ist weitgehend vom Substrat abhängig. Während Proteine optimal in der Nähe des Neutralpunktes hydrolysiert werden, erfolgt die Spaltung von Eiweiß-abbauprodukten (Gelatine) und synthetischen Peptid-substraten am besten zwischen p_H 5,0 und 5,5.

In den letzten Jahren ist eine Anzahl weiterer Endopeptidasen pflanzlichen Ursprungs beschrieben worden, die in ihren Eigenschaften dem Papain sehr nahestehen. In *Ananas sativus* findet sich das Bromelin (Balls und Mitarbeiter[7]), in Feigen-arten das Ficin, das von Walti[8] kristallisiert wurde. Das Ficin ist befähigt, Benzoylglycinamid und Benzoyl-L-argininamid zu hydrolysieren. Andere Enzyme desselben Typus sind das Pinguinain

[1] A. K. Balls und H. Lineweaver: J. biol. Chem. **130**, 669 (1939).
[2] E. F. Jansen und A. K. Balls: Ibid. **137**, 459 (1941).
[3] T. Bersin und W. Logemann: Hoppe-Seyler's Z. physiol. Chem. **220**, 209 (1933).
[4] J. S. Fruton und M. Bergmann: J. biol. Chem. **133**, 153 (1940); G. W. Irving, Jr., J. S. Fruton und M. Bergmann: Ibid. **139**, 569 (1941); J. gen. Physiol. **25**, 669 (1942).
[5] H. A. Krebs: Naturwiss. **18**, 736 (1930).
[6] T. Winnick, W. H. Cone und D. M. Greenberg: J. biol. Chem. **153**, 465 (1944).
[7] A. K. Balls, R. R. Thompson und M. W. Kies: Ind. eng. Chem. **33**, 950 (1941).
[8] A. Walti: J. Amer. chem. Soc. **60**, 493 (1938).

aus *Bromelia pinguin*, das von CARPENTER und LOVELACE[1] kristallin dargestellte Asclepain aus *Asclepias*-Arten, das Mexicanain aus den Blättern und Früchten von *Pileus mexicanus* sowie die noch weniger gut charakterisierten Fermente Tabernamontain aus *Tabernamontana grandiflora* und Euphorbain aus *Euphorbia*-Arten.

Die meisten der genannten Enzyme sind imstande, lebende Würmer (Darmparasiten) zu verdauen und werden deshalb als Antihelminthica angewandt.

Ein dem Papain ähnliches Enzym findet sich auch im Tabakblatt[2]. Im Getreide kommen neben Fermenten dieses Typus auch andere Endopeptidasen vor, und zwar findet sich im ungekeimten Korn nur sehr geringe Enzym-aktivität, die aber während der Keimung enorm ansteigt[3].

Pflanzliche Endopeptidasen, die nicht dem Papain-typus entsprechen, sind vor allem das von GREENBERG und WINNICK[4] entdeckte Solanain aus *Solanum elagnifolium*, das von JAFFÉ[5] aus *Hura crepitans* isolierte Hurain und eine Endopeptidase aus der Erdnuß, das Arachain[6]. Die letztgenannten Fermente haben ihre optimale Aktivität im schwach alkalischen Gebiet (p_H 7,5 bis 8,0); sie werden weder durch Cystein oder Cyanid aktiviert, noch durch Oxydationsmittel gehemmt.

Ein etwas aus dem Rahmen fallendes Enzym wird von der insekten-fressenden Pflanze *Drosera* produziert. *Drosera* besitzt Drüsenhaare, die ein Sekret absondern, das die Verdauung der gefangenen Insekten bewirkt. Das darin enthaltene proteolytische Enzym hat das außergewöhnliche Wirkungs-optimum p_H 3,2, während eine aus den Blättern derselben Pflanze extrahierbare Peptidase bei p_H 4,2 bis 4,3 optimal wirkt[7].

Die Liste der pflanzlichen Endopeptidasen würde sich durch weitere Untersuchungen wohl noch beträchtlich verlängern lassen.

X. Hefe-endopeptidase *(Hefe-proteinase)*

Aus Hefe-autolysaten konnten GRASSMANN und DYCKERHOFF[8] eine Endopeptidase isolieren und frei von Exopeptidasen erhalten, die sich weitgehend wie Papain verhält. Sie unterscheidet sich von diesem Ferment dadurch, daß sie kurz nach der Darstellung wohl durch Cyanid aktivierbar ist, aber auch die Fähigkeit zur Selbstaktivierung besitzt. Ein anfangs ohne Cyanidzusatz kaum aktiver Extrakt erreicht nach 10tägiger Aufbewahrung im Eisschrank eine bemerkenswerte Wirksamkeit und läßt sich in seiner Aktivität durch Cyanid überhaupt nicht und durch Cystein nur mehr zu einem geringen Grad aktivieren. Das Enzym spaltet Hippurylamid und Benzoyl-L-argininamid (HOFFMANN-OSTENHOF, MOSER und EHRENREICH, unveröffentlichte Versuche).

XI. Proteinase von *Aspergillus oryzae*

Die Fähigkeit verschiedener Schimmelpilze, proteolytische Fermente zu bilden, ist schon seit längerem bekannt. Vor kurzem gelang es nun CREWTHER und LENNOX[9], durch Alkohol-fraktionierung bei tiefer Temperatur und folgende Behandlung mit Ammoniumsulfat-lösung aus der Kultur-flüssigkeit von *Aspergillus oryzae* einen kristallinen Eiweißstoff zu gewinnen, welcher sich als Proteinase erwies. Die Präparation ist allerdings weder in der Elektrophorese noch in der Ultrazentrifuge homogen.

Das Enzym verflüssigt Gelatine schneller als irgend eine andere Peptidase; seine Wirkungen gegenüber Hämoglobin sind größenordnungsmäßig mit denjenigen der anderen kristallin erhaltenen Peptidasen vergleichbar[10].

---

[1] D. C. CARPENTER und F. E. LOVELACE: J. Amer. chem. Soc. **65**, 2364 (1943).
[2] M. V. TRACEY: Biochem. J. **42**, 281 (1948).
[3] J. D. MOUNFIELD: Ibid. **30**, 549, 1778 (1936); **32**, 1675 (1938).
[4] D. M. GREENBERG und T. WINNICK: J. biol. Chem. **135**, 761 (1940).
[5] W. JAFFÉ: Ibid. **149**, 1 (1943).
[6] G. W. IRVING und T. FONTAINE: Arch. Biochem. **6**, 351 (1945).
[7] H. HOLTER und K. LINDERSTRØM-LANG: Hoppe-Seyler's Z. physiol. Chem. **214**, 223 (1933).
[8] W. GRASSMANN und H. DYCKERHOFF: Hoppe-Seyler's Z. physiol. Chem. **179**, 41 (1928).
[9] W. G. CREWTHER und F. G. LENNOX: Nature **165**, 680 (1950).
[10] Vgl. K. WALLENFELS: Biochem. Z. **321**, 189 (1951); E. VON PECHMANN: Ibid. **321**, 549 (1951).

XII. Bakterielle Endopeptidasen[1]

Endopeptidasen gehören ebenso wie Exopeptidasen zur unumgänglichen Ausrüstung der einzelligen Lebewesen. Meist handelt es sich um intracelluläre Enzyme, die erst nach Absterben der Zellen freigesetzt werden. Nur wenige Bakterien-arten, besonders solche des Stammes *Clostridium*, sezernieren hochaktive Peptidasen in das Medium; noch nicht sichergestellt ist ein ähnliches Verhalten bei einigen Arten von *Pseudomonas*, *Proteus*, *Serratia*, *Streptococcus* und *Staphylococcus*, da die verhältnismäßig geringen Aktivitäten auch durch Autolyse einiger weniger abgestorbener Zellen entstehen könnten.

Eine systematische Klassifikation der bakteriellen Endopeptidasen auf Grund ihrer exakten Spezifitätsverhältnisse kann bis jetzt nicht gegeben werden, weil noch keine Untersuchungen über die Spaltbarkeit synthetischer Peptid-substrate durch diese Enzyme vorliegen. Es müssen deshalb — in ähnlicher Weise, wie es früher für alle proteolytischen Enzyme der Fall war — andere Kriterien, wie die Aktivität gegenüber verschiedenen natürlichen Proteinen, das p_H-Optimum der Wirkung und das Verhalten gegenüber Effektoren zur Einteilung herangezogen werden. Maschmann unterscheidet eine Anzahl von Typen, die im folgenden besprochen werden:

1. Die Pyocyaneus-proteinase, die sich in *Pseudomonas*-Arten, aber auch bei *Serratia* findet und von Maschmann[2] aus *Pseudomonas aeruginosa* (im deutschen Schrifttum früher gewöhnlich als *Bacillus pyocyaneus* bezeichnet) isoliert und gegenüber dem rohen Kulturfiltrat etwa auf das 1000fache angereichert wurde. Das Ferment spaltet Proteine wie Casein, Ovalbumin, Clupein, Peptone, Protamine und auch Gelatine. Das p_H-Optimum dieser Wirkung liegt um den Neutralpunkt. Das Enzym wird durch Cystein nicht aktiviert; Normalserum hemmt. Der Pyocyaneus-proteinase steht in ihrem Verhalten ein von C. Gorini und Mitarbeitern[3] beschriebenes Ferment, Acidoproteinase, nahe, das sich in den Bakterien der sauren Labgerinnung (Acidoproteolyten) findet.

Auch *Micrococcus lysodeikticus* enthält eine Endopeptidase mit starker Wirkung gegenüber Casein und Gelatine[4]. Dieses Enzym ist in Abwesenheit von Ca^{++} inaktiv und instabil; seine Wirksamkeit wird durch Phosphat, Citrat und Oxalat gehemmt. Durch Zusatz einer $^1/_{100}$-m Ca^{++}-Lösung erfolgt Reaktivierung. Ca^{++} kann durch keine anderen Metallionen ersetzt werden.

2. Im Kulturfiltrat des Anaerobiers *Clostridium sporogenes* wurde von Maschmann[5] eine Peptidase nachgewiesen, die sich in ihrer Spezifität von der Pyocyaneus-proteinase unterscheidet; das Enzym kann Clupein nicht spalten, auch werden Casein, Gelatine, Ovalbumin und Peptone in anderen Verhältniszahlen hydrolysiert als durch die Pyocyaneus-proteinase. Das Ferment aus *Clostridium sporogenes* wurde von Maschmann als Sporogenes-proteinase bezeichnet. Es wird durch Cystein, Cyanid und Citronensäure in seiner Wirksamkeit gehemmt; auch Normalserum zeigt eine Inhibitorwirkung.

3. Nachdem bereits Maschmann[5] zeigen konnte, daß verschiedene *Clostridium*-Arten extracelluläre Enzyme produzieren, die Gelatine und Glutin, also dem Kollagen nahe verwandte Eiweißstoffe, hydrolysieren, beschrieben später ver-

[1] Übersichtsreferate: E. F. Gale: In „Bacterial Physiology", herausgegeben von C. H. Werkman und P. W. Wilson, S. 428. New York: Academic Press. 1951; E. Maschmann: Ergebn. Enzymforsch. **9**, 155 (1943).

[2] E. Maschmann: Biochem. Z. **294**, 1 (1937); **295**, 351; **297**, 284; **300**, 89 (1938); **302**, 332; **303**, 145 (1939); **307**, 1 (1940).

[3] C. Gorini, W. Grassmann und H. Schleich: Hoppe-Seyler's Z. physiol. Chem. **205**, 133 (1932); C. Gorini und E. Gorini: Enzymologia **10**, 192 (1941/42).

[4] L. Gorini und C. Fromageot: Biochim. biophys. Acta **5**, 524 (1950).

[5] E. Maschmann: Biochem. Z. **300**, 89 (1938/39).

schiedene Autoren[1, 2, 3, 4, 5] Enzyme aus Bakterien derselben Gruppe, die Kollagen selbst angreifen können und demnach als Kollagenasen bezeichnet werden. Diese Fermente wirken ebenfalls im Neutral-bereich optimal; sie benötigen keinen Aktivator.

Die Kollagenase des Gasbranderregers *Clostridium perfringens* erfüllt nach MacFarlane und MacLennan[6] eine wesentliche Funktion bei der Entstehung der klinischen Symptome des Gasbrandes, indem sie das aus Kollagen bestehende peri- und intramuskuläre Bindegewebe zerstört, wie das bei Versuchstieren, denen Kulturfiltrat des Erregers injiziert wurde, gezeigt werden konnte. Auf Grund ihrer antigenen Eigenschaften wird sie auch vielfach als $\varkappa$-Toxin bezeichnet. *Clostridium welchii* produziert daneben auch ein Enzym, das nur Gelatine und Hautpulver, nicht aber Kollagen angreift[7]; diese Peptidase wird λ-Enzym genannt. Ramon und Mitarbeiter[8] berichten über ein gelatine-verflüssigendes Ferment in Kultur-flüssigkeiten von *Bacillus subtilis*.

4. Aus verschiedenen *Clostridium*-Arten *(Cl. perfringens, Cl. histolyticum, Cl. septicum* und *Cl. botulinum)* lassen sich intracelluläre Peptidasen isolieren, die in ihrer Spezifität der Pyocyaneus-proteinase nahestehen, sich aber von ihr dadurch unterscheiden, daß sie nur unter anaeroben Bedingungen und in Anwesenheit von SH-Verbindungen oder Cyaniden wirken. Maschmann[9] schlägt für diesen Typus die Bezeichnung Anaerobiasen vor.

Als weitere bakterielle Enzyme, die wahrscheinlich proteolytisch wirken, sind die Streptokinase aus *Streptococcus*-Arten und die Staphylokinase aus *Staphylococcus* zu erwähnen, welche die Vorstufe der Endopeptidase des Serums, das Plasminogen (Profibrinolysin), in aktives Plasmin (Fibrinolysin) umwandeln (vgl. S. 337).

Eine extracelluläre Endopeptidase des Anaerobiase-typus wurde von Elliott[10] aus Kultur-flüssigkeit von *Streptococcus* Typus A, der unter bestimmten Bedingungen gewachsen war, neben seinem inaktiven Zymogen isoliert und später auch kristallin erhalten. Das Enzym hydrolysiert Casein, Gelatine, Benzoyl-L-arginin-amid und auch das gruppen-spezifische M-Antigen. Den Bakterien, die unter den Bedingungen der Enzym-bildung gewachsen sind, fehlt das Typen-antigen, während Kulturen, die dieses Antigen bilden, nicht das Enzym produzieren. Das Ferment aus *Streptococcus* wird durch Cystein aktiviert. Sowohl reduzierende Substanzen als auch Trypsin können das Zymogen in das Ferment überführen.

Ein Enzym aus *Bacillus subtilis* hat die Fähigkeit, kristallisiertes Ovalbumin, dessen Kristalle Nadel-form zeigen, in ein von diesem verschiedenes, kristallisierbares Protein, Plakalbumin, umzuwandeln, das im kristallisierten Zustand in Stäbchenform vorliegt[11]; Plakalbumin unterscheidet sich vom Ausgangsprodukt

---

[1] C. L. Oakley, G. H. Warrak und W. E. van Heyningen: J. Pathol. Bacter. **58**, 229 (1946).

[2] E. Bidwell und W. E. van Heyningen: Biochem. J. **42**, 140 (1948); E. Bidwell: Ibid. **44**, 28 (1949).

[3] D. G. Evans: J. gen. Microbiol. **1**, 378 (1948).

[4] W. Kocholaty und L. E. Krejci: Arch. Biochem. **18**, 1 (1948).

[5] R. E. Neuman und A. A. Tytell: Proc. Soc. exp. Biol. Med. **73**, 409 (1950).

[6] R. G. MacFarlane und J. O. MacLennan: Lancet **249**, 328 (1945).

[7] E. Bidwell: Biochem. J. **46**, 589 (1950).

[8] G. Ramon, R. Richou und P. Ramon: C. R. Acad. Sci. Paris **220**, 341 (1945).

[9] E. Maschmann: Naturwiss. **26**, 139 (1938); **27**, 628 (1939); Biochem. Z. **295**, 1, 351, 391, 400, 402; **297**, 284. (1938).

[10] S. D. Elliott: J. exp. Med. **81**, 573 (1945); **92**, 201, (1950).

[11] K. Linderstrøm-Lang und M. Ottesen: Nature **159**, 807 (1947); C. R. Trav. Lab. Carlsberg, Sér. chim. **26**, 404 (1948); N. Egg-Larsen, K. Linderstrøm-Lang und M. Ottesen: Arch. Biochem. **19**, 340 (1948).

auch durch ein geringeres M. G. und durch sein Verhalten bei der Elektrophorese[1]. Bei dieser Umwandlung werden zwei Peptid-bestandteile aus dem Ovalbumin abgespalten, von denen das eine ein Dipeptid und das andere ein Tetrapeptid ist; vermutlich wird ein Hexapeptid-bestandteil des Ovalbumins in zwei aufeinander folgenden Schritten abgespalten[2].

Das Enzym aus *B. subtilis* konnte kürzlich kristallin erhalten werden[3]. Seine Spezifität wurde von TUPPY[4] untersucht, wobei gefunden wurde, daß das Ferment relativ unspezifischer ist bzw. mehr Peptid-bindungen spalten kann als die kristallinen Enzyme tierischer Herkunft. Seine spezifische Wirkung auf Ovalbumin dürfte dadurch zustande kommen, daß in diesem Protein dank der Superstruktur nur ganz wenige Bindungen angreifbar sind.

Auch eine Proteinase aus *Bacillus amyloliquefaciens* konnte kürzlich kristallin erhalten werden[5].

XIII. Abwehrfermente[6]

Der tierische Körper besitzt die Fähigkeit, parenteral einverleibte Proteine und Polypeptide, die blutfremd sind, dabei aber auch körpereigen sein können, abzubauen, was durch Fermente erfolgt, die innerhalb ganz kurzer Zeit (24 Stunden und weniger) neu gebildet werden.

Fermente dieses Typus, die entstehen, wenn derartige Fremd-eiweißstoffe ins Blut gelangen, werden als Abwehrfermente bezeichnet. Die Bildung dieser Enzyme wurde 1907 erstmalig von ABDERHALDEN nachgewiesen. Sie zeigen mitunter eine erstaunlich strenge Spezifität, die im wesentlichen nur auf das Substrat gerichtet ist, durch das ihre Bildung hervorgerufen wurde. In manchen Fällen — insbesondere nach längerer Applikation eines Substrates — wird die Spezifität allerdings weniger scharf. So ist das Blut schwangerer Frauen imstande, Placenta-gewebe bzw. Placenta-trockenpulver zu hydrolysieren, was längere Zeit als Schwangerschafts-nachweis diente (ABDERHALDENsche Reaktion). Heute wird diese Methodik kaum mehr angewandt, da sie nicht völlig verläßliche Ergebnisse liefert und auch durch die einfacheren, auf hormonalen Veränderungen beruhenden Schwangerschafts-nachweise verdrängt wurde. Die Fähigkeit des Blutes Krebskranker, ziemlich spezifisch Carcinomgewebe abzubauen, wird aber auch jetzt noch zu einer, allerdings nicht absolut verläßlichen Krebsdiagnose verwertet.

Die bisher untersuchten Abwehrfermente gehören anscheinend fast durchwegs zu den Endopeptidasen; eine Ausnahme stellt ein Bericht über die Hervorrufung und den Nachweis einer Carboxypeptidase dar (R. ABDERHALDEN[7]).

Die Abwehrfermente zeigen ein p_H-Wirkungs-optimum beim Neutralpunkt; sie werden durch Schwefelwasserstoff aktiviert und durch Schwermetall-salze gehemmt.

Die Herkunft dieser Enzyme ist noch recht ungeklärt. Das rasche Auftreten läßt darauf schließen, daß sie bereits vorgebildet als „Zymogene" im Organismus vorhanden sind und die Funktion des Erregersubstrats in einer spezifischen Aktivierung des gegen es selbst gerichteten Ferments besteht. Nach R. ABDERHALDEN und MARTIN[8] werden bei pankreaslosen Hunden keine Abwehrfermente gebildet, was darauf schließen läßt, daß diese Drüse maßgeblich an der Bildung der Abwehrfermente beteiligt ist.

MALL und BERSIN[9] berichteten vor einiger Zeit, daß es ihnen gelungen sei, Abwehrfermente aus dem Harn kristallin darzustellen; später wurde aber erkannt, daß es sich um Adsorbate an anorganischen Kristallen handelte.

---

[1] G. E. PERLMANN: J. Amer. chem. Soc. **71**, 1146 (1949).

[2] M. OTTESEN und C. A. VILLEE: C. R. Trav. Lab. Carlsberg **27**, 421 (1951); M. OTTESEN und A. WOLLENBERGER: Nature **170**, 801 (1952).

[3] A. V. GÜNTELBERG und M. OTTESEN: Ibid. **170**, 802 (1952).

[4] H. TUPPY: Mh. Chem. **84**, 996 (1953).

[5] J. FUKUMOTO und H. NEGORO: Proc. Japan. Acad. **27**, 441 (1951); Symp. Enzyme Chem. (Japan) **7**, 8 (1951).

[6] Monographien und Übersichtsreferate: E. ABDERHALDEN: Schutzfermente des tierischen Organismus, 7. Aufl. Dresden: Steinkopff. 1944; Die ABDERHALDENsche Reaktion, Abwehrfermente, 6. Aufl. Dresden: Steinkopff. 1941; E. ABDERHALDEN: Forsch. u. Fortschr. **21/23**, 5 (1947); R. ABDERHALDEN: Ergebn. Enzymforsch. **11**, 1 (1950).

[7] R. ABDERHALDEN: Fermentforsch. **14**, 370 (1934).

[8] R. ABDERHALDEN und R. W. MARTIN: Ibid. **16**, 245 (1940).

[9] E. MALL und T. BERSIN: Hoppe-Seyler's Z. physiol. Chem. **268**, 129 (1941); Fermentforsch. **17**, 497 (1944).

Die Hervorrufung und der Nachweis von Abwehrfermenten ist insbesondere von klinischer Seite eingehend untersucht worden. Man hoffte mit Hilfe dieser Enzyme exakte diagnostische Methoden zu finden, was aber bisher nur in einem begrenzten Maße gelungen zu sein scheint. Beim Nachweis von Organveränderungen läßt sich das vielleicht dadurch erklären, daß es kaum irgend ein Gewebe gibt, das nicht Bindegewebe enthält. Somit kommen auch in jedem pathologisch veränderten Organ Bindegewebs-elemente vor, gegen die sich ebenfalls Abwehrfermente bilden, die dann Anlaß zu unspezifischen Reaktionen geben.

Für die momentane Situation auf dem Gebiet der Abwehrfermente mag es vielleicht charakteristisch sein, daß in den letzten Jahren — seit dem Tod E. Abderhaldens — sehr wenige Arbeiten über diese Enzyme erschienen sind und daß die Abwehrfermente — wie überhaupt im angelsächsischen Schrifttum der letzten Zeit — in dem sonst so umfassenden Handbuch „The Enzymes" von Sumner und Myrbäck, das zwischen 1950 und 1952 erschienen ist, nicht behandelt werden. Es ist aber durchaus möglich, daß das Gebiet in nächster Zeit wieder eingehendere Bearbeitung erfahren wird.

24. Enzyme, die an der Blutgerinnung beteiligt sind[1]

Wenn das Blut das Gefäß-system verläßt, geht es bald aus dem flüssigen Zustand in einen halbfesten Zustand über: es gerinnt. Nach einiger Zeit beginnt das Gerinnsel sich zusammenzuziehen und es wird eine hellgelbliche Flüssigkeit, das Serum, ausgepreßt (Retraktion). Nach längerem Stehen kann wieder eine Auflösung des Gerinnsels erfolgen (Fibrinolyse).

Diese hier so einfach geschilderten Vorgänge sind, wie wir heute wissen, die Folge einer äußerst komplizierten Reaktionskette, welche durch das Zusammenwirken einer Anzahl hemmender und fördernder Faktoren zustande kommt. Unter physiologischen Bedingungen besteht ein Gleichgewichts-zustand, in dem die gerinnungs-hemmenden Faktoren überwiegen, weshalb das Blut flüssig bleibt. Unter verschiedenen Bedingungen erfolgt aber eine Verschiebung zugunsten der fördernden Faktoren und die Gerinnung kommt zustande. Diese außerordentliche Labilität des Gesamtsystems ermöglicht es, daß bei einer Öffnung des Gefäßsystems die Lücke schnell durch ein Gerinnsel verschlossen wird. Andrerseits erschwert aber diese Labilität die Analyse des Gerinnungsvorganges, da es auch schon zur Untersuchung der Einzelvorgänge notwendig ist, dem verwendeten Blut einen gerinnungs-hemmenden Stoff, ein „Anticoagulans", zuzusetzen. Eine weitere Schwierigkeit liegt darin, daß die einzelnen Reaktionsstufen nicht hintereinander, sondern nebeneinander ablaufen, da die Entstehung einer kleinen Menge des Reaktions-produktes der einen Stufe bereits den Beginn der nächstfolgenden Reaktions-stufe auslöst.

Im vorliegenden Kapitel soll nur versucht werden, den derzeitigen Stand der Gerinnungs-forschung herauszuarbeiten; für den historischen Hintergrund muß auf die zitierten Übersichtsreferate und Handbuchartikel verwiesen werden. Eine Behandlung der Fermente der Blutgerinnung im Anschluß an das Kapitel über die Peptidasen wird dadurch gerechtfertigt, daß die an der Blutgerinnung beteiligten Enzyme mit größter Wahrscheinlichkeit als Peptidasen zu klassifizieren sind.

Die Vorgänge der Blutgerinnung werden gewöhnlich in mehrere Phasen unterteilt. Als Vorphase bezeichnet man die Aktivierung der Thrombokinase bzw. ihre Bildung aus ihren Vorstufen, einem Plättchen-faktor und einem Plasma-

---

[1] Handbuchartikel und Übersichtsreferate: W. H. Seegers: In „The Enzymes", herausgegeben von J. B. Sumner und K. Myrbäck, Bd. I/2, S. 1106. New York: Academic Press. 1951; T. Astrup: Adv. Enzymology **10**, 1 (1950); E. Chargaff: Ibid. **5**, 31 (1945); E. Wöhlisch: Ergebn. Physiol. **43**, 174 (1940); H. Dyckerhoff: In „Handbuch der Enzymologie", herausgegeben von F. F. Nord und R. Weidenhagen, Bd. I, S. 633. Leipzig: Akad. Verlagsges. 1940.

faktor. Dann folgt die I. Phase, die durch die Aktivierung des Gerinnungsferments, des Thrombins, gekennzeichnet ist; das Thrombin wird unter dem Einfluß von Thrombokinase, Ca^{++} und den sog. Acceleratoren (Faktor VI oder Accelerin und Faktor VII oder Convertin) aus seiner Vorstufe, dem inaktiven Prothrombin, gebildet. Unter der Einwirkung des Thrombins erfolgt schließlich die II. Phase, die Umwandlung des Fibrinogens in das Fibrin.

Die Retraktion und die Fibrinolyse werden gerne als III. und IV. Phase der Blutgerinnung bezeichnet, obwohl sie dem Gerinnungs-vorgang im engeren Sinne nicht angehören.

Von den genannten Reaktions-phasen sind nur die II. Phase, also die Umwandlung von Fibrinogen in Fibrin, sowie die Fibrinolyse mit Sicherheit als Enzym-reaktionen zu bezeichnen. Der Mechanismus der anderen Phasen ist noch nicht ausreichend geklärt, um eine derartige Aussage zu gestatten; es ist aber zu vermuten, daß auch dabei Fermente eine Rolle spielen.

Zur Übersicht wird hier ein Schema gegeben, das den derzeitigen Stand unserer Kenntnisse über die einzelnen Vorgänge bei der eigentlichen Blutgerinnung darstellt.

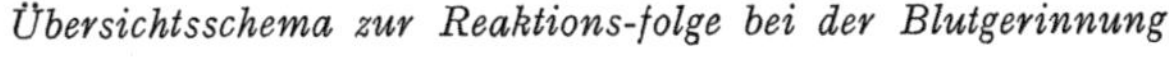
Übersichtsschema zur Reaktions-folge bei der Blutgerinnung

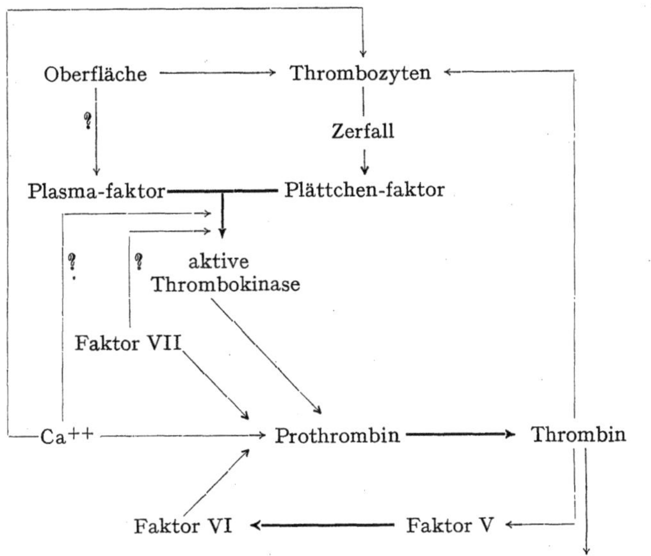

Dünne Pfeile bedeuten eine Beeinflussung einer Substanz bzw. eines Vorganges; dicke Pfeile bedeuten die Umwandlung einer Substanz in eine andere.

I. Die Vorphase

Unter der Bezeichnung Vorphase wird die Bildung der aktiven Thrombokinase aus ihren Vorstufen verstanden. Während man früher annahm, daß es sich hier um die Einwirkung eines Ferments „Thromboplastinogenase" auf das „Thromboplastinogen", eine Vorstufe der Thrombokinase, handelt, erscheint es heute viel wahrscheinlicher, daß die Thrombokinase durch eine stöchiometrische Reaktion zweier Faktoren, des sog. Plättchen-faktors und des Plasma-faktors, zustande kommt.

Der Plättchen-faktor (Thromboplastinogenase, *thromboplastic cell component* (TCC), *platelet-Ac-globulin*) stammt aus den Blutplättchen oder Thrombozyten, welche von den Knochenmark-riesenzellen, den Megakaryozyten, im Knochenmark gebildet werden. Es scheint sich um ein Phospholipoid mit verhältnismäßig geringem Eiweißgehalt, aber hohem Tyrosin-äquivalent zu handeln; die Substanz ist thermolabil. Der Faktor wird aus den Thrombozyten dann freigesetzt, wenn diese bei Berührung mit benetzbaren Oberflächen oder unter Einwirkung von Thrombin zerfallen.

Der Plasma-faktor (Thromboplastinogen, *thromboplastic plasma component*[1], *platelet co-factor*[2], antihämophiles Globulin) findet sich im Plasma; er fehlt bei Patienten mit Bluterkrankheit (Hämophilie). Im Serum ist er nicht nachweisbar, da er beim Gerinnungs-vorgang verbraucht wird. Nach Ansicht der meisten Autoren enthält das Plasma den Faktor im aktiven Zustande; kürzlich wurde allerdings von Quick und Epstein[3] die Meinung vertreten, daß der Plasma-faktor ebenfalls erst durch Berührung mit benetzbaren Oberflächen aktiviert wird.

Nach kürzlich erschienenen Arbeiten[4] soll im Plasma ein weiterer Faktor vorkommen, der beim Ablauf der Vorphase eine Rolle spielt. Bei einer Gerinnungs-störung, die der Hämophilie sehr ähnlich ist, fehlt dieser Faktor, der als *plasma thromboplastin component* (PTC) oder *Christmas factor* bezeichnet wird. Eine Beziehung dieses Faktors zum Gerinnungs-faktor VII wird vermutet.

Biggs und Mitarbeiter[5] berichten auch, daß die Plasma-thrombokinase durch Einwirkung des Faktors VII stark aktiviert wird und dann in ihrer Wirksamkeit nicht hinter der später zu besprechenden Gewebe-thrombokinase zurücksteht.

Der Ablauf der Vorphase wird durch das sog. Antikephalin[6] gehemmt, das im Plasma enthalten ist. Antikephalin ist eine äußerst empfindliche, ätherlösliche Substanz, die sehr schnell von benetzbaren Oberflächen (Glasstaub, Kaolin-teilchen, Asbest) adsorbiert wird. Es entwickelt deshalb seine Wirkung nur innerhalb des intakten Gefäßsystems oder *in vitro* in Gefäßen, die mit Silikon oder Paraffin überzogen sind. Dem Antikephalin dürfte eine große Bedeutung für die Flüssig-erhaltung des Blutes im Gefäßsystem zukommen; sein Nachweis *in vitro* stößt aber auf große Schwierigkeiten. Eine Vermehrung des Antikephalins bei Hämophilie wurde von mehreren Seiten vermutet, konnte aber bisher noch nicht eindeutig nachgewiesen werden.

Unter krankhaften Bedingungen kann sich noch ein weiterer Hemmstoff der Vorphase ausbilden[7]; dieser verdankt seine Entstehung einem Sensibilisierungs-mechanismus, d. h. einer Antigen-Antikörper-reaktion. Der Hemmstoff ist dementsprechend streng spezifisch auf seinen Angriffspunkt gerichtet, der entweder der Plasma-faktor oder der Plättchen-faktor oder auch die aktive Thrombokinase sein kann.

Wie weit die Anwesenheit von Ca^{++} für den Ablauf der Vorphase erforderlich ist, scheint noch nicht geklärt zu sein; als sicher wird angesehen, daß Ca^{++} für den Zerfall der Thrombozyten und für die optimale Wirkung des Antikephalins notwendig ist.

Es muß hier erwähnt werden, daß sich Substanzen mit Thrombokinasewirkung nicht nur im Plasma finden, sondern in nahezu allen Zellen sowie

---

[1] G. Y. Shinowara: J. Lab. clin. Med. **38**, 11, 23 (1951).
[2] S. A. Johnson, W. M. Smathers und C. L. Schneider: Amer. J. Physiol. **170**, 631 (1952).
[3] A. J. Quick und E. Epstein: J. appl. Physiol. **4**, 840 (1952).
[4] P. M. Aggeler, S. G. White, M. B. Glendening, E. W. Page, T. B. Leake und C. Bates: Proc. Soc. exp. Biol. Med. **79**, 692 (1952); R. Biggs, A. S. Douglas, R. G. McFarlane, J. V. Dacie, W. R. Pitney, C. Merskey und J. R. O'Brien: Brit. med. J. II, 1378 (1952).
[5] R. Biggs: Nature **170**, 280 (1952); R. Biggs, A. S. Douglas und R. G. McFarlane: J. Physiol. **119**, 89 (1953).
[6] L. Tocantins: Amer. J. Physiol. **139**, 265 (1943); **143**, 67 (1945); Blood **1**, 156 (1946).
[7] E. Deutsch: Die Hemmkörperhämophilie. Wien: Springer. 1950.

in der Muttermilch, im Fruchtwasser und im Urin. Die Gewebe-thrombokinase ist weitaus aktiver als die Thrombokinase des Plasmas; sie scheint im Gewebe bereits in wirksamer Form vorzuliegen, da die Anwesenheit des Plasmafaktors für ihre Aktivität nicht erforderlich ist. Die Gewebe-thrombokinase ist ein Lipoproteid[1], das sich als weitgehend thermostabil erweist. Sie zeigt auch auf artfremdes Plasma eine Wirkung; diese soll durch vorherige Inkubation mit dem Faktor VII derjenigen Spezies, von welcher die Thrombokinase stammt, erhöht werden[2].

II. Die erste Phase

Als erste Phase der Blutgerinnung wird die Überführung des inaktiven Prothrombins in das aktive Gerinnungsferment Thrombin bezeichnet. Dieser Vorgang geht unter Einfluß der in der Vorphase entstandenen Thrombokinase und unter Mitwirkung von Ca^{++} sowie der Acceleratoren (Faktor VI und Faktor VII) vor sich.

Das Prothrombin (auch Prothromboase, Thrombozym, Serozym oder Plasmozym genannt) ist ein globulin-artiges Glykoproteid, dessen M. G. mit 140000 angegeben wird[3]. Die meisten Autoren nehmen an, daß das Prothrombin im Plasma in freier Form vorliegt; BORDET und vor kurzem auch QUICK und STEFANINI[4] halten es allerdings für wahrscheinlicher, daß im Plasma eine inaktive Vorstufe (Prothrombinogen, Proserozym) vorliegt. Die Prothrombin-menge im Plasma variiert von Art zu Art innerhalb weiter Grenzen.

Die Bildung des Prothrombins erfolgt in den Zellen des reticulo-endothelialen Systems und zwar besonders in der Leber; sie erfolgt unter dem Einfluß eines Ferments oder Fermentsystems, bei welchem Vitamin K anscheinend als prosthetische Gruppe oder enzymatisches Komplement fungiert[5]. Dicumarol (3,3'-Methylen-bis-[4-oxycumarin]) wirkt — vermutlich kompetitiv durch Struktur-analogie zum Vitamin K — als Hemmstoff der Prothrombin-bildung[6].

Unter physiologischen Bedingungen erfolgt zunächst ganz langsam die Umwandlung von Prothrombin in Thrombin unter dem Einfluß der Thrombokinase und des Ca^{++}. Es ist möglich, daß auch schon an der ersten Teilphase der später zu besprechende Faktor VII beteiligt ist. Die Reaktions-geschwindigkeit ist zu Beginn der vorhandenen Thrombokinase-menge weitgehend proportional. Später aber wird die Thrombin-bildung immer schneller und verläuft entsprechend den Gesetzen der autokatalytischen Reaktion. Dies ist aber wohl kaum darauf zurückzuführen, daß das entstehende Thrombin selbst die Umwandlung von Prothrombin in Thrombin bewirkt. Die Beschleunigung erfolgt vielmehr indirekt so, daß unter dem Einfluß des Thrombins mehr Thrombozyten zerstört werden und auf diese Weise eine größere Menge Thrombokinase zur Verfügung steht sowie auch dadurch, daß der Gerinnungs-faktor V durch die Einwirkung des Thrombins in den Faktor VI umgewandelt wird und dieser Faktor eine reaktionsbeschleunigende Aktivität entfaltet.

Faktor V und Faktor VI wurden von OWREN[7] entdeckt. Faktor V ist eine sehr labile Substanz von Protein-charakter, die sich bei p_H 5,0 bis 5,5 durch 33 bis 50%ig

---

[1] E. CHARGAFF: Exp. Cell Res., Suppl. 1, 24 (1949).

[2] F. D. MANN und M. HURN: Proc. Soc. exp. Biol. Med. 79, 19 (1952).

[3] A. G. WARE und W. H. SEEGERS: J. biol. Chem. 172, 699 (1948).

[4] J. BORDET: Ann. Inst. Pasteur 34, 561 (1920); A. J. QUICK und M. STEFANINI, J. Lab. clin. Med. 34, 1203 (1949).

[5] B. A. KUDRYASHOV, P. D. ULITINA und A. A. PUGACHEVA: Bull. exp. Biol. Med. USSR 11, 99, 510 (1941).

[6] M. A. STAHMANN, C. F. HUEBNER und K. P. LINK: J. biol. Chem. 138, 513 (1941).

[7] P. A. OWREN: Proc. Norwegian Acad. Sci. 1944, 21; Acta med. Scand., Suppl. No. 194 (1947); Lancet 1, 446 (1947).

gesättigtes Ammoniumsulfat aus dem Plasma ausfällen läßt. Im Plasma mancher Tiere finden sich weit größere Mengen an Faktor V als beim Menschen. Die Umwandlung von Faktor V in Faktor VI erfolgt nach WARE und SEEGERS[1] unter dem Einfluß von Thrombin mit großer Geschwindigkeit. Faktor VI (Accelerin) gleicht in seinen Eigenschaften weitgehend dem Faktor V; er ist aber noch weniger stabil.

Ein weiterer, erst vor kurzem entdeckter Faktor, der bei der Blutgerinnung und besonders bei der I. Phase eine wesentliche Rolle zu spielen scheint, ist der sog. Faktor VII *(Convertin)*. Diese Substanz findet sich im Plasma als inaktive Vorstufe *(Proconvertin)*, während sie im Serum in aktiver Form vorhanden ist. Sie gleicht in ihren Eigenschaften weitgehend dem Prothrombin, mit dem sie aber wahrscheinlich nicht identisch ist, obgleich auch sie im reticulo-endothelialen System und zwar besonders in der Leber unter Mitwirkung von Vitamin K gebildet wird. Es bestehen aber sicherlich Beziehungen zwischen dem Prothrombin und dem Faktor VII, denn die Menge der aktiven Form des Faktors VII im Serum scheint von der Prothrombin-menge, die in Thrombin umgewandelt wurde, abhängig zu sein. Bei Thrombopenie und Hämophilie ist die Konzentration an aktivem Faktor VII im Serum gering; bei Blut, das unter ständiger Bewegung geronnen ist, groß[2].

Die Menge des entstehenden Thrombins ist vor allem von der vorhandenen Menge Prothrombin abhängig, während die Menge der Thrombokinase, des Calciums und des Faktors V bzw. VI in erster Linie die Reaktions-geschwindigkeit bestimmen. Wenn jedoch die Konzentration eines dieser Faktoren unter einem bestimmten Minimum liegt, wird auch die entstehende Thrombin-menge verringert, d. h. es wird nicht die Gesamtmenge vorliegenden Prothrombins in Thrombin überführt. Die häufig geäußerte Annahme, daß es sich bei der I. Phase um eine stöchiometrische Reaktion zwischen Prothrombin und Thrombokinase handelt, wird unter anderem durch die Feststellung widerlegt, daß man die Thrombokinase nach Ablauf der Gerinnung rückgewinnen kann.

Ob der Faktor VII nur die Umwandlung des Prothrombins in Thrombin beschleunigt[3] oder ob er auch einen Einfluß auf die Menge des entstehenden Thrombins hat[4], ist noch nicht geklärt, wie es auch noch nicht entschieden zu sein scheint, ob dieser Faktor für die Aktivierung der Thrombokinase oder für ihre Wirkung bei der I. Phase erforderlich ist.

Die optimale Ca^{++}-Konzentration für die I. Phase liegt zwischen $2 \cdot 10^{-3}$ und 10^{-2}-m; höhere oder niedrigere Konzentrationen hemmen. Mg^{++}, Sr^{++} und Ba^{++} können das Ca^{++} ersetzen. Auch für die Neutralsalz-konzentration gibt es ein Optimum, das für NaCl zwischen 0,45 und 1,0% liegt. Das p_H-Optimum der I. Phase wird mit 7,3 bis 7,5 angegeben; die optimale Temperatur liegt zwischen 37 und 39°.

Die Umwandlung des Prothrombins in Thrombin folgt den Gesetzen einer Reaktion erster Ordnung; als Maß wird die Prothrombin-zeit (t_{Pr}) angegeben, die sich durch die Gleichung

$$t_{Pr} = k \cdot c_{Pr}^{-a}$$

ausdrücken läßt. Hier ist k eine Konstante, c_{Pr} die Prothrombin-konzentration und a eine weitere Konstante, deren Größe vom Hemmstoff-gehalt im Blut abhängig ist[5].

---

[1] W. H. SEEGERS und A. G. WARE: Trans. 1st Josiah Macy Jr. Conf. Blood Clotting, S. 64 (1948).

[2] B. ALEXANDER, G. LANDWEHR und E. ADDLESEN: J. clin. Invest **28**, 1511 (1949).

[3] F. KOLLER, A. LOELIGER und F. DUCKERT: Rév. d'Hémat. **7**, 156 (1952); B. ALEXANDER: Ibid. **7**, 168 (1952).

[4] P. A. OWREN: Ibid. **7**, 147 (1952); E. DEUTSCH und W. SCHADEN: Biochem. Z. **324**, 266 (1953).

[5] R. LEGLER: Helv. chim. Acta **26**, 1512, 1673 (1943).

Bei entsprechenden Versuchen konnte gezeigt werden, daß beim Eintritt der Gerinnung erst etwa 5% des Prothrombins in Thrombin überführt sind, während die Umwandlung des restlichen Prothrombins nach erfolgter Gerinnung stattfindet.

SEEGERS und Mitarbeiter[1] berichteten vor kurzem, daß aus Rinderplasma gewonnenes hochgereinigtes Prothrombin auch durch Behandlung mit 25 bis 30%iger Natriumcitrat-lösung oder mit anderen konzentrierten Salz-lösungen in aktives Thrombin überführt werden kann.

Als natürlicher Hemmstoff der I. Phase ist das Heparin[2], ein Polysaccharid-polyschwefelsäure-ester, zu nennen, das in den Mastzellen gebildet wird und in fast allen Organen, besonders aber in Leber, Lunge und Gekröse enthalten ist. Für seine Wirkung gegenüber der Thrombin-bildung benötigt Heparin die Anwesenheit eines Eiweißstoffs aus dem Serum[3], der als Cofaktor II bezeichnet wird.

III. Die zweite Phase

Als II. Phase der Blutgerinnung wird die Überführung des Fibrinogens in das Fibrin bezeichnet, die unter dem Einfluß des Thrombins vor sich geht.

Das Fibrinogen ist ein Eiweißstoff, dessen M. G. mit 500000 angegeben wird[4]. Außer durch Thrombin kann es auch unter dem Einfluß verschiedener physikalischer Faktoren (Reiben, Einfrieren, Hitze-einwirkung) in Fibrin übergehen; die Reaktion wird aber auch durch Papain und einzelne Schlangengifte stark beschleunigt (vgl. WÖHLISCH, *l. c.*).

Die Umwandlung des Fibrinogens in das Fibrin erfolgt über eine lösliche Zwischenstufe, die als Profibrin bezeichnet wird[5]. Die weitere Überführung des Profibrins in das Fibrin kann als ein „kolloidchemischer Reifungs-prozeß", d. h. als eine Art Denaturierung aufgefaßt werden. Während der Übergang des Fibrinogens in das Profibrin ein irreversibler Vorgang ist, kann Fibrin durch entsprechende Konzentrationen hydrotroper Substanzen, vor allem durch Harnstoff, wieder in Lösung gebracht werden, wobei aber nicht Fibrinogen sondern Profibrin entsteht.

Die Wirkung des Thrombins dürfte sich auf die Umwandlung des Fibrinogens in Profibrin beschränken; LORAND und MIDDLEBROOK[6] konnten vor kurzem beweisen, daß dabei Aminosäuren abgespalten werden, so daß Thrombin als eine Peptidase aufgefaßt werden muß.

Die Thrombin-wirkung hat ein p_H-Optimum zwischen 7,0 und 7,2. Die entstehende Menge Fibrin ist von der Konzentration an Fibrinogen abhängig; das Thrombin bestimmt nur die Geschwindigkeit des Reaktions-ablaufs, der den Gesetzen einer Reaktion erster Ordnung entspricht. Die Reaktions-geschwindigkeit ist temperatur-abhängig; sie nimmt bis etwa 40° zu, während sie oberhalb dieses Wertes rasch abnimmt. Die Anwesenheit von Ca^{++} scheint nicht erforderlich zu sein.

---

[1] W. H. SEEGERS: Proc. Soc. exp. Biol. Med. **72**, 677 (1949); W. H. SEEGERS, R. L. MCCLAUGHRY und J. L. FAHEY: Blood **5**, 421 (1950).

[2] J. E. JORPES: Heparin. Oxford: Oxford Univ. Press. 1946.

[3] K. M. BRINKHOUSE, H. P. SMITH, E. D. WARNER und W. H. SEEGERS: Amer. J. Physiol. **125**, 683 (1939).

[4] J. T. EDSALL, S. F. FORSTER und H. SCHEINBERG: J. Amer. chem. Soc. **69**, 2731 (1947).

[5] K. APITZ: Z. ges. exper. Med. **101**, 552 (1937); **102**, 202 (1938); K. APITZ und A. THELEN: Ibid. **103**, 417 (1938); K. APITZ: Ibid. **105**, 89 (1939); Kolloid-Z. **85**, 196 (1938).

[6] L. LORAND und W. R. MIDDLEBROOK: Biochem. J. **52**, 196 (1952); L. LORAND: Ibid. **52**, 200 (1952); vgl. auch J. MELLANBY: J. Physiol. **38**, 28 (1908); M. M. GUEST und A. G. WARE: Science **112**, 21 (1950).

Thrombin konnte bisher noch nicht einwandfrei als höchstgereinigtes Präparat dargestellt werden. Nach SEEGERS und WARE[1] liegt das M. G. bei 77000. Seine Wirkung auf das Fibrinogen scheint streng spezifisch zu sein; allerdings ist Thrombin außerdem noch zu allgemeinen proteolytischen Wirkungen imstande. Es konnte insbesondere ein fibrinolytischer Effekt des Thrombins beobachtet werden; auch Casein wird angegriffen.

Die Wirkung des Thrombins auf das Fibrinogen wird durch einen Faktor aus den Thrombozyten, weiters durch hochmolekulare Substanzen wie z. B. Akaziengummi oder Dextran und schließlich durch Ca^{++} gefördert. Alle Aktivatoren der Thrombin-wirkung werden als fibrinoplastische Agenzien bezeichnet.

Die Wirkung des Thrombins wird durch sog. Antithrombine verhindert. Im Blut liegen zumindest zwei solche Antithrombine vor, von denen das eine seine Wirkung sofort entfaltet, während das andere erst nach längerer Inkubation voll zur Wirkung kommt[2]. Der erstgenannte Inhibitor, der oft schlechthin als Antithrombin bezeichnet wird, übt seine Wirkung dadurch aus, daß er — vermutlich durch eine Reaktion mit dem Thrombin — dieses in inaktives Metathrombin überführt, wobei die Anwesenheit von Heparin nicht erforderlich ist. Im Gegensatz hierzu bildet sich der zweite Wirkstoff durch Reaktion von Heparin mit einem Plasma-albumin, dem sog. Cofaktor I (Heparinkomplement, Heparin-coinhibitor); die Verbindung ist thermolabil. Ihre Wirkung erfolgt ebenfalls durch Zerstörung des Thrombins. Die Verhältnisse lassen sich durch das Schema

1. „Antithrombin" + Thrombin → Metathrombin (inaktives Thrombin);
2. Heparin + Cofaktor I → Thrombin-inhibitor;
   Thrombin-inhibitor + Thrombin → inaktive Thrombin-verbindung

verbildlichen.

Die Menge des sofort wirksamen Antithrombins beträgt etwa 20% der gesamten antithrombischen Aktivität des Plasmas und unterliegt gewissen Schwankungen. So ist sie bei Gallengangs-verschlüssen, nach Sensibilisierung und im anaphylaktischen Schock vermehrt.

Außer den genannten Substanzen dürfte dem Fibrin selbst die Fähigkeit zukommen, dadurch eine antithrombische Wirksamkeit zu entfalten, daß es große Mengen von Thrombin adsorbieren kann. Dieser Effekt kann durch Heparinzugabe verstärkt werden. Außerdem haben auch Schwermetall-salze in etwa $^1/_{1000}$-m Konzentration die Wirkung, Thrombin zu zerstören; entsprechend kann die Aktivität des Thrombins durch metall-bindende Reagenzien geschützt werden[3].

Die Struktur und die physikalischen Eigenschaften des durch die Thrombineinwirkung entstehenden Gerinnsels sind weitgehend von den Reaktions-bedingungen abhängig. Bei hoher Fibrinogen-konzentration, hoher Thrombin-konzentration, schwach alkalischem Medium mit hoher Ionenstärke und höherer Temperatur wird ein feines, durchscheinendes, zerreißbares, schlecht formbares Gerinnsel erhalten, während unter den entgegengesetzten Bedingungen ein grobes, trübes, stark plastisches, nicht zerreißbares, gut retrahierbares und verformbares Material entsteht.

IV. Die Retraktion

Etwa eine halbe Stunde nach Abschluß der Gerinnung beginnt die sog. Retraktion, die zur Ablösung des Gerinnsels von der Gefäßwand und zum Auspressen des Serums führt.

[1] W. H. SEEGERS und A. G. WARE: Federation Proc. 7, 186 (1948).

[2] T. ASTRUP und S. DARLING: Naturwiss. 30, 300 (1941); Acta physiol. Scand. 4, 293 (1942); 5, 13 (1943); M. VOLKERT: Ibid. 5, Suppl. 15 (1943).

[3] M. GERENDAS: Hung. Acta physiol. 1, 97 (1948).

Der Vorgang ist von der Anwesenheit von Gerinnungs-zentren, die durch Thrombozytenhaufen gebildet werden, abhängig und benötigt jedenfalls die Mitwirkung unzerstörter, funktionstüchtiger Thrombozyten. Es wurde die Auslösung der Retraktion durch ein Enzym, das sog. Retraktozym, diskutiert. Nach Angaben von HARTERT[1] sollen die Thrombozyten einen Wirkstoff, das Thromboglutin, enthalten, das die Beschaffenheit des Fibrin-fadens in der Nähe der Thrombozyten derart verändert, daß das Fibrin in das Granulomer hineingezogen wird. Der hierdurch entstehende Zug und die große Anzahl von Thrombozyten, die an der benetzbaren Gefäß-wand haften und das Gerinnsel dort gleichsinnig verändern, führe dann zur Erscheinung der Retraktion. In Gefäßen mit nichtbenetzbaren Oberflächen fehlt die Thrombozyten-ansammlung an der Gefäß-wandung und es unterbleibt deshalb die Retraktion.

V. Die Fibrinolyse[2]

Nach Abschluß der Gerinnung *kann* sich das Gerinnsel nach kürzerer oder längerer Zeit wieder auflösen. Für diesen Vorgang, die Fibrinolyse, ist ein spezifisches Ferment, das Plasmin (auch Fibrinolysin genannt), verantwortlich, das im Plasma in einer inaktiven Vorstufe, dem Plasminogen (Profibrinolysin), vorhanden ist. Das Plasminogen wird durch verschiedene fermentative Faktoren aus Zellen (Fibrinokinase[3]) und aus Bakterien (Streptokinase[4], Staphylokinase[5]) sowie durch Trypsin in aktives Plasmin überführt; die Umwandlung kann auch spontan sowie durch Einwirkung von Chloroform oder durch Abtrennung der Albumine mittels isoelektrischer Fällung stattfinden.

Es ist noch nicht geklärt, welche Faktoren für die spontane Aktivierung des Plasminogens verantwortlich sind; man weiß bisher nur, daß Reizung des Sympathicus durch äußere Insulte (Angst, Aufregung, Trauma, Operation, plötzlicher Tod) oder durch sympathicomimetische Medikamente eine Spontan-fibrinolyse bewirken kann.

Die spontane Aktivierung geht ziemlich langsam vor sich; sie kann durch Erhöhung der Temperatur auf 56° wesentlich beschleunigt werden. Auch die Aktivierung durch Chloroform verläuft ziemlich langsam; ihr Temperaturoptimum liegt aber bei 25°.

Die Überführung des Plasminogens in Plasmin durch die Fibrinokinase ist ein langsamer Vorgang; er dauert 1 bis 4 Stunden. Die Fibrinokinase findet sich in fast allen Zellen, besonders reichlich in embryonalen Organen. Ihre Wirkung scheint darauf zu beruhen, daß sie den Hemmstoff aus dem Plasminogen adsorbiert, wodurch dieses zu aktivem Plasmin umgewandelt wird, während sie selbst inaktiviert wird. Ist die Aktivierung menschlichen Plasminogens durch Fibrinokinase abgeschlossen, so kann eine weitere Aktivierung noch vorhandenen Plasminogens durch Streptokinase erfolgen. Daraus wird auf die Anwesenheit zweier verschiedener Plasminogene im menschlichen Blut geschlossen. Im Rinderblut existiert hingegen nur ein Plasminogen, das durch Fibrinokinase, nicht aber durch Streptokinase aktivierbar ist.

Die aktivierende Wirkung der Streptokinase ist schlagartig. Nach GEIGER[6] ist für diesen Effekt die Anwesenheit eines hitzelabilen Faktors im Serum erforderlich, der vielleicht dem Mittelstück des Komplements entsprechen könnte. LOOMIS und SMITH[7] führten die Reinigung und Konzentrierung der Streptokinase durch. Die Streptokinase wirkt nur bei einzelnen Tier-gattungen. Das

[1] H. HARTERT: Klin. Wschr. **27**, 789 (1949).
[2] T. HALSE: Die Fibrinolyse. Freiburg Br.: Editio Cantor. 1948.
[3] T. ASTRUP und P. M. PERMINE: Nature **159**, 681 (1947); **161**, 689 (1948); T. ASTRUP: Acta haemat. **7**, 271 (1952); Biochem. J. **50**, 5 (1951).
[4] L. R. CHRISTENSEN: J. gen. Physiol. **30**, 149 (1946); L. R. CHRISTENSEN und C. N. MCLEOD: Ibid. **28**, 559 (1945).
[5] J. H. LEWIS: Trans. 5th. Josiah Macy Jr. Confer. Blood Clotting (1952).
[6] W. B. GEIGER: J. Immunology **69**, 597 (1952).
[7] E. C. LOOMIS und R. M. SMITH: J. biol. Chem. **163**, 767 (1946).

p_H-Optimum der Streptokinase-wirkung soll bei 7,3 bis 7,5 liegen. Streptokinase kann als Antigen fungieren; bald nach Applikation wird eine wirksame Antistreptokinase gebildet.

Präparationen aus *Streptococcus*, die neben Streptokinase auch eine Desoxyribonuclease („Streptodornase") enthalten[1], werden heute unter dem Phantasie-namen „Varidase" in den Handel gebracht und finden Verwendung zur Behandlung nekrotischer bzw. eitriger Wund-oberflächen und ähnlicher Läsionen. Es wird über eine wund-reinigende Wirkung berichtet. Der Mechanismus dieses Effekts soll darauf beruhen, daß durch die Streptokinase das in den Wunden vorhandene Plasminogen in Plasmin überführt wird und dieses die Eiweißbestandteile des Eiters verflüssigt, während die Desoxyribonuclease die Kerne degenerierender Zellen zerstört. Gesunde Zellen sollen nicht angegriffen werden[2].

Die Reaktions-bedingungen der Staphylokinase ähneln weitgehend denjenigen der Streptokinase; Staphylokinase aktiviert das Plasminogen der meisten Tiergattungen.

Die Vorstufe des Plasmins, Plasminogen, konnte kürzlich aus einer Plasmafraktion kristallin erhalten werden[3].

Das Plasmin selbst ist ein Euglobulin, das in erster Linie Fibrin verdaut. Früher wurde angenommen, daß es mit dem Trypsin identisch ist, da es ein ähnliches p_H-Optimum und Verhalten gegen Effektoren zeigt wie dieses Enzym. FRUTON[4] konnte aber nachweisen, daß Plasmin das typische Trypsin-substrat Benzoyl-L-Arginin-amid nicht spaltet. Plasmin hydrolysiert Casein, Gelatine und wahrscheinlich auch einige andere Proteine, nicht aber Eieralbumin oder Lactalbumin[5]. Fibrin wird in größere Bruchstücke aufgespalten, ohne daß freie Aminosäuren auftreten.

In der Albumin-fraktion findet sich ein Antiplasmin, welches das Plasmin in einer vermutlich stöchiometrischen Reaktion bindet und inaktiviert.

25. Polyphosphatasen

Die Polyphosphatasen stellen eine verhältnismäßig kleine, aber sehr bedeutsame Gruppe von Fermenten dar, die bisher immer gemeinsam mit den Phosphoesterasen abgehandelt wurde. Ihre gesonderte Besprechung in dieser Darstellung wurde bereits begründet (S. 192); während die Phosphoesterasen, welche Phosphorsäureester verschiedener Alkohole und Phenole hydrolysieren, als eine Untergruppe der Esterasen klassifiziert werden müssen, kann die von den Polyphosphatasen gespaltene Bindung —P—O—P— keinesfalls als Esterbindung aufgefaßt werden.

Wir können prinzipiell drei Untergruppen der Polyphosphatasen unterscheiden:

1. die „anorganischen" Polyphosphatasen, das sind Fermente, welche rein anorganische Salze wie Pyrophosphat oder Triphosphat hydrolysieren.

2. die „organischen" Polyphosphatasen, welche mit organischen Paarlingen konjugierte Polyphosphat-reste hydrolytisch zu spalten vermögen, wie z. B. die verschiedenen Enzyme, die ein oder zwei Phosphorsäure-reste vom Adenosintriphosphat abspalten.

3. die Metaphosphatasen, Fermente, die polymeres Metaphosphat durch Hydrolyse depolymerisieren.

Die zur Bestimmung der Polyphosphatase-wirkungen verwendeten Methoden stimmen weitgehend mit denjenigen überein, welche bei der Bearbeitung der Phosphoesterasen angewandt werden.

---

[1] S. TILETT und S. SHERRY: J. clin. Invest. **28**, 173 (1949).

[2] Vgl. dazu z. B. A. W. BERNHEIMER: Trans. N. Y. Acad. Sci. **14**, 137 (1952); S. SHERRY: Ibid. **14**, 138 (1952).

[3] D. L. KLINE: J. biol. Chem. **204**, 949 (1953).

[4] J. S. FRUTON: Ibid. **166**, 721 (1946).

[5] O. D. RATNOFF: J. exp. Med. **87**, 199 (1948).

I. „Anorganische" Polyphosphatasen[1]

Die wichtigsten zu dieser Untergruppe gehörenden Enzyme sind die Pyrophosphatasen, welche ziemlich allgemein verbreitet sind. Die ursprüngliche Annahme, daß die Hydrolyse des Pyrophosphats den Phosphomonoesterasen zuzuschreiben sei, war auf Grund des sehr häufigen gemeinsamen Vorkommens von Pyrophosphatasen und Phosphomonoesterasen sehr naheliegend; sie konnte aber durch exakte Untersuchungen und Isolierung von Fermenten, die nur zu einer der beiden genannten Wirkungen fähig sind, widerlegt werden.

Auch die Pyrophosphatasen kann man entsprechend den p_H-Optima der einzelnen Fermente in verschiedene Untergruppen einteilen. BAMANN und GALL[2] unterscheiden drei isodyname Untergruppen der Pyrophosphatasen, und zwar einen Typus I, dessen p_H-Optimum zwischen 7,2 und 8,4 liegt, einen Typus II (p_H 5,2 bis 5,6) und schließlich einen Typus III (p_H 3,2 bis 4,0). Diese drei Typen entsprechen in vielem den Typen der isodynamen Phosphomonoesterasen; so lassen sich Pyrophosphatasen des Typus I ebenso wie die Phosphomonoesterasen I durch Mg^{++} und Mn^{++} aktivieren; Typus II, welcher in seinem p_H-Optimum vielleicht eher dem Typus IV der Phosphomonoesterasen nahesteht, wird ebenfalls durch die genannten Metallionen aktiviert und auch durch Fluorid gehemmt. Typus III hingegen läßt sich durch Mg^{++} überhaupt nicht beeinflussen. Auch in bezug auf das Vorkommen in verschiedenen biologischen Ausgangs-materialien lassen sich einige Parallelen mit den isodynamen Phosphomonoesterasen feststellen (vgl. Tab. 31).

Tabelle 48. *Verteilung der isodynamen Pyrophosphatasen in verschiedenen tierischen Organen, Pflanzen und Mikroorganismen* (vgl. die entsprechende Tabelle über Phosphomonoesterasen, S. 201). (Modifiziert nach ROCHE und COURTOIS[1])

Ursprung	Typen		
	I	II	III
Säugetier-gewebe und Organ-flüssigkeiten			
Hirn	+	—	—
Leber	+	++	+
Erythrozyten	+	++	++
Darm-schleimhaut	+	(+)	(+)
Knochen	(+)	o	o
Prostata	o	o	o
Milz	+	+	+
Niere	+	+	+
Serum	+	(+)	(+)
Urin	o	o	o
Pflanzen			
Reis	o	++	o
Kartoffeln	o	++	o
Getreide-körner	o	++	o
Basidiomyceten	o	+	++
Mikroorganismen			
Hefe	+	++	+
Bakterien	+	++	o
Aspergillus oryzae	o	++	+

++ Hohe Aktivität.
+ Leicht nachweisbar.
(+) Geringe Aktivität.
o Nicht vorhanden.
— nicht geprüft.

[1] J. ROCHE und J. COURTOIS: Exp. ann. Biochim. méd. 4, 219 (1944).
[2] E. BAMANN und H. GALL: Biochem. Z. 293, 1 (1937).

a) Pyrophosphatasen des Typus I

Fermente dieses Typus finden sich in verschiedenen tierischen Organen, so besonders in der Darm-schleimhaut, der Niere, der Leber, den Erythrozyten und Leukozyten und im Serum von Säugetieren. In Pflanzen konnte bisher noch kein derartiges Enzym nachgewiesen werden.

Eine Abtrennung der Pyrophosphatasen I von den sie begleitenden Phosphomonoesterasen I gelingt nur unter bestimmten Kautelen, welche von Ausgangsmaterial zu Ausgangsmaterial verschieden sind.

Eine Zwischenstellung zwischen den Pyrophosphatasen I und I scheinen verschiedene derartige Fermente aus Hefe, Schimmelpilzen und Bakterien einzunehmen, da ihr p_H-Optimum meist weiter gegen das saure Gebiet verschoben ist. BAILEY und WEBB[1], welche die Pyrophosphatase aus Bäckerhefe weitgehend konzentriert und charakterisiert haben, berichten ein p_H-Optimum zwischen 6,9 und 7, also nur wenig geringer als dasjenige der übrigen Fermente des Typus I.

Die Pyrophosphatase aus Bäckerhefe wurde 1951 von KUNITZ[2] kristallin dargestellt. Die Aminosäure-zusammensetzung dieses Enzymproteins ist in Tab. 1 (S. 16) dargestellt.

Ein isodynames Enzym aus *Bacillus alkaligenes faecalis* wirkt optimal bei 7,6, während ein gleichartiges Ferment aus *Bacillus lactis aerogenes* sein p_H-Optimum bei 6,4 hat.

Über die biologische Rolle der Pyrophosphatasen I und aller übrigen Fermente dieser Spezifität ist noch kaum etwas bekannt; es ist allerdings erst seit wenigen Jahren erwiesen, daß Pyrophosphat ein spezifisches Stoffwechsel-produkt bei der Transadenylierung (vgl. S. 436) und bei der Aktivierung der Fettsäuren (S. 376) darstellt und auch hydrolytisch aus ATP entstehen kann.

b) Pyrophosphatasen des Typus II

Auch Fermente dieses Typus sind in den Organen der Säugetiere sehr weit verbreitet; im Gegensatz zu den zuvor besprochenen des Typus I finden sie sich aber auch bei höheren Pflanzen, Basidiomyceten und Schimmelpilzen. Wir finden also eine Verteilung, welche weitgehend derjenigen der Phosphomonoesterasen II entspricht.

Als reichstes Ausgangs-material zur Herstellung eines Enzympräparats des Typus II gilt die Leber. ROCHE und BAUDOIN[3] gelang es, durch fraktionierte Fällung das Enzym aus Leber von der begleitenden Phosphomonoesterase II abzutrennen. Mg^{++} aktiviert das gereinigte Ferment weitaus stärker als das Rohpräparat. Die Pyrophosphatasen II werden durch Fluorid sehr stark in ihrer Wirksamkeit gehemmt, was beim Typus I nicht der Fall ist.

c) Pyrophosphatasen des Typus III

Fermente des Typus III finden sich wiederum in tierischen Organen, weiters in Schimmelpilzen, höheren Pilzen, aber auch in Hefen. Die Enzyme des Typus III sind noch verhältnismäßig wenig charakterisiert; Mg^{++} scheint keinen oder nur einen sehr geringen Einfluß auf ihre Aktivität zu haben.

---

[1] K. BAILEY und E. C. WEBB: Biochem. J. 38, 394 (1944).
[2] M. KUNITZ: J. Amer. chem. Soc. 73, 1387 (1951); J. gen. Physiol. 35, 423 (1952).
[3] Zit. nach J. ROCHE und J. COURTOIS: Exp. ann. Biochim. méd. 4, 219 (1944).

d) *Triphosphatase*

NEUBERG und FISCHER[1] konnten zeigen, daß in Hefe ein Ferment vorkommt, welches zur Spaltung von anorganischem Triphosphat imstande ist. Das Enzym ist ein Desmo-enzym, welches erst nach längerer Autolyse aus der Zelle freigesetzt wird. Es gelingt, die Triphosphatase von der sie begleitenden Pyrophosphatase zu trennen. Das p_H-Optimum der Wirkung liegt beim Neutralpunkt; ATP wird nicht angegriffen.

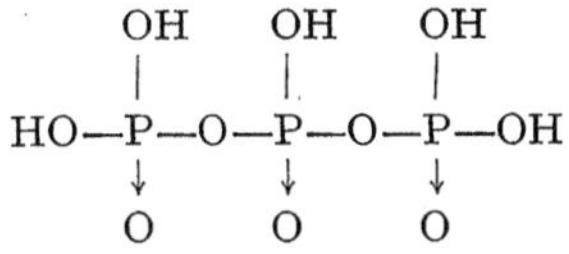

```
    OH    OH    OH
    |     |     |
HO—P—O—P—O—P—OH
    ↓     ↓     ↓
    O     O     O
```

NEUBERG[2] vermutet, daß die biologische Rolle der Triphosphatase darin besteht, etwa gebildetes Triphosphat, welches konkurrierend in den Stoffwechsel des Adenosintriphosphats eingreifen könnte, zu zerstören und somit eine Schutz-funktion auszuüben. Es ist ja verständlich, daß Triphosphat das Adenosintriphosphat, welches ein Derivat des anorganischen Triphosphats ist, unter Umständen bei enzymatischen Reaktionen verdrängen könnte.

II. Fermente des hydrolytischen Adenosinpolyphosphat-abbaus[3]

Die erste Beobachtung über eine fermentative Hydrolyse von Adenosintriphosphat (ATP) stammt von BARRENSCHEEN und LANG[4], welche über derartige Wirkungen von Leber-extrakten berichteten. Bei diesen und auch bei analogen späteren Arbeiten von LOHMANN[5] mit Muskel-extrakten und LIEBKNECHT[6] mit Extrakten aus Knochen-substanz handelte es sich wahrscheinlich um eine kombinierte Wirkung mehrerer Fermente. Die Extrakte von LOHMANN[5] enthielten anscheinend neben einem spezifisch auf den hydrolytischen Abbau des ATP eingestellten Enzym auch noch eine beträchtliche Menge von ADP → ADP-transphosphatase (*Myokinase*, vgl. S. 423), welche das durch die primäre Wirkung gebildete Adenosindiphosphat (ADP) zu ATP und AMP dismutiert, wobei als Endprodukte dieser Reaktions-kette schließlich AMP und Orthophosphat übrig bleiben.

Erst 1939 konnten ENGELHARDT und LJUBIMOVA[7] zeigen, daß durch mehrfache Umfällung gereinigtes Myosin die Abspaltung eines einzelnen Phosphorsäure-restes vom ATP katalysiert, so daß ADP resultiert.

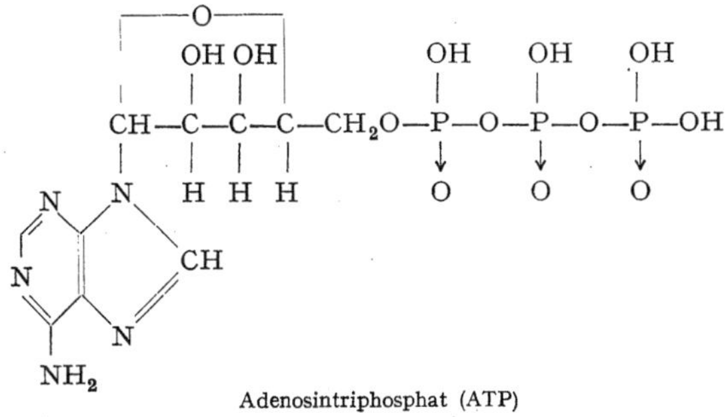

```
       ┌────O────┐
       │ OH OH   │      OH    OH    OH
       │  |  |   │      |     |     |
       CH—C—C—C—CH₂O—P—O—P—O—P—OH
       |  |  |  |       ↓     ↓     ↓
   N   N  H  H  H       O     O     O
  //  / \
 |   |    \
 N   ||    CH
  \\ |    //
   \ |  /
   |   N
   NH₂
```

Adenosintriphosphat (ATP)

[1] C. NEUBERG und A. FISCHER: Enzymologia 2, 191, 241 (1937); C. R. Trav. Lab. Carlsberg, Sér. chim. 22, 366 (1938).

[2] C. NEUBERG: Annu. Rev. Biochem. 15, 435 (1946).

[3] Handbuchartikel und Übersichtsreferat: H. M. KALCKAR: In „The Enzymes", herausgegeben von J. B. SUMNER und K. MYRBÄCK, Bd. II/1, S. 151. New York: Academic Press. 1951; D. M. NEEDHAM: Adv. Enzymology 13, 151 (1952).

[4] H. K. BARRENSCHEEN und S. LANG: Biochem. Z. 253, 395 (1932).

[5] K. LOHMANN: Ibid. 271, 264 (1934).

[6] W. L. LIEBKNECHT: Ibid. Z. 303, 96 (1939).

[7] V. A. ENGELHARDT und M. N. LJUBIMOVA: Nature 144, 668 (1939); vgl. auch das Übersichtsreferat: V. A. ENGELHARDT: Adv. Enzymology 6, 129 (1946).

Die Versuche der russischen Forscher konnten von BAILEY[1], DOROTHY NEEDHAM[2] und SZENT-GYÖRGYI[3] reproduziert werden. Fermente dieser Spezifität werden heute allgemein als Adenosintriphosphatasen (ATPasen) bezeichnet; sie spalten nur einen Phosphorsäure-rest von ATP ab; der hier vorgeschlagenen Nomenklatur entsprechend werden sie ATP-monophosphatasen genannt.

Neben diesen ATPasen gibt es auch Fermente, welche zwei Mol Phosphorsäure von ATP abspalten. Sie wurden ursprünglich als Adenosinpyrophosphatasen bezeichnet. Eine Art Laboratoriums-abkürzung für derartige Enzyme — „Apyrase" — wird heute ziemlich allgemein angewandt. In der vorliegenden Darstellung werden die Fermente aber als ATP-diphosphatasen bezeichnet.

Vor kurzem konnten auch Fermente entdeckt werden, deren Wirkung die Abspaltung eines Pyrophosphat-restes aus ATP ist. Sie werden hier ATP-pyrophosphatasen genannt.

Fermente, welche zur Abspaltung eines Mols Phosphorsäure aus ADP imstande sind, wären entsprechend als ADP-monophosphatasen zu bezeichnen. Ihre Existenz scheint aber noch nicht mit ausreichender Sicherheit nachgewiesen zu sein.

a) *ATP-monophosphatasen* (ATPasen)

Das bestbekannte Ferment dieses Typus ist dasjenige, welches bisher trotz mehrfacher Umkristallisation nicht vom Myosin abgetrennt werden konnte. Myosin stellt etwa 68% des gesamten Muskel-eiweißes dar. Die enzymatischen Eigenschaften der Myosin-ATP-monophosphatase sind in vieler Hinsicht bemerkenswert. Die Spezifität ist insoweit nicht absolut, als Inosintriphosphat ebenfalls und sogar schneller gespalten wird als ATP. Auch eine hydrolytische Wirkung auf anorganisches Triphosphat, die allerdings weitaus geringer ist, ist nachweisbar. Die stärkste Aktivität wird bei p_H 9,0 beobachtet. Mg^{++}-Ionen üben eine merkliche Hemmwirkung aus, wohingegen Ca^{++} die Aktivität verstärkt. Hier muß allerdings erwähnt werden, daß STEINBACH[4] bei Froschmuskelhomogenaten keine Aktivierung der ATPase-wirkung durch Ca^{++} beobachten konnte; erst wenn er zur Reindarstellung des Myosins, wie üblich, mit Kaliumchlorid-lösung extrahierte, trat die Calcium-aktivierung der ATP-monophosphatase-wirkung wieder auf.

Myosin-ATP-monophosphatase scheint ein Sulfhydryl-ferment zu sein, da Jodacetat und Chlormercuribenzoat die Aktivität hemmen. Ebenso wirken Schwermetalle; hierdurch läßt sich die aktivierende Wirkung verschiedener Aminosäuren, welche mit Schwermetallen Komplexe bilden, erklären.

Myosin-ATP-monophosphatase ist ein sehr hitze-empfindliches Enzym und wird in Lösung selbst bei Temperaturen unter 40° schnell inaktiviert. Es muß angenommen werden, daß im Organismus Schutzstoffe existieren, welche diese Denaturierung verhindern können. Ein derartiger „Protektor" scheint ATP selbst zu sein, da sich die ATP-monophosphatase in Gegenwart ihres Substrats als weitaus stabiler erweist als ohne dieses. In der Muskelzelle ist die Myosin-ATP-monophosphatase wohl weitaus weniger hydratisiert als in den bisher erhaltenen Enzympräparaten.

Myosin wurde erstmalig 1943 von SZENT-GYÖRGYI[5] kristallin dargestellt. Seither häufig durchgeführte Versuche, die ATP-monophosphatase vom Myosin

---

[1] K. BAILEY: Biochem. J. **36**, 121 (1942).
[2] D. M. NEEDHAM: Ibid. **36**, 113 (1942).
[3] A. SZENT-GYÖRGYI: Science **93**, 158 (1941).
[4] H. B. STEINBACH: Arch. Biochem. **22**, 328 (1949).
[5] A. SZENT-GYÖRGYI: Studies Inst. Med. Chem. Univ. Szeged **3**, 76 (1943).

zu trennen[1], führten niemals zu einem eindeutigen Erfolg, so daß man annehmen kann, daß die ATP-monophosphatase-aktivität eine dem Myosin-molekül zugehörige Eigenschaft ist. Es muß allerdings erwähnt werden, daß diese Wirkung nicht die einzige enzymatische Aktivität des Myosins ist, da dieser Eiweißstoff auch gleichzeitig Adenylsäure hydrolytisch desaminieren kann (vgl. S. 260). Die AMP-aminase ist also in genau demselben Sinn mit dem Myosin identisch wie die ATP-monophosphatase.

Neben der an das Myosin gebundenen ATP-monophosphatase gibt es im Muskel, und zwar im sog. Sarkoplasma, nach KIELLEY und MEYERHOF[2] ein zweites Ferment mit der gleichen Wirksamkeit, das aber vom Myosin abtrennbar ist und sich auch dadurch von dem Enzym des Myosins unterscheidet, daß sein p_H-Optimum bei 6,8 liegt und es durch Mg^{++} aktivierbar, durch Ca^{++} und Fluorid aber hemmbar ist. Dieses Enzym findet sich in wäßrigen Muskel-extrakten; es ist ziemlich instabil, kann aber durch geringe Cyanid-konzentrationen stabilisiert werden. Es handelt sich um ein Lipoproteid, das seinem Sedimentations-verhalten nach anscheinend partikel-gebunden vorliegt.

Die biologische Bedeutung der ATP-monophosphatasen im Muskel war in den letzten Jahren der Inhalt zahlreicher Spekulationen. Es ist sehr wahrscheinlich, daß diese Ferment-aktivität in einem Kausal-zusammenhang mit den Kontraktions-vorgängen des Muskels steht. Wie wir wissen (vgl. S. 162 ff.), ist ATP das letzte Glied der langen Reaktionsketten, welche die in den Kohlehydraten und in den Fetten enthaltene chemische Energie zur Durchführung energie-bedürftiger Vorgänge, so im Falle der Muskel-kontraktion eben mechanischer Arbeitsleistungen, zur Verfügung stellen. Es läßt sich experimentell zeigen, daß auch bei Ausschaltung sowohl der anaeroben Glykolyse als auch der Atmung, also der gewöhnlich energie-liefernden Vorgänge, die Anwesenheit entsprechender Mengen von ATP genügt, um das Zustandekommen von Muskel-kontraktionen zu ermöglichen. Es wird deshalb vielfach angenommen daß eben die durch die ATPasen katalysierte Hydrolyse des ATP im Organismus diejenige Reaktion ist, welche die für die Muskelarbeit notwendige Energie liefert (vgl. hierzu die Ausführungen über die energiereiche Phosphat-bindung, S. 157 ff.). Dies läßt auch die enge Zusammengehörigkeit zwischen dem hauptsächlichen Eiweißstoff des Muskels, dem Myosin, und einer ATP-monophosphatase verständlich erscheinen.

Es ist nicht Aufgabe dieser Darstellung, die derzeitigen, teilweise noch recht widerspruchsvollen Anschauungen über den Mechanismus der Muskel-kontraktion, entsprechend den Wechselwirkungen zwischen ATP, Myosin, Actin und Actomyosin wiederzugeben, weshalb auf einschlägige Monographien[3] verwiesen werden muß.

Bald nach der Entdeckung der ATP-monophosphatase im Muskel setzte die Suche nach Enzymen gleicher Spezifität in anderen biologischen Materialien ein und es konnte eine Anzahl derartiger Fermente entdeckt werden. In bezug auf den Bindungszustand an die Zellbestandteile kann man hier zwei verschiedene Gruppen unterscheiden, von denen die eine solche Enzyme umfaßt, welche an Zellpartikel gebunden sind, während die andere Gruppe mehr oder minder lösliche Fermente dieser Art enthält. Im Hirngewebe gibt es beide Arten von ATP-monophosphatasen[4]; der größere Anteil ist die partikel-gebundene ATP-monophosphatase. Die beiden Fermente unterscheiden sich in ihrer Beeinflußbarkeit durch oberflächenaktive Stoffe. Hingegen läßt sich aus Hühnerembryonen der größte Teil der Aktivität als lösliches Enzym erhalten. Auch Tumor-homogenate enthalten ein lösliches Ferment dieser Art.

---

[1] Vgl. z. B. B. D. POLIS und O. MEYERHOF: J. biol. Chem. **163**, 339 (1946); **169**, 389 (1947).

[2] W. W. KIELLEY und O. MEYERHOF: Ibid. **176**, 591 (1948); **183**, 391 (1950).

[3] A. SZENT-GYÖRGYI: Chemistry of Muscular Contraction, 2. Aufl., New York: Academic Press. 1951; W. F. H. M. MOMMAERTS: Muscular Contraction, New York: Interscience. 1950; vgl. auch S. 170.

[4] O. MEYERHOF und J. R. WILSON: Arch. Biochem. **23**, 246 (1949); vgl. auch F. BINKLEY und C. K. OLSON: J. biol. Chem. **186**, 725 (1950).

Eine große Bedeutung wird der ATP-monophosphatase der Hefe von MEYERHOF[1] zugeschrieben. Schon die Versuche von HARDEN und YOUNG im Jahre 1905 zeigten, daß Hefe-preßsaft nach BUCHNER bei Vergärung von Glucose nicht wie die lebende Zelle die Gesamtmenge Glucose zu Alkohol und Kohlendioxyd vergärt, sondern daß aus zwei Molen Glucose je zwei Mole Alkohol und Kohlendioxyd sowie ein Mol Hexosediphosphat gebildet werden.

$$2\,C_6H_{12}O_6 \rightarrow 2\,C_2H_5OH + 2\,CO_2 + C_6H_{10}O_4(PO_3H_2)_2$$

Glucose Äthanol Hexosediphosphat (HARDEN-YOUNG-Ester)

MEYERHOF führt nun diese Erscheinung darauf zurück, daß bei den verschiedenen Bereitungs-methoden gärfähiger Hefe-preßsäfte und Macerations-präparate ein wesentliches Enzym, nämlich eine ATPase, zerstört wird. Dieses Enzym habe in der lebenden Zelle die Funktion, das etwa überschüssig gebildete ATP zu dephosphorylieren und damit den für das Fortschreiten der Gärung notwendigen Phosphat-akzeptor, nämlich ADP, zu regenerieren. Durch das Fehlen eines ATP-hydrolysierenden Enzyms in den Preß- und Macerations-säften werde das Gleichgewicht des gesamten Gärvorgangs derart verschoben, daß eine Anhäufung von Hexosediphosphat stattfindet. Zur Stützung seiner Vorstellung nahm MEYERHOF das folgende Experiment vor: er setzte zu einem derartigen Macerations-saft ein ATP-spaltendes Ferment aus Kartoffeln hinzu und erreichte damit tatsächlich, daß die Gärung gleichartig verlief wie in der lebenden Hefe.

Zur Kritik dieser Theorie[2] muß allerdings eingewandt werden, daß es doch etwas unwahrscheinlich ist, daß die Hefezelle die sozusagen mit großer Mühe geschaffene, in der Form von ATP vorliegende Bindungsenergie nicht anders verwerten kann als durch einfache Hydrolyse, was energetisch natürlich einen Verlust bedeutet. Im Tierreich finden wir als Speicher der energiereich gebundenen Phosphorsäure die sog. Phosphagene, Argininphosphat und Kreatinphosphat; Arginin und Kreatin können überschüssige Phosphatenergie aufnehmen und die so entstandenen Phosphagene geben die Bindungsenergie im Bedarfsfall wieder an das Adenylsäure-system ab (vgl. S. 166 ff.). Ein derartiges Speichersystem konnte in der Hefe noch nicht eindeutig nachgewiesen werden. Es wäre aber immerhin möglich, daß das polymere Metaphosphat eine phosphagen-ähnliche Funktion hat und demnach das Enzym, dessen Fehlen im Macerationssaft für den HARDEN-YOUNG-Effekt verantwortlich gemacht werden muß, nicht eine ATP-monophosphatase sondern eine Transphosphatase ist, deren Wirkung eine reversible Übertragung von Phosphat-resten von ATP auf Metaphosphat wäre (vgl. S. 425). Andrerseits steht es außer Zweifel, daß die Hefe ein verhältnismäßig labiles Ferment mit ATP-monophosphatase-wirkung enthält, das scheinbar fest an die Zell-bestandteile gebunden ist und nur sehr schwer in Lösung gebracht werden kann.

ATP-monophosphatasen finden sich auch besonders in den Spermatozoen und in der Retina. In den Spermatozoen scheint die Hydrolyse von ATP ebenso wie im Muskel für die Beweglichkeit verantwortlich zu sein. Normalerweise wird ATP in den Spermatozoen durch den für diese Zellen charakteristischen Vorgang der Fructolyse (vgl. das Übersichtsreferat von MANN[3]) auf einer konstanten Konzentration gehalten; wenn die Nachbildung aufhört und die Vorräte erschöpft sind, verlieren die Spermatozoen ihre Motilität. Ebenso wird die Beweglichkeit bei Zugabe von Mg^{++}, also durch Störung des ATP-Abbaus durch eine dem Ferment im Myosin nahestehende ATP-monophosphatase, gehemmt. BURNASCHEWA[4] konnte aus einem Spermatozoen-homogenat eine Eiweiß-fraktion „Spermosin" isolieren, die gegenüber ATP eine deutliche hydrolysierende Wirkung zeigte. Über die etwaige Rolle einer ATP-monophosphatase in der Retina hat man bis heute noch keine klaren Vorstellungen.

Auch über ein Vorkommen von ATP-monophosphatasen in Schlangengiften wird berichtet[5]; die lähmenden Effekte mancher derartiger Gifte lassen sich vielleicht auf den Abbau von ATP zurückführen.

---

[1] O. MEYERHOF: J. biol. Chem. **157**, 105 (1945); **180**, 575 (1949); O. MEYERHOF und P. OHLMEYER: Ibid. **195**, 11 (1952).

[2] O. HOFFMANN-OSTENHOF und W. WEIGERT: Naturwiss. **39**, 303 (1952).

[3] T. MANN: Adv. Enzymology **9**, 329 (1949).

[4] Zit. nach V. A. ENGELHARDT: Ibid. **6**, 129 (1946).

[5] A. E. ZELLER: Exper. **4**, 194 (1948); Helv. chim. Acta **33**, 821 (1950).

b) *ATP-diphosphatasen* (Apyrasen)

Unter ATP-diphosphatasen *(Apyrasen)* versteht man, wie bereits ausgeführt wurde, Fermente, welche imstande sind, die Hydrolyse des ATP in der Weise zu vollziehen, daß beide energiereich gebundenen Phosphat-reste abgespalten werden. ATP-diphosphatasen können auch ADP angreifen, wobei AMP entsteht.

Ein verhältnismäßig häufiges Vorkommen von ATP-diphosphatasen in tierischen und pflanzlichen Ausgangsmaterialien wird vermutet; bis heute ist aber erst ein einziges Ferment dieser Wirkungsweise, dasjenige aus der Kartoffel, näher charakterisiert worden. Das Enzym wurde ursprünglich von KALCKAR[1] entdeckt; eine Darstellungs-methode stammt von MEYERHOF[2]. Eine verbesserte Vorschrift zur Herstellung und Konzentrierung der Kartoffel-ATP-diphosphatase wurde von KRISHNAN[3] ausgearbeitet, welcher auch die Eigenschaften des Enzyms näher untersucht hat. Es gelang ihm eine mehr als tausendfache Anreicherung des Ferments; er konnte weiters feststellen, daß es zwei verschiedene ATP-diphosphatase-fraktionen in der Kartoffel gibt, von welchen die eine unlöslich, die andere löslich ist. Beide Fraktionen verhalten sich allerdings in Hinblick auf ihre Aktivierbarkeit durch Ca^{++} und ihre p_H-Optima (um 7,0) ziemlich gleichartig. Das Enzympräparat von KRISHNAN spaltet spezifisch zwei Phosphorsäurereste von ATP ab, ist aber zu einer weiteren Hydrolyse der verbleibenden Phosphorsäure-gruppe von AMP nicht fähig.

Nach Angaben von NOVIKOFF und Mitarbeitern[4] erfolgt die Dephosphorylierung von ATP in Tumor-gewebe vor allem durch ATP-diphosphatasen, während in homologen normalen oder auch regenerierenden Geweben ATP allgemein durch ATP-monophosphatasen hydrolysiert wird.

Eine ATP-diphosphatase-wirkung zeigen auch Präparate aus Hefe, welche die Phosphomonoesterase III (vgl. S. 200) in bereits stark angereicherter Form enthalten. Ob allerdings diese Wirkung der Anwesenheit einer ATP-diphosphatase zuzuschreiben ist, oder ob, wie es vielleicht wahrscheinlicher ist, die ATP-Spaltung einen Teil der Aktivität der ja als recht unspezifisch bekannten Phosphomonoesterasen III darstellt, kann bis jetzt noch nicht entschieden werden[5]. Jedenfalls gibt es isodyname Phosphomonoesterasen anderer Typen, welche in gereinigtem Zustand ATP sicher nicht angreifen.

c) *ATP-pyrophosphatasen*

Unter dieser Bezeichnung werden Fermente verstanden, welche bei der Hydrolyse von ATP einen Pyrophosphat-rest nach der Gleichung

$$ATP + H_2O \rightarrow AMP + H_4P_2O_7$$

abspalten. Enzyme dieser Wirkungsweise konnten bis jetzt im Knochenmark und in Schlangengiften[6, 7] sowie im Samenplasma des Stiers[7] nachgewiesen werden. Auch in Nieren-extrakten dürfte ein Ferment der gleichen Spezifität vorkommen; hier ist es allerdings noch nicht ganz sichergestellt, ob die Entstehung des Pyrophosphats nicht durch einen anderen Mechanismus, nämlich durch eine Übertragung des AMP-Restes auf einen entsprechenden Akzeptor (vgl. S. 436), verursacht wird[7].

---

[1] H. M. KALCKAR: J. biol. Chem. **153**, 355 (1944).

[2] O. MEYERHOF: Ibid. **157**, 105 (1945).

[3] P. S. KRISHNAN: Arch. Biochem. **20**, 261, 272 (1949).

[4] A. B. NOVIKOFF, E. PODBER und J. RYAN: Cancer Res. **11**, 273 (1951); J. biol. Chem. **203**, 665 (1953); L. HECHT und A. B. NOVIKOFF: Cancer Res. **12**, 269 (1952).

[5] O. HOFFMANN-OSTENHOF: Abstr. XIIth intern. Congr. pure appl. Chem., S. 119. New York 1951.

[6] G. H. HITCHINGS und H. S. FULLER: J. biol. Chem. **128**, XIV (1939); A. E. ZELLER: Arch. Biochem. **28**, 138 (1950).

[7] L. A. HEPPEL und R. J. HILMOE: Federation Proc. **10**, 196 (1951); J. biol. Chem. **202**, 217 (1953).

Die ATP-pyrophosphatase aus Samenplasma wurde von anderen ATP-angreifenden Fermenten, darunter zwei ATP-monophosphatasen mit Wirkungsoptimum bei etwa p_H 5,5 und 8,4, abgetrennt und teilweise gereinigt. Das p_H-Optimum ihrer Wirkung liegt im alkalischen Gebiet zwischen 8,4 und 8,8.

III. Nucleotid-pyrophosphatasen

In verschiedenen biologischen Ausgangs-materialien lassen sich Fermente nachweisen, welche Nucleotide, wie z. B. DPN, TPN, FAD und ATP dadurch spalten, daß sie die Pyrophosphat-bindung hydrolysieren. Die Enzyme dieses Typus unterscheiden sich durch ihren Angriffspunkt von denjenigen Fermenten, welche die Pyridinnucleotide durch Spaltung einer glykosidischen Bindung angreifen.

Ein Ferment dieser Spezifität konnte vor einiger Zeit von KORNBERG und Mitarbeitern aus der Kartoffel isoliert, bis auf das 750fache konzentriert und charakterisiert werden[1]. Bei der Spaltung von DPN oder DPN · H_2 entstehen AMP und Nicotinamidmononucleotid bzw. dessen hydrierte Form. Ganz analog geht auch die Hydrolyse von TPN und TPN · H_2 vor sich, nur ist das eine Spaltprodukt nicht AMP, sondern ein zweifach phosphoryliertes Adenosin, und zwar Adenosin-2′,5′-diphosphat[2]. Vermutlich demselben Fermenttypus ist auch die Spaltung von FAD zu FMN und AMP, weiters die Hydrolyse von ATP und ADP, und schließlich auch die Lösung der Pyrophosphat-bindung in TPP zuzuschreiben. Eine Identität dieses Ferments aus der Kartoffel mit der in dem gleichen Ausgangs-material nachgewiesenen ATP-diphosphatase *(Apyrase)* ist aber unwahrscheinlich, da bei der Reinigung der Nucleotid-pyrophosphatase das ursprünglich sehr hohe Spaltungs-vermögen gegenüber ATP bald verlorengeht und bei den weiteren Reinigungs-schritten nur eine geringe Rest-aktivität gegenüber dieser Substanz vorgefunden wird, die aber konstant bleibt und deshalb als inhärente Eigenschaft der Nucleotid-pyrophosphatase angesehen werden kann.

Mit Hilfe des gereinigten Ferments aus Kartoffel ist es möglich, aus DPN Nicotinamid-mononucleotid und aus FAD FMN herzustellen, während diese Substanzen vorher nur sehr schwer zugänglich waren.

IV. Metaphosphatasen[3]

Die Klassifikation der Metaphosphatasen als Polyphosphatasen erscheint auf den ersten Blick etwas fraglich, da die Umwandlung von Metaphosphat in Orthophosphat formal nicht als eine Hydrolyse, sondern als eine Wasseranlagerung zu bezeichnen wäre.

$$NaPO_3 + H_2O \rightarrow NaH_2PO_4$$

Tatsächlich steht heute aber fest, daß nur höhere Polymere des Metaphosphats als Substrate der Metaphosphatasen in Frage kommen, so daß wir auch hier eine hydrolytische Aufspaltung von polyphosphat-artigen Bindungen vor uns haben.

Die Existenz von Metaphosphatasen konnte KITASATO[4] bereits 1928 in Hefe und *Aspergillus* nachweisen. Obwohl verschiedene andere Forscher in den

---

[1] A. KORNBERG und O. LINDBERG: J. biol. Chem. **176**, 1475 (1948); A. KORNBERG und W. E. PRICER, Jr.: Ibid. **182**, 763 (1950).

[2] A. KORNBERG und W. E. PRICER, Jr.: Ibid. **186**, 557 (1950).

[3] Übersichtsreferate: G. SCHMIDT: In „Phosphorus Metabolism", herausgegeben von W. D. MCELROY und B. GLASS, Bd. I, S. 443. Baltimore: JOHN HOPKINS Press 1951; H. MALMGREN: Svensk Kemisk Tidskr. 64. 27 (1952).

[4] T. KITASATO: Biochem. Z. **197**, 257; **201**, 206 (1928).

Dreißigerjahren die Entdeckung bestätigten, erschien ein Ferment dieser Wirkung damals von geringem Interesse, da überhaupt noch kein eindeutiger Nachweis für ein natürliches Vorkommen von Metaphosphaten in der Natur erbracht worden war. Nachdem nunmehr von MANN[1] in *Aspergillus niger* und von WIAME[2] in Hefe Metaphosphat in verhältnismäßig großer Menge aufgefunden wurde, sind die Metaphosphatasen etwas mehr in den Mittelpunkt des Interesses gelangt.

Metaphosphatase aus Hefe hat nach INGELMAN und MALMGREN[3] ein p_H-Optimum von 7,2, das entsprechende Enzym aus *Aspergillus niger* ein solches von 5,7[4]. Die Metaphosphatase aus *Aspergillus niger* spaltet Polymetaphosphate zu niedrigeren Polymeren mit einem durchschnittlichen M. G. der Spaltprodukte von 480. Orthophosphat wird dabei anscheinend nicht gebildet[5]. Im Gegensatz dazu spaltet das Ferment aus Hefe die Polyphosphat-ketten unter Freisetzung von Orthophosphat[5]. (Es soll hier erwähnt werden, daß die schon mehrfach als besonders unspezifisch bezeichnete Phosphomonoesterase III aus Hefe (S. 200) bei p_H 4,1 polymeres Metaphosphat zu Orthophosphat umzuwandeln imstande ist.)

Die Bestimmung der Metaphosphatase-aktivität erfolgt vor allem durch Messung der Viskositäts-abnahme der Substrat-lösung, da ja polymere Metaphosphate vergleichsweise hohe Viskosität zeigen.

Über die biologische Bedeutung der Metaphosphat-depolymerisierenden Fermente kann bisher noch nicht allzu viel ausgesagt werden. Die Versuche von WIAME[6] über die Metaphosphat-bildung in der Hefe zeigen jedenfalls unzweifelhaft, daß diese Substanz lebhaft am Zell-stoffwechsel teilnimmt, ohne daß sie aber eindeutigen Aufschluß über die tatsächliche Rolle des Metaphosphats geben können. Wie schon oben (S. 344) ausgeführt wurde, wäre an eine Funktion als Energie-speicher in Art der Phosphagene bei den Tieren zu denken. Diese Vorstellung erlaubt allerdings, wie zugegeben werden muß, noch keine Deutung der biologischen Rolle der Metaphosphatasen.

26. Kleinere Gruppen der Hydrolasen

In dem vorliegenden Kapitel werden einige kleinere Gruppen der Hydrolasen zusammengefaßt, die untereinander keinen Zusammenhang aufweisen. Es sind dies die *Phosphoamidasen*, Enzyme, die P-N-Bindungen hydrolysieren; die *Halogenasen*, deren Wirkung die Hydrolyse von C-Halogen- oder P-Halogenbindungen ist; weiters die *C-S-Hydrolasen*, welche Bindungen zwischen Kohlenstoff und Schwefel hydrolysieren können; und schließlich die *C-C-Hydrolasen*, Fermente, die Kohlenstoff-Kohlenstoff-bindungen hydrolytisch spalten. Aus jeder dieser Gruppen sind bisher nur verhältnismäßig wenige Enzyme bekannt, von denen wiederum nur wenige gut charakterisiert sind. In manchen Fällen ist selbst die Zuordnung der Fermente zu den Hydrolasen als fraglich anzusehen; die Klassifikation erfolgt hier wie allgemein in dieser Darstellung auf Grund der Reaktionsgleichung des katalysierten Vorgangs.

A. Phosphoamidasen

Unter dem Namen Phosphoamidasen werden Fermente zusammengefaßt, welche die Hydrolyse von N-P-Bindungen katalysieren.

$$RNHPO_3H_2 + HOH \rightarrow RNH_2 + H_3PO_4.$$

[1] T. MANN: Biochem J. 38, 339 (1944).
[2] J. M. WIAME: Bull. Soc. Chim. biol. 28, 552 (1946).
[3] B. INGELMAN und H. MALMGREN: Acta chem. Scand. 3, 157 (1949).
[4] H. MALMGREN: Ibid. 6, 16 (1952).
[5] Unveröffentlichte Beobachtungen des Verfassers.
[6] J. M. WIAME: J. biol. Chem. 178, 919 (1949).

Die Phosphoamidasen sind eine noch wenig untersuchte Enzym-gruppe, über deren biologische Funktion noch keine Klarheit besteht. Die einzigen natürlichen Substrate der Phosphoamidasen, die bekannt sind, sind Kreatinphosphat und Argininphosphat, also die beiden „Phosphagene".

ICHIHARA[1] sowie WALDSCHMIDT-LEITZ[2] konnten fast gleichzeitig den Nachweis erbringen, daß die Phosphoamidasen nicht mit den einfachen Phosphoesterasen identisch sind. Sie finden sich in verschiedenen tierischen Organen, in der Reiskleie, im Emulsin und in Schimmelpilzen.

Zur Untersuchung der Wirkung der Phosphoamidasen wurde schon von ICHIHARA[1] die Verwendung einfacher synthetischer Substrate vorgeschlagen; in letzter Zeit benützte GOMORI[3] N-(*p*-chlorphenyl)-diamidophosphorsäure für einen histochemischen Nachweis der Phosphoamidase-aktivität. In einer ausführlicheren Arbeit untersuchten HOLTER und SI-OH LI[4] die Wirkung der Phosphoamidasen in Rattengewebe-homogenaten auf N-(*p*-chlorphenyl)-amidophosphorsäure und N-(*p*-methoxy-phenyl)-amidophosphorsäure. Diese beiden Substrate werden durch die ungereinigten Enzym-präparationen optimal bei p_H 4,6 gespalten; es findet sich aber noch eine Rest-aktivität bei p_H-Werten über 8,0, was für die Existenz von isodynamen Enzymen mit Wirkungsoptimum im alkalischen Bereich spricht. Eine weitere Untersuchung von HOLTER und SI-OH LI[5] ergab, daß manche kristalline Peptidasen, nämlich Pepsin, Trypsin, Chymotrypsin und Rennin, eine gewisse Phosphoamidase-aktivität aufweisen.

B. Halogenasen

Unter dem Namen Halogenasen werden Enzyme zusammengefaßt, die aus ihren Substraten hydrolytisch Halogene abspalten können. Fermente dieses Typus sind erst seit recht kurzer Zeit bekannt.

Wir können bisher zwei Untergruppen der Halogenasen unterscheiden:

1. Enzyme, welche die Bindung Kohlenstoff-Halogen hydrolysieren; und
2. Enzyme, welche eine Phosphor-Halogen-bindung spalten.

Zu der ersten Untergruppe zählen die tierischen Halogenasen, welche die Spaltung halogenierter aliphatischer Kohlenwasserstoffe katalysieren sowie die Jodtyrosin-dejodasen, deren Existenz erst vor ganz kurzer Zeit eindeutig nachgewiesen werden konnte. Als einziges Enzym, das die Hydrolyse einer Phosphor-Halogen-bindung bewirkt, ist eine Diisopropylfluorphosphat-halogenase bekannt geworden; die biologische Funktion dieses Ferments ist rätselhaft, da es schwer vorstellbar ist, daß es natürliche Substrate des Dialkylfluorphosphat-typus gibt.

I. „Aliphatische Halogenasen" (*Halogenase* von HEPPEL und PORTERFIELD)

Obwohl schon mehrfach gezeigt wurde, daß der Säugetier-organismus halogenierte aliphatische Kohlenwasserstoffe dehalogenieren kann, konnten HEPPEL und PORTERFIELD[6] erst 1948 den Nachweis erbringen, daß Enzyme in der Leber, der Niere und der Milz existieren, die für diesen Vorgang verantwortlich sind.

Als Substrate dieser Fermente können die folgenden Substanzen fungieren: CH_2BrCl, CH_2Br_2, CH_2BrCH_2Br, CH_2ClCH_2Cl, $CHCl_3$, C_2H_5Br und CH_2ClCH_2Br.

---

[1] M. ICHIHARA: J. Biochem. **18**, 87 (1933).
[2] E. WALDSCHMIDT-LEITZ: Biochem. Z. **258**, 360 (1933).
[3] G. GOMORI: Proc. Soc. exp. Biol. Med. **69**, 407 (1948).
[4] H. HOLTER und SI-OH LI: C. R. Trav. Lab. Carlsberg, Sér. chim. **27**, 393 (1951).
[5] H. HOLTER und SI-OH LI: Acta chem. Scand. **4**, 1321 (1950).
[6] L. A. HEPPEL und V. T. PORTERFIELD: J. biol. Chem. **176**, 763 (1948).

Bei der Einwirkung der Enzyme auf Dibrommethan werden Formaldehyd, Bromionen und Wasserstoffionen gebildet:

$$CH_2Br_2 + H_2O \rightarrow HCHO + 2\,HBr.$$

Die Messung der Enzym-aktivität kann entweder durch Bestimmung der entstehenden Bromid-menge oder auf manometrische Weise durch Messung des Kohlendioxyds, das aus einer Bicarbonat-pufferlösung freigesetzt wird, erfolgen. Cyanid, Cystein und Glutathion aktivieren die Reaktion.

II. Jodtyrosin-dejodasen

In der Schilddrüse finden sich verschiedene jodhaltige Aminosäuren, von denen das Thyroxin etwa 30% des gesamten Gehaltes an organisch gebundenem Jod enthält. Daneben können aber auch Monojod- und Dijodtyrosin nachgewiesen werden. Alle diese Verbindungen sind *in vivo* an Proteine gebunden.

ROCHE und Mitarbeiter[1] konnten kürzlich in Schilddrüsen-extrakten ein Enzym nachweisen, das Monojodtyrosin und Dijodtyrosin dehalogenieren kann; Thyroxin wird nicht angegriffen. Es handelt sich mit größter Wahrscheinlichkeit um eine hydrolytische Spaltung. Gleichartige Fermente finden sich auch in anderen Organen.

Während aber das abgespaltene Jod, welches durch die Wirkung der Enzyme in der Leber, dem Darm oder der Milz gebildet wird, *in vivo* zum größten Teil mit dem Harn ausgeschieden wird, führt die Dejodierung in der Schilddrüse zu komplexeren Erscheinungen. Dieses Organ hat anscheinend die Fähigkeit, Jod zu konzentrieren und zur Synthese von Thyroxin zu verwenden. Der Wirkung der Dejodase dürfte es auch zuzuschreiben sein, daß die Schilddrüse nur Thyroxin, dagegen nicht Monojod- oder Dijodtyrosin in die Blutbahn sezerniert.

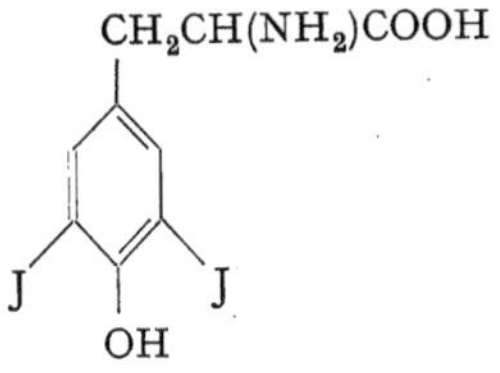

$CH_2CH(NH_2)COOH$ — J, J — OH

Dijodtyrosin

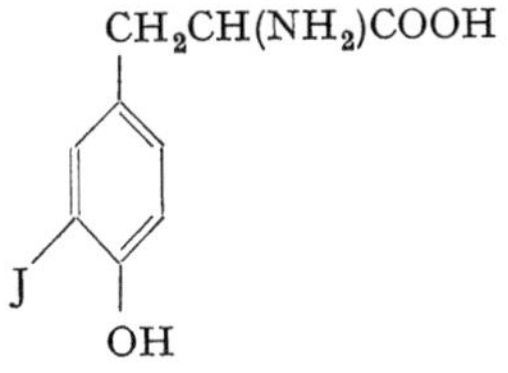

$CH_2CH(NH_2)COOH$ — J — OH

Monojodtyrosin

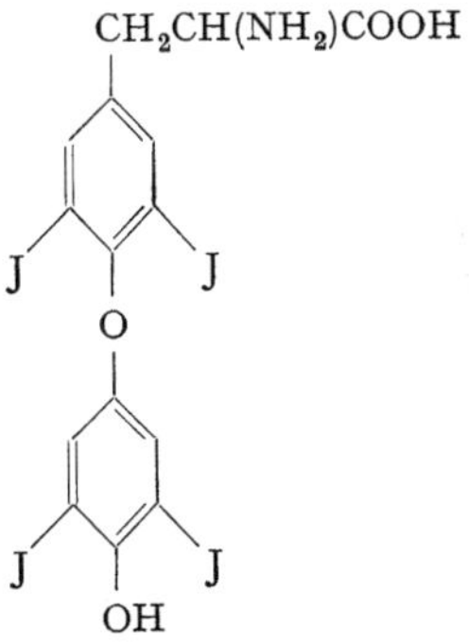

$CH_2CH(NH_2)COOH$ — J, J — O — J, J — OH

Thyroxin

III. Diisopropylfluorphosphat-halogenasen *(Diisopropylfluorphosphat-esterase)*

In den Geweben der meisten Tiere und des Menschen findet sich ein Enzymtypus, der zur hydrolytischen Spaltung der unter physiologischen Bedingungen sicher nicht vorkommenden Substanz Diisopropylfluorphosphat befähigt ist, wobei Fluorwasserstoff abgespalten wird[2].

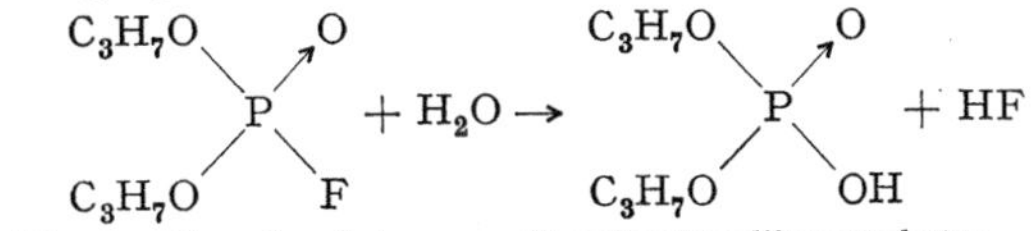

$$(C_3H_7O)_2P(\rightarrow O)F + H_2O \rightarrow (C_3H_7O)_2P(\rightarrow O)OH + HF$$

Diisopropylfluorphosphat — Phosphorsäurediisopropylester

[1] J. ROCHE, R. MICHEL und S. LISSITZKY: Biochim. biophys. Acta **9**, 161 (1952).

[2] A. MAZUR: J. biol. Chem. **164**, 271 (1946).

Außer Diisopropylfluorphosphat werden auch die entsprechenden Dimethyl-, Diäthyl- und Methyläthyl-verbindungen hydrolysiert.

Ihrer Spezifität entsprechend sind Enzyme dieses Typus nicht wie von BERNHEIM[1] vorgeschlagen wurde, als Esterasen zu bezeichnen, sondern müssen als Halogenasen klassifiziert werden. Sie unterscheiden sich aber von den beiden anderen bisher als Halogenasen bekannten Fermenten dadurch, daß sie nicht eine Kohlenstoff-Halogen-bindung, sondern eine Phosphor-Halogen-bindung hydrolysieren.

Durch Dialyse geht ein Teil der Enzym-aktivität verloren; diese kann aber durch Zusatz des Dialysats oder von Ca^{++} bzw. Mg^{++} wiederhergestellt werden. Hg^{++} und Cu^{++} zeigen schon in geringer Konzentration eine starke Hemmwirkung gegenüber der katalysierten Reaktion; in einem bestimmten Konzentrationsbereich wirkt allerdings Hg^{++} aktivierend.

Vor kurzem berichtete MOUNTER und Mitarbeiter[2] über die Reinigung eines Enzyms dieses Typus aus Schweine-nieren, welches sich durch Mn^{++} und Co^{++} sowie durch verschiedene Aminosäuren aktivieren läßt. Die optimale Aktivität der gereinigten Präparationen wird bei p_H-Werten zwischen 7,5 und 8 erreicht.

Die Alkylfluorphosphate sind pharmakologisch sehr wirksame Substanzen, die unter anderem als Kampfstoffe und Insektizide Verwendung fanden; wie bereits erwähnt, zeigen sie gegenüber Acetylcholinesterasen, Acetylesterase, Chymotrypsin und anderen Fermenten starke und spezifische Hemmwirkung (S. 150). Andrerseits ist es fast sicher, daß Substanzen dieses Typus in der Natur nicht vorkommen, so daß die physiologische Rolle des Enzyms noch in keiner Weise geklärt ist.

C. C-S-Hydrolasen

Nachdem bereits seit 1926 bekannt ist, daß das als Myrosin bezeichnete Fermentgemisch aus einer Schwefelsäure-esterase und einem Enzym besteht, das Thioglucoside spaltet und demnach eine C-S-Bindung hydrolysiert, dauerte es ziemlich lange, bis weitere Fermente aufgefunden wurden, die ebenfalls als C-S-Hydrolasen klassifiziert werden können.

So wurde ein Teilferment des Glyoxalase-systems als Thioesterase erkannt; ebenfalls als Thioesterasen sind die kürzlich entdeckten Fermente zu klassifizieren, die Acyl-Coenzym A zu den entsprechenden Säuren und Coenzym A hydrolysieren.

Schließlich scheinen Teilfermente des Homocystein → Serin-transsulfurasesystems ebenfalls C-S-Hydrolasen und zwar Thioätherasen zu sein.

Wir kommen somit zu einer Unterteilung der C-S-Hydrolasen in drei Unterklassen:

1. Thioätherasen.
2. Thioesterasen.
3. Thioglykosidasen.

Die einzelnen Unterklassen bestehen allerdings zur Zeit nur aus sehr wenigen Fermenten; es ist aber durchaus möglich, daß bei genauerem Studium des Schwefel-stoffwechsels noch mehrere Enzyme entdeckt werden, die als C-S-Hydrolasen wirken.

---

[1] F. BERNHEIM: In „The Enzymes", herausgegeben von J. B. SUMNER und K. MYRBÄCK, Bd. II/2, S. 844. New York: Academic Press. 1952.

[2] L. A. MOUNTER, C. S. FLOYD und A. CHANUTIN: J. biol. Chem. **204**, 221 (1953).

I. Thioätherasen (Das Homocystein → Serin-transsulfurase-system)

Der tierische Organismus ist imstande, das Schwefel-atom des Methionins auf Serin zu übertragen, so daß Cystein gebildet wird. An diesem Vorgang sind zumindest drei verschiedene Enzyme beteiligt: Vorerst muß das Methionin vermutlich durch Transmethylierung (S. 357) zu Homocystein entmethyliert werden; darauf folgt der Zusammentritt von Serin und Homocystein zu Cystathionin, wobei der Formel entsprechend Wasser abgespalten werden sollte[1].

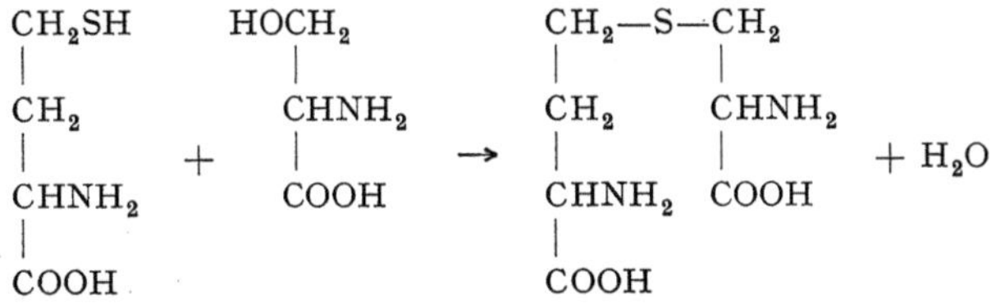

$$\begin{array}{lclcll}
\begin{array}{l} CH_2SH \\ | \\ CH_2 \\ | \\ CHNH_2 \\ | \\ COOH \end{array} & + & \begin{array}{l} HOCH_2 \\ | \\ CHNH_2 \\ | \\ COOH \end{array} & \rightarrow & \begin{array}{ll} CH_2{-}S{-}CH_2 & \\ | \qquad\quad | & \\ CH_2 \quad CHNH_2 & \\ | \qquad\quad | & \\ CHNH_2 \;\; COOH & \\ | & \\ COOH & \end{array} & + H_2O \\
\text{Homocystein} & & \text{Serin} & & \text{Cystathionin} &
\end{array}$$

Ein für diesen Vorgang verantwortliches Ferment konnte kürzlich von BINKLEY aus Leber isoliert und weitgehend gereinigt werden; Pyridoxalphosphat wirkt als Coenzym[2]. Ihrer Wirkung entsprechend müßten Fermente dieses Typus als Hydrolasen klassifiziert werden, weil sie in Umkehr einer hydrolytischen Reaktion eine Synthese bewirken. Es ist aber zu vermuten, daß der Mechanismus komplizierter ist, als bisher angenommen wurde.

Die Spaltung des Cystathionins in Cystein und einen noch nicht mit Sicherheit identifizierten C_4-Körper wird durch einen anderen Enzymtypus katalysiert[3], der ebenfalls Pyridoxalphosphat als Coenzym benötigt[2]. Der Wirkungsmechanismus ist noch nicht eindeutig geklärt; immerhin ist es recht wahrscheinlich, daß primär eine Hydrolyse des Cystathionins zu Cystein und Homoserin erfolgt.

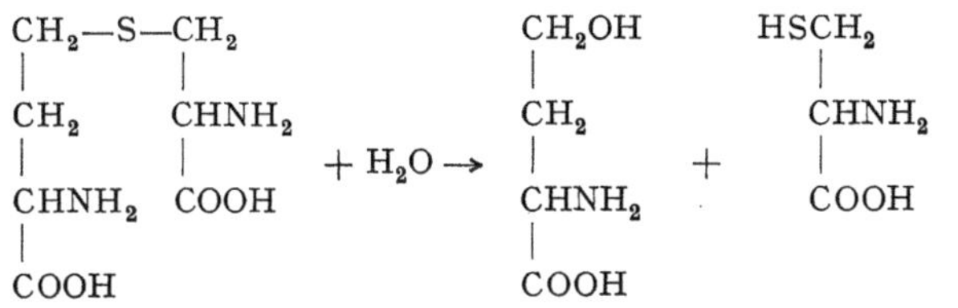

$$\begin{array}{lclcl}
\begin{array}{l} CH_2{-}S{-}CH_2 \\ | \qquad\quad | \\ CH_2 \quad CHNH_2 \\ | \qquad\quad | \\ CHNH_2 \;\; COOH \\ | \\ COOH \end{array} & + H_2O \rightarrow & \begin{array}{l} CH_2OH \\ | \\ CH_2 \\ | \\ CHNH_2 \\ | \\ COOH \end{array} & + & \begin{array}{l} HSCH_2 \\ | \\ CHNH_2 \\ | \\ COOH \end{array} \\
\text{Cystathionin} & & \text{Homoserin} & & \text{Cystein}
\end{array}$$

Fermente, welche die Hydrolyse des Cystathionins zu Homoserin und Cystein katalysieren, müssen als Hydrolasen angesehen werden; ihr korrekter Name ist Cystathioninasen. Die Beteiligung von Pyridoxalphosphat als Coenzym läßt aber auch hier den Verdacht aufkommen, daß es sich um einen komplexeren Vorgang handelt, als er in der Formel ausgedrückt ist.

Im Gewebe konnte allerdings bisher an Stelle von Homoserin nur α-Ketobuttersäure nachgewiesen werden; es scheint, daß diese in einem Sekundärprozeß aus Homoserin entsteht, da CAROLL und Mitarbeiter[3] zeigen konnten, daß Homoserin, das zu Leberbrei zugesetzt wird, in α-Ketobuttersäure umgewandelt wird.

$$\underset{\text{Homoserin}}{CH_2OHCH_2CH(NH_2)COOH} \rightarrow \underset{\alpha\text{-Ketobuttersäure}}{CH_3CH_2COCOOH} + NH_3$$

[1] F. BINKLEY, W. P. ANSLOW und V. DU VIGNEAUD: J. biol. Chem. **143**, 559 (1942); F. BINKLEY und D. OKESON: Ibid. **182**, 273 (1950); F. BINKLEY: Ibid. **191**, 531 (1951); F. BINKLEY und G. M. CHRISTENSEN: J. Amer. chem. Soc. **73**, 3535 (1951).

[2] F. BINKLEY, G. M. CHRISTENSEN und W. N. JENSEN: J. biol. Chem. **194**, 109 (1952); E. V. GORJATSCHENKOWA: Doklady Akad. Nauk S. S. S. R. **85**, 603 (1952).

[3] W. R. CAROLL, G. W. STACY und V. DU VIGNEAUD: J. biol. Chem. **180**, 375 (1949).

Das Ferment, welches diesen Vorgang bewirkt, ist noch nicht charakterisiert worden; seiner formalen Wirkung einer Ammoniak-abspaltung entsprechend müßte es als Homoserin-ammoniak-lyase bezeichnet werden. Es ist aber eher anzunehmen, daß der recht komplizierte Vorgang durch das Zusammenwirken zweier Enzyme verursacht wird.

II. Thioesterasen der Glyoxalase-systeme (Faktor von HOPKINS und MORGAN)

Wie vor kurzem RACKER[1] sowie CROOK und LAW[2] unabhängig voneinander feststellen konnten, bestehen die in verschiedenen Ausgangs-materialien vorkommenden Enzymsysteme, welche bisher als Glyoxalase bezeichnet wurden, aus zwei Einzelfermenten. Eine Trennung in zwei Faktoren wurde bereits von HOPKINS und MORGAN[3] vorgenommen, doch war es diesen Autoren nicht gelungen, die Wirkungsweise der Systeme in ihren Einzelheiten aufzuklären.

Die Glyoxalase-systeme katalysieren die Umwandlung von Methylglyoxal und anderen Glyoxalen in Milchsäure bzw. in die entsprechenden Oxysäuren, wobei Glutathion (GSH) als enzymatisches Komplement beteiligt ist. Sie bestehen aus zwei Einzelfermenten, von denen das erste die Bildung eines Zwischenprodukts zwischen Methylglyoxal und Glutathion katalysiert; Enzyme dieses Typus müssen als C-S-Syntheasen (vgl. S. 100) bezeichnet werden. Die chemische Natur des Zwischenprodukts wurde vor kurzem erkannt; es handelt sich um S-Lactoylglutathion[4].

Der zweite beteiligte Fermenttypus ist eine Hydrolase, welche die Spaltung des Zwischenprodukts in Milchsäure und Glutathion bewirkt. Die katalysierte Reaktion ist

$$\begin{array}{l} CH_3 \\ | \\ CHOH \\ | \\ CO{-}SG \end{array} + H_2O \rightarrow \begin{array}{l} CH_3 \\ | \\ CHOH \\ | \\ COOH \end{array} + GSH$$

Das aus Methylglyoxal und Glutathion entstehende S-Lacotoylglutathion wird weitaus schneller gespalten als das entsprechende Produkt aus Phenylglyoxal und Glutathion.

III. Succinyl-Coenzym A-acylasen

Bei der Oxydation von α-Ketoglutarsäure durch ein Enzymsystem aus Schweine-herzen, dem α-Ketoglutarat-oxydase-system (vgl. S. 629), wird Succinyl-Coenzym A gebildet, wobei der Succinyl-rest an die Sulfhydrylgruppe des Coenzym A gebunden ist[5, 6, 7].

GERGELY und Mitarbeiter[8] konnten kürzlich ein Enzym aus dem gleichen Ausgangsmaterial beschreiben, das die Hydrolyse des Succinyl-Coenzym A bewirkt:

$$\text{Succinyl-CoA} + H_2O \rightarrow \text{Bernsteinsäure} + \text{CoA}.$$

---

[1] E. RACKER: Federation Proc. 9, 217 (1950); J. biol. Chem. 190, 685 (1951).
[2] E. M. CROOK und K. LAW: Biochem. J. 46, XXXVII (1950); 52, 492 (1952).
[3] F. G. HOPKINS und E. J. MORGAN: Ibid. 42, 23 (1948).
[4] T. WIELAND und H. KÖPPE: Liebig's Ann. Chem. 581, 1 (1953).
[5] D. E. GREEN und H. BEINERT: In „Phosphorus Metabolism", herausgegeben von W. D. MCELROY und B. GLASS, Bd. I, S. 330. Baltimore: John Hopkins Press. 1951.
[6] S. KAUFMAN: Ibid. S. 370.
[7] D. R. SANADI und J. W. LITTLEFIELD: J. biol. Chem. 193, 683 (1951).
[8] J. GERGELY, P. HELE und C. V. RAMAKRISHNAN: Ibid. 198, 323 (1952).

Es gelang, das Enzym zu konzentrieren, wobei etwa die 70fache Aktivität des Ausgangsmaterials erreicht wurde.

Es ist noch ungeklärt, wie weit der von dem Enzymtypus bewirkten Reaktion biologische Bedeutung zukommt. Nach GREEN findet nämlich im Organismus nicht eine Hydrolyse des Succinyl-CoA, sondern eine Reaktion

$$\text{Succinyl-CoA} + \text{ADP} + \text{Orthophosphat} \rightarrow \text{ATP} + \text{Bernsteinsäure} + \text{CoA}$$

statt, wobei die Bindungsenergie im Succinyl-CoA zur Bildung einer energiereichen Phosphat-bindung ausgenützt wird (vgl. S. 166).

IV. Acetyl-Coenzym A-acylasen

In Gewebe-extrakten existieren auch Enzyme, die in ganz analoger Weise wie das zuletzt besprochene Ferment die Hydrolyse von Acetyl-CoA zu Essigsäure und freiem CoA katalysieren[1]:

$$\text{Acetyl-CoA} + H_2O \rightarrow \text{Essigsäure} + \text{CoA}.$$

Eine Konzentrierung eines Enzyms dieses Typus wurde noch nicht vorgenommen.

Auch hier ist die biologische Rolle der Enzyme noch völlig ungeklärt, da angenommen werden muß, daß das im Organismus entstehende Acetyl-CoA zu den verschiedensten Acetylierungs-reaktionen benützt wird und wohl nur in Ausnahmefällen der Hydrolyse, bei der die Bindungsenergie als Wärme verloren ginge, anheimfällt.

V. β-Thioglucosidase

Bereits 1839 konnten BOUTRON und FRÉMY einerseits und BUSSY andrerseits unabhängig voneinander ein Ferment-gemisch aus Senfsamen isolieren, welches den Abbau des β-Thioglykosids Sinigrin katalysiert. Erst NEUBERG und Mitarbeitern[2] ist es zu verdanken, daß wir heute wissen, daß dieses Myrosin genannte Enzymgemisch aus zwei verschiedenen Fermenten, einer Sulfatase und einer Thioglucosidase, besteht, von welchen das erstgenannte Enzym bereits an anderer Stelle besprochen wurde (S. 191 f.). Durch fraktionierte Fällung mit Mercuriacetat läßt sich eine quantitative Trennung der beiden Enzyme durchführen.

β-Thioglucosidase zeigt eine ausgesprochen strenge Spezifität; das Enzym kann nur Senföl-glykoside, hingegen keine synthetisch hergestellten Thioglucoside hydrolysieren. Andrerseits lassen sich weder die Senföl-glykoside noch synthetisch dargestellte Thioglucoside durch irgend eine andere Glykosidase spalten[3]. Der primäre Angriff auf das Sinigrin dürfte durch die Sulfatase erfolgen; durch Abspaltung des Schwefelsäure-restes entsteht Merosinigrin, das Substrat der β-Thioglucosidase.

D. C-C-Hydrolasen

Unter dieser Bezeichnung werden Fermente zusammengefaßt, deren Wirkung anscheinend die Spaltung von C-C-Bindungen durch Hydrolyse ist. Es scheint allerdings noch nicht in allen Fällen eindeutig erwiesen zu sein, daß es sich tatsächlich um Einzelfermente handelt, die diese Spaltungen bewirken, so daß die hier vorgenommene Klassifikation nur als vorläufig betrachtet werden muß.

Zwei der hier besprochenen Fermenttypen, nämlich die Kynureninasen und die Tryptophanasen, unterscheiden sich von den meisten anderen Hydrolasen

[1] J. GERGELY, P. HELE und C. V. RAMAKRISHNAN: J. biol. Chem. **198**, 323 (1952).

[2] C. NEUBERG und J. WAGNER: Biochem. Z. **174**, 457 (1926); C. NEUBERG und O. VON SCHÖNEBECK: Naturwiss. **21**, 404 (1933); Biochem. Z. **265**, 223 (1933).

[3] W. W. PIGMAN: J. Research nat. Bur. Standards **26**, 197 (1941).

dadurch, daß für ihre Wirksamkeit die Anwesenheit eines dissoziierbaren Coenzyms erforderlich ist, nämlich des Pyridoxalphosphats, das auch als Coenzym verschiedener anderer Enzyme (Aminosäure-decarboxylasen, Transaminasen u. a., vgl. S. 632) fungiert.

I. 4-Fumarylacetoacetat-hydrolasen

In der Säugetier-leber und anderen Organen findet sich ein Enzymtypus, der verschiedene 2,4- und 3,5-Diketocarbonsäuren hydrolytisch spaltet[1]. Das natürliche Substrat dieser Fermente dürfte die Fumarylacetessigsäure sein[2], die als Zwischenprodukt des Tyrosin-abbaus aus Homogentisinsäure entsteht (S. 582). Aus dieser Verbindung entstehen nach der Gleichung

$$\underset{\text{4-Fumarylacetessigsäure}}{HOOCCH{=}CHCOCH_2COCH_2COOH} + H_2O \rightarrow \underset{\text{Fumarsäure}}{HOOCCH{=}CHCOOH} +$$

$$+ \underset{\text{Acetessigsäure}}{CH_3COCH_2COOH}$$

Fumarsäure und Acetessigsäure. Eine Reinigung eines derartigen Enzyms aus Rinder-leber wurde von CONNORS und STOTZ[3] vorgenommen; es konnte eine Aktivitätssteigerung auf das 100fache erzielt werden. Das gereinigte Ferment spaltet 3,5-Diketocapronsäure (Acetylacetessigsäure), 2,4-Diketocapronsäure und 4-Fumarylacetessigsäure. Sein Wirkungsoptimum liegt je nach dem verwendeten Puffer zwischen p_H 6,5 und 8,2.

II. L-Kynureninasen

1941 konnten KOTAKE und NAKAYAMA[4] in der Leber ein Enzym nachweisen, das den Abbau von Kynurenin bewirkt. Analog wirkende Enzyme wurden auch in *Pseudomonas fluorescens*[5] und in *Neurospora*[6] nachgewiesen. WISS[7] zeigte, daß diese Enzyme nur L-Kynurenin spalten und daß aus Kynurenin Anthranilsäure und L-Alanin entstehen.

$$\underset{\text{L-Kynurenin}}{C_6H_4(NH_2)COCH_2CH(NH_2)COOH} + H_2O \rightarrow \underset{\text{Anthranilsäure}}{C_6H_4(NH_2)COOH} + \underset{\text{Alanin}}{CH_3CH(NH_2)COOH}$$

Es scheint somit, daß die Kohlenstoff-kette zwischen dem β- und dem γ-Kohlenstoffatom hydrolytisch aufgespalten wird. Falls es sich hier — was allerdings noch nicht eindeutig erwiesen ist — um die Wirkung eines einzigen Ferments handelt, so ist eine Klassifikation dieses Enzym-typus als C-C-Hydrolase berechtigt.

---

[1] F. L. BREUSCH und E. ULUSOY: Arch. Biochem. **14**, 183 (1947); A. MEISTER und J. P. GREENSTEIN: J. biol. Chem. **175**, 573 (1948); R. F. WITTER und E. STOTZ: Ibid. **176**, 501 (1948); A. MEISTER: Ibid. **178**, 577 (1949).

[2] R. G. RAVDIN und D. I. CRANDALL: Ibid. **189**, 137 (1951).

[3] W. M. CONNORS und E. STOTZ: Ibid. **178**, 881 (1949).

[4] Y. KOTAKE und Y. NAKAYAMA: Hoppe-Seyler's Z. physiol. Chem. **270**, 76 (1941).

[5] O. HAYAISHI und R. Y. STANIER: J. biol. Chem. **195**, 735 (1951).

[6] W. B. JAKOBY und D. M. BONNER: Ibid. **205**, 699 (1953).

[7] O. WYSS: Helv. chim. Acta **32**, 1694 (1949); Z. Naturforsch. 7b, 133 (1952); O. WYSS und H. FUCHS: Exper. **6**, 472 (1950).

Außer L-Kynurenin werden von den Kynureninasen auch L-Oxykynurenin, α-Amino-β-benzoylpropionsäure, α-Amino-γ,γ-oxyphenylbuttersäure sowie in geringerem Maße α-Amino-β-acetylpropionsäure und α-Amino-γ-oxyvaleriansäure unter Alanin-bildung hydrolysiert. D-Kynurenin zeigt hingegen eine hemmende Wirkung auf die Enzym-aktivität.

Braunstein und Mitarbeiter[1] beobachteten, daß bei Pyridoxin-mangel der Tier-nahrung nur geringe Enzym-aktivität nachzuweisen ist und konnten auch zeigen, daß Pyridoxalphosphat als Coenzym der Kynureninase fungiert. Dagliesh, Knox und Neuberger[2] bestätigten diesen Befund.

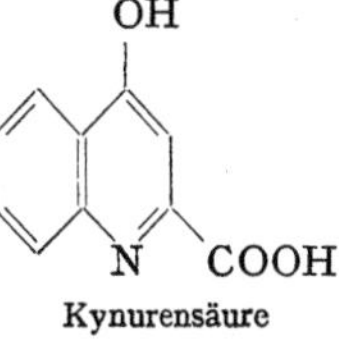

Kynurensäure

Kynureninasen wirken bei p_H 7,3 bis 8,0 optimal. Außer der oben angegebenen Reaktion findet als Nebenvorgang eine Umwandlung von Kynurenin in Kynurensäure statt; dieser Körper ist bereits seit langem bekannt; er wird als normales Ausscheidungs-produkt im Hunde-harn gefunden, so daß anzunehmen ist, daß die Umwandlung von Kynurenin in Kynurensäure beim Hund ein physiologischer Vorgang ist. Hierfür dürfte ein eigener Enzymtypus, eine L-Kynurenin $\rightarrow$ α-Ketoglutarat-transaminase verantwortlich sein (S. 411).

Die Bildung von Anthranilsäure aus Kynurenin stellt einen Teilprozeß der Entstehung von Nicotinsäure aus L-Tryptophan dar (vgl. S. 461).

III. Tryptophanasen

Verschiedene Bakterien sind imstande, Indol zu bilden. Hopkins und Cole[3] konnten bereits 1903 zeigen, daß Tryptophan der Vorläufer des Indols ist, doch dauerte es lange, bis der Mechanismus dieser Umwandlung auch nur einigermaßen erhellt wurde. Untersuchungen von Woods[4] ergaben, daß gewaschene Suspensionen unter aeroben Bedingungen Tryptophan quantitativ in Indol überführen können, wobei fünf Sauerstoff-atome verbraucht werden; dies entspricht einer kompletten Oxydation der Seitenkette zu CO_2, NH_3 und H_2O.

Versuche von Baker und Happold[5] machen es aber wahrscheinlich, daß die Primärvorgänge der Indol-bildung aus Tryptophan anaerob erfolgen. Dawson[6] berichtete, daß das Malariamittel Atebrin die Tryptophan-spaltung hemmt und Dawes, Dawson und Happold[7] glaubten, Alanin als Spaltprodukt der Tryptophanase-wirkung auf Tryptophan erkannt zu haben.

Andrerseits gelang es Tatum und Bonner[8], eine Synthese von Tryptophan aus Serin und Indol in *Neurospora crassa* nachzuweisen.

Indol (NH) + $HOCH_2CH(NH_2)COOH$ $\rightarrow$ Tryptophan ($CH_2CH(NH_2)COOH$, NH) + H_2O

Indol — Serin — Tryptophan

[1] A. E. Braunstein, E. V. Goryachenkova und T. S. Pashkina: Biochimija 14, 163 (1949).
[2] C. E. Dagliesh, W. E. Knox und A. Neuberger: Nature 168, 20 (1951); Quart. Revs. chem. Soc. S. 227 (1951).
[3] F. G. Hopkins und S. W. Cole: J. Physiol. 29, 451 (1903).
[4] D. D. Woods: Biochem. J. 29, 640, 649 (1935).
[5] J. W. Baker und F. C. Happold: Ibid. 34, 657 (1940).
[6] J. Dawson: Ibid. 40, XLI (1946).
[7] E. A. Dawes, J. Dawson und F. C. Happold: Ibid. 40, XLV (1946).
[8] E. L. Tatum und D. Bonner: Proc. nat. Acad. Sci. U. S. 30, 30 (1944).

Dies ließ vermuten, daß die Spaltungs-reaktion eine einfache Umkehr des synthetisierenden Vorgangs darstellt.

Diese Annahme konnten WOOD, GUNSALUS und UMBREIT[1] widerlegen; sie stellten aus *Escherichia coli* eine zellfreie Präparation einer Tryptophanase her und zeigten, daß die Tryptophan-spaltung nach der Gleichung

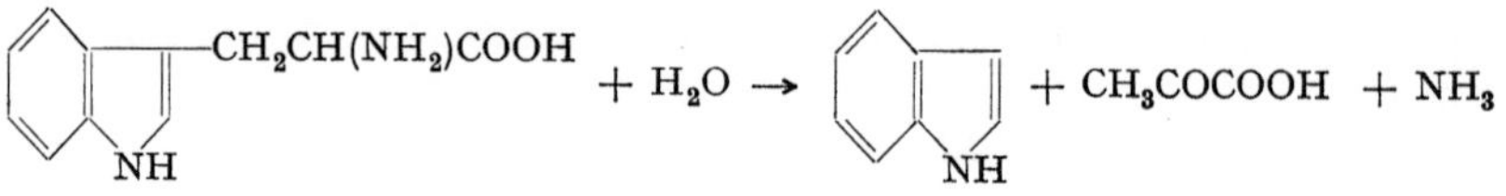

$$\text{Indol-3-}CH_2CH(NH_2)COOH + H_2O \rightarrow \text{Indol} + CH_3COCOOH + NH_3$$

erfolgt. Unter den Versuchs-bedingungen greift die Präparation weder Serin noch Alanin an; diese beiden Aminosäuren können somit nicht das Primärprodukt der Tryptophanase-wirkung sein. Trotzdem muß es als recht unwahrscheinlich betrachtet werden, daß die Reaktion in einem Schritt erfolgt; GALE[2] nimmt an, daß vorerst eine Spaltung in Indol und α-Aminoacrylsäure stattfindet und dieses Produkt dann nach Umwandlung zu α-Iminopropionsäure — vielleicht spontan — zu Brenztraubensäure und Ammoniak hydrolysiert.

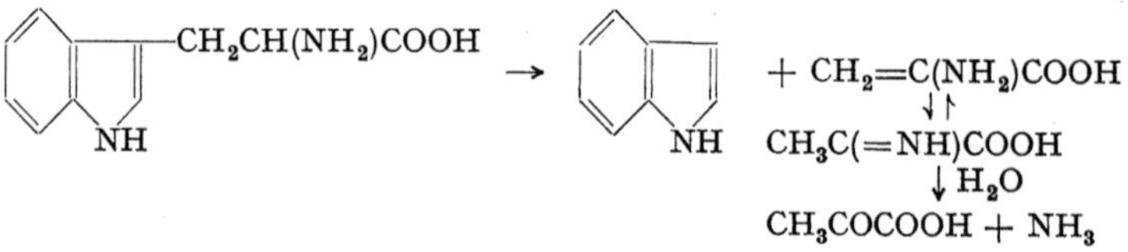

$$\text{Indol-3-}CH_2CH(NH_2)COOH \rightarrow \text{Indol} + CH_2{=}C(NH_2)COOH$$
$$\downarrow\uparrow$$
$$CH_3C({=}NH)COOH$$
$$\downarrow H_2O$$
$$CH_3COCOOH + NH_3$$

Demnach wären die Tryptophanasen nicht als Hydrolasen sondern als Carbolyasen (vgl. S. 100) zu klassifizieren; da aber dieser Mechanismus noch nicht sichergestellt ist und formal eine Hydrolyse vorliegt, erfolgt in der vorliegenden Darstellung die Einreihung der Tryptophanasen unter die C-C-Hydrolasen.

WOOD und Mitarbeiter[3] konnten auch zeigen, daß Pyridoxalphosphat (S. 632) als Coenzym der Tryptophanase von *Escherichia coli* fungiert. Durch Ausfällung des zellfreien Extrakts und Adsorption an Calciumphosphat gelang die Trennung von Apoenzym und Coenzym. Das Enzym wirkt im alkalischen Gebiet; Cyanid hemmt die Reaktion, was aber nicht auf eine Schwermetall-beteiligung zurückzuführen ist; Cyanid reagiert vielmehr mit der Aldehydgruppe des Pyridoxalphosphats und inaktiviert das Coenzym.

Das Auftreten von Alanin als Spaltprodukt des Tryptophans[4] ist wahrscheinlich durch die Anwesenheit einer Transaminase, die Brenztraubensäure zu Alanin aminiert, bedingt.

Wie bereits erwähnt, ist der Brotpilz *Neurospora crassa* zur Synthese von Tryptophan aus Indol und Serin befähigt. UMBREIT, WOOD und GUNSALUS[5] konnten aus Mycel von *Neurospora sitophila* eine Präparation herstellen, die in Anwesenheit von Pyridoxalphosphat die Synthese von Tryptophan aus den genannten Ausgangs-stoffen bewirkte. Diese Reaktion, die formal als die Umkehr einer Hydrolyse aufgefaßt werden kann, wird wohl kaum durch ein Einzelenzym katalysiert; es dürfte sich viel eher um ein Enzymsystem handeln.

---

[1] W. A. WOOD, I. C. GUNSALUS und W. W. UMBREIT: J. biol. Chem. **170**, 313 (1947).

[2] E. F. GALE: In „Bacterial Physiology", herausgegeben von C. H. WERKMAN und P. W. WILSON, S. 429. New York: Academic Press. 1951.

[3] W. A. WOOD, I. C. GUNSALUS und W. W. UMBREIT: J. biol. Chem. **170**, 313 (1947).

[4] E. A. DAWES, J. DAWSON und F. C. HAPPOLD: Biochem. J. **40**, XLV (1946).

[5] W. W. UMBREIT, W. A. WOOD und I. C. GUNSALUS: J. biol. Chem. **165**, 731 (1946).

27. Transmethylasen und verwandte Enzyme[1]

Mit dem vorhergehenden Kapitel haben wir die Besprechung der Hydrolasen abgeschlossen und beginnen nun mit der Behandlung der zweiten Hauptklasse der Enzyme, der Transferasen. Wir beschäftigen uns hier zuerst mit denjenigen Fermenten, welche Methyl-gruppen übertragen und als Klasse der Transmethylasen zusammengefaßt werden.

I. Allgemeines

Obwohl HOFMEISTER schon vor 60 Jahren die ersten Beobachtungen über Transmethylierungen in einem biologischen System machte[2], wurden erst im letzten Jahrzehnt eingehendere Untersuchungen über den Mechanismus derartiger Vorgänge angestellt.

Wir wissen heute, daß im biologischen Milieu präformierte Methyl-gruppen von bestimmten Donatoren auf Akzeptoren nach dem Schema

$$R—CH_3 + R'—H \rightleftharpoons R—H + R'—CH_3$$

übertragen werden; die für diese Übertragungs-reaktionen verantwortlichen Fermente werden nach einem Vorschlag von BARRENSCHEEN und VALYI-NAGY[3] als Transmethylasen bezeichnet.

Es sind bisher nur wenige Fermente dieser Klasse gründlicher untersucht worden, so daß eine Klassifizierung der Transmethylasen nach ihrer Substrat- und Wirkungs-spezifität noch auf gewisse Schwierigkeiten stößt. In letzter Zeit wurde — besonders durch die Arbeiten von CANTONI *(l. c.)* — unsere Kenntnis der Transmethylierungs-vorgänge durch die Konzeption bereichert, daß es in den Metaboliten zweierlei Arten von Methyl-gruppen gibt: „labile" Methyl-gruppen, die durch ein entsprechendes Ferment direkt auf einen Akzeptor übertragen werden können, und solche Methyl-gruppen, die vor einer Übertragung erst „labil" gemacht werden müssen, was entweder durch aerobe Vorgänge oder durch Reaktion mit ATP erfolgen kann. So scheint es, daß Cholin selbst nicht als Methylgruppen-donator fungieren kann, während spezifische Enzyme eine Methyl-gruppe seines Oxydations-produkts, des Betains, auf entsprechende Akzeptoren übertragen können. Ebenso ist das Methionin selbst kein geeigneter Methyldonator; durch Reaktion mit ATP wird aber daraus „aktives Methionin" (S-Adenosylmethionin) gebildet, dessen Methyl-gruppe labil ist. Als weitere Träger „labiler" Methyl-gruppen sind Dimethylthetin und Dimethyl-β-propiothetin, die Schwefel-analoga der Betaine, zu nennen; schließlich kann auch Methylphosphat als Methyldonator fungieren. Außer der letztgenannten Substanz sind alle hier erwähnten Methyl-donatoren sog. „Onium-verbindungen"; es ist anzunehmen, daß die Methyl-gruppen in diesem Verbindungs-typus energiereich gebunden sind, wie das auch aus Gleichgewichts-berechnungen (vgl. CANTONI, *l. c.*) hervorgeht.

Auf Grund der neueren Erkenntnisse können wir in Abänderung einer Zusammenstellung von SOURKES *(l. c.)* folgende Übersicht über enzymatisch katalysierte Transmethylierungs-reaktionen geben:

---

[1] Handbuchartikel und Übersichtsreferate: T. L. SOURKES: In „The Enzymes", herausgegeben von J. B. SUMNER und K. MYRBÄCK, Bd. I/2, S. 1068. New York: Academic Press. 1951; F. CHALLENGER, Adv. Enzymology **12**, 429 (1951); G. L. CANTONI: In „Phosphorus Metabolism", herausgegeben von W. D. MCELROY und B. GLASS, Bd. II, S. 129. Baltimore: JOHN HOPKINS Press. 1952; V. DU VIGNEAUD: Proc. Amer. physiol. Soc. **92**, 127 (1948).

[2] F. HOFMEISTER: Naunyn-Schmiedeberg's Arch. exp. Path. Pharmakol. **33**, 198 (1894).

[3] H. K. BARRENSCHEEN und T. VON VALYI-NAGY: Hoppe-Seyler's Z.physiol. Chem. **277**, 97 (1942).

Tabelle 49. *In vitro beobachtete Transmethylierungen. Die Klassifikation erfolgt nach dem Bindungstypus der Methyl-gruppe in Donator und Akzeptor*

Typus der Übertragung	Donator	Akzeptor	Endprodukt
1. Von N auf S	Betain	Homocystein	Methionin
2. Von S auf S	Dimethylthetin und Dimethyl-β-propiothetin	Homocystein	Methionin
3. Von S auf N	„Aktives Methionin“	Guanidinessigsäure	Kreatin
		Glykokoll	Betain
		Nicotinamid	N-Methyl-nicotinamid
		Äthanolamin und Dimethyläthanolamin	Cholin
		Noradrenalin	Adrenalin
4. Von N auf N	Betain	Guanidinessigsäure	Kreatin
		Noradrenalin	Adrenalin
5. Von O auf N	Methylphosphat	Guanidinessigsäure	Kreatin

Die Tabelle erhebt naturgemäß keinen Anspruch auf Vollständigkeit; es ist anzunehmen, daß sie bereits in nächster Zukunft revisions-bedürftig wird.

Bestimmung der Transmethylase-wirkungen

Die Messung der Enzymaktivitäten erfolgt hier im allgemeinen durch Bestimmung der Produkte. Kreatin wird meist als Pikrat nachgewiesen[1]; die Methode ist wohl sehr empfindlich, aber nicht allzu spezifisch, so daß Blindproben erforderlich sind. Methionin kann nach Angaben von BORSOOK und DUBNOFF[2] mit Hilfe einer Modifikation der Methode von MCCARTHY und SULLIVAN[3] bestimmt werden; diese beruht auf einer Farbreaktion mit Nitroprussidnatrium nach vorhergehender Abspaltung der Methyl-gruppe. Cholin gibt bei Behandlung mit KJ_3 ein in Wasser unlösliches Enneajodid[4]; es kann auch als Reineckat ausgefällt werden[5].

II. Die biologische Bedeutung der Transmethylierungs-reaktionen

Als Vorläufer der im tierischen Organismus vorkommenden Methyl-gruppen müssen allgemein C_1-Reste einer höheren Oxydations-stufe — Ameisensäure und Formaldehyd — angesehen werden. In vielen Fällen ist aber zur Bildung methylierter Verbindungen notwendig, daß bereits präformierte Methyl-gruppen vorliegen, die dann von einem entsprechenden Donator auf den Akzeptor übertragen werden. So dürfte bei den Tieren ein ständiges „Transmethylierungs-gleichgewicht“ zwischen Cholin und Methionin bestehen[6]. Cholin-mangel in der Diät kann bekanntlich verschiedene pathologische Erscheinungen hervorrufen, von denen die Leber-verfettung am bekanntesten ist. Cholin ist ein wichtiger Baustein der Phospholipoide (Lecithin usw.) und der Grundkörper des Acetylcholins; Methionin gilt andrerseits als „essentielle“ Aminosäure. Es konnte gezeigt werden, daß Versuchs-tiere auch ohne Methionin wachsen können, wenn ihrer Diät sowohl Cholin als auch Homocystein zugesetzt wurde. Dies spricht eindeutig für einen Transmethylierungs-effekt und ein solcher konnte auch später durch Versuche mit Isotopen *in vivo* eindeutig nachgewiesen werden.

---

1 O. FOLIN: J. biol. Chem. **17**, 469 (1914).

2 H. BORSOOK und J. W. DUBNOFF: Ibid. **160**, 635 (1945).

3 T. E. MCCARTHY und M. X. SULLIVAN: Ibid. **141**, 871 (1941).

4 W. ROMAN: Biochem. Z. **219**, 218 (1930).

5 F. J. R. BEATTIE: Biochem. J. **30**, 1554 (1936).

6 Übersichtsreferat: V. DU VIGNEAUD, C. RESSLER und J. R. RACHELE: Science **112**, 267 (1951).

Präformierte Methyl-gruppen scheinen für die Biosynthese von Cholin, Betain, Kreatin, Adrenalin (aus Noradrenalin) und N-Methylnicotinamid erforderlich zu sein.

Ob hingegen die schon seit langem bekannte Methylierung anorganischer Arsen-, Selen- und Tellur-verbindungen durch verschiedene Schimmelpilze (vgl. CHALLENGER, *l. c.*) auch als einfache Transmethylierung anzusehen ist, wurde bisher noch nicht geklärt; dasselbe gilt für die Bildung von Phenolmethyläthern, die von Pflanzen aller Art in überraschender Mannigfaltigkeit synthetisiert werden.

III. Besprechung der einzelnen eindeutig charakterisierten Transmethylase-typen

Im folgenden werden zuerst die drei mit Sicherheit als individuelle Fermente erkannten Transmethylase-typen besprochen; im nächsten Abschnitt erfolgt dann die Behandlung der wahrscheinlich aus mehreren Einzelenzymen bestehenden transmethylierenden Enzymsysteme.

a) Betain → Homocystein-transmethylasen

BORSOOK und DUBNOFF[1] konnten beobachten, daß Gewebe-schnitte aus Ratten-leber Methionin aus Homocystein, Homocystin und Homocysteinthiolacton in Anwesenheit von Betain oder Cholin bildeten. Unter den Akzeptoren wurde Homocystein schneller methyliert als Homocystin und Homocysteinthiolacton, während Betain einen weitaus besseren Donator darstellte als Cholin. In einer späteren Arbeit zeigte DUBNOFF[2], daß eine Transmethylierung mit Cholin als Donator nur dann stattfindet, wenn gleichzeitig ein Cholin oxydierendes Ferment zugegen ist, welches Cholin in Betain überführt. Diese Ergebnisse machen die Existenz eines Ferments wahrscheinlich, das die Reaktion

$$\underset{\text{Betain}}{(CH_3)_3N^+CH_2COO^-} + \underset{\text{Homocystein}}{HSCH_2CH_2CH(NH_2)COOH}$$
$$\downarrow$$
$$\underset{\text{Dimethylglykokoll}}{(CH_3)_2NCH_2COOH} + \underset{\text{Methionin}}{H_3CSCH_2CH_2CH(NH_2)COOH}$$

katalysiert. Dimethyläthanolamin und Dimethylglykokoll sind als Donatoren wirkungslos; der letztere Befund läßt darauf schließen, daß Betain nur eine einzige Methyl-gruppe abgibt. Die Akzeptor-funktion von Homocystin läßt sich dadurch erklären, daß in den Gewebeschnitten und Homogenaten ein Enzym zugegen war, welches Homocystin in Homocystein überführt.

Die Betain → Homocystein-transmethylase wird durch Cyanid und andere Inhibitoren der Oxydationsprozesse in ihrer Wirksamkeit nicht gehemmt.

b) Dimethylthetin → Homocystein-transmethylasen

Bei der Suche nach Substanzen, welche bei Transmethylierungen als Methyl-donatoren fungieren können, fanden DUBNOFF und BORSOOK[3], daß die sog. Thetine, die Schwefelanaloga der Betaine, leicht eine Methyl-gruppe an Homocystein abgeben, wenn die Versuche mit Präparaten aus Leber oder Niere von Ratte, Meerschweinchen oder Schweinen durchgeführt werden. Es gelang, ein für diese Reaktion verantwortliches Enzym teilweise zu reinigen und von der Betain → Homocystein-transmethylase zu trennen. Die katalysierte Reaktion läßt sich wie folgt darstellen:

$$\underset{\text{Dimethylthetin}}{(CH_3)_2S^+CH_2COO^-} + \underset{\text{Homocystein}}{HSCH_2CH_2CH(NH_2)COOH}$$
$$\downarrow$$
$$\underset{\text{Methylmercaptoessigsäure}}{CH_3SCH_2COOH} + \underset{\text{Methionin}}{H_3CSCH_2CH_2CH(NH_2)COOH}$$

[1] H. BORSOOK und J. W. DUBNOFF: J. biol. Chem. **169**, 247 (1947).
[2] J. W. DUBNOFF: Arch. Biochem. **24**, 251 (1949).
[3] J. W. DUBNOFF und H. BORSOOK: J. biol. Chem. **176**, 789 (1948).

Außer Dimethylthetin kann auch Dimethyl-β-propiothetin als Donator fungieren. Während die ungereinigten Gewebe-homogenate außer Homocystein auch Homocystin methylieren, wird durch das gereinigte Enzym nur Homocystein angegriffen.

Es ist allerdings bisher noch nicht gelungen, das Vorkommen von Dimethylthetin oder Dimethyl-β-propiothetin in tierischen Geweben nachzuweisen. Die letztgenannte Substanz konnte aber in der Alge *Polysiphonia fastigiata* aufgefunden werden[1].

c) *Methylphosphat → Guanidinacetat-transmethylase*

Bestimmte Transmethylierungen können, wie bereits berichtet, nur unter aeroben Bedingungen oder in Anwesenheit von ATP vor sich gehen. Diese Beobachtung hat BINKLEY und WATSON[2] dazu veranlaßt, Methylphosphat auf seine Wirksamkeit als Methyl-donator zu untersuchen. Sie konnten zeigen, daß Gewebe-homogenate aus Ratten-leber die Übertragung der Methyl-gruppe von Methylphosphat auf Guanidinessigsäure auch unter anaeroben Bedingungen katalysierten. Dies läßt auf die Existenz eines spezifischen Ferments, einer Methylphosphat → Guanidinacetat-transmethylase, schließen.

$$CH_3OPO_3H_2 + \underset{\text{Guanidinessigsäure}}{H_2N \cdot C(=NH)NH \cdot CH_2COOH} \rightarrow$$

$$\rightarrow \underset{\text{Kreatin}}{H_2N \cdot C(=NH)N(CH_3)CH_2COOH} + H_3PO_4$$

BINKLEY und WATSON[2] untersuchten weiters die Frage, ob bei Ratten, welche als einzigen Schwefel-bestandteil ihrer Nahrung Homocystein erhalten, Cholin, das in der Nahrung als Methyl-donator fungieren kann, durch Methylphosphat ersetzbar ist. Dies war nicht der Fall und außerdem erwies sich Methylphosphat auch als verhältnismäßig toxisch. Der Befund veranlaßte die Autoren zu der Annahme, daß der hier geschilderten Übertragungsreaktion keine biologische Bedeutung zukomme. Die Richtigkeit dieser Ansicht kann aber bezweifelt werden, da erstens das der Nahrung zugesetzte Methylphosphat vermutlich noch vor der Resorption im Magen-Darmtrakt hydrolysiert wird und es andrerseits durchaus möglich wäre, daß Methylphosphat *in vivo* eine ständig in nur ganz geringer Konzentration vorhandene Intermediär-stufe darstellt, so daß toxische Effekte nicht auftreten.

IV. Transmethylierende Enzymsysteme

Schon seit längerer Zeit ist bekannt, daß verschiedene Transmethylierungen nur bei gleichzeitigem Stattfinden oxydierender Vorgänge oder in Anwesenheit von ATP vor sich gehen. Dies läßt sich nach neueren Befunden dadurch erklären, daß entweder ein Oxydations-produkt des scheinbaren Methyl-donators den wahren Donator darstellt, oder daß aus ATP und dem scheinbaren Donator der wahre Donator, die „aktivierte Substanz", entsteht.

So konnte DUBNOFF[3] zeigen, daß die Bildung von Methionin durch Übertragung einer Methyl-gruppe von Cholin auf Homocystein nur bei gleichzeitiger Anwesenheit eines Ferments stattfindet, das Cholin zu Betain oxydiert (Cholindehydrogenase, *Cholin-oxydase*, S. 502). Das Cholin → Homocystein-transmethylase-system besteht somit aus dem oxydierenden Ferment und einer Betain → Homocystein-transmethylase.

Nach VALYI-NAGY und BARRENSCHEEN[4] kann Cholin unter aeroben Bedingungen auch bei der Bildung von Kreatin aus Guanidinessigsäure als Methyldonator fungieren. Entsprechende Enzymsysteme finden sich im Muskel, in der Leber und in etiolierten Weizenkeimlingen. Es ist wohl anzunehmen, daß auch hier das Betain der wahre Methyl-donator ist und die Reaktion durch Enzymsysteme katalysiert wird, die aus einer Cholin-dehydrogenase und einer Betain → Guanidinessigsäure-transmethylase bestehen.

[1] F. CHALLENGER und M. SIMPSON: Biochem. J. **41**, XL (1947).

[2] F. BINKLEY und J. WATSON: J. biol. Chem. **180**, 971 (1949).

[3] J. W. DUBNOFF: Arch. Biochem. **24**, 251 (1949).

[4] T. VON VALYI-NAGY: Z. Vitamin-, Hormon-, Fermentforsch. **1**, 217 (1947); H. K. BARRENSCHEEN und J. PANY: Hoppe-Seyler's Z. physiol. Chem. **283**, 78 (1948).

Schon seit längerer Zeit ist bekannt, daß Methionin ebenfalls nur unter aeroben Bedingungen als Methyl-donator fungieren kann. So beschrieben BORSOOK und DUBNOFF[1] ein Enzymsystem in der Leber, das unter aeroben Bedingungen und in Anwesenheit von Mg^{++} aus Methionin und Guanidinessigsäure Kreatin bildet. Analoge Enzymsysteme kommen in der Niere mancher Säugetiere sowie im Muskel, in der Hefe und in etiolierten Weizenkeimlingen vor. Kreatin selbst, weiters Fluorid, Cyanid, Natriumtaurocholat und Ca^{++} wirken als Hemmkörper der Reaktion.

Ebenfalls unter aeroben Bedingungen kann in Weizenkeimlingen eine Methylübertragung von Methionin auf Glykokoll erfolgen, wobei Betain entsteht[2].

In der Leber findet sich ein Enzymsystem, das die Übertragung von Methylgruppen von Methionin auf Nicotinamid katalysiert; es wird N_1-Methylnicotinamid gebildet. Hier sind entweder aerobe Bedingungen oder die Anwesenheit von Mg^{++} und ATP erforderlich. Das Methionin → Nicotinamid-transmethylasesystem ist streng spezifisch; Derivate des Nicotinamids werden nicht methyliert[3].

STEENSHOLT[4] konnte in Leber und Muskel ein Methionin → Äthanolamintransmethylase-system nachweisen, durch dessen Wirkung Cholin entsteht. Auch diese Reaktion geht anscheinend nur unter aeroben Bedingungen vor sich.

Zur Erklärung der Beobachtung, daß die Transmethylierungen mit Methionin als Donator anscheinend nur unter aeroben Bedingungen erfolgen, wurde früher angenommen, daß ein Oxydations-produkt des Methionins der wahre Methyldonator ist. Die Behauptung von BARRENSCHEEN[5], daß das Methioninsulfoxyd auch unter anaeroben Bedingungen als Methyl-donator bei der Kreatin-synthese wirkt, konnte aber von anderer Seite nicht bestätigt werden[6].

Erst in letzter Zeit gelang CANTONI[7] eine weitgehende Aufklärung dieses Problems. Er konnte zeigen, daß aus ATP und Methionin — anscheinend unter Einwirkung eines spezifischen Enzyms — eine Verbindung entsteht, die er als „aktives Methionin" bezeichnet und für die er die Formel eines S-Adenosylmethionins angibt.

```
 ┌────────O────────┐           CH3
 │    OH      OH   │            |
 CH—C────────C—CHCH2S+CH2CH2CH(NH2)COO−
 |    H       H
 |
 N   N
//  \ \
|   ||   CH
N   ||  //
 \\ /  N
  |
 NH2
```

S-Adenosylmethionin („aktives Methionin")

S-Adenosylmethionin ist seiner Konfiguration nach mit dem schon seit längerer Zeit bekannten Adeninthiomethyl-ribosid, einer Substanz, welche in hohen Konzentrationen

[1] H. BORSOOK und J. W. DUBNOFF: J. biol. Chem. **132**, 559; **134**, 635 (1940).

[2] H. K. BARRENSCHEEN und T. VON VALYI-NAGY: Hoppe-Seyler's Z. physiol. Chem. **277**, 97 (1942).

[3] W. A. PERLZWEIG, M. L. C. BERNHEIM und F. BERNHEIM: J. biol. Chem. **150**, 401 (1943); G. L. CANTONI: Federation Proc. **9**, 158 (1950); P. ELLINGER, G. FRAENKEL und M. M. ABDEL KADER: Biochem. J. **41**, 559 (1947).

[4] G. STEENSHOLT: Acta physiol. Scand. **11**, 294 (1946); **14**, 340 (1947).

[5] H. K. BARRENSCHEEN und J. PANY: Biochem. Z. **310**, 350 (1942).

[6] G. STEENSHOLT: Acta physiol. Scand. **11**, 294 (1946); P. HANDLER und M. L. C. BERNHEIM: J. biol. Chem. **150**, 335 (1943).

[7] G. L. CANTONI: J. Amer. chem. Soc. **74**, 3204 (1952); Federation Proc. **11**, 330 (1952); J. biol. Chem. **204**, 403 (1953).

in Hefe vorkommt[1], verwandt. Die genetischen Zusammenhänge sind allerdings noch nicht ganz klar. Bei der Hydrolyse von S-Adenosylmethionin bei p_H 6,0 und 100° entstehen nebeneinander Adeninthiomethylribosid und Homoserin[2].

Die Aktivierung des Methionins verläuft nach der Gleichung

ATP + L-Methionin → S-Adenosylmethionin + 3 Orthophosphat,

wobei es allerdings noch nicht sichergestellt ist, ob die Phosphat-reste von ATP als Triphosphat oder, wie es wahrscheinlicher ist, als drei Orthophosphatmoleküle abgespalten werden. Das verantwortliche Enzym kann nach der hier gebrauchten Nomenklatur als ATP → Methionin-transadenosylase bezeichnet werden; für seine Wirkung ist die Anwesenheit von Mg^{++} und reduziertem Glutathion erforderlich.

Die Übertragung der Methyl-gruppe von S-Adenosylmethionin auf die verschiedenen Akzeptoren geht dann wohl unter Mitwirkung weiterer spezifischer Transmethylasen vor sich, so daß wahrscheinlich ist, daß es S-Adenosylmethionin → Guanidinacetat-transmethylasen, S-Adenosylmethionin → Nicotinamid-transmethylasen, S-Adenosylmethionin → Glykokoll-transmethylasen, S-Adenosylmethionin → Äthanolamin-transmethylasen und weitere analoge Ferment-typen gibt, deren Eigenschaften wohl in nächster Zeit einem eingehenderen Studium unterzogen werden dürften. Zur Zeit ist es übrigens noch nicht bekannt, wie der Vorgang der Methyl-übertragung von S-Adenosylmethionin auf die verschiedenen Akzeptoren verläuft; CANTONI formuliert eine derartige Reaktion als

„aktives Methionin" + Guanidinessigsäure → Kreatin + ?,

womit angedeutet wird, daß über die Natur des zweiten Reaktionsproduktes noch nichts ausgesagt werden kann.

An dieser Stelle soll noch erwähnt werden, daß auch die Entstehung von Adrenalin aus Noradrenalin vermutlich die Folge einer Transmethylierung ist, wie das BLASCHKO[3] schon 1942 postulierte.

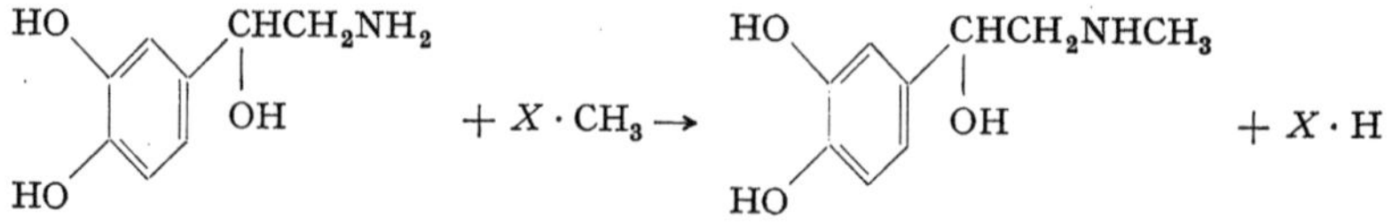

HO, HO, $CHCH_2NH_2$, OH + $X \cdot CH_3$ → HO, HO, $CHCH_2NHCH_3$, OH + $X \cdot H$

Noradrenalin — Adrenalin

Versuche verschiedener Autoren[4] machen es wahrscheinlich, daß hier ebenfalls Methionin bzw. S-Adenosylmethionin der Methyl-donator ist, wenngleich auch Cholin bzw. Betain in Frage kommen.

Bei dieser Reaktion handelt es sich um die fermentative Umwandlung eines Hormons in ein anderes; da die beiden Substanzen in mancher Hinsicht verschiedene Effekte verursachen, hängt also die Wirkungsweise der sympathicomimetischen Substanzen, die vom Nebennierenmark und von den sympathischen Nerven produziert werden, von der Funktions-tüchtigkeit des Transmethylierungs-systems ab.

---

[1] Vgl. R. L. SMITH und F. SCHLENK: Arch. Biochem. Biophys. 38, 167 (1952).

[2] J. BADDILEY, G. L. CANTONI und G. A. JAMIESON: J. chem. Soc. 1953, 2663.

[3] H. BLASCHKO: J. Physiol. 101, 337 (1942).

[4] E. BÜLBRING: Brit. J. Pharmacol. 4, 234 (1949); E. BÜLBRING und J. H. BURN: Ibid. 4, 202, 245 (1949); E. B. KELLER, R. A. BOISSONAS und V. DU VIGNEAUD: J. biol. Chem. 183, 627 (1950).

V. Der Stoffwechsel von Ameisensäure und Formaldehyd; die Biosynthese von „labilen" Methyl-gruppen aus C_1-Körpern

Versuche verschiedener Forscher zeigen eindeutig, daß der tierische Körper Ameisensäure und Formaldehyd für bestimmte Synthesen verwerten kann. So wurde bewiesen, daß diese beiden C_1-Körper bei der Bildung von Purinen in die Stellungen 2 und 8 eingebaut werden[1] (vgl. Schema); weiters können diese Substanzen als Vorläufer der Methylgruppen im Methionin und Cholin des α-Kohlenstoffs im Tryptophan, des Amidin-Kohlenstoffs im Histidin und des β-Kohlenstoffs im Serin fungieren. Andrerseits sind Verbindungen bekannt, die als Donatoren von C_1-Resten dieser Art wirken; es sind dies Serin, Glykokoll, Aceton, weiters Sarcosin und andere Methyl-verbindungen, Histidin und Tryptophan. Aus allen diesen Substanzen können im tierischen Organismus C_1-Reste abgespalten werden, die als Vorläufer von „labilen" Methyl-gruppen aufgefaßt werden müssen[2].

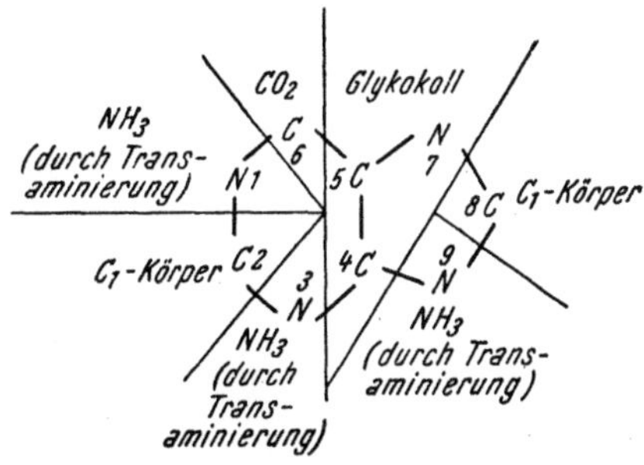

Ursprung der Bestandteile des Purin-skeletts

Bei fast allen genannten Reaktionen dürften Folsäure und in manchen Fällen auch Vitamin B_{12} als Cofaktoren (enzymatische Komplemente?) beteiligt sein[3]; es kann angenommen werden, daß die 5,6,7,8-Tetrahydrofolsäure („Coenzym F") und ihre formylierte Form, der *Leuconostoc citrovorum*-Faktor, eine ähnliche Rolle bei der „Transformylierung" spielen, wie sie bei der Transacetylierung dem CoA und seiner acetylierten Form, dem Acetyl-CoA, zukommt (S. 365).

Es ist allerdings bisher noch nicht gelungen, auch nur eines der Fermente, die für die genannten Wirkungen verantwortlich sind, zu isolieren; trotzdem ist wohl nicht daran zu zweifeln, daß die Reaktionen von spezifischen Fermenten katalysiert werden, die man ihrem vermutlichen Wirkungsmechanismus entsprechend vorläufig als Transformylasen bezeichnen darf.

Über die Reduktion des Formyl-restes zu einer Methylgruppe ist noch nichts Gesichertes bekannt. Unter der nicht bewiesenen Annahme, daß die Entstehung der Methylgruppen aus Formyl-gruppen nach Anlagerung an Homocystein vor sich geht, diskutiert CANTONI *(l. c.)* das nachfolgende Schema. (S. 364)

In diesem Schema wird bewußt die bekannte, aber noch nicht ausreichend geklärte Rolle des *Leuconostoc citrovorum*-Faktors bzw. der 5,6,7,8-Tetrahydrofolsäure nicht berücksichtigt; als enzymatisches Komplement kann man hier das Homocystein auffassen.

Da zur Zeit mehrere Arbeitskreise mit der Lösung dieser Probleme beschäftigt sind, ist mit Sicherheit anzunehmen, daß die hier angeschnittenen Fragen in Kürze eine Klärung erfahren werden.

[1] J. C. SONNE, J. M. BUCHANAN und A. M. DELLUVA: J. biol. Chem. **166**, 395 (1946); J. M. BUCHANAN und J. C. SONNE: Ibid. **166**, 781 (1946); J. C. SONNE, J. M. BUCHANAN und A. M. DELLUVA: Ibid. **173**, 69 (1948); J. M. BUCHANAN, J. C. SONNE und A. M. DELLUVA: Ibid. **173**, 81 (1948); J. M. BUCHANAN: In „Phosphorus Metabolism", herausgegeben von W. D. MCELROY und B. GLASS, Bd. II, S. 406. Baltimore: John Hopkins Press. 1952.

[2] W. SAKAMI: Ibid. **176**, 995 (1949); **187**, 369 (1950); W. SAKAMI und A. D. WELCH: Ibid. **187**, 379 (1950); W. SAKAMI und J. M. LAFAYE: Ibid. **193**, 199 (1951); V. DU VIGNEAUD, C. RESSLER und J. R. RACHELE: Science **112**, 267 (1950); D. ELWYN: Federation Proc. **11**, 208 (1952).

[3] Übersichtsreferate: W. SHIVE: Vitamins and Hormones **9**, 76 (1951); D. D. WOODS: In „Symposium sur le Métabolism microbien", 2e Congr. internat. Biochimie, S. 86. Paris 1952.

$$H_2C(H)—OH \to \to H—C(OH)=O + HS—R$$

$$\downarrow$$

$$H—C(=O)—S—R \to \text{Purine} + HS—R$$

$$-2\,H \uparrow\downarrow +2\,H$$

$$H—C(=O) + HS—R \to H_2C(OH)—S—R + \text{Glykokoll} \rightleftharpoons \text{Serin} + HS—R$$

Serin + HS—R ⇅ Cystathionin ⇅ Cystein + Homoserin (vgl. S. 351)

$$-2\,H \uparrow\downarrow +2\,H$$

$$CH_3—S—R$$

$$R = —CH_2CH_2CH(NH_2)COOH$$

28. Transacylasen und verwandte Enzyme[1]

I. Allgemeines

Enzyme, welche Acyl-reste übertragen, sind erst seit ganz kurzer Zeit bekannt, obwohl den von ihnen bewirkten Vorgängen große biologische Bedeutung zukommt. Die Gemeinsamkeiten der Transacylierungs-prozesse konnten aber erst mit der Aufklärung der Funktion des CoA als enzymatisches Komplement der Vorgänge, die den Forschungen der Arbeitskreise um LIPMANN, OCHOA, NACHMANSOHN und LYNEN zu verdanken ist, klargestellt werden.

In diesem Kapitel sollen zuerst Enzyme behandelt werden, die als Transacylasen klassifiziert werden können, d. h. die von ihnen bewirkten Reaktionen entsprechen der allgemeinen Gleichung

$$R—COR' + R''—H \rightleftharpoons R—H + R''—COR'.$$

Bisher sind nur Mechanismen bekannt geworden, bei denen entweder R oder R″ CoA ist, während R′ einen Acyl-rest darstellt.

Bei den Enzymen, die Acetyl-reste übertragen, ist eine von LIPMANN[2] vorgeschlagene Unterscheidung zwischen „Transacetylasen", also Enzymen, welche die Acetyl-übertragung

[1] Übersichtsreferate: H. A. BARKER: In „Phosphorus Metabolism", herausgegeben von W. D. MCELROY und B. GLASS, Bd. I, S. 204. Baltimore: JOHN HOPKINS Press. 1951; W. HOLZER: Angew. Chem. **64**, 248 (1952); S. OCHOA: In „Symposium sur le Cycle tricarboxylique", 2e Congr. internat. Biochimie, Paris 1952, S. 73; D. E. GREEN: Ibid. S. 5; F. LIPMANN, M. E. JONES und S. BLACK: Ibid. S. 55; F. LIPMANN: Bact. Revs. **17**, 1 (1953).

[2] T. C. CHOU und F. LIPMANN: J. biol. Chem. **196**, 89 (1952).

von einem Donator auf CoA bewirken, und „Acetokinasen", welche die Übertragung von Acetyl-CoA auf einen Akzeptor katalysieren, schon auf Grund der Tatsache, daß die Reaktionen in vielen Fällen frei reversibel sind, unnötig und könnte höchstens Verwirrung stiften.

Außer den einfachen Transacylasen werden hier weiters Fermente behandelt, die anscheinend einen neuen Enzymtypus darstellen. Sie katalysieren Kondensations-reaktionen unter Wasser-eintritt, wobei das Acetyl-CoA vermutlich in seiner tautomeren Form auftritt:

$$\mathrm{CoA{-}\underset{\underset{O}{\|}}{C}{-}CH_3} \rightleftharpoons \mathrm{CoA{-}\underset{\underset{OH}{|}}{C}{=}CH_2}$$

Ein Enzymtypus dieser Art, welcher als kondensierende Transacetylase bezeichnet werden kann, ist die „kondensierende Acetyl-CoA → Oxalacetat-transacetylase", das *condensing enzyme* von OCHOA und STERN[1], das die Synthese der Citronensäure katalysiert.

Enzymsysteme oder Einzelenzyme, bei denen CoA nicht als Acyl-donator oder Acyl-akzeptor, sondern in einer anderen Funktion beteiligt ist, werden in den entsprechenden Kapiteln dieser Darstellung behandelt.

Die biologische Bedeutung der Transacylierungs-reaktionen kann zur Zeit noch nicht bis ins letzte abgeschätzt werden; die Beteiligung derartiger Systeme am Citronensäure-zyklus, am Auf- und Abbau der Fettsäuren und an der Acetylcholin-bildung zeigt aber eindeutig, daß es sich hier um eine Enzymklasse von höchster Wichtigkeit handelt. Die Teilnahme eines die Benzoyl-gruppe übertragenden Enzyms bei der Hippursäure-synthese weist auch auf die Möglichkeit gleichartiger Mechanismen bei der Biosynthese der Peptid-bindungen hin; Versuche von SHEMIN und WITTENBERG[2] deuten auf Succinyl-CoA als wesentlichen Grundstoff bei der Synthese der Blutfarbstoffe und Stearyl-CoA stellt einen Zwischenkörper beim Aufbau der Phospholipoide dar.

An dieser Stelle soll nur versucht werden, den momentanen Stand unserer Kenntnisse über die einzelnen Enzyme und Enzymsysteme dieser Klasse darzustellen. Eine wirklich adäquate Übersicht wird wohl erst in einigen Jahren gegeben werden können, weil sich das Gebiet zur Zeit in raschester Entwicklung befindet.

Vor der Behandlung der einzelnen Enzyme dieser Klasse werden die wichtigsten Daten über das enzymatische Komplement der Transacylierungs-vorgänge, das CoA, berichtet.

II. „Coenzym A" (CoA)

Bei Untersuchungen über die Acetylierung von Cholin durch eine Proteinfraktion aus Hirn-gewebe konnten NACHMANSOHN und Mitarbeiter[3] erstmalig wahrscheinlich machen, daß an diesem Vorgang eine relativ niedermolekulare organische Substanz, ein Coenzym oder nach unserer Ausdrucksweise ein enzymatisches Komplement, beteiligt ist. Einige Jahre später wurde auch von LIPMANN[4] die Beteiligung eines gleichartigen Faktors bei der Acetylierung von Sulfanilamid durch einen Extrakt aus Tauben-leber demonstriert. Die Identität der beiden Faktoren konnte von LIPMANN und KAPLAN[5] nachgewiesen werden. Die

---

[1] J. R. STERN und S. OCHOA: J. biol. Chem. **179**, 491 (1949).

[2] D. SHEMIN und J. WITTENBERG: Ibid. **192**, 315 (1951).

[3] D. NACHMANSOHN und A. L. MACHADO: J. Neurophysiol. **6**, 397 (1943); D. NACHMANSOHN und M. BERMAN: J. biol. Chem. **165**, 551 (1946).

[4] F. LIPMANN: Ibid. **160**, 173 (1945).

[5] F. LIPMANN und N. O. KAPLAN: Ibid. **162**, 743 (1946).

acetylierte Form des Faktors wurde als die seit langem gesuchte sog. „aktive Essigsäure“ erkannt.

Bei der Konzentrierung dieser Substanz stellten LIPMANN und Mitarbeiter[1] fest, daß sie beträchtliche Mengen von Pantothensäure enthält. Als weitere Bausteine konnten später Adenosin, Phosphorsäure und eine schwefel-haltige Amino-verbindung ermittelt werden; Versuche von SNELL und Mitarbeitern[2] ergaben, daß das Pantathein, ein Faktor, der für ein gutes Wachstum von *Lactobacillus bulgaricus* erforderlich ist, ein Bruchstück des Acetylierungs-faktors darstellt und daß die schwefel-haltige Amino-verbindung mit Thioäthanolamin identisch ist. Ein weiteres Bruchstück des Cofaktors ist, wie CHELDELIN und Mitarbeiter[3] nachweisen konnten, ein Wuchsstoff für *Acetobacter suboxydans*. Die Struktur dieser Verbindung konnte vor kurzem aufgeklärt werden[4]. Auf Grund aller dieser Befunde erscheint zur Zeit die angegebene Strukturformel des Cofaktors der Acetylierung, der allgemein „Coenzym A“ (CoA) genannt wird, bis auf die Stellung des Phosphat-restes im Ribose-teil des Adenosins gesichert[5].

$HOCH_2C(CH_3)_2CHOHCOHNCH_2CH_2COOH$

Pantothensäure

$HOCH_2C(CH_3)_2CHOHCOOH$

Pantoylsäure

$H_2NCH_2CH_2COOH$

β-Alanin

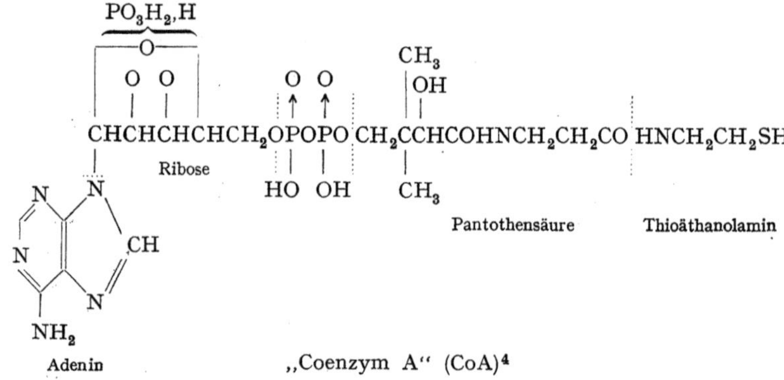

„Coenzym A“ (CoA)[4]

$H_2O_3POCH_2C(CH_3)_2CHOHCOHNCH_2CH_2COHNCH_2CH_2SH$

Pantathein-4'-phosphat (*Acetobacter suboxydans*-Faktor)

$HOCH_2C(CH_3)_2CHOHCOHNCH_2CH_2COHNCH_2CH_2SH$

Pantathein (*Lactobacillus bulgaricus*-Faktor)

Nach neuesten Befunden von WANG, SHUSTER und KAPLAN[6] dürfte der Phosphorsäure-rest im Ribose-anteil von CoA in 3-Stellung gebunden sein.

---

[1] F. LIPMANN, N. O. KAPLAN, G. D. NOVELLI und L. C. TUTTLE: J. biol. Chem. **186**, 235 (1950).

[2] E. E. SNELL, G. M. BROWN, V. J. PETERS, J. A. CRAIG, E. L. WITTLE, J. A. MOORE, V. M. MCGLOHON und O. D. BIRD: J. Amer. chem. Soc. **72**, 5349 (1950).

[3] T. E. KING, I. G. FELS und V. H. CHELDELIN: Ibid. **71**, 131 (1949).

[4] J. BADDILEY, E. M. THAIN, G. D. NOVELLI und F. LIPMANN: Nature **171**, 76 (1953).

[5] J. BADDILEY und E. M. THAIN: J. chem. Soc. **1951**, 2253; **1952**, 3783; J. D. GREGORY, J. D. NOVELLI und F. LIPMANN: J. Amer. chem. Soc. **74**, 854 (1952).

[6] T. P. WANG, L. SHUSTER und N. O. KAPLAN: J. Amer. chem. Soc. **74**, 3204 (1952).

a) *Vorkommen von CoA*

Einer ausführlichen Arbeit von KAPLAN und LIPMANN[1] kann man entnehmen, daß CoA seinen wichtigen Funktionen im Stoffwechsel entsprechend sehr verbreitet ist; es ist anzunehmen, daß in jeder lebenden Zelle CoA vorhanden ist. Die höchste Konzentration findet sich bei Tieren in der Leber und eine etwas geringere in den Nebennieren; im menschlichen Blutplasma läßt sich der Stoff nicht nachweisen, wohl aber in den Erythrozyten. In vergleichbarer Konzentration findet sich CoA in Mikroorganismen; besonders reich sind hier *Clostridium butylicum* und *Proteus morganii*. Der Gehalt der höheren Pflanzen an CoA ist beträchtlich geringer als derjenige von Tiergeweben und Mikroorganismen.

b) *Pantothensäure und Pantothensäure-conjugate als Vitamine und Wuchsstoffe*

Der Grundkörper des CoA, die Pantothensäure, stellt einen wichtigen Wuchsstoff für verschiedene Mikroorganismen sowie auch ein Vitamin dar. Bemerkenswerterweise wurde hier zuerst die Wuchsstoff-funktion festgestellt; WILLIAMS und Mitarbeiter[2] berichteten bereits 1931 über einen Faktor im Bios-komplex, der neben *myo*-Inosit und Thiamin für das Wachstum einiger Hefestämme erforderlich ist, während die Identität der Pantothensäure mit dem sog. Filtrat-faktor bei Ratten, der als Wachstums-vitamin und Achromotrichiefaktor wirkt, und mit anderen Vitamin-faktoren erst viel später nachgewiesen werden konnte[3].

Pantothensäure oder zumindest ihre beiden Bestandteile β-Alanin und Pantoylsäure (bzw. deren Lacton) sind als Wuchsstoffe für folgende Mikroorganismen erforderlich[4]: Milchsäure-bakterien, Propionsäure-bakterien, Streptokokken, Pneumokokken, einige Stämme von *Clostridium*, manche Stämme von *Corynebacterium diphtheriae*, manche Stämme von *Brucella suis*, *Proteus morganii*, *Acetobacter suboxydans* und verschiedene Hefestämme. Eine Anzahl anderer Mikroorganismen ist anscheinend zur selbständigen Synthese von Pantothensäure befähigt; unter diesen seien genannt: *Escherichia coli*, *Proteus vulgaris*, *Aerobacter aerogenes*, *Pseudomonas aeruginosa* und *Bacillus subtilis*.

Es ist mit Sicherheit anzunehmen, daß alle Mikroorganismen, die für ihr Wachstum Pantothensäure oder ihre Bestandteile benötigen, diese zum Aufbau von CoA verwenden. Dasselbe dürfte auch bei den Tieren der Fall sein. Manche Mikroorganismen, so besonders *Lactobacillus bulgaricus* und *Acetobacter suboxydans*, sind in Gegenwart von Pantothensäure-conjugaten, die vermutlich auf dem Wege zur Biosynthese des CoA liegen, zu besserem Wachstum imstande als bei Anwesenheit von Pantothensäure allein.

Dies deutet darauf hin, daß bei den genannten Organismen derjenige Mechanismus, der die Überführung von Pantothensäure in Pantathein bzw. Pantathein-4'-phosphat bewirkt, nur langsam funktioniert und somit der CoA-Bedarf der Bakterien durch Gaben von Pantothensäure allein nicht optimal gedeckt wird.

c) *Darstellung von CoA und Acetyl-CoA*

Zur Herstellung hochgereinigter Präparationen von CoA kann man nach LIPMANN und Mitarbeitern[5] von der Fermentations-lösung ausgehen, die bei der Neomycin-bildung durch *Streptomyces fradiae* entsteht. Nach zweimaliger Adsorption an Holzkohle und folgender Elution mit alkalischem Aceton wird das Produkt mit Zn-HCl reduziert und mit einem Überschuß von Quecksilber(II)-acetat gefällt. Der Niederschlag wird mit H_2S zersetzt und die Lösung an einer Säule eines sauren Austauscherharzes adsorbiert. Die Säule wäscht man mit 0,2-n HCl; es folgt Elution mit Wasser und Eindampfen der Lösung im Vakuum bei tiefer Temperatur (*freeze drying*). Das erhaltene Produkt enthält etwa 90 bis 93% CoA.

---

[1] N. O. KAPLAN und F. LIPMANN: J. biol. Chem. **174**, 37 (1948).

[2] R. J. WILLIAMS und J. H. TRUESDAIL: J. Amer. chem. Soc. **53**, 4171 (1931); R. J. WILLIAMS, C. M. LYMAN, G. H. GOODYEAR, J. H. TRUESDAIL und D. HOLADAY: Ibid. **55**, 2912 (1933).

[3] D. W. WOOLLEY, H. A. WAISMAN und C. A. ELVEHJEM: Ibid. **61**, 977 (1939); Y. SUBBAROW und L. RANE: Ibid. **61**, 1615 (1939); K. SCHWARZ: Hoppe-Seyler's Z. physiol. Chem. **275**, 232, 245 (1942).

[4] Vgl. z. B. das Übersichtsreferat von E. F. MÖLLER: Fortschr. chem. Forsch. **2**, 146 (1951).

[5] J. D. GREGORY, G. D. NOVELLI und F. LIPMANN: J. Amer. chem. Soc. **74**, 854 (1952).

BEINERT und Mitarbeiter[1] gehen von Bäckerhefe aus; der wesentlichste Reinigungsschritt bei ihrer Methode besteht darin, daß sie das CoA in Gegenwart von Glutathion mit Cu_2O ausfällen. Die so erhaltenen Produkte sind aber nicht so hoch konzentriert wie die Präparation aus der Fermentations-flüssigkeit von *Streptomyces fradiae*.

Eine Anreicherung von Acetyl-CoA, der sog. „aktiven Essigsäure", aus Hefe, die Alkohol oder Acetat oxydiert, gelingt durch Extraktion mit Phenol, Fraktionierung der Bariumsalze und Adsorption an Kohle[2]. WILSON[3] berichtet über eine Herstellung von Acetyl-CoA durch Acetylierung von hochgereinigten CoA-Präparaten mit Hilfe von Thiolacetat und anderen Acetylierungs-mitteln.

d) Die analytische Bestimmung von CoA

Für die analytische Bestimmung von CoA wurde von KAPLAN und LIPMANN[4] ein Test ausgearbeitet, der darauf beruht, daß ein gealterter Extrakt aus Tauben-leber durch Autolyse die Fähigkeit verliert, Sulfanilamid zu acetylieren; diese Wirksamkeit läßt sich aber durch Zugabe von CoA wiederherstellen, wobei die Reaktivierung der CoA-Konzentration über weite Bereiche proportional ist. Eine andere Methode[5] benützt die Tatsache, daß Acetylphosphat in Anwesenheit von Enzym, Arsenat und CoA hydrolysiert wird und dieser Vorgang unter geeigneten Bedingungen ebenfalls der CoA-Konzentration proportional ist („Arsenolyse"). Bei diesem Test wird die Menge nicht zersetzten Acetylphosphats nach verschiedenen Zeitabständen bestimmt.

Eine spektrophotometrische Bestimmungs-methode für CoA beruht auf der Messung der Geschwindigkeit der Reduktion von DPN durch α-Ketoglutarsäure in Anwesenheit eines löslichen Präparats des decarboxylierenden α-Ketoglutarat → DPN-transhydrogenasesystems aus Schweine-herz (S. 629) und einer Succinyl-CoA-acylase (S. 352). Unter entsprechenden Bedingungen ist die Reaktionsgeschwindigkeit proportional der CoA-Konzentration[6].

e) Biosynthese von CoA

Der Weg der Biosynthese von CoA ist nur lückenhaft bekannt. Die Bildung der Pantothensäure erfolgt ohne Zweifel durch Reaktion von Pantoylsäure mit β-Alanin; es konnte gezeigt werden, daß viele Organismen zu dieser Synthese befähigt sind. Nach MAAS und NOVELLI[7] ist für die Biosynthese von Pantothensäure aus β-Alanin und Pantoylsäure ATP erforderlich, die Reaktion erfolgt nach der Gleichung

β-Alanin + Pantoylsäure + ATP → Pantothensäure + AMP + Pyrophosphat.

Die β-Alanin-komponente könnte durch Decarboxylierung von Asparaginsäure entstehen; Fermente, welche diese Reaktion katalysieren, sind bekannt; sie werden als Aspartat-α-decarboxylasen bezeichnet (S. 638). Es scheint aber, daß dies nicht der einzige Bildungsweg von β-Alanin ist; Carnosin oder Anserin könnten ebenfalls als Vorläufer von β-Alanin fungieren und tatsächlich konnte MUELLER[8] zeigen, daß Carnosin bei *Corynebacterium diphtheriae* β-Alanin als Wuchsstoff ersetzen kann, wobei allerdings die zehnfache Konzentration erforderlich ist.

Die Entstehung der Pantoylsäure-komponente der Pantothensäure ist noch wenig geklärt; als wahrscheinliche Vorstufe wird Valin diskutiert.

Es muß angenommen werden, daß der weitere Aufbau von CoA aus Pantothensäure über Pantathein und Pantathein-4'-phosphat erfolgt; der Mechanismus dieser Reaktionen ist aber noch unbekannt. Für die schließliche Kondensation

---

1 H. BEINERT, R. W. VON KORFF, D. E. GREEN, D. A. BUYSKE, R. E. HANDSCHUMACHER, H. HIGGINS und F. M. STRONG: J. Amer. chem. Soc. **74**, 854 (1952); J. biol. Chem. **200**, 385 (1953).

2 F. LYNEN, E. REICHERT und L. RUEFF: Liebig's Ann. Chem. **574**, 1 (1951).

3 I. B. WILSON: J. Amer. chem. Soc. **74**, 3205 (1952).

4 N. O. KAPLAN und F. LIPMANN: J. biol. Chem. **176**, 459 (1948).

5 E. R. STADTMAN, G. D. NOVELLI und F. LIPMANN: Ibid. **191**, 365 (1951).

6 R. W. VON KORFF: Ibid. **200**, 401 (1953).

7 W. K. MAAS und G. D. NOVELLI: Arch. Biochem. Biophys. **43**, 236 (1953).

8 J. H. MUELLER: J. biol. Chem. **123**, 421 (1938).

von Pantathein-4'-phosphat mit einer Adenosin-komponente wird ein Mechanismus diskutiert, der dem Aufbau von DPN und FAD aus ATP und Nicotinamidmononucleotid bzw. FMN analog ist:

$$\text{ATP} + \text{Pantathein-4'-phosphat} \rightarrow \text{dephosphoryliertes CoA} + \text{Pyrophosphat.}$$

Das auf diese Weise entstehende Produkt, das sich vom CoA nur durch das Fehlen eines Phosphatrestes an der 2- oder 3-Stellung der Ribose unterscheidet, könnte durch Phosphat-übertragung von ATP zu CoA umgewandelt werden. Die Kondensationsreaktion würde durch eine Transadenylase bewirkt, die als ATP → Pantatheinphosphat-transadenylase bezeichnet werden könnte[1].

f) *Der biologische Abbau von CoA*

Bereits 1946 wurde beobachtet, daß CoA durch zwei Enzyme, und zwar eine Phosphoesterase aus Darmschleimhaut und ein noch nicht identifiziertes Enzym aus Tauben-leber, inaktiviert wird[2]. Wenn beide Enzyme gemeinsam wirken, werden aus einem CoA-Präparat 85 bis 90% der darin gebunden vorliegenden Pantothensäure freigesetzt. Bei Einwirkung der Phosphoesterase allein werden nur geringe Mengen Pantothensäure frei; trotzdem wird CoA völlig inaktiviert, was daraufhin deutet, daß die Phosphoesterase den an den Ribose-anteil gebundenen Phosphat-rest abspaltet. Das Ferment oder Fermentsystem aus Tauben-leber bewirkt eine teilweise Freisetzung von Pantothensäure und anorganischem Phosphat; in fluorid-haltigem Medium wird diese Spaltung wohl gehemmt, es erfolgt aber trotzdem eine Inaktivierung von CoA. Die Verhältnisse sind bisher noch nicht völlig geklärt; es kann aber angenommen werden, daß das Fermentsystem aus Tauben-leber mehrere Enzyme enthält, von denen dasjenige, welches durch Fluorid gehemmt wird, wahrscheinlich die Pyrophosphat-bindung im CoA hydrolysiert, während ein anderes die Spaltung der peptidartigen Bindung zwischen Thioäthanolamin und der Pantothensäure-komponente bewirkt. Nach Angaben von NOVELLI[3] wird CoA durch die Nucleotid-pyrophosphatase von KORNBERG (S. 346) zu Adenylsäure und Pantathein-4'-phosphat hydrolysiert.

g) *Die Wirkungsweise von CoA*

Die Funktion des CoA ist — den in Kap. 5 gegebenen Definitionen entsprechend — nicht die eines „wahren" Coenzyms, sondern die eines enzymatischen Komplements. CoA ist ein Überträger-substrat bei Transacylierungsreaktionen; es kann sowohl als Akzeptor als auch in seiner acylierten Form als Donator von Acyl-gruppen fungieren. Wie LYNEN[4] in grundlegenden Arbeiten feststellen konnte, erfolgt die Bindung der Acyl-gruppen an der SH-Gruppe des CoA; das Acyl-CoA ist somit als Acylmercaptan zu betrachten.

Die unter Mitwirkung der Transacylasen erfolgenden Reaktionen lassen sich somit allgemein folgendermaßen formulieren:

$$\text{Co}\overline{\text{A}}\text{—SH} + \text{RCOR'} \rightleftharpoons \text{RCO—S—Co}\overline{\text{A}} + \text{R'H},$$

---

[1] Vgl. hierzu: A. KORNBERG: In „Phosphorus Metabolism", herausgegeben von W. D. MCELROY und B. GLASS, Bd. I, S. 392. Baltimore: John Hopkins Press. 1951.

[2] F. LIPMANN und N. O. KAPLAN: Federation Proc 5, 145 (1946); G. D. NOVELLI und F. LIPMANN: J. biol. Chem. 177, 97 (1949).

[3] G. D. NOVELLI: In „Phosphorus Metabolism", herausgegeben von W. D. MCELROY und B. GLASS, Bd. I, S. 414. Baltimore: John Hopkins Press. 1951.

[4] F. LYNEN und E. REICHERT: Angew. Chem. 63, 47 (1951); F. LYNEN, E. REICHERT und L. RUEFF: Liebig's Ann. Chem. 574, 1 (1952).

wobei nach einem Vorschlag von LYNEN das Symbol $Co\overline{A}$ das komplette Molekül CoA weniger die SH-Gruppe repräsentiert.

Die Acylmercaptan-bindung gehört zu den energiereichen Bindungen. Der Energie-inhalt (ΔF_0 der Hydrolyse) wurde von STERN, OCHOA und LYNEN[1] aus der Gleichgewichtslage eines gekoppelten Systems mit 12,4 kcal pro Mol berechnet. Dieser Wert ist dem Energie-inhalt der sog. energiereichen Phosphatbindungen (vgl. S. 157 ff.) sehr ähnlich. Die Acylmercaptane vom Typus des Acetyl-CoA sind aber gegenüber der Aufspaltung durch Wasser weitaus stabiler als die Phosphat-bindungen mit hohem Energie-inhalt.

III. Acetylphosphat → CoA-transacetylasen *(Phosphotransacetylase)*

Schon LIPMANN und TUTTLE[2] konnten beobachten, daß in manchen bakteriellen Extrakten ein schneller Austausch zwischen anorganischem Phosphat und dem in Acetylphosphat gebundenen Phosphat vor sich geht. Nach Untersuchungen von STADTMAN und BARKER[3] wird Acetylphosphat durch Zusatz von Arsenat zu einem derartigen System sofort und komplett gespalten („Arsenolyse"). Diese Beobachtung läßt an Hand von Analogie-schlüssen auf ähnliche Verhältnisse bei der Saccharose → Orthophosphat-transglucosidase (*Saccharosephosphorylase* S. 385) vermuten, daß ein acetyl-übertragendes Enzym für diese Vorgänge verantwortlich ist.

Tatsächlich gelang es STADTMAN, NOVELLI und LIPMANN[4] bald darauf zu zeigen, daß in *Clostridium kluyveri* und anderen Bakterien ein Ferment existiert, welches die Reaktion

$$\underset{\text{Acetylphosphat}}{CH_3C(=O)OPO_3H_2} + Co\overline{A}{-}SH \rightleftharpoons \underset{\text{Acetyl-CoA}}{CH_3CO{-}S{-}Co\overline{A}} + H_3PO_4$$

katalysiert. Es konnte eine Proportionalität der „Arsenolyse" mit der CoA-Konzentration beobachtet werden. Durch Kombination des Enzyms mit einer Acetyl CoA → Arylamin-transacetylase wird der Acetyl-rest des Acetylphosphats auf p-Aminobenzoesäure übertragen.

Die Acetylphosphat → CoA-transacetylase aus *C. kluyveri* konnte durch Ammoniumsulfat-fällung teilweise gereinigt werden.

IV. Pyruvat → CoA-transacetylasen *(Formotransacetylase)*

NEUBERG[5] konnte 1914 beobachten, daß *Escherichia coli* und manche anderen Bakterien in einer anscheinend hydrolytischen Reaktion Brenztraubensäure in Essigsäure und Ameisensäure aufspalten.

$$CH_3COCOOH + H_2O \rightarrow CH_3COOH + HCOOH.$$

Später stellten KALNITSKY und WERKMAN[6] zellfreie Präparate aus *E. coli* her, welche dieselbe Reaktion katalysierten; durch Dialyse wurde das Enzymsystem

[1] J. R. STERN, S. OCHOA und F. LYNEN: Federation Proc. 11, 293 (1952); J. biol. Chem. 198, 313 (1952).
[2] F. LIPMANN und L. C. TUTTLE: J. biol. Chem. 158, 505 (1945).
[3] E. R. STADTMAN und H. A. BARKER: Ibid. 184, 769 (1950).
[4] E. R. STADTMAN, G. D. NOVELLI und F. LIPMANN: Ibid. 191, 365 (1951).
[5] C. NEUBERG: Biochem. Z. 67, 90 (1914).
[6] G. KALNITSKY und C. H. WERKMAN: Arch. Biochem. 2, 113 (1943).

inaktiviert, seine Wirksamkeit konnte aber durch Zugabe von Phosphat-ionen wiederhergestellt werden. Die Reaktion wurde deshalb als „phosphoroklastischer" Vorgang aufgefaßt und wie folgt formuliert:

$$CH_3COCOOH + H_3PO_4 \rightleftharpoons CH_3COOPO_3H_2 + HCOOH.$$

Bei Versuchen mit radioaktivem Kohlenstoff beobachteten UTTER und Mitarbeiter[1], daß zwischen der Ameisensäure und der Carboxyl-gruppe der Brenztraubensäure ein rascher Austausch stattfindet; dies wurde als Anzeichen für die Reversibilität der phosphoroklastischen Reaktion gedeutet. In einer Untersuchung von STRECKER, WOOD und KRAMPITZ[2] konnte wohl der schnelle C-Austausch aus der Ameisensäure bestätigt werden, doch gelang es nicht, einen Austausch der Acetyl-gruppe aus radioaktivem Acetylphosphat festzustellen.

CHANTRENNE und LIPMANN[3] unternahmen es nun vor kurzem, den Mechanismus der Ameisensäure-bildung aus Brenztraubensäure aufzuklären. Sie konnten es wahrscheinlich machen, daß ein spezifisches Enzym imstande ist, die Reaktion

$$\underset{\text{Brenztraubensäure}}{CH_3COCOOH} + \overline{CoA}\text{—}SH \rightleftharpoons \underset{\text{Acetyl-CoA}}{CH_3CO\text{—}S\text{—}\overline{CoA}} + \underset{\text{Ameisensäure}}{HCOOH}$$

reversibel zu katalysieren; der Acetyl-rest von Acetyl-CoA wird dann durch die Acetylphosphat → CoA-transacetylase *(Phosphotransacetylase)* auf Orthophosphat übertragen. Das Enzym, welches für den ersten Teil der „phosphoroklastischen" Reaktion verantwortlich ist, wurde als „Formotransacetylase" bezeichnet; da Brenztraubensäure eindeutig als Acetyl-donator und CoA als Akzeptor fungieren, entspricht der Name Pyruvat → CoA-transacetylase der hier angewandten Nomenklatur.

V. Acetyl-CoA → Cholin-transacetylasen *(Cholinacetylase)*[4]

Nachdem bereits früher beobachtet wurde, daß Gewebe-schnitte und Gewebebrei aus Hirn unter bestimmten Bedingungen zur Synthese des Acetylcholins befähigt sind[5, 6], gelang es NACHMANSOHN und MACHADO[7], aus Hirn-homogenaten ein Enzymsystem in Lösung zu bringen, welches in Anwesenheit von ATP auch unter anaeroben Bedingungen die Synthese von Acetylcholin bewirkte. Später konnten NACHMANSOHN und BERMAN[8] und fast gleichzeitig auch LIPTON und BARRON[9] zeigen, daß für die Wirksamkeit des Cholinacetylase-systems die Anwesenheit eines Cofaktors erforderlich ist; dieser wurde als CoA erkannt. LIPTON und BARRON[9] hielten es schon damals für wahrscheinlich, daß die Acetylcholinsynthese in zumindest zwei Schritten erfolgt; der erste sei die Bildung „aktiver Essigsäure" und der zweite die Acetylierung des Cholins.

---

[1] M. F. UTTER, F. LIPMANN und C. H. WERKMAN: J. biol. Chem. **158**, 521 (1945).
[2] H. J. STRECKER, H. G. WOOD und L. O. KRAMPITZ: Ibid. **182**, 525 (1950).
[3] H. CHANTRENNE und F. LIPMANN: Ibid. **187**, 757 (1950).
[4] Übersichtsreferat: D. NACHMANSOHN und I. B. WILSON: Adv. Enzymology **12**, 259 (1951).
[5] J. H. QUASTEL, M. TENNENBAUM und A. H. M. WHEATLEY: Biochem. J. **30**, 1668 (1936); P. J. G. MANN, M. TENNENBAUM und J. H. QUASTEL: Ibid. **32**, 243 (1938).
[6] E. STEDMAN und E. STEDMAN: Ibid. **31**, 817 (1937); **33**, 822 (1939).
[7] D. NACHMANSOHN und A. L. MACHADO: J. Neurophysiol. **6**, 397 (1943).
[8] D. NACHMANSOHN und M. BERMAN: J. biol. Chem. **165**, 551 (1946).
[9] M. A. LIPTON und E. S. G. BARRON: Ibid. **166**, 367 (1946).

Die Trennung dieser beiden Teilprozesse gelang PERSKY und BARRON[1]; es konnte gezeigt werden, daß ein spezifisches Ferment die Reaktion

$$\underset{\text{Acetyl-CoA}}{CH_3CO{-}S{-}Co\bar{A}} + \underset{\text{Cholin}}{HOCH_2CH_2N(CH_3)_3OH} \rightarrow Co\bar{A}{-}SH + $$
$$+ \underset{\text{Acetylcholin}}{CH_3COOCH_2CH_2N(CH_3)_3OH}$$

katalysiert; dieses kann demnach als Acetyl-CoA → Cholin-transacetylase bezeichnet werden.

Fermente dieser Spezifität finden sich im Hirn, in den peripheren Nerven, im Muskel und in der Placenta der meisten Säugetiere; ebenso konnten Vorkommen im elektrischen Organ von *Electrophorus electricus*, in verschiedenen Invertebraten sowie in *Lactobacillus plantarum* nachgewiesen werden.

Die Spezifität der Enzyme ist ziemlich streng; N-Dimethyläthanolamin und N-Methyläthanolamin werden weitaus langsamer acetyliert als Cholin; andrerseits werden zwar Propionyl-reste, aber Butyryl-reste auf Cholin übertragen[2]. Die Transacetylasewirkung wird durch SH-Reagentien gehemmt[1].

Die biologische Bedeutung des Acetylcholins wurde bereits an anderer Stelle behandelt (S. 178 ff.); die Wichtigkeit des Enzymsystems, das für die Synthese dieser Substanz verantwortlich ist, ergibt sich aus dem dort Gesagten.

VI. Kondensierende Acetyl-CoA → Oxalacetat-transacetylasen
(„condensing enzyme")

Die Synthese der Citronensäure im Ablauf des sog. Citronensäure-zyklus stellte lange Jahre ein ungelöstes Problem dar. Der erste Hinweis darauf, daß an dieser Reaktion CoA beteiligt ist, entstammt der Beobachtung von NOVELLI und LIPMANN[3], daß Hefe, die auf einem Pantothensäure-armen Nährboden gewachsen war, Acetat weitaus schlechter oxydativ abbaute als normale Hefe. Der Acetat-abbau in Hefe verläuft über den Citronensäure-zyklus.

Kurz darauf konnten STERN und OCHOA[4] ein lösliches Enzympräparat aus Tauben-leber darstellen, welches in Anwesenheit von ATP und CoA imstande ist, Citrat aus Oxalacetat und Acetat zu synthetisieren. An diesem Vorgang sind zwei verschiedene Enzyme beteiligt; ein Ferment, das für die Bildung des Acetyl-CoA („aktiven Acetats") verantwortlich ist, und ein zweites, das die Kondensation zwischen Acetyl-CoA und Oxalacetat katalysiert. Es gelang, die beiden Enzyme voneinander zu trennen und ihre Wirkung eindeutig festzulegen. Bei dem Enzym, welches Citronensäure synthetisiert, handelt es sich um eine kondensierende Transacetylase, die reversibel die Reaktion

$$\underset{\text{Oxalessigsäure}}{\begin{array}{l}COOH\\|\\C{=}O\\|\\CH_2\\|\\COOH\end{array}} + \underset{\text{Acetyl-CoA}}{CH_3CO{-}S{-}Co\bar{A}} + H_2O \rightleftharpoons \underset{\text{Citronensäure}}{\begin{array}{l}\quad\;\; COOH\\\quad\;\;|\\HO{-}C{-}CH_2{-}COOH\\\quad\;\;|\\\quad\;\; CH_2\\\quad\;\;|\\\quad\;\; COOH\end{array}} + Co\bar{A}{-}SH$$

[1] H. PERSKY und E. S. G. BARRON: Biochim. biophys. Acta **5**, 66 (1950).
[2] S. R. KOREY, B. DE BRAGANZA und D. NACHMANSOHN: J. biol. Chem. **189**, 705 (1951); R. BERMAN, I. B. WILSON und D. NACHMANSOHN: Biochim. biophys. Acta **12**, 315 (1953).
[3] G. D. NOVELLI und F. LIPMANN: J. biol. Chem. **171**, 833 (1947).
[4] J. R. STERN und S. OCHOA: Ibid. **179**, 491 (1949); **191**, 161 (1951).

katalysiert. Das Gleichgewicht liegt ziemlich weit auf der Seite der Citratsynthese.

Fermente dieser Spezifität konnten in allen tierischen Geweben, weiters in der Hefe und in vielen Bakterien nachgewiesen werden.

Es gelang auch, ein Enzym dieses Typus aus Schweine-herz kristallin zu erhalten; es fällt aus 50%iger Ammoniumsulfat-lösung in zarten Nadeln aus[1].

Die Messung der Aktivität des „*condensing enzyme*" erfolgt durch Bestimmung der Citronensäure, die nach Zusatz des Enzyms in einem Reaktions-gemisch, das Acetat, Oxalacetat, CoA, ATP und Acetylphosphat → CoA-transacetylase (*Phosphotransacetylase*) aus Bakterien enthält, gebildet wird.

Der Vorgang, welcher durch die kondensierende Acetyl-CoA → Oxalacetat-transacetylase katalysiert wird, stellt den zweiten Teilschritt des aeroben Kohlehydrat-abbaus vermittels des sog. Citronensäure-zyklus dar (vgl. S. 708 ff); seine biologische Bedeutung ist offenbar, da ein sehr großer Teil aller Lebewesen einen wesentlichen Anteil seines Energie-bedarfes über die Abbau-prozesse des Citronensäure-zyklus deckt.

VII. Acetyl-CoA → D-Glucosamin-transacetylase

Chou und Soodak[2] konnten vor kurzem ein Enzym aus Tauben-leber isolieren, welches die Acetylierung von D-Glucosamin auf Kosten von Acetyl-CoA katalysiert; das Ferment dürfte nicht mit der Acetyl-CoA → Arylamin-transacetylase identisch sein. Außer Glucosamin wird auch Chondrosamin acetyliert.

Der Mechanismus der Enzymwirkung wird durch die Gleichung

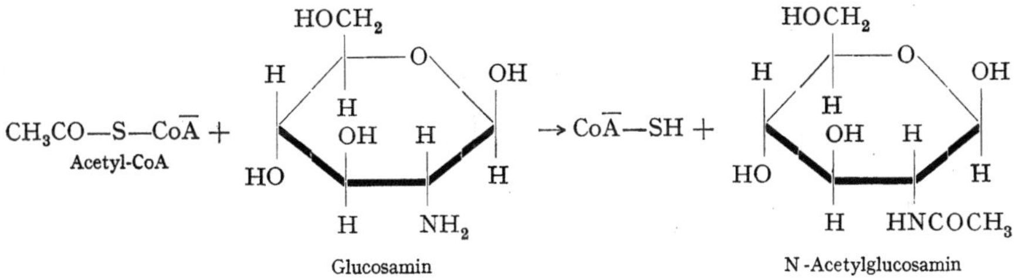

$$CH_3CO{-}S{-}Co\bar{A} + \text{Glucosamin} \rightarrow Co\bar{A}{-}SH + \text{N-Acetylglucosamin}$$

Acetyl-CoA (HOCH$_2$, H, OH, H, OH, H, HO, H, H, NH$_2$) Glucosamin; (HOCH$_2$, H, OH, H, OH, H, HO, H, H, HNCOCH$_3$) N-Acetylglucosamin

wiedergegeben.

Es könnte sein, daß die acetylierten Aminozucker als Bausteine für die Biosynthese verschiedener Mucopolysaccharide fungieren.

VIII. Acetyl-CoA → Arylamin-transacetylasen

Bald nach Einführung des Sulfanilamids in die Therapie wurde beobachtet, daß diese Substanz im Körper acetyliert wird. Klein und Harris[3] konnten zeigen, daß Leberschnitte von Kaninchen zur Acetylierung von Sulfanilamid befähigt sind und daß dieser Vorgang mit der Atmung gekoppelt ist; Versuche, die Reaktion auch in Homogenaten zu reproduzieren, scheiterten jedoch. Später fand Lipmann[4], daß Homogenate aus Tauben-leber unter aeroben Bedingungen Sulfanilamid, aber auch *p*-Aminobenzoesäure, Sulfathiazol und Sulfadiazin acetylieren. Dieselben Reaktionen konnten auch unter anaeroben Bedingungen beobachtet werden, wenn dem Enzym-ansatz ATP zugesetzt wurde.

---

[1] S. Ochoa, J. R. Stern und M. C. Schneider: J. biol. Chem. **193**, 691 (1951).
[2] T. C. Chou und M. Soodak: Ibid. **196**, 105 (1952).
[3] J. R. Klein und J. S. Harris: Ibid. **124**, 613 (1938).
[4] F. Lipmann: Ibid. **160**, 173 (1945).

Es gelang kürzlich, das für die Acetylierung von Arylaminen verantwortliche Enzym aus Taubenleber zu isolieren[1]. Seine Wirkung läßt sich durch die Gleichung

Acetyl—CoA + Arylamin → Acetyl-arylamin + CoA

beschreiben. Penicillin hemmt die Acetylierungs-reaktion.

Die biologische Bedeutung der Arylamin-acetylierung ist noch nicht klar; vielleicht handelt es sich um einen Mechanismus zur Entgiftung dieser Amine.

IX. Acetyl-CoA → aliphatische Amin-transacetylase

BARKER und Mitarbeiter[2] berichteten vor kurzem, daß in *Clostridium kluyveri* ein Enzymsystem vorliegt, das die Übertragung der Acetyl-reste von Acetylphosphat auf verschiedene aliphatische Amine und Aminosäuren katalysiert. Das System ist CoA-abhängig und besteht vermutlich aus einer Acetylphosphat → → CoA-transacetylase *(Phosphotransacetylase)* und einer Acetyl-CoA → aliphatische Amin-transacetylase. Cyanid aktiviert die Reaktion.

X. Benzoyl-CoA → Glykokoll-transbenzoylasen (Hippursäure synthetisierendes Enzym)

Nach Untersuchungen von BORSOOK und DUBNOFF[3] sowie COHEN und McGILVERY[4] können Gewebeschnitte aus Leber unter aeroben Bedingungen oder in Anwesenheit von ATP die Synthese von *p*-Aminohippursäure aus *p*-Aminobenzoesäure und Glykokoll oder auch die Synthese von Hippursäure aus Benzoesäure und Glykokoll bewirken.

CHANTRENNE[5] zeigte kürzlich, daß in Leber-homogenaten die Bildung der Hippursäure aus den genannten Komponenten nur dann vor sich geht, wenn CoA zugegen ist. Benzoylphosphat erwies sich bei den Versuchen als ungeeignet, Glykokoll zu benzoylieren.

Die Ergebnisse von CHANTRENNE können wohl in dem Sinn gedeutet werden, daß Benzoyl-CoA als Benzoyl-donator fungiert und ein spezifisches Enzym die Reaktion

$$\underset{\text{Benzoyl-CoA}}{C_6H_5CO{-}S{-}Co\overline{A}} + \underset{\text{Glykokoll}}{H_2NCH_2COOH} \rightarrow \underset{\text{Hippursäure}}{C_6H_5COHNCH_2COOH} + Co\overline{A}{-}SH$$

katalysiert. Eine Bestätigung dieser Auffassung wurde kürzlich dadurch erbracht, daß man synthetisches Benzoyl-CoA mit Glykokoll in Homogenaten aus Schweinenieren reagieren ließ, wobei tatsächlich Hippursäure entstand[6].

XI. β-Ketoacyl-CoA → CoA-transacylasen (*β-Ketothiolase, Acetoacetat-kondensierendes Enzym*)

Bei eingehenden Untersuchungen über den Stoffwechsel der Fettsäuren gelang es vor kurzem, einen Enzymtypus zu charakterisieren, der bei diesen Vorgängen eine wesentliche Rolle spielt[7]. Es handelt sich um Fermente, welche die Reaktion

---

[1] T. C. CHOU und F. LIPMANN: J. biol. Chem. **196**, 89 (1952).

[2] E. R. STADTMAN, J. KATZ und H. A. BARKER: Ibid. **195**, 779 (1952); J. KATZ, I. LIEBERMAN und H. A. BARKER: Ibid. **200**, 417 (1953).

[3] H. BORSOOK und J. W. DUBNOFF: Ibid. **132**, 307 (1940); **168**, 397 (1947).

[4] P. P. COHEN und R. W. McGILVERY: Ibid. **166**, 261 (1946); **169**, 119 (1947); **171**, 121 (1947); R. W. McGILVERY und P. P. COHEN: Ibid. **183**, 179 (1950).

[5] H. CHANTRENNE: Ibid. **189**, 227 (1951); vgl. auch F. LIPMANN: In „Symposium sur le Cycle tricarboxylique", 2e Congr. internat. Biochimie, S. 55. Paris 1952.

[6] D. SCHACHTER und J. V. TAGGART: J. biol. Chem. **203**, 925 (1953).

[7] F. LYNEN, L. WESSELY, O. WIELAND und L. RUEFF: Angew. Chem. **64**, 687 (1952); J. R. STERN, M. J. COON und A. DEL CAMPILLO: J. Amer. chem. Soc. **75**, 1517 (1953).

$$RCOCH_2CO—S—Co\overline{A} + Co\overline{A}—SH \rightleftarrows RCO—S—Co\overline{A} + CH_3CO—S—Co\overline{A}$$

β-Ketoacyl-CoA Acyl-CoA Acetyl-CoA

reversibel katalysieren. Bei der Spaltung von Acetoacetyl-CoA entstehen somit zwei Moleküle Acetyl-CoA, während in der umgekehrten Reaktion aus zwei Molekülen Acetyl-CoA unter Freisetzung eines Moleküls CoA ein Molekül Acetoacetyl-CoA gebildet werden kann. β-Ketocaproyl-CoA wird zu Butyryl-CoA und Acetyl-CoA gespalten.

Das Gleichgewicht dieser Reaktionen liegt weit auf Seite der Spaltung; als ungefähre Werte für die Konstante

$$K = \frac{[\text{Acetyl-CoA}]^2}{[\text{Acetoacetyl-CoA}]}$$

werden $5 \cdot 10^4$ für p_H 8,1 und $1 \cdot 10^4$ für p_H 9,0 angegeben.

Es muß als sicher angenommen werden, daß das Enzym aus Hühner-leber, welches nach Stadtman und Mitarbeitern[1] aus zwei Molekülen Acetyl-CoA ein Molekül Acetessigsäure synthetisiert, zu diesem Enzymtypus gehört. Ebenso ist es sehr wahrscheinlich, daß die sog. *Citrogenase*-präparationen aus tierischen Geweben, welche die Bildung von Citronensäure aus Oxalessigsäure und Acetessigsäure katalysieren[2], neben einem Acyl-aktivierenden Enzym (S. 376) und einer kondensierenden Acetyl-CoA → Oxalacetat-transacetylase (*"condensing enzyme"*) (S. 372) auch ein Ferment dieses Typus enthalten. Der Wirkungsmechanismus des *Citrogenase*-systems läßt sich jedenfalls auf diese Weise gut erklären.

Bisher wurde das Vorkommen von β-Ketoacyl → CoA-transacylasen nur in wenigen tierischen Geweben nachgewiesen. Der zentralen Bedeutung dieses Fermenttypus für den Fettsäure-stoffwechsel entsprechend kann aber eine viel weitere Verbreitung angenommen werden.

Bei der Reinigung von Enzymen dieses Typus ergab es sich, daß es in den Geweben mehrere Enzyme der geschilderten Wirkungsweise geben muß, da ein gereinigtes Ferment aus Herz nur die Spaltung von Acetoacetyl-CoA und β-Ketovaleryl-CoA katalysiert, während die CoA-Derivate höherer β-Ketofettsäuren nur von ungereinigten Präparaten angegriffen werden[3]. Eine Präparation aus Rinder-leber ist hingegen imstande, alle entsprechenden CoA-Derivate einer Kettenlänge von C_4 bis zumindest C_{12} zu spalten[4].

β-Ketoacyl-CoA → CoA-transacylasen werden durch SH-Reagenzien, wie z. B. Jodessigsäure oder Arsenoxyd, in ihrer Wirksamkeit gehemmt. Lynen und Ochoa[5] halten es deshalb für wahrscheinlich, daß im Enzymprotein SH-Gruppen Bestandteile des aktiven Zentrums sind und postulieren die folgende Wirkungsweise:

a) $RCH_2COCH_2CO—S—Co\overline{A} + \text{HS-Enzym} \rightleftarrows RCH_2CO—\text{S-Enzym} + CH_3CO—S—Co\overline{A}$

b) $RCH_2CO—\text{S-Enzym} + HS—Co\overline{A} \rightleftarrows RCH_2CO—S—Co\overline{A} + \text{HS-Enzym}$

Dieser Mechanismus wird durch die Beobachtung gestützt, daß in Anwesenheit einer gereinigten Präparation eines derartigen Enzyms aus Schweine-herz aus Propionyl-S-CoA und CoA-^{35}SH radioaktives Propionyl-CoA entsteht, was sich nur durch eine Reaktion

$$\text{Propionyl-S-Co}\overline{A} + \text{HS-Enzym} \rightleftarrows \text{Propionyl-S-Enzym} + HS—Co\overline{A}$$

erklären läßt. Diese Vorstellungen machen auch verständlich, warum bei der Oxydation von radioaktiv markierten Fettsäuren die Isotopen-verteilung in Acetessigsäure nicht gleichmäßig ist.

---

1 E. R. Stadtman, M. Doudoroff und F. Lipmann: J. biol. Chem. **191**, 377 (1953).

2 F. L. Breusch: Biochem. J. **33**, 1157 (1939); Science **97**, 490 (1943); Enzymologia **11**, 169 (1944); H. Wieland und L. Rueff: Liebig's Ann. Chem. **554**, 241 (1943).

3 S. Ochoa, J. Harting und M. C. Schneider: zitiert nach F. Lynen und S. Ochoa[5].

4 H. Beinert, R. M. Bock, D. S. Goldman, D. E. Green, H. R. Mahler, S. Mii, P. G. Stansly und S. J. Wakil: J. Amer. chem. Soc. **75**, 4111 (1953).

5 F. Lynen und S. Ochoa: Biochim. biophys. Acta **12**, 299 (1953).

XII. Stearyl-CoA → L-α-Glycerophosphat-transstearylase

Vor kurzem berichteten KORNBERG und PRICER[1], daß eine Enzympräparation aus Ratten-leber die Bildung phosphor-haltiger Lipoide aus Fettsäuren (C_{12} bis C_{18}) und L-α-Glycerophosphat bewirkt, wenn CoA und ATP zugegen sind.

Auf Grund einer eingehenden Untersuchung dieses Vorganges postulieren die Autoren die folgende Reaktionsreihe:

1. Stearat + CoA $\xrightarrow{\text{ATP}}$ Stearyl-CoA;
2. Stearyl-CoA + α-Glycerophosphat → Monostearylphosphatidsäure + CoA
3. Monostearylphosphatidsäure + Stearyl-CoA → Distearylphosphatidsäure + + CoA.

Reaktion (1) wird durch ein Acyl-aktivierendes Enzym oder Enzymsystem bewirkt; dabei wird aus ATP Pyrophosphat freigesetzt, während AMP übrigbleibt.

Die Reaktionen (2) und (3) der Reaktionskette scheinen durch eine spezifische Transacylase katalysiert zu werden, für welche der Name Stearyl-CoA → α-Glycerophosphat-transstearylase gerechtfertigt ist. Nach den Daten von KORNBERG und PRICER[1] läßt sich über die Spezifität des Ferments aussagen, daß es Acyl-reste der Fettsäuren C_{12} bis C_{18} einschließlich der Ölsäure und der Linolsäure von CoA auf L-α-Glycerophosphat und auch auf Monoacylphosphatidsäuren überträgt.

Fermente dieses Typus dürften eine entscheidende Rolle bei der Synthese der Phospholipoide Lecithin und Kephalin sowie wahrscheinlich auch der Fette innehaben; die zitierten Autoren konnten auch mitteilen, daß sie die enzymatisch katalysierte Einverleibung von Phosphorylcholin in eine Phospholipoid-fraktion beobachtet haben.

XIII. Acyl-aktivierende Enzyme

Bei Untersuchungen über den Stoffwechsel der Fettsäuren wurde in den letzten Jahren erkannt, daß diese Substanzen nur dann Stoffwechsel-vorgängen wie z. B. einer Oxydation unterliegen, wenn sie in einer „aktiven" Form vorliegen, und daß zur Bildung dieser Form energiereich gebundenes Phosphat verbraucht wird. Die Entdeckung, daß „aktive" Essigsäure mit Acetyl-CoA identisch ist, ließ vermuten, daß auch die Aktivierung der anderen Fettsäuren durch Bindung des Acyl-restes an CoA erfolgt. Tatsächlich konnten auch Enzyme (oder Enzymsysteme) gefunden werden, welche die Entstehung von Acyl-CoA aus den Fettsäuren und CoA unter Verbrauch von ATP katalysieren.

Der erst-entdeckte Enzymtypus, welcher eine derartige Reaktion katalysieren kann, bewirkt in Anwesenheit von Mg^{++} die Aktivierung von Essigsäure nach der Gleichung

$$CH_3COOH + HS{-}\overline{CoA} + ATP \rightleftarrows CH_3\overset{\overset{\displaystyle O}{\|}}{C}{-}S{-}\overline{CoA} + AMP + \text{Pyrophosphat}^2.$$

Außer Essigsäure kann auch Propionsäure in gleicher Weise aktiviert werden. Fermente dieser Wirkungsweise konnten bisher in der Leber, in verschiedenen

---

[1] A. KORNBERG und W. A. PRICER, Jr.: J. Amer. chem. Soc. **74**, 1617 (1952); Federation Proc. **11**, 242 (1952); J. biol. Chem. **204**, 329, 345 (1953).

[2] T. C. CHOU und F. LIPMANN: Ibid. **196**, 89 (1952); F. LIPMANN, M. E. JONES, S. BLACK und R. S. FLYNN: J. Amer. chem. Soc. **74**, 2384 (1952); D. E. GREEN: Science **115**, 661 (1952); M. P. HELE: Federation Proc. **12**, 216 (1953).

anderen tierischen Geweben und in der Hefe nachgewiesen werden. K^+, NH_4^+ und Rb^+ aktivieren die Reaktion, während Na^+ und Cs^+ hemmend wirken[1].

Nach neuesten Untersuchungen[2] dürfte die Bruttoreaktion in drei Stufen verlaufen:

a) ATP + Enzym $\rightleftharpoons$ AMP-Enzym + Pyrophosphat;

b) AMP-Enzym + CoA $\rightleftharpoons$ CoA-Enzym + AMP;

c) CoA-Enzym + Essigsäure $\rightleftharpoons$ Acetyl-CoA + Enzym.

Für das Stattfinden von Reaktion a spricht die Beobachtung, daß isotop markiertes Pyrophosphat in Gegenwart des Enzyms in ATP aufgenommen wird, wenn Mg^{++} anwesend ist. Reaktion c wird durch die Tatsache wahrscheinlich gemacht, daß in Gegenwart des Enzyms isotop markierte Essigsäure mit dem Acetyl-rest von Acetyl-CoA ausgetauscht wird.

WAKIL und MAHLER[3] konnten kürzlich aus Rinder-leber ein Enzym isolieren, das in analoger Weise die Aktivierung von C_4- bis C_{12}-Fettsäuren sowie α,β-ungesättigter Säuren wie Crotonsäure oder β-Oxysäuren wie Äpfelsäure bewirkt. Der Reaktionsmechanismus dürfte vermutlich der gleiche sein wie bei der Essigsäure-aktivierung.

Schließlich fanden KORNBERG und PRICER[4] ebenfalls in Leber Enzyme, die höhere Fettsäuren — wahrscheinlich C_{14} bis C_{18} — in gleicher Weise aktivieren. Aus Stearinsäure, CoA und ATP entstehen Stearyl-CoA, AMP und Pyrophosphat.

29. Transglykosylasen[5]

I. Allgemeines

Unter Transglykosylasen verstehen wir Fermente, deren Wirkung die Übertragung von Kohlehydrat-resten von einem Donator auf einen Akzeptor ist. Die Enzyme dieser Klasse sind erst seit verhältnismäßig kurzer Zeit bekannt; ein Teil wurde früher unter dem Namen Phosphorylasen als besondere Klasse zusammengefaßt und erst die Erkenntnis, daß es sich bei der Phosphorylasewirkung ebenso wie bei den Effekten der anderen Transglykosylasen um eine Übertragung von Glykosyl-resten handelt, wobei nur die Akzeptoren verschieden sind, erlaubte die gemeinsame Klassifizierung.

Ursprünglich formulierte man die Wirkung der „Phosphorylasen" in Analogie zu derjenigen der Hydrolasen

$$R\text{—}R' + H_3PO_4 \rightleftharpoons R\text{—}OPO_3H_2 + R'H.$$

---

[1] R. W. VON KORFF: J. biol. Chem. **203**, 265 (1953).

[2] M. E. JONES, F. LIPMANN, H. HILZ und F. LYNEN: J. Amer. chem. Soc. **75**, 3285 (1953).

[3] S. WAKIL und H. R. MAHLER: Federation Proc. **12**, 285 (1953); vgl. auch A. L. LEHNINGER und G. D. GREVILLE: J. Amer. chem. Soc. **75**, 1515 (1953); J. R. STERN und A. DEL CAMPILLO: Ibid. **75**, 2277 (1953).

[4] A. KORNBERG und W. E. PRICER, Jr.: Ibid. **74**, 1617 (1952); J. biol. Chem. **204**, 329 (1953).

[5] Handbuchartikel und Übersichtsreferate über das gesamte Gebiet oder über Teilprobleme: E. J. HEHRE: Adv. Enzymology **11**, 297 (1951); S. PEAT: Ibid. **11**, 339 (1951); P. BERNFELD: Ibid. **12**, 379 (1951); W. Z. HASSID und M. DOUDOROFF: Ibid. **10**, 123 (1950); Fortschr. organ. Naturstoffe **5**, 101 (1948); K. MYRBÄCK und G. NEUMÜLLER: Ergebn. Enzymforsch. **12**, 1 (1951); W. Z. HASSID, M. DOUDOROFF und H. A. BARKER: In „The Enzymes", herausgegeben von J. B. SUMNER und K. MYRBÄCK, Bd. I/2, S. 1014. New York: Academic Press. 1951; H. A. BARKER und W. Z. HASSID: In „Bacterial Physiology", herausgegeben von C. H. WERKMAN und P. W. WILSON, S. 548. New York: Academic Press. 1951.

Hierbei kommt die übertragende Wirkung der Fermente in keiner Weise zur Geltung; eine allgemeine Formulierung

$$\text{R-Glykosyl} + \text{R}'\text{—H} \rightleftarrows \text{R}'\text{—Glykosyl} + \text{R—H},$$

wobei R Phosphat, aber auch ein Kohlehydrat-rest sein kann, gibt die spezifischen Effekte der Fermente, die Übertragung von Kohlehydrat-resten, weitaus besser wieder und erlaubt auch die Einreihung derjenigen Enzyme, bei welchen Phosphat nicht als Akzeptor fungieren kann, in diese Klasse.

Immerhin scheinen die Wirkungsmechanismen bei den einzelnen Fermenttypen dieser Klasse nicht identisch zu sein. So erfolgt in Anwesenheit einer Saccharose → Orthophosphat-transglucosidase *(Saccharose-phosphorylase)*, wenn in der Reaktionsmischung keine Fructose vorhanden ist, ein Austausch zwischen dem Phosphat-rest von Glucose-1-phosphat und anorganischem Phosphat. DOUDOROFF und Mitarbeiter[1] erklären dieses Phänomen dadurch, daß der Glucose-rest bei der Reaktion primär auf das Enzym übertragen wird:

$$\text{Glucose-1-phosphat} + \text{Enzym} \rightleftarrows \text{Enzym-Glucose} + \text{Orthophosphat}.$$

Wenn Fructose zugegen ist, erfolgt dann als zweiter Schritt die Übertragung des Glucoserestes vom Enzym auf Fructose nach der Gleichung

$$\text{Glucose-Enzym} + \text{Fructose} \rightleftarrows \text{Saccharose} + \text{Enzym}.$$

Eine Bestätigung dieser Vorstellungen konnte dadurch erhalten werden, daß man Glucose-1-phosphat, Enzym und Arsenat reagieren ließ. In Abwesenheit von Fructose entstand freie Glucose, die als Produkt einer spontanen Zersetzung von primär gebildetem Glucose-1-phosphat aufzufassen ist[2].

Nach Untersuchungen von COHN und CORI[3] verhalten sich die Fermente vom Typus der Glucose-1-phosphat → Amylose-transglucosidasen *(Phosphorylase)* anders. In der Anwesenheit derartiger Fermente erfolgt kein Austausch zwischen Glucose-1-phosphat und anorganischem Phosphat, wenn kein Akzeptor-substrat, d. h. kein Polysaccharid zugegen ist. Ebenso findet unter den gleichen Bedingungen bei Zusatz von Arsenat keine Freisetzung von Glucose statt.

Eine Deutung dieser Verhältnisse stößt auf große Schwierigkeiten; die Befunde von COHN und CORI schließen die Vorstellung, daß primär ein Komplex Glucose-Enzym gebildet wird, völlig aus. Man ginge aber zu weit, wenn man auf Grund dieser Verhältnisse die Klassifikation der Glucose-1-phosphat → Amylose-transphosphatasen *(Phosphorylase)* als Transglykosylasen ablehnen würde, denn es unterliegt keinem Zweifel, daß die von den Vertretern des zuletzt besprochenen Fermenttypus katalysierte Reaktion ebenso eine Übertragung von Glykosid-resten ist wie diejenigen Vorgänge, welche von den anderen Fermenten der Klasse der Transglykosylasen bewirkt werden.

Obgleich die Enzyme, die hier als Transglykosylasen zusammengefaßt werden, erst seit wenigen Jahren bekannt sind, wissen wir bereits heute, daß es sich um Wirkstoffe von ganz besonderer Bedeutung handelt. So kommt die Synthese verschiedener tierischer, pflanzlicher und bakterieller Reserve-kohlehydrate — Glykogen, Stärke, Dextran und Lävan — durch die Wirkung von Transglykosylasen zustande; für die Bildung der Amylose-kette sind sogar schon drei derartige Mechanismen bekannt geworden, die Synthese des Dextrans kann auf zwei verschiedene Arten bewerkstelligt werden. Ebenso gibt es Transglykosylasen, welche zur Synthese von Saccharose befähigt sind, und zwar scheinen zwei völlig verschiedene Typen zu existieren, von welchen der eine in Bakterien und der andere in Pflanzen vorkommt. Schließlich kennen wir auch Fermente, die den Auf- und Abbau von Nucleosiden durch Transglykosylierung katalysieren und vermutlich im Nucleinsäure-stoffwechsel eine wesentliche Rolle spielen.

In allerletzter Zeit sind einige Enzymtypen entdeckt worden, denen mit größter Wahrscheinlichkeit wesentliche Funktionen beim Aufbau verschiedener Oligo- und Polysaccharide zugeschrieben werden können. Es handelt sich hier

---

1 M. DOUDOROFF, H. A. BARKER und W. Z. HASSID: J. biol. Chem. **168**, 725 (1947).

2 M. DOUDOROFF, H. A. BARKER und W. Z. HASSID: Ibid. **170**, 147 (1947).

3 M. COHN und G. T. CORI: Ibid. **175**, 89 (1948).

um Fermente, welche die Übertragung von Glykosyl-resten von Glykosiden des Uridindiphosphats (UDP) auf entsprechende Akzeptoren bewirken. Als Beispiel seien die UDP-Glucose → Fructose-transglucosidasen genannt, von denen angenommen werden kann, daß sie die Rohrzucker-synthese in den Pflanzen katalysieren (vgl. S. 388).

In unserer Darstellung sind die drei verschiedenen Fermenttypen dieser Art, deren Existenz bisher wahrscheinlich gemacht werden konnte, beschrieben. Unter Berücksichtigung der Tatsache, daß bereits einige andere UDP-Glykoside aus biologischen Materialien isoliert werden konnten[1,2], ist zu erwarten, daß auch noch andere fermentativ katalysierte Mechanismen analoger Art in Bälde aufgefunden werden.

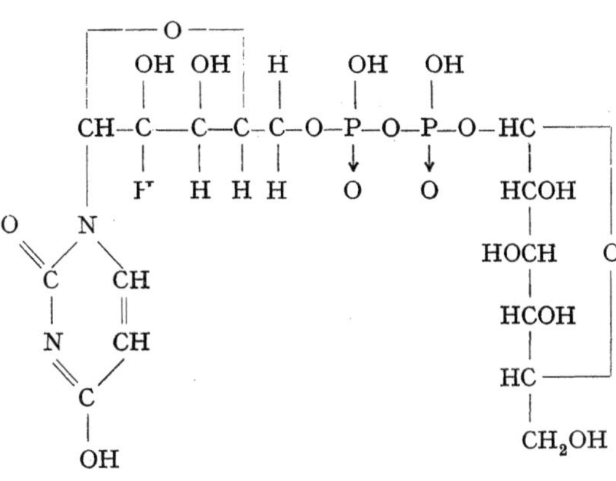

Uridindiphosphat-glucose (UDP-Glucose)

Die von den Transglykosylasen katalysierten Reaktionen gehen im allgemeinen unter vergleichsweise geringen Änderungen des thermodynamischen Potentials vor sich und sind deshalb frei reversibel, wohingegen die Gleichgewichte analoger durch hydrolysierende Fermente katalysierter Vorgänge unter biologischen Bedingungen fast durchwegs weit auf Seite der Spaltung liegen. Hierin besteht vermutlich die große Bedeutung der Transglykosylasen für die Lebensvorgänge; der Organismus bedient sich dieser Enzyme, um Reserve-stoffe schnell und mit möglichst geringen Verlusten an freier Energie auf- und abbauen zu können, d. h. bei reichlichem Angebot kann das Monomere leicht in das als Reserve-stoff dienende Polymere überführt werden, um bei Bedarf bald wieder in verwertbarer Form dem Organismus für den Stoffwechsel zur Verfügung zu stehen.

Es mag noch darauf hingewiesen werden, daß die hier besprochenen Enzyme, welche zur Synthese von Polysacchariden imstande sind, diese Reaktion fast durchwegs nach einem bestimmten Typus katalysieren. Die Polymerisation der Monomeren — Monosaccharide — zu den Polymeren — Polysacchariden — kann als eine Summe von Einzelschritten, von denen jeder enzymatisch katalysiert wird, aufgefaßt werden. An ein Grundmolekül mit einer geeigneten Endgruppierung wird in jedem Einzelschritt ein Monomeres addiert, wobei immer wieder die Endgruppierung reproduziert wird. Diese Art der Polymerisation unterscheidet sich von den bisher bekannten Typen der Polymerisations-reaktionen, der Additions-polymerisation (Kettenreaktion) und der Kondensations-polymerisation, wie sie von CAROTHERS[3] formuliert wurden. Hier handelt es sich um einen Reaktionstypus, der wohl der Kondensations-polymerisation insoweit nahe steht, als die einzelnen Einheiten der Ketten nicht mit den Substraten identisch sind, als es weiters einheitliche Einzelschritte gibt, aus welchen die Gesamtreaktion zusammengesetzt ist und daß jeder dieser Einzelschritte und nicht nur der Start

[1] A. C. PALADINI und L. F. LELOIR: Biochem. J. **51**, 426 (1952); die Autoren berichten über die Auffindung von UDP-Acetylglucosamin in Hefe.

[2] J. T. PARK: J. biol. Chem. **194**, 877, 885, 897 (1952); Berichte über die Isolierung dreier noch nicht eindeutig identifizierter UDP-Glykoside aus *Staphylococcus aureus*.

[3] W. H. CAROTHERS: J. Amer. chem. Soc. **51**, 2548 (1929); Chem. Revs. **8**, 353 (1931); vgl. auch H. MARK und A. V. TOBOLSKY: Physical Chemistry of High Polymeric Systems, 2. Aufl. New York: Interscience. 1950.

der Reaktion katalysiert ist. Der Unterschied gegenüber dem Kondensationstypus der Polymerisation liegt aber darin, daß bei der enzymatisch katalysierten Polysaccharidsynthese jeder Einzelschritt die Anlagerung eines Monomeren an das Polymere darstellt, während bei dem Typus der Kondensations-polymerisation bald nach Beginn der Reaktion der Polymerisations-prozeß nur mehr durch Reaktion zwischen Polymeren unter Bildung höherer Polymerer vor sich geht (vgl. HEHRE, *l. c.*).

Die Benennung der einzelnen hier besprochenen Enzyme folgt den in Kapitel XI gegebenen Prinzipien; nur in zwei Fällen („Q-Enzym" und „*Bacillus macerans*-Amylase") ist es unmöglich, obwohl die Reaktions-mechanismen schon weitgehend aufgeklärt sind, auf deren Grundlage eine rationelle Namensgebung durchzuführen.

In Tab. 50 sind die in diesem Kapitel besprochenen Enzyme unter Anführung ihrer Donator- und Akzeptor-spezifität zusammengefaßt.

Tabelle 50. *Transglykosylasen*

Enzym	Donator	Akzeptor
Glucose-1-phosphat → Amylose-transglucosidase *(Phosphorylase)*	Glucose-1-phosphat	Amylose
Saccharose → Orthophosphat-transglucosidase *(Saccharose-phosphorylase)*	Saccharose	Orthophosphat Ketohexosen
Maltose → Orthophosphat-transglucosidase *(Maltose-phosphorylase)*	Maltose	Orthophosphat
UDP-Glucose → Fructose-transglucosidasen	UDP-Glucose	Fructose
UDP-Glucose → Glucose-6-phosphat-transglucosidase	UDP-Glucose	Glucose-6-phosphat
UDP-Glucuronat → Phenol-transglucuronidasen (?)	UDP-Glucuronsäure	Phenole
Ribose-1-phosphat → Purin-transribosidase *(Purinnucleosid-phosphorylase)*	Ribose-1-phosphat, Desoxyribose-1-phosphat	Purin-derivate (Hypoxanthin, Guanin, Adenin)
Ribose-1-phosphat → Pyrimidin-transribosidase *(Pyrimidinnucleosid-phosphorylase)*	Ribose-1-phosphat, Desoxyribose-1-phosphat	Pyrimidin-derivate (Uracil, Cytosin)
Purindesoxyribosid → Pyrimidin-transdesoxyribosidase *(Trans-N-glykosidase)*	Hypoxanthin-desoxyribosid	Uracil, Thymin, Cytosin. Adenin
Saccharose → Dextran-transglucosidase *(Dextran-saccharase)*	Saccharose	Dextran
Saccharose → Lävan-transfructosidase *(Lävan-saccharase)*	Saccharose	Lävan
Saccharose → Inulin-transfructosidase *(Inulin-saccharase)*	Saccharose	Inulin
Saccharose → Amylose-transglucosidase *(Amylo-saccharase)*	Saccharose	Amylose
Maltose → Amylose-transglucosidase *(Amylo-maltase)*	Maltose	Amylose
Dextrin → Dextran-transglucosidase *(Dextran-dextrinase)*	Dextrin	Dextran
„Q-Enzym"	Amylose	Amylopectin-strukturen
„*Bacillus macerans*-Amylase	Cycloamylose	lineares Dextrin

II. Glucose-1-phosphat → Amylose-transglucosidasen (*Phosphorylasen*)

Während man früher annahm, daß die Biosynthese der Stärke und des Glykogens durch die Amylasen, also diejenigen Fermente, welche auch den hydrolytischen Abbau der genannten Polysaccharide verursachen, katalysiert wird, ist es heute sichergestellt, daß der Aufbau dieser Reserve-substanzen der Organismen einem anderen Fermenttypus zuzuschreiben ist, dessen spezifische Wirkung die Übertragung eines Glucose-restes von Glucose-1-phosphat auf eine bereits vorliegende Kette von mehreren 1,4-glykosidisch verbundenen Glucose-molekülen ist.

Die Entdeckung dieses Wirkungsmechanismus wurde durch die Beobachtung von PARNAS und BARANOWSKI[1], daß Glykogen und Stärke im Muskel zu einem Glucose-monophosphat abgebaut werden können, und durch die Identifizierung dieses Produktes als Glucose-1-phosphat[2] vorbereitet. Erst später wurde etwa gleichzeitig von CORI und Mitarbeitern[3] und von KIESSLING[4] erkannt, daß der „phosphorolytische" Abbau von Stärke und Glykogen eine reversible Reaktion ist und seine Umkehr wahrscheinlich den seit langem gesuchten Vorgang der Biosynthese dieser Produkte darstellt.

Vorkommen. Fermente der geschilderten Wirkungsweise sind in lebenden Zellen sehr weit verbreitet; man kann fast von einem ubiquitären Vorkommen sprechen. Besonders gut bearbeitet sind die entsprechenden Enzyme des Muskels, der Hefe und einiger höherer Pflanzen; CORI und Mitarbeiter[5] konnten Fermente derselben Spezifität in der Leber, im Hirn und im Herzmuskel nachweisen; die Leukozyten enthalten ebenfalls eine Glucose-1-phosphat → Amylose-transglucosidase[6] und auch in Diphtherie-bazillen konnte ein gleichartiges Enzym gefunden werden[7].

Wirkung und Spezifität. Die durch diese Enzyme katalysierte Reaktion läßt sich durch die Bruttogleichung des Einzelschrittes

$$(C_6H_{10}O_5)_n + H_3PO_4 \rightleftharpoons \underset{\text{Glucose-1-phosphat}}{C_6H_{11}O_5\text{—}OPO_3H_2} + (C_6H_{10}O_5)_{n-1}$$

darstellen, wie das auch im Schema (Abb. 30) gezeigt wird. Es handelt sich um eine Gleichgewichts-reaktion; die Gleichgewichts-konstante

$$K = \frac{[(C_6H_{10}O_5)_{n-1}]\ [\text{Glucose-1-phosphat}]}{[(C_6H_{10}O_5)_n]\ [\text{Orthophosphat}]}$$

ist stark vom p_H-Wert abhängig, wie CORI und Mitarbeiter[8] bei Versuchen mit dem kristallinen Enzym aus Kaninchen-muskel feststellen konnten. Bei p_H 7,33 ist der Wert von K 0,408, bei p_H 6,96 0,322 und bei p_H 6,07 0,147; dementsprechend stehen bei p_H 6,96 75,6% anorganisches Phosphat mit 24,4% Glucose-1-phosphat im Gleichgewicht, welches also auf der Seite der Synthese liegt. Neuere exakte Untersuchungen[9] kommen zu ähnlichen Ergebnissen.

Bei Anwesenheit eines Überschusses an Orthophosphat wird die Reaktion in Richtung des phosphorolytischen Abbaus des Polysaccharids gedrängt, während

[1] J. K. PARNAS und T. BARANOWSKI: C. R. Soc. Biol. **121**, 282 (1936).
[2] C. F. CORI und G. T. CORI: Proc. Soc. exp. Biol. Med. **34**, 702 (1936).
[3] C. F. CORI, G. SCHMIDT und G. T. CORI: Science **89**, 464 (1939).
[4] W. KIESSLING: Biochem. Z. **302**, 50 (1939).
[5] G. T. CORI, S. P. COLOWICK und C. F. CORI: J. biol. Chem. **123**, 375 (1938).
[6] M. ROHDEWALD: Naturwiss. **33**, 314 (1946).
[7] A. S. CARLSON und E. J. HEHRE: J. biol. Chem. **177**, 281 (1949).
[8] C. F. CORI, G. T. CORI und A. A. GREEN: Ibid. **151**, 39 (1943).
[9] W. E. TREVELYAN, P. F. E. MANN und J. S. HARRISON: Arch. Biochem. Biophys. **39**, 419 (1952).

in Abwesenheit von anorganischem Phosphat oder wenn ein Überschuß von Glucose-1-phosphat zugegen ist, das Enzym die Synthese von Amylose katalysiert.

Die Spezifität der Fermente ist fast absolut; einzig Phosphat läßt sich als Akzeptor durch Arsenat ersetzen. Die phosphorolytische Abbaureaktion verläuft in ähnlicher Weise wie die durch die β-Amylase (S. 253) katalysierte Hydrolyse; Amylose wird, wenn genügend Phosphat zugegen ist, völlig zu Glucose-1-phosphat abgebaut, während die Wirkung des Enzyms gegenüber Amylopectin und Glykogen vor den Verzweigungsstellen aufgehalten wird und Grenzdextrine übrigbleiben, welche den Grenzdextrinen, die bei der β-Amylasewirkung entstehen, ähnlich sind, aber durch dieses Enzym noch etwas weiter abgebaut werden[1]. Dies gilt allerdings nur für das Enzym aus Muskel; das

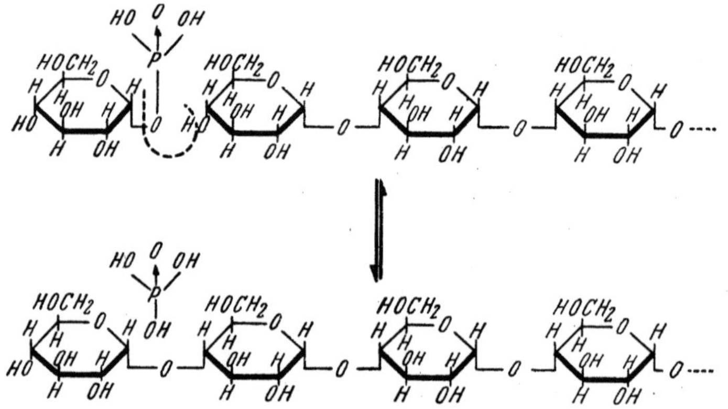

Abb. 30. Reversibler Einzelschritt beim Wachstum einer Amylose-kette auf Kosten von Glucose-1-phosphat unter dem Einfluß einer Glucose-1-phosphat ⟶ Amylose-transglucosidase *(Phosphorylase)* (nach HEHRE, *l. c.*).

Kartoffel-ferment bildet Grenzdextrine, welche von β-Amylase nicht mehr angegriffen werden.

Für die synthetisierende Wirkung der Fermente ist es notwendig, daß geringe Mengen von Stärke oder Glykogen im Reaktionsgemisch anwesend sind; Enzympräparationen, welche völlig frei von Stärke und Glykogen sind, können keine Polysaccharide aus Glucose-1-phosphat bilden. Das Bedürfnis nach derartigen aktivierenden Polysacchariden ist je nach der Herkunft des Ferments verschieden; dasjenige Polysaccharid, mit welchem sich das Enzym normalerweise im Gewebe in Kontakt befindet, scheint auch der optimale Aktivator *(„primer")* für die Wirkung zu sein[2]. So läßt sich das Enzym aus Kartoffeln am besten durch geringe Mengen von Amylopectin aktivieren, während beim Muskelferment Glykogen vorteilhafter ist. Das letztgenannte Enzym wird nur durch große lösliche Moleküle mit vielen Endgruppen gut aktiviert, während das Kartoffel-ferment bereits kleinere Dextrin-ketten (4 bis 5 Glucose-einheiten) als Aktivator verwerten kann. Der Aktivator-effekt dieser kleinen Mengen von homologen Polysacchariden läßt sich derart deuten, daß das Enzym eine bereits vorgebildete Glucose-kette für seine Wirkung braucht, an deren nicht-reduzierenden Endgruppen die Addition der Glucose-moleküle erfolgt. Eine sehr genaue Untersuchung der „primer"-Wirkung sowie anderer, den Verlauf der Reaktion beeinflussender Faktoren wurde kürzlich von BAILEY und WHELAN[3] durchgeführt.

1 S. HESTRIN: J. biol. Chem. 179, 943 (1949).
2 G. T. CORI, M. A. SWANSON und C. F. CORI: Federation Proc. 4, 234 (1945).
3 J. M. BAILEY und W. J. WHELAN: Biochem. J. 51, XXXIII (1952).

Wenn mit gereinigten Fermentpräparaten gearbeitet wird, werden ausschließlich 1,4-Bindungen synthetisiert; ebenso werden auch nur geradkettige, 1,4-glykosidisch verbundene Amylose-ketten komplett abgebaut. Für die Synthese wie auch für den Abbau von 1,6-Bindungen im Amylopectin ist die Anwesenheit weiterer Fermente („Q-Enzyme", „branching factor", vgl. S. 398ff.) neben Glucose-1-phosphat → Amylose-transglucosidase notwendig.

Bestimmung der Wirksamkeit. Die Aktivität der Glucose-1-phosphat → → Amylose-transglucosidasen *(Phosphorylase)* wird in der Weise bestimmt, daß man das Enzym in Gegenwart einer kleinen Menge Glykogen oder Stärke in einer entsprechend gepufferten Lösung auf Glucose-6-phosphat einwirken läßt. Nach Abstoppen der Reaktion wird das entstandene anorganische Phosphat analytisch bestimmt.

Zur Bestimmung der Aktivität von Vertretern dieses Typus tierischen Ursprungs werden Glykogen sowie ein Cystein-Glycerophosphat-puffer verwendet[1]; bei pflanzlichen Fermenten benützt man Stärke als *„primer"* und einen Citratpuffer[2].

Prosthetische Gruppen der Glucose-1-phosphat → Amylose-transglucosidasen. Nachdem CORI und Mitarbeiter[3] zuerst bei ausgewaschenem Froschmuskel-brei und Kaninchenmuskel-extrakt beobachten konnten, daß durch Zusatz von Muskel-adenylsäure (AMP) die Bildung von Glucose-1-phosphat aus Glykogen und Orthophosphat beschleunigt werden kann, fanden CORI und GREEN[4] bei der Herstellung der kristallisierten Glucose-1-phosphat → Amylose-transglucosidase aus Kaninchen-muskel, daß das Enzym (*„Phosphorylase a"* genannt) ohne Zusatz von AMP nur 60 bis 70% seiner maximalen Wirksamkeit erreicht und daß im Muskel ein spezifisches Ferment existiert, welches *„Phosphorylase a"* durch Abspaltung einer prosthetischen Gruppe in einen anderen Eiweißstoff (*„Phosphorylase b"*) überführen kann, der ohne Zusatz von AMP völlig inaktiv ist, bei deren Anwesenheit aber etwa gleich stark wirkt wie *„Phosphorylase a"*. Eine ähnliche Wirkung wie das genannte spezifische Ferment („prosthetic group removing enzyme", „PR-Enzym") kann auch kristallines Trypsin entfalten, nicht aber Carboxypeptidase, Ribonuclease oder AMP-aminase[5].

Die Glucose-1-phosphat → Amylose-transglucosidase aus Kartoffeln wird durch AMP nicht aktiviert und scheint keine prosthetische Gruppe zu enthalten.

SUMNER und Mitarbeiter[7] konnten bei der Reinigung des Enzyms aus Schwertbohnen feststellen, daß hochkonzentrierte Fermentpräparate 4 μg Flavin-Adenin-dinucleotid pro mg Protein als festgebundene prosthetische Gruppe enthalten, welche weder durch Dialyse noch durch die Wirkung des „PR-Enzyms" abspaltbar ist, aber durch Erhitzen freigesetzt werden kann.

Darstellung der Glucose-1-phosphat → Amylose-transglucosidasen. Die Darstellung eines kristallinen Enzyms aus Muskel *(Phosphorylase a)* wurde von GREEN und CORI[8] durchgeführt. Das Produkt ist ein Euglobulin mit dem Mole-

---

[1] C. F. CORI, G. T. CORI und A. A. GREEN: J. biol. Chem. **151**, 39 (1943).

[2] J. B. SUMNER, T. C. CHOU und A. T. BEVER: Arch. Biochem. **26**, 1 (1950); vgl. auch P. H. HIDY und H. G. DAY: J. biol. Chem. **160**, 273 (1945).

[3] C. F. CORI, S. P. COLOWICK und G. T. CORI: Ibid. **121**, 465 (1937).

[4] G. T. CORI und A. A. GREEN: Ibid. **151**, 31 (1943).

[5] In einer kürzlich erschienenen Arbeit[6] berichten KELLER und Frau CORI, daß das „PR-Enzym" aus Muskel die *„Phosphorylase a"* dadurch inaktiviert, daß es das Enzymmolekül in zwei etwa gleich große Halbmoleküle spaltet. Die prosthetische Gruppe, die durch AMP ersetzt werden kann, ist somit mit dem halben Enzymprotein identisch.

[6] P. J. KELLER und G. T. CORI: Biochim. biophys. Acta **12**, 235 (1953).

[7] J. B. SUMNER, T. C. CHOU und A. T. BEVER: Arch. Biochem. **26**, 1 (1950).

[8] A. A. GREEN und G. T. CORI: J. biol. Chem. **151**, 21 (1943).

kulargewicht 340000 bis 400000. *Phosphorylase b* konnte ebenfalls kristallin erhalten werden[1]. 100 g Kaninchen-muskel enthalten etwa 40 bis 80 mg des Enzyms.

Die Glucose-1-phosphat → Amylose-transglucosidase aus Kartoffeln wurde von GREEN und STUMPF[2] konzentriert und später von GILBERT und PATRICK[3] weiter gereinigt, konnte aber nicht kristallisiert werden. Eine Darstellung eines hochaktiven Enzympräparats aus Schwertbohnen wurde von SUMNER und Mitarbeitern beschrieben.

p_H-Optima der Wirkung und Verhalten gegen Effektoren. Wie bereits ausgeführt, sind die p_H-Optima für die synthetische Reaktion von denjenigen der phosphorolytischen verschieden. Bei dem Enzym aus Muskel *(Phosphorylase b)* wird für den phosphorolytischen Abbau ein breites p_H-Optimum zwischen 7 und 8 berichtet, während die Synthese am besten zwischen p_H 6,3 und 6,5 vor sich geht[4]. Kristallisierte *Phosphorylase a* zeigt ein Optimum zwischen p_H 6,5 und 6,9. Das Enzym aus Kartoffeln hat seine optimale Wirksamkeit bei 6,0[5], während für das Ferment der Schwertbohne p_H 6,4 angegeben wird.

Auch im Verhalten gegenüber Effektoren weisen die Enzyme aus verschiedenen Ausgangs-materialien nicht unwesentliche Unterschiede auf. Das Enzym aus Kaninchen-muskel *(Phosphorylase a)* wird durch Cystein aktiviert; gleichzeitig wird die Löslichkeit erhöht. Glucose wirkt als kompetitiver Hemmstoff, Phlorrhidzin als sehr effektiver, nicht kompetitiver Hemmstoff. Die Aktivierung durch AMP wurde bereits besprochen.

Das Ferment aus Kartoffeln wird durch AMP nicht aktiviert; der Effekt von Phlorrhidzin ist viel geringer als bei dem Enzym aus Muskel; hier wirken β-Amylasen als Inhibitoren[6]. Auch das Enzym der Schwertbohne läßt sich durch AMP nicht aktivieren; ebensowenig zeigt Cystein eine derartige Wirkung. Das Ferment wird durch Glucose nicht gehemmt.

Arsenat beeinflußt die Wirkung der Glucose-1-phosphat → Amylose-transglucosidasen beim phosphorolytischen Abbau der Stärke in interessanter Weise[7]. In Gegenwart von Arsenat wird nicht Glucose-1-phosphat sondern Glucose gebildet, was sich dahin deuten läßt, daß der Glucose-rest primär auf Arsenat unter Bildung von Glucose-1-arsenat übertragen wird und daß dann diese Verbindung, welche sehr instabil ist, der spontanen hydrolytischen Spaltung unterliegt. Ein ähnliches Verhalten finden wir auch bei den im nächsten Abschnitt besprochenen Saccharose → Orthophosphat-transglucosidasen *(Saccharose-phosphorylase)*.

Die biologische Funktion der Glucose-1-phosphat → Amylose-transglucosidasen. Es scheint heute mit Sicherheit festzustehen, daß die Synthese von Glykogen und Stärke zumindest in tierischem Gewebe in der Hauptsache durch die hier besprochenen Fermente katalysiert wird. Ebenso dürfte durch sie auch der Abbau dieser Reserve-kohlehydrate zu Monomeren innerhalb der Zellen verursacht werden, wofür besonders spricht, daß es ein energetischer Vorteil für den Organismus ist, wenn die Enzyme die Glucose in phosphorylierter Form produzieren, so daß zur weiteren Verwertung — z. B. auf dem glykolytischen Abbauweg — kein Verbrauch von Phosphat-energie mehr notwendig ist, während dies bei der Hydrolyse des Glykogens und der Stärke zu Glucose erforderlich wäre. Durch

[1] C. F. CORI und G. T. CORI: J. biol. Chem. **158**, 341 (1945).
[2] D. E. GREEN und P. K. STUMPF: Ibid. **142**, 355 (1942).
[3] G. A. GILBERT und A. PATRICK: Biochem. J. **51**, 186 (1952).
[4] G. T. CORI, S. P. COLOWICK und C. F. CORI: J. biol. Chem. **127**, 771 (1939); G. T. CORI und C. F. CORI: Ibid. **135**, 733 (1940).
[5] C. S. HANES: Proc. Roy. Soc. London, Ser. B **129**, 174 (1940).
[6] H. K. PORTER: Biochem. J. **47**, 476 (1950).
[7] J. KATZ, W. Z. HASSID und M. DOUDOROFF: Nature **161**, 96 (1948).

den Abbau zu Glucose-1-phosphat bleibt die in den Reserve-kohlehydraten gespeicherte Bindungsenergie der Glykosid-bindung dem Organismus zum größten Teil erhalten. Auch in den Pflanzen scheint der geschilderte Mechanismus eine wesentliche Rolle zu spielen; wie weit er hier von anderen noch nicht ausreichend bekannten Mechanismen konkurriert wird, ist allerdings bis jetzt noch nicht absehbar. In Mikroorganismen sind, wie wir in diesem Kapitel später sehen werden, bereits zwei Enzyme entdeckt worden, welche den Stärke-aufbau und -abbau vermittels anderer Mechanismen katalysieren; es handelt sich um die Saccharose → Amylose-transglucosidase *(Amylo-saccharase)* und die Maltose → Amylose-transglucosidase *(Amylo-maltase)*. Neben diesen Fermenten kommen aber in Bakterien ebenfalls Glucose-1-phosphat → Amylose-transglucosidasen vor, so daß auch hier der geschilderte Mechanismus des Stärkeauf- und -abbaus eine Rolle spielen sollte.

An dieser Stelle sollen auch einige Beobachtungen mitgeteilt werden, welche vielleicht einen Hinweis auf die Bedeutung der Abspaltbarkeit der prosthetischen Gruppe aus dem Muskel-enzym *(Phosphorylase a)* geben können. Es zeigte sich, daß ausgeruhte Kaninchenmuskeln zum größten Teil *Phosphorylase a* enthalten, während durch starke Kontraktionen, die z. B. durch Strychnin oder durch elektrische Stimulation bewirkt wurden, eine Überführung in die inaktive *Phosphorylase b* stattfindet, wofür vermutlich das genannte „PR-Enzym" verantwortlich ist.

$$\textit{Phosphorylase a} \xrightarrow{\text{„PR-Enzym"}} \textit{Phosphorylase b} + \text{prosthetische Gruppe}$$

Nach einer kurzen Erholungszeit wird aber wieder komplette Reaktivierung des Enzyms, d. h. Rückbildung der *Phosphorylase a,* beobachtet. Frau Cori[1] deutet diese Erscheinungen als einen Regulations-mechanismus, dessen Zweck es ist, die Erschöpfung der Glykogenvorräte bei Ermüdung zu verhindern.

III. Saccharose → Orthophosphat-transglucosidasen *(Saccharose-phosphorylase, „sucrose phosphorylase"[2])*

Verschiedene Autoren konnten in den letzten Jahren zeigen, daß manche Bakterien-arten Enzyme produzieren, die den phosphorolytischen Abbau des Rohrzuckers zu Glucose-1-phosphat und Fructose katalysieren. Kagan und Mitarbeiter[3] beobachteten eine solche Wirkung bei zellfreien Extrakten von *Leuconostoc mesenteroides*; unabhängig davon konnten kurz darauf Doudoroff, Kaplan und Hassid[4] ein gleichartiges Enzym in *Pseudomonas saccharophila* nachweisen. Auch *Pseudomonas putrefaciens* enthält ein Ferment derselben Spezifität.

Die von den Saccharose → Orthophosphat-transglucosidasen katalysierte Reaktion läßt sich durch die Gleichung

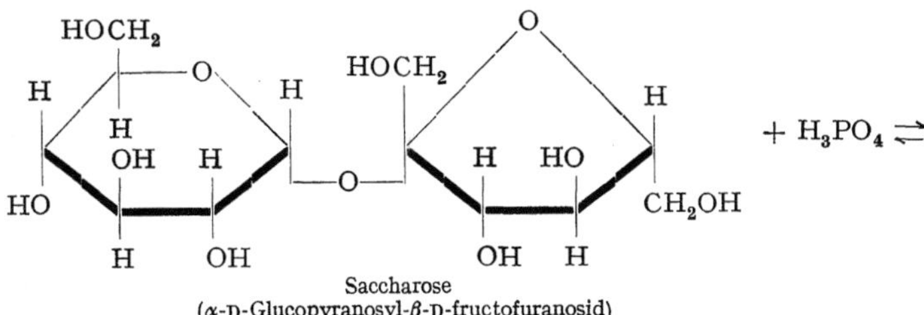

Saccharose
(α-D-Glucopyranosyl-β-D-fructofuranosid)

[1] G. T. Cori: J. biol. Chem. 158, 333 (1945).
[2] Vgl. die Übersichtsreferate: W. Z. Hassid und M. Doudoroff: Fortschr. Chem. organ. Naturstoffe 5, 101 (1948); Adv. Enzymology 10, 123 (1950).
[3] B. O. Kagan, S. N. Latker und E. M. Zfasman: Biochimija 7, 92 (1942).
[4] M. Doudoroff, N. Kaplan und W. Z. Hassid: J. biol. Chem. 148, 67 (1943). M. Doudoroff, J. Wiame und H. Wolochow: J. Bacter. 57, 423 (1949).

$\rightleftharpoons$ α-D-Glucopyranosyl-1-phosphat + D-Fructopyranose

wiedergeben. Der Vorgang ist eine Gleichgewichts-reaktion; das Gleichgewicht liegt weit auf der Seite der Phosphorolyse und die Gleichgewichts-konstante

$$K = \frac{[\text{Saccharose}]\,[\text{anorganisches Phosphat}]}{[\text{Fructose}]\,[\text{Glucose-1-phosphat}]}$$

hat bei p_H 6,6 und 30° den Wert 0,053. Aus der Gleichgewichts-konstante läßt sich die freie Energie für die phosphorolytische Spaltung der Saccharose,

$$\Delta F_{0\,(303^\circ)} = -RT \ln K_{303^\circ} = -1385 \log 0{,}053 = 1770 \text{ cal/Mol},$$

berechnen. Unter der vereinfachenden Annahme, daß dieser Energie-betrag nur aus dem Unterschied zwischen den Bindungsenergien der Saccharose und des Glucose-1-phosphats resultiert, kann man die Bindungsenergie der glykosidischen Bindung in der Saccharose berechnen. Die Energie der C—O—P-Bindung im Glucose-1-phosphat ist bekannt; ihr Wert beträgt etwa 4800 cal/Mol. Der entsprechende Wert für die glykosidische Bindung im Saccharose-molekül beträgt somit 4800 cal + 1770 cal = 6570 cal/Mol.

Obwohl die Enzyme unter geeigneten Bedingungen durchaus Saccharose synthetisieren können und auch die erste Synthese des Rohrzuckers *in vitro* auf diese Weise durchgeführt wurde[1], scheint ihre Funktion in den Bakterien doch eher der Abbau als die Synthese von Saccharose zu sein. Den im Kapitel über Enzym-nomenklatur (S. 106) niedergelegten Regeln entsprechend müssen sie deshalb als Saccharose → Orthophosphat-transglucosidasen und nicht als Glucose-1-phosphat → Fructose-transglucosidasen bezeichnet werden.

Die Spezifitäts-verhältnisse der Enzyme wurden eingehend erforscht und bieten recht interessante Einzelheiten. Die Fermente sind in bezug auf den Glucose-anteil ihrer Substrate streng spezifisch, d. h. sie sind nur zur Übertragung von Glucoseresten imstande. Hingegen können verschiedene andere Ketosen an Stelle der Fructose als Akzeptoren dienen; so wird mit L-Sorbose α-D-Glucopyranosyl-β-D-sorbofuranosid, mit D-Xyloketose α-D-Glucopyranosyl-β-D-xyloketofuranosid, mit L-Araboketose α-D-Glucopyranosyl-α-L-araboketofuranosid und mit L-Arabinose 3-[α-D-Glucopyranosyl]-L-arabopyranose gebildet[2].

Andrerseits kann auch Orthophosphat bei der Rohrzucker-spaltung durch andere Akzeptoren ersetzt werden. In Gegenwart von Arsenat erfolgt eine Hydrolyse der Saccharose, wobei wahrscheinlich der Glucose-rest primär auf Arsenat übertragen wird; dabei bildet sich ein instabiles Glucose-1-arsenat, welches spontan hydrolysiert[3]. Weiters kann aber ein Enzym dieses Typus auch den Glucose-rest in phosphat-freiem Medium direkt auf andere Monosaccharide übertragen; so konnte die Reaktion

$$\text{Saccharose} + \text{Sorbose} \rightleftharpoons \text{D-Glucose-1-sorbosid} + \text{Fructose}$$

---

[1] W. Z. Hassid, M. Doudoroff und H. A. Barker: J. Amer. chem. Soc. **66**, 1416 (1944).

[2] W. Z. Hassid, M. Doudoroff, H. A. Barker und W. H. Dore: Ibid. **67**, 1394 (1945); **68**, 1465 (1946); M. Doudoroff, W. Z. Hassid und H. A. Barker: J. biol. Chem. **168**, 733 (1947).

[3] M. Doudoroff, H. A. Barker und W. Z. Hassid: Ibid. **170**, 147 (1947).

beobachtet werden. Auch die Bildung von Rohrzucker nach der Gleichung

$$\text{D-Glucose-1-xyloketosid} + \text{Fructose} \rightleftharpoons \text{Saccharose} + \text{Xyloketose}$$

wird durch ein derartiges Enzym katalysiert, das sich somit als typische Transglucosidase erweist, für welche Phosphat wohl der bevorzugte, aber durchaus nicht einzig mögliche Akzeptor ist.

Bisher ist über ein Vorkommen von Saccharose → Orthophosphat-transglucosidasen *(Saccharose-phosphorylase)* in anderen Lebewesen außer Bakterien noch nichts bekannt geworden. Es handelt sich hier um induzierbare Fermente, die also nur dann gebildet werden, wenn die Mikroorganismen auf rohrzucker-haltigen Nährböden gezüchtet werden. Die Bildung der Saccharose in Pflanzen wird durch andere Enzymtypen katalysiert.

IV. Maltose → Orthophosphat-transglucosidase *(Maltose-phosphorylase)*

Bei Untersuchungen über den Stoffwechsel des Mikroorganismus *Neisseria meningitidis* beobachteten FITTING und SCHERP[1], daß Orthophosphat in Anwesenheit von Maltose verbraucht wurde, während Glucose kein Verschwinden von Orthophosphat zur Folge hatte. In einer späteren Arbeit gelang es zu beweisen, daß in zellfreien Extrakten aus dem genannten Bazillus ein Enzym vorhanden ist, das streng spezifisch Maltose zu Glucose-1-phosphat und Glucose abbaut[2]. Das p_H-Optimum der Ferment-wirkung liegt etwa bei 6,5. Die Frage, ob die katalysierte Reaktion reversibel ist, konnte von FITTING und DOUDOROFF[3] im positiven Sinne entschieden werden. Die Forscher stellten dabei fest, daß das phosphorylierte Monosaccharid, welches bei der Reaktion entsteht, nicht α-D-Glucose-1-phosphat ist, wie ursprünglich angenommen wurde, sondern β-D-Glucose-1-phosphat.

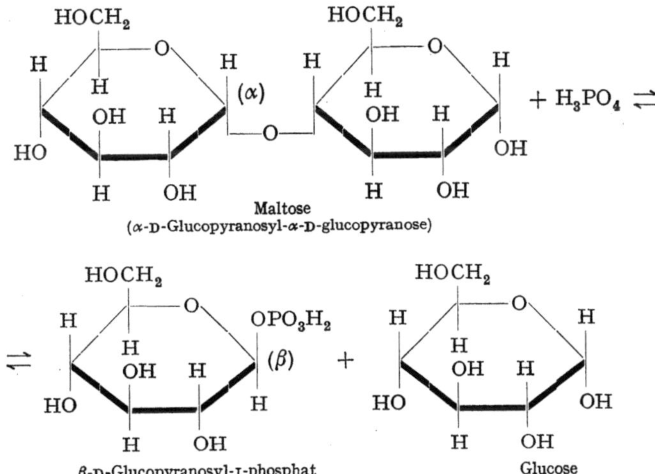

Maltose
(α-D-Glucopyranosyl-α-D-glucopyranose)

β-D-Glucopyranosyl-1-phosphat

Glucose

Das phosphorolytische Enzym von *Neisseria meningitidis* dürfte ein konstitutives Ferment sein, d. h. es wird anscheinend auch dann von den Organismen gebildet, wenn Maltose nicht einen Bestandteil des Nährbodens darstellt.

[1] C. FITTING und H. W. SCHERP: J. Bacter. **61**, 203 (1951); **63**, 545 (1952).

[2] C. FITTING und H. W. SCHERP: Ibid. **64**, 287 (1952).

[3] C. FITTING und M. DOUDOROFF: Federation Proc. **11**, 212 (1952); J. biol. Chem. **199**, 153 (1952).

V. UDP-Glucose → Fructose-transglucosidasen[1] (Saccharose-bildende Fermente aus Pflanzen)

LELOIR und CARDINI[2] konnten vor kurzem aus Weizenkeimlingen ein Enzym isolieren, welches reversibel die Reaktion

$$\text{UDP-Glucose} + \text{Fructose} \rightleftarrows \text{Saccharose} + \text{UDP}$$

katalysiert. Das Ferment zeigt eine sehr strenge Spezifität: Glucose-1-phosphat (CORI-Ester) kann nicht als Glucose-donator fungieren; andrerseits ist eine Übertragung des Glucose-restes von UDP-Glucose nur auf Fructose, nicht aber auf Sorbose, irgendwelche Aldosen, Arabinose, oder die 1- und 6-Phosphate von Fructose oder Glucose möglich.

Es muß als wahrscheinlich erachtet werden, daß Fermente dieses Typus den letzten Schritt bei der Biosynthese der Saccharose in den höheren Pflanzen katalysieren, insbesondere da es bisher trotz vielen Bemühungen nicht gelungen war, Fermente vom Typus der bakteriellen Saccharose → Orthophosphat-transglucosidasen *(Saccharose-phosphorylase)*, welche ja auch für die Biosynthese des Rohrzuckers in Frage kämen, in höheren Pflanzen nachzuweisen. Das Vorkommen von UDP-Glucose in verschiedenen Pflanzen wurde vor kurzem von BUCHANAN und Mitarbeitern[3] berichtet. Zur völligen Aufklärung der Biosynthese von Saccharose in höheren Pflanzen fehlt zur Zeit allerdings noch der Nachweis dafür, daß sie Fermente enthalten, welche UDP-Glucose in ausreichender Menge synthetisieren können. Ein Fermenttypus, der hierfür in Frage käme, ist derjenige der UTP → Glucose-1-phosphat-transuridylasen (vgl. S. 437); ein Vertreter dieses Typus wurde bisher aber nur in der Hefe nachgewiesen.

VI. UDP-Glucose → Glucose-6-phosphat-transglucosidasen (Trehalosephosphat-bildendes Enzym)

LELOIR und CABIB[4] beobachteten vor kurzem, daß UDP-Glucose verbraucht wird, wenn man diese Verbindung mit einem Hefe-extrakt und Glucose-6-phosphat inkubiert. Durch papier-chromatographische Analyse konnte das Entstehen einer Substanz nachgewiesen werden, welche durch dreistündiges Kochen in 1-n HCl in das nicht-reduzierende Disaccharid Trehalose (vgl. S. 220) überführbar ist. Der entstandene Stoff ist ein Phosphatester und dürfte mit dem Trehalosephosphat identisch sein, welches seinerzeit von ROBISON und MORGAN[5] aus den Produkten der Hefe-gärung isoliert werden konnte.

LELOIR und CABIB halten es für wahrscheinlich, daß die Bildung von Trehalosephosphat durch ein spezifisches Enzym katalysiert wird und die Reaktion der Gleichung

$$\text{UDP-Glucose} + \text{Glucose-6-phosphat} \rightarrow \text{Trehalosephosphat} + \text{UDP}$$

folgt.

VII. UDP-Glucuronat → Phenol-transglucuronidasen (?)

DUTTON und STOREY[6] berichteten vor einiger Zeit, daß die Leber einen thermostabilen Faktor enthält, welcher für die Bildung von *o*-Aminophenol-glucuronid aus *o*-Aminophenol in Leber-homogenaten erforderlich ist. In einer späteren Arbeit gelang es denselben Autoren, nachzuweisen, daß der Faktor ein Uracil-derivat ist, dem mit einiger Wahrscheinlichkeit die Konfiguration einer Uridindiphosphat-glucuronsäure zukommt[7].

Aus Analogie-gründen läßt sich aus diesem Befund auf die Existenz von Fermenten schließen, welche die Konjugation von Phenolen mit Glucuronsäure nach der Gleichung

$$\text{UDP-Glucuronsäure} + \text{Phenol} \rightarrow \text{Phenol-glucuronid} + \text{UDP}$$

katalysieren. Enzyme dieses Typus sind allerdings bisher noch nicht isoliert worden.

---

[1] Die Abkürzung UDP-Glucose steht hier für Uridindiphosphat-glucose (vgl. S. 379).
[2] L. F. LELOIR und C. E. CARDINI: J. Amer. chem. Soc. **75**, 6084 (1953).
[3] J. G. BUCHANAN: Arch. Biochem. Biochys. **44**, 140 (1953); J. G. BUCHANAN, V. H. LYNCH, A. A. BENSON, D. F. BRADLEY und M. CALVIN: J. biol. Chem. **203**, 935 (1953).
[4] L. F. LELOIR und E. CABIB: J. Amer. chem. Soc. **75**, 5445 (1953).
[5] R. ROBISON und W. T. J. MORGAN: Biochem. J. **22**, 1277 (1928).
[6] G. J. DUTTON und I. D. E. STOREY: Ibid. **47**, 212 (1951).
[7] G. J. DUTTON und I. D. E. STOREY: Ibid. **53**, XXXVII (1953).

VIII. Ribose-1-phosphat → Purin-transribosidasen *(Purinnucleosid-phosphorylase)*

Schon 1924 konnte von LEVENE und WEBER[1] berichtet werden, daß Extrakte aus tierischen Geweben zur Spaltung der Ribosid-bindungen in Nucleosiden befähigt sind. KLEIN[2] beobachtete, daß manche für diesen Vorgang verantwortlichen Fermente, welche als „Nucleosidasen" bezeichnet wurden, nur dann wirken können, wenn anorganisches Phosphat anwesend ist.

Ausführliche Untersuchungen dieses Effektes von KALCKAR[3] ergaben, daß für jedes Mol gespaltenes Nucleosid ein Mol Phosphat aufgenommen wird, wobei ein freies Purin-derivat und Ribose-1-phosphat entstehen. Aus Inosin wurden unter dem Einfluß der tierischen Enzyme Hypoxanthin und Ribose-1-phosphat gebildet, aus Guanosin Guanin und Ribose-1-phosphat. KALCKAR[3] konnte auch zeigen, daß es sich hier um eine Gleichgewichts-reaktion handelt; bei der Inkubation von Inosin mit Enzym bildet sich bei p_H 7 eine Gleichgewichtsmischung, welche aus 90% Inosin und 10% freiem Hypoxanthin + Ribose-1-phosphat besteht; das Gleichgewicht liegt also ziemlich weit auf Seite der Synthese.

Die durch die Enzyme katalysierte Reaktion kann für das Beispiel der Guanosin-synthese folgendermaßen formuliert werden:

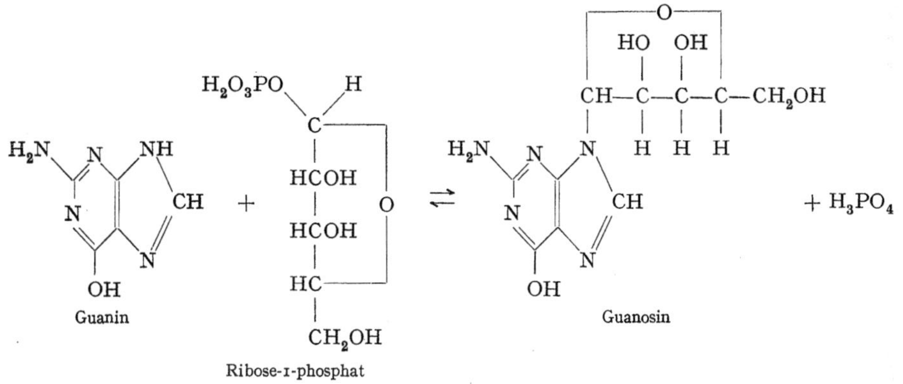

$$\text{Guanin} + \text{Ribose-1-phosphat} \rightleftharpoons \text{Guanosin} + H_3PO_4$$

Guanin

Ribose-1-phosphat

Guanosin

Ein Enzym dieser Spezifität aus Leber wurde von KALCKAR[3] durch fraktionierte Ammoniak-fällung gereinigt und genauer untersucht. Dabei zeigte sich, daß es leicht Guanin, Hypoxanthin und Xanthin in die entsprechenden Nucleoside Guanosin, Inosin und Xanthosin überführen kann, während aber Adenin nicht in Adenosin verwandelt wird. Versuche am lebenden Tier hingegen scheinen gerade zu zeigen, daß Adenin am leichtesten in der Nucleinsäure-fraktion aufgenommen wird. Es ist deshalb anzunehmen, daß ein bisher noch nicht bekanntes Enzym das Adenin in tierischem Gewebe in Adenosin überführen kann,

$$\text{Adenin} + \text{Inosin} \rightarrow \text{Adenosin} + \text{Hypoxanthin}$$

wobei KALCKAR[4] an eine Transribosidierung denkt, ohne daß für diese Reaktion experimentelle Beweise vorliegen. Andrerseits konnte WANG[5] vor kurzem zeigen, daß in Extrakten von *Lactobacillus pentosus* ein Enzym vorkommt, welches Adenin direkt in Adenosin überführen kann.

---

[1] P. A. LEVENE und I. WEBER: J. biol. Chem. **60**, 707 (1924).

[2] W. KLEIN: Hoppe-Seyler's Z. physiol. Chem. **231**, 125 (1935).

[3] H. M. KALCKAR: Federation Proc. **4**, 248 (1945); J. biol. Chem. **167**, 477 (1947); Symp. Soc. exp. biol. **1**, 38 (1947).

[4] H. M. KALCKAR: Biochim. biophys. Acta **4**, 232 (1950).

[5] T. P. WANG: Federation Proc. **9**, 399 (1950); T. P. WANG und J. O. LAMPEN: J. biol. Chem. **192**, 339 (1951).

Die hier als Ribose-1-phosphat → Purin-transribosidasen bezeichneten Fermente katalysieren wahrscheinlich ebenso die Phosphorolyse und die Synthese von Purin-desoxyribosiden[1], sie können somit auch als Transdesoxyribosidasen fungieren. Nach Untersuchungen von HOFF-JØRGENSEN und Mitarbeitern[2] werden Guanin und Hypoxanthin durch das Enzym in Anwesenheit von Desoxyribose-1-phosphat in die entsprechenden Desoxyriboside überführt; FRIEDKIN[3] zeigte vor kurzem, daß auch Xanthin derselben Reaktion unterliegen kann.

Nach Untersuchungen von ROWEN und KORNBERG[4] ist es wahrscheinlich, daß der hier besprochene Enzymtypus auch die Reaktion

$$\text{Nicotinamid-mononucleosid} + \text{Orthophosphat} \rightleftarrows \text{Nicotinamid} + \text{Ribose-1-phosphat} + H^+$$

katalysiert. Dabei ist hervorzuheben, daß Nicotinamid-mononucleosid eine quaternäre Stickstoff-base ist, die bei neutralem p_H stark ionisiert ist; bei der Übertragung des Ribose-restes auf Orthophosphat wird die Verbindung zu einer schwachen Base und es entsteht ein Mol Wasserstoff-ionen. Deshalb verläuft die oben angegebene Reaktion in neutral gepuffertem Medium praktisch vollständig von links nach rechts.

Enzyme dieser Spezifität könnten eine bedeutende Funktion bei der Synthese der Phosphopyridin-nucleotide erfüllen, da Nicotinamid-mononucleotid als Zwischenprodukt des biologischen Aufbaus dieser Verbindungen anzusehen ist.

Die Phosphorolyse und Synthese der Pyrimidin-nucleotide wird wahrscheinlich durch einen anderen Enzymtypus, die Ribose-1-phosphat → Pyrimidin-transribosidasen *(Pyrimidinnucleosid-phosphorylase)*, katalysiert.

IX. Ribose-1-phosphat → Pyrimidin-transribosidasen
(Pyrimidinnucleosid-phosphorylase)

Schon KLEIN[5] hatte auf Grund seiner Versuche der Meinung Ausdruck gegeben, daß für die Spaltung von Pyrimidin-nucleosiden andere Fermente verantwortlich sind als diejenigen, welche den Abbau der Purin-nucleoside bewirken. In Bestätigung dieser Ansicht konnten MANSON und LAMPEN[6] nachweisen, daß in tierischen Geweben ein Enzym existiert, das spezifisch die phosphorolytische Spaltung von Pyrimidin-nucleosiden katalysiert und vermutlich auch die Synthese dieser Verbindungen bewerkstelligt. Während die genannten Autoren nur den Abbau von Desoxyribosiden untersuchten, zeigten PAEGE und SCHLENK[7] bei Versuchen mit Pyrimidin-ribosiden, daß in Bakterien (*Escherichia coli* und *Aerobacter aerogenes*) ebenfalls Ribose-1-phosphat → Pyrimidin-transribosidasen existieren, welche aber nur Uridin phosphorolysieren bzw. synthetisieren, wohingegen Cytidin nicht angegriffen wird.

Andrerseits konnten WANG und LAMPEN[8] in Versuchen mit Extrakten aus *Lactobacillus pentosus* auch die phosphorolytische Spaltung von Cytidin beobachten. Die Frage, ob für die Phosphorolyse von Uridin und Cytidin zwei verschiedene Fermente verantwortlich sind, erwartet noch eine Klärung.

---

1 M. FRIEDKIN und H. M. KALCKAR: J. biol. Chem. **184**, 437 (1950).
2 E. HOFF-JØRGENSEN, M. FRIEDKIN und H. M. KALCKAR: Ibid. **184**, 461 (1950).
3 M. FRIEDKIN: Abstr. Amer. chem. Soc. 118th Meeting, 58 C (1950).
4 J. W. ROWEN und A. KORNBERG: J. biol. Chem. **193**, 497 (1951).
5 W. KLEIN: Hoppe-Seyler's Z. physiol. Chem. **231**, 125 (1935).
6 L. A. MANSON und J. O. LAMPEN: Federation Proc. **8**, 224 (1949); **9**, 397 (1950).
7 L. M. PAEGE und F. SCHLENK: Arch. Biochem. **28**, 348 (1950).
8 T. P. WANG und J. O. LAMPEN: J. biol. Chem. **192**, 339 (1951).

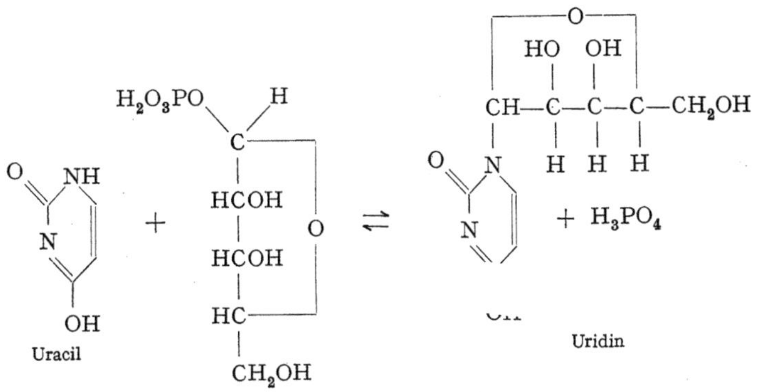

Uracil + Ribose-1-phosphat ⇌ Uridin + H_3PO_4

X. Ribose-1,5-diphosphat → Adenin-transphosphoribosidase *(Nucleotid-phosphorylase)*

SAFFRAN und SCARANO[1] konnten kürzlich ein Enzym in der Tauben-leber nachweisen, welches die Reaktion

Ribose-1,5-diphosphat + Adenin ⇌ AMP + Orthophosphat

katalysiert. Der Enzymtypus dürfte im Zusammenwirken mit den später zu besprechenden ATP → Ribose-5-phosphat-transphosphatasen (*Phosphoribokinase*, S. 432) eine wichtige Funktion bei der Synthese der Nucleotide erfüllen, wenngleich über seine Spezifität und auch über ein Vorkommen in anderen Materialien noch nichts bekannt ist.

XI. Purin-desoxyribosid → Pyrimidin-transdesoxyribosidase *(Trans-N-glykosidase)*

MCNUTT[2] konnte kürzlich beobachten, daß ein dialysierter Rohextrakt aus *Lactobacillus helveticus* eine Übertragungs-reaktion des folgenden Typus katalysiert:

Purin-desoxyribosid + Pyrimidin ⇌ Purin + Pyrimidin-desoxyribosid.

Phosphat ist an dem Vorgang nicht beteiligt; Desoxyribose-1-phosphat wird durch den Extrakt nicht angegriffen.

Der Desoxyribose-rest wird nicht nur von Purin-basen auf Pyrimidin-basen übertragen, sondern es ist auch möglich, einen gleichartigen Transfer von einem Purin-desoxyribosid auf ein anderes Purin zu beobachten. Bei einem Versuch mit Hypoxanthin-desoxyribosid und Adenin, das mit ^{14}C markiert war, gelang die Isolierung eines stark radioaktiven Adenin-desoxyribosids, während Hypoxanthin ohne Aktivität war[3]. Aus den Ergebnissen konnte die Gleichgewichtskonstante

$$K = \frac{[\text{Adenin}]\,[\text{Hypoxanthin-desoxyribosid}]}{[\text{Adenin-desoxyribosid}]\,[\text{Hypoxanthin}]} = \sim 5$$

berechnet werden.

---

[1] M. SAFFRAN und E. SCARANO: Nature **172**, 949 (1953); vgl. dazu auch H. M. KALCKAR: Biochim. biophys. Acta **12**, 250 (1953).

[2] W. S. MCNUTT: Nature **166**, 444 (1950); Biochem. J. **50**, 384 (1952).

[3] H. M. KALCKAR, W. S. MCNUTT und E. HOFF-JØRGENSEN: Ibid. **50**, 397 (1952).

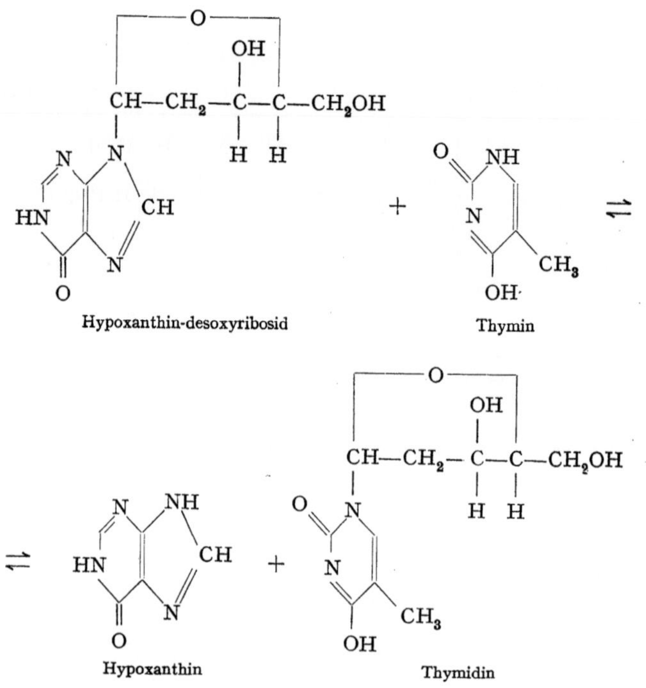

Hypoxanthin-desoxyribosid + Thymin ⇌

⇌ Hypoxanthin + Thymidin

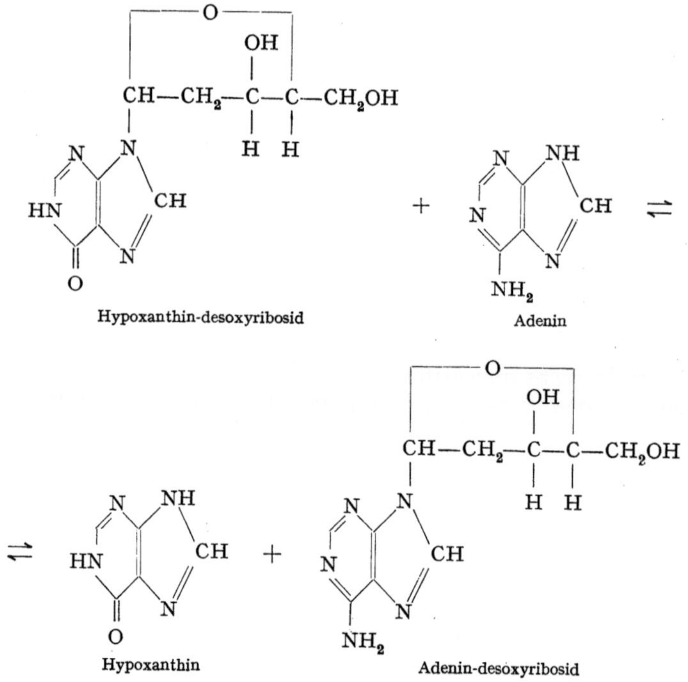

Hypoxanthin-desoxyribosid + Adenin ⇌

⇌ Hypoxanthin + Adenin-desoxyribosid

XII. Saccharose → Dextran-transglucosidase *(Dextran-saccharase)*

Schon seit langer Zeit ist bekannt, daß schleimige Abscheidungen, die sich auf Zuckersirup und anderen Rohrzucker-haltigen Nahrungsmitteln bilden, von Bakterien produziert werden. Die Mikrobiologen unterscheiden hier zwei Typen von Mikroorganismen, welche derartige schleimige Polysaccharide erzeugen: 1. die Gattung *Leuconostoc*, deren Produkt das Dextran ist, welches aus α-D-Glucopyranose-resten aufgebaut ist, die hauptsächlich durch 1,6-glucosidische Bindungen verbunden sind, und 2. bestimmte Stämme von *Aerobacter* und *Streptococcus*, welche das Lävan, ein aus Fructofuranose-resten aufgebautes Polysaccharid, bilden. Über die Konstitutionsaufklärung dieser und anderer bakterieller Polysaccharide berichtet ein Übersichtsreferat von EVANS und HIBBERT[1].

Sowohl Dextran als auch Lävan sind serologisch aktive Polysaccharide; sie wirken als Haptene, d. h. sie geben eine Fällungs-reaktion und eine Komplementbindungs-reaktion, wenn sie mit Antiseren von Tieren gemischt werden, welche mit auf Rohrzucker-nährboden gewachsenen Dextran- bzw. Lävan-bildenden Bakterien immunisiert wurden.

HEHRE[2] konnte 1941 zeigen, daß zellfreie Extrakte aus Kulturen von *Leuconostoc mesenteroides* imstande sind, aus Rohrzucker Dextran zu bilden, wobei

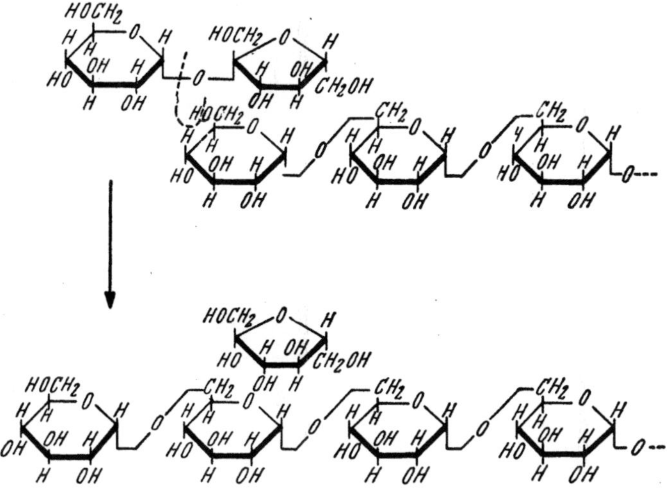

Abb. 31. Einzelschritt beim Wachstum eines Dextran-moleküls auf Kosten von Saccharose unter dem Einfluß einer Saccharose → Dextran-transglucosidase *(Dextran-saccharase)* (nach HEHRE, *l. c.*).

eine äquivalente Menge Fructose freigesetzt wird. Auch Raffinose kann — wenngleich weitaus schlechter — als Ausgangsmaterial für die Dextran-synthese, welche durch die Bakterien-extrakte bewirkt wird, dienen; wenn Saccharose als Donator zugegen ist, kann eine Übertragung der Glucose-reste auch auf Isomaltose, Maltose, α-Methylglucosid, Glucose und andere Zucker erfolgen. Dabei werden aber Produkte erhalten, die von den normalen Dextranen abweichen[3].

Die Wirkung des in den Extrakten enthaltenen Enzyms, welches von HEHRE als „*dextran sucrase*" bezeichnet wird, läßt sich durch die Bruttogleichung

$$\underset{\text{Saccharose}}{n\, C_{12}H_{22}O_{11}} \rightarrow \underset{\text{Dextran}}{(C_6H_{10}O_5)_n} + \underset{\text{Fructose}}{n\, C_6H_{12}O_6}$$

darstellen. Eine Reversibilität der katalysierten Reaktion konnte bisher nicht nachgewiesen werden; vermutlich liegt das Gleichgewicht weit auf Seite der Synthese. Die Reaktion verläuft in Abwesenheit von anorganischem Phosphat. Nach HEHRE (*l. c.*) läßt sich der Vorgang, welcher durch das Ferment bewirkt wird, als eine schrittweise Verlängerung der Dextran-kette auffassen, wie das in Abb. 31 gezeigt wird.

[1] T. H. EVANS und H. HIBBERT: Adv. Carbohydrate Chem. **2**, 203 (1947).

[2] E. J. HEHRE: Science **93**, 237 (1941); E. J. HEHRE und J. Y. SUGG: J. exp. Med. **75**, 339 (1942).

[3] H. J. KOEPSELL, H. M. TSUCHIYA, N. N. HELLMAN, A. KAZENKO, C. A. HOFFMAN, E. S. SHARPE und R. W. JACKSON: J. biol. Chem. **200**, 793 (1953).

Ein Bericht von STACEY[1], daß das Dextran synthetisierende Enzym von *Leuconostoc* durch einen in der Hefe vorkommenden Faktor in seiner Wirkung stark gesteigert werden könne und daß dieser Faktor mit *p*-Aminobenzoesäure identisch sei, konnte bisher noch nicht bestätigt werden.

Vor kurzem wurden die Faktoren, welche auf die Erzeugung dieses Enzyms durch *L. mesenteroides* einen Einfluß haben, eingehend untersucht[2]. Das *p*H-Optimum der Enzymbildung liegt bei 6,7; die optimale Saccharose-konzentration ist 2%.

XIII. Saccharose → Lävan-transfructosidase *(Lävan-saccharase)*

Obwohl BEIJERINCK[3] schon 1910 feststellte, daß die von verschiedenen Mikroorganismen bewirkte Synthese des Polysaccharids Lävan nur in Anwesenheit von Rohrzucker stattfindet, gelang es erst 1942, zellfreie Präparationen eines Enzyms zu gewinnen, welches für die Synthese des Lävans verantwortlich ist, wobei *Aerobacter levanicum* und *Streptococcus salivarius* als Ausgangsmaterialien dienten[4].

Die Wirkung dieses von HESTRIN als *Lävan-saccharase („levan sucrase")* be-

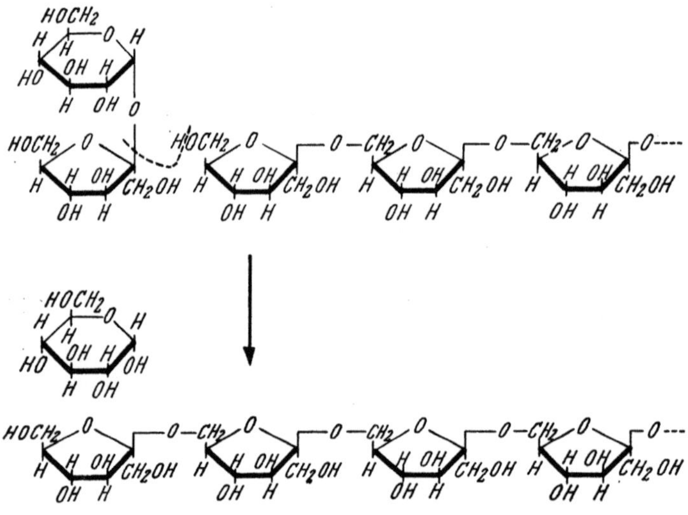

Abb. 32. Einzelschritt beim Wachstum eines Lävan-moleküls auf Kosten von Saccharose unter dem Einfluß einer Saccharose → Lävan-transfructosidase *(Lävan-saccharase)*; nach HEHRE, *l. c.*).

zeichneten Ferments ist derjenigen der Saccharose → Dextran-transglucosidase *(Dextran-saccharase)* sehr ähnlich; nur wird bei der Dextran-synthese aus dem Rohrzucker eine Polyglucose-kette aufgebaut, wobei Fructose freigesetzt wird, während die Lävan-synthese die Fructose-anteile der Saccharose als Rohmaterial benützt und der Glucose-anteil frei wird. Dementsprechend lautet die Bruttogleichung der Lävan-synthese

$$\underset{\text{Saccharose}}{n\, C_{12}H_{22}O_{11}} \rightarrow \underset{\text{Lävan}}{(C_6H_{10}O_5)_n} + \underset{\text{Glucose}}{n\, C_6H_{12}O_6}$$

[1] M. STACEY: Nature **149**, 639 (1942); J. chem. Soc. **1947**, 853.

[2] H. M. TSUCHIYA, H. J. KOEPSELL, J. CORMAN, G. BRYANT, M. O. BOGARD, V. H. FEGER und R. W. JACKSON: J. Bacter. **64**, 521 (1952); vgl. auch E. J. HEHRE: J. Amer. chem. Soc. **75**, 4866 (1953).

[3] M. N. BEIJERINCK: Proc. Kon. Acad. Wetenschap. **13**, 1066 (1910).

[4] M. ASCHNER, S. AVINERI-SHAPIRO und S. HESTRIN: Nature **149**, 527 (1942); S. HESTRIN und S. AVINERI-SHAPIRO: Ibid. **152**, 49 (1943); S. HESTRIN, S. AVINERI-SHAPIRO und M. ASCHNER: Biochem. J. **37**, 450 (1943); S. HESTRIN und S. AVINERI-SHAPIRO: Ibid. **38**, 2 (1944); S. AVINERI-SHAPIRO und S. HESTRIN: Ibid. **39**, 167 (1945).

und der Vorgang läßt sich — wiederum nach HEHRE — als eine Anzahl von Einzelprozessen des in Abb. 32 gezeigten Schemas auffassen. Eine Umkehrbarkeit der von Saccharose → Lävan-transfructosidasen katalysierten Reaktion konnte bisher noch nicht nachgewiesen werden. Außer Saccharose und Raffinose läßt sich kein anderer Zucker in Lävan überführen.

Fermente dieses Typus werden durch D-Xylose, L-Arabinose, D-Glucose, L-Sorbose und Lactose — vermutlich kompetitiv — in ihrer Wirksamkeit gehemmt; hingegen zeigen Jodessigsäure, Cyanid und Phlorrhidzin keinerlei Einfluß. Auch durch Dialyse werden die Enzyme nicht inaktiviert.

Saccharose → Lävan-transfructosidasen sind in vielen Mikroorganismen vorhanden. Ein interessantes und noch offenstehendes Problem ist es, ob die in verschiedenen Pflanzen vorkommenden lävanähnlichen Polyfructosane durch ähnliche Fermente synthetisiert werden.

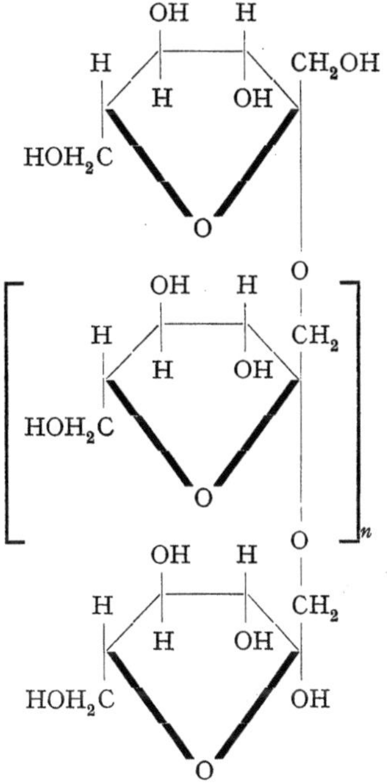

Inulin ($n \sim 30$); nach neueren Angaben soll im Inulin-molekül ein endständiger Glucose-rest vorhanden sein, was aber nicht unbestritten ist.

XIV. Saccharose → Inulin-transfructosidase (*Inulo-saccharase*)

EDELMAN und BACON[1] stellten kürzlich fest, daß in der Jerusalem-artischoke (*Helianthus tuberosus*) das Polyfructosid Inulin aus Saccharose durch Transfructosylierung gebildet wird. Die Bruttogleichung des Gesamtvorgangs ist bei der Inulinbildung

$$\underset{\text{Saccharose}}{n\, C_{12}H_{22}O_{11}} \rightarrow \underset{\text{Inulin}}{(C_6H_{10}O_5)_n} + \underset{\text{Glucose}}{n\, C_6H_{12}O_6};$$

die Inulin-kette wird durch zahlreiche Einzelschritte — Übertragung einzelner Fructosyl-reste von Saccharose auf eine bereits vorliegende Polyfructosid-kette — gebildet; dieser Vorgang ist somit der Bildung des Lävans durch den vorher besprochenen Fermenttypus analog.

Hier ist noch eine interessante Beobachtung zu erwähnen: während für die Inulin-bildung im Wurzelstock von *Helianthus* die Anwesenheit von Orthophosphat entsprechend der oben gegebenen Reaktionsgleichung nicht erforderlich ist, entsteht nach DEDONDER[2] Inulin im Stengel der Pflanze nur dann, wenn Orthophosphat zugegen ist. Dieser Befund spricht dafür, daß in den einzelnen Teilen der Pflanze zwei verschiedene Mechanismen für die Inulin-bildung vorliegen; der eine von ihnen, welcher hier besprochen wurde, ist die Transfructosylierung auf Kosten von Saccharose, während der zweite bisher noch nicht näher charakterisierte vielleicht eine Transfructosylierung mit einem Fructosephosphat als Donator-substrat darstellt.

XV. Saccharose → Amylose-transglucosidase (*Amylo-saccharase*)

HEHRE und HAMILTON[3] beobachteten, daß *Neisseria perflava*, ein in der menschlichen Nasen- und Rachenschleimhaut vorkommender saprophytischer Coccus,

---

1 J. EDELMAN und J. S. D. BACON: Biochem. J. **49**, 529 (1951).
2 R. DEDONDER: Bull. Soc. Chim. biol. **34**, 171 (1952).
3 E. J. HEHRE und D. M. HAMILTON: J. biol. Chem. **166**, 777 (1946); J. Bacter. **55**, 197 (1948); E. J. HEHRE, D. M. HAMILTON und A. S. CARLSON: J. biol. Chem. **177**, 267 (1949)

imstande ist, aus Saccharose größere Mengen wasserlöslicher Polysaccharide vom Amylopectin- oder Glykogen-typus zu synthetisieren.

Das verantwortliche Enzym läßt sich aus den Bakterienzellen leicht in Lösung bringen. Es bildet aus Saccharose unter Freisetzung äquivalenter Mengen von Fructose ein Polysaccharid, in welchem neben 1,4-glucosidischen auch 1,6-glucosidische Bindungen vorkommen, wie besonders durch enzymatische Abbauversuche gezeigt werden konnte.

Nach HEHRE (*l. c.*) läßt sich die Wirkung des Enzyms durch das in Abb. 33 gebrachte Schema darstellen.

In *Neisseria flava* ist das Enzym von einer Glucose-1-phosphat → Amylose-transglucosidase (*Phosphorylase*, vgl. S. 381) begleitet; diese bewirkt, daß der

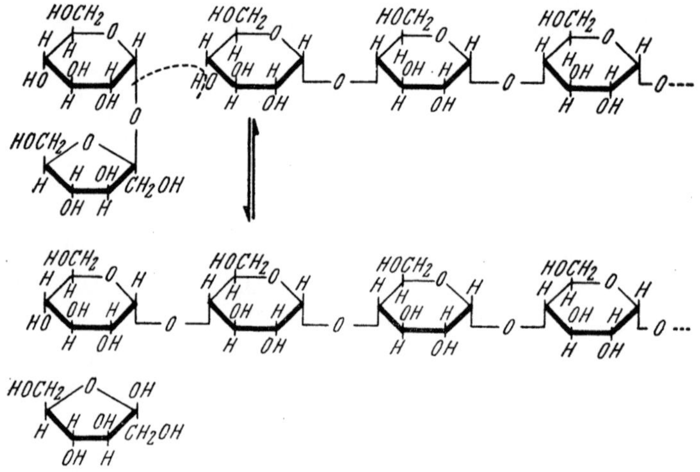

Abb. 33. Einzelschritt beim Wachstum einer Teilkette eines Glykogen-artigen Polysaccharids auf Kosten von Saccharose unter dem Einfluß der Saccharose → Amylose-transglucosidase *(Amylo-saccharase)* (nach HEHRE, *l. c.*).

Coccus aus Glucose-1-phosphat ebensogut wie aus Saccharose stärke-artige Polysaccharide bilden kann. Die beiden Fermente lassen sich voneinander trennen.

Die Bildung 1,6-glucosidischer Bindungen bei der Wirkung ungereinigter Enzympräparate dürfte auf ein Begleitferment zurückzuführen sein, das analog den „*Q*-Enzymen" (S. 398 ff.) agieren sollte.

Über ein Vorkommen gleichartiger Enzyme in anderen Organismen ist bisher noch nichts bekannt geworden.

XVI. Maltose → Amylose-transglucosidase *(Amylo-maltase)*

HESTRIN[1] stellte die Theorie auf, daß die Vermehrung unvergärbarer Kohlehydrate, welche bei der Einwirkung von rohen Amylase-präparaten auf Mischungen von abgebauter Stärke beobachtet wird, durch eine Polysaccharidsynthese aus Maltose erklärt werden kann. Tatsächlich konnten MONOD und TORRIANI[2] zeigen, daß ein zellfreies Präparat aus bestimmten Stämmen von *Escherichia coli* Maltose in ein stärke-ähnliches Produkt und Glucose verwandeln kann, wobei äquivalente Mengen beider Substanzen erhalten werden. Der Vorgang

---

[1] S. HESTRIN: Brewers Digest **23**, 1 (1948).

[2] J. MONOD und A. M. TORRIANI: C. R. Acad. Sci. Paris **227**, 240 (1948); **228**, 718 (1949); Ann. Inst. Pasteur **78**, 65 (1950).

läßt sich nach HEHRE durch ein Schema verdeutlichen, welches in Abb. 34 wiedergegeben ist.

Das Enzym scheint eine sehr strenge Spezifität aufzuweisen: weder Saccharose noch Glucose-1-phosphat, Lactose, Melibiose, Cellobiose, α-Methylglucosid oder β-Methylglucosid werden angegriffen. In Anwesenheit eines Enzyms, welches die entstehende Glucose oxydiert, wie z. B. β-Glucose → O_2-transhydrogenase (*Glucose-oxydase*, „Notatin", vgl. S. 515), geht die Reaktion bis zum vollständigen Verbrauch der Maltose, wobei stärke-ähnliche Polysaccharid-fraktionen entstehen, deren Konstitution nach BARKER und BOURNE[1] diejenige von Amylose-ketten

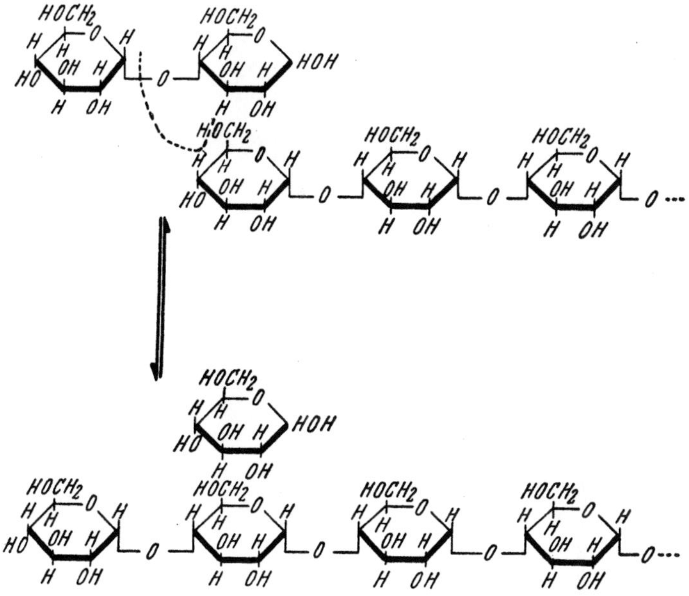

Abb. 34. Reversibler Einzelschritt beim Wachstum einer Kette vom Amylose-typus auf Kosten von Maltose unter dem Einfluß einer Maltose → Amylose-transglucosidase (*Amylo-maltase*) (nach HEHRE, *l. c.*).

ist. Die Frage, ob α- oder β-Maltose das wahre Substrat des Ferments darstellt, scheint noch nicht gelöst zu sein. Die Reaktion ist reversibel.

XVII. Dextrin → Dextran-transglucosidase (*Dextran-dextrinase*)

Während in der Stärke hauptsächlich 1,4-glucosidische Bindungen neben weitaus weniger 1,6-glucosidischen Bindungen vorkommen, sind die Verhältnisse im Dextran umgekehrt: alle oder fast alle Bindungen sind 1,6-glykosidisch; der 1,4-Bindungstypus kommt überhaupt nicht oder nur in ganz geringem Ausmaß vor.

SHIMWELL[2] beobachtete, daß Essig-bakterien (*Acetobacter viscosum* und *A. capsulatum*) ein schleimiges Material produzieren, wenn sie auf einem Nährboden wachsen, der reichlich Dextrin enthält, HEHRE und HAMILTON[3] konnten dann zeigen, daß die schleimige Substanz die immunologischen Eigenschaften des Dextrans, wie es von *Leuconostoc mesenteroides* synthetisiert wird, besitzt und auch in seinen chemischen Eigenschaften mit diesem Stoff übereinstimmt. Dieselben Essig-bakterien können auf Nährböden, welche die verschie-

[1] S. A. BARKER und E. J. BOURNE: J. chem. Soc. **1952**, 209.
[2] J. L. SHIMWELL: J. Inst. Brewing **53**, 280 (1947); Wallerstein Labor. Commun. **11**, 27 (1948).
[3] E. J. HEHRE und D. M. HAMILTON: Proc. Soc. exp. Biol. Med. **71**, 336 (1949).

densten Kohlehydrate enthalten, wachsen und Polysaccharide synthetisieren; sie sind aber nur in Anwesenheit von Dextrin imstande, Dextran zu produzieren.

Das für die Überführung von Dextrin in Dextran verantwortliche Enzym läßt sich aus *A. capsulatum* leicht zellfrei gewinnen; seine Wirkung beschränkt sich anscheinend streng spezifisch auf bestimmte Dextrine; weder Amylose, Amylopectin, Abbau-produkte der β-Amylase noch die sog. SCHARDINGER-Dextrine lassen sich in Dextran verwandeln. Versuche mit Amyloheptaose und mit α-Amylase-abbauprodukten aus Amylose machen es wahrscheinlich, daß die Funktion des Enzyms die Überführung von 1,4-gebundenen Glucose-resten in

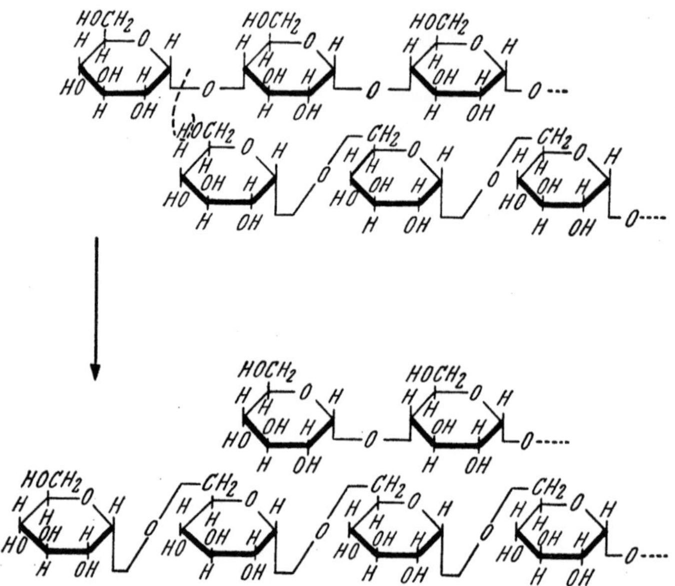

Abb. 35. Einzelschritt beim Wachstum eines Dextran-moleküls auf Kosten einer linearen Dextrin-kette unter dem Einfluß der Dextrin → Dextran-transglucosidase *(Dextran-dextrinase)* (nach HEHRE, *l. c.*).

solche mit 1,6-glucosidischen Bindungen ist. Dieser Mechanismus wird im Schema (Abb. 35) dargestellt. Die Anwesenheit einer freien nicht-reduzierenden Endgruppe im Substrat scheint für die Wirksamkeit erforderlich zu sein.

Das besprochene Enzym stellt anscheinend einen der wenigen Fälle dar, wo ein Ferment die Umwandlung eines Polysaccharids in ein anderes katalysieren kann.

XVIII. Faktoren, welche für das Zustandekommen der Kettenverzweigung in Stärke und Glykogen verantwortlich sind *(„branching factor", „Q-Enzyme")*

Wie bereits mehrfach erwähnt wurde, existieren in der Stärke und im Glykogen neben der Hauptmenge von 1,4-glucosidischen Bindungen auch 1,6-Bindungen. Hingegen ist die Glucose-1-phosphat → Amyolse-transglucosidase *(Phosphorylase)* nur zur Bildung von Glucose-ketten imstande, welche dem Amylose-typus entsprechen und ausschließlich 1,4-Bindungen enthalten. Es erhebt sich deshalb die Frage, welche Faktoren für das Zustandekommen der 1,6-Bindungen in der Stärke und im Glykogen verantwortlich sind.

Ein erster Bericht über einen derartigen Faktor in tierischem Gewebe stammt von CORI und CORI[1]. Die Autoren konnten zeigen, daß in Herz-, Leber- und

[1] G. T. CORI und C. F. CORI: J. biol. Chem. 151, 57 (1943); G. T. CORI, M. A. SWANSON und C. F. CORI: Federation Proc. 4, 234 (1945).

Hirn-extrakten ein Enzym vorkommt, das gemeinsam mit der Glucose-1-phosphat → Amylose-transglucosidase *(Phosphorylase)* imstande ist, glykogen-artige Polysaccharide zu synthetisieren. Die Forscher nannten ihr Enzym „*branching factor*", unter welchem Namen es auch heute noch in der Literatur aufscheint, da sein Wirkungsmechanismus noch nicht exakt bestimmt wurde. Seine Aktivität kann durch Messung der Beschleunigung der Polysaccharid-synthese mittels gereinigter Glucose-1-phosphat → Amylose-transglucosidase *(Phosphorylase)* bestimmt werden; dieser Effekt ist allerdings nicht sehr spezifisch, da auch α-Amylase sowie die beiden später beschriebenen Faktoren, die „Q-Enzyme" und die „Amylose-isomerase", ähnlich wirken können, weil sie die Anzahl der Endgruppen vermehren und somit die Geschwindigkeit der Polysaccharid-synthese erhöhen können.

Der „*branching factor*" von CORI könnte vielleicht mit einem Enzym identisch sein, welches von PETROVA[1] aus Kaninchen-muskel gewonnen wurde und die Fähigkeit besitzt, α-1,6-glucosidische Bindungen in Polysacchariden sowohl zu bilden als auch abzubauen. Die Autorin nennt ihr Enzym „*Amylose-isomerase*". Durch Zusammenwirken von β-Amylase und „*Amylose-isomerase*" lassen sich sowohl Stärke als auch Glykogen komplett in vergärbare Zucker überführen. Andrerseits ist ein Gemisch von Glucose-1-phosphat → Amylose-transglucosidase *(Phosphorylase)* aus Muskel und der „*Amylose-isomerase*" imstande, mit Glucose-1-phosphat als Substrat ein glykogen-artiges Polysaccharid zu bilden. Das p_H-Optimum für die Aktivität der „Amylose-isomerase" liegt bei 7,2 bis 7,5. Phosphat ist an der Reaktion nicht beteiligt.

Ein dem „*branching factor*" von CORI vermutlich sehr ähnliches Enzym konnte in Kartoffeln nachgewiesen werden[2]. In einer Reihe von interessanten Arbeiten zeigten PEAT und Mitarbeiter[3], daß bei der Reinigung der Glucose-1-phosphat → Amylose-transglucosidase *(Phosphorylase)* aus Kartoffeln die erste Ammoniumphosphat-fraktion, in welcher nur geringe Mengen des letztgenannten Enzyms anwesend sind, weshalb sie gewöhnlich verworfen wird, ein Ferment enthält, das zur Bildung 1,6-glucosidischer Bindungen befähigt ist. Die englischen Forscher nannten ihr Enzym „*Q-Enzym*" und unter diesem Namen scheint es auch heute noch in der Literatur auf. Ein Enzym gleicher Wirkung wurde kürzlich auch aus dem Flagellaten *Polytomella coeca* isoliert[4]. „Q-Enzym" wirkt in Gemeinschaft mit Glucose-1-phosphat → Amylose-transglucosidase *(Phosphorylase)* auf Glucose-1-phosphat in der Weise ein, daß ein Produkt entsteht, welches mit Jod eine rot-violette Farbe gibt, in Wasser löslich ist und nur teilweise durch β-Amylase abgebaut wird; das entstandene Polysaccharid verhält sich also völlig gleichartig wie Amylopectin. Andrerseits ist „Q-Enzym" auch imstande, aus linearen Amylose-ketten direkt bzw. auch in Abwesenheit von anorganischem Phosphat Amylopectin zu bilden.

Zur Aufklärung der Wirkungsweise stellten vor kurzem HOBSON, WHELAN und PEAT[5] Versuche mit kurzkettigen Dextrinen an, welche sie durch kontrollierte Einwirkung von α-Amylase auf Amylose erhielten. Sie ließen auf diese Dextrine „Q-Enzym" einwirken und untersuchten das Reaktionsgemisch auf die Bildung verzweigter Polymerer. Dabei stellte sich heraus, daß bei kurzkettigen Dextrinen die Wirkung des „Q-Enzyms" abnahm. Aus den Er-

[1] A. N. PETROVA: Biochimija **13**, 244 (1948); **14**, 155 (1949); **17**, 129 (1952).

[2] W. N. HAWORTH, S. PEAT und E. J. BOURNE: Nature **154**, 236 (1944).

[3] E. J. BOURNE und S. PEAT: J. chem. Soc. **1945**, 877; E. J. BOURNE, A. MACEY und S. PEAT: Ibid. **1945**, 882; S. PEAT, E. J. BOURNE und S. A. BARKER: Nature **161**, 127 (1948); S. A. BARKER, E. J. BOURNE und S. PEAT: J. chem. Soc. **1949**, 1705, 1712; S. A. BARKER, E. J. BOURNE, I. A. WILKINSON und S PEAT: Ibid. **1950**; 93, 3022; P. N. HOBSON, W. J. WHELAN und S. PEAT: Ibid. **1950**, 3566; J. M. BAILEY und W. J. PEAT: Ibid. **1950**, 3573.

[4] A. BEBBINGTON, E. J. BOURNE, M. STACEY und I. A. WILKINSON: Ibid. **1952**, 246.

[5] P. N. HOBSON, W. J. WHELAN und S. PEAT: Ibid. **1951**, 596.

gebnissen konnte geschlossen werden, daß „Q-Enzym“ nur solche Dextrine durch 1,6-glucosidische Bindungen zusammenschließen kann, welche mehr als 25 Glucose-moleküle enthalten. Nach NUSSENBAUM nud HASSID[1] werden selbst Amylose-ketten bis zu etwa 42 Glucose-resten durch Q-Enzym nicht zu Amylopectin umgebaut; hingegen unterliegen Dextrine mit einem Polymerisations-grad von über 100 leicht dieser Reaktion. Der Wirkungsmechanismus des „Q-Enzyms“ scheint also folgender zu sein: Durch das Enzym werden lange Amylose-ketten an entsprechenden 1,4-Bindungen gespalten, wobei primär ein Enzym-Substratkomplex unter Erhaltung der Bindungsenergie der 1,4-Bindung gebildet wird;

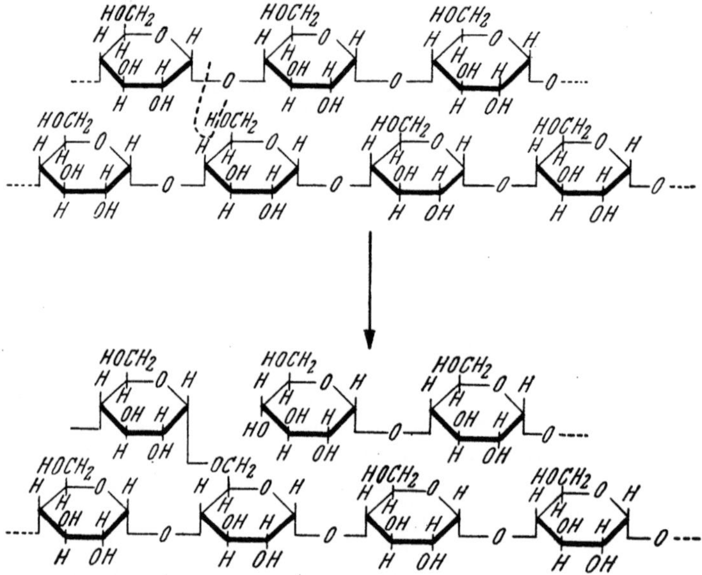

Abb. 36. Entstehung einer Verzweigung in einer Amylose-kette durch die Wirkung eines Q-Enzyms. Sowohl die Verzweigung als auch der übrigbleibende Amylose-rest sind in Wirklichkeit länger als hier gezeigt. (Nach HEHRE, *l. c.*).

die abgespaltene Kette wird dann durch 1,6-glucosidische Bindung an irgend eine Stelle der Amylose-ketten angehängt. Es handelt sich hier somit um eine Transglykosylase-wirkung, wobei der übertragene Rest ein Teil einer Amylose-kette ist (vgl. das Schema in Abb. 36).

Wie die englischen Forscher weiter zeigen konnten, hängt der Grad der Verzweigung in den entstehenden Polysacchariden vom Verhältnis Glucose-1-phosphat → Amylose-transglucosidase *(Phosphorylase)* zu „Q-Enzym“ ab. Bei Überwiegen des erstgenannten Ferments fand man bei Versuchen *in vitro* Polysaccharide, welche fast völlig dem Amylose-typus entsprachen, während in Anwesenheit größerer Mengen von „Q-Enzym“ die Bildung von Amylopectinartigen Produkten stattfand. Diese Versuche machen es wahrscheinlich, daß auch *in vivo* das Verhältnis der beiden genannten Enzyme für die Art des entstehenden Polysaccharids maßgeblich ist.

Das p_H-Optimum für die Wirkung des „Q-Enzyms“ liegt bei 7,0; die Optimaltemperatur ist 21°.

GILBERT und PATRICK[2] gelang vor kurzem die Darstellung eines kristallinen Eiweißstoffs mit „Q-Enzym“-Wirkung. Das kristalline Enzym enthält aller-

[1] S. NUSSENBAUM und W. Z. HASSID: J. biol. Chem. **196**, 785 (1952).

[2] G. A. GILBERT und A. D. PATRICK: Nature **165**, 573 (1950); Biochem. J. **51**, 186 (1952).

dings noch kleine Mengen von α-Amylase, hingegen keine α-Glucosidase, Glucose-1-phosphat → Amylose-transglucosidase *(Phosphorylase)*, β-Amylase und Phosphoesterase.

Die von BERNFELD und MEUTÉMÉDIAN[1] berichtete Auffindung einer sog. „*Isophosphorylase*" in Kartoffeln, deren Wirkung ebenfalls die Bildung von 1,6-glucosidischen Bindungen sein sollte, wobei aber Glucose-reste von Glucose-1-phosphat auf die Amylose-ketten in 1,6-Stellung übertragen würden, konnte bei exakter Nachprüfung[2,3] nicht bestätigt werden, so daß die Wahrscheinlichkeit naheliegt, daß die Schweizer Autoren einem Irrtum zum Opfer gefallen sind.

Nach Arbeiten von NISHIMURA[4] enthalten manche Hefen einen Faktor, der Dextrine oder lösliche abgebaute Reis-stärke derart verändern kann, daß ihre ursprünglich rote Jodreaktion violett oder blau wird. Die entstehenden Stoffe zeigen in jeder Hinsicht die Eigenschaften linearer Amylose-ketten.

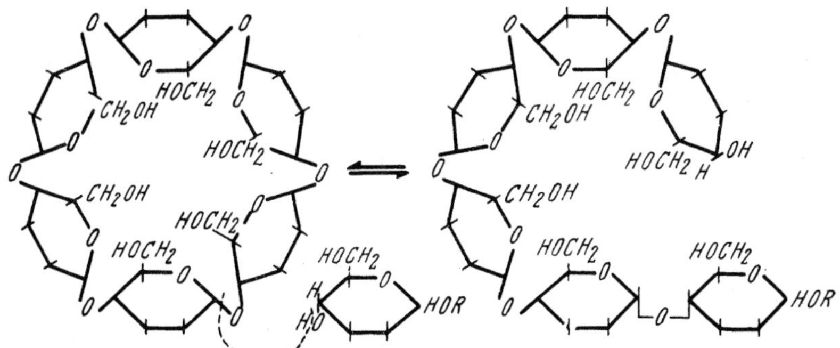

Abb. 37. Reversible Bildung eines linearen Polysaccharids vom Amylose-typus aus Cyclohexaamylose unter dem Einfluß von „*Bacillus macerans*-Amylase" (nach HEHRE, *l. c.*).

FUWA und Mitarbeiter[5] nehmen an, daß die Wirkung dieses Faktors, der von NISHIMURA als *Amylosynthease* bezeichnet wurde, eine Umkehr desjenigen Effekts ist, welcher von den „Q-Enzymen" verursacht wird. Es wäre allerdings auch vorstellbar, daß das Enzym nur die Hydrolyse der 1,6-Bindungen in den Dextrinen bewirkt.

XIX. „*Bacillus macerans*-Amylase"

Schon 1905 berichtete SCHARDINGER[6], daß Kulturen und auch zellfreie Enzyme von *Bacillus macerans* die Bildung kristalliner Dextrine aus Stärke bewirken, deren Konstitution später als ringförmige Strukturen, die aus 6 bis 7 Glucose-einheiten bestehen, erkannt wurde. Die Wirkung des Enzyms, das fälschlich als „Amylase" klassifiziert wird, ist reversibel[7, 8]; in Anwesenheit entsprechender „Cosubstrate" — Glucose, Maltose, α-Methylglucosid, Saccharose, Cellobiose und Maltobionsäure — werden Cyclodextrine des geschilderten Typus in lineare Moleküle überführt. Andrerseits wird für die Synthese der Cyclodextrine Amylose bevorzugt verwendet; aber auch verzweigte Stärke-fraktionen werden teilweise zyklisiert.

Die Wirkungsweise des Enzyms aus *Bacillus macerans* läßt sich durch das Schema in Abb. 37 wiedergeben; hiernach handelt es sich wiederum um einen

[1] P. BERNFELD und A. MEUTÉMÉDIAN: Helv. chim. Acta **31**, 1724, 1735 (1948).
[2] J. M. BAILEY und W. J. WHELAN: J. chem. Soc. **1950**, 3573.
[3] S. NUSSENBAUM und W. Z. HASSID: J. biol. Chem. **190**, 673 (1951).
[4] S. NISHIMURA: Biochem. Z. **225**, 264 (1930); **232**, 156; **237**, 133 (1931).
[5] H. FUWA, K. TAKAOKA und Z. NIKUNI: Mem. Inst. Sci. ind. Research (Japan) **7**, 147 (1950).
[6] F. SCHARDINGER: Zbl. Bakt. Parasitenk. II, **14**, 772 (1905); **22**, 98 (1909).
[7] D. FRENCH, J. H. PAZUR, M. L. LEVINE und E. NORBERG: J. Amer. chem. Soc. **70**, 3145 (1948).
[8] K. MYRBÄCK und E. WILLSTAEDT: Acta chem. Scand. **3**, 91 (1949).

Transglykosylase-mechanismus: Bei der Synthese eines geradkettigen Dextrins (Reaktion von links nach rechts) ist das Cyclodextrin als Donator und das „Cosubstrat“ als Akzeptor aufzufassen; es handelt sich hier — ähnlich wie beim „Q-Enzym“ — um die Übertragung einer Kette. Bei der Bildung von Cyclodextrinen aus Stärke werden aus den Kettenmolekülen fünf- bis siebengliedrige Stücke herausgeschnitten, wobei sich die Endgruppen dieser Moleküle zu neuen Glucosid-bindungen zusammenschließen.

Das p_H-Optimum für die Wirkung der „*Bacillus macerans-Amylase*“ liegt bei 6[1]. Eine hochgereinigte Präparation dieses Ferments wurde kürzlich von SCHWIMMER und GARIBALDI[2] hergestellt. Es handelt sich um ein Protein, dessen M. G. etwa 100000 ist und das einen I. P. bei p_H 4,5 zeigt.

30. Transaminasen[3]

I. Allgemeines

Als Transaminasen werden Enzyme bezeichnet, welche die Aminogruppe einer α-Aminocarbonsäure auf eine α-Ketocarbonsäure übertragen können, wodurch aus letzterer eine neue Aminosäure entsteht.

$$\underset{\displaystyle NH_2}{\underset{|}{RCHCOOH}} + R'COCOOH \rightleftharpoons RCOCOOH + \underset{\displaystyle NH_2}{\underset{|}{R'CHCOOH}}$$

Der erste Bericht über eine derartige, enzymatisch katalysierte Reaktion stammt von DOROTHY M. NEEDHAM[4]. Die Forscherin konnte beobachten, daß Glutaminsäure, welche zu zerkleinertem Tauben-brustmuskel zugesetzt wird, verschwindet, ohne daß eine entsprechende Bildung von Ammoniak nachgewiesen werden kann. Schon Frau NEEDHAM fand die richtige Deutung für ihre Beobachtung; sie nahm an, daß die Aminogruppe der Aminosäure auf irgend eine wahrscheinlich dem Kohlehydrat-stoffwechsel entstammende Substanz übertragen wird.

Später beobachteten SZENT-GYÖRGYI und Mitarbeiter[5], daß Oxalessigsäure in Präparaten von Tauben-brustmuskel weitaus schneller verschwindet, wenn Glutaminsäure zugesetzt wird, ohne allerdings eine Deutung des Phänomens zu versuchen.

Die ursprüngliche Vorstellung von Frau NEEDHAM konnte 1937 von BRAUNSTEIN und KRITZMANN[6] als richtig bestätigt werden. Die russischen Forscher zeigten, daß im Muskelbrei Glutaminsäure bei Anwesenheit von Brenztraubensäure verschwindet und dabei Alanin gebildet wird. Sie nannten eine derartige Reaktion „Umaminierung“ und schlugen für das verantwortliche Ferment den Namen „Aminopherase“ vor, während COHEN[7] später die Bezeichnung Transaminasen einführte, welche der hier verwendeten Nomenklatur entspricht.

---

[1] K. MYRBÄCK und L. G. GJÖRLING: Ark. Kem. Mineral. Geol. **20**A, Nr. 5 (1945).

[2] S. SCHWIMMER und J. A. GARIBALDI: Cereal Chem. **29**, 108 (1952); S. SCHWIMMER: Arch. Biochem. Biophys. **43**, 108 (1953).

[3] Handbuchartikel und Übersichtsreferate: R. M. HERBST: Adv. Enzymology **4**, 75 (1944); A. E. BRAUNSTEIN: Adv. Protein Chem. **3**, 1 (1947); P. P. COHEN: In „The Enzymes“, herausgegeben von J. B. SUMNER und K. MYRBÄCK: Bd. I/2, S. 1040. New York: Academic Press. 1951.

[4] D. M. NEEDHAM: Biochem. J. **24**, 208 (1930).

[5] E. ANNAU, I. BANGA, A. BLASZO, V. BRUCKNER, K. LAKI, F. B. STRAUB und A. SZENT-GYÖRGYI: Hoppe-Seyler's Z. physiol. Chem. **244**, 105 (1936); I. BANGA und A. SZENT-GYÖRGYI: Ibid. **245**, 118 (1937).

[6] A. E. BRAUNSTEIN und M. G. KRITZMANN: Enzymologia **2**, 129 (1937).

[7] P. P. COHEN: J. biol. Chem. **136**, 565 (1940).

Die Erforschung der Transaminasen war weitgehend dadurch erschwert, daß nur wenige brauchbare Bestimmungs-methoden für die Ausgangs- und Endprodukte der katalysierten Reaktionen existierten. Aus diesem Grunde war bis vor kurzem die Reichweite der Transaminierungs-reaktionen recht umstritten; während insbesondere die russischen Forscher um BRAUNSTEIN annahmen, daß die enzymatische Übertragung der Amino-gruppe eine ziemlich weitverbreitete Reaktion darstellt und vermutlich fast alle Aminosäuren umfaßt, waren die amerikanischen Forscher der Auffassung, daß ein eindeutiger Beweis nur für die Existenz von zwei Transaminase-typen, den Alamin → α-Ketoglutarat-transaminasen und den Aspartat → α-Ketoglutarat-transaminasen, vorliege. Erst 1950 konnten CAMMARATA und COHEN[1], FELDMANN und GUNSALUS[2] sowie andere Autoren[3] zeigen, daß außer den genannten Enzymtypen noch eine große Anzahl weiterer, vermutlich spezifischer Fermente existiert, welche die Transaminierung von Glutaminsäure auf andere Ketocarbonsäuren als Brenztraubensäure und Oxalessigsäure, bzw. die umgekehrten Reaktionen, katalysieren.

a) Pyridoxal-5'-phosphat als Coenzym der Transaminierungen[4]

SCHLENK und SNELL[5] beobachteten, daß das Gewebe von Ratten, welche mit Vitamin B_6-haltiger Nahrung aufgezogen worden waren, ein weit höheres Transaminierungs-vermögen besitzt als dasjenige von Tieren, welche mit einer Pyridoxin-freien Nahrung gefüttert wurden. Einen analogen Befund erhoben LICHSTEIN und Mitarbeiter[6], welche bei *Streptococcus faecalis R* feststellen konnten, daß Stämme, welche auf pyridoxin-freien Nährböden gewachsen waren, keinerlei Transaminierungs-vermögen besitzen, diese Fähigkeit aber erhielten, wenn man dem Medium Pyridoxalphosphat zusetzte. Etwa zur gleichen Zeit berichteten GREEN und Mitarbeiter[7] über einen hitze-stabilen Faktor in ihren gereinigten Transaminase-präparationen, welcher ähnliche Eigenschaften wie Pyridoxalphosphat aufwies. UMBREIT und Mitarbeitern[8] gelang es, eine Trennung einer Transaminase von ihrem Coenzym, dem Pyridoxalphosphat, vorzunehmen. Bei einer Aspartat → α-Ketoglutarat-transaminase wurde für den Enzym-Pyridoxalphosphat-komplex eine Dissoziations-konstante von $1{,}5 \cdot 10^{-6}$ gefunden.

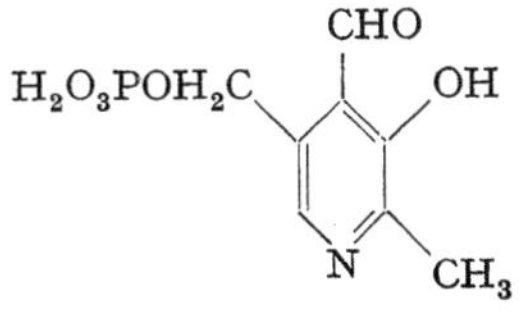

CHO, $H_2O_3POH_2C$, OH, N, CH_3

Pyridoxal-5'-phosphat

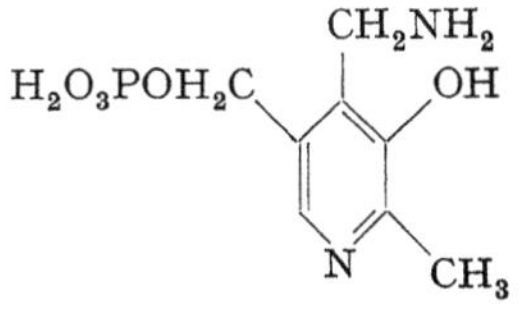

CH_2NH_2, $H_2O_3POH_2C$, OH, N, CH_3

Pyridoxamin-5'-phosphat

Nachdem SNELL[9] beobachten konnte, daß bei Erhitzen von Pyridoxalphosphat mit Glutaminsäure Pyridoxaminphosphat und α-Ketoglutarsäure entstehen,

[1] P. S. CAMMARATA und P. P. COHEN: J. biol. Chem. **187**, 439 (1950).

[2] L. I. FELDMANN und I. C. GUNSALUS: Ibid. **187**, 821 (1950).

[3] J. AWAPARA und B. SEALE: Ibid. **194**, 497 (1952); J. R. S. FINCHAM: Nature **168**, 957 (1951); K. HEYNS und W. KOCK: Hoppe-Seyler's Z. physiol. Chem. **288**, 272 (1951).

[4] Für eine allgemeine Besprechung des Pyridoxal-5'-phosphats und verwandter Faktoren vgl. S. 632.

[5] F. SCHLENK und E. E. SNELL: J. biol. Chem. **157**, 425 (1945).

[6] H. C. LICHSTEIN, I. C. GUNSALUS und W. W. UMBREIT: Ibid. **161**, 311 (1945)

[7] D. E. GREEN, L. F. LELOIR und V. NOCITO: Ibid. **161**, 559 (1945).

[8] W. W. UMBREIT, D. J. O'KANE und I. C. GUNSALUS: Ibid. **176**, 629 (1948).

[9] E. E. SNELL: J. Amer. chem. Soc. **67**, 194 (1945).

nahmen SCHLENK und FISHER[1] an, daß Pyridoxaminphosphat als intermediärer Donator der Aminogruppe fungiere. Diese Vorstellung ist heute allerdings noch umstritten[2].

b) Bestimmung der Transaminase-aktivität

Wie schon erwähnt wurde, hat die Erforschung der Transaminasen lange Zeit darunter gelitten, daß zum Nachweis der Substrate und Reaktions-produkte keine verläßlichen Methoden zur Verfügung standen. So mußten die ersten Untersuchungen im Laboratorium von BRAUNSTEIN mit Methoden vorgenommen werden, welche bestenfalls als halbquantitativ bezeichnet werden können, und erst COHEN[3] gelang es, eine verläßliche Mikrobestimmungs-methode für Glutaminsäure zu finden. Für die quantitative Bestimmung der α-Ketoglutarsäure wurde kürzlich von LEPAGE[4] eine chromatographische Methodik ausgearbeitet, welche auf der Abtrennbarkeit des Hydrazons dieser Säure von den Hydrazonen anderer Ketosäuren an einer Säule von Diatomeen-erde beruht.

Die Bestimmung der Glutaminsäure bei Transaminierungs-versuchen erfolgt in folgender Weise[3]: Man läßt das Enzym-präparat mit den Substraten in Stickstoff-atmosphäre reagieren. Zum Abstoppen des Vorgangs wird Schwefelsäure zugesetzt, darauf werden die Eiweißstoffe mit Wolframat gefällt. Die Glutaminsäure wird dann mit Chloramin-T zu β-Cyanpropionsäure umgesetzt und diese zu Bernsteinsäure hydrolysiert. Die Bernsteinsäure wird nun mit Hilfe eines Succinoxydase-präparats oxydiert und der verbrauchte Sauerstoff manometrisch bestimmt. Der Sauerstoff-verbrauch ist der ursprünglich vorhandenen Menge an Glutaminsäure proportional.

In letzter Zeit werden zur Aktivitäts-bestimmung von Transaminasen vor allem papierchromatographische und spektrophotometrische Methoden[5] verwendet.

c) Die biologische Bedeutung der Transaminierungs-reaktionen

Die Bedeutung der Transaminasen für den Zellstoffwechsel scheint sehr beträchtlich zu sein. Die Enzyme dürften sowohl beim Abbau als auch bei der Biosynthese verschiedener Aminosäuren beteiligt sein; dasselbe gilt auch für die biologische Harnstoff-synthese. Wie weit Transaminierungs-vorgänge bei der Bildung von Peptiden beteiligt sind, ist noch nicht ganz klargestellt; ein Bericht von ÅGREN[6] läßt eine derartige Rolle möglich erscheinen.

Es ist leicht verständlich, daß die Zelle in den Transaminierungs-reaktionen ein Mittel zur Verfügung hat, bei Bedarf Glutaminsäure, Asparaginsäure, Alanin und wahrscheinlich weitere Aminosäuren aus den entsprechenden Ketosäuren, welche ja aus dem oxydativen Kohlehydrat-stoffwechsel zur Verfügung stehen, zu synthetisieren.

Andrerseits nehmen BRAUNSTEIN und BYCHKOV[7], bzw. BRAUNSTEIN und AZARKH[8] an, daß die Oxydation mancher L-Aminosäuren durch eine gekoppelte Reaktion einer Transaminase und eines Glutaminsäure dehydrierenden Ferments

---

[1] F. SCHLENK und A. FISHER: Arch. Biochem. **12**, 69 (1947).

[2] Vgl. dazu z. B.: W. W. UMBREIT, D. J. O'KANE und I. C. GUNSALUS: J. biol. Chem. **176**, 629 (1948); A. MEISTER, A. H. SOBER und E. A. PETERSON: J. Amer. chem. Soc. **74**, 2385 (1952); A. E. BRAUNSTEIN und M. M. SCHEMJAKIN: Biochimija **18**, 393 (1953).

[3] P. P. COHEN: Biochem. J. **33**, 551 (1939).

[4] G. A. LEPAGE: Cancer Res. **10**, 393 (1950).

[5] P. S. CAMMARATA und P. P. COHEN: J. biol. Chem. **193**, 45 (1951).

[6] G. ÅGREN: Acta physiol. Scand. **1**, 233 (1940); vgl. auch P. P. COHEN und G. L. HECKHUIS: J. biol. Chem. **140**, 711 (1941).

[7] A. E. BRAUNSTEIN und S. M. BYCHKOV: Nature **144**, 751 (1939); Biochimija **5**, 261 (1939).

[8] A. E. BRAUNSTEIN und R. M. AZARKH: Ibid. **9**, 337 (1944); J. biol. Chem. **157**, 421 (1945).

(L-Glutaminat → DPN- [oder TPN-] transhydrogenase, *Glutaminsäure-dehydrase*, vgl. S. 490 ff.) zustande kommt. Der Vorgang wäre dann folgendermaßen zu formulieren:

L-Aminosäure + α-Ketoglutarsäure → L-Glutaminsäure + α-Ketosäure

L-Glutaminsäure + DPN (oder TPN) + H_2O → α-Ketoglutarsäure + NH_3 + + DPN · H_2 (oder TPN · H_2)

Die Gesamtreaktion wäre somit:

L-Aminosäure + H_2O — H_2 → α-Ketosäure + NH_3

Da das einzige bisher in tierischen Geweben nachgewiesene Enzym, welches L-Aminosäuren oxydiert, die L-Aminosäure → O_2-transhydrogenase (*L-Aminosäure-oxydase*) von BLANCHARD und Mitarbeitern[1], eine erstaunlich geringe Aktivität aufweist (vgl. S. 519 ff.), ist es durchaus wahrscheinlich, daß das von BRAUNSTEIN postulierte System eine wesentliche Rolle bei der Aminosäure-oxydation hat.

Weniger geklärte, aber sicher bedeutende Funktionen scheinen die Transaminasen auch beim Stoffwechsel der Purine und Pyrimidine innezuhaben. Die Stickstoff-atome in den Stellungen 1, 3 und 9 (vgl. S. 363) des Purin-kerns sollen durch Transaminierungs-vorgänge eingebaut werden.

An der Arginin-synthese aus Ornithin, einem wichtigen Teilprozeß des sog. Ornithin-zyklus, der zur Harnstoff-bildung führt (vgl. S. 276 ff), sind Enzyme beteiligt, deren Wirkung den Effekten der Transaminasen weitgehend analog sind. Über die Fermentsysteme der Arginin-synthese aus Ornithin wird deshalb im Anschluß an die Besprechung der einzelnen Transaminasen berichtet.

II. L-Alanin → α-Ketoglutarat-transaminasen

Ein Enzym dieses Typus wurde erstmalig in der klassischen Arbeit von BRAUNSTEIN und KRITZMANN[2] beschrieben; die Autoren berichteten über sein Vorkommen im Tauben-brustmuskel. Fermente dieser Spezifität sind sehr weit verbreitet; sowohl in tierischen Geweben als auch in Pflanzen und Mikroorganismen finden sich gleichartige Transaminasen.

Die katalysierte Reaktion

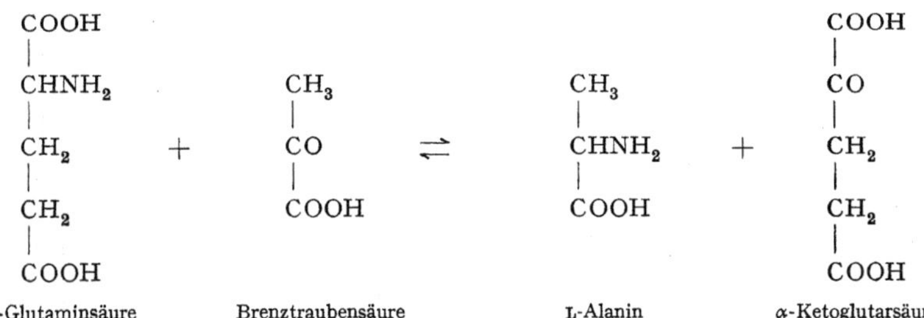

ist eine Gleichgewichtsreaktion; nach KREBS[3] beträgt der Wert für die Gleichgewichtskonstante der Reaktion

$$K = \frac{[\alpha\text{-Ketoglutarat}]\,[\text{L-Alanin}]}{[\text{L-Glutaminat}]\,[\text{Pyruvat}]} = 1{,}52$$

bei 25° und p_H 7,4.

[1] M. BLANCHARD, D. E. GREEN, V. NOCITO und S. RATNER: J. biol. Chem. **155**, 421 (1944); **161**, 583 (1945).

[2] A. E. BRAUNSTEIN und M. G. KRITZMANN: Enzymologia **2**, 129 (1937).

[3] H. A. KREBS: Biochem. J. **54**, 82 (1953).

Die Spezifität derartiger Fermente scheint eine recht strenge zu sein; Green und Mitarbeiter[1], welche mit gereinigten Präparaten arbeiteten, berichten, daß das Enzym in bezug auf α-Ketoglutarsäure und Glutaminsäure eine absolute Spezifität aufweist, während Brenztraubensäure durch Mesoxalsäure und α-Ketobuttersäure und Alanin durch α-Aminobuttersäure ersetzbar sind, wobei aber die Aktivität nur Bruchteile derjenigen erreicht, welche mit den vermutlich natürlichen Substraten zustande kommt. Enzyme dieses Typus lassen sich durch SH-Reagenzien in ihrer Wirksamkeit hemmen[2].

Verhältnismäßig hochgereinigte Präparationen von L-Alanin → α-Ketoglutarat-transaminase aus Schweine-herzen wurden von Lenard und Straub[3] sowie von Green und Mitarbeitern hergestellt; die Präparation der letztgenannten Forscher verhielt sich in der Ultrazentrifuge einheitlich. Bei der Elektrophorese ergaben sich allerdings zwei Fraktionen. Einer Berechnung von Green zufolge soll das Schweine-herz etwa 0,12% seines Trockengewichts als Alanin → α-Ketoglutarat-transaminase enthalten.

III. L-Aspartat → α-Ketoglutarat-transaminasen

Dieser Enzymtypus hat eine zumindest ebenso weite Verbreitung wie die L-Glutaminat → Pyruvat-transaminasen; er kommt allgemein in den meisten Zellen und Geweben in größerer Menge vor und ist meist aktiver als jene.

Auch hier ist die katalysierte Reaktion

$$\begin{array}{c} COOH \\ | \\ CHNH_2 \\ | \\ CH_2 \\ | \\ CH_2 \\ | \\ COOH \end{array} + \begin{array}{c} COOH \\ | \\ CO \\ | \\ CH_2 \\ | \\ COOH \end{array} \rightleftharpoons \begin{array}{c} COOH \\ | \\ CHNH_2 \\ | \\ CH_2 \\ | \\ COOH \end{array} + \begin{array}{c} COOH \\ | \\ CO \\ | \\ CH_2 \\ | \\ CH_2 \\ | \\ COOH \end{array}$$

L-Glutaminsäure — Oxalessigsäure — L-Asparaginsäure — α-Ketoglutarsäure

eine Gleichgewichts-reaktion; der Wert der Gleichgewichts-konstante der Reaktion

$$K = \frac{[\alpha\text{-Ketoglutarat}]\,[\text{Aspartat}]}{[\text{Glutaminat}]\,[\text{Oxalacetat}]}$$

beträgt bei 25° und p_H 7,4 6,74[4].

Die Spezifität dieses Fermenttypus ist ebenfalls ziemlich streng; nach den Untersuchungen von Green und Mitarbeitern[5] läßt sich wohl Oxalessigsäure durch Mesoxalsäure und Asparaginsäure durch Cysteinsäure ersetzen (der letztere Befund läßt sich vielleicht mit einer Verunreinigung der Präparation durch eine L-Cysteinat → α-Ketoglutarat-transaminase erklären); aber auch hier ist die Reaktionsgeschwindigkeit wesentlich verlangsamt. Bemerkenswert ist es, daß Glutaminsäure weder durch Glutamin noch durch α-Pyrrolidoncarbonsäure ersetzbar ist.

Die L-Aspartat → α-Ketoglutarat-transaminase aus Ratten-herzmuskel wird durch p-Benzochinon, p-Phenylendiamin und N-methylierte Derivate dieser

[1] D. E. Green, L. F. Leloir und V. Nocito: J. biol. Chem. **161**, 559 (1945).
[2] T. P. Singer und E. S. G. Barron: Ibid. **157**, 241 (1945).
[3] P. Lenard und F. B. Straub: Studies Inst. med. Chem. Univ. Szeged **2**, 59 (1942).
[4] H. A. Krebs: Biochem. J. **54**, 82 (1953).
[5] D. E. Green, L. F. Leloir und V. Nocito: J. biol. Chem. **161**, 559 (1945).

Substanz in ihrer Wirksamkeit gehemmt[1]. Ebenso sind SH-Reagenzien Inhibitoren[2].

Versuche zur Reinigung des Enzyms aus Schweine-herz unternahmen GREEN und Mitarbeiter[3], SCHLENK und FISHER[4] sowie O'KANE und GUNSALUS[5], wobei eine hohe Konzentrierung erreicht wurde. Die Präparationen scheinen aber noch nicht einheitlich zu sein.

IV. L-Aspartat → Pyruvat-transaminasen

KRITZMANN[6] berichtete 1939 über die Auffindung eines Ferments, welches die Reaktion

$$\underset{\text{L-Asparaginsäure}}{\begin{array}{c}COOH\\|\\CHNH_2\\|\\CH_2\\|\\COOH\end{array}} + \underset{\text{Brenztraubensäure}}{\begin{array}{c}COOH\\|\\CO\\|\\CH_3\end{array}} \rightleftharpoons \underset{\text{L-Alanin}}{\begin{array}{c}COOH\\|\\CHNH_2\\|\\CH_3\end{array}} + \underset{\text{Oxalessigsäure}}{\begin{array}{c}COOH\\|\\CO\\|\\CH_2\\|\\COOH\end{array}}$$

katalysieren sollte. O'KANE und GUNSALUS[7] vertraten aber die Meinung, daß es sich hier um ein Gemisch von Aspartat → α-Ketoglutarat-transaminase und Alanin → α-Ketoglutarat-transaminase handelt, welches in Anwesenheit von Asparaginsäure, Brenztraubensäure und Glutaminsäure die Reaktionsfolge

Brenztraubensäure + L-Glutaminsäure ⇌ L-Alanin + α-Ketoglutarsäure

L-Asparaginsäure + α-Ketoglutarsäure ⇌ L-Glutaminsäure + Oxalessigsäure

bewirken kann; der Gesamteffekt dieser Reaktionen wäre

L-Asparaginsäure + Brenztraubensäure → L-Alanin + Oxalessigsäure,

also identisch mit der von KRITZMANN für sein Enzym postulierten Wirkung. Später berichteten aber KRITZMANN und SAMARINA[7], daß es ihnen gelungen sei, die Aspartat → Pyruvat-transaminase aus Tauben- und Hühner-leber anzureichern und nachzuweisen, daß es sich tatsächlich um spezifische Einzelfermente handelt.

V. L-Cysteinat → α-Ketoglutarat-transaminasen

DARLING[8] konnte kürzlich zeigen, daß die Reaktion

$$\underset{\text{L-Cysteinsäure}}{HOOCCH(NH_2)CH_2SO_3H} + \underset{\alpha\text{-Ketoglutarsäure}}{HOOCCH_2CH_2COCOOH} \rightleftharpoons$$

$$\rightleftharpoons \underset{\text{L-Glutaminsäure}}{HOOCCH_2CH_2CH(NH_2)COOH} + \underset{\text{Sulfobrenztraubensäure}}{HOOCCOCH_2SO_3H}$$

durch ein spezifisches Ferment katalysiert wird, welches sich im Rinder-herz findet. Durch fraktionierte Ammoniumsulfat-fällung aus wäßrigen Extrakten von aceton-getrockneten

[1] P. P. COHEN, G. L. HEKHUIS und E. K. SOBER: Cancer Res. 2, 405 (1942).
[2] T. P. SINGER und E. S. G. BARRON: J. biol. Chem. 157, 241 (1945).
[3] D. E. GREEN, L. F. LELOIR und V. NOCITO: Ibid. 161, 559 (1945).
[4] F. SCHLENK und A. FISHER: Arch. Biochem. 12, 69 (1947).
[5] D. E. O'KANE und I. C. GUNSALUS: J. biol. Chem. 170, 425, 433 (1947).
[6] M. G. KRITZMANN: Biochimija 4, 691 (1939).
[7] M. G. KRITZMANN und A. SAMARINA: Doklady Akad. Nauk S. S. S. R. 63, 171 (1948).
[8] S. DARLING: 2e Congrès internat. Biochimie, Résumé des Communications, S. 304. Paris 1952.

Rinder-herzen gelang es, das Enzym teilweise zu reinigen. Bei dem katalysierten Vorgang handelt es sich um eine Gleichgewichts-reaktion; die Gleichgewichts-konstante

$$K = \frac{[\text{Glutaminsäure}]\,[\text{Sulfobrenztraubensäure}]}{[\text{Cysteinsäure}]\,[\alpha\text{-Ketoglutarsäure}]}$$

liegt unter den Versuchsbedingungen bei 0,11. Die Versuche wurden bei p_H 7,5 durchgeführt. Ein gleichartig wirkendes Enzym scheint auch in *Proteus vulgaris* vorhanden zu sein[1].

VI. L-Cysteinsulfinat → α-Ketoglutarat-transaminasen (Teilenzym des L-Cysteinsulfinat-desulfinase-Systems)

Nach neueren Untersuchungen erfolgt die von FROMAGEOT und Mitarbeitern entdeckte Desulfinierung der L-Cysteinsulfinsäure (S. 661) nicht direkt. KEARNEY und SINGER[1] sowie CHATAGNER und Mitarbeiter[2] zeigten, daß sowohl in *Proteus vulgaris* als auch in der Säugetier-leber der erste Schritt des Abbaus der L-Cysteinsulfinsäure zu Alanin eine Desaminierung unter Bildung von β-Sulfinylbrenztraubensäure ist, wobei α-Ketoglutarsäure als Akzeptor fungiert.

$$\underset{\text{L-Cysteinsulfinsäure}}{HOOCCH(NH_2)CH_2SO_2H} + \underset{\alpha\text{-Ketoglutarsäure}}{HOOCCH_2CH_2COCOOH} \rightleftharpoons$$

$$\rightleftharpoons \underset{\text{L-Glutaminsäure}}{HOOCCH_2CH_2CH(NH_2)COOH} + \underset{\beta\text{-Sulfinylbrenztraubensäure}}{HOOCCOCH_2SO_2H}$$

Die letztgenannten Forscher[2] halten es für möglich, daß außer α-Ketoglutarsäure auch Brenztraubensäure als Akzeptor der Aminogruppe fungieren kann.

Über die spezifischen Eigenschaften der Enzyme ist bisher noch nichts bekannt.

VII. L-Tyrosin → α-Ketoglutarat-transaminasen

FELDMAN und GUNSALUS[3] berichteten vor kurzem, daß ihnen die Herstellung von zellfreien Extrakten aus *Escherichia coli* gelungen ist, welche die Reaktion

L-Tyrosin		α-Ketoglutarsäure		L-Glutaminsäure		p-Oxyphenylbrenztraubensäure
OH						OH
C_6H_4		COOH		COOH		C_6H_4
CH_2	+	CH_2	⇌	CH_2	+	CH_2
$CHNH_2$		CH_2		CH_2		CO
COOH		CO		$CHNH_2$		COOH
		COOH		COOH		

katalysieren. Es konnte auch gezeigt werden, daß Pyridoxalphosphat als Coenzym bei diesem Vorgang fungiert.

Nach den Angaben der Autoren enthält *Escherichia coli* ausreichende Mengen des Ferments, um die Entstehung von Tyrosin während des Wachstums zu erklären.

Gleichartig wirkende Enzyme sind auch in *Pseudomonas fluorescens* und in *Bacillus subtilis* nachweisbar, wenngleich eine Untersuchung zellfreier Extrakte bisher noch nicht vorgenommen wurde.

---

[1] E. B. KEARNEY und T. P. SINGER: Biochim. biophys. Acta 8, 698 (1952).

[2] F. CHATAGNER, B. BERGERET, T. SÉJOURNÉ und C. FROMAGEOT: Ibid. 9, 340 (1952).

[3] L. I. FELDMAN und I. C. GUNSALUS: J. biol. Chem. 187, 821 (1950).

In letzter Zeit konnte von verschiedenen Autoren[1] die Existenz gleichwirkender Enzyme in tierischem Gewebe und zwar vor allem in der Leber nachgewiesen werden; ihre biologische Bedeutung liegt darin, daß sie den ersten Schritt des oxydativen Abbaus von L-Tyrosin katalysieren (vgl. S. 581).

VIII. L-Phenylalanin → α-Ketoglutarat-transaminasen

Ebenfalls in zellfreien Präparaten aus *Escherichia coli* wurde von FELDMAN und GUNSALUS[2] die Existenz eines Ferments nachgewiesen, das die Reaktion

L-Phenylalanin + α-Ketoglutarsäure → L-Glutaminsäure + Phenylbrenztraubensäure

bewirkt. Die Autoren halten es für wahrscheinlich, daß das Enzym mit dem vorher besprochenen nicht identisch ist; trotzdem gilt für die L-Phenylalanin → α-Ketoglutarat-transaminasen, so insbesondere in bezug auf die Funktion von Pyridoxalphosphat als Coenzym und das Vorkommen in tierischen Geweben[3] alles, was über die L-Tyrosin → α-Ketoglutarat-transaminasen berichtet wurde.

IX. L-Leucin → α-Ketoglutarat-transaminasen

Fermente, welche die Reaktion

$$\begin{matrix} H_3C \\ & \diagdown \\ & & CHCH_2CH(NH_2)COOH + HOOCCH_2CH_2COCOOH \rightleftharpoons \\ & \diagup \\ H_3C \end{matrix}$$

L-Leucin α-Ketoglutarsäure

$$\rightleftharpoons \begin{matrix} H_3C \\ & \diagdown \\ & & CHCH_2COCOOH + HOOCCH_2CH_2CH(NH_2)COOH \\ & \diagup \\ H_3C \end{matrix}$$

α-Ketoisocapronsäure L-Glutaminsäure

katalysieren, finden sich sowohl in tierischem Gewebe[4] als auch in Bakterien[2].

X. L-Isoleucin → α-Ketoglutarat-transaminasen

MEISTER[5] berichtete vor kurzem über die Entdeckung eines Enzymtypus, welcher reversibel die Reaktion

$$\begin{matrix} H_5C_2 \\ & \diagdown \\ & & CHCH(NH_2)COOH + HOOCCH_2CH_2COCOOH \rightleftharpoons \\ & \diagup \\ H_3C \end{matrix}$$

L-Isoleucin α-Ketoglutarsäure

$$\rightleftharpoons \begin{matrix} H_5C_2 \\ & \diagdown \\ & & CHCOCOOH + HOOCCH_2CH_2CH(NH_2)COOH \\ & \diagup \\ H_3C \end{matrix}$$

d-α-Keto-β-methylvaleriansäure L-Glutaminsäure

[1] P. S. CAMMARATA und P. P. COHEN: J. biol. Chem. **187**, 439 (1950); **193**, 45 (1951); B. N. LA DU, Jr. und D. M. GREENBERG: Ibid. **190**, 245 (1951); B. SCHEPARTZ: Ibid. **193**, 293 (1951); W. E. KNOX und M. LEMAY-KNOX: Biochem. J. **49**, 686 (1951).

[2] L. I. FELDMAN und I. C. GUNSALUS: J. biol. Chem. **187**, 821 (1950).

[3] P. S. CAMMARATA und P. P. COHEN: Ibid. **187**, 439 (1950).

[4] S. W. TANNENBAUM und D. SHEMIN: Federation Proc. **9**, 236 (1950); P. S. CAMMARATA und P. P. COHEN: J. biol. Chem. **187**, 439 (1950).

[5] A. MEISTER: Ibid. **195**, 813 (1952).

sowie auch die entsprechende Transaminierung mit dem Stereoisomeren des L-Isoleucins, dem L-Alloisoleucin, bewirkt. Bei der zuletzt genannten Reaktion entsteht l-α-Keto-β-methyl-valeriansäure, was anzeigt, daß die Konfiguration am β-Kohlenstoff bei dem Vorgang nicht verändert wird.

Vertreter dieses Enzymtypus finden sich sowohl in verschiedenen Bakterien als auch in tierischem Gewebe.

XI. L-Ornithin → α-Ketoglutarat-transaminasen

Sowohl in tierischem Gewebe[1] als auch in *Neurospora crassa*[2] wurden vor kurzem Fermente nachgewiesen, welche die Transaminierungs-reaktion

$$\begin{array}{c} NH_2 \\ | \\ CH_2 \\ | \\ CH_2 \\ | \\ CH_2 \\ | \\ CHNH_2 \\ | \\ COOH \\ \text{L-Ornithin} \end{array} + \begin{array}{c} COOH \\ | \\ CO \\ | \\ CH_2 \\ | \\ CH_2 \\ | \\ COOH \\ \alpha\text{-Ketoglutarsäure} \end{array} \rightleftharpoons \begin{array}{c} COOH \\ | \\ CHNH_2 \\ | \\ CH_2 \\ | \\ CH_2 \\ | \\ COOH \\ \text{L-Glutaminsäure} \end{array} + \begin{array}{c} CHO \\ | \\ CH_2 \\ | \\ CH_2 \\ | \\ CHNH_2 \\ | \\ COOH \\ \text{L-Glutamin-}\gamma\text{-semialdehyd} \end{array}$$

bewirken. Es handelt sich hier somit um einen Vorgang, der nicht wie bei den meisten anderen Transaminierungen die α-Amino-gruppe der Aminosäure, sondern eine endständige Amino-gruppe betrifft.

Die Reaktion könnte bei der Biosynthese des Prolins eine Rolle spielen, da es bekannt ist, daß Glutamin-γ-semialdehyd bei physiologischen Bedingungen leicht spontan unter Wasser-abspaltung in Δ^1-Pyrrolin-5-carbonsäure übergeht und dieses Produkt durch Hydrierung Prolin ergibt[3]. Der umgekehrte Vorgang, die Oxydation von Prolin zu Δ^1-Pyrrolin-5-carbonsäure bzw. Glutamin-γ-semialdehyd wird durch einen spezifischen Fermenttypus katalysiert (vgl. S. 522); es ist aber bisher noch nichts über eine Reversibilität der Reaktion bekannt.

XII. γ-Aminobutyrat → α-Ketoglutarat-transaminasen

Vor kurzem konnten in verschiedenen tierischen Geweben Enzyme entdeckt werden, welche reversibel die Reaktion

$$\begin{array}{c} CH_2NH_2 \\ | \\ CH_2 \\ | \\ CH_2 \\ | \\ COOH \\ \gamma\text{-Aminobuttersäure} \end{array} + \begin{array}{c} COOH \\ | \\ CH_2 \\ | \\ CH_2 \\ | \\ CO \\ | \\ COOH \\ \alpha\text{-Ketoglutarsäure} \end{array} \rightleftharpoons \begin{array}{c} COOH \\ | \\ CH_2 \\ | \\ CH_2 \\ | \\ CHNH_2 \\ | \\ COOH \\ \text{L-Glutaminsäure} \end{array} + \begin{array}{c} CHO \\ | \\ CH_2 \\ | \\ CH_2 \\ | \\ COOH \\ \text{Bernsteinsäure-semialdehyd} \end{array}$$

katalysieren[4]. Es ist noch nicht sicher, ob dieselben Fermente die ebenfalls beobachtete Transaminierung von β-Alanin auf α-Ketobuttersäure bewirken oder ein anderer spezifischer Enzymtypus für diesen Vorgang verantwortlich ist.

---

[1] J. H. Quastel und R. Witty: Nature **167**, 556 (1951).

[2] J. R. S. Fingham: Ibid. **168**, 957 (1951); Biochem. J. **53**, 313 (1953).

[3] Vgl. D. Shemin und D. Rittenberg: J. biol. Chem. **158**, 71 (1945); M. R. Stetten: Ibid. **189**, 499 (1951).

[4] S. P. Bessman, J. Rossen und E. C. Layne: Ibid. **201**, 385 (1953); E. Roberts und H. M. Bregoff: Ibid. **201**, 393 (1953).

XIII. L-Kynurenin → α-Ketoglutarat-transaminasen

Bei einer eingehenden Untersuchung über den Tryptophan-abbau bei verschiedenen Stämmen von *Pseudomonas fluorescens* konnte festgestellt werden daß Kynurenin als Zwischenprodukt auftritt. Dieser Körper kann nun auf zwei verschiedene Weisen weiter abgebaut werden: die Mehrzahl der Stämme spalten Kynurenin zu Anthranilsäure und Alanin, wofür eine spezifische Kynureninase (S. 354) verantwortlich ist. Einige wenige Stämme bilden aber Kynurensäure[1].

Miller, Tsuchida und Adelberg[2] isolierten nun vor kurzem aus einem Stamm, welcher Kynurensäure bildet, ein Enzym, das eine Amino-gruppe von L-Kynurenin auf α-Ketoglutarsäure übertragen kann. Obwohl anzunehmen ist, daß als Zwischenprodukt der Kynurensäure-bildung *o*-Aminobenzoyl-brenztraubensäure entsteht, gelang es bisher noch nicht, diesen Körper in den Reaktions-mischungen nachzuweisen.

$$C_6H_4(NH_2)COCH_2CH(NH_2)COOH + COOH{-}CO{-}CH_2{-}CH_2{-}COOH \rightarrow COOH{-}CHNH_2{-}CH_2{-}CH_2{-}COOH + \text{Kynurensäure (4-OH-chinolin-2-COOH)} + H_2O$$

L-Kynurenin α-Ketoglutarsäure L-Glutaminsäure Kynurensäure

Es ist wahrscheinlich, daß auch im tierischen Organismus die Entstehung von Kynurensäure durch ein ähnliches Ferment bewirkt wird; diese Annahme wird vor allem durch die Beobachtung von Wyss[3] gestützt, daß zur Bildung von Kynurensäure aus Kynurenin die Anwesenheit von α-Ketosäuren erforderlich ist.

XIV. Asparagin → α-Ketosäure-transamidasen

Meister und Mitarbeiter[4] konnten vor kurzem in Extrakten aus Ratten-leber ein Enzym oder Enzymsystem nachweisen, welches Asparagin in Anwesenheit von α-Ketosäuren gleichzeitig desamidiert und desaminiert, wobei Oxalessigsäure und die entsprechenden α-Aminosäuren entstehen. Wenngleich der Reaktions-mechanismus noch nicht völlig geklärt ist, scheint es damit festzustehen, daß ein Enzym existiert, welches die Übertragung des Amidrestes des Asparagins auf α-Ketosäuren nach der Gleichung

$$CONH_2{-}CH_2{-}CHNH_2{-}COOH + R{-}CO{-}COOH \rightarrow COOH{-}CH_2{-}CHNH_2{-}COOH + R{-}CHNH_2{-}COOH$$

Asparagin α-Ketosäure Asparaginsäure α-Aminosäure

katalysiert. Als zweiter Reaktions-schritt erfolgt dann eine Transaminierung, wobei es noch nicht ganz klargestellt ist, ob ein einheitliches Enzym beide Reaktionen, d. h. Transamidierung und Transaminierung, katalysiert, oder ob eine spezifische Aspartat → α-Ketosäure-transaminase für den zweiten Vorgang verantwortlich ist.

Unter den α-Ketosäuren, welche als Akzeptoren fungieren können, findet man Brenztraubensäure, α-Ketoisocapronsäure, Phenylbrenztraubensäure, *p*-Oxyphenylbrenztraubensäure, α-Keto-γ-methiolbuttersäure, α-Ketobuttersäure und Glyoxylsäure. Durch Transaminierung auf Glyoxylsäure entsteht Glykokoll.

Das beschriebene Ferment oder Fermentsystem ist identisch mit der früher als „Asparaginase II" bezeichneten Fraktion aus Ratten-leber, deren Wirksamkeit gegenüber Asparagin durch α-Ketosäuren aktiviert wird (vgl. S. 268).

[1] R. Y. Stanier und O. Hayaishi: Science **114**, 326 (1951).
[2] I. L. Miller, M. Tsuchida und E. A. Adelberg: J. biol. Chem. **203**, 205 (1953).
[3] O. Wyss: Z. Naturforsch. 7b, 133 (1952).
[4] A. Meister, H. A. Sober, S. V. Tice und P. E. Fraser: J. biol. Chem. **197**, 319 (1952).

XV. Glutamin → α-Ketosäure-transamidasen

In ganz analoger Weise wie die vorher beschriebenen Fermente katalysiert ein Enzym oder Enzymsystem aus Ratten-leber auch die gleichzeitige Desamidierung und Desaminierung von Glutamin[1]. Als Akzeptoren können u. a. Brenztraubensäure, Glyoxylsäure, α-Keto-ε-oxycapronsäure und α-Keto-β-indolylpropionsäure fungieren; bei der Transamidierung auf die letztgenannte Substanz entsteht Tryptophan. Auch hier ist der Mechanismus der Gesamtwirkung noch nicht völlig klar.

Eine Identität des Enzyms oder Enzymsystems mit der „Glutaminase II" aus Rattenleber (vgl. S. 269), welche durch α-Ketosäuren aktiviert wird, ist wahrscheinlich.

XVI. Weitere spezifische Transaminasen

In letzter Zeit mehren sich die Berichte, daß es außer den bereits besprochenen Transaminasen noch weitere Enzyme dieses Typus gibt, welche die Umaminierung von anderen als den bisher erwähnten Aminosäuren bewirken können. Die einzelnen Fermente sind allerdings noch nicht ausreichend charakterisiert.

Außerdem spricht aber viel dafür, daß Transaminierungs-reaktionen nicht nur auf die Bildung von Aminosäuren aus Ketocarbonsäuren und die inversen Vorgänge beschränkt sind; die Reichweite dieses Reaktions-typus dürfte ein viel größerer sein. So scheint, wie bereits an anderer Stelle (S. 363) erwähnt wurde, der Einbau einiger Stickstoff-atome in das Purin-skelett durch Transaminierung erfolgen. Aber auch die Desaminierung bzw. Aminierung verschiedener Purin- und Pyridin-körper kann durch Vorgänge der gleichen Art bewirkt werden: GUNSALUS und TONZETICH[2] berichteten, daß sie in Stämmen von *Escherichia coli* Enzyme nachweisen konnten, welche die Übertragung der Amino-gruppen von Adenin, Guanin, Cytosin und auch Pyridoxamin auf α-Ketoglutarsäure und anscheinend auch die umgekehrten Reaktionen katalysieren, wobei Pyridoxalphosphat als Cofaktor mitwirkt. Inwieweit Transaminierungs-vorgänge dieser Art beim Abbau und eine allgemeinere Rolle bei der Biosynthese der Purin- und Pyrimidin-körper spielen, ist allerdings noch nicht bekannt.

XVII. Enzymsysteme, welche an der Arginin-synthese aus Ornithin beteiligt sind[3]

In den letzten Jahren ist es geglückt, Vorgänge, welche zur Bildung des Arginins aus dem Ornithin führen und somit wesentlich am Zustandekommen des sog. „Ornithin-zyklus" (vgl. S. 276) beteiligt sind, teilweise aufzuklären. Wohl scheint es noch nicht überall gelungen zu sein, die für die Teilprozesse verantwortlichen Enzymsysteme in ihre Komponenten, die Einzelfermente, aufzuteilen; doch ergibt sich aus den Arbeiten von COHEN, RATNER und LEUTHARDT bereits ein klares Bild über die wichtigsten Eigenschaften dieser Vorgänge.

Im folgenden sollen nun die Fermentsysteme besprochen werden, welche für die beiden Schritte der Arginin-synthese aus Ornithin — die Citrullin-bildung aus Ornithin und die Arginin-bildung aus Citrullin — verantwortlich sind.

a) Das für die Citrullin-bildung aus Ornithin verantwortliche System[4]

Die erste Etappe der Arginin-bildung aus Ornithin, Ammoniak und Kohlensäure ist erst in letzter Zeit einer Aufklärung nähergekommen. Die ursprüngliche

---

[1] A. MEISTER und S. V. TICE: J. biol. Chem. 187, 173 (1951); A. MEISTER, H. A. SOBER, S. V. TICE und P. E. FRASER: Ibid. 197, 319 (1952).

[2] C. F. GUNSALUS und J. TONZETICH: Nature 170, 162 (1952).

[3] Übersichtsreferate: H. A. KREBS: In „The Enzymes", herausgegeben von J. B. SUMNER und K. MYRBÄCK, Bd. II/2, S. 866. New York: Academic Press. 1952; F. LEUTHARDT: In „Symposium sur le Cycle tricarboxylique", 2e Congr. internat. Biochimie, S. 89. Paris 1952.

[4] Übersichtsreferat: S. GRISOLIA: In „Phosphorus Metabolism", herausgegeben von W. D. MCELROY und B. GLASS, Bd. I, S. 619. Baltimore: John Hopkins Press. 1951.

Annahme von KREBS[1], daß die δ-Aminogruppe des Ornithins direkt carboxyliert wird und darauf eine Amidierung folgt, konnte durch Versuche von COHEN und GRISOLIA[2] widerlegt werden; diese Autoren zeigten, daß es sich anscheinend um eine Transcarbamylierung zwischen α-Ureidoglutarsäure und Ornithin in Anwesenheit von Ammoniak handelt.

In späteren Arbeiten berichtet dieselbe Forschergruppe[3], daß es ihnen gelungen sei, aus Leber lösliche Präparationen von Enzymsystemen zu erhalten, welche die Citrullin-synthese katalysieren können, wobei die Anwesenheit von Ureidoglutarsäure oder anderer N-acylierter Derivate der Glutaminsäure, weiters CO_2 NH_3, ATP und Mg^{++} erforderlich sind.

Der Wirkungsmechanismus dieses Systems ist allerdings noch sehr unklar. Es scheint, daß in einem ersten aktivierenden Schritt die α-Ureidoglutarsäure bzw. N-Formyl-, N-Acetyl oder N-Chloracetylglutaminsäure unter Mitwirkung von ATP mit CO_2 und NH_3 „beladen" wird und in einem zweiten Schritt die Reaktion des so entstandenen Zwischenkörpers mit Ornithin unter Bildung von Citrullin und Rückbildung der acylierten Glutaminsäure erfolgt.

Nach MÜLLER und LEUTHARDT[4] ist die Citrullin-synthese in den Mitochondrien des Lebergewebes der Säugetiere lokalisiert; weder Nierengewebe derselben Tiere noch Vogelleber besitzen die dazu notwendigen Enzymsysteme.

$$\begin{array}{l} COOH \\ | \\ CHNHCONH_2 \\ | \\ (CH_2)_2 \\ | \\ COOH \end{array}$$

α-Ureidoglutarsäure

b) Aspartat → Citrullin-transiminase-system[5]

Während ursprünglich angenommen wurde, daß bei der Synthese von Arginin aus Citrullin NH_3 direkt aufgenommen wird, konnten BORSOOK und DUBNOFF[6] zeigen, daß Leber- und Nieren-schnitte nur in Anwesenheit von Glutamat oder Aspartat Citrullin in Arginin überführen können. COHEN und HAYANO[7] untersuchten diesen Vorgang genauer und konnten beobachten, daß Leber-homogenate Arginin nur dann auf Kosten von Glutaminsäure synthetisieren können, wenn Mg^{++} und katalytische Mengen von ATP anwesend sind.

Eine teilweise Reinigung des Enzymsystems durch RATNER und PAPPAS[8] ergab, daß der Donator des Imin-stickstoffs nicht Glutaminsäure sondern Asparaginsäure ist; der Gesamtvorgang läßt sich wie folgt formulieren:

$$\text{Citrullin} + \text{Asparaginsäure} \xrightarrow{\text{ATP}} \text{Arginin} + \text{Fumarsäure}$$

---

[1] H. A. KREBS: Annu. Rev. Biochem. 5, 262 (1936).
[2] P. P. COHEN und S. GRISOLIA: J. biol. Chem. **182**, 747 (1950).
[3] S. GRISOLIA, S. B. KORITZ und P. P. COHEN: Ibid. **191**, 181 (1951); S. GRISOLIA und P. P. COHEN: Ibid. **191**, 189 (1951); S. GRISOLIA, R. H. BURRIS und P. P. COHEN: Ibid. **191**, 203 (1951); S. GRISOLIA und P. P. COHEN: Ibid. **189**, 561 (1952); **204**, 753 (1953).
[4] A. F. MÜLLER und F. LEUTHARDT: Helv. chim. Acta **32**, 2349 (1948).
[5] Übersichtsreferat: S. RATNER: In „Phosphorus Metabolism", herausgegeben von W. D. MCELROY und B. GLASS, Bd. I, S. 601. Baltimore: John Hopkins Press. 1951.
[6] H. BORSOOK und J. W. DUBNOFF: J. biol. Chem. **141**, 717 (1941).
[7] P. P. COHEN und M. HAYANO: Ibid. **166**, 239, 251 (1946).
[8] S. RATNER und A. PAPPAS: Ibid. **179**, 1183, 1199 (1949).

Es gelang den Autoren, das verantwortliche Fermentsystem in zwei Fraktionen zu zerlegen, von welchen die eine anscheinend die Reaktion

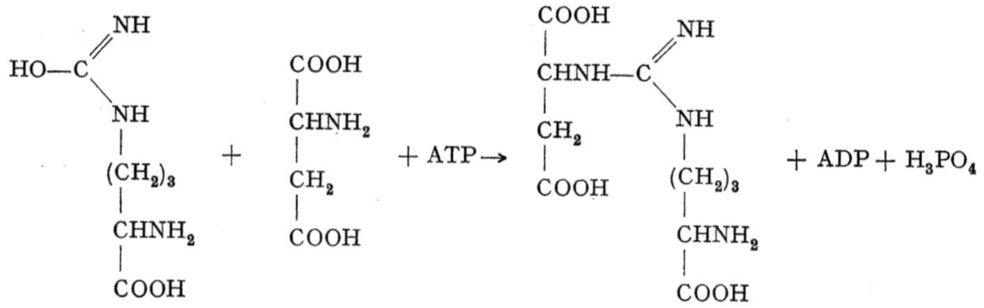

$$\underset{\text{L-Citrullin}}{\begin{array}{l}\text{HO—C}{\overset{\text{NH}}{\diagup\!\!\diagup}}\\ \quad\ \diagdown\text{NH}\\ \quad\ \ |\\ \quad\ (CH_2)_3\\ \quad\ \ |\\ \quad\ CHNH_2\\ \quad\ \ |\\ \quad\ COOH\end{array}} + \underset{\text{L-Asparaginsäure}}{\begin{array}{l}COOH\\ |\\ CHNH_2\\ |\\ CH_2\\ |\\ COOH\end{array}} + ATP \rightarrow \underset{\text{L-Arginobernsteinsäure}}{\begin{array}{l}COOH\\ |\\ \text{CHNH—C}{\overset{\text{NH}}{\diagup\!\!\diagup}}\\ |\qquad\quad \diagdown\text{NH}\\ CH_2 \qquad\ \ |\\ |\qquad\quad\ (CH_2)_3\\ COOH \qquad |\\ \qquad\qquad CHNH_2\\ \qquad\qquad\ |\\ \qquad\qquad COOH\end{array}} + ADP + H_3PO_4$$

bewirkt, während die zweite die Spaltung des Intermediär-produkts Arginobernsteinsäure zu L-Arginin und Fumarsäure katalysiert. Vielleicht besteht die erste Fraktion, welche für die Bildung des Zwischenprodukts unter Dephosphorylierung von ATP verantwortlich ist, aus zwei Einzelenzymen, von denen eines die Phosphat-übertragung von ATP auf Citrullin (oder weniger wahrscheinlich auf Asparaginsäure) bewirkt und das zweite für die Kondensation des phosphorylierten Citrullins (bzw. der phosphorylierten Asparaginsäure) mit dem anderen Reaktionspartner verantwortlich ist, wobei anorganisches Phosphat frei wird.

Die Wirkungsweise der zweiten Fraktion wurde in letzter Zeit von RATNER und Mitarbeitern[1] erkannt; im Gegensatz zur ursprünglichen Auffassung, daß es sich um ein Enzym handelt, welches das Intermediär-produkt Arginobernsteinsäure durch Hydrolyse in Arginin und Äpfelsäure überführt, zeigte sich, daß bei der Spaltung keine Hydrolyse erfolgt und neben Arginin nicht Äpfelsäure sondern Fumarsäure entsteht. Es konnte erkannt werden, daß die Aufspaltung der Arginobernsteinsäure durch spezifische Fermente bewirkt wird, welche der hier eingeführten Nomenklatur entsprechend als L-Arginosuccinat-argininlyasen zu bezeichnen sind (vgl. S. 658).

Im Gegensatz zu den Verhältnissen bei teilweise gereinigten Enzympräparaten wirkt in kompletten Homogenaten aus Leber Glutaminsäure als weitaus besserer Imin-stickstoff-donator als Asparaginsäure. Dies läßt sich dadurch erklären, daß die im Homogenat enthaltenen Mitochondrien eine sehr aktive Aspartat $\rightarrow$ α-Ketoglutarat-transaminase (vgl. S. 406) enthalten, welche für die dauernde Nachschaffung von Asparaginsäure sorgt und daß andrerseits Glutaminsäure leicht unter Bildung energiereicher Phosphat-gruppen oxydativ abgebaut werden kann und so der Nachschub an ATP gesichert ist. Asparaginsäure wird gar nicht oder schwerer unter ATP-Gewinn abgebaut, während das für die Synthese notwendige ATP durch im Homogenat anwesende ATP-asen dauernd zerstört wird. ATP scheint in den Homogenaten der beschränkende Faktor für das Zustandekommen der Arginin-synthese zu sein[2]; andrerseits wurde beobachtet, daß Konzentrationen über $5 \cdot 10^{-3}$-molar die Reaktion hemmen.

Nach Untersuchungen von LEUTHARDT (*l. c.*) befindet sich das Transiminasesystem in den flüssigen Anteilen der Gewebe-homogenate; die Mitochondrien sind inaktiv; sie sorgen aber durch die Aspartat $\rightarrow$ α-Ketoglutarat-transaminase für den Nachschub von Asparaginsäure, wenn Glutaminsäure als primärer Donator fungiert.

---

[1] S. RATNER und B. PETRACK: J. biol. Chem. **200**, 175 (1953); S. RATNER, W. P. ANSLOW, Jr. und B. PETRACK: Ibid. **204**, 115 (1953).

[2] H. FAHRLÄNDER, P. FAVARGER und F. LEUTHARDT: Helv. chim. Acta **31**, 957 (1948).

31. Transphosphatasen[1]

I. Allgemeines

Unter Transphosphatasen versteht man Enzyme, welche die Übertragung eines Phosphat-restes von einem Donator-substrat auf ein Akzeptor-substrat katalysieren können.

$$RPO_3H_2 + R'H \rightleftharpoons RH + R'PO_3H_2$$

Es handelt sich hier um eine große Gruppe von Fermenten, denen, wie wir sehen werden, im Intermediär-stoffwechsel sehr große Bedeutung zukommt.

Die Transphosphatasen sind erst seit verhältnismäßig kurzer Zeit bekannt; vereinzelte Befunde aus früheren Jahren bildeten, nachdem die Rolle der energiereichen Phosphat-bindung geklärt worden war, die Grundlagen einer detaillierten Durchforschung des Gesamtgebiets, das aber auch heute noch viele ungelöste Probleme aufweist.

Rein systematisch können wir zwei verschiedene Typen von Transphosphorylierungs-reaktionen unterscheiden:

1. Phosphat-übertragungen ohne wesentlichen Verlust an freier Energie; es kann sich hier also entweder um die Übertragung eines energiereich gebundenen Phosphat-restes auf einen Akzeptor handeln, der auch zur Bildung einer energiereichen Bindung befähigt ist (1), oder um den Transfer eines energiearm gebundenen Phosphat-restes (2).

$$R \sim PO_3H_2 + R'H \rightleftharpoons RH + R' \sim PO_3H_2 \qquad (1)$$

$$R - PO_3H_2 + R'H \rightleftharpoons RH + R' - PO_3H_2 \qquad (2)$$

Vorgänge dieser beiden Typen sind grundsätzlich reversibel.

Reaktionen des Typus (1) finden, soweit es bis heute bekannt ist, nur dann statt, wenn entweder ATP als Phosphat-donator oder ADP (eventuell auch AMP) als Phosphat-akzeptor fungieren. Nach den vier verschiedenen bekannten Arten der energiereichen Phosphat-bindung (vgl. S. 159) lassen sich somit die Enzyme, welche diese Reaktionen katalysieren, in folgende Unterklassen einteilen:

a) Phosphocarboxyl → ADP-transphosphatasen; Enzyme, die reversibel die Übertragung des Phosphat-restes von einer Phosphocarboxyl-verbindung auf ADP (bzw. AMP) katalysieren.

b) Phosphoenol → ADP-transphosphatasen. Diese Fermente bewirken reversibel den Transfer des Phosphat-restes einer phosphorylierten Enolgruppierung auf ADP.

c) Phosphoguanidin → ADP-transphosphatasen, welche die reversible Übertragung des Phosphat-restes von einem Phosphoguanidin-derivat auf ADP katalytisch beschleunigen.

d) Pyrophosphat → ADP-transphosphatasen. Diese Enzyme können die Übertragung eines Phosphat-restes von einer Pyrophosphat-gruppierung auf ADP oder AMP bewirken.

Die Übertragung energiearm gebundener Phosphat-reste (Reaktionstypus 2) kann, wie bereits an einer früheren Stelle (S. 195) berichtet wurde, unter besonderen Umständen auch von Phosphoesterasen katalysiert werden; es ist noch nicht ganz sichergestellt, ob es Fermente gibt, welche für diesen Reaktionstypus spezifisch sind und nicht auch als Hydrolasen wirken.

2. Als zweite Art der Transphosphorylierungen sind solche Vorgänge zu nennen, die unter einem wesentlichen Verlust an freier Energie vor sich gehen; eine energiereiche Phosphat-bindung wird gelöst und der Phosphat-rest auf eine Hydroxyl-gruppe übertragen, wobei eine energiearme Bindung gebildet wird:

$$R \sim PO_3H_2 + R'OH \rightarrow RH + R'{-}OPO_3H_2$$

Prozesse dieser Art sind weitgehend irreversibel.

[1] Handbuchartikel: S. P. Colowick: In „The Enzymes“, herausgegeben von J. B. Sumner und K. Myrbäck, Bd. II/1, S. 114. New York: Academic Press. 1951; Übersichtsreferat: M. Dixon und E. C. Webb: Brit. med. Bull. 9, 110 (1953).

a) Anorganische Komplemente bei Transphosphatasen[1]

Es ist bemerkenswert, daß sämtliche bisher darauf untersuchten Transphosphatasen für ihre Wirkung die Anwesenheit eines zweiwertigen Kations, nämlich Mg^{++}, das in manchen Fällen durch Mn^{++} oder Ca^{++} ersetzbar ist, benötigen. Einige Enzyme dieser Klasse bedürfen zusätzlich auch noch der Anwesenheit von K^+ (Phosphoenolpyruvat → ADP-transphosphatasen, ATP → Fructose-transphosphatasen, ATP → Fructose-1-phosphat-transphosphatasen). K^+ kann anscheinend durch NH_4^+ oder Rb^+ ersetzt werden[2].

b) p_H-Änderungen bei Transphosphorylierungen

Bei jeder Transphosphorylierungs-reaktion, bei welcher ATP als Donator fungiert, wird ein Wasserstoff-atom des Akzeptors vollkommen ionisiert, weil die neugebildete OH-Gruppe von ADP einen stark sauren Charakter hat. Wenn nun der Akzeptor bereits ein vollständig ionisiertes Wasserstoff-atom besitzt, wie das z. B. bei Essigsäure oder Adenylsäure der Fall ist, hat die Reaktion auf die Wasserstoffionen-konzentration des Reaktions-gemisches keinen Einfluß; Vorgänge dieser Art werden nach COLOWICK (*l. c.*) als *isohydrisch* bezeichnet. Wenn hingegen der Wasserstoff des Akzeptors nur schwach abdissoziiert, wie etwa bei Zuckern, Kreatin, Arginin oder Enolbrenztraubensäure, so wird pro Mol übertragenen Phosphats ein Äquivalent Säure frei (*anisohydrische* Reaktion). Im umgekehrten Falle, d. h. bei der Übertragung von Phosphat von einem derartigen Donator auf ADP als Akzeptor, wird dementsprechend ein Äquivalent Säure pro Mol übertragenen Phosphats verbraucht.

Die Folge dieser Verhältnisse ist, daß bei anisohydrischen Reaktionen dieser Art die Gleichgewichts-lage p_H-abhängig ist, während dies bei isohydrischen Vorgängen nicht der Fall ist. So konnte LEHMANN[3] bereits 1936 zeigen, daß die Richtung der Reaktion

$$\text{ATP} + \text{Kreatin} \rightleftarrows \text{Kreatinphosphat} + \text{ADP}$$

durch Veränderung des p_H von 7 bis 10 vollständig umgekehrt wird. Bei der Phosphorylierung der Zucker hat dieser Effekt allerdings weit weniger Bedeutung, da durch die große Energie-differenz der Phosphat-bindungen (ATP und Zuckerphosphat) die Reaktionen immer praktisch vollständig in Richtung der Phosphorylierung des Zuckers verlaufen.

II. Das „Adenylsäure-system"

Bei der großen Bedeutung der Adenosinpolyphosphate für die Transphosphorylierungs-reaktionen darf an dieser Stelle eine kurze Besprechung dieser Verbindungen eingeschoben werden.

Adenosintriphosphat (ATP) wurde 1929 fast gleichzeitig von LOHMANN[4] sowie von FISKE und SUBBAROW[5] entdeckt. Die Verbindung scheint in allen bisher ernsthaft darauf untersuchten Zellen und Geweben vorzukommen.

Adenosindiphosphat (ADP) wurde erstmalig von LOHMANN[6] durch Behandlung von ATP mit einem Brei aus Krebs-muskeln dargestellt und isoliert. EULER und

[1] Übersichtsreferat: H. A. LARDY: In „Phosphorus Metabolism", herausgegeben von W. D. MCELROY und B. GLASS, Bd. I, S. 477. Baltimore: John Hopkins Press. 1951.

[2] P. D. BOYER, H. A. LARDY und P. H. PHILLIPS: J. biol. Chem. **146**, 673 (1942); **149**, 529 (1943); J. F. KACHMAR und P. D. BOYER: Federation Proc. **10**, 204 (1951).

[3] H. LEHMANN: Biochem. Z. **286**, 336 (1936).

[4] K. LOHMANN: Naturwiss. **17**, 624 (1929).

[5] C. H. FISKE und Y. SUBBAROW: Science **70**, 381 (1929).

[6] K. LOHMANN: Biochem. Z. **282**, 109 (1935).

Mitarbeiter[1] erhielten ADP bei der Spaltung von Diphosphopyridinnucleotid (DPN).

Adenosin-5'-monophosphorsäure (AMP, Muskeladenylsäure) ist schon 1927 von EMBDEN und ZIMMERMANN[2] aus Muskelbrei isoliert worden.

Die Struktur-aufklärung und die Feststellung der Beziehung dieser drei Verbindungen untereinander wurde von LOHMANN[3] durchgeführt. ATP gibt bei saurer Hydrolyse Adenin, Ribosephosphorsäure und zwei Moleküle Orthophosphorsäure; bei entsprechender Behandlung von ADP werden ebenfalls Adenin und Ribosephosphat, hingegen nur ein Molekül Orthophosphorsäure erhalten.

Durch Desaminierung von AMP konnten EMBDEN und SCHMIDT[4] bereits 1929 Inosinsäure erhalten, wodurch die Struktur von AMP — Stellung des Phosphorsäure-restes am C_5-Atom der Ribose — eindeutig geklärt war.

In letzter Zeit gelang auch die Sicherstellung der angenommenen Formeln durch Synthese[5].

```
        ┌──────O──────┐
        │   OH   OH   │            OH      OH      OH
        │   │    │    │            │       │       │
        CH──C────C────C──CH2O──P──O──P──O──P──OH
        │   │    │    │            ↓       ↓       ↓
    N   N   H    H    H            O       O       O
   //\ / \
  N   ||   CH
   \\ ||  //
     \ N
     │
    NH2
```

Adenosintriphosphat (ATP)

```
        ┌──────O──────┐
        │   OH   OH   │            OH      OH
        │   │    │    │            │       │
        CH──C────C────C──CH2O──P──O──P──OH
        │   │    │    │            ↓       ↓
    N   N   H    H    H            O       O
   //\ / \
  N   ||   CH
   \\ ||  //
     \ N
     │
    NH2
```

Adenosindiphosphat (ADP)

```
        ┌──────O──────┐
        │   OH   OH   │            OH
        │   │    │    │            │
        CH──C────C────C──CH2O──P──OH
        │   │    │    │            ↓
    N   N   H    H    H            O
   //\ / \
  N   ||   CH
   \\ ||  //
     \ N
     │
    NH2
```

Adenosin-5'-monophosphat, Muskeladenylsäure (AMP)

[1] R. VESTIN, F. SCHLENK und H. VON EULER: Ber. dtsch. chem. Ges. **70**, 1369 (1937).
[2] G. EMBDEN und M. ZIMMERMANN: Hoppe-Seyler's Z. physiol. Chem. **167**, 137 (1927).
[3] K. LOHMANN: Biochem. Z. **282**, 120 (1935).
[4] G. EMBDEN und G. SCHMIDT: Hoppe-Seyler's Z. physiol. Chem. **181**, 130 (1929).
[5] J. BADDILEY und A. R. TODD: J. chem. Soc. **1947**, 648; J. BADDILEY, A. M. MICHELSON und A. R. TODD: Nature **161**, 761 (1948).

a) *Vorkommen des „Adenylsäure-systems“*

ATP, ADP und AMP scheinen ubiquitär vorzukommen; dies stimmt auch damit überein, daß die Vorgänge der Phosphorylierung und andere Reaktionen, an denen das Adenylsäure-system beteiligt ist, wohl überall in der belebten Natur nachweisbar sind. Im Säugetier-muskel finden sich zirka 350 bis 400 mg ATP pro 100 g Gewebe.

Die Verbindungen, die unter der Bezeichnung Adenylsäure-system zusammengefaßt werden, haben weder Vitamin- noch Wuchsstoff-charakter. Das bedeutet, daß die Organismen allgemein in der Lage sind, diese Substanzen aus der vorgegebenen Nahrung zu synthetisieren.

b) *Darstellung von ATP, ADP und AMP*

Für die Darstellung von ATP, ADP und AMP existieren zahlreiche gut ausgearbeitete Vorschriften[1]. Zur Isolierung von ATP wird meist Kaninchen-muskel als Ausgangsmaterial verwendet; das Tier wird vor der Tötung parenteral mit Magnesiumsulfat behandelt, wodurch während der Aufarbeitung die enzymatische Hydrolyse des ATP verhindert wird, da Mg^{++} die ATP-monophosphatase des Muskels hemmt. Der zerkleinerte Muskel wird mit verdünnter Säure extrahiert, hierauf erfolgt eine Fällung mit Bariumacetat. Der Niederschlag, der die Bariumsalze von ATP, anderen Phosphorsäure-estern sowie Bariumphosphat enthält, wird in verdünnter Salpetersäure aufgenommen und ATP mit Quecksilber(II)-nitrat gefällt. Durch Zersetzung des Niederschlages mit H_2S und Wiederausfällung mit Bariumacetat erhält man das Bariumsalz von ATP.

ADP wird allgemein aus ATP dadurch gewonnen, daß man die ATP-monophosphatase, die nur einen Phosphat-rest von ATP hydrolysiert, auf dieses Produkt einwirken läßt. Nach beendeter Reaktion wird das ADP als Bariumsalz ausgefällt und dann eventuell über das Quecksilbersalz gereinigt.

Die Herstellung von AMP erfolgt am günstigsten durch fermentative Phosphorylierung von Adenosin mit Hilfe von Hefe[2].

c) *Analytische Bestimmung*[3]

Die Bestimmung des Gehaltes an ATP, ADP und AMP in biologischem Material ist ziemlich kompliziert. Im allgemeinen wird das zerkleinerte Gewebe mit 10%iger Trichloressigsäure extrahiert und darauf eine Fällung mit Bariumacetat bei p_H 8,2 durchgeführt. Nach mehrfacher Umfällung erhält man eine Fraktion von Bariumsalzen, die neben Bariumhexose-diphosphat und dem Bariumsalz der 3-Phosphoglycerinsäure auch die Bariumsalze von ATP und ADP enthält. AMP wird durch Barium nicht gefällt; es findet sich in der überstehenden Lösung und kann gemeinsam mit einer Anzahl weiterer Verbindungen durch Alkohol ausgefällt werden.

Die erwähnte Fraktion, welche die Bariumsalze von ATP und ADP enthält, kann auf diese Substanzen in folgender Weise untersucht werden: die beiden Verbindungen enthalten je ein Mol Ribose; ATP besitzt zwei leicht hydrolysierbare Phosphat-reste, ADP hingegen nur einen. Durch eine Bestimmung von Ribose einerseits, anorganischem Phosphat und leicht hydrolysierbarem Phosphat anderseits (7 Minuten, 1-n HCl, 100°) erhält man eine Beziehung, aus welcher sich der Gehalt der Probe an ATP und ADP berechnen läßt. An Stelle einer Bestimmung des Ribose-anteils kann man auch auf spektrophotometrischem Wege den Adenin-gehalt bestimmen.

In der „barium-löslichen-alkohol-fällbaren“ Fraktion kann AMP durch spektrophotometrische Messung bestimmt werden; dabei ist es aber notwendig, den Gehalt an DPN und TPN ebenfalls zu bestimmen und die der dort gebundenen Adenylsäure entsprechende Menge abzuziehen.

---

[1] Vgl. z. B. G. A. LePage: In „Biochemical Preparations“, herausgegeben von H. E. Carter, Bd. I, S. 1, 5. New York: Wiley. 1949.

[2] P. Ostern, T. Baranowski und J. Terszakowec: Hoppe-Seyler's Z. physiol. Chem. 251, 258 (1938).

[3] Eine ausführliche Darstellung der hier berichteten Methoden findet sich bei W. W. Umbreit, R. H. Burris und J. F. Stauffer: Manometric Techniques and Tissue Metabolism, 2. Aufl., S. 185. Minneapolis: Burgess. 1949.

d) *Funktionen des Adenylsäure-systems*

Die Bedeutung der drei Substanzen, die unter der Bezeichnung Adenylsäure-system zusammengefaßt werden, besteht vor allem darin, daß sie bei den verschiedensten Vorgängen des Stoffwechsels als stoffliche Energie-überträger fungieren. Die bei oxydativen Prozessen gewonnene freie Energie wird durch unterschiedliche Mechanismen als energiereiche Phosphat-bindung gespeichert und auf ADP übertragen. Das entstandene ATP steht nunmehr dem Organismus als unmittelbar verwertbare Energie-quelle zur Verfügung und wird zu verschiedenen synthetischen Leistungen und auch zu osmotischer, elektrischer und mechanischer Arbeit (Muskelkontraktion) verwendet. In diesem Zusammenhang sei auf Kap. 17 verwiesen.

Wir können uns somit die Zusammenhänge zwischen dem Adenylsäure-system und dem Stoffwechsel energiereicher Phosphat-bindungen etwa wie folgt verbildlichen: Am ersten Schritt, der primären Bildung energiereicher Phosphat-bindungen, ist das Adenylsäure-system nicht beteiligt. Der zweite Schritt ist die Übertragung der zuerst entstandenen Phosphat-bindung von der Substanz, an welcher diese Bindung entstanden ist, auf ADP oder vielleicht zweier solcher Bindungen auf AMP, wodurch ATP entsteht. Ein dritter nicht obligater Schritt ist die Übertragung der Phosphat-bindung von ATP auf eine Speichersubstanz (Arginin, Kreatin, andere Guanidin-basen, vielleicht auch Metaphosphat), wodurch ein sog. Phosphagen gebildet wird; diese Vorgänge sind leicht reversibel; im Bedarfsfalle muß ja die energiereiche Phosphat-bindung schnell wieder als ATP zur Verfügung stehen. Als letzte Stufe sind schließlich die verschiedenen Vorgänge aufzufassen, die eine Ablösung der energiereichen Phosphat-bindungen vom ATP mit einem Vorgang koppeln, der für sein Stattfinden freie Energie benötigt.

An allen geschilderten Teilschritten sind mehr oder minder häufig die hier besprochenen Transphosphatasen beteiligt; die Übertragung der energiereich gebundenen Phosphat-bindung auf ADP und die Einstellung der Gleichgewichte zwischen den Phosphagenen und ATP wird stets durch Fermente dieser Spezifität katalysiert.

Unter den Vorgängen, für welche die Phosphat-energie von ATP unbedingt erforderlich ist, seien hier genannt: die anaerobe Glykolyse, die wohl selbst ein Prozeß ist, der Phosphat-energie produziert, für deren Stattfinden aber primär eine Phosphorylierung der Substrate erfolgen muß (vgl. S. 681 ff.); die Bildung von Arginin aus Ornithin über Citrullin (S. 412); die Peptidsynthese (S. 289); verschiedene Transmethylierungs-vorgänge (S. 360); die Muskelkontraktion; die Bildung elektrischer Ströme in tierischem Gewebe (Aktionsströme der Nerven, Zitterrochen); sowie höchstwahrscheinlich auch die Biolumineszenz (S. 603). Bei verschiedenen der hier aufgezählten Vorgänge ist die Rolle des energiereich gebundenen Phosphats noch nicht aufgeklärt und es ist zu erwarten, daß hier manchmal Mechanismen funktionieren, die keine Ähnlichkeit mit denjenigen der bisher bekannten Transphosphorylierungs-vorgänge aufweisen. Ein gutes Beispiel für einen solchen neuartigen Mechanismus stellt die Bildung von „aktivem Methionin" aus ATP und Methionin dar, wie sie kürzlich von CANTONI[1] beschrieben wurde (vgl. S. 361).

Schließlich ist ATP auch an der Bildung der meisten Coenzyme und enzymatischen Komplemente beteiligt.

An dieser Stelle muß aber darauf hingewiesen werden, daß die Sonderstellung des Adenylsäure-systems vielleicht nur darauf beruht, daß die Funktionen dieses Systems zur Zeit am besten erforscht sind. In den letzten Jahren zeigte sich aber deutlich, daß auch das Uridylsäure-system im Stoffwechsel eine zwar andersgeartete, aber sehr wichtige Rolle spielt (vgl. S. 378 f.), und der Verfasser

[1] G. L. CANTONI: J. Amer. chem. Soc. 74, 3204 (1952).

hält es für durchaus möglich, daß in naher Zukunft auch eine ähnliche Bedeutung des Cytidylsäure-systems und des Guanylsäure-systems für die Lebensvorgänge erkannt wird.

III. 1,3-Diphosphoglycerat → ADP-transphosphatasen *(3-Phosphoglycerat-kinase)*

MEYERHOF und Mitarbeiter[1] konnten zeigen, daß die von verschiedenen Forschern[2] berichtete Koppelung der Triosephosphat-oxydation mit der Aufnahme anorganischen Phosphats in ADP durch den reversiblen Vorgang

$$\text{3-Phosphoglycerinaldehyd} + \text{DPN} + \text{ADP} + \text{Orthophosphat}$$

$$\rightleftharpoons$$

$$\text{ATP} + \text{3-Phosphoglycerat} + \text{DPN} \cdot \text{H}_2$$

gedeutet werden kann. Diese Reaktion besteht aus zwei voneinander getrennten Schritten, von welchen der erste die Bildung von 1,3-Diphosphoglycerat und DPN · H_2 ist und von einem eigenen Enzym, einer phosphorylierenden 3-Phosphoglycerinaldehyd → DPN-transhydrogenase *(Triosephosphat-dehydrase)* katalysiert wird, welche von WARBURG und CHRISTIAN[3] aus Hefe isoliert werden konnte (vgl. S. 469). Der zweite Teilvorgang ist die Übertragung eines Phosphat-restes von 1,3-Diphosphoglycerat auf ADP. Ein hierfür verantwortliches Enzym, die 1,3-Diphosphoglycerat → ADP-transphosphatase, wurde von BÜCHER[4] ebenfalls aus der Hefe hergestellt; derselbe Enzymtypus findet sich aber auch in verschiedenen anderen Geweben und Zellen.

Die katalysierte Reaktion läßt sich durch die Gleichung

$$\begin{matrix} \overset{\displaystyle O}{\overset{/\!/}{C}}\text{—O} \sim PO_3H_2 \\ | \\ CHOH \\ | \\ CH_2OPO_3H_2 \end{matrix} + \text{ADP} \rightleftharpoons \text{ATP} + \begin{matrix} \overset{\displaystyle O}{\overset{/\!/}{C}}\text{—OH} \\ | \\ CHOH \\ | \\ CH_2OPO_3H_2 \end{matrix}$$

1,3-Diphosphoglycerinsäure 3-Phosphoglycerinsäure

darstellen. Die Enzyme dieses Typus sind streng spezifisch; Adenylsäure kann ADP als Akzeptor nicht vertreten. Für die Wirksamkeit ist die Anwesenheit von Mg^{++} erforderlich.

Die katalysierte Reaktion ist eine Gleichgewichts-reaktion; BÜCHER[4] gibt für die Konstante

$$K = \frac{[\text{ATP}]\,[\text{3-Phosphoglycerat}]}{[\text{ADP}]\,[\text{1,3-Diphosphoglycerat}]}$$

den Wert $3{,}3 \cdot 10^3$ an. Das Enzym aus Hefe hat eine weitaus höhere Affinität zu 1,3-Diphosphoglycerat als zu einem anderen seiner vier Substrate, wodurch die bemerkenswerte Erscheinung erklärt wird, daß weder ATP noch 3-Phosphoglycerat eine merkliche Hemmwirkung auf die Phosphat-übertragung von 1,3-Diphosphoglycerat auf ADP ausüben.

Die Bestimmung der Aktivität derartiger Enzyme kann nur indirekt erfolgen, da kein brauchbarer analytischer Nachweis für die Umwandlung seiner Substrate bekannt ist. Für die

---

[1] O. MEYERHOF, P. OHLMEYER und W. MÖHLE: Biochem. Z. **297**, 113 (1938).

[2] R. NILSSON: Ibid. **258**, 198 (1933); Z. DISCHE: Naturwiss. **22**, 776 (1934), **24**, 462 (1936); Enzymologia **1**, 288 (1936); D. M. NEEDHAM und R. PILLAI: Nature **140**, 65 (1937).

[3] O. WARBURG und W. CHRISTIAN: Biochem. Z. **301**, 221 (1939).

[4] T. BÜCHER: Naturwiss. **30**, 756 (1942); Biochim. biophys. Acta **1**, 292 (1947).

Messung der Phosphat-übertragung von Diphosphoglycerat auf ADP wird deshalb ein System verwendet, in welchem ein Überschuß einer phosphorylierenden 3-Phosphoglycerinaldehyd → → DPN-transhydrogenase *(Triosephosphat-dehydrase)*, Phosphat, DPN, ADP und Phosphoglycerinaldehyd zugegen ist, wobei sich jede Verschiebung des Gleichgewichts durch Dephosphorylierung des Diphosphoglycerats in einer Mehrbildung von $DPN \cdot H_2$ auswirkt. Für die Rückreaktion wird wiederum mit derselben Transhydrogenase gearbeitet; die Reduktion des 1,3-Diphosphoglycerats zu Phosphoglycerinaldehyd kann durch Zusatz von Cystein irreversibel gemacht werden, so daß zwischen dem $DPN \cdot H_2$-Verbrauch und der Phosphatübertragung ein direktes stöchiometrisches Verhältnis besteht.

BÜCHER gelang es auch, das Enzym aus Hefe kristallin zu erhalten, wobei der erste Schritt eine Fällung als Nucleoproteid war.

1,3-Diphosphoglycerat → ADP-transphosphatasen erfüllen eine wichtige Funktion im Verlauf der Glykolyse (vgl. S. 681 ff.).

IV. Acetylphosphat → ADP-transphosphatasen *(Acetyl-kinase)*

Bei Arbeiten mit bakteriellen Präparationen aus *Lactobacillus delbrückii* und *Clostridium butylicum* konnte LIPMANN[1] die Existenz eines Fermenttypus sicherstellen, welcher die Übertragung des Phosphat-restes von Acetylphosphat auf das Adenylsäure-system reversibel katalysiert.

$$CH_3C(=O)O\sim PO_3H_2 + \text{ADP oder Adenylsäure} \rightleftarrows \text{ATP oder ADP} + CH_3C(=O)OH$$

Die Annahme von LIPMANN, daß der wahre Akzeptor nicht Adenylsäure, sondern nur ADP sei, und die beobachtete Akzeptor-wirkung von Adenylsäure durch die gleichzeitige Anwesenheit einer ADP → ADP-transphosphatase *(Myokinase)* bedingt sei, scheint nach Angaben von STADTMAN und BARKER[2] nicht zuzutreffen, da diese Autoren unter Verwendung gleichartiger Präparationen aus *Clostridium kluiveri* die Übertragung von Phosphat auf Adenylsäure beobachten konnten, ohne daß eine ADP → ADP-transphosphatase-wirkung in ihren Präparaten nachweisbar war.

V. ATP → Aspartat-transphosphatasen

BLACK und GRAY[3] konnten kürzlich aus Bäckerhefe ein Enzym gewinnen, das L-Asparaginsäure auf Kosten von ATP phosphoryliert. Der Nachweis dieses Vorgangs gelang dadurch, daß man das entstandene Aspartylphosphat in eine Hydroxamsäure überführte. Nach den Angaben der Autoren muß die Reaktion nach der Gleichung

$$\text{ATP} + \underset{\text{Asparaginsäure}}{COOH-CH_2-CHNH_2-COOH} \rightleftarrows \underset{\beta\text{-Aspartylphosphat}}{COOPO_3H_2-CH_2-CHNH_2-COOH} + \text{ADP}$$

verlaufen. Das Enzym ist — allerdings weitaus langsamer — auch imstande, D-Asparaginsäure und L-Glutaminsäure zu phosphorylieren.

[1] F. LIPMANN: J. biol. Chem. 155, 55 (1944); Adv. Enzymology 6, 231 (1946).
[2] E. R. STADTMAN und H. A. BARKER: J. biol. Chem. 184, 769 (1950).
[3] S. BLACK und N. M. GRAY: J. Amer. chem. Soc. 75, 2271 (1953).

Das Gleichgewicht der katalysierten Reaktion scheint weit auf der linken Seite zu liegen; dies ist verständlich, denn das Aspartylphosphat enthält als Acylphosphat den Phosphat-rest in energiereicher Bindung, etwa vergleichbar mit Acetylphosphat oder 1,3-Diphosphoglycerinsäure.

Das Vorkommen gleichartiger Enzyme in bakteriellen Präparaten einer sog. Transaspartase (S. 445) läßt die Autoren vermuten, daß diese in Wahrheit ein Enzymsystem darstellt und das hier beschriebene Ferment ein Teilenzym dieses Systems ist.

VI. Phosphoenolpyruvat → ADP-transphosphatasen *(Pyruvat-kinase)*

Meyerhof und Lohmann[1] konnten im Jahre 1934 zeigen, daß die von ihnen entdeckte Phosphoenolbrenztraubensäure als Zwischenprodukt bei der Phosphatübertragung von Phosphoglycerinsäure auf ADP auftritt, wie das bereits vorher von Parnas und Mitarbeitern[2] postuliert worden war. Der erste Schritt dieser Reaktionsfolge ist die durch eine 2-Phosphoglycerat-dehydratase *(Enolase)* katalysierte Überführung von 2-Phosphoglycerinsäure in Phosphoenolbrenztraubensäure (vgl. S. 651); dieses Produkt wird dann durch ein spezifisches Enzym in Brenztraubensäure verwandelt, wobei ATP gebildet wird.

Der durch die Phosphoenolpyruvat → ADP-transphosphatasen *(Pyruvat-kinase)* katalysierte Vorgang läßt sich durch die Gleichung

$$\begin{array}{l} CH_2 \\ \Vert \\ CO\sim PO_3H_2 \\ | \\ COOH \end{array} + ADP \rightleftharpoons ATP + \begin{array}{l} CH_3 \\ | \\ CO \\ | \\ COOH \end{array}$$

Phosphoenolbrenztraubensäure — Brenztraubensäure

darstellen. Es handelt sich — entgegen der Meinung früherer Bearbeiter — um eine reversible Reaktion[3]. Nach Meyerhof und Oesper[4] ist die Gleichgewichtskonstante bei 30°

$$K = \frac{[\text{ATP}]\,[\text{Pyruvat}]}{[\text{ADP}]\,[\text{Phosphoenolpyruvat}]} = 2000$$

Die Spezifität des Enzyms scheint absolut zu sein. Es wird allerdings berichtet, daß außer ADP auch AMP als Phosphat-akzeptor dienen kann; nach den Angaben von Kubowitz und Ott[5] ist das aber bei gereinigten Präparaten nicht der Fall.

Das Ferment aus tierischen Organen benötigt für seine Wirksamkeit die Anwesenheit von Mg^{++} und K^+; das letztere Ion kann durch NH_4^+ oder Rb^+ ersetzt werden. Natrium scheint eine Hemmwirkung zu haben, welche vielleicht durch einen Antagonismus gegenüber Kalium erklärt werden kann. Das analoge Enzym aus Hefe soll hingegen für seine Wirksamkeit kein K^+ benötigen[6]. Ca^{++} wirkt als Inhibitor[7].

Die Aktivität der Phosphoenolpyruvat → ADP-transphosphatasen kann am besten spektrophotometrisch bestimmt werden, wobei das System Phosphoenolbrenztraubensäure, ADP, $DPN \cdot H_2$, Mg^{++} und $DPN \cdot H_2$ → Pyruvat-transhydrogenase (*Milchsäure-dehydrase,* vgl.

---

[1] K. Lohmann und O. Meyerhof: Biochem. Z. **273**, 60 (1934).
[2] J. Parnas, P. Ostern und T. Mann: Ibid. **272**, 64 (1934).
[3] H. A. Lardy und J. A. Ziegler: J. biol. Chem. **159**, 343 (1945).
[4] O. Meyerhof und P. Oesper: Ibid. **179**, 1371 (1949).
[5] F. Kubowitz und P. Ott: Biochem. Z. **317**, 193 (1944).
[6] J. Muntz: J. biol. Chem. **171**, 653 (1947).
[7] Vgl. die ausführliche Untersuchung von J. F. Kachmar und P. D. Boyer: Ibid. **200**, 669 (1953).

S. 468) enthalten muß[1]. Bei Zusatz der Transphosphatase entsteht freie Brenztraubensäure, die sofort zu Milchsäure reduziert wird, wobei die Lichtabsorption bei 340 mμ (DPN · H_2) verschwindet; dieser Effekt ist der Enzymwirkung proportional.

KUBOWITZ und OTT[1] gelang es, das Enzym aus Muskel zu isolieren und weitgehend zu reinigen. Bei p_H 6,77 und 20° war ihre Präparation imstande, pro 1000 g Enzymprotein 6 Mole Phosphat von Phosphoenolbrenztraubensäure auf ADP zu übertragen. Nach einer Angabe von WARBURG[2] soll NEGELEIN eine Kristallisation des Enzyms aus Hefe durchgeführt haben; die Einzelheiten dieses Verfahrens scheinen aber durch Kriegseinwirkung verlorengegangen zu sein.

Die biologische Bedeutung der Enzyme besteht in ihrer Rolle als Teilkatalysator der Glykolyse. Die Antagonismen K^+—Na^+ und Mg^{++}—Ca^{++}, wie sie bei dem Enzym aus Muskel beobachtet werden, dürften physiologisch interessante Auswirkungen haben, welche aber noch nicht eingehend erforscht worden sind.

VII. ADP → ADP-transphosphatasen *(Myokinase, Adenylat-kinase)*

COLOWICK und KALCKAR[3] gelang es, aus Kaninchen-muskel ein Enzymprotein zu isolieren, welches die reversible Reaktion

$$\text{ATP} + \text{AMP} \rightleftharpoons 2\,\text{ADP}$$

katalysiert. Das Ferment wurde Myokinase genannt; es ist für Adeninnucleotide absolut spezifisch, während Inosindiphosphat nicht verändert wird[4].

ADP → ADP-transphosphatasen scheinen sehr weit verbreitet zu sein; frühere Angaben, daß Enzyme dieses Typus in verschiedenen Organen fehlen, konnten durch spätere Bearbeiter widerlegt werden[5, 6, 7].

Das p_H-Optimum der Wirkung liegt bei 7,5; das Enzym scheint Mg^{++} für seine Wirkung zu benötigen. Es ist gegen Oxydationsmittel empfindlich, kann aber durch Sulfhydryl-verbindungen reaktiviert werden. Es zeigt eine erstaunlich große Beständigkeit beim Kochen in $^1/_{10}$-n HCl und kann mit Trichloressigsäure in der Kälte ohne Denaturierung ausgefällt werden. Nach Versuchen von KOTELNIKOVA[7] ist aber diese Beständigkeit nicht allen Fermenten dieses Typus eigen; Kaninchen-leber enthält eine ADP → ADP-transphosphatase, welche durch Kochen leicht zerstört wird.

Die physiologische Rolle der ADP → ADP-transphosphatasen könnte darin bestehen, daß sie den Organismus befähigen, bei völliger Erschöpfung des ATP-Vorrats aus ADP neues ATP nachzuschaffen.

Mit einer papier-chromatographischen Methode zur Bestimmung von ATP, ADP, AMP und anorganischem Phosphat nebeneinander untersuchten kürzlich EGGLESTON und HEMS[8] die Gleichgewichts-lage der von den ADP → ADP-transphosphatasen *(Myokinase)* katalysierten Reaktion. Bei 25° und p_H 7,4 fanden die Autoren für die Konstante

$$K = \frac{[\text{ATP}^{4-}]\,[\text{AMP}^{2-}]}{[\text{ADP}^{3-}]^2} = 0{,}444$$

[1] F. KUBOWITZ und P. OTT: Biochem. Z. **317**, 193 (1944).
[2] O. WARBURG: Wasserstoffübertragende Fermente, S. 31. Freiburg i. Br.: Editio Cantor. 1949.
[3] S. P. COLOWICK und H. M. KALCKAR: J. biol. Chem. **148**, 117 (1943); H. M. KALCKAR: Ibid. **148**, 127 (1943).
[4] A. KLEINZELLER: Biochem. J. **36**, 729 (1942).
[5] M. KUNITZ und M. MCDONALD: J. gen. Physiol. **29**, 393 (1946).
[6] R. E. TRUCCO, R. CAPUTTO, L. F. LELOIR und N. MITTELMAN: Arch. Biochem. **18**, 137 (1948).
[7] A. V. KOTELNIKOVA: Doklady Akad. Nauk S. S. S. R. **59**, 527 (1948).
[8] L. V. EGGLESTON und R. HEMS: Biochem. J. **52**, 156 (1952).

Daraus ergibt sich u. a., daß die freie Energie, die bei der Hydrolyse der terminalen Phosphat-gruppe von ATP freigesetzt wird, unter Standard-bedingungen um 480 cal/Mol größer ist als diejenige der zweiten Phosphat-bindung.

VIII. ATP → Kreatin-transphosphatasen *(Kreatin-kinase, „Lohmann's Enzym")*

In den Muskeln aller Wirbeltiere sowie einiger weniger Wirbelloser findet sich Kreatin fast durchwegs in seiner phosphorylierten Form, dem Kreatinphosphat oder „Phosphagen". Lohmann[1] fand, daß die Muskeln dieser Tiere Enzyme enthalten, welche die Übertragung von Phosphat-resten von ATP auf Kreatin katalysieren. Nach Untersuchungen von Lehmann[2] ist der Vorgang reversibel; Banga[3] konnte zeigen, daß die Gleichgewichts-konstante K der Reaktion

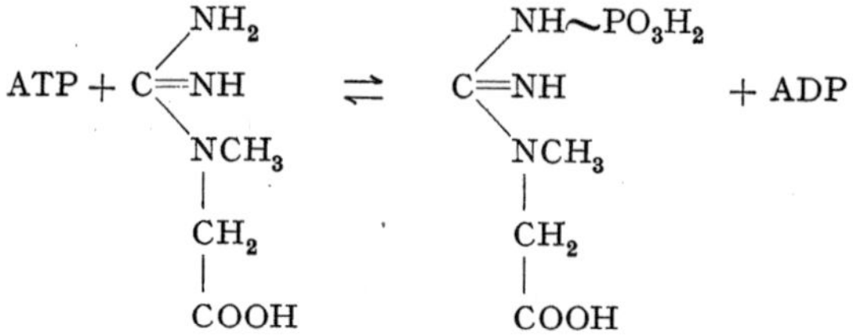

$$\text{ATP} + \begin{array}{l} \quad NH_2 \\ C\!=\!NH \\ \quad NCH_3 \\ \quad | \\ \quad CH_2 \\ \quad | \\ \quad COOH \\ \text{Kreatin} \end{array} \rightleftharpoons \begin{array}{l} \quad NH{\sim}PO_3H_2 \\ C\!=\!NH \\ \quad NCH_3 \\ \quad | \\ \quad CH_2 \\ \quad | \\ \quad COOH \\ \text{Kreatinphosphat} \end{array} + \text{ADP}$$

bei p_H 8,55 den Wert 0,04 hat. Die Konstante ist sehr stark p_H-abhängig; bei steigenden p_H-Werten wird das Gleichgewicht nach rechts verschoben. Für die Wirksamkeit des Enzyms ist die Anwesenheit von Mg^{++} erforderlich.

Eine teilweise Reinigung einer ATP → Kreatin-transphosphatase wurde von Banga[3] durchgeführt.

Kreatinphosphat fungiert im Muskel als Energie- und Phosphat-speicher — daher die Bezeichnung Phosphagen; das durch die Fermente katalysierte Gleichgewicht regelt die Speicherung bzw. die Freimachung der energiereich gebundenen Phosphatreste.

Nach einer Angabe von Askonas[4] wird die Ferment-aktivität *in vivo* durch Thyroxin gesteuert. Die beobachteten Effekte *in vitro* lassen aber nicht mit Sicherheit erkennen, ob eine direkte Hemmwirkung des Hormons auf das Enzym vorliegt.

IX. ATP → Arginin-transphosphatasen *(Arginin-kinase)*

Fermente, welche die Gleichgewichtsreaktion

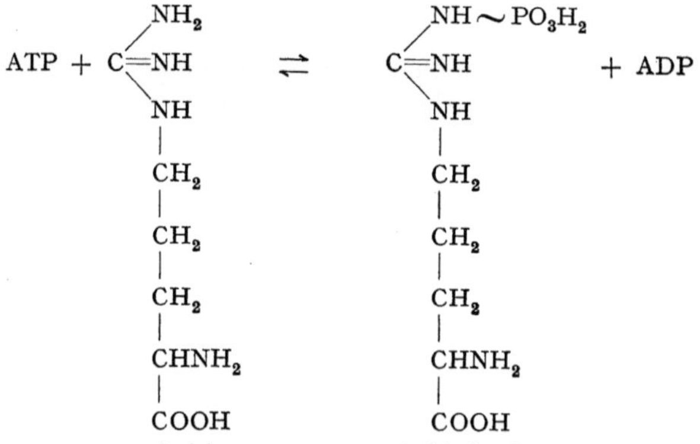

$$\text{ATP} + \begin{array}{l} \quad NH_2 \\ C\!=\!NH \\ \quad NH \\ \quad | \\ \quad CH_2 \\ \quad | \\ \quad CH_2 \\ \quad | \\ \quad CH_2 \\ \quad | \\ \quad CHNH_2 \\ \quad | \\ \quad COOH \\ \text{Arginin} \end{array} \rightleftharpoons \begin{array}{l} \quad NH \sim PO_3H_2 \\ C\!=\!NH \\ \quad NH \\ \quad | \\ \quad CH_2 \\ \quad | \\ \quad CH_2 \\ \quad | \\ \quad CH_2 \\ \quad | \\ \quad CHNH_2 \\ \quad | \\ \quad COOH \\ \text{Argininphosphat} \end{array} + \text{ADP}$$

---

[1] K. Lohmann: Biochem. Z. **271**, 264 (1934).
[2] H. Lehmann: Ibid. **286**, 336 (1936).
[3] I. Banga: Studies Inst. Med. Chem. Szeged 3, 59 (1943).
[4] B. A. Askonas: Nature **167**, 933 (1951).

katalysieren, findet sich, wie LEHMANN[1] und LOHMANN[2] etwa zur gleichen Zeit nachweisen konnten, im Muskel verschiedener Invertebraten.

SZORENYI und Mitarbeitern[3] gelang es, aus wäßrigen Extrakten von Flußkrebsmuskeln durch Ammoniumsulfat-fällung zwei verschiedene Arten von Proteinkristallen zu erhalten, von welchen die eine sehr starke ATP → Arginin-transphosphatase-wirksamkeit zeigte, während die andere eine solche erst nach Zusatz von Mn^{++}, Mg^{++} oder Ca^{++} erlangte.

SZORENYI gibt an, daß die Werte der Gleichgewichts-konstante

$$K = \frac{[\text{Arginin}]\,[\text{ATP}]}{[\text{Argininphosphat}]\,[\text{ADP}]}$$

sowohl vom p_H als auch vom Zusatz der Ionen zweiwertiger Metalle stark abhängig sind. Bei p_H 9,1 ohne Zusatz eines Metall-ions wird der Wert 6 gefunden, bei p_H 6,1 ist K etwa 500. Bei p_H 9,1 erhöht der Zusatz einer $^1/_{100}$-n Mg^{++}-Lösung K auf 12, Ca^{++} in derselben Konzentration auf 24 und Mn^{++} sogar auf 54. Mn^{++} dürfte das physiologische anorganische Komplement der Enzyme darstellen; nach einer spektrophotometrischen Analyse von SZORENYI[3] enthält das Enzymprotein 0,267% Mn.

Die biologische Funktion der ATP → Arginin-transphosphatasen bei den Invertebraten entspricht genau derjenigen der ATP → Kreatin-transphosphatasen bei den Wirbeltieren.

X. Metaphosphat → ADP-transphosphatase

Im Laboratorium des Verfassers[4] konnte kürzlich in der Hefe die Existenz eines Ferments nachgewiesen werden, welches spezifisch anscheinend nach der Gleichung

$$(HPO_3)_n + \text{ADP} \rightarrow \text{ATP} + (HPO_3)_{n-1}$$

die Übertragung von Phosphat-resten aus polymerem Metaphosphat auf ADP katalysiert. Das p_H-Optimum dieser Wirkung liegt bei etwa 6,7.

Aus technischen Gründen konnte bisher noch nicht geprüft werden, ob dieses Ferment auch die umgekehrte Reaktion, die Bildung von Metaphosphat auf Kosten von ATP, katalysiert. Bezüglich der möglichen Rolle dieses Ferments und des polymeren Metaphosphats in der Hefe sei auf die Besprechung der Phosphagene (S. 167f.) verwiesen.

XI. ATP → Nucleinsäure-transphosphatasen

Nach BRESLER und NIDZYAN[5] findet in Rattenleber-homogenaten in Anwesenheit von ATP, Ribonucleinsäure, Mg^{++} und Fluorid bei p_H 7,3 eine Übertragung von Phosphatresten von ATP auf die Nucleinsäure statt. Über die Stelle im Nucleinsäure-molekül, an welcher die Phosphorylierung eintritt, ist noch nichts bekannt; die übertragenen Phosphatreste können durch gruppen-spezifische Phosphomonoesterasen aus der Nucleinsäure wieder freigesetzt werden. Die Bedeutung der Reaktion ist noch ungeklärt.

XII. ATP → Cholin-transphosphatasen *(Cholin-kinase)*

KORNBERG und Mitarbeiter[6] konnten beobachten, daß in der Leber, der Niere, dem Hirn und der Darm-schleimhaut verschiedener Säugetiere sowie in der Hefe Enzyme vorkommen, deren Wirkung die Phosphorylierung von Cholin

[1] H. LEHMANN: Biochem. Z. **281**, 271 (1935).

[2] K. LOHMANN: Ibid. **282**, 109 (1935).

[3] T. SZORENYI, P. D. DVORNIKOVA und R. G. DEGTYAR: Doklady Akad. Nauk S. S. S. R. **67**, 341 (1949).

[4] O. HOFFMANN-OSTENHOF, J. KENEDY, K. KECK, O. GABRIEL und H. W. SCHÖNFELLINGER: Biochim. biophys. Acta **14**, 285 (1954).

[5] S. E. BRESLER und E. I. NIDZYAN: Doklady Akad. Nauk S. S. S. R. **75**, 79 (1950).

[6] A. KORNBERG: In „Phosphorus Metabolism", herausgegeben von W. D. MCELROY und B. GLASS, Bd. II, S. 245 (Diskussion). Baltimore: John Hopkins Press. 1952; J. WITTENBERG und A. KORNBERG: J. biol. Chem. **202**, 431 (1952).

auf Kosten von ATP ist. Außer Cholin werden auch Dimethyl- und Diäthyläthanolamin, Methyl- und Äthyläthanolamin sowie nicht-alkyliertes Äthanolamin phosphoryliert.

$$\mathrm{ATP} + \underset{\text{Cholin}}{\mathrm{HOCH_2CH_2\overset{+}{N}(CH_3)_3OH}} \rightarrow \underset{\text{Phosphorylcholin}}{\mathrm{HO\overset{\overset{O}{\uparrow}}{\underset{\underset{OH}{|}}{P}}OCH_2CH_2\overset{+}{N}(CH_3)_3OH}} + \mathrm{ADP}$$

Diese Fermente dürften beim Aufbau von Lecithin eine bedeutende Rolle spielen; Isotopen-versuche haben gezeigt, daß Phosphorylcholin sehr schnell der Phospholipoid-fraktion einverleibt wird. Ein aus Hefe isoliertes Enzym dieser Spezifität konnte weitgehend gereinigt werden. Es ist zu vermuten, daß die primär entstehenden Phosphatidsäuren (vgl. S. 376) mit dem phosphorylierten Cholin zu Lecithin zusammentreten.

XIII. ATP → Hexose-transphosphatasen *(Hexokinase)*

Schon 1927 beobachtete MEYERHOF[1], daß gealterte Extrakte aus Skelettmuskel, die zur anaeroben Glykolyse nicht mehr befähigt waren, durch Zusatz einer Protein-fraktion aus autolysierter Hefe reaktiviert werden konnten; er nannte den für diesen Effekt verantwortlichen Faktor „Hexokinase". Der Wirkungsmechanismus des Ferments wurde erst viel später aufgeklärt[2,3]; seine Funktion ist die Übertragung eines Phosphat-moleküls von ATP auf Glucose, Fructose oder Mannose.

ATP + Glucose → Glucose-6-phosphat + ADP

ATP + Fructose → Fructose-6-phosphat + ADP

ATP + Mannose → Mannose-6-phosphat + ADP

[1] O. MEYERHOF: Biochem. Z. **183**, 176 (1927).

[2] H. VON EULER und E. ADLER: Hoppe-Seyler's Z. physiol. Chem. **235**, 122 (1935).

[3] C. LUTWAK-MANN und T. MANN: Biochem. Z. **281**, 140 (1935).

Enzyme dieser Spezifität finden sich in der Hefe und im Hirn; ein eindeutiger Beweis für das Vorkommen in höheren Pflanzen wurde erst vor kurzem erbracht[1]. Es scheint noch nicht eindeutig geklärt zu sein, ob die Fermente aus Muskel und Leber, welche Glucose phosphorylieren, dem gleichen Enzymtypus angehören. Sichergestellt ist jedenfalls, daß in Muskel und Leber zwei verschiedene Fermente für die Phosphorylierung von Glucose und Fructose vorhanden sind[2].

Die Substrat-spezifität dieses Enzymtypus erscheint dadurch etwas kompliziert, daß bei Sättigung des Enzymproteins mit den Substraten wohl Fructose schneller als Glucose und diese wieder schneller als Mannose umgesetzt wird, während andrerseits Mannose und auch Glucose eine weitaus größere Affinität zum Enzym haben als Fructose[2].

Die Phosphorylierung von Fructose wird durch äquimolare Konzentrationen der beiden anderen Zucker fast komplett gehemmt, während Fructose selbst die Reaktion der Aldozucker kaum stört.

Außer den genannten Zuckern wird auch D-Glucosamin phosphoryliert[3]. ATP kann nicht durch ADP ersetzt werden. Für die Wirksamkeit ist Mg^{++} notwendig.

Die Messung der ATP → Hexose-transphosphatase-aktivität kann durch Bestimmung der Menge verbrauchten Zuckers erfolgen, nachdem man die Eiweißstoffe und die phosphorylierten Zucker durch Fällung mit Barytlauge und Zinksulfat aus dem Reaktions-gemisch entfernt hat.

Die ATP → Hexose-transphosphatase aus Hefe wurde fast gleichzeitig von Kunitz und MacDonald[4] sowie Cori und Mitarbeitern[5] kristallisiert erhalten; eine weitere Methodik zur Darstellung eines kristallinen Präparats wird von Bailey und Webb[6] angegeben. Das kristalline Ferment, welches sich bei Löslichkeits-versuchen, in der Ultrazentrifuge und bei der Elektrophorese als einheitlich erweist, hat nach Messungen in der Ultrazentrifuge ein M. G. von 96600. Der isoelektrische Punkt liegt bei p_H 4,5 bis 4,8; im selben Bereich liegt das p_H-Optimum der Stabilität des Enzyms[4].

Tierische ATP → Hexose-transphosphatasen liegen bisher nur in vergleichsweise unreinen Präparaten vor.

Das p_H-Optimum der Wirkung wird für das Hefe-enzym zwischen 8,0 und 9,0 angegeben; auch die tierischen Fermente wirken etwa in diesem Bereich.

Die biologische Bedeutung des Enzyms in der Hefe liegt darin, daß es den ersten Schritt der alkoholischen Gärung katalysiert, die Einführung der Hexosen in diese Reaktionsfolge. Ähnlich ist die Rolle der tierischen Enzyme eine Mobilisierung freier Hexosen für den Stoffwechsel; es ist aber nicht verständlich, warum im Hirn der Säugetiere nur ein Ferment dieses Typus vorkommt, während seine Funktionen in der Leber und in der Niere von zwei verschiedenen Enzymen wahrgenommen werden, von welchen eines Fructose und das andere Glucose phosphoryliert.

XIV. ATP → Glucose-transphosphatasen *(Glucokinase)*

Die Arbeiten von Cori und Mitarbeitern[7] scheinen eindeutig bewiesen zu haben, daß die bisher einem einheitlichen Enzym zugeschriebenen Wirkungen

---

[1] P. Saltman: J. biol. Chem. **200**, 145 (1953).

[2] M. W. Slein, G. T. Cori und C. F. Cori: Ibid. **186**, 763 (1950).

[3] R. P. Harpur und J. H. Quastel: Nature **164**, 693 (1949); D. H. Brown: Biochim. biophys. Acta **7**, 487 (1951).

[4] M. Kunitz und M. McDonald: J. gen. Physiol. **29**, 393 (1946).

[5] L. Berger, M. W. Slein, S. P. Colowick und C. F. Cori: Ibid. **29**, 379 (1946).

[6] K. Bailey und E. C. Webb: Biochem. J. **42**, 60 (1948).

[7] G. T. Cori und M. W. Slein: Federation Proc. **6**, 245 (1947); M. W. Slein, G. T. Cori und C. F. Cori: J. biol. Chem. **186**, 763 (1950).

der Phosphorylierung von Glucose und Fructose in Muskelgewebe und Leber in Wahrheit durch zwei verschiedene Enzyme verursacht werden: eine ATP → Glucose-transphosphatase und eine ATP → Fructose-transphosphatase. Im Hirn kommt hingegen, wie bereits berichtet wurde, ein einziges Enzym vor, welches ebenso wie das analoge Ferment der Hefe sowohl Fructose als auch Glucose auf Kosten von ATP phosphorylieren kann.

Der Enzymtypus, welcher die Reaktion

$$\text{ATP} + \text{Glucose} \rightarrow \text{Glucose-6-phosphat} + \text{ADP}$$

im Muskel und in der Leber katalysiert, ist bisher noch nicht ausreichend untersucht; vor allem ist es noch nicht sichergestellt, ob es sich um einen selbständigen, nur für Glucose als Akzeptor spezifischen Fermenttypus handelt, oder ob die Enzyme mit den ATP → Hexose-transphosphatasen *(Hexokinase)* homospezifisch sind. Die Klassifikation als eigener Enzymtypus ist somit nur als vorläufig zu betrachten.

Man wird aber wahrscheinlich nicht fehlgehen, wenn man dem Enzymtypus diejenigen Eigenschaften zubilligt, die von früheren Bearbeitern der „Muskel-hexokinase" zugeschrieben wurden. Insbesondere die Hemmbarkeit durch Extrakte aus dem vorderen Teil der Hypophyse, welche durch Zusatz von Extrakten aus der Nebennierenrinde, die allein keine Wirkung hatten, noch potenziert wurden, sowie die Aufhebbarkeit dieses Effekts durch Insulin, dürften eine Beeinflussung der ATP → Glucose-transphosphatase darstellen[1]. Muskelextrakte aus diabetischen Ratten werden schon durch Nebennierenrinden-extrakt allein in ihrer „Hexokinase"-Wirksamkeit gehemmt; die Hemmung kann in etwa 50% der Fälle durch Insulin aufgehoben werden. Diese Befunde konnten allerdings von STADIE und ZAPP[2] nicht reproduziert werden.

Es ist wahrscheinlich, daß auch in bestimmten Bakterien die Phosphorylierung von Glucose und Fructose durch zwei verschiedene Enzyme katalysiert wird[3].

XV. ATP → Fructose-transphosphatasen *(Fructokinase)*

SLEIN, CORI und CORI[4] konnten vor kurzem zeigen, daß die Phosphat-übertragung von ATP auf Fructose in Muskel- und Leberextrakten durch Fermente katalysiert wird, welche die Phosphorylierung von Glucose und anderen Aldohexosen nicht katalysieren können. Nach Versuchen von LEUTHARDT und TESTA[5] ist aber dieser Fermenttypus imstande, außer Fructose auch andere Ketosen, nämlich Sorbose und Tagatose, zu phosphorylieren.

Ausführlichere Untersuchungen derartiger Enzyme wurden kürzlich von LEUTHARDT und TESTA[5] sowie von HERS[6] durchgeführt, wobei sich ergab, daß das Endprodukt der katalysierten Reaktion der sog. TANKO-ROBISON-Ester (Fructose-1-phosphat) ist. Der Vorgang läßt sich demnach folgendermaßen formulieren:

$$\text{ATP} + \text{Fructose} \rightarrow \text{Fructose-1-phosphat} + \text{ADP}$$

[1] S. P. COLOWICK, G. T. CORI und M. W. SLEIN: J. biol. Chem. **168**, 583 (1947); vgl. auch R. H. BROH-KAHN und I. A. MIRSKY: Science **106**, 148 (1947) und E. REID, R. H. SMITH und F. G. YOUNG: Biochem. J. **42**, XIX (1948).

[2] W. C. STADIE und J. A. ZAPP: J. biol. Chem. **170**, 55 (1947).

[3] H. P. KLEIN und M. DOUDOROFF: J. Bacter. **59**, 739 (1950); C. E. CARDINI: Enzymologia **14**, 362 (1950).

[4] M. W. SLEIN, G. T. CORI und C. F. CORI: J. biol. Chem. **186**, 763 (1950); G. T. CORI, S. OCHOA, M. W. SLEIN und C. F. CORI: Biochim. biophys. Acta **7**, 304 (1951); vgl. auch C. S. VESTLING, A. K. MYLROIE, U. IRISH und N. H. GRANT: J. biol. Chem. **185**, 789 (1950).

[5] F. LEUTHARDT und E. TESTA: Helv. chim. Acta **33**, 1919 (1950); **34**, 931 (1951).

[6] H. G. HERS: Biochim. biophys. Acta **8**, 416, 424 (1952).

Es ist wahrscheinlich, daß Sorbose-1-phosphat gebildet wird, wenn das Enzym Sorbose phosphoryliert.

Die Fermente dieser Spezifität sind nicht imstande, Fructose-6-phosphat zu phosphorylieren und sind deshalb sicher von dem als nächstem besprochenen Enzymtypus verschieden.

Die ATP → Fructose-transphosphatasen benötigen für ihre Wirkung die Anwesenheit von Mg^{++} oder Mn^{++} und werden durch K^{+} aktiviert. Sie zeigen ein breites Aktivitäts-optimum zwischen p_H 5,5 und 8,0.

XVI. ATP → Glycerinaldehyd-transphosphatasen *(Triose-kinase)*

Nach Angaben von LINDBERG[1] finden sich in dialysierten Extrakten aus Kaninchen-niere Fermente, welche die Phosphorylierung von Glycerin, Glycerinaldehyd, Dioxyaceton und Glycerinsäure auf Kosten von ATP katalysieren kann. Die Existenz eines Enzyms in Kaninchen-leber, das die Reaktion

$$\text{ATP} + \text{Glycerinaldehyd} \rightarrow \text{3-Phosphoglycerinaldehyd} + \text{ADP}$$

und etwas langsamer auch die entsprechende Phosphorylierung von Dioxyaceton bewirkt, wurde kürzlich von HERS und KUSAKA[2] wahrscheinlich gemacht.

XVII. ATP → Fructose-6-phosphat-transphosphatasen *(Phosphohexokinase, Phosphofructokinase)*

Nachdem bereits HARDEN und YOUNG[3] die Bildung von Fructose-1,6-diphosphat bei der Gärung in zellfreien Hefe-extrakten beobachtet hatten, konnten OSTERN und Mitarbeiter[4] zeigen, daß diese Substanz durch Phosphat-übertragung von ATP auf Fructose-6-phosphat entsteht.

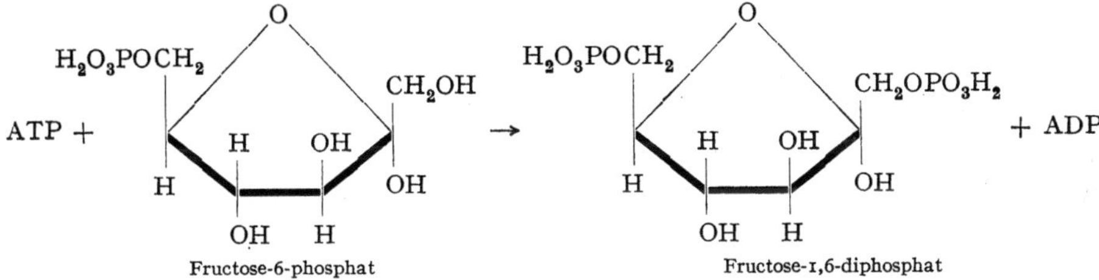

Fructose-6-phosphat — Fructose-1,6-diphosphat

Gereinigte Enzympräparate sind streng donator-spezifisch; nur ATP, nicht aber ADP, wird angegriffen. Nach CORI und SLEIN[5] wird jedoch außer Fructose-6-phosphat auch Fructose-1-phosphat zu Fructose-1,6-diphosphat phosphoryliert, wobei allerdings noch nicht bekannt ist, ob die Phosphorylierung des Fructose-1-phosphats durch das hier besprochene Enzym oder durch eine spezifische ATP → → Fructose-1-phosphat-transphosphatase bewirkt wird.

ATP → Fructose-6-phosphat-transphosphatasen dürften in allen Organismen und Zellen vorkommen, in welchen der Kohlehydrat-abbau auf dem Wege der Glykolyse nachgewiesen wurde. Auch in Pflanzen konnten Fermente dieser Spezifität gefunden werden[6].

---

1 O. LINDBERG: Biochim. biophys. Acta **7**, 349 (1951).

2 H. G. HERS und T. KUSAKA: Ibid. **11**, 427 (1953).

3 A. HARDEN und W. YOUNG: Proc. Roy. Soc. London B **81**, 336 (1909); B **82**, 321 (1910).

4 P. OSTERN, J. GUTHKE und J. TERSZAKOWEC: Hoppe-Seyler's Z. physiol. Chem. **243**, 9 (1936).

5 G. T. CORI und M. W. SLEIN: Federation Proc. **6**, 245 (1947).

6 B. AXELROD, P. SALTMAN, R. S. BANDURSKI und R. S. BAKER: J. biol. Chem. **197**, 89 (1952).

In Abwesenheit von Mg^{++}-Ionen sind Enzyme dieses Typus völlig inaktiv. Das p_H-Optimum der Wirksamkeit liegt etwa beim Neutralpunkt. Nach ENGELHARDT und SAKOV[1] ist das Ferment aus Muskel gegen die Einwirkung oxydativer Agenzien sehr empfindlich.

Eine teilweise Reinigung des Enzyms aus Kaninchen-muskel wurde von RACKER[2] sowie von TAYLOR[3] durchgeführt.

Nach OHLMEYER[4] ist in der Hefe ein enzymatisches Komplement vorhanden, welches als Donator des Phosphat-restes bei der Phosphorylierung von Fructose-6-phosphat besser fungiert als ATP. Es soll sich um ein thermostabiles Nucleotid handeln. OHLMEYER beobachtete nämlich, daß Hefe-macerationssäfte, welche längerer Dialyse gegen Wasser unterworfen wurden, in Anwesenheit von Glucose Hexosediphosphat vergären. Aus der Glucose wurde dabei Hexosemonophosphat gebildet. Diese Erscheinungen, welche auf eine Störung der Phosphorylierung von Fructose-6-phosphat hindeuten, konnten durch Zugabe des genannten Nucleotids ungeklärter Zusammensetzung zum Verschwinden gebracht werden, während ATP die Hemmung nur unvollständig aufhob. OHLMEYER[4] nimmt an, daß bei der Phosphorylierung von Fructose-6-phosphat in Hefe nicht ATP sondern das als „Komplement" bezeichnete unbekannte Nucleotid der wahre Donator sei. Interessanterweise konnte MUNTZ[5] feststellen, daß NH_4^+ oder K^+ ähnlich wirken wie das „Komplement" von OHLMEYER, woraus er schließt, daß diese Ionen die Synthese des „Komplements" fördern.

Die biologische Bedeutung der ATP → Fructose-6-phosphat-transphosphatasen ist durch ihre Stellung als Teilkatalysator der Glykolyse gegeben. Nach ENGELHARDT und SAKOV[1] hängt es von dem Funktionieren dieses Enzyms ab, ob der Abbau der Monosaccharide auf dem Wege der Glykolyse oder durch oxydative Reaktionen, welche an Glucose-6-phosphat angreifen können (Glucose-6-phosphat → TPN-transhydrogenasen, *Glucose-6-phosphat-dehydrase*, *„Zwischenferment"*, vgl. S. 489), vor sich geht.

XVIII. ATP → Glucose-1-phosphat-transphosphatasen *(Phosphoglucokinase)*

Nachdem CARDINI und Mitarbeiter[6] zeigen konnten, daß das Glucose-1,6-diphosphat als Coenzym der Glucose (1 → 6)-phosphomutasen (S. 670) fungiert, versuchte dieselbe Forschergruppe, die Bildung dieser Substanz aufzuklären[7]. Sie konnten zeigen, daß sowohl im Muskel als auch in der Hefe Enzyme existieren, welche die folgende Reaktion katalysieren:

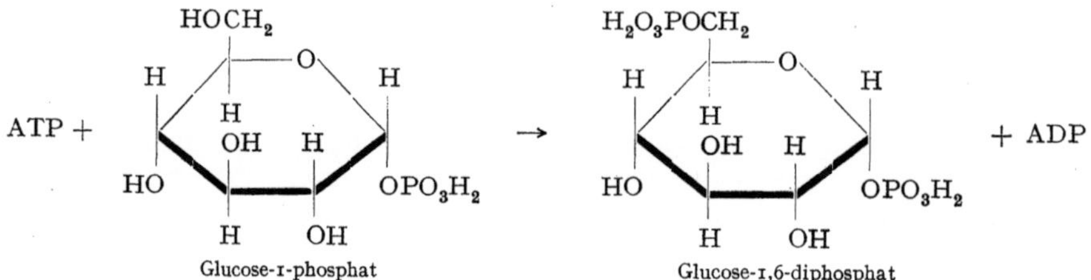

Glucose-1-phosphat Glucose-1,6-diphosphat

Enzyme dieses Typus können Glucose nicht phosphorylieren, während wiederum gereinigte Präparate einer ATP → Glucose-transphosphatase *(Hexokinase)* nicht imstande sind, die Phos-

[1] W. A. ENGELHARDT und N. E. SAKOV: Biochimija **8**, 9 (1943).

[2] E. RACKER: J. biol. Chem. **167**, 843 (1947).

[3] J. F. TAYLOR: Federation Proc. **6**, 246 (1947).

[4] P. OHLMEYER: Hoppe-Seyler's Z. physiol. Chem. **267**, 264 (1941); vgl. auch P. OHLMEYER: J. biol. Chem. **190**, 21 (1951).

[5] J. A. MUNTZ: J. biol. Chem. **171**, 653 (1947).

[6] C. E. CARDINI, A. C. PALADINI, R. CAPUTTO, L. F. LELOIR und R. E. TRUCCO: Arch. Biochem. **22**, 87 (1949).

[7] A. C. PALADINI, R. CAPUTTO, L. F. LELOIR, R. E. TRUCCO und C. E. CARDINI: Ibid. **23**, 55 (1949).

phatübertragung auf Glucose-1-phosphat zu katalysieren. Somit ist es sicher, daß die beiden Enzymtypen nicht identisch sind. Eine Übertragung eines Phosphat-restes von ADP auf Glucose-1-phosphat unter Einwirkung des hier besprochenen Enzymtypus konnte nicht beobachtet werden. Die Fermente benötigen für ihre Wirksamkeit die Anwesenheit von Mg^{++} oder Mn^{++}. Sowohl das Enzym aus Hefe als auch jenes aus Muskel-gewebe zeigen ihre stärkste Wirkung bei p_H 6,8.

Auch in pflanzlichem Material dürften Fermente der gleichen Spezifität vorkommen[1].

XIX. ATP → Gluconat-transphosphatasen *(Gluconokinase)*

Sowohl in Hefe[2] als auch in *Escherichia coli*[3] wurden in letzter Zeit Fermente nachgewiesen, welche die Reaktion

$$\text{ATP} + \text{Gluconsäure} \rightarrow \text{6-Phosphogluconsäure} + \text{ADP}$$

katalysieren. Für die Wirkung der Enzyme ist die Anwesenheit von Mg^{++} erforderlich. Das p_H-Optimum der Aktivität des Hefe-enzyms liegt bei 7,4. Die Spezifität der Vertreter dieses Enzymtypus scheint sehr streng zu sein; bisher wurde noch keine Verbindung außer Gluconsäure gefunden, welche durch die Wirkung dieser Fermente phosphoryliert wird. Jedenfalls handelt es sich keinesfalls um ATP → Hexosetransphosphatasen *(Hexokinase)*.

Während die Hefe ein konstitutives Ferment dieser Spezifität produziert, das auch dann vorhanden ist, wenn die Hefe auf einem Gluconsäure-freien Nährboden gewachsen ist, ist für die Bildung des Enzyms in *E. coli* die Anwesenheit von Gluconsäure im Nährmedium erforderlich; hier handelt es sich also um ein induzierbares Enzym (vgl. S. 127ff.).

Die Affinität des Enzyms aus Hefe für ATP ist um etwa eine Größenordnung stärker als diejenige für Gluconsäure.

XX. ATP → D-Ribose-transphosphatasen *(Ribokinase)*

In *Escherichia coli*[4] und vermutlich auch in anderen Mikroorganismen[5] kann man einen Fermenttypus finden, welcher die Reaktion

$$\text{ATP} + \text{Ribose} \rightarrow \text{Ribose-5-phosphat} + \text{ADP}$$

katalysiert. Für die Wirkung ist die Anwesenheit von Mg^{++} erforderlich. Es handelt sich um induzierbare Enzyme, d. h. für ihre Bildung ist die Anwesenheit von Ribose im Nährboden der Mikroorganismen erforderlich.

XXI. ATP → D-Arabinose-transphosphatase *(Arabinokinase)*

Cohen und Mitarbeiter[6] konnten in *Escherichia coli*, welche auf einem D-Arabinose-haltigen Nährboden gewachsen war, eine Phosphat-übertragung von ATP auf die Arabinose beobachten und schließen daraus auf die Existenz eines Ferments, das die Reaktion

$$\text{ATP} + \text{D-Arabinose} \rightarrow \text{D-Arabinose-5-phosphat} + \text{ADP}$$

katalysiert.

XXII. ATP → D-Xylose-transphosphatase *(Xylokinase)*

Hochster und Watson[7] berichteten vor kurzem, daß *Pseudomonas hydrophila*, welche auf einem Nährboden gewachsen war, der als einzige Kohlenstoff-quelle D-Xylose enthielt,

[1] C. E. Cardini: Enzymologia **15**, 44 (1952).
[2] H. Z. Sable und A. J. Guarino: J. biol. Chem. **196**, 395 (1952).
[3] S. S. Cohen: Ibid. **189**, 617 (1951).
[4] S. S. Cohen, D. B. McNair Scott und M. Lanning: Federation Proc. **10**, 173 (1951); K. Heald und C. Long: Biochem. J. **55**, XV (1953).
[5] J. O. Lampen: In „Phosphorus Metabolism", herausgegeben von W. D. McElroy und B. Glass, Bd. II, S. 363. Baltimore: John Hopkins Press. 1952.
[6] S. S. Cohen, D. B. McNair Scott und M. Lanning: Federation Proc. **10**, 173 (1951).
[7] R. M. Hochster und R. W. Watson: Nature **170**, 357 (1952).

ein Enzym produziert, das auf Kosten von ATP die Pentose vermutlich entsprechend der Gleichung

ATP + Xylose → Xylose-5-phosphat + ADP

phosphoryliert. Die spätere Entdeckung derselben Autoren, daß *Pseudomonas hydrophila* auch ein Enzym besitzt, das Xylose zu Xylulose isomerisieren kann[1] (S. 670), läßt es allerdings möglich erscheinen, daß das Substrat dieses Enzyms nicht Xylose sondern Xylulose ist und dementsprechend an Stelle von Xylose-5-phosphat ein Xylulose-phosphat entsteht.

XXIII. ATP → Galactose-transphosphatasen *(Galactokinase)*

Stephenson und Yudkin[2] beobachteten, daß manche Hefestämme imstande sind, Galactose zu vergären, wenn sie auf einem Galactose-haltigen Nährboden gewachsen waren. Später konnte Kosterlitz[3] zeigen, daß α-D-Galactose-1-phosphat durch Extrakte aus derartig vorbehandelter Hefe ebenso schnell vergoren wird wie Glucose-1-phosphat und daß unter bestimmten Bedingungen Glucose-6-phosphat als Zwischenprodukt dieses Gär-vorgangs isoliert werden kann. Auf Grund seiner Experimente postulierte er die Existenz von zwei neuen Enzymen in der für Galactose adaptierten Hefe, von welchen das erste die Phosphorylierung von Galactose zu Galactose-1-phosphat bewirkt, während das zweite für die Isomerisierung der letztgenannten Substanz zu Glucose-1-phosphat verantwortlich ist.

Leloir und Mitarbeitern[4] gelang der Nachweis eines Enzymtypus, welcher die erste der beiden geforderten Reaktionen, nämlich

ATP + [Galactose: $HOCH_2$; HO, H, H, OH, H, OH, H, OH] → [Galactose-1-phosphat: $HOCH_2$; HO, H, H, OH, H, OPO_3H_2, H, OH] + ADP

Galactose — Galactose-1-phosphat

katalysiert. Vertreter dieses Typus finden sich außer in Hefe-arten auch in tierischem Gewebe.

Außer Galactose wird anscheinend auch Galactosamin phosphoryliert[5]; ADP kann nicht als Donator fungieren. Das Enzym benötigt für seine Wirksamkeit die Anwesenheit von Mg^{++} oder Mn^{++}. Sein p_H-Optimum liegt bei 6.

Die erwähnte Umwandlung des Galactose-1-phosphats in Glucose-1-phosphat und damit die Bereitmachung des Substrats für die Vorgänge der normalen Gärung erfolgt durch ein Galactose-1-phosphat-isomerase-system (vgl. S. 667).

XXIV. ATP → Ribose-5-phosphat-transphosphatasen *(5-Phosphoribokinase)*

Scarano[6] konnte kürzlich die Existenz eines Enzyms in der Tauben-leber nachweisen, das die Reaktion

ATP + Ribose-5-phosphat → Ribose-1,5-diphosphat + ADP

---

[1] R. M. Hochster und R. W. Watson: J. Amer. chem. Soc. **75**, 3284 (1953).
[2] M. Stephenson und J. Yudkin: Biochem. J. **30**, 506 (1936).
[3] H. W. Kosterlitz: Ibid. **37**, 322 (1943).
[4] R. E. Trucco, R. Caputto, L. F. Leloir und N. Mittelmann: Arch. Biochem. **18**, 137 (1948); vgl. auch J. F. Wilkinson: Biochem. J. **44**, 460 (1949).
[5] C. E. Cardini und L. F. Leloir: Arch. Biochem. Biophys. **45**, 55 (1953).
[6] E. Scarano: Nature **172**, 951 (1953).

katalysiert. Das Ferment konnte teilweise gereinigt werden; die gereinigte Präparation kat keine Wirkung gegenüber Ribose, Ribose-1-phosphat, Glucose, Glucose-1-phosphat, Glucose-6-phosphat oder Galactose, hingegen wird Fructose-6-phosphat phosphoryliert. Dem Enzymtypus wird eine Funktion bei der Synthese von AMP zugeschrieben; Adenin soll mit Ribose-1,5-diphosphat unter Phosphataustritt zu AMP zusammentreten.

XXV. ATP → Riboflavin-transphosphatase *(Flavokinase)*

Kearney und Englard[1] konnten kürzlich zeigen, daß in der Hefe ein Ferment existiert, welches die Reaktion

$$\text{ATP} + \text{Riboflavin} \rightarrow \text{Riboflavinphosphat}^2 + \text{ADP}$$

aber auch die Reaktion

$$\text{ADP} + \text{Riboflavin} \rightarrow \text{Riboflavinphosphat} + \text{AMP}$$

katalysieren kann. Das Enzym zeigt ein Wirkungsoptimum zwischen p_H 7,8 und 8,5; seine stärkste Aktivität entfaltet es bei 38°.

ADP ist etwa halb so wirksam wie ATP; Inosintriphosphat hingegen ist nicht imstande, als Donator zu fungieren. AMP erweist sich als kompetitiver Hemmstoff. Außer Riboflavin werden auch Arabitylflavin und „Dichlorflavin" (6,7-Dichlor-9-D-1'-ribitylisoalloxazin), nicht aber Isoriboflavin, Galactoflavin und Dulcitylflavin phosphoryliert. In Anwesenheit eines Überschusses von Lumiflavin wird die Phosphorylierung des Riboflavins gehemmt.

Für die volle Aktivität des Ferments ist die Anwesenheit eines zweiwertigen Metallions (Mg^{++} oder Mn^{++}) erforderlich.

XXVI. ATP → Adenosin-transphosphatasen *(Adenosinkinase)*

Ostern und Mitarbeiter[3] berichteten schon 1937, daß ungereinigte Hefe-extrakte Adenosin zu Muskeladenylsäure (AMP, Adenosin-5'-phosphat) und ATP phosphorylieren können, wenn gleichzeitig Hexosediphosphat oder Phosphoglycerinsäure vergoren werden. Unter denselben Bedingungen entstand keine Hefe-adenylsäure (Adenosin-3'-phosphat) und weder Guanosin noch Ribose wurden phosphoryliert. Versuche von Sable[4], welcher das Verschwinden von ATP in Anwesenheit von Adenosin in ähnlichen Extrakten beobachtete, ergaben einen Hinweis auf den Mechanismus des Vorgangs.

Unabhängig voneinander konnten kürzlich Caputto[5] und Kornberg[6] die Existenz von Enzymen nachweisen, welche für die Phosphorylierung des Adenosins zu Muskeladenylsäure verantwortlich sind. Der katalysierte Vorgang kann durch die Gleichung

$$\text{ATP} + \text{Adenosin} \rightarrow \text{ADP} + \text{AMP}$$

wiedergegeben werden. Enzyme dieses Typus kommen sowohl in der Hefe als auch in der Leber und der Niere von Ratten und Kaninchen vor. Die Fermente benötigen die Anwesenheit von Mg^{++} oder Mn^{++} für ihre volle Wirksamkeit. Die Wirkung des tierischen Enzyms ist optimal bei etwa p_H 5,0; für das Hefeferment wird von Kornberg und Pricer ein p_H-Optimum von 6,0 angegeben, während Caputto 6,9 bis 7,0 findet.

[1] E. B. Kearney und S. Englard: Arch. Biochem. Biophys. **32**, 222 (1951); J. biol. Chem. **193**, 821 (1951); E. B. Kearney: Ibid. **194**, 747 (1952).
[2] Für die Formeln von Riboflavin und Riboflavinphosphat (FMN) vgl. S. 507f.
[3] P. Ostern, T. Baranowski und J. Terszakowec: Hoppe-Seyler's Z. physiol. Chem. **251**, 258 (1938); P. Ostern, T. Baranowski und S. Hubl: Ibid. **255**, 104 (1938).
[4] H. Z. Sable: Proc. Soc. exp. Biol. Med. **75**, 215 (1950).
[5] R. Caputto: J. biol. Chem. **189**, 801 (1951).
[6] A. Kornberg: Abstr. Amer. chem. Soc. 119th. Meeting, 17C, 1951; A. Kornberg und W. E. Pricer, Jr.: J. biol. Chem. **193**, 481 (1951).

Die Spezifität der Enzyme scheint recht streng zu sein; das Hefe-ferment phosphoryliert außer Adenosin nur noch 2-Aminoadenosin, während eine große Anzahl anderer Nucleoside nicht angegriffen wird.

Die biologische Bedeutung der Enzyme dieses Typus liegt darin, daß sie einen wichtigen Teilvorgang der Bildung des Adenylsäure-systems (ATP—ADP) katalysieren; daneben dürften aber, wie wir bei der Besprechung der ATP → Ribose-5-phosphat-transphosphatase gesehen haben, auch andere Synthesewege für AMP existieren.

XXVII. ATP → Nucleosiddiphosphat-transphosphatasen
(Nucleosid-diphosphokinase)

Berg und Joklik[1] berichteten vor kurzem über die Auffindung von Enzymen im Kaninchen-muskel und in verschiedenen Hefe-arten, welche die Übertragung eines Phosphat-restes von ATP auf Diphosphonucleoside, wie z. B. Uridindiphosphat (UDP) oder Inosindiphosphat (IDP), bewirken. Die Reaktionen sind reversibel.

$$\text{ATP} + \text{UDP} \rightleftharpoons \text{UTP} + \text{ADP}$$
$$\text{ATP} + \text{IDP} \rightleftharpoons \text{ITP} + \text{ADP}$$

Die Vertreter dieses Enzymtypus sind für Nucleosidtriphosphate als Donatoren und für Nucleosiddiphosphate als Phosphat-akzeptoren streng spezifisch; Nucleosidmonophosphate (IMP oder UMP) werden nicht phosphoryliert.

Die Entdeckung von Fermenten der geschilderten Spezifität macht es wahrscheinlich, daß die seinerzeit berichteten Phosphorylierungen von Glucose auf Kosten von ITP[2] und UTP[3], welche unter dem Einfluß von Präparationen einer ATP → Hexose-transphosphatase *(Hexokinase)* erfolgen sollen, durch die Beimischung einer ATP → Nucleosiddiphosphat-transphosphatase in den Enzym-präparationen verursacht waren; die Phosphat-übertragung von ITP auf Glucose geht vermutlich in einer zweistufigen Reaktion

$$\text{ITP} + \text{ADP} \rightarrow \text{ATP} + \text{IDP}$$
$$\text{ATP} + \text{Glucose} \rightarrow \text{Glucose-6-phosphat} + \text{ADP}$$

vor sich.

Es ist vorstellbar, daß Fermente dieses Typus auch an der Biosynthese von Uridindiphosphatglucose (UDP-Glucose) beteiligt sind; nach Trucco[4] erfolgt die Bildung der Substanz unter dem Einfluß einer Enzym-präparation aus Hefe aus ATP, UDP und Glucose-1-phosphat. Da vor kurzem ein Enzymtypus entdeckt wurde, der UDP-Glucose aus UTP und Glucose-1-phosphat synthetisiert[5] (S. 437), dürfte UDP-Glucose in der Präparation von Trucco auf folgende Weise entstehen:

$$\text{ATP} + \text{UDP} \rightarrow \text{UTP} + \text{ADP}$$
$$\text{UTP} + \text{Glucose-1-phosphat} \rightarrow \text{UDP-Glucose} + \text{Pyrophosphat.}$$

XXVIII. ATP → Thiamin-transphosphatasen *(Thiaminokinase)*

Es ist schon seit einiger Zeit bekannt, daß lebende Hefe imstande ist, Thiamin aufzunehmen, wobei dieses in Thiaminpyrophosphat (TPP, Cocarboxylase) umgewandelt wird[6]. Weil-Malherbe[7] konnte 1939 eine Eiweißfraktion aus Hefeautolysat herstellen, welche die Phosphorylierung des Thiamins zu TPP auf Kosten von ATP katalysierte. Ein ähnliches Enzym aus Hunde-leber wurde von

---

[1] F. Berg und W. K. Joklik: Nature **172**, 1008 (1953).
[2] A. Kleinzeller: Biochem. J. **36**, 729 (1942).
[3] A. Kornberg: In „Phosphorus Metabolism", herausgegeben von W. D. McElroy und B. Glass, Bd. I, S. 392. Baltimore: John Hopkins Press. 1951.
[4] R. E. Trucco: Arch. Biochem. Biophys. **34**, 482 (1951).
[5] A. Munch-Petersen, H. M. Kalckar, E. Cutolo und E. E. B. Smith: Nature **172**, 1036 (1953).
[6] Für die Formeln von Thiamin und TPP vgl. S. 443 und 609.
[7] H. Weil-Malherbe: Biochem. J. **33**, 1979 (1939).

NGUYEN VAN THOAI und CHEVILLARD[1] hergestellt; nach NIELSEN und LEUTHARDT[2] kann auch die Ratten-leber als Ausgangsmaterial zur Herstellung eines Enzyms dieser Wirkung dienen.

Der Mechanismus des Vorgangs ist noch nicht ganz geklärt. Es dürfte sich um eine sukzessive Übertragung zweier Phosphat-gruppen von ATP auf Thiamin handeln, da auch Thiaminmonophosphat — wiewohl langsam — unter Einwirkung des Enzyms zu TPP phosphoryliert wird. Der Vorgang wäre also folgendermaßen zu formulieren:

$$2\,\text{ATP} + \text{Thiamin} \rightarrow \text{TPP} + 2\,\text{ADP}$$

Andrerseits ist es nicht ganz ausgeschlossen, daß es sich um eine Übertragung eines Pyrophosphat-restes von ATP auf Thiamin handelt, der Prozeß wäre dann

$$\text{ATP} + \text{Thiamin} \rightarrow \text{TPP} + \text{AMP}$$

zu schreiben und das Enzym wäre als Transpyrophosphatase zu klassifizieren.

Das Enzym der Hefe wurde von STEYN-PARVÉ[3] kürzlich einer genaueren Untersuchung unterzogen. Es konnte durch fraktionierte Fällung mit Ammoniumsulfat teilweise gereinigt werden. Das Ferment benötigt Mg^{++} für seine Wirkung; geringe Mengen anorganischen Phosphats aktivieren stark. Das Enzym weist ein breites p_H-Optimum zwischen 6 und 8 auf.

Die biologische Bedeutung des Enzyms ist leicht zu erkennen: aus vorgegebenem Thiamin kann die Zelle das als Coenzym der Decarboxylasen unentbehrliche TPP (S. 609) synthetisieren.

XXIX. ATP → DPN-transphosphatasen

EULER und VESTIN[4] konnten bereits 1938 zeigen, daß in Hefe-macerationssäften in Anwesenheit von ATP und DPN eine Phosphorylierung des DPN zu TPN stattfindet[5]. Eine ähnliche Reaktion konnte von MEHLER und Mitarbeitern[6] bei Versuchen mit Taubenleber-homogenaten beobachtet werden.

In neuerer Zeit gelang es KORNBERG[7], aus Hefe-autolysaten ein Enzym zu gewinnen und teilweise zu reinigen, welches die Reaktion

$$\text{ATP} + \text{DPN} \rightarrow \text{TPN} + \text{ADP}$$

katalysiert. Dasselbe Ferment kann auch $DPN \cdot H_2$ auf Kosten von ATP in $TPN \cdot H_2$ überführen. ADP kann nicht als Phosphat-donator fungieren. Das Enzym benötigt für seine Wirkung die Anwesenheit von Mg^{++} oder Mn^{++}. Das p_H-Optimum der Wirkung liegt in der Nähe des Neutralpunktes.

XXX. ATP → Pyridoxal-transphosphatasen

Nachdem bereits vor einigen Jahren Beobachtungen von GUNSALUS und Mitarbeitern[8] vermuten ließen, daß die Bildung des Pyridoxalphosphats aus Pyridoxal durch enzymatische Phosphat-übertragung auf Kosten von ATP vor sich geht[9], konnten VAN THOAI

---

[1] NG. VAN THOAI und L. CHEVILLARD: Bull. Soc. chim. biol. **31**, 204 (1949).

[2] H. NIELSEN und F. LEUTHARDT: Helv. physiol. pharmacol. Acta **8**, C 32 (1950). F. LEUTHARDT und H. NIELSEN: Helv. chim. Acta **35**, 1196 (1952).

[3] E. P. STEYN-PARVÉ: Biochim. biophys. Acta **8**, 310 (1952).

[4] H. VON EULER und R. VESTIN: Ark. Kem. Mineral. Geol. **12** B, No. 44 (1938).

[5] Für die Formeln von DPN und TPN vgl. S. 455.

[6] A. H. MEHLER, A. KORNBERG, S. GRISOLIA und S. OCHOA: J. biol. Chem. **174**, 961 (1948).

[7] A. KORNBERG: Ibid. **182**, 805 (1950).

[8] I. C. GUNSALUS, W. D. BELLAMY und W. W. UMBREIT: Ibid. **155**, 685 (1944); W. D. BELLAMY, W. W. UMBREIT und I. C. GUNSALUS: Ibid. **160**, 461 (1945).

[9] Für die Formeln von Pyridoxal und Pyridoxal-5'-phosphat vgl. S. 632.

und CHEVILLARD[1] vor kurzem zeigen, daß ein Fermentsystem in der Hefe Pyridoxalphosphat aus Pyridoxin in Anwesenheit von ATP bilden kann, was dadurch nachgewiesen wurde, daß das Reaktionsgemisch das Apo-enzym der Tyrosin-decarboxylase zum Holoenzym ergänzen konnte. Es muß angenommen werden, daß primär die Oxydation von Pyridoxin zu Pyridoxal erfolgt und dieses dann unter Einwirkung einer spezifischen Transphosphatase nach der Gleichung

$$\text{ATP} + \text{Pyridoxal} \rightarrow \text{Pyridoxal-5'-phosphat} + \text{ADP}$$

phosphoryliert wird.

Die biologische Bedeutung der ATP → Pyridoxal-transphosphatase liegt in der Funktion des Pyridoxalphosphats als Coenzym der Decarboxylierung verschiedener Aminosäuren, der Transaminierungs-vorgänge, der Cystein-desulfhydrase, der Cystathioninasen, der Kynureninasen, der Serin- und Threonin-dehydratasen, sowie der Alanin-racemase (vgl. S. 632).

32. Kleinere Gruppen der Transferasen

Außer den zuletzt besprochenen großen Klassen der Transferasen (Transmethylasen, Transacylasen, Transglykosylasen, Transaminasen und Transphosphatasen) ist eine Anzahl weiterer Enzyme bekannt, die ebenfalls auf Grund ihrer Wirkungs-spezifität als Transferasen klassifiziert werden müssen, ohne daß sie sich in eine der genannten Klassen einreihen lassen. Andrerseits konnten Enzyme, die schon seit längerer Zeit bekannt sind, auf Grund einer genaueren Kenntnis ihrer Wirkungsweise als Transferasen klassifiziert werden.

Zwei dieser nicht in die vorher besprochenen Klassen passenden Enzymgruppen wurden bereits an anderer Stelle erwähnt: Transformylasen (S. 363) und Transadenosylasen (S. 362).

Im folgenden werden einige weitere Transferasen besprochen, von denen manche vielleicht die ersten Glieder neuer Klassen der Transferasen darstellen. Einigen dieser Enzyme kommt beim Stoffwechsel der Coenzyme und enzymatischen Komplemente große biologische Bedeutung zu.

Wir können in diesen Enzymen Vertreter der folgenden neuen Klassen sehen: Transadenylasen und Transuridylasen, Co-A-transferasen, Glykolaldehyd-transferasen, Transsulfurasen, Transglutamasen und Transaspartasen und schließlich Pyrimidin-transferasen, wenngleich die Klassifikation der Thiaminase als Ferment, das Pyrimidin-reste überträgt, vielleicht noch etwas fraglich ist.

I. ATP → Nicotinamid-mononucleotid-transadenylasen

Nachdem bereits CORI[2] 1942 über die Bildung von Pyrophosphat bei der Oxydation von Glutaminsäure, Brenztraubensäure und Bernsteinsäure in Rattenleber-präparationen berichtet hatte und bei den Versuchen in seinem Laboratorium gezeigt wurde, daß das Pyrophosphat nicht das Produkt einer einfachen Hydrolyse von ATP darstellte, konnte KORNBERG[3] 1950 den ersten Mechanismus der Pyrophosphat-bildung aufklären.

Sowohl in Leber als auch in Hefe-autolysaten finden sich Enzyme, welche die Reaktion

$$\text{ATP} + \text{Nicotinamid-mononucleotid} \rightleftharpoons \text{DPN} + \text{anorganisches Pyrophosphat}$$

katalysieren. Dieser Vorgang kann als Übertragung eines Adenylsäure-restes von ATP auf Nicotinamid-mononucleotid aufgefaßt werden; aus diesen Gründen

[1] NG. VAN-THOAI und L. CHEVILLARD: C. R. Soc. biol. **145**, 485 (1951).

[2] C. F. CORI: In „A Symposium on Respiratory Enzymes", S. 175. Madison: University of Wisconsin Press. 1942.

[3] A. KORNBERG: J. biol. Chem. **182**, 779 (1950).

hat der Verfasser[1] die Bezeichnung dieses Fermenttypus als Transadenylasen vorgeschlagen.

Kornberg konnte das Enzym aus Hefe reinigen und seine Wirksamkeit im Vergleich zu den Hefe-autolysaten auf das 10000fache steigern. Die katalysierte Reaktion ist ein Gleichgewichts-vorgang, die Gleichgewichts-konstante ist etwa 0,45. Das Enzym kann auch reduziertes Nicotinamid-mononucleotid auf Kosten von ATP in DPN · H_2 überführen. Die Anwesenheit von Mg^{++} ist für die Wirksamkeit notwendig; Mn^{++} kann Mg^{++} nicht ersetzen. Kornberg arbeitete mit einem Glycylglycin-puffer von 7,4.

Der durch diese Transadenylasen katalysierte Vorgang ist die einzige bisher bekannte Bildungsweise von DPN.

II. ATP → FMN-transadenylasen

Klein und Kohn[2] beobachteten als erste die Bildung von Flavin-adenindinucleotid (FAD) in menschlichen Blutzellen. Trufanov[3] berichtete über eine analoge Reaktion in Gewebe-schnitten aus Ratten bei Anwesenheit von Riboflavin. Er nahm an, daß Riboflavin mit ADP zusammentrete.

Schrecker und Kornberg[4] konnten nun in letzter Zeit ein Enzym in der Hefe nachweisen und teilweise reinigen, welches die Reaktion

$$\text{ATP} + \text{FMN} \rightleftharpoons \text{FAD} + \text{Pyrophosphat}$$

katalysiert. Ganz analog dem vorher besprochenen Enzymtypus kann auch dieses Enzym als Transadenylase aufgefaßt werden, da es sich um eine Übertragung des Adenylsäure-restes von ATP auf Riboflavinphosphat (FMN) handelt.

In Anwesenheit von nicht phosphoryliertem Riboflavin und ATP wurde eine gegeringe Menge von FAD synthetisiert; dies war wahrscheinlich dadurch bedingt, daß das Fermentpräparat durch etwas ATP → Riboflavin-transphosphatase (vgl. S. 433) verunreinigt war. ATP kann nicht durch ADP oder AMP ersetzt werden; in der umgekehrten Reaktionsrichtung läßt sich Pyrophosphat nicht durch Metaphosphat oder Orthophosphat vertreten. Für das Stattfinden der Reaktion ist die Anwesenheit von Mg^{++} erforderlich; das p_H-Optimum der Enzymwirkung liegt bei p_H 7,5.

Das Vorkommen von Enzymen derselben Spezifität in anderen biologischen Materialien ist sehr wahrscheinlich. Der katalysierte Vorgang erklärt die Biosynthese von FAD, das als prosthetische Gruppe vieler Flavin-fermente (vgl. S. 512) fungiert.

III. UTP → Glucose-1-phosphat-transuridylasen *(UDP-Glucose-pyrophosphorylase)*

In Hefe-macerationssäften und in Präparationen von Glucose-6-phosphat → TPN-transhydrogenase („Zwischenferment", *Glucose-6-phosphat-dehydrase*, S. 489) findet sich ein Ferment, welches reversibel die Reaktion

$$\text{UTP} + \alpha\text{-Glucose-1-phosphat} \rightleftharpoons \text{UDP-Glucose} + \text{Pyrophosphat}$$

katalysiert[5]. Der Vorgang zeigt eine weitgehende Analogie mit den Reaktionen, welche von den eben besprochenen Transadenylasen bewirkt werden.

---

[1] O. Hoffmann-Ostenhof: Adv. Enzymology **14**, 219 (1953).
[2] J. R. Klein und H. I. Kohn: J. biol. Chem. **136**, 177 (1940).
[3] A. V. Trufanov: Biochimija **6**, 301 (1941); **7**, 188 (1942).
[4] A. W. Schrecker und A. Kornberg: J. biol. Chem. **182**, 795 (1950).
[5] A. Munch-Petersen, H. M. Kalckar, E. Cutolo und E. E. B. Smith: Nature **172**, 1036 (1053).

Während das Ferment aus Hefe eine sehr strenge Spezifität zeigt, konnten SMITH und Mitarbeiter[1] in einer Präparation aus Ratten-leber ein Enzym oder Enzymsystem entdecken, das außer der geschilderten Reaktion auch die „Pyrophosphorolyse“ des seinerzeit von PALADINI und LELOIR[2] gefundenen UDP-X, das wahrscheinlich mit UDP-N-Acetylglucosamin identisch ist, bewirkt. Es ist noch nicht klargestellt, ob diese Effekte durch ein einziges oder durch zwei Fermente bewirkt werden.

Die Übertragung des Uridil-restes von UTP auf Glucose-1-phosphat in der geschilderten Form dürfte den letzten Schritt bei der Biosynthese von UDP-Glucose darstellen; dieser Verbindung kommt vermutlich u. a., wie bereits auf S. 388 berichtet wurde, eine wichtige Funktion beim Aufbau des Rohrzuckers in den Pflanzen zu. Bisher wurde aber anscheinend noch nicht versucht, UTP → Glucose-1-phosphat-transuridylasen in pflanzlichem Material nachzuweisen.

IV. UTP → Galactose-1-phosphat-transuridylase

(UDP-Galactose-pyrophosphorylase)

Nach KALCKAR und Mitarbeitern[3] enthält ein dialysierter Extrakt aus einem für Galactose adaptierten Stamm der Hefe *Saccharomyces fragilis* ein Enzym, das die Reaktion

$$\text{UTP} + \alpha\text{-Galactose-1-phosphat} \rightleftharpoons \text{UDP-Galactose} + \text{Pyrophosphat}$$

reversibel katalysiert.

V. UDP-Glucose → Galactose-1-phosphat-transuridylase

In Extrakten aus einem für Galactose adaptierten Stamm von *Saccharomyces fragilis*, welche durch längeres Stehen die Fähigkeit zur Isomerisierung von Galactose-1-phosphat zu Glucose-1-phosphat („*Galactowaldenase*“-reaktion, vgl. S. 667) verloren hatten, konnte ein direkter Austausch von Uridyl-resten nach der Gleichung

$$\begin{gathered}\text{UDP-Glucose-} + \text{Galactose-1-phosphat}\\ \rightleftharpoons\\ \text{UDP-Galactose} + \text{Glucose-1-phosphat}\end{gathered}$$

beobachtet werden, der auch in Anwesenheit von Pyrophosphat stattfindet[4].

Nach LELOIR erfolgt die Isomerisierung von Galactose-1-phosphat zu Glucose-1-phosphat durch das Galactose-1-isomerase-system (*Galactowaldenase*) vermutlich in zwei Stufen, von welchen die erste der hier beschriebenen Reaktion entspricht. Als zweite Reaktions-stufe postuliert LELOIR den Vorgang

$$\text{UDP-Galactose} \rightleftharpoons \text{UDP-Glucose;}$$

das Enzym, welches dafür verantwortlich ist, konnte bisher noch nicht isoliert werden. Es scheint jedenfalls empfindlicher zu sein als die UDP-Glucose → Galactose-1-phosphat-transuridylase, da bei längerem Stehen die Fähigkeit der Extrakte, Galactose-1-phosphat zu isomerisieren, verlorengeht, während das hier geschilderte Ferment seine Wirkung behält.

VI. CoA-Transferasen

Bisher sind zwei verschiedene Wege für die Aktivierung der Fettsäuren bekannt: der eine besteht in einer Reaktion der Fettsäure mit ATP und CoA,

---

[1] E. E. B. SMITH, A. MUNCH-PETERSEN und G. T. MILLS: Nature **172**, 1038 (1953).
[2] A. C. PALADINI und L. F. LELOIR: Biochem. J. **51**, 426 (1952).
[3] H. M. KALCKAR, B. BRAGANCA und A. MUNCH-PETERSEN: Nature **172**, 1038 (1953).
[4] L. F. LELOIR: Adv. Enzymology **14**, 193 (1953).

wobei das entsprechende Acyl-CoA, AMP und Pyrophosphat entsteht; dieser Mechanismus wurde bereits an anderer Stelle besprochen (S. 376). Der zweite Weg ist die Übertragung von CoA von einem Fettsäure-rest auf einen anderen. Enzyme, welche Reaktionen dieses Typus katalysieren, werden als CoA-Transferasen bezeichnet.

Die erste CoA-Transferase wurde von STADTMAN[1] in Extrakten von *Clostridium kluyveri* entdeckt. Das Enzym katalysiert reversibel die Übertragung von CoA aus Acetyl-CoA auf Propionsäure, Buttersäure und weitere gesättigte Fettsäuren bis C_8, Vinylessigsäure und Milchsäure.

$$\underset{\text{Acetyl-CoA}}{CH_3CO{-}CoA} + \underset{\text{Propionsäure}}{CH_3CH_2COOH} \rightleftarrows \underset{\text{Propionyl-CoA}}{CH_3CH_2CO{-}CoA} + \underset{\text{Essigsäure}}{CH_3COOH}$$

Durch die gleichzeitige Anwesenheit von Acetylphosphat → CoA-transacetylase (*Phosphotransacetylase*, vgl. S. 370) in derartigen Extrakten kann bei Gegenwart von CoA Acetylphosphat für die Aktivierung der höheren Fettsäuren verwendet werden.

Ihrer Spezifität entsprechend muß die CoA-Transferase aus *Clostridium kluyveri* als Acetyl-CoA → Propionat-CoA-transferase bezeichnet werden.

Ein analog wirkendes Enzym, welches aber spezifisch die reversible CoA-Übertragung von Succinyl-CoA auf Acetessigsäure katalysiert, findet sich vor allem im Herzmuskel, weiters anscheinend auch im Skelettmuskel und in der Niere, nicht hingegen in der Leber von Säugetieren[2]. Die bewirkte Reaktion läßt sich durch die Gleichung

$$\underset{\text{Succinyl-CoA}}{HOOCCH_2CH_2CO{-}CoA} + \underset{\text{Acetessigsäure}}{CH_3COCH_2COOH} \rightleftharpoons$$

$$\rightleftharpoons \underset{\text{Acetoacetyl-CoA}}{CH_3COCH_2CO{-}CoA} + \underset{\text{Bernsteinsäure}}{HOOCCH_2CH_2COOH}$$

darstellen; Enzyme dieses Typus sind demnach als Succinyl-CoA → Acetoacetat-CoA-transferasen zu bezeichnen.

Das entsprechende Enzym aus Schweine-herz konnte kürzlich in gereinigtem Zustand dargestellt werden. Eine Spezifitäts-untersuchung ergab, daß, wenn Succinyl-CoA den Donator darstellt, außer Acetessigsäure auch β-Ketovaleriansäure, β-Ketoisocapronsäure und β-Ketocapronsäure als Akzeptoren fungieren können. Wenn hingegen Acetoacetyl-CoA der Donator ist, kann einzig Bernsteinsäure Akzeptor sein.

Die Funktion dieses Enzymtypus dürfte darin bestehen, daß er die Acetessigsäure, welche in der Leber entsteht und mit dem Blutstrom in die peripheren Gewebe gebracht wird, aktiviert und damit ihre Oxydation über den Citronensäure-zyklus oder auch die Synthese höherer Fettsäuren vorbereitet. Der Donator Succinyl-CoA ist ein Zwischenprodukt des Citronensäure-zyklus; er entsteht bei der Oxydation von α-Ketoglutarsäure unter Mitwirkung von DPN und CoA.

VII. Glykolaldehyd-transferasen (*Transketolase*)

In allerletzter Zeit konnten in verschiedenen biologischen Materialien Enzyme nachgewiesen werden, welche einen Glykolaldehyd-rest von bestimmten Donatoren

---

[1] E. R. STADTMAN: Federation Proc. 11, 291 (1952); Abstr. 122nd Meeting Amer. chem. Soc. 32C (1952). J. biol. Chem. 203, 501 (1953).

[2] D. E. GREEN: Science 115, 661 (1952); D. E. GREEN, D. S. GOLDMANN, S. MII und H. BEINERT: J. biol. Chem. 202, 137 (1953); J. R. STERN, M. J. COON und A. DEL CAMPILLO: Nature 171, 28 (1953); J. Amer. chem. Soc. 75, 1517 (1953).

auf bestimmte Akzeptoren übertragen. Die am besten erforschte Reaktion dieses Typus ist die Bildung von Sedoheptulose-7-phosphat aus Pentosephosphaten[1, 2, 4], welche nach eingehenden Untersuchungen von HORECKER und Mitarbeitern[3, 5] reversibel nach der Bruttogleichung

$$\begin{array}{c} H_2COH \\ | \\ C{=}O \\ | \\ HCOH \\ | \\ HCOH \\ | \\ H_2COPO_3H_2 \end{array} + \begin{array}{c} HC{=}O \\ | \\ HCOH \\ | \\ HCOH \\ | \\ HCOH \\ | \\ H_2COPO_3H_2 \end{array} \rightleftharpoons \begin{array}{c} HC{=}O \\ | \\ HCOH \\ | \\ H_2COPO_3H_2 \end{array} + \begin{array}{c} H_2COH \\ | \\ C{=}O \\ | \\ HOCH \\ | \\ HCOH \\ | \\ HCOH \\ | \\ HCOH \\ | \\ H_2COPO_3H_2 \end{array}$$

Ribulose-5-phosphat Ribose-5-phosphat 3-Phosphoglycerinaldehyd Sedoheptulose-7-phosphat

erfolgt. Es konnte nachgewiesen werden, daß für das Zustandekommen dieser Reaktion die Anwesenheit von Thiaminpyrophosphat (TPP, vgl. S. 609) unbedingt erforderlich ist[3, 4]; diese Verbindung scheint hier aber nicht wie bei den Decarboxylierungs-reaktionen als Coenzym zu fungieren, sondern spielt die Rolle eines enzymatischen Komplements. Es wird nämlich postuliert, daß die oben beschriebene Gesamt-reaktion in zwei Phasen vor sich geht: zuerst erfolge eine Übertragung des Glykolaldehyd-restes von Ribulose-5-phosphat auf TPP nach der Gleichung

$$\text{Ribulose-5-phosphat} + \text{TPP—H} \rightleftharpoons \text{Glykolaldehyd-TPP} + \\ + \text{3-Phosphoglycerinaldehyd,}$$

und als zweiter Schritt werde der Glykolaldehyd-rest von Glykolaldehyd-TPP auf Ribose-5-phosphat entsprechend

$$\text{Glykolaldehyd-TPP} + \text{Ribose-5-phosphat} \rightleftharpoons \text{Sedoheptulose-7-phosphat} + \text{TPP—H}$$

übertragen. Diesem Mechanismus zufolge können wir Glykolaldehyd-TPP in Analogie zu „aktiver Essigsäure" (Acetyl-CoA, S. 365) oder „aktivem Methionin" (S-Adenosylmethionin, S. 361) als „aktiven Glykolaldehyd" bezeichnen.

Die Donator- und Akzeptor-spezifität der Fermente dieses Typus scheint nicht allzu streng zu sein; als Glykolaldehyd-donatoren wurden bisher Ribulose-5-phosphat, Sedoheptulose-7-phosphat, Erythrulose und Oxybrenztraubensäure erkannt, während als Akzeptoren für den Glykolaldehyd neben Ribose-5-phosphat auch 3-Phosphoglycerinaldehyd, Glycerinaldehyd sowie freier Glykolaldehyd fungieren können. Für die Akzeptor-funktion scheint eine freie Aldehyd-gruppierung erforderlich zu sein, da hochgereinigte Präparationen eines Enzyms dieses Typus aus Ribulose-5-phosphat nur dann Sedoheptulose-phosphat bilden, wenn gleichzeitig Ribose-5-phosphat anwesend ist. Bei weniger gereinigten Präparationen genügt Ribulose-5-phosphat als Substrat; in diesen Zubereitungen

---

[1] B. L. HORECKER und P. Z. SMYRNIOTIS: J. Amer. chem. Soc. **74**, 2123 (1952); B. L. HORECKER: J. cell. compar. Physiol. **41**, Suppl. 1, 137 (1953).

[2] B. AXELROD, R. S. BANDURSKI, C. M. GREINER und R. JANG: J. biol. Chem. **202**, 619 (1953).

[3] B. L. HORECKER und P. Z. SMYRNIOTIS: J. Amer. chem. Soc. **75**, 1009 (1953).

[4] E. RACKER, G. DE LA HABA und I. C. LEDER: Ibid. **75**, 1010 (1953).

[5] B. L. HORECKER, P. Z. SMYRNIOTIS und H. KLENOW: J. biol. Chem. **205**, 661 (1953).

findet sich neben dem hier beschriebenen Ferment eine Phospho-pentose-isomerase (vgl. S. 668), welche ein Gleichgewicht zwischen Ribose-5-phosphat und Ribulose-5-phosphat einstellt.

Auf Grund der Fähigkeit dieses Enzymtypus, Ketol-bindungen zu spalten oder zu synthetisieren, wurde der Name „Transketolase" vorgeschlagen[1]; dem geschilderten Reaktions-mechanismus zufolge entspricht die Bezeichnung Glykolaldehyd-transferase der hier verwendeten Nomenklatur.

Vertreter dieses Enzymtypus konnten bisher in der Ratten-leber, in Spinatblättern, in Hefe und in *Escherichia coli* nachgewiesen werden. Es gelang, das Enzym aus Hefe zu kristallisieren[1].

Die Fermente dieses Typus in grünen Pflanzen und auch besonders der „aktive Glykolaldehyd" könnten bei den Vorgängen der Photosynthese eine wichtige Rolle innehaben. Nach Untersuchungen von CALVIN und Mitarbeitern[2] dürfte die als erstes faßbares Produkt der Photosynthese nachgewiesene 3-Phosphoglycerinsäure durch Reaktion eines noch unbekannten C_2-Körpers mit CO_2 bzw. einem Umsetzungs-produkt dieser Substanz entstehen und es wäre denkbar, daß der „aktive Glykolaldehyd" mit diesem C_2-Körper identisch ist. Diese Vorstellung wird dadurch unterstützt, daß man in den frühen Phasen der Photosynthese bereits sowohl Ribulose-5-phosphat als auch Sedoheptulose-7-phosphat — beides mögliche Vorläufer des C_2-Körpers — nachweisen konnte.

VIII. Thiosulfat → Cyanid-transsulfurasen *(Rhodanese)*[3]

Im Organismus finden sich kleine Mengen von Rhodanid, welche auf enzymatischem Wege aus Cyanid gebildet werden. Ein dafür verantwortliches Enzym wurde von LANG[4] entdeckt und *Rhodanese* genannt. Fermente dieses Typus katalysieren in gereinigtem Zustand die Übertragung von Schwefel aus Thiosulfat und kolloiden Schwefel-präparaten auf Cyanid; mit Thiosulfat verläuft die Reaktion nach der Gleichung

$$Na_2S_2O_3 + HCN \rightleftharpoons HCNS + Na_2SO_3,$$

weshalb nach der hier angewandten Nomenklatur der Name Thiosulfat → Cyanid-transsulfurase gerechtfertigt ist. Der katalysierte Vorgang ist nach Untersuchungen von ROSENTHAL[5] reversibel, was allerdings von anderer Seite bezweifelt wird.

Fermente dieser Spezifität finden sich in verschiedener Konzentration in tierischem Gewebe, besonders in den Nebennieren, in der Leber, im Gehirn und in den Speicheldrüsen. Auch die Erythrozyten enthalten wechselnde Mengen derartiger Enzyme, während sie im Blutserum nicht vorkommen[6]. GEMEINHARDT[7] konnte feststellen, daß die oft beträchtlichen Rhodanid-mengen, welche in manchen Pflanzen *(Cruciferae, Umbelliferae)* aufgefunden werden, ihre Entstehung zum größten Teil dem hier besprochenen Fermenttypus verdanken. In der Hefe findet sich keine Thiosulfat → Cyanid-transsulfurase; hingegen konnte ein Vorkommen in *Escherichia coli* nachgewiesen werden.

---

[1] E. RACKER, G. DE LA HABA und I. C. LEDER: J. Amer. chem. Soc. **75**, 1010 (1953).
[2] J. G. BUCHANAN, J. A. BASSHAM, A. A. BENSON, D. F. BRADLEY, M. CALVIN, L. L. DAUS, M. GOODMAN, P. M. HAYES, V. H. LYNCH, L. T. NORRIS und A. T. WILSON: In „Phosphorus Metabolism", herausgegeben von W. D. MCELROY und B. GLASS, Bd. 2, S. 440. Baltimore: John Hopkins Press. 1952.
[3] Übersichtsreferat: K. LANG: Z. Vitamin-, Hormon-, Fermentforsch. **2**, 288 (1948/49).
[4] K. LANG: Biochem. Z. **259**, 243; **263**, 262 (1933).
[5] O. ROSENTHAL: Federation Proc. **7**, 181 (1948).
[6] H. BENARD, A. GAJDOS und M. GAJDOS-TOROK: C. R. Soc. Biol. **141**, 700, 702 (1947); **142**, 150 (1948).
[7] K. GEMEINHARDT: Ber. dtsch. bot. Ges. **56**, 275 (1938).

Die Reaktion wird durch einen Überschuß an Thiosulfat beschleunigt. Nach ROSENTHAL wirkt das entstehende Sulfit hemmend auf die Reaktion ein; nach demselben Autor sind die Dissoziations-konstanten der Enzym-Substrat-komplexe $5{,}5 \cdot 10^{-3}$ für Thiosulfat und $3{,}8 \cdot 10^{-3}$ für Blausäure. Als Hemmstoffe wirken weiters Arsenit und Taurocholat, während eine Inhibitor-wirkung von Erdalkaliionen, wie sie von LANG berichtet wurde, von COSBY und SUMNER[1] nicht bestätigt werden konnte.

Die p_H-Optima der Thiosulfat → Cyanid-transsulfurasen differieren je nach dem Ausgangsmaterial; SAUNDERS und HIMWICH[2] fanden, daß Enzym-präparate aus Kaninchen-organen bei p_H 7,7 bis 7,9 optimal wirken, während die Fermente aus Hunden, Ratten und Rhesus-affen ihr p_H-Optimum bei 7,3 bis 7,5 haben.

In letzter Zeit gelang es SÖRBO[3] ein Ferment dieser Spezifität aus Rinderleber zu isolieren und kristallin darzustellen.

Die biologische Rolle der Thiosulfat → Cyanid-transsulfurasen ist noch weitgehend ungeklärt. Nach Bilanz-versuchen von STUBER und LANG[4] ist die tägliche Cyanid-bildung im Menschen auf 1 bis 2 mg zu veranschlagen, was im Vergleich zu der hohen Enzymkonzentration eine sehr geringe Menge ist. Nach HIMWICH und SAUNDERS[5] könnte die Leber des Hundes mit Hilfe des in ihr enthaltenen Enzyms innerhalb von 15 Min. 4,015 g Cyanid in Rhodanid umsetzen. Diese Diskrepanz der Größenordnungen läßt vermuten, daß die Entgiftung des Cyanids durch Überführung in Rhodanid nicht die einzige Funktion der Fermente ist. Andrerseits ist aber schon seit langem bekannt, daß man Versuchstiere durch Verabreichung von Thiosulfat oder kolloidem Schwefel gegen eine mehrfache letale Dosis an Blausäure schützen kann, was sicherlich durch die Wirkung der hier besprochenen Enzyme erklärt werden kann.

IX. „Thiaminasen" (Thiamin → Taurin-pyrimidin-transferasen?)[6]

In den Dreißigerjahren dieses Jahrhunderts wurde auf einer Silberfuchs-farm in Chastek, Minnesota (USA.) eine Lähmung bei den Füchsen beobachtet, die nach Verabreichung rohen Fisch-fleisches auftrat und durch Gaben von Thiamin heilbar war.

Verschiedene Autoren[7, 8] konnten zeigen, daß rohes Fischfleisch ein Enzym enthält, das Thiamin zerstört; der verantwortliche Faktor, der ursprünglich als Chastek-Paralyse-Faktor bezeichnet wurde, erhielt nach Erkennen seiner Fermentnatur den Namen Thiaminase.

Ursprünglich wurde angenommen, daß die Wirkung der Thiaminase eine einfache Hydrolyse des Thiamins zu 4-Methyl-5-oxyäthylthiazol und 2-Methyl-4-amino-5-oxymethylpyrimidin sei, doch erkannte man bald, daß die Wirkung des Ferments stark vermindert wird, wenn man seine Lösung einer Dialyse unterzieht[9]. Nach Untersuchungen von SEALOCK und DAVIES[10] spielt der dialysable Faktor die Rolle eines enzymatischen Komplements: die Reaktion verläuft primär als eine Übertragung der Pyrimidin-komponente des Thiamins auf das Komplement, wobei die Thiazol-komponente freigesetzt wird. Als Akzeptor können

---

[1] E. L. COSBY und J. B. SUMNER: Arch. Biochem. 7, 457 (1945).
[2] J. P. SAUNDERS und W. A. HIMWICH: Federation Proc. 7, 183 (1948).
[3] B. SÖRBO: Acta chem. Scand. 7, 1129 (1953).
[4] B. STUBER und K. LANG: Dtsch. Arch. klin. Med. 175, 564 (1933); 176, 213 (1933).
[5] W. A. HIMWICH und J. P. SAUNDERS: Amer. J. Physiol. 153, 348 (1948).
[6] Übersichtsreferate: R. S. HARRIS: In „The Enzymes", herausgegeben von J. B. SUMNER und K. MYRBÄCK: Bd. I/2, S. 1186. New York: Academic Press 1951; vgl. auch D. W. WOOLLEY: Nature 171, 323 (1953).
[7] D. W. WOOLLEY: J. biol. Chem. 144, 997 (1941).
[8] E. H. SPITZER, A. I. COOMBES, C. A. ELVEHJEM und W. WISNICKY: Proc. Soc. exp. Biol. Med. 48, 376 (1941).
[9] L. O. KRAMPITZ und D. W. WOOLLEY: J. biol. Chem. 152, 225 (1944).
[10] R. R. SEALOCK und N. C. DAVIES: Ibid. 177, 989 (1949).

verschiedene Amine, z. B. *m*-Nitroanilin oder *m*-Aminobenzoesäure fungieren; die Pyrimidin-komponente bildet mit den Aminen ein Conjugat:

```
H3C   N   NH2
   \ // \ /
    C    C            CH3  CH2CH2OH
    |    ||            |    |                  H   H
    N    C             C====C                  C===C
     \\ / \      +    /     |                 /     \
      C    CH2--N     |         +    H2N--C        CH  -->
      |          \\   |                   \\      //
      H            C--S                     C---C
                   |                        H     \
                   H                               NO2
```

Thiamin   Akzeptor-amin (*m*-Nitroanilin)

```
     CH3  CH2CH2OH       H3C   N    NH2
      |    |                \ // \ /
      C====C                 C    C
     /     |                 |    ||              H    H
-->  N      |        +        N    C              C====C
     \\     |                  \\ / \            /      \
      C----S                     C   CH2--NH--C         CH  +  H+
      |                          |              \\      //
      H                          H                C----C
                                                  H     \
                                                         NO2
```

4-Methyl-5-oxyäthylthiazol   Conjugat

Die Frage, welche Substanz den natürlichen Akzeptor darstellt, ist zurzeit noch offen; nach den Arbeiten von BARNHURST und HENNESSY[1] ist es sehr wahrscheinlich, daß bei Muscheln Taurin als Akzeptor fungiert, wobei ein Stoff entsteht, der vermutlich mit dem sog. „Icthiamin"[2] identisch ist.

```
H3C   N   NH2
   \ // \ /
    C    C
    |    ||
    N    C
     \\ / \
      C    CH2--NHCH2CH2SO3H
      |
      H
```

Wahrscheinliche Formel des „Icthiamins"

Sekundär erfolgt wahrscheinlich eine Hydrolyse des „Icthiamins", die durch ein eigenes Enzym katalysiert wird und zur Bildung von 2-Methyl-4-amino-5-oxymethylpyrimidin und Taurin führt.

Die Wirkung des Pyrimidin-übertragenden Enzyms scheint aber eine viel allgemeinere zu sein; außer Thiamin können z. B. auch TPP (Thiaminpyrophosphat) sowie das sog. Neopyrithiamin, das an Stelle der Thiazol-komponente des Thiamins 2-Methyl-3-β-oxyäthylpyridin enthält, als Donatoren fungieren. Vor kurzem berichtete WOOLLEY[3], daß unter dem Einfluß von Thiaminase eine Übertragung des Pteroyl-restes von dem Pteridin-analogen des Thiamins auf *p*-Aminobenzoylglutaminsäure erfolgt und auf diese Weise Pteroylglutaminsäure (Folsäure) synthetisiert wird.

---

1 J. D. BARNHURST und D. J. HENNESSY: J. Amer. chem. Soc. **74**, 353 (1952).
2 D. J. HENNESSY und S. WARNER: Abstr. 109th Meeting Amer. chem. Soc. (1946).
3 D. W. WOOLLEY: J. Amer. chem. Soc. **73**, 1898 (1951).

Pteridin-analoges des Thiamins + *p*-Aminobenzoylglutaminsäure →

4-Methyl-5-oxyäthylthiazol + Pteroylglutaminsäure + H^+

Auch Pyridin kann als Akzeptor der Pyrimidin-reste fungieren.[1] Hier ist die Reaktion interessanterweise reversibel, während alle bisher beschriebenen Vorgänge, die durch das Enzym katalysiert werden, anscheinend irreversibel sind. Dies läßt sich wahrscheinlich dadurch erklären, daß bei der Übertragung des Pyrimidin-restes auf primäre Amine das ursprünglich quaternäre, positiv geladene Stickstoff-atom zu einem tertiär gebundenen Stickstoff wird und dieser Vorgang mit einem Energie-verlust verbunden ist. Bei der Übertragung auf Pyridin wird aber wiederum ein quaternäres Stickstoff-atom gebildet; wahrscheinlich ist die Reaktion energetisch etwa neutral.

Thiamin + Pyridin ⇄

[1] A. Fujita, Y. Nose, S. Kozuka, T. Tashiro, H. Ueda und S. Sakamoto: J. biol. Chem. **196**, 289 (1952); A. Fujita, Y. Nose, K. Ueda und E. Hasegawa: Ibid. **196**, 297 (1952); A. Fujita und T. Tashiro: Ibid. **196**, 305 (1952); A. Fujita, Y. Nose, S. Uyeo und J. Koizumi: Ibid. **196**, 313 (1952).

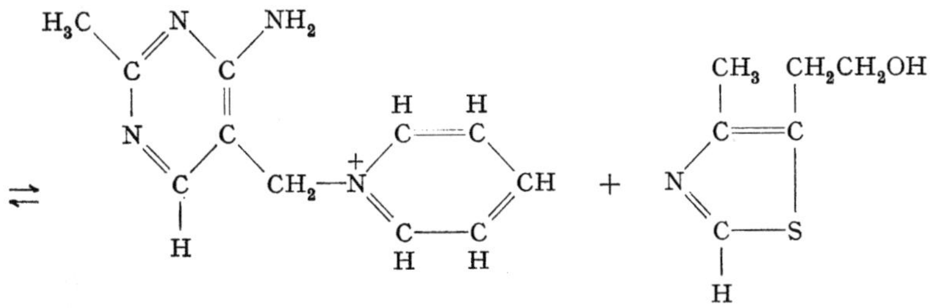

$\rightleftharpoons$ Conjugat + 4-Methyl-5-oxyäthylthiazol

Enzyme dieses Typus finden sich ziemlich weitverbreitet in Süßwasserfischen, weiters im Hering, im Hummer, in Krabben und besonders stark in verschiedenen Muschel-arten (vgl. die Zusammenstellung über das Vorkommen bei HARRIS, *l. c.*). Durch Verfütterung roher Fische können Vitamin B_1-Mangelerscheinungen außer bei Füchsen auch bei verschiedenen anderen Tieren erzeugt werden.

Thiamin-zerstörende Fermente konnten aber auch in verschiedenen Pflanzen, so vor allem in Farnen[1], weiters in einzelnen Bakterien nachgewiesen werden. Wieweit der Wirkungs-mechanismus dieser Fermente dem hier geschilderten entspricht, ist noch ungeklärt.

SHOKAI-CHANG[2] konnte aus der Faeces von Kranken, welche unter dauernder Verstopfung litten, ein thiamin-zerstörendes Ferment und auch ein Bacterium isolieren, welches eine Thiaminase produziert. Für diesen Mikroorganismus wurde der Name *Bacillus thiaminolyticus* vorgeschlagen[3].

X. Transglutaminasen und Transaspartasen (*Glutamo-transferasen* und *Asparto-transferasen*)[4]

Enzyme oder Enzymsysteme, welche den Austausch der Amid-gruppe des Glutamins und des Asparagins durch Hydroxylamin oder Hydrazin katalysieren, wurden vor kurzem von WAELSCH und Mitarbeitern[5] sowie von STUMPF und LOOMIS[6] beschrieben. Die Reaktionen folgen den Gleichungen:

$$\underset{\text{Glutamin}}{HOOCCH(NH_2)CH_2CH_2CONH_2} + NH_2OH \rightleftharpoons \underset{\text{Glutamo-hydroxamsäure}}{HOOCCH(NH_2)CH_2CH_2CONHOH} + NH_3$$

$$\underset{\text{Asparagin}}{HOOCCH(NH_2)CH_2CONH_2} + NH_2OH \rightleftharpoons \underset{\text{Asparto-hydroxamsäure}}{HOOCCH(NH_2)CH_2CONHOH} + NH_3$$

Durch dieselben Präparationen kann auch der Austausch der Amid-gruppen des Glutamins oder Asparagins gegen Isotopen-markiertes Ammoniak bewirkt werden. Bei beiden Reaktions-arten handelt es sich um eine Übertragung des Aminosäure-restes; der hier gebrauchten Nomenklatur entsprächen die Namen „Glutamin → Hydroxylamin-transglutaminase" und „Asparagin → Hydroxylamin-transaspartase", wenn Hydroxylamin tatsächlich der physiologische Akzeptor des Aminosäure-restes ist, was allerdings noch zweifelhaft erscheint.

---

[1] P. H. WESWIG, A. M. FREED und J. R. HAAG: J. biol. Chem. **165**, 737 (1946); W. C. EVANS, N. R. JONES und R. A. EVANS: Biochem. J. **50**, XXVIII (1952).

[2] SHOKAI-CHANG: Vitamins (Japan) **2**, 174 (1950); Chem. Abstr. **45**, 1173 (1951).

[3] Y. KUNO: Proc. Japan. Acad. **27**, 362 (1951).

[4] Übersichtsreferate: H. WAELSCH: Adv. Enzymology **13**, 237 (1952); Idem: in „Symposium sur la Biogénèse des Proteines", 2e Congr. internat. Biochimie, S. 26. Paris 1952.

[5] N. GROSSOWICZ, E. WAINFAN, E. BOREK und H. WAELSCH: J. biol. Chem. **187**, 111 (1950); N. SCHOU, N. GROSSOWICZ, A. LAJTHA und H. WAELSCH: Nature **167**, 818 (1951).

[6] P. K. STUMPF und W. D. LOOMIS: Arch. Biochem. **25**, 451 (1950).

Transglutaminasen konnten in vielen Mikroorganismen, in Pflanzen und in tierischem Gewebe gefunden werden, während Transaspartasen bisher nur in Mikroorganismen nachgewiesen wurden.

Während die mikrobiellen Transglutaminasen für ihre Wirksamkeit nicht die Anwesenheit irgendwelcher Aktivatoren zu benötigen scheinen, ist für die Aktivität der pflanzlichen und tierischen Enzyme sowohl Mn^{++} als auch Orthophosphat erforderlich. Das pflanzliche Ferment wird durch Dialyse sehr schnell inaktiviert; es kann durch Zusatz von Mn^{++}, Phosphat sowie geringen Mengen ATP oder ADP reaktiviert werden. Das tierische Enzym ist stabiler; es wird durch Dialyse nicht völlig inaktiviert und seine volle Wirksamkeit kann durch Zugabe von Mn^{++} und kleinen ATP-Mengen wiederhergestellt werden. Das pflanzliche Ferment wird durch Fluorid gehemmt, während die bakteriellen Enzyme gegen dieses Anion unempfindlich sind. Transglutaminasen — gleich welcher Herkunft — werden durch Aminosäuren stark in ihrer Wirksamkeit gehemmt.

Black und Gray[1] berichteten vor kurzem über die Auffindung einer ATP → Aspartat-transphosphatase (S. 421) in bakteriellen Präparaten von Transaspartase *(Aspartotransferase)*; dieser Befund ließe darauf schließen, daß es sich bei dem zuletzt genannten Ferment nicht um ein einheitliches Enzym sondern um ein System handelt, in welchem eine Phosphorylierung eine Rolle spielt.

Jedenfalls muß festgestellt werden, daß wir über die biologische Funktion der Transglutaminasen und Transaspartasen noch überhaupt keine Kenntnis besitzen und es durchaus möglich ist, daß diese Fermenttypen Funktionen erfüllen, für welche ihre bisher erkannte Spezifität keinen Hinweis bietet.

Eine nahe verwandte Klasse von Fermenten, welche nach unserer Klassifikation ebenfalls als Transglutaminasen bezeichnet werden müssen, wurde von Hanes und Mitarbeitern[2] entdeckt. Es handelt sich hier um Enzyme aus tierischem Material, welche spezifisch die reversible Übertragung des γ-Glutamylrestes von Glutathion auf Aminosäuren oder Peptide katalysieren[3]:

$$\text{Glutathion} + \text{Aminosäure} \rightleftharpoons \gamma\text{-Glutamylaminosäure} + \text{Cysteinyl-glycin.}$$

Die bereits auf S. 300 beschriebenen Glutathionasen, welche durch Glutamin aktiviert werden, könnten mit den Fermenten dieses Typus identisch sein.

33. Enzyme und die biologische Oxydation[4]

Wie wir bereits aus einem früheren Kapitel (S. 162) erfahren haben, wird die Energie, welche für die Lebensvorgänge der Organismen erforderlich ist, im wesentlichen durch Oxydations-reaktionen geliefert. Wenn man von den Vor-

[1] S. Black und N. M. Gray: J. Amer. chem. Soc. 75, 2271 (1953).

[2] C. S. Hanes, F. R. J. Hird und F. A. Isherwood: Nature 167, 818 (1951); Biochem. J. 51, 25 (1952).

[3] P. J. Fodor, A. Miller und H. Waelsch: J. biol. Chem. 202, 551 (1953); P. J. Fodor, A. Miller, A. Neidle und H. Waelsch: Ibid. 203, 991 (1953).

[4] Monographien, Handbuchartikel und Übersichtsreferate: „Respiratory Enzymes", herausgegeben von H. A. Lardy, 2. Aufl. Minneapolis: Burgess. 1949; D. E. Green: Mechanisms of Biological Oxidations. Cambridge: Cambridge University Press. 1940; O. Warburg: Schwermetalle als Wirkungsgruppen von Fermenten. Berlin: Saenger. 1946; O. Warburg: Wasserstoffübertragende Fermente. Freiburg i. Br.: Editio Cantor. 1949; C. Oppenheimer und K. G. Stern: Biological Oxidation. The Hague: Dr. Junk. 1939; L. F. Hewitt: Oxidation-Reduction Potentials in Bacteriology and Biochemistry. 6. Aufl. Edinburgh: Livingstone. 1950; L. Michaelis: In „The Enzymes", herausgegeben von J. B. Sumner und K. Myrbäck, Bd. II/1, S. 1. New York: Academic Press. 1951; E. S. G. Barron: In „Bacterial Physiology", herausgegeben von C. H. Werkman und P. W. Wilson, S. 325. New York: Academic Press. 1951. „A Symposium on Respiratory Enzymes". Madison: University of Wisconsin Press. 1942; K. Bernhard und H. Lincke: Fortschr. Chem. organ. Naturstoffe 4, 188 (1945).

gängen bei den autotrophen Lebewesen absieht, sind die dabei oxydierten Substanzen durchwegs organischer Natur, die unter den Bedingungen des Organismus — verhältnismäßig niedrige Temperatur, p_H in der Nähe des Neutralpunktes — mit Sauerstoff oder mit anderen oxydierenden Substanzen reagieren. Die Oxydations-energie wird durch bisher nur teilweise bekannte Mechanismen in Bindungs-energie, d. h. chemische Energie, überführt und steht dann dem Organismus für die verschiedensten Zwecke zur Verfügung (vgl. S. 168).

Obwohl bereits LAVOISIER 1775 die These aufgestellt hatte, daß die Atmung im wesentlichen eine Verbrennung, d. h. eine Oxydation der Nahrung, darstellt, sind eingehende Untersuchungen über die Vorgänge und Mechanismen, welche daran beteiligt sind, erst viel später durchgeführt worden. Unsere heutigen Vorstellungen über die biologische Oxydation gründen sich vor allem auf Arbeiten der letzten Jahrzehnte; als Pioniere der Erforschung dieser Mechanismen sind besonders WARBURG, KEILIN, WIELAND und THUNBERG zu nennen, deren ursprünglich stark gegensätzlichen Auffassungen heute gemeinsam ein wenn auch nicht vollständiges, so doch abgerundetes Bild ergeben.

I. Allgemeines über Oxydation und Reduktion

Zum Verständnis der Vorgänge der biologischen Oxydation ist es vor allem notwendig, kurz die Begriffe Oxydation und Reduktion zu definieren. Bei Betrachtung der einzelnen als Oxydationen bezeichneten Prozesse können wir verschiedene Typen unterscheiden:

1. Vorgänge, die mit Sauerstoff-aufnahme verbunden sind;
2. Reaktionen, bei denen die oxydierte Substanz Wasserstoff abgibt; dieser Typus ist besonders häufig bei biologischen Oxydationen zu beobachten; und schließlich
3. Prozesse, die dadurch gekennzeichnet sind, daß die Substanz, welche oxydiert wird, während des Vorgangs Elektronen abgibt.

Entsprechend können Reduktionen als die inversen Vorgänge, d. h. entweder als Sauerstoff-abgabe oder als Wasserstoff-aufnahme und schließlich auch als Aufnahme von Elektronen beschrieben werden.

Nach einer Konzeption, die im wesentlichen von CLARK[1] und MICHAELIS[2] entwickelt wurde, können aber alle drei Formen der Oxydation als Elektronenabgabe definiert werden, da dieser Prozeß allen Arten der Oxydation gemeinsam ist; die Aufnahme von Sauerstoff oder auch die Abgabe von Wasserstoff sollen als Sekundär-vorgänge betrachtet werden, die im Verlauf der Oxydation erfolgen können aber nicht müssen.

Oxydations- und Reduktions-prozesse lassen sich somit grundsätzlich als Elektronen-übertragungen auffassen: Ein Oxydations-mittel besitzt die Fähigkeit, Elektronen aufzunehmen und umgekehrt ist das Reduktions-vermögen einfach als die Tendenz zur Elektronen-abgabe zu definieren. Wenn eine Substanz oxydiert wird, also Elektronen abgibt, muß zwangsläufig gleichzeitig eine andere, nämlich das Oxydations-mittel, reduziert werden, d. h. sie nimmt die Elektronen auf. Es ist verständlich, daß eine quantitative Untersuchung dieser Verhältnisse durch Messung von elektrischen Potential-differenzen durchgeführt werden kann. Tatsächlich konnte man schon vor längerer Zeit beobachten, daß ein Potential auftritt, wenn man eine Elektrode aus einem Edelmetall (meist eine Platin-elektrode) in eine Lösung eines reversiblen Oxydations-Reduktions-systems (Redox-systems) eintaucht; es kann gegenüber einer zweiten Elektrode

[1] W. M. CLARK: U. S. Public Health Repts. 38, 443 (1923).
[2] Vgl. L. MICHAELIS und M. P. SCHUBERT: Chem. Revs. 22, 437 (1938).

bekannten Potentials als Differenz gemessen werden. Die Elektroden-potentiale sind von verschiedenen Variablen, darunter vor allem von den Konzentrationen der oxydierten Form (*Ox*) und der reduzierten Form (*Red*) abhängig. Wenn eine Edelmetall-elektrode in eine Lösung eines reversiblen Redox-systems

$$Red \rightleftarrows Ox + n \text{ Elektronen}$$

eintaucht, so entspricht das auftretende Potential der Gleichung

$$E_h = E_0 + \frac{RT}{n\mathfrak{F}} \ln \frac{[Ox]}{[Red]}, \tag{1}$$

wobei E_0 eine für das betreffende System charakteristische Konstante, R die Gas-konstante, T die absolute Temperatur und $\mathfrak{F}$ das „Faraday" (96500 Coulomb) darstellen; n = die Anzahl der übertragenen Elektronen.

Für 30° C läßt sich Gl. (1) in folgende Form bringen:

$$E_h = E_0 + \frac{0{,}06}{n} \log \frac{[Ox]}{[Red]} \tag{1a}$$

Als Bezugs-elektrode wird allgemein die Wasserstoff-elektrode verwendet.

Aus der Gleichung wird klar, daß bei gleichen Konzentrationen oxydierter und reduzierter Form ($[Ox] = [Red]$), d. h. wenn das System zu 50% oxydiert ist, $E_h = E_0$ sein muß. Andrerseits können wir bei bekanntem E_0 die Elektroden-potentiale bei jedem Oxydations-grad des Systems berechnen.

Es muß allerdings berücksichtigt werden, daß die Elektroden-potentiale häufig vom p_H-Wert abhängig sind; dies ist immer dann der Fall, wenn entweder die oxydierte oder die reduzierte Form oder auch beide Formen ionisieren können. Wenn z. B. die reduzierte Form ein Anion ist, so ist die Total-menge der reduzierten Form S_r die Summe der anionischen Form und der nicht-dissoziierten Säure:

$$[S_r] = [\text{H-}Red] + [Red^-]$$

die Dissoziations-konstante K_a ist definiert durch

$$K_a = \frac{[Red^-]\,[\text{H}^+]}{[\text{H-}Red]}.$$

Die Gesamt-menge der ionisierten reduzierten Form Red^- wird dann

$$[Red^-] = \frac{[S_r]\,K_a}{[\text{H}^+] + K_a}$$

sein und wir müssen dementsprechend Gl. (1) in folgender Weise umformen:

$$E_h = E_0 - \frac{RT}{\mathfrak{F}} \ln \frac{[S_r]}{[Ox]} - \frac{RT}{\mathfrak{F}} \ln \frac{K_a}{[\text{H}^+] + K_a} \tag{2}$$

Wenn wir das Verhältnis zwischen reduzierter und oxydierter Form konstant halten, ist E_h allein vom p_H-Wert abhängig. Wenn K_a klein im Vergleich zu $[\text{H}^+]$ ist, so wird E_h eine lineare Funktion des p_H-Wertes darstellen; wenn $K_a \gg [\text{H}^+]$, ist die p_H-Abhängigkeit des Elektroden-potentials sehr gering. In einem entsprechenden p_H-E_h-Diagramm werden bei $[\text{H}^+] = K_a$ Wendepunkte auftreten.

Bei konstanter Wasserstoffionen-konzentration und 50%iger Oxydation wird das Elektroden-potential wiederum mit E_0 identisch sein. Diesen Wert nennt man das Redox-potential und bezeichnet ihn, wenn bei der Messung der p_H-Wert von 0 verschieden ist, als E_0'. Er ist ein Maß des Oxydations- bzw. Reduktions-vermögens eines Systems und erlaubt uns, verschiedene Systeme nach diesen Fähigkeiten einzuordnen. So wird ein System mit einem E_0' von +0,1 Volt ein System mit einem E_0' von z. B. —0,1 Volt oxydieren können, während es selbst von einem System mit $E_0' = +0{,}5$ Volt oxydiert wird.

Redox-potentiale können leicht nach einer besonders von CLARK ausgearbeiteten potentiometrischen Methode bestimmt werden. Dabei muß allerdings berücksichtigt werden, daß durchaus nicht alle Redox-systeme sich sofort mit einer Edelmetall-elektrode in ein Gleichgewicht setzen. Neben den sog. elektroaktiven Systemen, welche dieser Forderung entsprechen, gibt es, besonders unter biologischen Systemen, auch trägere Systeme, bei welchen eine Potential-differenz

Tabelle 51. *Redox-potentiale einiger für die Enzymologie wichtiger Systeme*

System	E_0' (in Volt)	Temp.	p_H
Oxalsäure/CO_2	—0,49[1]	25°	0,0
α-Ketoglutarsäure/Bernsteinsäure	—0,600[2]	—	7,0
Acetaldehyd/Essigsäure	—0,468[2]	—	7,0
Glucose/Gluconsäure	—0,45[3]	—	7,0
Glucose-6-phosphat/6-Phosphogluconsäure	—0,43[4]	—	7,0
Ameisensäure/CO_2	—0,420[5]	30°	7,0
Wasserstoff/Wasserstoff-ion (Wasserstoff-elektrode)	0,000[6]	alle Temp.	0,000
	—0,4200	30°	7,000
Hypoxanthin/Harnsäure	—0,410[7]	38°	7,31
Hypoxanthin/Xanthin	—0,371[8]	—	7,0
Xanthin/Harnsäure	—0,363[7]	38°	7,31
d-Isocitronensäure/Oxalbernsteinsäure	—0,332[10]	25°	7,0
l-β-Oxybuttersäure/Acetessigsäure	—0,293[9]	38°	7,0
Isopropanol/Aceton	—0,296[10]	25°	7,0
DPN · H_2/DPN	—0,320[10]	25°	7,0
TPN · H_2/TPN	—0,324[10]	25°	7,0
3-Phosphoglycerinaldehyd/3-Phosphoglycerinsäure	—0,286[10]	25°	7,0
α-Glycerophosphat/Phosphodioxyaceton	—0,192[10]	25°	7,0
FMN · H_2/FMN	—0,185[11]	20°	7,0
Hydriertes Riboflavin/Riboflavin	—0,186[11]	20°	7,0
Milchsäure/Brenztraubensäure	—0,180[12]	35°	7,01
	—0,190[10]	25°	7,0
Äthanol/Acetaldehyd	—0,204[10]	25°	7,0
Äpfelsäure/Oxalessigsäure	—0,166[10]	25°	7,0
α-Oxyglutarsäure/α-Ketoglutarsäure	—0,07[13]	—	7,0
Cytochrom b	—0,04[14]	20°	7,4
Glutaminsäure/α-Ketoglutarsäure	—0,030[2]	—	7,0
Buttersäure/Crotonsäure	—0,025[2]	—	7,0
Bernsteinsäure/Fumarsäure	0,00[2]	—	7,0
Palmitinsäure/Ölsäure	+0,025[2]	—	7,0
Cytochrom c	+0,262[15]	—	7,0
Cytochrom a	+0,29[14]	—	7,4
Wasser/Sauerstoff	+0,815[1]	25°	7,0

[1] Zitiert nach L. ANDERSON und G. W. E. PLAUT: In „Respiratory Enzymes", herausgegeben von H. A. LARDY, 2. Aufl., S. 71. Minneapolis: Burgess. 1949.

[2] Aus thermodynamischen Daten berechnet von H. M. KALCKAR: Chem. Revs. **28**, 71 (1941).

[3] Berechnung von S. OCHOA: In „Currents in Biochemical Research", herausgegeben von D. E. GREEN, S. 165. New York: Interscience. 1946.

[4] E. S. G. BARRON: Biol. Symp. **10**, 27 (1943).

[5] D. D. WOODS: Biochem. J. **30**, 515 (1936).

[6] Bezugswert.

[7] S. FILITTI: J. Chim. phys. **32**, 1 (1935).

[8] D. E. GREEN: Biochem. J. **28**, 1550 (1934).

[9] E. HOFF-JØRGENSEN: Skand. Arch. Physiol. **80**, 176 (1938).

[10] K. BURTON und T. WILSON: Biochem. J. **54**, 86 (1953).

[11] R. KUHN und H. BOULANGER: Ber. dtsch. chem. Ges. **69**, 1557 (1936).

[12] E. S. G. BARRON und A. B. HASTINGS: J. biol. Chem. **107**, 567 (1934).

[13] H. WEIL-MALHERBE: Biochem. J. **31**, 2080 (1937).

[14] E. G. BALL: Biochem. Z. **295**, 262 (1938).

[15] E. STOTZ, A. E. SIDWELL und T. R. HOGNESS: J. biol. Chem. **124**, 11 (1938).

nur in Anwesenheit eines elektroaktiven Überträgers, meist eines sog. Redoxindikators, erhalten wird, und schließlich auch solche Systeme, bei denen neben dem elektroaktiven Überträger auch noch die Anwesenheit eines Enzyms erforderlich ist. Trotz dieser Schwierigkeiten sind heute bereits die Redox-potentiale einer größeren Anzahl wichtiger biologischer Systeme bekannt; eine Zusammenstellung von solchen für die Enzymologie interessanten Werten wird in Tab. 51 gegeben. (s. S. 449)

Wir können uns nun vorstellen, daß bei der Reaktion zweier Redox-systeme ein Gleichgewichts-zustand angestrebt wird, der dann erreicht ist, wenn beide Systeme das gleiche Potential haben. Das Verhältnis $[Ox]/[Red]$ des Systems mit dem höheren Potential wird absinken, während der Wert für dasselbe Verhältnis des Systems mit dem niedrigeren Potential ansteigen wird.

Die Potential-differenz zwischen zwei reagierenden Systemen steht nun mit der Änderung der freien Energie während der Reaktion in einer einfachen Beziehung, da die Abnahme der freien Energie gleich ist der elektrischen Arbeit, welche in einer galvanischen Zelle geleistet werden kann. Die entsprechende Gleichung lautet für den Umsatz von einem Mol:

$$-\Delta F = n\,\mathfrak{F}\,\Delta E \tag{3}$$

worin ΔF die Änderung der freien Energie, n die Anzahl der beteiligten Elektronen, $\mathfrak{F}$ das Faraday und ΔE die gemessene Potential-differenz bedeuten. Unter Standard-bedingungen besteht bei gegebenem p_{H} die Beziehung

$$-\Delta F_0 = n\,\mathfrak{F}\,\Delta E_0' \tag{3a}$$

Für den Enzymologen besteht die Bedeutung der Redox-potentiale vor allem darin, daß ihre Kenntnis ihm ermöglicht, die freie Energie und damit auch die Gleichgewichts-lage einzelner Prozesse zu berechnen. Dadurch kann man häufig entscheiden, ob ein Zusammenwirken bestimmter Reaktionen thermodynamisch möglich ist, d. h. ob eine etwa vermutete energetische Kopplung zwischen zwei oder mehreren Reaktionen genügt, damit insgesamt eine Verminderung der freien Energie erfolgt.

Die Theorie der obligatorischen univalenten Oxydation von MICHAELIS[1]. Wir finden, daß in manchen Fällen der Übergang von der oxydierten Form in die reduzierte Form durch Übertragung eines einzigen Elektrons bedingt ist; in anderen Fällen hingegen sind zwei Elektronen beteiligt. So erfolgt die Oxydation von Fe^{++} zu Fe^{3+} durch Abgabe eines einzigen Elektrons, während z. B. bei der Oxydation von Hydrochinon zwei Elektronen abgegeben werden müssen.

Hydrochinon (OH, OH) ⇌ Chinon (O, O) $+ 2\,H^+ + 2\,e^-$

MICHAELIS stellte nun auf Grund von Beobachtungen über die Oxydation von Pyocyanin und anderen Phenazinderivaten die Theorie auf, daß in Systemen, in welchen bei der Oxydation zwei Elektronen übertragen werden, dieser Transfer nicht gleichzeitig, sondern hintereinander erfolgt. Primär entstehe eine semichinon-artige Substanz und der Gesamtprozeß

$$Red \rightleftharpoons Ox + 2\,e^-$$

[1] Vgl. die Übersichtsreferate: L. MICHAELIS: Chem. Revs. 16, 243 (1935); L. MICHAELIS und M. P. SCHUBERT: Ibid. 22, 437 (1938); L. MICHAELIS: Adv. Enzymology 9, 1 (1949); E. S. G. BARRON: In „Modern Trends in Physiology and Biochemistry" (Woods Hole Lectures Dedicated to the Memory of LEONOR MICHAELIS), S. 1. New York: Academic Press. 1952.

lasse sich deshalb in zwei Teilvorgänge

$$Red \rightleftarrows S + e^-$$
$$S \rightleftarrows Ox + e^-$$

zerlegen. Das Gleichgewicht

$$2\,S \rightleftarrows Red + Ox$$

stelle sich sehr schnell ein. Für die Gleichgewichts-konstante, die „Semichinon-bildungs-konstante", ergibt sich

$$K = \frac{[S]^2}{[Red]\,[Ox]}$$

Nach den Vorstellungen von MICHAELIS verläuft der Übergang von einer reduzierten Form in eine oxydierte dann, wenn zwei Elektronen übertragen werden, immer über solche semichinon-artige Verbindungen, die als Radikale angesprochen werden können. Die Konzentration des Radikals kann ein begrenzender Faktor der Reaktion werden, wenn der Wert der Semichinon-bildungskonstante sehr klein ist.

Die Existenz von semichinon-artigen Radikalen, wie sie die Theorie von MICHAELIS fordert, konnte in vielen Fällen direkt oder durch potentiometrische und magnetische Messungen nachgewiesen werden. Für die Enzymologie ist wichtig, daß sowohl bei Flavoproteinen als auch bei Pyridinnucleotiden derartige Semichinone nachgewiesen wurden, weshalb es sehr wahrscheinlich ist, daß die Oxydation dieser Stoffe durch univalente Schritte erfolgt. Die Vorstellungen über die univalente Oxydation erleichtern das Verständnis der Elektronen-übertragung von den reduzierten Pyridinnucleotiden bzw. Flavinen auf die Cytochrome; während bei der Oxydation eines Moleküls der erstgenannten Stoffe zwei Elektronen übertragen werden müssen, können die Cytochrome nur eines aufnehmen, so daß angenommen werden muß, daß die beschriebenen Radikale hier eine wichtige Funktion erfüllen.

II. Zum Mechanismus der biologischen Oxydation; die daran beteiligten Fermente

Alle Theorien der biologischen Oxydation beschäftigen sich vor allem mit dem Problem, auf welche Weise es möglich ist, daß Stoffe im Organismus vollständig veratmet bzw. oxydiert werden, welche außerhalb der Zelle, d. h. in Abwesenheit der in der Zelle wirksamen Katalysator-systeme, gegen Sauerstoff eine große Beständigkeit zeigen. Auch zu Zeiten, als die Beteiligung von Biokatalysatoren (Enzyme und Überträger-substrate) an diesen Vorgängen schon bekannt war, wurde ständig die Frage diskutiert, ob es der molekulare Sauerstoff oder das organische Substrat bzw. der Wasserstoff in diesem Substrat ist, welcher bei der Atmung aktiviert wird. Erst seit wenigen Jahrzehnten wissen wir, daß beide Mechanismen zusammenwirken, d. h. daß sowohl eine Substrat-aktivierung als auch eine Sauerstoff-aktivierung durch Enzyme erfolgt.

Historisch älter scheint die Theorie der Sauerstoff-aktivierung zu sein; trotzdem konnte erst WARBURG im Jahre 1914 eine derartige Aktivierung durch Schwermetalle, besonders Eisen, *in vivo* nachweisen. In einer größeren Anzahl wertvoller Arbeiten an Modell-substanzen und Fermentsystemen gelang es diesem Autor, die Allgemein-gültigkeit seiner Befunde darzulegen[1]; seine ursprüngliche Vorstellung, daß jede Oxydation organischer Substanzen eine Schwermetall-

[1] Zur Entwicklung dieser Vorstellungen vgl. vor allem: O. WARBURG: Schwermetalle als Wirkungsgruppen von Fermenten. Berlin: Saenger. 1946; weiters W. FRANKE: In „Handbuch der Enzymologie", herausgegeben von F. F. NORD und R. WEIDENHAGEN. Bd. II, S. 673. Leipzig: Akad. Verlagsges. 1940.

katalyse ist, konnte allerdings nicht aufrechterhalten werden. Es muß aber jedenfalls als Verdienst von WARBURG und auch der von ihm unabhängig arbeitenden Schule von KEILIN angesehen werden, daß die Schwermetall-katalyse oxydativer Vorgänge, welche einen wesentlichen Teil-mechanismus der biologischen Oxydation darstellt, heute bereits weitgehend erforscht ist.

1912 veröffentlichte WIELAND eine Theorie, nach der die biologische Oxydation durch Wasserstoff-entzug aus den Substraten erfolgt[1]. Der von den Donatorsubstraten abgegebene Wasserstoff wird von leicht reduzierbaren Substanzen, den Akzeptoren, aufgenommen. Nach WIELAND zeigen die für diese Vorgänge verantwortlichen Enzyme, die Dehydrasen, eine strenge Donator-spezifität, wogegen die Akzeptor-spezifität ziemlich gering ist. Auch Sauerstoff kann als Akzeptor des Wasserstoffs fungieren; hierbei entsteht H_2O_2. Durch ausführliche experimentelle Untersuchungen, welche von WIELAND und seiner Schule sowie von THUNBERG durchgeführt wurden, konnte die Existenz zahlreicher wasserstoffübertragender Fermente sichergestellt werden; neuere Befunde zeigen allerdings, daß auch die Akzeptor-spezifität durchaus nicht so gering ist, wie die ursprünglichen Versuche glauben ließen. In Wahrheit dürfte in bezug auf die Strenge der Spezifität dieser Enzyme zwischen Donatoren und Akzeptoren kein wesentlicher Unterschied bestehen; die früheren Ergebnisse, welche zeigten, daß in vielen Fällen Methylenblau und andere leicht reduzierbare Farbstoffe als Akzeptoren fungieren können, dürften dadurch erklärbar sein, daß diese Verbindungen unter den Versuchsbedingungen die wahren Akzeptoren, wie z. B. die Pyridinnucleotide, oxydieren können.

Nach der ursprünglichen Vorstellung von WIELAND verläuft somit die Oxydation der Substrate im wesentlichen sauerstoff-los; dem Sauerstoff wird nur eine passive Rolle als Akzeptor zuerkannt. Auch die Oxydation von Aldehyden zu Carbonsäuren kann als eine Dehydrierung aufgefaßt werden: es reagieren nicht die wasserfreien Aldehyde sondern ihre Hydrate nach der Gleichung

$$\underset{\text{Aldehydhydrat}}{R{-}CH(OH)_2} + \text{Akzeptor} \rightarrow \underset{\text{Carbonsäure}}{R{-}COOH} + \text{Akzeptor}{-}H_2$$

Die Koordination der sich widersprechenden Theorien von WARBURG und WIELAND, die vor allem der englischen Schule zu verdanken ist[2], führte schließlich zu unseren derzeitigen Auffassungen über den Mechanismus der biologischen Oxydation. Es steht heute fest, daß die Oxydation der meisten Substrate im Organismus durch einen Mechanismus erfolgt, der sowohl eine Aktivierung des Substrat-wasserstoffs durch ein wasserstoff-übertragendes Ferment als auch eine Aktivierung des molekularen Sauerstoffs durch eine Schwermetall-katalyse einschließt. Für den Gesamt-vorgang, die Übertragung der Elektronen vom ursprünglichen Donator-substrat bis zum Sauerstoff sind fast durchwegs multiple Enzymsysteme (Oxydations-ketten oder Atmungs-ketten) verantwortlich. Das primär am Substrat angreifende Enzym ist ein wasserstoff-übertragendes Ferment, eine Transhydrogenase nach unserer Nomenklatur; der Akzeptor ist fast immer ein Überträger-substrat, welches im Gesamt-system die Rolle eines Teilkatalysators innehat und deshalb als enzymatisches Komplement zu klassifizieren ist. Im weiteren Verlauf werden die Elektronen über andere Überträger, vor allem über das eisen-haltige Cytochrom-system, bis zum Sauerstoff gebracht, während die Wasserstoff-atome als Protonen freigesetzt werden. Nur in einigen selteneren Fällen erfolgt eine Übertragung des Wasserstoffs direkt auf den

[1] Vgl. H. WIELAND: Über den Verlauf der Oxydationsvorgänge. Stuttgart: Enke. 1933.

[2] Vgl. z. B. D. KEILIN: Proc. Roy. Soc. London B **104**, 206 (1929); M. DIXON: Biol. Revs. Cambridge phil. Soc. **4**, 352 (1929).

Sauerstoff, wobei aber niemals Schwermetall-fermente beteiligt sind; dann entsteht als Endprodukt Wasserstoffperoxyd, das in der Zelle durch Fermente entsprechender Spezifität rasch zu Wasser und Sauerstoff abgebaut wird (Katalasen) oder selbst als oxydierendes Agens fungiert (Peroxydasen).

Der Grund dafür, daß bei der Überführung der Elektronen vom Substrat bis zum Sauerstoff eine ganze Kette von Fermenten und Überträger-substraten eingeschaltet ist, dürfte darin liegen, daß auf diese Weise die Oxydations-energie in kleinen Portionen anfällt; diese erfährt in der Zelle durch einen in seinen Einzelheiten noch nicht geklärten Mechanismus (Atmungsketten-phosphorylierung, vgl. S. 162) eine Überführung in Phosphat-bindungsenergie, welche vom Organismus für die verschiedensten Leistungen verwertet werden kann (S. 168).

Wie wir bereits im Kapitel über die Klassifikation der Enzyme (S. 98) kurz berichtet haben, können wir die Fermente der Oxydoreduktion, die Oxydoreductasen, entsprechend ihrer Funktion, Wasserstoff oder Elektronen zu übertragen, in zwei Klassen, Transhydrogenasen und Transelektronasen, einteilen. Eine Unterteilung jeder dieser beiden Gruppen beruht auf der Akzeptor-spezifität: Fermente, welche Wasserstoff auf Sauerstoff übertragen, werden als aerobe Transhydrogenasen bezeichnet, während alle Transhydrogenasen, die den Wasserstoff auf andere Akzeptor-substrate übertragen, als anaerobe Transhydrogenasen klassifiziert werden. Eine ganz analoge Unterteilung ist auch bei den Transelektronasen möglich; wir sprechen somit von aeroben und anaeroben Transelektronasen, wobei für die erstgenannte Gruppe auch der traditionelle Name Oxydasen gebraucht wird. Unsere Kenntnisse der Fermente der Oxydoreduktion sind leider noch nicht so weit vorgeschritten, daß es möglich ist, sämtliche bekannten Enzyme und Enzymsysteme dieser Wirkungsweise nach diesem Schema zu klassifizieren. Deshalb ist es notwendig, eine Anzahl von Enzymen und Enzymsystemen, deren Substrat-spezifität noch nicht genügend erforscht ist, in gesonderten Kapiteln zu besprechen.

34. Anaerobe Transhydrogenasen mit bekannter Substratspezifität

(Pyridinnucleotid-spezifische Transhydrogenasen)[1]

Alle bisher bekannt gewordenen anaerob wirkenden wasserstoff-übertragenden Fermente, deren Akzeptor- und Donatorspezifität ausreichend geklärt ist, sind für Pyridinnucleotide spezifisch, d. h. ein Pyridinnucleotid spielt entweder die Rolle des Wasserstoff-akzeptors der katalysierten Reaktion oder es fungiert in seiner reduzierten Form als Donator. Wohl sind auch anaerobe Transhydrogenasen bekannt, bei welchen Pyridinnucleotide anscheinend keine Substrat-funktion haben; es ist aber noch niemals gelungen, in diesen Fällen sowohl die Donatorsubstrate als auch die Akzeptor-substrate nebeneinander zu identifizieren. Anaerobe Transhydrogenasen mit unvollkommen bekannter Substrat-spezifität werden im folgenden Kapitel besprochen.

Die allgemeine Reaktion, die durch die hier behandelten Fermente bewirkt wird, folgt der Gleichung

$$\text{DPN (oder TPN)} + RH_2 \rightleftharpoons \text{DPN} \cdot H_2 \text{ (oder TPN} \cdot H_2) + R$$

[1] Handbuchartikel und Übersichtsreferate: F. SCHLENK: In „The Enzymes", herausgegeben von J. B. SUMNER und K. MYRBÄCK, Bd. II/2, S. 250. New York: Academic Press. 1951; Adv. Enzymology 5, 207 (1945); O. WARBURG: Wasserstoffübertragende Fermente. Freiburg i. Br.: Editio Cantor. 1949; W. H. MCSHAN: In „Respiratory Enzymes", 2. Aufl., herausgegeben von H. A. LARDY, Minneapolis: Burgess. 1949.

oder, wenn wir den Ionisations-zustand der reagierenden Komponenten berücksichtigen,

$$DPN^{+} \text{ (oder } TPN^{+}) + RH_2 \rightleftarrows DPNH \text{ (oder TPNH)} + R + H^{+}$$

In der vorliegenden Darstellung beschränken wir uns darauf, die Reaktionsgleichungen in der nicht-ionisierten Form wiederzugeben.

Vor der Besprechung der einzelnen Enzyme dieser Gruppe sollen hier die wesentlichen Eigenschaften der Pyridinnucleotide abgehandelt werden.

A. Allgemeines; die Pyridinnucleotide (PN)

Schon kurze Zeit nach der Darstellung eines zellfreien gärungsfähigen Hefepreßsaftes durch BUCHNER beobachteten HARDEN und YOUNG[1], daß diese Präparation durch Dialyse oder Ultrafiltration in eine hochmolekulare thermolabile Fraktion und in eine niedrigermolekulare thermostabile Fraktion aufgeteilt werden kann. Keine der beiden Fraktionen ist in Abwesenheit der anderen imstande, die Gärungs-prozesse zu katalysieren. Der dialysierbare, relativ thermostabile Anteil wurde ursprünglich als „*Coferment der Gärung*" und später von EULER und MYRBÄCK[2] als „*Cozymase*" bezeichnet. Auch der von MEYERHOF[3] dargestellte Muskel-extrakt, der den Abbau des Glykogens zu Milchsäure, die anaerobe Glykolyse, katalysiert, enthält eine dialysierbare Fraktion, die der „*Cozymase*" der Hefe in ihren Eigenschaften sehr ähnlich ist.

Die thermostabilen Dialysate aus Hefe-preßsäften und Muskel-extrakten erwiesen sich später als Stoffgemische, deren Aufspaltung und Konstitutions-ermittlung eine sehr schwere Aufgabe für die Biochemiker darstellte.

Als eine der wichtigsten Substanzen in diesen dialysierbaren Substanzgemischen wurde ein Stoff erkannt, ohne dessen Anwesenheit eine Anzahl von Fermenten ihre Wirksamkeit nicht entfalten kann; dabei handelt es sich um diejenigen Enzyme, deren Funktion es ist, bestimmte Zwischenstufen der alkoholischen Gärung bzw. der Glykolyse des Muskels zu dehydrieren oder zu hydrieren. Man bezeichnete diesen Wirkstoff in nicht sehr korrekter Art unter Übertragung des Namens vom Gemisch auf die Einzelsubstanz als „*Cozymase*" oder auch als „*Codehydrase I*" (Codehydrogenase I). Ein analoger, der „*Cozymase*" nahe verwandter Stoff wurde von WARBURG und CHRISTIAN[4] in Hefe und in den Erythrozyten entdeckt und aus dem letztgenannten Material isoliert. WARBURG bezeichnete diese Substanz kurz als „*Coferment*"; von EULER wurde hierfür die Bezeichnung „*Codehydrase II*" (Codehydrogenase II) vorgeschlagen. Es konnte gezeigt werden, daß beide Körper sehr weit verbreitet sind; es scheint, daß keine lebende Zelle ohne zumindest eine der beiden Substanzen existieren kann.

a) *Chemie der Pyridinnucleotide*

Es liegt nicht im Rahmen dieser Darstellung, die experimentellen Befunde im einzelnen zu besprechen, welche zur Aufstellung der heute wohl als sichergestellt zu betrachtenden Konstitutions-formeln der Pyridinnucleotide geführt haben. WARBURG und CHRISTIAN[5] gelang es, den Nachweis zu erbringen, daß diese Ver-

---

[1] A. HARDEN und W. J. YOUNG: Proc. Roy. Soc. London B **77**, 405 (1906)
[2] H. VON EULER und K. MYRBÄCK: Hoppe-Seyler's Z. physiol. Chem. **131**, 179 (1923).
[3] O. MEYERHOF: Ibid. **101**, 165; **102**, 1 (1918).
[4] O. WARBURG und W. CHRISTIAN: Biochem. Z. **242**, 206 (1931); **275**, 464 (1934).
[5] O. WARBURG und W. CHRISTIAN: Ibid. **274**, 112; **275**, 212, 464 (1934).

bindungen Nicotinsäureamid, also ein Derivat des Pyridins, weiters Phosphorsäure, eine Pentose und Adenin enthalten; SCHLENK und EULER[1] schlugen eine Formulierung für das „*Cozymase*" genannte Produkt vor, die sich später bestätigte. Die Pentose wurde als Ribose erkannt[2]. Die exakte Struktur der als „Codehydrase II" bezeichneten Verbindung wurde erst kürzlich bis in die letzten Einzelheiten geklärt (KORNBERG und PRICER[3]). Einem Vorschlag von WARBURG[4] folgend, werden die beiden Verbindungen entsprechend ihrem Phosphat-gehalt und der Pyridin-natur eines Teiles des Moleküls als Diphosphopyridinnucleotid und Triphosphopyridinnucleotid bezeichnet (Abkürzungen: DPN und TPN); in der vorliegenden Darstellung wird nur diese Nomenklatur — meist in Abkürzung — verwendet. Zur Orientierung über die in der Literatur vorgefundenen anderen Namen der Substanzen dient Tab. 52.

Tabelle 52. *Die verschiedenen Bezeichnungen für die Pyridinnucleotide*

Diphosphopyridinnucleotid (DPN)	Triphosphopyridinnucleotid (TPN)
Coenzym von HARDEN und YOUNG	Coenzym von WARBURG und CHRISTIAN
Cozymase	Coferment
Codehydrase I (CoI)	Codehydrase II (CoII)
Codehydrogenase I	Codehydrogenase II
Coenzym I	Coenzym II

Die Unterscheidung der reduzierten und oxydierten Formen der Pyridinnucleotide (PN) erfolgt in unserer Darstellung durch die Symbolik DPN ... DPN · H_2 bzw. TPN · H_2; in der Literatur finden sich häufig auch DPN^+ ... DPNH bzw. TPN^+ ... TPNH sowie DPN_{ox} ... DPN_{red} bzw. TPN_{ox} ... TPN_{red}, weiters CoI ... CoI-H_2 bzw. CoII ... CoII-H_2.

Die Strukturformeln der beiden Pyridinnucleotide im oxydierten Zustand sind im folgenden Schema wiedergegeben.

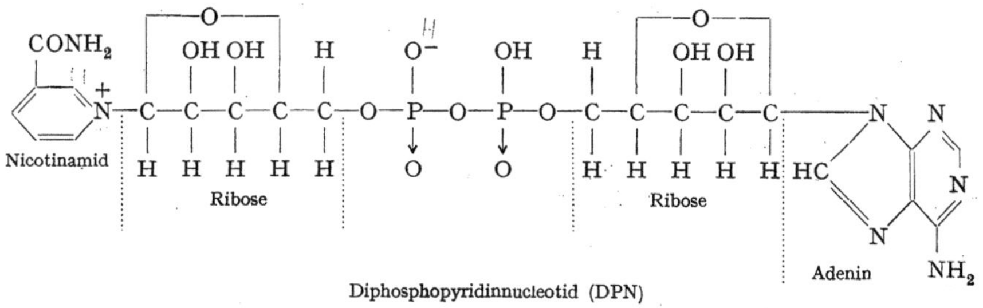

Diphosphopyridinnucleotid (DPN)

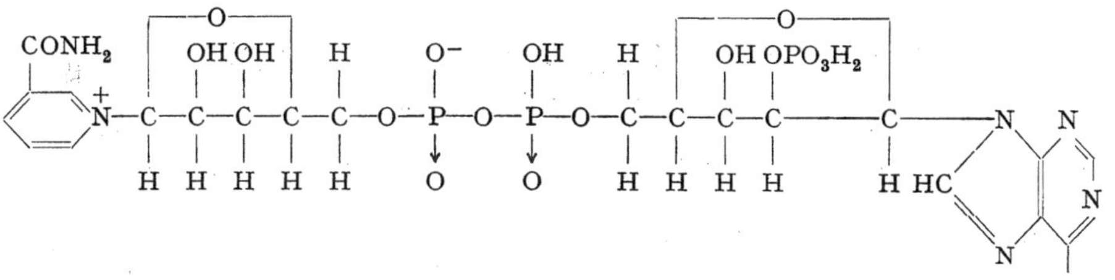

Triphosphopyridinnucleotid (TPN)

1 F. SCHLENK und H. VON EULER: Naturwiss. **24**, 794 (1936).
2 H. VON EULER, P. KARRER und E. USTERI: Helv. chim. Acta **25**, 323 (1942).
3 A. KORNBERG und W. E. PRICER, Jr.: J. biol. Chem. **186**, 557 (1950).
4 O. WARBURG: Ergebn. Enzymforsch. **7**, 210 (1938).

Die Art der Wasserstoff-aufnahme der Pyridinnucleotide konnte in gemeinsamer Arbeit von KARRER und WARBURG[1] aufgeklärt werden. Der Wasserstoff wird an die vom Stickstoff ausgehende Doppelbindung des Pyridinium-restes angelagert:

$$\text{Pyridinium-Ring (HC=CH, C-CONH}_2\text{, CH, }\overset{+}{N}\text{)} - R_1-O-\underset{\underset{O}{\downarrow}}{\overset{O^-}{\overset{|}{P}}}-O-R_2 \quad \underset{\longleftarrow}{\xrightarrow{2\,H^+ + 2\,e}} \quad \text{Dihydropyridin-Ring (HC=CH, C-CONH}_2\text{, CH}_2\text{, N)} - R_1-O-\underset{\underset{O}{\downarrow}}{\overset{OH}{\overset{|}{P}}}-O-R_2$$

Die Pyridinnucleotide sind weiße, etwas hygroskopische Substanzen, die gewöhnlich in amorpher Form in mehr oder minder großer Reinheit erhalten werden. Erst in allerletzter Zeit berichteten WALLENFELS und CHRISTIAN[2] über die Darstellung eines kristallisierten Chinin-salzes von DPN, aus dem 100%ig reines DPN gewonnen werden kann. Eine Reihe wichtiger Eigenschaften von DPN und TPN ist in Tab. 53 verzeichnet.

Tabelle 53. *Einige Eigenschaften der Pyridinnucleotide* (nach SCHLENK, *l. c.*)

	Diphosphopyridinnucleotid	Triphosphopyridinnucleotid
Summenformel	$C_{21}H_{27}O_{14}N_7P_2$	$C_{21}H_{28}O_{17}N_7P_3$
Struktur-einheiten	1 Mol Nicotinamid 1 Mol Adenin 2 Mole Ribose 2 Mole Phosphorsäure	1 Mol Nicotinamid 1 Mol Adenin 2 Mole Ribose 3 Mole Phosphorsäure
Basen-äquivalente		
im oxydierten Zustand	1	3
im reduzierten Zustand	2	4
Stabilität		
im oxydierten Zustand		
0,1-n HCl, 100°	nach 8 Min. 50% zerstört	nach 7,3 Min. 50% zerstört
0,1-n NaOH	nach 17 Min. 50% zerstört (20°)	nach 12 Min. 50% zerstört (23°)
im reduzierten Zustand		
0,1-n HCl, 100°	sofort zerstört	sofort zerstört
0,1-n NaOH, 100°	leichte Aktivitäts-abnahme	nicht untersucht
0,1-n NaOH, 20°	stabil	stabil
Absorptions-spektra		
im oxydierten Zustand	$E_m = 16{,}5 \cdot 10^3$ bei 260 mμ	$E_m = 16{,}5 \cdot 10^3$ bei 260 mμ
im reduzierten Zustand	$E_m = 14{,}5 \cdot 10^3$ bei 260 mμ $E_m = 4{,}5$ bis $6{,}3 \cdot 10^3$ bei 340 mμ	$E_m = 14{,}5 \cdot 10^3$ bei 260 mμ $E_m = 4{,}5$ bis $6{,}3 \cdot 10^3$ bei 340 mμ
	(Schwankungen je nach experimentellen Bedingungen)	
Oxydations-Reduktions-potential	$E_0' = -0{,}320$ V	$E_0' = -324$ V

Die Pyridinnucleotide sind in Wasser sehr leicht löslich, weniger gut lösen sie sich in Phenol oder angesäuertem Methanol. Durch Ausfällung mit starken Säuren entstehen Pyridiniumsalze. In saurer Lösung werden die Pyridinnucleotide

[1] P. KARRER und O. WARBURG: Biochem. Z. **285**, 297 (1936); P. KARRER, G. SCHWARZENBACH, F. BENZ und U. SOLMSSEN: Helv. chim. Acta **19**, 811 (1936).

[2] K. WALLENFELS und W. CHRISTIAN: Angew. Chem. **64**, 419 (1952).

durch milde Oxydationsmittel nicht zerstört; Hypojodit verursacht allerdings schnelles Aufbrechen des Pyridin-kerns. Bei Anwendung höherer Konzentrationen von Bisulfit oder Cyanid werden Additions-verbindungen erhalten.

b) Der analytische Nachweis der Pyridinnucleotide

Die Pyridinnucleotide können analytisch mittels verschiedener Methoden erfaßt werden. Bei der Reinigung des DPN verwendeten EULER und Mitarbeiter[1] eine Gärprobe zur Bestimmung des DPN-Gehaltes ihrer Präparationen. Die Zubereitung, welche zu prüfen war, wurde in einem System, das aus Glucose, Fructosediphosphat, Phosphat-puffer (p_H 6,4), sowie gewaschener Unterhefe (sog. „Apozymase") bestand, in ihrer Wirksamkeit mit einem Standard-präparat verglichen. Ein ähnlicher Test, der gegenüber demjenigen von EULER den Vorteil hat, daß in homogenen Lösungen gearbeitet wird, so daß man mit keiner „Anlaufzeit" des Systems zu rechnen hat, wurde von WARBURG und CHRISTIAN[2] entwickelt.

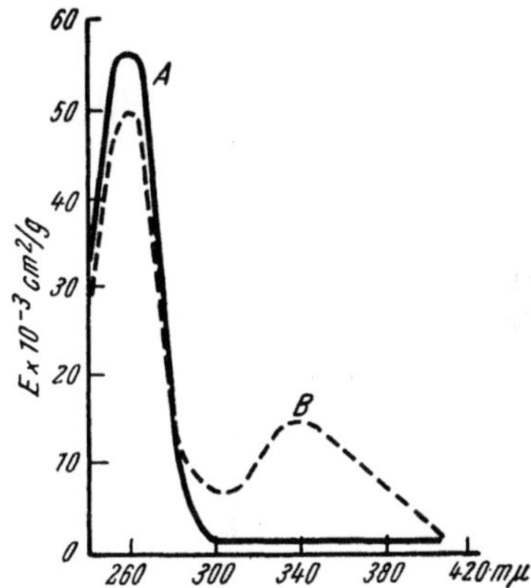

Abb. 38. Absorptions-spektrum von DPN (*A*) und DPN · H_2 (*B*).

JANDORF und Mitarbeiter[3] beschreiben eine Methode zum Nachweis von DPN, die darauf beruht, daß 3-Phosphoglycerinaldehyd durch Muskel-extrakt in Anwesenheit von Arsenat in 3-Phosphoglycerinsäure und Glycerinphosphat überführt wird, wobei die Geschwindigkeit des Vorgangs der DPN-Konzentration proportional ist.

SUMNER und KRISHNAN[4] bestimmen den DPN-Gehalt ihrer Präparationen unter Benützung einer DPN · H_2 → Pyruvat-transhydrogenase *(Milchsäuredehydrase)* oder einer phosphorylierenden 3-Phosphoglycerinaldehyd → DPN-transhydrogenase *(Triosephosphat-dehydrase)*; mit dem letzteren Enzym werden weitaus genauere Resultate erhalten.

Die Absorptionsbande der reduzierten Pyridinnucleotide bei 340 mμ kann zu einer spektrophotometrischen Bestimmung ihrer Konzentration benützt werden, wobei vor Durchführung der Messung eine Reduktion der Pyridinnucleotide mit Dithionit vorgenommen werden muß. Diese Methode unterscheidet wohl nicht zwischen DPN und TPN, ist aber sonst sicher die genaueste Bestimmungsmöglichkeit und wird heute, wenn ein Spektrophotometer für Messungen im UV-Bereich zur Verfügung steht, wohl allgemein allen anderen Techniken vorgezogen. Die Methode wurde ursprünglich von WARBURG und CHRISTIAN[2] entwickelt und ist in den letzten Jahren mehrfach modifiziert worden; eine ausgezeichnete Beschreibung findet sich bei LEPAGE[5].

Für die Bestimmung von TPN · H_2 allein wurde von HAAS und Mitarbeitern[6] eine Methode ausgearbeitet. Das Reaktionsgemisch enthält Cytochrom c,

[1] Vgl. R. NILSSON: In „Die Methoden der Fermentforschung", herausgegeben von E. BAMANN und K. MYRBÄCK, S. 2150. Leipzig: Thieme. 1941.
[2] O. WARBURG und W. CHRISTIAN: Biochem. Z. **287**, 291 (1936).
[3] B. J. JANDORF, F. W. KLEMPERER und A. B. HASTINGS: J. biol. Chem. **138**, 311 (1941).
[4] J. B. SUMNER und P. S. KRISHNAN: Enzymologia **12**, 232 (1948).
[5] G. A. LEPAGE: In „Manometric Techniques and Tissue Metabolism", herausgegeben von W. W. UMBREIT, R. H. BURRIS und J. F. STAUFFER, 2. Aufl., S. 215. Minneapolis: Burgess. 1949.
[6] E. HAAS, C. J. HARRER und T. R. HOGNESS: J. biol. Chem. **143**, 341 (1942).

TPN · H_2 → Cytochrom c-transelektronase *(TPN-Cytochrom-reductase)*, Glucose-6-phosphat → TPN-transhydrogenase *(Glucose-6-phosphat-dehydrase)* und Glucose-6-phosphat. In diesem System wird eine der ursprünglichen TPN · H_2-Konzentration äquivalente Menge Cytochrom c reduziert, dessen Konzentration durch spektrophotometrische Messung bei 550 mμ bestimmt wird.

Eine Methode, die eine differenzierte Bestimmung von reduzierten und oxydierten Pyridinnucleotiden im Mikromaßstab erlaubt, wird von FEIGELSON, WILLIAMS und ELVEHJEM[1] beschrieben; sie bedient sich der spektrophotometrischen Technik.

Schließlich sollen hier noch die biologischen Methoden zur Bestimmung der Pyridinnucleotide erwähnt werden. Die Bakterien-arten *Haemophilus influenzae* und *H. parainfluenzae* benötigen die Anwesenheit von Pyridinnucleotiden als Wuchsstoffe in ihren Nährmedien (vgl. S. 460f.), wobei die Dichte der Bakterienkulturen der Konzentration der Wirkstoffe proportional ist. Auf dieser Grundlage haben KOHN und Mitarbeiter[2] einen brauchbaren Test entwickelt.

c) *Darstellung der Pyridinnucleotide*

DPN: Die einfachste und wahrscheinlich auch billigste Methode zur Herstellung von DPN dürfte diejenige von LEPAGE[3] sein. Als Ausgangsmaterial dient gepreßte Bäckerhefe; aus 10 kg Hefe kann man etwa 1 g DPN herstellen.

Die Hefe wird mit Wasser bei 90 bis 92° extrahiert, die entstandene Suspension abgekühlt und filtriert. Durch Zugabe von basischem Bleiacetat wird ein Niederschlag erzeugt, der abfiltriert und verworfen wird. Dann bringt man auf p_H 6,5 und fällt mit Silbernitrat. Der erhaltene Niederschlag wird gut gewaschen und darauf mit Schwefelwasserstoff zersetzt. Nach Abzentrifugieren des gebildeten Silbersulfids wird zur Entfernung des überschüssigen Schwefelwasserstoffs Luft durchgeleitet. Man versetzt dann mit dem fünffachen Volumen Aceton, zentrifugiert ab und trocknet das Präzipitat über Schwefelsäure im Vacuum. Das so erhaltene Material enthält bereits etwa 30% DPN.

Zur weiteren Reinigung werden 10 g dieses Rohprodukts in 775 ml 0,1-molarer Essigsäure gelöst, 25 ml 25%iges basisches Bleiacetat und 2 Liter 95%iges Äthanol hinzugefügt und auf 0° abgekühlt. Der entstehende Niederschlag wird abzentrifugiert und verworfen. Die Flüssigkeit wird mit etwa 50 ml 25%igem Silbernitrat versetzt und das Silbersalz des DPN in der Kälte abzentrifugiert. Das Präzipitat wird in der Zentrifuge zuerst mit dem zweifachen Volumen Wasser gewaschen und dann in 100 bis 150 ml Wasser suspendiert. Zur Zersetzung des Silbersalzes leitet man wiederum Schwefelwasserstoff ein, entfernt das Silbersulfid durch Zentrifugieren und leitet Luft durch die Lösung zur Entfernung des überschüssigen Schwefelwasserstoffes. Die Flüssigkeit wird nunmehr mit NaOH neutralisiert, mit destilliertem Wasser auf 400 ml aufgefüllt und 72 g einer Aktivkohle („Norit A") hinzugefügt. Die Suspension wird 20 Min. lang geschüttelt und dann abfiltriert. Auf dem Filter wird zuerst mit 300 ml Trichloressigsäurelösung und dann mit 100 ml Wasser nachgewaschen. Man suspendiert dann die Kohle, welche das gesamte DPN enthält, in einem Wasser-Pyridin-Gemisch, das 20% Pyridin enthält. Nach 20 Min. kräftigem Schütteln filtriert man auf einer Glasfritte ab und wiederholt die Elution. Die beiden Eluate werden dann vereinigt und solange im Vacuum eingedampft, bis das Volumen 40 bis 50 ml erreicht hat. Zur Entfernung der letzten Spuren von Kohle filtriert man nochmals und behandelt mit dem sechs- bis siebenfachen Volumen kalten Acetons. Der Niederschlag wird abzentrifugiert und im Vacuum über Schwefelsäure getrocknet. Das so erhaltene Material (Ausbeute 3400 bis 3800 mg) ist ein weißes amorphes und etwas hygroskopisches Pulver, das etwa 63% DPN enthält. Der Rest ist fast durchwegs Adenylsäure, die auf folgende Weise leicht entfernt werden kann: 1 g der geschilderten Präparation wird pulverisiert und in 150 ml kaltem Methanol, das in bezug auf HCl 0,1-n ist, unter dauernder Kühlung und Rührung suspendiert. Nach 30 Min. wird auf einer Glasfritte abfiltriert. Man behandelt das Filtrat mit dem dreifachen Volumen Essigester und zentrifugiert dann in der Kälte. Der Niederschlag wird im Vacuum getrocknet; er enthält etwa 84 bis 86% DPN; durch Wiederholung der geschilderten Operationen, die allerdings wesentliche Material-verluste mit sich bringen, läßt sich die Reinheit auf über 90% erhöhen.

[1] P. FEIGELSON, J. N. WILLIAMS, Jr. und C. A. ELVEHJEM: J. biol. Chem. **185**, 741 (1950).

[2] H. I. KOHN, J. R. KLEIN und W. J. DANN: Biochem. J. **33**, 1432 (1939).

[3] G. A. LEPAGE: In „Manometric Techniques and Tissue Metabolism", herausgegeben von W. W. UMBREIT, R. H. BURRIS und J. F. STAUFFER, 2. Aufl., S. 215. Minneapolis: Burgess. 1949.

Nach WALLENFELS und CHRISTIAN[1] gelingt die Herstellung eines völlig reinen DPN-Präparats durch Abscheidung des DPN aus einer 75%ig reinen Zubereitung als Chininsalz. Dieses Salz ist kristallin und enthält 57,0% DPN, was einem Verhältnis DPN : Chinin von 2 : 3 entspricht. Das Chininsalz läßt sich an einer Säule eines schwach basischen Anionenaustauschers (*Amberlite IR 4 B*) zerlegen, wobei eine wäßrige Lösung von DPN erhalten wird, aus der durch Aceton-fällung das Reinpräparat gewonnen wird.

TPN: WARBURG, CHRISTIAN und GRIESE[2] konnten aus 100 Liter Pferde-erythrozyten eine geringe Menge von TPN dadurch herstellen, daß sie die gewaschenen Zellen mit Wasser hydrolysierten und das Hämoglobin und andere inerte Stoffe mit Aceton ausfällten. Nach Eindampfen erfolgte eine fraktionierte Ausfällung mit Mercuriacetat, dann wurde der Niederschlag mit Schwefelwasserstoff zersetzt, der überschüssige Schwefelwasserstoff durch Luftdurchleiten entfernt und das schwerlösliche Barium-salz des TPN hergestellt. Eine weitere Reinigung wurde durch fraktionierte Fällung mit Essigester aus salzsaurem Methanol sowie mit Äthanol aus Essigsäure-Bleiacetat-lösung erreicht. Aus 100 Liter Pferde-erythrozyten werden 463 mg höchstgereinigtes TPN erhalten.

LEPAGE und MUELLER[3] berichteten vor kurzem über eine Methode, TPN aus Schweineleber zu gewinnen. Aus 15 kg Leber werden etwa 500 mg reines TPN erhalten. Die Leber wird nach der Zerkleinerung direkt in das etwa gleiche Volumen heißen Wassers eingetragen; aus dem wäßrigen Extrakt adsorbiert man an Aktivkohle, eluiert mit Pyridin-Wasser und fällt das unreine TPN mit Aceton aus. Dann wird an Kohle chromatographiert, mit Pyridin-Wasser fraktioniert eluiert und mit Essigester gefällt.

d) Die Verteilung der Pyridinnucleotide in biologischen Materialien

Obwohl — wie schon erwähnt wurde — vermutlich jede lebende Zelle beide Pyridinnucleotide enthält, scheint DPN in weitaus höherer Konzentration vorzukommen als TPN. In Tab. 54, die dem eingangs zitierten Handbuchartikel von SCHLENK (*l. c.*) entnommen ist, sind einige Angaben über den Gehalt verschiedener biologischer Materialien an Pyridinnucleotiden zusammengefaßt; die Daten sind in vielen Fällen nur als Annäherungen zu betrachten, da sie aus verschiedenen Laboratorien stammen und nicht durchwegs unter Berücksichtigung

Tabelle 54. *Konzentration der Pyridinnucleotide in verschiedenen Ausgangsmaterialien* (nach SCHLENK, *l. c.*)

Ausgangsmaterial	Gehalt an Pyridinnucleotiden (oxydierte + reduzierte Form) in μg/g Frischgewicht	
	DPN	TPN
Bierhefe	1000—1500	10
Bäckerhefe	1000—1500	10
Gestreiftes Muskelgewebe (Ratte)	600	
Leber (Ratte)	600—1200	30
Niere (Ratte)	400—1000	40
Muskel (Ratte)	300—600	80
Muskel (Mensch)	400	
Leber (Katze)	430	
Oberschenkelmuskel (Katze)	250	
Nebenzellen des Magens (Katze)	2000	
Retina (Rind)	1700—4100*	
Erythrozyten (Mensch)	60—90	
Erythrozyten (Pferd)	100	12
Erythrozyten (Ratte)	100	40
Schwanzmuskel (Hummer, *Homarus vulgaris*)	450	
Chilomonas paramaecium	650	
Pollenkörner (Weide, Pappel)	700—1000	

* Pro Gramm fettfreies und trockenes Gewebe.

[1] K. WALLENFELS und W. CHRISTIAN: Angew. Chem. **64**, 419 (1952).
[2] O. WARBURG, W. CHRISTIAN und A. GRIESE: Biochem. Z. **282**, 157 (1935).
[3] G. A. LEPAGE und G. C. MUELLER: J. biol. Chem. **180**, 975 (1949).

aller möglicher Fehlerquellen gemessen wurden. In Tab. 55 sind Werte zusammengefaßt, die im Laboratorium des Verfassers für die Konzentration von oxydierten (DPN + TPN) und reduzierten Pyridinnucleotiden ($DPN \cdot H_2 + TPN \cdot H_2$) in verschiedenen Organgeweben des Meerschweinchens erhalten wurden.

Tabelle 55. *Der Gehalt verschiedener Organgewebe des Meerschweinchens an oxydierten und reduzierten Pyridinnucleotiden in µg/g Frischgewebe*[1]

Organ	oxydierte Pyridinnucleotide	reduzierte Pyridinnucleotide	$PN/PN \cdot H_2$
Leber	515	149	3,46
Niere	311	186	1,67
Herzmuskel	290	122	2,38
Hirn	176	33	5,33

e) Nicotinamid und Pyridinnucleotide als Vitamine und Wuchsstoffe

Pyridinnucleotide und auch das Nicotinamid können von manchen Organismen nicht synthetisiert werden. Die menschliche Pellagra, der entsprechende Krankheiten der Hunde und Schweine analog sind, kann nun nach den Untersuchungen von ELVEHJEM und Mitarbeitern[2] durch Gaben von Nicotinamid geheilt werden; sie ist eine Erkrankung, die durch den Genuß minderwertiger (= Nicotinamid-armer) Nahrung zustande kommt.

Aber auch verschiedene Bakterien benötigen Nicotinamid als Bestandteil ihrer Nährböden; in Tab. 56 ist eine Zusammenstellung einiger Bakterienarten gegeben, die ohne Nicotinamid als Wuchsstoff nicht wachsen.

Tabelle 56. *Bakterien-arten, die Nicotinamid als Wuchsstoff benötigen* (nach KNIGHT)[3]

Staphylococcus aureus
Cornyebacterium diphtheriae
Proteus vulgaris
Manche Arten von Milchsäure- und Propionsäure-bakterien
Acetobacter suboxydans
Brucellae
Pasteurellae
Verschiedene Arten von Dysenterie-bazillen
Haemophilus pertussis
Streptococcus salivarius
Einige Stämme von *Salmonella pullorum*
Ein Stamm von *Escherichia coli*
Bacillus mesentericus
Clostridium tetani
Leuconostoc mesenteroides
Pneumococcus

Es ist sehr wahrscheinlich, daß sowohl Menschen und Tiere als auch diejenigen Mikroorganismen, welche Nicotinamid benötigen, diese Substanz in die Pyridinnucleotide überführen, d. h. daß ihnen die für diese Reaktionsfolge notwendigen Enzyme zur Verfügung stehen. Einige wenige Organismen sind aber zur Synthese der Pyridinnucleotide aus Nicotinamid nicht befähigt und brauchen

[1] O. GABRIEL, O. F. SCHWARZ und O. HOFFMANN-OSTENHOF: Mh. Chem. 85, 840 (1954).
[2] C. A. ELVEHJEM, R. J. MADDEN, S. M. STRONG und D. W. WOOLLEY: J. biol. Chem. 118, 639 (1937); J. Amer. chem. Soc. 59, 1769 (1937).
[3] B. C. J. G. KNIGHT: Vitamins and Hormones 3, 108 (1945).

deshalb die kompletten Pyridinnucleotide in ihrem Nährboden[1]. Es handelt sich hier um die Arten *Haemophilus influenzae*, *H. parainfluenzae* und *H. conjunctivitidis*. DPN, DPN · H_2 und Desamino-DPN sind etwa gleich stark wirksam; Nicotinamidribosid ersetzt in etwa 10facher Konzentration das komplette Pyridinnucleotid[2], was dafür spricht, daß auch die genannten *Haemophilus*-Arten zumindest teilweise die Enzym-systeme für den Aufbau von DPN aus Nicotinamid besitzen, diese aber nicht aktiv genug sind, um die nötigen Mengen der Pyridinnucleotide zu bilden.

f) Biosynthese der Pyridinnucleotide

Wie bereits im vorhergehenden Abschnitt gesagt wurde, ist Nicotinsäure bzw. ihr Amid mit dem Antipellagra-Faktor identisch und ist somit für viele Tiere ein Vitamin, das notwendigerweise mit der Nahrung aufgenommen werden muß. Andere Organismen, besonders Pflanzen und Schimmelpilze, sind zur Synthese der Verbindung befähigt. BEADLE und Mitarbeiter[3] postulierten auf Grund von Versuchen an *Neurospora crassa* Tryptophan als wahrscheinlichen Vorläufer von Nicotinamid, wobei sie die unten angegebene Reaktionsfolge als wahrscheinlichste annahmen:

$CH_2CHCOOH$, NH_2, NH — Tryptophan → $\overset{*}{C}OCH_2CHCOOH$, NH_2, NH_2 — Kynurenin → $\overset{*}{C}OOH$, NH_2, OH — 3-Oxyanthranilsäure → ? →

→ $\overset{*}{C}OOH$, N — Nicotinsäure → $\overset{*}{C}ONH_2$, N — Nicotinamid

Bei Versuchen mit Tryptophan, das an der angezeichneten Stelle mit radioaktivem Kohlenstoff markiert war, konnten HEIDELBERGER[4] und Mitarbeiter diese Reaktions-sequenz bestätigen. Die genaue Folge der Reaktionen ist allerdings noch nicht völlig geklärt; insbesondere der Übergang von der 3-Oxyanthranilsäure zur Nicotinsäure dürfte über mehrere, noch nicht mit Sicherheit identifizierte Zwischenstufen vor sich gehen (vgl. S. 125).

Die weiteren Vorgänge, welche ausgehend vom Nicotinsäureamid zu DPN bzw. TPN führen, sind in letzter Zeit zumindest teilweise aufgeklärt worden. Die Überführung von Nicotinamid in das Nicotinamid-mononucleotid dürfte durch Transribosidierung und folgende Phosphorylierung in gleicher Art erfolgen, wie das bei der Bildung verschiedener Mononucleotide der Fall ist (vgl. S. 390). Es ist somit anzunehmen, daß diese Reaktionen wie folgt zu formulieren sind:

Nicotinamid + Ribose-1-phosphat → Mononucleosid + Orthophosphat

ATP + Mononucleosid → Mononucleotid + ADP

[1] A. LWOFF und M. LWOFF: C. R. Acad. Sci. **203**, 520, 846 (1936); Proc. Roy. Soc. London **122** B, 352, 360 (1937).

[2] W. GINGRICH und F. SCHLENK: J. Bacter. **47**, 535 (1944).

[3] G. W. BEADLE, H. K. MITCHELL und J. F. NYE: Proc. nat. Acad. Sci. U. S. **33**, 155 (1948); H. K. MITCHELL und J. F. NYE: Ibid. **34**, 1 (1948); H. K. MITCHELL, J. F. NYE und R. D. OWEN: J. biol. Chem. **175**, 433 (1948).

[4] C. HEIDELBERGER, E. P. ABRAHAM und S. LEPKOVSKY: J. biol. Chem. **179**, 151 (1949); C. HEIDELBERGER, M. E. GULLBERG, A. F. MORGAN und S. LEPKOVSKY: Ibid. **179**, 143 (1949).

KORNBERG[1] konnte vor kurzem einen Enzymtypus nachweisen, der die Synthese von DPN aus Nicotinamid-mononucleotid und ATP nach der Gleichung

$$\text{ATP} + \text{Nicotinamid-mononucleotid} \rightleftarrows \text{DPN} + \text{Pyrophosphat}$$

katalysiert; der Fermenttypus wurde an anderer Stelle als ATP → Nicotinamid-mononucleotid-transadenylasen besprochen (S. 436). Es ist anzunehmen, daß die Synthese von DPN aus Nicotinamid-mononucleotid allgemein auf diesem Wege vor sich geht.

In einer weiteren Arbeit konnte KORNBERG[2] nachweisen, daß es Fermente, die ATP → DPN-transphosphatasen (vgl. S. 435), gibt, welche die Umwandlung von DPN in TPN nach der Gleichung

$$\text{ATP} + \text{DPN} \rightarrow \text{TPN} + \text{ADP}$$

bewirken. Damit ist — unter der recht wahrscheinlichen Voraussetzung, daß es diese Reaktionen sind, welche im Organismus zur Bildung von DPN bzw. TPN aus Nicotinamid-mononucleotid führen — die Biosynthese der Pyridinnucleotide weitgehend klargestellt.

g) Biologischer Abbau der Pyridinnucleotide

Die Pyridinnucleotide werden verhältnismäßig leicht abgebaut. Sowohl bei Zerstörung der Zellen als auch bei Substrat-mangel findet eine rasche Konzentrations-abnahme der Substanzen statt und diese Umstände tragen oft die Schuld daran, daß bestimmte Zell-funktionen *in vitro* nicht oder nur dann reproduzierbar sind, wenn Pyridinnucleotide zugesetzt werden oder zumindest der enzymatische Abbau durch bestimmte Vorsichtsmaßnahmen weitgehend verhindert wird.

Es scheint zwei primäre Angriffspunkte im Molekül der Pyridinnucleotide zu geben: die Glykosid-bindung zwischen Nicotinamid und Riboserest, die durch hydrolytisch oder phosphorolytisch wirkende Enzyme aufgespalten wird (HANDLER und KLEIN[3]), und die Pyrophosphat-bindung zwischen Adenylsäure und Nicotinamid-mononucleotid, die von hydrolytisch wirkenden Fermenten — den Nucleotid-pyrophosphatasen (S. 346) — angegriffen wird. Dieser Enzymtypus wurde in letzter Zeit von KORNBERG und Mitarbeitern[4] eingehend untersucht. MANN und QUASTEL[5] zeigten, daß der Abbau der Pyridinnucleotide durch Zusatz von Nicotinamid zumindest teilweise verhindert werden kann; Nicotinamid hemmt vermutlich kompetitiv die Spaltung der Glykosid-bindung zwischen Nicotinamid und Ribose, während die Nucleotid-pyrophosphatase durch Nicotinamid nicht beeinflußbar ist.

MCILWAIN und Mitarbeiter[6], die der Spaltung der Pyridinnucleotide in verschiedenen Geweben ausführliche Untersuchungen widmeten, zeigten, daß die Enzyme, welche an der Glykosid-bindung angreifen, gegenüber DPN · H_2 und TPN · H_2 keine Wirkung zeigen, was leicht verständlich ist, wenn man bedenkt, daß gerade der Teil des Pyridinnucleotidmoleküls, der von der Enzym-wirkung betroffen ist, durch die Reduktion weitgehend verändert wird. MCILWAIN[7] hält es für möglich, daß hier ein regulatorischer Mechanismus im Zellgeschehen vorliegt und vermutet einen Zusammenhang mit dem sog. PASTEUR-MEYERHOF-Effekt; unter diesem Namen wird die Erscheinung verstanden, daß die Glykolyse in Anwesenheit von Sauerstoff gehemmt wird. Nach MCILWAIN wäre anzunehmen, daß die Primärwirkung des Sauerstoffs die Verschiebung des Gleichgewichtes zwischen der oxydierten und der reduzierten Form der Pyridinnucleotide zugunsten der oxydierten Form ist, welche dann

[1] A. KORNBERG: J. biol. Chem. **182**, 779 (1950).
[2] A. KORNBERG: Ibid. **182**, 805 (1950).
[3] P. HANDLER und J. R. KLEIN: Ibid. **143**, 49 (1942).
[4] A. KORNBERG und O. LINDBERG: Ibid. **176**, 665 (1948); A. KORNBERG und W. E. PRICER, Jr.: Ibid. **182**, 763 (1950).
[5] P. J. G. MANN und J. H. QUASTEL: Biochem. J. **35**, 502 (1941).
[6] H. MCILWAIN und D. E. HUGHES: Ibid. **43**, 60 (1948); H. MCILWAIN und R. RODNIGHT: Ibid. **44**, 470; **45**, 337 (1949).
[7] H. MCILWAIN: Nature **163**, 641 (1949).

abgebaut wird, so daß die Hemmung der Glykolyse durch Pyridinnucleotid-mangel zustande kommt (vgl. jedoch die andersartigen Deutungen, S. 705 ff.).

Es ist aber jedenfalls festzuhalten, daß — ohne Rücksicht auf den Primärvorgang — die Pyridinnucleotide bis zu ihren Struktur-einheiten Nicotinamid, Adenylsäure, Ribose und Orthophosphat abgebaut werden; im tierischen Organismus erfolgt die Ausscheidung des Nicotinamids in methylierter Form als N_1-Methylnicotinamid, Trigonellin und deren 6-Pyridon-derivaten (HANDLER[1]). Bei der Methylierung fungiert Methionin als Methyl-donator (vgl. S. 361 f.).

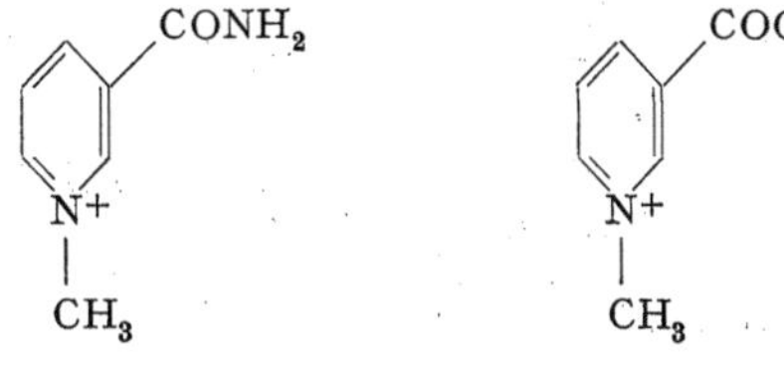

$CONH_2$ — N^+ — CH_3

N_1-Methylnicotinamid

COO^- — N^+ — CH_3

Trigonellin

h) „Coenzym III"

Vor kurzem berichteten SINGER und KEARNEY[2] über ein bisher noch nicht beschriebenes Pyridinnucleotid, das bei der Oxydation von Cysteinsulfinsäure als Wasserstoff-akzeptor fungiert. Die Substanz läßt sich aus gekochtem Hefe-extrakt nach einer Methode isolieren und reinigen, die von KORNBERG und LINDBERG[3] für die Darstellung von Nicotinamid-mononucleotid ausgearbeitet wurde. Es dürfte aber mit dieser Substanz nicht identisch sein, da eine Pyrophosphat-bindung im Molekül nachgewiesen werden konnte. Die bisher erhobenen Befunde lassen die Struktur Nicotinamid-ribose-5-pyrophosphat als wahrscheinlich annehmen. SINGER und KEARNEY[2, 4] schlagen die vorläufige Bezeichnung „*Coenzym III*" vor. Auf Grund der Tatsache, daß sich der Faktor in allen tierischen Geweben findet, die bisher darauf untersucht wurden, muß angenommen werden, daß er auch bei anderen Vorgängen als der Dehydrierung von Cysteinsulfinsäure teilnimmt[4].

i) Die biologischen Funktionen der Pyridinnucleotide als Wasserstoff- und Elektronen-akzeptoren und -donatoren

Die Pyridinnucleotide fungieren in der lebenden Zelle als Wasserstoff- bzw. Elektronen-akzeptoren und -donatoren, und zwar sowohl bei aeroben als auch bei anaeroben Vorgängen. Eine große Anzahl von Fermenten überträgt Wasserstoff und Elektronen von verschiedenen Substanzen auf die Pyridinnucleotide oder katalysiert naturgemäß auch die umgekehrten Prozesse, die Reduktion bestimmter Stoffe unter Oxydation eines hydrierten Pyridinnucleotids. Die allgemeine Formulierung dieser Vorgänge lautet

$$\text{Pyridinnucleotid} + RH_2 \rightleftharpoons H_2\text{-Pyridinnucleotid} + R$$

oder unter Berücksichtigung des quaternären Stickstoff-atoms im Pyridin-kern der oxydierten Form und Angabe des Ionisierungs-zustands

$$\text{Pyridinnucleotid}^+ + RH_2 \rightleftharpoons \text{H-Pyridinnucleotid} + R + H^+$$

Im Rahmen der biologischen Oxydations-vorgänge sind diese Fermente vielfach diejenigen Wirkstoffe, welche die Primärvorgänge der Reaktionskette, die über verschiedene Überträger-substrate bis zum Sauerstoff verläuft, durch Dehydrierung der im Verlauf des Intermediärstoffwechsels anfallenden Substrate katalysieren. Von den reduzierten Pyridinnucleotiden wird dann der Wasserstoff bzw. die Elektronen über sog. Atmungs-ketten, die auch als „DPN-Oxydase-system" und „TPN-Oxydase-system" bezeichnet werden, bis zum Sauerstoff transportiert (vgl. S. 550 ff.).

Aber auch bei anaeroben Vorgängen, wie z. B. bei der Glykolyse und bei der alkoholischen Gärung, spielen Pyridinnucleotid-spezifische Transhydrogenasen

[1] P. HANDLER: Z. Vitaminforsch. **19**, 393 (1948).
[2] T. P. SINGER und E. B. KEARNEY: Biochim. biophys. Acta **8**, 700 (1952); **11**, 290 (1953).
[3] A. KORNBERG und O. LINDBERG: J. biol. Chem. **176**, 665 (1948).
[4] T. P. SINGER und E. B. KEARNEY: Federation Proc. **12**, 269 (1953).

eine wichtige Rolle; hier besteht ihre Funktion darin, den Wasserstoff von einem bestimmten Substrat — in beiden genannten Fällen von D-3-Phosphoglycerinaldehyd — auf ein Pyridinnucleotid zu übertragen; im weiteren Verlauf der Reaktions-folge katalysiert eine zweite Transhydrogenase den Transfer des Wasserstoffs vom hydrierten Pyridinnucleotid auf ein entsprechendes Substrat (Brenztraubensäure bzw. Acetaldehyd, vgl. die Schemata auf S. 684f. und S. 690f.).

Untersuchungen aus der letzten Zeit lassen es als möglich erscheinen, daß auch bei der Photosynthese den Pyridinnucleotiden eine zentrale Rolle zukommt. Fast zur gleichen Zeit konnten verschiedene Forscher[1, 2, 3] zeigen, daß Grana-präparationen aus den Chloroplasten grüner Pflanzen bei Belichtung DPN und TPN nach der Gleichung

$$H_2O + \text{DPN (oder TPN)} \rightarrow \text{DPN} \cdot H_2 \text{ (oder TPN} \cdot H_2\text{)} + {}^1/_2\, O_2$$

reduzieren. Durch Kopplung mit entsprechenden Fermenten konnten Modell-systeme erhalten werden, welche CO_2 fixieren, wie z. B.

$$H_2O + \text{TPN} \rightarrow \text{TPN} \cdot H_2 + {}^1/_2\, O_2$$
$$\text{TPN} \cdot H_2 + \text{Brenztraubensäure} + CO_2 \rightarrow l\text{-Äpfelsäure} + \text{TPN};$$

die zweite Stufe des Systems wird von einer decarboxylierenden *l*-Malat → TPN-transhydrogenase („*malic enzyme*", vgl. S. 623) katalysiert. Es ist denkbar, daß Mechanismen dieser oder ähnlicher Art im Verlauf der Photosynthese die Fixierung des Kohlendioxyds bewerkstelligen (vgl. S. 722ff.).

Die Spezifität der einzelnen Pyridinnucleotid-spezifischen Enzyme ist im Schema (Tab. 57) illustriert.

Tabelle 57. *Schema der Spezifität der wichtigsten Pyridinnucleotid-spezifischen Enzyme*

α-Glycerophosphat		Phosphodioxyaceton
Glycerin		Glycerinaldehyd
Glucose		Gluconsäure
Milchsäure		Brenztraubensäure
3-Phosphoglycerinaldehyd + H_3PO_4		1,3-Diphosphoglycerinsäure
Äthanol		Acetaldehyd
Acetaldehyd + H_2O		Essigsäure
Acetaldehyd + CoA		Acetyl-CoA
Dihydro-orotsäure		Orotsäure
L-Phenylalanin + H_2O		L-Tyrosin
Betainaldehyd + H_2O		Betain
β-Oxybuttersäure		Acetessigsäure
β-Oxyacyl-CoA	+ DPN ⇌ DPN · H_2 +	β-Ketoacyl-CoA
l-Äpfelsäure		Oxalessigsäure bzw. Brenztraubensäure + CO_2
Ameisensäure		CO_2
Dihydro-α-lipoinsäure		Lipoinsäure
Sorbit		Fructose
L-Glutaminsäure		α-Ketoglutarsäure + NH_3
TPN · H_2		TPN
Nitrit + H_2O		Nitrat
Hydroxylamin		Nitrit
Benzaldehyd + H_2O		Benzoesäure
Östradiol		Östron
höhere Fettsäuren		ungesättigte Fettsäuren
Brenztraubensäure + CoA		Acetyl-CoA + CO_2
α-Ketoglutarsäure + CoA		Succinyl-CoA + CO_2

[1] W. Vishniac und S. Ochoa: Nature **167**, 768 (1951); J. biol. Chem. **195**, 75 (1952); S. Ochoa und W. Vishniac: Science **115**, 297 (1952); W. Vishniac: Federation Proc. **11**, 302 (1952).

[2] L. J. Tolmach: Nature **167**, 946 (1951); Arch. Biochem. Biophys. **33**, 120 (1951).

[3] D. I. Arnon: Nature **167**, 1008 (1951).

(Fortsetzung der Tabelle 57.)

Substrat		Produkt
Glucose-6-phosphat		6-Phosphogluconsäure
L-Glutaminsäure		α-Ketoglutarsäure + NH_3
d-Isocitronensäure	$+ TPN \rightleftarrows TPN \cdot H_2 +$	Oxalbernsteinsäure bzw. α-Ketoglutarsäure + CO_2
6-Phosphogluconsäure		5-Phosphoribulose + CO_2
l-Äpfelsäure		Brenztraubensäure + CO_2
SH-Glutathion		S-S-Glutathion

Cysteinsulfinsäure + „Coenzym III" $\rightleftarrows$ H_2-„Coenzym III" + Cysteinsäure.

B. Die einzelnen Fermenttypen dieser Klasse

Im folgenden werden alle Pyridinnucleotid-spezifischen Dehydrogenasen außer denjenigen, welche außer der Wasserstoff-übertragung gleichzeitig Carboxylierungs- bzw. Decarboxylierungs-reaktionen katalysieren, behandelt; diese finden ihre Besprechung im 41. Kapitel (S. 621 ff.).

I. $DPN \cdot H_2 \rightarrow$ Phosphodioxyaceton-transhydrogenasen *(α-Glycerophosphat-dehydrase)*

In tierischen Geweben finden sich zwei Fermente, die imstande sind α-Glycerophosphat zu dehydrieren. Das eine von ihnen ist mit dem Cytochrom-system verbunden und findet sich immer im unlöslichen Material; es wird an anderer Stelle (S. 499) beschrieben. Das zweite Ferment mit gleicher Donator-spezifität hat DPN als Akzeptor-substrat und soll deshalb hier behandelt werden.

$DPN \cdot H_2 \rightarrow$ Phosphodioxyaceton-transhydrogenasen kommen außer im tierischen Gewebe auch in Pflanzen und in der Hefe vor. Die erste Beschreibung eines Enzyms dieser Spezifität stammt von WAGNER-JAUREGG und RAUEN[1], welche das Ferment aus Kürbis-samen isolieren konnten. Etwa gleichzeitig mit diesen Arbeiten erschienen Mitteilungen von OGSTON und GREEN[2], in denen über das Vorkommen einer $DPN \cdot H_2 \rightarrow$ Phosphodioxyaceton-transhydrogenase in Hefe berichtet wurde; das Ferment konnte aus zerriebener plasmolysierter Hefe in Lösung gebracht werden. Die Existenz eines derartigen Enzyms im Muskel wurde erstmalig von EULER, ADLER, GÜNTHER und HELLSTRÖM[3] beschrieben.

Die spezifische Wirkung der Enzyme ist durch folgende Formulierung gegeben:

$$DPN \cdot H_2 + \begin{array}{c} H_2COPO_3H_2 \\ | \\ C{=}O \\ | \\ H_2COH \end{array} \rightleftarrows \begin{array}{c} H_2COPO_3H_2 \\ | \\ HCOH \\ | \\ H_2COH \end{array} + DPN$$

Phosphodioxyaceton (Triosephosphat) — α-Phosphoglycerin (α-Glycerophosphat)

Die Gleichgewichts-konstante für die Reaktion $DPN \cdot H_2$ + Phosphodioxyaceton $\rightleftarrows$ Glycerophosphat + DPN beträgt bei 22° und p_H 7,0 $1{,}4 \cdot 10^4$. Das Gleichgewicht liegt also weit auf der rechten Seite; wenn aber dem Reaktionsgemisch Verbindungen hinzugefügt werden, welche $DPN \cdot H_2$ oxydieren, wie z. B. Methylenblau, kann das Gleichgewicht derart verschoben

[1] T. WAGNER-JAUREGG und H. RAUEN: Hoppe-Seyler's Z. physiol. Chem. **237**, 233 (1935).

[2] F. J. OGSTON und D. E. GREEN: Biochem. J. **29**, 1983 (1935); D. E. GREEN: Ibid. **30**, 629 (1936).

[3] H. VON EULER, E. ADLER, G. GÜNTHER und H. HELLSTRÖM: Hoppe-Seyler's Z. physiol. Chem. **245**, 217 (1937).

werden, daß eine Dehydrierung von α-Glycerophosphat erfolgt. Unter diesen Bedingungen wurde festgestellt, daß die Enzyme absolute Spezifität zeigen, da nur das natürliche D-α-Glycerophosphat, nicht aber L-α-Glycerophosphat, β-Glycerophosphat oder Glycerin dehydriert werden. Auch in bezug auf das Pyridinnucleotid herrscht strenge Spezifität, da nur DPN bzw. $DPN \cdot H_2$ als zweites Substrat fungieren kann.

Die Messung der Enzym-aktivität erfolgt am besten durch photometrische Bestimmung der Absorption bei 340 mμ ($DPN \cdot H_2$)[1].

Das Enzym wird weder durch Cyanid noch durch Jodacetat in seiner Wirksamkeit gehemmt.

Baranowski[2] berichtet über die Darstellung eines kristallinen Ferments mit der Wirkung einer $DPN \cdot H_2 \rightarrow$ Phosphodioxyaceton-transhydrogenase aus dem kristallisierten Muskelprotein Myogen A, welches aus Kaninchen-muskel gewonnen wurde. Die Abtrennung der Transhydrogenase aus der Lösung von Myogen A, das auch die FDP-Triosephosphat-lyase (*Aldolase*, S. 643) enthält, erfolgte durch fraktionierte Ausfällung mit Ammoniumsulfat bei p_H 5,5.

100 g kristallisiertes Enzymprotein sind bei 20° und p_H 7,0 imstande, pro Minute 26500 Umsätze zwischen Phosphodioxyaceton und $DPN \cdot H_2$ zu katalysieren. Nach Berechnungen von Baranowski[2] enthalten 100 g Kaninchen-muskel 0,015 g des Enzyms; dieselbe Konzentration wurde in Ratten-leber gefunden.

Die biologische Rolle des Enzyms bei der alkoholischen Gärung dürfte darin bestehen, daß in der Induktionsphase dieses Vorganges, d. h. wenn noch kein Acetaldehyd als Wasserstoff- bzw. Elektronen-akzeptor zur Verfügung steht, Phosphodioxyaceton so lange als Akzeptor fungieren kann, bis genügend Triosephosphat zu Pyruvat und Acetaldehyd oxydiert ist, damit die stationäre Phase der Gärung in Gang kommt. Bei der sog. Glycerin-gärung[3, 4] wird der Acetaldehyd mit Sulfit oder mit Dimedon abgefangen, so daß er nicht als Akzeptor fungieren kann; dementsprechend erfolgt eine Dismutation der Phosphotriosen: für jedes Molekül oxydierten Phosphoglycerinaldehyd wird ein Molekül Phosphodioxyaceton zu Glycerinphosphat reduziert. Die letztgenannte Substanz unterliegt schließlich einer hydrolytischen Spaltung zu Glycerin, welche von einer gruppen-spezifischen Phosphomonoesterase bewirkt wird.

II. Glycerin → DPN-transhydrogenasen *(Glycerin-dehydrase)*

Obwohl die Fähigkeit verschiedener Bakterien, Glycerin oxydativ abzubauen, schon seit langem bekannt ist, gelang es erst vor kurzem, die Existenz von Enzymen, welche Glycerin oxydieren, nachzuweisen. In *Acetobacter suboxydans*[5], *Aerobacter aerogenes*[6] und *Escherichia coli*[7] finden sich derartige Fermente; ihre Wirkungsweise läßt sich durch die Gleichung

$$\underset{\text{Glycerin}}{\begin{array}{c} CH_2OH \\ | \\ CHOH \\ | \\ CH_2OH \end{array}} + DPN \rightleftharpoons DPN.H_2 + \underset{\text{Dioxyaceton}}{\begin{array}{c} CH_2OH \\ | \\ CO \\ | \\ CH_2OH \end{array}}$$

wiedergeben. Der Vorgang ist reversibel; bei der Rück-reaktion kann außer Dioxyaceton auch Glycerinaldehyd als Wasserstoff-akzeptor fungieren[6].

---

[1] E. Adler, H. von Euler und W. Hughes: Hoppe-Seyler's Z. physiol. Chem. **252**, 1 (1938).
[2] T. Baranowski: J. biol. Chem. **180**, 535 (1949).
[3] C. Neuberg und E. Reinfurth: Biochem. Z. **89**, 365 (1918).
[4] W. Connstein und K. Lüdecke: Ber. dtsch. chem. Ges. **52**, 99, 1385 (1919).
[5] T. C. King und V. H. Cheldelin: J. biol. Chem. **198**, 135 (1952).
[6] R. M. Burton und N. O. Kaplan: J. Amer. chem. Soc. **75**, 1005 (1953).
[7] R. E. Asnis und E. F. Brodie: J. biol. Chem. **203**, 153 (1953).

Ein Ferment analoger Wirkungsweise, das sich aber von den bakteriellen Enzymen durch seine relative Spezifität unterscheidet, wurde kürzlich in der Ratten-leber entdeckt[1]. Während bei den Bakterien-fermenten Dioxyaceton gegenüber Glycerinaldehyd das bevorzugte Substrat ist, sind die Verhältnisse beim tierischen Ferment umgekehrt; Dioxyaceton wird hier wesentlich langsamer hydriert als Glycerinaldehyd. Bei p_H 7,5 liegt das Gleichgewicht der Reaktion

$$\text{DPN} \,.\, \text{H}_2 + \text{DL-Glycerinaldehyd} \rightleftharpoons \text{Glycerin} + \text{DPN}$$

weit auf Seite des Glycerins.

III. Glucose → DPN-transhydrogenasen *(Glucose-dehydrase)*

Während das Ferment der Schimmelpilze, welches Glucose dehydriert, eine anaerobe Transhydrogenase mit FAD als prosthetischer Gruppe ist, kommen in tierischen Geweben und auch in Bakterien Enzyme vor, die den Wasserstoff von Glucose auf DPN übertragen können. Ein derartiges Ferment wurde erstmalig von HARRISON[2] in der Leber nachgewiesen; ANDERSSON[3] konnte zeigen, daß DPN als Akzeptor fungiert. Die Gesamtreaktion, die von dem Enzym katalysiert wird, verläuft nach der Gleichung

HOCH₂ / H, O, OH / H, OH, H / HO, H / H, OH

$$+ \text{H}_2\text{O} + \text{DPN} \rightarrow \text{DPN}\cdot\text{H}_2 +$$

COOH – HCOH – HOCH – HCOH – HCOH – CH_2OH

Glucose — Gluconsäure

δ-Gluconolacton tritt als Zwischenprodukt auf und wird erst sekundär zu Gluconsäure hydrolysiert[4]. Die Reaktion

$$\text{Glucose} + \text{DPN} \rightleftharpoons \text{DPN} \cdot \text{H}_2 + \delta\text{-Gluconolacton}$$

ist reversibel; die Gleichgewichts-konstante ist bei p_H 6,7 und 25° etwa 15.

Die Spezifität ist nicht absolut; eine Präparation von WAINIO[5] dehydrierte außer Glucose auch D-Arabinose, D-Xylose, D-Lyxose sowie auch Glucose- und Fructosephosphate. Das zur Zeit vermutlich höchstgereinigte Präparat von BRINCK[6] katalysiert aber nur die Dehydrierung von Glucose, Xylose und vielleicht auch Galactose. Als Akzeptoren können neben DPN auch TPN und Desamino-DPN fungieren. Glucose-6-phosphat und FDP wirken als kompetitive Inhibitoren.

Die Messung der Enzymaktivität kann durch Bestimmung der Sauerstoffaufnahme im WARBURG-Apparat erfolgen; dabei ist der Zusatz von Methylenblau als Überträger erforderlich.

---

[1] H. P. WOLF und F. LEUTHARDT: Helv. chim. Acta **36**, 1463 (1953).
[2] D. C. HARRISON: Biochem. J. **25**, 1016; Übersichtsreferat: Idem: Ergebn. Enzymforsch. **4**, 297 (1935).
[3] B. ANDERSSON: Hoppe-Seyler's Z. physiol. Chem. **225**, 57 (1934).
[4] H. J. STRECKER und S. KORKES: Nature **168**, 913 (1951); J. biol. Chem. **196**, 796 (1952).
[5] W. W. WAINIO: Ibid. **168**, 569 (1947).
[6] N. G. BRINCK: Acta chem. Scand. **7**, 1081 (1953).

Ein teilweise gereinigtes Präparat der Glucose → DPN-transhydrogenase wurde kürzlich von BRUNELLI und WAINIO[1] dargestellt; die Autoren verwendeten Schafleber als Ausgangsprodukt. Weitergehende Reinigungen des Enzyms aus Rinderleber wurden von STRECKER und KORKES[2] sowie von BRINCK[3] durchgeführt. Ein analoges Ferment konnte von YUDKIN[4] in *Escherichia coli* nachgewiesen werden; eine Reinigung scheint aber in diesem Falle nicht versucht worden zu sein.

Die biologische Rolle dieses Enzymtypus ist noch völlig ungeklärt; die derzeitigen Vorstellungen über den Kohlehydrat-abbau geben keinerlei Aufschluß über seine Funktion. Aus einer Studie von STETTEN und STETTEN[5] über den Stoffwechsel der Gluconsäure geht hervor, daß die Glucose → DPN-transhydrogenase *in vivo* nur sehr wenig Gluconsäure, die in den Körperflüssigkeiten nachgewiesen werden kann, produziert.

IV. DPN · H_2 → Pyruvat-transhydrogenasen *(Milchsäure-dehydrase)*

Ein Enzym, das in Gegenwart von Wasserstoff-akzeptoren (Methylenblau) zur Dehydrierung von Milchsäure imstande ist, wurde 1919 von MEYERHOF[6] im Muskel entdeckt. SZENT-GYÖRGYI[7] konnte später feststellen, daß dieses Ferment seine Wirkung nur in Anwesenheit eines damals noch nicht identifizierbaren Cofaktors ausüben kann; dieser wurde später von ANDERSSON[8] als DPN erkannt. Dementsprechend ist die Wirkung des Enzyms folgendermaßen zu formulieren:

$$\mathrm{DPN \cdot H_2} + \underset{\text{Brenztraubensäure}}{\begin{array}{c}\mathrm{COOH}\\ |\\ \mathrm{C{=}O}\\ |\\ \mathrm{CH_3}\end{array}} \rightleftharpoons \underset{\text{Milchsäure}}{\begin{array}{c}\mathrm{COOH}\\ |\\ \mathrm{HCOH}\\ |\\ \mathrm{CH_3}\end{array}} + \mathrm{DPN}$$

Bei Anwendung äquimolarer Mengen beider Substrate liegt das Gleichgewicht weit auf der rechten Seite, also auf der Seite der Reduktion.

Die Spezifität der Enzyme dieses Typus ist ziemlich streng; die „natürliche" L-Form der Milchsäure wird in einer entsprechenden Versuchsanordnung weitaus schneller oxydiert als die D-Milchsäure[9]. Aus Brenztraubensäure wird nur L-Milchsäure gebildet; Äpfelsäure wird überhaupt nicht angegriffen. Auch gegenüber den Pyridinnucleotiden ist die Spezifität fast als absolut zu bezeichnen; nach MEHLER, KORNBERG, GRISOLIA und OCHOA[10] ist bei Enzym-präparaten aus Rinderherz, Kaninchen-muskel oder Tauben-leber die Affinität für DPN etwa 100- bis 200mal so groß wie für TPN.

Enzyme dieser Spezifität können in fast allen Zellen nachgewiesen werden; Milchsäure-dehydrierende Fermente aus manchen Mikroorganismen übertragen allerdings nicht auf Pyridinnucleotide, sondern reduzieren das Cytochromsystem (S. 499).

[1] E. BRUNELLI und W. W. WAINIO: J. biol. Chem. **177**, 75 (1949).
[2] H. J. STRECKER und S. KORKES: Nature **168**, 913 (1951); J. biol. Chem. **196**, 769 (1952).
[3] N. G. BRINCK: Acta chem. Scand. **7**, 1081 (1953).
[4] J. YUDKIN: Biochem. J. **27**, 1849 (1933); **28**, 1463 (1934).
[5] M. R. STETTEN und D. STETTEN, Jr.: J. biol. Chem. **187**, 241 (1950).
[6] O. MEYERHOF: Pflüger's Arch. ges. Physiol. **175**, 20 (1919).
[7] A. SZENT-GYÖRGYI: Biochem. Z. **157**, 50 (1925).
[8] B. ANDERSSON: Hoppe-Seyler's Z. physiol. Chem. **225**, 57 (1934).
[9] O. MEYERHOF und K. LOHMANN: Biochem. Z. **171**, 421 (1926).
[10] A. H. MEHLER, A. KORNBERG, S. GRISOLIA und S. OCHOA: J. biol. Chem. **174**, 961 (1948).

Das p_H-Optimum der DPN · H_2 → Pyruvat-transhydrogenase liegt bei 9,3. Die Messung der Aktivität kann nach STRAUB[1] manometrisch durchgeführt werden. Hierzu muß ein ziemlich kompliziertes Reaktionsgemisch angewandt werden, welches neben dem Enzym und den beiden Substraten (Milchsäure und DPN) Methylenblau und eine Diaphorase (vgl. S. 541) sowie Cyanid zur Bindung der entstehenden Brenztraubensäure enthält. Unter diesen Bedingungen finden folgende Vorgänge statt:

1. Milchsäure + DPN → DPN · H_2 + Brenztraubensäure
2. Brenztraubensäure + Cyanid → Brenztraubensäure-cyanhydrin (unlöslich)
3. DPN · H_2 + Diaphorase → reduzierte Diaphorase + DPN
4. reduzierte Diaphorase + Methylenblau → Leukomethylenblau + Diaphorase
5. Leukomethylenblau + O_2 → Methylenblau + H_2O

Eine weitaus einfachere Bestimmungs-methode beruht auf der Messung der Absorption des entstehenden bzw. verschwindenden DPN · H_2; sie wurde von KUBOWITZ und OTT[2] entwickelt.

Ein kristallines Präparat einer DPN · H_2 → Pyruvat-transhydrogenase wurde erstmals von STRAUB[1] erhalten, der als Ausgangsmaterial Rinder-herzen benützte, welche zerkleinert und mit Wasser extrahiert wurden. Nach Adsorption an Tricalciumphosphat und folgender Elution mit Pufferlösung (p_H 7,2) wurden fraktionierte Fällungen mit Aceton und darauf mit Ammoniumsulfat durchgeführt; nach schrittweiser Erhöhung der Ammoniumsulfat-konzentration von 0,4facher auf 0,5fache Sättigung konnte dann schließlich die Kristallisation erreicht werden. Kristalline Präparationen von gleichartigen Fermenten wurden auch aus JENSEN-Sarkomen der Ratte[2], aus dem Skelett-muskel der Ratte[2], sowie aus der Rattenleber[3] hergestellt.

V. Phosphorylierende D-3-Phosphoglycerinaldehyd → DPN-transhydrogenasen (*Phosphotriose-dehydrase, 3-Phosphoglycerinaldehyd-dehydrase*)

Die Entdeckungsgeschichte dieser Fermente ist insoweit sehr verwickelt, als wir heute mit Sicherheit sagen können, daß alle älteren Berichte über eine Hexosediphosphat-dehydrogenase (EULER und NILSSON[4]) ebenso wie solche über ein Glycerinaldehyd-dehydrierendes Enzym (LEBEDEW[5]) sich in Wirklichkeit auf phosphorylierende D-3-Phosphoglycerinaldehyd → DPN-transhydrogenasen beziehen.

Die phosphorylierenden D-3-Phosphoglycerinaldehyd → DPN-transhydrogenasen sind sehr weit verbreitet. Eingehender untersucht sind aber nur die entsprechenden Fermente der Hefe und des Muskels.

Erst nachdem SCHÄFFNER und BERL[6] gezeigt hatten, daß einer der beiden Phosphorylierungs-schritte im Verlauf der Glykolyse mit einer gleichzeitigen Oxydoreduktion verbunden ist, konnte die Wirkung der Enzyme aufgeklärt werden. WARBURG und CHRISTIAN[7], welche 1939 das Enzym aus Hefe kristallin isolieren konnten, benützten ihr Präparat, um in Gemeinschaft mit NEGELEIN und BRÖMEL[8] die Wirkungsweise des Enzyms zu charakterisieren und

[1] F. B. STRAUB: Biochem. J. **34**, 483 (1940).
[2] F. KUBOWITZ und P. OTT: Biochem. Z. **314**, 94 (1943).
[3] D. M. GIBSON, E. O. DAVISSON, B. K. BACHHAWAT, B. R. RAY und C. S. VESTLING: J. biol. Chem. **203**, 397 (1953).
[4] H. VON EULER und R. NILSSON: Hoppe-Seyler's Z. physiol. Chem. **160**, 234 (1926); **162**, 72 (1927).
[5] A. VON LEBEDEW: Ibid. **160**, 97 (1926).
[6] A. SCHÄFFNER und H. BERL: Ibid. **238**, 111 (1936).
[7] O. WARBURG und W. CHRISTIAN: Biochem. Z. **303**, 40 (1939).
[8] E. NEGELEIN und H. BRÖMEL: Ibid. **303**, 132 (1939).

es konnte festgestellt werden, daß die von dem Ferment katalysierte Gesamtreaktion der Gleichung

$$\begin{array}{l} \overset{O}{\underset{\diagup\!\!\diagup}{}} \\ C{-}H \\ | \\ CHOH \\ | \\ CH_2OPO_3H_2 \end{array} + DPN + H_3PO_4 \rightleftarrows DPN{\cdot}H_2 + \begin{array}{l} \overset{O}{\underset{\diagup\!\!\diagup}{}} \\ C{-}OPO_3H_2 \\ | \\ CHOH \\ | \\ CH_2OPO_3H_2 \end{array}$$

D-3-Phosphoglycerinaldehyd (FISCHER-BAER-Ester) — 1,3-Diphosphoglycerinsäure (NEGELEIN-BRÖMEL-Ester)

entspricht.

Es handelt sich somit nicht um eine einfache Wasserstoff-übertragung; vielmehr findet — anscheinend gleichzeitig und eng verknüpft mit dieser — eine Phosphorylierung des Substrats unter Bildung einer energiereichen Phosphat-bindung statt. Der Gesamtvorgang ist reversibel.

WARBURG und CHRISTIAN[1] nahmen ursprünglich an, daß die Reaktion in zwei Schritten verläuft; der erste Schritt wäre die Phosphorylierung des FISCHER-Esters zum 1,3-Diphosphoglycerinaldehyd, wobei sie die Frage offen ließen, ob es sich hier nicht vielleicht um eine spontan verlaufende, nicht enzymatische Reaktion handle; der zweite Schritt wäre dann die Wasserstoff-übertragung von Diphosphoglycerinaldehyd auf DPN. Nach einer Arbeit von MEYERHOF und OESPER[2] wird aber durch das Ferment ein thermodynamisches Gleichgewicht katalysiert, welches durch die Konzentrationen von Phosphoglycerinaldehyd, anorganischem Phosphat, DPN und Wasserstoff-ionen bestimmt wird. Das Massenwirkungsgesetz wird in bezug auf alle Reaktionsteilnehmer streng befolgt.

Die Spezifität der Enzyme ist ziemlich streng; wohl wird nicht-phosphorylierter Glycerinaldehyd ebenfalls dehydriert, diese Reaktion erfolgt aber nach WARBURG und CHRISTIAN[1] etwa tausendmal langsamer als die Dehydrierung des Phosphoglycerinaldehyds. Auch an diesem Vorgang ist anorganisches Phosphat beteiligt; das Reaktionsprodukt ist vermutlich 1-Phosphoglycerinsäure. Die eingangs erwähnten Befunde über eine Dehydrierung von Hexosediphosphat sind dadurch zu erklären, daß die damaligen Bearbeiter unreine Fermentpräparate untersuchten, welche neben dem besprochenen Ferment auch noch FDP-triosephosphatlyase (*Aldolase*, vgl. S. 643) enthielten.

In Anwesenheit von Arsenat wird D-3-Phosphoglycerinaldehyd durch Enzyme dieses Typus einfach zu 3-Phosphoglycerinaldehyd oxydiert[3]:

$$\begin{array}{l} CHO \\ | \\ CHOH \\ | \\ CH_2OPO_3H_2 \end{array} + DPN \rightarrow DPN{\cdot}H_2 + \begin{array}{l} COOH \\ | \\ CHOH \\ | \\ CH_2OPO_3H_2 \end{array}$$

Dieser Effekt wurde bisher dadurch erklärt, daß primär 1-Arseno-3-phosphoglycerinsäure entsteht, welche so instabil ist, daß sie sofort spontan hydrolysiert[1]. Diese Deutung wird aber von BÜCHER und GARBADE[4] auf Grund ausführlicher kinetischer Untersuchungen bestritten. In Anwesenheit von Arsenat ist die Reaktion irreversibel; Arsenat bewirkt, wenn Ferment und DPN zugegen sind, die „Arsenolyse" von 1,3-Diphosphoglycerinsäure zu 3-Phosphoglycerinsäure.

[1] O. WARBURG und W. CHRISTIAN: Biochem. Z. **303**, 40 (1939).
[2] O. MEYERHOF und P. OESPER: J. biol. Chem. **170**, 1 (1947).
[3] D. M. NEEDHAM und R. K. PILLAI: Biochem. J. **31**, 1837 (1937).
[4] T. BÜCHER und K. H. GARBADE: Biochim. biophys. Acta **8**, 219, 220, 222 (1952).

Vor kurzem berichteten HARTING und VELICK[1], daß eine hochgereinigte Präparation einer phosphorylierenden D-3-Phosphoglycerinaldehyd→DPN-transhydrogenase aus Kaninchen-muskel in Anwesenheit von Orthophosphat auch Acetaldehyd angreift. Nach der Gleichung

$$CH_3CHO + H_3PO_4 + DPN \rightarrow DPN \cdot H_2 + CH_3COOPO_3H_2$$

entsteht Acetylphosphat. Acetylphosphat kann ebenfalls „arsenolysiert" werden.

Die Messung der Aktivität wird nach ADLER, EULER und GÜNTHER[2] photometrisch vorgenommen, wobei die Reduktion des DPN zu DPN · H_2 (Absorptionsbande bei 340 mμ) bestimmt wird. WARBURG und CHRISTIAN[8] benützten dieselbe Methode, um bei der Isolierung und Kristallisation des Enzyms aus Hefe den jeweiligen Reinheitsgrad ihrer Präparate zu bestimmen. Sie definieren die Reinheit als das Verhältnis zwischen der Intensität der Absorptionsbande bei 340 mμ (DPN · H_2) und derjenigen der Banden bei 260 oder 280 mμ; die Absorption in den letztgenannten Bereichen ist proportional dem Protein-gehalt des Präparats. Bei Muskel-präparationen verwendeten CORI, SLEIN und CORI[3] eine völlig analoge Technik, nur mußte Cystein oder ein anderes reduzierendes Agens der Reaktionsmischung beigegeben werden, da das Ferment des Muskels nur in Anwesenheit eines Reduktionsmittels imstande ist, seine Wirkung voll zu entfalten.

Das p_H-Optimum der Wirkung liegt sowohl für das Enzym aus Hefe wie auch für jenes aus Muskel im alkalischen Bereich (p_H 8,4 bzw. 8,6). Das Muskel-enzym wird durch Jodacetat und andere Sulfhydryl-reagenzien in seiner Wirksamkeit gehemmt[4]; DPN kann das Ferment gegen die Inaktivierung durch SH-Reagenzien schützen[5]. Cystein und Glutathion wirken unter bestimmten Bedingungen als Aktivatoren.

VELICK[6] gelang es kürzlich, definierte kristalline Verbindungen zwischen dem SH-Reagens *p*-Chlormercuribenzoat einerseits und den Fermenten dieser Spezifität aus Kaninchen-muskel und aus Hefe andrerseits herzustellen. Die Hefe-ferment-Inhibitor-verbindung enthält pro Mol Enzymprotein zwei Mole Hemmstoff; das Enzym aus Kaninchen-muskel kann drei Mole Hemmstoff binden. Die Verbindungen sind enzymatisch völlig inaktiv; sie können aber durch Zugabe eines Überschusses von Cystein komplett reaktiviert werden.

Wie verschiedene andere Aldehyd-oxydierende Enzyme werden auch die Enzyme des hier beschriebenen Typus durch *Antabus* (Tetraäthylthiuramdisulfid, Bis[diäthylthiocarbamyl]disulfid) in ihrer Wirksamkeit gehemmt[7].

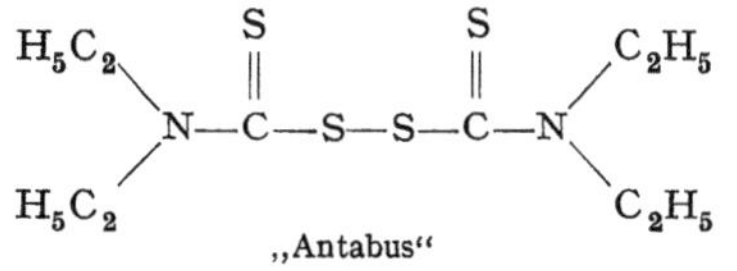

$$(H_5C_2)_2N-\overset{S}{\overset{\|}{C}}-S-S-\overset{S}{\overset{\|}{C}}-N(C_2H_5)_2$$

„Antabus"

Die phosphorylierenden D-3-Phosphoglycerinaldehyd ⟶ DPN-transhydrogenasen *(Phosphotriose-dehydrasen)* aus Hefe und aus Kaninchen-muskel konnten als kristalline Präparationen erhalten werden.

WARBURG und CHRISTIAN[8] benützen zur Herstellung des kristallinen Enzyms aus Hefe LEBEDEW-Saft als Ausgangsmaterial. Inaktive Eiweißstoffe werden mit Hilfe von Nucleinsäure bei verschiedenen p_H-Werten entfernt — zur Inaktivierung der FDP-Triosephosphatlyase *(Aldolase)* wird vorerst auf 55° erhitzt —, die Nucleinsäure wird dann mit Sturin, einem Protamin, ausgefällt. Nach Adsorption einiger Begleitstoffe an Aluminiumhydroxyd erhitzt

---

[1] J. HARTING und S. VELICK: Federation Proc. 11, 226 (1952).
[2] E. ADLER, H. VON EULER und G. GÜNTHER: Skand. Arch. Physiol. **80**, 1 (1938).
[3] G. T. CORI, M. W. SLEIN und C. F. CORI: J. biol. Chem. **159**, 565 (1945); **173**, 605 (1948).
[4] L. RAPKINE: Biochem. J. **32**, 1329 (1938).
[5] L. RAPKINE, S. M. RAPKINE und P. TRPINAC: C. R. Acad. Sci. Paris **209**, 253 (1939).
[6] S. F. VELICK: J. biol. Chem. **203**, 563 (1953).
[7] A. P. NYGAARD und J. B. SUMNER: Arch. Biochem. Biophys. **39**, 119 (1952).
[8] O. WARBURG und W. CHRISTIAN: Biochem. Z. **303**, 40 (1939).

man auf 60°, wobei eine Triosephosphat-isomerase zerstört wird, entfernt die ausgeschiedenen Proteine und erhält auf diese Weise eine 3%ige gereinigte Lösung des Ferments. Nach Konzentrierung auf 10%, Halbsättigung mit Ammoniumsulfat und Zusatz einer geringen Menge von Ammoniak erfolgt die Kristallisation.

An einem Mol des so gewonnenen Fermentproteins können nach WARBURG und CHRISTIAN pro Minute rund 20000 Umsätze zwischen Phosphoglycerinaldehyd und DPN stattfinden. Die Affinität des Enzyms ist gleich groß gegenüber DPN und DPN · H_2; die Gleichgewichts-konstante dieser Bindungen hat bei 25° den Wert

$$K = \frac{[\text{Enzym}]\,[\text{DPN}]}{[\text{Enzym}-\text{DPN}]} = 3{,}2 \cdot 10^{-5}\ \text{Mole/Liter}$$

Als M. G. wird 96000 angegeben.

CORI und Mitarbeiter, welche etwa gleichzeitig mit CAPUTTO und DIXON[1] die Darstellung eines kristallinen Fermentpräparats aus Kaninchen-muskel berichteten, extrahierten das Ausgangsmaterial mit 0,03 normaler Kalilauge und entfernten Begleitstoffe durch Ammoniumsulfat-zugabe bis zur 52%igen Sättigung. Nach Entfernen der ausgefallenen Substanzen wurde das Filtrat mit festem Ammoniumsulfat auf 72%ige Sättigung gebracht, der Niederschlag wiederum entfernt und das so erhaltene Filtrat einige Zeit bei 5° stehen gelassen, worauf sich allmählich eine reiche Ausbeute an Kristallen bildete, welche aus 66%ig gesättigtem Ammoniumsulfat umkristallisiert werden konnten.

Das Präparat von CORI, SLEIN und CORI[2] erwies sich als elektrophoretisch einheitlich. Bei p_H 8,5 ergaben sich für die beiden Substrat-Enzym-verbindungen die folgenden Dissoziations-konstanten

$$K_{\text{Enzym-DPN}} = 5{,}1 \cdot 10^{-5}\ \text{Mole/Liter}$$

und

$$K_{\text{Enzym-Phosphoglycerinaldehyd}} = 3{,}9 \cdot 10^{-5}\ \text{Mole/Liter}$$

Ein Mol Enzym kann in der Minute bei p_H 8,6 und 27° 6700 Umsätze zwischen Phosphoglycerinaldehyd und DPN katalysieren.

Nach CORI und Mitarbeitern[3] enthält das kristallisierte Enzym aus Kaninchenmuskel pro Mol Protein zwei Mole DPN als festgebundene prosthetische Gruppen, welche an der Reaktion teilnehmen und durch Dialyse im neutralen Bereich nicht entfernt werden können.

Die offensichtliche Divergenz zwischen der festgestellten Dissoziations-konstante einer DPN-Enzym-verbindung, welche ihrer Größenordnung nach einer verhältnismäßig leichten Dissoziation entspricht und der Tatsache, daß das kristallisierte Enzymprotein DPN in festgebundener Form enthält, veranlaßte CORI, VELICK und CORI[4] zur Aufstellung einer Hypothese, nach der das Enzym zwei Arten aktiver Zentren mit Affinität zu DPN besitzt, welche das Nucleotid verschieden fest binden.

Im Zusammenhang mit den zuletzt berichteten Befunden wurde in letzter Zeit der Wirkungsmechanismus der Fermente dieser Spezifität in mehreren Laboratorien einer genauen Untersuchung unterzogen[5, 6, 7, 8]. Zur Zeit dürfte die folgende Version den Ergebnissen am besten entsprechen:

[1] R. CAPUTTO und M. DIXON: Nature **156**, 630 (1945).

[2] G. T. CORI, M. W. SLEIN und C. F. CORI: J. biol. Chem. **159**, 565 (1945); **173**, 605 (1948).

[3] J. F. TAYLOR, S. F. VELICK, G. T. CORI, C. F. CORI und M. W. SLEIN: Ibid. **173**, 619 (1948).

[4] C. F. CORI, S. F. VELICK und G. T. CORI: Biochim. biophys. Acta **4**, 160 (1950).

[5] E. RACKER: J. biol. Chem. **190**, 685 (1951).

[6] E. RACKER und I. KRIMSKY: Nature **169**, 1043 (1952).

[7] H. HOLZER und E. HOLZER: Hoppe-Seylers Z. physiol. Chem. **291**, 67 (1952).

[8] J. HARTING und S. VELICK: Federation Proc. **11**, 226 (1952); S. F. VELICK, J. E. HAYES, Jr. und J. HARTING: J. biol. Chem. **203**, 527 (1953); S. F. VELICK und J. E. HAYES, Jr.: Ibid. **203**, 545 (1953); S. F. VELICK: Ibid. **203**, 563 (1953).

DPN scheint über eine SH-Gruppe an das Enzymprotein gebunden zu sein. Der erste Schritt der Reaktion mit dem Substrat (D-3-Phosphoglycerinaldehyd) ist eine Spaltung dieser Bindung zwischen DPN und Sulfhydryl-gruppe, wobei der Wasserstoff auf DPN und die Acyl-gruppe auf den Schwefel übergehen („Aldehydolyse"):

$$E—S—DPN^+ + OHCR \rightleftharpoons E—S—OCR + DPNH$$

In einem zweiten Schritt erfolgt eine „Phosphorolyse", d. h. die Acyl-gruppe tritt mit an der Oberfläche des Enzymproteins lose gebundenem Orthophosphat zu einem Acylphosphat (1,3-Diphosphoglycerinsäure) zusammen:

$$E—S—OCR + H_3PO_4 \rightleftharpoons E—SH + RCOOPO_3H_2$$

Nach RACKER und KRIMSKY[1] ist Glutathion der Träger der Sulfhydryl-gruppe des Enzyms. Die Autoren konnten aus hochgereinigten Enzym-präparationen durch Säure- oder Hitze-denaturierung Glutathion abtrennen; diese Substanz wäre demnach eine festgebundene prosthetische Gruppe des Ferments.

VELICK und UDENFRIEND[2] berichteten vor kurzem über einen interessanten Vergleich zwischen den Enzymen dieser Spezifität aus Hefe und aus Kaninchen-muskel. Es handelt sich um anscheinend sehr nahe verwandte Proteine, welche beide aus je zwei Peptid-ketten bestehen, die wiederum beide als terminale Aminosäure Valin enthalten. Die Aminosäure-zusammensetzung der beiden Enzym-proteine ist zwar sehr ähnlich, aber nicht identisch. Wesentlichere Unterschiede finden sich auch im immunologischen Verhalten — das Enzym aus Hefe ist für Hühner ein Antigen, das Muskel-enzym nicht[3] —, weiters in der Beständigkeit gegenüber Hitze und Säuren und in bezug auf das elektrochemische Verhalten; die I. P. der beiden Proteine sind merklich verschieden.

Die nahe Verwandtschaft der beiden Enzyme, von welchen das eine von einem Einzeller und das andere von einem Säugetier produziert wird, lassen annehmen, daß die spezifische Aktivität dieser Enzyme einen ganz bestimmten strukturellen Aufbau des Gesamt-proteins erfordert und nur geringe Variationen möglich sind. Die kleinen Unterschiede können als das Ergebnis von Mutationen im Verlauf der Entwicklungs-reihe aufgefaßt werden.

Studien dieser Art sind für die vergleichend biochemische Forschung von größtem Interesse; ähnliche Untersuchungen wurden bisher nur noch bei extracellulären Fermenten, und zwar bei den Pepsinen des Schweins und des Lachses, vorgenommen (vgl. S. 310); hier zeigte sich aber außer einem verschiedenen Aufbau der Proteine auch ein wesentlicher Spezifitätsunterschied[4].

Die *biologische Bedeutung* der phosphorylierenden D-3-Phosphoglycerinaldehyd → DPN-transhydrogenasen liegt in ihrer Teilnahme als wesentliche Teilkatalysatoren der alkoholischen Gärung und der Glykolyse; ihre spezielle Funktion ist dadurch gekennzeichnet, daß sie imstande sind, die Dehydrierung der Phosphotriose mit der Bildung einer energiereichen Phosphat-bindung zu verbinden. Die bei der Reaktion anfallende Oxydations-energie wird nicht in Wärme umgesetzt, sondern bleibt dem System als chemische Energie erhalten; die entstandene energiereiche Phosphatbindung wird dann durch ein besonderes Ferment, eine 1,3-Diphosphoglycerat → ADP-transphosphatase (*3-Phosphoglycerat-kinase*, vgl. S. 420) auf ADP übertragen und steht so der Zelle zur Verfügung.

Das reduzierte Pyridinnucleotid ($DPN \cdot H_2$) kann dann durch einen anderen biologischen Prozeß dehydriert werden; so wird während der stationären Phase der alkoholischen Gärung der Wasserstoff durch die $DPN \cdot H_2$ → Aldehyd-transhydrogenase auf Acetaldehyd übertragen und auf diese Weise Äthanol gebildet. Eine ähnliche Rolle spielt die $DPN \cdot H_2$ → Pyruvat-transhydrogenase bei der Glykolyse im Muskel.

VI. $DPN \cdot H_2$ → Aldehyd-transhydrogenasen *(Alkohol-dehydrase, Aldehyd-reductase)*

Obwohl BATELLI und STERN[5] bereits 1910 eine Lösung eines Ferments aus tierischem Gewebe erhalten hatten, welche Alkohol in Anwesenheit von Methylen-

[1] E. RACKER und I. KRIMSKY: Nature **169**, 1043 (1952).

[2] S. F. VELICK und S. UDENFRIEND: J. biol. Chem. **203**, 575 (1953).

[3] E. G. KREBS und V. NAJJAR: J. exp. Med. **88**, 569 (1948).

[4] E. R. NORRIS und D. W. ELAM: J. biol. Chem. **134**, 443 (1940); J. S. FRUTON und M. BERGMANN: Ibid. **136**, 559 (1940).

[5] F. BATELLI und L. STERN: C. R. Acad. Sci. Paris **67**, 419 (1909); **68**, 5 (1910).

blau zu Aldehyd oxydierte, wurde der Mechanismus dieses Vorgangs erst viel später erkannt[1]. Es handelt sich um eine reversible Reaktion des Typus

$$\mathrm{DPN \cdot H_2 + RCHO \rightleftharpoons RCH_2OH + DPN}$$

wobei hier eine Gruppenspezifität vorliegt; neben Äthylalkohol bzw. Acetaldehyd können auch eine Reihe weiterer aliphatischer und sogar aromatischer Alkohole bzw. Aldehyde dehydriert oder hydriert werden. Das Gleichgewicht liegt weit auf der Seite des Alkohols, was auch die Namengebung rechtfertigt.

In bezug auf die Pyridinnucleotide wechselt die Spezifität je nach der Herkunft der Enzyme. Während bei tierischen Fermenten und auch beim Enzym aus Hefe das System $\mathrm{DPN/DPN \cdot H_2}$ gegenüber dem System $\mathrm{TPN/TPN \cdot H_2}$ weitaus bevorzugt ist, wurden kürzlich aus pflanzlichen Materialien Vertreter dieses Fermenttypus isoliert, welche in fast gleicher Weise für beide Pyridinnucleotide spezifisch sind[2].

In letzter Zeit wurde erkannt, daß die Reduktion des Retinen_1 zu Vitamin A_1 in der Retina, welche ursprünglich einem eigenen Typus DPN-spezifischer Enzyme („Retinen-reductase") zugeschrieben wurde[3], ebenfalls durch Fermente des hier besprochenen Typus katalysiert wird[4]. Gleichartige Enzyme bewirken auch die Reduktion von Retinen_2 zu Vitamin A_2 in der Retina von Süßwasser-fischen. Obwohl die Gleichgewichte dieser Vorgänge weit auf der Seite der Reduktion zum Alkohol, d. h. zum Vitamin A, liegen, scheint die Reaktion *in vivo* doch in der Richtung der Oxydation zu verlaufen, da das entstehende Retinen sich sofort mit dem Protein Opsin zu dem Sehpigment Rhodopsin verbindet und dadurch aus dem Gleichgewicht entfernt wird.

Bemerkenswerterweise konnten bisher nur tierische Enzyme gefunden werden, welche die Retinen-reduktion katalysieren; die $\mathrm{DPN \cdot H_2}$-Aldehyd-transhydrogenase *(Alkohol-dehydrase)* aus Hefe ist dazu nicht imstande.

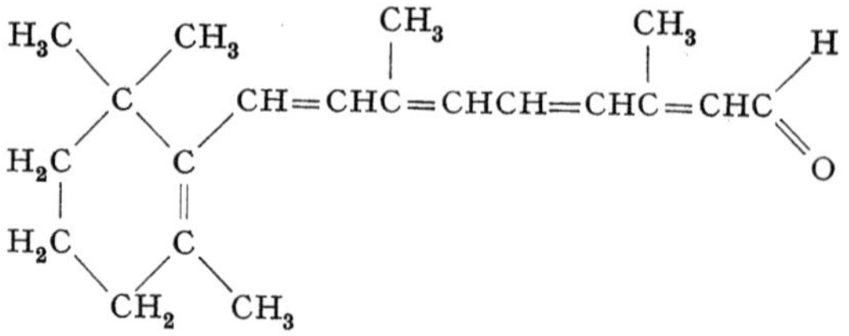

```
                H3C   CH3           CH3          CH3
                   \ /               |            |          H
                    C                |            |         /
                   / \   CH=CHC=CHCH=CHC=CHC
DPN·H2 +       H2C     C /                              \\
                |      ||                                 O      ⇌
               H2C     C
                  \   / \
                   CH2   CH3
                     Retinen1
```

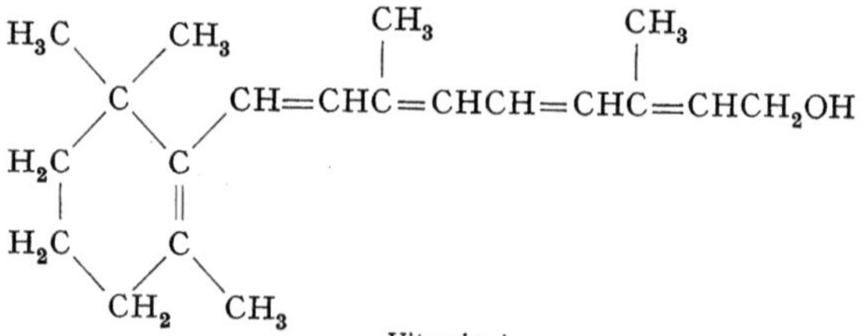

```
          H3C   CH3           CH3          CH3
             \ /               |            |
              C   CH=CHC=CHCH=CHC=CHCH2OH  +  DPN
             / \ /
⇌        H2C    C
          |     ||
         H2C    C
            \  / \
             CH2  CH3
                 Vitamin A1
```

[1] H. VON EULER, E. ADLER und H. HELLSTRÖM: Hoppe-Seyler's Z. physiol. Chem. **241**, 239 (1936).
[2] H. A. STAFFORD und B. VENNESLAND: Arch. Biochem. Biophys. **44**, 404 (1953).
[3] G. WALD: SCIENCE **109**, 482 (1949); Biochim. biophys. Acta **4**, 215 (1950).
[4] A. F. BLISS: Biol. Bull. **97**, 221 (1949); Arch. Biochem. Biophys. **31**, 197 (1951); R. HUBBARD und G. WALD: Proc. nat. Acad. Sci. U. S. **37**, 69 (1951).

```
H3C   CH3            CH3          CH3
   \ /               |            |
    C     CH=CHC=CHCH=CHC=CHCH2OH
   / \   /
H2C   C
 |    ||
HC    C
  \\ / \
   CH   CH3
```

Vitamin A_2

Es ist nicht Aufgabe dieser Darstellung, eine ausführlichere Schilderung der Vorgänge während des Seh-prozesses zu geben, weshalb auf einschlägige Übersichtsreferate[1] verwiesen werden muß.

DPN · H_2 → Aldehyd-transhydrogenasen kommen verbreitet in Tieren, Pflanzen und Mikroorganismen vor; am besten untersucht sind diejenigen der Hefe und der Säugetier-leber. Bei Säugetieren enthält die Leber weitaus die größte Menge des Enzyms; ein geringerer Anteil ist in den Nieren zu finden, während das Ferment in anderen Gewebeteilen kaum nachzuweisen ist.

NEGELEIN und WULFF[2] bestimmen die Ferment-aktivität durch manometrische Messung der O_2-Aufnahme im WARBURG-Manometer. Die Reaktionsmischung wird auf das p_H-Optimum des betreffenden Ferments gebracht; sie enthält das zu untersuchende Fermentpräparat, DPN, Alkohol und außerdem noch das „gelbe Ferment" von WARBURG (vgl. S. 514), sowie Semicarbazid, welches mit dem entstehenden Aldehyd ein Semicarbazon bildet und ihn damit aus dem Gleichgewicht entfernt.

Heute wird die Enzymwirkung wohl allgemein durch spektrophotometrische Messung der DPN · H_2-Konzentration, wie sie z. B. von RACKER[3] beschrieben wird, bestimmt.

In ihrem Verhalten gegenüber Effektoren unterscheiden sich die Fermente dieses Typus je nach ihrem Ursprung. Das Enzym der Hefe und auch pflanzliche Enzyme sind gegen Schwermetall-salze und Thiol-reagenzien (Jodacetat, *p*-Chlormercuribenzoat) sehr empfindlich; sie lassen sich hingegen durch reduziertes Glutathion oder Cyanid aktivieren, was vermutlich darauf zurückzuführen ist, daß die letztgenannten Substanzen mit vorhandenen Schwermetall-spuren Komplexe bilden und dadurch deren antikatalytische Wirkung ausschalten. Nach den Untersuchungen von BARRON und SINGER[4] handelt es sich bei diesem Fermenttypus um ausgesprochene Thiol-enzyme. Die gleichartig wirkenden Fermente aus tierischem Gewebe sind hingegen sicher keine SH-Proteine; Jodacetat hat keine hemmende Wirkung, dagegen sind Urethan, Oxalat und Pyrophosphat Inhibitoren dieser Enzyme[5].

Das p_H-Optimum für die Wirksamkeit des Enzyms aus Hefe wird mit 7,8 angegeben; dasjenige der Fermente aus tierischem Material liegt bei 7,6. Eine noch wenig charakterisierte DPN · H_2 → Aldehyd-transhydrogenase aus *Acetobacter suboxydans* hat nach LUTWAK-MANN[5] ihre optimale Aktivität bei p_H 4,5.

Eine sehr genaue kinetische Analyse der durch das Hefe-enzym katalysierten Reaktionen wurde von NEGELEIN und WULFF[6] durchgeführt. Die Autoren fanden, daß die Reduktion des Acetaldehyds weitaus rascher vor sich geht als

[1] G. WALD: In "Trends in Physiology and Biochemistry", herausgegeben von E. S. G. BARRON, S. 337. New York: Academic Press. 1952; Idem: Science **113**, 287 (1951); E. BRODA: Österr. Chem.-Ztg. **53**, 78 (1952).

[2] E. NEGELEIN und H. J. WULFF: Biochem. Z. **289**, 436 (1936); **290**, 445 (1937).

[3] E. RACKER: J. biol. Chem. **184**, 313 (1950).

[4] E. S. G. BARRON und T. SINGER: Ibid. **157**, 241 (1945).

[5] C. LUTWAK-MANN: Biochem. J. **32**, 1364 (1938).

[6] E. NEGELEIN und H. J. WULFF: Biochem. Z. **290**, 445 (1937).

die Oxydation des Äthanols. Dies drückt sich schon darin aus, daß die höchste Anfangsgeschwindigkeit für die Hydrierung von DPN mit der sehr hohen Konzentration von 0,3-m Äthanol erreicht wird, während zur Erzielung maximaler Geschwindigkeit der Dehydrierung von DPN · H_2 nur $^1/_{400}$-m Konzentration an Acetaldehyd erforderlich ist. DPN und DPN · H_2 zeigen verschiedene Affinitäten zum Fermentprotein: Bei niedriger Ferment-konzentration ist die Enzym-DPN-verbindung in Gegenwart von $9 \cdot 10^{-5}$ Molen DPN zur Hälfte dissoziiert, wogegen die entsprechende Konzentration an DPN · H_2 $3 \cdot 10^{-5}$ Mole beträgt. Die Wechselzahl für die Dehydrierung von Äthanol zu Acetaldehyd ist dementsprechend mit 17000 um einiges niedriger als diejenige für den umgekehrten Prozeß, welche mit 28500 angegeben wird.

Viel später wurden auch kinetische Untersuchungen mit dem Ferment aus Pferde-leber durchgeführt[1]. Auch hier geht die Reduktion von Aldehyden schneller vor sich als die Oxydation von Alkoholen. THEORELL und BONNICHSEN[2] bestimmten die Gleichgewichts-konstante

$$K = \frac{[\mathrm{DPN} \cdot \mathrm{H_2}]\,[\mathrm{CH_3CHO}]}{[\mathrm{DPN}]\,[\mathrm{C_2H_5OH}]}$$

in Gegenwart des Enzyms und fanden in Anwesenheit geringer Ferment-konzentrationen bei 20° den Wert von $0{,}86 \cdot 10^{-11}$.

Interessante Effekte wurden beobachtet, wenn höhere Enzym-konzentrationen verwendet wurden. Vor allem zeigte sich, daß mit steigenden Enzym-mengen auch der Wert von K ansteigt. Dies ist bei p_H 7 besonders deutlich; hier erreicht K fast den 200fachen Wert. Bei p_H 10 ist der Effekt hingegen nur gering. Der Grund für dieses abnorme Verhalten liegt darin, daß das Ferment eine weitaus größere Affinität zu DPN · H_2 hat als zu DPN und auf diese Weise das Gleichgewicht verschiebt. Die p_H-Abhängigkeit des Effekts läßt sich mit der Veränderlichkeit der Affinität für DPN und DPN · H_2 bei verschiedenem p_H erklären.

Weiters wurde beobachtet, daß bei hohen Ferment-konzentrationen das Spektrum von DPN · H_2 verschoben wird: anstelle der üblichen Bande mit dem Maximum bei 340 mμ findet man eine Bande mit einem Maximum von 325 mμ; dieser Effekt wird der Bildung eines Ferment-DPN · H_2-komplexes zugeschrieben.

THEORELL und CHANCE[3] benützten die von CHANCE für die Untersuchung von Katalasen und Peroxydasen ausgearbeitete spektroskopische Technik (vgl. S. 580), um die Kinetik der Wechselwirkung zwischen DPN · H_2 und dem Ferment zu studieren. Sie konnten dabei beweisen, daß DPN · H_2-Enzym-komplexe katalytisch aktive Zwischenprodukte der Ferment-reaktion sind und somit den Bedingungen eines Enzym-Substrat-komplexes nach MICHAELIS und MENTEN (vgl. S. 59 ff.) voll entsprechen. Bei p_H 7 werden zwei Mol DPN · H_2 von einem Mol Enzymprotein gebunden, bei p_H 10 nur eines. Die DPN · H_2-Enzym-komplexe reagieren sofort mit Acetaldehyd oder Formaldehyd.

Die folgende Reaktions-sequenz faßt die experimentell gefundenen Daten über die Kinetik der Komplex-bildung und der Enzymreaktion zusammen:

$$\text{Enzym} + \text{DPN} \cdot \text{H}_2 \underset{k_2}{\overset{k_1}{\rightleftharpoons}} \text{DPN} \cdot \text{H}_2\text{-Enzym}$$

$$\text{DPN} \cdot \text{H}_2\text{-Enzym} + \text{Acetaldehyd} \xrightarrow{k_4} \text{DPN-Enzym} + \text{Äthanol}$$

$$\text{DPN-Enzym} \underset{k_5}{\overset{k_3}{\rightleftharpoons}} \text{Enzym} + \text{DPN}$$

[1] Übersichtsreferat: R. K. BONNICHSEN: In „Biologie und Wirkung der Fermente“, 4. Mosbacher Kolloquium Ges. physiol. Chem., S. 151. Berlin: Springer. 1953.

[2] H. THEORELL und R. K. BONNICHSEN: Acta chem. Scand. 5, 1105 (1951).

[3] H. THEORELL und B. CHANCE: Ibid. 5, 1127 (1951).

Für die einzelnen Konstanten wurden bei p_H 7 und 27° die folgenden Werte bestimmt:

$$k_1 = 4 \cdot 10^6 \text{ Mol}^{-1} \text{ sec}^{-1} \qquad k_2 = 0{,}4 \text{ sec}^{-1} \qquad k_3 = 45 \text{ sec}^{-1}$$

$$k_4 = 2 \cdot 10^5 \text{ Mol}^{-1} \text{ sec}^{-1} \qquad k_5 = 2 \cdot 10^6 \text{ Mol}^{-1} \text{ sec}^{-1}$$

Von theoretischem Interesse ist die Tatsache, daß die Dissoziations-konstante des DPN · H_2-Enzym-komplexes (k_2/k_1) nicht mit der MICHAELIS-Konstante der Reaktion, welche hier k_3/k_1 ist, identisch ist. Bei der Reduktion von Aldehyden ist die Dissoziation des DPN-Enzym-komplexes der geschwindigkeits-bestimmende Vorgang, während für die Oxydation von Alkoholen die Dissoziation des DPN · H_2-Enzym-komplexes diese Funktion innehat. Dementsprechend sind die Wechselzahlen des Enzyms für die Oxydation aller von ihm angegriffenen Alkohole und ebenso für die Reduktion aller Aldehyde identisch.

Die niedrige Dissoziations-konstante des DPN · H_2-Enzym-komplexes und die Veränderung des Spektrums lassen auf eine verhältnismäßig festere, definierte chemische Bindung zwischen Enzym und Pyridinnucleotid schließen, welche vielleicht durch eine Sulfhydryl-gruppe des Ferment-proteins vermittelt wird.

Die Darstellung eines kristallisierten Präparats des Enzyms aus Hefe wurde erstmalig von NEGELEIN und WULFF[1] vorgenommen. In letzter Zeit gelang es RACKER[2], eine vereinfachte Vorschrift auszuarbeiten, die gestattet, 50% der in den Macerations-säften nachweisbaren Ferment-aktivität im kristallisierten Präparat wiederzugewinnen.

Bei Zimmer-temperatur getrocknete Bäckerhefe wird nach Vermahlen in einer Kugelmühle bei 0° einer Extraktion mit 0,066-m wäßriger Na_2HPO_4-Lösung bei 37° unterzogen und die Hefe-reste werden dann durch Abzentrifugieren entfernt. Der erhaltene Extrakt wird mit dem halben Volumen Aceton bei —2° versetzt und der entstandene Niederschlag verworfen. Durch weiteren Zusatz von Aceton (55 ml auf 100 ml Extrakt) bei der gleichen Temperatur wird das Ferment ausgefällt. Der Niederschlag wird in Wasser suspendiert und die Suspension gegen kaltes Wasser dialysiert, worauf der übrigbleibende Niederschlag durch Zentrifugieren entfernt und verworfen wird. Die überstehende Flüssigkeit wird pro 100 ml mit 36 g festem Ammoniumsulfat versetzt und der entstehende Niederschlag nach 30 Minuten Stehen bei 0° abzentrifugiert, in 20 ml destilliertem Wasser aufgenommen und wiederum mit 4 g festem Ammoniumsulfat versetzt. Nach Abzentrifugieren eines Niederschlages wird weiter in kleinen Portionen Ammoniumsulfat zugesetzt, bis 60%ige Sättigung erreicht ist; schon nach Zugabe der ersten Portionen beginnt das Ferment auszukristallisieren. Die Kristalle können durch Auflösen in Wasser und Zugabe kleiner Mengen von gesättigter Ammoniumsulfatlösung umkristallisiert werden.

Eine weitgehende Reinigung eines tierischen Ferments wurde von LUTWAK-MANN[3] beschrieben. Vor einiger Zeit gelang es BONNICHSEN und WASSÉN[4], auch dieses Enzym kristallin zu erhalten, wobei Pferde-leber als Ausgangsmaterial diente. Ein wäßriger Extrakt aus feinzerteiltem Gewebe wird 15 Min. lang auf 52° erhitzt, wodurch inerte Proteine koagulieren und abgetrennt werden können. Danach wird mit Aceton gefällt, der Niederschlag getrocknet, in Wasser gelöst und einer zweimaligen fraktionierten Fällung mit Ammoniumsulfat und Äthanol unterzogen. Das tierische Enzym hat auch im kristallinen Zustand eine auffallend geringe Aktivität (Wechselzahl 220).

Die biologische Rolle des Enzyms aus Hefe ist sehr wichtig: es katalysiert den letzten Schritt der alkoholischen Gärung, die Reduktion des durch die Wirkung der Carboxylase aus Brenztraubensäure entstandenen Acetaldehyds

---

[1] E. NEGELEIN und H. J. WULFF: Biochem. Z. **290**, 445 (1937).
[2] E. RACKER: J. biol. Chem. **184**, 313 (1950).
[3] C. LUTWAK-MANN: Biochem. J. **32**, 1364 (1938).
[4] R. K. BONNICHSEN und A. M. WASSÉN: Arch. Biochem. **18**, 361 (1948).

zum Äthanol. Das als Wasserstoff-donator dienende DPN · H_2 wird hierzu vom oxydativen Prozeß der Gärung, der durch die phosphorylierende D-3-Phosphoglycerinaldehyd → DPN-transhydrogenase katalysierten Oxydation des Aldotriosephosphats zur 1,3-Diphosphoglycerinsäure, geliefert.

Im tierischen Organismus ist — wenn wir von der Mitwirkung beim Sehprozeß absehen — die physiologische Funktion der Enzyme weniger klar; sie sind hier wohl Anfangsglieder von Enzymsystemen, welche die aerobe Oxydation des Alkohols zum Aldehyd katalysieren. Der weitere Weg der Elektronen verläuft vermutlich über ein Flavin-ferment, die Cytochrome und Cytochrom-oxydase.

VII. Aldehyd → DPN-transhydrogenasen (*DPN-spezifische Aldehyd-dehydrase*)

Während bis vor kurzer Zeit angenommen wurde, daß die Dismutation von Acetaldehyd zu Alkohol und Essigsäure in tierischen Geweben durch ein Aldehydmutase genanntes Ferment katalysiert wird[1], dessen Reaktions-mechanismus folgendermaßen wiedergegeben werden müßte:

$$CH_3CHO + CH_3CHO + H_2O \rightarrow CH_3COOH + CH_3CH_2OH,$$

konnte RACKER[2] kürzlich zeigen, daß diese Dismutation durch das Zusammenwirken zweier DPN-spezifischer Transhydrogenasen zustande kommt. Das erste dieser Fermente ist der bereits seit längerer Zeit bekannte Typus der DPN · H_2 → Aldehyd-transhydrogenasen der tierischen Gewebe, welche an anderer Stelle (S. 473) beschrieben wurde, das zweite ist der von RACKER neuentdeckte Fermenttypus der Aldehyd → DPN-transhydrogenasen.

Die Wirkung dieser Fermente läßt sich durch die Gleichung

$$RCHO + DPN + H_2O \rightleftharpoons DPN \cdot H_2 + RCOOH$$

beschreiben. Die Fermente sind in bezug auf das Pyridinnucleotid absolut spezifisch; TPN kann nicht als Akzeptor fungieren. Hingegen ist ihre Spezifität gegenüber dem zweiten Substrat, dem Aldehyd, nur relativ; wohl wird Acetaldehyd am schnellsten dehydriert, aber auch Formaldehyd, Glykolaldehyd, Propionaldehyd, Butyraldehyd, Isovaleraldehyd und Salicylaldehyd können als Wasserstoffdonatoren fungieren. Benzaldehyd wird hingegen nicht dehydriert, die Substanz scheint aber eine Affinität zu den aktiven Zentren des Enzym-moleküls zu haben, da in ihrer Gegenwart die Dehydrierung des Acetaldehyds merklich gehemmt wird; Benzaldehyd ist demnach als kompetitiver Hemmstoff des Enzyms zu bezeichnen.

Die Messung der Enzym-aktivität wird durch Bestimmung des Absorptionsmaximums des entstehenden DPN · H_2 (340 mμ) unter Verwendung geringer Mengen der beiden Substrate (DPN und Acetaldehyd) durchgeführt. Das p_H-Optimum der Wirksamkeit liegt ziemlich scharf bei 9,3.

Zur Herstellung eines gereinigten Präparats ging RACKER von einem Aceton-Trockenpulver aus, das aus Rinderleber gewonnen wurde. Die Reinigungsmethode bestand in einer fraktionierten Alkohol-fällung, einer Ausfällung von Verunreinigungen mit Hilfe von Nucleinsäure und schließlich Entfernung der Nucleinsäure mit Protamin. Eine weitere Konzentrierung kann durch Ausfällung mit Ammoniumsulfat erreicht werden; die Versuche von RACKER wurden aber mit einem Präparat durchgeführt, welches nach der Protamin-fällung erhalten wurde; dieses enthielt keine DPN · H_2 → Aldehyd-transhydrogenase mehr.

RACKER untersuchte mit dem auf diese Weise erhaltenen Ferment-präparat sämtliche früheren Befunde über die Aldehyd-mutase; er konnte zeigen,

---

[1] Vgl. das Übersichtsreferat: M. DIXON: Ergebn. Enzymforsch. 8, 217 (1939).
[2] E. RACKER: J. biol. Chem. 177, 883 (1949).

daß sich alle diese Berichte auf ein Zusammenwirken des beschriebenen Enzyms mit der $DPN \cdot H_2 \rightarrow$ Aldehyd-transhydrogenase erklären lassen.

Die biologische Funktion der Aldehyd → DPN-transhydrogenasen scheint noch wenig geklärt zu sein; ihr Vorkommen in der Leber, wo bekanntlich außerdem mindestens ein Flavin-ferment nachgewiesen wurde, das Acetaldehyd zu Essigsäure dehydrieren kann (vgl. S. 530), ist schwer erklärlich.

Nach Untersuchungen von BLACK[1] findet sich in der Hefe ein Enzym mit ähnlicher Spezifität, das sich aber doch in einigen wesentlichen Punkten von dem Ferment aus Leber unterscheidet. Es kann den Wasserstoff sowohl auf DPN als auch auf TPN übertragen; weiters sind Kalium-ionen sowie entweder Glutathion oder Cystein für seine Wirksamkeit erforderlich.

VIII. Aldehyd → TPN-transhydrogenase *(TPN-spezifische Aldehyd-dehydrase)*

Neben der eben beschriebenen Aldehyd → DPN-transhydrogenase aus Hefe, welche den Wasserstoff auf DPN und auf TPN mit gleicher Geschwindigkeit übertragen kann, gibt es nach einer Untersuchung von SEEGMILLER[2] in frischer Hefe ein weiteres Enzym, das ebenfalls Aldehyde zu den entsprechenden Carbonsäuren oxydiert, wobei aber spezifisch TPN als Wasserstoff-akzeptor fungiert. Die Wirkung dieser Aldehyd → TPN-transhydrogenase, die von ihrem Entdecker als TPN-Aldehyd-dehydrogenase bezeichnet wird, läßt sich durch die Gleichung

$$RCHO + TPN + H_2O \rightleftharpoons TPN \cdot H_2 + RCOOH$$

darstellen. Acetaldehyd, Glykolaldehyd, Propionaldehyd und Formaldehyd werden oxydiert.

Auch in seinen sonstigen Eigenschaften verhält sich das Enzym abweichend von den Aldehyd → DPN-transhydrogenasen; für die Wirksamkeit sind divalente Kationen (Ca^{++}, Mg^{++}, Ba^{++} oder Mn^{++}) erforderlich, das p_H-Optimum liegt zwischen 7,5 und 8,0.

Das Ferment weist eine starke Affinität zu TPN und Acetaldehyd auf: die MICHAELIS-Konstanten sind für TPN $1{,}4 \cdot 10^{-5}$, für Acetaldehyd $3{,}5 \cdot 10^{-5}$ und für Glykolaldehyd $2{,}2 \cdot 10^{-5}$. Hohe Aldehyd-konzentrationen bewirken eine Hemmung, was vielleicht in dem Sinne zu deuten ist, daß hier der Aldehyd neben den Zentren, die im Enzymprotein für seine Bindung vorhanden sind, auch diejenigen Zentren besetzt, welche für TPN spezifisch sind.

Das Ferment konnte etwa auf das 100fache konzentriert werden.

IX. CoA acetylierende Aldehyd → DPN-transhydrogenase

STADTMAN und BARKER[3] beobachteten, daß die Oxydation von Acetaldehyd durch zellfreie Präparationen aus *Clostridium kluyveri* nur in Anwesenheit von Orthophosphat stattfindet, wobei Acetylphosphat gebildet wird. BURTON[4] konnte in letzter Zeit zeigen, daß dieser Vorgang in zwei Teilschritten vor sich geht; der erste ist die Bildung von Acetyl-CoA nach der Gleichung:

$$\underset{\text{Acetaldehyd}}{CH_3CHO} + DPN + Co\overline{A}\text{—}SH \rightleftharpoons DPN \cdot H_2 + \underset{\text{Acetyl-CoA}}{CH_3CO\text{—}S\text{—}Co\overline{A}}$$

das auf diese Weise entstandene Acetyl-CoA wird dann durch die Wirkung der Acetylphosphat → CoA-transacetylase (*Phosphotransacetylase*, vgl. S. 370) in Acetylphosphat überführt.

[1] S. BLACK: Arch. Biochem. Biophys. **34**, 86 (1951).
[2] J. E. SEEGMILLER: J. biol. Chem. **201**, 629 (1953).
[3] E. R. STADTMAN und H. A. BARKER: Ibid. **180**, 1095 (1949).
[4] R. M. BURTON: Federation Proc. **11**, 193 (1952).

Der erste Teilschritt der Reaktion, welcher durch ein spezifisches Enzym katalysiert wird, ist ein neuartiges Beispiel für die Verwertung von Oxydationsenergie zur Bildung energiereicher Bindungen und zeigt gewisse Parallelen mit der gleichzeitigen Oxydation und Phosphorylierung des 3-Phosphoglycerinaldehyds durch die phosphorylierende D-3-Phosphoglycerinaldehyd → DPN-transhydrogenase (*Triosephosphat-dehydrase*, vgl. S. 469).

Das Enzym konnte kürzlich in gereinigtem Zustand hergestellt werden. Außer Acetaldehyd werden auch Propionaldehyd, Butyraldehyd und Glykolaldehyd in die entsprechenden Acyl-derivate von CoA überführt[1].

X. DPN · H_2 → Orotat-transhydrogenase (*Dihydro-orotsäure-dehydrase*)

Aus einem Bodenbakterium konnte kürzlich ein Enzym isoliert werden, das die Reaktion

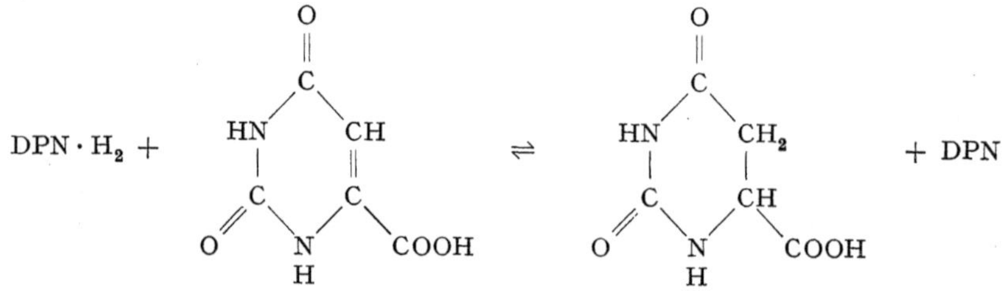

```
                  O                         O
                  ‖                         ‖
                  C                         C
                /   \                     /   \
DPN·H2 +      HN     CH       ⇌        HN     CH2          + DPN
              |      ‖                 |      |
              C      C                 C      CH
            //  \   /  \             //  \   /  \
           O     N      COOH        O     N      COOH
                 H                        H
             Orotsäure               Dihydro-orotsäure
```

reversibel katalysiert[2]. Das Gleichgewicht liegt weit auf der Seite der Dihydroorotsäure. Orotsäure wird als Vorläufer der Pyrimidinnucleotide angesehen; man kann allerdings die Bedeutung der geschilderten Reaktion für den Stoffwechsel dieser Substanzen noch nicht erkennen.

XI. L-Phenylalanin → DPN-transhydrogenasen (*L-Phenylalanin-dehydrasen*)

Während L-Phenylalanin für den tierischen Organismus eine „essentielle" Aminosäure darstellt, d. h. unbedingt in der Nahrung vorhanden sein muß, konnten WOMACK und ROSE[3] bereits 1934 zeigen, daß in Anwesenheit genügender Mengen von L-Phenylalanin L-Tyrosin nicht unbedingt erforderlich ist, und schlossen daraus, daß *in vivo* eine Umwandlung von L-Phenylalanin zu L-Tyrosin möglich sei. Die Richtigkeit dieser Auffassung wurde von MOSS und SCHOENHEIMER[4] bestätigt: bei Verfütterung isotop markierten Phenylalanins konnten in den Körper-proteinen von Ratten sowohl markiertes Phenylalanin als auch markiertes Tyrosin nachgewiesen werden.

Über die Enzyme, welche für die Oxydation von L-Phenylalanin zu L-Tyrosin verantwortlich sind, war bis vor kurzem kaum etwas bekannt. Wohl beobachteten bereits EMBDEN und BALDES[5], daß in der durchströmten Leber Phenylalanin zu Tyrosin oxydiert wird, und später konnten BERNHEIM und BERNHEIM[6] nach Inkubation von überlebenden Leberschnitten mit Phenylalanin einen phenolartigen Körper isolieren, der in vielen Eigenschaften mit Tyrosin übereinstimmte, doch gelang es erst vor kurzem, eine lösliche Präparation von Enzymen darzustellen, die *in vitro* die genannte Reaktion katalysiert[7].

---

[1] R. M. BURTON und E. R. STADTMAN: J. biol. Chem. **202**, 873 (1953).

[2] I. LIEBERMAN und A. KORNBERG: Biochim. biophys. Acta **12**, 223 (1953); Federation Proc. **12**, 239 (1953).

[3] M. WOMACK und W. C. ROSE: J. biol. Chem. **107**, 449 (1934).

[4] A. R. MOSS und R. SCHOENHEIMER: Ibid. **135**, 415 (1940).

[5] G. EMBDEN und K. BALDES: Biochem. Z. **55**, 301 (1913).

[6] M. L. C. BERNHEIM und F. BERNHEIM: J. biol. Chem. **152**, 481 (1944).

[7] S. UDENFRIEND und J. R. COOPER: Ibid. **194**, 503 (1952).

Fermente (oder Fermentsysteme) dieser Wirkungsweise konnten eindeutig bisher nur in der Leber nachgewiesen werden. In der Hefe und in *Escherichia coli* dürften hingegen keine Enzyme gleicher Spezifität vorkommen.

Die Wirkung der Enzyme ist dadurch charakterisiert, daß für ihre Aktivität sowohl die Anwesenheit von DPN als auch von O_2 erforderlich ist. Dies weist darauf hin, daß in den noch verhältnismäßig ungereinigten Extrakten außer einem Enzym, das die Übertragung von Elektronen und Protonen auf DPN katalysiert, noch ein zweites Enzym oder Enzymsystem enthalten ist, das die Reoxydation von DPN · H_2 unter Mitwirkung von Sauerstoff vollzieht. Die Notwendigkeit von DPN für die Oxydation des Phenylalanins läßt aber jedenfalls auf die Anwesenheit einer DPN-spezifischen Transhydrogenase als Teilkatalysator des L-Phenylalanin-oxydase-systems schließen. Die Wirkung dieses Fermenttypus ließe sich durch die Gleichung

$$C_6H_5{-}CH_2{-}CHNH_2{-}COOH + H_2O + DPN \rightleftharpoons DPN \cdot H_2 + HO{-}C_6H_4{-}CH_2{-}CHNH_2{-}COOH$$

L-Phenylalanin L-Tyrosin

darstellen.

Als p_H-Optimum der Wirkung wird 7 angegeben. Cyanid und Azid wirken als Hemmstoffe; wahrscheinlich beeinflussen sie die Rückoxydation von DPN · H_2 durch Sauerstoff. Als kompetitive Inhibitoren wirken β-2-Thienylalanin und Cyclohexylalanin, während Phenylglycin und Phenylserin kaum einen Effekt haben. Die Spezifität ist sehr streng: außer L-Phenylalanin wird anscheinend keine andere Substanz angegriffen.

Bei Patienten mit Phenylketon-urie (vgl. S. 121) ist die Fähigkeit zur Überführung von Phenylalanin in Tyrosin nur sehr gering; vermutlich fehlt das hier beschriebene Enzym oder Enzymsystem[1].

XII. Betainaldehyd → DPN-transhydrogenasen *(Betainaldehyd-dehydrase)*

Nach Untersuchungen von KLEIN und HANDLER[2] existieren im Leber-gewebe Fermente, welche Betainaldehyd zu Betain oxydieren. In gewaschenem Gewebe kann diese Reaktion nur in Gegenwart von DPN stattfinden, weshalb angenommen wird, daß es sich hier um spezifische Fermente handelt, welche die Reaktion

$$(CH_3)_3\overset{+}{N}CH_2C(H)(O^-)(OH) + DPN \rightleftharpoons DPN \cdot H_2 + (CH_3)_3\overset{+}{N}CH_2C(O^-){=}O$$

Betainaldehyd (hydratisierte Form) Betain

katalysieren. Diese Enzyme sind nicht mit den Cholin-dehydrogenasen bzw. mit dem cytochrom-spezifischen Cholinoxydase-system (vg. S. 502) identisch.

WILLIAMS[3] untersuchte kürzlich die intracelluläre Verteilung der Fermente; er konnte feststellen, daß die Mitochondrien die größte Enzym-aktivität aufweisen.

---

[1] S. UDENFRIEND und S. P. BESSMAN: J. biol. Chem. **203**, 961 (1953).
[2] J. R. KLEIN und P. HANDLER: Ibid. **144**, 537 (1942).
[3] J. N. WILLIAMS, Jr.: Ibid. **195**, 37 (1952).

XIII. *l*-β-Oxybutyrat → DPN-transhydrogenasen *(l-β-Oxybuttersäure-dehydrase)*

Es ist schon seit WAKEMAN und DAKIN[1] bekannt, daß *l*-β-Oxybuttersäure im tierischen Organismus oder auch in Extrakten aus Hunde-leber zu Acetessigsäure dehydriert wird. DAKIN[2] gelang es auch zu zeigen, daß Leberzellen die inverse Reaktion, also die Reduktion von Acetessigsäure zu Oxybuttersäure, vollbringen können. BANGA, LAKI und SZENT-GYÖRGYI[3] stellten fest, daß an diesem Vorgang derselbe Wasserstoff-akzeptor beteiligt ist wie bei der Oxydation von Lactat durch ein Fermentpräparat tierischen Ursprungs; die endgültige Identifizierung des zweiten Substrats als DPN stammt von GREEN, DEWAN und LELOIR[4]. Nach diesen Befunden läßt sich die durch das Enzym katalysierte Reaktion wie folgt formulieren:

$$\begin{array}{c} CH_3 \\ | \\ CHOH \\ | \\ CH_2 \\ | \\ COOH \end{array} + DPN \rightleftharpoons DPN\cdot H_2 + \begin{array}{c} CH_3 \\ | \\ CO \\ | \\ CH_2 \\ | \\ COOH \end{array}$$

β-Oxybuttersäure — Acetessigsäure

Die Spezifität in bezug auf die beiden Substrate scheint eine sehr strenge zu sein; TPN kann DPN nicht ersetzen und schon das niedrigere Homologe der Oxybuttersäure, die β-Oxypropionsäure, wird nach GREEN und Mitarbeitern[4] nicht mehr angegriffen. Nach LANG[5] soll allerdings eine langsame Reaktion mit höheren Homologen der Oxybuttersäure stattfinden.

Das Vorkommen des Enzymtypus scheint auf einige wenige tierische Gewebe beschränkt zu sein; hier sind vor allem das Herz und dann die Niere und die Leber zu nennen. Nach QUASTEL und WOOLDRIDGE[6] kommt ein β-Oxybuttersäure-dehydrierendes Ferment auch in Bakterien vor; die Frage des zweiten Substrats scheint aber noch nicht untersucht worden zu sein.

l-β-Oxybutyrat → DPN-transhydrogenase aus Leber wirkt optimal bei p_H 7,3. Sie wird durch Strukturanaloge ihres Substrats, wie Malonat, Oxalacetat und Pyruvat, wie auch durch das von ihr erzeugte Acetoacetat kompetitiv gehemmt[1].

GREEN, DEWAN und LELOIR[7] stellten eine wirksame Präparation aus Schweineherz dar; das Ausgangsmaterial wurde mit Sand verrieben und mit Pufferlösung extrahiert. Durch Einstellen auf p_H 4,6 fiel das Enzym zusammen mit anderen Proteinen, darunter Flavin-fermenten sowie Äpfelsäure und Milchsäure dehydrierenden Enzymen, als amorpher Niederschlag aus. Die *l*-β-Oxybutyrat → DPN-trans-hydrogenase ist sehr instabil; ihre Lösung kann durch Pyrophosphat haltbarer gemacht werden.

In vivo scheint der auf DPN übertragene Wasserstoff auf ein Flavin-ferment übertragen zu werden; das Flavin wird dann über das Cytochrom-system oxydiert. Die Bedeutung der katalysierten Reaktion ist noch nicht klargestellt.

---

1 A. J. WAKEMAN und H. D. DAKIN: J. biol. Chem. **6**, 373 (1909).
2 H. D. DAKIN: Ibid. **8**, 97 (1910).
3 I. BANGA, K. LAKI und A. SZENT-GYÖRGYI: Hoppe-Seyler's Z. physiol. Chem. **217**, 43 (1933).
4 D. E. GREEN, J. G. DEWAN und L. F. LELOIR: Biochem. J. **31**, 934 (1937).
5 K. LANG: Hoppe-Seyler's Z. physiol. Chem. **277**, 114 (1942).
6 J. H. QUASTEL und W. R. WOOLDRIDGE: Biochem. J. **19**, 652 (1925).
7 D. E. GREEN, J. G. DEWAN und L. F. LELOIR: Ibid. **31**, 934 (1937).

XIV. DPN . H_2 → β-Ketoacyl-CoA-transhydrogenasen (*β-Ketoreductase*)

Sowohl bei der Biosynthese als auch beim Abbau der Fettsäuren (vgl. S. 719) sind Enzyme beteiligt, welche reversibel die Hydrierung von β-Ketoacyl-CoA verschiedener Kettenlänge bewirken; als Wasserstoff-donator bzw. Akzeptor konnten DPN . H_2 und DPN erkannt werden[1]. Die Reaktion läßt sich somit allgemein durch die Gleichung

$$\mathrm{DPN\,.\,H_2 + RCOCH_2CO{-}S{-}Co\bar{A} \rightleftharpoons RCHOHCO{-}S{-}Co\bar{A} + DPN}$$

darstellen.

Obwohl anzunehmen ist, daß dieser Fermenttypus sehr allgemein verbreitet ist, wurden bisher nur solche Enzyme aus Säugetier-leber näher beschrieben.

Die Spezifität des Enzymtypus ist insoweit nicht sehr streng, als außer den β-Ketoacyl- und β-Oxyacyl-derivaten von CoA auch die entsprechenden Abkömmlinge des N-Acetylthioäthanolamins, in welchen ebenso wie bei CoA die Acyl-gruppen an den Schwefel gebunden sind, als Substrate der Fermente fungieren können.

$$\mathrm{CH_3COCH_2CO{-}S{-}CH_2CH_2NHCOCH_3}$$

S-Acetoacetyl-N-acetylthioäthanolamin
(S-Acetoacetyl-N-acetylcysteamin)

Außer DPN . H_2 und DPN sind auch CoIII . H_2 und CoIII (vgl. S. 463) als Wasserstoff-donatoren bzw. -akzeptoren geeignet, während TPN . H_2 und TPN völlig inaktiv sind[2].

Der Enzymtypus zeigt eine optische Spezifität: nur die *d*-Form der entsprechenden β-Oxyacyl-derivate wird dehydriert und bei der Hydrierung der β-Ketoacyl-verbindungen entsteht ausschließlich der entsprechende *d*-Oxyacylkörper[3]. Wie groß die Ketten-länge der β-Ketoacyl- und β-Oxyacyl-derivate ist, welche von Enzymen dieser Spezifität angegriffen werden können, ist bisher noch nicht ausreichend erforscht worden; bisher stellte man fest, daß entsprechende Substrate mit vier, sechs und acht C-Atomen angegriffen werden.

Bei Verwendung äquivalenter Mengen von S-Acetoacetyl-N-acetylthioäthanolamin und DPN . H_2 liegt das Gleichgewicht der Reaktion bei p_H 7,35 auf Seite der Hydrierung (95% S-Oxybutyryl-N-acetylthioäthanolamin); es ist anzunehmen, daß auch bei den entsprechenden CoA-Derivaten die Gleichgewichts-lage eine ähnliche ist.

Lynen und Mitarbeitern gelang es, in drei Reinigungs-schritten (Alkoholfällung, Denaturierung inaktiver Proteine bei 55° und Ammoniumsulfat-fraktionierung) ein Enzym dieses Typus aus Schaf-leber auf das 300fache zu konzentrieren.

XV. *l*-Malat → DPN-transhydrogenasen (*Äpfelsäure-dehydrase*)

Die Beobachtung, daß tierische Gewebe zur Oxydation von Äpfelsäure imstande sind, wurde fast gleichzeitig von Batelli und Stern[4] und von Thunberg[5] gemacht. Spätere Untersuchungen ergaben, daß Enzyme dieser Spezifität

[1] F. Lynen, L. Wessely, O. Wieland und L. Rueff: Angew. Chem. **64**, 687 (1952).
[2] H. Beinert, R. M. Bock, D. S. Goldman, D. E. Green, H. R. Mahler, S. Mii, P. G. Stansly und S. J. Wakil: J. Amer. chem. Soc. **75**, 4111 (1953).
[3] A. L. Lehninger und G. D. Greville: Ibid. **75**, 1515 (1953).
[4] F. Batelli und L. Stern: C. R. Soc. Biol. **62**, II, 552 (1910); Biochem. Z. **31**, 478 (1911).
[5] T. Thunberg: Skand. Arch. Physiol. **24**, 23 (1910).

auch in Bakterien, in Hefe, in Schimmelpilzen und in höheren Pflanzen nachweisbar sind.

Der Wasserstoff-akzeptor wurde von ANDERSSON[1] als DPN identifiziert, so daß der katalysierte Vorgang der Gleichung

$$\underset{l\text{-Äpfelsäure}}{\begin{array}{l} COOH \\ | \\ CHOH \\ | \\ CH_2 \\ | \\ COOH \end{array}} + DPN \rightleftarrows DPN \cdot H_2 + \underset{\text{Oxalessigsäure}}{\begin{array}{l} COOH \\ | \\ CO \\ | \\ CH_2 \\ | \\ COOH \end{array}}$$

folgt. Die Spezifität dieser Enzyme ist in bezug auf *l*-Äpfelsäure absolut; DPN ist ein weit besserer Wasserstoff-akzeptor als TPN[2].

Neben dem hier besprochenen Enzymtypus kommt aber ein zweiter vor, welcher auch zur Dehydrierung von Äpfelsäure imstande ist, wobei allerdings gleichzeitig eine Decarboxylierung stattfindet, so daß das Endprodukt Brenztraubensäure ist. Enzyme dieser Art, welche als decarboxylierende *l*-Malat → PN-transhydrogenasen oder nach OCHOA als „*malic enzymes*" bezeichnet werden, werden in einem späteren Kapitel besprochen (S. 623). Das tierische Enzym dieses Typus ist für TPN spezifisch; in *Lactobacillus arabinosus* hingegen findet sich eine decarboxylierende *l*-Malat → DPN-transhydrogenase.

l-Malat → DPN-transhydrogenasen konnten in verschiedenen biologischen Materialien nachgewiesen werden; es wird allerdings einer Neuuntersuchung bedürfen, um festzustellen, welche dieser Enzyme dem hier besprochenen nicht decarboxylierenden Typus angehören und welche als „*malic enzymes*" zu klassifizieren sind.

Zur biologischen Bedeutung des nicht decarboxylierenden Enzymtypus mag vielleicht die Feststellung von STRAUB[3] erwähnt werden, daß die Lage des katalysierten Gleichgewichtes *in vitro* wohl sehr weit auf der Seite der Äpfelsäure liegt, aber bei Anwesenheit von L-Aspartat → α-Ketoglutarat-transaminase (S. 406) und Glutaminsäure in die Richtung der Oxalessigsäure verschoben wird, weil diese dauernd unter Bildung von Asparaginsäure aus dem Gleichgewicht entfernt wird. Wie weit dieser Mechanismus biologisch zur Geltung kommt, ist allerdings noch nicht erforscht. Oxalessigsäure ist außerdem noch ein sehr wesentlicher Zwischenstoff des Citronensäure-zyklus, da sie mit Acetyl-CoA zu Citronensäure kondensiert wird und ihre Anwesenheit somit zur kompletten Oxydation der Brenztraubensäure unbedingt erforderlich ist.

Es existieren also zwei Enzymtypen, von welchen der eine die Äpfelsäure unter Bildung von Oxalessigsäure dehydriert und somit für das Funktionieren der Vorgänge des Citronensäure-zyklus und vielleicht auch für die Asparaginsäurebildung mitverantwortlich ist, während der andere Typus, die „*malic enzymes*", vermutlich eher bei der CO_2-Assimilation eine Rolle spielt.

STRAUB[3] gelang es, ein verhältnismäßig hochgereinigtes Präparat einer *l*-Malat → DPN-transhydrogenase aus Schweineherz darzustellen; im Herzmuskel sollen relativ große Mengen des Enzyms (bis 0,4%) vorkommen.

---

[1] B. ANDERSSON: Hoppe-Seyler's Z. physiol. Chem. **217**, 186 (1933).

[2] A. H. MEHLER, A. KORNBERG, S. GRISOLIA und S. OCHOA: J. biol. Chem. **174**, 961 (1948).

[3] F. B. STRAUB: Hoppe-Seyler's Z. physiol. Chem. **275**, 63 (1942).

XVI. Formiat → DPN-transhydrogenasen *(Ameisensäure-dehydrase)*

In Pflanzen kommt, wie schon THUNBERG[1] zeigen konnte, ein Enzymtypus vor, welcher Formiat zu CO_2 dehydriert. Dieses ist nach den Untersuchungen von ADLER und SREENIVASAYA[2] für DPN spezifisch; die katalysierte Reaktion läßt sich deshalb wie folgt formulieren:

$$HCOOH + DPN \rightarrow DPN \cdot H_2 + CO_2.$$

Hingegen sind bakterielle Enzyme, welche ebenfalls Ameisensäure dehydrieren, nicht DPN-spezifisch, sondern mit dem Cytochrom-system verbunden und werden dementsprechend an anderer Stelle behandelt (S. 501). Tierische Gewebe scheinen kein entsprechendes Enzym zu enthalten.

Die Reaktion dürfte irreversibel sein. Das Enzym aus Erbsensamen zeigt ein p_H-Optimum der Wirksamkeit zwischen 5,5 und 6,0. Interessanterweise wird die Aktivität des Enzyms durch Cyanid stark gehemmt; dies ist der einzige Fall einer PN-spezifischen Transhydrogenase, wo eine Beeinflussung durch Cyanid festgestellt wurde.

Nach neueren Arbeiten[3] dürften aber die bisherigen Untersucher Fermentsysteme in den Händen gehabt haben, welche aus zumindest zwei Einzelenzymen bestehen. Die eine Fraktion dürfte die oben angegebene Reaktion bewirken, während die zweite die Oxydation von $DPN \cdot H_2$ durch Elektronen-übertragung auf O_2 oder auch auf Farbstoffe bewirkt. Nur die zweite Komponente scheint cyanid-empfindlich zu sein.

XVII. Sorbit → DPN-transhydrogenasen *(Sorbit-dehydrase)*

Schon 1914 konnten EMBDEN und GRIESBACH[4] zeigen, daß die durchströmte Leber von Hunden, welche vorher gehungert hatten oder mit Phlorrhizin behandelt worden waren, imstande ist, Sorbit in reduzierende Zucker zu überführen; als Endprodukt dieser Reaktion mußte Glucose angenommen werden, da Phenylglucosazon isoliert werden konnte. Allerdings nahmen schon diese Autoren auf Grund strukturchemischer Überlegungen und verschiedener Beobachtungen an, daß das Primärprodukt der Dehydrierung von Sorbit nicht Glucose sondern Fructose ist.

Erst in allerjüngster Zeit gelang es BLAKLEY[5], das für die Dehydrierung des Sorbits verantwortliche Enzym aus Ratten-leber darzustellen und seinen Wirkungsmechanismus aufzuklären. Das Ferment ist eine DPN-spezifische Transhydrogenase; die Dehydrierung des Sorbits läßt sich demnach folgendermaßen formulieren:

$$\text{D-Sorbit} + DPN \rightleftharpoons DPN \cdot H_2 + \alpha\text{-D-Fructopyranose}$$

D-Sorbit α-D-Fructopyranose

Die Spezifität des Ferments ist nicht absolut; dieselbe Präparation erwies sich auch zur Dehydrierung von L-Idit geeignet, wobei als Endprodukt L-Sorbose auftrat.

[1] T. THUNBERG: Arch. internat. Physiol. **18**, 601 (1922); Biochem. Z. **206**, 109 (1929).

[2] E. ADLER und M. SREENIVASAYA: Hoppe-Seyler's Z. physiol. Chem. **249**, 24 (1937).

[3] D. C. DAVISON: Biochem. J. **49**, 520 (1951); M. B. MATHEWS: J. biol. Chem. **189**, 695 (1951).

[4] G. EMBDEN und W. GRIESBACH: Hoppe-Seyler's Z. physiol. Chem. **91**, 251 (1914).

[5] R. L. BLAKLEY: Biochem. J. **49**, 257 (1951).

L-Idit $+ \text{DPN} \rightleftharpoons \text{DPN}\cdot\text{H}_2 +$ L-Sorbose

Die katalysierte Reaktion ist eine Gleichgewichts-reaktion; die Gleichgewichtskonstante für die Dehydrierung des Sorbits durch DPN ist bei 20° 0,240 ± 0,013. Auch die Dehydrierung des L-Idits ist reversibel. Das p_H-Optimum der Sorbit → DPN-transhydrogenase-Wirkung liegt bei p_H 8,0.

Borat, Cyanid und Jodacetat hemmen die Wirksamkeit des Enzyms; der Effekt des Borats dürfte nicht auf eine Komplex-bildung mit den beiden in *cis*-Stellung benachbarten Hydroxylgruppen des Sorbits bzw. der Fructose zurückzuführen sein, da auch die Reduktion der Sorbose zum L-Idit durch Borsäure gehemmt wird, obwohl Sorbose keine Hydroxylgruppen in *cis*-Stellung aufweist.

Enzyme dieser Spezifität konnten bisher in den Lebern aller untersuchten Säugetiere nachgewiesen werden, hingegen scheinen andere Gewebe nur wenig oder gar keine Sorbit → DPN-transhydrogenase zu enthalten.

Die von EMBDEN und GRIESBACH[1] beobachtete Glucose-bildung läßt sich durch die Annahme folgender Reaktionskette erklären, bei welcher nunmehr sämtliche beteiligten Enzyme bekannt sind:

Sorbit
⇅ Sorbit → DPN-transhydrogenase
Fructose
↓ ATP → Hexose-transphosphatase (*Hexokinase*, S. 426)
Fructose-6-phosphat
⇅ Glucose-6-phosphat-isomerase (S. 666)
Glucose-6-phosphat
↓ Glucose-6-phosphatase (S. 204)
Glucose

XVIII. Dihydro-α-lipoinsäure → DPN-transhydrogenase *(Lipoinsäure-dehydrase)*

Wie später (S. 626 ff.) noch ausführlicher beschrieben wird, finden sich in fast allen Lebewesen Enzymsysteme, welche Brenztraubensäure und α-Ketoglutarsäure oxydativ decarboxylieren können. Der Mechanismus dieser Reaktionen ist sehr kompliziert und steht zur Zeit noch unter Diskussion; an den Vorgängen sind zahlreiche Cofaktoren beteiligt.

Einer dieser Cofaktoren ist die erst vor kurzem entdeckte α-Lipoinsäure (vgl. S. 613), die — vermutlich als Conjugat, und zwar als sogenanntes Lipothiamid-pyrophosphat (LTPP, vgl. S. 614) — an den genannten Reaktionen teilnimmt.

Eine Enzym-präparation aus *Escherichia coli*, welche die oxydative Decarboxylierung von Brenztraubensäure bewirkt, konnte kürzlich in einzelne Fraktionen

[1] G. EMBDEN und W. GRIESBACH: Hoppe-Seyler's Z. physiol. Chem. **91**, 251 (1914).

aufgeteilt werden; eine dieser Fraktionen erwies sich als ein Ferment, welches die Wasserstoff-übertragung von Dihydro-α-lipoinsäure auf DPN katalysiert[1]:

$$\underset{\text{Dihydro-}\alpha\text{-lipoinsäure}}{\underset{\quad\;|\qquad\quad |}{\underset{SH \quad\; SH}{H_2C(CH_2)_nCH(CH_2)_{5-n}COOH}}} + DPN \rightarrow DPN \cdot H_2 + \underset{\alpha\text{-Lipoinsäure}}{\underset{S\text{———}S}{H_2C(CH_2)_nCH(CH_2)_{5-n}COOH}}$$

Über die Spezifität des Enzyms, so insbesondere darüber, ob auch die conjugierten Formen der Dihydro-α-lipoinsäure (Dihydrolipothiamid, Dihydro-LTPP) dehydriert werden, ist bisher noch nichts bekannt.

Die Entdeckung dieses Ferments ist eine wertvolle Stütze für die später (S. 627) reflektierten Auffassungen von REED und DEBUSK[2] über den Mechanismus der oxydativen Decarboxylierungs-reaktionen.

XIX. DPN · H_2 → Cystin-transhydrogenasen *(Cystin-reductase)*

Die Fähigkeit pflanzlicher und tierischer Gewebe, Cystin zu Cystein zu reduzieren, ist schon seit langem bekannt. Ebenso wurde schon vor einiger Zeit beobachtet, daß an diesem Vorgang eine thermostabile Substanz beteiligt ist[3]. Doch gelang es erst kürzlich, ein Ferment, welches die Reaktion katalysiert, zu charakterisieren und die Natur des Cofaktors aufzuklären.

NICKERSON und ROMANO[4] fanden in Hefe-extrakten ein Enzym, das die Reduktion von Cystein nach der Gleichung

$$DPN \cdot H_2 + \underset{\text{Cystin}}{\begin{array}{c} H_2NCHCOOH \\ | \\ CH_2S\text{—}SCH_2 \\ | \\ HOOCCHNH_2 \end{array}} \rightarrow 2 \underset{\text{Cystein}}{\begin{array}{c} H_2NCHCOOH \\ | \\ CH_2SH \end{array}} + DPN$$

katalysiert. Nur DPN · H_2, nicht aber TPN · H_2 kann als Wasserstoff-donator fungieren; dies schließt die Möglichkeit aus, daß der hier geschilderte Fermenttypus mit den TPN · H_2 → Glutathion-transhydrogenasen (*Glutathion-reductase*, S. 492) identisch ist.

Über eine Reversibilität der Reaktion wurde nichts berichtet.

Befunde über das Vorkommen gleichartiger Fermente in anderen Materialien liegen bisher noch nicht vor; es ist aber damit zu rechnen, daß auch in tierischen oder pflanzlichen Geweben die Reduktion des Cysteins durch analoge Mechanismen zustande kommt.

XX. DPN . H_2 → Nitroaryl-transhydrogenasen *(Nitro-reductase)*

Vor kurzem wurde berichtet, daß zellfreie Extrakte aus *Escherichia coli* die Nitro-gruppen von Chloramphenicol *(Chloromycetin)* und *p*-Nitrobenzoesäure zu den entsprechenden Aminen reduzieren[5].

$$\underset{\text{Chloramphenicol}}{O_2N\text{—}C_6H_4\text{—}\begin{array}{c} H \\ | \\ C \\ | \\ OH \end{array}\text{——}\begin{array}{c} NHCOCHCl_2 \\ | \\ C\text{—}CH_2OH \\ | \\ H \end{array}} \qquad \underset{p\text{-Nitrobenzoesäure}}{O_2N\text{—}C_6H_4\text{—}COOH}$$

[1] L. P. HAGER und I. C. GUNSALUS: J. Amer. chem. Soc. 75, 5767 (1953).
[2] L. J. REED und B. C. DEBUSK: Ibid. 75, 1261 (1953).
[3] E. ABDERHALDEN und E. WERTHEIMER: Pflügers Arch. ges. Physiol. 199, 336 (1923); H. E. TUNICLIFFE: Biochem. J. 19, 199 (1925).
[4] W. J. NICKERSON und A. H. ROMANO: Science 115, 676 (1952).
[5] A. K. SAZ und J. MARMUR: Proc. Soc. exp. Biol. Med. 82, 783 (1953).

In einer späteren Arbeit[1] wurde wahrscheinlich gemacht, daß DPN · H_2 bei dieser Reduktion von Nitroaryl-verbindungen als Wasserstoff-donator fungiert.

Das System der Nitroaryl-reduktion wird durch Aureomycin gehemmt; die Wirkung des Aureomycins wird durch Mn^{++} aufgehoben.

XXI. TPN · H_2 → DPN-transhydrogenasen *(Pyridinnucleotid-transhydrogenase)*

Bei Versuchen über die Dehydrierung von Isocitronensäure in Extrakten aus *Pseudomonas fluorescens* stellten COLOWICK und Mitarbeiter[2] fest, daß TPN sehr schnell reduziert wurde, während DPN sich nur dann als hydrierbar erwies, wenn eine katalytische Menge TPN zugegen war. Daraus wurde auf die Anwesenheit eines Enzyms geschlossen, das die Reaktion

$$\text{TPN} \cdot \text{H}_2 + \text{DPN} \rightarrow \text{DPN} \cdot \text{H}_2 + \text{TPN} \quad (1)$$

katalysiert. Das Enzym konnte auf die 200fache Wirksamkeit des ursprünglichen Extrakts angereichert werden. Es zeigt optimale Wirksamkeit bei p_H 7,0. Bilanz-experimente zeigten, daß für jedes verschwundene Mol TPN · H_2 ein Mol DPN · H_2 gebildet wird. Die Möglichkeit, daß es sich hier nicht um eine Wasserstoff- bzw. Elektronen-übertragung, sondern um einen Phosphat-transfer handelt, konnte durch den Nachweis ausgeschaltet werden, daß das Enzym auch die Reaktion

$$\text{TPN} \cdot \text{H}_2 + \text{Desamino-DPN} \rightarrow \text{Desamino-DPN} \cdot \text{H}_2 + \text{TPN} \quad (2)$$

katalysiert. Durch Versuche mit DPN, wlches im Nicotinamid-anteil radioaktiv markiert war, konnte auch die Möglichkeit ausgeschlossen werden, daß die Reaktion durch Übertragung des Nicotinamidmononucleotid-restes zustande kommt[3].

Außer den bisher genannten Vorgängen katalysiert das Enzym aus *Pseudomonas* auch die Reaktionen

$$\text{DPN} \cdot \text{H}_2 + \text{Desamino-DPN} \rightarrow \text{Desamino-DPN} \cdot \text{H}_2 + \text{DPN}, \quad (3)$$

$$\text{TPN} \cdot \text{H}_2 + \text{Desamino-TPN} \rightarrow \text{Desamino-TPN} \cdot \text{H}_2 + \text{TPM}, \quad (4)$$

$$\text{TPN} \cdot \text{H}_2 + \text{Nicotinamid-mononucleotid} \rightarrow \text{Dihydronicotinamid-mononucleotid} + \text{TPN}, \quad (5)$$

$$\text{DPN} \cdot \text{H}_2 + \text{Nicotinamid-mononucleotid} \rightarrow \text{Dihydronicotinamid-mononucleotid} + \text{DPN}. \quad (6)$$

Reaktion (1) ist nur in Anwesenheit von Adenylsäure *a* reversibel; Adenylsäure *a* wirkt auch bei den meisten anderen Reaktionen als Aktivator[4]. Die Rolle dieses Mononucleotids ist aber noch völlig unklar.

Enzyme ähnlicher Spezifität wurden kürzlich auch in tierischem Material nachgewiesen; sie finden sich im unlöslichen Anteil von Gewebe-homogenaten. Eine TPN · H_2 → DPN-transhydrogenase aus Rinder-herz konnte durch Behandlung der Partikeln mit Digitonin in Lösung gebracht werden[5].

Die tierischen Enzyme scheinen sich in ihren Eigenschaften und in ihrer Spezifität vom bakteriellen Ferment wesentlich zu unterscheiden. Vor allem ist Reaktion (1) unter dem Einfluß der tierischen Enzyme auch ohne Zusatz von Adenylsäure *a* frei reversibel; Adenylsäure *a* hat auf keine Reaktion einen aktivierenden Einfluß. Das Enzym aus Rinder-herz kann Reaktion (4) nicht katalysieren; der unlösliche Anteil aus Hirn-homogenaten bewirkt nur Reaktion (3), nicht aber Reaktion (1).

---

[1] A. K. SAZ und R. B. BILE: J. Amer. chem. Soc. **75**, 4626 (1953).

[2] S. P. COLOWICK, N. O. KAPLAN, E. F. NEUFELD und M. M. CIOTTI: J. biol. Chem. **195**, 95 (1952); N. O. KAPLAN, S. P. COLOWICK und E. F. NEUFELD: Ibid. **195**, 107 (1952).

[3] N. O. KAPLAN, S. P. COLOWICK, L. J. ZATMAN und M. M. CIOTTI: Ibid. **205**, 31 (1953).

[4] N. O. KAPLAN, S. P. COLOWICK, E. F. NEUFELD und M. M. CIOTTI: Ibid. **205**, 17 (1953).

[5] N. O. KAPLAN, S. P. COLOWICK und E. F. NEUFELD: Ibid. **205**, 1 (1953).

Über die biologische Bedeutung dieser Fermente kann bisher nur wenig ausgesagt werden; es ist anzunehmen, daß die von ihnen katalysierten Reaktionen einen Regulations-mechanismus zwischen DPN- und TPN-spezifischen Dehydrierungen darstellen.

XXII. Glucose-6-phosphat → TPN-transhydrogenasen *(„Zwischenferment", Glucose-6-phosphat-dehydrase)*

WARBURG und CHRISTIAN[1] konnten 1931 beobachten, daß eine klare Lösung, die durch Cytolyse der roten Blutkörperchen von Pferden nach Entfernung der Zellreste erhalten wurde, imstande ist, Glucose-6-phosphat (ROBISON-Ester) in Anwesenheit von Methylenblau oder Methämoglobin zu oxydieren. Bald darauf zeigten die beiden Forscher, daß an dieser Wirkung ein wasserstoffübertragendes Ferment und ein enzymatisches Komplement beteiligt sind[2]; letzteres wurde als TPN erkannt.

Die durch das Enzym bewirkte Gesamtreaktion läßt sich durch die Gleichung

$$\text{Glucose-6-phosphat } (H_2O_3POCH_2\text{-Pyranosering}) + H_2O + TPN \rightarrow TPN\cdot H_2 + \begin{array}{c} COOH \\ | \\ HCOH \\ | \\ HOCH \\ | \\ HCOH \\ | \\ HCOH \\ | \\ CH_2OPO_3H_2 \end{array}$$

Glucose-6-phosphat — 6-Phosphogluconsäure

darstellen; CORI und LIPMANN[3] berichteten, daß das δ-Lacton der 6-Phosphogluconsäure als primäres Zwischenprodukt auftritt und erst später — vermutlich ohne Mitwirkung des Enzyms — zur Phosphogluconsäure hydrolysiert wird. Die Überführung des Glucose-6-phosphats in das Lacton ist reversibel[4].

Das Enzym zeigt wahrscheinlich absolute Spezifität; ein Bericht von DICKENS und MCILWAIN[5] über eine Dehydrierung von Fructose-6-phosphat läßt sich vielleicht durch die Tatsache erklären, daß diese Bearbeiter mit Präparationen arbeiteten, die noch Glucose-6-phosphat-isomerase enthielten.

Glucose-6-phosphat → TPN-transhydrogenasen sind in der Natur sehr weit verbreitet; die besten Ausgangsmaterialien zur Herstellung und Reinigung sind Hefe und Erythrozyten.

Als Bestimmungs-methode wird von NEGELEIN und GERISCHER[6] die Messung der Sauerstoff-aufnahme im WARBURG-Apparat benützt. Hierbei enthält das Reaktionsgemisch die Transhydrogenase, 0,02 mg TPN, 14 mg Glucose-6-phosphat, 0,5 mg Kaliumcyanid, 3,45 ml $^1/_{100}$-m Phosphat-pufferlösung (8,5 Teile sekundäres und 1,5 Teile primäres Natriumphosphat) und schließlich 10^{-8} Mole *„altes gelbes Ferment"* (TPN · H_2 → O_2-transhydrogenase, S. 514).

Die Kinetik der Reduktion des TPN durch Zwischenferment und Glucose-6-phosphat wurde im Laboratorium von WARBURG ausführlichen Untersuchungen

[1] O. WARBURG und W. CHRISTIAN: Biochem. Z. **238**, 131 (1931).
[2] O. WARBURG und W. CHRISTIAN: Ibid. **242**, 207 (1931).
[3] O. CORI und F. LIPMANN: J. biol. Chem. **194**, 417 (1952).
[4] B. L. HORECKER und P. Z. SMYRNIOTIS: Biochim. biophys. Acta **12**, 98 (1953).
[5] F. DICKENS und H. MCILWAIN: Biochem. J. **32**, 1615 (1938).
[6] E. NEGELEIN und W. GERISCHER: Biochem. Z. **284**, 289 (1936).

unterzogen[1]. Zur Bestimmung des entstandenen $TPN \cdot H_2$ wurde in kurzen Zeitabständen die Lichtabsorption bei 345 mμ gemessen. Die Reaktion erwies sich als irreversibel. TPN und $TPN \cdot H_2$ haben die gleiche Affinität zum Enzymprotein (vergleiche den Fall der $DPN \cdot H_2 \rightarrow$ Aldehyd-transhydrogenase, wo die Verhältnisse anders liegen). Die Bindung von TPN bzw. $TPN \cdot H_2$ an das Enzym ist sehr fest; bei einer Konzentration von $1{,}1 \cdot 10^{-5}$ Molen TPN ist der TPN-Enzym-komplex zur Hälfte dissoziiert[2].

Phosphat ist ein sehr wirksamer Inhibitor der Ferment-aktivität; es wird angenommen, daß dieses Ion mit TPN um entsprechende Zentren des Enzymproteins konkurriert.

Die Darstellung eines hochgereinigten Präparats von Glucose-6-phosphat $\rightarrow$ TPN-transhydrogenase aus Hefe wurde von NEGELEIN und GERISCHER[1] beschrieben. 1 mg dieser Zubereitung ist in dem oben beschriebenen Testsystem imstande, die Aufnahme von 350 cmm O_2 zu bewirken.

Es ist wahrscheinlich, daß das hier besprochene Enzym die erste Teilkomponente eines Fermentsystems darstellt, das den aeroben Abbau der Kohlehydrate katalysiert. Die durch seine Wirkung entstandene 6-Phosphogluconsäure wird in einem weiteren Schritt durch die decarboxylierende 6-Phosphogluconsäure $\rightarrow$ TPN-transhydrogenase (vgl. S. 625) zu einem Pentosephosphat abgebaut. Die Bedeutung dieses Abbauwegs für die Organismen ist allerdings noch nicht ausreichend erforscht.

XXIII. L-Glutamat $\rightarrow$ PN-transhydrogenasen *(Glutaminsäure-dehydrase)*

Es gibt drei verschiedene Typen von Enzymen, die Wasserstoff von L-Glutaminsäure auf Pyridinnucleotide übertragen; sie unterscheiden sich voneinander durch ihre verschiedene Spezifität gegenüber den als Akzeptor fungierenden Pyridinnucleotiden. Das pflanzliche Ferment kann spezifisch nur DPN hydrieren; das bakterielle Enzym und das Ferment der Hefe zeigen hingegen eine absolute Spezifität für TPN, während die Enzyme tierischen Ursprungs DPN und TPN fast gleich gut als Akzeptor verwerten können.

Von diesen Enzymen ist eine tierische Glutamat $\rightarrow$ PN-transhydrogenase am längsten bekannt. Schon THUNBERG[3] stellte fest, daß im Froschmuskel ein Enzym vorkommt, welches in Anwesenheit von L-Glutaminsäure Methylenblau entfärbt; er konnte auch zeigen, daß dies die einzige Aminosäure ist, welche unter diesen Bedingungen dehydriert wird. Gleichartige Fermente kommen auch in der Leber, im Hirn, im Herzmuskel und in der Niere vor.

Nach EULER und Mitarbeitern[4] läßt sich die Dehydrierung der L-Glutaminsäure durch die Enzyme mit der Reaktionsgleichung

$$\underset{\text{L-Glutaminsäure}}{\begin{array}{l} COOH \\ | \\ CH_2 \\ | \\ CH_2 \\ | \\ CHNH_2 \\ | \\ COOH \end{array}} + DPN\ (\text{oder } TPN) \rightleftharpoons DPN \cdot H_2\ (\text{oder } TPN \cdot H_2) + \underset{\alpha\text{-Iminoglutarsäure}}{\begin{array}{l} COOH \\ | \\ CH_2 \\ | \\ CH_2 \\ | \\ C{=}NH \\ | \\ COOH \end{array}}$$

[1] E. NEGELEIN und W. GERISCHER: Biochem. Z. **284**, 289 (1936).
[2] E. NEGELEIN und E. HAAS: Ibid. **282**, 206 (1935).
[3] T. THUNBERG: Skand. Arch. Physiol. **40**, 1 (1920).
[4] H. VON EULER, E. ADLER, G. GÜNTHER und N. B. DAS: Hoppe-Seyler's Z. physiol. Chem. **254**, 61 (1938).

symbolisieren. Die so entstandene α-Iminoglutarsäure sollte dann durch spontane Hydrolyse in α-Ketoglutarsäure und Ammoniak aufgespalten werden. Kinetische

$$\begin{array}{ccccc} \mathrm{COOH} & & & \mathrm{COOH} & \\ | & & & | & \\ \mathrm{CH_2} & & & \mathrm{CH_2} & \\ | & & & | & \\ \mathrm{CH_2} & + \mathrm{H_2O} & \rightleftharpoons & \mathrm{CH_2} & + \mathrm{NH_3} \\ | & & & | & \\ \mathrm{C{=}NH} & & & \mathrm{C{=}O} & \\ | & & & | & \\ \mathrm{COOH} & & & \mathrm{COOH} & \\ \alpha\text{-Iminoglutarsäure} & & & \alpha\text{-Ketoglutarsäure} & \end{array}$$

Untersuchungen, die vor kurzem von OLSON und ANFINSEN[1] sowie von STRECKER[2] durchgeführt wurden, scheinen allerdings die Rolle der α-Iminoglutarsäure als Zwischenprodukt nicht zu bestätigen; nach diesen Autoren wäre die katalysierte Reaktion folgendermaßen zu formulieren:

$$\text{L-Glutaminsäure} + \text{DPN (oder TPN)} + H_2O \rightleftharpoons \text{DPN} \cdot H_2 \text{ (oder TPN} \cdot H_2) + \\ + \alpha\text{-Ketoglutarsäure} + NH_3$$

Die Spezifität gegenüber den Pyridinnucleotiden ist verhältnismäßig wenig streng; außer DPN und TPN kann auch Desamino-DPN als Akzeptor fungieren. Die Reaktion verläuft mit DPN etwa dreimal so schnell wie mit TPN. Hingegen scheint L-Glutaminsäure das einzige Donator-substrat zu sein; D-Glutaminsäure, Glutamin und andere verwandte Substanzen werden nicht angegriffen[1,2].

Das p_H-Optimum der Dehydrierung von L-Glutaminsäure liegt bei etwa 8,0; das Optimum für die Rückreaktion, die Aminierung von α-Ketoglutarsäure, wird mit 7,6 angegeben. Die Gleichgewichtslage bei biologischen p_H-Werten erlaubt die Bildung der Aminosäure.

OLSON und ANFINSEN[3] sowie STRECKER[4] gelang es, das Enzym aus Leber kristallin zu erhalten; die Präparationen dürften einheitliche Eiweißstoffe sein. Die Präparation von OLSON und ANFINSEN ist zwischen p_H 6 und 9 elektrophoretisch homogen. Es wird das bemerkenswert hohe M. G. von etwa 1000000 angegeben[3].

Pflanzliche Enzyme, welche zur Dehydrierung der L-Glutaminsäure imstande sind, wurden ebenfalls von THUNBERG[5] entdeckt. DAMODARAN und NAIR[6] konnten sie aus verschiedenen keimenden Samen isolieren und ADLER und Mitarbeiter[7] berichten über das Vorkommen in Preßsäften verschiedener höherer Pflanzen.

Wie bereits erwähnt wurde, ist das pflanzliche Ferment für DPN als Akzeptor absolut spezifisch[7].

Als letzte dieser Gruppe wurden die für TPN spezifischen Fermente aus Hefe und Bakterien von EULER und Mitarbeitern[8] entdeckt. Eines wurde als Verunreini-

[1] J. A. OLSON und C. B. ANFINSEN: 2e Congr. internat. Biochimie, Résumés des Communications, S. 39. Paris 1952; J. biol. Chem. **202**, 841 (1953).

[2] H. J. STRECKER: Arch. Biochem. Biophys. **46**, 128 (1953).

[3] J. A. OLSON und C. B. ANFINSEN: Federation Proc. **10**, 230 (1951); J. biol. Chem. **197**, 67 (1952).

[4] H. J. STRECKER: Arch. Biochem. Biophys. **32**, 448 (1951).

[5] T. THUNBERG: Biochem. Z. **206**, 109 (1929).

[6] M. DAMODARAN und K. R. NAIR: Biochem. J. **32**, 1064 (1938).

[7] E. ADLER, N. B. DAS, H. VON EULER und U. HEYMAN: C. R. Trav. Lab. Carlsberg, Sér. chim. **22**, 15 (1938).

[8] H. VON EULER, E. ADLER und T. STEENHOFF-ERIKSON: Hoppe-Seyler's Z. physiol. Chem. **248**, 227 (1937).

gung in einigen Präparationen des „alten gelben Ferments" aus Hefe vorgefunden; ein gleichartiges Enzym konnte auch in *Escherichia coli* nachgewiesen werden[1].

Die biologische Bedeutung der Enzyme, welche L-Glutaminsäure oxydativ desaminieren oder α-Ketoglutarsäure reduktiv aminieren, besteht vor allem darin, daß sie den einzigen bisher bekannten Mechanismus katalysieren, der in tierischem und pflanzlichem Gewebe die direkte Assimilation von Ammoniak ermöglicht[2]. Weiter wird durch ihre Wirkungen eine Verbindung zwischen den Auf- und Abbau-prozessen der Kohlehydrate und der Eiweißstoffe geschaffen. α-Ketoglutarsäure ist bekanntlich ein wesentliches Zwischenprodukt bei der aeroben Dissimilation der Brenztraubensäure über den Citronensäure-zyklus (S. 708), während L-Glutaminsäure als zentraler Donator der Transaminierungs-vorgänge (vgl. S. 402) im Aminosäure-stoffwechsel eine überragende Stellung einnimmt.

XXIV. TPN . H_2 → β-Aspartylphosphat-transhydrogenase

Black und Wright[3] berichteten vor kurzem über die Entdeckung eines Enzyms in der Hefe, welches die gleichzeitige Reduktion und Dephosphorylierung von β-Aspartylphosphat zu Homoserin katalysiert; als Wasserstoff-donator fungiert TPN · H_2. Der Vorgang der Überführung von β-Aspartylphosphat zu Homoserin zeigt gewisse Analogien zur Wirkung der phosphorylierenden 3-Phosphoglycerinaldehyd → DPN-transhydrogenasen *(Triose-phosphat-dehydrasen)*; die Reduktion bis zur Aldehyd-stufe entspricht völlig der Reduktion von 1,3-Diphosphoglycerinsäure zu 3-Phosphoglycerinaldehyd. Eine weitere Übereinstimmung besteht darin, daß bei Arsenat-zusatz zum Enzym-Substrat-gemisch eine rasche Dephosphorylierung des Aspartylphosphats erfolgt.

Da bisher noch keine gereinigten Enzym-präparationen vorliegen, ist über den Mechanismus des Vorgangs noch keine Aussage möglich; es wäre vorstellbar, daß der Gesamtvorgang

$$2\,\text{TPN}\cdot H_2 + \underset{\beta\text{-Aspartylphosphat}}{\begin{array}{l}\text{COOPO}_3\text{H}_2\\ |\\ \text{CH}_2\\ |\\ \text{CHNH}_2\\ |\\ \text{COOH}\end{array}} \rightarrow \underset{\text{Homoserin}}{\begin{array}{l}\text{CH}_2\text{OH}\\ |\\ \text{CH}_2\\ |\\ \text{CHNH}_2\\ |\\ \text{COOH}\end{array}} + 2\,\text{TPN} + H_3PO_4$$

in zwei vielleicht sogar durch verschiedene Enzyme katalysierten Stufen verläuft, von denen die erste die dephosphorylierende Reduktion des Aspartylphosphats zum β-Asparaginaldehyd und die zweite die Reduktion dieser Verbindung zum Homoserin wäre.

Die Reduktion von β-Aspartylphosphat zum Homoserin dürfte einen Teilschritt der Biosynthese des Threonins darstellen; diese verläuft nach genetischen Versuchen an *Neurospora* über Asparaginsäure und Homoserin. β-Aspartylphosphat wird aus Asparaginsäure und ATP unter dem Einfluß einer ATP → Aspartat-transphosphatase (vgl. S. 421) gebildet.

XXV. TPN · H_2 → Gluthathion-transhydrogenasen *(Gluthathion-reductase)*

Schon Kohman und Sanborn[4] sowie Ganapathy[5] konnten nachweisen, daß Pflanzensäfte zur Reduktion von Verbindungen, welche —S-S-Gruppen enthalten, imstande sind. 1935 beobachteten Meldrun und Tarr[6], daß oxydiertes Glutathion (GSSG) in Gegenwart von Glucose-6-phosphat, ungereinigtem TPN

[1] E. Adler, H. Hellström, G. Günther und H. von Euler: Hoppe Seyler's Z. physiol. Chem. **255**, 14 (1938).

[2] Manche Bakterien besitzen Enzyme, welche die Anlagerung von Ammoniak an Fumarsäure unter Bildung von Asparaginsäure katalysieren können. Dieser Enzymtypus, welcher in dieser Darstellung als Apartat-ammoniak-lyase, der üblichen Nomenklatur entsprechend als *Aspartase* bezeichnet wird, ist bisher weder in Pflanzen noch in Tieren nachgewiesen worden (vgl. S. 656).

[3] S. Black und N. G. Wright: J. Amer. chem. Soc. **75**, 5766 (1953).

[4] E. F. Kohman und N. H. Sanborn: Ind. eng. Chem. **20**, 189, 1195 (1937).

[5] C. V. Ganapathy: Current Sci. **6**, 451 (1938).

[6] N. V. Meldrun und H. L. A. Tarr: Biochem. J. **29**, 108 (1935).

und Enzympräparaten aus Ratten-blut oder Hefe zu der Sulfhydryl-form (GSH) reduziert wird. Dies ließ auf die Existenz eines Enzyms schließen, welches die Reaktion

$$TPN \cdot H_2 + GSSG \rightarrow 2\ GSH + TPN$$

katalysiert. Enzyme dieses Typus konnten nun in letzter Zeit sowohl in tierischen Geweben[1] als auch in höheren Pflanzen[2] und in Hefe[1] nachgewiesen werden.

In keinem Falle wurde die umgekehrte Reaktion, also die Reduktion des TPN durch reduziertes Glutathion, beobachtet. Daraus kann auf die wahre Lage des Redoxpotentials des GSSG-GSH-Gleichgewichts geschlossen werden: eine Berechnung ergab, daß das Standard-elektrodenpotential dieses Systems nicht weniger elektronegativ sein kann als —0,13 Volt.

Die Spezifität dieser Fermente scheint sehr streng zu sein; es war weder möglich, $TPN \cdot H_2$ durch $DPN \cdot H_2$ noch GSSG durch Cystin zu ersetzen. Durch Dialyse oder durch Reinigung mit Kationen-austauschern läßt sich aus den Fermentextrakten ein Aktivator entfernen, der aber durch Zusatz von Mg^{++} oder Mn^{++} ersetzt werden kann.

Die biologische Bedeutung dieses Fermenttypus könnte darin bestehen, daß Wasserstoff von verschiedenen Intermediärstoffen des Kohlehydrat-stoffwechsels über TPN auf Glutathion übertragen werden kann. Da wir wissen, daß zwischen den Oxydations-zuständen von Glutathion und Ascorbinsäure zumindest in pflanzlichen Geweben ein enger Zusammenhang besteht und vermutlich sogar ein enzym-katalysiertes Gleichgewicht

$$\text{Dehydroascorbinsäure} + 2\ GSH \rightleftharpoons GSSG + \text{Ascorbinsäure}$$

vorliegt (vgl. S. 505), und da andrerseits Ascorbinsäure durch Vermittlung der Ascorbinat-oxydase (vgl. S. 566) direkt mit molekularem Sauerstoff reagieren kann, wäre hier ein vom Cytochrom-system unabhängiges Atmungssystem vorstellbar. Als primäre Wasserstoff-donatoren kommen hier alle jene Substanzen in Frage, welche ihren Wasserstoff an TPN abgeben, wie z. B. Glucose-6-phosphat, Isocitronensäure und Äpfelsäure. Eine experimentelle Prüfung der Frage, wie weit das Glutathion-Ascorbinsäure-system an der Atmung der bisher untersuchten Pflanzen beteiligt ist, steht allerdings noch aus.

XXVI. $TPN \cdot H_2 \rightarrow$ 4-Dimethylaminoazobenzol-transhydrogenase

Mueller und Miller[3] konnten kürzlich die Existenz eines Enzyms in der Leber wahrscheinlich machen, das den carcinogenen Farbstoff 4-Dimethylaminoazobenzol (Buttergelb) reduktiv spaltet, wobei $TPN \cdot H_2$ als Wasserstoff-donator fungiert:

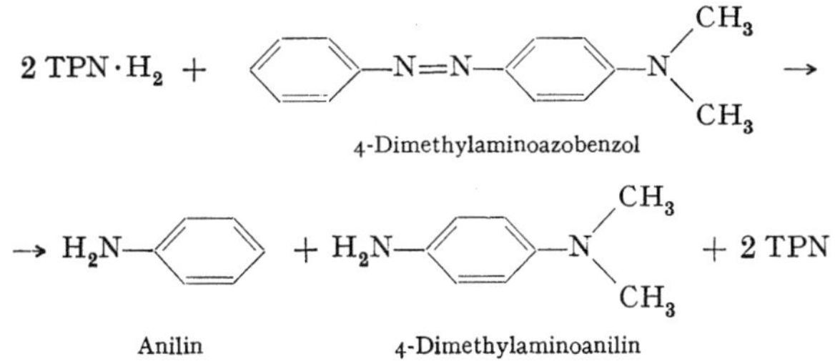

$$2\,TPN \cdot H_2 + C_6H_5{-}N{=}N{-}C_6H_4{-}N(CH_3)_2 \rightarrow$$

4-Dimethylaminoazobenzol

$$\rightarrow H_2N{-}C_6H_5 + H_2N{-}C_6H_4{-}N(CH_3)_2 + 2\,TPN$$

Anilin 4-Dimethylaminoanilin

Das verantwortliche Enzym findet sich bei der Differential-zentrifugierung von Homogenaten aus Rattenleber in der Cytoplasma-granula.

[1] T. W. Rall und A. L. Lehninger: J. biol. Chem. **194**, 119 (1952).

[2] E. E. Conn und B. Vennesland: Nature **167**, 976 (1951); L. W. Mapson und D. R. Goddard: Ibid. **167**, 975 (1951); Biochem. J. **49**, 592 (1951).

[3] G. C. Mueller und J. A. Miller: J. biol. Chem. **180**, 1125 (1949).

XXVII. PN . H_2 → Glyoxylat-transhydrogenasen *(Glyoxylsäure-reductase)*

ZELITCH[1] isolierte vor kurzem aus Spinat-blättern ein Enzym, welches Wasserstoff von reduzierten Pyridinnucleotiden auf Glyoxylsäure nach der Gleichung

$$\begin{matrix} DPN \cdot H_2 \\ \text{oder} \\ TPN \cdot H_2 \end{matrix} + \underset{\text{Glyoxylsäure}}{\begin{matrix} CHO \\ | \\ COOH \end{matrix}} \rightarrow \underset{\text{Glykolsäure}}{\begin{matrix} CH_2OH \\ | \\ COOH \end{matrix}} + \begin{matrix} DPN \\ \text{oder} \\ TPN \end{matrix}$$

katalysiert. Das Gleichgewicht scheint weit auf Seite der Glykolsäure zu liegen, da bisher noch keine Reversibilität festgestellt werden konnte.

Enzyme dieser Spezifität könnten für die pflanzliche Atmung Bedeutung haben; es wäre vorstellbar, daß sie im Zusammenwirken mit einer Glykolat → O_2-transhydrogenase (*Glykolsäure-oxydase*, S. 533) und einer Katalase (S. 576) den Transport des Wasserstoffs von einem Stoffwechsel-substrat bis zum Sauerstoff bewirken:

$$\begin{aligned} &\text{Substrat} + DPN \rightarrow DPN \cdot H_2 + \text{oxydiertes Substrat} \\ &DPN \cdot H_2 + \text{Glyoxylsäure} \rightarrow \text{Glykolsäure} + DPN \\ &\text{Glykolsäure} + O_2 \rightarrow \text{Glyoxylsäure} + H_2O_2 \\ &H_2O_2 \rightarrow H_2O + {}^1/_2\, O_2 \end{aligned}$$

Katalytische Mengen von Glyoxylsäure bzw. Glykolsäure würden somit genügen, um beliebige Mengen von Substrat-wasserstoff zu oxydieren. Über das tatsächliche Vorkommen derartiger Systeme ist allerdings noch nichts bekannt.

XXVIII. Benzaldehyd → PN-transhydrogenasen *(Benzaldehyd-dehydrase)*

GUNSALUS und Mitarbeiter[2] konnten kürzlich aus *Pseudomonas fluorescens* zwei Enzyme erhalten, welche beide die Oxydation von Benzaldehyd zu Benzoesäure bewirken; das eine von ihnen ist für DPN als Wasserstoff-akzeptor spezifisch, während das andere auf TPN überträgt. Die Reaktion scheint weitgehend irreversibel zu sein.

$$\underset{\text{Benzaldehyd}}{C_6H_5\text{–}CHO} + PN + H_2O \rightarrow PN \cdot H_2 + \underset{\text{Benzoesäure}}{C_6H_5\text{–}COOH}$$

Es gelang, die beiden Fermente voneinander zu trennen; das DPN-spezifische Enzym hat sein Wirkungsoptimum bei p_H 8,5, während das Optimum des Ferments, das auf TPN überträgt, bei p_H 9,0 liegt. Beide Enzyme dürften außer Benzaldehyd auch *p*-Oxybenzaldehyd oxydieren.

Diese Enzyme katalysieren eine Teilreaktion des Abbaus der Mandelsäure, der nach GUNSALUS und Mitarbeitern[2] in *Pseudomonas fluorescens* nach folgendem Schema verläuft:

$$d(-)\text{-Mandelsäure} \xrightarrow{\text{Mandelat-racemase (S. 674)}} l(+)\text{-Mandelsäure} \xrightarrow{\substack{l(+)\text{-Mandelat-de-} \\ \text{hydrogenase (S. 601)}}}$$

$$\text{Benzoylameisensäure} \xrightarrow[-\,CO_2]{\text{Benzoylformiat-decarboxylase (S. 617)}} \text{Benzaldehyd} \rightarrow \text{Benzoesäure}$$

XXIX. DPN · H_2 → Nitrat-transhydrogenasen und DPN · H_2 → Nitrit-transhydrogenasen *(Nitrat-reductasen und Nitrit-reductasen)*

Nach NORD und WIRTH[3] fungieren Nitrat- und Nitrit-ionen in *Fusaria*-Arten als Akzeptoren für Wasserstoff, der von DPN · H_2 oder vielleicht auch von TPN · H_2 abgegeben wird. Die verantwortlichen Enzyme sind allerdings bisher weder isoliert noch genau charakterisiert worden.

---

[1] I. ZELITCH: J. biol. Chem. **201**, 719 (1953).
[2] C. F. GUNSALUS, R. Y. STANIER und I. C. GUNSALUS: J. Bacter. **66**, 548 (1953).
[3] J. C. WIRTH und F. F. NORD: Arch. Biochem. **1**, 143 (1942).

Wenn Nitrat die einzige Stickstoffquelle im Nährmedium der *Fusaria*-Arten darstellt, wird durch die Entstehung von Nitrit die Decarboxylierung der Brenztraubensäure gehemmt; Nitrit ist ein starker Inhibitor der Pyruvat-decarboxylase. Der Abbau von Hexosen und Pentosen bleibt dann auf der Stufe der Brenztraubensäure stehen.

XXX. Testosteron → DPN-transhydrogenase

Leberbrei inaktiviert zugesetztes Testosteron, wobei nach einer Angabe von SAMUELS und Mitarbeitern[1] ein oxydierender Mechanismus beteiligt ist. In einer späteren Arbeit konnten SWEAT und SAMUELS[2] zeigen, daß DPN vermutlich als primärer Wasserstoff-akzeptor bei der Inaktivierung von Testosteron eine wesentliche Rolle spielt. Als primäres Reaktionsprodukt wurde Δ^4-Androstendion-3,17 erkannt.

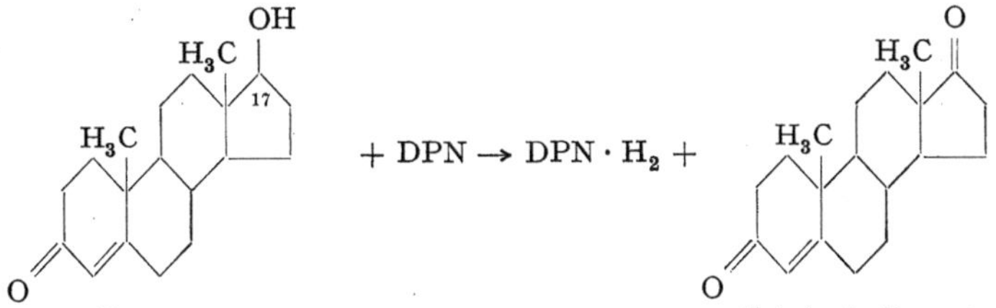

Testosteron + DPN → DPN · H_2 + Δ^4-Androstendion-3,17

XXXI. α-Östradiol → DPN-transhydrogenase

Schon ZONDEK[3] konnte 1934 beobachten, daß östrogene Substanzen durch Leberpräparationen inaktiviert werden. Vor kurzem wiesen COPPEDGE und Mitarbeiter[4] nach, daß an diesem Vorgang DPN beteiligt ist und halten es für wahrscheinlich, daß der Primärschritt eine Oxydation von α-Östradiol zu Östron ist, wobei vermutlich DPN als Wasserstoffakzeptor fungiert.

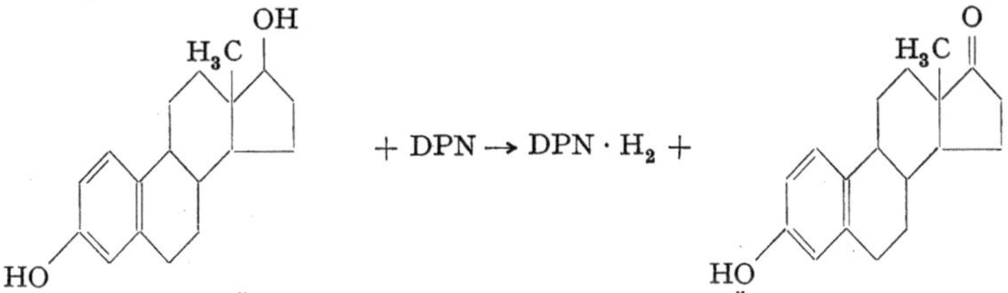

α-Östradiol + DPN → DPN · H_2 + Östron

XXXII. Höhere Fettsäure → DPN-transhydrogenasen *(Fettsäure-dehydrase)*

In Ratten-leber, Ratten-muskel und anderen Organen finden sich nach LANG[5] Enzyme, welche spezifisch höhere Fettsäuren dehydrieren können. So wird aus Stearinsäure unter Einwirkung des Enzyms Ölsäure gebildet; dehydriert werden weiters Palmitinsäure, Ölsäure, Linolsäure und Laurinsäure.

Da BURTON[6] zeigen konnte, daß DPN an der Reaktion beteiligt ist, verläuft der katalysierte Vorgang wahrscheinlich nach der Gleichung

$$R{-}CH_2CH_2{-}R'{-}COOH + DPN \rightleftharpoons DPN \cdot H_2 + R{-}CH{=}CH{-}R'{-}COOH$$

Als p_H-Optimum wird 8,0 angegeben; BURTON findet etwas niedrigere Werte (7,0 bis 7,7).

Außer DPN scheint noch ein weiterer Faktor an der Reaktion beteiligt zu sein, der entweder Hypoxanthin oder Adenylsäure ist. Hypoxanthin wirkt stärker aktivierend als Adenylsäure.

[1] L. T. SAMUELS, C. MCCAULAY und D. M. SELLERS: J. biol. Chem. **168**, 477 (1947).
[2] M. L. SWEAT und L. T. SAMUELS: Ibid. **175**, 1 (1948); M. L. SWEAT, R. T. SAMUELS und R. LUMRY: Ibid. **185**, 75 (1950).
[3] B. ZONDEK: Skand. Arch. Physiol. **70**, 133 (1934).
[4] R. L. COPPEDGE, A. SEGALOFF und H. P. SARETT: J. biol. Chem. **182**, 181 (1950).
[5] K. LANG: Hoppe-Seyler's Z. physiol. Chem. **261**, 240 (1939); K. LANG und H. MAYER: Ibid. **261**, 249 (1939); **262**, 120 (1940); K. LANG und F. ADICKES: Ibid. **262**, 128 (1940).
[6] K. BURTON: Nature **161**, 606 (1948).

Die Fermente sind gegen Sauerstoff ziemlich empfindlich. $2 \cdot 10^{-3}$-m Kaliumcyanid hemmt die Aktivität zu 40%, während $3 \cdot 10^{-4}$-m Ammoniumvanadat, $3 \cdot 10^{-6}$-m Chloracetophenon, $6 \cdot 10^{-3}$-m Hydroxylamin, 10^{-4}-m Ölsäure und $4 \cdot 10^{-8}$-m $AgNO_3$ komplett hemmen.

Nach längerer Dialyse gegen destilliertes Wasser gelingt es, Enzyme dieses Typus in Lösung zu bringen.

XXXIII. L-Cysteinsulfinat → „Coenzym III"-transhydrogenase

SINGER und KEARNEY[1] konnten in *Proteus vulgaris* die Existenz eines Enzyms nachweisen, welches L-Cysteinsulfinsäure zu L-Cysteinsäure dehydriert, wobei der Wasserstoff auf ein bis dahin unbekanntes Pyridinnucleotid, das sog. „Coenzym III" (Co-III), übertragen wird. Die katalysierte Reaktion läßt sich demnach durch die folgende Gleichung wiedergeben:

$$\underset{\text{L-Cysteinsulfinsäure}}{\begin{array}{l} SO_2H \\ | \\ CH_2 \\ | \\ CHNH_2 \\ | \\ COOH \end{array}} + \text{Co-III} + H_2O \rightleftharpoons \text{Co-III} \cdot H_2 + \underset{\text{L-Cysteinsäure}}{\begin{array}{l} SO_3H \\ | \\ CH_2 \\ | \\ CHNH_2 \\ | \\ COOH \end{array}}$$

Die Autoren halten es für wahrscheinlich, daß es sich beim „Coenzym III" um ein Mononucleotid mit der Struktur des Nicotinamid-ribose-5-pyrophosphats handelt.

Der durch das beschriebene Enzym katalysierte Vorgang stellt in *Proteus vulgaris* einen Teilprozeß des Abbaus der Cysteinsulfinsäure dar; nach KEARNEY und SINGER[2] wird die entstandene Cysteinsäure durch eine L-Cysteinat → α-Ketoglutarat-transaminase (S. 407) zu β-Sulfonylbrenztraubensäure desaminiert. Ein zweiter Abbauweg der Cysteinsulfinsäure beginnt mit einer Desaminierung, die von der Cysteinsulfinat → α-Ketoglutarat-transaminase (S. 408) katalysiert wird; die entstehende β-Sulfinylbrenztraubensäure wird dann zu Brenztraubensäure desulfiniert (S. 661).

35. Anaerobe Transhydrogenasen mit nur teilweise bekannter Substratspezifität

In diesem Kapitel werden wasserstoff-übertragende Enzyme besprochen, bei welchen die Substrat-spezifität insoweit nur teilweise bekannt ist, als wir wohl entweder die unter physiologischen Bedingungen fungierenden Donator-substrate oder in anderen Fällen die Akzeptor-substrate kennen, während wir über die entsprechenden Wasserstoff-akzeptoren bzw. -donatoren noch keine Klarheit haben. Wasserstoff-übertragende Enzyme, deren Akzeptor-spezifität noch unbekannt ist, werden hier als *Dehydrogenasen* bezeichnet, während bei unbekannter Donator-spezifität der Name *Reductasen* verwendet wird.

Wohl weiß man bei den meisten der hier als Dehydrogenasen bezeichneten Enzyme, daß als schließlicher Elektronen-akzeptor das Cytochrom-system fungiert. Bei einer weitgehenderen Reinigung der Fermente wird aber immer beobachtet, daß die Präparationen die Fähigkeit der Elektronen-übertragung auf Cytochrom c verlieren und man die Aktivität der Enzyme unter Zusatz von Farbstoffen — künstlichen Akzeptoren — messen muß. Dies läßt sich nur dadurch erklären, daß während der Reinigung ein noch unbekannter Stoff, der als Zwischenüberträger fungiert, entfernt wird.

[1] T. P. SINGER und E. B. KEARNEY: Biochim. biophys. Acta 8, 700 (1952); 11, 290 (1953).
[2] E. B. KEARNEY und T. P. SINGER: Ibid. 8, 698 (1952).

In letzter Zeit ist es gelungen, im Falle der Succinat-dehydrogenasen einen derartigen Zwischen-überträger, den sog. „SLATER-Faktor", auf Grund seiner Empfindlichkeit gegenüber 2,3-Dimercaptopropanol (BAL) nachzuweisen, doch ist die Natur dieser Substanz noch nicht bekannt.

Die Zusammenfassung der hier besprochenen Fermente in einem speziellen Kapitel muß als eine Verlegenheitslösung gewertet werden; es ist zu hoffen, daß in absehbarer Zeit die komplette Substrat-spezifität dieser Enzyme bekannt sein wird[1].

I. Succinat-dehydrogenasen *(Bernsteinsäure-dehydrase)*[2]

Obwohl Enzyme, welche Bernsteinsäure zu Fumarsäure dehydrieren, schon seit 1909 bekannt sind[3, 4], besteht auch heute noch keine Klarheit über die Natur des Akzeptors, welcher primär die Elektronen von der Bernsteinsäure übernimmt. Der Vorgang ist demnach bis auf weiteres wie folgt zu formulieren:

$$\begin{array}{c} COOH \\ | \\ CH_2 \\ | \\ CH_2 \\ | \\ COOH \\ \text{Bernsteinsäure} \end{array} \quad - 2\,H^+ - 2\,e^- \rightleftharpoons \quad \begin{array}{c} HC—COOH \\ \| \\ HOOC—CH \\ \text{Fumarsäure} \end{array}$$

Die Reaktion ist reversibel.

Die Succinat-dehydrogenasen sind Teilfermente der Succinat-oxydasesysteme; der weitere Weg der Elektronen führt vermutlich über Cytochrom b, einen noch nicht identifizierten Faktor (SLATER[5]), Cytochrom c und Cytochromoxydase (Cytochrom a_3) zum Sauerstoff (vgl. S. 551).

Succinat-dehydrogenasen finden sich sehr weit verbreitet in Pflanzen, Tieren und Mikroorganismen; der Enzymtypus ist fast in jedem Gewebe und in jeder Zelle nachzuweisen, nur wenige strikt anaerob lebende Bakterien scheinen keine Succinat-dehydrogenase zu besitzen.

Die Spezifität ist beinahe absolut. Außer Bernsteinsäure werden nur noch Monomethyl- und Monoäthylbernsteinsäure dehydriert und diese Reaktionen verlaufen sehr langsam.

Die Messung der Enzym-aktivität erfolgt gewöhnlich unter Zusatz einer unbiologischen Substanz als primärem Wasserstoff-akzeptor. Im allgemeinen wird Methylenblau benützt, aber auch andere Farbstoffe, wie Thionin und Indophenolblau, können verwendet werden. Zur Bestimmung der Enzym-aktivität muß das Cytochrom-system ausgeschaltet werden; man mißt die Sauerstoff-aufnahme eines Reaktions-gemisches, dem Cyanid zur Hemmung des Cytochrom-systems und Methylenblau als Überträger zugesetzt wurden.

Eine sehr exakte spektophotometrische Methode zur Bestimmung der Aktivität von Succinat-dehydrogenasen wurde kürzlich von CHANCE[6] gefunden. Die Intensität der Absorptions-bande bei 250 mμ, welche der entstehenden Fumarsäure entspricht, wird gemessen.

---

[1] Manche hier besprochene Fermente enthalten Flavinnucleotide (FMN oder FAD) als prosthetische Gruppen. Eine ausführlichere Besprechung der Flavinnucleotide erfolgt im nächsten Kapitel (S. 506 ff.).

[2] Handbuchartikel: F. SCHLENK: In „The Enzymes", herausgegeben von J. B. SUMNER und K. MYRBÄCK, Bd. II/1, S. 316. New York: Academic Press. 1951.

[3] T. THUNBERG: Skand. Arch. Physiol. **22**, 430 (1909).

[4] F. BATELLI und L. STERN: Biochem. Z. **30**, 172 (1910).

[5] E. C. SLATER: Biochem. J. **45**, 14 (1949).

[6] B. CHANCE: Federation Proc. **10**, 171 (1951).

Zahlreiche Substanzen sind bekannt, welche die Aktivität der Succinat-dehydrogenasen hemmen. So sind alle Reagenzien auf SH-Gruppen starke Inhibitoren der Ferment-wirksamkeit; wahrscheinlich sind Thiol-gruppen am aktiven Zentrum des Enzymproteins beteiligt[1]. QUASTEL und WHEATLEY[2] entdeckten die Hemmbarkeit der Fermente durch Malonsäure; es handelt sich hier um einen kompetitiven Inhibitor[3]. In ähnlicher Weise dürfte Oxalessigsäure wirken; nach PARDEE und POTTER[4] ist die Affinität des Enzyms zu Oxalessigsäure 1000mal größer als diejenige zu Bernsteinsäure. Andere Substanzen, die strukturelle Verwandtschaft mit Bernsteinsäure aufweisen und eine Affinität zum Ferment zeigen, sind Methylbernsteinsäure, Glutarsäure, Adipinsäure, Korksäure und Oxalsäure sowie Methylglyoxal, welche sämtlich Hemmwirkungen verursachen, die allerdings geringer sind als die entsprechenden Effekte von Malonsäure und Oxalessigsäure. POTTER[5] berichtete über eine Inhibitor-wirkung von DPN; hier dürfte es sich um einen indirekten Effekt handeln: das bei der Enzymwirkung entstehende Fumarat wird durch Begleit-fermente über Äpfelsäure in Oxalessigsäure überführt, deren Hemmwirkung ja bereits besprochen wurde. Für diese Sekundärprozesse ist die Teilnahme von DPN erforderlich. Als weitere Inhibitoren sind Pyrophosphat, Hämatin sowie Abbauprodukte von Nucleinsäuren zu nennen.

Interessanterweise kann die Wirkung von SH-Reagenzien durch vorherige Zugabe von Succinat oder auch Malonat verhindert werden[6] (HOPKINS-Effekt); dies deutet dahin, daß das Substrat oder auch kompetitive Inhibitoren die SH-Gruppe (oder SH-Gruppen) des aktiven Zentrums zu schützen vermögen.

Ca^{++} ist imstande, die Wirksamkeit mancher Enzym-präparationen zu erhöhen. Der Mechanismus dieses Effekts ist noch nicht eindeutig geklärt.

Während es bisher nicht gelungen war, Succinat-dehydrogenasen in echte Lösungen zu bringen, berichtete vor kurzem MORTON[7] über eine Methode, mit deren Hilfe man unter Verwendung von *n*-Butylalkohol Succinat-dehydrogenasen aus verschiedenen Ausgangs-materialien in gelöster Form gewinnen kann.

Die biologische Bedeutung der Succinat-dehydrogenasen wie auch des gesamten Succinat-oxydase-systems (vgl. S. 551) scheint vor allem in ihrer Funktion als Teilkatalysatoren des Citronensäure-zyklus zu liegen. Auch an den Vorgängen des sog. Dicarbonsäure-zyklus (vgl. S. 717) ist das Succinat-oxydase-system beteiligt. Die Dehydrierung der Bernsteinsäure ist einer derjenigen oxydativen Schritte, welche mit der Bildung energiereicher Phosphat-bindungen gekoppelt sind[8]. Der Mechanismus dieser Phosphorylierung ist allerdings noch ungeklärt; es ist nur wahrscheinlich, daß die Succinat-dehydrogenasen daran nicht beteiligt sind, sondern die Bildung der energiereichen Phosphat-bindungen im Verlauf der weiteren Elektronen-übertragung über das Cytochrom-system bis zum Sauerstoff erfolgt.

Die mehrfach erörterte Frage, ob die Succinat-dehydrogenasen mit den Cytochromen b (vgl. S. 550) identisch sind oder ob diese Hämin-verbindungen zusätzliche Faktoren für die Elektronen-übertragung darstellen, ist noch unge-

---

[1] Vgl. hierzu E. C. SLATER: Biochem. J. **45**, 130 (1949).
[2] J. H. QUASTEL und A. H. M. WHEATLEY: Ibid. **25**, 117 (1931).
[3] Vgl. die ausführliche Studie von M. B. THORN: Ibid. **54**, 540 (1953).
[4] A. B. PARDEE und V. R. POTTER: J. biol. Chem. **176**, 1085 (1948).
[5] V. R. POTTER: Ark. Kem. Mineral. Geol. **13**B, 7 (1939).
[6] F. G. HOPKINS und E. J. MORGAN: Biochem. J. **32**, 611 (1938); F. G. HOPKINS, E. J. MORGAN und C. LUTWAK-MANN: Ibid. **32**, 1829 (1938).
[7] R. K. MORTON: Nature **166**, 1092 (1950).
[8] V. A. BELITSER: Biochimija **4**, 498 (1939); Enzymologia **6**, 1 (1939); V. A. BELITSER und E. T. TSIBAKOVA: Biochimija **4**, 516 (1939); I. BANGA, S. OCHOA und R. A. PETERS: Biochem. J. **33**, 1980 (1939); H. M. KALCKAR: Ibid. **33**, 631 (1939); Enzymologia **6**, 209 (1939); S. P. COLOWICK, M. S. WELCH und C. F. CORI: J. biol. Chem. **133**, 359, 641 (1940).

klärt[1]. Allerdings sprechen Befunde aus letzter Zeit[2] eher für die Verschiedenheit von Succinat-dehydrogenasen und Cytochrom b.

II. L-Lactat-dehydrogenase (*Milchsäure-dehydrase* aus Hefe)

Im Gegensatz zu den tierischen Geweben und zu manchen Bakterien, welche Fermente besitzen, die den Wasserstoff von Milchsäure auf DPN übertragen, enthält die Hefe eine Lactat-dehydrogenase, deren Akzeptor bisher noch nicht eindeutig erkannt werden konnte, aber jedenfalls kein Pyridinnucleotid ist[3]. In der weiteren Folge der Reaktion werden die Elektronen auf Cytochrom c übertragen.

Die durch das Enzym katalysierte Reaktion kann demnach folgendermaßen formuliert werden:

$$\underset{\text{L-Milchsäure}}{CH_3CHOHCOOH} - 2\,H^+ - 2\,e^- \rightarrow \underset{\text{Brenztraubensäure}}{CH_3COCOOH}$$

Nach BERNHEIM[3] wird außer L-Milchsäure auch *l*-α-Oxybuttersäure dehydriert. Brenztraubensäure ist ein spezifischer, vermutlich kompetitiv wirkender Inhibitor der Milchsäure-dehydrierung; weiters hemmen Arsenit, Oxalat und Glycerat.

Die Messung der Enzym-aktivität erfolgt entweder mit der sog. THUNBERG-Technik, wobei die Zeit bestimmt wird, in welcher das Enzym-Substrat-gemisch in Abwesenheit von Sauerstoff Methylenblau entfärben kann, oder in der WARBURG-Apparatur durch Messung der Sauerstoff-aufnahme in Anwesenheit einer entsprechenden Überträger-substanz.

Während für das gelöste Enzym das p_H-Optimum 6,2 angegeben wird, ist bei Suspensionen die Wirksamkeit bei p_H 5,6 am höchsten. Hochgereinigte Präparate zeigen aber nach BACH, DIXON und ZERFAS[4] ihre optimale Aktivität bei p_H 5,2.

Das Enzym geht verhältnismäßig leicht in Lösung. Eine hochgereinigte Präparation wurde von BACH, DIXON und ZERFAS[4] erhalten; diese erwies sich aber als sehr instabil. Die hochkonzentrierte Zubereitung enthielt ein wasser-lösliches Hämin, welches dem Cytochrom b nahesteht und als Cytochrom b_2 bezeichnet wird. Es ist noch nicht geklärt, ob Cytochrom b_2 mit der L-Lactat-dehydrogenase identisch ist oder einen zusätzlichen Faktor darstellt, welcher zur Reaktion mit Cytochrom c erforderlich ist.

Über die Bedeutung der L-Lactat-dehydrogenase im Stoffwechsel der Hefe ist bisher noch nichts bekannt geworden.

III. L-α-Glycerophosphat-dehydrogenasen (*α-Glycerophosphat-dehydrase*)

Wie bereits an anderer Stelle (S. 465) berichtet wurde, finden sich im tierischen Gewebe zwei verschiedene Typen von Fermenten, welche L-α-Glycerophosphat dehydrieren. Der eine von ihnen überträgt den Wasserstoff auf DPN und wurde deshalb bereits im vorhergegangenen Kapitel (S. 465) besprochen, während der andere — wahrscheinlich über Zwischenfaktoren — mit dem Cytochrom-system verbunden ist.

---

[1] S. J. BACH, M. DIXON und L. G. ZERFAS: Biochem. J. **40**, 229 (1940); E. G. BALL, C. B. ANFINSEN und O. COOPER: J. biol. Chem. **168**, 257 (1947); E. C. SLATER: Biochem. J. **45**, 1 (1949); A. M. PAPPENHEIMER, Jr. und E. D. HENDEE: J. biol. Chem. **180**, 597 (1949).

[2] H. W. CLARK, H. A. NEUFELD und E. STOTZ: Federation Proc. **10**, 172 (1951); C. WIDMER und E. STOTZ: Ibid. **11**, 310 (1952); A. T. JOHNS: Biochem. J. **49**, 559 (1951); C. L. TSOU: Ibid. **49**, 512 (1951).

[3] M. STEPHENSON: Biochem. J. **22**, 605 (1928); F. BERNHEIM: Ibid. **22**, 1178 (1928).

[4] S. J. BACH, M. DIXON und L. G. ZERFAS: Ibid. **40**, 229 (1946).

Dieser Enzymtypus wurde von MEYERHOF[1] entdeckt; die katalysierte Reaktion läßt sich durch die Formel

$$\begin{array}{ccc} H_2COPO_3H_2 & & H_2COPO_3H_2 \\ | & & | \\ HCOH & -2\,H^+ - 2\,e^- \rightarrow & CO \\ | & & | \\ H_2COH & & H_2COH \\ \text{L-}\alpha\text{-Glycerophosphat} & & \text{Phosphodioxyaceton} \end{array}$$

darstellen. LARDY und Mitarbeiter[2] konnten kürzlich beweisen, daß das Reaktionsprodukt nicht 3-Phosphoglycerinaldehyd ist, wie früher oft angenommen wurde, sondern Phsphodioxyaceton. Das Ferment ist absolut spezifisch; D-α-Glycerophosphat, β-Glycerophosphat, Glycerin, 2-Phosphoglycerinsäure und 3-Phosphoglycerinsäure werden nicht dehydriert.

Die Enzyme dieser Spezifität verhalten sich in vielem sehr ähnlich wie die Succinat-dehydrogenasen; ALWALL[3] konnte aber zeigen, daß die beiden Fermenttypen nicht identisch sind. L-α-Glycerophosphat-dehydrogenasen finden sich in verhältnismäßig hoher Konzentration in allen tierischen Geweben; das beste Ausgangsmaterial zur Darstellung eines Präparats ist Skelettmuskel.

Die Messung der Aktivität kann durch manometrische Bestimmung der Sauerstoff-aufnahme des Enzym-Substrat-gemisches in Anwesenheit von Cytochrom c oder Methylenblau als Überträger erfolgen. Unter anaeroben Bedingungen kann auch die THUNBERG-Technik angewandt werden.

Narcotica, wie Urethan und Octanol, wirken als Inhibitoren; Cyanid hemmt nur dann, wenn Cytochrom c als Überträger fungiert. 2-Phosphoglycerinsäure und 3-Phosphoglycerinsäure üben ebenfalls eine Hemmwirkung aus; sie dürften mit dem Substrat um die Bindung an das aktive Zentrum des Enzymproteins konkurrieren[4].

Das Optimum der Fermentaktivität liegt weit im alkalischen Gebiet; Werte zwischen p_H 8 und 10 werden angegeben.

Bis vor kurzem war es nicht möglich, ein Enzym dieses Typus in Lösung zu bringen. MORTON[5] berichtete 1950, daß es ihm mit Hilfe von n-Butanol gelungen ist, ein lösliches Präparat einer L-α-Glycerinphosphat-dehydrogenase darzustellen, gibt aber keine weiteren Angaben über die Natur des Enzymproteins.

Die biologische Bedeutung der Enzyme ist noch völlig ungeklärt; es muß als sicher erachtet werden, daß sie nicht an den Vorgängen der Glykolyse beteiligt sind.

IV. Aldehyd-dehydrogenase *(Aldehyd-dehydrase)* aus Kartoffeln

Während im tierischen Organismus verschiedene Enzyme vorgefunden wurden, welche die Dehydrierung von Aldehyden bzw. Aldehydhydraten zu den entsprechenden Carbonsäuren katalysieren, wobei entweder DPN oder FAD als primäre Akzeptoren fungieren, ist der Wasserstoff-akzeptor des einzigen bisher bearbeiteten pflanzlichen Ferments analoger Spezifität noch unbekannt.

Nachdem bereits 1913 BACH[6] feststellen konnte, daß roher Kartoffel-saft in Gegenwart von Aldehyd Nitrat zu Nitrit reduziert, während unter gleichen Be-

[1] O. MEYERHOF: Pflüger's Arch. ges. Physiol. **175**, 20 (1919).
[2] TA-CHENG LUNG, L. ANDERSON und H. A. LARDY: Arch. Biochem. Biophys. **40**, 194 (1952).
[3] N. ALWALL: Skand. Arch. Physiol. **58**, 65 (1930).
[4] D. E. GREEN: Biochem. J. **30**, 629 (1936); H. WEIL-MALHERBE: Nature **140**, [illegible] (1937).
[5] R. K. MORTON: Nature **166**, 1092 (1950).
[6] A. BACH: Biochem. Z. **52**, 412 (1913).

dingungen keine Reduktion von Methylenblau zum entsprechenden Leukofarbstoff stattfindet, beobachteten etwas später MICHLIN[1] und BERNHEIM[2], daß unter bestimmten Voraussetzungen auch Methylenblau einer Reduktion unter gleichzeitiger Dehydrierung von Aldehyden zugänglich ist.

Spätere Untersuchungen führten zu mehr als 100facher Konzentrierung des Enzyms[3, 4].

Es werden sowohl aliphatische als auch aromatische Aldehyde in die entsprechenden Säuren überführt. Als Akzeptoren sind besonders Nitrat und 2,6-Dichlorphenolindophenol, Toluylenblau und bis zu einem gewissen Grad auch Methylenblau geeignet. Sauerstoff wirkt in Anwesenheit von Aldehyden stark schädigend auf das Enzym, was auf die Bildung eines Aldehydperoxyds zurückzuführen sein dürfte.

Eine prosthetische Gruppe konnte nicht nachgewiesen werden. Das p_H-Optimum der Wirksamkeit ist stark von der verwendeten Puffermischung abhängig; in Veronal-Acetat-puffer liegt es mit Nitrat als Akzeptor bei p_H 4,44, während der entsprechende Wert in Phosphat-Citronensäure-puffer mit 5,6 angegeben wird. Natriumazid, Cyanid und Jodessigsäure sowie Chinon sind starke Inhibitoren der Enzymwirkung.

V. Formiat-dehydrogenase *(Ameisensäure-dehydrase)*

Suspensionen von *Escherichia coli* sind imstande, Ameisensäure zu dehydrieren[5]. STICKLAND[6] gelang es, durch Verdauung der Bakterien mit Trypsin ein Enzympräparat zu erhalten, das die genannte Reaktion *in vitro* katalysierte. Das Ferment findet sich im unlöslichen Material. DPN oder TPN dürften am Zustandekommen des Vorgangs nicht beteiligt sein, weshalb die Wirkung des Enzyms folgendermaßen dargestellt werden muß:

$$HCOOH - 2\,H^+ - 2\,e^- \rightarrow CO_2$$

Die Elektronen werden über das Cytochrom-Cytochrom-oxydase-system weiter zum Sauerstoff transportiert.

Die Messung der Enzymaktivität erfolgt mit der THUNBERG-Technik. Das durch Trypsin-behandlung erhaltene Enzym wird in Anwesenheit von Ameisensäure durch O_2 inaktiviert[7].

Über die Bedeutung der katalysierten Reaktion für die Bakterien ist noch wenig bekannt; man nimmt heute an, daß die Wirkung der sog. Hydrogenlyase (S. 665) durch ein Zusammenspiel von Formiat-dehydrogenase und Hydrogenase zustande kommt.

VI. Oxalat-dehydrogenasen

Angaben von THUNBERG[8] zufolge soll in verschiedenen Pflanzensamen, darunter besonders in denjenigen von *Malva crispa*, ein Enzymtypus vorkommen, der in Anwesenheit von Oxalsäure Methylenblau entfärbt, was darauf schließen läßt, daß eine Wasserstoff- bzw. Elektronen-übertragung von Oxalsäure auf den Farbstoff stattfindet. Die Wirkung verschwindet nach Erhitzen auf Temperaturen über 60°. Als Oxydations-produkt der Oxalsäure muß Kohlendioxyd angenommen werden. Über die Eigenschaften der Enzyme dieses Typus

---

[1] D. MICHLIN: Biochem. Z. **185**, 216 (1927); **202**, 329 (1928).
[2] F. BERNHEIM: Biochem. J. **22**, 344 (1928).
[3] K. BHAGVAT (unveröffentlicht): Zitiert nach D. E. GREEN: Mechanisms of Biological Oxidations, S. 161. Cambridge: Cambridge University Press. 1940.
[4] W. FRANKE und F. SCHUMANN: Liebig's Ann. Chem. **552**, 243 (1942).
[5] J. H. QUASTEL und M. D. WHETHAM: Biochem. J. **19**, 520 (1925).
[6] L. H. STICKLAND: Ibid. **23**, 1187 (1929).
[7] E. F. GALE: Ibid. **33**, 1012 (1939).
[8] T. THUNBERG: Scand. Arch. Physiol. **54**, 6 (1928).

ist bisher nur sehr wenig bekannt; ein Befund von FODOR und FRANKENTHAL[1], nach dem die Methylenblau-entfärbung durch Oxalsäure mit einem Enzympräparat aus Gerste nur dann erfolgt, wenn Hefe-kochsaft zugesetzt wird, läßt eine Beteiligung von DPN als Akzeptor vermuten.

VII. Cholin-dehydrogenasen *(Cholin-oxydase, Cholin-dehydrase)*

In der Leber und in der Niere von Säugetieren kommen Enzyme vor, welche Cholin zu Betainaldehyd dehydrieren[2]. Der primäre Wasserstoff- oder Elektronen-akzeptor konnte bisher noch nicht eindeutig identifiziert werden[3]; an der weiteren Elektronen-übertragung bis zum Sauerstoff ist das Cytochrom-system beteiligt.

Die Reaktion, welche durch Fermente dieses Typus katalysiert wird, muß deshalb folgendermaßen formuliert werden:

$$\underset{\text{Cholin}}{(CH_3)_3\overset{+}{N}(OH)CH_2CH_2OH} - 2\,H^+ - 2\,e^- \rightarrow \underset{\text{Betainaldehyd}}{(CH_3)_3\overset{+}{N}(OH)CH_2CHO}$$

Außer Cholin wird auch Arsenocholin dehydriert.

Das Enzym aus Rattenleber zeigt ein breites p_H-Optimum der Aktivität zwischen 6,8 und 7,8[5].

WILLIAMS[6] konnte kürzlich zeigen, daß die Hauptmenge des Enzyms der Ratten-leber in den Mitochondrien lokalisiert ist, während die beim Zentrifugieren erhaltene überstehende Lösung einen sehr wirksamen Inhibitor des Enzyms enthält.

Wenn man Ratten Aminopterin in der Nahrung zuführt, so findet sich in der Leber der Tiere eine weitaus geringere Aktivität des Cholin-oxydase-systems als in der Leber von normal ernährten Ratten. Durch Zusatz von Folsäure, *Leuconostoc citrovorum*-Faktor, Ascorbinsäure oder Vitamin B_{12} kann die Wirksamkeit des Fermentsystems *in vitro* zumindest teilweise wiederhergestellt werden; die Annahme, daß Folsäure oder der *L. citrovorum*-Faktor die prosthetische Gruppe des Ferments darstellen, kann aber noch nicht als gesichert angesehen werden.

Das Cholin-oxydase-system, in welchem die Cholin-dehydrogenase ein Teilferment ist, hat, wie in letzter Zeit von DUBNOFF[7] und von MUNTZ[8] erkannt wurde, eine Bedeutung für Transmethylierungen mit Cholin als Methylgruppen-donator, da gezeigt werden konnte, daß Cholin erst zu Betain oxydiert werden muß, um die Methyl-gruppe „labil" zu machen (vgl. S. 360).

VIII. *l*-α-Oxyglutarat-dehydrogenasen

Fermente, welche *l*-α-Oxyglutarsäure zu α-Ketoglutarsäure dehydrieren, finden sich im Gewebe verschiedener Säugetiere[9]. Schweineherzen scheinen das beste Ausgangsmaterial zur Herstellung von Zubereitungen eines derartigen Enzyms

---

[1] A. FODOR und L. FRANKENTHAL: Biochem. Z. **255**, 417 (1930).

[2] F. BERNHEIM und M. L. C. BERNHEIM: Amer. J. Physiol. **104**, 438 (1933); **121**, 55 (1938); P. J. G. MANN und J. H. QUASTEL: Biochem. J. **31**, 689 (1937).

[3] In einer jüngst erschienenen Arbeit[4] gelang es nachzuweisen, daß ein Enzym dieses Typus aus Ratten-leber DPN-spezifisch ist und demnach als Cholin→DPN-transhydrogenase zu klassifizieren ist.

[4] D. R. STRENGTH, J. R. CHRISTENSEN und L. J. DANIEL: J. biol. Chem. **203**, 63 (1953).

[5] J. N. WILLIAMS, Jr., G. LITWACK und C. A. ELVEHJEM: Ibid. **192**, 73 (1951).

[6] J. N. WILLIAMS, Jr.: Ibid. **194**, 139 (1952).

[7] J. W. DUBNOFF: Arch. Biochem. **24**, 251 (1949).

[8] J. A. MUNTZ: J. biol. Chem. **182**, 489 (1950).

[9] H. WEIL-MALHERBE: Biochem. J. **31**, 2080, 2202 (1937).

zu sein. Der natürliche Wasserstoff- oder Elektronen-akzeptor ist bisher noch nicht gefunden worden; in Enzym-Substrat-gemischen wirkt Pyocyanin, ein bakterielles Stoffwechsel-produkt, welches sich vom Phenazin ableitet, als Elektronen-akzeptor und kann nur durch wenige andere Phenazin-derivate ersetzt werden. Da Pyocyanin oder auch andere Abkömmlinge des Phenazins mit Sicherheit nicht im tierischen Organismus vorkommen, muß die Wirkungsweise der Fermente dieses Typus bis auf weiteres folgendermaßen formuliert werden:

$$\underset{l\text{-}\alpha\text{-Oxyglutarsäure}}{HOOCCH_2CH_2CHOHCOOH} - 2\,H^+ - 2\,e^- \rightleftharpoons \underset{\alpha\text{-Ketoglutarsäure}}{HOOCCH_2CH_2COCOOH}$$

Das *d*-Isomere wird nicht angegriffen. Als p_H-Optimum wird 8,0 bis 8,5 angegeben.

Obwohl DPN für die Wirksamkeit wahrscheinlich nicht erforderlich ist, kann bei Anwesenheit eines derartigen Enzyms DPN · H_2 als Wasserstoff-donator für α-Ketoglutarsäure fungieren. SCHLENK[1] hält es aber auf Grund der Daten von WEIL-MALHERBE[2] immerhin für möglich, daß die Fermente in Wirklichkeit DPN-spezifische Transhydrogenasen sind.

In letzter Zeit berichtet MARTIUS[3] über eine Dismutation der α-Ketoglutarsäure im Verlauf des anaeroben Abbaus der Citronensäure. Während ein Teil der α-Ketoglutarsäure zu Bernsteinsäure abgebaut wird, erfährt ein anderer Teil eine Reduktion zu α-Oxyglutarsäure, wobei vermutlich der hier besprochene Enzymtypus in Aktion tritt. MARTIUS[3] vertritt die Ansicht, daß diese „Oxyglutarsäure-gärung" einen Regulationsmechanismus darstellt, durch den der Organismus in die Lage versetzt wird, auch unter ungünstigen Bedingungen (anaerobe Verhältnisse) den Citronensäure-spiegel des Blutes und der Gewebe niedrig zu halten. Das sei aber von großer Wichtigkeit, da eine gar nicht bedeutende Vergrößerung des Citrat-gehaltes im Blut wegen der Bindung der Ca-Ionen durch die Citronensäure zu gefährlichen Zuständen führen könne. Eine Erhöhung der Citrat-konzentration von 2,2 mg% — dem Normalwert — auf 8 mg% genügt nach MARTIUS[3] bereits zur Auslösung schwerer tetanischer Anfälle.

IX. Thiamin-dehydrogenase (Thiamin → Adrenalinchinon-transhydrogenase?)

Nach TITAJEW[4] enthalten verschiedene tierische Organe, und zwar vor allem die Hypophyse, daneben aber auch die Schilddrüse und das Blut, einen Fermenttypus, der Thiamin durch Dehydrierung in Thiochrom überführt. Als Wasserstoff-akzeptor soll oxydiertes Adrenalin (Adrenalinchinon) fungieren.

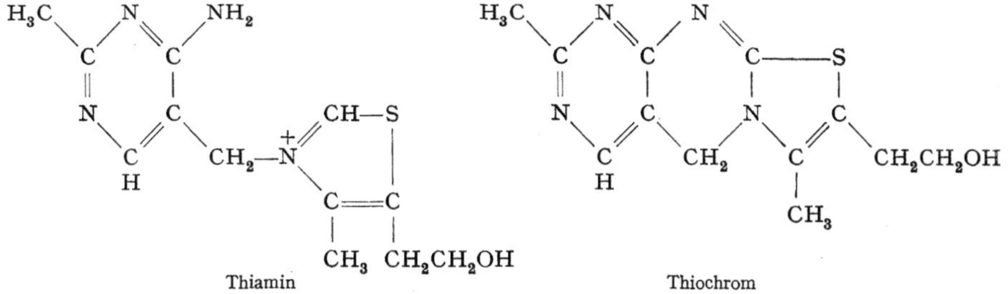

```
H3C     N      NH2               H3C     N       N
   \   / \\   /                     \   / \\   /  \\
    C       C                        C       C      C------S
    ||      |                        ||      |      |      |
    N       C         CH—S           N       C      N      C
     \    //  \    +//    |           \    //  \   / \   // \
      C        CH2—N      |            C        CH2     C      CH2CH2OH
      H              \    |            H                |
                      C==C                              CH3
                      |  |
                    CH3  CH2CH2OH
        Thiamin                                 Thiochrom
```

Das Ferment läßt sich aus dem Blutplasma mittels Äthanol oder Aceton ausfällen. Mg^{++} wirkt aktivierend, während verschiedene reduzierende Verbindungen, wie Ascorbinsäure oder Glutathion, die Aktivität hemmen.

---

[1] F. SCHLENK: In „The Enzymes", herausgegeben von J. B. SUMNER und K. MYRBÄCK, Bd. II/1, S. 250, u. zw. 315. New York: Academic Press. 1951.

[2] H. WEIL-MALHERBE: Biochem. J. **31**, 2080, 2202 (1937).

[3] C. MARTIUS: In „Symposium sur le Cycle tricarboxylique", 2e Congr. internat. Biochimie, S. 28. Paris 1952.

[4] A. A. TITAJEW: Biochimija **13**, 197 (1948); **15**, 236 (1950).

X. α,β-Ungesättigte Acyl-CoA-reductasen *(Äthylen-reductase, Acyl-CoA-dehydrase)*

Wie kürzlich erkannt wurde, sind an der Biosynthese und auch am Abbau der Fettsäuren (Fettsäure-zyklus, S. 719) Enzyme beteiligt, welche die Hydrierung von α,β-ungesättigten Acyl-derivaten von CoA bzw. die inverse Reaktion, d. h. die Dehydrierung von gesättigten Fettsäure-abkömmlingen unter Einführung einer α,β-Doppelbindung, katalysieren[1,2]. Da bisher ausschließlich mit synthetischen Wasserstoff-donatoren bzw. -akzeptoren gearbeitet wurde, läßt sich der von den Fermenten dieser Spezifität bewirkte Vorgang zur Zeit nur in folgender Weise darstellen:

$$\text{Leukofarbstoff} + \text{RCH}{=}\text{CHCO—S—Co}\bar{\text{A}} \rightleftharpoons \text{RCH}_2\text{CH}_2\text{CO—S—Co}\bar{\text{A}} + \text{Farbstoff}$$

Die natürlichen Wasserstoff-akzeptoren bzw. -donatoren sind noch nicht bekannt; die Bezeichnung dieser Enzyme muß deshalb als vorläufig angesehen werden.

Fermente, welche zu derartigen Leistungen fähig sind, wurden bisher nur in der Säugetier-leber nachgewiesen; es ist aber anzunehmen, daß der Enzymtypus seiner allgemeinen Bedeutung entsprechend eine weitaus größere Verbreitung hat.

Nach Angaben von Beinert und Mitarbeitern[3] existieren in den Mitochondrien der Rinder-leber zumindest zwei Vertreter dieses Enzymtypus, von welchen der eine für Acyl-derivate mit einer Kettenlänge von drei bis acht C-Atomen und der andere für solche mit Ketten, welche aus mehr als sechs C-Atomen bestehen, spezifisch ist.

Es besteht Übereinstimmung darüber, daß alle bisher untersuchten Fermente dieses Typus FAD-Proteine sind. FAD wird bei p_H 3,7 abgespalten; es entsteht ein farbloses inaktives Protein, das durch Zugabe von FAD reaktiviert werden kann. Ein entsprechendes Enzym dieses Typus aus der Rinder-leber enthält aber neben FAD auch zweiwertiges Kupfer als Teil der prosthetischen Gruppe[2] und zwar im Verhältnis 1 Mol FAD zu 2 Cu-Atomen. Eine Präparation dieses Enzyms ist lebhaft grün gefärbt, während Präparationen gleichartiger Fermente aus Schaf-leber in Lösung eine gelbe Farbe aufweisen[1]. Mahler[2] schreibt dem Cu^{++}-Gehalt seiner Ferment-präparate eine wichtige Rolle zu; während FAD als Überträger für zwei Elektronen fungiert, könne Cu^{++} die Übertragung einzelner Elektronen auf entsprechende Akzeptoren (Fe^{3+}-Cytochrome) vermitteln und stelle somit den Zwischen-überträger zwischen Flavin- und Cytochrom-system dar.

XI. Fumarat-reductase *(Fumar-hydrase)*

Bei der Darstellung von „altem gelben Ferment" ($TPN \cdot H_2 \rightarrow O_2$-transhydrogenase) aus Hefe entdeckten Fischer und Mitarbeiter[4] ein Enzym, welches in Anwesenheit von Leukomethylenviolett Fumarsäure zu Bernsteinsäure reduziert und Flavin-Adenin-dinucleotid (FAD) enthält. In letzter Zeit konnte wahrscheinlich gemacht werden, daß die prosthetische Gruppe dieses Ferments neben FAD auch Fe^{++} enthält[5].

```
                              H—C—COOH             COOH
                                                    |
+ Leukomethylenviolett           ||         →      CH2        + Methylenviolett
                                                    |
                              HOOC—C—H             CH2
                                                    |
                                                   COOH
```

[1] W. Seubert und F. Lynen: J. Amer. chem. Soc. 75, 2787 (1953).

[2] H. R. Mahler: Ibid. 75, 3288 (1953).

[3] H. Beinert, R. M. Bock, D. S. Goldman, D. E. Green, H. R. Mahler, S. Mii, P. G. Stansly und S. J. Wakil: Ibid. 75, 4111 (1953).

[4] F. G. Fischer und H. Eysenbach: Liebig's Ann. Chem. 530, 99 (1937); F. G. Fischer, A. Roedig und K. Rauch: Naturwiss. 27, 197 (1939); Liebig's Ann. Chem. 552, 203 (1942).

[5] K. Harrison: Nature 172, 509 (1953).

Eine natürlich vorkommende Substanz, welche als Wasserstoff-donator dieser Reaktion dienen kann, wurde bisher noch nicht gefunden. Die biologische Bedeutung des Enzyms ist noch vollkommen ungeklärt.

XII. Ungesättigte Fettsäure-reductase *(Saturase)*

Nach ZELLER und MASCHEK[1] findet sich in etiolierten Kürbis-keimlingen ein Ferment, welches eine Verringerung der Anzahl der Doppelbindungen in ungesättigten Fettsäuren verursacht. Der Wasserstoff-donator ist unbekannt. Das Enzym kann aus den zermahlenen Keimlingen mit Wasser extrahiert werden und wirkt optimal zwischen p_H 7 und 8. Es wird durch geringe Mengen $MnCl_2$ aktiviert.

XIII. Methämoglobin-reductasen

In den Erythrozyten entstehen dauernd kleine Mengen von Methämoglobin aus Hämoglobin. Zur Beseitigung dieser Substanz besitzen die Erythrozyten Reduktions-mechanismen, welche das Methämoglobin wieder in Hämoglobin überführen. Nach Untersuchungen von KIESE[2] ist die Methämoglobin-reduktion in den roten Blutkörperchen enge mit dem Kohlehydrat-abbau verknüpft, der in den Erythrozyten ausschließlich als Glykolyse verläuft. Das bei der Oxydation von Phosphoglycerinaldehyd entstehende DPN · H_2 wird zumindest zum Teil zur Reduktion des Methämoglobins eingesetzt. DPN · H_2 kann aber nicht direkt mit Methämoglobin reagieren; es existiert vielmehr ein komplizierterer Mechanismus: der Wasserstoff wird primär — vermutlich unter Mitwirkung eines Ferments vom Typus der Diaphorasen (S. 541) — auf ein Flavinprotein übertragen, welches dann für die Reduktion des Methämoglobins verantwortlich ist. Dieses Flavinprotein kann als Methämoglobin-reductase bezeichnet werden; über seine Eigenschaften ist allerdings noch sehr wenig bekannt. Es ist durchaus möglich, daß neben dem geschilderten System auch weitere, noch unerforschte Systeme an der Methämoglobin-reduktion im Blut teilhaben.

Es wäre vorstellbar, daß die — sehr selten auftretende — idiopathische Methämoglobinämie durch eine Störung der Methämoglobin-reduzierenden Systeme in den Erythrozyten verursacht wird[3]; ebenso könnte auch die Fähigkeit verschiedener organischer Substanzen (Anilin, Nitrobenzol, Sulfonamide u. a.) eine Methämoglobin-ämie zu erzeugen dadurch bedingt sein, daß diese Stoffe die Reduktion des Methämoglobins hemmen.

XIV. L-Dehydroascorbinat-reductasen

In vielen Pflanzen finden sich Enzyme, welche die Reduktion von L-Dehydroascorbinsäure zu L-Ascorbinsäure katalysieren. Nach den Untersuchungen von HOPKINS und Mitarbeitern ist der Wasserstoff-donator reduziertes Glutathion (GSH)[4]. Wenn es sich um einheitliche Fermente handelt, was vielleicht noch nicht ganz sicher ist, wäre somit die katalysierte Reaktion wie folgt zu formulieren:

$$2\ \mathrm{GSH} + \text{L-Dehydroascorbinsäure} \rightarrow \text{L-Ascorbinsäure} + \mathrm{GSSG}$$

In letzter Zeit berichteten YAMAGUCHI und JOSLYN[5] über die Reinigung und Charakterisierung eines derartigen Enzyms. Sie konnten eine 120fache Konzentrierung gegenüber dem Ausgangsmaterial erreichen. Ihre Enzym-präparation zeigte bei p_H 6,9 die stärkste Aktivität. Cystein oder Thioglykolsäure konnten Glutathion als Wasserstoff-donatoren nicht ersetzen; das System reduzierte Dehydro-D-araboascorbinsäure und 1,2,3-Triketocyclopentan weitaus langsamer als L-Dehydroascorbinsäure. Orthophosphat wirkt in verhältnismäßig hohen Konzentrationen (optimal 0,4 m) als Aktivator; Arsenat hat einen ähnlichen aber schwächeren Effekt. Verschiedene Anzeichen deuten auf eine Beteiligung eines Pyridinnucleotids, für welche aber noch kein schlüssiger Beweis vorliegt.

---

[1] E. A. ZELLER und F. MASCHEK: Biochem. Z. **312**, 354 (1942).

[2] M. KIESE: Naunyn-Schmiedeberg's Arch. exp. Path. Pharmakol. **188**, 288 (1947).

[3] O. BODANSKY: Pharmacol. Revs. **3**, 144 (1951).

[4] F. G. HOPKINS und E. J. MORGAN: Biochem. J. **30**, 1446 (1936); E. M. CROOK und F. G. HOPKINS: Ibid. **32**, 1356 (1938); E. M. CROOK: Ibid. **35**, 226 (1941); vgl. auch V. N. BUKIN: Biochimija **8**, 60 (1943).

[5] M. YAMAGUCHI und M. A. JOSLYN: Arch. Biochem. Biophys. **38**, 451 (1952).

Fermente dieses Typus könnten bei der pflanzlichen Atmung eine Rolle spielen; durch Zusammenwirken von TPN · H_2 → Glutathion-transhydrogenase (S. 492), dem hier beschriebenen Enzymtypus und einer L-Ascorbinat-oxydase (vgl. S. 566), wäre ein Transport der Elektronen von TPN · H_2 zum Sauerstoff ohne Mitwirkung eines Cytochrom-Cytochromoxydase-systems möglich. Befunde von BARKER und MAPSON[1] machen die Existenz derartiger Atmungs-ketten in der Kartoffel sehr wahrscheinlich.

36. Aerobe Transhydrogenasen

Unter dem Namen „Aerobe Transhydrogenasen" werden hier, wie bereits an anderer Stelle (S. 100) erläutert wurde, Enzyme verstanden, welche die Übertragung von Wasserstoff auf Sauerstoff bewirken, wobei Wasserstoffperoxyd entsteht. Die allgemeine Reaktions-gleichung der Vorgänge, die durch aerobe Transhydrogenasen katalysiert werden, ist demnach

$$R\langle^{H}_{H} + O_2 \rightarrow H_2O_2 + R$$

Die Enzyme dieser Gruppe werden in anderen Darstellungen häufig als aerobe oder auch oxytrope Dehydrogenasen klassifiziert; die einzelnen Fermente werden oft Oxydasen genannt. Die Gründe für die Aufstellung der hier gebrauchten Nomenklatur sind in den Kapiteln 10 und 11 erörtert worden.

Unter den aeroben Transhydrogenasen enthalten die meisten Fermente entweder Flavin-mononucleotid (FMN) oder Flavin-Adenin-dinucleotid (FAD) als prosthetische Gruppe. Es scheint aber auch Fermente mit analoger Wirkungsweise zu geben, bei welchen die Anwesenheit eines Flavinnucleotids als prosthetische Gruppe im Enzym-molekül nicht erforderlich ist, wie z. B. die Ungesättigte-Fettsäure → O_2-transhydrogenasen *(Lipoxydase)*; in anderen Fällen sind die Fermente noch nicht genügend genau untersucht, um die Existenz einer prosthetischen Gruppe des Flavin-typus auszuschließen.

Wegen der großen Bedeutung der Flavinnucleotide für die meisten Enzyme dieser Gruppe ist der Abhandlung der einzelnen Fermente eine Besprechung der Flavinnucleotide vorausgeschickt.

I. Die Flavinnucleotide[2]

a) Allgemeines

Nachdem bereits 1925 BLEYER und KALLMAN[3] über die Darstellung eines gelben Pigments aus Milch berichtet hatten, konnten SZENT-GYÖRGYI und Mitarbeiter[4] einige Jahre später eine gelbgefärbte Präparation aus Herzmuskel isolieren, deren Farbe bei der Reduktion verschwand und bei der Oxydation wieder auftrat. SZENT-GYÖRGYI schloß aus diesem Befund, daß die von ihm als „*Cytoflav*" bezeichnete Substanz in irgend einer Weise an der Zellatmung beteiligt

---

[1] J. BARKER und L. W. MAPSON: New Phytologist 51, 90 (1952); vgl. dazu auch das Übersichtsreferat von L. W. MAPSON: Vitamins and Hormones 11, 1 (1953).

[2] Handbuchartikel und Übersichtsreferate: H. THEORELL: In „The Enzymes", herausgegeben von J. B. SUMNER und K. MYRBÄCK, Bd. II/1, S. 335. New York: Academic Press. 1951; H. RUDY: Fortschr. Chem. organ. Naturstoffe 2, 61 (1939); P. BOULANGER: Exp. ann. Biochimie méd. 8, 207 (1948).

[3] B. BLEYER und A. KALLMAN: Biochem. Z. 155, 54 (1925).

[4] A. SZENT-GYÖRGYI und I. BANGA: Ibid. 246, 203 (1932); I. BANGA, A. SZENT-GYÖRGYI und L. VARGHA: Hoppe-Seyler's Z. physiol. Chem. 210, 228 (1932).

ist. Bald darauf berichteten WARBURG und CHRISTIAN[1] über ein „gelbes Ferment“ aus Hefe, das aus einem gelben Farbstoff und einer Protein-komponente bestand. Das gelbe Ferment war imstande, die Übertragung von Wasserstoff von einem reduzierten „Coferment“ auf Sauerstoff zu katalysieren; das „Coferment“ wurde später als TPN erkannt. Durch Spaltung des gelben Ferments mit salzsaurem Methanol und Bestrahlung in alkalischer Lösung konnte als Reinprodukt das Lumiflavin erhalten werden, dem die Bruttoformel $C_{13}H_{12}N_4O_2$ zukommt.

1933 berichteten gleichzeitig KUHN und Mitarbeiter[2] sowie ELLINGER und KOSCHARA[3] über die Isolierung einer gelben Substanz aus Ovalbumin und aus Milch, deren Bruttoformel $C_{17}H_{20}N_4O_8$ war. Die Substanz erwies sich mit dem Vitamin B_2, einem wichtigen Wachstums-faktor für viele Tiere und Mikroorganismen, identisch.

Die Konstitutions-aufklärung des Vitamin B_2 wurde gleichzeitig von KARRER[4] und KUHN[5] durchgeführt; es konnte gezeigt werden, daß ihm die Formel eines 6,7-Dimethyl-9-D-ribityl-isoalloxazin zukommt; der internationalen Nomenklatur der Vitamine entsprechend wird die Verbindung als *Riboflavin* bezeichnet; ein anderer, heute weniger verwendeter Name, der auf den Ursprung aus Milch hinweist, ist Lactoflavin.

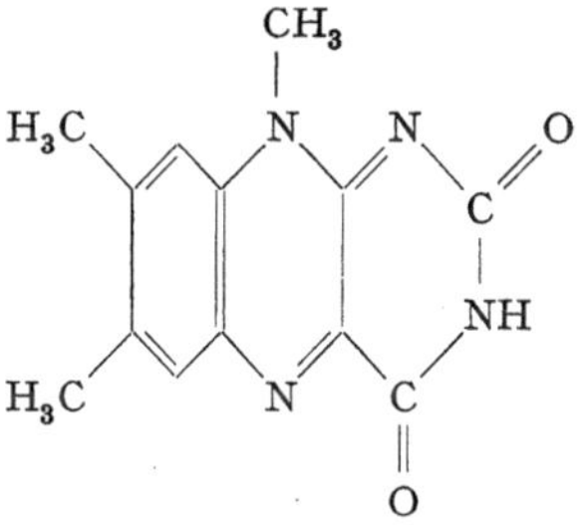

Lumiflavin

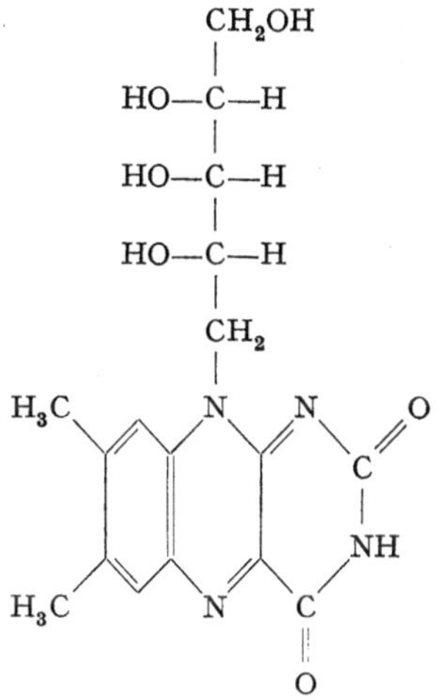

Riboflavin

Das „gelbe Ferment“ enthält außer einem gelben Farbstoff eine Protein-komponente. THEORELL[6] gelang es, das Enzym durch Elektrophorese zu reinigen und ein Produkt zu erhalten, das sich sowohl in der Ultrazentrifuge als auch bei der Elektrophorese als einheitlich erwies. Durch Dialyse in saurer Lösung konnte der Farbstoff, der für Riboflavin gehalten wurde, abgetrennt werden, ohne daß er oder die Protein-komponente chemisch verändert wurden; durch Wiedervereinigung der beiden Bestandteile erhielt man das vollaktive Enzym zurück. Bei den Elektrophorese-versuchen zeigte sich aber, daß die Farbstoff-kompo-

[1] O. WARBURG und W. CHRISTIAN: Naturwiss. **20**, 688, 980 (1932); Biochem. Z. **254**, 438; **257**, 492 (1933).

[2] R. KUHN, P. GYÖRGY und T. WAGNER-JAUREGG: Ber. dtsch. chem. Ges. **66**, 317 (1933).

[3] P. ELLINGER und W. KOSCHARA: Ibid. **66**, 315, 808, 1411 (1933).

[4] P. KARRER, K. SCHÖPP und F. BENZ: Helv. chim. Acta **18**, 426 (1935).

[5] R. KUHN, K. REINEMUND, H. KALTSCHMITT, R. STRÖBELE und H. TRISCHMANN: Naturwiss. **23**, 260 (1935).

[6] H. THEORELL: Biochem. Z. **272**, 155 (1934); **278**, 263 (1935); **290**, 293 (1937).

nente nicht mit Riboflavin identisch war; sie wanderte zur Anode. Es wurde festgestellt, daß in der prosthetischen Gruppe eine Säuregruppe enthalten war, die dann als Phosphorsäure erkannt wurde. KUHN und Mitarbeiter[1] konnten auch die genaue Konstitution dieses Phosphorsäure-esters aufklären: Es handelt sich um einen Monophosphorsäure-ester des Riboflavins; der Phosphat-rest ist an die 5-Stellung des Ribityl-restes gebunden. Dieser Riboflavin-phosphorsäure-ester wird heute allgemein als Flavin-mononucleotid (FMN) bezeichnet.

Flavin-mononucleotid (FMN)

Im Gegensatz zum „gelben Ferment" von WARBURG und CHRISTIAN, das auch häufig „altes gelbes Ferment" genannt wird, da es das erste bekanntgewordene Enzym dieser Gruppe ist, enthalten verschiedene andere „gelbe Fermente" nicht FMN als prosthetische Gruppe, sondern ein Flavin-Adenin-dinucleotid (FAD). Diese Substanz wurde zuerst von WARBURG und CHRISTIAN[2] aus der D-Amino-säure → O_2-transhydrogenase (*D-Aminosäure-oxydase*) der Schaf-nieren isoliert. FAD enthält AMP (ABRAHAM[3]); seine Struktur ist in der folgenden Formel wiedergegeben.

Flavin-Adenin-dinucleotid (FAD)

b) Die Darstellung der Flavinnucleotide

Während der Grundkörper der Flavinnucleotide, das Riboflavin, schon seit vielen Jahren der Synthese zugänglich ist, sind wir zur Herstellung der Flavinnucleotide noch immer weitgehend auf die Isolierung aus biologischem Material

[1] R. KUHN, H. RUDY und F. WEYGAND: Ber. dtsch. chem. Ges. **69**, 1543 (1936).

[2] O. WARBURG und W. CHRISTIAN: Biochem. Z. **295**, 261; **296**, 294; **297**, 417; **298**, 150 (1938).

[3] E. P. ABRAHAM: Biochem. J. **33**, 543 (1939).

angewiesen. FAD wird nach WARBURG und CHRISTIAN[1] aus Pferde-leber und -nieren oder aus Hefe auf einem verhältnismäßig komplizierten Wege erhalten. Aus 1 kg Niere oder Leber lassen sich etwa 1 mg FAD gewinnen.

Zur Herstellung von FMN kann man nach WARBURG und CHRISTIAN das „*alte gelbe Ferment*" in seine Bestandteile spalten. Wesentlich vorteilhafter ist die Gewinnung des Mononucleotids durch Hydrolyse des Dinucleotids, die entweder mit HCl oder am besten mit Hilfe der Nucleotid-pyrophosphatase vorgenommen wird (KORNBERG und PRICER[2], vgl. S. 346).

Immerhin muß betont werden, daß sowohl FMN als auch FAD sehr schwer zugängliche Substanzen sind und es wünschenswert wäre, wenn Methoden ausgearbeitet würden, die eine einfachere Gewinnung der Stoffe ermöglichten. Ein vorstellbarer Weg wäre die Synthese von FMN unter Verwendung einer ATP → Riboflavin-transphosphatase (*Flavokinase*[3], S. 433). FMN könnte dann mit Hilfe einer ATP → FMN-transadenylase[4] (S. 437) zu FAD umgesetzt werden; dies wäre eine Nachahmung des vermutlichen biologischen Weges der Synthese der beiden Substanzen.

c) *Die analytische Erfassung der Flavinnucleotide*

Flavine und Flavinnucleotide weisen in ihren Absorptionsspektren drei Hauptbanden in den Bereichen von 450, 375 und 260 mμ auf. Wie in der folgenden Tab. 58 gezeigt wird, sind die Unterschiede zwischen den Absorptionsbanden von Riboflavin und den beiden Flavinnucleotiden sehr gering, so daß es durch Bestimmung der Absorptionsspektren wohl möglich ist, die Gesamt-flavinmenge analytisch zu erfassen, ohne aber eine Aussage über die Verteilung der einzelnen Substanzen zu gestatten.

Tabelle 58. *Absorptionsspektren von Riboflavin, FMN, FAD und „altem gelben Ferment"* (nach THEORELL, *l. c.*)

Substanz	Maximum mμ	Molarer Absorptions-koeffizient . 10^{-7} cm²/Mol
Riboflavin	450	2,60
	375	2,26
	260	5,9
FAD	450	2,60
	375	2,06
	260	8,5
FMN	445	2,77
„*Altes gelbes Ferment*"	445	2,42
	380	2,22
	265	11,1

Der hohe Absorptions-koeffizient im Maximum von 260 mμ bei FAD ist darauf zurückzuführen, daß auch der Adenin-rest in diesem Bereich absorbiert; die analoge Erscheinung beim „alten gelben Ferment" wird durch die Absorption der Protein-komponente des Enzyms erklärt. Die Banden des „alten gelben Ferments" sind im Vergleich mit Riboflavin, FMN und FAD etwas verschoben; es ist wahrscheinlich, daß die Kupplung von FMN an das Protein, die höchstwahrscheinlich eine Bindung an zwei Stellen des FMN-Moleküls ist, für diesen Effekt verantwortlich ist.

Wie bereits erwähnt wurde, läßt sich durch Messung der Absorption nur die Gesamtmenge der Flavine erfassen; bis vor kurzer Zeit war eine Bestimmung der Konzentration der einzelnen Flavinnucleotide nur dadurch möglich, daß man die Fähigkeit der zu prüfenden Substanz, als prosthetische Gruppe entsprechender Enzyme zu fungieren, untersuchte. So

[1] O. WARBURG und W. CHRISTIAN: Biochem Z. **298**, 150, 368 (1938); vgl. dazu K. BURTON: Biochem. J. **48**, 458 (1951); L. G. WHITBY: Ibid. **54**, 437 (1953).

[2] A. KORNBERG und W. PRICER, Jr.: J. biol. Chem. **182**, 763 (1950).

[3] E. B. KEARNEY und S. ENGLARD: Ibid. **193**, 821 (1951).

[4] A. W. SCHRECKER und A. KORNBERG: Ibid. **182**, 795 (1950).

wurde z. B. der Gehalt einer Probe an FAD gemessen, indem man die Probe mit dem Apoferment einer D-Aminosäure$\rightarrow O_2$-transhydrogenase (D-*Aminosäure-oxydase*) zusammenbrachte und nunmehr auf D-Aminosäuren einwirken ließ; die Menge des entstehenden Sauerstoffs war unter entsprechenden Bedingungen der FAD-Konzentration proportional. Die Prüfung auf FMN erfolgte in analoger Weise mit dem Apoenzym des „*alten gelben Ferments*".

Vor kurzem gelang es nun BESSEY und Mitarbeitern[1], eine fluorometrische Meßmethode auszuarbeiten, welche die Bestimmung von Riboflavin, FMN und FAD nebeneinander gestattet. Riboflavin zeigt im Bereich zwischen p_H 1 und 11 eine starke gelbe Fluoreszenz; ebenso verhält sich FMN, während FAD aber auch Flavoproteine mit fest an das Protein gebundenen prosthetischen Gruppen überhaupt nicht fluoreszieren. Die Methode von BESSEY[1] beruht nun im wesentlichen darauf, daß zwischen der Fluoreszenz von FAD, FMN und Riboflavin diese Unterschiede bestehen, weiters, daß sich FAD leicht in FMN überführen läßt und schließlich, daß die Löslichkeiten von Riboflavin und FMN in Benzylalkohol sehr verschieden sind.

d) Wirkungsweise der Flavinnucleotide

Der Grundkörper der Flavinnucleotide, das Riboflavin, kann durch verschiedene Reduktionsmittel in seine Leukoform überführt werden. Der Vorgang ist reversibel; Oxydantien bewirken eine Reoxydation der Leukoform.

Riboflavin (gelb) $+ H_2 \rightleftharpoons$ Leukoform des Riboflavins (farblos)

Die Flavinnucleotide in den Fermenten, in denen sie als prosthetische Gruppe fungieren, erleiden bei der Wasserstoff-aufnahme eine völlig analoge Veränderung; bei der Weitergabe des Wasserstoffs bzw. der Elektronen an die endgültigen Akzeptoren (Sauerstoff, Cytochrom c, Methylenblau usw.) werden sie wieder zur gelben Form oxydiert.

SINGER und KEARNEY[2] konnten in einer ausführlichen Untersuchung zeigen, daß die Flavine auch in Abwesenheit der entsprechenden Proteine (Apoenzyme) imstande sind, manche von den Flavin-fermenten katalysierten Reaktionen zu bewirken. So können Riboflavin oder seine Nucleotide (FMN und FAD) die Reaktion zwischen reduzierten Pyridinnucleotiden und Cytochrom c vermitteln. Dieser Vorgang geht in zwei Stufen vor sich:

1. $\begin{matrix} DPN \cdot H_2 \\ \text{oder} \\ TPN \cdot H_2 \end{matrix} + \text{Flavin} \rightleftharpoons \text{Flavin} \cdot H_2 + \begin{matrix} DPN \\ \text{oder} \\ TPN \end{matrix}$
2. $\text{Flavin} \cdot H_2 + 2\ Fe^{3+}\text{-Cytochrom c} \rightleftharpoons 2\ Fe^{++}\text{-Cytochrom c} + \text{Flavin} + 2\ H^+$.

Gesamtreaktion:

$$\begin{matrix} DPN \cdot H_2 \\ \text{oder} \\ TPN \cdot H_2 \end{matrix} + 2\ Fe^{3+}\text{-Cytochrom c} \rightleftharpoons 2\ Fe^{++}\text{-Cytochrom c} + \begin{matrix} DPN \\ \text{oder} \\ TPN \end{matrix} + 2\ H^+.$$

[1] O. A. BESSEY, O. H. LOWRY und R. LOVE: J. biol. Chem. 180, 755 (1949).

[2] T. P. SINGER und E. B. KEARNEY: Ibid. 183, 409 (1950).

Die Reaktion erfolgt naturgemäß weitaus langsamer als die entsprechenden fermentativ katalysierten Vorgänge; außerdem unterscheidet sie sich von diesen durch die um vieles geringere Spezifität: die Enzyme, welche die Elektronen-übertragung von reduzierten Pyridinnucleotiden auf Cytochrom c bewirken, die DPN · $H_2 \rightarrow$ Cytochrom-c-transelektronasen (*DPN-Cytochrom-reductasen*, S. 539) und TPN · $H_2 \rightarrow$ Cytochrom-c-transelektronasen (*TPN-Cytochrom-reductasen*, S. 539), sind sowohl in Bezug auf die Elektronen-donatoren als auch auf die Akzeptoren streng spezifisch, während im System ohne Enzym DPN · H_2 und TPN · H_2 mit gleicher Geschwindigkeit reagieren und Sauerstoff mit Cytochrom c als Elektronen-akzeptor in Konkurrenz tritt.

Nach den bereits geschilderten Vorstellungen von MICHAELIS (S. 59ff.) muß angenommen werden, daß die Reduktion der Flavine über ein semichinoides Monohydro-radikal als Zwischenkörper erfolgt; tatsächlich gelang es MICHAELIS und Mitarbeitern[1], die Existenz eines solchen Zwischenproduktes, das bei physiologischem p_H beständig ist, nachzuweisen.

e) Die Biosynthese der Flavinnucleotide

Über die Synthese des Riboflavins, das den Flavinnucleotiden zugrunde liegt, ist noch wenig bekannt. Als mögliche Vorstufen bei Mikroorganismen werden Xanthin und andere Purine (*Eremothecium ashbyii*)[2] Alloxan und 1,2-Dimethyl-4-amino-(5-D-1'-ribitylamino)-benzol (*Lactobacillus casei*[3]) diskutiert. Wie bereits erwähnt wurde, fungiert Riboflavin bei vielen höheren Tieren als Vitamin, d. h. die Tiere müssen die Substanz mit der Nahrung aufnehmen, da ihnen ein Enzymsystem, das die Synthese bewirken könnte, überhaupt nicht oder nicht in ausreichender Form zur Verfügung steht. Hingegen sind höhere Pflanzen, Pilze, Hefen und sehr viele Mikroorganismen zur Bildung des Riboflavins befähigt. Nur einige wenige Bakterienarten (vor allem *Streptococcus*- und *Lactobacillus*-arten) benötigen den Zusatz von Riboflavin als Wuchsstoff in ihrem Nährmedium.

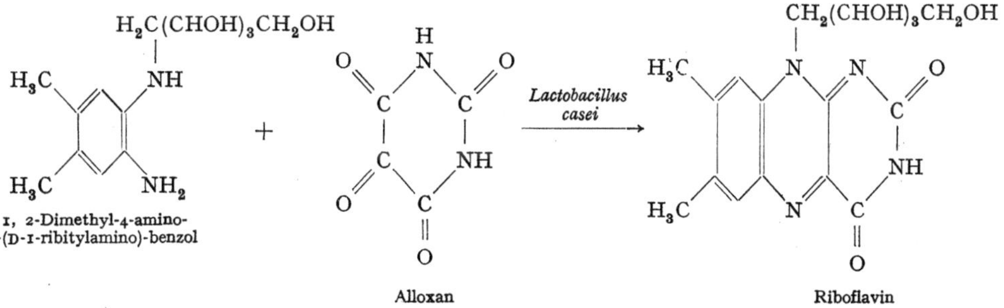

$H_2C(CHOH)_3CH_2OH$ · H_3C · NH · H_3C · NH_2 + H · O · N · O · C · C · C · NH · O · C · O → *Lactobacillus casei* → $CH_2(CHOH)_3CH_2OH$ · H_3C · N · N · O · C · NH · H_3C · N · C · O

1, 2-Dimethyl-4-amino-5-(D-1-ribitylamino)-benzol — Alloxan — Riboflavin

Die Überführung von Riboflavin in FMN und FAD konnte in letzter Zeit weitgehend aufgeklärt werden. KEARNEY und ENGLARD[4] entdeckten, daß in der Hefe ein Ferment die Reaktion

$$\text{ATP} + \text{Riboflavin} \rightarrow \text{ADP} + \text{FMN}$$

katalysieren kann; sie nennen dieses Enzym „*Flavokinase*", während der hier gebrauchten Nomenklatur die Bezeichnung ATP → Riboflavin-transphosphatase entspricht (vgl. S. 433). Es ist anzunehmen, daß auch in anderen Organismen die Bildung von FMN durch gleichartige Fermente bewirkt wird.

---

[1] L. MICHAELIS, M. P. SCHUBERT und C. V. SMYTHE: J. biol. Chem. **116**, 587 (1936).

[2] J. A. MACLAREN: J. Bacter. **63**, 233 (1952).

[3] H. P. SARETT: J. biol. Chem. **162**, 87 (1946).

[4] E. B. KEARNEY und S. ENGLARD: Arch. Biochem. Biophys. **32**, 222 (1951); J. biol. Chem. **193**, 821 (1951); E. B. KEARNEY: Ibid. **194**, 747 (1952).

Nachdem bereits Befunde über eine Biosynthese von FAD in menschlichen Blutzellen[1] sowie in Gewebe-schnitten aus Ratten[2] vorgelegen hatten, gelang es 1950 SCHRECKER und KORNBERG[3], ein Enzym aus Hefe zu isolieren, das die Reaktion

$$\text{ATP} + \text{FMN} \rightleftarrows \text{FAD} + \text{Pyrophosphat}$$

katalysiert und dementsprechend als ATP → FMN-Transadenylase bezeichnet werden kann (vgl. S. 437). Auch hier muß erwartet werden, daß in anderen Organismen die Synthese des Dinucleotids auf gleiche Art zustande kommt.

f) Der biologische Abbau der Flavinnucleotide

Über den Abbau der Flavinnucleotide ist noch verhältnismäßig wenig bekannt. FAD kann durch zwei in den letzten Jahren genauer bearbeitete Fermente gespalten werden; die Nucleotid-pyrophosphatasen, welche die hydrolytische Spaltung der Pyrophosphat-bindung im FAD-Molekül katalysierten[4] (vgl. S. 346) und die ATP → FMN-Transadenylasen, von denen man, wie erwähnt, annimmt, daß sie auch für die Bildung von FAD verantwortlich sind[5] (vgl. S. 437).

Die Phosphorester-bindung im FMN kann vermutlich durch jede unspezifische Phosphomonoesterase hydrolysiert werden.

Fermente, die den weiteren Abbau des Riboflavins bewirken, sind bisher noch nicht beschrieben worden.

g) Die Funktion der Flavinnucleotide als prosthetische Gruppen wasserstoffübertragender Fermente

Die Enzyme, welche sicher oder mit einiger Wahrscheinlichkeit ein Flavinnucleotid als prosthetische Gruppe enthalten, sind in Tab. 59 zusammengefaßt.

Im Gegensatz zu den Pyridinnucleotiden können die Flavinnucleotide nicht als enzymatische Komplemente im Sinne der bisher gebrauchten Nomenklatur aufgefaßt werden, sondern fungieren vielmehr als prosthetische Gruppen der entsprechenden Enzymproteine. Während die von den Pyridinnucleotid-spezifischen Transhydrogenasen katalysierten Vorgänge meist als einstufige Reaktionen (Übertragung von Wasserstoff vom Substrat auf das Pyridinnucleotid bzw. vom hydrierten Pyridinnucleotid auf das Substrat) formuliert werden können, handelt es sich bei den Vorgängen, welche durch Flavin-fermente bewirkt werden, ebenso wie bei den nicht-enzymatischen Flavin-katalysen um zweistufige Reaktionen: die erste Stufe ist die Übertragung des Wasserstoffs bzw. der Elektronen vom Donator-substrat auf das am Protein gebundene Flavinnucleotid, welcher als zweite Stufe der Weiter-transport auf das Akzeptor-substrat folgt:

1. AH_2 + Flavinferment → Flavinferment-H_2 + A

2a. Flavinferment-H_2 + B → BH_2 + Flavinferment,

oder in denjenigen Fällen, in welchen nur die Elektronen weitergegeben werden, wie z. B. bei Cytochrom c als Akzeptor:

2b. Flavin-ferment-H_2 + 2 B → 2 B^- + Flavinferment + 2 H^+,

womit dargestellt werden soll, daß beide Akzeptor-moleküle je eine negative Ladung aufgenommen bzw. eine positive verloren haben und die Protonen als Wasserstoff-ionen freigesetzt wurden.

---

[1] J. R. KLEIN und H. I. KOHN: J. biol. Chem. **136**, 177 (1940).
[2] A. V. TRUFANOV: Biochimija **6**, 301 (1941); **7**, 188 (1942).
[3] A. W. SCHRECKER und A. KORNBERG: J. biol. Chem. **182**, 795 (1950).
[4] A. KORNBERG und W. PRICER, Jr.: Ibid. **182**, 763 (1950).
[5] A. W. SCHRECKER und A. KORNBERG: Ibid. **182**, 795 (1950).

Entsprechend ihrer Funktion als prosthetische Gruppen sind auch die Flavinnucleotide viel fester an die Enzymproteine gebunden als etwa die Pyridinnucleotide; dies drückt sich in den sehr niedrigen Werten der MICHAELIS-Konstanten (10^{-7} bis 10^{-9}) und auch darin aus, daß es meist sehr schwierig ist, die Holofermente in Apofermente und prosthetische Gruppe zu zerlegen, während bei den Pyridinnucleotid-spezifischen Fermenten die Pyridinnucleotide fast immer leicht vom Enzymprotein abdissoziieren (MICHAELIS-Konstanten etwa 10^{-6}).

Durch die Bindung der Flavinnucleotide an die Enzymproteine werden oft die chemischen und physikalischen Eigenschaften der prosthetischen Gruppen wesentlich verändert. So ändert sich das Absorptions-spektrum, das Redoxpotential wird erhöht und die Fluoreszenz verschwindet meist. In vielen Fällen, d. h. bei allen Fermenten, die nicht mit Sauerstoff als Wasserstoff-akzeptor reagieren, geht die Fähigkeit zur Autoxydation, welche die freien Flavinnucleotide besitzen, ganz oder teilweise verloren.

Rein funktionell können wir unter den Flavinfermenten zwei Gruppen unterscheiden: Enzyme, welche die Übertragung von Wasserstoff von einem Donatorsubstrat direkt auf molekularen Sauerstoff bewirken und mit denen wir uns vor allem in diesem Kapitel beschäftigen, und Enzyme, die Wasserstoff bzw. Elektronen von einem Pyridinnucleotid auf ein entsprechendes Akzeptor-substrat, wie z. B. ein Cytochrom oder Nitrat, übertragen. Einige Fermente der zweiten Gruppe wurden bereits im vorhergehenden Kapitel besprochen, und zwar handelte es sich dort um Enzyme, deren Donator-spezifität noch nicht eindeutig festgestellt ist. Eine Anzahl weiterer Flavinfermente der zweiten Gruppe erfährt ihre Behandlung im folgenden Kapitel 35; es sind dies diejenigen Enzyme, welche nur die Elektronen vom Donator zum Akzeptor transportieren, während die Protonen als Wasserstoff-ionen freigesetzt werden. Diese Enzyme werden entsprechend ihrer Wirkungsweise als Transelektronasen klassifiziert.

Schließlich muß noch darauf hingewiesen werden, daß in allerletzter Zeit in einer Anzahl von Flavinfermenten Metall-ionen (Cu^{++}, Fe^{++}, Molybdän) nachgewiesen wurden, deren Funktion noch nicht eindeutig erkennbar ist. Es muß aber als wahrscheinlich erachtet werden, daß die Metall-ionen in diesen Metall-Flavin-fermenten in irgendeiner Weise am Elektronen-transport beteiligt sind.

Tabelle 59. *Flavinfermente*

1. Enzyme, deren prosthetische Gruppe FMN ist:
   - TPN · H_2 → O_2-transhydrogenase (*„Altes gelbes Ferment“*)
   - TPN · H_2 → Cytochrom-c-transelektronase (*TPN-Cytochrom-reductase*) aus Hefe (S. 539)
   - L-Aminosäure → O_2-transhydrogenasen (L-*Aminosäure-oxydase*) der Säugetiere
   - Glykolat → O_2-transhydrogenasen (*Glykolsäure-oxydase*)
2. Enzyme, deren prosthetische Gruppe FAD ist:
   - TPN · H_2 → Cytochrom-c-transelektronase (*TPN-Cytochrom-c-reductase*), aus Leber (S. 539)
   - DPN · H_2 → Cytochrom-c-transelektronase (?) (*DPN-Cytochrom-c-reductase*, S. 539)
   - Diaphorasen (S. 541)
   - L-Aminosäure → O_2-transhydrogenase (L-*Aminosäure-oxydase*) aus Schlangengift
   - D-Aminosäure → O_2-transhydrogenasen (D-*Aminosäure-oxydase*)
   - D-Aspartat → O_2-transhydrogenase (D-*Asparaginsäure-oxydase*)
   - Xanthin und Aldehyd → O_2-transhydrogenasen (*Xanthin-oxydase*)
   - Aldehyd → O_2-transhydrogenasen (*Aldehyd-oxydase*) der Leber
   - Glykokoll → O_2-transhydrogenase (*Glykokoll-oxydase*)
   - β Glucose → O_2-transhydrogenase (*Glucose-oxydase, Notatin*)
   - Diamin → O_2-transhydrogenasen (*Diamin-oxydase*)
   - Lactat → O_2-transhydrogenase (*Lactat-oxydase*)
   - α,β-Ungesättigte Acyl-CoA-reductasen (*Äthylen-reductase*, S. 504)
   - Fumarat-reductase (*Fumar-hydrase*, S. 504)
   - TPN · H_2 → Nitrat-transelektronase (S. 553)
   - Flavinferment im Indolacetat-oxydase-system (S. 605)

Als sehr wahrscheinlich muß auch angenommen werden, daß Tab. 59 in absehbarer Zeit mehrfache Ergänzungen erfahren wird, da eine Anzahl von Fermenten mit ähnlichen Wirkungen wie die Flavinfermente bisher noch nicht ausreichend untersucht wurde, um die Anwesenheit eines Flavinnucleotids als prosthetische Gruppe entweder zu beweisen oder aber auszuschließen. Andrerseits sind bereits Flavin-proteide bekannt geworden, denen bisher noch keine katalytische Funktion zugeordnet werden konnte. So berichten KUNITZ und MCDONALD[1] über die Isolierung eines kristallinen Flavin-proteids bei der Herstellung der kristallisierten ATP → Hexose-transphosphatase *(Hexokinase)* aus Hefe.

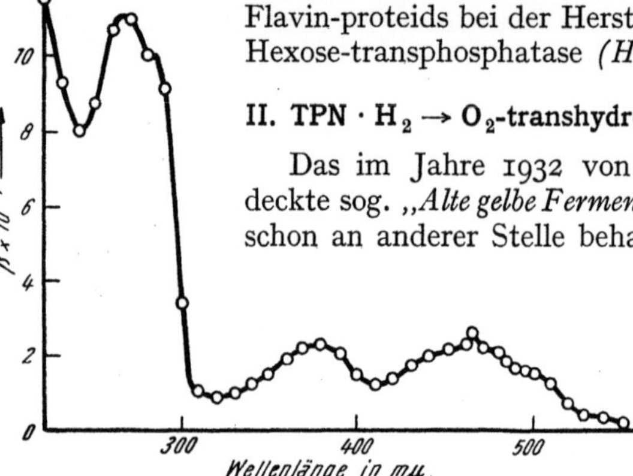

Abb. 39. Absorptionsspektrum des „Alten gelben Ferments". (Nach THEORELL, *l. c.*)

II. TPN · H_2 → O_2-transhydrogenase *(„Altes gelbes Ferment")*

Das im Jahre 1932 von WARBURG und CHRISTIAN[2] entdeckte sog. *„Alte gelbe Ferment"*, dessen Entdeckungsgeschichte schon an anderer Stelle behandelt wurde (S. 507), kommt nur in Hefe vor. Seine Wirkung ist die Übertragung von H_2 vom reduzierten TPN auf Sauerstoff oder auch auf andere Wasserstoff-akzeptoren, wie Cytochrom c oder Methylenblau. Die katalysierte Gesamtreaktion mit O_2 als Akzeptor läßt sich durch die Gleichung

$$TPN \cdot H_2 + O_2 \rightarrow H_2O_2 + TPN$$

darstellen. Wenn Cytochrom c als Akzeptor fungiert, folgt der Gesamtvorgang der Gleichung

$$TPN \cdot H_2 + 2\,Fe^{3+}\text{-Cytochrom c} \rightarrow TPN + 2\,Fe^{++}\text{-Cytochrom c} + 2\,H^+$$

Zur Messung der Enzymaktivität wird im allgemeinen derart verfahren, daß man der Enzym-Substrat-mischung ein Ferment zusetzt, welches für die dauernde Nachschaffung von TPN · H_2 sorgt, wie z. B. Glucose-6-phosphat → → TPN-transhydrogenase. Bei O_2 als Wasserstoff-akzeptor verlaufen dann im Reaktionsgemisch die folgenden Vorgänge:

$$\text{Glucose-6-phosphat} + TPN + H_2O \rightarrow TPN \cdot H_2 + \text{6-Phosphogluconsäure}$$

$$TPN \cdot H_2 + O_2 \rightarrow H_2O_2 + TPN$$

Das Enzym läßt sich aus einem Macerationssaft von Unterhefe mit Hilfe von Fällungsmethoden (Bleiacetat, Aceton, Methanol), darauffolgender Elektrophorese bei p_H 4,2 bis 4,5 und schließlich fraktionierter Fällung mit Ammoniumsulfat rein und kristallin darstellen[3].

Das Reinprodukt hat das M. G. 75000 bis 78000[4]; es enthält 0,6%, das ist 1 Mol FMN, pro Mol Enzym. Der isoelektrische Punkt liegt bei p_H 5,22.

Durch Dialyse des Enzyms gegen verdünnte HCl kann die prosthetische Gruppe abgespalten werden, wobei die Eiweiß-komponente zumindest teilweise denaturiert wird, was durch Auftreten von SH-Gruppen angezeigt wird[5].

---

[1] M. KUNITZ und M. R. MCDONALD: J. gen. Physiol. **29**, 143, 393 (1946).

[2] O. WARBURG und W. CHRISTIAN: Biochem. Z. **254**, 438 (1932); **257**, 492; **266**, 377 (1933).

[3] H. THEORELL: Ibid. **275**, 344 (1934); **278**, 263 (1935); vgl. zur Darstellung auch F. WEYGAND und H. HOCKER: Hoppe-Seyler's Z. physiol. Chem. **247**, 167 (1937); F. WEYGAND und L. BIRKHOFER: Ibid. **261**, 172 (1939).

[4] R. A. KEKWICK und K. O. PEDERSEN: Biochem. J. **30**, 2201 (1936).

[5] H. THEORELL: Biochem. Z. **290**, 293 (1937).

Durch Dialyse gegen destilliertes Wasser läßt sich aber das Protein wieder „renaturieren" und die SH-Gruppen sind nicht mehr nachweisbar. Bei Zusatz von freiem FMN zur Proteinlösung wird das komplette Enzym sofort resynthetisiert und gewinnt seine katalytischen Eigenschaften zurück.

Die Reaktion mit Sauerstoff erfolgt verhältnismäßig langsam; in reinem Sauerstoff ist die Wechselzahl nur 55. Ebenso langsam reagiert aber auch Cytochrom c als Akzeptor.

Nach der Entdeckung des FAD als prosthetische Gruppe der D-Aminosäure → O_2-transhydrogenase nahmen WARBURG und CHRISTIAN[1] an, daß das Enzym in Wirklichkeit ein bei der Aufbereitung entstehendes Kunstprodukt sei und *in vivo* in der Hefe FAD die prosthetische Gruppe darstelle. Sie versuchten deshalb, die Protein-komponente mit FAD zu koppeln und erhielten auf diese Weise ein „*synthetisches gelbes Ferment*", das aber entgegen ihren Erwartungen fast die gleichen katalytischen Eigenschaften zeigte wie das ursprüngliche Ferment. Aus diesem Grunde ließ sich die geschilderte Theorie nicht aufrechterhalten.

Obgleich das Enzym schon seit geraumer Zeit bekannt ist, kann über seine physiologische Rolle noch kaum etwas ausgesagt werden, da seine geringe Aktivität gegenüber Sauerstoff oder Cytochrom c als Akzeptoren es als ausgeschlossen erscheinen läßt, daß das Ferment in der Hefe ein Teilferment der Atmungskette ist. Es wäre allerdings denkbar, daß bei der Atmung ein anderer Akzeptor zwischengeschaltet ist und diese, allerdings noch völlig unbekannte Substanz den physiologischen Akzeptor in der Hefe-zelle darstellt. Aus diesen Gründen muß auch die Klassifikation des „*alten gelben Ferments*" als $TPN \cdot H_2 \rightarrow O_2$-transhydrogenase als vorläufig angesehen werden.

III. β-Glucose → O_2-transhydrogenasen *(Glucose-oxydase, Glucose-dehydrase, „Notatin")*

Bereits 1928 konnte MÜLLER[2] in *Aspergillus niger* und in *Penicillium glaucum* Enzyme nachweisen, welche in Gegenwart von Sauerstoff die Oxydation von Glucose zu Gluconsäure bewirkten. FRANKE und Mitarbeitern[3] gelang es, die Bildung von H_2O_2 bei dieser Reaktion nachzuweisen und zu zeigen, daß die Aktivität der Präparationen mit dem Flavin-gehalt parallel geht. Ein gleichartiges Enzym aus *Fusarium lini* wurde von NORD und ENGEL[4] beschrieben.

Während der Erforschung des Penicillins aus *Penicillium notatum* beobachteten verschiedene Forschergruppen, daß sich in den Kulturflüssigkeiten von *P. notatum* ein weiteres antibiotisches Agens findet, welches sich aber vor allem dadurch vom Penicillin unterscheidet, daß es nur in Anwesenheit von Glucose wirksam ist. COULTHARD und Mitarbeiter[5] nannten diesen Faktor zuerst „Penicillin A", dann „Notatin", während von VAN BRUGGEN und Mitarbeitern[6] der Name „Penicillin B" vorgeschlagen wurde. Nach Reinigung und Konzentrierung des antibiotisch wirkenden Stoffes wurde dieser als Flavoprotein erkannt und auf Grund seiner Wirkungsweise mit dem bereits bekannten Fermenttypus der Glucose → O_2-transhydrogenasen *(Glucose-dehydrase)* von

[1] O. WARBURG und W. CHRISTIAN: Biochem. Z. **298**, 368 (1938).

[2] D. MÜLLER: Ibid. **199**, 136 (1928); Übersichtsreferat: Idem: Ergebn. Enzymforsch. **5**, 259 (1936).

[3] W. FRANKE und F. LORENZ: Liebig's Ann. Chem. **532**, 1 (1937); W. FRANKE und M. DEFFNER: Ibid. **541**, 117 (1939).

[4] F. F. NORD und W. ENGEL: Biochem. Z. **296**, 153 (1938).

[5] C. E. COULTHARD, R. MICHAELIS: W. F. SHORT, G. SYKES, G. E. SHRINSHIRE, A. F. B. STANDFAST, J. H. BIRKINSHAW und H. RAISTRICK: Nature **150**, 634 (1942); Biochem. J. **39**, 24 (1945).

[6] J. T. VAN BRUGGEN, F. J. REITHEL, C. L. CAIN, P. A. KATZMAN, E. A. DOISY, R. D. MUIR, E. C. ROBERTS, W. L. GABY, D. M. HOMAN und L. R. JONES: J. biol. Chem. **148**, 365 (1943).

MÜLLER identifiziert. Die antibiotische Wirkung beruht auf der Bildung von H_2O_2; in Anwesenheit von Katalase tritt sie nicht mehr auf. GREEN und PAULI[1] konnten übrigens an Hand einer Xanthin → O_2-transhydrogenase zeigen, daß jede Präparation einer oxytropen Transhydrogenase in Abwesenheit von Katalase durch das entstehende H_2O_2 antibiotische Wirkungen hervorrufen kann.

Die Fermente oxydieren β-Glucopyranose weitaus schneller als α-Glucopyranose[2,3]. Das primär gebildete Produkt ist δ-Gluconolacton, welches sekundär spontan durch Wasser zu Gluconsäure aufgespalten wird[4].

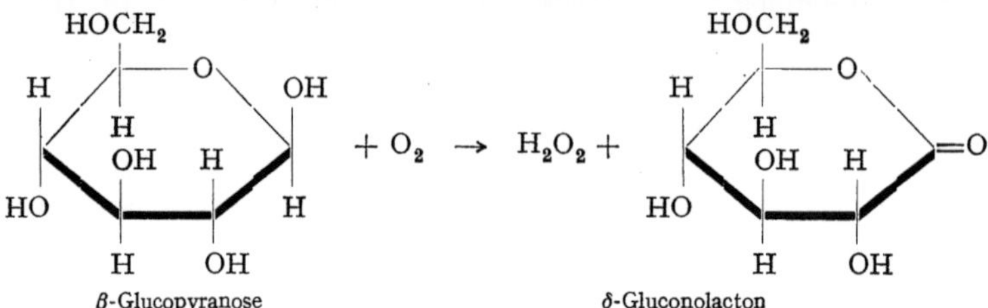

β-Glucopyranose δ-Gluconolacton

Das Enzym aus *Penicillium notatum* zeigt fast absolute Spezifität. α-Glucose wird, wenn überhaupt, nur sehr langsam dehydriert; die Dehydrierung von Mannose, Xylose und Methylglucosiden verläuft um Größenordnungen langsamer als die Dehydrierung von β-Glucose. Das p_H-Optimum der Wirkung liegt bei 5,6.

Die prosthetische Gruppe des Enzyms ist FAD; das Ferment fluoresziert nicht und zeigt Absorptionsmaxima bei 377 und bei 455 mμ. Bei Zusatz von Glucose zum Enzym verschwinden die Absorptionsbanden fast vollständig. Das M. G. wurde mit 152000 berechnet; ein Molekül Enzym enthält zwei prosthetische Gruppen, d. h. zwei Moleküle FAD.

Die Enzym-wirkung ist durch chemische Mittel kaum beeinflußbar; einzig 8-Oxychinolin, Natriumnitrat und Semicarbazid verursachen in verhältnismäßig hohen Konzentrationen ($^1/_{100}$-m) schwache Hemmwirkungen. Als p_H-Optimum der Aktivität wird 5,6 angegeben.

Das Enzym aus *Penicillium notatum* wurde von COULTHARD und Mitarbeitern[5] einer Reihe von Anreicherungs-prozessen unterzogen und in einem hochgereinigten Zustande (etwa 90%ige Reinheit) hergestellt.

β-Glucose → O_2-transhydrogenasen scheinen das Anfangsglied eines Katalysator-systems zu sein, das in Schimmelpilzen und manchen Bakterien einen nicht phosphorylierenden Abbau von Glucose bewirkt; über die weiteren Teilfermente dieses Systems ist allerdings noch kaum etwas bekannt.

Das Ferment kann durch seine große Spezifität zum Nachweis von Glucose in biologischen Medien verwendet werden.

IV. Gruppen-spezifische D-Aminosäure → O_2-transhydrogenasen (*D-Aminosäure-oxydase*)

Untersuchungen von KREBS[6] über die Oxydation von Aminosäuren in tierischem Gewebe ergaben, daß es zwei verschiedene Mechanismen gibt, welche für diese

[1] D. E. GREEN und R. PAULI: Proc. Soc. exp. Biol. Med. **54**, 148 (1943).
[2] R. BENTLEY und A. NEUBERGER: Biochem. J. **45**, 584 (1949).
[3] D. KEILIN und E. F. HARTREE: Ibid. **50**, 331 (1952).
[4] D. KEILIN und E. F. HARTREE: Ibid. **42**, 221, 230 (1948).
[5] C. E. COULTHARD, R. MICHAELIS: W. F. SHORT, G. SYKES, G. E. SHRINSHIRE, A. F. B. STANDFAST, J. H. BIRKINSHAW und H. RAISTRICK: Nature **150**, 634 (1942); Biochem. J. **39**, 24 (1945).
[6] H. A. KREBS: Ibid. **29**, 1620 (1935).

Oxydationen verantwortlich sind. Der eine von ihnen, welcher gewöhnlich mit den unlöslichen Anteilen verbunden ist, ist spezifisch für die Oxydation der natürlichen L-Aminosäuren; der andere Mechanismus, welcher nur D-Aminosäuren, also die Aminosäuren der „unnatürlichen" D-Reihen oxydiert, wird durch einen Fermenttypus repräsentiert, der sich leicht in Lösung bringen läßt.

Nach WARBURG und CHRISTIAN[1] läßt sich die von derartigen Fermenten katalysierte Reaktion durch die Gleichung

$$\underset{\displaystyle NH_2}{\underset{|}{RCHCOOH}} + O_2 + H_2O \rightarrow H_2O_2 + RCOCOOH + NH_3$$

darstellen. Versuche über die Spezifität der D-Aminosäure $\rightarrow O_2$-transhydrogenasen zeigten, daß D-Tyrosin und D-Prolin am schnellsten oxydiert werden, aber auch alle anderen D-Isomeren der natürlichen Aminosäuren und auch manche N-substituierte D-Aminosäuren werden angegriffen. Hingegen erweisen sich die Enzyme dieser Spezifität gegenüber N-Acylaminosäuren sowie gegen Peptide, welche D-Aminosäuren enthalten, als wirkungslos[2, 3, 4].

Enzyme dieses Typus finden sich in der Leber und der Niere aller bisher untersuchten Wirbeltiere; nach BIRKHOFER und WETZEL[5] enthalten die Organe der Fleischfresser die höchsten Konzentrationen des Enzyms, die Organe der Pflanzenfresser recht niedrige Konzentrationen, während die Allesfresser ungefähr in der Mitte stehen. Über ein Vorkommen in Wirbeltieren scheint noch nichts bekannt zu sein. HOROWITZ[6] konnte zeigen, daß auch im Brotpilz *Neurospora crassa* ein Enzym desselben Typus nachzuweisen ist, das sich allerdings in seiner Spezifität nicht unwesentlich von dem Ferment der tierischen Gewebe unterscheidet (Tab. 60). EMERSON und Mitarbeiter[7] berichten über ein Vorkommen gleichartiger Enzyme in *Aspergillus niger* und verschiedenen *Penicillium*-Arten. Ein bakterielles Ferment desselben Typus wurde von STUMPF und GREEN[8] aus *Proteus vulgaris* erhalten. Es liegen zahlreiche Befunde darüber vor, daß auch andere Bakterienarten beide Stereoisomeren der Aminosäuren oxydieren können; über eine Isolierung der hierfür verantwortlichen Enzyme ist aber noch nichts bekannt geworden.

Die Enzym-aktivität wird meist manometrisch gemessen; man bestimmt die Sauerstoff-aufnahme einer Ferment-Substrat-mischung unter geeigneten Bedingungen im WARBURG-Apparat.

Das tierische Enzym zeigt ein p_H-Optimum der Wirksamkeit zwischen 8 und 9; für das Ferment aus *Neurospora crassa* werden ähnliche Werte angegeben.

Als Hemmstoffe der Wirkung sind vor allem SH-Reagenzien, wie *p*-Aminophenylarsinoxyd, Jodosobenzoat, *p*-Chlormercuribenzoat[9], weiters Benzoesäure und ihre Derivate[10], Chinin, Atebrin, Sulfanilamid sowie Urethan in höheren Konzentrationen zu nennen, während Cyanid, Azid und sekundäres Oktanol

---

[1] O. WARBURG und W. CHRISTIAN: Biochem. Z. **296**, 294 (1936); **298**, 150 (1938).

[2] P. HANDLER, F. BERNHEIM und J. R. KLEIN: J. biol. Chem. **138**, 203 (1941); J. R. KLEIN und P. HANDLER: Ibid. **139**, 103 (1941).

[3] P. KARRER und R. APPENZELLER: Helv. chim. Acta **26**, 808 (1943).

[4] A. E. BENDER und H. A. KREBS: Biochem. J. **46**, 210 (1950).

[5] L. BIRKHOFER und R. WETZEL: Hoppe-Seyler's Z. physiol. Chem. **264**, 31 (1940).

[6] N. H. HOROWITZ: J. biol. Chem. **154**, 141 (1944).

[7] R. L. EMERSON, M. PUZISS und S. G. KNIGHT: Arch. Biochem. **25**, 299 (1950).

[8] P. K. STUMPF und D. E. GREEN: Federation Proc. **5**, 157 (1946).

[9] T. P. SINGER: J. biol. Chem. **174**, 11 (1948).

[10] J. R. KLEIN und H. KAMIN: Ibid. **138**, 507 (1941); G. R. BARTLETT: J. Amer. chem. Soc. **70**, 1010 (1948).

keinen Einfluß haben. Benzoesäure und verwandte Verbindungen sollen mit den Substraten um die Bindung am Enzymprotein konkurrieren.

Versuche von DAS[1] zeigten bereits, daß die gruppen-spezifische D-Aminosäure → → O_2-transhydrogenase aus Schweine-nieren, welche von ihm als Prolin-dehydrogenase bezeichnet wurde, aus einer Protein-komponente und einer thermostabilen prosthetischen Gruppe besteht. WARBURG und CHRISTIAN gelang es, die prosthetische Gruppe zu isolieren und als Bariumsalz in kristallisierter Form zu erhalten; sie wurde als FAD erkannt. Die Herstellung einer hochgereinigten, wenn auch nicht kristallisierten Präparation der Eiweiß-komponente, des Apoferments, wurde von NEGELEIN und BRÖMEL[2] durchgeführt. Die Dissoziationskonstante des FAD-Protein-komplexes[3] ist etwa $2{,}5 \cdot 10^{-7}$.

Tabelle 60. *Wirkungen der gruppenspezifischen D-Aminosäure → O_2-transhydrogenasen aus der Niere des Schafes und aus* Neurospora crassa *auf verschiedene D-Aminosäuren* (modifiziert nach BENDER und KREBS)

D-Aminosäure	μl absorbierter Sauerstoff pro mg Trockensubstanz der Enzympräparation pro Stunde	
	Schafniere	*Neurospora crassa*
Gerad-kettige α-Aminomonocarbonsäuren:		
Alanin	64	0,8
α-Aminobuttersäure	31	3,0
α-Aminovaleriansäure	20	2,2
α-Aminocapronsäure	36	0,8
α-Aminocaprylsäure	1,9	0
α-Aminolaurinsäure	0	0
Verzweigt-kettige aliphatische α-Aminomonocarbonsäuren:		
Valin	35	0,2
Leucin	13,9	1,5
Isoleucin	22	0,2
Aliphatische α-Aminodicarbonsäuren:		
Asparaginsäure	1,4	0,3
Glutaminsäure	0	0,7
α-Aminoadipinsäure	0	0,2
α-Aminopimelinsäure	0	0,5
1-Aminohendekan-1,11-dicarbonsäure	41	0
α-Aminosäuren mit zyklischen Substituenten:		
Phenylalanin	26	1,2
Tyrosin	190	0,3
p-Aminophenylalanin	65	—
p-Guanidinomethylphenylalanin	33	—
Histidin	6,2	0,5
Tryptophan	37	0
Diaminomonocarbonsäuren:		
Lysin	0,6	0
Ornithin	3,1	0
Unklassifizierte α-Aminosäuren:		
Serin	42	0
Threonin	2,1	0
Prolin	148	0
Piperidin-α-carbonsäure	2,6	0
Methionin	80	3,0
Cystin	1,9	0

[1] N. B. DAS: Biochem. J. **30**, 1080, 1617 (1936).
[2] E. NEGELEIN und H. BRÖMEL: Biochem. Z. **300**, 225 (1939).
[3] W. C. STADIE und J. A. ZAPP: J. biol. Chem. **150**, 165 (1943).

Obwohl D-Aminosäuren gelegentlich in biologischem Material vorkommen und mit der Nahrung in den Organismus kommen können, ist es doch schwer verständlich, daß ein derartig aktives Enzym nur zur Beseitigung dieser recht unbedeutenden Mengen dient; andrerseits ist bisher aber noch keine weitere physiologische Funktion des Ferments bekannt geworden.

V. Gruppen-spezifische L-Aminosäure → O_2-transhydrogenasen
(L-Aminosäure-oxydase)

Die Isolierung von Enzymen, welche L-Aminosäuren oxydieren, aus Säugetier-geweben stößt wegen der Empfindlichkeit dieser Fermente auf Schwierigkeiten. Bisher konnte nur ein einziges Enzym dieser Art dargestellt werden, wobei Ratten-leber und Niere als Ausgangsmaterial dienten[1]. Das Enzym, welches in hochgereinigtem Zustand erhalten wurde, zeichnet sich durch eine besonders geringe Aktivität aus. Ein weitaus aktiveres Ferment dieser Wirkungsweise, das sich aber in der relativen Spezifität von dem Enzym aus Rattengewebe unterscheidet, kommt in Schlangengiften und auch in verschiedenen Organen der Schlangen vor[2]. Schließlich finden sich Enzyme dieses Typus in *Penicillium*- und *Aspergillus*-Arten[3]; diese konnten bisher noch nicht in Lösung gebracht werden, während ein sehr aktives Ferment mit gleichartiger Wirkung von *Neurospora crassa* in das Kulturmedium abgesondert wird[4].

Das Ferment aus Ratten-leber oxydiert 14 verschiedene Aminosäuren; die relative Oxydations-geschwindigkeit ist in Tab. 61 wiedergegeben. Das Enzym oxydiert auch L-α-Oxysäuren.

Die Spezifitätsverhältnisse der Enzyme aus Kobra-gift und aus *Neurospora* werden in Tab. 62 illustriert; Tab. 63 gibt die entsprechenden Daten für das Ferment aus *Penicillium chrysogenum*.

Als p_H-Optimum des Enzyms aus Ratten-gewebe wird 10,0 angegeben; das Ferment aus Schlangengiften wirkt optimal bei p_H 7,2; dasjenige aus *Penicillium* und *Aspergillus* hat sein Optimum zwischen p_H 8,0 und 8,5, während das lösliche Enzym aus *Neurospora crassa* über den breiten p_H-Bereich von 5 bis 9 fast gleiche Wirkung behält.

Tabelle 61. *Relative Spezifität der gruppenspezifischen L-Aminosäure → O_2-transhydrogenase aus Ratten-niere* (nach BLANCHARD und Mitarbeitern)

Aminosäure	Oxydations-wert	Aminosäure	Oxydations-wert
L-*n*-Methylleucin	115	DL-Phenylalanin	45
L-Leucin	100	L-Tryptophan	40
DL-Aminocapronsäure	89	DL-Valin	28
DL-Methionin	81	L-Tyrosin	20
L-Prolin	77	L-Cystin	15
DL-Isoleucin	71	L-Histidin	9
DL-Aminovaleriansäure	53	DL-Aminobuttersäure	3

[1] M. BLANCHARD, D. E. GREEN, V. NOCITO und S. RATNER: J. biol. Chem. 155, 421 (1944); 161, 583 (1945).
[2] E. A. ZELLER und A. MARITZ: Helv. chim. Acta 27, 1888 (1944); 28, 365 (1945).
[3] S. G. KNIGHT: J. Bacter. 55, 401 (1948).
[4] A. E. BENDER, H. A. KREBS und N. H. HOROWITZ: Biochem. J. 45, XXI (1949); A. E. BENDER und H. A. KREBS: Ibid 46, 210 (1950).

Tabelle 62. *Wirkungen der gruppenspezifischen* L-*Aminosäure* → O_2-*transhydrogenasen aus Kobragift und aus* Neurospora crassa *auf verschiedene* L-*Aminosäuren* (nach BENDER und KREBS)

L-Aminosäure	µl absorbierter Sauerstoff	
	Kobra-gift (1 Stunde)	*Neurospora crassa* (20 Min.)
Gerad-kettige α-Aminomonocarbonsäuren:		
Alanin	0	144
α-Aminobuttersäure	0	238
α-Aminovaleriansäure	31	228
α-Aminocapronsäure	74	182
α-Aminocaprylsäure	50	52
α-Aminolaurinsäure	0	0
Verzweigt-kettige aliphatische α-Aminomonocarbonsäuren:		
Valin	0	22
Leucin	77	223
Isoleucin	0	91
Aliphatische α-Aminodicarbonsäuren:		
Asparaginsäure	0	9
Glutaminsäure	0	22
α-Aminoadipinsäure	0	160
α-Aminopimelinsäure	0	214
1-Aminohendekan-1,11-dicarbonsäure	18	52
α-Aminosäuren mit zyklischen Substituenten:		
Phenylalanin	111	168
Tyrosin	246	85
p-Aminophenylalanin	113	104
p-Guanidinomethylphenylalanin	30	45
Histidin	0	207
Tryptophan	76	84
Diaminomonocarbonsäuren:		
Lysin	0	44
Ornithin	0	169
Unklassifizierte α-Aminosäuren:		
Serin	0	28
Threonin	0	4
Prolin	0	0
Piperidin-α-carbonsäure	0	0
Methionin	94	128
Cystin	0	178
Arginin	23	—

Auch in bezug auf die Hemmbarkeit bestehen Unterschiede zwischen einzelnen Enzymen dieses Typus: das tierische Enzym wird in seiner Wirksamkeit durch Ammonium-ion sowie durch SH-Reagenzien und — in geringem Maße — durch Benzoesäure gehemmt; das Ferment aus Schlangengiften ist gegenüber Sulfonsäuren, Benzoesäure, Salicylsäure, Mandelsäure, Semicarbazid und Hydroxylamin, aber auch gegenüber Jodessigsäure empfindlich, während über die Hemmbarkeit der Enzyme aus Schimmelpilzen nur so viel bekannt ist, daß sich Schwermetalle als Inhibitoren erweisen, während auch hohe Konzentrationen von Benzoesäure wirkungslos sind.

Das Ferment aus Ratten-gewebe wurde von BLANCHARD und Mitarbeitern weitgehend gereinigt, wozu 50 kg Ratten-niere als Ausgangsmaterial dienten. Das Endprodukt war elektrophoretisch einheitlich; in der Ultrazentrifuge wurden allerdings zwei Fraktionen gefunden, von denen die eine anscheinend ein Molekül-aggregat der anderen darstellt. Das M. G. ist etwa 120000. Als prosthetische Gruppe wurde FMN identifiziert; die reinsten Präparationen enthielten 0,66% FMN, was annehmen läßt, daß pro Molekül Enzymprotein zwei Moleküle FMN die prosthetischen Gruppen darstellen. Die niedrige Aktivität des Ferments ist bemerkenswert; ein Molekül des Reinpräparats katalysiert unter Standardbedingungen pro Minute die Oxydation von 6 Molekülen Aminosäure bei 38°, während die Wechselzahl der D-Aminosäure → O_2-transhydrogenase aus ähnlichem Ausgangsmaterial mit 1440 angegeben wird. Die niedrige Wechselzahl der L-Aminosäure → O_2-transhydrogenase aus Ratten-niere könnte vielleicht dadurch bedingt sein, daß während der Aufarbeitung ein wichtiger Bestandteil des Ferments (ein Metall-ion?) verlorengeht.

Tabelle 63. *Sauerstoff-aufnahme von Aceton-getrocknetem Mycel von* Penicillium chrysogenum NRRL 1951 bis *B 25 in Gegenwart von Aminosäuren* (nach KNIGHT)

Aminosäure	l absorbierter Sauerstoff pro 80 Min.
L-Alanin	58
L-Methionin	53
L-Cystin	10
L-Glutaminsäure	9
L-Asparaginsäure	7
L-Prolin	7
L-Leucin	4

Eine Rein-darstellung der L-Aminosäure → O_2-transhydrogenase aus Schlangengift wurde vor kurzem berichtet[1]. Es gelang, die prosthetische Gruppe als FAD zu identifizieren. Das Enzymprotein wurde soweit gereinigt, daß mit den üblichen Kriterien der Eiweißchemie eine Verunreinigung durch Fremdstoffe nicht mehr festgestellt werden konnte. Das M. G des Enzyms beträgt 62000; die Wechselzahl ist 3100. Das Wirkungs-Optimum liegt bei p_H 7,4. Das Ferment enthält nur ein Molekül FAD als prosthetische Gruppe.

Höhergereinigte Präparate der gruppen-spezifischen L-Aminosäure → O_2-transhydrogenasen aus *Neurospora* wurden kürzlich dargestellt[2]; auch hier ist die prosthetische Gruppe FAD, und zwar enthält die gereinigte Zubereitung 1 Mol FAD pro 11000 nicht-dialysierbarem Stickstoff. Die Wechselzahl wird für L-Phenylalanin mit 2100 angegeben.

In Anbetracht der geringen Aktivität der tierischen Enzyme dieses Typus ist es unwahrscheinlich, daß sie allein den oxydativen Abbau der L-Aminosäuren katalysieren. Eher ist anzunehmen, daß dieser Abbau zum größten Teil durch die Transaminasen und die Glutaminat → PN-transhydrogenasen *(Glutaminsäure-dehydrase)* vermittelt wird; vielleicht gibt es aber noch andere Enzyme ähnlicher Spezifität im tierischen Organismus, die durch ihre Unbeständigkeit bisher noch nicht nachgewiesen oder isoliert werden konnten.

Über die Funktion des Ferments im Schlangengift ist auch noch nichts Sicheres bekannt. Obwohl Gifte von manchen *Vipera-* und *Bothrops*-Arten bis zu 3% Enzym enthalten, scheint dieses mit der Giftwirkung nichts zu tun zu haben, da bei der Neutralisierung der Gifte durch Antitoxine die Enzymwirkung nicht betroffen wird[3].

VI. D-Aspartat → O_2-transhydrogenasen *(D-Aspartat-oxydase)*

Die Oxydation von D-Asparaginsäure in tierischem Gewebe wird durch spezifische Fermente verursacht, die sich von den gruppen-spezifischen D-Aminosäure → O_2-transhydrogenasen abtrennen lassen[4].

---

[1] T. P. SINGER und E. B. KEARNEY: Arch. Biochem. **27**, 348; **29**, 190 (1950).

[2] K. BURTON: Biochem J. **50**, 258 (1951); vgl. P. S. THAYER und N. H. HOROWITZ: J. biol. Chem. **192**, 775 (1951).

[3] A. E. ZELLER: Adv. Enzymology **8**, 459 (1948).

[4] J. L. STILL, M. V. BUELL, W. E. KNOX und D. E. GREEN: J. biol. Chem. **179**, 831 (1949).

Man zentrifugiert ein Homogenat von Kaninchen-nieren in der Kälte, worauf das Sediment verworfen wird; die überstehende Lösung wird auf p_H 5,4 gebracht und wieder zentrifugiert. Das Enzym bleibt gelöst und läßt sich bei p_H 7,0 mit dem sechsfachen Volumen Aceton ausfällen. Aus dem getrockneten Aceton-präparat kann das Ferment mit Pufferlösungen extrahiert werden; es zeigt kaum irgend eine Wirkung auf eine andere D-Aminosäure als D-Asparaginsäure und — in schwächerem Ausmaß — D-Glutaminsäure.

$$\underset{\text{D-Asparaginsäure}}{\begin{array}{l}COOH\\ |\\ CH_2\\ |\\ CHNH_2\\ |\\ COOH\end{array}} + O_2 + H_2O \rightarrow H_2O_2 + \underset{\text{Oxalessigsäure}}{\begin{array}{l}COOH\\ |\\ CH_2\\ |\\ CO\\ |\\ COOH\end{array}} + NH_3$$

STILL und SPERLING[1] konnten zeigen, daß FAD die prosthetische Gruppe der D-Aspartat → O_2-transhydrogenase aus Kaninchen-nieren ist und durch Dialyse leicht abgetrennt werden kann, was einen Ausnahmsfall unter den Flavinfermenten darstellt. Das Enzym wird, im Gegensatz zur gruppenspezifischen D-Aminosäure → O_2-transhydrogenase, durch $3 \cdot 10^{-3}$-m Natriumbenzoatlösung nicht in seiner Wirksamkeit gehemmt.

Die Tatsache, daß in verschiedenen Präparationen das Verhältnis zwischen den Wirkungen gegenüber D-Asparaginsäure und D-Glutaminsäure stark variiert, läßt auch auf die Existenz spezifischer D-Glutaminat → O_2-transhydrogenasen schließen.

VII. Glykokoll → O_2-transhydrogenasen *(Glycin-oxydase)*

Aus Schweine-nieren läßt sich ein Aceton-trockenpräparat herstellen, welches Glykokoll zu Glyoxylsäure oxydiert[2].

$$\underset{\text{Glykokoll}}{H_2NCH_2COOH} + O_2 + H_2O \rightarrow H_2O_2 + \underset{\text{Glyoxylsäure}}{CHOCOOH} + NH_3$$

Ebenso wird auch Sarcosin — H_3CHNCH_2COOH — in Glyoxylsäure überführt, wobei an Stelle von Ammoniak Methylamin gebildet wird. Entsprechende Fermente lassen sich in Leber und Niere der meisten Säugetiere nachweisen.

Durch Ausfällen mit Ammoniumsulfat werden die Glykokoll → O_2-transhydrogenasen inaktiviert, wodurch sie sich von den sie in den Präparaten stets begleitenden D-Aminosäure → O_2-transhydrogenasen unterscheiden. Das inaktivierte Ferment läßt sich durch Zugabe von FAD reaktivieren, woraus geschlossen werden kann, daß FAD die prosthetische Gruppe darstellt und bei der Fällung mit $(NH_4)_2SO_4$ abdissoziiert.

Das p_H-Optimum der Wirksamkeit wird mit 8,3 angegeben. Die Fermente haben zu ihren Substraten eine auffallend geringe Affinität; erst bei 0,15-m Substrat-konzentration wird die optimale Wirksamkeit erreicht. Selbst hohe Konzentrationen von Fluorid, Cyanid und sekundärem Octanol verursachen keine Hemmeffekte.

VIII. L-Prolin → O_2-transhydrogenasen *(Prolin-oxydase)*

TAGGART und KRAKAUER[3], welche mit der sog. Cyclophorase-präparation nach GREEN (vgl. S. 713) aus Kaninchen-leber und -nieren arbeiteten, stellten fest,

---

1 J. L. STILL und E. SPERLING: J. biol. Chem. **182**, 585 (1950).
2 S. RATNER, V. NOCITO und D. E. GREEN: Ibid. **152**, 119 (1944).
3 J. V. TAGGART und R. B. KRAKAUER: Ibid. **177**, 641 (1949).

daß zugesetztes L-Prolin in Abwesenheit von AMP und Mg^{++} oxydativ abgebaut wird, wobei als hauptsächliches Endprodukt Glutaminsäure gefunden wird. In Gegenwart der genannten Faktoren erfolgt hingegen ein vollständiger Abbau. Die komplette Cyclophorase-präparation (mit AMP oder ATP und Mg^{++}) ist nicht befähigt, andere L-Aminosäuren als L-Prolin, L-Oxyprolin und L-Glutaminsäure zu oxydieren. Aus diesen Befunden und aus der Tatsache, daß die Wirksamkeit der Präparation durch Cyanid und sekundäres Octanol gehemmt wird, während die unspezifische L-Aminosäure → O_2-transhydrogenase gegen diese Enzymgifte unempfindlich ist, kann darauf geschlossen werden, daß spezifische Fermente L-Prolin und L-Oxyprolin oxydativ abbauen, wobei vermutlich Glutamin-γ-semialdehyd das Primärprodukt der Oxydation darstellt.

$$\begin{array}{ccccc} \begin{array}{c} H_2C - CH_2 \\ | \quad\quad | \\ H_2C \quad CHCOOH \\ \diagdown \;\; \diagup \\ N \\ H \end{array} & \xrightarrow{-H_2} & \begin{array}{c} H_2C - CH_2 \\ | \quad\quad | \\ H_2C \quad CCOOH \\ \diagdown \;\; /\!\!/ \\ N \end{array} & \underset{}{\overset{+H_2O}{\rightleftharpoons}} & \begin{array}{c} H_2C - CH_2 \\ | \quad\quad | \\ HC \quad CHCOOH \\ \| \quad \diagup \\ O \quad NH_2 \end{array} \end{array}$$

L-Prolin $\qquad$ Δ^1-Pyrrolin-5-carbonsäure $\qquad$ Glutamin-γ-semialdehyd

Die Oxydation von L-Oxyprolin verläuft weitaus langsamer als diejenige des L-Prolins; es werden dieselben Endprodukte vorgefunden. Dies läßt es als möglich erscheinen, daß der erste Schritt des oxydativen Abbaus des L-Oxyprolins seine Überführung in L-Prolin ist. Ob die Dehydrierung von Prolin durch diesen Fermenttypus ein reversibler Vorgang ist, wurde anscheinend noch nicht untersucht. Wenn dies der Fall ist, hätten diese Enzyme eine wesentliche Funktion bei der Biosynthese des Prolins zu erfüllen, die wahrscheinlich vom Ornithin ausgehend über Glutamin-γ-semialdehyd und Δ^1-Pyrrolin-5-carbonsäure verläuft (vgl. S. 410).

IX. Monomethyl-L-aminosäure → O_2-transhydrogenase

Ling und Tung[1] berichten über die Isolierung eines Enzyms aus Kaninchen-leber und -nieren, das N-Monomethyl-L-aminosäuren oxydativ entmethyliert, wobei H_2O_2 und Formaldehyd entstehen.

$$\underset{\displaystyle NHCH_3}{\overset{}{RCHCOOH}} + O_2 + H_2O \rightarrow H_2O_2 + \underset{\displaystyle NH_2}{RCHCOOH} + HCHO$$

Das Enzym greift nur Monomethyl-L-aminosäuren an; Dimethylaminosäuren oder Monomethyl-D-aminosäuren sowie Sarcosin werden nicht entmethyliert. Das Enzym enthält FAD als prosthetische Gruppe.

Eine Nachprüfung dieser interessanten Befunde scheint noch nicht erfolgt zu sein.

X. Gruppen-spezifische Monoamin → O_2-transhydrogenasen *(Monoamin-oxydase)*[2]

Die Fähigkeit tierischer Gewebe, Amine zu oxydieren, wurde bereits frühzeitig erkannt. Ewins und Laidlaw[3] beobachteten, daß die Leber bei Durchströmungsversuchen Tyramin zu *p*-Oxyphenylessigsäure oxydieren kann und in ähnlichen Experimenten fanden Guggenheim und Löffler[4] die Umwandlung von Phenyl-

[1] K. Ling und T. Tung: J. biol. Chem. 174, 643 (1948); T. Yosida und S. Fukuyama: J. Biochem. 34, 429 (1941); 36, 349 (1944); T. Yosida: Ibid. 36, 355 (1944); (der Autor T. Yosida ist mit T. Tung identisch).

[2] Handbuchartikel: E. A. Zeller: In „The Enzymes", herausgegeben von J. B. Sumner und K. Myrbäck: Bd. II/1, S. 536. New York: Academic Press. 1951.

[3] A. J. Ewins und P. P. Laidlaw: J. Physiol. 41, 78 (1910/11).

[4] M. Guggenheim und W. Löffler: Biochem. Z. 72, 325 (1916).

äthylamin in Phenylessigsäure. HARE[1] und später BERNHEIM[2] beschrieben ein Enzym in der Leber, das sie *Tyraminase* nannten; PUGH und QUASTEL[3] berichteten über einen Faktor, der aliphatische Amine oxydierte *(Amin-oxydase)* und schließlich wurde von BLASCHKO und Mitarbeitern[4] ein Ferment entdeckt, das die Oxydation von Adrenalin katalysierte. Die Identität dieser Faktoren wurde bald erkannt[5, 6, 7].

Die Wirkungsweise dieser Enzyme läßt sich durch die Gleichung

$$RCH_2NR_2' + O_2 + H_2O \rightarrow H_2O_2 + RCHO + NHR_2'$$

beschreiben.

Fermente dieses Typus kommen in verschiedenen Geweben von Säugetieren, Echinodermen und Mollusken vor. Bei den meisten Tieren findet sich die höchste Enzymkonzentration in Leber und Niere. Möglicherweise gehört ein Enzym, das vor kurzem von WERLE und ROEWER[8] in verschiedenen, aber durchaus nicht allen höheren Pflanzen nachgewiesen wurde, ebenfalls zu diesem Typus; es gelang allerdings bisher noch nicht, hier den Nachweis für die Aldehyd-bildung bei der Aminoxydation zu erbringen. Die pflanzlichen Vertreter dieses Enzymtypus sind im Gegensatz zu den tierischen Monoamin $\rightarrow O_2$-transhydrogenasen verhältnismäßig stabil.

Die gruppen-spezifischen Monoamin $\rightarrow O_2$-transhydrogenasen verschiedener Herkunft unterscheiden sich etwas in ihrer relativen Spezifität. So wird Methylamin wohl von dem Enzym aus Kalbs-leber, nicht aber von dem aus Kaninchenleber oxydiert; im allgemeinen werden die niedrigsten Homologen der Reihe aliphatischer Amine nicht angegriffen. Durch Methylierung der Aminogruppe wird die Reaktionsgeschwindigkeit wohl herabgesetzt, doch werden selbst tertiäre Amine noch oxydiert. Das Enzym hat keine Wirkung auf Diamine. Amine mit aromatischem Ring werden im allgemeinen sehr schnell oxydiert; Phenyläthylamin, Tyramin, Hordenin, Adrenalin und Tryptamin können als Beispiele für Substrate der Monoamin $\rightarrow O_2$-transhydrogenasen genannt werden.

C_6H_5—$CH_2CH_2NH_2$ — Phenyläthylamin

HO—C_6H_4—$CH_2CH_2NH_2$ — Tyramin

HO—C_6H_4—$CH_2CH_2N(CH_3)_2$ — Hordenin

$(HO)_2C_6H_3$—$CHOHCH_2NHCH_3$ — Adrenalin

Indol-3-yl—$CH_2CH_2NH_2$ (NH) — Tryptamin

Nicht angegriffen werden hingegen alle Substanzen, die eine Methyl-gruppe in α-Stellung zur Amino-gruppe tragen; dies ist vor allem aus therapeutischen Gründen wichtig, da mehrere Verbindungen dieser Art als Sympathomimetica angewandt werden. Nach RICHTER[9] dürfte die gegenüber derjenigen des Adrenalins verlängerte Wirksamkeit dieser Medikamente eben auf ihre Unangreifbarkeit durch Fermente dieses Typus zurückzuführen sein.

---

[1] M. L. C. HARE: Biochem. J. **22**, 968 (1928).
[2] M. L. C. BERNHEIM: J. biol. Chem. **93**, 299 (1931).
[3] C. E. M. PUGH und J. H. QUASTEL: Biochem. J. **31**, 286 (1937).
[4] H. BLASCHKO, D. RICHTER und H. SCHLOSSMANN: J. Physiol. **90**, 1 (1937).
[5] H. I. KOHN: Biochem. J. **31**, 1693 (1937).
[6] H. BLASCHKO, D. RICHTER und H. SCHLOSSMANN: Ibid. J. **31**, 2187 (1937).
[7] C. E. M. PUGH und J. H. QUASTEL: Ibid. **31**, 2306 (1937).
[8] E. WERLE und F. ROEWER: Biochem. Z. **320**, 298 (1950).
[9] D. RICHTER: Biochem. J. **32**, 1763 (1938).

$C_6H_5-CH_2CH(CH_3)NH_2$ Benzedrin

$C_6H_5-CHOHCH(CH_3)NHCH_3$ Ephedrin

$C_6H_5-CH_2CH(CH_3)NHCH_3$ Pervitin

Die Messung der Aktivität dieser Enzyme erfolgt entweder durch Bestimmung des Verschwindens der Substrate auf pharmakologischem Wege, vorausgesetzt, daß das Substrat eine entsprechend wirksame Substanz ist, oder durch Messung der O_2-Aufnahme im WARBURG-Apparat.

Die Fermente sind gegen Monoguanidine, Diguanidine, sowie Derivate von Diisothioharnstoff sehr empfindlich; manche dieser Substanzen hemmen schon in 10^{-5}-m Konzentration. Ebenso sind α-methylierte Amine, welche nicht gespalten werden, wie z. B. Ephedrin oder Pervitin, wirksame Inhibitoren der Enzyme. In allen diesen Fällen kann eine kompetitive Hemmung als wahrscheinlich angenommen werden. Nichtkompetitiv hemmen Octanol und *p*-Chlormercuribenzoat; die Wirkung der letztgenannten Substanz läßt auf SH-Gruppen in den aktiven Zentren schließen.

Eine weitergehende Reinigung eines Enzyms dieser Gruppe ist bisher noch nicht gelungen; die beste Präparation nach ALLES und HEEGAARD[1] dürfte noch sehr unrein sein.

Es ist anzunehmen, daß die Fermente dieses Typus vor allem eine Schutzwirkung gegen die toxischen Effekte der Monoamine ausüben, welche z. B. durch die Wirkung der Aminosäure-decarboxylasen der Darmflora entstehen. Die Monoamin $\rightarrow O_2$-transhydrogenase in der Darm-mucosa verhindert das Eintreten dieser Substanzen in die Blutbahn. Einige Substrate der Fermente erhöhen den Blutdruck; es wird vielfach angenommen, daß auch hier die Enzyme eine Schutzwirkung gegen das Auftreten von Hypertonie ausüben. Wieweit die Fermente an der physiologischen Inaktivierung des ausgeschütteten Adrenalins teilhaben, ist bisher noch ungeklärt; jedenfalls ist es sicher, daß auch andere Enzyme an der Zerstörung des Adrenalins beteiligt sind.

XI. Gruppenspezifische Diamin $\rightarrow O_2$-transhydrogenasen *(Diamin-oxydase)*[2]

BEST[3] konnte bereits 1929 zeigen, daß in der Lunge und anderen Geweben ein thermolabiler Faktor existiert, der Histamin aerob inaktiviert. Neun Jahre später postulierte ZELLER[4], daß derselbe Enzymtypus, welcher für die oxydative Inaktivierung des Histamins verantwortlich ist, auch andere Diamine, wie Putrescin, Cadaverin und Agmatin, oxydativ desaminieren könne; seine Beobachtungen veranlaßten ihn, den Namen *Diamin-oxydase* für Fermente dieser Spezifität vorzuschlagen.

Die Wirkung derartiger Enzyme läßt sich durch die Gleichung

$$H_2NRCH_2NH_2 + O_2 + H_2O \rightarrow H_2O_2 + H_2NRCHO + NH_3$$

darstellen. Es ist wahrscheinlich, daß der Primärvorgang die Bildung von Iminen nach der Gleichung

$$H_2NRCH_2NH_2 + O_2 \rightarrow H_2O_2 + H_2NRCH{=}NH$$

---

[1] G. A. ALLES und E. V. HEEGAARD: J. biol. Chem. **147**, 487 (1943).

[2] Übersichtsreferate und Handbuchartikel: E. A. ZELLER: In „The Enzymes", herausgegeben von J. B. SUMNER und K. MYRBÄCK: Bd. II/1, S. 544. New York: Academic Press. 1951; Idem: Adv. Enzymology **2**, 93 (1942); E. WERLE: Fermentforsch. **17**, 103 (1943); A. AHLMARK: Acta physiol. Scand. **9**, Suppl. 28 (1944).

[3] C. H. BEST: J. Physiol. **67**, 256 (1929); C. H. BEST und E. W. MCHENRY: Ibid. **70**, 349 (1930).

[4] E. A. ZELLER: Helv. chim. Acta **21**, 880 (1938).

ist; erst sekundär würde das Imin spontan zu Aldehyd und Ammoniak hydrolysieren.

Enzyme dieses Typus oxydieren einfache Diamine der Struktur $H_2N(CH_2)_xNH_2$ ($x = 2$ bis 10); eine Amino-gruppe kann auch durch eine Amidin-gruppe oder einen Pyridin-rest ersetzt sein, wie das bei Histamin, Agmatin und 3-Aminobutylpyridin der Fall ist. Außerdem werden Triamine und Tetramine wie Spermidin und Spermin angegriffen.

$H_2NCH_2CH_2CH_2CH_2NH_2$

Putrescin

$H_2NCH_2CH_2CH_2CH_2CH_2NH_2$

Cadaverin

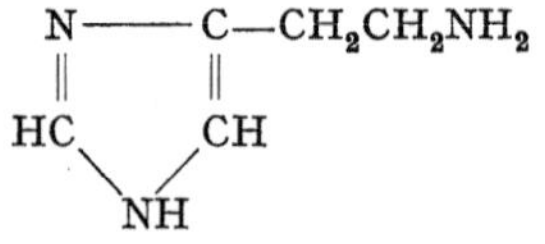

```
N——C—CH2CH2NH2
‖     ‖
HC    CH
  \  /
   NH
```

Histamin

```
   NH2
  /
C=NH
  \
   NH(CH2)4NH2
```

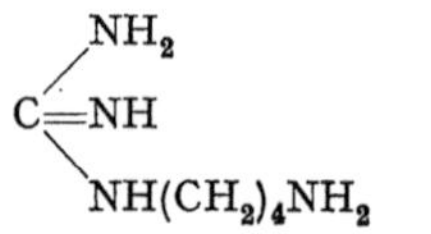

Agmatin

$H_2N(CH_2)_3NH(CH_2)_4NH_2$

Spermidin

$H_2N(CH_2)_3NH(CH_2)_4NH(CH_2)_3NH_2$

Spermin

Während bei der Wirkung dieser Fermente auf Histamin der entsprechende Imidazolaldehyd eindeutig als Reaktionsprodukt identifiziert wurde, dürften die primär aus Putrescin und Cadaverin entstehenden Aminoaldehyde durch Zyklisierung in Δ^1-Pyrrolin bzw. Δ^1-Piperidein übergehen.

Diamin → O_2-transhydrogenasen kommen in Säugetier-geweben, Vögeln, Reptilien, höheren Pflanzen sowie manchen Bakterien vor. Als Ausgangsmaterial zur Herstellung von Enzym-präparationen wird im allgemeinen Schweine-niere verwendet.

Die Messung der Enzym-aktivität erfolgt meist manometrisch im Warburg-Apparat; auch durch Bestimmung des entstandenen Ammoniaks kann die Wirkung verfolgt werden.

Als p_H-Optimum der Wirksamkeit wird 6,8 bis 7,6 angegeben. Phosphat und Oxalat aktivieren die Enzyme; es ist anzunehmen, daß diese Ionen durch Entfernung des hemmenden Calciums wirken. Zeller[1] konnte in Ratten-leber und Schweine-niere einen nicht dialysierbaren Enzym-aktivator nachweisen, welcher durch 0,67-gesättigte Ammoniumsulfat-lösung ausfällbar ist. Die Substanz selbst hat keine Wirkung auf Diamine, erhöht aber beträchtlich die Aktivität von Enzympräparationen mit schwacher Wirksamkeit.

Als Inhibitoren können Guanidine, Imidazol, Pyocyanin, Methylenblau und Toluylenblau, weiters Thiamin, Pyridoxamin, Streptomycin, Dihydrostreptomycin, Diguanidine und Piperazin fungieren; in allen diesen Fällen dürfte es sich um kompetitive Hemmungen handeln. Carbonyl-reagenzien, wie Hydroxylamin, Dimedon, Semicarbazid und Phenylhydrazin sowie auch Cyanid, wirken als nichtkompetitive Inhibitoren; es ist wahrscheinlich, daß Cyanid nicht durch seine Fähigkeit, mit Schwermetallen zu reagieren, sondern als Carbonyl-reagens hemmend einwirkt.

Zeller und Mitarbeiter[2] sowie Swedin[3] erachteten es auf Grund ihrer Versuche als wahrscheinlich, daß das Enzym ein Flavin als prosthetische Gruppe enthält; es gelang ihnen aber nicht, dieses zu identifizieren. Erst Kapeller-

[1] E. A. Zeller: Helv. chim. Acta **21**, 1645 (1938).
[2] E. A. Zeller, R. Stern und M. Wenk: Ibid. **23**, 3 (1940).
[3] B. Swedin: Acta med. Scand. **114**, 210 (1943); Ark. Kem. Mineral. Geol. **17A**, 27 (1944).

ADLER[1] konnte kürzlich wahrscheinlich machen, daß FAD die prosthetische Gruppe der Diamin → O_2-transhydrogenasen darstellt; FAD scheint aber nur an der Oxydation von Histamin, hingegen nicht an der Wirkung gegenüber den anderen Substraten beteiligt zu sein, denn Dialyse bewirkt eine Verringerung der Aktivität gegenüber Histamin, während die Effekte gegenüber den aliphatischen Diaminen, wie Putrescin oder Cadaverin, sogar verstärkt werden. Durch Zugabe von FAD werden diese Erscheinungen rückgängig gemacht. Trotzdem nimmt KAPELLER-ADLER an, daß bei seinen Versuchen ein einziges Enzymprotein sowohl für die Wirkungen auf Histamin als auch für diejenigen auf die anderen Substrate verantwortlich ist. In Versuchen mit einer entsprechenden Ferment-präparation aus menschlicher Plancenta fanden BRUNS und STÜTTGEN[2] eine erhebliche Steigerung der Fermentaktivität durch Zusatz von Kupfer. Auf Grund dieser Befunde wäre es denkbar, daß ebenso wie in analogen Fällen die prosthetische Gruppe des Enzyms ein Metall-Flavinnucleotidkomplex ist.

Die bisher aktivste Ferment-präparation wurde von TABOR[3] aus Schweinenieren hergestellt.

Es muß angenommen werden, daß die biologische Funktion der Enzyme dieses Typus primär eine Schutzwirkung gegenüber den toxischen Effekten von Histamin, Agmatin und Cadaverin ist. Die genannten Amine entstehen aus den entsprechenden Aminosäuren, Histidin, Arginin und Lysin durch die Wirkung der Aminosäure-decarboxylasen. Diese Rolle ist insbesondere bei der Diamin → O_2-transhydrogenase der Darm-mucosa sehr wahrscheinlich; die Bakterienflora des Darmes besitzt sehr wirksame Aminosäure-decarboxylasen und die unter deren Einfluß entstehenden Amine müssen vor der Resorption entgiftet werden. SCHAYER[4] konnte kürzlich zeigen, daß in der Ratte Histamin vor allem durch eine Diamin→ O_2-transhydrogenase des beschriebenen Typus abgebaut wird; in der Maus scheint hingegen der Histamin-abbau auf einem anderen noch unbekannten Wege zu erfolgen.

Während der Schwangerschaft sind, wie MARCOU und Mitarbeiter[5] feststellen konnten, Diamin → O_2-transhydrogenasen im Blute des Menschen als einzige Fermentgruppe stark vermehrt. Diese Tatsache kann sogar diagnostisch ausgewertet werden; die Ferment-aktivität sinkt nämlich vor und nach einem *Abortus* stark ab, und so ist es möglich, durch ihre Bestimmung einen *Abortus imminens* festzustellen. Die Erhöhung der Diamin → O_2-transhydrogenase-aktivität während der Schwangerschaft kann vielleicht als eine Schutz-maßnahme des Körpers gegen die Histamin-produktion, welche durch das Geburts-trauma verursacht wird, aufgefaßt werden.

Die perorale oder parenterale Anwendung von Diamin → O_2-transhydrogenasepräparationen wurde zur Behandlung allergischer Krankheiten und anderer Zustände vorgeschlagen, die durch Histamin bedingt sein sollen, und es wurden auch tatsächlich Erfolge berichtet[6]. Es ist aber mehr als fraglich, ob diese Effekte

---

[1] R. KAPELLER-ADLER: Biochem. J. **44**, 70 (1949).

[2] F. BRUNS und G. STÜTTGEN: Biochem. Z. **322**, 68 (1951).

[3] H. TABOR: J. biol. Chem. **188**, 125 (1951).

[4] R. W. SCHAYER: Ibid. **203**, 787 (1953).

[5] I. MARCOU, E. ATHANASIU-VERGU, D. CHIRICEANU, G. COSMA, N. GINGLOD und C. C. PARHON: Presse médicale **46**, 371 (1938); vgl. auch E. WERLE und G. EFFKEMANN: Arch. Gynäkol. **170**, 82 (1940).

[6] W. ERCKLENTZ und B. W. ERCKLENTZ: Münchner med. Wschr. **83**, 17 (1936); O. ROTH: Klin. Wschr. **17**, 1798 (1938); A. AHLMARK und T. G. KORNERUP: Ibid. **19**, 121 (1940); L. FOSHAY und O. E. HAGEBUSCH: J. Amer. med. Assoc. **112**, 2398 (1939); G. M. ROTH und B. T. HORTON: Ibid. **114**, 522 (1940).

durch das in den Präparationen enthaltene Enzym verursacht werden. Bei peroraler Applikation muß als sicher angenommen werden, daß die Magensäure und die proteolytischen Fermente des Magen-Darm-kanals die Diamin → O_2-transhydrogenasen vollständig zerstören und selbst bei parenteraler Anwendung ist durchaus nicht gewiß, daß das Enzym tatsächlich an die Stellen gelangt, an denen es seine Wirkung ausüben sollte. Es muß vielmehr angenommen werden, daß die berichteten Erfolge auf unspezifische Wirkungen der Präparate zurückzuführen sind.

XII. Xanthin und Aldehyd → O_2-transhydrogenasen *(Xanthin-oxydase)*

Bereits 1891 beobachtete HORBACZEWSKI[1], daß Gewebe und Gewebebreie Hypoxanthin und Xanthin zu Harnsäure oxydieren können. 1902 fand SCHARDINGER[2], daß Milch ein Enzym enthält, welches in Anwesenheit von Aldehyden Methylenblau entfärbt. HOPKINS und Mitarbeiter[3] konnten nun feststellen, daß Milch sehr reich an dem Xanthin oxydierenden Ferment ist und DIXON und THURLOW[4] sowie BOOTH[5] kamen zu dem Ergebnis, daß ein und derselbe Enzymtypus sowohl die Oxydation von Aldehyden als auch diejenige der Purin-basen katalysiert. Diese Behauptung, welche diesen Enzymen eine Sonderstellung zuordnet, da sich kein anderes Ferment gegenüber zwei derartig verschiedenen Klassen von Substraten als aktiv erweist, wurde mehrfach angefochten, konnte aber bisher nicht widerlegt werden.

In Anwesenheit von Sauerstoff katalysieren die Enzyme dieser Spezifität die Oxydation von Hypoxanthin und von Formaldehyd auf folgende Weise:

```
      NH    NH                          O   NH    NH
     /  \  /  \                          \ /  \  /  \
HOCH     C     \                          C     C     \
 |       ||     CH  + O2  ⇌  H2O2 +       |     ||     CH
HN       C     //                        HN     C     //
  \     / \   //                           \   / \   //
   C        N                                C      N
   ||                                        ||
   O                                         O
Hydratisiertes Hypoxanthin                 Xanthin

O   NH    NH                            O   NH    NH
 \ /  \  /  \                            \ /  \  /  \
  C     C     \                           C     C     \
  |     ||     CHOH  + O2  ⇌  H2O2 +      |     ||     C=O
 HN     C     /                          HN     C     /
   \   / \   /                             \   / \   /
    C      NH                                C      NH
    ||                                       ||
    O                                        O
Hydratisiertes Xanthin                     Harnsäure
```

[1] J. HORBACZEWSKI: Mh. Chem. **12**, 221 (1891); vgl. auch W. SPITZER: Pflügers Arch. ges. Physiol. **76**, 192 (1899); A. SCHITTENHELM: Hoppe-Seyler's Z. physiol. Chem. **42**, 251 (1904); **45**, 121 (1905).

[2] F. SCHARDINGER: Z. Untersuch. Nahr. Genußmittel **5**, 22 (1902).

[3] E. J. MORGAN, C. P. STEWART und F. G. HOPKINS: Proc. Roy. Soc. London B **94**, 109 (1922).

[4] M. DIXON und S. THURLOW: Biochem. J. **18**, 976 (1924).

[5] V. H. BOOTH: Ibid. **29**, 1732 (1935); **32**, 494 (1938).

$$\text{Hydratisiertes Xanthopterin} + O_2 \rightleftharpoons H_2O_2 + \text{Leukopterin}$$

Hydratisiertes Xanthopterin Leukopterin

$$H_2C(OH)_2 + O_2 \rightleftharpoons H_2O_2 + HCOOH$$

Hydratisierter Formaldehyd Ameisensäure

Die Substrat-spezifität ist durchaus nicht streng. Nach BOOTH[1] werden zumindest zehn verschiedene Purin-derivate und 31 Aldehyde — alle, die geprüft wurden — oxydiert. Adenin wird in 2,8-Dioxyadenin überführt[2]. Xanthopterin wird durch dasselbe Enzym in Leukopterin umgewandelt[3]. DIXON und LEMBERG[4] konnten zeigen, daß Purin-reste, die Bestandteile komplexerer Verbindungen (z. B. Nucleinsäuren) sind, von gereinigten Enzym-präparationen nicht angegriffen werden; ungereinigte Zubereitungen enthalten aber oft Fermente, welche die komplexeren Verbindungen hydrolysieren, so daß in solchen Fällen oft der Abbau gebundener Purin-abkömmlinge beobachtet werden kann.

Auch die Akzeptor-spezifität ist nicht streng; außer Sauerstoff können auch Methylenblau und ähnliche Farbstoffe sowie Cytochrom c als Akzeptoren fungieren. Die Enzyme aus Vogel-geweben haben eine geringere Affinität zu O_2 als Akzeptor als die tierischen Fermente dieser Gruppe[5].

Die katalysierte Reaktion ist reversibel. Das Enzym hat eine weitaus größere Affinität zu Xanthin und Hypoxanthin als zu den Aldehyden; die höchste Reaktions-geschwindigkeit wird bereits bei $1{,}5 \cdot 10^{-4}$-m Konzentration an Hypoxanthin erreicht, während die entsprechende Konzentration für die Aldehyd-dehydrierung etwa 400mal höher ist[6].

Das Enzym ist über einen breiten Teil der p_H-Skala stark wirksam; als Optimum geben WIELAND und ROSENFELD[7] p_H 8,5 bis 9,0 an.

Die Messung der Enzym-aktivität kann entweder nach der THUNBERG-Methode oder manometrisch im WARBURG-Apparat erfolgen. HORECKER und HEPPEL[8] benützen eine spektrophotometrische Methode; sie verfolgen die Reduktion von Ferricytochrom c.

Cyanid ist imstande, diese Fermente irreversibel zu inaktivieren, und zwar wird hier sowohl die Entfärbung von Methylenblau als auch der Sauerstoff-verbrauch gehemmt, was dafür spricht, daß die Hemmung nicht am Cytochrom-system ansetzt[9]. Der Mechanismus der Cyanid-wirkung ist hier noch nicht geklärt. Die Substrate sowie Harnsäure können das Enzym gegen die Inaktivierung durch Cyanid schützen. Als weitere Inhibitoren sind Kupfer-spuren, oxydiertes p-Amino-

[1] V. H. BOOTH: Biochem. J. **29**, 1732 (1935); **32**, 494 (1938).
[2] H. KLENOW: Ibid. **50**, 404 (1952).
[3] E. G. KREBS und E. R. NORRIS: Arch. Biochem. **24**, 49 (1949).
[4] M. DIXON und R. LEMBERG: Biochem. J. **28**, 2065 (1934).
[5] D. A. RICHERT und W. W. WESTERFELD: Proc. Soc. exp. Biol. Med. **76**, 252 (1951).
[6] D. E. GREEN: Ibid. **28**, 1550 (1934).
[7] H. WIELAND und B. ROSENFELD: Liebig's Ann. Chem. **477**, 32 (1930).
[8] B. L. HORECKER und L. A. HEPPEL: J. biol. Chem. **178**, 683 (1949).
[9] M. DIXON und D. KEILIN: Proc. Roy. Soc. London B **119**, 159 (1936).

phenol und O_2 bei hohem Druck zu nennen. 2-Amino-4-oxy-8-formylpteridin (Aminopterin) wirkt — vermutlich kompetitiv — als sehr effektiver Inhibitor[1]. Aldehyde hemmen die Dehydrierung von Purinen und umgekehrt. Xanthopterin hemmt die Xanthin-dehydrierung auf kompetitive Weise; dies wird als Beweis dafür gewertet, daß der Fermenttypus, welcher Xanthopterin dehydriert, mit dem hier besprochenen identisch ist.

Antabus (vgl. S. 471) hemmt die Oxydation von Acetaldehyd durch Xanthin und Aldehyd → O_2-transhydrogenasen aus tierischem Gewebe nur dann, wenn Sauerstoff als Wasserstoff-akzeptor fungiert, nicht aber bei der Übertragung des Wasserstoffs auf Methylenblau. Das entsprechende Enzym aus Milch wird unter keinen Umständen von Antabus in seiner Wirkung beeinflußt[2].

2-Amino-4-oxy-8-formylpteridin (Aminopterin)

Keine Xanthin und Aldehyd → O_2-transhydrogenase konnte bisher in ganz reiner Form erhalten werden; eine Vorschrift für ein Präparat, welches vermutlich etwa zu 62% rein ist, wird von HORECKER und HEPPEL[3] gegeben. Das Enzym enthält FAD, ist bräunlich-gelb und zeigt nicht die Absorptionskurve, welche man gewöhnlich bei Flavinfermenten antrifft. Obwohl die Aktivität der Enzym-präparationen mit ihrem Gehalt an FAD parallel geht, kann ein durch Dialyse teilweise inaktiviertes Präparat zwar durch Zusatz einer gekochten Enzymlösung, nicht aber durch reines FAD reaktiviert werden[4]. In allerletzter Zeit wurde eindeutig nachgewiesen, daß dieses Verhalten durch die Anwesenheit von Molybdän in den Enzym-präparationen bedingt ist und zwar dürften auf jedes Mol FAD zwei Gramm-atome Molybdän kommen. Molybdän scheint für die Wirksamkeit unbedingt erforderlich zu sein, so daß wir hier von Molybdo-flavoproteinen sprechen können[5].

Das Ferment hat vermutlich eine bedeutsame Funktion im Purin-stoffwechsel; es katalysiert die Umwandlung verschiedener Purine in Harnsäure, die entweder — wie beim Menschen — als solche ausgeschieden wird, oder weiter oxydativ abgebaut wird, wie das bei vielen Säugetieren und anderen Tierklassen der Fall ist. Die Frage, warum ein derartiges Enzym gerade in der Milch am reichlichsten vorkommt, ist bisher noch nicht geklärt.

XIII. Aldehyd → O_2-transhydrogenasen *(Aldehyd-oxydase)*

Bei Versuchen über das zuletzt besprochene Enzym aus Leber fanden LEMBERG und Mitarbeiter[6], daß in der Leber verschiedener Tiere die Aktivität gegenüber Aldehyden weitaus größer ist als gegen Purine. CORRAN und Mitarbeiter[7] unternahmen es, Xanthin und Aldehyd → O_2-transhydrogenase aus Schweine-leber zu isolieren; sie stellten fest, daß die Wirkung auf Aldehyde bei den ersten Reinigungsschritten stark abnahm und führten dies auf die Existenz

[1] H. M. KALCKAR, N. O. KJELDGAARD und H. KLENOW: Biochim. biophys. Acta 5, 586 (1950); O. H. LOWRY, O. A. BESSEY und E. J. CRAWFORD: J. biol. Chem. **180**, 399 (1949).

[2] D. A. RICHERT, R. VANDERLINDE und W. W. WESTERFELD: Ibid. **186**, 261 (1950).

[3] B. L. HORECKER und L. A. HEPPEL: Ibid. **178**, 683 (1949).

[4] E. G. BALL: Ibid. **128**, 51 (1939).

[5] D. E. GREEN und H. BEINERT: Biochim. biophys. Acta **11**, 599 (1953); D. A. RICHERT und W. W. WESTERFELD: J. biol. Chem. **203**, 915 (1953); E. C. DE RENZO, E. KALEITA, P. HEYTLER, J. J. OLESON, B. L. HUTCHINGS und J. H. WILLIAMS: J. Amer. chem. Soc. **75**, 753 (1953); Arch. Biochem. Biophys. **45**, 247 (1953); E. C. DE RENZO: Naturwiss. **40**, 251 (1953).

[6] R. LEMBERG, R. A. WYNDHAM und N. P. HENRY: Austral. J. exp. biol. med. Sci. **14**, 259 (1936).

[7] H. S. CORRAN, J. G. DEWAN, A. H. GORDON und D. E. GREEN: Biochem. J. **33**, 1694 (1939).

eines eigenen für Aldehyde spezifischen Enzyms zurück, welches bei diesen Operationen entfernt wurde. GORDON, GREEN und SUBRAHMANYAN[1] konnten in weiteren Untersuchungen das Ferment teilweise reinigen und fanden, daß es sämtliche untersuchte Aldehyde oxydierte, wobei sowohl O_2 als auch Methylenblau, Cytochrom c und Nitrat als Elektronen-akzeptoren fungieren können; O_2 dürfte der biologische Akzeptor sein. Als p_H-Optimum der Wirksamkeit wird 7,0 angegeben.

Ein Ferment derselben Spezifität aus Pferde-leber wurde kürzlich von CARPENTER[2] isoliert und teilweise gereinigt. Es zeigt weitgehende Übereinstimmung mit dem Enzym aus Schweine-leber. Ammonium-ionen in hoher Konzentration aktivieren die Präparation; eine Erklärung für diesen Effekt kann noch nicht gegeben werden.

Ebenso wie der vorher besprochene Enzymtypus, enthalten auch die Aldehyd → O_2-transhydrogenasen der Leber FAD und daneben eine zweite, noch nicht identifizierte gefärbte Verbindung als prosthetische Gruppen. Die Fermente werden auch durch Cyanid irreversibel gehemmt. Die Aldehyd → O_2-transhydrogenase aus Säugetier-leber wird aber durch Dialyse irreversibel zerstört, was bei der Xanthin und Aldehyd → O_2-transhydrogenase der Milch nicht der Fall ist.

Die biologische Funktion der Fermente ist noch ungeklärt; in der Leber kommt daneben, wie bereits ausgeführt wurde, eine Aldehyd → DPN-transhydrogenase *(Aldehyd-dehydrase)* vor, welche dieselben Substrate angreift wie der hier besprochene Enzym-typus (vgl. S. 478).

XIV. Uricat → O_2-transhydrogenasen *(Uricase)*

Ein Enzym, welches die oxydative Umwandlung von Harnsäure in Allantoin katalysiert, wurde bereits 1905 von SCHITTENHELM[3] entdeckt. Eine ausführliche Untersuchung von BATELLI und STERN[4] ergab, daß Enzyme dieser Spezifität bei den meisten Säugetieren in ganz bestimmten Organen — Leber, Niere, Milz — lokalisiert sind. Ein derartiges Enzym läßt sich in menschlichen Geweben nicht nachweisen; das Endprodukt des menschlichen Nucleinsäure-stoffwechsels ist Harnsäure und nicht Allantoin. Unter den Säugetieren bildet der Dalmatinerhund eine interessante Ausnahme; obwohl seine Leber bedeutende Mengen einer Uricat → O_2-transhydrogenase enthält, ist auch bei ihm Harnsäure das ausgeschiedene Endprodukt[5]. FLORKIN und DUCHATEAU-BOSSON[6], welche die Verteilung dieser Enzyme im Tierreich studierten, fanden sie in den Klassen der Coelenteraten, der Echinodermen, in *Sipunculus*, in Crustaceen, in den Dipteren, in den *Lamellibranchiatae* und den *Gastropoda*, weiters in den meisten Fischen, Amphibien und Säugetieren. Nicht nachweisbar waren Fermente dieser Spezifität in den *Plathelminthes*, in den *Oligochetae*, im Blutegel, in den meisten Insekten, in den *Cyclostoma*, in den Reptilien, Vögeln, in den Primaten und — wie bereits erwähnt — im Menschen (vgl. S. 273).

FRANKE und Mitarbeiter[7] konnten kürzlich das Vorkommen von Enzymen der gleichen Spezifität in *Aspergillus fumigatus* und anderen Schimmelpilz-arten nachweisen. Hingegen soll im Schimmelpilz *Alternaria tenuis* ein Ferment vorkommen, das zwar Harnsäure eben-

[1] A. H. GORDON, D. E. GREEN und V. SUBRAHMANYAN: Biochem. J. **34**, 764 (1940).
[2] F. H. CARPENTER: Acta chem. Scand. **5**, 406 (1951).
[3] Z. SCHITTENHELM: Hoppe-Seyler's Z. physiol. Chem. **46**, 121, 152, 161 (1905).
[4] F. BATELLI und L. STERN: Biochem. Z. **19**, 219 (1909).
[5] F. W. KLEMPERER, H. C. TRIMBLE und A. B. HASTINGS: J. biol. Chem. **125**, 445 (1938).
[6] M. FLORKIN und G. DUCHATEAU-BOSSON: Arch. internat. Physiol. **53**, 267 (1943).
[7] W. M. FRANKE, E. M. TAHA und L. KRIEG: Arch. Mikrobiol. **17**, 255 (1952); W. FRANKE und L. KRIEG: Chem. Ber. **85**, 779 (1952).

falls oxydativ angreift, aber anscheinend auf eine andere Weise als die hier beschriebenen Fermente („*Uricase II*").

Nach KEILIN und HARTREE[1] läßt sich die Reaktion, die von den Uricat → O_2-transhydrogenasen katalysiert wird, durch die Gleichung

$$\text{Harnsäure} + 2\,H_2O + O_2 \rightarrow \text{Allantoin} + CO_2 + H_2O_2$$

darstellen. Der Mechanismus dieses Vorganges ist noch ungeklärt. KLEMPERER[2] beobachtete, daß beim Abbau der Harnsäure nicht, wie zu erwarten wäre, ein Äquivalent CO_2 gebildet wird, sondern nur wechselnde Bruchteile davon. Auf Grund eingehender Versuche zog er daraus die Schlußfolgerung, daß das Primärprodukt des Vorgangs eine instabile Verbindung $C_5H_4O_4N$ ist, die dann vermutlich spontan in folgende weitere Reaktionsprodukte zerfällt: 1. Allantoin + CO_2; 2. Oxyacetylen-diurein-carboxylsäure und 3. Uroxansäure. Alle diese Verbindungen sind in Anwesenheit des Ferments stabil. Das Mengenverhältnis der einzelnen genannten Produkte hänge vom p_H und von der Art der Pufferlösung ab[3].

Wir können somit die Gesamtreaktion in folgende Stufen unterteilen:

$$\text{Harnsäure} + O_2 + H_2O \xrightarrow{\text{Enzym}} H_2O_2 + C_5H_4O_4N_4$$

Harnsäure

$$C_5H_4O_4N_4 + H_2O \xrightarrow{\text{spontan}} \text{Allantoin } (H_2NCONH \cdot CH\text{—}NH\text{—}C{=}O\text{—}NH\text{—}CO) + CO_2$$

Allantoin

$$C_5H_4O_4N_4 + H_2O \xrightarrow{\text{spontan}} O{=}C\begin{matrix}NH\text{—}C(COOH)\text{—}NH \\ NH\text{—}C(OH)\text{—}NH\end{matrix}C{=}O$$

Oxyacetylen-diurein-carboxylsäure

$$C_5H_4O_4N_4 + 2\,H_2O \xrightarrow{\text{spontan}} H_2NCONHC(COOH)_2NHCONH_2$$

Uroxansäure

[1] D. KEILIN und E. F. HARTREE: Proc. Roy. Soc. London B **119**, 114 (1936).

[2] F. W. KLEMPERER: J. biol. Chem. **160**, 111 (1945).

[3] Zum Wirkungs-mechanismus der Uricat → O_2-transhydrogenasen vgl. auch E. PRAETORIUS: Biochim biophys. Acta **2**, 602 (1948); G. B. BROWN, P. M. ROLL und L. F. CAVALIERI: J. biol. Chem. **171**, 835 (1947); L. F. CAVALIERI und G. B. BROWN: J. Amer. chem. Soc. **70**, 1242 (1948); R. BENTLEY und A. NEUBERGER: Biochem. J. **52**, 694 (1952).

Uricat → O_2-transhydrogenasen sind sowohl für den Donator Harnsäure wie auch für den Akzeptor Sauerstoff absolut spezifisch; O_2 kann durch keinen der üblicherweise angewandten Akzeptor-farbstoffe ersetzt werden.

Das p_H-Optimum der Wirksamkeit der tierischen Fermente liegt weit im alkalischen Gebiet; es werden Werte um 9,0 angegeben. Verschiedene Strukturanaloge der Harnsäure hemmen die Wirksamkeit der Fermente, ebenso erweisen sich Cyanid und 2,3-Dimercapto-propanol (BAL) als Inhibitoren.

Die Messung der Uricat → O_2-transhydrogenase-aktivität wird meist durch manometrische Bestimmung des Sauerstoff-verbrauchs durchgeführt. PRAETORIUS[1] verwendet eine spektrophotometrische Methode, wobei das Verschwinden der Absorptionsbande der Harnsäure bei 293 mμ verfolgt wird.

Frühere Reinigungsverfahren zur Herstellung hochkonzentrierter Präparationen derartiger Fermente gehen von Aceton-trockenpulvern aus Leber aus[2,3,4]. ALTMAN, SMULL und BARRON[5] konnten zeigen, daß durch die Acetonbehandlung ein großer Teil des Enzyms denaturiert und somit zerstört wird. Durch Boratpuffer-extraktion bei p_H 8,93, darauffolgende Dialyse gegen Wasser, Adsorption an ein $Zn(OH)_2$-Gel, Elution mit Phosphat-puffer (p_H 7,5), Adsorption von Verunreinigungen an γ-$Al(OH)_3$-Gel und schließlich Reinigung über ein Nucleoproteid gelang es diesen Autoren, ein lösliches Präparat aus Nieren-gewebe zu erhalten, das fast auf das 3000fache angereichert war. Wie PRAETORIUS[6] zeigte, ist das Enzym kein Zink-proteid, wie früher angenommen wurde. Eine Standard-vorschrift zur Herstellung einer Uricat → O_2-transhydrogenasepräparation wurde kürzlich von LEONE[7] publiziert.

Die biologische Bedeutung der Uricat → O_2-transhydrogenasen ist noch recht ungeklärt; der Grund, warum bei vielen Tieren Harnsäure das Endprodukt des Nuclein-stoffwechsels sein kann, während andere Tierklassen den Mechanismus für einen weiteren Abbau besitzen, ist schwer einzusehen.

Die Absicht, die Wirkung des Ferments zur Bekämpfung der Gicht auszunützen, wurde auf Grund von Tierversuchen, bei denen nur vorübergehende Erniedrigung des Harnsäurespiegels und dabei das Auftreten unangenehmer Nebenerscheinungen erfolgte, aufgegeben.

XV. Glykolat → O_2-transhydrogenase *(Glykolsäure-oxydase)*

Sowohl in pflanzlichen Materialien, und zwar besonders in den grünen Teilen vieler Pflanzen[8,9], als auch in tierischem Gewebe[10] (Ratten-leber) finden sich Enzyme, welche Glykolsäure zu Glyoxylsäure oxydieren. Durch eingehendere Untersuchung von Fermenten dieses Typus konnte gezeigt werden, daß es sich um Flavoproteine handelt; in dem entsprechenden Ferment aus Spinat-blättern ist FMN die prosthetische Gruppe[9]. Die katalysierte Reaktion verläuft nach der Gleichung

$$\underset{\text{Glykolsäure}}{\begin{matrix} CH_2OH \\ | \\ COOH \end{matrix}} + O_2 \rightarrow H_2O_2 + \underset{\text{Glyoxylsäure}}{\begin{matrix} CHO \\ | \\ COOH \end{matrix}}$$

[1] E. PRAETORIUS: Biochim. biophys. Acta **2**, 602 (1948).
[2] J. N. DAVIDSON: Biochem. J. **32**, 1386 (1938).
[3] C. G. HOLMBERG: Ibid. **33**, 1101 (1939).
[4] E. H. OPPENHEIMER und H. G. KUNKEL: Bull. John Hopkins Hosp. **73**, 40 (1943).
[5] K. I. ALTMAN, K. SMULL und E. S. G. BARRON: Arch. Biochem. **21**, 159 (1949).
[6] E. PRAETORIUS: Biochim. biophys. Acta **2**, 590 (1948).
[7] E. LEONE: Biochem. J. **54**, 393 (1953).
[8] P. A. KOLESNIKOW: Doklady Akad. Nauk S. S. S. R. **60**, 1205, 1353 (1948); Biochimija **14**, 124 (1949); C. O. CLAGETT, N. E. TOLBERT und R. H. BURRIS: J. biol. Chem **178**, 977 (1949); **181**, 905 (1950); R. H. KENTEN und P. J. G. MANN: Biochem. J **52**, 130 (1952); W. FRANKE und I. SCHULZ: Liebig's Ann. Chem. **578**, 147 (1952).
[9] I. ZELITCH und S. OCHOA: J. biol. Chem. **201**, 707 (1953).
[10] E. KUN: Ibid. **194**, 603 (1952).

In Abwesenheit von Katalasen wird die entstandene Glyoxylsäure durch das Wasserstoffperoxyd nach der Gleichung

$$\begin{array}{l}CHO\\ |\\ COOH\end{array} + H_2O_2 \rightarrow HCOOH + CO_2 + H_2O$$

nicht-enzymatisch zu Ameisensäure und Kohlendioxyd weiter abgebaut.

Die Spezifität dieses Fermenttypus ist insoweit nicht absolut, als hochgereinigte Präparationen außer Glykolsäure auch L-Milchsäure oxydieren; hierbei entsteht Brenztraubensäure, die in Abwesenheit von Katalase durch Wasserstoffperoxyd weiter zu Essigsäure und Kohlendioxyd oxydiert wird. Andere Substrate des Ferments wurden bisher noch nicht entdeckt.

Das Enzym aus Spinat-blättern ließ sich — ausgehend von 70 kg Spinat — durch Ammoniumsulfat-fraktionierung, isoelektrische Fällung bei p_H 4,9, Äthanol-fraktionierung, Wiederholung der isoelektrischen Fällung, Adsorption an Calcium-phosphat-gel und Elution mit Phosphatpuffer-lösung (p_H 8,0) bis zu einem Reinheitsgrad von 74% konzentrieren[1]. 100000 g dieser Präparation setzen in Anwesenheit eines Überschusses von FMN bei 30° 720 Mole Glykolsäure um. Das p_H-Optimum liegt bei 8,3.

XVI. Oxalat → O_2-transhydrogenase *(Oxalsäure-oxydase, Aerooxalo-dehydrase)*.

In Pflanzen und zwar vor allem in Moosen finden sich Fermente, die Oxalsäure nach der Gleichung

$$\begin{array}{l}COOH\\ |\\ COOH\end{array} + O_2 \rightarrow H_2O_2 + 2\, CO_2$$

oxydieren[2]. Ein Ferment dieses Typus wurde von FRANKE und HASSE[3] aus dem grünen Moos *Hylocomium umbratum* angereichert. Es ist streng substrat-spezifisch; als Donator kann nur Oxalsäure und als Akzeptor zum Unterschied von den auf S. 501 besprochenen Oxalat-dehydrogenasen nur Sauerstoff fungieren. Die Entstehung von H_2O_2 konnte quantitativ nachgewiesen werden. Das p_H-Optimum der Wirkung liegt bei 2,5.

XVII. Lactat → O_2-transhydrogenasen

In *Mycobacterium phlei* läßt sich ein Enzym nachweisen, das anaerob Milchsäure zu Brenztraubensäure oxydiert, während unter aeroben Bedingungen Essigsäure und CO_2 entstehen[4]. Das Ferment enthält FAD als prosthetische Gruppe. Der Mechanismus der aeroben Oxydation der Milchsäure dürfte der folgenden Reaktionsreihe entsprechen:

$$CH_3CHOHCOOH + O_2 \rightarrow H_2O_2 + CH_3COCOOH \qquad (a)$$

$$CH_3COCOOH + H_2O_2 \rightarrow CH_3COOH + CO_2 + H_2O \qquad (b)$$

Reaktion (b) verläuft schnell und spontan auch ohne katalytische Einwirkung.

Vor kurzem konnten YAMAMURA und Mitarbeiter[5] ein gleichartiges Ferment auch in *Mycobacterium tuberculosum avium* auffinden; dieser Organismus enthält daneben auch ein Enzym, das Milchsäure unter Mitwirkung von DPN dehydrieren kann und somit den DPN · H_2 → Pyruvat-transhydrogenasen (*Milchsäure-dehydrase*, S. 468) aus tierischem Gewebe, höheren Pflanzen, *Escherichia coli* und *Gonococcus* homolog ist.

---

[1] I. ZELITCH und S. OCHOA: J. biol. Chem. **201**, 707 (1953).
[2] J. HOUGET, A. MAYER und L. PLANTEFOL: C. R. Acad. Sci. Paris **185**, 304 (1927).
[3] W. FRANKE und K. HASSE: Hoppe-Seyler's Z. physiol. Chem. **249**, 231 (1937).
[4] N. L. EDSON: Biochem. J. **41**, 145 (1947).
[5] Y. YAMAMURA, M. KUSUNOSE und E. KUSUNOSE: Nature **170**, 207 (1952).

XVIII. Ungesättigte Fettsäure → O_2-transhydrogenasen *(Lipoxydase)*[1]

Nachdem bereits früher in der Patentliteratur die Beobachtung beschrieben worden war, daß Präparate aus Sojabohnen die gelben Farbstoffe des Weizenmehls bleichen können, entdeckten ANDRÉ und HOU[2] 1932 ein Enzym in der Sojabohne, das die Oxydation von Fetten beschleunigt, und konnten in ihrer zweiten Mitteilung auch zeigen, daß das von ihnen als Lipoxydase bezeichnete Ferment sich in seiner Verbreitung von den bis dahin in Pflanzen durch Farbreaktionen nachgewiesenen Oxydasen und Peroxydasen deutlich unterschied.

Etwas später berichteten SUMNER und DOUNCE[3] über ein Ferment in der Sojabohne, das in Anwesenheit ungesättigter Fette und Öle die oxydative Bleichung von Carotin katalysiert; sie nannten den verantwortlichen Faktor „Carotinoxydase". In einer späteren Arbeit konnten SUMNER und SUMNER[4] feststellen, daß Carotin in Abwesenheit von ungesättigten Fetten nicht angegriffen wird und daß auch peroxydiertes Fett selbst ohne Wirkung auf Carotin ist. Sie schlossen daraus, daß die Oxydation des Carotins mit dem Primärvorgang der Oxydation ungesättigter Fettsäuren gekoppelt ist; zu den gleichen Schlüssen kam unabhängig auch TAUBER[5]. Damit war die Identität von „Lipoxydase" und „Carotin-oxydase" erwiesen.

Entgegen früheren Annahmen werden einfach ungesättigte Fettsäuren durch Fermente dieses Typus nicht angegriffen. Nach Angaben von BALLS und Mitarbeitern[6] werden unter einer Anzahl von ungesättigten Fettsäuren nur Linolsäure, Linolensäure und Arachidonsäure oxydiert, was auch von HOLMAN und BURR[7] bestätigt wurde. Es scheint somit sicher zu sein, daß das im Substrat für die Oxydierbarkeit notwendige Strukturelement die Gruppierung

$$\begin{array}{l} HC{-} \\ \| \\ HCCH_2CH \\ \qquad\quad \| \\ \qquad\ {-}CH \end{array}$$

ist, also beide Doppelbindungen *cis*-Konfiguration aufweisen müssen.

$$CH_3(CH_2)_4CH{=}CHCH_2CH{=}CH(CH_2)_7COOH$$

Linolsäure

$$CH_3CH_2CH{=}CHCH_2CH{=}CHCH_2CH{=}CH(CH_2)_7COOH$$

Linolensäure

$$CH_3(CH_2)_4CH{=}CHCH_2CH{=}CHCH_2CH{=}CHCH_2CH{=}CH(CH_2)_3COOH$$

Arachidonsäure

Die entsprechenden *trans*-Formen, wie z. B. Elaido-linolsäure oder Elaido-linolensäure, sollen nach den Angaben von HOLMAN und BURR[7] fast unangreifbar sein.

---

[1] Handbuchartikel und Übersichtsreferate: R. T. HOLMAN und S. BERGSTRÖM: In „The Enzymes", herausgegeben von J. B. SUMNER und K. MYRBÄCK, Bd. II/1, S. 559. New York: Academic Press. 1951; Iidem: Adv. Enzymology **8**, 425 (1947); W. FRANKE: Ergebn. Enzymforsch. **12**, 89 (1951); Fette und Seifen **52**, 11 (1949); H. JANECKE: Die Pharmazie **5**, 201 (1950); J. J. JEZESKI: Trans. Amer. Assoc. Cereal Chem. 5, 37 (1947); H. SÜLLMANN: Fermentforsch. **17**, 610 (1945).

[2] E. ANDRÉ und K. W. HOU: C. R. Acad. Sci. Paris **194**, 727 (1932).

[3] J. B. SUMNER und A. L. DOUNCE: Enzymologia **7**, 130 (1939).

[4] J. B. SUMNER und R. J. SUMNER: J. biol. Chem. **134**, 531 (1940).

[5] H. TAUBER, J. Amer. chem. Soc. **62**, 2251 (1940).

[6] A. K. BALLS, B. AXELROD und M. W. KIES: J. biol. Chem. **149**, 491 (1943).

[7] R. T. HOLMAN und G. O. BURR: Arch. Biochem. **7**, 47 (1945).

Nach HOLMAN und BERGSTRÖM (*l. c.*) ist der Mechanismus der Enzymwirkung vermutlich dem entsprechenden Mechanismus der unkatalysierten Autoxydation ungesättigter Verbindungen, wie er von FARMER, KOCH und SUTTON[1] postuliert wurde, analog. Es soll sich um eine Radikal-bildung an der aktivierten Methylen-gruppe zwischen den Doppelbindungen handeln.

$$—CH_2CH{=}CHCH_2CH{=}CHCH_2— \quad \text{(I)}$$

$$\downarrow -H^{\bullet}$$

$$—CH_2CH{=}CH\dot{C}HCH{=}CHCH_2— \quad \text{(II)}$$

$$\swarrow\!\!\nearrow \qquad\qquad \searrow\!\!\nwarrow$$

$$—CH_2CH{=}CHCH{=}CH\dot{C}HCH_2— \quad \text{(III)} \qquad —CH_2\dot{C}HCH{=}CHCH{=}CHCH_2— \quad \text{(IV)}$$

$$+O_2 \downarrow \qquad\qquad \downarrow +O_2$$

$$—CH_2CH{=}CHCH{=}CHCH(O{-}\dot{O})CH_2— \quad \text{(V)} \qquad —CH_2CH(O{-}\dot{O})CH{=}CHCH{=}CHCH_2— \quad \text{(VI)}$$

$$+H^{\bullet} \downarrow \qquad\qquad \downarrow +H^{\bullet}$$

$$—CH_2CH{=}CHCH{=}CHCH(O{-}OH)CH_2— \quad \text{(VII)} \qquad —CH_2CH(O{-}OH)CH{=}CHCH{=}CHCH_2— \quad \text{(VIII)}$$

Die Reaktion könnte sich, nachdem sie durch das Enzym gestartet wird, als Kettenreaktion fortsetzen. So wäre es möglich, daß die Radikale V und VI ein H-Atom vom ursprünglichen Substrat übernehmen, wodurch wiederum Radikal II gebildet würde. In diesem Falle wäre die Enzymwirkung nur die Entfernung eines H-Atoms aus der Methylen-gruppe zwischen den beiden Doppelbindungen, während die Fortsetzung als Kettenreaktion spontan erfolgen würde. Neuere Untersuchungen von TAPPEL und Mitarbeitern[2] stellen allerdings den geschilderten Kettenmechanismus stark in Frage.

Es besteht aber kein Zweifel darüber, daß die primären Reaktions-produkte peroxydischer Natur sind.

Fermente dieses Typus kommen vor allem in höheren Pflanzen vor. Besonders Leguminosen, Solanaceen sowie Labiaten sind reich an Ungesättigte-Fettsäure → O_2-transhydrogenasen. Systematische Untersuchungen über das Vorkommen der Enzyme in verschiedenen Pflanzen-familien wurden von STRAIN[3] und von SÜLLMANN[4] veröffentlicht. Eine Untersuchung von HOLMAN[5] über die Beziehungen der Enzym-aktivität und der Fett-zusammensetzung in keimenden Sojabohnen ergab, daß bereits zwei Tage nach der Auspflanzung die Ferment-aktivität scharf abfällt, obwohl zu dieser Zeit der Substrat-schwund erst einsetzt. Diese Erscheinung wird von HOLMAN[5] dahin gedeutet, daß das Enzym nur die Aufgabe hat, die Fett-oxydation auszulösen, während die Reaktion später autokatalytisch als Kettenreaktion weiterläuft.

Über tierische Enzyme dieses Typus ist weit weniger bekannt. Noch kein einziger Faktor dieser Art konnte bisher isoliert und ausreichend charakterisiert werden. Abgesehen davon ist bekannt, daß Häminproteine zur Beschleunigung der Autoxydation ungesättigter Fettsäuren befähigt sind, so daß eine Abtrennung von den Wirkungen dieser Körper für den Nachweis eines Enzyms des hier geschilderten Typus erforderlich ist. Allerdings konnte REISER[6] kürzlich zeigen, daß man aus Fettgewebe vom Schwein hämoglobin-

[1] E. H. FARMER, H. P. KOCH und D. A. SUTTON: J. chem. Soc. **1943**, 541.
[2] A. L. TAPPEL, P. D. BOYER und W. O. LUNDBERG: J. biol. Chem. **199**, 267 (1952).
[3] H. H. STRAIN: J. Amer. chem. Soc. **63**, 3542 (1941); Acta phytochem. **15**, 9 (1949).
[4] H. SÜLLMANN: Helv. chim. Acta **26**, 2253 (1943); Exper. **1**, 323 (1945).
[5] R. T. HOLMAN: Arch. Biochem. **17**, 459 (1948).
[6] R. REISER: J. Amer. Oil Chemists' Soc. **26**, 116 (1949).

freie Extrakte gewinnen kann, welche die Entfärbung von Carotin in Maisöl-lösung verursachen, was als Beweis für die Existenz tierischer Ungesättigte-Fettsäure → O_2-transhydrogenasen aufgefaßt werden kann.

Das Vorkommen von Enzymen dieses Typus in Mikroorganismen muß noch als unbewiesen gelten.

Zur Bestimmung der Enzym-aktivität können verschiedene Methoden angewandt werden. Vor allem läßt sich die O_2-Aufnahme manometrisch im WARBURG-Apparat messen. Weiters können die entstandenen Fettsäure-peroxyde entweder kolorimetrisch mit Ferrosalz und Rhodanid oder jodometrisch mit KJ-Eisessig bestimmt werden; die letztgenannte Methode ist allerdings nicht sehr spezifisch. Zur kolorimetrischen Messung der Enzym-aktivität eignet sich auch die Verfolgung der Carotin-entfärbung in Gegenwart von Fettsäure. Von THEORELL, BERGSTRÖM und ÅKESON[1] wurde eine spektrophotometrische Methode eingeführt, welche darauf beruht, daß die charakteristische Absorption der zuerst entstehenden, konjugiert ungesättigten Peroxyde bei 2340 Å gemessen wird.

Das p_H-Optimum der Ferment-aktivität liegt für die Oxydation von Fettemulsionen sowie Carotin-Fett-gemischen bei 6,5; Fettsäuren bzw. deren Alkalisalze werden aber bei p_H 9,5 optimal gespalten, was sich wahrscheinlich dadurch erklären läßt, daß die Substrate in diesem Bereich als echte Lösungen vorliegen, während sich bei tieferen p_H-Werten teilweise Emulsionen bilden, welche dem Angriff des Ferments weniger leicht zugänglich sind[2, 3].

Ein hitzestabiler Faktor aus der Sojabohne kann bei p_H 7,0 als Aktivator der Oxydation von Natriumlinolat fungieren; bei p_H 9,0 erfolgt keine Beeinflussung[4, 5]; KIES[6] gelang es auch, eine aktivierende Substanz von Polypeptid-struktur aus der Sojabohne zu isolieren. Nach HOLMAN und BERGSTRÖM *(l. c.)* dürfte die Aktivatorwirkung durch den physikalischen Zustand des Enzym-Substrat-gemischs bedingt sein. Bei Emulsions-systemen können oberflächen-aktive Substanzen die Wirksamkeit des Enzyms erhöhen, weil sie entweder die Dispersion des Substrats erhöhen oder eine Oberflächen-adsorption am emulgierten Substrat verhindern. Bei p_H 9,0 ist das Substrat völlig gelöst und eine oberflächenaktive Substanz kann die Enzym-wirksamkeit nicht mehr verstärken.

HOLMAN[7] zeigte, daß bestimmte Fettsäuren, welche nicht der Fermentwirkung unterliegen, die Oxydation der Substrate hemmen. Besonders stark sind hier die Effekte der Elaido-isomeren der Substrate. Als unspezifische Hemmstoffe sind alle Substanzen zu bezeichnen, welche auch die nichtenzymatische Autoxydation von Fettsäuren hemmen. Hier sind vor allem die Verbindungen zu nennen, welche unter dem Namen „Antioxydantien" bekannt sind, d. h. verschiedene Phenole, Adrenalin und Tocopherol. Anorganische Komplexbildner sowie Diäthyldithiocarbamid haben auch in hohen Konzentrationen keinen wesentlichen Einfluß auf die Ferment-aktivität.

THEORELL, HOLMAN und ÅKESON[8] gelang es, die Ungesättigte-Fettsäure → O_2-transhydrogenase aus Soja-mehl in reiner Form kristallin darzustellen. Das Präparat erwies sich nach den eiweißchemischen Kriterien als einheitlich; das M. G. wurde mit 102000 bestimmt; der I. P. liegt bei etwa p_H 5,4. Bei 30° setzt ein Mol des Enzymproteins 21600 Mole Linolensäure in der Minute um[7]. Die

---

1 H. THEORELL, S. BERGSTRÖM und Å. ÅKESON: Pharm. Acta Helv. **21**, 318 (1946).

2 R. T. HOLMAN: Arch. Biochem. **15**, 403 (1947).

3 G. N. SMITH: Ibid. **19**, 133 (1948).

4 A. K. BALLS, B. AXELROD und M. W. KIES: J. biol. Chem. **149**, 491 (1943).

5 H. THEORELL, S. BERGSTRÖM und Å. ÅKESON: Ark. Kem. Mineral. Geol. **19** A, Nr. 6 (1944).

6 M. W. KIES: J. biol. Chem. **170**, 121 (1947).

7 R. T. HOLMAN: Arch. Biochem. **15**, 403 (1947).

8 H. THEORELL, R. T. HOLMAN und Å. ÅKESON: Arch. Biochem. **14**, 250 (1947); Acta chem. Scand. **1**, 571 (1947).

MICHAELIS-Konstanten[1] sind für Linolensäure bei p_H 9,0 und 20° $2 \cdot 10^{-5}$ und für Sauerstoff etwa $0{,}39 \cdot 10^{-4}$. Es scheint sich um ein typisches Protein zu handeln; bisher sind keine Befunde bekannt geworden, welche eindeutig für die Existenz einer definierbaren prosthetischen Gruppe sprechen, wie sie von MICHLIN und PSCHENNOWA[2] postuliert wurde. Bei der Analyse des Enzymproteins, welche von HOLMAN und Mitarbeitern[3] durchgeführt wurde, konnte allerdings ein Bestandteil, der in den Papier-chromatogrammen aufschien, nicht identifiziert werden (vgl. Tab. 1, S. 17).

Während die Bedeutung der Ungesättigte-Fettsäure → O_2-transhydrogenasen für den Pflanzen-stoffwechsel noch ungeklärt ist, haben diese Fermente in letzter Zeit vom technisch-wirtschaftlichen Standpunkt aus eine gewisse Beachtung gefunden. Fett- und öl-haltige Rohstoffe und Nahrungsmittel werden in Gegenwart der Enzyme leicht ranzig; zur Ausschaltung dieser Einflüsse wird empfohlen, die fett-haltigen Samen entweder längere Zeit bei niedriger Temperatur zu trocknen oder kurze Zeit mit Dampf auf 110° zu erhitzen[4]. Bei der üblichen Heubereitung bewirkt die Enzymwirkung Carotin- und Vitamin A-Verluste, die sich durch Schnelltrocknung im Heißluft- oder Abgas-strom vermeiden lassen.

37. Anaerobe Transelektronasen

Als anaerobe Transelektronasen werden in dieser Darstellung alle Enzyme bezeichnet, deren Wirkung die Übertragung von Elektronen (nicht aber auch von Protonen) von einem entsprechenden Donator auf einen von Sauerstoff verschiedenen Akzeptor ist, während entsprechende Fermente, deren Elektronen-akzeptor Sauerstoff ist, Oxydasen genannt werden und im nächstfolgenden Kapitel besprochen werden.

Die anaeroben Transelektronasen wirken allgemein als Teilkatalysatoren der Atmung; ihre Funktion besteht vor allem darin, die Elektronen von reduzierten Pyridinnucleotiden, Flavinen oder Häminproteiden auf ein Häminproteid höheren Redoxpotentials zu übertragen, das schließlich durch Vermittlung einer Oxydase — im allgemeinen der Cytochrom-oxydase — die Elektronen an Sauerstoff weitergibt.

Die Forschungen auf diesem Gebiete sind aber zur Zeit voll im Fluß, so daß es auf große Schwierigkeiten stößt, ein wirklich klares Bild der Enzymgruppe zu geben. So ist bei manchen der hier besprochenen Fermente die Donator- oder Akzeptor-spezifität noch ungeklärt; andrerseits sprechen zahlreiche Befunde dafür, daß gerade während der Wirkung der anaeroben Transelektronasen eine Neubildung energiereich gebundenen Phosphats im Rahmen der sog. Atmungsketten-phosphorylierung stattfindet, deren Mechanismus ebenfalls noch völlig unklar ist.

Unter den Transelektronasen enthalten einige ein Flavin-nucleotid als prosthetische Gruppe; andere Enzyme dieser Klasse sind Hämoproteide. Beide Arten von prosthetischen Gruppen begegnen uns auch bei anderen Klassen der Oxydoreductasen und es ist wohl anzunehmen, daß der Wirkungsmechanismus dieser prosthetischen Gruppen überall ein ähnlicher ist.

---

[1] A. L. TAPPEL, P. D. BOYER und W. O. LUNDBERG: J. biol. Chem. **199**, 267 (1952).
[2] D. M. MICHLIN und K. W. PSCHENNOWA: Biochimija **11**, 437 (1946); **13**, 76 (1948).
[3] R. T. HOLMAN, F. PANZER, B. S. SCHWEIGERT und S. R. AMES: Arch. Biochem. **26**, 199 (1950).
[4] F. KIERMEIER: Angew. Chem. **60**, 175 (1948).

I. TPN · H_2 → Cytochrom c-transelektronasen *(TPN-Cytochrom c-reductase)*

Schon 1939 berichteten HAAS und Mitarbeiter[1] über ein Enzym, welches sie aus Hefe in Lösung bringen und teilweise reinigen konnten. Dieses Ferment katalysiert die Reduktion von Ferricytochrom c durch TPN · H_2 und enthält Riboflavinphosphat (FMN) als prosthetische Gruppe. Die Autoren nannten das Ferment Cytochrom c-reductase. Das Malaria-mittel Atebrin bewirkt eine Hemmung der Enzymaktivität, die aber durch einen Überschuß von FMN verhindert werden kann[2].

Ein ganz analog wirkendes Enzym wurde kürzlich von HORECKER[3] aus Schweine-leber hergestellt. Es unterscheidet sich allerdings von dem Ferment aus Hefe dadurch, daß es Riboflavin-Adenin-dinucleotid (FAD) als prosthetische Gruppe aufweist.

Die Reaktionen, welche durch Fermente dieses Typus katalysiert werden, können durch die Gleichung

$$\text{TPN} \cdot \text{H}_2 + 2\ \text{Fe}^{3+}\text{-Cytochrom c} \rightarrow 2\ \text{Fe}^{++}\text{-Cytochrom c} + \text{TPN} + 2\ \text{H}^+$$

wiedergegeben werden. O_2 hat fast gar keine Wirkung als Elektronen-akzeptor.

Sowohl das Enzym aus Hefe als auch jenes aus Leber konnte weitgehend gereinigt werden. Das erstere hat ein M. G. von etwa 78000, seine Wechselzahl wird mit 1300 angegeben. Das Ferment aus Leber hat ein M. G. von 68000 und eine Wechselzahl von 1140 Mole Cytochrom c pro Mol Flavoprotein pro Minute.

Die prosthetischen Gruppen lassen sich abspalten, wenn man das gereinigte Ferment in Ammoniumsulfat-lösung mit verdünnten Säuren behandelt. Das Enzymprotein ohne prosthetische Gruppe ist völlig inaktiv; die Wirksamkeit kann aber durch Zusatz von FMN oder FAD wiederhergestellt werden, wobei bemerkenswert ist, daß die prosthetischen Gruppen sich gegenseitig vertreten können.

Das p_H-Optimum des Enzyms aus Leber liegt um 8,0. Phosphat ist für die Wirksamkeit nicht erforderlich.

Die Messung der Wirksamkeit wird in einem System durchgeführt, welches Ferricytochrom c, das zu untersuchende Fermentpräparat, TPN, Glucose-6-phosphat → TPN-transhydrogenase und Glucose-6-phosphat enthält. Die Reduktions-geschwindigkeit von Ferricytochrom c wird spektrophotometrisch bei 550 mμ gemessen. In diesem System gehen die folgenden Reaktionen vor sich:

$$\text{Glucose-6-phosphat} + \text{TPN} \xrightarrow{\text{Transhydrogenase}} \text{TPN} \cdot \text{H}_2 + \text{6-Phosphogluconsäure}$$

$$\text{TPN} \cdot \text{H}_2 + 2\ \text{Fe}^{3+}\text{-Cytochrom c} \rightarrow 2\ \text{Fe}^{++}\text{-Cytochrom c} + \text{TPN} + 2\ \text{H}^+$$

II. DPN · H_2 → Cytochrom c-transelektronasen *(DPN-Cytochrom c-reductase)*

HOGNESS und Mitarbeiter[4] berichteten bereits 1941 über ein Enzym aus Hefe, das die Reaktion

$$\text{DPN} \cdot \text{H}_2 + 2\ \text{Fe}^{3+}\text{-Cytochrom c} \rightleftarrows 2\ \text{Fe}^{++}\text{-Cytochrom c} + \text{DPN} + 2\ \text{H}^+$$

katalysiert. In letzter Zeit wurden Enzyme derselben Wirksamkeit aus verschiedenen biologischen Ausgangsmaterialien näher untersucht. So konnten lösliche

[1] E. HAAS, B. L. HORECKER und T. R. HOGNESS: J. biol. Chem. **130**, 425 (1939); **136**, 747 (1940); E. HAAS, C. J. HARRER und T. R. HOGNESS: Ibid. **143**, 341 (1942).
[2] E. HAAS: Ibid. **155**, 321 (1944).
[3] B. L. HORECKER: Federation Proc. **8**, 207 (1949); J. biol. Chem. **183**, 593 (1950).
[4] A. M. ALTSCHUL, H. PERSKY und T. R. HOGNESS: Science **94**, 349 (1941).

$DPN \cdot H_2 \rightarrow$ Cytochrom c-transelektronasen aus Tauben-brustmuskel und aus Schweine-herz isoliert und charakterisiert werden[1]. Das Ferment aus Schweineherz, das in ziemlich hochgereinigtem Zustand erhalten wurde, zeigt ein Spektrum, das dem der Flavoproteine analog ist. Es gelingt, die prosthetische Gruppe abzuspalten. Diese scheint mit FAD identisch zu sein, was aber noch nicht ganz sichergestellt ist; außerdem enthält das Ferment Fe^{++}[2]. Es konnte mit physikalischen Mitteln wahrscheinlich gemacht werden, daß ein einheitliches Einzelenzym vorliegt; das M. G. liegt zwischen 75000 und 78000. Außer der geschilderten Wirkung als $DPN \cdot H_2 \rightarrow$ Cytochrom c-transelektronase ist das Enzym auch imstande, Farbstoffe, wie 2,6-Dichlorphenolindophenol und Methylenblau als Elektronen-akzeptoren zu verwenden; d. h. das Enzym zeigt auch Diaphorase-aktivität. In bezug auf den Donator ist das Ferment hingegen sehr streng spezifisch: $TPN \cdot H_2$ wird nicht dehydriert.

Auf Grund des Nachweises von Fett postulieren MAHLER und ELOWE[2] neuerdings, daß das Enzym die Übertragung der Elektronen von $DPN \cdot H_2$ bis zum Cytochrom c nach folgendem Schema katalysiert:

$$DPN \cdot H_2 \xrightarrow{2e^-} \text{Flavin} \xrightarrow{1e^-} Fe^{3+} \xrightarrow{1e^-} \text{Cytochrom c } (Fe^{3+})$$

Das p_H-Optimum der Wirksamkeit liegt für Cytochrom c als Akzeptor bei p_H 8,7; die Diaphorase-aktivität ist bei p_H 8,2 am stärksten. Die Ferment-wirksamkeit wird durch verschiedene Kationen (Cu^{++}, Zn^{++}, Ca^{++}, Mg^{++} und Mn^{++}) sowie durch manche Anionen (Phosphat, Pyrophosphat, Vanadat und Perchlorat) gehemmt, während Cyanid sogar eine schwache Aktivierung bewirkt. Als spezifische Inhibitoren können FAD, Riboflavin und FMN sowie Chlormercuribenzoat und Atebrin angesehen werden. Hingegen verursachen weder BAL (2,3-Dimercaptopropanol) noch das Antibioticum Antimycin A irgend eine Hemmwirkung. Das steht in ausgesprochenem Gegensatz zu den Verhältnissen, die von SLATER[3] bzw. POTTER und REIF[4] bei Versuchen mit einem an Zellreste gebundenen Enzymsystem, das dieselbe Reaktionsfolge katalysiert, gefunden wurden, denn nach den Angaben dieser Autoren sind BAL und Antimycin A sehr wirksame Hemmstoffe dieses Systems.

Nach den Berichten der Forscher aus Madison[1] ist allerdings noch nicht sichergestellt, daß das von ihnen rein dargestellte Enzym auch tatsächlich *in vivo* die Elektronen-übertragung von $DPN \cdot H_2$ bis zum Cytochrom c bewirkt. Die Unterschiede gegenüber dem partikel-gebundenen Enzymsystem von SLATER[3] deuten eher darauf hin, daß im lebenden Gewebe die Anordnung der Enzymproteine in den Zell-bestandteilen eine derartige ist, daß praktisch nur die Diaphorase-aktivität der hier beschriebenen Enzyme zu Geltung kommt, während eine direkte Wechselwirkung zwischen Enzym und Cytochrom c durch die sterische Anordnung weitgehend verhindert wird. Es kann sein, daß in manchen Gewebe-arten auch eine direkte Elektronen-übertragung von $DPN \cdot H_2$ auf Cytochrom c stattfindet, da POTTER und REIF[4] beobachten konnten, daß manchmal ein beträchtlicher Teil der Oxydation von $DPN \cdot H_2$ gegen Antimycin A unempfindlich ist.

In letzter Zeit konnte BRODIE[5] auch aus *Escherichia coli* ein Enzym gleicher Wirkungsweise isolieren und charakterisieren. Die bakterielle $DPN \cdot H_2 \rightarrow$ Cyto-

[1] H. EDELHOCH, O. HAYAISHI und L. J. TEPLY: J. biol. Chem. **197**, 97 (1952); H. R. MAHLER, N. K. SARKAR, L. P. VERNON und R. A. ALBERTY: Ibid. **199**, 585 (1952); L. P. VERNON, H. R. MAHLER und N. K. SARKAR: Ibid. **199**, 599 (1952).

[2] H. R. MAHLER und D. G. ELOWE: J. Amer. chem. Soc. **75**, 5770 (1953).

[3] E. C. SLATER: Biochem. J. **46**, 484, 499 (1950).

[4] V. R. POTTER und A. E. REIF: J. biol. Chem. **194**, 287 (1952).

[5] A. F. BRODIE: Ibid. **199**, 835 (1952).

chrom c-transelektronase ist ohne Zweifel ein FAD-Protein. Auch hier liegt das p_H-Optimum der Wirksamkeit im alkalischen Gebiet (8,0). *p*-Chlormercuribenzoat, Atebrin und Acriflavin wirken als Inhibitoren.

III. Diaphorasen

Unter Diaphorasen werden Enzyme verstanden, die reduzierte Pyridinnucleotide reoxydieren können, wobei die Natur des Wasserstoff- bzw. Elektronenakzeptors bisher unbekannt ist.

Die Beobachtung, daß das „*alte gelbe Ferment*" weder mit Sauerstoff noch mit Cytochrom c ausreichend schnell reagiert, um eine Teilkatalysator-rolle dieses Enzyms im Fermentsystem der Atmungsketten einzunehmen, veranlaßte verschiedene Forscher, nach Enzymen zu suchen, welche die Elektronen-übertragung von den reduzierten Pyridinnucleotiden auf die Cytochrome verursachen können. Fast zur gleichen Zeit berichteten GREEN und Mitarbeiter[1], sowie EULER und Mitarbeiter[2] über die Auffindung eines Faktors, der die Oxydation von $DPN \cdot H_2$ durch Methylenblau oder Cytochrom c katalysiert; GREEN nannte das Enzym „Coenzym-Faktor", während EULER die Bezeichnung „Diaphorase" vorschlug, die sich seither eingebürgert hat. Bald darauf konnten ADLER, EULER und GÜNTHER[3] zeigen, daß sich die Diaphorasen aus verschiedenen Gewebe-arten in ihrer Spezifität gegenüber $DPN \cdot H_2$ und $TPN \cdot H_2$ verschieden verhalten; ein Extrakt aus Herzmuskel war gegenüber $DPN \cdot H_2$ sechsmal so aktiv wie gegenüber $TPN \cdot H_2$, während ein entsprechendes Präparat aus der Nebenniere gegenüber beiden Dihydro-pyridinnucleotiden etwa die gleiche Aktivität aufwies. Dies führte zur Annahme, daß es zwei verschiedene Typen von Diaphorasen gibt, nämlich diejenigen, welche für $DPN \cdot H_2$ spezifisch sind und als *Diaphorase I* bezeichnet werden, und die anderen, welche $TPN \cdot H_2$ oxydieren, *Diaphorase II*.

Während die Präparationen von GREEN und EULER das Ferment nur in kolloid gelöstem Zustand enthielten, gelang es STRAUB[4], ein Flavinprotein aus Herzmuskel in Lösung zu bringen, das als lösliche Diaphorase identifiziert wurde[5]. Das Enzym enthält FAD als prosthetische Gruppe; der Riboflavingehalt ist 0,54%. Unter der Annahme, daß ein Mol Enzymprotein ein Mol FAD gebunden enthält, wird das M. G. mit 70000 berechnet. Ein Mol der Diaphorase von STRAUB kann in Anwesenheit von Methylenblau 8500 Mole $DPN \cdot H_2$ dehydrieren; Cytochrom c kann bei diesem Enzym nicht als Akzeptor dienen und ebenso ist das Ferment auch gegenüber O_2 völlig inert, so daß die Frage des physiologischen Akzeptors noch ungeklärt ist.

Als Diaphorase muß auch ein Enzym klassifiziert werden, das von HAAS[6] aus Hefe isoliert werden konnte und als „*neues gelbes Ferment*" bezeichnet wurde; es überträgt den Wasserstoff von $TPN \cdot H_2$ auf Methylenblau, nicht aber auf Cytochrom c oder O_2. Die prosthetische Gruppe ist FAD, welches aber nicht durch FMN ersetzt werden kann, so daß das Enzym sicher nicht mit dem „*alten gelben Ferment*" identisch ist. Unter der Annahme des Verhältnisses 1 Mol Protein: 1 Mol FAD läßt sich das M. G. mit etwa 60000 berechnen.

---

[1] D. E. GREEN, J. G. DEWAN und L. LELOIR: Biochem. J. **31**, 934 (1937); J. G. DEWAN und D. E. GREEN: Ibid. **32**, 636, 1200 (1938).

[2] E. ADLER, H. VON EULER und H. HELLSTRÖM: Ark. Kem. Mineral. Geol. **12** B, No. 38 (1937); H. VON EULER und H. HELLSTRÖM: Hoppe-Seyler's Z. physiol. Chem. **252**, 31 (1938).

[3] E. ADLER, H. VON EULER und G. GÜNTHER: Nature **143**, 641 (1939).

[4] F. B. STRAUB: Biochem. J. **33**, 793 (1939).

[5] H. S. CORRAN, D. E. GREEN und F. B. STRAUB: Ibid. **33**, 793 (1939).

[6] E. HAAS: Biochem. Z. **298**, 378 (1938).

Enzyme, die als Diaphorasen klassifiziert werden können, scheinen in der Natur weit verbreitet zu sein. Sie konnten in Bakterien, in der Hefe, in höheren Pflanzen sowie in verschiedenen tierischen Geweben nachgewiesen werden.

Unsere Kenntnis der biologischen Rolle der Diaphorasen ist aber noch unbefriedigend, da der natürliche Akzeptor des Wasserstoffs bzw. der Elektronen bisher nicht identifiziert werden konnte. Erst in letzter Zeit konnte SLATER[1] wahrscheinlich machen, daß ein von ihm nachgewiesener Faktor, der sich durch besondere Empfindlichkeit gegen 2,3-Dimercaptopropanol (BAL, „British Anti-Lewisite") auszeichnet, zwischen Diaphorasen und Cytochrome in die Kette der Oxydations-fermente geschaltet ist. SLATER[1] postuliert die folgende Reaktionsreihe (vgl. S. 551):

$$\begin{array}{ccccccccccccc} & & \text{Methylenblau} & \longrightarrow & & & & & & & & \longrightarrow & O_2 \\ & & \uparrow & & & & & & & & & & \uparrow \\ \text{DPN} \cdot H_2 & \longrightarrow & \text{Diaphorase} & \longrightarrow & \textit{Faktor} & \longrightarrow & \text{Cytochrom c} & \longrightarrow & \text{Cytochrom a} & \longrightarrow & & & \text{Cytochrom } a_3 \end{array}$$

Diaphorase I hätte somit die Funktion, den Wasserstoff bzw. die Elektronen auf den Faktor von SLATER zu übertragen; unter der Annahme, daß dieser Faktor ein Hämin-körper ist, wäre die Reaktion folgendermaßen zu formulieren:

$$\text{DPN} \cdot H_2 + 2\ \text{Faktor-}Fe^{3+} \longrightarrow 2\ \text{Faktor-}Fe^{++} + \text{DPN} + 2\ H^+$$

Dieser Reaktions-mechanismus kann aber erst dann als sichergestellt betrachtet werden, wenn der SLATER-Faktor isoliert und ausreichend charakterisiert sein wird, was bisher noch nicht der Fall ist. Bei Diaphorase II, also dem Fermenttypus, der TPN · H_2 oxydiert, wird es als möglich erachtet, daß Cytochrom c den Elektronen-akzeptor darstellt; der Enzymtypus wäre also mit dem TPN · H_2 → Cytochrom c-transelektronasen (*TPN-Cytochrom-reductase*, vgl. S. 539) identisch.

Unter der Annahme, daß sich die geschilderten Mechanismen als richtig erweisen, ist die Funktion der Diaphorasen diejenige von Teilkatalysatoren in der sog. Atmungskette. Nach den bei dem vorher besprochenen Enzymtypus erwähnten Befunden von MAHLER und ELOWE[2] wäre es, wie diese Autoren annehmen, allerdings auch möglich, daß die Diaphorasen Kunstprodukte sind, die bei der Aufarbeitung dadurch entstehen daß das Fe^{++}-Ion aus DPN · H_2 → → Cytochrom c-transelektronasen (*DPN-Cytochrom-reductasen*) entfernt wird.

IV. Cytochrome[3]

Unter dem Namen Cytochrome werden weitverbreitete, untereinander nahe verwandte Hämin-proteide verstanden, die bei biologischen Oxydationen eine noch nicht bis in ihre Einzelheiten geklärte Rolle als Elektronen-überträger innehaben.

Bereits 1886 berichtete MACMUNN[4], daß er bei der spektroskopischen Untersuchung von tierischen Geweben verschiedene Absorptionsbanden beobachten konnte, die von Tier zu Tier kleine Unterschiede zeigten. Die Lage dieser Banden ließ auf eine nahe Verwandtschaft der verursachenden Substanzen mit den Hämochromogenen schließen. Auf Grund seiner

[1] E. C. SLATER: Biochem. J. **44**, 305; **45**, 1, 14 (1949); **46**, 484, 503 (1950).

[2] H. R. MAHLER und D. G. ELOWE: J. Amer. chem. Soc. **75**, 5770 (1953)

[3] Handbuchartikel: K. G. PAUL: In „The Enzymes", herausgegeben von J. B. SUMNER und K. MYRBÄCK, Bd. II/1, S. 358. New York: Academic Press. 1951 K. ZEILE: In „Physiologische Chemie", herausgegeben von B. FLASCHENTRÄGER und E. LEHNARTZ, Bd. I, S. 870. Berlin: Springer. 1951; R. LEMBERG und J. W. LEGGE: Hematin Compounds and Bile Pigments, S. 337. New York: Interscience. 1949.

[4] C. A. MACMUNN: Phil. Trans. Roy. Soc. London **177**, 267 (1886); J. Physiol. **8**, 51 (1887); Hoppe-Seyler's Z. physiol. Chem. **13**, 497 (1889); **14**, 328 (1890).

Beobachtungen widerlegte MacMunn die ursprünglich von Liebig aufgestellte Theorie, daß die Atmung im Blut stattfinde und legte damit den Grundstein für die heute gültige Vorstellung der Zellatmung.

Die Arbeiten von MacMunn wurden aber von Hoppe-Seyler und Levy[1] heftig angezweifelt; diese Autoren hielten das von MacMunn postulierte „Myohämatin" für eine Mischung von Abbauprodukten des Hämoglobins. Die Polemik wurde in einer derart scharfen Weise geführt, daß MacMunn verärgert seine Arbeiten nicht mehr fortsetzte.

Erst nach fast 40 Jahren konnte die Richtigkeit der Beobachtungen von MacMunn bestätigt werden. Zuerst war es Hans Fischer[2], der bei Untersuchungen über die Porphyrinurie feststellte, daß es außer dem Hämoglobin auch noch andere Verbindungen im Körper geben müsse, aus denen Porphyrine entstehen. Kurz darauf wurden die Untersuchungen von MacMunn[2] durch Keilin[3] wiederholt und verifiziert; gleichzeitig konnte festgestellt werden, daß auch Pflanzen und Einzeller derartige Pigmente enthalten. Dementsprechend schlug Keilin für diese Verbindungen die Bezeichnung Cytochrome vor. Die Beobachtungen von Keilin wurden noch im selben Jahr durch Schumm[4] bestätigt.

In den meisten Zellen zeigt sich das Absorptionsspektrum der Cytochrome als eine Folge von vier Absorptionsbanden, die etwa bei 605, 563, 550 und 522 mμ liegen. Keilin deutete das als eine Überlagerung der Spektren von drei Hämin-

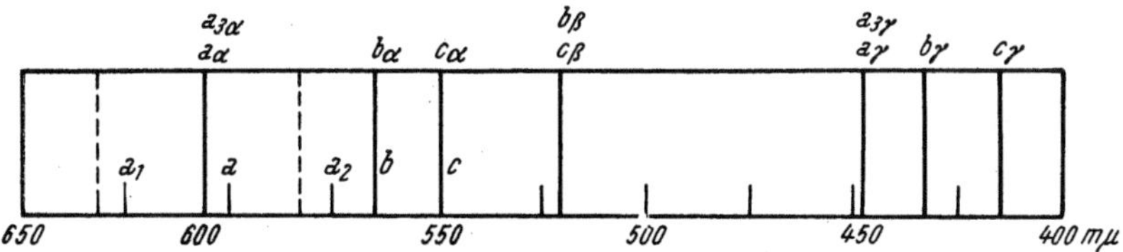

Abb. 40. Schema der Cytochrom-spektren (nach Zeile).

verbindungen, die er als Cytochrom a, b und c bezeichnete (Abb. 40). Es ist sogar mit einem Taschenspektroskop recht leicht, die Banden der Cytochrome zu beobachten, wenn man eine Suspension aus Bäckerhefe stark belichtet und spektroskopiert. Bei Durchleiten von Luft verschwinden die Banden.

Funktion und Spezifität. Die Funktion der Cytochrome ist ohne Zweifel die Übertragung von Elektronen. Hierbei wird die Wertigkeitsstufe des Hämatin-eisens geändert:

$$—Fe^{3+} + e^- \rightleftharpoons —Fe^{++}$$

$$—Fe^{3+} + H \rightleftharpoons —Fe^{++} + H^+$$

Die Cytochrome wirken somit als Elektronen-donatoren bzw. Elektronenakzeptoren. Im Gegensatz zu den Cytochrom-oxydasen sind aber die Cytochrome nicht oder nur sehr langsam autoxydabel.

Wohl besitzen wir bereits experimentell begründete Vorstellungen über die Reihenfolge, in der die Cytochrome bei der Zellatmung hintereinander-geschaltet sind, und kennen sowohl die ursprünglichen Elektronen-donatoren, von denen die Elektronen bis zum Cytochrom-system transportiert werden, als auch diejenigen Fermente (Cytochrom-oxydasen), welche die Weiterleitung der Elektronen vom Cytochrom-system an den Sauerstoff bewirken. Trotzdem muß unser Wissen über den Wirkungsmechanismus der Cytochrome als sehr unbefriedigend bezeichnet werden.

So läßt sich heute noch keine Aussage darüber machen, ob die Cytochrome selbst insoweit katalytisch aktiv sind, als sie die ihnen vorgelagerten Elektronen-

[1] L. Levy: Hoppe-Seyler's Z. physiol. Chem. **13**, 309 (1889); F. Hoppe-Seyler: Ibid. **14**, 106 (1890).
[2] H. Fischer: Strahlentherapie **18**, 185 (1924).
[3] D. Keilin: Proc. Roy. Soc. London B **98**, 312 (1925).
[4] O. Schumm: Hoppe-Seyler's Z. physiol. Chem. **149**, 111 (1925).

donatoren aktivieren oder ob sie nur passiv — also als enzymatische Komplemente — fungieren. Die Hintereinander-schaltung mehrerer Cytochrome läßt wohl eher annehmen, daß wir es hier mit vollgültigen Enzymproteinen zu tun haben, die sich gegenseitig katalytisch aktivieren, doch scheint für diese Auffassung noch kein eindeutiger Beweis vorzuliegen.

Auf Grund verschiedener Befunde aus der letzten Zeit ist es sehr wahrscheinlich, daß in der lebenden Zelle die Phosphorylierungs-vorgänge, die mit der Zellatmung kausal verbunden sind (Atmungsketten-phosphorylierung), mit dem Elektronen-transport über das Cytochrom-system gekoppelt sind. Über den Mechanismus dieser Zusammenhänge ist aber auch noch wenig bekannt. Zur Zeit läßt sich wohl kaum mehr aussagen, als daß *in vivo* gleichzeitig mit der Elektronen-übertragung über das Cytochrom-system eine Aufnahme anorganischen Phosphats unter Bildung bisher unbekannter, vermutlich sehr labiler Verbindungen stattfindet und die Phosphat-reste schließlich — wahrscheinlich unter Mitwirkung spezifischer Transphosphatasen — auf das Adenylsäure-system übertragen werden (vgl. S. 416). Dieser Vorgang, der für den Energie-haushalt der aerob lebenden Organismen von eminenter Wichtigkeit ist, erwartet noch seine Aufklärung.

Klassifikation und Nomenklatur. Die bereits berichtete ursprüngliche Einteilung der Cytochrome von KEILIN (Cytochrome a, b, c) konnte weitgehend aufrechterhalten werden. Da von den Komponenten des Cytochrom-systems bisher nur die Cytochrome c einwandfrei in Lösung erhalten wurden, ist auch die heutige Klassifikation noch immer weitgehend auf spektroskopische Unterschiede begründet.

Immerhin erwiesen sich aber im Laufe der Zeit gewisse Modifikationen dieser Systematik als notwendig. Die ursprünglich dem Cytochrom a zugesprochene Absorptionsbande bei 600 bis 605 mμ wird nicht durch eine einzige Substanz hervorgerufen, sondern durch zwei; bei Behandlung mit Ferricyanid verschwindet wohl der größere Teil der Absorption; es bleibt aber eine schwache Bande bei 595 mμ bestehen[1]. Nach späteren Untersuchungen von KEILIN und HARTREE[2] sind zwei Verbindungen die Ursachen der Bande zwischen 600 und 605 mμ, von denen die eine nicht autoxydabel ist und als Cytochrom a (im engeren Sinne) bezeichnet wird, während die andere autoxydabel ist, den Namen Cytochrom a_3 erhalten hat und heute von den meisten Bearbeitern des Gebietes für identisch mit Cytochrom-oxydase (vgl. S. 555 ff.) gehalten wird.

In manchen aeroben Mikroorganismen findet sich an Stelle der Bande zwischen 600 und 605 mμ bei Reduktion eine solche bei 587 bis 595 mμ und eine weitere bei 625 bis 635 mμ; beide Banden verschwinden bei Belüftung[3]. Die für diese Banden verantwortlichen Pigmente wurden von KEILIN[4] als Cytochrom a_1 und Cytochrom a_2 bezeichnet. In *Acetobacter peroxydans* soll noch ein weiteres Pigment dieser Gruppe, Cytochrom a_4, nachweisbar sein[5].

Auch bei Cytochrom b konnten im Lauf der Zeit verschiedene Typen von Verbindungen unterschieden werden; neben den ursprünglich als Cytochrome b bezeichneten Pigmenten, die vor allem in tierischem Gewebe nachweisbar sind, kennt man drei weitere ähnliche Verbindungen, deren Absorptionsspektren gewisse Abweichungen zeigen: Cytochrom b_1, Cytochrom b_2 und Cytochrom b_3. Das letztgenannte Pigment soll nach HILL[6] in grünen Pflanzen nachweisbar sein.

---

[1] E. G. BALL: Biochem. Z. **295**, 262 (1938).

[2] D. KEILIN und E. F. HARTREE: Proc. Roy. Soc. London B **127**, 176 (1939).

[3] A. FUJITA und T. KODAMA: Biochem. Z. **273**, 186 (1934); O. WARBURG, E. NEGELEIN und E. HAAS: Ibid. **266**, 1 (1933).

[4] D. KEILIN: Nature **132**, 783 (1933).

[5] C. H. CHIN: 2e Congr. internat. Biochimie, Résumés des Communications, S. 277. Paris 1952.

[6] R. HILL: Adv. Enzymol. **12**, 1 (1951)

Die Angabe von YAKUSHIJI und OKUNUKI[1] über die Existenz eines Cytochrom c_1 wird von SLATER[2] durch eine Verunreinigung von Ferri-cytochrom c mit Proto-hämochromogen erklärt.

Vor kurzem berichteten HILL und SCARISBRICK[3] über eine neue Cytochrom-komponente, welche nur im photosynthetischen Gewebe grüner Pflanzen nachweisbar ist und von den Autoren Cytochrom f genannt wurde.

Vorkommen. Auf Grund eingehender spektroskopischer Untersuchungen verschiedener Autoren wissen wir, daß Cytochrom-systeme in fast allen aeroben Organismen vorkommen. Bei den Wirbeltieren finden wir überall die drei Komponenten der Cytochrom-systeme, die Cytochrom-typen a, b und c. Die höchsten Konzentrationen an Cytochromen scheinen im Muskelgewebe vorzukommen. Die Angaben über ein Vorkommen in Invertebraten sind nicht ausführlich genug, um eine analoge Verallgemeinerung wie bei den Vertebraten zu erlauben; immerhin sind aber auch hier mehrfach alle drei Komponenten nachgewiesen worden.

Ebenso kann ein Vorkommen kompletter Cytochrom-systeme in verschiedenen Pflanzen nachgewiesen werden[4]. Die Konzentrationen scheinen zwar weitaus geringer zu sein als im tierischen Gewebe; sie genügen aber wahrscheinlich, um die Atmung pflanzlicher Gewebe zu erklären, wenngleich noch nicht feststeht, daß diese durchwegs über Cytochrom-systeme erfolgt.

In manchen einzelligen Lebewesen scheinen nur Teile des Cytochrom-systems vorhanden zu sein. So enthält *Escherichia coli* kein Cytochrom c, sondern nur die Cytochrome b_1, a_1 und a_2. Ebenso fehlt ein Cytochrom c bei *Propionibacterium pentosaceum.* Ein völliges Fehlen von Cytochromen konnte bei strikten Anaerobiern und bei einigen fakultativen Anaerobiern festgestellt werden.

In manchen Mikroorganismen scheint die Verteilung der Cytochrome einschließlich der Cytochrom-oxydase durch äußere Faktoren beeinflußbar zu sein. So läßt sich Hefe, welcher wichtige Bestandteile des Cytochrom-systems fehlen, weshalb ihre Atmung fast komplett gehemmt ist, auf zwei verschiedenen Wegen erhalten: man kann sie in Gegenwart von Acriflavin[5] oder unter anaeroben Bedingungen[6] wachsen lassen. Im ersten Fall ist die Veränderung irreversibel; bei Übertragung auf ein Acriflavin-freies aerobes Medium werden unveränderliche Zwergstämme („petite colonie") erhalten. Es handelt sich also um eine Mutation, und es konnte festgestellt werden, daß normale Hefe eine cytoplasmatisch, also extra-chromosomal vererbbare genetische Einheit, ein sogenanntes *Plasmagen,* besitzt, welches für die Synthese des kompletten Cytochrom-systems verantwortlich ist; dieses Plasmagen fehlt den Zwergstämmen „petite colonie". Die unter anaeroben Bedingungen gewachsenen Hefe-stämme gewinnen hingegen, wenn sie Sauerstoff zugeführt bekommen, die Fähigkeit zur Synthese der fehlenden Bestandteile des Cytochrom-systems wieder.

Ähnliche Verhältnisse finden sich auch bei *Neurospora crassa.* Die langsam wachsende Mutations-rasse „poky" zeigt im Vergleich mit der Wildform eine stark abweichende Verteilung der Cytochrome[7].

---

[1] E. YAKUSHIJI und K. O. OKUNUKI: Proc. Imp. Acad. Tokyo **16**, 299 (1940).

[2] E. C. SLATER: Nature **163**, 532 (1949).

[3] R. HILL und R. SCARISBRICK: New Phytologist **50**, 98 (1951).

[4] Vgl. dazu: R. HILL und E. F. HARTREE: Annu. Rev. Plant Physiol. **4**, 115 (1953).

[5] B. EPHRUSSI, H. HOTTINGUER und A.-M. CHIMÈNES: Ann. Inst. Pasteur **76**, 351 (1949); P. P. SLONIMSKI und B. EPHRUSSI: Ibid. **77**, 47 (1949); B. EPHRUSSI, P. L. HÉRITIER und H. HOTTINGUER: Ibid. **77**, 64 (1949); S.-Y. CHEN, B. EPHRUSSI und H. HOTTINGUER: Heredity **4**, 337 (1950); B. EPHRUSSI und H. HOTTINGUER: Nature **166**, 957 (1950); vgl. auch B. EPHRUSSI: In „Genetics in the 20th Century", herausgegeben von L. C. DUNN, S. 241. New York: Wiley. 1951; P. P. SLONIMSKI: Actualités biochimiques, Nr. 17. Recherches sur la formation des enzymes respiratoires chez la lévure. Liège: Desoer. 1953.

[6] B. EPHRUSSI und P. P. SLONIMSKI: Biochim. biophys. Acta **6**, 256 (1950)

[7] F. A. HASKINS, A. TISSIÈRES, H. K. MITCHELL und M. B. MITCHELL: J. biol. Chem. **200**, 819 (1953); M. B. MITCHELL und H. K. MITCHELL: Proc. nat. Acad. Sci. U. S. **38**, 442 (1952).

In Tab. 64 wird eine Zusammenstellung über die Verteilung der Cytochrome in einzelnen Mikroorganismen gegeben.

Tabelle 64. *Cytochrom-spektren der Mikroorganismen* (nach LEMBERG und LEGGE, *l. c.*)

Cytochrome	Mikroorganismen
a, b, c vorwiegend c	Bäckerhefe, *Neisseria gonorrhoeae, N. intracellularis, Haemophilus pertussis, Bacillus subtilis, Serratia marcescens*
b = c	*Pseudomonas fluorescens, Ps. aeruginosa*
b > c	*Corynebacterium diphtheriae, Mycobacterium tuberculosis, Haemophilus influenzae*
a, b_1	*Staphylococcus*
a_1, b, c	anaerobe Bierhefe, *Vibrio cholerae, Alkaligenes faecalis*
a_2, a_1, b, c	*Acetobacter pasteurianum, A. aceti, Azotobacter*
a_2, a_1, b_1	Viele fakultative Anaerobier und die meisten pathogenen Darmbakterien, *Escherichia coli, E. metacoli, Shigella dysenteriae, Sh. paradysenteriae, Eberthella typhosa, Salmonella paratyphi, S. abortivoequina, Proteus vulgaris*

Cytochrom c. Unter den Cytochromen lassen sich die Cytochrome c leicht aus dem Gewebe isolieren und rein darstellen, weil sie sowohl gegenüber Hitze als auch gegen starke Säuren sehr beständig sind. Die erste Methode zur Herstellung größerer Mengen eines Cytochrom c wurde von THEORELL[1] ausgearbeitet, der fein zerteilten Herzmuskel mit Schwefelsäure extrahierte, darauf neutralisierte und verschiedene inerte Eiweißstoffe durch Fällung mit Ammoniumsulfat entfernte. Etwas später modifizierten KEILIN und HARTREE[2] diese Methode dadurch, daß sie zur Extraktion Trichloressigsäure verwendeten. Beide Präparationen wiesen einen Eisen-gehalt von 0,34% auf.

Hämatoporphyrin IX

Durch Elektrophorese beim I. P. konnten THEORELL und ÅKESON[3] das unterhalb des I. P. (p_H 10,05) homogen erscheinende Präparat in zwei Fraktionen zerlegen, von denen die eine ein inertes farbloses Protein oder Peptid war, während es sich bei der anderen Fraktion um reines Cytochrom c mit 0,43% Fe handelte. Später gelang es auch, ohne Elektrophorese eine derartige Präparation darzustellen[4]. Eine einfache Methode zur Gewinnung von Cytochrom c mit 0,43% Fe wird von TSOU[5] angegeben. Nach PALÉUS und NEILANDS[6] soll es aber

[1] H. THEORELL: Biochem. Z. **285**, 207 (1936).

[2] D. KEILIN und E. F. HARTREE: Proc. Roy. Soc. London B **122**, 298 (1937).

[3] H. THEORELL und Å. ÅKESON: Science **90**, 67 (1939).

[4] D. KEILIN und E. F. HARTREE: Biochem. J. **39**, 289 (1945).

[5] C. L. TSOU: Ibid. **49**, 367 (1951).

[6] S. PALÉUS und J. B. NEILANDS: Acta chem. Scand. **4**, 1024 (1950); vgl. auch J. B. NEILANDS: J. biol. Chem. **197**, 701 (1952).

auch möglich sein, durch Abtrennung einer eisen-armen Komponente mit Hilfe von Austauscherharzen Cytochrom c mit einem noch höheren Eisen-gehalt (0,47%) zu erhalten.

Gereinigtes Cytochrom c aus Herzmuskel, das auf die geschilderte Weise hergestellt wurde, ist ein Chromoproteid mit einem M. G. von zirka 13000. Es enthält 15,36% N, 1,466% S, 0,427% Fe, 52,52% C und 7,76% H und ist frei von Phosphor und Kohlehydraten[1]. Die prosthetische Gruppe kann mit HBr-Eisessig abgetrennt werden; sie wurde als Hämatoporphyrin IX identifiziert[2]. Sie gehört somit ebenso wie der Blut-farbstoff der Ätio-III-Reihe an. Über die Aminosäurezusammensetzung von Cytochrom c orientiert Tab. 65.

Tabelle 65. *Aminosäuren im Cytochrom c* (nach PAUL, *l. c.*)

Verbindung	Anzahl der Moleküle	Anzahl der N-Atome	Prozente des Total-N
Histidin	3	9	6,3
Arginin	2	8	5,6
Lysin	22	44	30,8
Cystin	1 (?)	2	1,4
Tyrosin	5	5	3,5
Tryptophan	1	2	1,4
Glutaminsäure, Asparaginsäure	19	19	13,3
Amido-N	8	8	5,6
Leucin, Isoleucin, Phenylalanin	9	9	6,3
Alanin, Glykokoll, Valin, Oxyvalin	33	33	23,1
Porphyrin c	1	6	4,2
		145	101,5

Durch Behandlung mit SO_2 läßt sich aus Cytochrom ein Porphyrin-derivat („Porphyrin c") abspalten[3], das nach Untersuchungen von THEORELL[4] und PAUL[5] noch Peptid-gruppen enthält. Diese Verbindung enthält nach weiterer Hydrolyse noch immer zwei Atome Schwefel in Thioäther-bindung sowie zwei primäre Aminogruppen. Bei weiterer Behandlung der Substanz mit HBr-Eisessig konnte eine schwefel-haltige Aminosäure abgespalten und als L-Cystin identifiziert werden. Auf Grund dieses und verschiedener anderer Befunde wird angenommen, daß im Cytochrom c die beiden Vinyl-gruppen des Porphyrins mit Cysteinyl-resten der Eiweiß-komponente verbunden sind. Dem „Porphyrin c" kommt demnach die folgende Formel zu (s. Seite 548).

Bei spektrophotometrischen Messungen wurde gezeigt, daß Cytochrom c in saurer, neutraler und alkalischer Lösung verschiedene Absorptions-banden aufweist. Bei genauerer Untersuchung konnten bei verschiedenen p_H-Werten

[1] H. THEORELL und Å. ÅKESON: J. Amer. chem. Soc. **63**, 1804 (1941).
[2] K. ZEILE und F. REUTER: Hoppe-Seyler's Z. physiol. Chem. **221**, 101 (1933).
[3] R. HILL und D. KEILIN: Proc. Roy. Soc. London B **107**, 286 (1930).
[4] H. THEORELL: Enzymologia **4**, 192 (1937); Biochem. Z. **298**, 242 (1938).
[5] K. G. PAUL: Acta chem. Scand. **4**, 1281 (1950); **5**, 379, 389 (1951).

fünf verschiedene Formen des oxydierten Cytochrom c beobachtet werden, deren Absorptions-maxima in Tab. 66 verzeichnet sind[1].

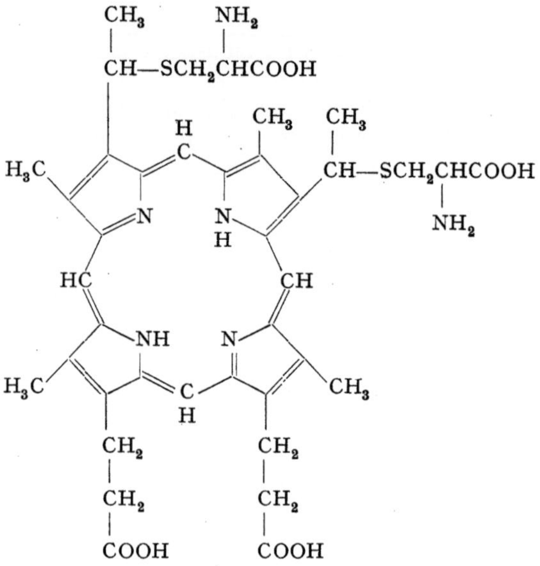

CH_3 NH_2
CH—$SCH_2CHCOOH$
H CH_3 CH_3
C
H_3C CH—$SCH_2CHCOOH$
N N NH_2
H
HC CH
NH N
H_3C C CH_3
H
CH_2 CH_2
CH_2 CH_2
COOH COOH

„Porphyrin c“

Tabelle 66. *Spektrum von Fe^{3+}-Cytochrom c bei verschiedenen p_H-Werten*

Typus	*pK'* des Umschlag-punktes	Absorptionsmaxima in mμ						
I	0,42	—	—	—	510	640		
II	2,50	275	395	497	525	622		
III	9,35	280	365	409	530	(565)	(655)	695
IV	12,76	280	350	408	537	565		
V	—	290	350	412	536	565		

Das Fe^{++}-Cytochrom c weist über den gesamten p_H-Bereich das gleiche Absorptions-spektrum mit Absorptions-maxima bei 313 bis 316, 345, 415, 522 und 536 mμ auf.

Auf Grund von eingehenden Untersuchungen mit verschiedenen Methoden, über die hier nicht ausführlicher berichtet werden kann (vgl. die angegebenen Übersichtsreferate und Handbuchartikel), ist anzunehmen, daß im Cytochrom c zwei Imidazol-gruppen aus dem Histidin des Protein-anteils direkt mit dem Eisen verbunden sind („Hämochromogen-bildende Gruppen“).

Cytochrom c ist gegenüber verdünnten Säuren, 0,1-n Alkali und Kochen beständig. Bei physiologischem p_H ist es nicht autoxydabel und reagiert nicht oder nur sehr wenig und langsam mit CO, H_2S, Azid, Hydroxylamin oder Cyanid. Die oxydierte Form läßt sich durch naszierenden Wasserstoff, Dithionit, Cystein, *p*-Phenylendiamin, Ascorbinsäure, Brenzcatechin, Pyrogallol sowie durch Bernsteinsäure in Anwesenheit eines nicht gereinigten Präparats von Succinat-dehydrogenase (S. 497) reduzieren; die reduzierte Form wird durch Ferricyanid und Kupfer(II)-ionen oxydiert.

[1] H. Theorell und Å. Åkeson: J. Amer. chem. Soc. **63**, 1804, 1812, 1818, 1820 (1941).

Das Redoxpotential von Cytochrom c wurde bereits 1932 von COOLIDGE[1] bestimmt; der Wert + 0,26 V bei p_H 7,0 wurde von verschiedenen Autoren bestätigt. Zwischen p_H 5 und 8 ändert sich der Wert nicht. Eine sehr ausführliche Untersuchung des Redoxpotentials von Cytochrom c wurde kürzlich von RODKEY und BALL[2] veröffentlicht.

Zur Bestimmung der Konzentration von Cytochromen c in biologischen Materialien wird allgemein derart verfahren, daß zuerst das Chromoproteid mit Hilfe verdünnter Säure extrahiert und dann eine spektrophotometrische Messung vorgenommen wird; hierbei wird vorteilhaft der Unterschied in der Lichtabsorption zwischen oxydiertem und reduziertem Cytochrom c gemessen[3]. Auch polarographische[4] und manometrische[5] Bestimmungsmethoden wurden beschrieben.

Von verschiedener Seite wird berichtet, daß Cytochrom c, welches mit einer der üblichen Methoden aus den Geweben freigesetzt wird, katalytisch weniger aktiv ist als „endogenes", d. h. an die Zell-partikel gebundenes Cytochrom c und sich von diesem auch in seinen sonstigen Eigenschaften unterscheidet[6]. So reagiert isoliertes („exogenes") Cytochrom c mit Cyanid unter Bildung eines Komplexes, während zwischen endogenem Cytochrom c und Cyanid zumindest bei physiologischen p_H-Werten keine Reaktion erfolgt. Die Umwandlung von endogenem in exogenes Cytochrom c ist reversibel; wenn das exogene Pigment in die kolloiden Partikel einer Herzmuskel-präparation wieder aufgenommen wird, was ohne Schwierigkeiten erfolgt, so nimmt es die Eigenschaften des endogenen Cytochrom c an. Das exogene Cytochrom c kann somit nicht als eine irreversibel modifizierte Form des natürlich vorkommenden Pigmentes angesehen werden[7].

Die Cytochrome a, a_1 und a_2. Als Cytochrome a werden wie ursprünglich Hämoproteide bezeichnet, die nicht autoxydabel sind. Das Redoxpotential liegt bei p_H 7,4 und 20° bei + 0,29 V[8]. Über die Natur der prosthetischen Gruppe wird bei der Besprechung der Cytochrom-oxydasen (S. 555 f.) berichtet werden.

In manchen Bakterien finden sich nach Reduktion Absorptions-banden zwischen 587 und 595 mμ und zwischen 625 und 635 mμ[9]. Diese Banden werden zwei weiteren Hämoproteidtypen zugeschrieben, die als Cytochrome a_1 und a_2 bezeichnet werden. Diese beiden Cytochrome finden sich nur in Abwesenheit von Cytochrom a und niemals in anaeroben Organismen. Bei Durchlüftung verschwinden die Banden. Die von den Cytochromen a_1 oder a_2 katalysierte Atmung kann durch Cyanid gehemmt werden; ebenso wirkt auch CO, dieser Effekt kann aber durch Licht aufgehoben werden. Ihrer Wirkungsweise entsprechend wäre es eher gerechtfertigt, die Cytochrome a_1 und a_2 als Oxydasen zu klassifizieren, da es sich hier zweifellos um autoxydable Pigmente handelt, die wahrscheinlich auch *in vivo* den Transport der Elektronen zum Sauerstoff katalysieren.

Für das Cytochrom a_2 wird als prosthetische Gruppe ein Gallenfarbstoffhämochromogen angenommen[10].

---

[1] T. P. COOLIDGE: J. biol. Chem. **98**, 755 (1932).

[2] L. RODKEY und E. G. BALL: Ibid. **182**, 17 (1950).

[3] A. FUJITA, T. HATA, I. NUMATA und M. AJISAKA: Biochem. Z. **301**, 376 (1939); V. R. POTTER und K. P. DUBOIS: J. biol. Chem. **142**, 417 (1942).

[4] C. CARRUTHERS: Ibid. **171**, 641 (1947).

[5] E. STOTZ: Ibid. **129**, 555 (1939).

[6] D. KEILIN und E. F. HARTREE: Proc. Roy. Soc. London B **106**, 418 (1940); Biochem J. **39**, 289 (1945); **44**, 205 (1949); E. C. SLATER: Ibid. **45**, 1 (1949); **46**, 499 (1950).

[7] C. L. TSOU: Ibid. **49**, XLVII (1951); **50**, 493 (1952).

[8] E. G. BALL: Biochem. Z. **295**, 262 (1938).

[9] A. FUJITA und T. KODAMA: Ibid. **273**, 186 (1934); O. WARBURG, E. NEGELEIN und E. HAAS: Ibid. **266**, 1 (1933).

[10] R. LEMBERG und R. A. WYNDHAM: J. Proc. Roy. Soc. N. S. Wales **70**, 343 (1937); D. KEILIN und C. H. HARPLEY: Biochem. J. **35**, 688 (1941).

Die Cytochrome b, b_1 und b_2. Die Cytochrome b des Herzmuskels und anderer tierischer Organe sind thermolabile Verbindungen, die bis zu einem gewissen Grade autoxydabel sind und nicht mit Cyanid oder CO reagieren. Oxydiertes Cytochrom b läßt sich durch *p*-Phenylendiamin, Ascorbinsäure oder Adrenalin, weiters am schnellsten durch Bernsteinsäure reduzieren[1]. Das Redoxpotential wurde von BALL[2] mit 0,05 bei p_H 7 und 30° bestimmt. PERSON und Mitarbeiter[3] berichteten vor kurzem über eine Isolierung der prosthetischen Gruppe von Cytochrom b. Die seit langem diskutierte Frage, ob die Cytochrome b mit den Succinat-dehydrogenasen identisch sind, dürfte im negativen Sinne entschieden sein[4]. (vgl. S. 497 ff.).

In *Escherichia coli* und *Proteus vulgaris* wird an Stelle der Banden der Cytochrome b und c eine breite Bande bei 560 mμ beobachtet, die dem sog. Cytochrom b_1 zugeschrieben wird[5]. Dieses Hämoproteid ist nicht autoxydabel und reagiert auch nicht mit Cyanid, Azid oder CO, obwohl durch die letztgenannte Verbindung seine Oxydation — vermutlich durch Hemmung der vorgeschalteten Cytochrom-oxydase bzw. des Cytochrom a_2 — verhindert wird.

Aus Hefe konnte 1942 von zwei verschiedenen Arbeitsgruppen[6] ein Hämoproteid isoliert werden, das nur langsam autoxydabel ist und nicht mit CO reagiert. Auf Zugabe von Lactat erscheint eine Bande bei 556,3 mμ. Die prosthetische Gruppe ist Protohämin. Es ist wahrscheinlich, daß Cytochrom b_2 mit der L-Lactat-dehydrogenase aus Hefe identisch ist. (vgl. S. 499).

Cytochrom f. Das von HILL und SCARISBRICK[7] vor kurzem entdeckte Cytochrom f konnte bisher nur in den Chloroplasten grüner Pflanzen sowie in *Euglena* und in drei Algen-arten nachgewiesen werden. Es läßt sich mit einem ammoniakalischen Äthanol-Wasser-gemisch aus frischen Blättern extrahieren[8]. Die beste bisher gefundene Quelle ist die Garten-petersilie. Eine Direkt-beobachtung ist bei etiolierten Pflanzen möglich[9].

Das Pigment ist nicht autoxydabel und reagiert auch nicht mit Kohlenmonoxyd. Hingegen läßt es sich mit Ferricyanid oxydieren; die oxydierte Form zeigt ein Parahämatinspektrum. Durch Überschuß von Ferrocyanid wird die oxydierte Form sofort reduziert. Bei p_H 6,0 bis 7,7 und 30° liegt das Redoxpotential konstant bei + 0,365 V; Cytochrom f hat somit ein höheres Redoxpotential als irgend ein anderes bisher bekanntes Hämoprotein.

Das Absorptions-spektrum von Cytochrom f ähnelt weitgehend demjenigen von Cytochrom c, nur sind die Banden schärfer und um etwa 5 mμ in Richtung des roten Endes des Spektrums verschoben. Auf Grund von Messungen in der Ultrazentrifuge wird ein M. G. von 111000 angenommen; es dürften mehr als eine Hämatin-gruppe im Molekül vorhanden sein.

Die biologische Funktion der Cytochrome; die Atmungs-ketten oder Oxydationsketten. Die einzige Funktion der Cytochrome scheint, wenn wir von der postulierten Rolle des Cytochrom f bei der Photosynthese absehen, darin zu liegen, daß sie als Überträger an den sog. Atmungs-ketten oder Oxydationsketten teilnehmen. Diese Enzymsysteme können deshalb auch als Cytochrom-Cytochrom-oxydase-systeme bezeichnet werden; ein weiterer Name ist WARBURG-KEILIN-Systeme.

---

[1] D. KEILIN und E. F. HARTREE: Proc. Roy. Soc. London B **129**, 277 (1940).
[2] E. G. BALL: Biochem. Z. **295**, 262 (1938).
[3] P. PERSON, W. W. WAINID und B. EICHEL: J. biol. Chem. **202**, 369 (1953).
[4] Vgl. dazu C. L. TSOU: Biochem. J **49**, 512 (1951); B. CHANCE: J. biol. Chem. **197**, 567 (1952).
[5] A. FUJITA und T. KODAMA: Biochem. Z. **273**, 186 (1934); O. WARBURG, E. NEGELEIN und E. HAAS: Ibid. **266**, 1 (1933).
[6] S. J. BACH, M. DIXON und D. KEILIN: Nature **149**, 21 (1942); E. HAAS, B. L. HORECKER und T. HOGNESS: Science **95**, 406 (1942).
[7] R. HILL und R. SCARISBRICK: New Phytologist **50**, 98 (1951).
[8] H. E. DAVENPORT und R. HILL: Proc. Roy. Soc. London B **139**, 327 (1952).
[9] H. E. DAVENPORT: Nature **170**, 1112 (1952).

Die wichtigsten und am besten erforschten Systeme dieser Art sind diejenigen, welche den Transport der Elektronen von den reduzierten Pyridinnucleotiden (DPN · H_2 und TPN · H_2) und von der Bernsteinsäure bis zum Sauerstoff katalysieren. Ihren Funktionen entsprechend werden diese Systeme DPN-oxydase-systeme, TPN-oxydase-systeme und Succinat-oxydase-systeme genannt. Sie scheinen mit wenig Variationen bei fast allen aerob lebenden Organismen vorzukommen. Ein Bild unserer derzeitigen Vorstellungen über die Zusammensetzung der drei Systeme und ihrer vermutlichen Wirkungsmechanismen ist im Schema gegeben[1,2].

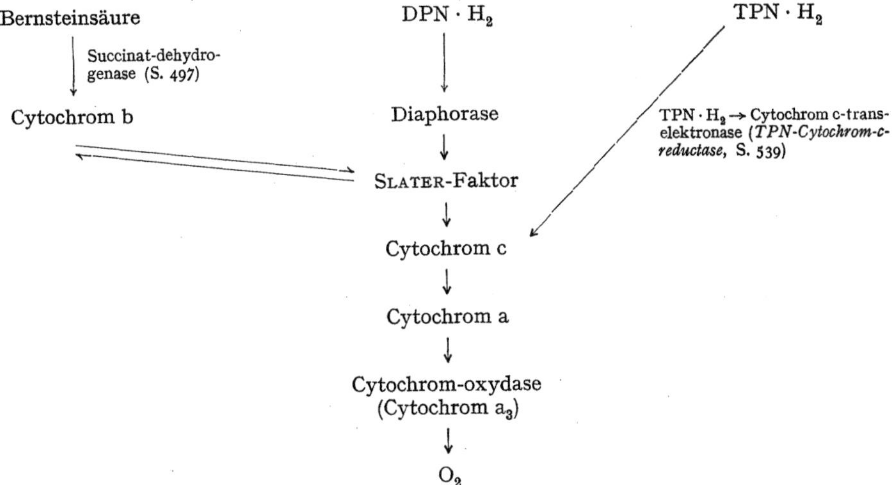

Diese Darstellung ist aber weder in allen ihren Teilen sichergestellt, noch als ausschließlicher Weg der Elektronen-übertragung zu betrachten. So ist über das nach seinem Entdecker als SLATER-Faktor bezeichnete Glied der Succinat-oxydase- und DPN-oxydase-systeme noch sehr wenig bekannt; hier sind es vor allem Hemmungs-erscheinungen durch BAL (2,3-Dimercaptopropanol)[2] und Antimycin A[3], sowie die Tatsache, daß Diaphorasen nicht imstande sind, die Elektronen von DPN · H_2 bis zum Cytochrom c zu übertragen, welche die Annahme eines derartigen Faktors notwendig machen. In letzter Zeit ist allerdings der eindeutige Nachweis von Fermenten geglückt, welche eine Elektronen-übertragung von DPN · H_2 auf Cytochrom c katalysieren, wobei weder BAL noch Antimycin A als Inhibitoren wirken können[4]. Die Fermente dieses Typus wurden als DPN · H_2 → Cytochrom c-transelektronasen (*DPN-Cytochrom c-reductasen*) bereits auf S. 539 f. besprochen. Es ist wahrscheinlich, daß diese Enzyme die beschriebene Wirkung nicht nur *in vitro*, sondern auch in der lebenden Zelle ausüben können, womit ein zweiter möglicher Weg des Elektronen-transports von DPN · H_2 auf Cytochrom c unter Umgehung des SLATER-Faktors gegeben wäre. Für diese Annahme spricht auch der Befund von POTTER und REIF[3], daß zumindest in manchen Geweben DPN · H_2 zum Teil über einen Weg oxydiert wird, der gegen Antimycin A unempfindlich ist.

---

[1] D. KEILIN und E. F. HARTREE: Proc. Roy. Soc. London B **127**, 167 (1939).
[2] E. C. SLATER: Biochem. J. **46**, 484 (1950).
[3] V. R. POTTER und A. E. REIF: J. biol. Chem. **194**, 71 (1952).
[4] Vgl. z. B. H. EDELHOCH, O. HAYAISHI und L. J. TEPLY: Ibid. **197**, 97 (1952); H. R. MAHLER, N. K. SARKAR, L. P. VERONEN und R. A. ALBERTY: Ibid. **199**, 585 (1952); L. P. VERONEN, H. R. MAHLER und N. K. SARKAR: Ibid. **199**, 599 (1952).

Auf Grund sehr gründlicher Untersuchungen mit Hilfe von speziellen spektrophotometrischen Methoden bezweifelt CHANCE[1], daß Cytochrom b auf dem direkten Wege des Elektronen-transports von der Bernsteinsäure zum Cytochrom c liegt; er nimmt vielmehr an, daß dieses Pigment mit dem SLATER-Faktor oder mit der Succinat-dehydrogenase in einem Gleichgewicht steht. Diese Frage muß aber wohl zurzeit noch als offen betrachtet werden.

Innerhalb der Zelle sind die Bestandteile der Atmungs-kette ausschließlich in bestimmten Form-elementen lokalisiert, welche im allgemeinen mit den Mitochondrien gleichgesetzt werden Die entsprechenden Partikeln in Muskel-gewebe werden als Sarkosomen bezeichnet; in ihren Funktionen scheinen sie sich nicht von den Mitochondrien anderer Gewebe-arten zu unterscheiden[2]. Mit Ablauf des Elektronen-transports über die Atmungs-ketten ist der schon erwähnte Vorgang der Atmungsketten-phosphorylierung gekoppelt (vgl. S. 164). Über den Mechanismus dieser Kopplung ist noch sehr wenig bekannt; es ist sehr wahrscheinlich, daß hier die gemeinschaftliche Lokalisierung von Atmungs-ketten und Phosphorylierungs-system eine wichtige Rolle spielt.

Es liegt ausreichendes Beweismaterial für die Auffassung vor, daß die Katalyse durch die Cytochrome für den größten Teil der Atmung in höheren Tieren verantwortlich ist; dasselbe gilt wahrscheinlich auch für niedrigere Tiere, für Pflanzen und für aerob lebende Mikroorganismen. So konnte z. B. gezeigt werden, daß der gesamte Sauerstoff-verbrauch der Bäckerhefe der wechselnden Oxydation und Reduktion des Cytochrom c in der lebenden Zelle entspricht[3]. In vielen Fällen wurde auch eine gute Korrelation zwischen dem Sauerstoff-verbrauch und der Cytochrom c-konzentration nachgewiesen, so daß man annehmen muß, daß die Konzentration an Cytochrom c der begrenzende Faktor des Atmungssystems ist[4].

Es muß aber auch an dieser Stelle darauf hingewiesen werden, daß das Cytochrom-system nicht das einzige System darstellt, über das der Elektronentransport bei der Atmung erfolgen kann. Besonders bei höheren Pflanzen und bei Schimmelpilzen ist es auf Grund der neueren Untersuchungen recht wahrscheinlich, daß zumindest ein Teil der Atmung durch kupferhaltige Oxydasen und Flavinproteine katalysiert wird.

Für das bereits genannte Cytochrom f, welches bisher fast ausschließlich in den Chloroplasten grüner Pflanzen vorgefunden wurde, postuliert HILL[5] eine Funktion bei der Photosynthese, für welche allerdings noch wenige Beweise vorliegen.

V. Nitrat-reductasen

Manche Pflanzen und Mikroorganismen können ihren Stickstoff-bedarf durch Nitrat decken; dieses muß aber, um für den Stoffwechsel verwertbar zu sein, reduziert werden. Es ist daher anzunehmen, daß Pflanzen und Mikroben über Fermente verfügen, welche die Reduktion von Nitrat katalysieren.

Enzyme dieser Art sind aber erst seit kurzer Zeit in zellfreiem Zustand bekannt und der Mechanismus der Nitrat-reduktion ist noch nicht völlig geklärt. Wohl berichtete ECKERSON[6] bereits 1924 über das Vorkommen einer Nitratreductase in pflanzlichen Gewebe-extrakten; das Ferment sei imstande, unter anaeroben Bedingungen bei p_H 7,2 bis 7,4 Nitrat zu Nitrit zu reduzieren, wobei Glucose anwesend sein müsse. Die Befunde von ECKERSON wurden aber mehrfach

---

[1] B. CHANCE: Nature **169**, 215 (1952); J. biol. Chem. **197**, 567 (1952).
[2] Vgl. K. W. CLELAND und E. C. SLATER: Biochem. J. **53**, 547 (1953).
[3] E. HAAS: Naturwiss. **22**, 207 (1934).
[4] Vgl. z. B. E. STOTZ: J. biol. Chem. **131**, 555 (1939); E. OPITZ und H. SAMLERT: Pflüger's Arch. ges. Physiol. **251**, 355 (1949).
[5] Vgl. z. B. R. HILL: Symp. Soc. exp. Biol. **5**, 222 (1951).
[6] S. ECKERSON: Botan. Gaz. **77**, 377 (1924).

angezweifelt und es muß als wahrscheinlich angenommen werden, daß die Reduktion des Nitrats zu Nitrit bei den Versuchs-bedingungen dieses Autors unter dem Einfluß von Mikroorganismen zustande kommt (vgl. BONNER[1]).

Erst 1947 gelang es EGAMI und SATO[2] durch Ultraschall-zerstörung von *Escherichia coli* eine zellfreie Präparation eines Enzymsystems zu erhalten, welches die Reduktion von Nitrat katalysierte. Sie nahmen ursprünglich an, daß es sich um ein Einzelenzym handle, das mit Cytochrom b_1 identisch ist. In letzter Zeit berichten SATO und NIWA[3] über Versuche, die zeigen, daß bei diesem Enzymsystem neben Cytochrom b_1 auch eine spezifische Nitrat-reductase beteiligt ist. SATO und NIWA[3] halten das folgende Reaktions-schema für wahrscheinlich:

Wasserstoff-donatoren → Transhydrogenasen

↙

Cytochrom b_1 —Oxydase→ O_2 (Hemmstoffe KCN, CO)

↓ Nitrat-reductase (Hemmstoffe: KCN, CO, Thioharnstoff)

NO_3^-

Nach diesem Schema könnte somit das Nitrat-ion als Elektronen-akzeptor den Sauerstoff ersetzen, wenn das entsprechende Enzym, die Nitrat-reductase, zugegen ist. Diese wird durch KCN, CO und Thioharnstoff in ihrer Wirksamkeit gehemmt, während das Ferment oder Fermentsystem, das die Übertragung der Elektronen vom Cytochrom an Sauerstoff bewirkt, wohl auch durch KCN und CO, nicht aber durch Thioharnstoff hemmbar ist.

Unter der Annahme, daß das Schema von SATO und NIWA den Tatsachen entspricht und das als Nitrat-reductase bezeichnete Enzym wirklich die Übertragung der Elektronen von reduziertem Cytochrom b_1 auf Nitrat bewirkt, wäre es den Nomenklatur-prinzipien entsprechend als Cytochrom b_1 → Nitrat-transelektronase zu klassifizieren.

Fermente des gleichen Typus kommen in verschiedenen Mikroorganismen vor; die Fähigkeit zur Nitrat-reduktion wird sogar als diagnostischer Test in der Bakteriologie verwendet. Da auch anaerobe Organismen, die kein Cytochrom b enthalten, Nitrat reduzieren können, müssen dabei andere Überträger-substanzen als Elektronen-donatoren fungieren. Hier kann auf die Arbeiten von WIRTH und NORD[4] verwiesen werden, die bei *Fusaria*-Arten die Existenz von Enzymen wahrscheinlich machen, welche Nitrat und Nitrit auf Kosten von hydrierten Pyridinnucleotiden reduzieren (vgl. S. 494); diese Fermente wurden allerdings noch nicht in zellfreiem Zustand erhalten.

In allerletzter Zeit gelang es NASON und EVANS[5], aus *Neurospora crassa* ein Enzym in Lösung zu bringen und teilweise zu reinigen, welches Elektronen direkt von TPN · H_2 auf Nitrat überträgt. Von den Autoren wurde es als *TPN-Nitrat-reductase* bezeichnet; der hier verwendeten Nomenklatur entspricht der Name TPN · H_2 → Nitrat-transelektronase. Durch Dialyse gegen Cyanid läßt sich das Enzym in Protein-komponente und prosthetische Gruppen auftrennen;

---

[1] J. BONNER: Plant Biochemistry, S. 224. New York: Academic Press. 1950.

[2] F. EGAMI und R. SATO: J. chem. Soc. Japan **68**, 39 (1947); **69**, 20 (1948); R. SATO und F. EGAMI: Bull. chem. Soc. Japan **22**, 137 (1949); F. EGAMI und E. MURAKAMI: J. Biochem. **37**, 73 (1950).

[3] R. SATO und M. NIWA: Bull. chem. Soc. Japan **25**, 202 (1952).

[4] J. C. WIRTH und F. F. NORD: Arch. Biochem. **1**, 143 (1942).

[5] A. NASON und H. J. EVANS: J. biol. Chem. **202**, 655 (1953).

die letzteren konnten als FAD und Molybdän erkannt werden[1]. Es handelt sich hier also wiederum um ein Enzym, welches sowohl ein Flavinnucleotid als auch ein Metall-ion als Bestandteil seiner Wirkgruppe enthält.

Die biologische Bedeutung der nitrat-reduzierenden Enzyme ist offensichtlich: sie machen das in der Natur in größeren Mengen vorhandene Nitrat für die Organismen verwertbar. Über die folgende Überführung des entstehenden Nitrits in Stoffe, die am Zwischenstoffwechsel der Zelle beteiligt sind (Aminosäuren, Purin- und Pyrimidin-basen usw.), ist heute noch wenig bekannt; es wird allgemein angenommen, daß eine weitere Reduktion zu Hydroxylamin stattfindet (Nitrit-reductase). Ob dieses nun durch spezifische Fermente zur Reaktion mit Ketosäuren unter Bildung von Oximsäuren kommt oder noch weiter zu Ammoniak reduziert wird und erst dieser in organische Moleküle eingebaut wird, ist eine noch nicht ausreichend geklärte Frage. Für die Hydroxylamin-hypothese spricht u. a. der mehrfach erbrachte Nachweis, daß die aus Hydroxylamin und biogenen Ketosäuren entstehenden Oximsäuren von verschiedenen Organismen im Stoffwechsel verbraucht werden können.

Die Frage, ob auch bei höheren Pflanzen Nitrat-reductasen des geschilderten Typus existieren, ist nicht einfach durch die Beobachtung einer tatsächlich stattfindenden Nitrat-verwertung durch die Pflanzen im positiven Sinne zu entscheiden. Wir kennen nämlich Enzyme des Transhydrogenase-typus, bei denen Nitrat als (unspezifischer?) Wasserstoff-akzeptor in ähnlicher Weise fungieren kann wie etwa Methylenblau in der Versuchs-anordnung nach THUNBERG. Ein gutes Beispiel für ein derartiges Ferment ist die Aldehyd-dehydrogenase aus Kartoffeln (S. 500). Es wäre somit durchaus vorstellbar, daß in den Pflanzen die Reduktion des Nitrats durch derartige Enzyme mit geringer Akzeptor-spezifität erfolgt.

38. Oxydasen (aerobe Transelektronasen)

Unter der Bezeichnung Oxydasen oder aerobe Transelektronasen werden in dieser Darstellung ausschließlich Fermente zusammengefaßt, die Elektronen von einem Donator auf Sauerstoff übertragen, wobei der Sauerstoff vollständig, d. h. bis zu Wasser reduziert wird. Sie unterscheiden sich dadurch von den aeroben Transhydrogenasen, durch deren Wirkung der Sauerstoff immer nur bis zur Peroxyd-stufe reduziert wird.

Alle Enzyme dieser Gruppe sind Schwermetall-proteide. Die Cytochrom-oxydase enthalten als Bestandteil der prosthetischen Gruppe, die ein Hämin ist, Eisen. Die anderen bisher bekannten Oxydasen sind Kupfer-proteide, in denen Kupfer in nicht-dialysabler Form an das Enzymprotein gebunden vorliegt. Als Wirkungsmechanismus wird allgemein ein Wertigkeitswechsel des Schwermetalls ($Fe^{++} \rightleftarrows Fe^{3+}$, $Cu^{+} \rightleftarrows Cu^{++}$) angenommen, wenngleich dies noch nicht für alle Oxydasen eindeutig gesichert ist.

Die Oxydasen zeigen durchwegs absolute Akzeptor-spezifität, d. h. allein Sauerstoff kann die Elektronen vom Donator übernehmen. Bei den Cytochrom-oxydasen scheint auch die Donator-spezifität absolut zu sein; andere Substrate, wie z. B. Indophenol, werden nur indirekt unter Mitwirkung von Cytochrom c oxydiert. Die kupfer-haltigen Oxydasen zeigen in bezug auf die Elektronendonatoren eine weitaus weniger strenge Spezifität.

Die biologische Bedeutung der Cytochrom-oxydasen besteht darin, daß durch die Wirkung dieser Fermente die Elektronen, welche von den Stoffwechselsubstraten auf verschiedenen Wegen auf Cytochrom c übertragen wurden, als letzte Stufe an den Sauerstoff abgegeben werden; Cytochrom-oxydase ist somit die terminale Oxydase der cytochrom-abhängigen Atmung. Ähnliche Funktionen werden für manche kupfer-haltigen Oxydasen in Pflanzen angenommen.

[1] D. J. D. NICHOLAS, A. NASON und W. D. MCELROY: Nature 172, 34 (1953).

I. Cytochrom-oxydasen

Bei seinen Arbeiten über die eisen-katalysierte Sauerstoff-aktivierung fand WARBURG[1], daß die Atmung lebender Zellen durch Kohlenmonoxyd gehemmt werden kann und daß diese Hemmwirkung durch Licht bestimmter Wellenlängen aufgehoben wird. Da schon weit früher durch die Arbeiten von HALDANE und SMITH[2] die Existenz einer Verbindung zwischen Hämoglobin und Kohlenmonoxyd, welche unter Licht-einfluß dissoziiert, bekannt war, schloß WARBURG, daß das für die Atmung verantwortliche Ferment ein Hämatin-derivat ist; er nannte dieses Enzym „Atmungsferment". Eine von WARBURG selbst entwickelte Technik der photochemischen Untersuchung der Zellatmung erlaubte ihm, die photochemischen Spektren der „Atmungsfermente" verschiedener Einzeller zu untersuchen; er fand, daß von kleinen Verschiedenheiten abgesehen, die Kohlenmonoxyd-verbindungen ziemlich gleichartig Banden bei 430, 520, 540 und 590 mμ zeigten, von welchen die erstgenannte, die sog. SORET-Bande, immer die weitaus höchste war. WARBURG stellte auch fest, daß zwischen Sauerstoff und Kohlenmonoxyd ein kompetitives Verhältnis besteht; unter der Annahme, daß der Wirkungsmechanismus des Ferments ein reversibler Übergang des Eisen-atoms von der zweiwertigen in die dreiwertige Stufe sei, also der Sauerstoff an der zweiwertigen Stufe angreife, schloß er, daß die Hemmung durch Kohlenmonoxyd dadurch zustande kommt, daß eine Verbindung zwischen dem zweiwertigen Eisen und dem Kohlenmonoxyd gebildet wird, wodurch die Reoxydation des reduzierten Ferments verhindert wird (vgl. auch H. A. KREBS[3]). Später konnte WARBURG[4] zeigen, daß Cyanid gerade umgekehrt wirkt; seine Hemmeffekte lassen auf eine Verbindung mit der dreiwertigen Stufe des Eisens schließen.

1929 entdeckte KEILIN[5] in gewaschenem Herzmuskel und anderen Geweben einen Fermenttypus, welcher *p*-Phenylendiamin zu Indophenol oxydierte und durch Cyanid, Schwefelwasserstoff, Azid wie auch durch Kohlenmonoxyd hemmbar war, wobei letztgenannte Hemmung durch Licht aufgehoben werden konnte.

Später stellten KEILIN und HARTREE[6] fest, daß für die Oxydation von Phenylendiamin die Anwesenheit von Cytochrom c erforderlich ist und daß es die reduzierte Form dieser Verbindung ist, welche bei der Reaktion durch das Ferment primär oxydiert wird. Dementsprechend wurde der zuerst für diesen Fermenttypus gewählte Name Indophenol-oxydase auf Cytochrom-oxydase geändert.

Bei einer Nachprüfung der Cytochrom-banden des Herzmuskels beobachteten KEILIN und HARTREE[7], daß die früher als einheitlich angesprochenen sog. a-Banden durch Kohlenmonoxyd aufgespalten werden, was auf die Existenz einer weiteren Cytochrom-artigen Verbindung hinwies, welcher der Name Cytochrom a_3 gegeben wurde. Auf Grund der Ähnlichkeit der Spektren (Banden bei 590 und 432 mμ), der Fähigkeit mit Kohlenmonoxyd und Cyanid zu reagieren und dem Vorkommen in Cytochrom-oxydase-zubereitungen wird heute ziemlich allgemein angenommen, daß Cytochrom a_3 mit dem Atmungsferment von WARBURG und den Cytochrom-oxydasen identisch ist[8].

---

[1] O. WARBURG: Biochem. Z. **177**, 471 (1926).
[2] J. HALDANE und J. L. SMITH: J. Physiol. **20**, 497 (1896).
[3] H. A. KREBS: Biochem. Z. **193**, 347 (1928); **204**, 322 (1929).
[4] O. WARBURG: Ibid. **189**, 354 (1927).
[5] D. KEILIN: Proc. Roy. Soc. London B **104**, 206 (1929).
[6] D. KEILIN und E. F. HARTREE: Ibid. B **125**, 171 (1938).
[7] D. KEILIN und E. F. HARTREE: Ibid. B **127**, 167 (1939).
[8] Vgl. dazu vor allem B. CHANCE: J. biol. Chem. **202**, 397 (1953).

Cytochrom-oxydasen scheinen streng spezifisch nur die Elektronen-übertragung von Cytochrom c auf Sauerstoff zu bewirken; die Reaktion dürfte irreversibel sein. Über den Mechanismus des Vorganges, welcher der Formel

$$4\ \text{Cytochrom-oxydase-Fe}^{++} + O_2 + 4\,H^+ \rightarrow 2\,H_2O + 4\ \text{Cytochromoxydase-Fe}^{3+}$$

entspricht, besteht noch keine Klarheit.

Die prosthetische Gruppe der Cytochrom-oxydasen wurde erstmalig von NEGELEIN[1] in gereinigtem Zustand erhalten; die Extraktion erfolgte mit angesäuertem Aceton und die weitere Reinigung durch Adsorption an Fasertonerde. Das Pyridin-hämochrom dieser Hämatin-verbindung zeigte einige Ähnlichkeiten mit dem von FOX[2] eingehend untersuchten Hämin von *Spirographis spallanzanii*, dessen Struktur von H. FISCHER[3] aufgeklärt wurde[4]. Nach neuesten Untersuchungen scheint jedoch keine Identität dieser beiden Pigmente vorzuliegen. Jedenfalls unterscheidet sich aber das „Häm a" wesentlich von der prosthetischen Gruppe der Cytochrome c. Es enthält in den Pyrrol-ringen 1 oder 2 eine Kette von Kohlenstoff-atomen, die bisher noch in keinem anderen Hämin gefunden wurde; in den Pyrrol-ringen 1 oder 2 findet sich weiters eine Formyl-gruppe wie im Chlorophyll b. Die Pyrrol-ringe 3 und 4 tragen ebenso wie im Blut-hämin bzw. in der prosthetischen Gruppe von Cytochrom c zwei Propionsäure-reste[5].

Die katalytische Wirkung der Cytochrom-oxydasen, die Übertragung von Elektronen von reduziertem Cytochrom c auf Sauerstoff, wird entweder spektrophotometrisch oder durch manometrische Bestimmung der verbrauchten Sauerstoff-menge gemessen. Der Versuchs-ansatz muß außer reduziertem Cytochrom c auch noch eine Substanz enthalten, welche das Fe^{3+}-Cytochrom wieder reduziert, wie z. B. Hydrochinon, Cystein oder Ascorbinsäure. Die Bedingungen für eine exakte Messung der Cytochrom-oxydase-aktivität wurden kürzlich von SLATER[6] genau festgelegt. Zur Mikrobestimmung in biologischem Material findet häufig die Technik des Cartesanischen Tauchers (vgl. S. 81) Verwendung[7]; eine „ultramikrospektrophotometrische" Methode wurde kürzlich von HESS und POPE[8] beschrieben.

Verschiedene Versuche, Cytochrom-oxydasen in Lösung zu bringen, sind bis in die letzte Zeit gescheitert. Erst vor kurzem scheint es mehreren Forschergruppen gelungen zu sein, derartige Präparationen herzustellen[9].

Die biologische Bedeutung der Cytochrom-oxydasen entspricht derjenigen der Cytochrome, die bereits an anderer Stelle (S. 550) besprochen wurde. Es steht fest, daß überall dort, wo die Atmung durch das Cytochrom-system vermittelt wird, eine Cytochrom-oxydase die Rolle der terminalen Oxydase über-

---

[1] E. NEGELEIN: Biochem. Z. **266**, 412 (1933); vgl. dazu auch O. WARBURG und H. S. GEWITZ: Hoppe-Seyler's Z. physiol. Chem. **288**, 1 (1951); W. A. RAWLINSON und J. H. HALE: Biochem. J. **45**, 247 (1949); J. E. FALK und C. RIMINGTON: Ibid. **51**, 36 (1952); H. DANNENBERG und M. KIESE: Biochem. Z. **322**, 395 (1952); P. PERSON, W. W. WAINIO und B. EICHEL: J. biol. Chem. **202**, 369 (1953).

[2] H. M. FOX: Proc. Roy. Soc. London B **99**, 199 (1926).

[3] H. FISCHER und C. VON SEEMANN: Hoppe-Seyler's Z. physiol. Chem. **242**, 133 (1936).

[4] O. WARBURG: E. NEGELEIN und E. HAAS: Biochem. Z. **277**, 171 (1930); O. WARBURG und E. NEGELEIN: Ibid. **244**, 239 (1932).

[5] O. WARBURG: Naturwiss. **40**, 493 (1953).

[6] E. C. SLATER: Biochem. J. **44**, 305 (1949).

[7] Vgl. z. B. N. ANDRESEN, F. ENGELS und H. HOLTER: C. R. Trav. Lab. Carlsberg, Sér. chim. **27**, 408 (1951); M. E. KRAHL: Biol. Bull. **98**, 176 (1950).

[8] H. H. HESS und A. POPE: J. biol. Chem. **204**, 295 (1953).

[9] B. EICHEL, W. W. WAINIO, P. PERSON und S. J. COOPERSTEIN: Ibid. **183**, 89 (1950); W. W. WAINIO, P. PERSON, B. EICHEL und S. J. COOPERSTEIN: Ibid. **192**, 349 (1951); L. SMITH und E. STOTZ: Federation Proc. **9**, 230 (1950); L. SMITH: Ibid. **10**, 249 (1951); T. B. TALCOTT und J. R. LEONARDS: Arch. Biochem. Biophys. **32**, 55 (1951).

nimmt, d. h. das letzte Enzym in der Atmungskette ist, das schließlich die Elektronen an den Sauerstoff übermittelt.

Das sog. Pasteur-Enzym. Auf Grund einer Beobachtung von Laser[1], daß der Pasteur-Effekt (vgl. S. 705) durch Konzentrationen von Kohlenmonoxyd gehemmt wird, welche die Atmung noch sehr wenig beeinflussen, postulierten Stern und Melnick[2] die Existenz eines besonderen Enzyms, welches den Pasteur-Effekt kontrolliert, und konnten in ausführlichen photochemischen Untersuchungen an Hefe und an der Retina Absorptionsspektren auffinden, welche sie einem solchen Pasteur-Enzym zuschrieben. In letzter Zeit wird allerdings die Existenz eines gesonderten Pasteur-Enzyms sehr bezweifelt[3]; nach Keilin und Hartree[4] dürfte es sich bei den von Stern und Melnick beobachteten Spektren um die Spektren von Cytochrom-oxydasen handeln.

II. Phenol-oxydasen *(Tyrosinase)*[5]

Schönbein berichtete bereits 1856 über einen Faktor im Pilz *Boletus foetens*, der unter Aktivierung von Sauerstoff bestimmte, damals aber noch nicht identifizierbare Bestandteile des Pilzes oxydiert. Bertrand und Bourquelot konnten später Tyrosin als das Substrat einer in den Pilzen *Russula foetens* und *R. nigricans* wirkenden Oxydase erkennen.

Fermente, die Mono- und Polyphenole oxydieren, sind in der Natur weitverbreitet; sie finden sich in Pilzen, höheren Pflanzen, Wirbellosen und Wirbeltieren. Gute Ausgangsmaterialien zur Herstellung von Fermentpräparaten sind verschiedene Pilz-arten, Kartoffeln, Dahlien-knollen, Weizen-kleie sowie die Larven des Mehlwurms, *Tenebrio molitor*. Es muß allerdings betont werden, daß oftmals die Unterscheidung der Phenol-oxydasen von anderen Fermenten, die ebenfalls die Substrate des Ferments oxydieren, wie z. B. den unspezifischen Peroxydasen, auf Schwierigkeiten stößt.

In manchen niedrigeren Tieren, so in den Eiern des Grashüpfers, *Melanoplus differentialis*, und den Larven von *Tenebrio molitor* kommen Tyrosin-oxydasen in inaktiven Vorstufen vor[6]. Diese Form („Protyrosinase") kann durch Behandlung mit oberflächenaktiven Stoffen wie Natriumoleat, Natriumdodecylsulfat usw., weiters durch Aceton, Chloroform, Harnstoff, Urethan, aber auch durch Erhitzen auf 60 bis 70° oder durch lebhaftes Schütteln in die aktive Form überführt werden. Der Mechanismus der Umwandlung *in vivo* ist noch nicht bekannt.

Wirkungsweise und Spezifität. Unter der Bezeichnung „Tyrosinase" — nach den in dieser Darstellung verwendeten Nomenklaturprinzipien ist der Name Phenol-oxydase zu gebrauchen — werden Enzyme verstanden, die sowohl Monophenole als *o*-Diphenole oxydieren. Unter den Substraten mit Monophenolstruktur sind als wichtigste Tyrosin, Phenol und *p*-Kresol zu nennen; Brenzcatechin, Adrenalin und 3,4-Dioxyphenylalanin sind die wesentlichsten Di-

[1] H. Laser: Biochem. J. **31**, 1677 (1937).

[2] K. G. Stern und J. Melnick: J. biol. Chem. **139**, 301 (1941); J. L. Melnick: Ibid. **141**, 269 (1941).

[3] Vgl. z. B. F. Dickens: In "The Enzymes", herausgegeben von J. B. Sumner und K. Myrbäck, Bd. II/1, S. 624 u. zw. besonders S. 677. New York: Academic Press. 1951.

[4] D. Keilin und E. F. Hartree: Nature **171**, 413 (1953).

[5] Handbuchartikel und Übersichtsreferate: C. R. Dawson und W. B. Tarpley: In „The Enzymes", herausgegeben von J. B. Sumner und K. Myrbäck, Bd. II/1, S. 454. New York: Academic Press. 1951; C. R. Dawson und M. F. Malette: Adv. Protein Chem. **2**, 179 (1945); J. M. Nelson und C. R. Dawson: Adv. Enzymology **4**, 99 (1944); A. B. Lerner und T. B. Fitzpatrick: Physiol. Revs. **30**, 91 (1950); M. F. Malette: In „Copper Metabolism", herausgegeben von W. D. McElroy und B. Glass, S. 48. Baltimore: John Hopkins Press. 1950; H. Sutter: Ergebn. Enzymforsch. **5**, 273 (1936).

[6] J. H. Bodine und E. J. Boell: J. cell. comp. Physiol. **6**, 263 (1935); J. H. Bodine und T. H. Allen: Ibid. **11**, 409; **12**, 71 (1938); **18**, 151 (1941); T. H. Allen, A. B. Otis und J. H. Bodine: Arch. Biochem. **1**, 357 (1943); J. H. Bodine und T. N. Tahmisian: Ibid. **2**, 403 (1943); J. H. Bodine, T. N. Tahmisian und D. L. Hill: Ibid. **4**, 402 (1944); J. H. Bodine: Ibid. **6**, 479 (1945); Proc. Soc. exp. Biol. Med. **58**, 205 (1945).

phenole, die durch das Enzym angegriffen werden. *p*-Diphenole, wie z. B. Hydrochinon, werden von den Phenol-oxydasen des „Tyrosinase"-typus nicht angegriffen, wodurch sich diese Fermente von den Polyphenol-oxydasen des „Laccase"-typus unterscheiden.

Die Frage, ob die Monophenol-oxydase-wirksamkeit und die Fähigkeit, Diphenole zu oxydieren, einem einzigen Enzymprotein zukommt oder ob es sich um zwei verschiedene, in enger Gemeinschaft vorkommende Ferment-typen handelt, die diese beiden Wirkungen verursachen, ist noch nicht eindeutig geklärt. So berichteten KEILIN und MANN[1], daß bei der fortschreitenden Reinigung von Phenol-oxydase-präparationen die Fähigkeit zur Oxydation von Monophenolen verlorengeht und postulieren deshalb die Existenz einer selbständigen *o*-Diphenol-oxydase. MALETTE und DAWSON[2] nehmen aber auf Grund eingehender Versuche an einem Pilz-ferment an, daß ein einziges Enzymprotein sowohl als Monophenol-oxydase als auch als Diphenol-oxydase wirkt und der Verlust der Fähigkeit, Monophenole zu oxydieren, nicht einer Trennung zweier Enzyme, sondern einer Veränderung in den aktiven Zentren des Enzymproteins zuzuschreiben ist. Es wird auch betont, daß der direkten Wirkung gegenüber Monophenolen oftmals eine längere Induktionszeit vorangeht, die unter Umständen so lange dauert, daß die Monophenol-oxydase-wirkung überhaupt nicht mehr beobachtet wird. Durch Zusatz ganz kleiner Mengen von Brenzcatechin kann diese Induktionszeit aufgehoben werden[3], weshalb nach DAWSON und TARPLEY (*l. c.*) Befunde über fehlende Monophenol-oxydase-wirkung nur dann gültig sind, wenn sie durch Versuche mit Brenzcatechin-zusatz ergänzt werden.

Auf Grund eingehender Untersuchungen und besonders der Beobachtung, daß Kupfer wohl für die Oxydation von Diphenolen, wie z. B. 3,4-Dioxyphenylalanin (DOPA), erforderlich ist, aber bei der Oxydation von Monophenolen durch andere Metall-ionen, und zwar Nickel-, Kobalt und Vanadium-ionen, ersetzt werden kann, nimmt KERTESZ[4] an, daß das Enzymprotein der Phenol-oxydasen nur für die Oxydation von Diphenolen verantwortlich ist, während die Oxydation der Monophenole durch eine gemeinsame Wirkung der aus den Diphenolen entstehenden Chinone und den freien, also nicht protein-gebundenen Metall-ionen zustandekommt. Seinen Vorstellungen entsprechend verläuft die Oxydation von Monophenolen, in Gegenwart von Phenol-oxydase, *o*-Diphenolen und den entsprechenden Metallionen nach dem Schema

$$1.\ o\text{-Diphenol} + {}^1/_2\,O_2 \xrightarrow{\text{Enzym}} o\text{-Chinon} + H_2O,$$

$$2.\ o\text{-Chinon} + \text{Monophenol} + H_2O \xrightarrow{\text{Metall-ionen}} 2\ o\text{-Diphenol}.$$

Durch diese interessante Theorie werden verschiedene sonst schwer erklärbare Erscheinungen, wie z. B. das Auftreten einer Induktions-zeit bei der Oxydation von Monophenolen, welche aber durch Zusatz von Diphenolen aufgehoben wird, einer Deutung zugänglich. Den Vorstellungen muß allerdings entgegengehalten werden, daß es Fermente aus pflanzlichen Ausgangs-materialien, nämlich die Polyphenol-oxydasen des „Laccase"-typus (S. 564) und die Polyphenol-oxydase aus Bataten (S. 563), gibt, welche wohl *o*-Diphenole aber nicht Monophenole oxydieren können, was mit der Theorie von KERTÉSZ schwer vereinbar ist.

Die Wirkung gegenüber Monophenolen läßt sich für *p*-Kresol folgendermaßen formulieren:

OH (Benzolring, CH_3) $+ {}^1/_2\,O_2 \rightarrow$ OH, OH (Benzolring, CH_3)

p-Kresol Homobrenzcatechin

[1] D. KEILIN und T. MANN: Proc. Roy. Soc. London B **125**, 187 (1938).

[2] M. F. MALETTE und C. R. DAWSON: Arch. Biochem. **23**, 29 (1949).

[3] M. W. ONSLOW und M. E. ROBINSON: Biochem. J. **22**, 1327 (1928).

[4] D. KERTÉSZ: Biochim. biophys. Acta **9**, 170 (1952); vgl. auch: Idem: Enzymologia **12**, 254 (1948); **13**, 182 (1949); C. R. Soc. biol. **143**, 1469 (1949); Nature **165**, 523 (1950); **168**, 697 (1951); D. KERTÉSZ und P. CASELLI: Bull. Soc. chim. biol. **32**, 583 (1950).

Bei der Einwirkung der Phenol-oxydasen auf Tyrosin werden dunkle Pigmente noch nicht vollständig bekannter Struktur gebildet, die sich anscheinend mit Proteinen verbinden und als Melanine bezeichnet werden. Nach den Untersuchungen von RAPER[1] und späterer Bearbeiter[2] handelt es sich um eine mehrstufige Reaktion, deren Mechanismus wahrscheinlich folgendem Schema entspricht:

Tyrosin $\xrightarrow{+\,{}^1/_2\,O_2}$ 3,4-Dioxyphenylalanin (DOPA) $\xrightarrow{+\,{}^1/_2\,O_2}$ o-Chinon des 3,4-Dioxyphenylalanins („DOPA-Chinon") →

→ Leukoverbindung $\xrightarrow{+\,{}^1/_2\,O_2}$ „Dopachrom" $\xrightarrow{-\,CO_2}$ 5,6-Dioxyindol $\xrightarrow{+\,{}^1/_2\,O_2}$

→ Indol-5,6-chinon $\xrightarrow{+\,O_2}$ Melanin $\xrightarrow{+\,\text{Protein}}$ Melanin-protein

Im tierischen Organismus gibt es spezialisierte Zellen, in welchen eine Melaninbildung erfolgt; diese werden als Melanocyten bezeichnet. Der frühere Name Melanoblasten wird auf unreife Pigment-produzierende Zellen beschränkt. Bei einer bösartigen Entartung der Melanocyten entstehen Melanome[3].

Phenol-oxydasen des hier besprochenen Typus sollen nach Untersuchungen von SIZER[4] auch imstande sein, Tyrosin-reste in verschiedenen Proteinen anzugreifen. Durch die Wirkung derartiger Fermente werden, insbesondere wenn der Reaktionsmischung ein Diphenol als Aktivator zugesetzt wird, verschiedene Enzyme und andere Wirkstoffe mit Protein-natur inaktiviert.

Bei der Einwirkung der Fermente auf *o*-Diphenole, wie z. B. Brenzcatechin, entstehen unter Aufnahme von zwei Atomen Sauerstoff pro Brenzcatechinmolekül gefärbte hochpolymere Produkte.

Nach Untersuchungen von NELSON und DAWSON[5] erfolgt primär die Bildung von *o*-Chinon, das dann über ein Triphenol (1,2,4-Trioxybenzol) in 4-Oxy-1,2-benzochinon umgewandelt wird, welches dann polymerisiert.

---

[1] H. S. RAPER: Physiol. Revs. **8**, 245 (1928); Ergebn. Enzymforsch. **1**, 270 (1932).

[2] H. S. MASON: J. biol. Chem. **172**, 83 (1948); H. S. MASON und C. I. WRIGHT: Ibid. **180**, 235 (1949); J. D. BU'LOCK und J. HARLEY-MASON: J. chem. Soc. **1951**, 703; vgl. auch A. B. LERNER und T. B. FITZPATRICK: Physiol. Revs. **30**, 91 (1950).

[3] Vgl. "Pigment Cell Growth", herausgegeben von M. GORDON. New York: Academic Press. 1953.

[4] Vgl. das Übersichtsreferat: I. W. SIZER: Adv. Enzymology **14**, 129 (1953).

[5] C. R. DAWSON und J. M. NELSON: J. Amer. chem. Soc. **61**, 245, 250 (1938).

Die postulierte Reaktionsfolge für die Überführung des Brenzcatechins in 4-Oxy-1,2-benzochinon ist in folgendem Schema wiedergegeben:

1. OH, OH + $^1/_2\,O_2$ $\xrightarrow{\text{Enzym}}$ O, O + H_2O — schnelle Reaktion; Geschwindigkeit ist der Enzymkonzentration proportional

2. O, O + H_2O → OH, OH, OH — bei p_H 7 verhältnismäßig schnell, bei p_H 4 langsam

3. O, O + OH, OH, OH → OH, OH + O, O, OH — wahrscheinlich sehr schnell

4. OH, OH + $^1/_2\,O_2$ $\xrightarrow{\text{Enzym}}$ O, O + H_2O — identisch mit 1.

Summe OH, OH + O_2 $\xrightarrow{\text{Enzym}}$ O, O, OH + H_2O

Die folgende Polymerisation des 4-Oxy-1,2-benzochinons erfolgt sicher nicht auf enzymatischem Wege.

In Bezug auf ihre Spezifität unterscheiden sich pflanzliche und tierische Phenol-oxydasen nicht unwesentlich; im allgemeinen sind die Enzyme aus Pflanzen und niedrigen Tieren weniger streng spezifisch als diejenigen von Säugetieren.

Messung der Aktivitäten. Zur Charakterisierung der Wirksamkeit eines Phenol-oxydase-präparats ist es notwendig, sowohl seine Monophenol-oxydaseaktivität als auch seine Diphenol-oxydase-aktivität zu bestimmen.

Die Messung der Monophenoloxydase-wirkung kann im WARBURG-Apparat vorgenommen werden; nach GRAUBARD und NELSON[1] ist die Reaktions-geschwindigkeit zu Anfang der Enzym-konzentration proportional. Dieselben Autoren schlagen als Einheit diejenige Enzymmenge vor, welche während des linearen Reaktionsverlaufs eine Sauerstoff-aufnahme von 10 μl

[1] M. GRAUBARD und J. M. NELSON: J. biol. Chem. **111**, 757; **112**, 135 (1935).

pro Minute bewirkt. Eine neuere Methode beruht auf der Reaktion von *p*-Phenylendiamin mit den Oxydations-produkten von Tyrosin. Die entstehenden Produkte können fluoreszenzphotometrisch bestimmt werden[1].

Die Messung der *o*-Diphenol-oxydase-aktivität stößt auf die Schwierigkeit, daß *o*-Chinone eine destruktive Wirkung auf das Enzym ausüben, wodurch die Reaktion nur ganz kurze Zeit linear verläuft. Nach MILLER und DAWSON[2] läßt sich aber diese Zerstörung des Enzyms durch Zusatz eines Reduktionsmittels (Ascorbinsäure, Leuko-2,6-dibrom-indo-3'-chlorphenol[3]) verhindern. Das Reduktionsmittel muß augenblicklich mit dem entstehenden *o*-Benzochinon reagieren und als Endergebnis erhält man eine Oxydation des Reduktionsmittels unter Sauerstoff-aufnahme. Diese Technik wird als chronometrische Methode bezeichnet, da die Zeit gemessen wird, in der eine vorgegebene Menge Ascorbinsäure oder Leuko-2,6-dibrom-indo-3'-chlorphenol oxydiert wird.

Darstellung gereinigter Phenol-oxydase-präparate; Kupfer als Wirkgruppe. Obwohl Phenol-oxydasen in sehr vielen Ausgangsmaterialien enthalten sind, ist bisher nur die Reinigung der Fermente aus Pilzen sowie aus der Speisekartoffel durchgeführt worden.

1937 gelang es KUBOWITZ[4], aus der Kartoffel ein Kupfer-proteid zu isolieren, das er selbst als „Polyphenol-oxydase" bezeichnete, welches aber in jeder Hinsicht mit den hier besprochenen Phenol-oxydasen übereinstimmt. Das Enzym soll frei von Verunreinigungen sein; es enthält 0,20% Kupfer als prosthetische Gruppe. Das Metall kann sowohl durch Einwirkung von Blausäure als auch durch Dialyse reversibel vom Apoferment getrennt werden; durch Säuren wird ebenfalls eine Abspaltung des Kupfers verursacht, die aber irreversibel ist.

Ein Jahr später stellten KEILIN und MANN[5] hochgereinigte Phenol-oxydase aus dem eßbaren Pilz *Agaricus campestris* dar und konnten auch dieses Enzympräparat als Kupfer-proteid erkennen. Ihre aktivsten Zubereitungen enthielten 0,30% Kupfer.

Ein gleichartiges Enzym wurde etwa zur selben Zeit von DALTON und NELSON[6] aus dem frei wachsenden Pilz *Lactarius piperatus* hergestellt. Die besten Präparationen enthielten 0,23% Kupfer. Aus diesen Präparaten konnte ein kleiner Teil des Kupfer-proteids in kristalliner Form abgeschieden werden; die Lösung der Kristalle zeigte aber nur geringe Aktivität, die allerdings nach längerem Stehen anstieg. Man kann hier wohl kaum von einem kristallinen Enzym sprechen.

Neuere Vorschriften zur Herstellung gereinigter Enzym-präparationen wurden insbesondere von amerikanischer Seite angegeben[7]. Es ist dabei gelungen, das Verhältnis zwischen Monophenol-oxydase-aktivität und Polyphenol-oxydasewirksamkeit, das in den Roh-extrakten gewöhnlich zwischen 1 : 1 und 1 : 5 liegt, zu verändern. Meist erfolgt eine wesentliche Erhöhung der Diphenol-oxydaseaktivität; es ist aber auch möglich, Präparate mit einer besonders starken Monophenol-oxydase-wirksamkeit zu erhalten.

Obwohl verschiedene Versuche unternommen wurden, die Einheitlichkeit der erhaltenen Enzymproteide sicherzustellen, liegen verhältnismäßig wenig verläßliche Angaben über das M. G. und den I. P. der Fermente vor. Die angegebenen Werte für das M. G. liegen zwischen 100000 und 400000; während für das Enzym aus *Lactarius piperatus* der I. P. unter 5,0 angenommen wird, berichtet KUBOWITZ für das Ferment aus Kartoffeln einen I. P. bei 5,4.

Über die Art der Bindung des Kupfers an das Fermentprotein ist noch nichts bekannt. Die Wirkung des Kupfers im Enzym ist, wie aus den Versuchen mit

[1] J. S. WALLERSTEIN, R. T. ALBA und M. G. HALE: Biochim. biophys. Acta 1, 175, 184, 197 (1947).

[2] W. H. MILLER und C. R. DAWSON: J. Amer. chem. Soc. **63**, 3368, 3375 (1941).

[3] F. G. SMITH und E. STOTZ: J. biol. Chem. **179**, 879 (1949).

[4] F. KUBOWITZ: Biochem. Z. **292**, 221 (1937); **299**, 32 (1939).

[5] D. KEILIN und T. MANN: Proc. Roy. Soc. London B **125**, 187 (1938).

[6] H. R. DALTON und J. M. NELSON: J. Amer. chem. Soc. **61**, 2946 (1939).

[7] M. F. MALETTE, S. LEWIS, S. R. AMES, J. M. NELSON und C. R. DAWSON: Arch. Biochem. **16**, 288 (1948); L. E. TENNENBAUM und H. JENSEN: J. biol. Chem. **147**, 27 (1943).

Inhibitoren hervorgeht, mit einem ständigen Wertigkeits-wechsel verbunden; für die Diphenol-oxydation läßt sich die Reaktion folgendermaßen formulieren:

$$2\,Cu^{++}\text{-Enzym} + o\text{-Diphenol} \rightarrow 2\,Cu^{+}\text{-Enzym} + o\text{-Chinon} + 2\,H^{+}$$

$$2\,Cu^{+}\text{-Enzym} + 2\,H^{+} + {}^{1}/_{2}\,O_2 \rightarrow 2\,Cu^{++}\text{-Enzym} + H_2O$$

p_H-Optimum der Phenol-oxydase-wirkung. Für die Wirkung der Enzyme gegenüber Monophenolen wird ein p_H-Optimum zwischen 6 und 7 angegeben; ein noch breiteres Optimum hat die Polyphenol-oxydase-aktivität; es liegt zwischen p_H 5,5 und 7.

Inhibitoren. Als Inhibitoren der Phenol-oxydasen sind vor allem diejenigen Substanzen zu nennen, welche mit Kupfer Komplexe bilden: Cyanid, Diäthyldithiocarbaminat, Schwefelwasserstoff, Kohlenmonoxyd, Xanthogenat, Azid, Salicylaldoxim, *p*-Aminobenzoesäure, Sulfathiazol, verschiedene Derivate des Thiouracils und des Thioharnstoffs. Weiters üben manche Sulfhydryl-verbindungen eine Hemmwirkung aus (Cystein, Glutathion und 2,3-Dimercaptopropanol [BAL]). Alle diese Substanzen hemmen Monophenol-oxydase- und Polyphenol-oxydase-aktivität in gleicher Weise.

p-Nitrophenol und *p*-Nitrobrenzcatechin werden durch die Enzyme nicht oxydiert; sie wirken als kompetitive Inhibitoren[1].

Die inaktivierende bzw. das Enzym zerstörende Wirkung der als Reaktionsprodukte auftretenden Chinone wurde bereits erwähnt; dieser Effekt ist bei hochgereinigten Enzym-präparationen viel stärker ausgeprägt als bei Rohextrakten.

Die biologische Funktion der Phenol-oxydasen. Auf Grund der Befunde verschiedener Autoren[2] ist sehr wahrscheinlich, daß bei manchen Pflanzen ein durch Phenol-oxydasen katalysiertes Phenol-Chinon-system eine wesentliche Funktion bei der Atmung erfüllt. Dieses System spiele hier dieselbe Rolle, die bei vielen anderen Organismen dem Cytochrom-Cytochromoxydasesystem zukomme, nämlich die Rolle eines terminalen Atmungssystems.

ROBINSON und NELSON[3] nehmen auf Grund von Versuchen *in vitro* an, daß das System aus Dioxyphenylalanin (Dopa) und dem entsprechenden Chinon (Dopachinon) in den Atmungs-mechanismus eingebaut ist. An dem System ist weiters Ascorbinsäure oder eine andere reduzierende Substanz beteiligt, die das entstehende Chinon immer wieder zu Dioxyphenylalanin reduziert; dadurch werden die Sekundär-reaktionen, die zur Melanin-bildung führen würden, unterbunden. Das gesamte System läßt sich durch das Schema

Dopachinon (→ Melaninprodukte)

vorhergehender Teil der Atmung (reduzierende Substanz) — 2 H ↑↓ Phenol-oxydase + O_2

(L-Tyrosin + O_2 $\xrightarrow{\text{Phenol-oxydase}}$) Dopa

wiedergegeben. Der mehrfach vorgebrachte Einwand[4], daß Phenol-oxydasen nicht in allen Pflanzen nachweisbar sind und daß in vielen Pflanzen das Cytochrom-system vorliegt, läßt sich nach JAMES[5] durch die Vorstellung entkräften, daß die verschiedenen pflanzlichen Organismen die Atmungs-funktion mit verschiedenen Mitteln erfüllen können und sowohl

---

[1] D. C. GREGG und J. M. NELSON: J. Amer. chem. Soc. **62**, 2500 (1940); J. BONNER und S. G. WILDMAN: Arch. Biochem. **10**, 497 (1946).

[2] J. G. BOSWELL und G. C. WHITING: Ann. Botany **11**, 847 (1938); D. L. BAKER und J. M. NELSON: J. gen. Physiol. **26**, 269 (1943); Übersichtsreferat: J. M. NELSON: In „Copper Metabolism", herausgegeben von W. D. MCELROY und B. GLASS, S. 76. Baltimore: John Hopkins Press. 1950; vgl. aber auch D. I. ARNON: Ibid. S. 89.

[3] E. S. ROBINSON und J. M. NELSON: Arch. Biochem. **4**, 111 (1944).

[4] Vgl. z. B. H. LEVY, A. L. SCHADE, L. BERGMANN und S. HARRIS: Ibid. **19**, 273 (1948).

[5] W. O. JAMES: Annu. Rev. Biochem. **15**, 417 (1946).

das Cytochrom-system als auch das Phenol-Chinonsystem und das Ascorbinsäure-system imstande sind, eine solche Rolle zu spielen.

In letzter Zeit wurde behauptet, daß in Kartoffeln nicht Tyrosin sondern Chlorogensäure, ein Depsid aus Kaffeesäure und Chinasäure, das Substrat der Phenol-oxydasen und damit einen Teil des terminalen Oxydase-systems darstellt[1].

HO
HO—⟨benzene⟩—CH=CHCO
O
CH—CH_2 OH
HOCH C
CH—CH_2 COOH
HO

Chlorogensäure

Bei Insekten scheint den Phenol-oxydasen eine ganz andere Funktion zuzukommen. Nach PRYOR[2] ist ein Chinon für das Dunkelwerden und für die Härtung der Kutikel bei den Insekten verantwortlich und dieses Chinon werde durch die Wirkung einer Phenol-oxydase erzeugt.

In höheren Organismen könnten die Phenol-oxydasen eine Rolle bei der Zerstörung des Adrenalins und der anderen Pressoramine spielen. Injektion von hochgereinigten Pilz-Phenol-oxydase-präparationen bei Hunden mit künstlich erzeugtem Überdruck ergaben eine Erniedrigung des Blutdruckes und auch *in vitro* ist das Enzym zur Inaktivierung von Adrenalin, Renin, Angiotonin und eines blutdruck-erhöhenden Konzentrats aus Nierengewebe imstande. Versuche am Menschen verliefen allerdings ohne Erfolg, da bald Antikörperbildung eine Fortsetzung der Injektions-behandlung verhinderte[3].

Tierische Melanome sind sehr reich an Phenol-oxydasen[4]; die Zusammenhänge zwischen der Bildung der Neoplasmen und der Ferment-aktivität sind aber noch weitgehend ungeklärt, wenngleich gerade in letzter Zeit diesem Problem eingehende Studien gewidmet werden.

III. Dioxyphenylalanin-oxydase *(Dopa-oxydase)*

Verschiedene Forscher[5] postulieren die Existenz eines von den zuletzt besprochenen Phenol-oxydasen verschiedenen Ferment-typus in tierischen Geweben, der spezifisch die Oxydation von 3,4-Dioxyphenyl-L-alanin zu dem entsprechenden Chinon katalysieren soll, worauf das Chinon zu Melanin kondensiert. Von anderer Seite[6] wird aber die Existenz eines gesonderten Enzyms dieser Spezifität bezweifelt und die berichteten Wirkungen einer Phenol-oxydase zugeschrieben. Die Frage erwartet noch eine Klärung.

IV. Polyphenol-oxydase aus Bataten

In den Bataten („sweet potatoes", *Ipomoea batatas*) konnte GRAUBARD[7] ein Enzym nachweisen, das sich in seiner Spezifität sowohl von den Phenol-oxydasen als auch von den Urushiol-oxydasen (Polyphenol-oxydasen des „Laccase"-typus) unterschied. Im Gegensatz

---

1 G. JOHNSON: Science 115, 675 (1952).

2 M. G. M. PRYOR: Proc. Roy. Soc. London B 128, 368 (1940); vgl. auch R. DENELL: Ibid. B 134, 79 (1947); G. FRANKEL und K. M. RUDALL: Ibid. B 134, 111 (1947); M. G. M. PRYOR, P. B. RUSSEL und A. R. TODD: Biochem. J. 40, 627 (1946); Nature 159, 399 (1947).

3 H. A. SCHROEDER: Proc. exp. Biol. Med. 44, 172 (1940); H. A. SCHROEDER und M. H. ADAMS: J. exp. Med. 73, 531 (1941).

4 J. P. GREENSTEIN und G. H. ALGYRE: J. nat. Cancer Inst. 5, 35 (1944).

5 B. BLOCH: Hoppe-Seyler's Z. physiol. Chem. 98, 226 (1917); Amer. J. med. Sci. 177, 609 (1929); G. H. HOGEBOOM und M. H. ADAMS: J. biol. Chem. 145, 273 (1942); H. HERRMANN und M. B. BOSS: J. cell. comp. Physiol. 26, 131 (1945).

6 F. H. FIGGE: Ibid. 15, 233 (1940); A. B. LERNER und T. B. FITZPATRICK: Physiol. Revs. 30, 91 (1950).

7 M. GRAUBARD: Enzymologia 5, 332 (1939).

zu den Phenol-oxydasen werden Monophenole nicht angegriffen und zum Unterschied von den Urushiol-oxydasen zeigt das Enzym keine Wirksamkeit gegenüber *p*-Diphenolen und *p*-Phenylendiamin.

Eine Untersuchung aus der letzten Zeit scheint eindeutig zu beweisen, daß es sich auch hier um ein Kupferproteid handelt[1].

V. **Urushiol-oxydasen** (Polyphenol-oxydasen des „*Laccase*"-Typus)

Bereits 1883 beobachtete YOSHIDA[2], daß im Milchsaft des japanischen Lackbaumes, *Rhus vernicifera*, ein thermolabiler Faktor enthalten ist, der verursacht, daß der Milchsaft an der Luft hart und dunkel wird. Bald darauf gelang es BERTRAND[3], in dem Milchsaft des indochinesischen Lackbaumes, *Rhus succedanea*, einen gleichartig wirkenden Faktor nachzuweisen. Er konnte zeigen, daß es sich um Enzyme handelt, welche die in dem Milchsaft enthaltenen substituierten Brenzcatechin-derivate Urushiol und Laccol zu hochpolymeren Körpern, dem Lack, oxydieren.

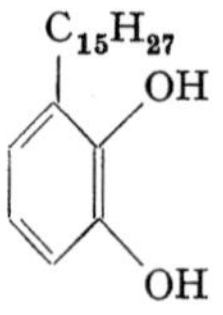

$C_{15}H_{27}$, OH, OH — Urushiol

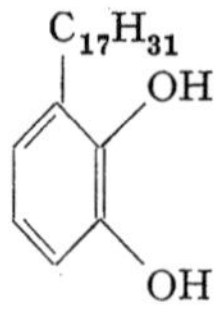

$C_{17}H_{31}$, OH, OH — Laccol

Dieser Enzym-typus wurde von BERTRAND[3] *Laccase* genannt. Entsprechend der hier angewandten Nomenklatur wird er als Urushiol-oxydase bezeichnet, da Urushiol das vermutlich wichtigste unter physiologischen Bedingungen angegriffene Substrat ist.

Die Urushiol-oxydasen unterscheiden sich in ihrer Spezifität von den ihnen verwandten Phenol-oxydasen vor allem dadurch, daß sie einerseits Monophenole nicht oxydieren können, andrerseits aber imstande sind, sowohl *o*- als auch *p*-Diphenole und *p*-Phenylendiamin anzugreifen, während Phenol-oxydasen des Tyrosinase-typus auf *p*-Diphenole und *p*-Phenylendiamin keine Wirkung ausüben. Beide Ferment-typen können Resorcin nicht oxydieren.

Die Frage, ob Ascorbinsäure ein Substrat der Urushiol-oxydasen ist, steht noch zur Diskussion. KEILIN und MANN[4] behaupten, daß während der Reinigung einer Enzympräparation die Fähigkeit zur Oxydation von Ascorbinsäure stark abnimmt, während D. BERTRAND[5] berichtet, daß auch gegenüber Ascorbinsäure eine direkte Oxydationswirkung vorliegt.

Fermente dieser Spezifität finden sich in sehr vielen Pflanzen und Pilzen. Ein Vorkommen eines gleichartigen Ferments im Blutserum wird von HOLMBERG[6] berichtet.

KEILIN und HARTREE[7] fanden, daß in frischem Nieren-gewebe ein Enzym enthalten ist, das gegenüber Diphenolen dieselbe Spezifität aufweist wie die Urushiol-oxydasen. BAKER und NELSON[8] stellten fest, daß das Ferment in den Nieren ebenso wie die Urushiol-oxydasen Kupfer enthält; sie behaupten aber, daß es sich nicht um eine wahre Oxydase handelt, da bei der Reaktion H_2O_2 entsteht; das Ferment wäre somit nach der hier gebrauchten Nomenklatur als aerobe Transhydrogenase zu klassifizieren.

---

[1] I. Z. EIGER und C. R. DAWSON: Arch. Biochem. **21**, 194 (1949).

[2] H. YOSHIDA: J. chem. Soc. **43**, 472 (1883).

[3] G. BERTRAND: C. R. Acad. Sci. Paris **118**, 1215 (1894); **120**, 266 (1895); Bull. Soc. chim. **3**, 11, 17 (1894).

[4] D. KEILIN und T. MANN: Nature **143**, 23 (1939).

[5] D. BERTRAND: Bull. Soc. chim. biol. **27**, 396 (1945); C. R. Acad. Sci. Paris **221**, 35 (1945).

[6] C. G. HOLMBERG: Acta physiol. Scand. **8**, 335 (1944); C. G. HOLMBERG und C. B. LAURELL: Acta chem Scand. **2**, 550 (1948)

[7] D. KEILIN und E. F. HARTREE: Proc. Roy. Soc. London B **119**, 114 (1935); vgl. auch R. J. BING, M. B. ZUCKER und W. PERKINS: Proc. Soc. exp. Biol. Med. **48**, 372 (1941); J. F. CADDEN und L. V. DILL: J. biol. Chem. **143**, 105 (1942).

[8] D. L. BAKER und J. M. NELSON: Ibid. **147**, 341 (1943).

Zur Messung der Aktivität der Enzyme des Urushiol-oxydase-typus werden als Substrate Hydrochinon[1], *p*-Phenylendiamin[2] und Pyrogallol[3] verwendet. Letztere Substanz wird durch die Enzym-wirkung in das kolorimetrisch oder gravimetrisch bestimmbare Purpurogallin (vgl. S. 571) überführt. Nach Angaben von GREGG und MILLER[1] hat die Anwendung von Hydrochinon als Substrat den Vorteil, daß die Anwesenheit auch großer Mengen anderer pflanzlicher Oxydasen keinen Einfluß auf die Messung hat.

Das p_H-Optimum der Wirksamkeit liegt je nach der Herkunft des Enzyms und je nach dem verwendeten Substrat zwischen 6,0 und 6,5[1].

G. BERTRAND[4] glaubte, bei seinen Versuchen feststellen zu können, daß das pflanzliche Ferment Mangan enthält und die Wirksamkeit der Mn-Konzentration proportional ist. Bei der Konzentrierung der Urushiol-oxydase aus *Rhus succedanea* erhielten aber KEILIN und MANN[2] ein blaues Proteid, das sich in seinen enzymatischen Eigenschaften von dem Ferment in den Rohsäften nicht unterschied. Das gereinigte Enzym enthielt Kupfer in nicht-dialysabler Form, hingegen kein Mangan, Eisen oder Hämin. Daneben fand sich als Bestandteil des Enzymproteids eine blaue Substanz, von der ursprünglich angenommen wurde, daß es sich um eine Kupfer-verbindung handle. Bei Substrat-zusatz verschwindet die blaue Farbe und läßt sich durch Schütteln mit Luft wiederherstellen. Später konnte aber das blaue Pigment in kupfer-freier Form an Kohlehydrate gebunden vom Enzymprotein abgetrennt werden[5]. Es scheint hier eine prosthetische Gruppe unbekannter Natur vorzuliegen, die für die Enzym-wirksamkeit ebenso notwendig ist wie Kupfer, da Präparationen ohne das blaue Pigment keine Aktivität zeigen.

Vor einiger Zeit berichtete D. BERTRAND[6] über die Herstellung eines hochgereinigten Präparats der Urushiol-oxydase aus *Rhus succedanea*, das nach seinen Angaben nur Spuren von Kupfer, aber bemerkenswerte Mengen Mangan enthalten soll. Auf Grund der Absorptions-spektren seiner Präparationen hält er es sogar für zweifelhaft, daß das Enzym ein Protein ist.

Für die Annahme, daß die Fermente dieses Typus ein Kupfer-proteid sind, spricht aber u. a. ein Befund von TISSIÈRES[7], dem es gelang, durch Behandlung mit alkalischem Cyanid das Kupfer aus einer Urushiol-oxydase pflanzlichen Ursprungs abzuspalten. Es wurden fast inaktive Präparationen erhalten, die aber durch Zugabe geringer Mengen von Cu^{++} ihre Wirksamkeit wieder erlangten.

Die Aktivität der Urushiol-oxydasen wird durch KCN, H_2S, NaN_3 und Diäthyldithiocarbaminat stark gehemmt, hingegen hat CO keinen Einfluß[8].

Das Ferment gleicher Spezifität aus dem Blutserum, das sog. „Coeruloplasmin", wurde von HOLMBERG und LAURELL[9] isoliert. Es handelt sich um ein blaues kupfer-haltiges Protein, das mit keinem der bisher bekannten Kupfer-proteine des Serums identisch ist. Der Kupfer-gehalt dürfte für die blaue Farbe des Enzyms allein verantwortlich sein. In bezug auf seine Spezifität verhält es sich weitgehend wie die Urushiol-oxydasen pflanzlichen Ursprungs; *p*-Phenylendiamin wird am schnellsten oxydiert, daneben werden auch eine Reihe anderer

[1] D. C. GREGG und W. H. MILLER: J. Amer. chem. Soc. **62**, 1374 (1940).
[2] D. KEILIN und T. MANN: Nature **143**, 23 (1939).
[3] K. SUMINOKURA: Biochem. Z. **224**, 292 (1930).
[4] G. BERTRAND: C. R. Acad. Sci. Paris **124**, 1032, 1355 (1897).
[5] D. KEILIN und T. MANN: Nature **145**, 304 (1940).
[6] D. BERTRAND: Bull. Soc. chim. biol. **26**, 40, 45 (1944).
[7] A. TISSIÈRES: Nature **162**, 340 (1948).
[8] D. KEILIN und T. MANN: Ibid. **145**, 23 (1940).
[9] C. G. HOLMBERG und C. B. LAURELL: Acta chem. Scand. **2**, 550 (1948); **5**, 476, 921 (1951).

Polyphenole angegriffen. Die Aktivität des Enzyms wird sehr stark durch Anionen beeinflußt: polyvalente Anionen, wie z. B. Phosphat, Citrat, Sulfat und Oxalat, üben eine starke Hemmwirkung aus, die durch univalente Anionen (Chlorid, Bromid, Nitrat usw.) aufgehoben werden kann; in allzuhohen Konzentrationen wirken aber auch die univalenten Anionen als Inhibitoren.

VI. L-Ascorbinat-oxydasen[1]

Einige Enzyme sind imstande, L-Ascorbinsäure (Vitamin C) auf indirekte Weise dadurch zu oxydieren, daß sie Chinone oder andere oxydierende Substanzen bilden, die dann auf die Ascorbinsäure einwirken.

In Pflanzen gibt es aber auch spezifische kupfer-haltige Fermente, die in Gegenwart von Sauerstoff Ascorbinsäure oxydieren[2]. Enzyme dieses Typus sind vor allem in Kürbis-arten nachgewiesen worden, aber auch viele andere höhere Pflanzen enthalten Ascorbinat-oxydasen.

Die Wirkung der Enzyme läßt sich durch die folgende Gleichung ausdrücken:

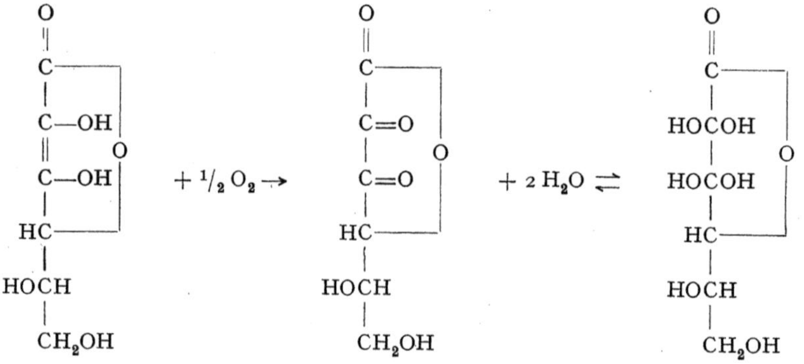

```
    O                         O                           O
    ‖                         ‖                           ‖
    C——┐                      C——┐                        C——┐
    |  |                      |  |                        |  |
    C—OH                      C=O                       HOCOH
    ‖  O                      |  O                        |  O
    C—OH     + 1/2 O2 →       C=O       + 2 H2O ⇄       HOCOH
    |  |                      |  |                        |  |
   HC——┘                     HC——┘                       HC——┘
    |                         |                           |
  HOCH                      HOCH                        HOCH
    |                         |                           |
  CH2OH                     CH2OH                       CH2OH

L-Ascorbinsäure        Dehydro-L-ascorbinsäure    Hydrat der Dehydro-L-ascorbinsäure
```

Die Fermente sind ziemlich streng spezifisch[3]; außer L-Ascorbinsäure werden auch verwandte Substanzen mit Endiol-struktur, wie L-Gluco-ascorbinsäure, D-Arabo-ascorbinsäure und L-Galacto-ascorbinsäure, vergleichsweise schnell oxydiert, während deren Diastereoisomeren wie auch die „unnatürliche" D-Ascorbinsäure kaum angegriffen werden.

Die Messung der Enzym-aktivität erfolgt am besten durch manometrische Bestimmung der Sauerstoff-aufnahme in der Anordnung nach WARBURG[4]. Ohne Rücksicht auf die Herkunft und Reinheit des Enzyms wird das p_H-Optimum der Wirksamkeit in Citrat-Phosphat-puffer mit 5,6 angegeben.

Die Herstellung hochgereinigter Präparate von Ascorbinat-oxydasen wurde von mehreren Seiten versucht.[5] Die besten Präparationen enthalten etwa

---

[1] Übersichtsreferat: C. R. DAWSON: In "Copper Metabolism", herausgegeben von W. D. MCELROY und B. GLASS, S. 18. Baltimore: John Hopkins Press. 1950.

[2] S. S. ZILVA: Biochem. J. **28**, 665 (1934); H. TAUBER und I. S. KLEINER: J. biol. Chem. **110**, 211 (1935); M. SRINIVASAN: Biochem. J. **30**, 2077 (1936).

[3] S. W. JOHNSON und S. S. ZILVA: Ibid. **31**, 1366 (1937); M. L. DODDS: Arch. Biochem. **18**, 51 (1948).

[4] P. L. LOVETT-JANISON und J. M. NELSON: J. Amer. chem. Soc. **62**, 1409 (1940).

[5] G. RAMASARMA, N. DATTA und N. DOCTOR: Enzymologia **8**, 108 (1940); E. STOTZ: J. biol. Chem. **133**, C (1940); D. MATSUKAWA: J. Biochem. **32**, 257 (1940); W. H. POWERS, S. LEWIS und C. R. DAWSON: J. gen. Physiol. **27**, 167 (1944); W. DIEMAIR und K. ZERBAN: Biochem. Z. **316**, 189, 355 (1944); F. J. DUNN und C. R. DAWSON: J. biol. Chem. 189, 485, (1951).

0,25% Kupfer; als höchste Aktivität wird ein Q_{O_2} von 1155000 μl pro Stunde/mg Enzympräparation angegeben. Das M. G. ist 146000, was 6 Kupfer-atomen im Molekül entspricht.

Tadokoro und Takasugi[1] berichteten, daß ihnen die Kristallisation eines Nucleoproteins aus pflanzlichem Material gelungen sei, das sie als Ascorbinat-oxydase bezeichneten. Die kristalline Präparation zeigt allerdings geringere Aktivität als manche nicht in kristalliner Form erhaltene Zubereitung des Enzyms, so daß einiger Zweifel darüber berechtigt ist, ob die japanischen Forscher tatsächlich das kristalline Enzym in den Händen gehabt haben (vgl. Dawson und Malette, *l. c.*).

Alle höherkonzentrierten Enzympräparate erwiesen sich als blaugrüne globulinartige Kupfer-proteide. Für die Rolle des Kupfers als prosthetische Gruppe der Ascorbinat-oxydase spricht auch vor allem, daß Verbindungen, die mit Kupfer Komplex-bindungen eingehen, darunter Cyanid, Diäthyldithiocarbaminat, 8-Oxychinolin, Sulfid und Äthylxanthogenat, starke Inhibitoren sind.

Die Existenz spezifischer Ascorbinat-oxydasen wurde von verschiedenen Forschern[2] in Frage gestellt, da nachgewiesen werden konnte, daß sowohl anorganisches Kupfer als auch Mischungen von Kupfer mit Eiweißstoffen und schließlich auch künstlich hergestellte Kupfer-proteide die Fähigkeit besitzen, Ascorbinsäure zu oxydieren. So konnten Lampitt und Mitarbeiter[2] zeigen, daß eine Lösung von Calciumcarbonat, Alkaliphosphat und einer geringen Menge Kupfer-ion sich in jeder Hinsicht wie eine Ascorbinat-oxydase verhält, so sogar bei Erhitzen auf 55° inaktiviert wird und somit als „synthetische Ascorbinat-oxydase" angesprochen werden kann.

Trotz aller dieser Einwände muß aber angenommen werden, daß die Ascorbinat-oxydasen selbständige spezifische Enzyme sind. Hierfür sprechen vor allem ihr hoher Grad an Spezifität, der den verschiedenen Kupfer-präparationen nicht zukommt, die übrigens im Gegensatz zum Enzym bei der Oxydation von Ascorbinsäure H_2O_2 bilden; weiters, daß eine Anzahl von Inhibitoren wohl die Oxydation des Substrats durch Kupfer-ionen, aber nicht die enzymatische Oxydation beeinflußt, und schließlich, daß die hochgereinigten Enzym-präparationen reproduzierbare physikalische Konstanten (Sedimentations-konstante, Wanderungs-geschwindigkeit in der Elektrophorese) zeigen, die nicht zu erwarten wären, wenn es sich um zufällige Mischungen von Proteinen mit Kupfer-ionen handeln würde.

Ebenso wie für die Phenol-oxydasen wird auch für die Ascorbinat-oxydasen bzw. für das System Ascorbinsäure-Dehydroascorbinsäure eine Teilnahme an der pflanzlichen Atmung angenommen.[3] Nach Untersuchungen von James und Cragg[4] erhöht der Zusatz von Oxysäuren (Milchsäure, Glykolsäure, Weinsäure) den Sauerstoff-verbrauch von Hafer-extrakten, wenn Ascorbinsäure zugegen ist, während in deren Abwesenheit der Effekt nicht eintritt. Daraus schließen die Forscher, daß die Oxysäuren als Elektronen-donatoren fungieren und die Elektronen über Ascorbinsäure an den Sauerstoff weitergeleitet werden.

Zur Zeit besteht guter Grund zur Annahme, daß auch *in vivo* zumindest in manchen pflanzlichen Geweben an der Atmung Reaktions-ketten beteiligt sind, die das System Ascorbinsäure/Dehydroascorbinsäure als Teilkatalysator enthalten. Diesen Atmungs-ketten dürften als weitere Überträger-substrate die Systeme TPN/TPN · H_2 sowie 2 GSH/GSSG sowie als Fermente eine TPN · $H_2 \rightarrow$ Glutathion-transhydrogenase (S. 492), eine Dehydroascorbinat-reductase (S. 505) und eine Ascorbinat-oxydase angehören.

---

[1] T. Tadokoro und N. Takasugi: J. chem. Soc. Japan **60**, 188 (1939); **62**, 1018 (1941); **63**, 324 (1942).

[2] Vgl. z. B.: W. F. H. M. Mommaerts: Z. Vitaminforsch. **14**, 312 (1944); L. H. Lampitt, D. H. F. Clayson und E. M. Barnes: Biochem. J. **39**, XVI (1945).

[3] Vgl. das Übersichtsreferat: L. W. Mapson: Vitamins and Hormones **11**, 1 (1953).

[4] W. O. James und J. M. Cragg: Nature **148**, 726 (1941); New Phytologist **42**, 28 (1943).

39. Peroxydasen und Katalasen[1]

Fermente, welche Wasserstoffperoxyd angreifen, sind bereits seit langem bekannt und stellen eine kleine, aber wichtige Enzymklasse dar. Trotz der anscheinend großen Verschiedenheit ihrer Wirkungen weisen die beiden Enzymtypen der Peroxydasen und Katalasen viele Gemeinsamkeiten auf: es handelt sich in beiden Fällen um Ferment-proteine, die eine Hämin-komponente als prosthetische Gruppe enthalten. In letzter Zeit konnte durch CHANCE gezeigt werden, daß sowohl Katalasen als auch Peroxydasen gleichartige Enzym-Substrat-verbindungen bilden, und nach einer — allerdings nicht unbestrittenen — Formulierung des Wirkungsmechanismus scheint auch dieser bei beiden Fermenten gleichartig zu sein.

THEORELL beschreibt die von beiden Enzymen bewirkte Reaktion durch die allgemeine Gleichung

$$H_2A + H_2O_2 \rightarrow 2\,H_2O + A$$

Wenn wir nun den Rest A durch O_2 ersetzen, so erhalten wir die Reaktionsgleichung des von der Katalase verursachten Vorgangs[2]. Wir können H_2A als Wasserstoff-donator und H_2O_2 als Wasserstoff-akzeptor auffassen; die Reaktion läßt sich dann als eine Wasserstoff-übertragung von dem Donator H_2A (der im Falle der Katalasen H_2O_2 sein kann) auf den Akzeptor H_2O_2 deuten. Die Gemeinsamkeiten der beiden Enzymtypen gehen aber noch weiter; unter bestimmten Umständen können Katalasen auch Reaktionen auslösen, die denjenigen der Peroxydasen völlig analog sind.

I. Unspezifische Peroxydasen

Die Peroxydase-wirkungen sind schon seit langem bekannt. SCHÖNBEIN beobachtete 1855, daß sowohl pflanzliches als auch tierisches Gewebe Wasserstoffperoxyd und andere Peroxyde „aktivieren" kann, so daß Guaiac-tinktur blau gefärbt wird. Die Abgrenzung der Peroxydasen von den Katalasen wurde zuerst von RAUDNITZ[4] vorgenommen.

Vorkommen. Unspezifische Peroxydasen kommen durchaus nicht in allen tierischen Organen vor. Leukozyten und das Knochenmark enthalten ein Ferment, das als „Myelo-peroxydase" oder wegen seiner grünen Farbe auch als „Verdoperoxydase" bekannt ist. Ein weiteres wesentliches Vorkommen von Peroxydase findet sich in der Milch („Lacto-peroxydase"). Nach HUSZAK[5] enthält auch das Nebennierenmark eine sehr aktive Peroxydase. BARCROFT und ELLIOTT[6] konnten geringe Peroxydase-wirkungen in Präparaten aus Milz und Lunge feststellen. Eine für L-Tryptophan streng spezifische Peroxydase wurde kürzlich aus der Leber isoliert[7]; dieses Enzym wird an anderer Stelle (S. 574f.) besprochen.

---

[1] Handbuchartikel und Übersichtsreferate: H. THEORELL: In „The Enzymes", herausgegeben von J. B. SUMNER und K. MYRBÄCK, Bd. II/1, S. 397, New York: Academic Press. 1951; Idem: Adv. Enzymology **7**, 265 (1947); Ergebn. Enzymforsch. **9**, 231 (1943); S. GRANICK und H. GILDER: Adv. Enzymology **7**, 305 (1947); vgl. auch die Monographien: O. WARBURG: Schwermetalle als Wirkungsgruppen von Fermenten. Berlin: Saenger. 1946; R. LEMBERG und I. W. L. LEGGE: Hematin Compounds and Bile Pigments. New York: Interscience. 1949.

[2] Diese Formulierung ist allerdings nicht unbestritten[3].

[3] Vgl. N. K. SARKAR und J. B. SUMNER: Enzymologia **14**, 280 (1950/1).

[4] R. RAUDNITZ: Zbl. Physiol. **12**, 790 (1899).

[5] I. HUSZAK: Biochem. Z. **312**, 330 (1942).

[6] G. BARCROFT und K. A. C. ELLIOTT: Biochem. J. **28**, 1191 (1934).

[7] W. E. KNOX und A. H. MEHLER: J. biol. Chem. **187**, 419 (1950).

In letzter Zeit wird auch die Beteiligung einer (spezifischen?) Peroxydase an der Oxydation von β-Indolylessigsäure in Pflanzen diskutiert (vgl. S. 605).

Hingegen scheinen fast alle Pflanzen Peroxydasen zu enthalten. Die höchste Ferment-konzentration findet sich im Saft des Feigenbaums[1]; die am besten bekannte und am meisten bearbeitete pflanzliche Peroxydase ist aber das Enzym aus der Meerrettich-wurzel.

ALTSCHUL, ABRAMS und HOGNESS[2] konnten 1940 aus Hefe ein Enzym isolieren, das als eine Peroxydase mit besonderer Substrat-spezifität beschrieben wurde; es sollte nur zur Oxydation von Ferro-cytochrom c befähigt sein, während die sonstigen üblichen Substrate der Peroxydasen nicht angegriffen würden. Kürzlich konnte aber CHANCE[3] zeigen, daß das Hefe-ferment, das von ALTSCHUL und Mitarbeitern[2] als Cytochrom c-peroxydase bezeichnet wurde, durchaus keine diesem Namen entsprechende strenge Spezifität aufweist, sondern auch — und zwar mit der gleichen Geschwindigkeit wie die anderen Peroxydasen — die üblichen Peroxydase-substrate angreift. Andrerseits sind auch alle anderen näher untersuchten Peroxydasen zur Oxydation von Ferro-cytochrom c imstande.

Über ein Vorkommen in Bakterien scheint nichts Näheres bekannt zu sein.

Bei der Untersuchung auf Peroxydasen in verschiedenen biologischen Materialien begegnet man oft der Schwierigkeit, daß — wie bei manchen Pflanzen — verschiedene Oxydasen und in tierischem Gewebe verschiedene Hämin-verbindungen Peroxydase-wirkungen vortäuschen. So kommt den Cytochromen und auch dem Hämoglobin eine gewisse Peroxydase-wirksamkeit zu („Pseudo-peroxydase"[4]).

Substratspezifität und Wirkungsweise. Peroxydasen sind in bezug auf die von ihnen oxydierte Substanz AH_2 nicht streng spezifisch. Eine von THEORELL (*l. c.*) angegebene Liste ihrer Substrate umfaßt:

1. Monoamine: Anilin, Anilinderivate, *p*-Toluidin.
2. Diamine: *o*-, *m*- und *p*-Phenylendiamin, Dimethyl-*p*-phenylendiamin, Benzidin u. a.
3. Phenole: Phenol, Thymol, *o*-, *m*- und *p*-Kresol.
4. Diphenole: Brenzcatechin, Guaiacol, Resorcin, Hydrochinon, Orcin, Pyrogallol und Phloroglucin.
5. Aromatische Säuren: Benzoesäure, Protocatechusäure und Gallensäuren.
6. Leukofarbstoffe: Leuko-malachitgrün, Leuko-phenolphthalein.
7. Kompliziertere organische Verbindungen biologischen Ursprungs: Adrenalin, Flavone, Tyrosin, Tryptophan, Ferro-cytochrom c, Ascorbinsäure, Reducton, Dioxymaleinsäure, Bilirubin.
8. Sonstige Verbindungen: Jodide und Nitrite.

Die angegebene Liste, die keinen Anspruch auf Vollständigkeit erhebt, zeigt, daß das Wirkungsfeld der Peroxydasen weitgehend demjenigen der Phenoloxydasen analog ist, sich aber noch ein wenig über dieses hinaus erstreckt.

Als weitere nicht in die Liste aufgenommene Substrate der Peroxydasen sind noch verschiedene Proteine zu erwähnen, die durch die Fermente + H_2O_2 vermutlich vor allem durch Oxydation der Tyrosin-reste verändert werden; auf diese Weise können manche Fermente und andere biologische Wirkstoffe inaktiviert werden[5].

---

[1] J. B. SUMNER und S. F. HOWELL: Enzymologia **1**, 133 (1936).

[2] A. M. ALTSCHUL, R. ABRAMS und T. HOGNESS: J. biol. Chem. **136**, 177 (1940).

[3] B. CHANCE: In Enzymes and Enzyme Systems", herausgegeben von J. T. EDSALL, S. 93. Cambridge, Mass.: Harvard Univ. Press. 1951.

[4] F. HERRLINGER und F. KIERMEIER: Biochem. Z. **318**, 413 (1948).

[5] Vgl. das Übersichtsreferat: I. W. SIZER: Adv. Enzymology **14**, 129 (1953).

Schließlich ist als Sonderfall die Oxydation der Dioxymaleinsäure zu der entsprechenden Diketosäure zu nennen. Diese Reaktion wurde ursprünglich einem eigenen Enzymtypus zugeschrieben[1]; erst später erkannten THEORELL und SWEDIN[2], daß für die Wirkung Peroxydasen verantwortlich sind. Der Mechanismus des Vorgangs ist aber noch nicht völlig geklärt, da hier die Peroxydasen nicht in der üblichen Weise, sondern als Oxydasen zu wirken scheinen; außerdem ist bei der Oxydation von Dioxymaleinsäure Mn^{++} beteiligt[3].

$$\begin{array}{c} COOH \\ | \\ COH \\ \| \\ COH \\ | \\ COOH \end{array} \xrightarrow{O_2} \begin{array}{c} COOH \\ | \\ CO \\ | \\ CO \\ | \\ COOH \end{array}$$

Dioxymaleinsäure Dioxobernsteinsäure

Die Peroxydasen aus verschiedenen Ausgangsmaterialien unterscheiden sich wesentlich in ihrer relativen Spezifität gegenüber den genannten Substraten, so daß ein Vergleich der Aktivität schwer möglich ist.

Die Wirkung der Peroxydasen läßt sich allgemein durch die Reaktionsgleichung

$$AH_2 + H_2O_2 \rightarrow 2\,H_2O + A$$

beschreiben. Außer H_2O_2 können auch Alkylmonoperoxyde die Oxydation des Substrats AH_2 bewirken. Nicht-enzymatische Sekundär-reaktionen sind sehr häufig.

Die Wirkungsweise der Peroxydasen ist bis heute nur teilweise geklärt. Durch spektrophotometrische Untersuchungen lassen sich bei der Reaktion derartiger Fermente mit Wasserstoffperoxyd Zwischenprodukte unterscheiden, und zwar können je nach den experimentellen Bedingungen drei verschiedene Zwischenkörper[4] beobachtet werden, welche untereinander in folgender Reihe verbunden sind:

$$\underset{\text{(braun)}}{\text{Peroxydase}} + H_2O_2 \rightarrow \underset{\text{(grün)}}{\text{Verbindung I}} \xrightarrow{\text{spontan}} \underset{\text{(hellrot)}}{\text{Verbindung II}}$$

$$\underset{\text{(hellrot)}}{\text{Verbindung II}} \xrightarrow{\text{in Anwesenheit von } H_2O_2 \text{ im Überschuß}} \underset{\text{(dunkelrot)}}{\text{Verbindung III}}$$

Bis vor kurzem sah man die Verbindungen I, II und III als Enzym-Substratkomplexe im Sinne der Theorie von MICHAELIS und MENTEN (vgl. S. 59) an; eine entsprechende Vorstellung wurde von CHANCE[5] auf Grund ausführlicher kinetischer Messungen entwickelt.

In letzter Zeit fand aber GEORGE[6] durch direkte spektrophotometrische Titration, daß Verbindung II nicht ein Peroxyd von Peroxydase ist, wie das nach den geschilderten Anschauungen anzunehmen wäre, sondern eine Verbindung, die ein Oxydations-äquivalent mehr enthält als die Peroxydasen und durch univalente Reduktion aus Verbindung I entsteht. Diese Befunde finden in entsprechenden Untersuchungen von CHANCE[7], der ebenfalls eine Überführung von

[1] A. SZENT-GYÖRGYI: Hoppe-Seyler's Z. physiol. Chem. **254**, 147 (1938); I. BANGA und A. SZENT-GYÖRGYI: Ibid. **255**, 57 (1938); I. BANGA und E. PHILIPPOT: Ibid. **258**, 147 (1939).

[2] H. THEORELL und B. SWEDIN: Naturwiss. **27**, 95 (1939).

[3] Vgl. dazu B. SWEDIN und H. THEORELL: Nature **143**, 71 (1940); B. CHANCE: J. biol. Chem. **197**, 577 (1952).

[4] D. KEILIN und T. MANN: Proc. Roy. Soc. London B **122**, 119 (1937); H. THEORELL: Enzymologia **10**, 250 (1941).

[5] B. CHANCE: Adv. Enzymology **12**, 153 (1951).

[6] P. GEORGE: Adv. Catalysis **4**, 367 (1952); Nature **169**, 612 (1952); Biochem. J. **54**, 267; **55**, 220 (1953).

[7] B. CHANCE: Arch. Biochem. Biophys. **37**, 235 (1952).

Verbindung I in Verbindung II durch univalente Reduktion beobachten konnte, eine wichtige Stütze.

Aus diesen Ergebnissen folgt, daß die Peroxydase primär mit H_2O_2 unter Bildung von Verbindung I reagiert, welche noch die gesamte Oxydations-kapazität des Peroxyds enthält:

$$\text{Peroxydase} + H_2O_2 \rightarrow \text{Verbindung I}$$

Über die chemische Natur von Verbindung I ist noch nichts bekannt; es wäre möglich, daß hier tatsächlich ein Enzym-Substrat-komplex im Sinne der Theorie von MICHAELIS und MENTEN vorliegt.

Verbindung I wird durch reduzierende Substanzen, wie z. B. die zweiten Substrate der Peroxydasen, aber unter Umständen auch durch oxydierbare Stoffe in den Enzym-präparationen[1], in Verbindung II überführt:

$$\text{Verbindung I} + H^+ + e^- \rightarrow \text{Verbindung II} + H_2O$$

und in einem weiteren univalenten Reduktions-schritt erfolgt die Rückbildung der Peroxydase:

$$\text{Verbindung II} + H^+ + e^- \rightarrow \text{Peroxydase} + H_2O$$

Der Gesamtvorgang läßt sich somit durch die Gleichung

$$H_2O_2 + 2\,H^+ + 2\,e^- \rightarrow 2\,H_2O$$

oder unter Berücksichtigung des zweiten Substrats (AH_2) als reduzierendes Agens durch die bereits oben gegebene Gleichung

$$H_2O_2 + AH_2 \rightarrow 2\,H_2O + A$$

darstellen.

Die Messung der Peroxydase-wirkung. Die üblichste Methode zur Bestimmung der Peroxydase-aktivität ist die Purpurogallin-probe[2]. Sie beruht auf der kolorimetrischen Bestimmung des Purpurogallins, das durch die Wirkung der Peroxydase auf Pyrogallol in Anwesenheit von H_2O_2 entsteht. Die Bildung des Purpurogallins erfolgt dabei in einer recht komplizierten Reaktions-kette; die Struktur des Purpurogallins konnte erst vor kurzem geklärt werden[3].

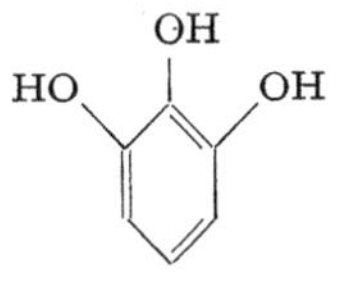

Pyrogallol

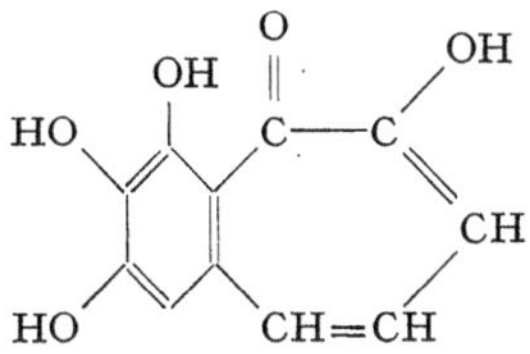

Purpurogallin

Auch die Bestimmung des freigesetzten Jods bei der Reaktion

$$H_2O_2 + 2\,HJ \xrightarrow{\text{Peroxydase}} J_2 + 2\,H_2O$$

kann zur Messung der Peroxydase-aktivität verwendet werden[4].

---

[1] Dies erklärt die häufige Beobachtung der spontanen Überführung von Verbindung I in Verbindung II.

[2] R. WILLSTÄTTER und A. STOLL: Liebig's Ann. Chem. **416**, 21 (1918); R. WILLSTÄTTER und A. POLLINGER: Ibid. **430**, 269 (1923).

[3] J. A. BARLTROP und J. S. NICHOLSON: J. chem. Soc. **1948**, 116; R. D. HAWORTH, B. P. MOORE und P. L. PAUSON: Ibid. **1948**, 1045; D. CAUNT, W. D. CROW, R. D. HAWORTH und C. A. VODOZ: Ibid. **1950**, 1631.

[4] R. KUHN und L. BRAUN: Ber. dtsch. chem. Ges. **59**, 2370 (1926); M. F. JAYLE: Bull. Soc. chim. biol. **21**, 15 (1939).

Als Maß der Peroxydase-aktivität gilt die Purpurogallin-zahl (PZ):

$$\mathrm{PZ} = \frac{\text{mg entstandenes Purpurogallin}}{\text{mg Enzym}}$$

bei 500 ml Lösung, 1,25 g Pyrogallol, 12,5 mg H_2O_2, 20°, 5 Minuten.

Die prosthetischen Gruppen der Peroxydasen. Bei der Reinigung der Meerrettich-peroxydase mit Hilfe von Adsorptionsmethoden erhielten WILLSTÄTTER und POLLINGER[1] Präparate, die eine sehr hohe Wirksamkeit (PZ bis zu 4800) aufwiesen. (Diese Werte dürften allerdings auf einem experimentellen Fehler beruhen, weil selbst die heute bekannten kristallinen Peroxydasen, von denen man wohl annehmen kann, daß sie höchstgereinigt sind, nie höhere PZ-Werte zeigen als 1000.) Die Präparationen von WILLSTÄTTER[1] enthielten 0,045 bis 0,064% Eisen; sie gaben keine Eiweiß- und auch keine Kohlehydrat-reaktionen. Eine Proportionalität zwischen Eisen-gehalt und Aktivität wurde nicht festgestellt, weshalb WILLSTÄTTER annahm, daß Eisen kein für die Wirkung der Peroxydase wesentlicher Bestandteil ist.

Wenige Jahre später beobachteten aber KUHN und Mitarbeiter[2], daß die Lichtabsorption bei der für Hämin-derivate charakteristischen sog. SORET-Bande proportional zur Aktivität der Peroxydase-präparationen war und schlossen daraus, daß das Ferment eine Hämatin-verbindung ist. Dieser Befund wurde durch Arbeiten aus dem Laboratorium von KEILIN bestätigt und erweitert[3].

Schließlich gelang THEORELL[4], aus einem hochgereinigten, aber noch nicht kristallinen Präparat von Meerrettich-peroxydase durch Behandlung mit saurem Aceton die Hämin-gruppe abzuspalten, wodurch das Fermentprotein seine Wirksamkeit verlor. Durch Zugabe von Protohämatin IX zu dem Apoferment konnte sowohl die Aktivität als auch das ursprüngliche Absorptionsspektrum wiederhergestellt werden. Somit waren auch die letzten Zweifel darüber beseitigt, daß eine Hämin-verbindung die prosthetische Gruppe der Meerrettich-peroxydase ist.

In letzter Zeit berichteten THEORELL und MAEHLY[5], daß es ihnen gelungen sei, an Stelle des Protohämatin IX andere Hämine, und zwar Deuterohämin, Mesohämin und Azahämin in das Peroxydase-molekül einzuführen. Die so erhaltenen „künstlichen" Peroxydasen zeigten 63%, 57% bzw. 20% der Wirksamkeit des ursprünglichen Präparats.

In den übrigen pflanzlichen Peroxydasen und in der Peroxydase der Hefe *(Cytochrom c-peroxydase)* dürfte ebenfalls Protohämatin IX die prosthetische Gruppe sein. Hingegen enthalten die Myelo-peroxydase und die Lacto-peroxydase grünliche Hämine unbekannter Konstitution, die sich weder durch saures Aceton noch durch Schwermetall-salze abspalten lassen. Die beiden prosthetischen Gruppen dürften untereinander auch verschieden sein, weil sie recht unterschiedliche Spektren aufweisen.

Die Absorptionsspektren der verschiedenen Peroxydasen und einiger ihrer wichtigsten Verbindungen sind in Tab. 66 zusammengefaßt.

Hochgereinigte und kristalline Peroxydase-präparationen. Die Meerrettich-peroxydase wurde 1942 von THEORELL[6] gereinigt und kristallisiert. Aus-

---

[1] R. WILLSTÄTTER und A. POLLINGER: Liebig's Ann. Chem. **430**, 269 (1923).

[2] R. KUHN, D. HAND und M. FLORKIN: Hoppe-Seyler's Z. physiol. Chem. **201**, 255 (1931).

[3] K. A. C. ELLIOTT und D. KEILIN: Proc. Roy. Soc. London B **114**, 210 (1934); D. KEILIN und T. MANN: Ibid B **122**, 119 (1937).

[4] H. THEORELL: Ark. Kem. Mineral. Geol. **14** B, No. 7 (1940).

[5] H. THEORELL und A. C. MAEHLY: Acta chem. Scand. **4**, 422 (1950); A. C. MAEHLY: In „Enzymes and Enzyme Systems", herausgegeben von J. T. EDSALL, S. 77. Cambridge, Mass.: Harvard Univ. Press. 1951.

[6] H. THEORELL: Ark. Kem. Mineral. Geol. **16** A, No. 2 (1942).

gehend von wäßrigen Extrakten, die im Vacuum eingedampft werden, wird das Enzym mehrfach mit Ammoniumsulfat gefällt und dann einer Dialyse und einer fraktionierten Alkohol-fällung unterzogen. Bei der Elektrophorese bei p_H 10,45 wandert ein kleiner Anteil zu Kathode. Dieser hat wohl die gleiche enzymatische Aktivität wie die Hauptfraktion, unterscheidet sich aber von dieser durch verschiedene Eigenschaften, so insbesondere durch ein Parahämatin-ähnliches Absorptions-spektrum, während das Spektrum der Hauptmenge eher dem des Methämoglobins ähnlich ist. Diese Neben-fraktion wird als Paraperoxydase bezeichnet und stellt wahrscheinlich ein Umwandlungs-produkt der Peroxydase dar.

Die Haupt-fraktion kann man einer wiederholten fraktionierten Fällung mit Ammoniumsulfat unterziehen, wobei in der Fraktion zwischen 53,5 und 62%iger Sättigung das Ferment in nadel-artigen Kristallen ausfällt.

Das Enzym hat ein M. G. von 44100; nach den neuesten Angaben[1] enthält es 1,36% Hämatin; als Elementar-zusammensetzung werden 47% C, 7,25% H, 13,2% N, 0,43% S und 32,0% O angegeben. Es enthält pro Mol 2 Mole Histidin, 12 Mole Lysin und 18 Mole Arginin. Der I. P. liegt bei p_H 7,2. Es bestehen verschiedene Anzeichen dafür, daß größere Mengen Kohlehydrat im Molekül vorhanden sind.

Eine vereinfachte Methode zur Herstellung hochaktiver, allerdings nicht kristalliner Peroxydase-präparationen aus Meerrettich wurde kürzlich von KEILIN und HARTREE[2] beschrieben.

Zur Darstellung der Myelo-peroxydase ging AGNER[3] von Eiter aus, der zuerst mit Äther und gesättigter Ammoniumsulfat-lösung geschüttelt wurde; dabei schied sich eine feste Fraktion aus, die darauf mit Bariumacetat von Verunreinigungen befreit und dann fraktionierten Alkohol- und Ammoniumsulfat-fällungen unterzogen wurde. Schließlich wurde durch Elektrophorese eine einheitlich wandernde Fraktion erhalten, die zwar nicht kristallisierte, aber wohl als nahezu rein angesehen werden muß.

Tabelle 66. *Absorptions-spektren der Peroxydasen und einiger ihrer Derivate*

	Absorptionsbanden in mμ			
	Enzym aus			
	Meerrettich	Leukozyten	Milch	Hefe
In neutraler Lösung ..	403, 497 641,5	430, (495)[4], 570 625, 690	413, 505, (550), 600, 640	410, 500, 620
Verbindung I[5]:	407, 655	416	430	405
Verbindung II:	417, 530,5, 561	458, 625	430, 538, 570	420, 530, 560
Verbindung III:	417, 545,5, 583	—	540, 594, 617	—
Reduziert mit $Na_2S_2O_4$.	437, 556, 594,5	475, 590, 637	557—575, 600, 645	437,5, 560
Mit HCN	420, 542, 581,5	458, 634	560, 595	—
Mit NaF	404, 496, 529,5, 561, 615	—	590 (620)	—
Mit Azid (Fe^{3+})	416, 534, 635	—	—	—
Mit Azid (Fe^{++})	—	460, 615	—	—

[1] H. THEORELL und A. MAEHLY: Acta chem. Scand. 4, 422 (1950).

[2] D. KEILIN und E. F. HARTREE: Biochem. J. 49, 88 (1951).

[3] K. AGNER: Acta physiol. Scand. 2, Suppl. 8 (1941).

[4] Schwache Banden, die wohl im Spektroskop sichtbar sind, aber keine ausgesprochenen Maxima zeigen, sind eingeklammert.

[5] Unter der Verbindung I wird das sehr instabile Primärprodukt verstanden, das in Anwesenheit oxydierbarer Substanzen unter Aufnahme eines Elektrons schnell in eine Zwischenverbindung II übergeht (S. 570). III ist eine inaktive Verbindung, die bei Überschuß von H_2O_2 entsteht.

Die Lacto-peroxydase wurde von THEORELL und Mitarbeitern[1] aus Magermilch kristallin erhalten, wobei folgende Arbeitsgänge notwendig waren:

1. Fraktionierte Fällung der Magermilch mit Ammoniumsulfat zur Entfernung des Caseins.
2. 15 Minuten Erhitzen auf 70°.
3. Dialyse.
4. Ausfällung von Verunreinigungen mit basischem Bleiacetat.
5. Ausfällung einer rot-gefärbten Fraktion mit Aceton in Acetatpuffer (p_H 5,9).
6. Elektrophorese.

Die erhaltenen Kristalle zeigen keine sehr ausgeprägte Form. Das M. G. ist 93000, der I. P. 7,7. Ein Molekül Lacto-peroxydase enthält anscheinend ein Eisen-atom; das würde 0,060% Fe entsprechen, tatsächlich wurden aber 0,070% Eisen gefunden (THEORELL, *l. c.*).

Inhibitoren der Peroxydasen. Ebenso wie die Katalasen werden die Peroxydasen in ihrer Wirksamkeit vor allem durch solche Verbindungen gehemmt, die mit dem dreiwertigen Eisen der prosthetischen Gruppe reagieren, so insbesondere Cyanid, Sulfid, Fluorid, Azid und Hydroxylamin. Die Bildung einer Enzym-Inhibitor-verbindung läßt sich aus einer Veränderung des Absorptionsspektrums (Tab. 66) erkennen. Die Hemmungen sind vielfach reversibel. Bei Cyanid und Sulfid genügt schon eine Inhibitor-konzentration von 10^{-5}- bis 10^{-6}-m, um eine Hemmung zu erzeugen, während für denselben Effekt höhere Konzentrationen (etwa 10^{-3}-m) Fluorid, Azid oder Hydroxylamin erforderlich sind.

Biologische Funktion der Peroxydasen. Die Rolle, die den Peroxydasen in den Organismen zukommt, die sie enthalten, ist noch sehr wenig erforscht. Wenn wir von dem als nächsten zu besprechenden Typus der spezifischen L-Tryptophan-peroxydasen absehen, die anscheinend eine wichtige Funktion bei der Überführung von L-Tryptophan in Nicotinsäureamid innehaben, so finden wir unter den vielen anderen aufgezählten Substraten der unspezifischen Peroxydasen kaum eines, das nur durch diese Fermente oxydiert wird. Es läßt sich somit kaum etwas darüber aussagen, in welchem Ausmaß den von den Peroxydasen katalysierten Reaktionen irgendwelche biologische Bedeutung zukommt.

II. L-Tryptophan-peroxydasen; die L-Tryptophan-oxydase-systeme

Die Fähigkeit, die Aminosäure L-Tryptophan oxydativ zu Kynurenin abzubauen, scheint sehr vielen Organismen zuzukommen: diese Reaktionsfolge konnte bei Säugetieren[2, 3], Insekten[4, 5], Bakterien[6, 7] und *Neurospora*[8] beobachtet werden.

KNOX und MEHLER[9] gelang es nun vor kurzem, die Enzyme, welche für die Überführung von L-Tryptophan in Kynurenin verantwortlich sind, aus Leber-

[1] H. THEORELL und Å. ÅKESON: Ark. Kem. Mineral Geol. **17** B, No. 7 (1943); H. THEORELL und K. G. PAUL: Ibid. **18** B, No. 12 (1944).
[2] Y. KOTAKE und J. IWAO: Hoppe-Seyler's Z. physiol. Chem. **195**, 146 (1931).
[3] C. HEIDELBERGER, M. E. GULBERG, E. F. MORGAN und S. LEKOVSKY: J. biol. Chem. **179**, 143 (1949).
[4] H. KIKKAWA: Genetics **26**, 600 (1941).
[5] A. BUTENANDT, W. WEIDEL, R. WEICHERT und W. VON DERJUGIN: Hoppe-Seyler's Z. physiol. Chem. **279**, 23 (1943).
[6] A. L. TATUM und A. J. HAAGEN-SMIT: J. biol. Chem. **140**, 575 (1941).
[7] R. Y. STANIER: J. Bacter. **55**, 477 (1948); R. Y. STANIER und M. TSUCHIDA: Ibid. **58**, 45 (1949).
[8] G. W. BEADLE, H. K. MITCHELL und J. F. NYE: Proc. nat. Acad. Sci. U. S. **33**, 155 (1947).
[9] W. E. KNOX und A. H. MEHLER: J. biol. Chem. **187**, 419 (1950).

homogenaten in Lösung zu bringen und den Mechanismus dieses Vorgangs teilweise zu klären.

Nach diesen Autoren handelt es sich um ein aus drei Einzelenzymen bestehendes System, das als L-Tryptophan-oxydase-system bezeichnet werden kann.

Das erste in Aktion tretende Ferment ist eine streng spezifische L-Tryptophan-peroxydase, durch deren Wirkung L-Tryptophan in ein noch nicht eindeutig identifiziertes Oxydationsprodukt umgewandelt wird. Dies wird dann unter dem Einfluß einer aeroben Transhydrogenase (von den Autoren als Oxydase bezeichnet) in Formylkynurenin überführt, welches schließlich durch Einwirkung einer spezifischen Hydrolase (Formylkynureninase, S. 274) zu Kynurenin und Ameisensäure hydrolysiert[1].

$CH_2CHCOOH$ / NH_2 / NH $\xrightarrow[\text{Peroxydase}]{H_2O_2}$ $C(OH)CH_2CHCOOH$ / CHOH NH_2 / NH $\xrightarrow[\text{aerobe Transhydrogenase}]{-H_2}$

L-Tryptophan — hypothetisches Zwischenprodukt

$COCH_2CHCOOH$ / NH_2 / NHCHO $\xrightarrow[\text{Formylkynureninase}]{H_2O}$ $COCH_2CHCOOH$ / NH_2 / NH_2 + HCOOH

Formylkynurenin — Kynurenin

Im Gegensatz zu allen anderen Peroxydasen weist der Typus der L-Tryptophan-peroxydasen eine sehr strenge Spezifität auf: nur L-Tryptophan wird angegriffen, während D-Tryptophan ebenso wie Acetyl-L-tryptophan nicht oxydiert werden. Auch in ihrer Wirkung gegenüber L-Tryptophan unterscheiden sich diese Fermente von den übrigen Peroxydasen; diese sind wohl ebenfalls zur Oxydation von L-Tryptophan imstande, wobei aber ein rotbrauner Körper entsteht, der nicht mit dem hypothetischen Zwischenprodukt identisch sein kann, da er sich durch Zusatz des Enzymsystems aus Leber nicht in Kynurenin überführen läßt.

Bei Untersuchung des Enzymsystems aus Leber (L-Tryptophan-oxydase-system) zeigte sich, daß in Anwesenheit von Katalase ein Zusatz von H_2O_2 für die Wirksamkeit erforderlich ist, während in einem Katalase-freien Medium die Reaktion auch ohne zugesetztes Peroxyd erfolgt. Dies läßt den Schluß zu, daß der zweite Schritt des Gesamtvorgangs, der durch die aerobe Transhydrogenase katalysiert wird, das Peroxyd für den Primärschritt, die Peroxydasewirkung auf das Substrat, liefert. Es scheint sich somit um zwei miteinander gekoppelte Reaktionen zu handeln.

Knox und Mehler konnten in einer späteren Arbeit[2] zeigen, daß die Entstehung des Enzymsystems in der Leber der Versuchstiere durch orale oder parenterale Gaben von Tryptophan stimuliert bzw. induziert wird (vgl. S. 132).

Dem L-Tryptophan-oxydase-system, das in der geschilderten Form wahrscheinlich nicht nur in der Säugetier-leber, sondern auch in anderen biologischen Materialien[3] vorkommt, dürfte eine große Bedeutung für die Biosynthese des Nicotinamids und der Pyridinnucleotide zukommen, da es heute als sicher gilt, daß L-Tryptophan die Ausgangssubstanz und Kynurenin ein Zwischenprodukt dieser Biosynthese ist.

---

[1] A. H. Mehler und W. E. Knox: J. biol. Chem. **187**, 431 (1950).

[2] W. E. Knox und A. H. Mehler: Science **113**, 237 (1951); W. E. Knox: Brit. J. exp. Path. **32**, 462 (1951).

[3] Vgl. z. B. R. Y. Stanier, O. Hayaishi und M. Tsuchida: J. Bacter. **62**, 355 (1951).

III. Katalasen

Die Fähigkeit sehr vieler biologischer Materialien, Wasserstoffperoxyd zu Sauerstoff und Wasser zu zersetzen, wurde bereits frühzeitig beobachtet. Schon der Entdecker des Wasserstoffperoxyds, THENARD[1], verglich die zersetzende Wirkung von fein verteilten Metallen und tierischem Gewebe sowie Fibrin auf diese Substanz und vermutete bereits 1834, also noch bevor BERZELIUS seine Definition der Katalyse gegeben hatte, die Existenz einer besonderen Kraft, die diese Wirkung hervorbringt und allen diesen Substanzen gemeinsam ist. SCHÖNBEIN[2] vertrat die Auffassung, daß die Zersetzung von Wasserstoffperoxyd allen Fermenten zukommt; diese Meinung wurde erst 1892 von JACOBSON[3] widerlegt.

Vorkommen. Katalasen scheinen in fast allen tierischen Organen, Zellen und Gewebeflüssigkeiten vorzukommen. Manche derartige Befunde dürften allerdings eine Überprüfung benötigen, da alle Arten von Hämatin-verbindungen ebenfalls in einem geringen Grade Wasserstoffperoxyd zersetzen und im Falle schwacher Wirksamkeit eine Unterscheidung zwischen „echten" Katalasen und diesen Hämatin-körpern auf Schwierigkeiten stößt. Die größte Menge an Katalase wird in der Leber und in den Erythrozyten gefunden. Auch in höheren Pflanzen konnte allgemein Katalase-aktivität nachgewiesen werden; diese ist aber fast allgemein geringer als im tierischen Gewebe. Bei den Mikroorganismen kann man als Regel aufstellen, daß sämtliche Aerobier Katalase produzieren, während sie den Anaerobiern fehlt. Unter den fakultativen Anaerobiern enthalten manche das Enzym und manche nicht. Die Regel ist allerdings nicht ohne Ausnahme, da nach VISSER T'HOFT der aerobe Organismus *Acetobacter peroxydans* keine Katalase enthält, während wiederum nach HOGAN der Anaerobier *Actinomyces necrophorus* das Enzym produzieren soll[1].

Wirkung. Die durch Katalase bewirkte Zersetzung von H_2O_2 läßt sich allgemein formulieren:

$$2\,H_2O_2 \rightarrow 2\,H_2O + O_2.$$

Auch niedrigere Alkylmonoperoxyde vom Typus R-O-OH werden in analoger Weise — allerdings weitaus langsamer — gespalten.

KEILIN und HARTREE[4] beobachteten vor einiger Zeit, daß Katalase in Anwesenheit von Alkoholen den Peroxyd-sauerstoff auch auf diese übertragen kann. Der Vorgang, der sich durch die Gleichung

$$H_2O_2 + RCH_2OH \rightarrow RCHO + 2\,H_2O$$

wiedergeben läßt, erfolgt besonders in Anwesenheit geringer Peroxyd-mengen. Die folgenden Alkohole können durch diese „gekoppelte" Oxydation in Aldehyde umgewandelt werden: Methanol, Äthanol, *n*-Propanol, Isopropanol, Isobutanol, Glykol und Colamin. Es handelt sich hier also um Reaktionen, die völlig derjenigen analog sind, welche durch die Peroxydasen katalysiert wird. Vor kurzem konnte TAUBER[5] zeigen, daß unter bestimmten Bedingungen die Katalasen ganz gleichartig wie die Peroxydasen verschiedene Phenole und aromatische Amine oxydieren. So wird aus Pyrogallol bei p_H 6,9 Purpurogallin gebildet (vgl. S. 571).

Die Wirkungsweise der Katalase ist seit vielen Jahren der Gegenstand eingehender Untersuchungen, Diskussionen und Spekulationen.

---

[1] Zit. nach H. THEORELL, *l. c.*

[2] C. F. SCHÖNBEIN: J. prakt. Chem. **98**, 339 (1863).

[3] J. JACOBSON: Hoppe-Seyler's Z. physiol. Chem. **16**, 340 (1892).

[4] D. KEILIN und E. F. HARTREE: Proc. Roy. Soc. London B **119**, 41 (1936); Biochem. J. **39**, 293 (1945).

[5] H. TAUBER: Proc. Soc. exp. Biol. Med. **81**, 237 (1952); J. biol. Chem. **205**, 395 (1953).

Ältere Vorstellungen von WIELAND (Intermediär-bildung von freiem Wasserstoff) und WILLSTÄTTER und HABER[1] (Kettenreaktion) wurden nach der Erkenntnis, daß die prosthetische Gruppe der Katalase eine Eisen(III)-verbindung ist, durch neuere dieser Tatsache angepaßte Deutungen ersetzt. So glaubten KEILIN und HARTREE[2], daß die Eisen(III)-form der Katalase durch H_2O_2 zur Eisen(II)-form reduziert wird und diese dann einer Reoxydation durch O_2 unterliegt. Diese Vorstellung wurde auf Grund von Versuchen mit Katalase-azid gewonnen, das sich durch H_2O_2 zu einer Eisen(II)-form reduzieren läßt. Auf Grund der Beobachtung, daß sowohl Oxydationsmittel als auch Reduktionsmittel eine Hemmwirkung auf die Katalase ausüben, hat der Verfasser[3] seinerzeit eine Theorie über den Wirkungsmechanismus der Katalase aufgestellt, die ebenso wie diejenige von KEILIN und HARTREE auf der Annahme eines Wertigkeits-wechsels des Eisens beruht.

Heute scheint aber die allgemeine Meinung dahin zu gehen, daß in der Katalase bei ihrer Funktion kein Übergang des Eisens in die zweiwertige Stufe stattfindet. In letzter Zeit gelang es CHANCE[4] unter Anwendung der Durchflußapparatur von HARTRIDGE und ROUGTON nachzuweisen, daß die bei der Reaktion entstehenden Katalase-H_2O_2-zwischenverbindungen katalytisch aktiv sind.

Nach CHANCE, der mit seiner exakten Methode sehr eingehende kinetische Untersuchungen vornahm, läßt sich die „katalatische Reaktion" durch das Schema

$$\text{Enzym} + H_2O_2 \rightarrow \text{Enzym-}H_2O_2$$

$$\text{Enzym-}H_2O_2 + H_2O_2 \rightarrow \text{Enzym} + 2\,H_2O + O_2$$

darstellen. Das zweite Molekül H_2O_2 fungiert somit als Wasserstoff-donator für die Enzym-Substrat-verbindung.

In ganz analoger Weise kann auch die „gekoppelte" Oxydation der Alkohole durch Katalase erklärt werden:

$$\text{Enzym-}H_2O_2 + R \cdot CH_2OH \rightarrow \text{Enzym} + 2\,H_2O + R \cdot CHO$$

Der gemeinsame Mechanismus läßt sich somit auf cin primäres Zusammentreten von Enzym und H_2O_2, dem eine Reaktion mit einem Wasserstoff-donator (H_2O_2, Alkohol) folgt, zurückführen. Bei Anwesenheit geringer Mengen von Peroxyd können die Alkohole als Wasserstoff-donatoren mit diesem konkurrieren.

Versuche von GEORGE[5] machen es aber wahrscheinlich, daß die Wirkungen der Katalasen ebenso durch Stufen-reaktionen bedingt sind wie diejenigen der Peroxydasen. Auch hier wird anscheinend primär durch Reaktion des Enzyms mit Wasserstoffperoxyd eine Verbindung I gebildet, welche noch die gesamte Oxydations-kapazität des Peroxyds enthält. Verbindung I kann unter dem Einfluß reduzierender Substanzen, darunter vor allem Wasserstoffperoxyd aber auch Ferrocyanid oder Phenole, in einem univalenten Schritt in Verbindung II überführt werden, welche ein Oxydations-äquivalent weniger enthält als Verbindung I bzw. eines mehr als freie Katalase. Schließlich wird Verbindung II — vorzugsweise unter dem Einfluß von Wasserstoffperoxyd aber auch durch Einwirkung von Phenolen — in einem weiteren univalenten Reaktions-schritt zur freien Katalase zurückgebildet.

Die Ergebnisse von GEORGE würden bedeuten, daß der Unterschied der Spezifität zwischen Peroxydasen und Katalasen als ein relativer aufgefaßt werden müßte. In beiden Fällen finden wir die gleiche Reaktions-folge Verbindung I → Verbindung II → freies Enzym; während aber bei den Katalasen H_2O_2 selbst als Elektronen-donator fungieren kann, ist dies bei den Peroxydasen nicht möglich.

---

[1] F. HABER und R. WILLSTÄTTER: Ber. dtsch. chem. Ges. **64**, 2844 (1931).

[2] F. KEILIN und E. F. HARTREE: Proc. Roy. Soc. London B **124**, 397 (1938); Nature **144**, 787 (1939); Ibid. **152**, 626 (1943).

[3] O. HOFFMANN-OSTENHOF: Exper. **3**, 152 (1947).

[4] Übersichtsreferate: B. CHANCE: In „The Enzymes", herausgegeben von J. B. SUMNER und K. MYRBÄCK, Bd. II/1, S. 428. New York: Academic Press. 1951; Idem: in „Modern Trends in Physiology and Biochemistry", herausgegeben von E. S. G. BARRON, S. 25. New York: Academic Press. 1952; Idem: Adv. Enzymology **12**, 153 (1951).

[5] P. GEORGE: Biochem. J. **52**, XIX (1952); vgl. auch Idem: Ibid. **55**, 220 (1953).

Die prosthetische Gruppe der Katalase. WARBURG[1] nahm schon 1923 an, daß Katalase Eisen enthält, weil ihre Wirksamkeit durch Cyanid gehemmt wird. Obwohl verschiedene gereinigte Katalase-präparationen, die von HENNICHS[2] sowie von EULER und JOSEPHSON[3] hergestellt wurden, beträchtliche Mengen an Eisen enthielten, fanden diese Autoren ihre Ergebnisse nicht beweiskräftig genug, um die Vorstellungen von WARBURG zu stützen.

ZEILE und HELLSTRÖM[4] gelang es aber bald darauf nachzuweisen, daß ein Hämin die Wirkgruppe der Katalase ist; sie spalteten diese bei alkalischer Reaktion vom Enzym ab und bestimmten sie spektrometrisch als Protohämochromogen. Durch einen Vergleich zwischen der Wirksamkeit und der Häminkonzentration bei verschieden vorbehandelten Enzympräparationen wurde der Beweis dafür erbracht, daß es sich bei dem aufgefundenen Hämin tatsächlich um die aktive prosthetische Gruppe des Ferments handelt. STERN[5] identifizierte dann das Katalase-hämin aus Pferdeleber-katalase als Protohämatin IX. Bei der sauren Spaltung von Katalase wurde allgemein neben Hämin eine blaue Substanz beobachtet[6], die von LEMBERG und Mitarbeitern[7] als Biliverdin erkannt werden konnte. Da einerseits die Aktivität der Katalase-präparationen nicht mit ihrem Biliverdin-gehalt parallel geht, sodaß stark biliverdin-haltige Präparate sogar geringere Wirksamkeit aufweisen als solche mit wenig oder gar keinem Biliverdin, und es andrerseits durchaus möglich ist, daß ein Teil des Protohämatins entweder postmortal oder während der Aufarbeitung zu Biliverdin oxydiert wird, hält es BONNICHSEN[8] für wahrscheinlich, daß Biliverdin kein normaler Bestandteil der Katalasen ist; diese Auffassung ist aber nicht unbestritten[9]. Im Katalase-molekül sind vier Hämin-reste enthalten, über deren Bindungsverhältnisse bisher noch keine schlüssigen Aussagen gemacht werden können, wenngleich anzunehmen ist, daß sie in analoger Weise, wie das im Hämoglobin der Fall ist, über ihre Propionyl-reste mit basischen Histidingruppen des Proteins verbunden sind.

Hochgereinigte und kristalline Katalase-präparationen. Bereits 1937 gelang es SUMNER und DOUNCE[6], ein kristallines Präparat von Katalase aus Rinder-leber herzustellen. Dabei gingen sie von einem wäßrigen Dioxan-extrakt aus fein geschabter Leber aus und entfernten zuerst durch Erhöhung der Dioxan-konzentration Verunreinigungen, um dann bei weiterer Zugabe von Dioxan eine, das Enzym enthaltende Fraktion auszufällen. Dieser Niederschlag wurde in Wasser gelöst; nach Zusatz von Ammoniumsulfat und Abkühlen begann das Enzym auszukristallisieren. Die Präparation läßt sich durch Umkristallisieren weiter reinigen.

Die Methode von SUMNER und DOUNCE[6] wurde mehrfach modifiziert; das wahrscheinlich beste Verfahren wurde von BONNICHSEN[10] angegeben, der die Verwendung von Dioxan vermeidet, weil damit die Gefahr verbunden ist, daß ein

---

[1] O. WARBURG: Biochem. Z. **136**, 266 (1923); Ber. dtsch. chem. Ges. **59**, 739 (1926).
[2] S. HENNICHS: Ibid. **59**, 218 (1926).
[3] H. VON EULER und K. JOSEPHSON: Liebig's Ann. Chem. **452**, 158; 455, 9 (1927).
[4] K. ZEILE und H. HELLSTRÖM: Hoppe-Seyler's Z. physiol. Chem. **192**, 171 (1930); K. ZEILE: Ibid. **195**, 39 (1931).
[5] K. G. STERN: J. biol. Chem. **112**, 661 (1935/36).
[6] J. B. SUMNER und A. L. DOUNCE: Ibid. **121**, 417 (1937).
[7] R. LEMBERG, M. NORRIE und J. W. LEGGE: Nature **144**, 551 (1939); R. LEMBERG und J. W. LEGGE: Biochem. J. **37**, 117 (1943).
[8] K. BONNICHSEN: Acta chem. Scand. **2**, 561 (1948).
[9] N. K. SARKAR und J. B. SUMNER: Enzymologia **14**, 280 (1950/1).
[10] R. K. BONNICHSEN: Acta chem. Scand. **2**, 561 (1948); vgl. auch H. TAUBER und E. L. PETIT: J. biol. Chem. **195**, 703 (1952).

Teil des Katalase-hämatins in Biliverdin umgewandelt wird. An Stelle der fraktionierten Fällung mit Dioxan wird eine solche mit Äthanol durchgeführt.

Vor kurzem berichtete BROWN[1], daß er kristalline Katalase-präparationen aus Rinder-leber in zwei Fraktionen auftrennen konnte, von denen eine weit höhere Aktivität (*Kat. f.* 180000) zeigte als die andere (*Kat. f.* 40000). Diese Tatsache dürfte erklären, warum derartige Präparate häufig sehr wechselnde Wirksamkeiten entfalten.

1941 konnten LASKOWSKI und SUMNER[2] die Katalase aus Rinder-erythrozyten kristallin darstellen; BONNICHSEN[3] berichtete über die Kristallisation des entsprechenden Ferments aus Pferde-blut. Die Katalasen aus roten Blutkörperchen enthalten anscheinend kein Biliverdin. Dasselbe gilt auch für die menschliche Blut-katalase (HERBERT und PINSENT[4]).

Auch kristalline Katalasen aus Pferde-niere und aus Menschen-leber sind beschrieben worden (BONNICHSEN[5]). Als einziges bakterielles Enzym dieser Spezifität wurde Katalase aus *Micrococcus lysodeikticus* kristallin hergestellt, wobei von der Fähigkeit der Lysozyme (S. 252), diesen Organismus zu lösen, Gebrauch gemacht wurde (HERBERT und PINSENT[6]).

Das M. G. aller dieser Katalasen bewegt sich um 240000; der Eisen-gehalt beträgt 0,09%, was bedeutet, daß das Katalase-molekül vier Fe-Atome, also auch vier prosthetische Gruppen, enthält.

Tabelle 67. *Absorptionsspektren der Katalasen und einiger ihrer Derivate*

Substanz	Absorptionsbanden in mμ			
Katalase	403	500	540	629
Katalase + HCN	425	557	589	
Katalase + NaN_3	411	500	540	624
Katalase + NaF			597	(622)
Katalase + NO		538	577	
Katalase + H_2S			580	640
Katalase + NH_3		550	588	632
Katalase + C_2H_5OOH		534	570	
Katalase + H_2O_2 (Verbindung I)	406			670 (?)
Katalase + H_2O_2 Verbindung II)	409	536	572	
Katalase + H_2O_2 (Verbindung III)		545	585	

Tabelle 68. *Stickstoff-verteilung in den Katalasen aus Pferdeblut und Pferdeleber* (BONNICHSEN, zit. nach THEORELL, *l. c.*)

Fraktion aus der Elektrodialyse	% des Total-stickstoffs	
	Pferdeblut-katalase	Pferdeleber-katalase
Humin-stickstoff	1,3	1,5
Amid-stickstoff	8,8	8,6
Neutral-stickstoff	40,7	40,9
Anoden-stickstoff	16,3	16,7
Kathoden-stickstoff	32,1	31,2

[1] G. L. BROWN: Biochem. J. **51**, 569 (1952).
[2] M. LASKOWSKI und J. B. SUMNER: Science **94**, 615 (1941).
[3] R. K. BONNICHSEN: Arch. Biochem. **12**, 83 (1947).
[4] D. HERBERT und J. PINSENT: Biochem. J. **43**, 203 (1948).
[5] R. K. BONNICHSEN: Acta chem. Scand. **1**, 114 (1947).
[6] D. HERBERT und J. PINSENT: Biochem. J. **43**, 193 (1948).

Tabelle 69. *Der Gehalt von Katalasen aus Pferdeblut und Pferdeleber an einigen Aminosäuren* (BONNICHSEN, zit. nach THEORELL, *l. c.*)

Aminosäure	% des Totalgewichts in	
	Pferdeblut-katalase	Pferdeleber-katalase
Histidin	4,17	3,89
Arginin	8,75	8,90
Lysin (aus der Differenz)	7,49	6,91
Tyrosin	6,0	5,8
Cystin	1,65	1,85
Glutaminsäure	10,9	10,3
Asparaginsäure	16,5	16,5

In Erweiterung früherer Arbeiten von THEORELL und ÅKESON[1] hat es BONNICHSEN[2] unternommen, die Stickstoff-verteilung und die Aminosäure-zusammensetzung von Pferdeblut- und Pferdeleber-katalase zu untersuchen. Die Ergebnisse stimmen im Rahmen der Fehlergrenzen der verwendeten Methoden überein (Tab. 68 und 69) und da auch auf immunologischem Wege gleiches Verhalten festgestellt wurde, muß angenommen werden, daß die beiden Enzymproteine identisch sind.

Messung der Katalase-aktivität. Die Katalase-wirkung wird allgemein durch Bestimmung der unverbrauchten Mengen an Wasserstoffperoxyd gemessen. Auch heute noch wird am häufigsten die Methode von EULER und JOSEPHSON[3] verwendet, die auf einer manganometrischen Titration beruht.

50 ml m/100 H_2O_2 in 0,0067-m Phosphat-puffer werden auf 0° abgekühlt, 1 ml der zu prüfenden Enzymlösung zugegeben und rasch vermischt; dann werden 5 ml entnommen und mit Permanganat titriert (Wert bei der Zeit 0). Weitere 5-ml-Proben werden dann in Abständen (z. B. 3, 6 und 9 Minuten) herauspipettiert und ebenso titriert. Die Geschwindigkeits-konstante K läßt sich nach der Formel für die monomolekulare Reaktion

$$K = \frac{1}{t} \log_{10} \frac{X_0}{X}$$

berechnen; t sind die Minuten, X und X_0 sind die verbrauchten Mengen Permanganat bei Zeit 0 und Zeit t. Als Einheit der Katalase-wirkung wird die *Kat.f.* (Katalasefähigkeit)

$$Kat.f. = K/\text{g Enzym}$$

verwendet.

Bei größeren Konzentrationen kommt die Zerstörung der Katalase durch ihr Substrat so stark zur Geltung, daß die Größe K sehr schnell stark absinkt. Um diesem Umstand abzuhelfen, haben kürzlich BONNICHSEN, CHANCE und THEORELL[4] eine Schnell-titrationstechnik entwickelt, bei der weitaus größere Katalasekonzentrationen verwendet werden können, ohne daß K verändert wird.

Inhibitoren der Katalasen. In der Literatur finden sich unzählige Berichte über Hemmstoff-wirkungen gegenüber Katalasen. Die wichtigsten Inhibitoren sind diejenigen, welche mit dem dreiwertigen Eisen der prosthetischen Gruppe reagieren; unter diesen sind vor allem Cyanid, Sulfid, Azid, Fluorid, NO und Hydroxylamin zu nennen. Die Bildung einer Verbindung des Hemmstoffs mit der prosthetischen Gruppe kann durch die Veränderung des Absorptionsspektrums der Katalase nachgewiesen werden (Tab. 67). Alle genannten

[1] H. THEORELL und Å. ÅKESON: Ark. Kem. Mineral. Geol. **16** A, No. 8 (1942).
[2] R. K. BONNICHSEN: Arch. Biochem. **12**, 83 (1947).
[3] H. VON EULER und K. JOSEPHSON: Liebig's Ann. Chem. **452**, 158 (1927).
[4] R. K. BONNICHSEN, B. CHANCE und H. THEORELL: Acta chem. Scand. **1**, 685 (1947).

Inhibitoren konkurrieren mit Wasserstoffperoxyd um die Bindung an das Eisenatom der prosthetischen Gruppe; trotzdem sind die Hemmeffekte von der Peroxid-konzentration unabhängig und daher als nicht-kompetitiv (vgl. S. 138) zu klassifizieren.[1] Die Hemmungen sind vielfach reversibel; schon durch Umkristallisieren wird oft wieder ein vollaktives Präparat erhalten.

Auch Wasserstoffperoxyd selbst zeigt eine Hemmwirkung gegenüber Katalase; hier handelt es sich anscheinend um eine Zerstörung des Protein-anteils des Enzyms. Dies scheint der Hauptgrund dafür zu sein, daß die Zersetzung des Wasserstoffperoxyds durch Katalase nur in ihrer ersten Phase den Gesetzen der monomolekularen Reaktion folgt; später fällt die Reaktionsgeschwindigkeit stark ab.

Biologische Funktion. Wasserstoffperoxyd, das bei verschiedenen Oxydationsvorgängen im Organismus, so z. B. bei der Oxydation von Aminosäuren und vielen anderen von Flavin-fermenten katalysierten Prozessen, entsteht, ist ein für die Zelle giftiger Stoff. Aus diesem Grunde wurde bis vor kurzem allgemein angenommen, daß die einzige Funktion der Katalasen darin besteht, die Zellen gegen auftretendes Peroxyd zu schützen. Nachdem aber gezeigt wurde, daß, wenn nur geringe Mengen an Wasserstoffperoxyd anwesend sind, die ungefähr denjenigen entsprechen dürften, welche unter biologischen Bedingungen auftreten, Katalasen aliphatische Alkohole oxydieren können, wird vermutet, daß dieser ,,Peroxydasewirkung" der Katalase auch eine wesentliche Rolle bei der Oxydation primärer Substrate zukommt und die Zersetzung des Wasserstoffperoxyds zu Sauerstoff und Wasser, die *in vitro* eine so markante Reaktion ist, *in vivo* vielleicht gar nicht zur Geltung kommt.

40. Noch nicht klassifizierbare Oxydoreductasen und Oxydoreductase-systeme

In diesem Kapitel wird eine Anzahl von Enzymen besprochen, welche noch nicht ausreichend charakterisiert sind, um eine Klassifikation nach den in Kap. 10 dargelegten Prinzipien zu erlauben. In den meisten Fällen werden auch die hier behandelten Reaktionen nicht von Einzelenzymen, sondern von Enzymsystemen, deren Auftrennung bisher noch nicht gelungen ist, katalysiert.

Die Zusammenfassung einer derartig heterogenen Gruppe von Wirkstoffen in einem Kapitel, wie sie hier erfolgt, stellt natürlich nur eine vorläufige Lösung dar; es ist sicher, daß die meisten im folgenden behandelten Enzyme und Enzymsysteme in wenigen Jahren genügend gut charakterisiert sein werden, um in die entsprechenden Klassen der Oxydoreductasen eingereiht zu werden.

Eine Vollständigkeit wurde nicht beabsichtigt; so finden biologisch wichtige Systeme, wie z. B. der Abbau des Blutfarbstoffs zu den Gallen-farbstoffen, die sicher fermentativ katalysierte Oxydoreduktions-vorgänge einschließen, deshalb keine Berücksichtigung, weil über sie vom enzymologischen Standpunkt noch kaum etwas bekannt ist[2].

I. *p*-Oxyphenylpyruvat-oxydase-systeme

In letzter Zeit konnte festgestellt werden, daß der oxydative Abbau des Tyrosins in der Säugetier-leber mit einer Desaminierung beginnt; die Aminogruppe wird durch eine spezifische L-Tyrosin → α-Ketoglutarat-transaminase

[1] Vgl. dazu z. B. H. von Euler und K. Josephson: Liebig's Ann. Chem. **452**, 158 (1927); B. Chance: J. biol. Chem. **179**, 1299 (1949); Y. Ogura, Y. Tonomura, S. Hino und H. Tamiya J. Biochem. **37**, 153, 179 (1950); Y. Ogura, Y. Tonomura und S. Hino: Ibid. **37**, 249 (1950).

[2] Vgl. dazu: C. H. Gray: The Bile Pigments. London: Methuen. 1953.

auf α-Ketoglutarsäure übertragen, so daß Glutaminsäure und *p*-Oxyphenylbrenztraubensäure entstehen (S. 408).

Die letztgenannte Substanz wird dann in einer komplizierten Reaktion zu Homogentisinsäure oxydiert; hierbei sind mehrere Einzelfermente beteiligt, welche noch nicht mit Sicherheit voneinander getrennt werden konnten. Ascorbinsäure[1], Glutathion und ein noch nicht identifizierter Faktor[2] sind als Cofaktoren für diese oxydativen Vorgänge notwendig; nach einer kürzlich erschienenen Arbeit von WILLIAMS und SREENIVASAN[3] soll der Weg von *p*-Oxyphenylbrenztraubensäure bis zur Homogentisinsäure nach folgendem Schema verlaufen:

HO–C_6H_4–$CH_2COCOOH$ ($\xrightarrow[\text{Ascorbinsäure}]{+ \,^1/_2\, O_2}$) (OH)$_2C_6H_3$–$CH_2COCOOH$ ($\xrightarrow{+\text{ Glutathion (GSH)}}$)

p-Oxyphenylbrenztraubensäure — 2,5-Dioxyphenylbrenztraubensäure

(OH)$_2C_6H_3$–$CH_2C(OH)(SG)COOH$ $\xrightarrow{-\,CO_2}$ (OH)$_2C_6H_3$–$CH_2CH(OH)$–SG $\xrightarrow[\text{Faktor}]{+ \,^1/_2\, O_2}$

(OH)$_2C_6H_3$–$CH_2C(=O)$–SG $\xrightarrow{+\,H_2O}$ (OH)$_2C_6H_3$–CH_2COOH + GSH

Homogentisinsäure

Es wird allerdings noch weitere Untersuchungen erfordern, die postulierten Einzelschritte tatsächlich nachzuweisen und die für jeden Schritt verantwortlichen Fermente zu isolieren.

Dies ist der erste und einzige bisher bekannte Fall, in welchem Ascorbinsäure (Vitamin C) *in vitro* als Cofaktor an einer Reaktions-folge teilnimmt. Bei C-Avitaminosen, wie z. B. Skorbut, ist der Tyrosin-abbau gestört.

II. Homogentisinat-oxydase-systeme *(Homogentisicase)*

SUDA und TAKEDA[4] konnten vor kurzem in der Leber ein Enzym-system nachweisen, das die Homogentisinsäure, welche beim Abbau von *p*-Oxyphenylbrenztraubensäure entsteht, oxydativ weiter zu Acetessigsäure und Fumarsäure abbaut, und RAVDIN und CRANDALL[5] zeigten etwas später, daß bei diesem Vor-

---

[1] R. R. SEALOCK und R. L. GOODLAND: Science **114**, 645 (1951); R. R. SEALOCK, R. L. GOODLAND, W. N. SUMMERWELL und J. M. BRIERLEY: J. biol. Chem. **196**, 721 (1952); W. E. KNOX und M. LEMAY-KNOX: Biochem. J. **49**, 686 (1951).

[2] J. N. WILLIAMS, Jr. und A. SREENIVASAN: J. biol. Chem. **203**, 109 (1953).

[3] J. N. WILLIAMS, Jr. und A. SREENIVASAN: Ibid. **203**, 605, 613 (1953).

[4] M. SUDA, Y. TAKEDA, K. SUJISHI und T. TANAKA: J. Biochem. **38**, 297 (1951).

[5] R. G. RAVDIN und D. I. CRANDALL: J. biol. Chem. **189**, 137 (1951).

gang ein Zwischenprodukt, Fumarylacetessigsäure, entsteht, das erst durch ein weiteres Enzym, eine Fumarylacetoacetat-hydrolase (S. 354), zu Fumarsäure und Acetessigsäure hydrolysiert wird.

$$\text{Homogentisinsäure} + O_2 \rightarrow \text{Fumarylacetessigsäure}$$

Homogentisinsäure (OH, CH_2COOH, OH) — Fumarylacetessigsäure (HC(COOH)=HC–CO–CH_2–$COCH_2COOH$)

Die Enzyme aus Ratten-leber und Kaninchen-leber unterscheiden sich anscheinend dadurch voneinander, daß das Ferment aus Kaninchen durch Dialyse inaktiviert wird, während das Ferment aus der Ratte seine Aktivität unter diesen Umständen behält, hingegen bei p_H 5 und Zimmer-temperatur nach kurzer Zeit seine Wirksamkeit verliert. Das Kaninchen-enzym läßt sich durch Fe^{++} und Ascorbinsäure aktivieren. Ob der Ascorbinsäure hier ebenfalls eine spezifische Rolle zukommt, oder ob es nur ihre Aufgabe ist, das Eisen in der zweiwertigen Form zu erhalten, ist noch unklar.

Nach SCHEPARTZ[1] wird die fermentative Oxydation von Homogentisinsäure durch Cyanid, Anilin, Semicarbazid sowie Chinone und Hydrochinone gehemmt.

III. Fermentsysteme, welche gruppen-spezifisch die Einführung von Hydroxylgruppen in aromatische Kerne katalysieren[2]

Unter den bisher besprochenen Typen der Oxydoreductasen sind uns schon verschiedene Fermente begegnet, welche die Einführung von Hydroxyl-gruppen in aromatische Systeme katalysieren. Ein anscheinend streng spezifischer Enzymtypus, die L-Phenylalanin → DPN-transhydrogenasen (S. 480), bewirkt die Überführung von Phenylalanin in Tyrosin. Phenoloxydasen des Tyrosinase-typus, Polyphenol-oxydasen, Peroxydasen und wahrscheinlich auch Katalasen sind ebenfalls zur Hydroxylierung aromatischer Kerne befähigt; anscheinend können aber die zuletzt genannten Enzymtypen nur dann eine Hydroxyl-gruppe einführen, wenn im Substrat-molekül zumindest eine Hydroxyl-gruppe oder zwei Amino-gruppen bereits vorhanden sind.

Daneben dürfte es aber im tierischen Organismus einen ziemlich unspezifischen Mechanismus geben, welcher eine Hydroxylierung der verschiedensten aromatischen Substanzen biologischen oder unbiologischen Ursprungs, welche noch keine OH-Gruppe enthalten, bewirkt. So werden im Säugetier-organismus Verbindungen, wie Benzol, Anilin, Acetanilid, Dimethylanilin, Chlorbenzol, Nitrobenzol, Sulfanilamid, Kresole, Antipyrin, Diphenyl, Diphenylmethan, Stilben, Naphthalin, Fluoren, Chrysen, Dibenzanthracen und Benzpyren in entsprechende Mono- oder Dioxyderivate überführt. Dabei gelten in bezug auf die Orientierung der eintretenden Hydroxyl-gruppen zu den bereits vorhandenen Substituenten bestimmte Regeln, die nicht mit denjenigen Gesetzmäßigkeiten übereinstimmen, welche bei nichtenzymatischen Reaktionen der gleichen Art im Laboratorium gelten.

Über die Fermente, welche die beschriebenen Reaktionen katalysieren, ist noch nichts bekannt; auch der Reaktions-mechanismus steht noch unter Diskussion. Die Tatsache, daß in manchen Fällen Perhydroxylierungen beobachtet werden, wobei isolierbare Diole entstehen, macht die Vorstellung plausibel, daß die Vorgänge primär als Perhydroxylierungen verlaufen und erst sekundär aus den entstandenen Diolen Wasser abgespaltet wird.

$$\text{Naphthalin} \xrightarrow{+ H_2O_2} \text{1,2-Dihydronaphthalin-}trans\text{-1,2-diol} \xrightarrow{- H_2O} \alpha\text{-Naphthol}$$

Naphthalin — 1,2-Dihydronaphthalin-*trans*-1,2-diol — α-Naphthol

[1] B. SCHEPARTZ: J. biol. Chem. **205**, 185 (1953).

[2] Vgl. dazu „Biological Oxidation of Aromatic Rings", Biochem. Soc. Symp. No. 5. Cambridge: Univ. Press. 1950.

Durch eine Perhydroxylierung läßt sich auch das Schicksal des Benzols im tierischen Körper deuten: Benzol wird nur zum Teil unverändert wieder ausgeschieden; ein anderer Teil wird in Phenole (Phenol, Brenzcatechin und Oxyhydrochinon) überführt, welche dann als Schwefelsäure-ester, Phenylmercaptursäuren oder Glucuronide ausgeschieden werden[1]. Etwa 1% des aufgenommenen Benzols wird aber — zumindest im Kaninchen — in *trans,trans*-Muconsäure umgewandelt und als solche ausgeschieden; die Entstehung dieser Substanz aus einem Diol, das gleichzeitig die Vorstufe des Phenols sein kann, ist leicht vorstellbar.

Benzol → „Diol" (*trans*-Dioxydihydrobenzol) → Phenol → Brenzcatechin → Oxyhydrochinon

„Diol" → *cis,cis*-Muconsäure → *trans,trans*-Muconsäure

Es steht aber durchaus noch nicht fest, daß der Mechanismus der Perhydroxylierung der einzige ist, welcher im Organismus für die unspezifische Einführung von Hydroxylgruppen in aromatische Körper verantwortlich ist; als Alternativ-möglichkeit wird von manchen Forschern eine Beteiligung von Hydroxyl-radikalen diskutiert.

Die biologische Bedeutung der hier beschriebenen Reaktionen liegt vor allem in der Entgiftung der aromatischen Körper, welche fast durchwegs stark toxisch wirken[2].

IV. Fermentsysteme, welche die Aromatisierung hydroaromatischer Körper bewirken[3]

Der tierische Organismus ist dazu imstande, verschiedene hydroaromatische Körper zu aromatischen zu dehydrieren; er überführt manche, aber durchaus nicht alle Derivate des Cyclohexans in Derivate des Benzols. Z. B. werden Hexahydrobenzoesäure sowie ω-Cyclohexyl-substituierte Fettsäuren mit ungerader Zahl der Kohlenstoff-atome in der Kette zu Benzoesäure umgewandelt, wobei vermutlich bei den Cyclohexyl-substituierten Fettsäuren der Aromatisierung ein β-oxydativer Abbau bis zur Hexahydrobenzoesäure vorausgeht. Hingegen werden ω-Cyclohexyl-substituierte Fettsäuren mit gerader C-Zahl der Kette komplett — wahrscheinlich nach Ring-sprengung — oxydativ abgebaut. Schließlich erfahren manche Derivate des Cyclohexans, wie z. B. Hexahydrobenzoylsarcosin, Hexahydrobenzoylalanin und die drei isomeren Hexahydrophthalsäuren überhaupt keine oxydative Veränderung; nach Verfütterung lassen sie sich quantitativ aus dem Harn der Tiere isolieren[4].

Über den Mechanismus dieser Reaktionen ist noch wenig bekannt, außer daß es eindeutig feststeht, daß Δ^1- und Δ^3-Cyclohexencarbonsäure, nicht aber Oxycyclohexancarbonsäuren als Zwischenprodukte in Frage kommen. Eine Isolierung der beteiligten Fermentsysteme ist noch nicht gelungen.

[1] Vgl. dazu auch A. FABRE: Métabolisme du Benzène et du Toluène dans l'Organisme. Paris: Hermann. 1948.

[2] Vgl. dazu die Monographie: R. T. WILLIAMS: Detoxication Mechanisms. London: Chapman & Hall. 1947; Idem: Annu. Rev. Biochem. **20**, 441 (1951).

[3] Übersichtsreferat: F. DICKENS: Biochem. Soc. Symp. **5**, 66 (1950); vgl. auch K. BERNHARD und H. LINCKE: Fortschr. Chem. organ. Naturstoffe **4**, 188 (1945).

[4] K. BERNHARD: Hoppe-Seyler's Z. physiol. Chem. **248**, 256 (1937); **256**, 59 (1938); K. BERNHARD und H. CAFLISCH-WEILL: Helv. chim. Acta **28**, 1697 (1945).

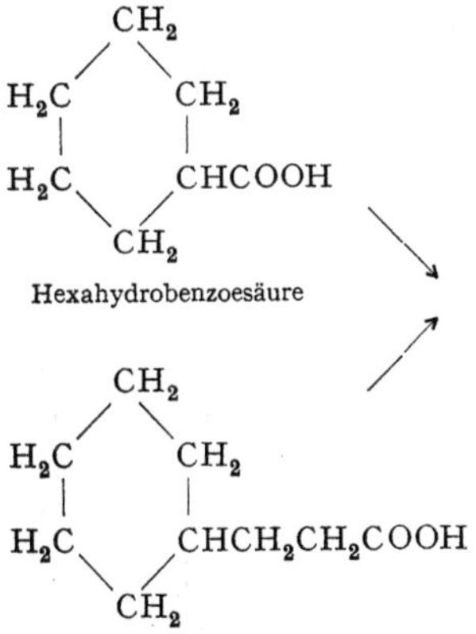

Hexahydrobenzoesäure

Cyclohexylpropionsäure (als Beispiel für eine ω-Cyclohexyl-substituierte Fettsäure mit ungerader Anzahl von C-Atomen in der Kette)

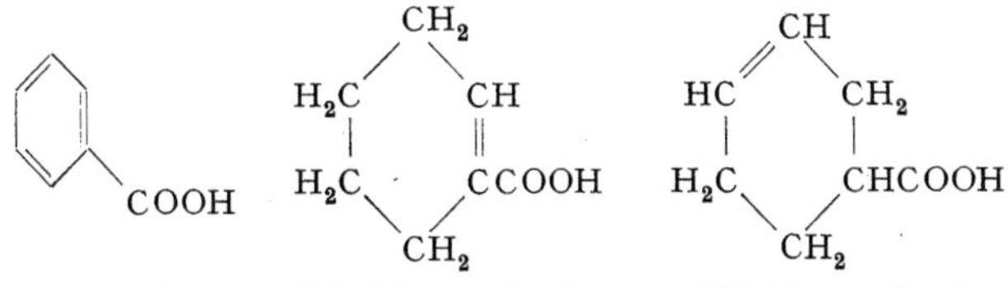

Benzoesäure

Δ^1-Cyclohexencarbonsäure

Δ^3-Cyclohexencarbonsäure

In diesem Zusammenhang ist das Schicksal der Chinasäure (1,3,4,5-Tetraoxycyclohexancarbonsäure) von Interesse. Diese soll in manchen Tieren in Benzoesäure übergehen können[1]; manche Mikroorganismen sind hingegen dazu imstande, Chinasäure zu Protocatechusäure zu oxydieren[2].

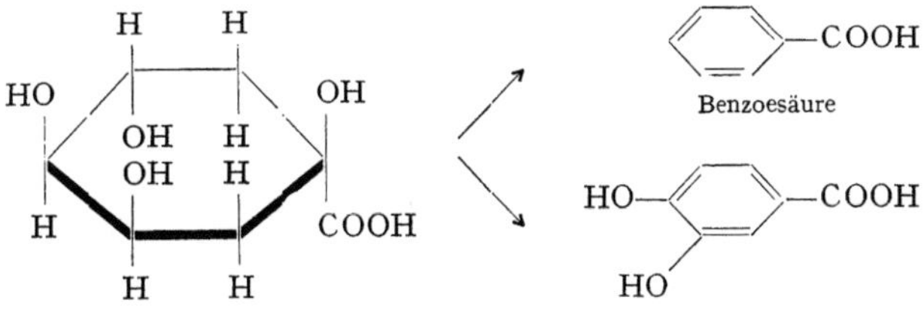

Chinasäure

Benzoesäure

Protocatechusäure

Reaktionen dieses Typus dürften für die Biosynthese verschiedener aromatischer Verbindungen (Tyrosin, Phenylalanin, Tryptophan, *p*-Aminobenzoesäure u. a.) Bedeutung haben. Zumindest bei *Escherichia coli* konnte glaubhaft gemacht werden, daß Verbindungen, welche der Chinasäure sehr nahestehen, als Vorläufer der genannten aromatischen Körper fungieren. Nach Experimenten mit Mutanten von *E. coli* ist nach DAVIS[3] folgende Reaktionsreihe wahrscheinlich:

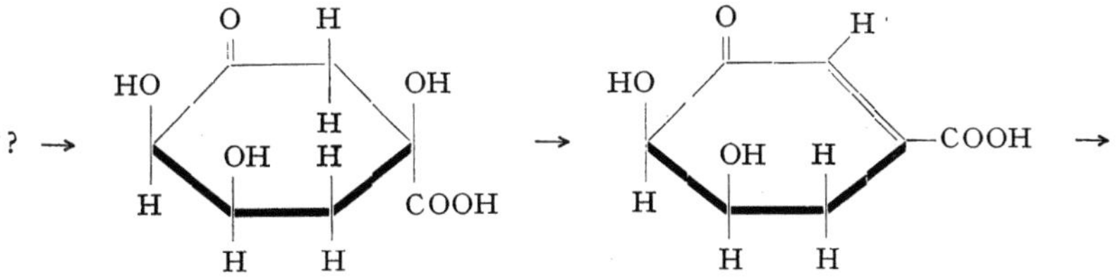

? → 5-Dehydrochinasäure → 5-Dehydroshikimisäure 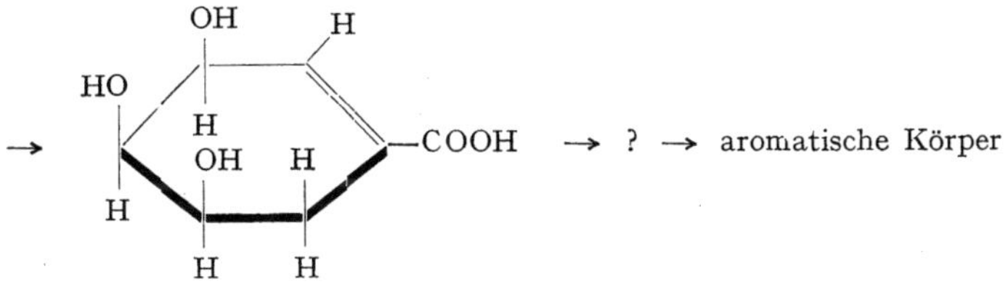 → Shikimisäure → ? → aromatische Körper

[1] Vgl. z. B. A. J. QUICK: J. biol. Chem. **92**, 65 (1931); sowie auch F. DICKENS (*l. c.*).

[2] K. BERNHAUER und B. GÖRLICH: Biochem. Z. **280**, 394 (1935); K. BERNHAUER und H. H. WAELSCH: Ibid. **249**, 223 (1932).

[3] B. D. DAVIS: In „Symposium sur le Métabolisme microbien", 2e Congr. internat. Biochimie, S. 32. Paris 1952.

Auch hier ist über die an diesen Vorgängen beteiligten Fermente noch überhaupt nichts bekannt.

Schließlich spielt die Aromatisierung hydroaromatischer Ring-systeme auch bei den Steroid-hormonen eine nicht unbedeutende Rolle, auf die wir kurz im nächsten Abschnitt zurückkommen werden.

V. Oxydoreductasen und Oxydoreductase-systeme, welche am Stoffwechsel der Sterine und Steroid-hormone im tierischen Organismus teilnehmen

Im Organismus finden ständig Umwandlungen der Steroid-körper statt, welche wohl immer fermentativ bedingt sind. Obwohl das Gebiet in letzter Zeit eingehend bearbeitet wird, ist über die verantwortlichen Enzymsysteme allerdings noch verhältnismäßig wenig bekannt.

Als Mutter-substanz der Steroid-körper wird ziemlich allgemein das Cholesterin angesehen, aus dem die Gallensäuren und die Steroid-hormone entstehen sollen, wenngleich auch manche Befunde dafür sprechen, daß daneben in den innersekretorischen Organen eine direkte Biosynthese von Steroid-hormonen möglich ist, welche nicht über Cholesterin verläuft[1].

Cholesterin wird im Organismus selbst gebildet, wobei Essigsäure als Grundbaustein fungieren kann. Squalen soll ein Zwischenprodukt bei der Biosynthese des Cholesterins darstellen. Über die Fermente, welche an der Cholesterin-bildung beteiligt sind, ist noch nichts bekannt[2].

Biosynthese der Gallensäuren. Der Abbau von Cholesterin zu den Gallensäuren ist ohne Zweifel oxydativer Natur. Bereits 1943 konnten Bloch und Mitarbeiter[3] zeigen, daß Cholesterin im Organismus in Cholsäure übergehen kann. Vor kurzem fanden Anfinsen und Horning[4], daß Homogenate aus Mäuse-leber imstande sind, die Cholesterin-seitenkette oxydativ abzubauen. Das verantwortliche Fermentsystem enthält als wesentlichen Bestandteil eine DPN-spezifische Transhydrogenase; TPN kann nicht als Wasserstoff-akzeptor fungieren. Weiters scheint AMP für die Reaktion erforderlich zu sein. Die Endprodukte wurden noch nicht identifiziert; es steht fest, daß die endständigen Methyl-gruppen der Seitenkette zu CO_2 abgebaut werden.

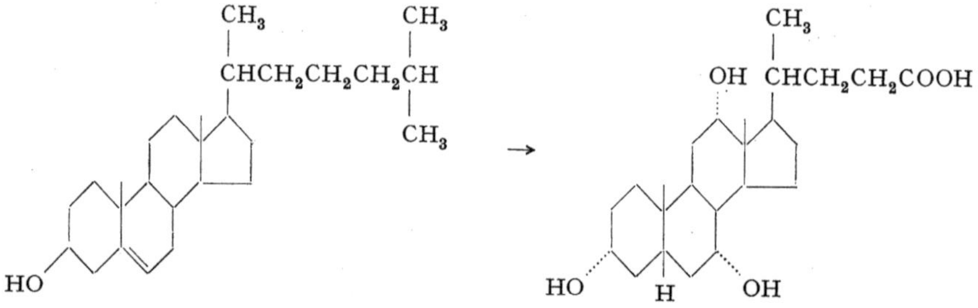

CH_3 — $CHCH_2CH_2CH_2CH(CH_3)$ — CH_3; HO → CH_3 — OH $CHCH_2CH_2COOH$; HO, H, OH

Cholesterin Cholsäure

Über die Mechanismen, welche für die Einführung der verschiedenen Hydroxyl-gruppen der Gallensäuren in das Sterin-skelett verantwortlich sind, ist noch nichts bekannt.

Biosynthese von Provitamin D_3. Morton und Mitarbeiter[5] konnten es vor kurzem wahrscheinlich machen, daß in der Dünndarm-schleimhaut ein Enzym existiert, welches Cholesterin zu 7-Dehydrocholesterin dehydriert. Der Vorgang scheint reversibel zu sein. 7-Dehydrocholesterin ist das Provitamin D_3, welches bei Bestrahlung in Vitamin D_3 (Cholecalciferol) übergeht.

---

[1] Vgl. z. B. A. Zaffaroni, O. Hechter und G. Pincus: J. Amer. chem. Soc. **73**, 1390 (1951); R. O. Brady: J. biol. Chem. **193**, 145 (1951).

[2] Vgl. K. Bloch: Recent Progr. Hormone Res. **6**, 111 (1951).

[3] K. Bloch, B. N. Berg und D. Rittenberg: J. biol. Chem. **149**, 511 (1943); vgl. dazu auch J. R. Meier, M. D. Siperstein und I. L. Chaikoff: Ibid. **198**, 105 (1952).

[4] C. B. Anfinsen und M. G. Horning: J. Amer. chem. Soc. **75**, 1512 (1953).

[5] M. Glover, J. Glover und R. A. Morton: Biochem. J. **51**, 1 (1952).

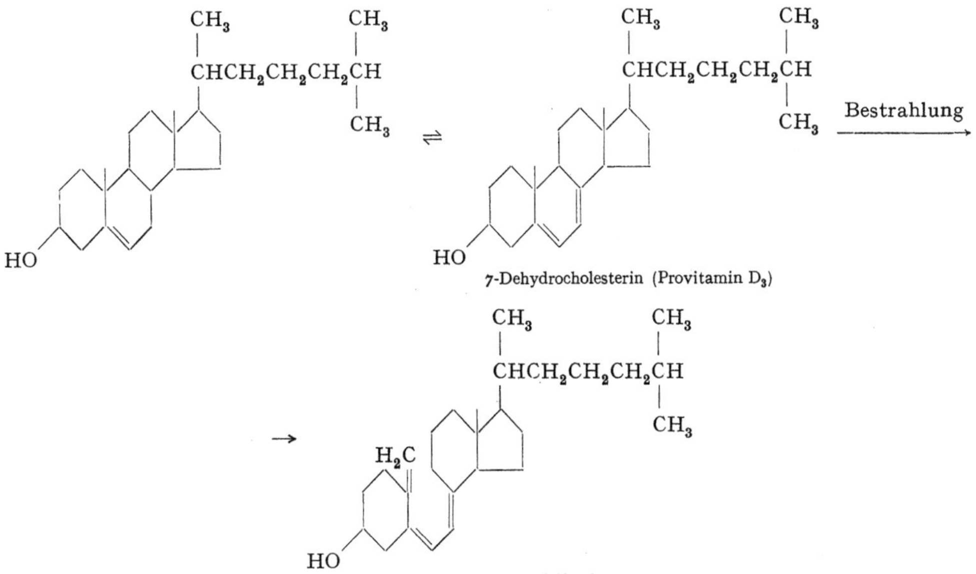

$\xrightarrow{\text{Bestrahlung}}$

7-Dehydrocholesterin (Provitamin D_3)

Vitamin D_3 (Chole-calciferol)

Biologische Hydrierung des Cholesterins. Im Organismus findet ständig eine Hydrierung von Cholesterin statt. Die Gewebe scheinen Enzyme zu enthalten, welche, eine Überführung in Dihydrocholesterin bewirken, während im Darm aus Cholesterin das dem Dihydrocholesterin isomere Koprosterin entsteht; für diese Umwandlung sind aber Fermentsysteme der Darmbakterien verantwortlich.

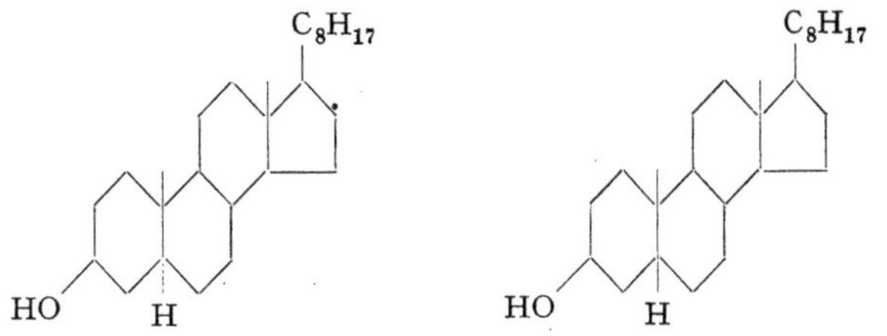

Dihydrocholesterin (3(β)-Oxyallocholestan) Koprosterin (3(β)-Oxycholestan)

Bildung und Umwandlungen der androgenen Hormone. Über die Entstehung der androgenen Hormone ist noch verhältnismäßig wenig bekannt. BRADY[1] konnte zeigen, daß *Testes*gewebe aus Acetat unter geeigneten Bedingungen Testosteron aufbauen kann. Diese Synthese wird durch Choriongonadotrophin, einem Hormon der Hypophyse, stimuliert, während unter gleichartigen Bedingungen das Choriongonadotrophin die Bildung von Cholesterin nicht beeinflußt. BRADY wertet diesen Befund als einen Hinweis darauf, daß Cholesterin möglicherweise bei der Synthese des Testosterons nicht als Zwischenprodukt auftritt. Eine andere Deutung, nämlich daß das Hypophysen-hormon den Teilschritt der Umwandlung des primär entstehenden Cholesterins in Testosteron beschleunigt, ist mit den Ergebnissen von BRADY allerdings auch vereinbar.

Zur Zeit wird angenommen, daß das eigentliche in den Keimdrüsen entstehende androgene Hormon das Testosteron ist, aus dem durch weitere Stoffwechsel-vorgänge die anderen aufgefundenen Substanzen mit androgener Wirkung sowie die im Harn vorkommenden inaktiven Abbauprodukte entstehen. Der Ort der Umwandlungen scheint vor allem die Leber zu sein; ein Enzym aus der Leber, welches die Überführung von Testosteron in Δ^4-Androstendion-3,17 katalysiert, eine Testosteron→DPN-transhydrogenase, wurde bereits auf S. 495 beschrieben. Daneben gibt es in der Leber ein Enzymsystem, welches das konjugierte System der Doppelbindungen im Ring *A* — vermutlich durch Reduktion — zerstört[2]. In verschiedenen weiteren reduktiven Schritten wird Testosteron schließlich zu Androsteron und seinen Derivaten umgewandelt, welche die wichtigsten Produkte des Testosteron-stoffwechsels darstellen. Das folgende Schema der wahrscheinlichsten Umwandlungen des Testosterons ist auszugsweise Arbeiten von SAMUELS[3] entnommen.

[1] R. O. BRADY: J. biol. Chem. **193**, 145 (1951).
[2] B. H. LEVEDAHL und L. T. SAMUELS: Ibid. **186**, 857 (1950).
[3] L. T. SAMUELS: Recent Progr. Hormone Res. **4**, 65 (1949); L. T. SAMUELS und C. D. WEST: Vitamins and Hormones **10**, 251 (1952).

Schema der wichtigsten Umwandlungs-produkte des Testosterons und ihrer gegenseitigen Beziehungen. Der Organismus besitzt Mechanismen, die ihm eine Konjugation der verschiedenen hydroxyl-haltigen Produkte mit Glucuronsäure oder Schwefelsäure und dadurch eine Ausscheidung als Glucuronide und Sulfate ermöglicht.

Stoffwechsel der Östrogene[1]. Über die Entstehung der Östrogene ist noch sehr wenig bekannt. Wenn wir, wie es wahrscheinlich ist, das Cholesterin als Muttersubstanz der natürlichen Östrogene ansehen, so muß bei der Umwandlung dieses Körpers in die Östrogene eine Aromatisierung des Kernes *A* erfolgen; aus dem Stuten-harn konnten sogar östrogen-aktive Substanzen (Equilin, Hippulin und Equilenin) isoliert werden, welche noch stärker ungesättigt sind als die Östrogene des Menschens. Die Enzyme, welche im Tier für die Aromatisierung des Kernes *A* (bzw. bei den Stuten auch des Kernes *B*) verantwortlich sind, konnten bisher noch nicht charakterisiert werden (vgl. aber S. 599). Die Synthese der Östrogene dürfte vor allem in den Eierstöcken und bei Gravidität auch in der Placenta erfolgen; in geringerem Maße dürften aber auch die Nebennieren und die Testes östrogene Substanzen produzieren.

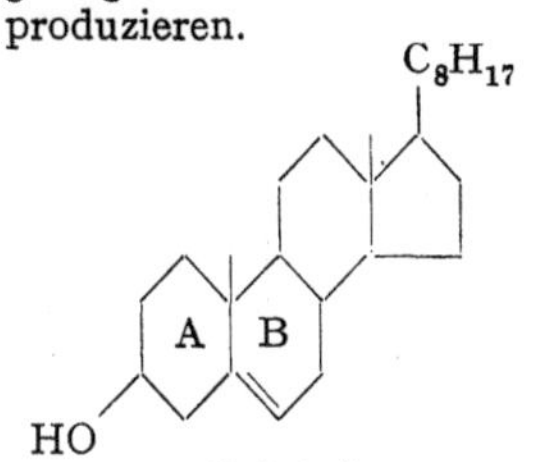

C_8H_{17} · A · B · HO — Cholesterin; OH · HO — α-Östradiol; O · HO — Östron

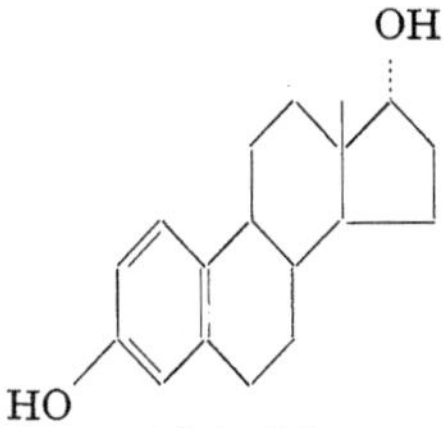

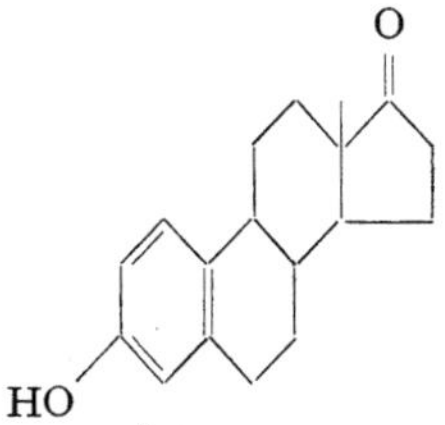

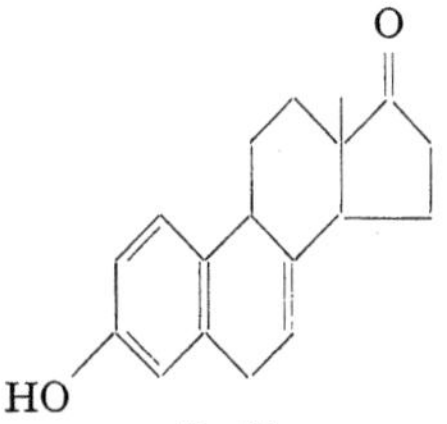

O · HO — Equilin; O · HO — Equilenin

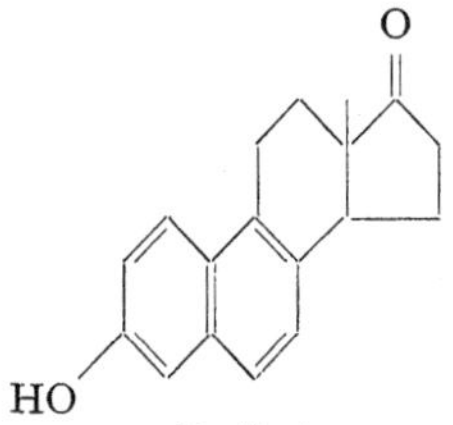

Der Organismus besitzt vor allem in der Leber Fermente, welche ihn befähigen, bei den Östrogenen Keto-gruppen zu reduzieren, Hydroxyl-gruppen zu dehydrieren und schließlich auch neue Hydroxyl-gruppen, und zwar am Kohlenstoff-atom 16, einzuführen. Von diesen Enzymen ist bisher nur ein einziges einigermaßen charakterisiert worden; es handelt sich um eine α-Östradiol→DPN-transhydrogenase, welche α-Östradiol durch Übertragung zweier Wasserstoff-atome auf DPN zu Östron oxydiert (vgl. S. 495). Zwischen α-Östradiol, Östron und Östriol dürfte folgender Zusammenhang bestehen:

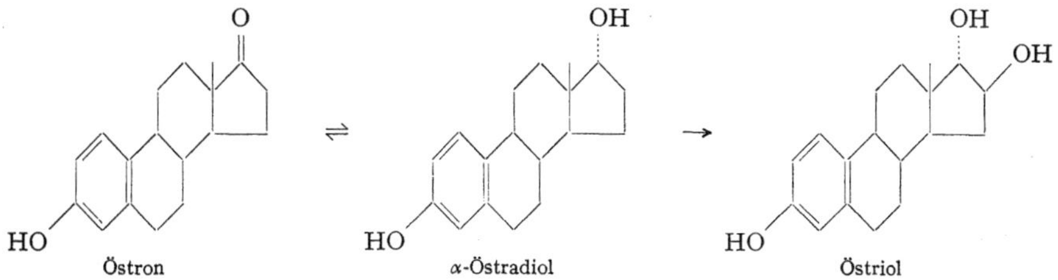

O · HO — Östron ⇌ OH · HO — α-Östradiol → OH · OH · HO — Östriol

Kaninchen scheiden als Hauptprodukt ihres Östrogen-stoffwechsels β-Östradiol aus; es ist noch nicht bekannt, auf welche Weise diese Substanz entsteht, wenngleich es wahrscheinlich ist, daß Östron die Vorstufe darstellt.

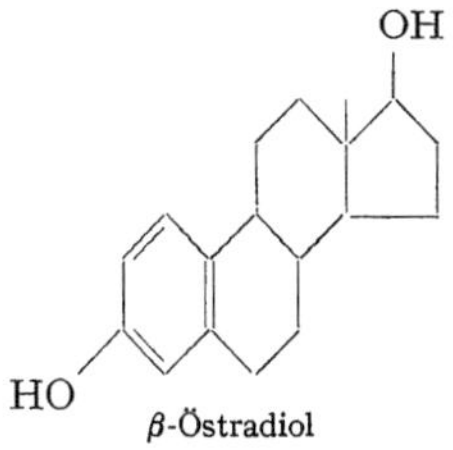

OH · HO — β-Östradiol

[1] Übersichtsreferate: R. D. H. Heard: Recent Progr. Hormone Res. **4**, 25 (1949); R. D. H. Heard und J. C. Saffran: Ibid. **4**, 43 (1949); K. E. Paschkis und A. E. Rakoff: Ibid. **5**, 115 (1950); W. H. Fishman: Vitamine and Hormones **9**, 213 (1951).

Im Harn werden die Östrogene fast durchwegs in conjugierter Form ausgeschieden; Östron vor allem als Schwefelsäure-ester, Östradiol und Östriol hingegen als Glucuronide. Außerdem erfolgt auch eine Ausscheidung durch den Darm, wobei die Hormone über die Galle sezerniert werden.

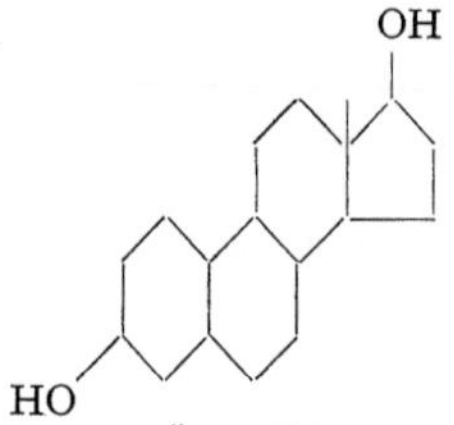

OH

HO

Östrandiol

Verschiedene Befunde sprechen dafür, daß im Organismus auch eine Inaktivierung der Östrogene unter Hydrierung des Kernes *A* erfolgt, wobei das bereits aus dem Harn isolierte Steroid Östrandiol entstehen könnte. Über diese Mechanismen und über die beteiligten Enzyme ist aber noch nichts bekannt.

Entstehung und Stoffwechsel der Progesterons. Über die Bildung des Progesterons, des Hormons aus dem *Corpus luteum*, ist noch sehr wenig bekannt. Es wird angenommen, daß Cholesterin die Ausgangs-substanz ist und daß die Umwandlung im *Corpus luteum* selbst erfolgt. Als Zwischenprodukte könnten sowohl Pregnenol-3(β)-on-20 als auch Cholestenon fungieren. Eine Überführung von Pregnenolon in Progesteron wurde bei Durchströmungsversuchen an der Nebenniere beobachtet; nach SAMUELS und Mitarbeitern[1] enthalten die interstitiellen Zellen der Testes ein Ferment, welches die Oxydation von Δ^5-Pregnenol-3(β)-on-20 zu Progesteron katalysiert.

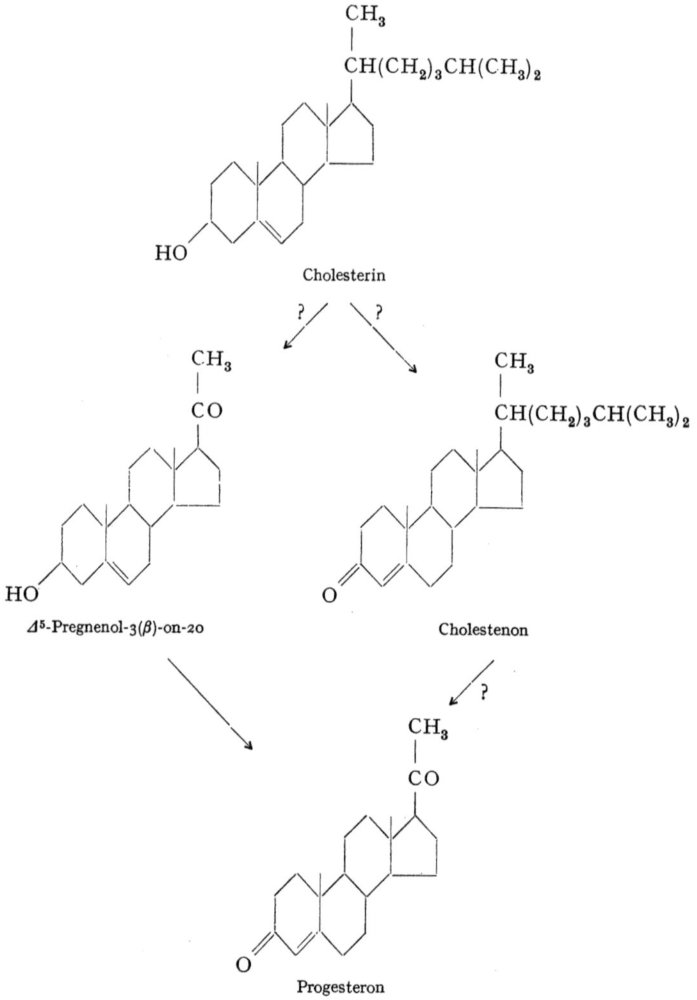

CH_3
$CH(CH_2)_3CH(CH_3)_2$
HO

Cholesterin

? ?

CH_3
CO
HO

Δ^5-Pregnenol-3(β)-on-20

CH_3
$CH(CH_2)_3CH(CH_3)_2$
O

Cholestenon

?

CH_3
CO
O

Progesteron

[1] L. T. SAMUELS, M. L. HELMREICH, M. B. LASATER und H. REICH: Science **113**, 490 (1951).

Progesteron wird allgemein im Zwischenstoffwechsel in hydrierte Derivate überführt, welche dann meist als Glucuronide mit dem Harn ausgeschieden werden. Das wichtigste Reduktions-produkt dieser Art ist das hormon-inaktive Pregnandiol-3(α),20(α); daneben werden aber zahlreiche andere verwandte Stoffe gebildet, welche durchwegs durch Hydrierung entstehen[1]. Über die beteiligten Enzyme („Progesteron-reductasen") ist noch kaum etwas bekannt; sie üben ihre Funktionen in verschiedenen Organen, vor allem in der Leber, aus.

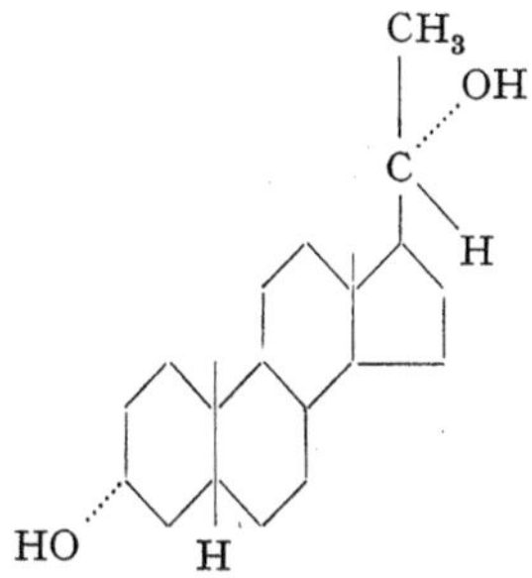

Pregnandiol-3(α),20(α)

Ein nicht unbedeutender Teil des Progesterons wird aber nicht mehr als hydrierte Produkte im Harn wiedergefunden, sondern anscheinend weiter abgebaut. Über die Natur dieser Prozesse ist noch nichts bekannt.

In den Nebennieren ist Progesteron eine Vorstufe der dort erzeugten Corticosteroide.

Bildung und Umwandlungen der Nebennierenrinden-hormone[2]. Es wird heute ziemlich allgemein angenommen, daß die Ursprungs-substanz für die Biosynthese der Nebennieren-hormone das Progesteron ist. Die Umwandlung des Progesterons in die Hormone erfolgt in der Nebennierenrinde; entsprechende Versuche mit Homogenaten aus diesem Organ ergaben, daß es dort Fermentsysteme gibt, welche an den C-Atomen 11, 17 und 21 des Progesterons Hydroxyl-gruppen einführen können.

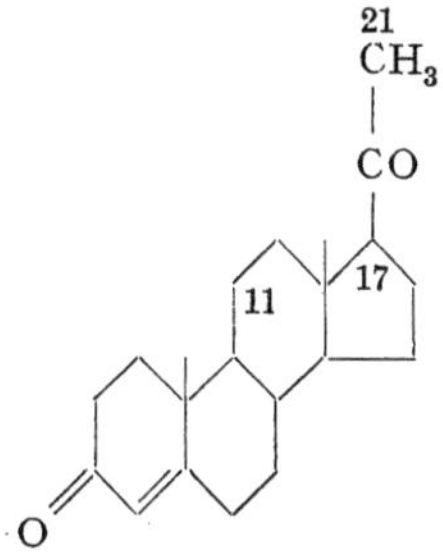

Progesteron

So konnten KAHNT und WETTSTEIN[3] feststellen, daß Nebennierenrindenhomogenate ein vermutlich komplizierteres Fermentsystem enthalten, welches die Einführung einer Hydroxyl-gruppe am C-Atom 11 bewirkt; die Reaktion verläuft optimal bei p_H 7 bis 8. Zur Erzielung höherer Ausbeuten ist der Zusatz von Verbindungen, welche als Zwischenprodukte des Kohlehydrat-stoffwechsels fungieren, erforderlich; besonders aktiv erweisen sich in dieser Hinsicht die Zwischen-produkte des Citronensäure-zyklus. Ebenso kann die Aktivität auch

[1] Vgl. L. T. SAMUELS und C. D. WEST: Vitamins and Hormones **10**, 251 (1952).

[2] Vgl. die Übersichtsreferate: O. HECHTER, A. ZAFFARONI, R. P. JACOBSEN, H. LEVY, R. W. JEANLOZ und G. PINCUS: Recent Progr. Hormone Research **6**, 215 (1951); W. J. HAINES: Ibid. **7**, 255 (1952); L. T. SAMUELS und C. D. WEST: Vitamins and Hormones **10**, 251 (1952).

[3] F. W. KAHNT und A. WETTSTEIN: Helv. chim. Acta **34**, 1790 (1951).

durch Nicotinamid, Adenin, Adenosin oder AMP erhöht werden. Einer Untersuchung von HAYANO und DORFMAN[1] zufolge dürfte DPN als Wasserstoff-akzeptor fungieren; der Primärschritt wäre eine Dehydrierung zu einem Δ^{11}-ungesättigten Produkt, worauf durch Wasser-anlagerung die Bildung der Hydroxyl-gruppe am C-Atom 11 erfolgt. Das Enzymsystem wurde als „*11-β-Hydroxylase*" bezeichnet[2]; es scheint nur dann wirken zu können, wenn das Substrat bereits eine Hydroxyl-gruppe am C-Atom 21 trägt. Aus 11-Desoxycorticosteron entsteht Corticosteron; aus REICHSTEINS Verbindung S, dem 17-Oxy-11-desoxycorticosteron, wird die Verbindung M, das 17-Oxycorticosteron, gebildet. Gleichartige Fermentsysteme finden sich auch in anderen Organen, so vor allem in der Leber und in der Niere.

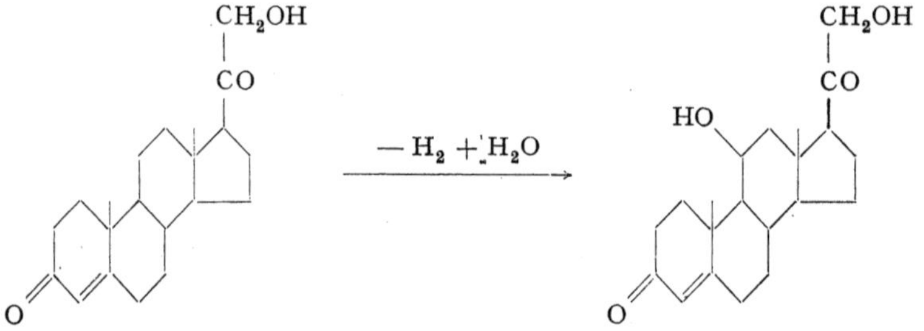

$$\xrightarrow{-H_2 + H_2O}$$

11-Desoxycorticosteron → Corticosteron

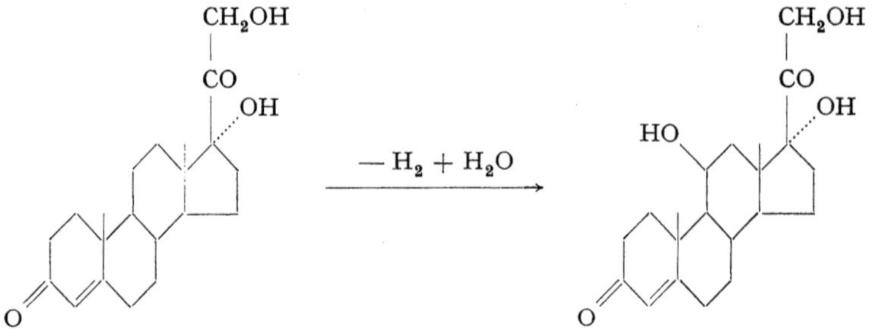

$$\xrightarrow{-H_2 + H_2O}$$

17-Oxy-11-desoxycorticosteron → 17-Oxycorticosteron

Es ist sicher, daß die Hydroxylierungen an den C-Atomen 17 und 21 von anderen Enzymsystemen bewirkt werden als diejenige an C-Atom 21. Ein Fermentsystem, welches als „*17-α-Hydroxylase*" bezeichnet wurde, wurde von PLAGER und SAMUELS[3] in Nebennieren-homogenaten nachgewiesen; ein entsprechendes Enzymsystem für die Oxydation der Methylgruppe (C-Atom 21) zu einer primären Alkohol-gruppe konnte im gleichen Material von HAYANO und DORFMAN[4] aufgefunden werden und wird als „*21-Hydroxylase*" bezeichnet. Durch die gemeinschaftliche Wirkung beider Enzymsysteme, welche voneinander noch nicht getrennt wurden, erfolgt die Überführung von Progesteron in 17-Oxy-11-desoxycorticosteron. Hierbei erfolgt anscheinend zuerst die Einführung der Hydroxyl-gruppe am C-Atom 17; diese Reaktion ist bei 21-Oxysteroiden gehemmt.

[1] M. HAYANO und R. I. DORFMAN: J. biol. Chem. **193**, 175 (1951).
[2] M. HAYANO und R. I. DORFMAN: Ibid. **201**, 175 (1953).
[3] J. E. PLAGER und L. T. SAMUELS: Federation Proc. **11**, 383 (1952); Arch. Biochem. Biophys. **42**, 477 (1953).
[4] M. HAYANO und R. I. DORFMAN: Ibid. **36**, 237 (1952).

Sowohl „17-α-*Hydroxylase*" als auch „21-*Hydroxylase*" wurden bisher nur in der Nebennierenrinde nachgewiesen; es handelt sich hier wohl um eine spezifische Sonderleistung dieses Organs.

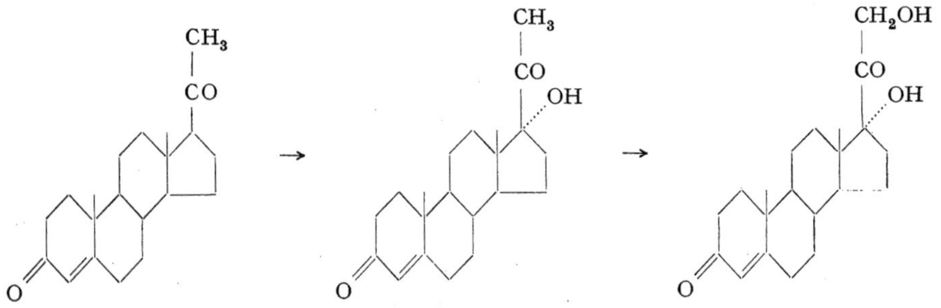

Progesteron 17-Oxyprogesteron 17-Oxy-11-desoxycorticosteron

Schließlich gibt es nach Untersuchungen von HAINES (*l. c.*) in der Nebennierenrinde auch einen Mechanismus, welcher die Einführung einer Hydroxylgruppe am C-Atom 6 von 11-Desoxycorticosteron katalysiert; das verantwortliche Enzymsystem wurde als „6-β-Hydroxylase" bezeichnet. Die biologische Bedeutung dieser Reaktion ist noch völlig ungeklärt.

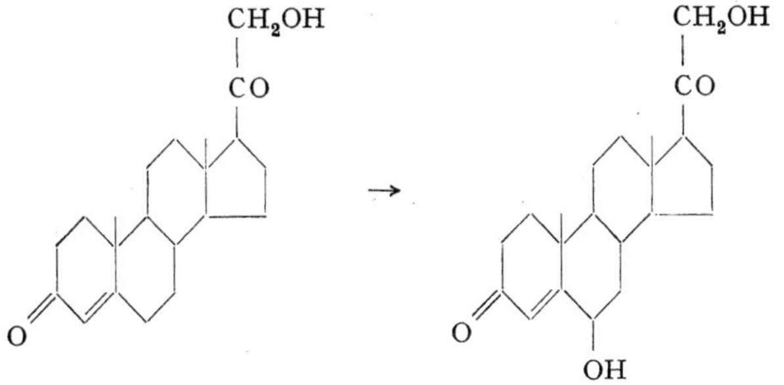

11-Desoxycorticosteron 6-Oxy-11-desoxycorticosteron

Sowohl in der Leber als auch in der Nebenniere finden sich Enzyme, welche die Umwandlung von 11-Dehydrocorticosteron (KENDALLS Compound A) in Corticosteron und diejenige von Cortison in 17-Oxycorticosteron katalysieren[1].

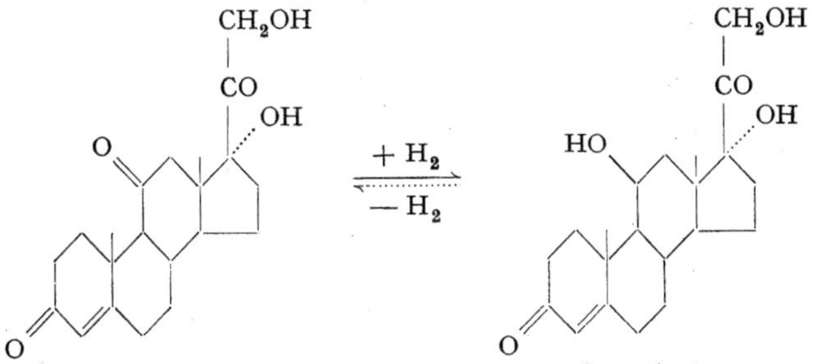

Cortison 17-Oxycorticosteron

[1] C. A. FISH, M. HAYANO und G. PINCUS: Arch. Biochem. Biophys. **42**, 480 (1953); D. AMELUNG, H. J. HÜBENER, L. ROKA und G. MEYERHEIM: Klin. Wschr. **31**, 386 (1953); H. J. HÜBENER und D. AMELUNG: Hoppe-Seyler's Z. physiol. Chem. **293**, 126 (1953).

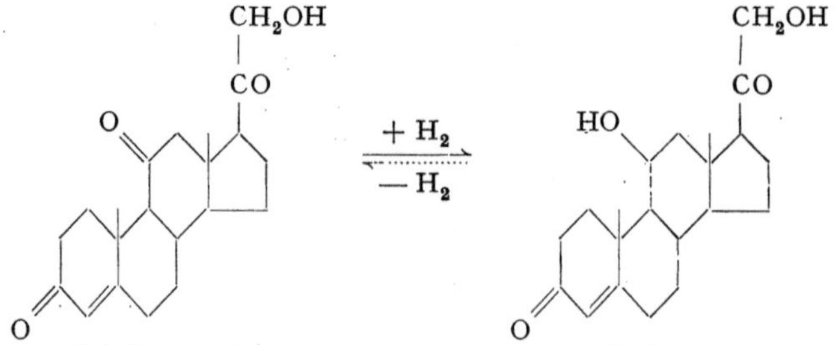

CH$_2$OH CO O $\underset{-H_2}{\overset{+H_2}{\rightleftharpoons}}$ CH$_2$OH CO HO

O O

11-Dehydrocorticosteron Corticosteron

Samuels und Mitarbeiter[1] fanden, daß Nebennieren-schnitte in Anwesenheit von DPN als Wasserstoff-akzeptor Δ^5-3(β)-ol-Verbindungen zu Δ^4-3-Ketonen umwandeln. Auch Δ^5-Progesteron wird in ähnlicher Weise wie das normale Δ^4-Progesteron in die verschiedenen Hormone der Nebennierenrinde, welche durchwegs Δ^4-Steroide sind, überführt. Diese Fähigkeit scheint ausschließlich dem Gewebe der Nebennierenrinde zuzukommen; Leber-schnitte und -homogenate sind dazu nicht imstande.

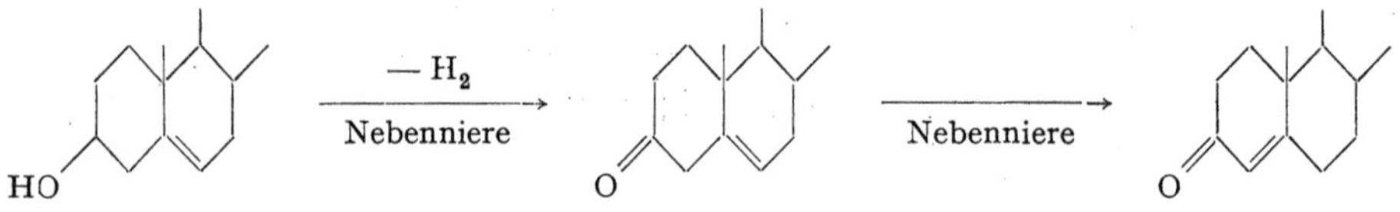

$\xrightarrow[\text{Nebenniere}]{-H_2}$ $\xrightarrow[\text{Nebenniere}]{}$

HO O O

Δ^5-3(β)-ol-Verbindung Δ^5-3-Keton Δ^4-3-Keton

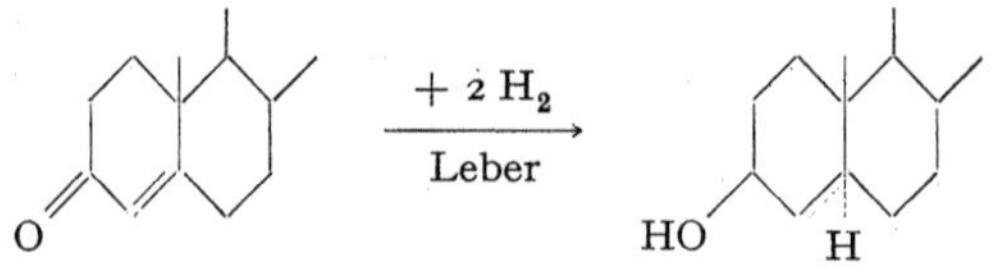

$\xrightarrow[\text{Leber}]{+2H_2}$

O HO H

Δ^4-3-Keton 3(β)-ol-Verbindung

Die Leber besitzt dagegen ein System, das die 3-Keto-Δ^4-gruppierung unter Verschwinden der Doppelbindung zu 3(β)-ol-Verbindungen reduziert[2].

Im Urin werden als Abbau-produkte der Corticosteroide verschiedene Substanzen vorgefunden, welche durchwegs durch Reduktion entstanden sind. Allerdings wird von den Hydroxyl-gruppen im Steroid-molekül nur die primäre Alkohol-gruppierung an C-Atom 21 reduziert; der Organismus scheint keinen Mechanismus zur Reduktion der Hydroxyl-gruppen an den C-Atomen 11 und 17 zu besitzen (vgl. Samuels und West, *l. c.*).

VI. Die Fermentsysteme der oxydativen Kohlehydrat-vergärungen

Während die Fähigkeit verschiedener Bakterien-arten zur Oxydation zahlreicher Substrate eingehend erforscht ist, sind die Enzyme bzw. Enzymsysteme, welche für diese Leistungen verantwortlich sind, fast durchwegs unbekannt, obwohl natürlich kein Zweifel darüber bestehen kann, daß sämtliche Prozesse dieser Art enzymatisch katalysiert sind.

So ist es z. B. bis heute noch nicht gelungen, die Fermentsysteme der Essiggärung zu isolieren und zu charakterisieren; Analogie-schlüsse lassen vermuten,

[1] L. T. Samuels, M. L. Helmreich, M. B. Lasater und H. Reich: Science **113**, 490 (1951).

[2] J. J. Schneider: J. biol. Chem. **183**, 365 (1950); **194**, 337 (1952); **199**, 235 (1952); J. J. Schneider und P. M. Horstmann: Ibid. **191**, 327 (1951); **196**, 629 (1952).

daß die Überführung von Äthanol in Essigsäure in zwei Stufen vor sich geht und daß wahrscheinlich DPN-spezifische Transhydrogenasen die Dehydrierung von Äthanol zum Acetaldehyd und die Dehydrierung von Acetaldehyd zu Essigsäure katalysieren. Etwas besser sind wir allerdings über die Überträger-systeme informiert, welche den weiteren Transport der Elektronen bis zum Sauerstoff bewirken; in verschiedenen Arten von Essig-bakterien *(Acetobacter)* konnten Cytochrome und Cytochrom-oxydasen nachgewiesen werden.

Die Oxydation von Äthanol zu Essigsäure ist aber durchaus nicht die einzige oxydative Leistung der Gattung *Acetobacter*. Außer Äthanol und die homologen Alkohole können durch die Wirkung dieser Bakterien auch zahlreiche Polyalkohole oxydiert werden. So wird Glycerin durch *A. suboxydans* in Dioxyaceton überführt; ein für diese Leistung spezifisches Enzym konnte vor kurzem isoliert und als eine DPN-spezifische Transhydrogenase erkannt werden (S. 466). Ob die Umwandlung von Glykolen vom Typus des 2,3-Butylenglykols in Acetylmethylcarbinol (Acetoin)

$$\underset{\text{2,3-Butylenglykol}}{CH_3CHOHCHOHCH_3} \xrightarrow{1/2\,O_2} \underset{\text{Acetylmethylcarbinol}}{CH_3COCHOHCH_3}$$

durch denselben Organismus vom gleichen Enzymtypus katalysiert wird, ist noch nicht geklärt. Diese Oxydation ist stereospezifisch: während die *meso-* und die D-Formen von 2,3-Dibutylenglykol oxydiert werden, wird die L-Form nicht angegriffen.

Von großer präparativer und sogar industrieller Bedeutung ist die Fähigkeit verschiedener Essig-bakterien (vor allem *Acetobacter suboxydans* und *A. xylinum*), Zuckeralkohole zu Ketosen zu oxydieren. Dieser Reaktionstypus war bereits um die Jahrhundertwende das Objekt eingehender Forschungen, die vor allem von BERTRAND durchgeführt wurden; trotzdem ist bis heute noch kein Ferment, welches einen derartigen Vorgang bewirkt, isoliert oder charakterisiert worden. Die Spezifität dieser Oxydations-reaktionen wurde von BERTRAND[1] in einer Regel, der sog. BERTRANDschen Regel, zusammengefaßt, die aussagt, daß die Essig-bakterien alle jene Zuckeralkohole oxydieren können, welche in den Stellungen neben einer primären Hydroxyl-gruppe zwei weitere (sekundäre) Hydroxylgruppen in *cis*-Stellung enthalten. Die neben der primären OH-Gruppe befindliche sekundäre OH-Gruppe wird zu einer Keto-gruppe oxydiert:

$$R\!-\!\underset{H}{\overset{OH}{C}}\!-\!\underset{H}{\overset{OH}{C}}\!-\!CH_2OH \xrightarrow{1/2\,O_2} R\!-\!\underset{H}{\overset{OH}{C}}\!-\!\overset{O}{\overset{\|}{C}}\!-\!CH_2OH$$

Einer ergänzenden Untersuchung von HUDSON und Mitarbeitern[2] zufolge unterscheiden sich *Acetobacter suboxydans* und *A. xylinum* insoweit in ihrer Spezifität gegenüber den Zuckeralkoholen, als *A. suboxydans* ausschließlich D-Zuckeralkohole zu Ketosen oxydiert, während *A. xylinum* auch auf L-Zuckeralkohole einwirkt.

Die Gültigkeit der BERTRANDschen Regel wird durch wenige Ausnahmen eingeschränkt; eine solche ist z. B., daß *A. suboxydans* D-Glucosedimethylacetal nicht oxydiert, obwohl der Regel entsprechend diese Substanz ein geeignetes Substrat sein sollte[3].

---

[1] G. BERTRAND: C. R. Acad. Sci. Paris **126**, 762 (1898); Ann. chim. (8) **3**, 181 (1904).
[2] R. M. HANN, E. B. TILDEN und C. S. HUDSON: J. Amer. chem. Soc. **60**, 1201 (1938).
[3] B. ISELM: J. biol. Chem. **175**, 997 (1948).

Die wichtigste Anwendung der Oxydation von Zuckeralkoholen durch *Acetobacter* ist ohne Zweifel die Oxydation von D-Sorbit zu L-Sorbose; L-Sorbose ist ein wichtiges Zwischen-produkt bei der Herstellung von L-Ascorbinsäure, während D-Sorbit leicht durch Reduktion von Glucose erhalten werden kann.

$$\begin{array}{ccc} CH_2OH & & CH_2OH \\ | & & | \\ HOCH & & CO \\ | & & | \\ HOCH & \xrightarrow{1/2\,O_2} & HOCH \\ | & & | \\ HCOH & & HCOH \\ | & & | \\ HOCH & & HOCH \\ | & & | \\ CH_2OH & & CH_2OH \\ \text{D-Sorbit} & & \text{L-Sorbose} \end{array}$$

Ebenso wie Zuckeralkohole mit offener Kette werden von *Acetobacter suboxydans* auch verschiedene Cyclite vom Typus der Inosite oder Quercite oxydativ angegriffen. Vor kurzem wurde die Herstellung einer zellfreien Präparation eines Ferments, welche diese Oxydationen katalysiert, beschrieben[1]. Die Spezifitäts-verhältnisse sind hier recht kompliziert; eine entsprechende Regel wurde von CHARGAFF[2] formuliert und im wesentlichen von POSTERNAK und REYMOND[3] sowie von ANDERSON und Mitarbeitern[4] bestätigt, wenngleich sie nur auf Hexaoxycyclohexane (Inosite) und Pentaoxycyclohexane (Quercite), nicht aber auf niedrigere Cycloalkohole anwendbar ist. Dies ist wahrscheinlich dadurch bedingt, daß für die Oxydation der Cycloalkohole mit weniger Hydroxyl-gruppen andere Fermente verantwortlich sind als für die Oxydation der Inosite und Quercite. Zur Orientierung muß hier der Hinweis genügen, daß *myo*-Inosit unter Aufnahme eines halben Sauerstoff-moleküls in eine entsprechende *myo*-Inosose umgewandelt wird, D-Inosit hingegen ein ganzes Sauerstoff-molekül verbraucht und in ein Diketon überführt wird, während Scyllit überhaupt nicht angegriffen wird.

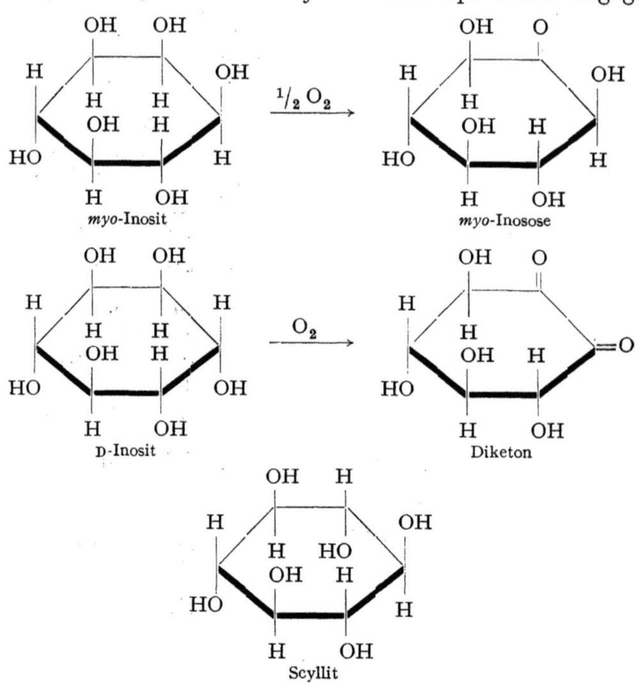

[1] R. E. FRANZL und E. CHARGAFF: Nature **168**, 955 (1951).

[2] B. MAGASANIK und E. CHARGAFF: J. biol. Chem. **174**, 173 (1948).

[3] T. POSTERNAK und D. REYMOND: Helv. chim. Acta **36**, 260 (1953).

[4] L. ANDERSON, K. TOMITA, P. KUSSI und S. KIRKWOOD: J. biol. Chem. **204**, 769 (1953).

Essig-bakterien, aber auch verschiedene andere Bakterien-arten sowie Schimmelpilze *(Aspergillus niger)* vermögen auch Aldosen zu den entsprechenden Zuckermonocarbonsäuren zu oxydieren. So entsteht aus Glucose Gluconsäure in guter Ausbeute; Mannose, Galactose, L-Arabinose und Xylose werden in Mannonsäure, Galactonsäure, L-Arabonsäure bzw. Xylonsäure überführt. Auch hier zeigen sich bei *Acetobacter suboxydans* die bereits erwähnten Spezifitätsverhältnisse, der Organismus setzt D-Xylose und L-Arabinose leicht zu den entsprechenden Zuckersäuren um, während L-Xylose und D-Arabinose kaum angegriffen werden[1]. Eine Anzahl von *Pseudomonas*-Arten ist hingegen zur Oxydation fast aller Aldosen imstande.

Oftmals werden die entstandenen Zuckersäuren weiter zu Ketozuckersäuren oxydiert. Aus Gluconsäure können je nach Organismus und Bedingungen 2-Ketogluconsäure oder 5-Ketogluconsäure entstehen. So produziert *A. suboxydans*, wenn Calciumgluconat der Oxydation unterworfen wird, die 2-Ketosäure als Hauptprodukt, während aus Glucose vorwiegend 5-Ketogluconsäure entsteht[2].

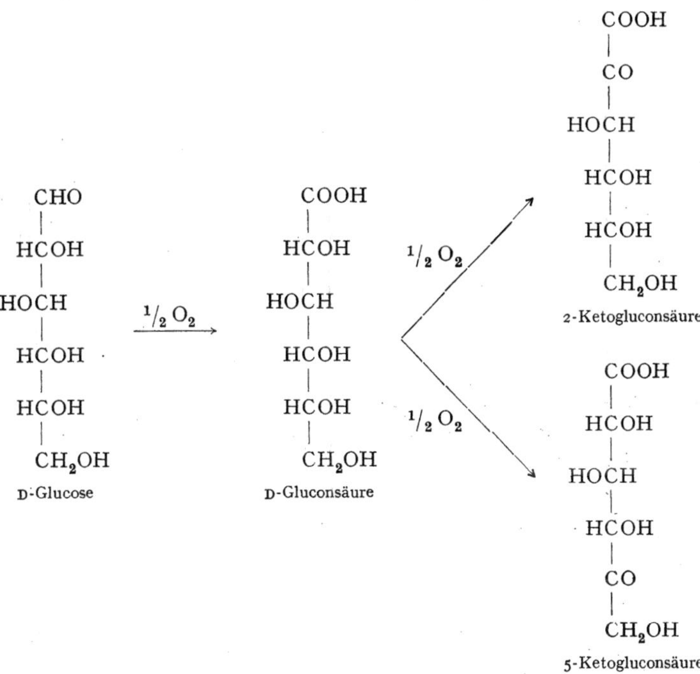

In letzter Zeit wurde mehrfach über Herstellung zellfreier Präparationen von bakteriellen Fermenten berichtet, welche die Oxydation von Aldosen katalysieren. So konnten AUBERT und Mitarbeiter[3] aus *Neisseria winogradskyi* ein Enzym erhalten, das die Oxydation von Glucose, Mannose und Galactose zu den entsprechenden Zuckersäuren katalysiert. Das Ferment, welches aus den Bakterien durch Ultraschall-behandlung freigesetzt wurde, unterscheidet sich wesentlich von den bisher bekannten Enzymen, welche Glucose zu Gluconsäure oxydieren; es scheint sich dabei weder um eine Glucose ⟶ DPN-transhydrogenase (*Glucose-dehydrase*, S. 467) noch um eine β-Glucose ⟶ O_2-transhydrogenase (*Glucose-oxydase, Notatin* S. 515) zu handeln, da eine Beteiligung von Pyridinnucleotiden ausgeschlossen werden konnte und andrerseits bei der Reaktion auch kein H_2O_2 nachweisbar ist. Cyanid, Azid und Sulfid hemmen das Ferment; durch Dialyse erfolgt Inaktivierung, die aber durch Zusatz von Mn^{++} oder Mg^{++} wieder rückgängig gemacht werden kann. Das p_H-Optimum der Wirkung ist 6,0; der Sauerstoff-partialdruck hat keinen Einfluß auf die Aktivität.

[1] K. BERNHAUER und E. RIEDL-TŮMOVÁ: Biochem. Z. **321**, 26 (1950).
[2] K. BERNHAUER und H. KNOBLOCH: Ibid. **303**, 208 (1940).
[3] J. P. AUBERT, G. MILHAUD und R. GAVARD: C. R. Acad. Sci. Paris **235**, 1165 (1952).

CLARIDGE und WERKMAN[1] konnten vor kurzem auch aus *Pseudomonas aeruginosa* eine zellfreie Enzym-präparation herstellen, welche Glucose zu Gluconsäure und weiter zu 2-Keto-gluconsäure oxydiert.

Die Glucose-oxydation durch Schimmelpilze wird hingegen wohl ausschließlich von Fermenten des bereits besprochenen Typus der β-Glucose$\rightarrow O_2$-transhydrogenasen katalysiert.

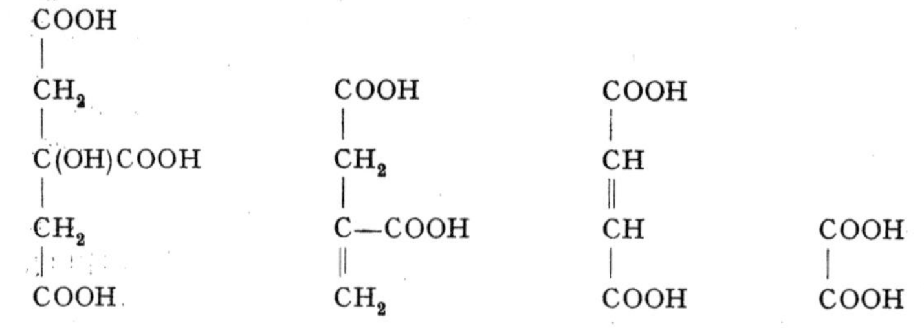

$$\begin{array}{c} COOH \\ | \\ CH_2 \\ | \\ C(OH)COOH \\ | \\ CH_2 \\ | \\ COOH \end{array} \qquad \begin{array}{c} COOH \\ | \\ CH_2 \\ | \\ C{-}COOH \\ \| \\ CH_2 \end{array} \qquad \begin{array}{c} COOH \\ | \\ CH \\ \| \\ CH \\ | \\ COOH \end{array} \qquad \begin{array}{c} COOH \\ | \\ COOH \end{array}$$

Citronensäure — Itaconsäure — Fumarsäure — Oxalsäure

$$\begin{array}{ccccc} & & O & & \\ & & \| & & \\ & & C & & \\ & / & & \backslash & \\ HOC & & & & CH \\ \| & & & & \| \\ HC & & & & C \\ & \backslash & & / & \backslash \\ & & O & & CH_2OH \end{array}$$

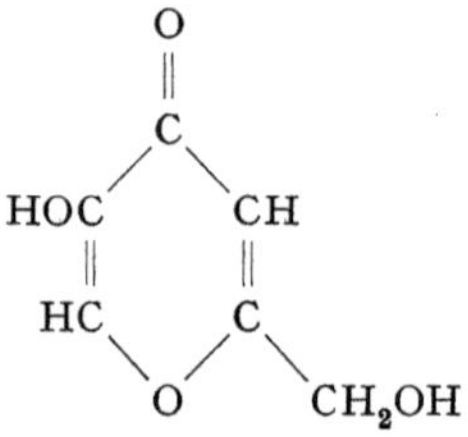

Kojisäure

An dieser Stelle mögen auch die verschiedenen oxydativen Leistungen von Schimmelpilzen erwähnt werden, die zum Teil industrielle Bedeutung haben[2]. Auf die Fähigkeit der Schimmelpilze, Glucose zu Gluconsäure zu oxydieren, wurde schon hingewiesen; weitere Produkte der Schimmelpilz-vergärung von Kohlehydraten sind u. a. Citronensäure, Itaconsäure, Fumarsäure, Oxalsäure und Kojisäure. Über die an diesen Vorgängen beteiligten Fermentsysteme ist aber noch kaum etwas bekannt.

VII. Mikrobielle Oxydationen von Steroid-Körpern

Den mikrobiellen Oxydationen verschiedener Steroid-hormone kommt in manchen Fällen praktische Bedeutung zu. Es handelt sich hier vor allem um die Oxydation der an den Stellen C_3 und C_{17} des Sterin-skeletts befindlichen Hydroxyl-gruppen zu Keto-gruppen. Auch hier ist über die verantwortlichen Fermente noch nichts bekannt. Für Oxydationsreaktionen dieses Typus sind vor allem die Arten *Corynebacterium mediolanum* und *Flavobacterium dehydrogenans*, aber auch *Escherichia coli*, *Alcaligenes faecalis* und *Proactinomyces* geeignet[3].

Aber auch viel weitergehende Umwandlungen von Steroid-körpern können durch Mikroorganismen bewirkt werden. So ist es unter Verwendung verschiedener niedriger Pilze

---

[1] C. A. CLARIDGE und C. H. WERKMAN: Arch. Biochem. Biophys. **47**, 99 (1953).

[2] Vgl. dazu die Monographie: J. W. FOSTER: Chemical Activities of Fungi. New York: Academic Press. 1949.

[3] Vgl. dazu das Übersichtsreferat: C. ARNAUDI: Exper. **7**, 81 (1951); sowie z. B. A. ERCOLI: Ber. dtsch. chem. Ges. **71**, 650 (1938); **72**, 190 (1939); L. MAMOLI: Ibid, **71**, 2701 (1938); **72**, 1863 (1939); A. ERCOLI und L. MOLINA: *Boll. Ist. sieroterap. Milanese* **23**, 158, 172 (1944); L. MOLINA: Ibid. **23**, 168 (1944); L. MOLINA und A. ERCOLI: Ibid. **23**, 164 (1944); C. ARNAUDI: Ibid. **21**, 1 (1942); C. ARNAUDI und C. COLLA: Exper. **2**, 120 (1946); A. BUTENANDT und H. DANNENBERG: Naturwiss. **30**, 52 (1942); G. E. TURFITT: Biochem. J. **38**, 492 (1944); **40**, 79 (1946); **42**, 376 (1948); J. HORVÁTH und A. KRÁMLI; Nature **160**, 639 (1947); A. KRÁMLI und J. HORVÁTH: Ibid. **162**, 619 (1948); **163**, 219 (1949).

(*Rhizopus*-Arten, *Aspergillus niger*, *Penicillium chrysogenum*, *Streptomyces lavandulae*, *Streptomyces fradiae*, *Proactinomyces*-Arten u. a.) möglich, Hydroxyl-gruppen an verschiedenen C-Atomen des Sterin-skeletts einzuführen und sogar unter bestimmten Umständen Kern-dehydrierungen und oxydative Ringsprengungen zu erreichen[1]. Unter dem Einfluß einer *Rhizopus*-Art entsteht z. B. aus Progesteron 11(α)-Oxyprogesteron, ebenso kann *Aspergillus niger* Hydroxyl-gruppen am C-Atom 11 und anderen Stellen verschiedener Steroid-körper einführen. Unter dem Einfluß von *Streptomyces lavandulae* wird die Seitenkette von Progesteron abgebaut und es entstehen $\Delta^{1,4}$-Androstadien-3,17-dion sowie $\Delta^{1,4}$-Androstadien-17(β)-ol-3-on; beides Substanzen, welche bereits von INHOFFEN[2] als Zwischenprodukte der Biosynthese der östrogenen Hormone postuliert wurden. Eine Ringsprengung zwischen den Kohlenstoff-atomen 13 und 17 erfolgt bei der Vergärung von Progesteron durch *Penicillium chrysogenum*; es entsteht u. a. Testololacton. *Cylindrocarpon radicola* ist sogar imstande, neben dem Abbau der Seitenkette und der Lacton-bildung auch noch eine Dehydrierung in Ring *A* des Sterin-skeletts zu bewirken. Aus Progesteron und auch aus Testosteron entsteht Δ^1-Dehydrotestololacton.

Die Einführung von Hydroxyl-gruppen unter Verwendung von Schimmelpilzen hat auch bei der Partialsynthese des Cortisons eine Rolle gespielt[3].

Tab. 70. *Beispiele für mikrobielle Oxydationen von Steroid-körpern.*

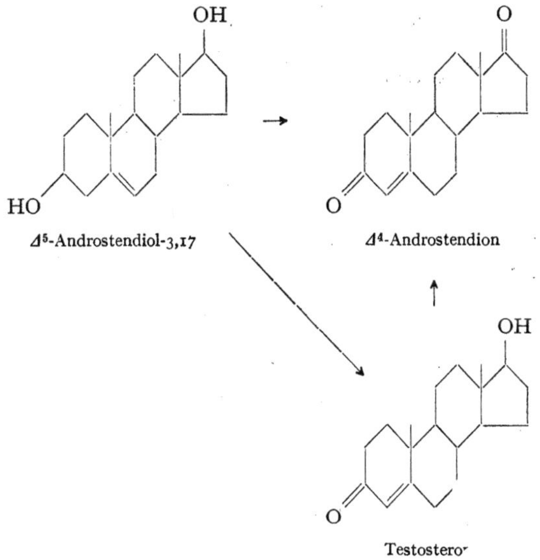

OH
HO
Δ^5-Androstendiol-3,17

O
O
Δ^4-Androstendion

OH
O
Testosteron

[1] Vgl. dazu z. B. D. PERLMAN, E. TITUS und J. FRIED: J. Amer. chem. Soc. **74**, 2126 (1952); J. FRIED, R. W. THOMA, M. N. DONIN, J. HERZ, R. GERKE und D. PERLMAN: Ibid. **74**, 3962 (1952); J. FRIED, R. W. THOMA und A. KLINGSBERG: Ibid. **75**, 5764 (1953); D. H. PETERSON und H. C. MURRAY: Ibid. **74**, 1871 (1952); P. D. MEISTER, D. H. PETERSON, H. C. MURRAY, S. H. EPPSTEIN, L. M. REINEKE, A. WEINTRAUB und H. M. LEIGH: Ibid. **75**, 55 (1953); S. H. EPPSTEIN, P. D. MEISTER, D. H. PETERSON, H. C. MURRAY, H. M. LEIGH, D. A. LYTTLE, L. M. REINECKE und A. WEINTRAUB: Ibid. **75**, 408 (1953); D. H. PETERSON, S. H. EPPSTEIN, P. D. MEISTER, B. J. MAGERLEIN, H. C. MURRAY, H. M. LEIGH, A. WEINTRAUB und L. M. REINEKE: Ibid. **74**, 412 (1953); P. D. MEISTER, D. H. PETERSON, H. C. MURRAY, G. B. SPERO, S. H. EPPSTEIN, A. WEINTRAUB, L. M. REINEKE und H. M. LEIGH: Ibid. **75**, 416 (1953); D. H. PETERSON, A. H. NATHAN, P. D. MEISTER, S. H. EPPSTEIN, H. C. MURRAY, A. WEINTRAUB, L. M. REINEKE und H. M. LEIGH: Ibid. **75**, 419 (1953); S. H. EPPSTEIN, D. H. PETERSON, H. M. LEIGH, H. C. MURRAY, A. WEINTRAUB, L. M. REINEKE und P. D. MEISTER: Ibid. **75**, 421 (1953); O. MANCERA, A. ZAFFARONI, B. A. RUBIN, F. SONDHEIMER, G. ROSENKRANZ und C. DJERASSI: Ibid. **74**, 3711 (1952); F. W. KAHNT, C. MEYSTRE, R. NEHER, E. VISCHER und A. WETTSTEIN: Exper. **8**, 432 (1952); D. R. COLINGWORTH, J. N. KARNEMAAT, F. R. HANSON, M. P. BRUNNER, M. MANN und W. J. HAINES: J. biol. Chem. **203**, 807 (1953).

[2] H. H. INHOFFEN: Angew. Chem. **59**, 207 (1947).

[3] Vgl. dazu das Übersichtsreferat: C. DJERASSI: Vitamins and Hormones **11**, 205 (1953).

Fortsetzung der Tabelle 70.

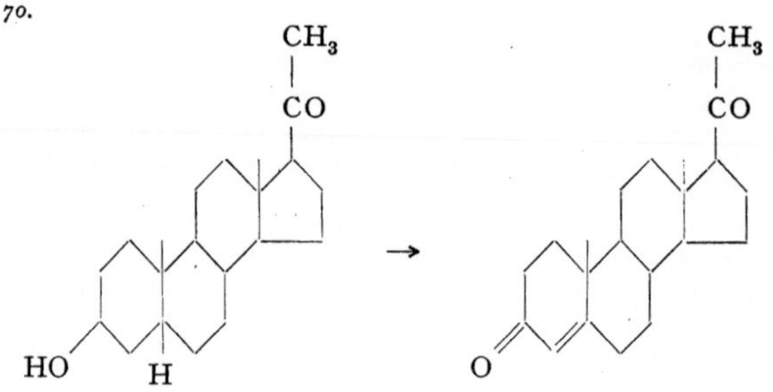

CH_3 | CO — HO — H

Pregnanolon

→

CH_3 | CO — O

Progesteron

OH — HO

Östradiol

→

O — HO

Östron

CH_3 | $CHCH_2CH_2CH_2CH(CH_3)_2$ — HO

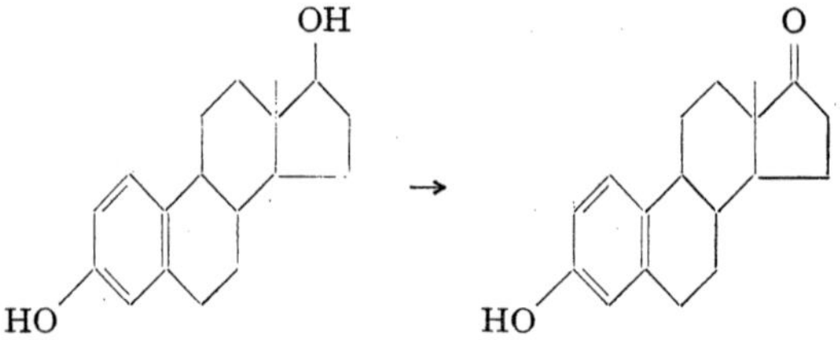

Cholesterin

↗

CH_3 | $CHCH_2CH_2CH_2CH(CH_3)_2$ — O

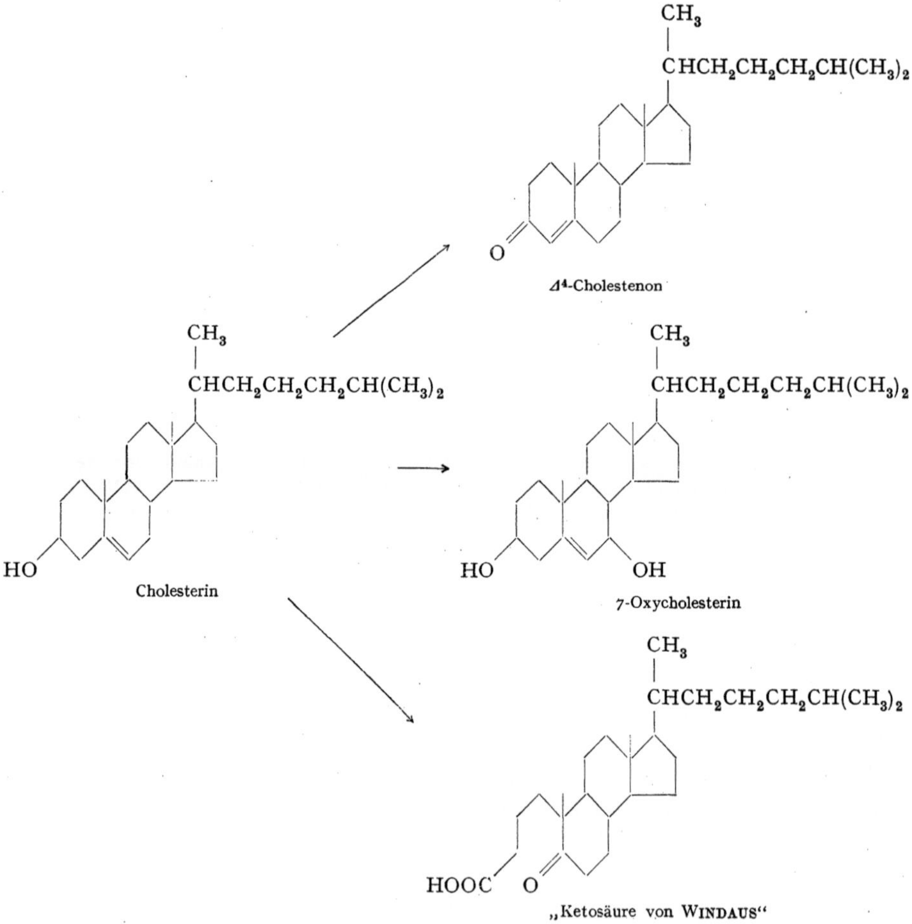

Δ^4-Cholestenon

→

CH_3 | $CHCH_2CH_2CH_2CH(CH_3)_2$ — HO — OH

7-Oxycholesterin

↘

CH_3 | $CHCH_2CH_2CH_2CH(CH_3)_2$ — HOOC — O

„Ketosäure von WINDAUS“

Fortsetzung der Tabelle 70.

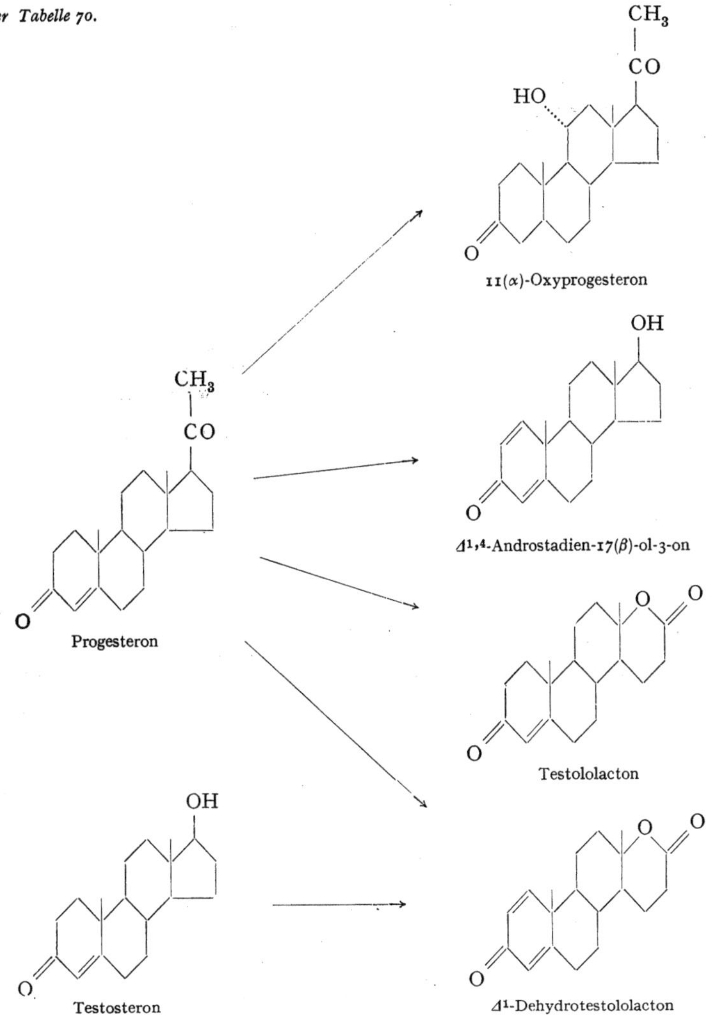

CH_3 | CO | HO

O

11(α)-Oxyprogesteron

OH

O

$\Delta^{1,4}$-Androstadien-17(β)-ol-3-on

CH_3 | CO

O

Progesteron

O O

O

Testololacton

OH

O

Testosteron

O O

O

Δ^1-Dehydrotestololacton

VIII. *l*(+)-Mandelat-oxydase-system

In *Pseudomonas fluorescens* findet sich, wenn der Organismus auf einem Nährboden gewachsen war, der Mandelsäure enthält, ein Fermentsystem, das *l*(+)-Mandelsäure zu Benzoylameisensäure oxydiert[1]. Das System besteht vermutlich aus einer Transhydrogenase [*l*(+)-Mandelat-dehydrogenase], welche den Wasserstoff auf einen noch nicht bekannten Akzeptor überführt, und weiteren Komponenten, die den Transport der Elektronen bis zum Sauerstoff bewirken. Bei der Behandlung der Bakterien mit Ultraschall geht das System nicht in Lösung, sondern bleibt fest an die Zellreste gebunden. Die Oxydation der Mandelsäure wird durch Cyanid gehemmt, was auf eine Beteiligung einer Cytochrom-oxydase schließen läßt.

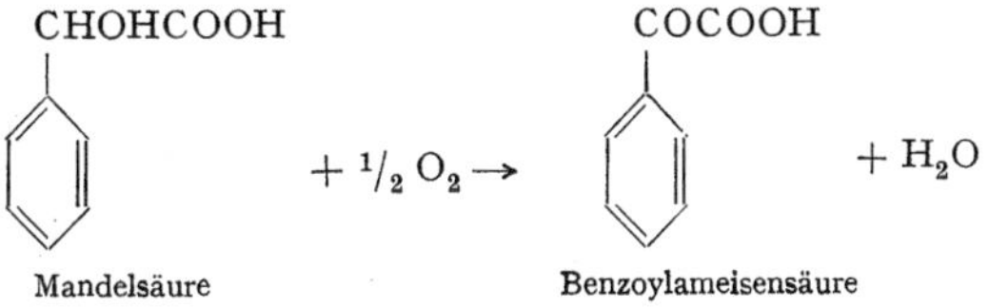

CHOHCOOH (Mandelsäure) $+ \frac{1}{2} O_2 \rightarrow$ COCOOH (Benzoylameisensäure) $+ H_2O$

[1] R. Y. Stanier, I. C. Gunsalus und C. F. Gunsalus: J. Bacter. 66, 543 (1953).

Das Fermentsystem ist nicht imstande, *d*(—)-Mandelsäure zu oxydieren; der Organismus verfügt aber über eine Mandelat-racemase, welche beide optische Isomere in Racem-gemische überführen kann (S. 674). Es ist wahrscheinlich, daß dasselbe Fermentsystem, welches Mandelsäure oxydiert, auch für die Oxydation von *p*-Oxymandelsäure zu *p*-Oxybenzoylameisensäure verantwortlich ist[1].

In einer Folge-reaktion wird die entstandene Benzoylameisensäure zu Benzaldehyd decarboxyliert, wofür eine spezifische Benzoylformiat-decarboxylase (S. 617) verantwortlich ist.

IX. Anthranilat-oxydase-systeme

Nach den Untersuchungen von STANIER und Mitarbeitern[2] erfolgt der oxydative Abbau von Tryptophan in *Pseudomonas*-Arten in der Weise, daß die Aminosäure primär zu Kynurenin oxydiert wird, das dann hydrolytisch in Anthranilsäure und Alanin gespalten wird. Im weiteren Verlauf folgt eine Oxydation von Anthranilsäure, welche nach der Gleichung

$$\text{Anthranilsäure } (C_6H_4(COOH)(NH_2)) + H_2O + {}^1/_2\,O_2 \rightarrow \text{Brenzcatechin } (C_6H_4(OH)_2) + CO_2 + NH_3$$

verläuft. Über die beteiligten Enzyme ist noch nichts bekannt, obwohl anzunehmen ist, daß dem oxydativen Tryptophan-abbau über Anthranilsäure nicht nur in den genannten Bakterien-arten, sondern allgemeiner eine gewisse Bedeutung zukommt.

Daneben existiert aber, wie wir schon wissen (S. 461), ein anderer Weg des oxydativen Tryptophan-abbaus, der über Kynurenin, 3-Oxykynurenin und 3-Oxyanthranilsäure zur Nicotinsäure führt.

X. Benzoat-oxydase(-systeme)

Verschiedene Bakterien der Gattungen *Vibrio*[3], *Pseudomonas*[4] und *Mycobacterium*[5] sind zur totalen Oxydation von Benzoesäure imstande; damit treten als Zwischenprodukte Brenzcatechin, *cis-cis*-Muconsäure und *β*-Ketoadipinsäure auf. Das erste Enzym oder Enzymsystem, das bei der Oxydation mitwirkt, katalysiert die Reaktion

$$\text{Benzoesäure } (C_6H_5COOH) + O_2 \rightarrow \text{Brenzcatechin } (C_6H_4(OH)_2) + CO_2$$

und kann deshalb als Benzoat-oxydase bzw. Benzoat-oxydase-system bezeichnet werden. Der Mechanismus der Umwandlung ist noch nicht bekannt; nach PARR und Mitarbeitern[6] könnte der Vorgang nach dem Schema

---

[1] S. E. GUNTER: J. Bacter. **66**, 341 (1953).

[2] R. Y. STANIER: Bact. Revs. **59**, 117 (1950); R. Y. STANIER, O. HAYAISHI und M. TSUCHIDA: J. Bacter. **62**, 355 (1951); R. Y. STANIER und O. HAYAISHI: Ibid. **62**, 367 (1953); O. HAYAISHI und R. Y. STANIER: Ibid. **62**, 691 (1953).

[3] W. C. EVANS: Biochem. J. **41**, 373 (1947); W. C. EVANS und B. S. W. SMITH: Ibid. **49**, X (1951).

[4] B. P. SLEEPER und R. Y. STANIER: J. Bacter. **59**, 117 (1950); B. P. SLEEPER: Ibid. **62**, 657 (1951).

[5] G. R. GALE: Ibid. **63**, 273; **64**, 131 (1952); W. R. SISTROM und R. Y. STANIER: Ibid. **66**, 404 (1953).

[6] W. H. PARR, R. A. EVANS und W. C. EVANS: Biochem. J. **45**, XXIX (1949).

COOH $\xrightarrow{H_2O_2}$ HOOC OH H OH $\xrightarrow{\beta\text{-Oxydation}}$ HOOC OH O $\xrightarrow{-CO_2}$

H OH O → OH OH

verlaufen; der erste Schritt wäre hier durch die Wirkung einer Peroxydase bedingt.

XI. Brenzcatechin-oxydasen (*Pyrocatechase*)

HAYAISHI und HASHIMOTO[1] konnten vor einiger Zeit aus *Pseudomonas* eine zellfreie Präparation eines Enzyms gewinnen, welches Brenzcatechin oxydiert. Es gelang, eine Reinigung des Ferments zu erreichen und das vermutlich primäre Reaktions-produkt als *cis-cis*-Muconsäure zu identifizieren.

Fermente der gleichen Spezifität dürften auch an der Oxydation von Brenzcatechin in *Vibrio*- und *Mycobacterium*-Arten beteiligt sein[2, 3].

OH OH + O_2 → COOH–CH=CH–CH=CH–COOH

Brenzcatechin *cis-cis*-Muconsäure

Der weitere Abbau von *cis-cis*-Muconsäure erfolgt in diesen Organismen zuerst durch Wasser-anlagerung, wobei β-Ketoadipinsäure entsteht (vgl. S. 653), die dann zu noch unbekannten Produkten weiter oxydiert wird.

Brenzcatechin-oxydasen sind Teilkatalysatoren des Abbaus von Mandelsäure, Benzoesäure und Tryptophan in den genannten Bakterien; die Substanzen werden primär zu Brenzcatechin oxydiert, welches dann der hier beschriebenen Oxydation[4] unterliegt. Ob der Abbau der Protocatechusäure, der ebenfalls über *cis-cis*-Muconsäure und β-Ketoadipinsäure verläuft, durch dasselbe Enzymsystem katalysiert wird, ist noch nicht entschieden.

XII. Luciferase-systeme[5]

Verschiedene Organismen haben die Fähigkeit, sichtbares Licht auszusenden. Es handelt sich hier um eine echte Chemoluminiszenz; das ausgesandte Licht ist nicht polarisiert.

BOYLE konnte bereits 1667 erkennen, daß für das Leuchten bestimmter Insekten die Gegenwart von Sauerstoff bzw. Luft unbedingt erforderlich ist. Die enzymatische Natur dieser Vorgänge wurde zuerst von DUBOIS[6] postuliert;

---

[1] O. HAYAISHI und K. HASHIMOTO: Med. J. Osaka Univ. **2**, 33 (1950).

[2] W. C. EVANS: Biochem. J. **41**, 373 (1947).

[3] W. R. SISTROM und R. Y. STANIER: J. Bacter. **66**, 404 (1953).

[4] Vgl. das Übersichtsreferat R. Y. STANIER: Bact. Revs. **59**, 117 (1950).

[5] Handbuchartikel und Übersichtsreferate: E. NEWTON HARVEY: In „The Enzymes", herausgegeben von J. B. SUMNER und K. MYRBÄCK, Bd. II/1, S. 581. New York: Academic Press. 1951; W. D. MCELROY: In „Phosphorus Metabolism", herausgegeben von W. D. MCELROY und B. GLASS, Bd. I, S. 585, Baltimore: John Hopkins Press. 1951; F. H. JOHNSON: Adv. Enzymology **7**, 215 (1947).

[6] R. DUBOIS: C. R. Soc. biol. **37**, 559 (1885); C. R. Acad. Sci. Paris **105**, 690 (1887).

auf Grund eingehender Versuche nahm dieser Forscher an, daß in den Organismen eine thermostabile Substanz, ein *Luciferin*, vorhanden ist, das unter dem Einfluß eines thermolabilen Enzyms, einer sog. *Luciferase*, unter Aussendung von Licht oxydiert wird. Diese Vorstellungen wurden später vor allem von HARVEY nachgeprüft und verifiziert.

Es gibt etwa vierzig verschiedene Organismen-gruppen, von denen bekannt ist, daß sie Licht aussenden können; dazu gehören verschiedene Insekten (Leuchtkäfer), Crustaceen (z. B. der japanische Muschelkrebs *Cypridina hilgendorfii*), manche Mollusken, Würmer und verschiedene andere niedrige Tiere sowie Pilze und Bakterien[1]. Es entzieht sich unserer Kenntnis, inwieweit der Mechanismus der Licht-aussendung bei allen Arten der gleiche ist; nach Untersuchungen von HARVEY und KORR[2] können verschiedene Radiolarien, *Ctenophora* und die Meduse *Pelagia* auch in Abwesenheit von Sauerstoff und sogar in Anwesenheit eines starken Reduktionsmittels, wie z. B. Natriumdithionit, Licht produzieren, was deutlich darauf hinweist, daß hier andere Mechanismen für die Chemolumineszenz verantwortlich sind. Aber auch bei denjenigen Arten, bei welchen es sichergestellt ist, daß die Chemolumineszenz durch enzymatische Oxydation eines Luciferins hervorgerufen wird, ist die Gleichartigkeit der Vorgänge durchaus nicht erwiesen. Bisher ist es noch niemals gelungen, die chemische Konstitution eines derartigen Luciferins aufzuklären; da es aber sicher ist, daß die verschiedensten organischen Substanzen durch Oxydation zur Licht-aussendung angeregt werden können[3], ist es wohl denkbar und sogar wahrscheinlich, daß sowohl Luciferase als auch Luciferin von Art zu Art verschieden sind. Für eine Verschiedenheit der Luciferin-Luciferase-systeme in den einzelnen licht-erzeugenden Arten sprechen auch die Unterschiede in den Spektren des emittierten Lichts; der brasilianische Wurm *Phrixothrix* besitzt zwei verschiedene Leucht-organe, aus denen er gelbes und rotes Licht aussenden kann; die Johanniskäfer erzeugen gelbes bis orange-farbiges Licht; das Licht der Leucht-bakterien ist bläulich oder grünlich und dasjenige von *Cypridina hilgendorfii* blau.

Es scheint, daß es die Luciferase und nicht etwa das Luciferin ist, welche das Licht emittiert[2]. Die Gründe dafür sind, daß isoliertes Luciferin in Abwesenheit von Luciferase durch Oxydation mit anderen Oxydations-mitteln nicht zum Leuchten gebracht wird, und auch, daß bei Einwirkung von Luciferase einer bestimmten Art auf Luciferin einer anderen Art das erzeugte Licht das Spektrum derjenigen Art aufweist, von welchem die Luciferase stammt.

Höchstwahrscheinlich wird das oxydierte Luciferin dauernd wieder reduziert; der Wasserstoff-donator für diesen Vorgang ist allerdings noch nicht bekannt.

In letzter Zeit wurden Befunde bekannt, nach welchen die Luciferasen kompliziertere Enzymsysteme darstellen sollen. McELROY[4] konnte aus dem Leuchtorgan des Insekts *Photinus pyralis* durch Behandlung mit kaltem Wasser einen Extrakt gewinnen, der während einer bestimmten Zeit Licht emittiert. Nach Aufhören der Licht-aussendung läßt sich aber diese durch Zusatz von ATP wieder herstellen. Außer ATP nehmen auch zweiwertige Metall-ionen an der Lichtproduktion teil; unter biologischen Bedingungen dürfte Mg^{++} als anorganisches Komplement fungieren. McELROY spricht deshalb von einem ATP-Mg-Luciferin-Luciferase-komplex, der für die Licht-erzeugung in *Photinus pyralis* verantwortlich sein soll (vgl. auch S. 170).

---

[1] E. N. HARVEY: Ann. N. Y. Acad. Sci. **49**, 334 (1948).
[2] E. N. HARVEY und I. M. KORR: J. cell. compar. Physiol. **12**, 319 (1938).
[3] R. S. ANDERSON: Ann. N. Y. Acad. Sci. **49**, 337 (1948).
[4] W. D. McELROY: Proc. nat. Acad. Sci. U. S. **33**, 342 (1947).

Bei diesen Versuchen wurde die bemerkenswerte Beobachtung gemacht (McELROY, *l. c.*), daß die maximale Licht-erzeugung, welche durch Zusatz von ATP induziert wird, innerhalb kurzer Zeit auf eine weitaus niedrigere Licht-intensität absinkt, obwohl, wie analytisch nachgewiesen werden kann, ATP nicht abgebaut wird. Es wird angenommen, daß ATP durch einen Bestandteil des Systems komplex gebunden wird und dann für den licht-erzeugenden Vorgang nicht mehr zur Verfügung steht. Durch Zusatz von verschiedenen Polyphosphaten (anorganisches Triphosphat, Metaphosphat, Pyrophosphat, TPP, Inosintriphosphat) sowie auch von Acetylphosphat kann dieser Effekt zumindest teilweise aufgehoben werden, was in dem Sinne gedeutet wird, daß diese Verbindungen als kompetitive Inhibitoren der Komplex-bindung von ATP in dem System fungieren. Der Komplex, in welchem ATP gebunden ist, dürfte labil sein und ganz langsam zerfallen, wodurch eine schwache Licht-aussendung aufrechterhalten wird.

McELROY (*l. c.*) nimmt an, daß zumindest bei *Photinus pyralis* die Oxydation des Luciferins nicht die Energie-quelle der Licht-aussendung ist, sondern eine spezifische Elektronen-konfiguration hervorbringt, die eine Kupplung von ATP-Energie mit dem Anregungs-prozeß und damit die Licht-aussendung ermöglicht. Er vergleicht die Vorgänge der Biolumineszenz mit denjenigen der Muskelkontraktion und hält eine weitgehende Analogie für wahrscheinlich; dafür spräche auch, daß die Leucht-organe modifiziertes Muskel-gewebe sind.

Inwieweit auch bei den Leucht-erscheinungen anderer Organismen als *Photinus pyralis* Phosphat-bindungsenergie bzw. ATP beteiligt ist, entzieht sich zur Zeit noch unserer Kenntnis. Nach HARVEY (*l. c.*) ist es weder bei Leucht-bakterien noch bei Extrakten aus dem leuchtenden Wurm *Chaetopterus* oder aus dem Ctenophoren *Mnemopsis* möglich, die Licht-intensität durch ATP-Zusatz zu erhöhen, was allerdings keinen eindeutigen Beweis für eine Nicht-beteiligung von Phosphat-bindungsenergie bei den Leucht-prozessen dieser Organismen darstellt.

In Arbeiten aus der jüngsten Zeit konnte STREHLER[1] zeigen, daß bei dem Leuchtbacterium *Achromobacter fischeri* DPN sowie vermutlich FMN und ein weiterer Faktor, der anscheinend mit Palmitinaldehyd identisch ist, an den Vorgängen der Biolumineszenz beteiligt sind. Die Befunde sprechen jedenfalls auch für eine komplexe Natur des Enzymsystems, welches in diesem Organismus für die Licht-erzeugung verantwortlich ist.

XIII. β-Indolylacetat-oxydase-systeme

TANG und BONNER[2] konnten vor einiger Zeit in den Epikotylen von Erbsen ein Enzymsystem nachweisen, welches das pflanzliche Wuchshormon β-Indolylessigsäure *(Heteroauxin)* oxydativ abbaut und dadurch inaktiviert. Fermentsysteme der gleichen Spezifität wurden auch in anderen höheren Pflanzen, so z. B. in Bohnen und in Ananas, vorgefunden[3].

Die Wirkungsweise des Systems läßt sich durch die Gleichung

$$\underset{\text{Indolylessigsäure}}{\text{(Indol-3-yl)}-CH_2COOH} + O_2 \rightarrow \underset{\text{Indolylaldehyd}}{\text{(Indol-3-yl)}-CHO} + CO_2 + H_2O$$

[1] B. L. STREHLER: J. Amer. chem. Soc. **75**, 1264 (1953); M. J. CORMIER und B. L. STREHLER: Ibid. **75**, 4864 (1953); vgl. dazu auch W. D. McELROY, J. W. HASTINGS, J. COULOMBRE und V. SONNENFELD: Science **118**, 385 (1953).

[2] Y. W. TANG und J. BONNER: Arch. Biochem. **13**, 11 (1947).

[3] A. C. WAGENKNECHT und R. H. BURRIS: Ibid. **25**, 30 (1950); S. A. GORDON und F. S. NIEVA: Ibid. **20**, 367 (1949); W. A. GORTNER und M. KENT: J. biol. Chem. **204**, 593 (1953).

beschreiben. Zumindest für das Fermentsystem aus Erbsen scheint es sicher zu sein, daß dieses aus zwei Komponenten besteht, von welchen die eine durch Cyanid hemmbar ist, was auf ein Schwermetall als prosthetische Gruppe deutet. Der andere Bestandteil des Systems dürfte ein Flavoprotein sein; dafür spricht vor allem die Tatsache, daß Licht wie im Falle der Xanthin $\rightarrow O_2$-transhydrogenasen (*Xanthin-oxydase*, S. 528) aktivierend wirkt[1]. GALSTON und Mitarbeiter[2] postulieren deshalb einen Mechanismus, welcher demjenigen der L-Tryptophan-oxydase-systeme (S. 574) analog ist. Demnach bestünde das β-Indolylacetat-oxydase-system aus einer (spezifischen?) Peroxydase und einem Enzymprotein mit einem Flavinnucleotid als prosthetischer Gruppe. Für diese Hypothese spricht vor allem auch die Beobachtung von GOLDACRE[3], daß das System durch Zugabe einer Katalase-präparation inaktiviert wird.

Außer den bisher genannten Substanzen wirken weiters Schwermetall-ionen und natürliche Inhibitoren hemmend auf das System ein. In der Erbse und in der Ananas kommen Stoffe vor, deren Wirkung spezifisch gegen die β-Indolylacetat-oxydase-systeme ihrer Ursprungs-pflanzen gerichtet ist.

Die Beobachtung, daß das Pflanzengift 2,4-Dichlorphenoxyessigsäure (2,4-D) die Aktivität derartiger Enzymsysteme fördert, wurde vor kurzem in dem Sinn modifiziert, daß nicht diese Substanz selbst, sondern eine ihr beigemischte Verunreinigung, 2,4-Dichlorphenol, diesen Effekt verursacht, dessen Mechanismus allerdings noch nicht bekannt ist[4].

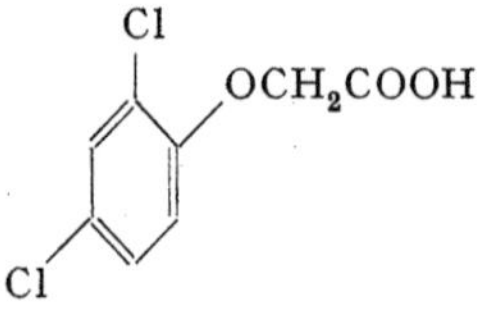

Cl, OCH_2COOH, Cl — 2,4-Dichlorphenoxyessigsäure

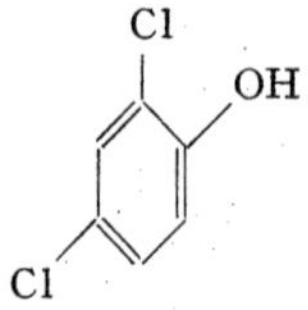

Cl, OH, Cl — 2,4-Dichlorphenol

Die p_H-Optima der Wirkung der β-Indolylacetat-oxydase-systeme sind je nach der Herkunft der Systeme verschieden; während die Enzymsysteme aus Bohnen und Erbsen ihre höchste Aktivität bei p_H-Werten zwischen 6 und 7 zeigen, liegt das entsprechende Optimum des Systems aus Ananas bei p_H 3,5.

Das Enzymsystem könnte in Gemeinschaft mit seinen spezifischen Hemmstoffen in den Pflanzen eine wesentliche Rolle bei der Regulation des Wachstums spielen. Besonders zwischen der Aktivierbarkeit des Systems durch Licht einerseits und der phototropen Krümmung der Pflanzen andrerseits, welche höchstwahrscheinlich durch Veränderungen des Auxin-spiegels zustande kommt, könnten enge Beziehungen bestehen.

XIV. Oxydative Fermente in der Verholzung

Ausführliche Arbeiten von FREUDENBERG und seiner Schule[5] machen es sehr wahrscheinlich, daß die Lignin-bildung ein fermentativer Vorgang ist. Als Vorläufer des Lignins werden phenolische Stoffe, und zwar vor allem Coniferylalkohol, daneben *p*-Cumaralkohol und in Laubhölzern auch Sinapinalkohol angenommen, welche sich im Cambial-saft der Bäume als β-Glucoside (Coniferin, *p*-Cumaralkohol-β-glucosid und Syringin) finden sollen; zumindest für das Coniferin ist das Vorkommen im Cambial-saft eindeutig bewiesen.

[1] A. W. GALSTON und R. S. BAKER: Amer. J. Botany **36**, 773 (1949); **38**, 190 (1951); A. W. GALSTON: Science **111**, 619 (1950).

[2] A. W. GALSTON, J. BONNER und R. S. BAKER: Arch. Biochem. Biophys. **42**, 456 (1953).

[3] P. L. GOLDACRE: Austral. J. Sci. Res. B **4**, 293 (1951).

[4] P. L. GOLDACRE, A. W. GALSTON und R. L. WEINTRAUB: Arch. Biochem. Biophys. **43**, 358 (1953).

[5] Übersichtsreferat: K. FREUDENBERG: Holz als Roh- und Werkstoff **11**, 267 (1953).

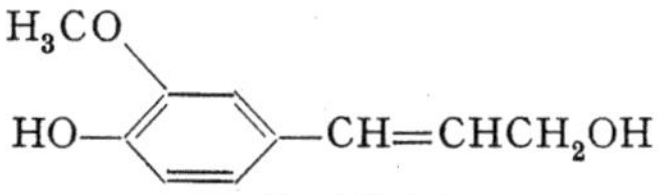

Coniferylalkohol

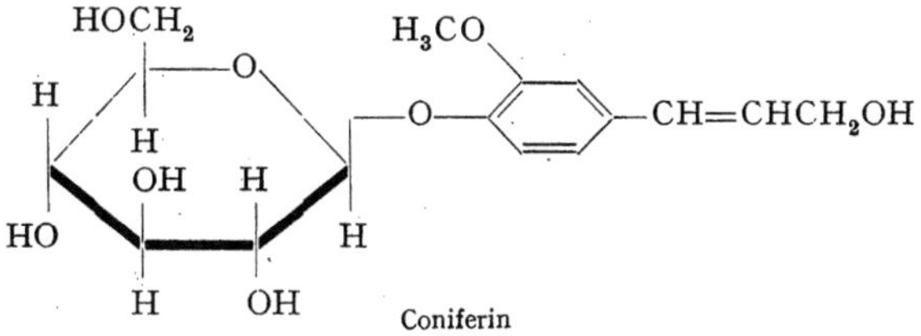

Coniferin

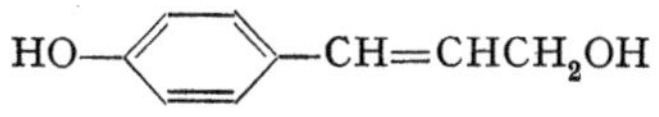

p-Cumaralkohol

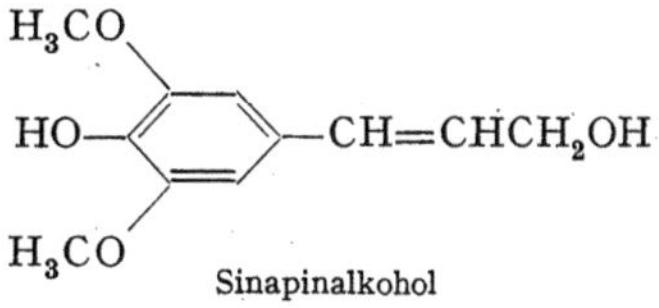

Sinapinalkohol

FREUDENBERG postuliert, daß diese Glucoside an den Stellen der Verholzung durch β-Glucosidasen zu den entsprechenden freien Alkoholen und Glucose hydrolysiert werden. Tatsächlich gelang es, die Existenz von β-Glucosidasen in verholzendem Gewebe nachzuweisen[1].

Als nächste Stufe der Lignin-bildung wird angenommen, daß der freie Phenolalkohol durch Dehydrogenasen oder Peroxydasen in der Weise dehydriert wird, daß als Zwischenprodukt ein Chinonmethid-radikal auftritt, welches zu verschiedenen Kondensations-reaktionen befähigt ist.

Unter Verwendung von Coniferylalkohol und von Ferment-präparaten aus Pilzen[2], aber auch aus dem Cambium[1], konnte FREUDENBERG Kondensationen dieser Art *in vitro* beobachten. Es gelang weiters, Zwischenprodukte dieser „Dehydrierungs-polymerisation" zu isolieren und zwei Substanzen, den Dehydrodiconiferylalkohol[1] und das *d,l*-Pinoresinol[3], eindeutig zu identifizieren. Diese beiden Stoffe können mit Hilfe papier-chromatographischer Methoden auch im Cambial-saft der Coniferen nachgewiesen werden.

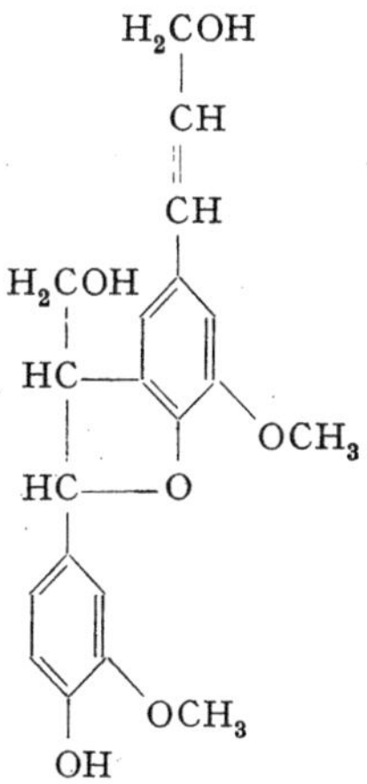

Dehydrodiconiferylalkohol

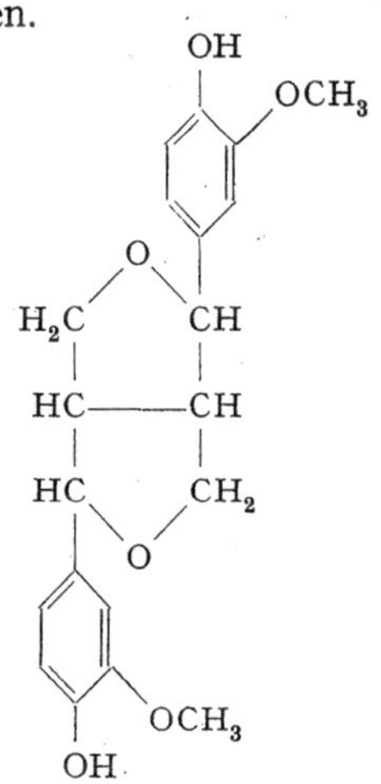

d,l-Pinoresinol

[1] K. FREUDENBERG, H. REZNIK, H. BOESENBERG und D. RASENACK: Chem. Ber. **85**, 641 (1952).

[2] K. FEUDENBERG: Sitzungsber. Heidelberg Akad. Wiss., Naturwiss. Kl. **1949**, 151

[3] K. FREUDENBERG und D. RASENACK: Chem. Ber. **86**, 755 (1953).

Es muß angenommen werden, daß diese Zwischenprodukte auf demselben Wege, auf dem sie entstanden sind, also durch Wasserstoff-entzug, zu dem Makromolekül des Lignins zusammentreten.

Die Kondensations-produkte, welche unter dem Einfluß der Fermente aus Coniferylalkohol *in vitro* entstehen, stimmen in ihren Eigenschaften mit dem natürlichen Coniferen-lignin weitgehend überein, so daß der Schluß berechtigt ist, daß diese Modell-versuche der Lignin-bildung *in vivo* im wesentlichen entsprechen.

41. Ketosäure-decarboxylasen, verwandte Enzyme und Enzymsysteme[1]

Unter Decarboxylasen und Carboxylasen werden Fermente verstanden, welche die Reaktion

$$\mathrm{RCOOH} \rightleftarrows \mathrm{RH} + \mathrm{CO_2}$$

katalytisch beschleunigen.

Aus Gründen der Übersicht erscheint es zweckmäßig, die Enzyme dieses Typus in zwei Gruppen zu unterteilen. Die eine Gruppe umfaßt diejenigen Fermente, die Ketocarbonsäuren decarboxylieren, bzw. den umgekehrten Vorgang bewirken; dieser wird die zweite Gruppe gegenübergestellt, deren Wirkung die Decarboxylierung von Aminosäuren ist. Außerdem sind seit kurzer Zeit Enzyme oder Enzymsysteme bekannt, welche Dicarbonsäuren (Malonsäure, Bernsteinsäure) decarboxylieren.

Im vorliegenden Kapitel erfolgt die Darstellung der Ketosäure-decarboxylasen und der Dicarbonsäure-decarboxylase-systeme. Im Anschluß daran werden einige Enzyme behandelt, deren Wirkung eine zweifache ist: sie verursachen gleichzeitig eine Dehydrierung und eine Decarboxylierung ihrer Substrate (Äpfelsäure, Isocitronensäure). Schließlich werden hier auch einige wichtige Enzymsysteme der oxydativen Decarboxylierung, deren Analyse in Einzelenzyme noch nicht eindeutig geglückt ist, besprochen.

In traditioneller Weise werden zwei Klassen der Ketosäure-decarboxylasen unterschieden: α-Ketosäure-decarboxylasen und β-Ketosäure-decarboxylasen; die erstgenannte Gruppe spaltet ihre Substrate nach der Gleichung

$$\mathrm{RCOCOOH} \rightarrow \mathrm{RCHO} + \mathrm{CO_2},$$

die andere katalysiert die allgemeine Reaktion

$$\mathrm{RCOCH_2COOH} \rightarrow \mathrm{RCOCH_3} + \mathrm{CO_2}$$

Die beiden Gruppen unterscheiden sich auch dadurch, daß die α-Ketosäure-decarboxylasen meist Thiaminpyrophosphat (TPP) als Coenzym benötigen, während dies bei den β-Ketosäure-decarboxylasen nicht der Fall ist. Bei fast allen Fermenten beider Klassen wird die Mitwirkung zweiwertiger Metall-ionen (hauptsächlich Mg^{++} oder Mn^{++}) beobachtet.

Entsprechend seiner Bedeutung für die Vorgänge der α-Ketosäure-decarboxylierungen wird das Thiaminpyrophosphat (TPP) etwas ausführlicher besprochen.

In letzter Zeit wurde eine Substanz oder Substanzgruppe entdeckt, die bei oxydativen Decarboxylierungen die Funktion eines Cofaktors erfüllt und die als Lipoinsäure *(lipoic acid)* bezeichnet wird. Die bisher bekannten Tatsachen über Lipoinsäure werden im Anschluß an die Besprechung des TPP dargestellt.

---

[1] Handbuchartikel: B. Vennesland: In „The Enzymes", herausgegeben von J. B. Sumner und K. Myrbäck, Bd. II/1, S. 183. New York: Academic Press. 1951.

I. Thiaminpyrophosphat (TPP, Cocarboxvlase)

a) Chemische Konstitution

Nachdem bereits 1911 NEUBERG und KARCZAG[1] die Pyruvat-decarboxylase der Hefe entdeckt hatten, also ein Enzym, das Brenztraubensäure zu Acetaldehyd und Kohlendioxyd abbaut, konnte AUHAGEN 1932 zeigen[2], daß die Wirksamkeit dieses Ferments in getrockneter Hefe verschwand, wenn das Präparat mit alkalischer Phosphat-lösung gewaschen wurde. In der Waschflüssigkeit fand sich Mg^{++} und ein thermostabiler Faktor, der Cocarboxylase genannt wurde; durch Zusatz dieser beiden Bestandteile der Waschflüssigkeit zu dem inaktivierten Präparat konnte dessen Wirksamkeit wiederhergestellt werden.

Wohl konnte SIMOLA[3] schon 1932 zeigen, daß die Zubereitungen von Cocarboxylase, wie sie von AUHAGEN[2] beschrieben worden waren, Vitamin B_1-Wirksamkeit aufwiesen, doch gelang es erst 1937 LOHMANN und SCHUSTER[4] Cocarboxylase in kristalliner Form aus Hefe zu isolieren und die Struktur festzustellen. Es handelt sich um ein Pyrophosphat des Thiamins (Aneurin, Vitamin B_1).

```
H3C     N    NH2
   \  /  \\  /
    C      C          CH3                      OH     OH
    ||     |          |                        |      |
    N      C          C===C—CH2CH2—O—P—O—P—OH
     \  //  \      +/      |                   ↓      ↓
      C     CH2—N          |                   O      O
      H           \\       |
                   CH—S
```

Thiaminpyrophosphat (TPP)

Durch Behandlung mit 1-n HCl bei 100° (15 Min.) wird ein Phosphorsäure-rest aus TPP abgespalten, während alkalische Hydrolyse die Spaltung in Thiamin und anorganisches Pyrophosphat bewirkt. Oxydation mit alkalischem Ferricyanid ergibt einen phosphor-haltigen Körper mit blauer Fluoreszenz, der dem aus Thiamin unter analogen Bedingungen entstehenden Thiochrom ähnlich ist; diese Reaktion hat große analytische Bedeutung.

Während das Vorkommen der Pyruvat-decarboxylasen auf Pflanzen und Bakterien beschränkt ist, kommt TPP auch in tierischen Geweben, und zwar manchmal sogar in beträchtlichen Konzentrationen vor. Dies führte zu der Entdeckung, daß der Körper nicht nur als Coenzym des genannten Enzyms fungiert, sondern auch bei einer Anzahl anderer enzymatischer Vorgänge (oxydative Decarboxylierungen, „Carboligase-wirkung") die gleiche Rolle innehat.

b) Darstellung von TPP

TPP kann aus Thiamin auf verschiedene Weise synthetisch dargestellt werden. WEIJLARD und TAUBER[5] lassen Thiaminhydrochlorid mit einer Mischung von Natriumpyrophosphat und Phosphorsäure reagieren; diese Methode wurde von KARRER und VISCONTINI[6] wesentlich verbessert. Nach einer Angabe von WEIL-MALHERBE[7] kann TPP auch durch Behandlung von Thiamin mit Silberpyrophosphat hergestellt werden.

---

[1] C. NEUBERG und L. KARCZAG: Biochem. Z. **36**, 60, 68 (1911).
[2] E. AUHAGEN: Hoppe-Seyler's Z. physiol. Chem. **204**, 149; **209** 20 (1932).
[3] P. E. SIMOLA: Biochem. Z. **254**, 229 (1932).
[4] K. LOHMANN und P. SCHUSTER: Ibid. **294**, 188 (1937).
[5] J. WEIJLARD und H. TAUBER: J. Amer. chem. Soc. **60**, 2263 (1938).
[6] P. KARRER und M. VISCONTINI: Helv. chim. Acta **29**, 711 (1946).
[7] H. WEIL-MALHERBE: Biochem. J. **34**, 980 (1940).

c) *Analytische Bestimmung von TPP*

Die Bestimmung von TPP erfolgt allgemein entweder auf chemischem oder auf biologischem Wege. Thiamin und TPP werden durch Oxydation mit alkalischem Ferricyanid in blau fluoreszierende Farbstoffe überführt[1]; die aus Thiamin entstehende Substanz heißt Thiochrom. Aus TPP wird ein phosphoryliertes Thiochrom gebildet; während das unphosphorylierte Thiochrom in Isobutylalkohol löslich ist und somit aus der Probe extrahiert werden kann, bleiben die phosphorylierten Thiochrome bei dieser Extraktion ungelöst[2]. Durch folgende fermentative Abspaltung der Phosphat-reste können die phosphorylierten Thiochrome in Thiochrom überführt werden und lassen sich dann auch mit Isobutanol extrahieren, so daß auf diese Weise eine Bestimmung von Thiamin und TPP nebeneinander möglich ist.

Die biologische Bestimmung der TPP-Konzentration beruht auf der Wirkung des Körpers als Coenzym der Pyruvat-decarboxylase. LOHMANN und SCHUSTER[3] verwenden getrocknete Hefe, die mit alkalischem Phosphat-puffer gewaschen wurde. Bei Zusatz von Pyruvat, Mg^{++} und der auf TPP-Gehalt zu untersuchenden Probe ist unter entsprechenden Bedingungen die CO_2-Entwicklung proportional der TPP-Konzentration. Obwohl Thiamin allein in dem Test-system ohne Wirkung ist, wird durch Thiamin-zusatz in Anwesenheit von TPP die CO_2-Entwicklung stark gesteigert. Dies läßt sich darauf zurückführen, daß in der Hefepräparation ein Ferment zugegen ist, das TPP vermutlich durch Abspaltung der Phosphatreste abbaut[4]; dieses Ferment wird — anscheinend kompetitiv — durch Thiamin gehemmt.

d) *Biosynthese von TPP*

Der Grundkörper des TPP, das Thiamin, ist für viele Lebewesen ein Vitamin, d. h. die Substanz muß mit der Nahrung zugeführt werden, da die Organismen entweder gar nicht oder nur in unzureichendem Ausmaß zur Synthese befähigt sind. Dies gilt für fast alle Säugetiere, Vögel, Amphibien und Fische, aber auch für die meisten Insekten. Unter den Säugetieren bilden die Wiederkäuer eine scheinbare Ausnahme, da die Mikroorganismen des Pansen Thiamin bilden und dadurch die Wirts-tiere nicht unbedingt auf die Zufuhr der Substanz angewiesen sind. Pflanzen sind hingegen durchwegs Thiamin-produzenten; bei den Bakterien zeigt es sich wiederum, daß manche Arten (*Staphylococcus aureus*, *S. albus*, *Streptococcus salivarius*, *Brucella*-Arten, *Bacillus larvae* und manche Typen der Propionsäure-bakterien) für ihr Wachstum auf die Anwesenheit von Thiamin in ihrem Nährmedium angewiesen sind; dies deutet auf die mangelnde Fähigkeit der Organismen, die Substanz zu bilden. Dasselbe gilt für einige Stämme der niedrigeren Pilze und Protozoen.

Über den Weg der Thiamin-Synthese im Organismus ist noch wenig bekannt. Mit Sicherheit steht fest, daß die letzte Stufe, welche zur Thiamin-bildung führt, die Kopplung der Pyrimidin-komponente mit der Thiazol-komponente ist, denn eine Anzahl von Mikroorganismen ist imstande, in Abwesenheit von Thiamin zu wachsen, wenn ihrem Nährmedium diese beiden Komponenten oder zumindest eine von ihnen zugesetzt wird.

Der Aufbau des TPP aus Thiamin geht auf Kosten von ATP vor sich. WEIL-MALHERBE[5] konnte schon 1939 eine Eiweiß-fraktion aus Hefe-autolysat erhalten, die zur Phosphorylierung von Thiamin imstande war. Ein ähnliches Präparat aus Hunde-leber wurde von VAN-THOAI und CHEVILLARD[6] beschrieben. Erst in letzter Zeit wurden den für die Thiamin-phosphorylierung ver-

---

1 B. C. P. JANSEN: Rec. trav. chim. Pays-Bas **55**, 1046 (1936).

2 Y. L. WANG und L. J. HARRIS: Biochem. J. **33**, 1356 (1939).

3 K. LOHMANN und P. SCHUSTER: Biochem. Z. **294**, 188 (1937).

4 H. G. K. WESTENBRINK, D. A. VAN DORP und M. GRUBER: Enzymologia **9**, 73 (1940); H. G. K. WESTENBRINK: Ibid. **8**, 97 (1940).

5 H. WEIL-MALHERBE: Biochem. J. **33**, 1979 (1939).

6 NG. VAN-THOAI und L. CHEVILLARD: Bull. Soc. chim. biol. **31**, 204 (1949).

antwortlichen Enzymen ausführlichere Untersuchungen gewidmet[1]. Es ist noch nicht ganz klargestellt, ob es sich um eine Übertragung eines Pyrophosphat-restes von ATP auf Thiamin oder um eine sukzessive Übertragung von zwei Orthophosphat-resten handelt, wenngleich das letztere wahrscheinlicher ist. Enzyme dieses Typus werden als ATP → Thiamin-transphosphatasen bzw. in der hergebrachten Nomenklatur als *Thiaminokinasen* bezeichnet (S. 434).

e) Der biologische Abbau von TPP

Die Tatsache, daß TPP in Organ-extrakten rasch unwirksam wird, ist schon sehr früh beobachtet worden. Es handelt sich hier um eine Dephosphorylierung der Substanz zu Thiamin, welches im allgemeinen nicht weiter abgebaut wird. Die für die Zerstörung von TPP verantwortlichen Fermente sind Pyrophosphatasen und vielleicht auch Phosphomonoesterasen. Der Abbau von TPP kann durch Zusatz von Thiamin zumindest stark verzögert werden. Ein spezifisches Ferment, das die Dephosphorylierung von TPP katalysiert, wurde vor kurzem beschrieben[2]; das Ferment dürfte mit der Nucleotidpyrophosphatase, die auch für die Zerstörung von DPN, TPN und FAD verantwortlich ist, identisch sein (vgl. S. 346).

Verschiedene Organismen besitzen Fermente, welche Thiamin auf verschiedene Weise inaktivieren können; diese Enzymtypen wurden schon an anderen Stellen (S. 442ff. und S. 503) besprochen. Es scheint aber auch viele Arten zu geben. die keinen Mechanismus zum Abbau des Thiamins besitzen.

f) Wirkungsweise des TPP

Über die Wirkungsweise von TPP sind seinerzeit verschiedene Theorien aufgestellt worden, von welchen aber keine bestätigt werden konnte. Die Vorstellung, daß TPP als reversibler Redox-katalysator eine Elektronenübertragung bewirke, wurde zuerst von LIPMANN[3] entwickelt, der an eine Reduktion des quaternären N-Atoms im Thiazol-anteil des Moleküls dachte; KARRER und Mitarbeiter[4] konnten aber diese Theorie widerlegen, da sie zeigten, daß das entsprechende Dihydrothiamin inaktiv ist. Später wurde angenommen, daß zwischen einer Thiol-form des TPP und der entsprechenden Disulfid-form ein Redox-gleichgewicht bestehe, da im tierischen Organismus beide Formen die gleiche Vitamin B_1-aktivität zeigen[5].

```
      CH3
      |
      C=C—R
     /    |
R—N       |
     \    |
      C   SH
     / \\
    H    O
```

Thiol-form

KARRER und VISCONTINI[6], welche die beiden Substanzen synthetisierten, zeigten jedoch, daß wohl die Thiol-form als Coenzym der Pyruvat-decarboxylase fungieren kann, während aber die Disulfid-form inaktiv ist, was auch von PETERS[7] sowie von WACHTMEISTER und MYRBÄCK[8] bestätigt wurde.

---

[1] F. LEUTHARDT und H. NIELSEN: Helv. chim. Acta **35**, 1196 (1952); E. P. STEIN-PARVÉ: Biochim. biophys. Acta **8**, 310 (1952).
[2] A. KORNBERG und W. E. PRICER, Jr.: J. biol. Chem. **182**, 763 (1950).
[3] F. LIPMANN: Nature **138**, 1097 (1937).
[4] P. KARRER, W. GRAF und J. SCHUKRI: Helv. chim. Acta **28**, 1523 (1945).
[5] O. ZIMA und R. R. WILLIAMS: Ber. dtsch. chem. Ges. **73**, 941 (1940); O. ZIMA, K. RITSERT und T. MOLL: Hoppe-Seyler's Z. physiol. Chem. **267**, 210 (1941).
[6] P. KARRER und M. VISCONTINI: Helv. chim. Acta **29**, 711, 1981 (1946)
[7] R. A. PETERS: Nature **158**, 707 (1946).
[8] C. A. WACHTMEISTER und K. MYRBÄCK: Ark. Kem., Mineral. Geol. **24** A, No. 8 (1946).

In diesem Zusammenhang mag erwähnt werden, daß nach Versuchen von MYRBÄCK und Mitarbeitern[1] Hefe, die gut belüftet wurde, vergleichsweise wenig Thiamin und TPP enthält. Es konnte gezeigt werden, daß hier das TPP in die Disulfid-form umgewandelt ist; durch Cystein läßt sich die Disulfid-form wieder zum aktiven Coenzym reduzieren.

Heute scheint es weitgehend gesichert zu sein[2], daß bei der Wirkung einer Pyruvat-decarboxylase *(Carboxylase)* TPP über ein Metall-ion an das Enzymprotein gebunden ist; es reagiert mit seiner freien Amino-gruppe mit der Carbonylgruppe der Brenztraubensäure zu einer Zwischenverbindung, welche entweder als SCHIFFsche Base oder als ein durch Wasserstoff-bindung zusammengehaltener Komplex aufgefaßt werden muß. Bei der Reaktion zwischen Substrat und dem Enzym-Metall-TPP-komplex wird das Molekül-gefüge der Brenztraubensäure derart gelockert, daß CO_2 abgespalten wird. Die übrig bleibende Zwischenverbindung, der Acetaldehyd-Enzym-komplex, steht in einem reversiblen Gleichgewicht mit freiem Acetaldehyd und freiem Enzym bzw. Enzym-Metall-TPP-komplex und seine Dissoziation stellt die typische Wirkung der Pyruvat-decarboxylasen, die Spaltung von Brenztraubensäure in Acetaldehyd und CO_2, dar. Die Zwischenverbindung kann aber auch in Anwesenheit eines Überschusses von Acetaldehyd mit einem weiteren Molekül Acetaldehyd unter Bildung eines instabilen Acetoin-Enzym-komplexes reagieren, welcher schnell und irreversibel in Acetoin und freies Enzym zerfällt; die Entstehung von Acetoin durch diesen Mechanismus wird als die Carboligase-reaktion bezeichnet, die bis vor kurzem einem eigenen Enzymtypus, den „Carboligasen", zugeschrieben wurde.

In ähnlicher Weise lassen sich auch die Funktionen von TPP bei den verschiedenen anderen Enzym-wirkungen, an welchen diese Verbindung teil hat, erklären.

Die hier berichteten Vorstellungen, welche weitgehend experimentell unterbaut sind, stellen eine glänzende Bestätigung der schon vor längerer Zeit an Hand von Modell-versuchen aufgestellten Theorie der Pyruvat-decarboxylasewirkung von LANGENBECK[3] dar.

g) Enzyme, die TPP als Coenzym enthalten

Alle Fermente, bei denen mit Sicherheit TPP als prosthetische Gruppe nachgewiesen wurde, sowie entsprechende Enzymsysteme sind in Tab. 71 zusammengefaßt. Es ist durchaus möglich und wahrscheinlich, daß diese Liste in naher Zukunft Erweiterungen erfahren wird; in letzter Zeit wurde sie bemerkenswerterweise wesentlich eingeschränkt, da eine Reihe von Reaktionen, an welchen TPP beteiligt ist, in Einzelreaktionen aufgeteilt werden konnte und es sich hierbei herausstellte, daß in vielen Fällen diejenigen Schritte, welche TPP erfordern, identisch sind.

So zählte JANSEN[4] z. B. die Reaktionen

$$\text{Brenztraubensäure} + \text{Oxalessigsäure} + {}^1/_2\,O_2 \rightarrow \text{Citronensäure} + CO_2$$
$$2\ \text{Brenztraubensäure} + O_2 \rightarrow \text{Acetessigsäure} + 2\,CO_2 + H_2O$$
$$\text{Brenztraubensäure} + {}^1/_2\,O_2 + \text{Cholin} \rightarrow \text{Acetylcholin} + CO_2$$

als Einzelvorgänge, die durch TPP-Fermente katalysiert werden; heute wissen wir, daß der TPP-abhängige Schritt in allen diesen Reaktionen die Bildung von Acetyl-CoA aus Brenztraubensäure ist.

---

[1] K. MYRBÄCK, I. VALLIN und C. LUNDGREN: Svensk Kem. Tidskr. **56**, 296 (1944); K. MYRBÄCK und I. VALLIN: Ibid. **56**, 400 (1944); **57**, 72 (1945); K. MYRBÄCK, I. VALLIN und I. MAGNELL: Ibid. **57**, 124 (1945).

[2] Vgl. dazu besonders T. P. SINGER und J. PENSKY: J. biol. Chem. **196**, 375 (1952); Biochim. biophys. Acta **9**, 316 (1952).

[3] W. LANGENBECK: Erg. Enzymforsch. **2**, 328 (1933).

[4] B. C. P. JANSEN: Vitamins and Hormones **7**, 83 (1949).

Tabelle 71. *Reaktionen, an welchen TPP-Enzyme beteiligt sind*

Reaktion	Katalysierendes Enzym oder Enzymsystem
Brenztraubensäure → CO_2 + Acetaldehyd	Pyruvat-decarboxylasen
α-Ketobuttersäure → CO_2 + Propionaldehyd	Pyruvat-decarboxylasen
Benzaldehyd + Brenztraubensäure → Acetylphenylcarbinol + CO_2	} „Carboligase"
2 Brenztraubensäure → Acetoin + CO_2	
2 Diacetyl + 2 H_2O → Acetoin + 2 Essigsäure	„Diacetylmutase" (vgl. S. 628)
Benzoylameisensäure → CO_2 + Benzaldehyd	Benzoylformiat-decarboxylase
Brenztraubensäure + CoA + DPN ⇄ Acetyl-CoA + + DPN · H_2 + CO_2	Decarboxylierendes Pyruvat-dehydrogenase-system
α-Ketoglutarsäure + CoA + DPN ⇄ Succinyl-CoA + + DPN · H_2 + CO_2	Decarboxylierendes α-Ketoglutarat-dehydrogenase-system
Ribulose-5-phosphat + Ribose-5-phosphat ⇌ 3-Phosphoglycerinaldehyd + Sedoheptulose-7-phosphat	Glykolaldehyd-transferasen *(Transketolasen)* (vgl. S. 439ff.)

II. Lipoinsäuren *(Lipoic acids, Pyruvat-oxydase-faktor, „Protogen")*[1]

Bei Arbeiten mit einem Stamm von *Streptococcus faecalis* konnten O'Kane und Gunsalus[2] beobachten, daß für die oxydative Decarboxylierung von Pyruvat eine Substanz im Nährmedium erforderlich ist, die durch keinen bis dahin bekannten Faktor ersetzt werden kann. Es konnte weiters gezeigt werden, daß dieser zusätzliche Nährstoff mit verschiedenen anderen Wuchsfaktoren identisch ist[3]; er wirkt als Acetat-sparendes Agens bei *Lactobacillus casei*, ist ein Wuchsstoff für *Butyribacterium rettgeri* (BR-Faktor)[4], wirkt als „Protogen" bei *Tetrahymena geleii*[5] und ersetzt das „Reticulin" beim Wachstum von *Streptococcus cremoris*[6].

Der genannte Faktor scheint in verschiedenen Formen und in verschiedener Bindung vorzukommen[7] und es wurde vorgeschlagen, die aktiven Substanzen unter der Bezeichnung Lipoinsäuren *(lipoic acids)* zusammenzufassen[8].

In letzter Zeit ist es gelungen, eine dieser Substanzen zu isolieren und ihre Struktur weitgehend aufzuklären[9]. Die sog. α-Lipoinsäure oder Thioctinsäure ist ein Derivat der Caprylsäure, das zwei Schwefel-atome enthält, die untereinander verbunden sind.

---

[1] Übersichtsreferat: I. C. Gunsalus: Harvey Lectures **45**, 40 (1952).

[2] D. J. O'Kane und I. C. Gunsalus: J. Bacter. **54**, 20 (1947); **56**, 499 (1948).

[3] E. E. Snell und H. P. Broquist: Arch. Biochem. **23**, 326 (1949).

[4] L. Kline und H. A. Barker: J. Bacter. **60**, 349 (1950).

[5] G. W. Kidder und V. C. Dewey: Arch. Biochem. **20**, 433 (1949).

[6] E. B. Collins, F. E. Nelson und C. E. Parmelee: J. Bacter. **59**, 69 (1950).

[7] I. C. Gunsalus, L. Struglia und D. J. O'Kane: J. biol. Chem. **194**, 859 (1952).

[8] L. J. Reed, B. G. DeBusk, I. C. Gunsalus und C. S. Hornberger, Jr.: Science **114**, 93 (1951).

[9] L. J. Reed, B. G. DeBusk, I. C. Gunsalus und G. H. F. Schnakenberg: J. Amer. chem. Soc. **73**, 5920 (1951); L. J. Reed, Q. F. Soper, G. H. F. Schnakenberg, S. F. Kern, H. Boaz und I. C. Gunsalus: Ibid. **74**, 2383 (1952); C. S. Hornberger, Jr., R. F. Heitmiller, I. C. Gunsalus, G. H. F. Schnakenberg und L. J. Reed: Ibid. **74**, 2382 (1952); L. J. Reed, I. C. Gunsalus, G. H. F. Schnakenberg, Q. F. Soper, H. E. Boaz, S. F. Kern und T. V. Parke: Ibid. **75**, 1267 (1953); J. A. Brockman, Jr., E. L. R. Stockstad, E. L. Patterson, J. V. Pierce, M. Macchi und F. P. Day: Ibid. **74**, 1868 (1952); M. W. Bullock, J. A. Brockman, Jr., E. L. Patterson, J. V. Pierce und E. L. R. Stockstad: Ibid. **74**, 3455 (1952).

Die Stellung der Schwefel-atome ist — obwohl bereits eine Synthese der Substanz gelungen ist[1] — noch nicht genau festgelegt, so daß die folgende Formel das bisher Gesicherte wiedergibt:

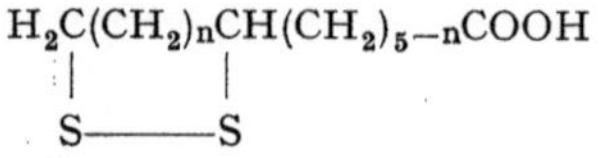

$$\begin{array}{l} H_2C(CH_2)_nCH(CH_2)_{5-n}COOH \\ \;|\qquad\qquad\quad | \\ S\text{———}\,S \end{array} \qquad (n = 1{,}2 \text{ oder } 3)$$

Zur Zeit nimmt man an, daß n = 2; die Formel der α-Lipoinsäure wäre demnach

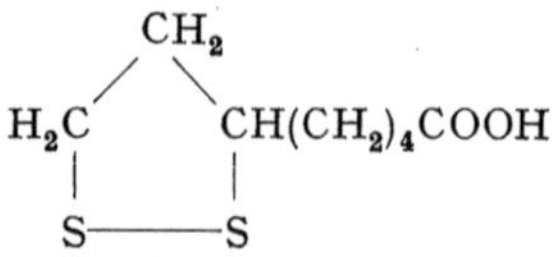

$$\begin{array}{l} \qquad\quad CH_2 \\ \qquad\;\, / \quad \backslash \\ H_2C \qquad CH(CH_2)_4COOH \\ \;\;| \qquad\quad\; | \\ \;\;S\text{———}S \end{array}$$

α-Lipoinsäure findet sich in den verschiedensten tierischen, pflanzlichen und mikrobiellen Materialien in gebundener Form[2]; durch saure oder alkalische Hydrolyse wird sie freigesetzt, während unter dem Einfluß von hydrolysierenden Enzymen Conjugate entstehen[3].

Die chemische Natur eines dieser Conjugate konnte in letzter Zeit aufgeklärt werden; es handelt sich um das sog. Lipothiamid, eine Verbindung zwischen α-Lipoinsäure und Thiamin, die auch synthetisch erhalten wurde und der die folgende Formel zugeschrieben wird[4]:

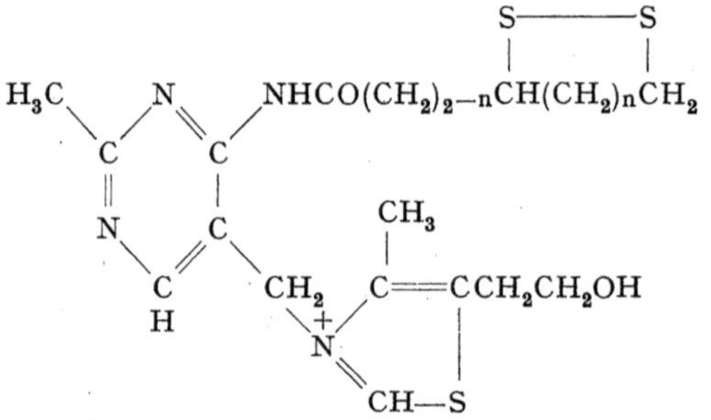

$$\begin{array}{l} \qquad\qquad\qquad\qquad\qquad\qquad\quad S\text{———}S \\ \qquad\qquad\qquad\qquad\qquad\qquad\quad\; | \qquad\;\; | \\ H_3C \quad N \quad NHCO(CH_2)_{2-n}CH(CH_2)_nCH_2 \\ \quad \backslash \;/ \; \backslash\backslash \; / \\ \quad\; C \qquad C \\ \quad\; \| \qquad\; | \qquad\qquad CH_3 \\ \quad\; N \qquad C \qquad\qquad\; | \\ \quad\;\; \backslash \; // \; \backslash \\ \qquad C \qquad CH_2 \quad C{=\!=}CCH_2CH_2OH \\ \qquad H \qquad\;\; \backslash \overset{+}{} / \qquad\quad | \\ \qquad\qquad\qquad\;\; N \qquad\qquad\;\; | \\ \qquad\qquad\qquad\quad \backslash\backslash \qquad\quad\; | \\ \qquad\qquad\qquad\qquad CH\text{—}S \end{array} \qquad (n = 1,\ 2 \text{ oder } 3)$$

Lipothiamid

Es scheint aber, daß nicht das als Lipothiamid bezeichnete Conjugat selbst, sondern sein Pyrophosphat, das Lipothiamidpyrophosphat (LTPP), der Cofaktor der oxydativen Decarboxylierungen ist.

Eine Beteiligung von Lipoinsäure-conjugaten des geschilderten Typus konnte bisher eindeutig für oxydative Decarboxylierungen (Brenztraubensäure, α-Ketoglutarsäure) bei Bakterien nachgewiesen werden; die weite Verbreitung von Substanzen gleicher biologischer Aktivität läßt aber darauf schließen, daß den Lipoinsäureconjugaten eine viel allgemeinere Funktion zukommt; so wird z. B. eine Beteiligung an der Photosynthese (S. 725) postuliert. Über die wahrscheinliche Wirkungsweise wird bei der Behandlung der entsprechenden Fermentsysteme berichtet werden (S. 626). Hier mag nur festgestellt werden, daß α-Lipoinsäure in ähnlicher Weise Acylmercaptid-bindungen eingeht wie CoA (S. 365 ff.).

---

[1] C. S. Hornberger, Jr., R. F. Heitmiller, I. C. Gunsalus, G. H. F. Schnakenberg und L. J. Reed: J. Amer. chem. Soc. **75**, 1273 (1953).

[2] I. C. Gunsalus, L. Struglia und D. J. O'Kane: J. biol. Chem. **194**, 859 (1952).

[3] L. J. Reed, B. G. DeBusk, P. M. Johnson und M. E. Getzendaner: Ibid. **192**, 851 (1951).

[4] L. J. Reed und B. G. DeBusk: J. Amer. chem. Soc. **74**, 3457, 3964 (1952); J. biol. Chem. **199**, 873, 881 (1952).

III. Pyruvat-decarboxylasen *(Carboxylase)*

Die Entdeckung der Pyruvat-decarboxylasen (oft kurz nur *Carboxylase* genannt) ist NEUBERG und KARCZAG[1] zu verdanken, welche 1911 die Wirkung eines Enzyms dieses Typus aus Hefe beschrieben, nachdem bereits ein Jahr vorher NEUBAUER[2] das Entstehen des Acetaldehyds aus Brenztraubensäure als einen Teilprozeß der alkoholischen Gärung postuliert hatte.

Die von den Pyruvat-decarboxylasen katalysierte Reaktion läßt sich durch die Gleichung

$$CH_3COCOOH \rightarrow CH_3CHO + CO_2$$

darstellen.

Diese Formulierung wurde von CONWAY und MACDONELL[3] bestritten; nach deren Annahme erfolgt die Freisetzung von Kohlendioxyd in der hydratisierten Form und die Reaktions-gleichung sei korrekter folgendermaßen zu schreiben:

$$CH_3COCOOH + H_2O \rightarrow CH_3CHO + H_2CO_3$$

Nach den Versuchen von KREBS und ROUGHTON[4], welche eine Carbonat-anhydratase (vgl. S. 653) auf dieses System einwirken ließen, ist es aber doch CO_2 und nicht eine hydratisierte Form, welche durch die Wirkung der Pyruvat-decarboxylasen entsteht, sodaß die erste Form der Reaktionsgleichung ihre Gültigkeit behält.

Enzyme dieses Typus kommen in Pflanzen, Hefe und einigen Bakterien, nicht aber in Tieren vor.

Die Spezifität dieser Fermente ist nicht allzu streng; außer Brenztraubensäure selbst werden auch die meisten höheren Homologen dieser Verbindung gespalten, wobei die Reaktions-geschwindigkeit mit der Kettenlänge abnimmt.

Nachdem schon 1932 AUHAGEN[5] festgestellt hatte, daß Trockenhefe, die mit alkalischer Phosphat-lösung gewaschen worden war, ihre Fähigkeit zur Decarboxylierung der Brenztraubensäure verliert, und diese Tatsache als Beweis für die Existenz eines niedermolekularen für die Enzym-wirkung erforderlichen Stoffes, einer *Cocarboxylase*, aufgefaßt hatte, konnten später LOHMANN und SCHUSTER[6] diesen Faktor isolieren und als Thiaminpyrophosphat (TPP) identifizieren. Außer TPP ist auch die Anwesenheit von Mg^{++} oder Mn^{++} für die Wirksamkeit der Pyruvat-decarboxylasen erforderlich. Das p_H-Optimum liegt bei 6,0.

Die Messung der Aktivität des Ferments erfolgt allgemein durch volumetrische Bestimmung des entstehenden Kohlendioxyds im WARBURG-Apparat. Nach GREEN und Mitarbeitern[7] wird die Einheit der Pyruvat-decarboxylase-wirkung durch diejenige Enzymmenge repräsentiert, welche bei 30° und p_H 6,0 (Citratpuffer) aus 0,5 ml 1-m Brenztraubensäurelösung (Gesamtvolumen mit der Enzym-lösung 3,3 ml) in 2 Min. 100 mm^3 CO_2 freisetzt.

Schon verhältnismäßig geringe Konzentrationen von Ag-, Cu-, Hg- und Sb-Ionen hemmen die Pyruvat-decarboxylasen. Acetaldehyd, also eines der Endprodukte der Reaktion, fungiert ebenfalls als — vermutlich kompetitiv wirkender — Inhibitor. Formaldehyd hat eine weitaus schwächere Hemmwirkung. Ebenso verursachen auch Chinone[8], verschiedene Sulfhydryl-reagenzien[9], Salicylate[10, 11]

---

[1] C. NEUBERG und L. KARCZAG: Biochem. Z. **36**, 68 (1911).
[2] O. NEUBAUER und K. Z. FROMHERZ,: Hoppe-Seyler's Z. physiol. Chem. **70**, 326 (1910).
[3] E. J. CONWAY und E. MACDONELL: Nature **156**, 752 (1945).
[4] H. A. KREBS und F. J. W. ROUGHTON: Biochem. J. **43**, 550 (1948).
[5] E. AUHAGEN: Hoppe-Seyler's Z. physiol. Chem. **204**, 149; **209**, 20 (1932); Biochem. Z. **258**, 330 (1933).
[6] K. LOHMANN und P. SCHUSTER: Ibid. **294**, 188 (1937).
[7] D. E. GREEN, D. HERBERT und V. SUBRAMANYAN: J. biol. Chem. **138**, 327 (1941).
[8] R. KUHN und H. BEINERT: Chem. Ber. **80**, 101 (1947).
[9] E. S. G. BARRON und T. P. SINGER: J. biol. Chem. **157**, 221 (1945); A. O. M. STOPPANI, A. S. ACTIS, J. O. DEFERRARI und E. L. GONZALES: Biochem. J. **54**, 378 (1953).
[10] C. LUTWAK-MANN: Ibid. **36**, 706 (1942).
[11] H. VON EULER und L. AHLSTRÖM: Ark. Kemi, Mineral. Geol. **16** B, Nr. 16 (1943).

sowie Sulfonamide und unter ihnen besonders das Sulfathiazol, welches strukturell weitgehende Analogien mit TPP aufweist[1], eine Hemmung der Pyruvatdecarboxylasen. Wieweit die zuletzt berichteten Effekte einen Zusammenhang mit den therapeutischen Wirkungen der genannten Substanzen haben, ist allerdings noch ungeklärt.

GREEN und Mitarbeiter[2] einerseits und KUBOWITZ und LÜTTGENS[3] andrerseits berichteten 1941 über eine weitgehende Reinigung der Pyruvat-decarboxylase aus Hefe. Nach den Ergebnissen beider Forschergruppen handelt es sich bei dem Ferment um einen TPP-Mg-Protein-komplex, wobei auf 75000 g Eiweiß 1 Mol TPP und 1 g-Atom Mg kommen. Das Enzym dissoziiert im alkalischen Gebiet.

Die Herstellung eines hochgereinigten Präparates der Pyruvat-decarboxylase aus Weizenkeimlingen wurde kürzlich von SINGER und PENSKY[4] beschrieben. Ebenso wie die Ferment-zubereitungen aus Hefe, benötigt auch diese Präparation TPP und Mg^{++} für ihre Wirksamkeit. SINGER und PENSKY gelang es, ein Präparat zu erhalten, das viermal aktiver war als die bestgereinigte Pyruvat-decarboxylase aus Hefe.

Die Pyruvat-decarboxylasen nehmen im Prozeß der alkoholischen Gärung eine zentrale Stellung ein. Nur Organismen, welche Enzyme dieses Typus besitzen, sind zur Äthan-bildung aus Brenztraubensäure befähigt.

Die Carboligase-reaktion. NEUBERG und Mitarbeiter[5] beobachteten 1921, daß bei Zugabe von Benzaldehyd zu gärender Hefe Acetylphenylcarbinol entsteht. Es wurde angenommen, daß der bei der Gärung als Zwischenprodukt auftretende Acetaldehyd *in statu nascendi* mit dem zugesetzten Benzaldehyd zu Acetylphenylcarbinol kondensiert.

$$\underset{\text{Benzaldehyd}}{C_6H_5CHO} + \underset{\substack{\text{Acetaldehyd} \\ \textit{in statu nascendi}}}{CH_3CHO} \rightarrow \underset{\text{Acetylphenylcarbinol}}{C_6H_5CHOHCOCH_3}$$

Ganz analoge Kondensationen können auch mit anderen Aldehyden erfolgen; so wird durch gärende Hefe bei Zugabe von Acetaldehyd Acetoin gebildet.

Die Frage, ob Kondensationen dieser Art durch spezifische Enzyme katalysiert werden, oder ob die Pyruvat-decarboxylasen dafür verantwortlich sind, war lange Jahre strittig[6] und ist auch jetzt noch nicht völlig geklärt. Wohl scheint es heute — vor allem durch die Arbeiten von SINGER und PENSKY[7] — sichergestellt zu sein, daß auch hochgereinigte Präparationen einer Pyruvat-decarboxylase zur Acetoin-kondensation imstande sind. Über den wahrscheinlichen Mechanismus dieser Wirkung wurde bereits berichtet (S. 612).

Bei verschiedenen Bakterien ist der Mechanismus der Acetoin-bildung ein grundsätzlich anderer. Bereits SILVERMAN und WERKMAN[8] konnten zeigen,

---

[1] M. G. SEVAG, M. SHELBURNE und S. MUDD: J. gen. Physiol. **25**, 805 (1942); J. Bacter. **49**, 65 (1945).

[2] D. E. GREEN, D. HERBERT und V. SUBRAMANYAN: J. biol. Chem. **138**, 327 (1941).

[3] F. KUBOWITZ und W. LÜTTGENS: Biochem. Z. **307**, 170 (1941).

[4] T. P. SINGER und J. PENSKY: Arch. Biochem. Biophys. **31**, 457 (1951).

[5] C. NEUBERG und J. HIRSCH: Biochem. Z. **115**, 282 (1921); C. NEUBERG und H. OHLE: Ibid. **127**, 327; **128**, 610 (1922).

[6] Vgl. z. B. W. DIRSCHERL: Hoppe-Seyler's Z. physiol. Chem. **188**, 225 (1930); W. DIRSCHERL und H. NAHM: Ibid. **264**, 41 (1940); B. TANKO und L. MUNK: Ibid. **262**, 144 (1939); A. M. KUSIN und E. BUDNIZKAJA: Biochimija **5**, 309 (1940); C. NEUBERG: Annu. Rev. Biochem. **15**, 435 (1946).

[7] T. P. SINGER und J. PENSKY: Arch. Biochem. Biophys. **31**, 457 (1951); vgl. auch E. JUNI: J. biol. Chem. **195**, 727 (1952).

[8] M. SILVERMAN und C. H. WERKMAN: Ibid. **138**, 35 (1941); vgl. auch M. LEMOIGNE, M. HOOREMAN und M. CROSON: Ann. Inst. Pasteur **76**, 303 (1949).

daß zugesetzter Acetaldehyd nicht an der Reaktion teilnimmt. Nachdem verschiedene Bearbeiter[1] die Existenz von Fermenten nachgewiesen hatten, welche α-Acetylmilchsäure zu Acetoin decarboxylieren, gelang es kürzlich JUNI[2], die Entstehung dieser Verbindung als Zwischenprodukt der Acetoin-bildung in Bakterien nachzuweisen. Demnach erfolgt die Carboligase-reaktion in den Bakterien in zwei Teilreaktionen, von denen die erste eine Kondensation von zwei Molekülen Brenztraubensäure zu Acetylmilchsäure ist; dabei wird ein Molekül CO_2 abgespalten.

$$2\,CH_3COCOOH \rightarrow CH_3COC(OH)(CH_3)COOH + CO_2$$

Brenztraubensäure α-Acetylmilchsäure

Der zweite Schritt ist die Decarboxylierung von α-Acetylmilchsäure zu Acetoin; diese Reaktion wird durch eine spezifische α-Acetyllactat-decarboxylase (S. 619) katalysiert.

Schließlich können auch tierische Gewebe, in denen sicherlich keine Pyruvatdecarboxylasen enthalten sind, die Acetoin-kondensation bewirken[3]. Es scheint, daß für diesen Vorgang die später zu besprechenden Systeme der Pyruvatdecarboxylierung verantwortlich sind und daß der Mechanismus der Acetoinbildung im tierischen Gewebe völlig demjenigen analog ist, welcher von den Pyruvat-decarboxylasen bewirkt wird.

In der Industrie wird die Carboligase-reaktion unter Verwendung gärender Hefe zur Darstellung von Acetylphenylcarbinol benützt; dieses ist ein wichtiges Zwischenprodukt bei der Synthese des Ephedrins, eines pharmazeutisch wertvollen Alkaloids.

Die „Carboligase-systeme" der Bakterien haben große biologische Bedeutung, da bei vielen Arten der größte Teil des Kohlehydrat-stoffwechsels über Acetoin verläuft und dieses sowie seine Oxydations- bzw. Reduktionsprodukte Diacetyl und 2,3-Butylenglykol die Endstufen des Kohlehydrat-abbaus darstellen.

IV. Benzoylformiat-decarboxylase

In *Pseudomonas fluorescens* konnte ein Enzym nachgewiesen werden, das die Decarboxylierung von Benzoylameisensäure zu Benzaldehyd katalysiert[4]. Das Enzym findet sich nur in solchen Organismen, die auf einem Nährboden gewachsen waren, der Mandelsäure enthielt.

$$C_6H_5COCOOH \rightarrow C_6H_5CHO + CO_2$$

Benzoylameisensäure Benzaldehyd

Für seine Wirksamkeit benötigt das Ferment die Anwesenheit von TPP, Mg^{++} scheint hingegen nicht erforderlich zu sein. Das Wirkungsoptimum liegt zwischen p_H 6,0 und 6,5. Außer Benzoylameisensäure wird wahrscheinlich auch *p*-Oxybenzoylameisensäure durch dasselbe Enzym decarboxyliert[5]. Das Ferment ist ein Teilkatalysator des oxydativen Abbaus der Mandelsäure durch *Pseudomonas fluorescens* (vgl. S. 494).

[1] D. WATT und L. O. KRAMPITZ: Federation Proc. **6**, 301 (1947); E. JUNI: Ibid. **9**, 396 (1950).

[2] E. JUNI: J. biol. Chem. **195**, 715 (1952).

[3] G. GORR: Biochem. Z. **254**, 12 (1932); B. TANKO, L. MUNK und I. ABONYI: Hoppe-Seyler's Z. physiol. Chem. **264**, 91 (1940); D. E. GREEN, W. W. WESTERFELD, B. VENNESLAND und W. E. KNOX: J. biol. Chem. **145**, 69 (1942).

[4] C. F. GUNSALUS, R. Y. STANIER und I. C. GUNSALUS: J. Bacter. **66**, 548 (1953).

[5] S. E. GUNTER: Ibid. **66**, 341 (1953).

V. Oxalacetat-β-decarboxylasen

Es scheint zwei verschiedene Enzymtypen zu geben, welche die Decarboxylierung der Oxalessigsäure nach der Gleichung

$$HOOCCH_2COCOOH \rightarrow CO_2 + CH_3COCOOH$$

katalysieren können[1]. Der erste Typus, welcher durch diejenigen Enzyme repräsentiert wird, welche in Tauben-leber und in *Lactobacillus arabinosus* nachgewiesen werden können, hat auch gleichzeitig Transhydrogenase-wirkung, d. h. die Fermente dieser Art können die oxydative Decarboxylierung von Äpfelsäure zu Brenztraubensäure bzw. auch die umgekehrte Reaktion bewirken. Entsprechend ihrer Doppelfunktion werden sie später in diesem Kapitel gemeinsam mit analog wirkenden Enzymen besprochen (S. 622).

Der zweite Typus umfaßt Enzyme, welche nur die β-Decarboxylierung der Oxalessigsäure, nicht aber die Dehydrierung der Äpfelsäure verursachen.

Krampitz und Werkman[2] konnten aus aceton-getrocknetem *Micrococcus lysodeikticus* eine zellfreie Präparation eines Enzyms herstellen, welche in Anwesenheit von Mg^{++} die oben angegebene Reaktion katalysiert. Versuche mit C^{13} zeigen, daß dieser Vorgang reversibel ist[3] (Wood-Werkman-Reaktion, S. 698); das Gleichgewicht liegt aber weit auf Seite der Decarboxylierung.

Nach Angaben verschiedener Autoren ist Biotin in irgendeiner Weise an der Decarboxylierung von Oxalessigsäure bzw. am inversen Vorgang, an der Synthese von Oxalessigsäure aus Brenztraubensäure und Kohlendioxyd, beteiligt. Es scheint allerdings noch keineswegs geklärt zu sein, ob Biotin selbst oder eine noch unbekannte Wirkform dieses Vitamins dabei mitwirkt und in welcher Weise die Beteiligung erfolgt[4].

Neben den geschilderten Enzymen vom Typus der „*malic enzymes*" gibt es in der Tauben-leber auch ein anderes System der reversiblen Carboxylierung von Brenztraubensäure. Utter und Wood[5] beobachteten 1946, daß bei Zusatz von ATP zu Taubenleber-extrakten CO_2 rasch in Oxalessigsäure einverleibt wird. Der Reaktions-mechanismus konnte kürzlich geklärt werden[6]. Es handelt sich um ein Enzym oder Enzym-system, welches die Reaktion

$$\begin{matrix}\text{ATP}\\ \text{oder}\\ \text{ITP}\end{matrix} + \text{Oxalessigsäure} \rightleftharpoons \text{Phosphoenolbrenztraubensäure} + CO_2 + \begin{matrix}\text{ADP}\\ \text{oder}\\ \text{IDP}\end{matrix}$$

katalysiert und demnach als decarboxylierende ATP → Oxalacetat-transphosphatase bezeichnet werden kann. Das Enzym läßt sich von der decarboxylierenden *l*-Malat → TPN-transhydrogenase („*malic enzyme*") der Tauben-leber abtrennen.

VI. Oxalsuccinat-decarboxylasen

Die von Ochoa und Weisz-Tabori[7] und von Lynen und Scherer[8] fast zur gleichen Zeit entdeckte enzymatische Decarboxylierung der Oxalbernsteinsäure zu α-Ketoglutarsäure

[1] A. H. Mehler, A. Kornberg, S. Grisolia und S. Ochoa: J. biol. Chem. **174**, 961 (1948).

[2] L. O. Krampitz und C. H. Werkman: Biochem. J. **35**, 595 (1941).

[3] L. O. Krampitz, H. G. Wood und C. H. Werkman: J. biol. Chem. **147**, 243 (1943).

[4] Vgl. dazu z. B. J. L. Stokes, A. Larsen und M. Gunness: J. Bavetr. **54**, 219 (1947); H. A. Lardy, R. L. Potter und C. A. Elvehjem: J. biol. Chem. **169**, 451 (1947); W. Shive und L. L. Rogers: Ibid. **169**, 453 (1947); H. C. Lichstein und W. W. Umbreit: Ibid. **170**, 329 (1947); S. Ochoa, A. Mehler, M. L. Blanchard, T. H. Jukes, C. E. Hoffmann und M. Regan: Ibid. **170**, 413 (1947); G. E. Wessman und C. H. Werkman: Arch. Biochem. **26**, 214 (1950); Übersichtsreferat: H. C. Lichstein: Vitamins and Hormones **9**, 27 (1951).

[5] M. F. Utter und H. G. Wood: J. biol. Chem. **164**, 455 (1946); M. F. Utter: Ibid. **188**, 847 (1951).

[6] M. F. Utter und K. Kurahashi: J. Amer. chem. Soc. **75**, 758 (1953).

[7] S. Ochoa und E. Weisz-Tabori: J. biol. Chem. **159**, 245 (1945); **174**, 133 (1948).

[8] F. Lynen und H. Scherer: Liebig's Ann. Chem. **560**, 163 (1948).

dürfte überall durch Fermentproteine verursacht werden, welche auch gleichzeitig die Dehydrierung der *l*-Isocitronensäure zu Oxalbernsteinsäure katalysieren[1]. Es handelt sich also um Fermente mit einer Doppelfunktion, welche deshalb gemeinsam mit analog wirkenden Enzymen später besprochen werden (S. 621).

$$\underset{\text{Oxalbernsteinsäure}}{HOOCCO\underset{\displaystyle COOH}{\underset{|}{C}}HCH_2COOH} \rightarrow \underset{\alpha\text{-Ketoglutarsäure}}{HOOCCOCH_2CH_2COOH} + CO_2$$

VII. Acetoacetat-decarboxylasen

Ein Enzym, welches streng spezifisch die Decarboxylierung von Acetessigsäure zu Aceton katalysiert,

$$CH_3COCH_2COOH \rightarrow CH_3COCH_3 + CO_2$$

konnte 1943 von Davies[2] aus *Clostridium acetobutylicum* isoliert und weitgehend gereinigt werden. Das Enzym hat eine verhältnismäßig geringe Affinität zu seinem Substrat; bei 37,5° genügen 0,05 Mole Acetoacetat, um das Enzymprotein zu sättigen. Das p_H-Optimum der Wirksamkeit liegt bei 5,0.

Im Gegensatz zu den anderen Ketosäure-decarboxylasen erweist sich das Ferment auch ohne Zusatz von zweiwertigen Kationen als aktiv; andrerseits ist Cyanid ein starker Inhibitor, so daß das Enzym möglicherweise ein Schwermetall als festgebundene prosthetische Gruppe enthält.

Ein gleichartig wirkendes Ferment konnte von Seeley und Van Denmark[3] in *Clostridium madisonii* nachgewiesen werden.

VIII. α-Acetyllactat-decarboxylasen

Nach Watt und Krampitz[4] enthält *Staphylococcus aureus* ein verhältnismäßig hitzestabiles Enzym, welches die Reaktion

$$\underset{\alpha\text{-Acetylmilchsäure}}{CH_3CO\underset{\displaystyle CH_3}{\underset{|}{C}}(OH)COOH} \rightarrow \underset{\text{Acetoin}}{CH_3COCHOHCH_3} + CO_2$$

katalysiert. Juni[5] berichtet über das Vorkommen ähnlicher Faktoren in *Aerobacter aerogenes, Bacillus subtilis, Serratia marcescens* und auch im Schweineherzen.

Die Enzyme sind streng spezifisch für die rechtsdrehende Form von α-Acetylmilchsäure; Acetessigsäure und Oxalessigsäure werden nicht decarboxyliert. Über ihre Rolle bei der bakteriellen Acetoin-bildung wurde bereits referiert.

IX. Malonat-decarboxylase-systeme

Obwohl Lineweaver[6] schon vor Jahren angenommen hatte, daß Bakterien, wie z. B. *Azotobacter vinelandii,* welche Malonsäure abbauen können, diesen Abbau durch Decarboxylierung zu Acetat vollziehen, konnte ein Enzym, welches diese Reaktion katalysiert, lange deshalb nicht nachgewiesen werden, weil Präparate aus Malonat verwertenden Bakterien anscheinend das entstehende Acetat so schnell oxydativ abbauen, daß dieses Produkt des langsam verlaufenden primären Decarboxylierungs-schrittes nicht isoliert werden konnte. Malonsäure ist ein Zwischenprodukt des Uracil-abbaus (vgl. S. 266).

---

[1] A. L. Grafflin und S. Ochoa: Biochem. biophys. Acta **4**, 205 (1950).
[2] R. Davies: Biochem. J. **37**, 230 (1943).
[3] H. W. Seeley und P. J. Van Denmark: J. Bacter. **59**, 381 (1950).
[4] D. Watt und L. O. Krampitz: Federation Proc. **6**, 301 (1947).
[5] E. Juni: Ibid. **9**, 396 (1950); J. biol. Chem. **195**, 715 (1952).
[6] H. Lineweaver, Ibid. **99**, 575 (1933).

Erst vor kurzem gelang GRAY[1] die Herstellung eines zellfreien, aber noch verhältnismäßig unreinen Enzym-präparats aus Bakterien der Gattung *Pseudomonas aeruginosa*, die für Malonat adaptiert waren, welches ohne Zweifel die Reaktion

$$CH_2\begin{matrix}\diagup COOH\\ \\ \diagdown COOH\end{matrix} \rightarrow CO_2 + CH_3COOH$$

katalysiert. Die Decarboxylierung der Malonsäure erfolgt zwischen p_H 6,0 und 8,0 mit einem Maximum zwischen p_H 6,9 und 7,4. Für ihre Wirksamkeit benötigt die Präparation weder die Anwesenheit von Thiaminpyrophosphat noch von Biotin, Mg^{++} oder Mn^{++}. Die Präparationen enthalten außer dem hier beschriebenen Enzymsystem auch noch eine Oxalacetat-decarboxylase; die beiden Fermente sind aber wohl kaum identisch, da GRAY zeigen konnte, daß ein Enzym-präparat aus nicht für Malonat adaptierter *Pseudomonas aeruginosa* wohl das Oxalessigsäure decarboxylierende Ferment, nicht aber ein Malonat-decarboxylase-system enthält.

HAYAISHI[2] berichtete kürzlich, daß für die Decarboxylierung von Malonsäure durch Extrakte aus *Pseudomonas fluorescens* die Anwesenheit von ATP und CoA erforderlich ist. Er nimmt deshalb an, daß der Vorgang durch ein Enzymsystem katalysiert wird, das aus einem Acyl-aktivierenden Enzym (vgl. S. 376) und einer Malonyl-CoA-decarboxylase besteht. Es ist noch nicht klargestellt, ob die Decarboxylierung an der aktivierten Carboxyl-gruppe erfolgt, wobei ein „aktiver C_1-Körper" und Essigsäure entstehen müßte, oder an der anderen Carboxylgruppe; in diesem Falle wären Acetyl-CoA und CO_2 als Endprodukte zu erwarten.

Die Fähigkeit zur Verwertung von Malonsäure scheint unter Bakterien weit verbreitet zu sein; sie findet sich besonders in den Klassen *Pseudomonas*, *Xanthomonas*, *Azotobacter* und *Mycobacterium*. Es ist wahrscheinlich, daß der Primärvorgang in allen diesen Organismen die Decarboxylierung der Malonsäure durch ein gleichartiges Enzymsystem ist.

X. Succinat-decarboxylase-systeme

Es wurde schon früher die Meinung geäußert, daß verschiedene Bakterien Propionsäure durch Decarboxylierung von Bernsteinsäure produzieren[3], doch scheint der eindeutige Beweis für die Existenz eines Enzyms oder Enzymsystems, das die Reaktion

$$\begin{matrix}COOH\\ |\\ CH_2\\ |\\ CH_2\\ |\\ COOH\end{matrix} \rightarrow \begin{matrix}COOH\\ |\\ CH_2\\ |\\ CH_3\end{matrix} + CO_2$$

katalysiert, erst 1948 gelungen zu sein.

Nach JOHNS[4] enthält der saprophytische Mikroorganismus *Veillonella gazogenes* PRÉVOT ein Fermentsystem, das eine solche Umsetzung bewirkt, und ebenso konnte DELWICHE[5] den Nachweis für ein gleichartig wirkendes Enzymsystem in *Propionibacterium pentosaceum* erbringen. An diesem Vorgang soll Biotin beteiligt sein[6].

[1] C. T. GRAY: J. Bacter. **63**, 813 (1952).
[2] O. HAYAISHI: J. Amer. chem. Soc. **75**, 4367 (1953).
[3] H. G. WOOD und C. H. WERKMAN: Adv. Enzymology **2**, 135 (1942).
[4] A. T. JOHNS: Biochem. J. **42**, II (1948); Nature **164**, 620 (1949).
[5] E. A. DELWICHE: J. Bacter. **56**, 811 (1948).
[6] E. A. DELWICHE: Ibid. **59**, 439 (1950); H. C. LICHSTEIN: Ibid. **60**, 485 (1950).

Das Enzymsystem aus *Veillonella* wirkt optimal bei p_H 5,2; wenn das Medium ein p_H über 6,5 hat, wird Bernsteinsäure nicht mehr decarboxyliert.

Von verschiedenen Autoren[1] wurde kürzlich auch hier gezeigt, daß für das Stattfinden dieses Vorgangs die Anwesenheit von ATP und CoA erforderlich ist; daneben scheint noch TPP beteiligt zu sein. Ähnlich wie bei den Malonat-decarboxylase-systemen dürfte ein Enzymsystem vorliegen, das aus einem Succinyl-CoA-synthetisierenden Enzym und einer für „aktive" Bernsteinsäure spezifischen Decarboxylase besteht.

XI. α-Keto-γ-oxybutyrat-synthease *(Formaldehyd-Pyruvat-carboligase)*

An dieser Stelle muß auch ein Enzymtypus besprochen werden, der erst vor kurzer Zeit entdeckt wurde und dessen Wirkungsmechanismus noch nicht ganz geklärt ist.

Aus Rinder-leber konnte ein Enzym erhalten werden, welches äquimolare Mengen von Brenztraubensäure und Formaldehyd zu α-Keto-γ-oxybuttersäure kondensiert[2].

$$HCHO + CH_3COCOOH \rightarrow \underset{\alpha\text{-Keto-}\gamma\text{-oxybuttersäure}}{CH_2OHCH_2COCOOH}$$

Das Reaktionsprodukt konnte als das γ-Lacton der α-Keto-β-oxybuttersäure isoliert werden. Bei Verwendung von Phenylbrenztraubensäure an Stelle von Brenztraubensäure als Substrat wurde jene mit Formaldehyd unter den gleichen Bedingungen zu dem γ-Lacton der α-Keto-β-phenyl-γ-oxybuttersäure kondensiert. Sonst scheint aber die Spezifität des Enzyms sehr streng zu sein; keine andere Ketosäure und auch kein anderer Aldehyd erwies sich zu einer analogen Kondensation befähigt.

$$\underbrace{CH_2\text{—}CH{=}C(OH)\text{—}CO}_{O}$$

γ-Lacton der α-Keto-γ-oxybuttersäure (Enolform)

$$\underbrace{CH_2\text{—}\overset{C_6H_5}{\overset{|}{C}}{=}C(OH)\text{—}CO}_{O}$$

γ-Lacton der α-Keto-β-phenyl-γ-oxybuttersäure (Enolform)

Über die biologische Bedeutung der katalysierten Reaktion ist noch nichts bekannt.

XII. Decarboxylierende *d*-Isocitrat → PN-transhydrogenasen *(Isocitronensäure-dehydrase)*

In vielen Organismen sind Enzymsysteme nachzuweisen, welche die Oxydation von Citronensäure katalysieren[3, 4].

Martius[5] stellte fest, daß die Primär-reaktion, eine Isomerisierung der Citronensäure zu Isocitronensäure, durch einen eigenen Fermenttypus, die Aconitathydratasen (*Aconitase*, S. 649), katalysiert wird. Erst die Isocitronensäure fungiert als Substrat der pyridinnucleotid-spezifischen Transhydrogenase, wobei primär Oxalbernsteinsäure entsteht, die — nach den damaligen Anschauungen von Martius — spontan in α-Ketoglutarsäure und CO_2 zerfalle. Adler und Mitarbeiter[6] zeigten bald darauf, daß der Vorgang TPN-spezifisch sei und die Anwesenheit von Mn^{++} oder Mg^{++} erfordere, von welchen das erstere weitaus wirksamer ist.

---

[1] E. A. Delwiche, E. F. Phares und S. F. Carson: Federation Proc. **12**, 194 (1953); H. R. Whiteley: J. Amer. chem. Soc. **75**, 1518 (1953).

[2] H. Hift: Federation Proc. **11**, 230 (1952); H. Hift und H. R. Mahler: J. biol. Chem. **198**, 901 (1952); vgl. auch P. Mitchell und C. Artom: Federation Proc. **10**, 224 (1951).

[3] T. Thunberg: Skand. Arch. Physiol. **24**, 2372 (1910).

[4] F. Batelli und L. Stern: C. R. Soc. biol. **62**, II 552 (1910).

[5] C. Martius: Hoppe-Seyler's Z. physiol. Chem. **247**, 104 (1937); **257**, 29 (1938).

[6] E. Adler, H. von Euler, G. Günther und M. Plass: Biochem. J. **33**, 1028 (1939).

$$\begin{array}{ccccc} COOH & & COOH & & COOH \\ | & & | & & | \\ CHOH & & CO & & CO \\ | & \xrightarrow[+2H]{-2H} & | & \xrightarrow[+CO_2]{-CO_2} & | \\ CHCOOH & \leftarrow & CHCOOH & \leftarrow & CH_2 \\ | & & | & & | \\ CH_2 & & CH_2 & & CH_2 \\ | & & | & & | \\ COOH & & COOH & & COOH \\ d\text{-Isocitronensäure} & & \text{Oxalbernsteinsäure} & & \alpha\text{-Ketoglutarsäure} \end{array}$$

OCHOA[1] studierte diese Umsetzungen unter Verwendung eines Enzym-präparats aus Schweine-herzen und konnte dabei feststellen, daß es sich bei der angegebenen Reaktionsfolge um zwei enzymatisch katalysierte reversible Vorgänge handelt. Danach mußte angenommen werden, daß daran zwei verschiedene Fermente beteiligt sind, eine Isocitrat → TPN-transhydrogenase und eine Oxalsuccinat-decarboxylase. Tatsächlich lassen sich beide Wirkungen getrennt nachweisen; in Abwesenheit von Mn^{++} bleibt die Reaktion auf der Stufe der Oxalbernsteinsäure stehen, während andrerseits das Ferment-präparat in Anwesenheit von Mn^{++} imstande ist, Oxalbernsteinsäure zu decarboxylieren, also den zweiten Teil der Reaktionsfolge allein ebenfalls bewirken kann.

Bisher war es nicht möglich, die beiden für die zwei Reaktionen verantwortlichen Enzyme zu trennen; nach GRAFFLIN und OCHOA[2] ist sogar wahrscheinlich, daß es sich hier um ein einheitliches Protein mit zwei Funktionen handelt; die Autoren fanden, daß das Verhältnis zwischen den Aktivitäten von Transhydrogenase und Decarboxylase während der verschiedenen Reinigungsschritte konstant bleibt.

Die Reversibilität der von dem Enzym(-system) katalysierten Wirkungen konnte von OCHOA[3] auf verschiedene Weise nachgewiesen werden; die interessanteste Methode stellt eine Kopplung der katalysierten Reaktion mit dem durch eine Glucose-6-phosphat → TPN-transhydrogenase („Zwischenferment" von WARBURG, S. 489) katalysierten Vorgang dar.

$$\text{Glucose-6-phosphat} + \text{TPN} \rightleftarrows \text{TPN} \cdot H_2 + \text{6-Phosphogluconsäure}$$

$$\text{TPN} \cdot H_2 + \alpha\text{-Ketoglutarsäure} + CO_2 \xrightleftharpoons{Mn^{++}} d\text{-Isocitronensäure} + \text{TPN}$$

Hieraus resultiert als Bruttoreaktion

$$\begin{array}{c} \text{Glucose-6-phosphat} + \alpha\text{-Ketoglutarsäure} + CO_2 \\ Mn^{++},\ \text{TPN} \ \Big\downarrow\!\Big\uparrow \\ d\text{-Isocitronensäure} + \text{6-Phosphogluconsäure} \end{array}$$

Es handelt sich also um eine durch TPN verbundene Dismutation, wobei α-Ketoglutarsäure carboxyliert und die entstandene Oxalbernsteinsäure sofort zu *d*-Isocitronensäure reduziert wird, während gleichzeitig die Oxydation von Glucose-6-phosphat zu 6-Phosphogluconsäure erfolgt. Ein ähnliches System könnte auch *in vivo* die Assimilation von CO_2 katalysieren.

---

[1] S. OCHOA: J. biol. Chem. 159, 243 (1945).
[2] A. L. GRAFFLIN und S. OCHOA: Biochim. biophys. Acta 4, 205 (1950).
[3] S. OCHOA: J. biol. Chem. 174, 133 (1948).

Mit Hilfe optischer Meßmethoden (TPN · H_2-Absorption bei 340 mμ) konnte OCHOA auch die Gleichgewichts-konstanten der einzelnen durch das Enzym katalysierten Reaktionen messen. Bei p_H 7,2 und 23° wurden die folgenden Werte gefunden:

$$K_1 = \frac{[d\text{-Isocitrat}]\,[\text{TPN}]}{[\alpha\text{-Ketoglutarat}]\,[\text{CO}_2]\,[\text{TPN}\cdot\text{H}_2]} = 1{,}3\cdot 10^{-4}$$

$$K_2 = \frac{[d\text{-Isocitrat}]\,[\text{TPN}]}{[\text{Oxalsuccinat}]\,[\text{TPN}\cdot\text{H}_2]} = 0{,}3$$

$$K_3 = \frac{[\text{Oxalsuccinat}]}{[\alpha\text{-Ketoglutarat}]\,[\text{CO}_2]} = 1{,}3\cdot 10^{-4}$$

Das Gleichgewicht liegt also ziemlich weit auf der Seite der Decarboxylierung (und Dehydrierung) und kann nur durch Methoden wie die oben beschriebene Kopplung mit einem dauernd TPN. · H_2 nachliefernden System in Richtung der Carboxylierung verschoben werden.

Die Decarboxylierung von Oxalbernsteinsäure wird durch Isocitronensäure gehemmt; Aconitsäure verursacht nur geringe Hemmung, während Citronensäure auf die Decarboxylierung überhaupt keinen Einfluß hat.

Decarboxylierende Isocitrat → TPN-transhydrogenasen sind in der Natur sehr weit verbreitet; Enzyme dieser Wirkungsweise konnten in den verschiedensten Materialien nachgewiesen werden.

In letzter Zeit berichten KORNBERG und PRICER[1], daß in Hefe neben einem Enzym, welches sich gleichartig verhält wie der hier besprochene Enzymtypus, ein zweiter Isocitronensäure zu α-Ketoglutarsäure oxydierender Wirkstoff vorkommt, der sich in verschiedener Hinsicht von den behandelten Fermenten unterscheidet. Das von den Autoren beschriebene Enzym ist DPN-spezifisch, es darf deshalb als decarboxylierende Isocitronensäure → DPN-transhydrogenase angesprochen werden. Im Gegensatz zu dem TPN-spezifischen Enzymtypus ist es aber nicht imstande, Oxalbernsteinsäure zu decarboxylieren, was nach Ansicht der Bearbeiter dafür spricht, daß diese Substanz kein Zwischenprodukt der Reaktion darstellt. AMP und Mn^{++} sind für das Zustandekommen des Vorganges erforderlich; die Funktion der Muskel-adenylsäure scheint eine rein katalytische zu sein. Während das TPN-spezifische Enzym durch Cyanid und Azid keine Beeinflussung erfährt, wirken diese Substanzen auf das DPN-spezifische hemmend ein. Eine Reversibilität der vom DPN-spezifischen Enzym katalysierten Wirkung konnte nicht beobachtet werden.

XIII. Decarboxylierende *l*-Malat → PN-transhydrogenasen *(„malic enzymes")*

Die Tauben-leber enthält ein Enzym oder Enzymsystem, welches die Reaktion

$$\text{HOOCCH}_2\text{CHOHCOOH} + \text{TPN} \xrightleftharpoons{\text{Mn}^{++}} \text{TPN}\cdot\text{H}_2 + \text{CH}_3\text{COCOOH} + \text{CO}_2$$

reversibel katalysiert[2]. Das Enzym(-system) ist in bezug auf TPN, *l*-Äpfelsäure und Brenztraubensäure streng spezifisch; DPN, *d*-Äpfelsäure, Fumarsäure und Phosphoenolbrenztraubensäure werden nicht angegriffen. Hingegen kann Oxalessigsäure in Anwesenheit von Mn^{++} durch das Präparat zu Brenztraubensäure decarboxyliert werden; das Enzym wirkt also sowohl als decarboxylierende *l*-Malat → TPN-transhydrogenase als auch als Oxalacetat-decarboxylase. Trotzdem nehmen die Autoren an, daß es sich um ein einheitliches Enzym handelt; für diese Auffassung spricht, daß das Verhältnis der beiden Aktivitäten bei den verschiedensten Reinigungs-schritten immer dasselbe bleibt.

Durch eine Kopplung der Reaktion mit einem Vorgang, welcher dauernd TPN · H_2 nachliefert, konnte die Reversibilität des katalysierten Prozesses eindeutig nachgewiesen werden. Als ein derartiger Vorgang wurde die von einer Glucose-6-phosphat → TPN-transhydrogenase („Zwischenferment" von WAR-

[1] A. KORNBERG und W. E. PRICER, Jr.: J. biol. Chem. **189**, 123 (1951).

[2] S. OCHOA, A. MEHLER und A. KORNBERG: Ibid. **167**, 871 (1947); A. H. MEHLER, A. KORNBERG, S. GRISOLIA und S. OCHOA: Ibid. **174**, 961 (1948).

BURG, S. 489) katalysierte Oxydation des Glucose-6-phosphats zu 6-Phosphogluconsäure unter gleichzeitiger Reduktion von TPN zu TPN · H_2 verwendet.

$$\text{Glucose-6-phosphat} + \text{TPN} \rightleftarrows \text{TPN} \cdot \text{H}_2 + \text{6-Phosphogluconsäure}$$

$$\text{TPN} \cdot \text{H}_2 + \text{Brenztraubensäure} + \text{CO}_2 \xrightleftharpoons{\text{Mn}^{++}} l\text{-Äpfelsäure} + \text{TPN}$$

Das Ergebnis der beiden miteinander gekoppelten Vorgänge ist:

$$\text{Glucose-6-phosphat} + \text{Brenztraubensäure} + \text{CO}_2$$

$$\text{Mn}^{++},\ \text{TPN} \ \Big\updownarrow$$

$$l\text{-Äpfelsäure} + \text{6-Phosphogluconsäure}$$

also eine durch TPN verbundene Dismutation, wobei Glucose-6-phosphat zu Phosphogluconsäure oxydiert wird, während Brenztraubensäure gleichzeitig carboxyliert und zu *l*-Malat reduziert wird[1]. Dieser Reaktionsmechanismus stellt ein ausgezeichnetes Modellsystem zur Erklärung der CO_2-Assimilation heterotropher Bakterien und tierischer Gewebe dar.

„*Malic enzyme*" aus Tauben-leber zeigt für seine beiden Wirkungen verschiedene p_H-Optima; während die oxydative Decarboxylierung von *l*-Äpfelsäure bei p_H 7,4 optimal vor sich geht, liegt der entsprechende Wert für die einfache Decarboxylierung der Oxalessigsäure bei 4,5.

Für die Wirkung des Enzyms ist die Anwesenheit von Mn^{++} unerläßlich; dieses kann wohl durch Mg^{++} ersetzt werden, doch sind die notwendigen Konzentrationen an Mg^{++} weitaus größer als diejenigen des Mn^{++}.

Die Dissoziations-konstante des Protein-Mn-komplexes für die einfache Decarboxylierung der Oxalessigsäure ist bei p_H 4,5 gleich der entsprechenden Konstante für die oxydative Decarboxylierung der Äpfelsäure[2]; $K = 5 \cdot 10^{-5}$ g-Atom/l. Die Dissoziations-konstante des Protein-Oxalessigsäure-komplexes bei der einfachen Decarboxylierungs-reaktion ist 10^{-3} Mol Oxalacetat pro Liter, während die Dissoziations-konstante des Protein-Äpfelsäurekomplexes bei der oxydativen Decarboxylierung $5 \cdot 10^{-5}$ Mole *l*-Äpfelsäure pro Liter ist.

Die Decarboxylierung von Oxalessigsäure kann durch Malat und auch durch Malonat gehemmt werden; *d*-Malat und *l*-Malat erweisen sich als gleich wirksame Inhibitoren.

Nach weiteren Untersuchungen aus dem Laboratorium von OCHOA[3] kann ein gleichartiges Enzym oder Enzymsystem, welches aber für DPN spezifisch ist, in *Lactobacillus arabinosus* nachgewiesen werden, wenn der Organismus auf einem Nährboden gewachsen ist, der Apfelsäure enthält. Es handelt sich hier also um eine Decarboxylierende *l*-Malat → DPN-transhydrogenase. Da neben diesem DPN-spezifischen „*malic enzyme*" auch eine stark wirkende DPN · H_2 → Pyruvat-transhydrogenase (*Milchsäure-dehydrase*, S. 468) in den Bakterien-extrakten vorkommt, wird die Reaktion

$$l\text{-Äpfelsäure} \rightarrow \text{Milchsäure} + \text{CO}_2$$

---

[1] S. OCHOA, J. B. VEIGA VALLES und P. J. ORTIZ: J. biol. Chem. **187**, 863 (1950).

[2] J. B. VEIGA VALLES: Ibid. **187**, 849 (1950).

[3] S. KORKES und S. OCHOA: Ibid. **176**, 463 (1948); M. L. BLANCHARD, S. KORKES, A. DEL CAMPILLO und S. OCHOA: Ibid. **187**, 875 (1950); S. KORKES, A. DEL CAMPILLO und S. OCHOA: Ibid. **187**, 891 (1950).

beobachtet, welche sich durch das Zusammenwirken des „*malic enzyme*" mit dem Pyruvat reduzierenden Ferment erklären läßt.

$$l\text{-Äpfelsäure} + \text{DPN} \xrightarrow{\text{Mn}^{++}} \text{DPN} \cdot \text{H}_2 + \text{Brenztraubensäure} + \text{CO}_2$$

$$\text{DPN} \cdot \text{H}_2 + \text{Brenztraubensäure} \rightarrow \text{Milchsäure} + \text{DPN}$$

Das Enzym aus *Lactobacillus arabinosus* verhält sich, wenn wir von der verschiedenen Spezifität gegenüber den Pyridinnucleotiden absehen, in jeder Hinsicht wie das „*malic enzyme*" aus Tauben-leber. Es ist ebenso wie dieses auch zur Decarboxylierung von Oxalessigsäure befähigt, benötigt Mn^{++} für seine Wirksamkeit und zeigt verschiedene p_H-Optima für die oxydative Decarboxylierung von Äpfelsäure (p_H 6,0) und für die einfache Decarboxylierung der Oxalessigsäure.

Für die Synthese des Enzyms in *Lactobacillus arabinosus* scheint die Anwesenheit von Biotin erforderlich zu sein.

XIV. Decarboxylierende 6-Phosphogluconat → TPN-transhydrogenasen
(6-Phosphogluconsäure-dehydrase)

6-Phosphogluconsäure wird durch eine Ferment-präparation aus Hefe oxydiert, wobei TPN als enzymatisches Komplement fungiert[1, 2]. Analoge Präparationen können aber auch aus anderen Ausgangs-materialien hergestellt werden. Den Entdeckern dieses Vorgangs gelang es noch nicht, die Endprodukte zu identifizieren; der Sauerstoff-verbrauch des Systems ließ darauf schließen, daß mehrere Oxydations- und auch Decarboxylierungs-prozesse an der beobachteten Gesamtreaktion beteiligt waren. DICKENS[3], der mit gleichartigen Enzym-präparationen arbeitete, konnte eine Substanz nachweisen, welche mit Orcin die Pentosereaktion ergab. Er hielt es für wahrscheinlich, daß bei der Oxydation der Phospho-gluconsäure Ribose-5-phosphat als Zwischenprodukt auftritt, da diese Substanz von den Enzymsystemen schneller abgebaut wurde als Arabinose-5-phosphat oder Xylose-5-phosphat. Ein ähnlich wirkendes Enzymsystem konnte in tierischen Geweben aufgefunden werden[4]. Mit Hilfe der papier-chromatographischen Methode wiesen vor kurzem COHEN und SCOTT[5] beim oxydativen Abbau der Phosphoglucon-säure durch Hefe-extrakte das Auftreten von Ribose-5-phosphat nach. Der Mechanismus dieser Vorgänge blieb allerdings bis vor kurzem ungeklärt, da durch die oxydative Decarboxylierung von 6-Phosphogluconsäure primär Arabinose-5-phosphat und nicht Ribose-5-phosphat entstehen sollte, so daß eine Art WALDEN-Umkehrung als Sekundärreaktion in Betracht gezogen werden mußte.

Kürzlich gelang es nun HORECKER und Mitarbeitern[6], die Einzelprozesse beim oxydativen Abbau der 6-Phosphogluconsäure zu klären und die entsprechenden Enzyme zu isolieren und teilweise zu reinigen. Das Ferment, welches die Umwandlung von 6-Phosphogluconsäure in ein Pentosephosphat bewirkt, katalysiert die Reaktion

$$\text{6-Phosphogluconsäure} + \text{TPN} \rightarrow \text{TPN} \cdot \text{H}_2 + \text{Ribulose-5-phosphat} + \text{CO}_2$$

---

[1] O. WARBURG und W. CHRISTIAN: Biochem. Z. **287**, 440 (1936); **292**, 287 (1937).
[2] F. LIPMANN: Nature **138**, 588 (1936).
[3] F. DICKENS: Biochem. J. **32**, 1626, 1636 (1938).
[4] F. DICKENS und G. E. GLOCK: Nature **166**, 33 (1950).
[5] S. S. COHEN und D. B. M. SCOTT: Science **111**, 543 (1950); D. B. M. SCOTT und S. S. COHEN: J. biol. Chem. **188**, 509 (1951).
[6] B. L. HORECKER: Federation Proc. **9**, 185 (1950); B. L. HORECKER und P. Z. SMYRNIOTIS: J. biol. Chem. **193**, 371 (1951); B. L. HORECKER, P. Z. SMYRNIOTIS und J. E. SEEGMILLER: Ibid. **193**, 383 (1951); J. E. SEEGMILLER und B. L. HORECKER: Ibid. **194**, 261 (1952).

Es konnte soweit gereinigt werden, daß es tatsächlich nur den Abbau der 6-Phosphogluconsäure zu Phosphopentosen bewirkt, ohne daß weitergehende Oxydationen stattfinden. Die Präparation enthält allerdings noch ein zweites Enzym, das die Umwandlung von Ribulose-5-phosphat in Ribose-5-phosphat verursacht und demgemäß als Phosphopentose-isomerase (S. 668) bezeichnet werden muß.

Nach Ansicht der Autoren ist wahrscheinlich, daß bei diesem Vorgang die scheinbare WALDEN-Umkehrung durch primäre Oxydation der 6-Phosphogluconsäure zu 3-Keto-6-phosphogluconsäure und nachfolgende Decarboxylierung zustande kommt.

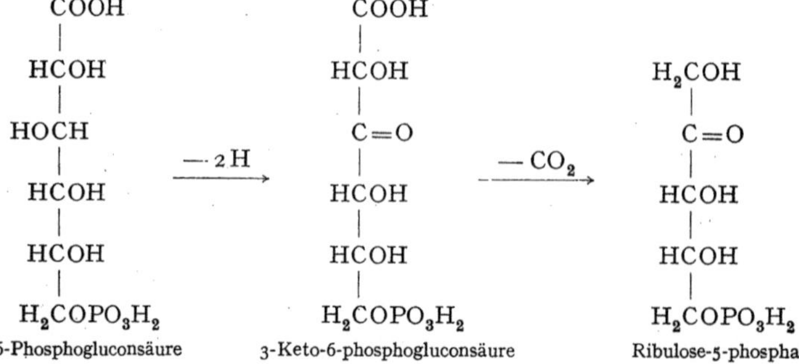

Enzymsysteme dieser Spezifität konnten bisher in der Hefe, in der Kaninchenleber und im Knochenmark von Kaninchen nachgewiesen werden. Alle Untersuchungen wurden bei p_H 7,4 vorgenommen; p_H-Optima wurden anscheinend nicht bestimmt. Die Spezifitäts-verhältnisse scheinen recht streng zu sein; weder DPN noch Gluconsäure, 2-Ketogluconsäure oder Ribose-5-phosphat können als Substrate fungieren.

Über die mögliche biologische Bedeutung der Reaktionen, welche von diesen Fermenten katalysiert werden, wird später (S. 715 ff.) berichtet.

XV. Systeme der oxydativen Pyruvat-decarboxylierung

(Pyruvat-dehydrase, Pyruvat-oxydase)

Während Brenztraubensäure in der Hefe durch die Pyruvat-decarboxylase (S. 615) zu Acetaldehyd und CO_2 gespalten wird, erfolgt der Abbau im tierischen Gewebe und in manchen Mikroorganismen auf oxydative Weise; verschiedene Autoren[1, 2, 3] berichten über Präparationen, welche Pyruvat zu Acetat abbauen, wobei unter anaeroben Bedingungen daneben Milchsäure gebildet wird. Ebenso wie bei der durch die Pyruvat-decarboxylase katalysierten Decarboxylierung ist auch hier die Anwesenheit von TPP und Mg^{++} (oder Mn^{++}) für die Wirksamkeit des Enzymsystems erforderlich. Bis vor kurzem gelang es allerdings nicht, die für den oxydativen Abbau der Brenztraubensäure verantwortlichen Enzyme in Lösung zu bringen; es konnte außerdem in den meisten Fällen beobachtet werden, daß nur ein kleiner Teil der Brenztraubensäure bis zur Acetat-stufe abgebaut wird, während der größere Anteil einer weiteren Oxydation unterliegt.

Erst in letzter Zeit wurden die Zusammenhänge teilweise geklärt[4]. Es konnte gezeigt werden, daß für den oxydativen Abbau der Brenztraubensäure im tieri-

[1] C. LONG und R. A. PETERS: Biochem. J. **33**, 759 (1939).

[2] C. MARTIUS: Hoppe-Seyler's Z. physiol. Chem. **279**, 96 (1943).

[3] P. K. STUMPF, K. ZARUDNAYA und D. E. GREEN: J. biol. Chem. **167**, 817 (1947).

[4] S. KORKES, A. DEL CAMPILLO, I. C. GUNSALUS und S. OCHOA: Ibid. **193**, 721 (1951); D. E. GREEN und H. BEINERT: In „Phosphorus Metabolism", herausgegeben von W. D. MCELROY und B. GLASS, Bd. I, S. 330. Baltimore: John Hopkins Press. 1951; R. S. SCHWEET, M. FULD, K. CHESLOCK und M. PAUL: Ibid. S. 246; J. KAUFMAN: Ibid. S. 370; S. KORKES: Ibid. S. 259.

schen Gewebe und auch in den Mikroorganismen die Anwesenheit von CoA, DPN, TPP und eines weiteren Faktors (α-Lipoinsäure, vgl. S. 613) erforderlich ist; als primäres Reaktionsprodukt wird nach der Gleichung

$$CH_3COCOOH + DPN + CoA \rightarrow CH_3CO\text{—}CoA + DPN \cdot H_2 + CO_2$$

Acetyl-CoA gebildet, das in Anwesenheit eines für seine Hydrolyse spezifischen Enzyms (vgl. S. 353) zu Essigsäure und freiem CoA hydrolysiert. In Abwesenheit von hydrolysierenden Enzymen oder solchen, welche die Acetyl-gruppe von Acetyl-CoA auf entsprechende Akzeptoren übertragen, ist die Konzentration an CoA der beschränkende Faktor der Reaktion.

In Gegenwart einer $DPN \cdot H_2 \rightarrow$ Pyruvat-transhydrogenase (*Milchsäure-dehydrase*, S. 468) kann der Wasserstoff des entstandenen $DPN \cdot H_2$ auf ein zweites Molekül Brenztraubensäure unter Bildung von Milchsäure übertragen werden, wodurch eine Dismutation der Brenztraubensäure zustande kommt:

$$2\ \text{Brenztraubensäure} + \text{CoA} \xrightarrow{\text{DPN}} \text{Acetyl-CoA} + \text{Milchsäure} + CO_2$$

Damit sind die Befunde der früheren Beobachter über das Auftreten von Milchsäure unter anaeroben Bedingungen erklärt.

Der Mechanismus des Gesamtvorganges ist noch nicht völlig geklärt, obgleich die Untersuchungen der letzten Jahre uns schon einigen Einblick verschaffen. Nach den Experimenten von Reed und DeBusk[1] an einem mutanten Stamm von *Escherichia coli* ist dort Lipothiamidpyrophosphat (LTPP) der Cofaktor des Enzymsystems. Die Autoren postulieren die dreistufige Reaktionsfolge[2]:

1. $$CH_3COCOOH + \left|\begin{matrix} S \\ S \end{matrix}\right\rangle LTPP \rightarrow \begin{matrix} CH_3CO\text{—}S \\ HS \end{matrix}\Big\rangle LTPP + CO_2$$

2. $$\begin{matrix} CH_3CO\text{—}S \\ HS \end{matrix}\Big\rangle LTPP + CoA \rightarrow \begin{matrix} HS \\ HS \end{matrix}\Big\rangle LTPP + CH_3CO\text{—}CoA$$

3. $$\begin{matrix} HS \\ HS \end{matrix}\Big\rangle LTPP + DPN \rightarrow DPN \cdot H_2 + \left|\begin{matrix} S \\ S \end{matrix}\right\rangle LTPP$$

Eine wesentliche Stütze für diese Vorstellungen wurde durch die Entdeckung eines Enzyms im selben Stamm von *E. coli* geschaffen, welches Dihydro-α-lipoinsäure und vermutlich auch reduziertes LTPP durch Wasserstoff-übertragung auf DPN zur zyklischen Form reoxydiert[3] und damit wahrscheinlich für Teilschritt 3 der Reaktionsfolge verantwortlich ist (vgl. S. 486f.).

Obwohl tierische Enzymsysteme der gleichen Spezifität bereits in ziemlicher Reinheit vorliegen, scheint es noch nicht klar zu sein, ob derselbe Mechanismus, welcher bei *Escherichia coli* wahrscheinlich gemacht wurde, auch hier funktioniert. Dafür spricht vor allem, daß α-Lipoinsäure ebenso in den tierischen Enzym-

---

[1] L. J. Reed und B. C. DeBusk: J. Amer. chem. Soc. 75, 1261 (1953).

[2] Die Symbole $\left|\begin{matrix} S \\ S \end{matrix}\right\rangle LTPP$ und $\begin{matrix} HS \\ HS \end{matrix}\Big\rangle LTPP$ stellen die oxydierte bzw. reduzierte Form von Lipothiamidpyrophosphat dar.

[3] L. P. Hager und I. C. Gunsalus: J. Amer. chem. Soc. 75, 5767 (1953).

präparationen enthalten ist wie in den bakteriellen[1]; als Gegenargument muß aber angeführt werden, daß eine hochgereinigte Präparation aus Tauben-brustmuskel nur dann katalytisch wirkt, wenn TPP zugesetzt wird, und es unwahrscheinlich ist, daß die Zubereitung ein Enzym enthält, welches den Aufbau von LTPP aus TPP und α-Lipoinsäure katalysiert. Es wäre vorstellbar, daß hier sowohl TPP als auch α-Lipoinsäure, ohne miteinander verbunden zu sein, als prosthetische Gruppen bzw. Cofaktoren des Enzymsystems fungieren.

Die Herstellung einer löslichen Enzym-präparation aus Tauben-brustmuskel, welche als *Pyruvat-oxydase* bezeichnet wird, wurde von JAGANNATHAN und SCHWEET[2] beschrieben. Auf Grund von Untersuchungen mit Hilfe der Ultrazentrifuge und Elektrophorese nehmen die Autoren an, daß es sich um ein einheitliches Enzymprotein handelt; verschiedene Anomalien im Verhalten lassen dies aber als zweifelhaft erscheinen. Das M. G. wird mit 4000000 angegeben[3].

Die Präparation katalysiert die folgenden untereinander konkurrierenden Reaktionen: Oxydation von Brenztraubensäure zu Essigsäure, in Anwesenheit von CoA zu Acetyl-CoA; Acetoin-bildung; sowie die Dismutation von Diacetyl nach der Gleichung

$$\underset{\text{Diacetyl}}{2\ CH_3COCOCH_3} + 2\ H_2O \rightarrow \underset{\text{Acetoin}}{CH_3COCHOHCH_3} + \underset{\text{Essigsäure}}{2\ CH_3COOH}$$

ein Vorgang, welcher bisher einem eigenen TPP-abhängigen Enzymtypus, der „Diacetyl-mutase", zugeschrieben wurde[4]. Auch in der hochgereinigten Präparation ist α-Lipoinsäure enthalten[1].

Als Wasserstoff-akzeptor bzw. Oxydationsmittel können DPN, aber auch Ferricyanid, verschiedene Farbstoffe und — allerdings unter stark verringerter Reaktions-geschwindigkeit — molekularer Sauerstoff fungieren. Alle diese Befunde sprechen — zumindest nach Ansicht des Verfassers — dafür, daß es sich nicht um ein Einzelenzym, sondern wahrscheinlich um ein Enzymsystem oder möglicherweise um ein Protein mit mehreren enzymatischen Wirkgruppen handelt.

Zur Bestimmung der Wirksamkeit wird ein manometrischer Test verwendet; man mißt die CO_2-Entwicklung bei der Oxydation von Brenztraubensäure zu Essigsäure. Als Wasserstoff-akzeptor fungiert Ferricyanid. Der Reaktionsmischung werden TPP und Mg^{++} zugegeben, um die volle Wirksamkeit zu erreichen.

Im tierischen Organismus wird das aus Brenztraubensäure entstehende Acetyl-CoA wohl zum größten Teil mit Oxalessigsäure zu Citronensäure kondensiert, um dann über den Citronensäure-zyklus (S. 708) abgebaut zu werden; ein kleinerer Anteil des Acetyl-CoA mag zu verschiedenen Acetylierungs-reaktionen dienen. Dies dürfte auch für manche Mikroorganismen gelten; andere sind nicht im Besitz eines „*condensing enzyme*" (vgl. S. 372), sondern bilden aus Acetyl-CoA unter Mitwirkung einer Acetylphosphat → CoA-transacetylase (*Phospho-transacetylase*, S. 370) Acetylphosphat. Manche Bakterien, wie z. B. *E. coli*, besitzen sowohl die Fähigkeit zur Citronensäure-bildung als auch eine Acetylphosphat → CoA-transacetylase; sie sind somit imstande, sowohl Citronensäure als auch Acetylphosphat zu bilden.

Das hier beschriebene Enzymsystem katalysiert den ersten Teilschritt des Citronensäure-zyklus, den Übergang von der anaeroben Phase des Kohlehydratabbaus zur aeroben.

[1] R. S. SCHWEET und K. CHESLOCK: J. biol. Chem. **199**, 749 (1952).

[2] V. JAGANNATHAN und R. S. SCHWEET: Ibid. **196**, 551 (1952).

[3] R. S. SCHWEET, B. KATCHMAN, R. M. BOCK und V. JAGANNATHAN: Ibid. **196**, 563 (1952).

[4] D. E. GREEN, P. K. STUMPF und K. ZARUDNAYA: Ibid. **167**, 811 (1947); P. K. STUMPF, K. ZARUDNAYA und D. E. GREEN: Ibid. **167**, 817 (1947).

XVI. Decarboxylierende α-Ketoglutarat → DPN-transhydrogenase-systeme

(α-Ketoglutarsäure-oxydase)

Wie OCHOA[1] bereits 1944 feststellen konnte, sind Präparationen aus Herzmuskel in Anwesenheit von Malonsäure imstande, α-Ketoglutarsäure zu Bernsteinsäure und CO_2 zu oxydieren, wobei die Funktion der Malonsäure darin besteht, die Weiter-oxydation der Bernsteinsäure zu verhindern.

$$\underset{\alpha\text{-Ketoglutarsäure}}{\begin{array}{c} COOH \\ | \\ CO \\ | \\ CH_2 \\ | \\ CH_2 \\ | \\ COOH \end{array}} + {}^1/_2\, O_2 \rightarrow \underset{\text{Bernsteinsäure}}{\begin{array}{c} COOH \\ | \\ CH_2 \\ | \\ CH_2 \\ | \\ COOH \end{array}} + CO_2$$

Der recht komplizierte Mechanismus dieses Vorgangs konnte erst in letzter Zeit teilweise aufgeklärt werden, nachdem es KAUFMAN[2] gelungen war, ein Enzymsystem aus Schweine-herz in Lösung zu bringen, welches die genannte Reaktion katalysiert und dessen Wirkung von der Anwesenheit von DPN, TPP und CoA abhängig ist.

Es konnte festgestellt werden, daß die Primärreaktion der folgenden Gleichung entspricht[2,3]:

$$\alpha\text{-Ketoglutarsäure} + \text{CoA} + \text{DPN} \rightleftharpoons \text{DPN} \cdot H_2 + \text{Succinyl-CoA} + CO_2$$

Vor kurzem gelang es SANADI und LITTLEFIELD[4], Succinyl-CoA zu isolieren.

Nach HUNTER[5] ist aber die Oxydation der α-Ketoglutarsäure mit der Bildung einer energiereichen Phosphat-bindung verbunden. KAUFMAN[2] konnte nun beobachten, daß während des Abbaus von α-Ketoglutarsäure durch eine lösliche Enzym-präparation aus Herzmuskel nur dann eine Phosphorylierung stattfindet, wenn das System ATP, Glucose und eine ATP → Hexose-transphosphatase (*Hexokinase*, S. 426) enthält. Andrerseits kann dieselbe Präparation in Anwesenheit von Bernsteinsäure und CoA die Bildung anorganischen Phosphats auf Kosten von ATP bewirken.

Auf Grund dieses Verhaltens wurde angenommen, daß eine reversible Reaktion

$$\text{Succinyl-CoA} + \text{ADP} + \text{Orthophosphat} \rightleftharpoons \text{ATP} + \text{Bernsteinsäure} + \text{CoA}$$

stattfindet. Die Phosphorylierung während des α-Ketoglutarsäure-abbaus zu Bernsteinsäure läßt sich dann als eine Kopplung der Reaktion

$$\alpha\text{-Ketoglutarsäure} + \text{CoA} + \text{DPN} \rightleftharpoons \text{DPN} \cdot H_2 + \text{Succinyl-CoA} + CO_2$$

mit dem eben besprochenen phosphorylierenden Vorgang erklären, während die Dephosphorylierung des ATP in Gegenwart von CoA und Bernsteinsäure durch die Reaktionsfolge

$$\text{ATP} + \text{Bernsteinsäure} + \text{CoA} \rightleftharpoons \text{Succinyl-CoA} + \text{ADP} + \text{Orthophosphat}$$

$$\text{Succinyl-CoA} + H_2O \rightarrow \text{Bernsteinsäure} + \text{CoA}$$

bewirkt wird.

[1] S. OCHOA: J. biol. Chem. **155**, 87 (1944).

[2] S. KAUFMAN: In „Phosphorus Metabolism", herausgegeben von W. D. MCELROY und B. GLASS, Bd. I, S. 370. Baltimore: John Hopkins Press. 1951; vgl. auch D. E. GREEN und H. BEINERT: Ibid. S. 330.

[3] D. R. SANADI und J. W. LITTLEFIELD: J. biol. Chem. **193**, 683 (1951); **201**, 103 (1953); D. R. SANADI, R. M. BOCK und J. W. LITTLEFIELD: Ibid. **197**, 851 (1952); S. KAUFMAN, C. GILVARO, O. CORI und S. OCHOA: Ibid. **203**, 869 (1953).

[4] D. R. SANADI und J. W. LITTLEFIELD: Federation Proc. **11**, 280 (1952). Science **116**, 327 (1952); J. biol. Chem. **201**, 103 (1953).

[5] F. E. HUNTER und W. S. HIXON: Ibid. **181**, 73 (1949); F. E. HUNTER: In „Phosphorus Metabolism", herausgegeben von W. D. MCELROY und B. GLASS, Bd. I, S. 297. Baltimore: John Hopkins Press. 1951.

Die Gesamtreaktion, welche von dem phosphorylierenden System der α-Ketoglutarat-oxydation katalysiert wird, kann folgendermaßen formuliert werden:

$$\alpha\text{-Ketoglutarsäure} + \text{DPN} + \text{ADP} + \text{Orthophosphat} \rightleftharpoons \text{DPN} \cdot H_2 + \text{ATP} + \text{Bernsteinsäure} + CO_2$$

Dementsprechend wäre also pro Molekül oxydierter α-Ketoglutarsäure die Bildung einer energiereichen Phosphat-bindung zu erwarten. Unter experimentellen Bedingungen wird dieser Wert allerdings nicht erreicht, weil die Hydrolyse von Succinyl-CoA, welche durch ein spezifisches Enzym, eine Succinyl-CoA-acylase (vgl. S. 352), bewirkt wird, mit der phosphorylierenden Reaktion konkurriert.

Es wurde versucht, die Enzyme, welche für die geschilderten Wirkungen verantwortlich sind, zu reinigen. SANADI und Mitarbeiter[1] berichten über eine hochgereinigte Präparation, welche die Überführung von α-Ketoglutarsäure in Succinyl-CoA katalysiert. Ihr Enzym-präparat soll zu 90% rein sein; sie nehmen an, daß es sich nicht um ein multiples Enzymsystem, sondern um ein einheitliches Enzymprotein handelt. KAUFMAN und Mitarbeiter[2] halten es allerdings für wahrscheinlicher, daß es sich um ein komplexeres System handelt.

Die Präparation von SANADI und Mitarbeitern[1] enthält etwa 1 Mol TPP und 6 Mole α-Lipoinsäure. Als M. G. wird 2000000 angegeben. Die Wirkung kann dadurch gemessen werden, daß man die Freisetzung von CO_2 aus α-Ketoglutarsäure in Anwesenheit der Enzym-präparation und Ferricyanid als Oxydationsmittel mißt. Jodessigsäure und hohe Konzentrationen von Arsenit wirken als Hemmstoffe.

Die Wirkung dieses Enzyms bzw. Enzymsystems ähnelt so sehr dem entsprechenden System der oxydativen Brenztraubensäure-decarboxylierung, daß ein ähnlicher Wirkungsmechanismus wahrscheinlich ist.

Die zweite Komponente des Gesamtsystems, nämlich diejenige, welche für die Reaktion

$$\text{Succinyl-CoA} + \text{ADP} + \text{Orthophosphat} \rightleftharpoons \text{ATP} + \text{Bernsteinsäure} + \text{CoA}$$

verantwortlich ist, wurde ebenfalls in gereinigter Form hergestellt[3]. Hier ist es sehr wahrscheinlich, daß es sich um ein aus zwei Enzymen bestehendes Fermentsystem handelt. Die Reaktion ist reversibel; sie wird in beiden Richtungen durch die entsprechenden Reaktionsprodukte gehemmt.

Das System zeigt gewisse Übereinstimmungen mit den Acyl-aktivierenden Enzymen (S. 376); es unterscheidet sich aber in seiner Wirkung dadurch, daß diese bei der Aktivierung der Fettsäuren ATP unter Abspaltung von Pyrophosphat in AMP überführen, während zur Aktivierung von Bernsteinsäure bzw. Succinyl-CoA-bildung nur ein Orthophosphat-rest von ATP abgespalten wird und ADP entsteht.

Die biologische Bedeutung des Systems liegt in seiner Funktion als Teilkatalysator der Vorgänge des Citronensäure-zyklus (S. 708); es ist für die Bildung einer der fünfzehn energiereichen Phosphat-bindungen verantwortlich, die während des Ablaufes des Gesamtzyklus entstehen.

Außer seiner Fähigkeit, zu Bernsteinsäure weiterzureagieren, scheint das Zwischenprodukt Succinyl-CoA auch noch andere wichtige Funktionen zu haben. So existieren Fermente, die sog. Succinyl-CoA $\rightarrow$ Acetoacetat-CoA-transferasen (S. 439), welche reversibel CoA von Succinyl-CoA auf Acetessigsäure und homologe β-Ketosäuren übertragen und dadurch die „Aktivierung" dieser Ketosäuren bewirken können.

[1] D. R. SANADI, J. W. LITTLEFIELD und R. H. BOCK: J. biol. Chem. **197**, 851 (1952).
[2] S. KAUFMAN, C. GILVARO, O. CORI und S. OCHOA: Ibid. **203**, 869 (1953).
[3] H. HIFT, L. OUELLET, J. W. LITTLEFIELD und D. R. SANADI: Ibid. **204**, 565 (1953).

Succinyl-CoA soll aber auch ein wesentlicher Baustein bei der Biosynthese der Porphyrine sein[1]. Ein möglicher Mechanismus der Porphyrin-synthese wurde kürzlich von SHEMIN und RUSSELL[2] dargestellt; nach diesen Autoren entsteht durch Kondensation von Glykokoll mit Succinyl-CoA zunächst α-Amino-β-ketoadipinsäure, die durch Decarboxylierung in δ-Aminolävulinsäure übergehen kann, welche mit Sicherheit als Zwischenprodukt der Porphyrinsynthese erkannt wurde. Durch Kondensation zweier Moleküle von δ-Aminolävulinsäure könnte ein Pyrrol entstehen, das als Vorläufer des Uroporphyrins angesprochen werden dürfte. Über die beteiligten Fermente ist noch nichts bekannt.

$$COOH-CH_2-CH_2-CO-S-Co\bar{A} + NH_2-CH_2-COOH \xrightarrow{-\,Co\bar{A}-SH} COOH-CH_2-CH_2-CO-CHCOOH-NH_2 \xrightarrow{-\,CO_2} COOH-CH_2-CH_2-CO-CH_2-NH_2$$

Succinyl-CoA Glykokoll α-Amino-β-ketoadipinsäure δ-Aminolaevulinsäure

Pyrrol-derivat (Ring: $H_2NCH_2-C=C(CH_2CH_2COOH)-C(CH_2COOH)=CH-NH-$):

$$H_2NCH_2-C\overset{}{=}C(-CH_2-COOH)-C(-CH_2-CH_2-COOH)=CH,\quad \text{Ringschluß über } NH$$

Pyrrol-derivat, das durch Kondensation von zwei Molekülen δ-Aminolävulinsäure entstehen kann

42. Aminosäure-decarboxylasen[3]

I. Allgemeines

Sowohl im tierischen als auch im pflanzlichen Gewebe und in Mikroorganismen finden sich Fermente, die anaerob die Decarboxylierung verschiedener Aminosäuren katalysieren. Der Vorgang läßt sich durch die allgemeine Gleichung

$$RCH(NH_2)COOH \rightarrow RCH_2NH_2 + CO_2$$

darstellen. Diese Enzyme wurden in den letzten 15 Jahren eingehend untersucht; sie unterscheiden sich in wesentlichen Punkten von den bisher besprochenen Decarboxylasen.

Zahlreiche frühere Beobachtungen (vgl. SCHALES, GALE, *l. c.*) deuteten bereits auf einen Abbau der Aminosäuren zu den entsprechenden Aminen. Bei der Fäulnis von Eiweißstoffen kann die Entstehung derartiger Amine nachgewiesen

[1] D. SHEMIN und J. WITTENBERG: J. biol. Chem. **192**, 315 (1951); D. SHEMIN und S. KUMIN: Ibid. **198**, 827 (1952).

[2] D. SHEMIN und C. S. RUSSELL: J. Amer. chem. Soc. **75**, 4873 (1953).

[3] Handbuchartikel und Übersichtsreferate: O. SCHALES: In „The Enzymes", herausgegeben von J. B. SUMNER und K. MYRBÄCK, Bd. II/1, S. 216. New York: Academic Press. 1951; E. WERLE: Angew. Chem. **63**, 550 (1951); **64**, 311 (1952); Idem: Z. Vitamin-, Hormon-, Fermentforsch. **1**, 504 (1947/48); E. F. GALE: Adv. Enzymology **6**, 1 (1946); Idem: Brit. med. Bull. **9**, 135 (1953). H. BLASCHKO: Adv. Enzymology **5**, 67 (1945).

werden und verschiedene Autoren zeigten, daß für die Decarboxylierung der Aminosäuren zu den entsprechenden Aminen Mikroorganismen verantwortlich sind. Aber erst GALE konnte 1940 den eindeutigen Beweis dafür erbringen, daß die Bakterien für die einzelnen Aminosäuren spezifische Decarboxylasen besitzen, die isoliert werden können. Etwa um die gleiche Zeit wurde auch das Vorkommen spezifischer Aminosäure-decarboxylasen in tierischen und pflanzlichen Organismen nachgewiesen.

a) Pyridoxalphosphat als Coenzym der Aminosäure-decarboxylasen

GALE und Mitarbeiter[1] sowie GUNSALUS und BELLAMY[2] beobachteten 1944, daß die bakteriellen Decarboxylasen des Lysins, des Arginins, des Tyrosins und des Ornithins bei Dialyse ihre Wirksamkeit verlieren und daß durch Zusatz von Extrakten aus Bakterien, aus Hefe, aus Pflanzen, weiters auch von Milch und menschlichem Harn die Aktivität der so behandelten Enzyme wiederhergestellt werden kann. Stämme von *Streptococcus faecalis*, die auf einem Nährboden gezüchtet worden waren, der kein Pyridoxin (Vitamin B_6) enthielt, besitzen gegenüber Tyrosin ein weitaus geringeres Decarboxylierungs-vermögen als solche, deren Kulturmedium Pyridoxin zugesetzt worden war. Die Kulturen, welche auf einem pyridoxin-defizienten Nährboden gewachsen waren, konnten die Fähigkeit zur Tyrosin-decarboxylierung durch Zusatz von Pyridoxin nicht wieder erlangen; hingegen waren sie nach Zusatz eines Oxydations-produktes des Pyridoxins, des Pyridoxals, wiederum zur Decarboxylierung von Tyrosin imstande. Enzym-präparationen, die aus Bakterien-kulturen von pyridoxin-defizienten Nährböden hergestellt waren, konnten auch durch Pyridoxal allein nicht reaktiviert werden; hier war ein Zusatz von ATP erforderlich.

Aus diesen Befunden geht hervor, daß ein phosphoryliertes Pyridoxal das Coenzym der Tyrosin-decarboxylase und der meisten weiteren Enzyme dieser Gruppe darstellt.

Die chemische Konstitution des Pyridoxalphosphats, das als Coenzym der Aminosäure-decarboxylasen und einer Anzahl anderer Enzyme fungiert, konnte erst vor ganz kurzer Zeit eindeutig geklärt werden[3, 4], nachdem die Stellung der Phosphat-gruppe lange Zeit strittig war. Den beiden genannten Autorengruppen ist die Synthese der Verbindung geglückt; es handelt sich um Pyridoxal-5'-phosphat.

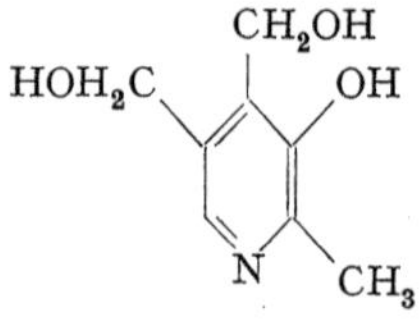

Pyridoxin (Vitamin B_6) 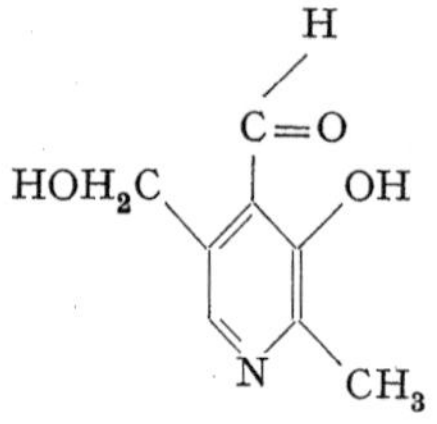 — Pyridoxal 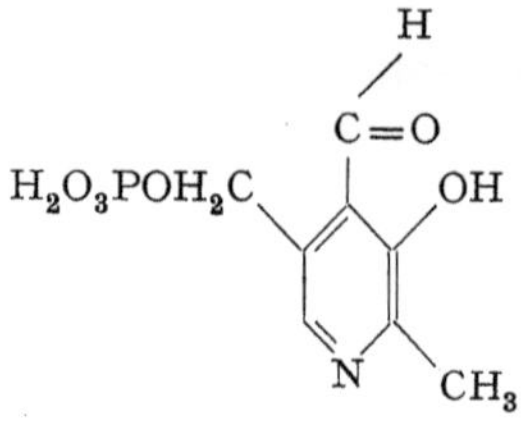 — Pyridoxal-5'-phosphat

[1] E. F. GALE und H. M. R. EPPS: Biochem. J. 38, 232 (1944); H. M. R. EPPS: Ibid. 38, 242 (1944), 39, 42 (1945); E. S. TAYLOR und E. F. GALE: Ibid. 39, 52 (1945).

[2] W. D. BELLAMY und I. C. GUNSALUS: J. Bacter. 46, 573 (1943); I. C. GUNSALUS und W. D. BELLAMY: Ibid. 47, 413 (1944); W. D. BELLAMY und I. C. GUNSALUS: Ibid. 48, 191 (1944); 50, 95 (1945); I. C. GUNSALUS und W. D. BELLAMY: J. biol. Chem. 155, 357, 557 (1944); I. C. GUNSALUS, W. D. BELLAMY und W. W. UMBREIT: Ibid. 155, 685 (1944).

[3] M. VISCONTINI, C. EBNÖTHER und P. KARRER: Helv. chim. Acta 34, 1834 (1951).

[4] A. N. WILSON und S. A. HARRIS: Abstr. XIIth internat. Congr. pure appl. Chem., S. 7. New York 1951.

Pyridoxal-5'-phosphat ist das Coenzym fast aller Aminosäure-decarboxylasen; im Falle der L-Glutaminat-decarboxylase und einiger tierischer Enzyme ist diese Funktion noch nicht völlig sichergestellt, aber doch recht wahrscheinlich. Nur bei der L-Histidin-decarboxylase sprechen verschiedene Befunde gegen eine Beteiligung von Pyridoxalphosphat an dem katalysierten Vorgang.

Außer seiner Funktion als Coenzym der Aminosäure-decarboxylasen ist Pyridoxalphosphat in gleicher Eigenschaft auch bei verschiedenen anderen Fermenten wirksam. Von diesen sind als erste die Transaminasen (Kap. 30, S. 402) zu nennen. Ferner ist Pyridoxalphosphat das Coenzym der Enzyme des Tryptophan-aufbaus und -abbaus (S. 355), der beiden Enzyme, die das Homocystein → Serin-transsulfurase-system bilden (S. 351), der Kynureninasen (S. 354), der Serin-dehydratasen (S. 652), der Alanin-racemase (S. 674), der Glutaminat-racemase (S. 674), der Cystein-desulfhydrasen (S. 659), der Homocystein-desulfhydrasen (S. 660) und der Alliin-lyase (S. 661).

Dieser große Wirkungsbereich und die Tatsache, daß alle Substrate, die durch Pyridoxalphosphat-enzyme verändert werden, freie Aminogruppen aufweisen, läßt einen gemeinsamen Wirkungsmechanismus annehmen, und zwar dürfte es sich bei dem Primärvorgang um die Bildung einer SCHIFFschen Base durch Reaktion der Aldehyd-gruppe des Pyridoxalphosphats mit der Aminogruppe des Substrats handeln[1]. Je nach der Beschaffenheit des Ferments und des Substrats erfolge dann sekundär eine weitere Reaktion, wie Decarboxylierung, Umaminierung oder Abspaltung einer gelockerten Seitenkette, wobei das Pyridoxalphosphat wieder regeneriert werde.

Darstellung von Pyridoxalphosphat. Nach GALE[2] ist Brauereihefe das günstigste Ausgangsmaterial zur Darstellung des Pyridoxalphosphats. Die Hefe wird einer alkalischen Extraktion mit Barytlauge unterzogen und dann durch eine Anzahl von Fällungsreaktionen gereinigt, wobei gegenüber dem Ausgangsmaterial eine 15000fache Aktivitäts-erhöhung erreicht wurde. Pyridoxalphosphat bildet mit verschiedenen Metallen Salze; von diesen sind das Silbersalz, das Quecksilbersalz und das Bleisalz beim Neutralpunkt in Wasser unlöslich, während das Bariumsalz in diesem Bereich mit 60%igem Methanol ausgefällt werden kann.

Wie weit die berichteten Synthese-methoden die Möglichkeit bieten, größere Mengen der Substanz herzustellen, kann bis jetzt noch nicht gesagt werden.

Biosynthese des Pyridoxalphosphats. Als Vorläufer des Pyridoxalphosphats ist mit Sicherheit das Pyridoxin anzunehmen, das primär in einer noch nicht geklärten Reaktion zu Pyridoxal oxydiert wird. Hierbei soll nach BINKLEY und CHRISTENSEN[3] Folsäure eine Coenzym-rolle spielen.

Die Phosphorylierung des Pyridoxals zu Pyridoxal-5'-phosphat erfolgt durch Übertragung eines Phosphat-restes von ATP auf Pyridoxal. Daran sind spezifische Enzyme beteiligt, die hier als ATP → Pyridoxal-transphosphatasen bezeichnet werden (vgl. S. 435).

Über die Biosynthese des Pyridoxins ist bisher noch wenig bekannt geworden.

b) Spezifität der Aminosäure-decarboxylasen

Alle L-Aminosäure-decarboxylasen zeigen strenge Spezifität: So greifen sie nur die „natürlichen" Aminosäuren der L-Reihe an und auch sonst ist die Spezifität fast absolut; nur OH-substituierte Derivate ihrer normalen Substrate können manchmal decarboxyliert werden. Hier ergeben sich zwischen den bakteriellen und den tierischen L-Tyrosin-decarboxylasen bemerkenswerte Unterschiede; während das Ferment mikrobiellen Ursprungs sowohl L-Tyrosin als auch L-3,4-Dioxyphenylalanin (DOPA) und vielleicht auch L-Phenylalanin angreift,

---

[1] E. WERLE: Angew. Chem. **64**, 311 (1952); vgl. auch E. E. SNELL: In „Symposium sur le Métabolisme microbien", 2e Congr. internat. Biochimie, S. 47, Paris 1952; sowie die eingehende theoretische Behandlung des Problems von A. E. BRAUNSTEIN und M. M. SCHEMJAKIN: Biochimija **18**, 393 (1953).

[2] E. F. GALE und H. M. R. EPPS: Biochem. J. **38**, 250 (1944).

[3] F. BINKLEY und G. M. CHRISTENSEN: J. Amer. chem. Soc. **73**, 3535 (1951).

decarboxylieren die tierischen Enzyme anscheinend nur L-Tyrosin, während sie auf 3,4-Dioxyphenylalanin keine Wirkung haben. Die letztgenannte Aminosäure wird im tierischen Organismus durch einen spezifischen Fermenttypus, die 3,4-Dioxyphenylalanin-decarboxylasen, decarboxyliert.

c) Vorkommen der bakteriellen Aminosäure-decarboxylasen

Die bakteriellen Aminosäure-decarboxylasen finden sich in einer fast zufällig anmutenden Verteilung bei den verschiedenen Arten der Bakterien; sie werden von den dazu befähigten Organismen nur dann gebildet, wenn der Nährboden sauer ist, weiters wenn das betreffende Substrat zugegen ist, wenn der betreffende Organismus Pyridoxalphosphat synthetisieren kann oder dieses dem Nährboden (eventuell als Pyridoxin) zugesetzt wird und schließlich bei manchen Bakterien außerdem nur dann, wenn das Wachstum der Kulturen bei Temperaturen unter 30° stattfindet. Für die Bildung sind folglich sowohl Erbfaktoren als auch Milieubedingungen wesentlich; es handelt sich um *induzierbare Fermente* (vgl. S. 128 ff.), welche auch in Anwesenheit ihres Substrats nur bei Zutreffen ganz bestimmter Bedingungen produziert werden.

Bei den bakteriellen Decarboxylasen ist weiters bemerkenswert, daß die von ihnen hervorgerufenen Decarboxylierungen unter anderen Bedingungen erfolgen als diejenigen, welche durch Zell-suspensionen der betreffenden Organismen bewirkt werden. Oftmals ist das p_H-Optimum der Wirkung der Zell-suspensionen ein anderes als dasjenige der zellfreien Zubereitungen; auch die ermittelten MICHAELIS-Konstanten (vgl. S. 59 ff.) stimmen für Zell-suspensionen und zellfreie Präparate nicht überein (Tab. 72).

Tabelle 72. *Bakterielle Aminosäure-decarboxylasen. Vergleich der Eigenschaften von Zell-suspensionen und zellfreien Enzympräparaten* (nach GALE[1], *l. c.*)

Enzym	p_H-Optimum		MICHAELIS-Konstante	
	intakte Zellen	zellfreie Präparation	intakte Zellen	zellfreie Präparation
L-Histidin-decarboxylase	2,5—3,0	4,5	0,00075	0,00075
L-Lysin-decarboxylase	4,5—5,0	6,0	0,0028	0,0015
L-Arginin-decarboxylase	4,0—4,8	5,2	0,00056	0,00075
L-Glutaminat-decarboxylase	4,0—4,5	4,5	0,005	0,027
L-Ornithin-decarboxylase	5,0—5,5	5,2	0,003	0,004
L-Tyrosin-decarboxylase	5,0—5,5	5,5	—	—

d) Biologische Bedeutung der Aminosäure-decarboxylasen

Die biologische Bedeutung der Fermente für die Bakterien ist noch ungeklärt; bisher ist noch kein Mechanismus bekannt, durch den die Organismen aus der Decarboxylierung Energie gewinnen könnten und auch die weitere Verwertung der gebildeten Abbauprodukte dürfte den Zellen keinen wesentlichen Vorteil bringen.

Ebensowenig ist über die Bedeutung der tierischen und pflanzlichen Aminosäure-decarboxylasen bekannt; die aus manchen Aminosäuren (Tyrosin, Histidin) gebildeten Abbauprodukte sind aber Substanzen mit starker pharmakologischer Wirkung und es wäre möglich, daß die Produktion von Histamin und vielleicht auch von Tyramin einen physiologischen Regulationsmechanismus darstellt. Doch sind über eine derartige Funktion bisher nur Vermutungen geäußert worden, ohne daß experimentelle Befunde vorliegen. Jedenfalls besitzt der tierische Organismus Enzyme, die Monoamin- und Diamin$\rightarrow O_2$-transhydrogenasen (*Monoamin-* und *Diamin-oxydasen* S. 523 ff.), welche die entstandenen Amine oxydativ abbauen. Einzig die biologische Bedeutung der Bildung des Taurins aus Cysteinsäure hat man erkannt; die Substanz wird für den Aufbau der Taurocholsäure, welche mit der Galle sezerniert wird, benötigt.

e) *Mechanismus der Decarboxylase-wirkung*

Schon vor der Kenntnis der Coenzym-funktion des Pyridoxalphosphats postulierten WERLE und HEITZER[1] die Existenz einer Aldehyd-gruppe im Enzymmolekül und formulierten den wahrscheinlichen Ablauf der Reaktion nach folgendem Schema:

$$\text{Enzym—CHO} + \text{H}_2\text{N}\overset{\overset{\displaystyle\text{R}}{|}}{\text{C}}\text{HCOOH} \xrightarrow{-\text{H}_2\text{O}}$$

$$\rightarrow \text{Enzym—CH=N}\overset{\overset{\displaystyle\text{R}}{|}}{\text{C}}\text{HCOOH} \xrightarrow{-\text{CO}_2} \text{Enzym—CH=N}\overset{\overset{\displaystyle\text{R}}{|}}{\text{C}}\text{H}_2$$

Die decarboxylierte Enzym-Substrat-verbindung sollte nun entweder unter Wasser-aufnahme in Enzym und Endprodukt zerfallen oder durch ein zweites Molekül Aminosäure verdrängt werden, womit die Reaktionsfolge fortgesetzt würde. Tatsächlich ist bekannt, daß substituierte Iminosäuren sehr leicht der Decarboxylierung unterliegen, so daß der geschilderte Mechanismus insbesondere dann wahrscheinlich wird, wenn wir noch die seither erfolgte Entdeckung des Pyridoxalphosphats, also eines Aldehyds, als Coenzym der Fermente berücksichtigen. Die Phosphat-gruppe dürfte an der Reaktion nicht teilhaben, sondern die Bindung zwischen Enzymprotein und Coenzym bewirken (SCHALES, *l. c.*).

f) *Messung der Aktivität der Aminosäure-decarboxylasen*

Die Bestimmung der Fermentwirkung wird im allgemeinen durch Messung des entstandenen CO_2 im WARBURG-Apparat vorgenommen. In denjenigen Fällen, in welchen die Endprodukte der Reaktion pharmakologisch wirksame Substanzen sind, kann auch ein in entsprechenden Testen gemessener Effekt als Maß der Enzym-wirksamkeit betrachtet werden, wie das bei der Histidin-decarboxylase oftmals durchgeführt wird.

g) *Aminosäure-decarboxylasen als analytisches Hilfsmittel*

Die große Spezifität der einzelnen Fermente dieser Gruppe kann dazu benützt werden, um den Gehalt eines Gemisches von Aminosäuren, wie z. B. eines Eiweißhydrolysats, an einer bestimmten Aminosäure zu messen. Die Bestimmung erfordert eine Präparation der Decarboxylase, welche die betreffende Aminosäure angreift; sie kann in WARBURG-Manometern vorgenommen werden; das gebildete CO_2 entspricht der Menge Aminosäure in der Probe. GALE[2] hat eine Zusammenstellung spezifischer Präparationen bakterieller Fermente gegeben, mit welchen es möglich ist, den Gehalt eines Aminosäure-gemischs an L-Lysin, L-Arginin, L-Ornithin, L-Tyrosin, L-Glutaminsäure und L-Histidin zu bestimmen. Die Fehlergrenze der Methode liegt unter 5%.

Ein besonders großer Vorteil der Verwendung von Aminosäure-decarboxylasen in der Analyse liegt darin, daß die mit ihrer Hilfe durchgeführten Bestimmungen viel rascher erfolgen als entsprechende mikrobiologische Methoden, während sie gegenüber chemischen und physikalischen Verfahren die optische Spezifität voraus haben.

II. L-Histidin-decarboxylasen

Bereits 1936 beobachtete WERLE[3], daß bei Inkubation von Gewebe-schnitten oder Extrakten aus Kaninchen-nieren mit Histidin eine histamin-artige Substanz

---

1 E. WERLE und K. HEITZER: Biochem. Z. **299**, 420 (1938).

2 E. F. GALE: Biochem. J. **39**, 46 (1945); **41**, VII (1947); Adv. Enzymology **6**, 1 (1946).

3 E. WERLE: Biochem. Z. **288**, 292 (1936); E. WERLE und H. HERMANN: Ibid. **291**, 105 (1937); E. WERLE und H. KRAUTZUN: Ibid. **296**, 315 (1938).

gebildet wird, welche mit Hilfe pharmakologischer Methoden (Kontraktion der Dünndarm-schleimhaut von Meerschweinchen, welche durch Atropin nicht rückgängig gemacht werden kann) auch als Histamin identifiziert werden konnte.

$$\begin{array}{c} HC{=\!=}C{-}CH_2CH(NH_2)COOH \\ | \quad\quad | \\ HN \quad N \\ \diagdown\;\diagup\!\!\diagup \\ C \\ H \end{array} \longrightarrow \begin{array}{c} HC{=\!=}C{-}CH_2CH_2NH_2 \\ | \quad\quad | \\ HN \quad N \\ \diagdown\;\diagup\!\!\diagup \\ C \\ H \end{array} + CO_2$$

L-Histidin Histamin

Eine teilweise Reinigung eines für diese Wirkung verantwortlichen Enzyms wurde von Werle und Heitzer[1] durchgeführt. Enzyme dieser Spezifität finden sich auch in der Niere und der Leber einiger anderer Säugetiere[2]. Die Untersuchung der Fermente wird besonders dadurch erschwert, daß in den Gewebe-schnitten und Extrakten Diamin $\rightarrow O_2$-transhydrogenasen (*Diamin-oxydase*, S. 525) zugegen sind, welche das gebildete Histamin sofort oxydativ abbauen; durch Zusatz von Putrescin, das durch die Transhydrogenasen bevorzugt angegriffen wird, kann das Histamin geschützt werden.

Das p_H-Optimum der Histidin-decarboxylierung liegt bei 8,6 bis 9,0. Als Inhibitoren werden Cyanid, Germanin, Trypanblau und Carbonyl-reagenzien angegeben. Für eine Coenzym-funktion von Pyridoxalphosphat sprechen keine Befunde; die Zugabe dieser Substanz verursacht nach einer Angabe von Werle *(l. c.)* sogar eine Hemmung der Aktivität.

Auch in Bakterien (verschiedene Stämme von *Escherichia coli* und *Clostridium welchii*) finden sich gleichwirkende Enzyme, welche von Gale und Epps[3] bearbeitet wurden. Ein zellfreies Präparat aus einem Stamm von *C. welchii* konnte auf das 50fache konzentriert werden. Eine Trennung dieser Histidin-decarboxylase in Pyridoxalphosphat und Apoenzym konnte nicht erreicht werden; gekochte Präparationen des Enzyms können Pyridoxalphosphat als Aktivator der Tyrosin-decarboxylase nicht ersetzen. Bei Bearbeitung eines analogen Enzyms aus *Lactobacillus*-Arten zeigte Rodwell[4], daß Zellen, welche in Abwesenheit von Pyridoxin gewachsen waren, wohl Histidin-decarboxylase aufwiesen, während alle anderen Aminosäure-decarboxylasen nicht gebildet wurden. Diese Befunde machen die Funktion des Pyridoxalphosphats als Coenzym der bakteriellen L-Histidin-decarboxylasen unwahrscheinlich.

III. L-Lysin-decarboxylasen

Verschiedene Stämme von *Escherichia coli* sowie *Bacterium cadaveris* produzieren nach Gale[5] Fermente, welche die Decarboxylierung von L-Lysin zu Cadaverin verursachen.

$$\underset{\text{L-Lysin}}{H_2NCH_2CH_2CH_2CH_2CH(NH_2)COOH} \rightarrow \underset{\text{Cadaverin}}{H_2NCH_2CH_2CH_2CH_2CH_2NH_2} + CO_2$$

---

[1] E. Werle und K. Heitzer: Biochem. Z. **299**, 420 (1938).

[2] P. Holtz, R. Heise und W. Spreyer: Naunyn-Schmiedeberg's Arch. exp. Path. Pharmakol. **188**, 580 (1938).

[3] E. F. Gale: Biochem. J. **34**, 392 (1940); H. M. R. Epps: Ibid. **39**, 42 (1945).

[4] A. W. Rodwell: Ibid. **43**, XXXIX (1948).

[5] E. F. Gale: Ibid. **34**, 392 (1940).

GALE und EPPS[1] konnten aus beiden Organismen zellfreie Extrakte dieser Enzyme gewinnen und anreichern. Auch eine Trennung von anderen Aminosäure-decarboxylasen wurde durchgeführt. Die zellfreien Präparate zeigen bei p_H 6,0 ihre stärkste Wirksamkeit. Pyridoxalphosphat fungiert als Coenzym der L-Lysin-decarboxylasen.

In letzter Zeit gelang es, das Enzym aus *Escherichia coli* auf sehr elegante Weise in Freiheit zu setzen; die Bakterien wurden durch entsprechende Bakteriophagen gelöst[2].

IV. L-Ornithin-decarboxylasen

Nach GALE[3] enthalten verschiedene Stämme von *Escherichia coli*, weiters *Proteus vulgaris* und *Clostridium septicum* Enzyme, welche L-Ornithin zu Putrescin abbauen. Bei *Cl. septicum* ist dies die einzige Aminosäure-decarboxylase, welche der Organismus besitzt.

$$\underset{\text{L-Ornithin}}{H_2NCH_2CH_2CH_2CH(NH_2)COOH} \rightarrow \underset{\text{Putrescin}}{H_2NCH_2CH_2CH_2CH_2NH_2} + CO_2$$

Durch Vermahlen von *C. septicum* mit Glas-kugeln und darauffolgende Zentrifugation kann ein zellfreies Präparat des Ferments hergestellt werden, welches seine optimale Wirkung bei p_H 5,25 ausübt. Das Enzym ist relativ instabil; innerhalb von 24 Stunden verliert es 75% seiner Wirksamkeit. Durch Zusatz von Pyridoxalphosphat kann aber die Aktivität wiederhergestellt werden.

V. L-Arginin-decarboxylase

Ein Ferment, welches Arginin zu Agmatin decarboxyliert, kommt nach GALE[4] in einigen Stämmen von *Escherichia coli* vor.

$$\underset{\text{L-Arginin}}{(HN{=})(H_2N)CNHCH_2CH_2CH_2CH(NH_2)COOH} \rightarrow \underset{\text{Agmatin}}{(HN{=})(H_2N)CNHCH_2CH_2CH_2CH_2NH_2} + CO_2$$

Durch Aceton-behandlung gelang es wohl, einen zellfreien Extrakt zu gewinnen, welcher bei p_H 5,2 Arginin optimal decarboxylierte; eine Abtrennung von L-Lysin-decarboxylase wurde aber nicht erreicht. Durch Ausfällung mit Ammoniumsulfat in ammoniakalischer Lösung ließ sich ein Protein isolieren, dessen decarboxylierende Wirksamkeit gegenüber Arginin durch einen Zusatz von Pyridoxalphosphat um 330% erhöht wurde. Auch hier konnte aus *E. coli* eine Freisetzung des Ferments mittels Phagen erreicht werden[2].

VI. L-Glutaminat-decarboxylasen

Schon 1937 konnte OKUNUKI[5] die Existenz eines Enzyms in höheren Pflanzen nachweisen, welches spezifisch die Decarboxylierung von Glutaminsäure zu γ-Aminobuttersäure katalysiert.

$$\underset{\text{L-Glutaminsäure}}{HOOCCH_2CH_2CH(NH_2)COOH} \rightarrow \underset{\gamma\text{-Aminobuttersäure}}{HOOCCH_2CH_2CH_2NH_2} + CO_2$$

---

[1] E. F. GALE und H. M. R. EPPS: Biochem. J. **38**, 232 (1944).

[2] I. H. SHER und M. F. MALETTE: J. biol. Chem. **200**, 257 (1953).

[3] E. F. GALE: Biochem. J. **34**, 392 (1940); **35**, 66 (1941); E. S. TAYLOR und E. F. GALE: Ibid. **39**, 52 (1945).

[4] E. F. GALE: Ibid. **34**, 392 (1940); **35**, 66 (1941).

[5] K. OKUNUKI: Botan. Mag. Tokyo **51**, 270 (1937).

SCHALES und Mitarbeiter[1] stellten fest, daß derartige Enzyme in sehr vielen Pflanzen vorkommen. Sie konnten zellfreie Extrakte herstellen, welche durch Dialyse gegen $^1/_{15}$-m Phosphatpuffer ihre Aktivität teilweise einbüßten; durch Zusatz von Pyridoxalphosphat wurden die Präparationen reaktiviert. Ein derartiges Ferment aus Karotten zeigt ein p_H-Optimum zwischen 5,5 und 5,8. Hydroxylamin wirkt als Hemmstoff.

Gleichartig wirkende Enzyme wurden von GALE[2] in *Escherichia coli* und in *Clostridium*-Arten festgestellt. Aus *E. coli* konnten zellfreie Präparate hergestellt werden, welche ursprünglich außer Glutaminsäure auch Arginin und Lysin decarboxylierten; nach 7 bis 8 Tagen Stehen bei 4° waren aber Arginin-decarboxylase und Lysin-decarboxylase unwirksam geworden, während die Glutaminat-decarboxylase bis zu 20 Tagen wirksam blieb. Das p_H-Optimum der Wirksamkeit ist 4,25.

UMBREIT und GUNSALUS[3] konnten wahrscheinlich machen, daß Pyridoxalphosphat auch die prosthetische Gruppe der L-Glutaminat-decarboxylase ist.

VII. β-Oxyglutaminat-decarboxylasen

Kürzlich wurde berichtet, daß verschiedene Stämme von *Escherichia coli* und *Proteus vulgaris* Enzyme enthalten, die β-Oxyglutaminsäure decarboxylieren, wobei γ-Amino-β-oxybuttersäure entsteht. Die Fermente sollen nicht mit den L-Glutaminat-decarboxylasen identisch sein. Pyridoxalphosphat fungiert auch hier als Coenzym[4].

VIII. L-Aspartat-β-decarboxylasen

Nach MARDASHEV und GLADKOVA[5] enthält ein von den Autoren als *Pseudomycobacterium* bezeichneter Organismus ein Ferment, welches die Decarboxylierung von L-Asparaginsäure zu α-Alanin katalysiert. Es handelt sich hier um einen neuen Typus der Aminosäure-decarboxylierung; nicht die der α-Aminogruppe benachbarte, sondern die entferntere Carboxyl-gruppe wird angegriffen.

$$\underset{\text{L-Asparaginsäure}}{HOOCCH_2CH(NH_2)COOH} \rightarrow \underset{\text{L-}\alpha\text{-Alanin}}{CH_3CH(NH_2)COOH} + CO_2$$

Eine zellfreie Präparation des Ferments wurde von MARDASHEV und ETINGOF[6] durch Extraktion von Kulturen des Organismus mit $^1/_{45}$-m Borat-puffer (p_H 10,5) hergestellt. Das Enzym kann durch Dialyse komplett inaktiviert werden; Zugabe von Materialien, welche Pyridoxalphosphat enthalten, stellt die Wirksamkeit wieder her. Ein gleichartiges Enzym kommt auch in *Clostridium welchii* vor[7].

IX. L-Aspartat-α-decarboxylasen

Nach LICHSTEIN und Mitarbeitern[8] finden sich Enzyme, welche die Reaktion

$$\underset{\text{L-Asparaginsäure}}{HOOCCH_2CH(NH_2)COOH} \rightarrow \underset{\beta\text{-Alanin}}{HOOCCH_2CH_2NH_2} + CO_2$$

---

[1] O. SCHALES, V. MIMS und S. S. SCHALES: Arch. Biochem. **10**, 455 (1946); O. SCHALES und S. S. SCHALES: Ibid. **11**, 155 (1946).
[2] E. F. GALE: Biochem. J. **34**, 392 (1940); **35**, 66 (1941).
[3] W. W. UMBREIT und I. C. GUNSALUS: J. biol. Chem. **159**, 333 (1935).
[4] W. W. UMBREIT und P. HENEAGE: Ibid. **201**, 15 (1953).
[5] S. R. MARDASHEV und V. N. GLADKOVA: Biochimija **13**, 315 (1948).
[6] S. R. MARDASHEV und R. N. ETINGOF: Ibid. **13**, 402 (1948).
[7] A. MEISTER, H. A. SOBER und S. V. TICE: J. biol. Chem. **189**, 577 (1951).
[8] D. BILLEN und H. C. LICHSTEIN: J. Bacter. **58**, 215 (1949); W. E. DAVID und H. C. LICHSTEIN: Proc. Soc. exp. Biol. Med. **73**, 216 (1950).

katalysieren, in *Escherichia coli, Proteus vulgaris, Bacterium cadaveris, Azotobacter vinelandii* und *Rhizobium trifolii.* Die Fermente dieser Spezifität sind aber noch wenig charakterisiert.

X. L-Tyrosin-decarboxylasen

Schweine- und Kaninchen-nieren enthalten Enzyme, welche bei p_H 8,0 Tyrosin zu Tyramin decarboxylieren[1].

$$HO-C_6H_4-CH_2CH(NH_2)COOH \rightarrow HO-C_6H_4-CH_2CH_2NH_2 + CO_2$$

L-Tyrosin Tyramin

Die Decarboxylierung läßt sich durch $^1/_{1000}$-m Cyanid-lösung hemmen. Die Fermente können an Kaolin adsorbiert und dadurch von anderen Aminosäure-decarboxylasen abgetrennt werden. Sie sind nicht identisch mit den L-3,4-Dioxyphenylalanin-decarboxylasen der tierischen Gewebe.

Ähnliche Enzyme wurden von GALE[2] in verschiedenen Mikroorganismen (*Streptococcus faecalis, Clostridium aerofoetidum* und einigen Stämmen von *Escherichia coli*) nachgewiesen. Aus *S. faecalis* konnte ein zellfreier Extrakt gewonnen werden, welcher verschiedenen Reinigungs-schritten unterworfen wurde, wobei die Wirkung auf das 116fache anstieg[3]. Das gereinigte Ferment wirkt optimal bei p_H 5,5; im Gegensatz zu den tierischen Enzymen desselben Typus wirkt es sowohl auf L-Tyrosin als auch auf L-3,4-Dioxyphenylalanin; nach McGILVERY und COHEN[4] wird auch Phenylalanin langsam decarboxyliert. Durch Dialyse gegen destilliertes Wasser verlieren die Präparationen ihre Aktivität, können aber durch Zugabe von Pyridoxalphosphat oder gekochtem Hefe-extrakt reaktiviert werden.

XI. L-3,4-Dioxyphenylalanin-decarboxylasen *(DOPA-Decarboxylase)*

Enzyme, welche L-3,4-Dioxyphenylalanin (DOPA) zu 3,4-Dioxyphenyläthylamin (Oxytyramin) decarboxylieren, konnten in Säugetier-geweben, und zwar vor allem in Niere, Leber und Pankreas, nachgewiesen werden[5].

$$(HO)_2C_6H_3-CH_2CH(NH_2)COOH \rightarrow (HO)_2C_6H_3-CH_2CH_2NH_2 + CO_2$$

L-3,4-Dioxyphenylalanin 3,4-Dioxyphenyläthylamin

Außer DOPA werden durch Enzyme dieses Typus noch folgende Substanzen decarboxyliert: 2-Oxyphenylalanin, 3-Oxyphenylalanin und 2,5-Dioxyphenylalanin[6]. Hingegen wird Tyrosin (4-Oxyphenylalanin) nicht angegriffen. Die Enzyme zeigen absolute optische Spezifität.

[1] P. HOLTZ und H. JANISCH: Naunyn-Schmiedeberg's Arch. exp. Path. Pharmakol. **186**, 684 (1937); P. HOLTZ: Hoppe-Seyler's Z. physiol. Chem. **251**, 226 (1938); P. HOLTZ, K. CREDNER und H. WALTER: Ibid. **262**, 111 (1939).
[2] E. F. GALE: Biochem. J. **34**, 392, 853 (1940).
[3] H. M. R. EPPS: Ibid. **38**, 242 (1944).
[4] R. W. McGILVERY und P. P. COHEN: J. biol. Chem. **174**, 813 (1948).
[5] P. HOLTZ, R. HEISE und K. LÜDTKE: Naunyn-Schmiedeberg's Arch. Path. Pharmakol. **191**, 87 (1938); P. HOLTZ, K. CREDNER und A. REINHOLD: Ibid. **193**, 688 (1939); P. HOLTZ und K. CREDNER: Ibid. **199**, 145 (1942); P. HOLTZ, A. REINHOLD und K. CREDNER: Hoppe-Seyler's Z. physiol. Chem. **261**, 278 (1939); P. HOLTZ: Naturwiss. **27**, 725 (1939).
[6] H. BLASCHKO und G. H. SLOANE-STANLEY: Biochem. J. **42**, III (1948); **43**, XXXVI (1948).

Untersuchungen von SCHALES und SCHALES[1] machen wahrscheinlich, daß Pyridoxalphosphat auch hier als Coenzym fungiert. Das p_H-Optimum wird mit 6,8 angegeben.

Cyanid, Trypanblau, Germanin, Hydroxylamin und verschiedene Abkömmlinge der Folsäure, wie z. B. 7-Methylfolsäure, hemmen die Enzym-aktivität.

XII. L-Tryptophan-decarboxylasen

Untersuchungen von WERLE und MENNIKEN[2] machen es wahrscheinlich, daß in der Niere von Meerschweinchen und Kaninchen Fermente existieren, welche Tryptophan zu Tryptamin decarboxylieren.

$$\text{Indol-3-}CH_2CH(NH_2)COOH \rightarrow \text{Indol-3-}CH_2CH_2NH_2 + CO_2$$

Tryptophan — Tryptamin

Diese Enzyme wirken sowohl unter aeroben als auch unter anaeroben Bedingungen; sie werden durch $^1/_{1000}$-m Cyanid-lösung gehemmt.

Nach älteren Angaben[3] sollen gleichartige Fermente auch in Bakterien vorkommen.

XIII. 5-Oxytryptophan-decarboxylasen

In den Nieren von Säugetieren konnte kürzlich ein Fermenttypus nachgewiesen werden, dessen Wirkung der Gleichung

$$\text{5-HO-Indol-3-}CH_2CH(NH_2)COOH \rightarrow \text{5-HO-Indol-3-}CH_2CH_2NH_2 + CO_2$$

5-Oxytryptophan — 5-Oxytryptamin (Serotonin)

entspricht[4]. Tryptophan, Tyrosin oder auch 7-Oxytryptophan werden nicht angegriffen.

Das Reaktionsprodukt findet sich weit verbreitet bei Säugetieren und anderen Tierklassen; es werden ihm verschiedene physiologische Wirkungen, darunter vor allem ein gefäß-verengender Effekt, zugeschrieben[5].

XIV. L-Cysteinat-decarboxylasen

Die Leber mancher Säugetiere enthält einen Enzymtypus, welcher unter anaeroben Bedingungen L-Cysteinsäure zu Taurin decarboxyliert[6].

$$HO_3SCH_2CH(NH_2)COOH \rightarrow HO_3SCH_2CH_2NH_2 + CO_2$$

L-Cysteinsäure — Taurin

L-Cysteinat-decarboxylasen lassen sich durch Cyanid reversibel hemmen und durch Dialyse inaktivieren. Die Identifizierung eines Cofaktors scheint noch nicht erfolgt zu sein.

---

1 O. SCHALES und S. S. SCHALES: Arch. Biochem. **24**, 83 (1949).

2 E. WERLE und G. MENNIKEN: Biochem. Z. **291**, 325 (1937).

3 A. BERTHELOT und D. M. BERTRAND: C. R. Acad. Sci. Paris **154**, 1643, 1826 (1912).

4 S. UDENFRIEND, C. T. CLARK und E. TITUS: J. Amer. chem. Soc. **75**, 501 (1953).

5 Vgl. dazu z. B.: M. M. RAPPORT, A. A. GREEN und I. H. PAGE: J. biol. Chem. **176**, 385 (1948); M. RAND und G. REID: Nature **168**, 385 (1951); G. REID und M. RAND: Ibid. **169**, 801 (1952); V. ERSPAMER und B. ASERO: Ibid. **169**, 800 (1952).

6 H. BLASCHKO: Biochem. J. **36**, 571 (1942).

Die Bildung von Taurin durch Decarboxylierung von L-Cysteinsäure dürfte einen Teilvorgang bei der Entstehung von Taurocholsäure darstellen, welche mit der Galle sezerniert wird. Eine interessante, wenn auch noch unerklärbare Beobachtung wird von SLOANE-STANLEY[1] berichtet; der Autor fand, daß Extrakte aus Lebern männlicher Ratten etwa doppelt soviel L-Cysteinat-decarboxylase enthalten als entsprechende Extrakte weiblicher Ratten. Durch Kastration der weiblichen Tiere konnte der Gehalt an dem Ferment demjenigen der männlichen Tiere angeglichen werden; dieser Effekt läßt sich durch Behandlung der kastrierten Tiere mit Östron rückgängig machen. Kastration der männlichen Tiere hatte keinen Einfluß auf den Gehalt der Leber an L-Cysteinat-decarboxylase.

XV. Diaminopimelinat-decarboxylase

Nachdem vor kurzem WORK[2] Diaminopimelinsäure aus Bakterien isolieren konnte, gelang es auch zu zeigen, daß manche Stämme von *Escherichia coli* ein Enzym enthalten, das Diaminopimelinsäure zu Lysin und CO_2 decarboxylieren kann[3].

$$\begin{array}{ccccc} COOH & & & & \\ | & & & & \\ CHNH_2 & & CH_2NH_2 & & \\ | & & | & & \\ CH_2 & & CH_2 & & \\ | & & | & & \\ CH_2 & \longrightarrow & CH_2 & + & CO_2 \\ | & & | & & \\ CH_2 & & CH_2 & & \\ | & & | & & \\ CHNH_2 & & CHNH_2 & & \\ | & & | & & \\ COOH & & COOH & & \\ \text{Diaminopimelinsäure} & & \text{Lysin} & & \end{array}$$

Das Ferment ist sicher nicht mit einer L-Lysin-decarboxylase identisch. Pyridoxalphosphat scheint auch hier als Coenzym zu fungieren.

Es scheint, daß Diaminopimelinsäure in den Bakterien eine Vorstufe des Lysins darstellt und das Ferment die Aufgabe hat, das für die Lebensvorgänge notwendige Lysin aus der Diaminopimelinsäure darzustellen. Dieser Weg der Lysin-bildung dürfte aber nicht allgemein sein, da mutante Stämme von *Neurospora crassa*, die Lysin in ihrem Nährboden benötigen, Diaminopimelinsäure nicht verwerten können und die Verbindung in diesem Pilz auch nicht nachgewiesen werden konnte[4].

XVI. L-Cysteinsulfinat-decarboxylasen

In der Leber von Säugetieren existieren zwei Enzymtypen, die den Abbau der Cysteinsulfinsäure in verschiedene Richtungen lenken[5]. Das erste Enzym ist eine Transaminase (vgl. S. 408), durch deren Wirkung eine Desaminierung des Substrats erfolgt; α-Ketoglutarsäure fungiert als Akzeptor der Amino-gruppe.

---

[1] G. H. SLOANE-STANLEY: Biochem. J. **45**, 556 (1949).
[2] E. WORK: Nature **165**, 74 (1950); Biochem. J. **49**, 17 (1951).
[3] D. L. DEWEY und E. WORK: Nature **169**, 533 (1952).
[4] B. D. DAVIES: Ibid. **169**, 535 (1952).
[5] F. CHATAGNER und E. BERGERET: C. R. Acad. Sci. Paris **232**, 448 (1951); B. BERGERET und F. CHATAGNER: Biochim. biophys. Acta **9**, 141 (1952); B. BERGERET, F. CHATAGNER und C. FROMAGEOT: Ibid. **9**, 147 (1952).

Als zweites Ferment greift eine Decarboxylase die Cysteinsulfinsäure an, wobei Hypotaurin und CO_2 entstehen.

$$\underset{\text{Cysteinsulfinsäure}}{HOOCCH(NH_2)CH_2SO_2H} \rightarrow CO_2 + \underset{\text{Hypotaurin}}{H_2NCH_2CH_2SO_2H}$$

Das Enzym soll eine schwer dissoziierbare prosthetische Gruppe enthalten, die vielleicht mit Pyridoxalphosphat identisch ist.

Durch intravenöse Injektion von L-Cysteinsulfinsäure erfolgt bei Ratten in der Leber eine Bildung von Hypotaurin neben Alanin; dies wird als Beweis dafür gewertet, daß die L-Cysteinsulfat-decarboxylasen auch im lebenden Tier eine aktive Rolle ausüben.

XVII. Weitere Aminosäure-decarboxylasen

In der Literatur finden sich verstreute Angaben über Fermente, die andere Aminosäuren decarboxylieren können als diejenigen, welche durch die bisher besprochenen Enzyme angegriffen werden.

So berichtet WERLE (*l. c.*), daß er gemeinsam mit PESCHEL Enzyme in Niere und Leber von Kaninchen und Meerschweinchen sowie in der Nebenniere von Rindern nachweisen konnte, welche *p*-Oxyphenylserin zu *p*-Oxyphenyläthanolamin decarboxylieren, während Phenylserin nicht angegriffen wird. Dieser Enzymtypus lasse sich — im Gegensatz zu den anderen Aminosäure-decarboxylasen — durch eine geringe Konzentration von Cyanid aktivieren.

$$\underset{\text{p-Oxyphenylserin}}{HO{-}C_6H_4{-}CHOHCH(NH_2)COOH} \rightarrow \underset{\text{p-Oxyphenyläthanolamin}}{HO{-}C_6H_4{-}CHOHCH_2NH_2} + CO_2$$

Weitere Befunde über die *p*-Oxyphenylserin-decarboxylasen scheinen noch nicht vorzuliegen.

Nach SCHAPIRA[1] enthalten verschiedene Organe des Meerschweinchens ein Enzym oder Enzymsystem, welches Phenylalanin gleichzeitig decarboxyliert und desaminiert, wobei Phenylacetaldehyd entsteht.

Schließlich müssen noch ältere Angaben über die Existenz von Enzymen in Bakterien erwähnt werden, welche Leucin[2] und Serin[3] decarboxylieren. Nach GALE (*l. c.*) ist es durchaus möglich, daß die Untersuchungs-methoden, welche in seinem Laboratorium verwendet werden, nicht geeignet sind, die Anwesenheit der genannten Enzyme nachzuweisen.

43. Triosephosphat-lyasen[4]

Die Spaltung phosphorylierter Monosaccharide in Triosephosphat und einen zweiten Rest, die ohne Mitwirkung von Wasser erfolgt, wird durch einen eigenen Enzymtypus katalysiert, den wir als eine Untergruppe der Carbolyasen und Carbosyntheasen auffassen können und der nach einem Vorschlag des Verfassers als Triosephosphat-lyasen bezeichnet werden kann.

Bis vor ganz kurzer Zeit war nur eine einzige Enzym-art dieses Typus bekannt: die sog. *Aldolase*, ein Ferment-typus, welcher Fructosediphosphat reversibel in

[1] G. SCHAPIRA: C. R. Soc. biol. **140**, 174 (1946).
[2] M. ARAI: Biochem. Z. **122**, 251 (1921).
[3] F. F. NORD: Ibid. **95**, 281 (1919).
[4] Handbuchartikel: O. MEYERHOF: In „The Enzymes", herausgegeben von J. B. SUMNER und K. MYRBÄCK, Bd. II/1, S. 162. New York: Academic Press. 1951.

Dioxyacetonphosphat und 3-Phosphoglycerinaldehyd zerlegt und der hier verwendeten Nomenklatur entsprechend als FDP-Triosephosphat-lyase bezeichnet werden muß.

I. FDP-Triosephosphat-lyasen *(Aldolase, Zymohexase)*

1934 konnten MEYERHOF und LOHMANN[1] Enzym-präparate aus Kaninchenmuskeln und Hefe darstellen, welche die Reaktion

$$\text{Fructose-1,6-phosphat} \rightleftharpoons \underset{\text{3-Phosphoglycerinaldehyd}}{H_2O_3POH_2C{-}CH(OH){-}CHO} + \underset{\text{Dioxyacetonphosphat}}{CH_2OPO_3H_2{-}CO{-}CH_2OH}$$

Fructose-1,6-phosphat 3-Phosphoglycerinaldehyd Dioxyacetonphosphat

katalysierten. Die ursprünglichen Präparate enthielten außerdem noch eine Phosphotriose-isomerase (vgl. S. 669) als Verunreinigung, weshalb man bei den ersten Versuchen annahm, daß aus FDP zwei Moleküle Dioxyacetonphosphat gebildet werden[2].

Fermente dieser Wirkungsweise kommen in fast allen lebenden Zellen vor; besonders hohe Konzentrationen treten dort auf, wo ein starker Kohlehydratumsatz stattfindet. Die katalysierte Reaktion ist eine Gleichgewichts-reaktion; das Gleichgewicht liegt auf der Seite des Fructose-1,6-diphosphats. Der Enzymtypus ist für Fructosediphosphat streng spezifisch; nur dieses Substrat wird gespalten. Bei umgekehrtem Reaktionsverlauf ist die Spezifität nicht so absolut; wohl muß Dioxyacetonphosphat auf jeden Fall einen der beiden Reaktionspartner darstellen; Phospho-glycerinaldehyd kann aber anscheinend durch andere Aldehyde ersetzt werden. Dadurch ist es möglich, mit Hilfe eines Ferment-präparats eine Anzahl interessanter Verbindungen darzustellen. So entsteht in Anwesenheit von Acetaldehyd und Dioxyacetonphosphat ein Methyltetrosephosphat[3]. Wenn D-Glycerinaldehyd und Dioxyacetonphosphat zugegen sind, wird ausschließlich D-Fructose-1-phosphat gebildet, während aus racemischem Glycerinaldehyd 50% D-Fructose-1-phosphat und 50% L-Sorbose-1-phosphat entstehen.

LEUTHARDT und Mitarbeiter[4] nehmen allerdings an, daß die zuletzt beschriebenen Wirkungen nicht von einer FDP-Triosephosphat-lyase, sondern von einer Fructose-1-phosphat-triosephosphat-lyase (1-*Phosphofructaldolase*, s. u.) katalysiert werden.

Bezüglich der Wirkung von Effektoren ist bemerkenswert, daß sich Enzyme verschiedenen Ursprungs unterschiedlich verhalten. So wird die FDP-Triosephosphat-lyase aus Hefe von Pyrophosphat und von Cystein gehemmt[5]; bei p_H 8,5 wirkt auch Cyanid als Inhibitor. Die Hemmung durch Cystein kann durch Zugabe von Metall-ionen aufgehoben werden. Ähnlich verhält sich das Ferment aus *Clostridium perfringens*[6]. Das Enzym aus Muskel wird aber weder durch Pyrophosphat noch durch Cystein inaktiviert[7]. Andrerseits beobachteten HERBERT

[1] O. MEYERHOF und K. LOHMANN: Naturwiss. **22**, 220 (1934); Biochem. Z. **271**, 89 (1934).
[2] O. MEYERHOF und W. KIESSLING: Ibid. **279**, 40 (1935).
[3] O. MEYERHOF, K. LOHMANN und P. SCHUSTER: Ibid. **286**, 301, 319 (1936).
[4] F. LEUTHARDT, E. TESTA und H. P. WOLF: Helv. chim. Acta **36**, 227 (1953).
[5] O. WARBURG und W. CHRISTIAN: Biochem. Z. **311**, 209 (1942).
[6] R. C. BARD und I. C. GUNSALUS: J. Bacter. **59**, 387 (1950).
[7] O. WARBURG und W. CHRISTIAN: Biochem. Z. **314**, 149 (1943).

und Mitarbeiter[1], daß das Muskel-ferment durch Kupfer- und Silbersalze stark gehemmt wird.

Um die Wirkung der FDP-Triosephosphat-lyasen zu bestimmen, wird die Tatsache benützt, daß die Phosphotriosen schon bei Zimmertemperatur durch verdünntes Alkali verseift werden, während Fructosediphosphat unter diesen Bedingungen noch beständig ist. Man kann also die abgespaltene Phosphorsäure bestimmen und erhält damit ein Maß für die Aktivität des Ferments. Andrerseits kann man auch die Triosephosphate durch Erhitzen mit 1-n HCl auf 100° in Methylglyoxal überführen und dessen Konzentration mit der Methode von ARIYAMA[2] messen.

Die p_H-Optima der Enzyme dieses Typus liegen im schwach alkalischen Gebiet zwischen 7,5 und 8,5.

WARBURG und CHRISTIAN konnten 1943 aus Ratten-muskel ein kristallines Ferment dieses Typus darstellen. Aus 4,7 kg Muskel wurden 2 g kristallisiertes Enzym erhalten, in welchem keine Schwermetalle nachweisbar sind.

ENGELHARDT[3] nahm an, daß die hexagonalen doppelpyramidischen Kristalle, welche BARANOWSKI[4] aus Muskel-extrakt herstellen konnte *(Myogen A)*, mit dem Ferment identisch sind. Es zeigte sich aber, daß diese Kristalle wohl eine hohe Ferment-aktivität aufweisen, welche jedoch nicht derjenigen des von WARBURG und CHRISTIAN kristallisierten Ferments gleichkommt. Erst in letzter Zeit konnten BARANOWSKI und NIEDERLAND[5] im Laboratorium von CORI unter Modifikation der ursprünglichen Vorschrift von BARANOWSKI ein kristallines Präparat erhalten, welches etwa die gleiche Aktivität zeigte, wie die Präparation von WARBURG und CHRISTIAN. Das Mindest-molekulargewicht liegt bei 150000[6].

Die physiologische Bedeutung der FDP-Triosephosphat-lyasen ist klar zu erkennen. Sie haben eine wesentliche Funktion innerhalb der anaeroben Phase des Kohlehydrat-abbaus und ihr ubiquitäres Vorkommen ist daher leicht verständlich.

II. Fructose-1-phosphat-triosephosphat-lyasen *(1-Phosphofructaldolase)*

Die Beobachtung, daß Fructose-1-phosphat durch kristalline Präparationen von FDP-Triosephosphat-lyasen nicht angegriffen wird, während Extrakte aus Ratten-leber die Verbindung in Glycerinaldehyd und Phosphodioxyaceton spalten können, veranlaßte LEUTHARDT und Mitarbeiter[7] dazu, die Existenz spezifischer Fermente zu postulieren, welche die Reaktion

$$\text{Fructose-1-phosphat} \rightleftharpoons \text{Phosphodioxyaceton} + \text{Glycerinaldehyd}$$

katalysieren. Das Gleichgewicht liegt weit auf Seite des Fructose-1-phosphats. Die Spezifität dieses Enzymtypus läßt sich zur Zeit noch nicht abgrenzen, da bisher nur wenig gereinigte Präparationen vorliegen, die sämtlich auch FDP spalten. Ob dies auf die Beimischung einer FDP-Triosephosphat-lyase *(Aldolase)* zurückzuführen ist oder ebenfalls von den Fructose-1-phosphat-triosephosphat-lyasen verursacht wird, ist noch nicht geklärt.

Nach LEUTHARDT ist sehr wahrscheinlich, daß auch die berichteten Kondensationen verschiedener Aldehyde mit Triosephosphat nicht, wie ursprünglich angenommen wurde[8], von einer FDP-Triosephosphat-lyase katalysiert werden, sondern der Wirkung einer Fructose-1-phosphat-triosephosphat-lyase zuzuschreiben sind.

Die Existenz von Fermenten dieses Typus wird allerdings von HERS und KUSAKA[9] bezweifelt; auf Grund der Versuche dieser Autoren ist auch für die Spaltung von Fructose-1-phosphat ein Ferment des FDP-Triosephosphat-lyase-typus *(Aldolase)* verantwortlich.

---

[1] D. HERBERT, H. GORDON, V. SUBRAHMANYAN und D. E. GREEN: Biochem. J. **34**, 1108 (1940).
[2] N. ARIYAMA: J. biol. Chem. **77**, 359 (1928).
[3] V. A. ENGELHARDT: Yale J. Biol. Med. **15**, 21 (1942/43).
[4] T. BARANOWSKI: Hoppe-Seyler's Z. physiol. Chem. **260**, 43 (1939).
[5] T. BARANOWSKI und T. R. NIEDERLAND: J. biol. Chem. **180**, 543 (1949).
[6] S. F. VELICK und E. RONZONI: Ibid. **173**, 627 (1948).
[7] F. LEUTHARDT, E. TESTA und H. P. WOLF: Helv. chim. Acta **36**, 227 (1953).
[8] O. MEYERHOF, K. LOHMANN und P. SCHUSTER: Biochem. Z. **286**, 319 (1936).
[9] H. G. HERS und T. KUSAKA: Biochim. biophys. Acta **11**, 427 (1953).

III. Ribose-5-phosphat-triosephosphat-lyasen

Auf Grund seiner Beobachtung, daß beim Abbau von Adenosin Hexosephosphate gebildet werden, postulierte DISCHE[1] schon 1938 die Existenz von Fermenten, welche Ribosephosphat in ein Molekül Triosephosphat und einen C_2-Körper spalten. Zwei Moleküle Triosephosphat sollten dann durch die Wirkung einer FDP-Triosephosphat-lyase *(Aldolase)* zu Hexosediphosphat zusammentreten. RACKER[2] bestätigte 1948 die Existenz eines Ferments, das Ribose-5-phosphat zu einem Triosephosphat (vermutlich 3-Phosphoglycerinaldehyd) und einem noch nicht identifizierten C_2-Körper (Glykolaldehyd?) abbauen kann. Das Enzym, welches aus *Escherichia coli* gewonnen wurde, konnte teilweise gereinigt werden; eine Umkehrbarkeit der Spaltung wurde bisher noch nicht nachgewiesen. Das Vorkommen eines gleichartig wirkenden Enzyms in Hefe konnte wahrscheinlich gemacht werden[3].

IV. Desoxyribosephosphat-triosephosphat-lyasen

Vor kurzer Zeit beobachtete RACKER[4] daß Extrakte aus *Escherichia coli, Corynebacterium diphtheriae* und *Streptococcus faecalis,* welche entweder durch Ultraschall-behandlung oder durch Zerreiben der Bakterien mit Aluminiumoxydpulver gewonnen wurden, imstande sind, die Reaktion

$$\text{Phosphoglycerinaldehyd} + \text{Acetaldehyd} \rightleftarrows \text{Desoxyribosephosphat}$$

reversibel zu katalysieren. Der Phosphat-rest im Desoxyribosephosphat steht vermutlich in 5-Stellung.

Das Enzym aus *E. coli* konnte auf das 8fache angereichert werden; es wirkt bei p_H 7,4.

Die Auffindung dieses Enzym-typus ist deshalb von besonders großem Interesse, weil Desoxyribosephosphate wesentliche Bestandteile der im Zellkern vorhandenen Thymo-nucleinsäure sind.

Nach einer Arbeit von MCGEOWN und MALPRESS[5] dürften gleichartig wirkende Enzyme auch im tierischen Organismus existieren.

V. Erythrulose-1-phosphat-synthease (Erythrulose-1-phosphat-triosephosphat-lyase?)

CHARALAMPOUS und MÜLLER[6] berichteten vor kurzem, daß sie aus Ratten-leber eine Enzym-lösung darstellen konnten, welche die Reaktion

$$\text{Triosephosphat} + \text{HCHO} \rightarrow \text{Erythrulose-1-phosphat}$$

katalysierte. Eine Reversibilität konnte bisher aus technischen Gründen nicht nachgewiesen werden; wenn der Vorgang umkehrbar ist, wären Enzyme dieses Typus als Erythrulose-1-phosphat-triosephosphat-lyasen zu bezeichnen. Das Ferment von CHARALAMPOUS und MÜLLER ist sicher nicht mit einer FDP-Triosephosphat-lyase *(Aldolase)* identisch, da kristalline Präparate eines solchen Enzyms nicht die Bildung von Erythrulose-1-phosphat aus Triosephosphat und Formaldehyd katalysieren.

---

[1] Z. DISCHE: Naturwiss. **26**, 252 (1938); vgl. auch W. SCHLENK: Adv. Enzymol. **9**, 455 (1949); A. CANZANELLI, R. GUILD und D. RAPPORT: Amer. J. Physiol. **162**, 168 (1950).

[2] E. RACKER: Federation Proc. **7**, 180 (1948).

[3] H. Z. SABLE: Ibid. **10**, 241 (1951).

[4] E. RACKER: Nature **167**, 408 (1951).

[5] M. G. MCGEOWN und F. H. MALPRESS: Ibid. **170**, 575 (1952).

[6] F. C. CHARALAMPOUS und G. C. MÜLLER: J. biol. Chem. **201**, 161 (1953).

44. Hydratasen und Dehydratasen

Unter der Bezeichnung „Hydratasen und Dehydratasen" werden alle Enzyme zusammengefaßt, deren Funktion die Katalyse der Aufnahme oder Abspaltung von Wasser nach der allgemeinen Gleichung

$$R\begin{matrix} H \\ OH \end{matrix} \rightleftarrows R + H_2O$$

ist. Bisher sind nur verhältnismäßig wenige Enzyme dieser Wirkung entdeckt worden; von diesen haben aber einige besonders große Bedeutung als Teilkatalysatoren wichtiger Vorgänge des Intermediär-stoffwechsels; so katalysiert der Typus der 2-Phosphoglycerat-dehydratase *(Enolase)* einen wichtigen Teilvorgang der Glykolyse und ebenso bewirken die Aconitat-hydratasen *(Aconitase)* und die Fumarat-hydratasen *(Fumarase)* Reaktionen, welche für den Ablauf der Prozesse des Citronensäure-zyklus unerläßlich sind. Sowohl in bezug auf ihre Klassifikation als auch in Hinsicht auf ihre physiologischen Funktionen nehmen die Carbonat-anhydratasen eine Sonderstellung ein; entsprechend der von ihnen bewirkten Reaktion könnten sie auch als Carboxylasen klassifiziert werden, wenngleich eine Einreihung unter die Dehydratasen auf Grund ihrer Rolle besser begründet ist. Die Carbonat-anhydratasen gehören zu den wenigen Ferment-typen, welche eine Reaktion katalysieren, die auch unkatalysiert mit gut meßbarer Geschwindigkeit vor sich geht; sie scheinen nicht nur bei der Kohlendioxyd-ausscheidung aus dem Blut, sondern auch bei verschiedenen anderen Sekretions-mechanismen mitzuwirken.

Die gewöhnlich als Hydratasen behandelten Glyoxalasen, deren spezifische Wirkung die Überführung von Methylglyoxal in Milchsäure ist, wurden in letzter Zeit als ein aus zwei Komponenten bestehendes Enzymsystem erkannt, dessen Bestandteile entsprechend ihrer Wirkung an anderen Stellen (S. 352 und 662) besprochen werden.

I. Fumarat-hydratasen *(Fumarase)*[1]

Eine enzymatische Umwandlung von Fumarsäure in *l*-Äpfelsäure wurde bereits von Batelli und Stern[2] beschrieben; wenige Jahre später konnte Einbeck[3] die Existenz eines Ferments, welches für diese Reaktion verantwortlich ist, nachweisen. Der katalysierte Vorgang

$$\underset{\text{Fumarsäure}}{\begin{matrix} H—C—COOH \\ \| \\ HOOC—C—H \end{matrix}} + H_2O \rightleftarrows \underset{l\text{-Äpfelsäure}}{\begin{matrix} OH \\ | \\ H—C—COOH \\ | \\ HOOC—C—H \\ | \\ H \end{matrix}}$$

führt zu einem Gleichgewicht; der Wert der Gleichgewichtskonstante

$$K = \frac{[l\text{-Malat}]}{[\text{Fumarat}]}$$

[1] Handbuchartikel: S. Ochoa: In „The Enzymes", herausgegeben von J. B. Sumner und K. Myrbäck, Bd. I/2, S. 1217. New York: Academic Press. 1951.

[2] F. Batelli und L. Stern: Biochem. Z. 31, 478 (1911).

[3] H. Einbeck: Ibid. 95, 296 (1919).

ist stark temperaturabhängig; KREBS und Mitarbeiter[1] geben für 50° den Wert $K = 2{,}65$, für 40° $K = 3{,}17$, für 30° $K = 3{,}54$ und für 20° $K = 4{,}57$ an. Nach einer neuen Arbeit von KREBS[2] liegen bei 25° und p_H 7,4 in einem Gleichgewichtsgemisch 18,45% Fumarat und 81,55 *l*-Malat vor.

Enzyme dieser Spezifität sind sehr weit verbreitet; Bakterien, Schimmelpilze, Hefe, höhere Pflanzen und Tiere enthalten Fumarat-hydratasen, so daß man wirklich von einem ubiquitären Vorkommen sprechen kann. Besonders hohe Konzentrationen finden sich in der Leber, im Herz- und im Skelettmuskel.

Die Untersuchung der Spezifitätsverhältnisse ergab, daß die Enzyme dieses Typus eine strenge Spezifität für Fumarsäure und für *l*-Äpfelsäure aufweisen; Maleinsäure und *d*-Äpfelsäure werden nicht angegriffen[3]. Das p_H-Optimum des Enzyms aus Herzmuskel ist nach SCOTT und POWELL[4] für die Überführung von Fumarsäure in Äpfelsäure etwa 7,0; für den umgekehrten Vorgang wird hingegen p_H 8,0 angegeben.

Die beste Methode zur Bestimmung der Fumarat-hydratase-aktivität stammt von RACKER[5] und beruht auf der Messung der optischen Dichte bei 240 mμ, in welchem Bereich Fumarsäure und andere Verbindungen mit einer Doppelbindung ein Absorptionsmaximum aufweisen, so daß die Bildung bzw. das Verschwinden von Fumarsäure direkt gemessen werden kann.

LAKI und LAKI[6] berichteten 1941 über die Darstellung eines kristallinen Proteins aus Rinder-herz, welches starke Fumarat-hydratase-aktivität zeigte. Nach SCOTT[7] handelt es sich hier aber nicht um eine kristalline Fumarat-hydratase, da die Kristalle nach Umkristallisieren an Aktivität verlieren, welche dann in der Mutterlauge nachgewiesen werden kann, so daß wahrscheinlich ein inertes Protein mit adsorbierter Fumarat-hydratase vorliegt.

RACKER[5] zeigte, daß in einem nach LAKI und LAKI[6] dargestellten Fumarat-hydratase-präparat noch beträchtliche Mengen Aconitat-hydratase *(Aconitase)* und DPN · H_2 → Pyruvat-transhydrogenase *(Milchsäure-dehydrase)* zugegen sind. In letzter Zeit berichtete MASSEY[8] über die Darstellung eines einheitlichen kristallisierten Proteins mit Fumarat-hydratase-aktivität aus Schweine-herz, von dem angenommen werden kann, daß es tatsächlich eine kristalline Fumarat-hydratase ist. Das Protein hat ein M. G. von etwa 200000; der I. P. liegt zwischen p_H 5,0 und 5,4. Bei p_H 7,3 ist die Wechselzahl höher als 100000.

Verschiedene anorganische Anionen, so vor allem Phosphat-ionen, aktivieren salz-freie Lösungen des kristallinen Enzyms unter gleichzeitiger Verschiebung des p_H-Optimums auf die alkalische Seite: salzfreie Präparationen zeigen eine optimale Wirksamkeit bei p_H 5,6, während der entsprechende Wert in Anwesenheit von Phosphat bei etwa 7,0 liegt[9].

Die Natriumsalze der folgenden Säuren wurden als kompetitive Inhibitoren der Fumarat-hydratase aus Schweine-herz erkannt: *d*-Äpfelsäure, *trans*-Aconitsäure, Citronensäure, Mesaconsäure, Maleinsäure, Adipinsäure, Glutarsäure, Bernsteinsäure, Malonsäure und Weinsäure; weiters Glykokoll und das Natriumsalz der L-α-Oxy-β-sulfopropionsäure. Als nicht-kompetitive Inhibitoren können Thiocyanat und Acetylendicarbonsäure fungieren. Sulfhydryl-reagentien haben auf die Enzym-wirksamkeit keinen Einfluß[10].

---

1 H. A. KREBS, D. H. SMYTH und E. A. EVANS: Biochem. J. **34**, 1041 (1940).
2 H. A. KREBS: Ibid. **54**, 78 (1953).
3 H. D. DAKIN: J. biol. Chem. **52**, 183 (1922).
4 E. M. SCOTT und R. POWELL: J. Amer. chem. Soc. **70**, 1104 (1948).
5 E. RACKER: Biochim. biophys. Acta **4**, 211 (1950).
6 E. LAKI und K. LAKI: Enzymologia **9**, 139 (1941).
7 E. M. SCOTT: Arch. Biochem. **18**, 131 (1948).
8 V. MASSEY: Nature **167**, 769 (1951); Biochem. J. **51**, 490 (1952).
9 V. MASSEY: Ibid. **53**, 67 (1953).
10 V. MASSEY: Ibid. **55**, 172 (1953).

Der Typus der Fumarat-hydratasen spielt eine wesentliche Rolle im Intermediär-stoffwechsel von Kohlehydraten, Fettsäuren und manchen Aminosäuren, da die Fermente dieser Spezifität Teilkatalysatoren des Citronensäure-zyklus (S. 708 ff.) und auch des sog. Dicarbonsäure-zyklus (vgl. S. 717 f.) sind.

II. Maleinat-hydratase *(Malease)*

Sacks und Jensen[1] berichteten vor kurzem über ein Ferment aus Mais, welches die Anlagerung von Wasser an Maleinsäure unter Bildung von Äpfelsäure katalysiert. Die Reaktion ist reversibel; die Versuche wurden bei p_H 7,5 durchgeführt.

Zur Messung der Enzymaktivität bediente man sich der Tatsache, daß die Präparation eine *l*-Malat→DPN-transhydrogenase *(Äpfelsäure-dehydrase)* (S. 483) enthielt; außerdem wurde Triphenyltetrazoliumchlorid als Elektronen-akzeptor zugesetzt, so daß die entstandene Äpfelsäure dauernd in Oxalessigsäure überführt und aus dem Gleichgewicht entfernt wurde.

$$\begin{array}{c}\text{H—C—COOH}\\ \Vert\\ \text{H—C—COOH}\\ \text{Maleinsäure}\end{array}$$

Fumarsäure wird durch die Enzym-präparation nicht hydratisiert; das Ferment ist sicher nicht mit der analog wirkenden Fumarat-hydratase identisch.

Die optische Konfiguration der durch die Wirkung des Enzyms auf Maleinsäure entstehenden Äpfelsäure scheint von den Autoren nicht bestimmt worden zu sein; da sie aber durch eine spezifische Transhydrogenase in Oxalessigsäure überführt werden kann, dürfte es sich um *l*-Äpfelsäure handeln.

III. Ungesättigte Acyl-CoA-hydratasen *(Crotonase)*

In Säugetier- und Vogel-geweben finden sich Fermente, welche reversibel ungesättigte Acyl-derivate von CoA durch Wasser-anlagerung in die entsprechenden Oxyacyl-verbindungen des CoA überführen[2]. So wird Crotonyl-CoA durch ein derartiges Enzym nach der Gleichung

$$\underset{\text{Crotonyl-CoA}}{CH_3CH{=}CHCO{—}S{—}Co\bar{A}} + H_2O \rightleftharpoons \underset{\beta\text{-Oxybutyryl-CoA}}{CH_3CHOHCH_2CO{—}S{—}Co\bar{A}}$$

in β-Oxybutyryl-CoA überführt.

Ein Enzym dieses Typus, welches gegenüber allen ungesättigten Acyl-verbindungen von CoA von C_4 bis C_{12} aktiv ist, konnte kürzlich von Beinert und Mitarbeitern[3] aus Rinder-leber isoliert und weitgehend gereinigt werden. Es katalysiert allgemein die Reaktionen des Typus

$$RCH{=}CHCH_2CO{—}S{—}Co\bar{A} \xrightleftharpoons{+H_2O} d\text{-}RCH_2CHOHCH_2CO{—}S{—}Co\bar{A} \xrightleftharpoons{—H_2O}$$
$$\rightleftharpoons RCH_2CH{=}CHCO{—}S{—}Co\bar{A}$$

und ist somit sowohl für α,β- als auch für β,γ-ungesättigte Acyl-derivate von CoA spezifisch.

Das Ferment zeigt keine Wirkung gegenüber *cis*-Crotonyl-CoA, weshalb die Autoren annehmen, daß es einen gesonderten Enzymtypus gibt, der die Isomerisierung der *cis*- und *trans*-Formen katalysiert.

Bei p_H 9,0 ist der Wert der Gleichgewichts-konstante

$$K = \frac{[\text{ungesättigtes Acyl-CoA}]}{[\beta\text{-Oxyacyl-CoA}]}$$

0,5 bis 1. Das Enzym wird durch Sulfhydryl-reagenzien in seiner Wirksamkeit gehemmt.

---

[1] W. Sacks und C. O. Jensen: J. biol. Chem. **192**, 231 (1951).

[2] J. R. Stern und A. del Campillo: J. Amer. chem. Soc. **75**, 2277 (1953).

[3] H. Beinert, R. M. Bock, D. S. Goldmann, D. E. Green, H. R. Mahler, S. Mii, P. G. Stansly und S. J. Wakil: Ibid. **75**, 4111 (1953).

Fermente dieser Wirkungsweise katalysieren wichtige Teilschritte bei der Biosynthese und beim Abbau der Fettsäuren (Fettsäure-zyklus, vgl. S. 719ff.). Wenngleich entsprechende Untersuchungen noch kaum vorliegen, ist doch anzunehmen, daß wir es hier mit einem sehr weit verbreiteten Enzymtypus zu tun haben.

IV. Aconitat-hydratasen *(Aconitase)*

Der Nachweis für die Existenz von Enzymen, welche die Gleichgewichtseinstellung zwischen Citronensäure, *cis*-Aconitsäure und *d*-Isocitronensäure bewirken, wurde 1939 fast gleichzeitig von MARTIUS[1] sowie von JACOBSOHN und TAPADINHAS[2] erbracht.

$$\begin{array}{ccccc}
\mathrm{COOH} & & \mathrm{COOH} & & \mathrm{COOH} \\
| & & | & & | \\
\mathrm{CH_2} & & \mathrm{CH} & & \mathrm{CHOH} \\
| & & \| & & | \\
\mathrm{HO{-}C{-}COOH} & \underset{+H_2O}{\overset{-H_2O}{\rightleftharpoons}} & \mathrm{C{-}COOH} & \underset{-H_2O}{\overset{+H_2O}{\rightleftharpoons}} & \mathrm{H{-}C{-}COOH} \\
| & & | & & | \\
\mathrm{CH_2} & & \mathrm{CH_2} & & \mathrm{CH_2} \\
| & & | & & | \\
\mathrm{COOH} & & \mathrm{COOH} & & \mathrm{COOH}
\end{array}$$

Citronensäure — *cis*-Aconitsäure — *d*-Isocitronensäure

Es scheint eindeutig erwiesen zu sein, daß Einzelenzyme für diese Gleichgewichtseinstellung verantwortlich sind und daß diese nicht — im Gegensatz zu früheren Annahmen — mit den Fumarat-hydratasen identisch sind. Die Spezifität gegenüber den drei Substraten scheint absolut zu sein; *trans*-Aconitsäure wird nicht hydratisiert. Über die Fähigkeit dieser Fermente ein symmetrisches Substrat — Citronensäure — „asymmetrisch" anzugreifen, wird noch an anderer Stelle (S. 711) berichtet werden.

Fermente dieses Typus sind in der Natur sehr weit verbreitet. Es wird über Vorkommen in den verschiedensten Materialien aus dem Tierreich, dem Pflanzenreich und auch in Mikroorganismen berichtet. Besonders große Mengen finden sich im Muskel, in der Leber und in der Niere[3] sowie in der Prostata[4].

Die Gleichgewichts-lage der drei durch die Aconitat-hydratasen erzeugten Substanzen ist bei p_H 6,8 und 38° die folgende: Citrat 89,5%, *cis*-Aconitat 4,3% und *d*-Isocitrat 6,2%[5]. Ähnliche Werte wurden von MARTIUS und LEONHARDT[6] angegeben.

Die Enzym-wirkung weist ein scharfes p_H-Optimum bei 7,4 auf. Fe^{++} (nicht aber Fe^{+++}) soll auf gealterte oder dialysierte Ferment-präparate aktivierend wirken; ein gleichartiger Effekt wird auch für Cystein berichtet[7]. KREBS und EGGLESTON[8] fanden, daß Kupfer- und Quecksilber-ionen, weiters aber auch Cyanid und Sulfid die Enzym-wirkung schon in geringen Konzentrationen hemmen; weiters wird über eine kompetitive Inhibitor-wirkung von *trans*-Aconitsäure berichtet[9]. In

---

[1] C. MARTIUS: Hoppe-Seyler's Z. physiol. Chem. **257**, 29 (1939).
[2] K. P. JACOBSOHN und J. TAPADINHAS: Enzymologia **5**, 388 (1939).
[3] W. A. JOHNSON: Biochem. J. **33**, 1046 (1939).
[4] E. S. G. BARRON und C. HUGGINS: Proc. Soc. exp. Biol. Med. **62**, 195 (1946).
[5] H. A. KREBS und L. V. EGGLESTON: Biochem. J. **37**, 334 (1943).
[6] C. MARTIUS und H. LEONHARDT: Hoppe-Seyler's Z. physiol. Chem. **278**, 208 (1943).
[7] S. R. DICKMAN und A. A. CLOUTIER: Arch. Biochem. **25**, 229 (1950); J. biol. Chem. **188**, 379 (1951).
[8] H. A. KREBS und L. V. EGGLESTON: Biochem. J. **38**, 426 (1944).
[9] M. SAFFRAN und J. L. PRADO: J. biol. Chem. **180**, 1301 (1949).

Abwesenheit von Substrat zerstört Phosphat die Aktivität einer tierischen Aconitat-hydratase, während bei gleichzeitiger Zugabe von Phosphat und Substrat sogar eine Aktivierung eintritt. Das Enzym ist gegen p_H-Werte unter 5,0 sehr empfindlich[1].

Eine Verbindung, die anscheinend mit Monofluorcitronensäure identisch ist und bei der Kondensation von Fluoressigsäure und Oxalessigsäure entsteht, ist ein kompetitiver Hemmstoff der Aconitat-hydratasen[2] (vgl. S. 713).

Die Aconitat-hydratasen stellen vom reaktionskinetischen Standpunkt ein interessantes Problem dar, da es sich hier um Fermente handelt, die drei chemisch verschiedene stabile Substrate ineinander überführen. Weiters wird die merkwürdige Erscheinung beobachtet,

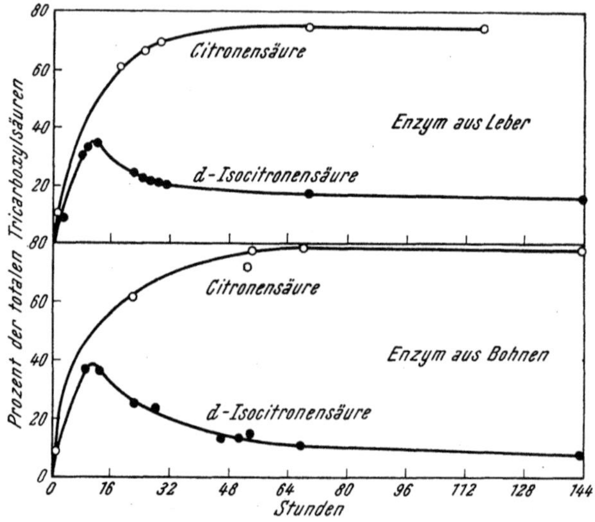

Abb. 41. Verlauf der Bildung von Citrat und *d*-Isocitrat in Anwesenheit von Aconitat-hydratase aus Ochsen-leber bzw. aus Bohnen. In beiden Fällen handelt es sich um dialysierte wäßrige Extrakte mit geringer Enzym-aktivität. Substrat: 0,17-m Natrium-*cis*-aconinat; 0,022-m Phosphat-puffer, p_H 7,2; Temperatur 37° (nach MARTIUS und LEONHARDT).

daß bei der Umwandlung von *cis*-Aconitsäure in *d*-Isocitronensäure und auch bei dem umgekehrten Vorgang die den Reaktionsverlauf wiedergebende Kurve vor Erreichung des Endgleichgewichts ein hohes Maximum aufweist (Abb. 41). Auf Grund umfangreicher Untersuchungen und Berechnungen kommen MARTIUS und FRIEDRICH-FREKSA[3] zu der Annahme, daß die Umwandlung von Citronensäure in *d*-Isocitronensäure nicht der oben angegebenen Formulierung

$$\text{Citronensäure} \rightleftharpoons \textit{cis}\text{-Aconitsäure} \rightleftharpoons d\text{-Isocitronensäure}$$

sondern wahrscheinlich dem Schema

$$\text{Citronensäure} \rightleftharpoons \text{Zwischenprodukt} \rightleftharpoons d\text{-Isocitronensäure}$$
$$\upharpoonleft\downharpoonright$$
$$\textit{cis}\text{-Aconitsäure}$$

folgt; d. h. die Reaktion führt nicht *„über" Aconitsäure, sondern „an der Aconitsäure vorbei"* (MARTIUS und LYNEN[4]). Das Zwischenprodukt stünde der *cis*-Aconitsäure wohl nahe, sei

[1] J. F. MORRISON: Biochem. J. 55, IV (1953).

[2] R. A. PETERS, R. W. WAKELIN und P. BUFFA: Ibid. 50, XIII (1952); R. A. PETERS, R. W. WAKELIN, P. BUFFA und L. C. THOMAS: Proc. Roy. Soc. London B 140, 497 (1953).

[3] H. FRIEDRICH-FREKSA und C. MARTIUS: Z. Naturforsch. 6b, 296 (1951).

[4] C. MARTIUS und F. LYNEN: Adv. Enzymology 10, 167 (1950).

aber mit dieser nicht identisch. Die bei der Gleichgewichts-einstellung entstehende Aconitsäure sei als Stabilisierungs-produkt des Zwischenkörpers aufzufassen.

Die Bestimmung der Aconitat-hydratase-aktivität kann unter Ausnützung der hohen spezifischen Drehung der *d*-Isocitronensäure in Gegenwart von Molybdat ($[\alpha]_D^{20} = -413°$) polarimetrisch erfolgen. Andrerseits besitzt die Aconitsäure ebenso wie die Fumarsäure einen hohen Extinktions-koeffizienten im Gebiet von 240 mμ, so daß nach RACKER[1] eine Bestimmung mit Hilfe eines Ultraviolett-spektrographen durchgeführt werden kann.

Während bis vor kurzem mit verhältnismäßig rohen Präparationen der Enzyme gearbeitet wurde, berichten BUCHANAN und ANFINSEN[2] über die Herstellung eines gereinigten Aconitat-hydratase-präparats aus Schweine-herz, welche auf einer fraktionierten Alkohol-fällung bei tiefer Temperatur beruht. Die Aktivität wird gegenüber dem Ausgangs-extrakt auf mehr als das 23fache gesteigert.

Die Aconitat-hydratasen sind wesentliche Teilfermente der durch den sog. Citronensäure-zyklus katalysierten aeroben Abbauvorgänge der Kohlehydrate, Fettsäuren und Aminosäuren.

V. D-2-Phosphoglycerat-dehydratasen *(Enolase)*

Bereits 1933 konnten EMDEN und Mitarbeiter[3] zeigen, daß das glykolytische System des Muskels den Abbau der 3-Phosphoglycerinsäure zu Brenztraubensäure vollzieht. Bald wurde nachgewiesen[4, 5], daß dieser Vorgang in drei Stufen vor sich geht und die Zwischenprodukte 2-Phosphoglycerinsäure und Phosphoenolbrenztraubensäure einschließt. Die Umwandlung der 2-Phosphoglycerinsäure in Phosphoenolbrenztraubensäure wird durch spezifische Enzyme katalysiert, welchen der Name „Enolase" gegeben wurde. Der Tatsache entsprechend, daß der katalysierte Vorgang eine Dehydratisierung der 2-Phosphoglycerinsäure ist, wird diesem Enzym-typus gemäß den dargestellten Nomenklatur-prinzipien der Name D-2-Phosphoglycerat-dehydratase gegeben.

$$\begin{array}{c} CH_2OH \\ | \\ CHOPO_3H_2 \\ | \\ COOH \end{array} \quad \underset{+H_2O}{\overset{-H_2O}{\rightleftharpoons}} \quad \begin{array}{c} CH_2 \\ \| \\ COPO_3H_2 \\ | \\ COOH \end{array}$$

D-2-Phosphoglycerinsäure Phosphoenolbrenztraubensäure

Die katalysierte Reaktion ist reversibel; der Wert für die Gleichgewichtskonstante

$$K = \frac{[\text{Phosphoenolpyruvat}]}{[\text{2-Phosphoglycerat}]}$$

wird von WARBURG und CHRISTIAN[6], mit 1,43 bei 20° angegeben, während MEYERHOF und OESPER[7] in einer späteren Arbeit bei der gleichen Temperatur $K = 2{,}73$ finden.

Fermente dieser Spezifität dürften praktisch in allen Zellen und Organismen vorkommen, welche Kohlehydrate auf dem Wege der Glykolyse abbauen.

[1] E. RACKER: Biochim. biophys. Acta **4**, 211 (1950).

[2] J. M. BUCHANAN und C. B. ANFINSEN: J. biol. Chem. **180**, 47 (1949).

[3] Übersichtsreferat: O. MEYERHOF: In „The Enzymes", herausgegeben von J. B. SUMNER und K. MYRBÄCK, Bd. I/2, S. 1207. New York: Academic Press. 1951.

[4] K. LOHMANN und O. MEYERHOF: Biochem. Z. **273**, 60 (1934).

[5] O. MEYERHOF und W. KIESSLING: Naturwiss. **22**, 838 (1934); Biochem. Z. **276**, 239 (1935).

[6] O. WARBURG und W. CHRISTIAN: Ibid. **310**, 384 (1941).

[7] O. MEYERHOF und P. OESPER: J. biol. Chem. **179**, 1371 (1949).

Tatsächlich ist es auch gelungen, 2-Phosphoglycerat-dehydratasen in den verschiedensten Ausgangsmaterialien nachzuweisen[1].

Die Spezifität der D-2-Phosphoglycerat-dehydratasen dürfte in bezug auf beide Substrate absolut sein; KIESSLING[2] konnte feststellen, daß racemische 2-Phosphoglycerinsäure zur Hälfte umgesetzt wird. Fluorid wirkt als spezifischer Hemmstoff; durch diese Feststellung konnten LOHMANN und MEYERHOF[3] die schon seit langem bekannte Fluorid-hemmung der Gärung auf eine Wirkung gegenüber der 2-Phosphoglycerat-dehydratase zurückführen. WARBURG und CHRISTIAN[4] stellten fest, daß ein hochgereinigtes Präparat des Ferments in Abwesenheit von Mg^{++}, Mn^{++} oder Zn^{++} wirkungslos ist, wobei die beiden letztgenannten Ionen wohl in niedriger Konzentration stärker aktivieren als Mg^{++}, sich aber in höherer Konzentration als Inhibitoren erweisen. Dies läßt den Schluß zu, daß Mg^{++} der physiologische Aktivator des Enzyms ist. Vor kurzem wurde eine genaue Untersuchung über die Wechselwirkung zwischen einem Ferment dieser Spezifität und Mg^{++}, Mn^{++} und Zn^{++} durchgeführt[5].

Der Mechanismus der Fluorid-hemmung konnte durch WARBURG und CHRISTIAN[4] aufgeklärt werden; Fluorid bewirkt in Gegenwart von Mg^{++} und Phosphat die Bildung eines inaktiven Enzym-Magnesiumfluorphosphat-komplexes (vgl. S. 147). Eine analoge Komplexbildung kann auch mit Arsenat an Stelle von Phosphat stattfinden; nicht aber mit Pyrophosphat. Wenn weder Phosphat noch Arsenat zugegen sind, tritt bei Fluorid-zugabe keine Hemmung der 2-Phosphoglycerat-dehydratase-wirkung ein. Pyrophosphat hat ebenfalls eine hemmende Wirkung; anscheinend wird ein Enzym-Magnesiumpyrophosphat-komplex gebildet, welcher ebenfalls inaktiv ist.

Die Darstellung eines hochgereinigten Enzym-präparats aus Hefe, welches über den Weg eines kristallinen Quecksilbersalzes gewonnen wurde, wird von WARBURG und CHRISTIAN[4] beschrieben. Das Quecksilbersalz erweist sich als inaktiv. Das M. G. des Hefe-enzyms wurde von BÜCHER[6] nach verschiedenen Methoden bestimmt und ein Wert von 66000 ± 2000 erhalten.

Die biologische Bedeutung dieses Fermenttypus liegt in seiner Stellung als Teilkatalysator der Glykolyse.

VI. Serin-dehydratasen *(Serin-deaminase)*

Ein bakterielles Ferment, welches Serin zu Brenztraubensäure umwandelt, wurde erstmals von GALE und STEPHENSON[7] näher untersucht. Es handelt sich hier um ein Enzym, welches unter anaeroben Bedingungen wirkt und sich somit von anderen ähnlichen Fermenten, welche die Desaminierung der Aminosäure auf oxydativem Weg bewerkstelligen, unterscheidet. Während die genannten Autoren mit sog. *„resting cells"*, also lebenden Bakterien *(Escherichia coli)*, arbeiteten, gelang es BINKLEY[8], einen zellfreien Extrakt aus demselben Ausgangsmaterial herzustellen, welcher die gleiche Reaktion katalysierte. Bei einer Untersuchung über die Spezifität des Enzyms konnten CHARGAFF und SPRINSON[9] zeigen, daß Serin zu Brenztraubensäure und Threonin zu α-Keto-

---

[1] Vgl. z. B. E. KUN: Proc. Soc. exp. Biol. Med. **75**, 68 (1950).
[2] W. KIESSLING: Ber. dtsch. chem. Ges. **68**, 243 (1935).
[3] K. LOHMANN und O. MEYERHOF: Biochem. Z. **273**, 60 (1934).
[4] O. WARBURG und W. CHRISTIAN: Ibid. **310**, 384 (1941).
[5] B. G. MALMSTRÖM: Arch. Biochem. Biophys. **46**, 345 (1953).
[6] T. BÜCHER: Biochim. biophys. Acta **1**, 467 (1947).
[7] E. F. GALE und M. STEPHENSON: Biochem. J. **32**, 392 (1938).
[8] F. BINKLEY: J. biol. Chem. **150**, 261 (1943).
[9] E. CHARGAFF und D. B. SPRINSON: Ibid. **148**, 249 (1943); **151**, 273 (1943).

buttersäure umgewandelt werden; Abkömmlinge von Serin und Threonin, welche durch Verätherung an der OH-Gruppe verändert sind, werden nicht angegriffen. Auf Grund dieser Beobachtung vermuten CHARGAFF und SPRINSON, daß die primäre Wirkung des Enzyms eine Dehydratisierung des Substrats sein dürfte, und postulieren die folgenden Reaktionsschritte:

$$
\begin{array}{lclclclcl}
CH_2OH & & CH_2 & & CH_3 & & CH_3 & & \\
| & & \| & & | & & | & & \\
CHNH_2 & \xrightarrow{-H_2O} & C{-}NH_2 & \rightleftharpoons & C{=}NH & \xrightarrow{+H_2O} & C{=}O & + & NH_3 \\
| & & | & & | & & | & & \\
COOH & & COOH & & COOH & & COOH & &
\end{array}
$$

Dementsprechend reihen sie auch dieses Enzym unter die Dehydratasen ein.

Nach WOOD und GUNSALUS[1] scheint noch nicht sicher zu sein, ob die Desaminierung von Serin und von Threonin von einem einzigen oder von zwei verschiedenen Fermenten katalysiert wird, obwohl die Daten der genannten Autoren eher für die erstgenannte Möglichkeit sprechen.

Die Enzyme aus *Neurospora* und *Escherichia coli* enthalten Pyridoxalphosphat als prosthetische Gruppe[2, 3]. In *Escherichia coli* sollen zwei derartige Fermente vorkommen, von welchen das eine für D-Serin und das andere für L-Serin spezifisch seien[4].

VII. *cis-cis*-Muconat-hydratasen

Wie wir bereits an anderer Stelle erfahren haben (S. 603), führt der Abbau verschiedener aromatischer Substanzen in bestimmten Bakterien zur Bildung des Zwischenproduktes *cis-cis*-Muconsäure[5]. Diese Verbindung wird dann durch Hydratisierung

$$
\begin{array}{lcl}
COOH & & COOH \\
| & & | \\
CH & & CH_2 \\
\| & & | \\
CH & & CO \\
| & +H_2O \rightarrow & | \\
CH & & CH_2 \\
\| & & | \\
CH & & CH_2 \\
| & & | \\
COOH & & COOH
\end{array}
$$

cis-cis-Muconsäure $\qquad$ β-Ketoadipinsäure

in β-Ketoadipinsäure umgewandelt, wofür vermutlich ein eigener Fermenttypus verantwortlich ist, der als *cis-cis*-Muconat-hydratasen bezeichnet werden kann.

VIII. Carbonat-anhydratasen *(Kohlensäure-anhydratase, „carbonic anhydrase")*[6]

1928 untersuchte HENRIQUES[7] die Frage, ob der Ablauf der chemischen Veränderungen, denen CO_2 während seiner Beteiligung am Blut-transport ausgesetzt

1 W. A. WOOD und I. C. GUNSALUS: J. biol. Chem. **181**, 171 (1949).

2 J. L. REISSIG: Arch. Biochem. Biophys. **36**, 234 (1952).

3 C. YANOJSKY: J. biol. Chem. **194**, 279 (1952); **198**, 343 (1952).

4 D. E. METZLER und E. E. SNELL: Ibid. **198**, 363 (1952).

5 O. HAYAISHI und K. HASHIMOTO: Med. J. Osaka Univ. **2**, 33 (1950); vgl. auch W. C. EVANS, B. S. W. SMITH: Biochem. J. **49**, X (1951).

6 Handbuchartikel und Übersichtsreferate: F. J. W. ROUGHTON und A. M. CLARK: In „The Enzymes", herausgegeben von J. B. SUMNER und K. MYRBÄCK, Bd. I/2, S. 1250. New York: Academic Press. 1951; H. VAN GOOR: Enzymologia **13**, 75 (1948).

7 O. M. HENRIQUES: Biochem. Z. **200**, 1 (1928).

ist, schnell genug sei, um die beobachtete Geschwindigkeit der CO_2-Aufnahme und Abgabe des Körpers zu erklären. Eine Berechnung zeigte, daß die Geschwindigkeitskonstante der Reaktion

$$H_2CO_3 \rightleftharpoons CO_2 + H_2O,$$

des letzten der theoretisch anzunehmenden Vorgänge vor dem Austritt des Kohlendioxyds mit der Atemluft, *in vitro* so klein ist, daß damit nur 1 bis 2% der tatsächlich beobachteten CO_2-Ausscheidung erklärt werden kann. HENRIQUES schloß aus seinen Berechnungen, daß entweder im Blut ein Katalysator vorhanden sein müsse, der den Vorgang beschleunige, oder daß der schnelle Transport des CO_2 durch einen anderen noch unbekannten Mechanismus erklärt werden müsse.

Versuche von BRINKMAN und MARGARIA[1] ließen zuerst darauf schließen, daß Hämoglobin der gesuchte Katalysator der Reaktion ist. MELDRUM und ROUGHTON[2] konnten aber 1932 aus roten Blutkörperchen eine farblose Substanz isolieren, welche noch in einer Verdünnung von 1 : 7 Millionen imstande war, bei p_H 7,0 die Geschwindigkeit der Kohlendioxyd-entwicklung aus Bicarbonat zu verdoppeln.

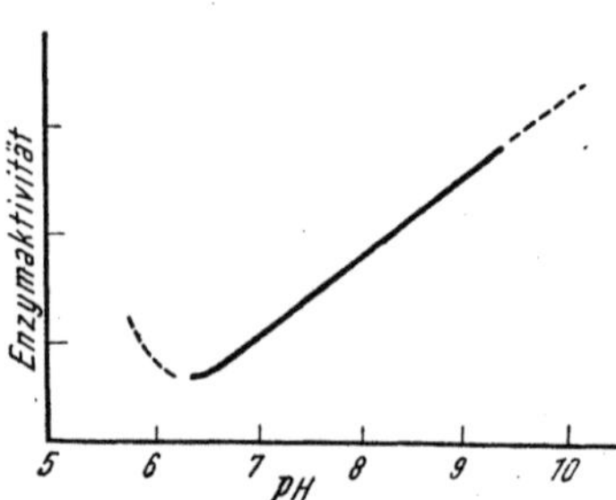

Abb. 42. p_H-Abhängigkeit der Carbonat-anhydratase-wirkung (nach ROUGHTON und BOOTH[4]).

Die Carbonat-anhydratasen katalysieren vor allem die reversible Umwandlung von Kohlendioxyd in Kohlensäure; es handelt sich um eine Wasser-aufnahme bzw. -abspaltung, so daß eine Einordnung unter die Hydratasen und Dehydratasen gerechtfertigt ist. Andrerseits könnte man die Enzyme ebenso als Carboxylasen ansehen, da die bewirkte Reaktion auch als Aufnahme bzw. Abgabe von CO_2 aufgefaßt werden kann[3].

Der Fermenttypus der Carbonat-anhydratasen zeigt sehr große Verbreitung; in Wirbeltieren finden sich derartige Enzyme vor allem in den Erythrozyten, der Magen-schleimhaut und der Nierenrinde; sie sind aber auch in vielen anderen Organen nachweisbar. Bei Wirbellosen sind es oft die Atmungsorgane und bestimmte Regionen des Magen-Darmtrakts, wo die größte Enzym-aktivität gefunden wird; die Körperflüssigkeiten sind meist frei von diesen Fermenten, nur bei den Würmern der Klasse *Polychaetae* enthält das Blut bemerkenswerte Mengen einer Carbonat-anhydratase. Auch in Pflanzen konnten Fermente dieses Typus nachgewiesen werden.

Ein p_H-Optimum der Enzym-aktivität im üblichen Sinne dieses Begriffes scheint nicht bestimmbar zu sein. Die Aktivität zeigt ein Minimum bei 6,3[4]; bei niedrigeren p_H-Werten steigt die CO_2-Entwicklung ebenso wie bei Werten bis p_H 10 an (Abb. 42).

Als Inhibitoren der Enzym-aktivität sind verschiedene Schwermetalle, oxydierende Agenzien (J_2 und $KMnO_4$, nicht aber Ferricyanid), Sulfid, Azid, Cyanid sowie Sulfonamide zu nennen. KEILIN und MANN[5] konnten zeigen, daß die

---

[1] R. BRINKMAN und R. MARGARIA: J. Physiol. **72**, 6 P (1931).

[2] N. U. MELDRUM und F. J. W. ROUGHTON: Ibid. **75**, 3 P, 15 P (1932).

[3] Die von MELDRUM und ROUGHTON[2] beobachtete Beschleunigung komplexer Vorgänge, wie die Lösung von $CaCO_3$ in schwachen Säuren und die Bildung von Carbonat aus Carbaminat, dürfte dadurch bedingt sein, daß bei diesen Prozessen die Reaktion $CO_2 + H_2O \rightleftharpoons H_2CO_3$ der geschwindigkeits-bestimmende Vorgang ist.

[4] F. J. W. ROUGHTON und V. H. BOOTH: Biochem. J. **40**, 309, 319 (1946).

[5] D. KEILIN und T. MANN: Nature **146**, 164 (1940).

Hemmung durch die letztere Substanz-gruppe eine ziemlich spezifische ist, da nur sehr wenige Enzyme durch diese Stoffe beeinflußt werden. Für die Wirkung ist eine unsubstituierte —SO_2NH_2-Gruppierung erforderlich. Die pflanzlichen Fermente dieser Spezifität werden durch Sulfonamide nicht gehemmt[1, 2].

Das Plasma verschiedener Säugetiere, nicht aber das menschliche Plasma, enthält einen spezifischen Inhibitor der Carbonat-anhydratase, welcher der Pseudoglobulin-fraktion des Serums angehört[3]. Die physiologische Bedeutung dieses Inhibitors ist noch ungeklärt.

Über Aktivatoren der Carbonat-anhydratase-aktivität liegen verschiedene Berichte vor, welche sich allerdings widersprechen. Nach ROUGHTON und CLARK *(l. c.)* dürfte es sich bei hochgereinigten Enzym-präparationen meist um eine Schutzwirkung gegenüber Spuren von Inhibitoren handeln.

Die Aktivität der Carbonat-anhydratasen kann auf verschiedene Weise gemessen werden; ROUGHTON und BOOTH[4] beschreiben eine verbesserte manometrische Methode, welche sich anscheinend bewährt hat.

Die Darstellung gereinigter Präparate von Carbonat-anhydratasen wurde von verschiedenen Forschergruppen unternommen. Ein hochgereinigtes Präparat wurde von KEILIN und MANN[5] hergestellt, wobei die Forscher einen Zink-gehalt von 0,33% feststellten. SCOTT und Mitarbeiter berichten die Herstellung kristalliner Eiweißstoffe mit Carbonat-anhydrase-aktivität, welche sie für Verbindungen des Ferments mit Ammoniak, Piperidin und Amylamin halten; der Zn-Gehalt ihrer Präparationen wird mit 0,2% angegeben. PETERMANN und HAKALA[6] untersuchten die Zubereitungen von SCOTT und FISHER[7] in der Ultrazentrifuge und konnten ein M. G. von 30000 bestimmen. Sowohl die kristallinen als auch die amorphen Präparationen enthielten etwa 15% Verunreinigungen. Der Zink-gehalt des Enzyms ist für seine Wirksamkeit unbedingt erforderlich; durch Abspaltung des Zinks wird das Enzym irreversibel inaktiviert. Über die Natur der Bindung und die Funktion des Zinks im Enzymprotein ist noch nichts bekannt.

Die biologische Bedeutung der Carbonat-anhydratasen scheint sich nicht auf die bereits besprochene Rolle beim Kohlensäure-stoffwechsel des Blutes zu beschränken. Bei der Sekretion der Salzsäure aus der Magenschleimhaut erfolgt die Neutralisierung der durch Ausscheidung der Wasserstoff-ionen entstehenden Alkalität durch CO_2, wobei nach DAVIES und ROUGHTON[8] die unkatalysierte Hydratation des Kohlendioxyds nicht ausreichen würde, um genügend schnell für diese Neutralisierung aufzukommen, so daß eine Mitwirkung einer Carbonat-anhydratase sehr wahrscheinlich ist.

HOEBER[9] konnte bei Versuchen mit Fröschen zeigen, daß das Ferment für die Reabsorption von Bicarbonat und die Ausscheidung der Wasserstoff-ionen durch die Nieren unbedingt notwendig ist; vor kurzem wurde der Nachweis erbracht, daß dies auch für Warmblütler gilt[10].

Da CO_2 weitaus schneller Membranen passieren kann, als es Ionen können, ist das Ferment imstande, den effektiven Ionen-austausch durch Membranen zu beschleunigen und damit eine

---

[1] R. DAY und J. FRANKLIN: Science **104**, 363 (1946).

[2] J. R. G. BRADFIELD: Nature **159**, 467 (1947).

[3] V. H. BOOTH: J. Physiol. **87**, 41 P (1936); **91**, 474 (1938).

[4] F. J. W. ROUGHTON und V. H. BOOTH: Biochem. J. **40**, 309, 319 (1946).

[5] D. KEILIN und T. MANN: Ibid. **34**, 1163 (1940).

[6] M. L. PETERMANN und N. V. HAKALA: J. biol. Chem. **145**, 701 (1942).

[7] D. A. SCOTT und A. M. FISHER: Ibid. **144**, 371 (1942); D. A. SCOTT und J. R. MENDIVE: Ibid. **139**, 690; **140**, 445 (1941).

[8] R. E. DAVIES und F. J. W. ROUGHTON: Biochem. J. **42**, 618 (1948).

[9] R. HOEBER: Proc. Soc. exp. Biol. Med. **49**, 87 (1941); vgl. auch H. F. TUCKER und E. G. BALL: J. biol. Chem. **139**, 71 (1941).

[10] Vgl. z. B. C. K. FRIEDBERG, M. HALPERN und R. TAYMOR: J. clin. Invest. **31**, 1074 (1952).

Funktion bei den Sekretions-mechanismen zu erfüllen, welche die Konstanz der Ionenzusammensetzung in den Körperflüssigkeiten niedriger Tiere aufrechterhalten[1].

Die Probleme der biologischen Rolle der Carbonat-anhydratasen sind einer Lösung oft deshalb zugänglich, weil uns in den Sulfonamiden verhältnismäßig spezifische Inhibitoren der Ferment-wirkungen zur Verfügung stehen.

45. Kohlenstoff-Stickstoff- und Kohlenstoff-Schwefel-lyasen und -syntheasen

Bis vor kurzem war nur ein einziger Enzymtypus bekannt, welcher die Kohlenstoff-Stickstoff-bindung ohne Mitwirkung von Wasser spalten oder synthetisieren kann. Es sind dies die sog. Aspartat-ammoniak-lyasen *(Aspartase)*, welche als Ammoniak-lyasen klassifiziert werden können. In Leber-extrakten soll auch ein noch wenig charakterisiertes Ferment vorhanden sein, welches die Addition von Hydroxylamin und Hydrazin an Fumarsäure in ähnlicher Weise katalysiert wie die Aspartat-ammoniak-lyasen die Anlagerung von Ammoniak[2]. In letzter Zeit wurden aber zwei weitere Enzymtypen einer analogen Wirkungsweise entdeckt: die L-Histidin-α-ammoniak-lyasen und die Arginosuccinat-arginin-lyasen.

Unter den Fermenten, welche die C—S-Bindung entweder lösen oder synthetisieren, können wir zumindest drei verschiedene Gruppen unterscheiden: Desulfhydrasen, welche die Abspaltung von H_2S verursachen, Desulfinasen, deren Wirkung die Abspaltung von SO_2 ist, und schließlich Sulfoxyd-lyasen, welche Sulfoxyde spalten. Ein weiterer Fermenttypus dieser Klasse, der sich in keine der genannten Gruppen einreihen läßt, ist dasjenige Teilferment des Glyoxalasesystems, welches die Bildung der Additions-verbindung zwischen Glutathion und Glyoxal katalysiert; es kann bisher nur als C-S-Synthease klassifiziert werden.

Die Enzyme dieser Gruppen sind durchwegs noch wenig erforscht; ihre Bedeutung für den Schwefel-stoffwechsel der Organismen scheint aber eine recht allgemeine zu sein.

I. L-Aspartat-ammoniak-lyasen *(Aspartase)*[3]

Der erste Bericht über ein Enzym, welches reversibel die Reaktion

$$\begin{array}{c} \text{COOH} \\ | \\ \text{CH}_2 \\ | \\ \text{CHNH}_2 \\ | \\ \text{COOH} \end{array} \rightleftharpoons \begin{array}{c} \text{H—C—COOH} \\ \| \\ \text{HOOC—C—H} \end{array} + \text{NH}_3$$

L-Asparaginsäure — Fumarsäure

katalysiert, stammt von QUASTEL und WOOLF[4], welche eine derartige Wirkung bei „*resting bacteria*"-Präparationen aus *Escherichia coli* beobachten konnten. VIRTANEN und TARNANEN[5] konnten etwas später das entsprechende Enzym aus *Pseudomonas fluorescens* in Lösung bringen. Kürzlich führte ELLFOLK[6] eine weit-

[1] D. KEILIN und T. MANN: Nature **148**, 493 (1941); M. H. JACOBS und D. R. STEWART: J. gen. Physiol. **25**, 539 (1942).

[2] K. P. JACOBSOHN und M. SOARES: Enzymologia **1**, 183 (1936); C. R. Soc. biol. **124**, 1026 (1937).

[3] Handbuchartikel: J. ERKAMA und A. I. VIRTANEN: In „The Enzymes", herausgegeben von J. B. SUMNER und K. MYRBÄCK: Bd. I/2, S. 1244. New York: Academic Press. 1951.

[4] J. H. QUASTEL und B. WOOLF: Biochem. J. **20**, 545 (1926).

[5] A. I. VIRTANEN und J. TARNANEN: Biochem. Z. **250**, 130 (1932).

[6] N. ELLFOLK: Acta chem. Scand. **7**, 1155 (1953).

gehende Reinigung eines bakteriellen Enzyms dieser Wirkungsweise durch und konnte wahrscheinlich machen, daß es sich um ein Mg-Protein handelt.

Aspartat-ammoniak-lyasen finden sich sehr häufig in Bakterien, und zwar besonders in fakultativen Anaerobiern. Ob die Hefe ein solches Enzym enthält, scheint zweifelhaft zu sein. In tierischem Gewebe findet sich kein derartiges Enzym.

Die Fermente zeigen sowohl in bezug auf Fumarsäure als auch auf Asparaginsäure absolute Spezifität. Das p_H-Optimum liegt zwischen 7,0 und 7,5.

Aspartat-ammoniak-lyasen dürften im Stoffwechsel mancher Bakterien eine wesentliche Rolle spielen; sie stellen dort ein Bindeglied zwischen Aminosäure- und Kohlehydrat-stoffwechsel dar; in tierischem Gewebe dürften hingegen Bildung und Abbau der Asparaginsäure eher durch die Transaminasen verursacht werden.

II. L-Histidin-α-ammoniak-lyasen *(Histidin-α-deaminase)*

In letzter Zeit scheint es eindeutig sichergestellt zu sein, daß der Abbau von Histidin im tierischen Organismus hauptsächlich in folgender Weise vor sich geht[1]: In einer Primärreaktion wird aus Histidin durch Ammoniak-abspaltung Urocaninsäure gebildet, welche im weiteren Reaktionsverlauf einer durch eine Urocaninase (vgl. S. 263) katalysierten Hydrolyse zu Formyl-*iso*-glutamin unterliegt; dieses Produkt wird schließlich durch noch unbekannte Fermente in Glutaminsäure, Ammoniak und Ameisensäure gespalten.

SERA und YADA[2] konnten als erste eine Überführung von Histidin in Urocaninsäure in Leber-extrakten beobachten. Das für diese Reaktion verantwortliche Enzym wurde kürzlich von HALL[3] eingehender studiert; es katalysiert die Reaktion

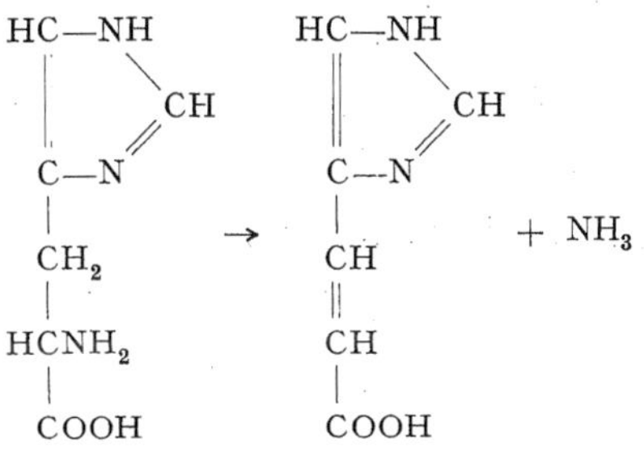

```
HC—NH            HC—NH
|    \           ||    \
|     CH         ||     CH
|    //          ||    //
C—N              C—N
|                |
CH2      →       CH           + NH3
|                ||
HCNH2            CH
|                |
COOH             COOH
L-Histidin       Urocanin
```

und ist deshalb als L-Histidin-α-ammoniak-lyase zu klassifizieren. Die Identifizierung des Reaktionsprodukts erfolgte mit Hilfe spektrophotometrischer Methoden; Urocaninsäure zeigt charakteristische Banden im ultravioletten Gebiet, von welchen sich das Absorptions-maximum bei 278 mμ für die Bestimmung am besten eignet. Das p_H-Optimum der L-Histidin-α-ammoniak-lyase aus Leber liegt bei 7,8.

Die Existenz analog wirkender Enzyme in Mikroorganismen wird schon seit längerer Zeit vermutet[4]; ein derartiges Ferment konnte kürzlich in *Pseudomonas fluorescens* nachgewiesen werden[5].

---

[1] Vgl. besonders A. H. MEHLER und H. TABOR: J. biol. Chem. **201**, 775 (1953).

[2] K. SERA und S. YADA: J. Osaka med. Soc. **38**, 1 (1939); vgl. auch M. TAKEUCHI: J. Biochem. **34**, 1 (1941); V. OYAMADA: Ibid. **36**, 227 (1944); A. N. PARSHIN: Doklady Akad. Nauk S. S. S. R. **58**, 1419 (1947).

[3] D. A. HALL: Biochem. J. **51**, 499 (1952).

[4] H. RAISTRICK: Ibid. **11**, 71 (1917); **13**, 446 (1919).

[5] H. TABOR und O. HAYAISHI: J. biol. Chem. **194**, 171 (1952); H. TABOR, A. H. MEHLER, O. HAYAISHI und J. WHITE: Ibid. **196**, 121 (1952).

III. Arginosuccinat-arginin-lyasen

Sowohl in pflanzlichen Materialien (*Chlorella*, Schwertbohnen-mehl, Erbsen) als auch in tierischem Gewebe, Hefe und Bakterien konnten vor kurzem Enzyme nachgewiesen werden, welche reversibel die Reaktion

```
       NH          COOH                NH                 COOH
       ||           |                  ||                  |
NH-----C------HNCH             NH—C—NH2                CH
|                  |               |                       ||
(CH2)3             CH2     ⇌   (CH2)3           +      CH
|                  |               |                       |
CHNH2             COOH         CHNH2                  COOH
|                                  |
COOH                               COOH
```

L-Arginobernsteinsäure — L-Arginin — Fumarsäure

katalysieren[1, 2] und deshalb der hier gebrauchten Nomenklatur entsprechend als Arginosuccinat-arginin-lyasen zu bezeichnen sind. Die Enzyme sind nicht identisch mit den Fermenten des Aspartat-ammoniak-lyase-typus *(Aspartase)*.

Die Gleichgewichtskonstante

$$K = \frac{[\text{Arginin}]\,[\text{Fumarsäure}]}{[\text{Arginobernsteinsäure}]}$$

hat bei p_H 7,5 und 38° den Wert von 11,4 . 10^{-3}. RATNER und Mitarbeiter[2] weisen darauf hin, daß hier ein Fall einer Reaktion des Typus A ⇌ B + C vorliegt, weshalb jede Veränderung im Nenner eine entsprechende quadratische Veränderung des Zählers mit sich bringt. Deshalb wird das Gleichgewicht in konzentrierten Lösungen weit auf Seite der Arginobernsteinsäure liegen, während in stark verdünnten Lösungen vorwiegend Arginin und Fumarsäure vorhanden sein werden. Das p_H-Optimum der Enzyme liegt etwa bei 7,5.

Die Spezifität der Arginosuccinat-arginin-lyasen ist ziemlich streng. Weder Glycocyamin, Kreatin, Guanidin, Methylguanidin oder Ammoniak können Arginin ersetzen, während Fumarsäure nicht durch Äpfelsäure, Maleinsäure, *trans*-Aconitsäure, *trans*-Crotonsäure oder Itaconsäure vertreten werden kann[1]. Mit dem Ferment aus Schwertbohnen-mehl ist es aber möglich, Canavanin und Fumarsäure zu einem Produkt zu kondensieren, das als Canavanobernsteinsäure bezeichnet werden kann[3]. Arginin wirkt als kompetitiver Hemmstoff dieser Reaktion, während wiederum Canavanin die Kondensation von Arginin und Fumarsäure hemmt.

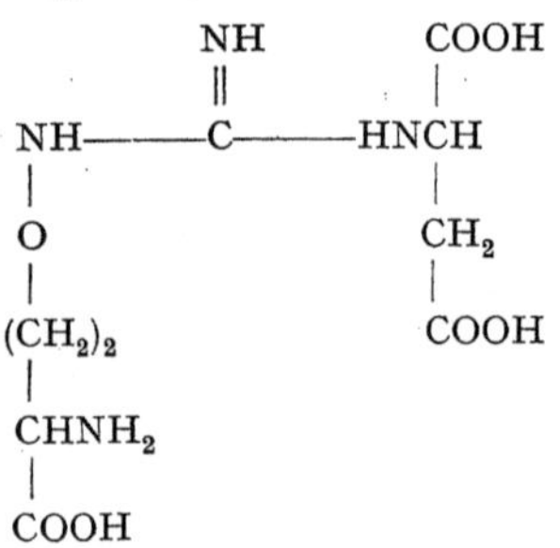

Canavanobernsteinsäure

Die Fermente dieses Typus spielen eine wesentliche Rolle bei der Synthese des Arginins (vgl. S. 412) und damit auch bei der Harnstoff-synthese über den Ornithin-zyklus (S. 276). Die Umwandlung von Citrullin in Arginin verläuft über mehrere Stufen: primär wird unter Verbrauch einer energiereichen Phosphat-bindung von ATP aus Citrullin und Asparaginsäure Arginobernsteinsäure gebildet; in einem weiteren Schritt, der von dem hier beschriebenen Enzymtypus katalysiert wird, erfolgt die Spaltung der letztgenannten Verbindung in Arginin und Fumarsäure. WALKER[1,3] hält es für möglich, daß dieser Fermenttypus auch am Abbau der Pyrimidine beteiligt ist.

---

[1] J. B. WALKER: Proc. nat. Acad. Sci. U. S. **38**, 561 (1952); J. B. WALKER und J. MYERS: J. biol. Chem. **203**, 143 (1953); D. C. DAVISON und W. H. ELLIOTT: Nature **169**, 313 (1952).

[2] S. RATNER und B. PETRACK: J. biol. Chem. **200**, 175 (1953); S. RATNER, W. P. ANSLOW, Jr. und B. PETRACK: Ibid. **204**, 115 (1953).

[3] J. B. WALKER: Ibid. **204**, 139 (1953).

IV. Cystein-desulfhydrasen[1]

Obwohl die Schwefelwasserstoff-bildung durch Bakterien schon seit langem bekannt ist, gelang es erst 1934 TARR[2], ein Enzym aus *Proteus vulgaris* in zellfreie Lösung zu bringen, welches Cystein unter Bildung von H_2S zersetzte. 1939 konnten FROMAGEOT und Mitarbeiter[3] ein gleichartig wirkendes Ferment in der Leber des Hundes nachweisen. Diese Fermente, welche nach einem Vorschlag von SMYTHE[1] Cystein-desulfhydrasen genannt werden, katalysieren reversibel die Reaktion

$$\underset{\text{Cystein}}{HOOCCH(NH_2)CH_2SH} \rightleftharpoons \underset{\alpha\text{-Aminoacrylsäure}}{HOOC\underset{\displaystyle NH_2}{\underset{|}{C}}{=}CH_2} + H_2S$$

Die α-Aminoacrylsäure dürfte dann in spontan verlaufenden Reaktionen zur Brenztraubensäure abgebaut werden

$$HOOC\underset{\displaystyle NH_2}{\underset{|}{C}}{=}CH_2 \rightleftharpoons HOOC\underset{\displaystyle NH}{\underset{\|}{C}}CH_3 \xrightarrow{+H_2O} HOOCCOCH_3 + NH_3$$

Man kann also den Gesamtvorgang durch die Gleichung

$$HOOCCH(NH_2)CH_2SH + H_2O \rightarrow CH_3COCOOH + NH_3 + H_2S$$

darstellen.

Enzyme dieses Typus finden sich in sehr vielen Bakterien; wahrscheinlich kommen sie in allen jenen Mikroorganismen vor, welche aus einem eiweiß-haltigen Nährboden H_2S freisetzen. Ein Vorkommen in der Hefe ist umstritten. Hingegen lassen sich derartige Enzyme besonders in der Leber, in kleineren Anteilen aber auch in anderen Geweben von Säugetieren nachweisen.

Die Spezifität scheint streng zu sein. Interessanterweise zeigen Fermente aus verschiedenem Ausgangsmaterial verschiedene optische Spezifitäts-verhältnisse. So greifen die Enzyme von *Escherichia coli* und *Bacillus subtilis* nur L-Cystein an[4], während das Ferment aus *Propionibacterium pentosaceum* sowohl auf L-Cystein als auch auf D-Cystein wirkt[5]. Bei Enzymen aus tierischen Geweben ist die optische Spezifität von Art zu Art, aber auch von Präparation zu Präparation verschieden[5].

Homocystein wird nicht angegriffen, sondern wirkt — zumindest gegenüber tierischen Cystein-desulfhydrasen — als kompetitiver Hemmstoff. Als weitere Hemmstoffe sind Cyanid und alle Carbonyl-reagenzien, wie Phenylhydrazin, Hydroxylamin, Semicarbazid usw., zu nennen. Nach BINKLEY[6] lassen sich Cystein-desulfhydrasen durch Dialyse inaktivieren; die Wirksamkeit kann durch Zugabe von Zn^{++}, Mg^{++} oder Mn^{++} wiederhergestellt werden. Das p_H-Optimum der Fermente liegt um 7,0.

In letzter Zeit konnte gezeigt werden, daß die Cystein-desulfhydrasen aus einer *Proteus*-Art[7] und aus *Streptococcus faecalis*[8] die Anwesenheit von Pyridoxalphosphat als Coenzym benötigen.

---

[1] Übersichtsreferate und Handbuchartikel: C. FROMAGEOT: In „The Enzymes", herausgegeben von J. B. SUMNER und K. MYRBÄCK, Bd. I/2, S. 1237. New York: Academic Press. 1951; C. V. SMYTHE: Adv. Enzymology **5**, 237 (1945).

[2] H. L. A. TARR: Biochem. J. **28**, 192 (1934).

[3] C. FROMAGEOT, E. WOOKEY und P. CHAIX: Enzymologia **9**, 198 (1940).

[4] P. DESNUELLE: Ibid. **6**, 387 (1939).

[5] P. DESNUELLE, E. WOOKEY und C. FROMAGEOT: Ibid. **8**, 225 (1940).

[6] F. BINKLEY: J. biol. Chem. **150**, 261 (1943).

[7] R. E. KALLIO: Ibid. **192**, 371 (1951).

[8] A. E. BRAUNSTEIN und R. M. ASARCH: Doklady Akad. Nauk S. S. S. R. **71**, 93 (1950); **85**, 173 (1952).

Die biologische Rolle der Cystein-desulfhydrasen ist noch ziemlich unklar; ihre Wirkung stellt aber jedenfalls eine Verbindung zwischen Aminosäure- und Kohlehydrat-stoffwechsel dar, da sie das Cystein mittelbar in eine schwefel- und stickstoff-freie C_3-Carbonsäure, die Brenztraubensäure, überführen.

V. Homocystein-desulfhydrasen

Nach FROMAGEOT und DESNUELLE[1] existieren spezifische Fermente, die aus Homocystein H_2S abspalten. Sie werden Homocystein-desulfhydrasen genannt und kommen in der Leber, den Nieren und der Pankreasdrüse höherer Tiere sowie in Bakterien *(Proteus morganii)* vor. Die tierischen Fermente lassen sich von den Cystein-desulfhydrasen abtrennen, von den sie sich besonders durch geringere Stabilität unterscheiden. Der Reaktionsmechanismus ist noch nicht mit Sicherheit bekannt; nach Versuchen von KALLIO[2], der mit einem bakteriellen Präparat arbeitete, entstehen aus Homocystein α-Ketobuttersäure, Ammoniak und H_2S. Pyridoxalphosphat soll als Coenzym fungieren.

VI. Exocystin-desulfhydrasen

GREENSTEIN und LEUTHARDT[3] berichten über spezifische Enzyme, die aus bestimmten Peptiden, welche Cystin enthalten, H_2S abspalten. Diese Fermente, welche Exocystin-desulfhydrasen genannt werden, kommen in den meisten normalen Geweben von Säugetieren vor; das erste Enzym dieser Spezifität wurde in der Ratten-leber entdeckt. Bemerkenswert ist, daß in Karzinomgeweben niemals Exocystin-desulfhydrasen anwesend sein sollen.

Die Exocystin-desulfhydrasen sind meist mit Dehydropeptidasen (vgl. S. 304) vergesellschaftet, so daß man bisher nur die gemeinsame Wirkung beider Enzyme beobachten konnte. Man muß annehmen, daß der Cystin-bestandteil eines Peptids durch die Wirkung einer Exocystin-sulfhydrase Schwefel und H_2S abspaltet, so daß ein α,β-ungesättigtes Dehydropeptid übrigbleibt, welches dann von der Dehydropeptidase unter Bildung von Aminoacrylsäure hydrolysiert wird. Diese könnte darauf spontan in Brenztraubensäure und Ammoniak übergehen.

LEUTHARDT und GREENSTEIN[4] führen die enzymatische Spaltung von Dichloracetylcystin als Beispiel für den geschilderten Mechanismus an:

$$\underset{\text{Dichloracetylcystin}}{(\text{—SCH}_2\underset{\text{COOH}}{\underset{|}{\text{C}}}\text{HNHCOCH}_2\text{Cl})_2} \longrightarrow 2\,\underset{\text{Chloracetylaminoacrylsäure}}{\text{CH}_2\text{=}\underset{\text{COOH}}{\underset{|}{\text{C}}}\text{NHCOCH}_2\text{Cl}} + \text{H}_2\text{S} + \text{S}$$

$$\text{CH}_2\text{=}\underset{\text{COOH}}{\underset{|}{\text{C}}}\text{NHCOCH}_2\text{Cl} \xrightarrow[\text{H}_2\text{O}]{\text{Dehydropeptidase}} \text{ClCH}_2\text{COOH} + \underset{\text{Aminoacrylsäure}}{\text{NH}_2\underset{\text{COOH}}{\underset{|}{\text{C}}}\text{=CH}_2}$$

$$\text{NH}_2\underset{\text{COOH}}{\underset{|}{\text{C}}}\text{=CH}_2 \xrightarrow{\text{H}_2\text{O}} \text{CH}_3\text{COCOOH} + \text{NH}_3$$

FROMAGEOT *(l. c.)* hält es allerdings für wahrscheinlicher, daß die Enzympräparation primär das Cystin-peptid zu einem Cystein-peptid reduziert, aus welchem dann H_2S abgespalten wird.

S-Benzylcystein, SH- und S—S-Glutathion, oder Diketopiperazine aus Cystein oder Cystin werden von den Fermenten nicht angegriffen.

---

1 C. FROMAGEOT und P. DESNUELLE: Bull. Soc. chim. biol. **24**, 1269 (1942).
2 R. E. KALLIO: J. biol. Chem. **192**, 371 (1951).
3 J. P. GREENSTEIN und F. M. LEUTHARDT: J. nat. Cancer Inst. **5**, 209 (1944).
4 F. M. LEUTHARDT und J. P. GREENSTEIN: Science **101**, 19 (1945).

VII. β-Sulfinylpyruvat-desulfinase (Teilenzym des L-Cysteinsulfinat-desulfinase-Systems)

Nach einer Beobachtung von FROMAGEOT und Mitarbeitern[1] wird Cysteinsulfinsäure durch ein Homogenat aus Kaninchenleber zu Alanin und SO_2 zersetzt.

$$\underset{\text{L-Cysteinsulfinsäure}}{HOOCCH(NH_2)CH_2SO_2H} \rightarrow \underset{\text{L-Alanin}}{HOOCCH(NH_2)CH_3} + SO_2$$

Die Autoren nahmen ursprünglich an, daß es sich hier um eine durch ein spezifisches Enzym katalysierte Reaktion handelt und bezeichneten das Ferment als L-Cysteinsulfinat-desulfinase.

Spätere Untersuchungen derselben Bearbeiter ergaben, daß für die Wirksamkeit dieser Homogenate die Anwesenheit eines thermostabilen Cofaktors notwendig ist[2]. Es zeigte sich, daß dieser mit α-Ketoglutarsäure identisch ist und die Desulfinierung der L-Cysteinsulfinsäure in drei durch verschiedene Enzyme bewirkten Schritten erfolgt[3]:

1. $$\underset{\text{L-Cysteinsulfinsäure}}{HOOCCH(NH_2)CH_2SO_2H} + \underset{\alpha\text{-Ketoglutarsäure}}{HOOCCH_2CH_2COCOOH} \rightleftarrows$$

$$\rightleftarrows \underset{\beta\text{-Sulfinylbrenztraubensäure}}{HOOCCOCH_2SO_2H} + \underset{\text{L-Glutaminsäure}}{HOOCCH_2CH_2CH(NH_2)COOH}$$

2. $$HOOCCOCH_2SO_2H \rightarrow HOOCCOCH_3 + SO_2$$

3. $$CH_3COCOOH + HOOCCH_2CH_2CH(NH_2)COOH \rightleftarrows CH_3CH(NH_2)COOH + $$
$$+ HOOCCH_2CH_2COCOOH$$

Für Reaktion 1 ist eine L-Cysteinsulfinat → α-Ketoglutarat-transaminase (S. 408) verantwortlich; der zweite Schritt wird durch eine spezifische β-Sulfinylpyruvat-desulfinase katalysiert und Reaktion 3 ist wiederum ein Transaminierungs-vorgang, der durch eine L-Alanin → α-Ketoglutarat-transaminase (S. 405) bewirkt wird. Die Summe der drei Einzelschritte ergibt die oben angegebene Bruttoreaktion.

Der beschriebene Abbauweg ist nicht der einzige, welcher für L-Cysteinsulfinsäure bekanntgeworden ist; die Verbindung kann durch ein spezifisches Enzym, L-Cysteinsulfinat-decarboxylase (S. 641), das in der Leber nachgewiesen wurde, zu Hypotaurin und CO_2 aufgespalten werden und in *Proteus vulgaris* konnte eine Oxydation zu Cysteinsäure nachgewiesen werden, wobei ein erst kürzlich entdecktes Pyridinnucleotid, das „Co-III", als Elektronen-akzeptor fungiert (vgl. S. 496).

VIII. Alliin-lyase *(Alliinase)*[4]

In *Allium sativum* (Knoblauch) kommt eine geruchlose schwefel-haltige Substanz vor, die bei der Aufarbeitung der Pflanze leicht enzymatisch gespalten wird, wobei diejenigen Stoffe entstehen, welche für den typischen Knoblauchgeruch verantwortlich sind. Die ursprüngliche Substanz wird Alliin genannt es handelt sich um eine Sulfoxy-verbindung der untenstehenden Konstitution welche bei der enzymatischen Spaltung in Allicin und Brenztraubensäure über-

[1] C. FROMAGEOT und M. A. ROYANÉ: Helv. chim. Acta **29**, 1279 (1946); C. FROMAGEOT, F. CHATAGNER und B. BERGERET: Biochim. biophys. Acta **2**, 294 (1948).
[2] B. BERGERET, F. CHATAGNER und C. FROMAGEOT: Ibid. **4**, 266 (1950).
[3] F. CHATAGNER, B. BERGERET, T. SÉJOURNÉ und C. FROMAGEOT: Ibid. **9**, 340 (1952).
[4] Übersichtsreferat: A. STOLL und E. SEEBECK: Adv. Enzymol. **11**, 377 (1951).

geht. Das dafür verantwortliche Ferment wurde von STOLL und SEEBECK als Alliinase bezeichnet; nach der hier gebrauchten Nomenklatur ist der Name Alliin-lyase vorzuziehen.

Der wahrscheinliche Wirkungsmechanismus der Alliin-lyase ist im folgenden Schema wiedergegeben:

$$2\ CH_2{=}CH{-}CH_2{-}S(\rightarrow O){-}CH_2{-}CHNH_2{-}COOH \longrightarrow 2\ CH_2{=}CH{-}CH_2{-}S{-}H(\rightarrow O) + 2\ CH_2{=}C(NH_2){-}COOH$$

Alliin → Allylsulfensäure + α-Aminoacrylsäure

$$2\ CH_2{=}CH{-}CH_2{-}S(\rightarrow O){-}H \xrightarrow{-H_2O} CH_2{=}CH{-}CH_2{-}S(\rightarrow O){-}S{-}CH_2{-}CH{=}CH_2$$

Allylsulfensäure → Allicin

$$2\ CH_2{=}C(NH_2){-}COOH \xrightarrow{+2\,H_2O} 2\ CH_3{-}C({=}O){-}COOH + 2\ NH_3$$

α-Aminoacrylsäure

Die Spezifität der Alliin-lyase ist ziemlich streng; nur Sulfoxyde, die dem Alliin strukturell sehr nahe verwandt sind, werden angegriffen. Racemisches Alliin wird zur Hälfte gespalten, was für eine absolute optische Spezifität spricht.

Das Enzym läßt sich leicht aus zermahlenen Knoblauchzwiebeln extrahieren. Es zeigt ein breites Wirkungsoptimum zwischen p_H 4,8 und 8,2. Vor kurzem konnte gezeigt werden, daß Pyridoxalphosphat als Coenzym der Alliin-lyase fungiert[1].

IX. C-S-Syntheasen der Glyoxalase-systeme *(Glyoxalase I)*

Die enzymatisch katalysierte Umwandlung von Methylglyoxal und anderen Glyoxalen in Milchsäure bzw. entsprechende α-Oxysäuren wurde fast gleichzeitig von DAKIN und DUDLEY[2] sowie von NEUBERG[3] entdeckt. Der dafür verantwortliche Wirkstoff wurde „Glyoxalase" genannt.

$$\underset{\text{Glyoxal}}{RCOCHO} + H_2O \rightarrow \underset{\alpha\text{-Oxysäure}}{RCHOHCOOH}$$

Später konnte gezeigt werden, daß Ferment-systeme, welche diese Reaktion katalysieren, in den verschiedensten Organismen vorkommen. Es ist den Untersuchungen von KÜHNAU[4], LOHMANN[5] sowie JOWETT und QUASTEL[6] zu verdanken, daß Glutathion (GSH), als enzymatisches Komplement des Vorgangs erkannt wurde.

Bei der Erforschung des Reaktionsmechanismus beobachtete YAMAZOE[7], daß aus Methylglyoxal und Glutathion, je nach dem, ob „Glyoxalase" zugegen ist oder nicht, zwei verschiedene Verbindungen gebildet werden. Unter dem Einfluß des Enzympräparats entsteht eine verhältnismäßig stabile Verbindung,

[1] E. V. GORJATSCHENKOVA: Doklady Akad. Nauk S. S. S. R. **87**, 457 (1952).
[2] H. D. DAKIN und H. W. DUDLEY: J. biol. Chem. **14**, 155 (1913).
[3] C. NEUBERG: Biochem. Z. **49**, 502 (1913).
[4] J. KÜHNAU: Ibid. **243**, 14 (1931).
[5] K. LOHMANN: Ibid. **254**, 332 (1932).
[6] M. JOWETT und J. H. QUASTEL: Biochem. J. **27**, 486 (1933).
[7] S. YAMAZOE: J. Biochem. **23**, 319 (1936).

die keine freie Keto-gruppe enthält, während ohne Enzym eine labile, leicht in ihre Ausgangsprodukte zerfallende Substanz gebildet wird, welche Reaktionen auf SH-Gruppen und Ketogruppen gibt.

HOPKINS und MORGAN[1] konnten ein Glyoxalase-system in zwei Komponenten zerlegen. Die erste katalysiert die Bildung von Verbindungen zwischen Methylglyoxal, Glyoxal und anderen substituierten Glyoxalen einerseits und Glutathion andrerseits mit fast gleicher Geschwindigkeit. Sie kann deshalb als C-S-Synthease bezeichnet werden; nach RACKER[2] ist die von ihr katalysierte Reaktion im Falle des Methylglyoxals durch die Gleichung

$$\underset{\substack{\text{Methylglyoxal}\\\text{(Enolform)}}}{\begin{matrix} CH_3 \\ | \\ C{-}OH \\ \| \\ C{=}O \end{matrix}} + GSH \rightarrow \underset{\substack{\text{Intermediär-}\\\text{produkt}}}{\begin{matrix} CH_3 \\ | \\ C{-}OH \\ \| \\ C{-}OH \\ | \\ GS \end{matrix}} \rightleftharpoons \begin{matrix} CH_3 \\ | \\ HCOH \\ | \\ C{=}O \\ | \\ GS \end{matrix}$$

darzustellen. Das Intermediär-produkt konnte kürzlich als S-Lactylglutathion erkannt werden[3].

Die zweite Komponente, welche von MORGAN und HOPKINS[1] als „Faktor“ bezeichnet wurde, ist höchstwahrscheinlich eine Hydrolase. Ihre Enzymnatur wurde kürzlich fast gleichzeitig von RACKER[2] und von CROOK und LAW[4] erkannt. Sie wurde bereits an anderer Stelle besprochen (S. 352).

Die Funktion der Glyoxalase-systeme muß noch als ungeklärt betrachtet werden; die den Systemen nach früheren Vorstellungen zugesprochene zentrale Stellung im Ablauf der Glykolyse kommt ihnen sicher nicht zu. Möglicherweise besteht die Aufgabe der Enzymsysteme darin, etwa entstandenes Methylglyoxal in die für den Organismus verwertbare Milchsäure zu überführen.

46. Hydrogenasen und Hydrogenlyase-systeme[5]

In diesem Kapitel werden Enzyme besprochen, welche bisher nur in Mikroorganismen nachgewiesen wurden und deren Funktion eine Veränderung molekularen Wasserstoffs einschließt. Da die von diesen Fermenten katalysierten Reaktionen der Grundgleichung

$$A \rightleftharpoons B + C$$

zu entsprechen scheinen, ist eine Einreihung in die Hauptklasse „Lyasen und Syntheasen“ nach der in Kapitel 10 angegebenen Systematik berechtigt. Im Anschluß an die Behandlung der Hydrogenasen erfolgt eine kurze Besprechung der sog. Hydrogen-lyase-reaktion, welche wahrscheinlich von komplexen Enzymsystemen katalysiert wird, früher aber meist einem einheitlichen Enzymtypus, den Hydrogen-lyasen, zugeschrieben wurde.

[1] F. G. HOPKINS und E. J. MORGAN: Biochem. J. **42**, 23 (1948).

[2] E. RACKER: Federation Proc. **9**, 217 (1950); J. biol. Chem. **190**, 685 (1951).

[3] T. WIELAND und H. KÖPPE: Liebig's Ann. Chem. **581**, 1 (1953).

[4] E. M. CROOK und K. LAW: Biochem. J. **46**, XXXVII (1950).

[5] Handbuchartikel und Übersichtsreferate: W. W. UMBREIT: In „The Enzymes“, herausgegeben von J. B. SUMNER und K. MYRBÄCK, Bd. II/1, S. 329. New York: Academic Press. 1951; H. KOFLER und P. W. WILSON: In „Bacterial Physiology“, herausgegeben von C. H. WERKMAN und P. W. WILSON, S. 517. New York: Academic Press. 1951.

I. Hydrogenasen

Untersuchungen von STEPHENSON und STICKLAND[1] an verschiedenen Stämmen der *Coli-Aerogenes*-Gruppe zeigten, daß diese Bakterien Enzyme besitzen, welche Wasserstoff-gas aktivieren können. Die Organismen sind in Gegenwart von molekularem Wasserstoff imstande, Sauerstoff, Nitrat, Fumarsäure und Methylenblau zu reduzieren. Die Primärreaktion, welche wahrscheinlich allein von dem Enzymtypus katalysiert wird, ist

$$H_2 \rightleftarrows 2\,H$$

Ob die Sekundärreaktionen, welche dann die Reduktion der genannten Stoffe bewirken, spontan verlaufen oder durch andere Enzyme katalysiert werden, scheint noch ungeklärt zu sein.

Hydrogenasen kommen in sehr vielen Mikroorganismen vor; außer in den Organismen der *Coli-Aerogenes*-Gruppe wurden sie auch in *Clostridium*-Arten, in Methan-bakterien, in Purpur-bakterien und in Organismen, welche Schwefelverbindungen reduzieren, sowie in Algen nachgewiesen.

Die Hydrogenase-aktivität kann auf verschiedene Weise gemessen werden; STEPHENSON und STICKLAND[1] beobachteten die Geschwindigkeit der Reduktion von Methylenblau, weiters kann die Geschwindigkeit der H_2-Aufnahme manometrisch gemessen werden. Eine interessante Bestimmungsmethode wurde von FARKAS und Mitarbeitern[2] entwickelt; sie beruht auf der Messung des Austauschs zwischen Deuterium und Wasserstoff. Der zugrunde liegende Vorgang, dessen Geschwindigkeit derjenigen der Hydrogenase-wirkung entsprechen muß, kann folgendermaßen formuliert werden:

$$D_2 + HOH \rightleftarrows DH + DOH \rightleftarrows H_2 + DOD$$

Nach einer Untersuchung von HOBERMAN und RITTENBERG[3] kann eine Hydrogenase durch längeres Schütteln mit Luft teilweise inaktiviert werden; die Hemmung kann durch H_2 und schneller noch durch Zugabe von Glucose, Pyruvat, Formiat, Fumarat oder Succinat aufgehoben werden. Die Autoren nehmen an, daß das Enzym bei Schütteln mit Luft oder O_2 in eine oxydierte Form übergeht; in diesem Zustand läßt es sich durch Cyanid hemmen, während das reduzierte Ferment selbst durch hohe Cyanid-konzentrationen nicht beeinflußt wird. Auch CO wirkt als Inhibitor; diese Hemmung kann durch Belichtung aufgehoben werden.

Die bisherigen Bearbeiter der Hydrogenasen arbeiteten entweder mit Präparationen von ruhenden Bakterien *(„resting bacteria")* oder mit ungereinigten zellfreien Extrakten, welche auf verschiedene Weise erhalten wurden. Über eine weitere Reinigung ist bisher noch nichts bekannt. Auf Grund der schon berichteten Hemmungsversuche von HOBERMAN und RITTENBERG[3] und unter Berücksichtigung der Beobachtung von WARING und WERKMAN[4], daß Bakterien, welche auf eisen-armen Nährböden gewachsen sind, geringe Hydrogenaseaktivität aufweisen, ist die Vermutung berechtigt, daß Hydrogenasen Eisen — wahrscheinlich in der Fe^{++}-Form — enthalten[5].

Die biologische Funktion der Hydrogenasen scheint von Organismus zu Organismus verschieden zu sein; bestimmte Bakterien, nämlich die Gattung *Hydrogenomonas*, sind befähigt, ihre gesamte Zellsubstanz aus H_2, O_2 und CO_2 sowie einigen anorganischen Salzen zu bilden, wobei den Hydrogenasen eine wichtige Rolle zukommen sollte.

---

[1] M. STEPHENSON und L. H. STICKLAND: Biochem. J. **25**, 205, 215 (1931).
[2] A. FARKAS, L. FARKAS und J. YUDKIN: Proc. Roy. Soc. London B **115**, 373 (1934).
[3] H. D. HOBERMAN und D. RITTENBERG: J. biol. Chem. **147**, 211 (1943).
[4] W. S. WARING und C. H. WERKMAN: Arch. Biochem. **1**, 425 (1942); **4**, 75 (1944).
[5] Vgl. auch J. LASCELLES und J. L. STILL: Austral. J. exp. Biol. Med. **24**, 37 (1946).

II. Die Hydrogen-lyase-reaktion[1]

Enzyme, welches aus Ameisensäure molekularen Wasserstoff und Kohlendioxyd freisetzen können, wurden von STEPHENSON und STICKLAND[2] in verschiedenen Bakterien der *Coli-Aerogenes*-Gruppe nachgewiesen. Die katalysierte Reaktion, welche reversibel ist, läßt sich durch die Gleichung

$$HCOOH \rightleftarrows CO_2 + H_2$$

wiedergeben.

Die Entdecker des Vorganges nahmen ursprünglich an, daß dieser durch das Zusammenwirken zweier Enzyme, nämlich einer Formiat-dehydrogenase (vgl. S. 501) und einer Hydrogenase, in folgender Weise zustande kommt:

$$HCOOH \xrightleftharpoons{\text{Formiat-dehydrogenase}} CO_2 + 2H^+ + 2e^-$$

$$2H^+ + 2e^- \xrightleftharpoons{\text{Hydrogenase}} H_2$$

$$HCOOH \rightleftharpoons CO_2 + H_2$$

Später wurde diese Vorstellung in Zweifel gezogen, weil man beobachtete, daß manche Bakterien wohl eine Hydrogen-lyase-wirkung zeigten, aber scheinbar keine Hydrogenase enthielten; andere Stämme besaßen wiederum sowohl Formiat-dehydrogenase als auch Hydrogenase, ohne daß eine Hydrogen-lyase-wirkung nachweisbar war. Aus diesen Gründen wurde angenommen, daß es spezifische Einzel-fermente gibt, welche zur Abspaltung molekularen Wasserstoffs aus Ameisensäure befähigt sind; für diese Enzyme wurde der Name Hydrogen-lyasen vorgeschlagen.

Spätere Untersuchungen von ORDAL und HALVORSON[3] über die Verteilung von Hydrogen-lyase-wirkung, Formiat-dehydrogenase und Hydrogenase in verschiedenen Stämmen sprachen allerdings wieder eher dafür, daß die Hydrogen-lyase-wirkung wie Folge eines Zusammenwirkens der beiden zuletzt genannten Enzyme ist; die Beobachtung, daß in manchen Bakterien-suspensionen sowohl Hydrogenase-wirkung als auch Formiat-dehydrogenase-wirkung vorhanden sind, aber keine Hydrogen-lyase-wirkung nachweisbar ist, wurde damit erklärt, daß dort ein Faktor fehlt, welcher für das Zusammenwirken der beiden Enzyme notwendig ist. Auch Versuche von DE LEY[4] unterstützten die „Zwei-Enzym-Theorie".

Eine eingehendere Prüfung der Verhältnisse wurde vor kurzem von GEST (*l. c.*) vorgenommen. Nach diesem Autor wird die Hydrogen-lyase-wirkung durch das Zusammenwirken von Formiat-dehydrogenase, Hydrogenase und wahrscheinlich auch noch weiterer Enzyme verursacht. An dem Vorgang sind aber auch noch verschiedene Cofaktoren beteiligt: Fe^{++} oder Mn^{++}[5], Phosphat-ionen[6], TPP und schließlich Brenztraubensäure, Diacetyl oder Derivate dieser Verbindungen.

---

[1] Übersichtsreferate: M. STEPHENSON: Ergebn. Enzymforsch. **6**, 139 (1937); H. GEST: In „Phosphorus Metabolism", herausgegeben von W. D. MCELROY und B. GLASS, Bd. II, S. 522. Baltimore: John Hopkins Press. 1952.

[2] M. STEPHENSON und L. STICKLAND: Biochem. J. **25**, 205 (1931); **26**, 712 (1932); **27**, 1528 (1933).

[3] E. J. ORDAL und O. HALVORSON: J. Bacter. **38**, 199 (1939).

[4] J. DE LEY: Enzymologia **14**, 296 (1951).

[5] W. S. WARING und C. H. WERKMAN: Arch. Biochem. **4**, 75 (1944); H. GEST und M. GIBBS: J. Bacter. **63**, 661 (1952).

[6] J. LASCELLES: Proc. Linnean Soc. New South Wales **72**, 49 (1948).

Nach GEST (*l. c.*) spricht dies dafür, daß es sich bei der Hydrogen-lyase-wirkung um einen komplexeren zyklischen Vorgang handelt: Ameisensäure sollte primär mit Brenztraubensäure, Diacetyl oder einem Derivat dieser Verbindungen zu einem Intermediärkörper zusammentreten, der dann unter Abspaltung von CO_2 und H_2 zerfalle. Dieser Mechanismus muß aber zur Zeit noch als rein hypothetisch angesehen werden.

Die Hydrogen-lyase-wirkung dürfte in den meisten Fällen, in denen eine Bildung von molekularem Wasserstoff durch Bakterien beobachtet wird, für diesen Effekt verantwortlich sein.

47. Isomerasen und Racemasen[1]

Unter diesen Bezeichnungen fassen wir, wie schon früher (S. 99) ausgeführt wurde, alle Enzyme zusammen, deren Wirkungsweise *formal* als eine intramolekulare Umwandlung angesehen werden kann, ohne daß dabei Rücksicht auf den tatsächlichen Wirkungsmechanismus genommen wird.

In dieser Hauptklasse können wir naturgemäß zwischen Isomerasen und Racemasen unterscheiden; die erstgenannten Enzyme katalysieren molekulare Umlagerungen, welche sich in der Strukturformel ausdrücken lassen; so bewirkt der Typus der Glucose-6-phosphat-isomerase die Umwandlung ihres Substrats in Fructose-6-phosphat und die Phosphomutasen verursachen die Übertragung von Phosphat-resten von einer Stelle des Moleküls an andere Stellen. Die Wirkung der Racemasen beschränkt sich hingegen auf die Überführung optisch aktiver Substanzen in ihre Racemate.

Während in manchen Fällen als wahrscheinlich angesehen werden muß, daß es sich bei den katalysierten Reaktionen tatsächlich um monomolekulare Reaktionen handelt, konnte bei anderen Enzymen — so insbesondere bei den Phosphomutasen, die eine Unterklasse der Isomerasen darstellen — gezeigt werden, daß Coenzyme an den Reaktionen beteiligt sind und die Vorgänge als bimolekular aufgefaßt werden müssen.

Unter den in dieser kleinsten Hauptklasse der Enzyme zusammengefaßten Fermenten finden sich einige, welche im Stoffwechsel große Bedeutung besitzen und deshalb verhältnismäßig gut untersucht worden sind. Andrerseits ist die Gruppe der Racemasen noch wenig erforscht; es ist wahrscheinlich, daß es außer den hier beschriebenen Racemasen noch andere Fermente der gleichen Wirkungsweise gibt. Insbesondere besteht guter Grund zur Annahme, daß es auch Fermente gibt, welche die Überführung von geometrischen *(cis-trans)* Isomeren bewirken; derartige Enzyme sind bisher allerdings noch nicht charakterisiert worden.

I. Glucose-6-phosphat-isomerasen *(Phosphohexose-isomerase, Oxoisomerase)*

Ein Ferment, welches die Einstellung eines Gleichgewichts zwischen Glucose-6-phosphat und Fructose-6-phosphat katalysiert, wurde 1933 von LOHMANN[2] in Muskel-extrakten nachgewiesen. Enzyme gleicher Wirkungsweise finden sich auch in der Hefe[3] und in höheren Pflanzen[4].

---

[1] Übersichtsreferat: L. F. LELOIR: Adv. Enzymology **14**, 193 (1953).
[2] K. LOHMANN: Biochem. Z. **262**, 137 (1933).
[3] C. S. HANES: Proc. Roy. Soc. London B **128**, 421 (1939).
[4] G. F. SOMERS und E. L. COSBY: Arch. Biochem. **6**, 295 (1945).

Das Gleichgewicht der katalysierten Reaktion

Glucose-6-phosphat ⇌ Fructose-6-phosphat

liegt bei 70% Glucosephosphat und 30% Fructosephosphat.

Trotz seiner großen Bedeutung im Kohlehydrat-stoffwechsel als Teilkatalysator der Glykolyse scheint dieser Enzymtypus in den letzten Jahren kaum bearbeitet worden zu sein.

II. Galactose-1-phosphat-isomerase-systeme *(Galactowaldenase)*

Hefezellen, welche auf einem Galactose enthaltenden Nährboden gewachsen und somit für Galactose adaptiert sind, können diesen Zucker anaerob ebenso zu Alkohol und CO_2 vergären wie Glucose. Kosterlitz[1] beobachtete als erster, daß α-D-Galactose-1-phosphat durch Extrakte aus Hefe, die für Galactose adaptiert ist, genau so rasch vergoren wird wie Glucose-1-phosphat. Er nahm deshalb an, daß die Adaption der Hefe für Galactose die Neubildung zweier Faktoren einschließt, von welchen der eine die Bildung der phosphorylierten Galactose bewirkt, während der zweite für die Isomerisierung dieser Substanz zu einem Glucose-phosphat verantwortlich ist.

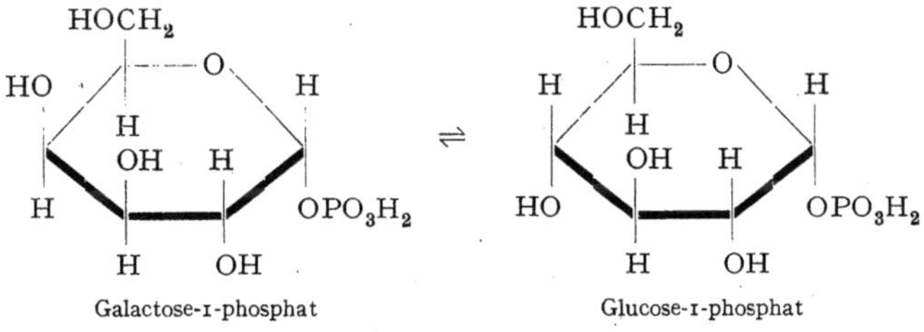

Galactose-1-phosphat ⇌ Glucose-1-phosphat

Tatsächlich konnte wenige Jahre später gezeigt werden, daß die Galactosevergärung durch adaptierte Hefe in dem von ihm postulierten Sinne vor sich geht. Das eine an der Reaktionsfolge beteiligte Ferment — die ATP → Galactose-transphosphatase *(Galactokinase)* — wurde bereits an anderer Stelle (S. 432) besprochen.

Der Faktor, welcher für die Umwandlung von Galactose-1-phosphat in Glucose-1-phosphat verantwortlich ist, wurde 1949 von Caputto und Mitarbeitern[2] entdeckt. Dieselbe Forschergruppe stellte auch fest, daß für die Wirkung des Enzyms ein thermostabiler Cofaktor erforderlich ist und konnte die Struktur dieser Substanz aufklären[3]. Es handelt sich um die Uridindiphosphat-glucose der untenstehenden Konfiguration.

[1] H. W. Kosterlitz: Biochem. J. **37**, 322 (1943).

[2] R. Caputto, L. F. Leloir, R. E. Trucco, C. E. Cardini und A. C. Paladini: J. biol. Chem. **179**, 497 (1949).

[3] R. Caputto, L. F. Leloir, C. E. Cardini und A. C. Paladini: Ibid. **184**, 333 (1950).

```
 ┌──────O──────┐          OH     OH
 │    OH OH    │          |      |       H
 CH—C—C—C—CH₂O—P—O—P—O—C─────┐
 |  H  H  H               ↓      ↓       |       |
O   N                    O      O     HCOH    |
 \\ / \                                    |       |
  C    CH                              HOCH    O
  |    ‖                                   |       |
  N    CH                               HCOH    |
   \\ /                                    |       |
    C                                   HC ──────┘
    |                                     |
    OH                                  CH₂OH
```

Uridindiphosphat-glucose (UDP-Glucose)

Der Mechanismus, durch den dieser Cofaktor die WALDENsche Umkehrung am C-4-Atom der Galactose bewirken soll, läßt sich wahrscheinlich durch die Reaktionsfolge

1. UDP-Glucose + Galactose-1-phosphat ⇌ UDP-Galactose + Glucose-1-phosphat
2. UDP-Galactose ⇌ UDP-Glucose.

wiedergeben. Ein Enzym, das Reaktion 1 katalysiert und als UDP-Glucose → → Galactose-1-phosphat-transuridylase bezeichnet werden kann, konnte kürzlich in für Galactose adaptiertem *Saccharomyces fragilis* nachgewiesen werden[1] (vgl. S. 438). Das Enzym, welches Reaktionsschritt 2 verursacht, scheint empfindlicher zu sein als die Transuridylase; es konnte bisher noch nicht isoliert werden. Dieser Faktor müßte den Namen UDP-Glucose-isomerase erhalten.

III. Mannose-6-phosphat-isomerasen

Ein Enzym, welches Mannose-6-phosphat entweder in Glucose-6-phosphat oder in Fructose-6-phosphat umwandelt, wurde von SLEIN[2] im Kaninchen-muskel nachgewiesen. Demselben Autor gelang auch eine teilweise Reinigung des Ferments; dieses konnte aber nicht von der in den Präparaten ebenfalls vorhandenen Glucose-6-phosphat-isomerase getrennt werden, wodurch es unmöglich war zu bestimmen, ob das primäre Umwandlungsprodukt bei der durch das Enzym katalysierten Reaktion Glucose-6-phosphat oder Fructose-6-phosphat ist.

Die Tatsache, daß Fructose-1,6-diphosphat bei der Vergärung von Mannose durch Hefe als Zwischenprodukt nachgewiesen werden konnte, läßt mit Sicherheit auf die Anwesenheit eines gleichartig wirkenden Enzyms in der Hefe schließen.

IV. Phosphopentose-isomerasen

Wie HORECKER und Mitarbeiter[3] kürzlich wahrscheinlich machten, entsteht bei der Wirkung der decarboxylierenden Phosphogluconat → TPN-transhydrogenasen (S. 625) primär Ribulose-5-phosphat, welches durch spezifische Fermente, die man Phosphopentose-isomerasen nennt, in Ribose-5-phosphat umgewandelt wird.

```
  H₂COH              HC=O
    |                  |
   C=O               HCOH
    |                  |
  HCOH      ⇌        HCOH
    |                  |
  HCOH               HCOH
    |                  |
H₂COPO₃H₂          H₂COPO₃H₂
Ribulose-5-phosphat  Ribose-5-phosphat
```

[1] H. M. KALCKAR, B. BRAGANCA und A. MUNCH-PETERSEN: Nature **172**, 1038 (1953).
[2] M. W. SLEIN: Federation Proc. **8**, 252 (1949); J. biol. Chem. **186**, 753 (1950).
[3] B. L. HORECKER, P. Z. SMYRNIOTIS und J. E. SEEGMILLER: Ibid. **193**, 383 (1951); J. E. SEEGMILLER und B. L. HORECKER: Ibid. **194**, 261 (1952).

Es handelt sich um einen reversiblen Vorgang; die Gleichgewichts-mischung enthält 70 bis 80% Ribose-5-phosphat.

Enzyme dieses Typus konnten bisher in der Hefe und in der Leber und dem Knochenmark von Kaninchen nachgewiesen werden.

Die Enzyme dürften Teil-katalysatoren eines Systems darstellen, das den oxydativen Abbau der Monosaccharide katalysiert; die Bedeutung des Systems kann heute noch nicht abgeschätzt werden (vgl. S. 716).

V. Phosphotriose-isomerasen

Die fermentative Umwandlung von D-Phosphoglycerinaldehyd in Phosphodioxyaceton wurde erstmalig von MEYERHOF und KIESSLING[1] in dialysierten Muskel-extrakten nachgewiesen. Fermente dieser Spezifität kommen aber ebenso wie die früher (S. 643) besprochenen FDP-Triosephosphat-lyasen *(Aldolase)*, deren Wirkung ihnen im Verlauf der Glykolyse-vorgänge vorgelagert ist, fast ubiquitär vor.

Die von den Phosphotriose-isomerasen katalysierte Reaktion

$$\begin{array}{c} H \\ / \\ C \\ \| \diagdown \\ \quad O \\ | \\ CHOH \\ | \\ CH_2OPO_3H_2 \end{array} \rightleftarrows \begin{array}{c} CH_2OH \\ | \\ C{=}O \\ | \\ CH_2OPO_3H_2 \end{array}$$

D-3-Phosphoglycerinaldehyd — Phosphodioxyaceton

ist ein Gleichgewichts-vorgang; im Gleichgewichts-zustand ist die Konzentration des Phosphodioxyacetons etwa 22mal größer als diejenige des Phosphoglycerinaldehyds.

Die Aktivität der Phosphotriose-isomerasen läßt sich dadurch messen, daß man Phosphoglycerinaldehyd mit Jod in schwach alkalischer Lösung zu Phosphoglycerinsäure oxydieren kann, während Phosphodioxyaceton unter diesen Bedingungen nicht angegriffen wird. Die entstandene D-3-Phosphoglycerinsäure läßt sich leicht durch die hohe Drehung ihres Molybdats bestimmen[2].

MEYERHOF und BECK[3] konnten das Enzym aus Muskel durch fraktionierte Ausfällung mit Ammoniumsulfat, darauffolgende Adsorption an $Cu(OH)_2$ und Elution mit Phosphat-puffer (p_H 7,2) weitgehend reinigen. Sie erhielten ein ziemlich instabiles Präparat, welches frei von FDP-Triosephosphat-lyase *(Aldolase)* und Glucose-6-phosphat-isomerase war.

Vor kurzem berichteten OESPER und MEYERHOF[4] die interessante Beobachtung, daß in manchen Typen von malignen Tumoren ein Ferment dieses Typus merklich vermehrt ist.

VI. D-Arabinose-isomerase

Nach Untersuchungen von COHEN[5] produzieren bestimmte Stämme von *Escherichia coli*, wenn sie auf einem D-Arabinose-haltigem Nährboden gewachsen waren, ein Enzym, welches das Gleichgewicht

$$\begin{array}{c} CHO \\ | \\ HOCH \\ | \\ HCOH \\ | \\ HCOH \\ | \\ CH_2OH \end{array} \rightleftarrows \begin{array}{c} CH_2OH \\ | \\ CO \\ | \\ HCOH \\ | \\ HCOH \\ | \\ CH_2OH \end{array}$$

D-Arabinose — D-Ribulose

[1] O. MEYERHOF und W. KIESSLING: Biochem. Z. **279**, 40 (1935).
[2] O. MEYERHOF und W. SCHULZ: Ibid. **297**, 60 (1938).
[3] O. MEYERHOF und L. V. BECK: J. biol. Chem. **156**, 109 (1944).
[4] P. OESPER und O. MEYERHOF: Arch. Biochem. **27**, 223 (1950).
[5] S. S. COHEN: J. biol. Chem. **201**, 71 (1953).

katalysiert. Unter Gleichgewichts-bedingungen findet man neben 13 bis 17% Arabinose 83 bis 87% Ribulose; das Gleichgewicht kann durch Zusatz von Borat oder Hydroxyl-ionen auf die Seite der Ribulose verschoben werden.

VII. D-Xylose-isomerasen

In *Lactobacillus pentosus*[1] und in *Pseudomonas hydrophila*[2] können, wenn die Organismen auf D-Xylose-haltigem Nährböden gewachsen sind, Fermente nachgewiesen werden, welche das Gleichgewicht

$$\begin{array}{c} CHO \\ | \\ HCOH \\ | \\ HOCH \\ | \\ HCOH \\ | \\ CH_2OH \\ \text{D-Xylose} \end{array} \quad \rightleftharpoons \quad \begin{array}{c} CH_2OH \\ | \\ CO \\ | \\ HOCH \\ | \\ HCOH \\ | \\ CH_2OH \\ \text{D-Xylulose} \end{array}$$

katalysieren. Die Reaktion erfolgt sowohl unter aeroben als auch unter anaeroben Bedingungen; die Anwesenheit von Phosphat ist nicht erforderlich. Jodessigsäure, Fluorid, Azid und auch β-Methyl-D-xylosid haben keinen Einfluß auf den Reaktions-ablauf.

VIII. D-Erythrose-isomerase

Japanische Forscher[3] konnten kürzlich den Nachweis erbringen, daß im Kaninchenmuskel ein Enzym vorkommt, welches das Gleichgewicht

$$\begin{array}{c} CHO \\ | \\ HCOH \\ | \\ HCOH \\ | \\ CH_2OH \\ \text{D-Erythrose} \end{array} \quad \rightleftharpoons \quad \begin{array}{c} CH_2OH \\ | \\ CO \\ | \\ HCOH \\ | \\ CH_2OH \\ \text{D-Erythrulose} \end{array}$$

katalysiert.

IX. Glucose(1 → 6)-phosphomutasen *(Phosphoglucomutase)*

In Extrakten aus Muskel, Hirn, Leber, Niere und auch Hefe finden sich Enzyme, welche die Reaktion

$$\text{Glucose-1-phosphat} \; (HOCH_2,\ OPO_3H_2 \text{ an C-1}) \quad \rightleftharpoons \quad \text{Glucose-6-phosphat} \; (H_2O_3POCH_2,\ OH \text{ an C-1})$$

Glucose-1-phosphat   Glucose-6-phosphat

reversibel katalysieren[4]. COLOWICK und SUTHERLAND[5], welche eine teilweise Reinigung des Enzyms aus Muskel vornahmen, bestimmten im Bereich zwischen

---

[1] J. O. LAMPEN: In „Phosphorus Metabolism", herausgegeben von W. D. MCELROY und B. GLASS, Bd. II, S. 363. Baltimore: John Hopkins Press. 1952.

[2] R. M. HOCHSTER und R. W. WATSON: J. Amer. chem. Soc. **75**, 3285 (1953).

[3] S. AKABORI, K. UEHARA und I. MURAMATSU: Proc. Japan. Acad. **28**, 39 (1952); K. K. UEHARA: J. chem. Soc. Japan, pure Chem. Sect. **73**, 311, 411, 716 (1952).

[4] C. F. CORI, S. P. COLOWICK und G. T. CORI: J. biol. Chem. **124**, 534 (1937).

[5] S. P. COLOWICK und E. W. SUTHERLAND: Ibid. **144**, 423 (1942).

p_H 6,2 und 7,5 die Gleichgewichts-konstante (6-Phosphat/1-Phosphat) und stellten fest, daß ihr Wert bei 20° 19,8, bei 30° 17,2 und bei 40° 16,2 beträgt.

Die Tatsache, daß das Enzym aus Skelettmuskel in der Wärme nur langsam denaturiert wird, erlaubte seine Isolierung und Kristallisation. Sie erfolgte mit Hilfe einer fraktionierten Fällung mit Ammoniumsulfat; die inerten Proteine wurden durch mehrmaliges Erwärmen des Muskel-extrakts abgetrennt[1]. Das kristalline Enzym ist elektrophoretisch einheitlich.

Die Spezifität ist absolut; weder Mannose-1-phosphat noch Galactose-1-phosphat werden angegriffen.

Die Reaktion ist nur formal als intramolekulare Umlagerung aufzufassen; CAPUTTO und Mitarbeiter[2] konnten in letzter Zeit zeigen, daß Glucose-1,6-diphosphat in kleinen Mengen (10^{-7}-m) als Phosphat-donator fungiert und im Verlauf der Reaktion dauernd regeneriert wird. Der tatsächliche Wirkungsmechanismus läßt sich wie folgt wiedergeben:

Glucose-1,6-diphosphat + *Glucose*-1-phosphat

$\rightleftharpoons$

Glucose-6-phosphat + *Glucose*-1,6-diphosphat

Dies konnte auch von SUTHERLAND, COHN, POSTERNAK und CORI[3] in Versuchen mit durch P^{32} und C^{14} markiertem Glucose-1,6-diphosphat und ebenso markierten Substraten bestätigt werden. Glucose-1,6-diphosphat kann als das Coenzym der Fermente dieses Typus angesehen werden; es wird *in vivo* vermutlich durch die schon beschriebenen ATP → Glucose-1-phosphat-transphosphatasen (*Phosphoglucokinase,* S. 430) synthetisiert.

Das p_H-Optimum der Glucose(1 → 6)-phosphomutasen liegt im schwach alkalischen Gebiet zwischen p_H 7,5 und 9,2. Mg^{++} erhöht die Aktivität; es scheint aber noch nicht ganz sichergestellt zu sein, ob die Anwesenheit von Mg^{++} für die Wirksamkeit unbedingt erforderlich ist. Fluorid ist ein starker Hemmstoff.

Glucose(1 → 6)-phosphomutasen sind wesentliche Teilenzyme für die Bildung des Glykogens aus Glucose.

X. Die „Phosphofructomutase"-reaktion

Fructose-1-phosphat kann in Leber-homogenaten zu Glucose-6-phosphat umgewandelt werden, während Muskel- und Hirn-extrakte diese Reaktion nicht bewirken[4].

Die ursprüngliche Annahme, daß der Vorgang in zwei Teilschritten,

1. Fructose-1-phosphat → Fructose-6-phosphat,
2. Fructose-6-phosphat → Glucose-6-phosphat

vor sich geht, wobei für Schritt 1 eine spezifische Fructose (1 → 6)-phosphomutase und für Reaktion 2 eine Glucose-6-phosphat-isomerase verantwortlich sein sollten, konnte nicht aufrechterhalten werden. Es scheint keinen Fermenttypus zu geben, welcher Teilschritt 1 katalysieren kann.

Neueren Untersuchungen[5] zufolge handelt es sich bei der Überführung von Fructose-1-phosphat in Glucose-6-phosphat um einen weitaus komplexeren Vorgang; Fructose-1-phosphat kann primär in Glycerinaldehyd und Phosphodioxyaceton gespalten werden (vgl. S. 644); Phosphodioxyaceton wird durch eine Phosphotriose-isomerase teilweise zu 3-Phosphoglycerinaldehyd umgesetzt und dieser kann unter dem Einfluß einer FDP-Triosephosphatlyase (*Aldolase,* S. 643) mit dem restlichen Phosphodioxyaceton zu Fructose-1,6-diphosphat

[1] V. A. NAJJAR: J. biol. Chem. **175**, 281 (1948).

[2] R. CAPUTTO, L. F. LELOIR, R. E. TRUCCO, C. E. CARDINI und A. C. PALADINI: Arch. Biochem. **18**, 201 (1948); **19**, 339 (1948).

[3] E. W. SUTHERLAND, M. COHN, T. POSTERNAK und C. F. CORI: J. biol. Chem. **180**, 1285 (1949).

[4] G. CORI, S. OCHOA, M. SLEIN und C. F. CORI: Biochim. biophys. Acta **7**, 304 (1951).

[5] Vgl. dazu F. LEUTHARDT, E. TESTA und H. P. WOLF: Helv. chim. Acta **36**, 227 (1953); H. G. HERS und T. KUSAKA: Biochim. biophys. Acta **11**, 427 (1953).

kondensieren. In der Leber existieren spezifische Hexosediphosphatasen (S. 202), welche den Phosphat-rest in 1-Stellung von Fructose-1,6-diphosphat abspalten. Das entstandene Fructose-6-phosphat kann nunmehr unter dem Einfluß einer Glucose-6-phosphat-isomerase zu Glucose-6-phosphat umgesetzt werden.

XI. Ribose(1→5)-phosphomutasen *(Phosphoribomutase)*

Im Muskel konnte ein Ferment nachgewiesen werden, das die Umwandlung des sehr labilen Ribose-1-phosphats in das stabilere Ribose-5-phosphat katalysiert[1, 2]. Die Wirkung des Ferments ist somit völlig analog derjenigen der Glucose (1 → 6)-phosphomutase. Das Enzym wirkt optimal bei p_H 7,5 und benötigt die Anwesenheit von Mg^{++} zur Entfaltung seiner vollen Aktivität. ABRAMS und KLENOW[3] konnten das Vorkommen eines gleichartig wirkenden Enzyms in Leber-extrakten zeigen. Nach einer neueren Arbeit von KLENOW[1] dürften aber diese Enzyme mit den Glucose(1 → 6)-phosphomutasen identisch sein. Auch bei der Überführung der Ribosephosphate ineinander fungiert Glucose-1,6-diphosphat als Coenzym.

XII. Desoxyribose(1 → 5)-phosphomutasen *(Phosphodesoxyribomutase)*

Bei Versuchen über den Abbau von Purindesoxyribosiden durch eine Ribose-1-phosphat→Purin-transribosidase (S. 389) isolierten MANSON und LAMPEN[4] Ribose-5-phosphat und schließen auf Grund ihrer Daten, daß in Rattenleber und Kalbsthymus ein Enzym existiert, welches das primär entstehende Desoxyribose-1-phosphat in Desoxyribose-5-phosphat umwandelt.

XIII. Glycerat(3 → 2)-phosphomutasen *(Phosphoglyceromutase)*

MEYERHOF und KIESSLING[5] konnten Enzyme in Muskel und Hefe nachweisen, welche die Reaktion

$$\begin{array}{ccc} CH_2OPO_3H_2 & & CH_2OH \\ | & & | \\ CHOH & \rightleftharpoons & CHOPO_3H_2 \\ | & & | \\ COOH & & COOH \end{array}$$

D-3-Phosphoglycerinsäure D-2-Phosphoglycerinsäure

reversibel katalysieren. Die Gleichgewichts-konstante (3-Phosphoglycerat/2-Phosphoglycerat) ist bei 20° 9,5 und bei 37° 7,9[6]. In einer späteren Arbeit von MEYERHOF und OESPER[7] wird allerdings für 24° der Wert 6 angegeben.

SUTHERLAND, POSTERNAK und CORI[8] zeigten vor kurzem, daß ähnlich wie im Falle der zuvor besprochenen Glucose(1 → 6)-phosphomutasen auch hier ein Coenzym an der Reaktion teilnimmt. Es handelt sich dabei um die schon 1925 von GREENWALD[9] aus Erythrozyten isolierte 2,3-Diphosphoglycerinsäure. Die Reaktion verläuft nach dem folgenden Schema

2,3-Diphosphoglycerinsäure + 3-Phospho*glycerinsäure*

⇅

2-Phosphoglycerinsäure + 2,3-Diphospho*glycerinsäure*

SUTHERLAND und Mitarbeiter[8] konnten auch eine teilweise Reinigung des Enzyms aus Muskel durch fraktionierte Fällung mit Ammoniumsulfat erzielen.

[1] H. KLENOW: Arch. Biochem. Biophys. **46**, 186 (1953).
[2] H. Z. SABLE: Proc. Soc exp. Biol. Med. **75**, 215 (1950); Biochim. biophys. Acta **8**, 687 (1952).
[3] A. ABRAMS und H. KLENOW: Arch. Biochem. Biophys. **34**, 285 (1951).
[4] L. A. MANSON und J. O. LAMPEN: J. biol. Chem. **191**, 95 (1951).
[5] O. MEYERHOF und W. KIESSLING: Biochem. Z. **276**, 239; **280**, 99 (1935).
[6] O. MEYERHOF und W. SCHULZ: Ibid. **297**, 60 (1938).
[7] O. MEYERHOF und P. OESPER: J. biol. Chem. **179**, 1371 (1949).
[8] E. W. SUTHERLAND, T. POSTERNAK und C. F. CORI: Ibid. **179**, 501 (1949).
[9] I. GREENWALD: Ibid. **63**, 339 (1925).

Die Messung der Enzym-wirksamkeit kann durch Bestimmung der optischen Drehung des Reaktionsgemisches erfolgen, da die Drehungswerte der beiden Phosphoglycerinsäuren verschieden sind.

Es scheint noch nicht geklärt zu sein, ob auch dieser Enzymtypus die Anwesenheit von Mg^{++} für seine Wirksamkeit benötigt.

Die Glycerat(3 → 2)-phosphomutasen sind wichtige Teil-katalysatoren der Glykolyse-systeme.

XIV. 3-Phosphoglycerat(1 → 2)-phosphomutasen *(Diphosphoglyceromutase)*

In den Erythrozyten der meisten Säugetiere finden sich verhältnismäßig große Mengen von 2,3-Diphosphoglycerinsäure, welche eine stabile Verbindung ist. 1,3-Diphosphoglycerinsäure, die ein Zwischenprodukt der Glykolyse darstellt, ist hingegen sehr labil.

Wie wir eben erfahren haben, wird für die 2,3-Diphosphoglycerinsäure eine Coenzymfunktion bei den Glycerat (3 → 2)-phosphomutasen postuliert.

RAPOPORT und LUEBERING[1] konnten kürzlich in roten Blutzellen von Kaninchen die Existenz eines Enzyms nachweisen, dessen Wirkung sich durch die Reaktionsgleichung

$$\begin{array}{c} CH_2OPO_3H_2 \\ | \\ CHOH \\ | \\ C(=O)OPO_3H_2 \end{array} \rightleftarrows \begin{array}{c} CH_2OPO_3H_2 \\ | \\ CHOPO_3H_2 \\ | \\ C(=O)OH \end{array}$$

wiedergeben läßt. Das Enzym soll sich nur in Erythrozyten von Tierarten finden, welche 2,3-Diphosphoglycerinsäure enthalten.

In einer späteren Untersuchung[2] konnten dieselben Autoren zeigen, daß 3-Phosphoglycerinsäure (und nicht etwa, wie das in Analogie zu den vorher besprochenen Enzymtypen zu erwarten wäre, 1,2,3-Triphosphoglycerinsäure) bei der Überführung von 1,3-Diphosphoglycerinsäure in 2,3-Diphosphoglycerinsäure als Coenzym fungiert. Die Reaktion verläuft demnach nach folgendem Schema:

3-Phosphoglycerinsäure + 1,3-Diphospho*glycerinsäure*

↓

2,3-Diphosphoglycerinsäure + 3-Phospho*glycerinsäure*

Im Gegensatz zu anderen Phosphomutase-vorgängen ist diese Umwandlung praktisch irreversibel, weil die Bindung des Phosphat-restes am Carboxyl weitaus energiereicher ist als die Ester-bindung in 2-Stellung.

XV. Oxysäure-racemase

HUENNEKENS und Mitarbeiter[3] konnten kürzlich einen löslichen Faktor aus Homogenaten von Kaninchen-leber isolieren und einer teilweisen Reinigung unterziehen, welcher die Racemisierung beider optischer Isomeren von Milchsäure, Äpfelsäure, Isocitronensäure und α-Oxyglutarsäure bewirkt. Die Racemase-wirkung scheint vom gleichzeitigen Stattfinden oxydativer Vorgänge abhängig zu sein, so daß die Einheitlichkeit des Faktors als Einzelenzym noch sehr fraglich ist. 2,4-Dinitrophenol, welches als Hemmkörper der oxydativen Phosphorylierung bekannt ist, wirkt auch auf die Racemisierung hemmend ein.

XVI. Lactat-racemasen

1936 beobachten TATUM und Mitarbeiter[4], daß Milchsäure-bakterien, welche gemeinsam mit Buttersäure-bakterien gezüchtet worden waren, racemische

[1] S. RAPOPORT und J. LUEBERING: J. biol. Chem. **183**, 507 (1950).

[2] S. RAPOPORT und J. LUEBERING: Ibid. **196**, 583 (1952).

[3] F. M. HUENNEKENS, H. R. MAHLER und J. NORDMANN: Arch. Biochem. **30**, 77 (1951).

[4] E. L. TATUM, W. H. PETERSON und E. B. FRED: Biochem. J. **30**, 1892 (1936); vgl. auch H. KATAGIRI und K. KITAHARA: Ibid. **31**, 909 (1937); J. agr. chem. Soc. Japan **12**, 1217 (1937); H. KATAGIRI und S. MURKAMI: Ibid. **15**, 1141 (1939); W. B. CHRISTENSEN, W. H. PETERSON und M. J. JOHNSON: J. biol. Chem. **123**, XXI (1938).

Milchsäure bildeten, während ohne Gegenwart der Buttersäure-organismen optisch aktive L-Milchsäure entsteht. Auf Grund ihrer Versuche stellten sie die Arbeitshypothese auf, daß ein aus zwei Bestandteilen zusammengesetztes Ferment für den Vorgang verantwortlich sei, da weder Zell-suspensionen allein, noch zellfreie Extrakte von *Clostridium butylicum* eine racemisierende Wirkung auf optisch aktive Milchsäure zeigen, während beide Komponenten gemeinsam diese Wirkung leicht vollbringen. Der extracelluläre Bestandteil sei thermolabil, die an die Zellsubstanz gebundene Komponente hingegen thermostabil.

Auch in *Staphylococcus ureae* soll ein Ferment enthalten sein, welches optisch aktive Milchsäure, und zwar sowohl die D-Form als auch die L-Form zu einem Racemat umwandelt. In jüngeren Kulturen von *Lactobacillus plantarum* ist das Enzym intracellulär, es wird aber später in das Nährmedium sezerniert. Das p_H-Optimum seiner Wirkung liegt bei 5,0; Cyanid hemmt.

XVII. Alanin-racemasen

Bakterien der verschiedensten Gruppen, nicht aber Schimmelpilze und Hefen, enthalten ein Enzym, das D-Alanin und auch L-Alanin zu Racem-gemischen umwandeln kann[1]. Die Alanin-racemase aus *Streptococcus faecalis* konnte durch Ultraschall-behandlung aus der Zelle freigesetzt und durch verschiedene Reinigungsmethoden stark angereichert werden. Das Enzym benötigt die Anwesenheit von Pyridoxalphosphat für seine Wirksamkeit; das Wirkungsoptimum liegt bei p_H 8,1. Die Bestimmung der Enzym-aktivität erfolgt manometrisch; das durch die Wirkung der Alanin-racemase aus L-Alanin gebildete D-Alanin wird mit Hilfe zugesetzter D-Aminosäure $\rightarrow O_2$-transhydrogenase (D-*Aminosäure-oxydase*, vgl. S. 516) oxydiert und der Verbrauch an Sauerstoff gemessen.

XVIII. Glutaminat-racemase

Dunn und Mitarbeiter[2] beobachteten, daß *Lactobacillus arabinosus*, welcher in Gegenwart von L-Glutaminat gewachsen war, racemische Glutaminsäure enthält, und zeigten später, daß im Nährmedium des Bazillus D-Glutaminsäure imstande ist, L-Glutaminsäure zu ersetzen[3]. Diese Beobachtungen führten schließlich zur Entdeckung eines Enzyms in *Lactobacillus arabinosus*, welches die Racemisierung optisch aktiver Glutaminsäure katalysiert[4]. Getrocknete Zellen des Organismus können sowohl D-Glutaminsäure als auch L-Glutaminsäure zu einem Racem umwandeln, wobei naturgemäß der Endpunkt bei beiden Ausgangsmaterialien derselbe (etwa 50% beider Isomeren) ist. Durch Zugabe von Pyridoxalphosphat wird die Reaktion aktiviert, was auf eine Mitwirkung dieser Substanz als Coenzym des Ferments hindeutet.

XIX. Mandelat-racemase

Ein Ferment, das die beiden optischen Isomeren der Mandelsäure in ein Racemat umwandeln kann, wurde kürzlich von Gunsalus und Mitarbeitern[5] aus *Pseudomonas fluorescens* im gelösten Zustand erhalten.

Das Enzym macht es dem Organismus möglich, auch *d*(—)-Mandelsäure zu oxydieren, da das Mandelsäure-oxydierende System von *Ps. fluorescens* nur für *l*(+)-Mandelsäure spezifisch ist (vgl. S. 601).

---

[1] W. A. Wood und I. C. Gunsalus: J. biol. Chem. **190**, 403 (1951).
[2] M. S. Dunn, M. N. Camien, S. Shankman und H. Block: Ibid. **168**, 43 (1947).
[3] M. N. Camien und M. S. Dunn: Ibid. **179**, 935 (1949).
[4] S. A. Narood und W. A. Wood: Arch. Biochem. Biophys. **35**, 462 (1952).
[5] C. F. Gunsalus, R. Y. Stanier und I. C. Gunsalus: J. Bacter. **66**, 548 (1953).

XX. Glucopyranose-mutarotase

Bei Untersuchungen über die β-Glucose → O_2-transhydrogenase *(Glucose-oxydase, Notatin)* aus *Penicillium notatum* (vgl. S. 515) beobachteten KEILIN und HARTREE[1], daß in den Präparationen ein von diesem Ferment verschiedener Faktor existiert, der die Mutarotation von Glucopyranose, d. h. die Umwandlung der α-Glucose in β-Glucose, beschleunigt.

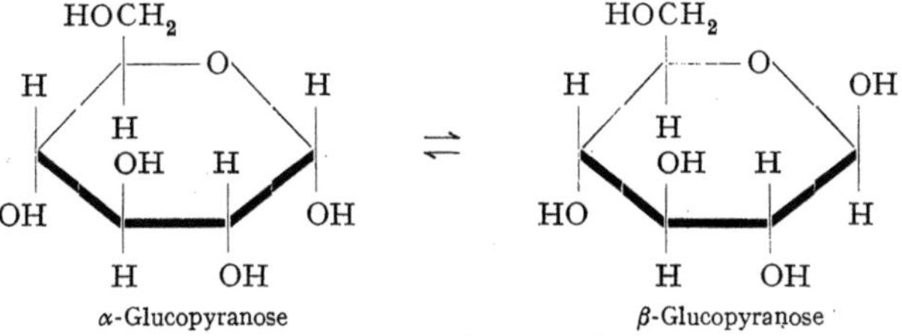

α-Glucopyranose β-Glucopyranose

Es scheint sich um ein spezifisches Enzym zu handeln, für welches die Autoren den Namen Mutarotase vorschlagen.

48. Das Zusammenwirken der Enzyme

> Intermediary metabolism is still being taught and discussed without any reference to the catalysts responsible for each of the transformations. Discussing the behavior of a car without reference to the motor represents an analogous situation.
>
> (D. E. GREEN, 1946)

Fast alle Substanzen, welche in den Organismus aufgenommen werden, unterliegen dort einer Umwandlung durch Ketten hintereinander geschalteter Reaktionen; ihr Schicksal wird demnach durch das Zusammenwirken mehrerer Enzyme verschiedener Spezifität bestimmt. Eine derartige Gruppe kooperierender Enzyme, welche gemeinsam den Ablauf einer Reaktions-kette katalysieren, wird als *Ferment-kette* oder *multiples Enzymsystem* bezeichnet. Im Rahmen dieser Darstellung wurden bereits zahlreiche derartige Systeme erwähnt und manche eingehender behandelt; im vorliegenden abschließenden Kapitel soll versucht werden, die wesentlichsten Gesichtspunkte über das Zusammenwirken der Enzyme zusammenzufassen und einige weitere besonders repräsentative Beispiele von Ferment-ketten darzustellen.

A. Allgemeines

I. Die Analyse multipler Enzymsysteme

Zur Analyse von Ferment-ketten muß man sich je nach den speziellen Bedingungen des Systems verschiedenartiger Methoden bedienen. Im allgemeinen kann eine Untersuchung dieser Art erst dann begonnen werden, wenn man aus einem biologischen Material eine Fraktion, d. h. einen Extrakt, ein Homogenat, eine Zell-suspension oder ähnliches, gewonnen hat, welche die betreffende Stoffwechsel-leistung, von der angenommen wird, daß sie durch ein multiples Enzymsystem bewirkt wird, vollbringt.

Die erste Aufgabe wird es nun sein, Zwischenprodukte des Gesamt-vorgangs zu isolieren. Meist besitzt man auf Grund der chemischen Beziehungen zwischen dem Ausgangs-stoff und dem Endprodukt der betreffenden Reaktion bereits

[1] D. KEILIN und E. F. HARTREE: Biochem. J. 50, 341 (1952).

Vorstellungen darüber, welche Teil-reaktionen und welche Zwischen-produkte zu erwarten sind. Man wird versuchen, die vermuteten Zwischenprodukte durch geeignete Operationen zu isolieren bzw. „abzufangen", und das Enzym-system auch auf diese Substanzen einwirken lassen: wenn die angenommenen Zwischenprodukte von der Präparation in dieselben Endprodukte umgewandelt werden wie der Ausgangs-stoff, besteht große Wahrscheinlichkeit, daß die Gesamtreaktion tatsächlich über die betreffenden Substanzen verläuft.

Ein wichtiges Hilfsmittel zur Aufklärung von Teil-reaktionen ist die partielle Schädigung des Enzymsystems in der Weise, daß dieses nicht mehr den Gesamtvorgang, sondern nur mehr Teil-reaktionen katalysieren kann. Eine solche Schädigung kann z. B. durch Dialyse (Entfernung von Cofaktoren und anorganischen Komplementen) oder durch Behandlung mit spezifischen Enzym-inhibitoren erfolgen.

Die Anwendung der genannten Methoden soll hier an Hand eines Beispiels illustriert werden. Die lebende Hefezelle enthält das komplette System der alkoholischen Gärung, welches, wie wir später sehen werden, aus zwölf Einzelenzymen besteht (vgl. die ausführlichere Besprechung dieses Systems auf S. 688). Durch verschiedene Operationen (Auspressen, Maceration) lassen sich aus den Hefe-zellen Extrakte gewinnen, welche ebenso wie die lebende Zelle die Fähigkeit besitzen, Glucose zu Äthanol zu vergären. Doch erfolgt bereits bei der Herstellung derartiger Extrakte eine partielle Schädigung des Systems: ein bestimmtes Ferment, dessen Natur übrigens bis heute noch nicht eindeutig geklärt ist, bleibt in den Zell-resten. Die Folge ist, daß bei der Vergärung von Glucose durch gär-fähige Hefe-extrakte Zwischen-produkte, und zwar Hexosephosphate, angehäuft werden (HARDEN-YOUNG-Effekt). Durch Verwendung verschiedener Ferment-gifte (Jodessigsäure, Natriumfluorid, Hydrazin, Natriumbisulfit) gelang es, eine Anzahl anderer Zwischen-produkte zu isolieren. Aber auch dadurch, daß man Stoffe, von denen man annahm, daß sie als Zwischen-produkte der Gärung auftreten, der Wirkung der Hefe-extrakte aussetzte, konnte eine weitere Klärung der Einzelvorgänge erzielt werden. Schließlich hat bei der Aufklärung des Enzymsystems der alkoholischen Gärung auch die Dialyse der Hefe-extrakte eine wichtige Rolle gespielt; bei der komplexen Natur der Wirkstoffe im Dialysat ist es allerdings nicht verwunderlich, daß die Analyse der einzelnen an der alkoholischen Gärung beteiligten Cofaktoren und anorganischen Komplemente mehrere Jahrzehnte dauerte.

Mit Hilfe dieser als „klassisch" zu bezeichnenden Methoden der Untersuchung multipler Enzymsysteme gelang schließlich die weitgehende Aufklärung der Teil-vorgänge der alkoholischen Gärung, wie sie im Schema (S. 690 f.) dargestellt sind, aber auch verschiedener anderer Ferment-ketten.

Zu den genannten Verfahren sind in letzter Zeit noch weitere Methoden getreten, welche oftmals mit Erfolg zur Analyse von Enzymsystemen angewandt werden können. Durch Verwendung von Substraten, welche an bestimmten Stellen des Moleküls durch radioaktive Isotope markiert sind, läßt sich häufig der Mechanismus der Reaktionen erkennen, wodurch Rückschlüsse auf Zwischenvorgänge möglich werden. Ein zweiter moderner Weg zur Erforschung von Ferment-ketten ist die Verwendung mutierter Stämme von Mikroorganismen, so vor allem von *Neurospora crassa*; hier handelt es sich im Prinzip um die Hemmung einzelner Teil-vorgänge von Ferment-ketten, wie sie auch durch Inhibitoren und andere Mittel erzielt werden kann. Die Methode hat den Vorteil, den Reaktionsweg verschiedener Substanzen exakt aufzuzeigen; bei ihrer Anwendung ist aber immer zu berücksichtigen, daß Rückschlüsse von den Verhältnissen bei *Neurospora* auf andere Organismen nicht ohne Nachprüfung erlaubt sind.

Generell darf gesagt werden, daß die Aufklärung der Teil-reaktionen und Einzelenzyme von Ferment-ketten heute — abgesehen von den neueren Methoden — gegenüber früher schon dadurch wesentlich erleichtert ist, daß wir in vielen Fällen die Möglichkeit haben, Analogie-schlüsse zu den Verhältnissen bei ähnlichen, bereits aufgeklärten Enzymsystemen zu ziehen.

II. Die verschiedenen Arten des Zusammenwirkens von Enzymen[1]

Bei Betrachtung der verschiedenen Vorgänge, welche durch das Zusammenwirken von Enzymen zustande kommen, können wir zwischen einem lockerer und einem strenger organisierten Typus von Ferment-ketten unterscheiden.

Das Zusammenwirken der Verdauungs-enzyme muß z. B. in die erste Gruppe eingereiht werden. Wohl besteht kein Zweifel, daß wir hier eine Ferment-kette vor uns haben; beim Abbau der Eiweißstoffe durch die proteolytischen Fermente des Magen-Darm-traktes höherer Tiere stellt jeweils das Produkt der Wirkung des vorhergehenden Enzyms das Substrat des folgenden dar. Die Beziehung ist allerdings nicht so eng, daß durch den Ausfall eines einzigen Ferments der gesamte Vorgang völlig zum Stillstand kommt. So werden auch in Abwesenheit von Pepsin die Proteine zum größten Teil abgebaut, wenngleich selbstverständlich dieses Fehlen einen merkbar verzögernden Einfluß auf die Eiweiß-verdauung ausübt, der sich beim Menschen z. B. als Verdauungs-störung auswirken kann. Die einzelnen dem System angehörenden Fermente sind verschieden lokalisiert; es handelt sich durchwegs um extracelluläre Enzyme.

Ganz anders sind die Verhältnisse bei dem anderen Typus der Ferment-ketten, welche wohl als multiple Enzymsysteme im engeren Sinn angesprochen werden dürfen. Hier handelt es sich um einen streng organisierten Mechanismus, der bereits durch den Ausfall eines einzigen Enzyms völlig zum Stillstand kommt. Der Gesamt-vorgang erfolgt innerhalb der Zelle; die einzelnen Fermente sind derart lokalisiert, daß die Produkte der Wirkung eines Enzyms sofort vom nächsten Enzym angegriffen werden. Mit Enzymsystemen dieser Art werden wir uns hier vor allem beschäftigen.

Wir müssen uns nun die Frage vorlegen, unter welchen Bedingungen zwei Fermente überhaupt eine gemeinsame Wirkung entfalten, bzw. zwei Enzym-reaktionen miteinander gekoppelt sein können. Es ist klar, daß eine solche Verknüpfung nur dann möglich ist, wenn beide Enzyme ein gemeinsames Substrat besitzen, das als Bindeglied fungiert.

Ein derartiges Zusammenwirken liegt z. B. vor, wenn das Produkt der Reaktion, die von dem ersten Enzym bewirkt wird, das Substrat des zweiten Enzyms darstellt. Wenn das erste Enzym die Substanz A in B umwandelt und das zweite B in C überführt, so haben wir ein Enzymsystem vor uns, das in einem Zweistufenvorgang die Umwandlung von A zu C katalysiert. B ist hier das Bindeglied, das als gemeinsames Substrat beider Fermente aufgefaßt werden kann, da ja Enzym-reaktionen — also auch die Reaktion A → B — grundsätzlich reversibel sind. Eine derartige Aufeinander-folge von Ferment-vorgängen wird in der Natur sehr häufig vorgefunden; wir können diese Art des Zusammenwirkens durch

$$A \xrightarrow{E_1} B \xrightarrow{E_2} C$$

symbolisieren und als Typus (a) bezeichnen.

---

[1] Vgl. z. B. M. DIXON: Multiple Enzyme Systems. Cambridge: Univ. Press. 1949; H. HOLZER: In „Biologie und Wirkung der Fermente". 4. Mosbacher Kolloquium Ges. physiol. Chem. S. 89. Berlin: Springer. 1953.

Zwei- oder mehrgliedrige Systeme dieser Art werden in letzter Zeit auch häufig bei den sog. „zusammengesetzten optischen Testen" zur Bestimmung von Enzym-aktivitäten verwendet. So wird die Aktivität einer 1,3-Diphosphoglycerat → ADP-transphosphatase (*3-Phosphoglycerat-kinase*, S. 420), deren Substrate und Reaktions-produkte analytisch nur sehr schwer bestimmbar sind, dadurch gemessen, daß man die Wirkung dieses Enzyms mit derjenigen einer phosphorylierenden D-3-Phosphoglycerinaldehyd → DPN-transhydrogenase (*Triosephosphat-dehydrase*, S. 469) koppelt und die bei 340 mμ entstehende Absorption von DPN · H_2 mißt.

Ein zweiter weniger häufiger, aber sehr wichtiger Typus (b) des Zusammenwirkens zweier Enzyme läßt sich durch die Formeln

$$AX + B \xrightarrow{E_1} BX + A$$

$$BX + C \xrightarrow{E_2} B + CX$$

darstellen. Das gemeinsame Substrat ist hier wiederum B; der Unterschied gegenüber Typus (a) liegt aber darin, daß dort B ein Zwischenglied ist, welches im weiteren Verlauf wieder verschwindet, während es bei Typus (b) als Teil des katalytischen Mechanismus fungiert; es wird nicht verbraucht und stellt somit einen permanenten Faktor des Gesamt-systems dar.

An Systemen des Typus (b) können selbstverständlich nur übertragende Fermente im weiteren Sinne dieses Begriffes, d. h. nach unserer Klassifikation Transferasen und Oxydoreductasen, teilhaben. Als übertragene Gruppe X können Wasserstoff-atome, Phosphat-reste und verschiedene andere Molekülteile fungieren.

Das Zusammenwirken zweier Enzyme nach Reaktions-typus (b) konnte erstmalig von WARBURG und CHRISTIAN[1] in einem instruktiven Versuch demonstriert werden. Die beiden wasserstoff-übertragenden Fermente der alkoholischen Gärung, phosphorylierende D-3-Phosphoglycerinaldehyd → DPN-transhydrogenase (*Triosephosphat-dehydrase*, S. 469) und DPN · H_2 → Aldehyd-transhydrogenase (*Alkohol-dehydrase*, S. 473) sind im Gesamtsystem über DPN miteinander gekoppelt:

$$\text{3-Phosphoglycerinaldehyd} + \text{Orthophosphat} + \text{DPN} \rightleftharpoons \text{1,3-Diphosphoglycerinsäure} + \text{DPN} \cdot H_2 \quad (1)$$

$$\text{DPN} \cdot H_2 + \text{Acetaldehyd} \rightleftharpoons \text{Äthanol} + \text{DPN}. \quad (2)$$

Im kompletten System der alkoholischen Gärung ist zwischen 1,3-Diphosphoglycerinsäure und Acetaldehyd eine aus mehreren Teilvorgängen bestehende Reaktions-kette vom Typus (a) vorhanden. Im Modellversuch verwendeten WARBURG und CHRISTIAN nur die isolierten Enzyme. Zu einer Mischung von 3-Phosphoglycerinaldehyd, Orthophosphat und Acetaldehyd wurde zuerst eine kleine Menge des Ferments zugesetzt, das Reaktion (1) katalysiert. Es erschien die Absorptions-bande von DPN · H_2 bei 340 mμ. Nach Erreichen des Gleichgewichts wurde nunmehr eine ebenso kleine Menge des Enzyms zugegeben, welches Vorgang (2) bewirkt, worauf die Bande zum größten Teil verschwand. Eine restliche Absorption bei 340 mμ entsprach der DPN · H_2-Konzentration des stationären Zustands.

III. Faktoren, welche das Zusammenwirken mehrerer Fermente regulieren[2]

Das Zusammenwirken der Fermente im lebenden Organismus wird durch verschiedene Faktoren reguliert. Unter physiologischen Umständen werden immer gerade diejenigen Umsetzungen stattfinden, welche für den Körper bzw. für die Zelle von Nutzen sind. Dies erfordert die Existenz exakt funktionierender Regulations-mechanismen, denn wir wissen, daß viele Substanzen, so z. B.

---

[1] O. WARBURG und W. CHRISTIAN: Biochem. Z. **303**, 40 (1939).

[2] Übersichtsreferate: V. R. POTTER: In „Respiratory Enzymes", herausgegeben von H. A. LARDY, 2. Aufl., S. 264. Minneapolis: Burgess. 1949; H. HOLZER: In „Biologie und Wirkung der Fermente", 4. Mosbacher Kolloquium Ges. physiol. Chem., S. 89. Berlin: Springer. 1953.

Brenztraubensäure, Acetyl-CoA oder Glykokoll, im Intermediär-stoffwechsel an zahlreichen Reaktionen teilnehmen können. Die Erforschung dieser Regulationsmechanismen ist zur Zeit noch nicht sehr weit gediehen; immerhin kennen wir bereits einige wichtige Faktoren, welche daran teilhaben.

Bei der Behandlung dieser Faktoren wollen wir uns zuerst auf diejenigen beschränken, welche in homogener Lösung, d. h. in einem künstlich zusammengesetzten multiplen Enzymsystem, aber auch in Systemen, die ausschließlich im Cytoplasma der Zellen oder in einer Körperflüssigkeit lokalisiert sind, zur Geltung kommen können.

1. Hier ist vor allem die *Konzentration der einzelnen Fermente* zu nennen; die Bedeutung dieses Faktors ist leicht verständlich, denn die Geschwindigkeit katalysierter Reaktionen ist der Katalysator-konzentration proportional. Dementsprechend kann die Konzentration der einzelnen Enzyme auf die Wirkungsweise eines multiplen Systems einen großen Einfluß ausüben und insbesondere bei der Möglichkeit von Verzweigungen von Bedeutung sein. Ein Stoff A, der sowohl in B als auch in C übergehen kann, wird bei einer weitaus größeren Konzentration des Katalysators, der die Reaktion A → B bewirkt, vorwiegend diese Umwandlung erleiden.

2. Als wesentliche Faktoren sind in diesem Zusammenhang die *kinetischen Daten der einzelnen Enzyme* zu erwähnen, d. h. ihre spezifische Aktivität (ausgedrückt z. B. als molare Wirksamkeit oder Wechselzahl, vgl. S. 89) und ihre MICHAELIS-Konstanten als Maß der (scheinbaren) Affinität zu den Substraten (vgl. S. 59ff.).

3. Ein weiterer Faktor, welcher für das Zusammenwirken der Enzyme von großer Bedeutung ist, ist die *thermodynamische Gleichgewichts-lage* der einzelnen Reaktionen (vgl. das 17. Kapitel, S. 153).

In seinem Übersichtsreferat führt HOLZER (*l. c.*) zur Illustration der Bedeutung der drei genannten Faktoren ein Beispiel aus der Glykolyse an, das einer Arbeit von BÜCHER[1] entnommen ist: Ein Zwischenprodukt der Glykolyse, die 1,3-Diphosphoglycerinsäure, erleidet leicht eine nicht-enzymatische Hydrolyse zu 3-Phosphoglycerinsäure. Dies ist für die Zelle ein energetisch nutzloser Vorgang, da dabei die Energie der Phosphatbindung als Wärme verlorengeht. Nun liegen aber die Gleichgewichte beider enzymatischer Reaktionen, welche 1,3-Diphosphoglycerinsäure umsetzen, weit auf Seite der entsprechenden Umwandlungsprodukte (3-Phosphoglycerinaldehyd bzw. ATP + 3-Phosphoglycerinsäure, vgl. das Schema S. 690f.), weiters enthält das System der Glykolyse sehr hohe Konzentrationen der 1,3-Diphosphoglycerat → ADP-transphosphatase (3-*Phosphoglycerat-kinase*, vgl. S. 420). Dieses Ferment hat auch eine sehr hohe molare Wirksamkeit (320000 Mol/Liter/Min.) und eine extrem niedrige MICHAELIS-Konstante ($1{,}8 \cdot 10^{-6}$ Mol/Liter), d. h. eine sehr große Affinität zur 1,3-Diphosphoglycerinsäure. Alle diese Faktoren bewirken zusammen, daß die stationäre Konzentration der 1,3-Diphosphoglycerinsäure sehr gering ist und ihre Hydrolyse deshalb kaum eine Rolle spielt.

4. Eine weitere wichtige Faktoren-gruppe ist die *Konzentration der enzymatischen Komplemente, der Coenzyme und der anorganischen Komplemente* im System, deren Einfluß leicht verständlich ist.

5. Ebenso offenbar ist die Bedeutung eines ähnlichen Faktors, der *Konzentration von Effektoren einzelner Enzyme des Systems.*

6. Schließlich sind noch *Temperatur und Wasserstoffionen-konzentration* zu erwähnen; da der Einfluß dieser beiden Größen von Enzym zu Enzym verschieden ist, kann man sich vorstellen, daß ihre Änderungen Verschiebungen im Reaktionsablauf multipler Enzymsysteme verursachen können.

Unter Berücksichtigung aller bisher genannter Faktoren ist es möglich, das Verhalten eines multiplen Enzymsystems in homogener Lösung quantitativ

---

[1] T. BÜCHER: Biochim. biophys. Acta 1, 292 (1947).

zu beschreiben. Dies gilt natürlich vor allem für künstlich zusammengestellte Systeme, bei denen wir verschiedene Bedingungen willkürlich variieren können. Bedeutend schwieriger ist das aber bereits bei natürlichen homogenen Systemen, wie z. B. bei Enzymsystemen, welche in Körper-flüssigkeiten oder im Cytoplasma eine Funktion ausüben; hier ist für eine quantitative Beschreibung des Verhaltens eine exakte Bestimmung aller genannten Faktoren erforderlich. Ansätze in dieser Richtung wurden bisher beim System der Glykolyse gemacht (vgl. HOLZER, *l. c.*).

Sehr viele wichtige Stoffwechsel-vorgänge, so z. B. die End-oxydation der Kohlehydrate über den Citronensäure-zyklus, der Auf- und Abbau der Fettsäuren, die Biosynthese der Proteine und viele andere Prozesse, sind aber in den *Zellstrukturen* verankert, d. h. an bestimmte Zell-elemente, wie z. B. an die sog. Mitochondrien (vgl. S. 84), gebunden. Die Existenz derartiger intracellulärer Strukturen macht es zur Zeit noch unmöglich, die Gesetze, welche für homogene Systeme gelten, auch auf intracelluläre Reaktions-abläufe dieser Art anzuwenden. Weiters besteht auch guter Grund zur Annahme, daß innerhalb der Zellen von Region zu Region verschiedene Bedingungen (Substrat-konzentration, Cofaktor-konzentration, p_H usw.) vorherrschen, welche den Ablauf der Reaktions-ketten wesentlich anders gestalten können, als es auf Grund von Versuchen *in vitro* zu erwarten wäre.

Neben den strukturellen Verhältnissen spielt hier weiters die *Permeabilität der Zell-membran* und vielleicht auch intracellulärer Membranen für die Substrate und Zwischen-produkte der Reaktions-ketten für deren Verlauf eine wichtige Rolle.

Als Beispiel für den Einfluß dieses Faktors führt HOLZER (*l. c.*) die Hefezelle an, deren Zellmembran für das Substrat der alkoholischen Gärung, für die Glucose, praktisch unbeschränkt permeabel ist, so daß die Glucose-konzentration innerhalb der Zelle nach kurzer Zeit gleich derjenigen im Außenmedium ist. Für die Vergärung von Glucose ist also die Zell-permeabilität kein begrenzender Faktor. Anders sind aber die Verhältnisse bei den Zwischen-produkten der alkoholischen Gärung, wie z. B. Brenztraubensäure und Fructose-1,6-diphosphat (FDP). Während Hefe-preß- oder -macerations-säfte diese Substanzen leicht vergären, sind intakte Zellen dazu nur in beschränktem Ausmaß imstande, da die Verbindungen sehr schwer die Zell-membran passieren. Hier ist also die Permeabilität der begrenzende Faktor des Abbaus. Das End-produkt der alkoholischen Gärung, Äthanol, kann wiederum die Zell-wand leicht durchdringen. Wenn dies nicht der Fall wäre, würden sich innerhalb der Zelle bald derartige Konzentrationen von Äthanol anhäufen, daß eine allgemeine Verschiebung der Gleichgewichte des Gärungs-systems und damit zuerst eine Verlangsamung und schließlich ein Stillstehen des Gesamt-vorgangs eintreten würde.

In höher organisierten Organismen kennen wir schließlich noch einen weiteren Regulations-mechanismus, nämlich die *hormonale Kontrolle der Stoffwechsel-vorgänge*, über deren Wirkungsweise allerdings noch sehr wenig Klarheit besteht. Die nächstliegende Vorstellung über den Mechanismus der Hormon-wirkung, daß nämlich die Hormone als Effektoren einzelner Ferment-wirkungen eingreifen, konnte bisher nur in ganz seltenen Fällen verifiziert werden. Es scheint viel eher, daß wir es hier in den meisten Fällen eher mit einer Beeinflussung der Enzymkonzentration bzw. der Enzym-synthese zu tun haben. Eine Anzahl von Befunden, welche in diese Richtung weisen, sind in Tab. 19 (S. 114) zusammengefaßt.

Die Erforschung der Regulations-mechanismen für die Stoffwechsel-vorgänge ist ohne Zweifel eine der dringendsten und interessantesten Aufgaben der Biochemie. Es ist zu hoffen, daß dieses Arbeits-gebiet in den nächsten Jahren die bereits vorhandenen Erkenntnisse wesentlich erweitern und damit einen wichtigen Beitrag zum Verständnis der Lebens-vorgänge leisten wird.

B. Besprechung einzelner multipler Enzymsysteme

Im Rahmen dieser Darstellung sind wir bereits einer Anzahl wichtiger multipler Enzymsysteme begegnet. So wurden die vermutlich an der Biosynthese der Proteine beteiligten Ferment-ketten im Kapitel „Peptidasen" (proteolytische Fermente) (S. 289ff.), das System der Blutgerinnung in einem eigenen Kapitel (S. 330), der sog. Ornithin-zyklus bei den Arginin-amidinasen (S. 275) und bei den Transaminasen (S. 412), die Ferment-ketten der End-oxydation über das Cytochrom-Cytochrom-oxydase-system auf S. 550 und verschiedene andere Systeme der Oxydoreduktion in Kapitel 40 (S. 581) besprochen; zahlreiche weitere Hinweise auf das Zusammenwirken der Enzyme im Organismus finden sich fast in allen Teilen dieser Darstellung.

Im vorliegenden Abschnitt sollen nunmehr noch einige besonders wichtige Enzymsysteme, auf die schon mehrmals Bezug genommen wurde, in ihrer Gesamtheit dargestellt werden; es wird versucht, an Hand dieser mehr oder minder gut durchforschten Beispiele noch einmal das Zusammenwirken von Enzymen zu demonstrieren, und außerdem soll dem Leser die Möglichkeit gegeben werden, eine weitere große Anzahl von Enzymen, die er im Lauf dieser Darstellung kennengelernt hat, in ihrer funktionellen Bedeutung für wichtige Stoffwechselvorgänge zu sehen.

Es soll hier aber nicht versucht werden, die Bedeutung der betreffenden Systeme für den Gesamt-stoffwechsel abzuschätzen; dies ist, wenngleich eine Abgrenzung schwierig ist, vor allem Sache einer Darstellung des Intermediär-stoffwechsels[1]. Wir wollen uns vielmehr im wesentlichen darauf beschränken, die enzymologischen Zusammenhänge herauszuarbeiten. Die thermodynamischen Beziehungen, welche bei einigen dieser Systeme gut durchgearbeitet sind, wurden bereits an anderer Stelle (S. 153ff.) besprochen.

Schließlich muß auch betont werden, daß die hier beschriebenen multiplen Enzymsysteme nicht als selbständig funktionierende Einheiten innerhalb des lebenden Organismus aufgefaßt werden dürfen. Die einzelnen Ferment-ketten sind untereinander durch so viele Beziehungen und häufig sogar durch faßbare Zwischenglieder verbunden, so daß eine derartige Vorstellung durchaus abwegig wäre. Als selbständige Einheit und gleichzeitig als großes multiples Enzymsystem können wir nur die Gesamtheit des lebenden Organismus selbst auffassen.

I. Der anaerobe Abbau der Kohlehydrate

Fast alle Organismen sind imstande, Kohlehydrate ohne Mitwirkung von Sauerstoff abzubauen. Für diesen Zweck stehen ihnen multiple Enzymsysteme zur Verfügung, deren Zusammensetzung bereits zum größten Teil aufgeklärt ist. Die bemerkenswerte Tatsache, daß die Enzymsysteme des anaeroben Kohlehydrat-abbaus in den verschiedensten Organismen weitgehende Übereinstimmungen zeigen, ist vielleicht dadurch erklärbar, daß diese Stoffwechsel-prozesse entwicklungsgeschichtlich sehr alt sind. Sie dürften bereits in einer frühen Epoche des Lebens erworben worden sein und wurden dann dank ihrer Zweckmäßigkeit auch in höhere Entwicklungs-reihen übernommen.

Bei niedrigen Organismen (Bakterien, Pilzen usw.) werden die Vorgänge des anaeroben Kohlehydrat-abbaus als Gärung bezeichnet; leider hat dieser Begriff in den letzten Jahrzehnten eine Erweiterung in dem Sinne erfahren, daß alle

[1] Vgl. z. B. K. LANG: Der intermediäre Stoffwechsel. Berlin: Springer. 1952; oder E. BALDWIN: Dynamic Aspects of Biochemistry. 2. Aufl., Cambridge: Cambridge Univ. Press. 1952; eine originelle Darstellung des Intermediär-stoffwechsels findet sich auch in W. W. UMBREIT: Metabolic Maps. Minneapolis: Burgess. 1952.

Stoffwechsel-prozesse von Mikroorganismen, also auch solche, die unter Mitwirkung von Sauerstoff vor sich gehen, Gärung genannt werden („oxydative Gärung", „Essig-gärung"), weshalb zur Verhinderung von Mißverständnissen eine genauere Bezeichnung des Gärungs-vorgangs erforderlich ist.

Der anaerobe Abbau von Kohlehydraten bei Tieren wird als Glykolyse bezeichnet; mit der Besprechung dieser Vorgänge beginnen wir unsere Behandlung der multiplen Enzymsysteme des anaeroben Kohlehydrat-abbaus.

a) Die Glykolyse[1]

Der Begriff Glykolyse wurde 1923 von WARBURG[2] in dem Sinne festgelegt, daß darunter der fermentative Abbau von Kohlehydrat-molekülen unter Bildung von sauren Endprodukten, vor allem von Milchsäure, zu verstehen sei. Die Natur dieses Vorgangs war allerdings schon 1877 von CLAUDE BERNARD[3] klar erkannt worden, der von einer „fermentation lactique" der Kohlehydrate sprach. Für die Aufklärung der Einzel-vorgänge und Teilkatalysatoren der Glykolyse waren die parallel laufenden Forschungen über den nahe verwandten Vorgang der alkoholischen Gärung von größter Wichtigkeit; oftmals konnten Erkenntnisse, welche auf diesem Gebiet gewonnen wurden, ohne weiteres auf die Glykolyse übertragen werden.

Die Erforschung der glykolytischen Vorgänge im Muskel wurde in den ersten drei Jahrzehnten dieses Jahrhunderts sehr stark dadurch beeinflußt, daß man, wie sich später herausstellte fälschlicherweise, einen absoluten Kausal-zusammenhang zwischen Glykolyse und Muskel-kontraktion annahm. Versuche von FLETCHER und HOPKINS[4] gaben den ersten Hinweis für einen derartigen Zusammenhang: es konnte beobachtet werden, daß bei der Kontraktion eines Froschmuskels Milchsäure entsteht. Für die Kontraktion des Muskels ist die Anwesenheit von Sauerstoff nicht nötig; der Muskel kann so lange unter anaeroben Bedingungen kontrahieren und dabei Milchsäure bilden, bis die Ursprungssubstanz der Milchsäure aufgebraucht ist. Ein so „ermüdeter" Muskel kann aber durch Sauerstoff reaktiviert werden; unter dem Einfluß des Sauerstoffs verschwindet die Milchsäure. Ein aerob arbeitender Muskel produziert weitaus weniger Milchsäure als ein solcher unter anaeroben Bedingungen.

Erst viele Jahre später konnte MEYERHOF[5] die Substanz einwandfrei agnoszieren, aus welcher die Milchsäure entsteht. Es handelt sich um das Glykogen. Die Glykolyse unter anaeroben Bedingungen stellt somit die stöchiometrische Umwandlung von Glykogen in Milchsäure dar. Unter dem Einfluß von Sauerstoff kann eine Resynthese des Glykogens aus Milchsäure erfolgen; dabei wird pro vier bis fünf Mol Milchsäure, welche zur Resynthese des Glykogens verbraucht werden, ein Mol Milchsäure zu CO_2 oxydiert.

Mit diesen Versuchen waren Ausgangs-stoff und Endprodukt der Glykolyse festgelegt. Doch schon vorher war einiges über die Zwischenprodukte des Prozesses bekanntgeworden. So konnte EMBDEN[6] wahrscheinlich machen, daß Phosphat an der Glykolyse beteiligt ist. Ein Muskel-extrakt, der in ähnlicher Weise hergestellt wurde wie die gär-fähigen Hefe-preßsäfte von BUCHNER, wurde neutralisiert und inkubiert. Dabei entstanden Milchsäure und anorganisches Phosphat in etwa äquimolaren Mengen. Bei diesen Versuchen wurde auch die Existenz eines Vorläufers der Milchsäure, des sog. „Lactacidogens" bewiesen,

---

[1] Handbuchartikel: F. DICKENS: In „The Enzymes", herausgegeben von J. B. SUMNER und K. MYRBÄCK, Bd. II/1, S. 624. New York: Academic Press. 1951.

[2] O. WARBURG: Biochem. Z. **142**, 317 (1923).

[3] C. BERNARD: Leçons sur le diabète. Paris: J. B. Ballière et fils. 1877.

[4] W. FLETCHER und F. G. HOPKINS: J. Physiol. **35**, 247 (1907).

[5] O. MEYERHOF: Pflüger's Arch. ges. Physiol. **182**, 233, 283; **185**, 11 (1920).

[6] G. EMBDEN, F. KALBERLAH und H. ENGEL: Biochem. Z. **45**, 45 (1912); G. EMBDEN, W. GRIESSBACH und E. SCHMITZ: Hoppe-Seyler's Z. physiol. Chem. **93**, 1 (1914).

das später mit dem schon als Zwischenprodukt der alkoholischen Gärung bekannten Fructose-1,6-diphosphat (FDP, HARDEN-YOUNG-Ester) identifiziert werden konnte.

Während die Extrakte von EMBDEN nur für gröbere Untersuchungen geeignet waren, gelang es MEYERHOF[1], durch Vermahlen von Frosch-muskel mit Wasser in der Kälte Präparationen herzustellen, welche zwar sehr instabil waren, aber die Fähigkeit besaßen, in Anwesenheit von Phosphat Glykogen, Amylose, Amylopectin und andere α-glykosidisch aufgebaute Glucosane sowie Glucose und Fructose quantitativ in Milchsäure zu überführen. Ohne Zusatz von Phosphat wurden die Kohlehydrate nur zum Teil abgebaut. MEYERHOF nannte seine glykolyse-fähigen Muskel-extrakte in Anlehnung an die Bezeichnung „Zymase" für die gär-fähigen Hefe-extrakte „Myozymase".

Unter Benützung dieser Präparationen gelang es auch nachzuweisen, daß an der Muskel-glykolyse verschiedene Cofaktoren beteiligt sind; als enzymatische Komplemente wurden das Adenylsäure-system[2] und DPN („Cozymase")[3] erkannt.

1930 konnte LUNDSGAARD[4] zeigen, daß Glykolyse und Muskel-kontraktion nicht, wie bis dahin angenommen wurde, untrennbar miteinander verbunden sind; er beobachtete, daß auch bei kompletter Hemmung der Glykolyse durch Jodessigsäure eine Kontraktion möglich ist, und bahnte damit den Weg zu der heutigen Anschauung, daß nicht die Glykolyse, sondern der Abbau von ATP die unmittelbare Energie-quelle der Kontraktion ist. Die Glykolyse kann nur mittelbar — durch Synthese energiereich gebundener Phosphat-reste — die für die Kontraktion notwendige Energie liefern.

Ein wesentlicher Beitrag zur Erkenntnis der Zusammenhänge zwischen Muskel-kontraktion und Glykolyse war auch die Entdeckung der Phosphagene[5] als Speicher der energie-reich gebundenen Phosphat-reste. Diese Verbindungen (bei den Wirbeltieren Kreatinphosphat, bei den Wirbellosen Argininphosphat) haben allerdings nur einen indirekten Zusammenhang mit den glykolytischen Vorgängen; sie stehen, wie LOHMANN[6] zeigen konnte, mit dem Adenylsäure-system in einem Gleichgewicht, das von einer ATP → Kreatintransphosphatase *(Kreatin-kinase)* bzw. einer ATP → Arginin-transphosphatase *(Arginin-kinase)* katalysiert wird (vgl. S. 424).

Die Entstehung von Hexosephosphaten und damit eine wichtige Teil-funktion des anorganischen Phosphats bei der Glykolyse wurde von PARNAS[7] erstmalig richtig als „Phosphorolyse" des Glykogens gedeutet. Die Einzelheiten dieses Vorgangs wurden später von CORI[8] und Mitarbeitern aufgeklärt (vgl. S. 381).

Im weiteren Verlauf der Forschungen, welche hier nicht im einzelnen dargestellt werden können, gelang es dann schließlich durch die Arbeit zahlreicher Forscher, die heute gültige, recht komplizierte Reaktionsfolge der Glykolyse aufzustellen, welche im folgenden Schema gezeigt wird. Es wird als EMBDEN-MEYERHOF-PARNAS-Schema bezeichnet. Danach besteht das Gesamtsystem der

[1] O. MEYERHOF: Biochem. Z. **178**, 395, 462 (1926); **183**, 176 (1927); vgl. die auch heute noch lesenswerte Monographie: O. MEYERHOF: Die chemischen Vorgänge im Muskel. Berlin: Springer. 1930.

[2] K. LOHMANN: Naturwiss. **17**, 624 (1929); Biochem. Z. **233**, 460; **237**, 445 (1931); O. MEYERHOF, K. LOHMANN und K. MEYER: Ibid. **237**, 437 (1931).

[3] F. SCHLENK und H. VON EULER: Naturwiss. **24**, 794 (1936).

[4] E. LUNDSGAARD: Biochem. Z. **217**, 162; **220**, 8; **227**, 51 (1930); **230**, 10 (1931).

[5] P. EGGLETON und G. P. EGGLETON: Biochem. J. **21**, 190 (1927).

[6] K. LOHMANN: Biochem. Z. **271**, 264 (1934).

[7] J. K. PARNAS und T. BARANOWSKI: C. R. Soc. biol. **120**, 307 (1935); J. K. PARNAS: Ergebn. Enzymforsch. **6**, 57 (1936).

[8] C. F. CORI und G. T. CORI: Proc. Soc. exp. Biol. Med. **34**, 702 (1936); **36**, 119 (1937); C. F. CORI, S. P. COLOWICK und G. T. CORI: J. biol. Chem. **121**, 465 (1937).

Schema der Glykolyse (Reaktionsteilnehmer, die nicht als Zwischenprodukte fungieren, sind ohne Klammer über oder neben den Pfeilen angeführt; Coenzyme und anorganische Komplemente sind durch eckige Klammern gekennzeichnet)

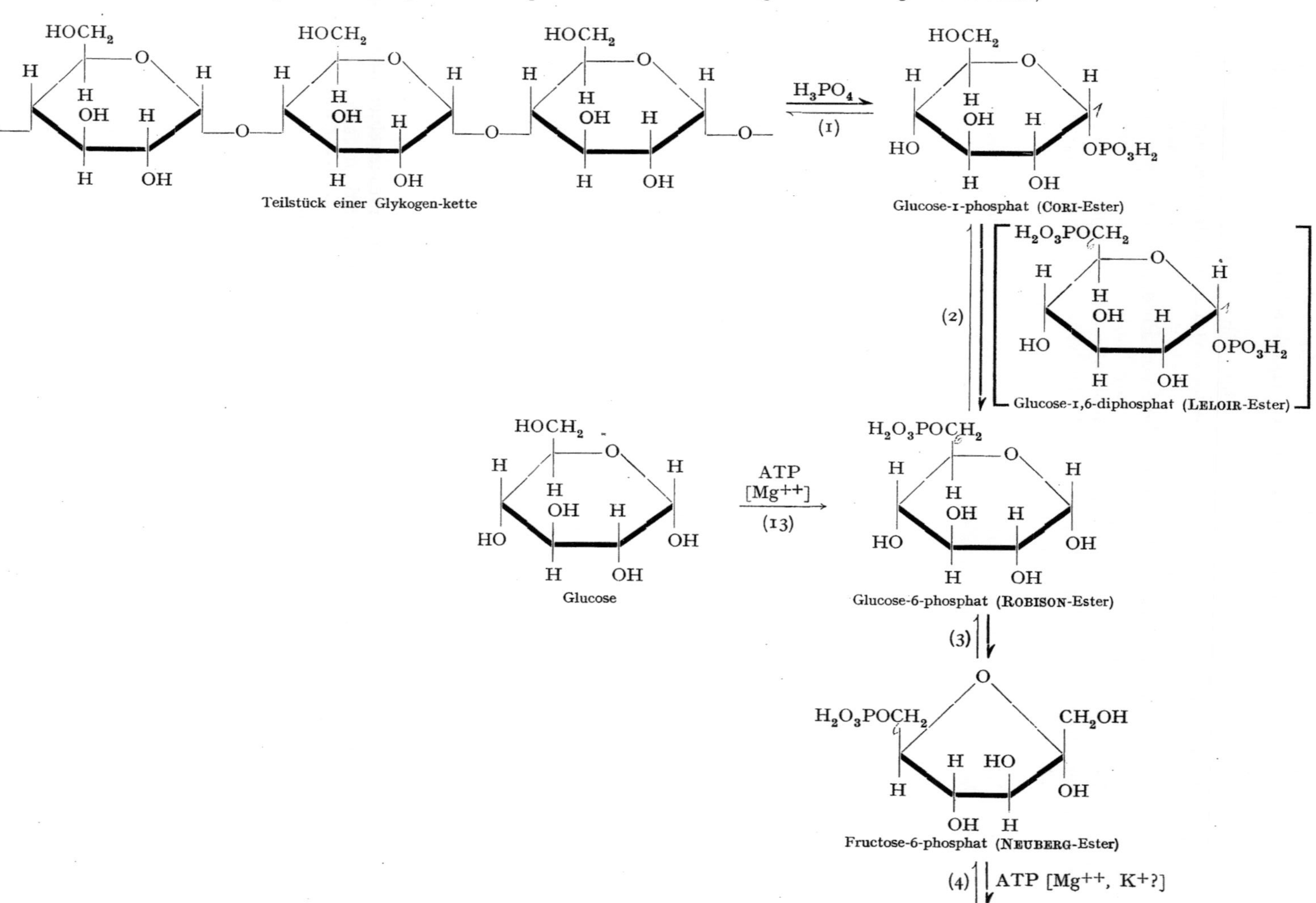

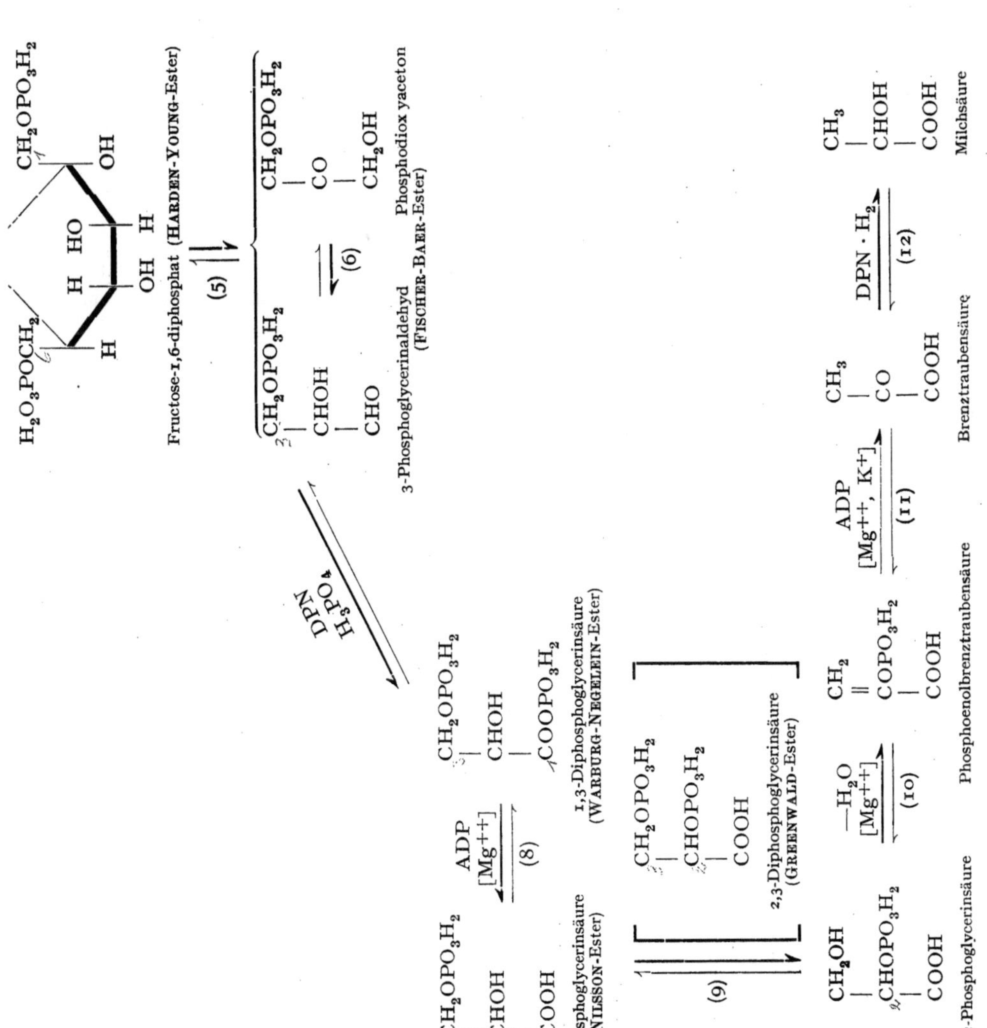
Fructose-1,6-diphosphat (HARDEN-YOUNG-Ester)
(5)
3-Phosphoglycerinaldehyd (FISCHER-BAER-Ester)
(6)
Phosphodioxyaceton
DPN
H3PO4
1,3-Diphosphoglycerinsäure (WARBURG-NEGELEIN-Ester)
ADP
[Mg++]
(8)
3-Phosphoglycerinsäure (NILSSON-Ester)
(9)
2,3-Diphosphoglycerinsäure (GREENWALD-Ester)
2-Phosphoglycerinsäure
—H2O
[Mg++]
(10)
Phosphoenolbrenztraubensäure
ADP
[Mg++, K+]
(11)
Brenztraubensäure
DPN · H2
(12)
Milchsäure

Glykolyse, je nach dem, ob wir von Glykogen oder von Glucose ausgehen, aus zwölf bzw. elf Teil-reaktionen, die sämtlich durch spezifische Enzyme katalysiert werden. Weiters sind zwei enzymatische Komplemente (ATP/ADP und DPN/DPN · H_2), zwei Coenzyme nach unserer Klassifikation, und zwar Glucose-1,6-diphosphat und 2,3-Diphosphoglycerinsäure, sowie zwei anorganische Komplemente (Mg^{++}, K^+) beteiligt. Wenn Glykogen die Ausgangs-substanz ist, werden im Verlauf des Gesamt-vorgangs pro Glucose-rest drei Mol Orthophosphat in organische Bindung überführt; bei Glucose als Ausgangs-material nur zwei. Die energetischen Verhältnisse bei der Glykolyse wurden bereits in Kap. 17, S. 162ff., besprochen.

Es muß hier betont werden, daß der Vorgang der Glykolyse durchaus nicht auf das Muskel-gewebe beschränkt ist; völlig analoge Reaktions-mechanismen lassen sich in vielen anderen Gewebe-arten und Organismen nachweisen. So ist z. B. bekannt, daß der gesamte Kohlehydrat-stoffwechsel der Erythrozyten über das Glykolyse-system verläuft. Weiters muß angenommen werden, daß auch bei dem später (S. 708) zu besprechenden oxydativen Abbau der Kohlehydrate über den Citronensäure-zyklus die Überführung der Hexosen bis zur Brenztraubensäure durch die Fermente des Glykolyse-systems katalysiert wird. Schließlich dürfte auch die anaerobe Vergärung von Kohlehydraten zu Milchsäure durch Bakterien (vgl. S. 697) durch eine der Glykolyse völlig analoge Reaktionsfolge bedingt sein.

Erläuterung des Schemas. Teilschritt 1 der Glykolyse ist die phosphorolytische Spaltung des Glykogens unter Einfluß einer Glucose-1-phosphat → Amylose-transglucosidase (*Phosphorylase*, S. 381). Aus den Glucose-resten des Glykogens entsteht Glucose-1-phosphat, der sog. Cori-Ester. Diese Reaktion konserviert die Bindungs-energie der Glykosid-bindungen im Glykogen-molekül als Phosphatbindungsenergie; bei einer hydrolytischen Spaltung, wie sie durch die Amylasen bewirkt werden könnte, ginge diese Energie als Wärme verloren und der Vorgang wäre irreversibel.

Teilschritt 2 ist die Umwandlung des Cori-Esters in Glucose-6-phosphat (Robison-Ester); dieser Vorgang wird durch eine Glucose (1 → 6)-phosphomutase (*Phosphoglucomutase*, S. 670) unter Mitwirkung von Glucose-1,6-diphosphat (Leloir-Ester) als Coenzym katalysiert.

Als Teilschritt 3 folgt eine Isomerisierung des Robison-Esters zu Fructose-6-phosphat (Neuberg-Ester); das verantwortliche Ferment wird als Glucose-6-phosphat-isomerase (*Oxoisomerase*, S. 666) bezeichnet.

Teilschritt 4 ist die Phosphorylierung von Fructose-6-phosphat zu Fructose-1,6-diphosphat (FDP, Harden-Young-Ester); als Phosphat-donator fungiert ATP, von dem ein Phosphat-rest auf den Neuberg-Ester übertragen wird:

$$\text{ATP} + \text{Fructose-6-phosphat} \rightarrow \text{Fructose-1,6-diphosphat} + \text{ADP}$$

Hier muß also ein energiereich gebundener Phosphat-rest aus ATP zur Bildung von FDP aufgebraucht werden; das Phosphat in 1-Stellung von FDP ist nicht energiereich gebunden. Dieser Reaktionsschritt soll gegen Oxydantien sehr empfindlich sein. Das für die Reaktion verantwortliche Ferment wird als ATP → Fructose-6-phosphat-transphosphatase (*Phosphohexokinase*, S. 429) bezeichnet; Mg^{++} und wahrscheinlich auch K^+ fungieren als anorganische Komplemente.

Teilschritt 5 ist die nicht-hydrolytische Spaltung von FDP in zwei Moleküle Triosephosphat oder genauer, in ein Molekül D-3-Phosphoglycerinaldehyd (Fischer-Baer-Ester) und ein Molekül Phosphodioxyaceton. Die Reaktion wird von einer FDP-Triosephosphat-lyase (*Aldolase*, S. 643) bewirkt; das Enzym aus Muskel ist gegen Schwermetall-spuren sehr empfindlich.

Als Teilschritt 6 ist im Schema die Gleichgewichts-einstellung zwischen den beiden Triosephosphaten angeführt, welche von einer Phosphotriose-isomerase (S. 669) katalysiert wird. Da von den beiden Triosephosphaten nur der 3-Phosphoglycerinaldehyd weiter in Richtung zur Milchsäure abgebaut wird, verschiebt sich unter biologischen Bedingungen das Gleichgewicht dauernd auf die Seite dieser Verbindung.

Teilschritt 7, die sog. oxydative Phase der Glykolyse, welche zur Bildung von 1,3-Diphosphoglycerinsäure, dem sog. WARBURG-NEGELEIN-Ester, führt, ist die am schwersten verständliche Reaktion des Systems. Der Vorgang, welcher durch eine phosphorylierende Phosphoglycerinaldehyd → DPN-transhydrogenase (*Triosephosphat-dehydrase*, S. 469) bewirkt wird, läßt sich wie folgt schreiben:

$$\text{3-Phosphoglycerinaldehyd} + \text{DPN} + H_3PO_4 \rightleftharpoons \text{DPN} \cdot H_2 + \text{1,3-Diphosphoglycerinsäure}$$

Es erfolgt also gleichzeitig eine Oxydation und eine Phosphorylierung unter Aufnahme von anorganischem Phosphat; die Reaktion ist reversibel. Die bei der Oxydation freiwerdende Energie wird hier anscheinend dazu benützt, um einen Phosphat-rest energiereich zu binden (vgl. S. 163). Teilschritt 7 wird durch Jodessigsäure gehemmt. In Anwesenheit von Arsenat erfolgt wohl eine Oxydation bzw. Wasserstoff-übertragung auf DPN; hingegen ist die Phosphorylierung gehemmt, d. h. das Endprodukt ist nicht 1,3-Diphosphoglycerinsäure, sondern 3-Phosphoglycerinsäure und der Vorgang ist nicht mehr reversibel. Wie bereits in diesem Kapitel erwähnt wurde, besteht zwischen diesem Teilschritt und dem später zu besprechenden Teilschritt 12 eine Kopplung nach Typus (b); das durch Teilschritt 7 entstehende DPN · H_2 wird bei Teilschritt 12 für die Reduktion von Brenztraubensäure benötigt.

Teilschritt 8 ist die Übertragung eines energiereich gebundenen Phosphatrests von 1,3-Diphosphoglycerinsäure auf ADP, wobei ATP und 3-Phosphoglycerinsäure, der sog. NILSSON-Ester, entstehen:

$$\text{1,3-Diphosphoglycerinsäure} + \text{ADP} \rightarrow \text{ATP} + \text{3-Phosphoglycerinsäure}$$

Der Vorgang wird von einer 1,3-Diphosphoglycerat → ADP-transphosphatase (*Phosphoglycerat-kinase*, S. 420) bewirkt; Mg^{++} fungiert als anorganisches Komplement.

Teilschritt 9 ist die Umwandlung von 3-Phosphoglycerinsäure in 2-Phosphoglycerinsäure; die Reaktion wird durch eine Glycerat(2→3)-phosphomutase (*Phosphoglyceromutase*, vgl. S. 672) bewirkt; 2,3-Diphosphoglycerinsäure, der sog. GREENWALD-Ester, fungiert als Coenzym.

Der folgende Teilschritt 10 gibt wiederum Anlaß zur Bildung einer energiereich gebundenen Phosphat-bindung; aus 2-Phosphoglycerinsäure werden Wasser bzw. die Bestandteile von Wasser abgespalten und es entsteht Phosphoenolbrenztraubensäure. Das verantwortliche Ferment muß als 2-Phosphoglyceratdehydratase (*Enolase*, vgl. S. 651) bezeichnet werden; Mg^{++} wirkt als anorganisches Komplement. Der Vorgang ist gegen Fluorid sehr empfindlich; ein weiterer Hemmkörper ist Pyrophosphat.

Der energiereich gebundene Phosphat-rest der Phosphoenolbrenztraubensäure wird in Teilschritt 11 auf ADP übertragen; die entstehende Brenztraubensäure befindet sich in der Ketoform. Der Vorgang kann durch die Gleichung

$$\text{Phosphoenolbrenztraubensäure} + \text{ADP} \rightarrow \text{ATP} + \text{Brenztraubensäure}$$

dargestellt werden; das verantwortliche Ferment wird als Phosphoenolpyruvat → → ADP-transphosphatase (*Pyruvat-kinase*, vgl. S. 468) bezeichnet; Mg^{++} und K^{+}

fungieren hier als anorganische Komplemente. Die Reaktion ist nur dann reversibel, wenn K^+ vorhanden ist.

Als letzter Teilschritt 12 ist die Reduktion der Brenztraubensäure zu besprechen. Brenztraubensäure wird durch Wasserstoff-übertragung von $DPN \cdot H_2$ zu Milchsäure hydriert; wir können diesen Vorgang, welcher der Gleichung

$$DPN \cdot H_2 + \text{Brenztraubensäure} \rightarrow \text{Milchsäure} + DPN$$

gehorcht, als die reduktive Phase der Glykolyse bezeichnen. Er wird von einer $DPN \cdot H_2 \rightarrow$ Pyruvat-transhydrogenase (*Milchsäure-dehydrase*, vgl. S. 468) katalysiert und ist, wie bereits erwähnt wurde, mit Teilschritt 7, der oxydativen Phase, über das System DPN—$DPN \cdot H_2$ gekoppelt.

Wie aus dem Schema hervorgeht, kann auch Glucose als Ausgangs-material der Glykolyse fungieren; dazu ist es notwendig, daß die Substanz phosphoryliert, d. h. in Glucose-6-phosphat (Robison-Ester) überführt wird. Als Phosphatdonator fungiert hier wiederum ATP; der Vorgang, welcher im Muskel vermutlich von einer spezifischen ATP → Glucose-transphosphatase (*Glucokinase*, vgl. S. 430) katalysiert wird, läßt sich durch die Gleichung

$$ATP + \text{Glucose} \rightarrow \text{Glucose-6-phosphat} + ADP$$

darstellen und ist im Schema als Teilschritt 13 angeführt. Wie bei allen Phosphatübertragungen fungiert auch hier Mg^{++} als enzymatisches Komplement.

Weitaus komplizierter scheinen die Vorgänge zu sein, welche beim anaeroben Abbau von Fructose stattfinden. Im Muskel scheint Fructose durch ein spezifisches Ferment, eine ATP → Fructose-transphosphatase (*Fructokinase*, vgl. S. 428) nach der Gleichung

$$ATP + \text{Fructose} \rightarrow \text{Fructose-1-phosphat} + ADP$$

phosphoryliert zu werden; das entstandene Fructose-1-phosphat erfährt nun eine Spaltung in ein Molekül Phosphotriose und ein Molekül nicht-phosphorylierte Triose, wofür nach Leuthardt[1] ein eigener Fermenttypus, eine Fructose-1-phosphat-triosephosphat-lyase (*1-Phosphofructose-aldolase*, vgl. S. 644), verantwortlich sein soll, während andere Autoren[2] der Meinung sind, daß diese Spaltung ebenso wie diejenige von FDP durch eine FDP-Triosephosphat-lyase (*Aldolase*) katalysiert wird. Das entstandene Triosephosphat ist Phosphodioxyaceton; es wird vermutlich über Teilschritt 6 in den normalen Weg der Glykolyse überführt. Die unphosphorylierte Triose, Glycerinaldehyd, wird anscheinend durch ein spezifisches Ferment, eine ATP → Glycerinaldehyd-transphosphatase (*Triose-kinase*, vgl. S. 429), zu 3-Phosphoglycerinaldehyd phosphoryliert und unterliegt dann ebenfalls entsprechend dem Schema dem Abbau zur Milchsäure.

In einem engen Zusammenhang mit der Glykolyse steht auch die schon erwähnte Gleichgewichts-reaktion zwischen ATP und Phosphagen (Kreatinphosphat), die aber nicht in das Schema aufgenommen wurde. Die Rolle der Phosphagene als Speicher für Phosphat-bindungsenergie wurde bereits in Kap. 17, S. 166f., besprochen.

b) Die alkoholische Gärung[3]

Die Zucker-vergärung zu Äthanol ist wohl einer der am längsten bekannten chemischen Vorgänge. Ihre große wirtschaftliche Bedeutung veranlaßte seit vielen Jahrzehnten die Forscher, sich mit dem Mechanismus der Gärungsreaktionen zu beschäftigen. Die früheren Anschauungen über die alkoholische Gärung wurden bereits im 2. Kapitel dieser Darstellung referiert; dort wurde berichtet, daß Buchner als erster die enzymatische Natur des Vorgangs dadurch bewies, daß es ihm gelang, aus Hefe Extrakte zu gewinnen, welche die Gärungsvorgänge katalysierten. Buchner hielt das für den Vorgang verantwortliche

[1] F. Leuthardt, E. Testa und H. P. Wolf: Helv. chim. Acta **36**, 227 (1953).

[2] H. G. Hers und T. Kusaka: Biochim. biophys. Acta **11**, 427 (1953).

[3] Handbuchartikel: F. F. Nord und S. Weiss: In „The Enzymes", herausgegeben von J. B. Sumner und K. Myrbäck, Bd. II/1, S. 684. New York: Academic Press. 1951.

Agens für ein einheitliches Ferment, das er „Zymase" nannte. Alle späteren Untersuchungen, welche schließlich zur Aufklärung der Teil-reaktionen führten, wurden mit gleichartigen Preß-säften oder mit ähnlichen durch Maceration erhaltenen Extrakten, sog. LEBEDEW-Säften, durchgeführt.

Die erste Etappe in der weiteren Erforschung der alkoholischen Gärungen stellen zwei kurz hintereinander folgende Entdeckungen von HARDEN und YOUNG[1] dar. Die beiden englischen Forscher konnten durch Ultrafiltration einen gär-fähigen Hefe-saft in zwei gärungs-inaktive Fraktionen unterteilen, von denen die eine dialysabel und thermostabil war, während die andere sich als thermolabil erwies. Durch Zusammenbringen der beiden Fraktionen konnte die Gär-fähigkeit wieder hergestellt werden. Die dialysable Fraktion wurde als Cozymase bezeichnet. Denselben Autoren gelang es auch, die Aufnahme anorganischen Phosphats durch das Gärungs-system nachzuweisen und ein phosphoryliertes Zucker-derivat, das Fructose-1,6-diphosphat (FDP, HARDEN-YOUNG-Ester), zu identifizieren.

Nachdem bereits 1902 von MAGNUS-LÉVY[2] Acetaldehyd als Intermediärprodukt der alkoholischen Gärung diskutiert wurde, fand NEUBAUER[3] 1910, daß Hefe leicht zur Vergärung von Brenztraubensäure imstande ist. Seine Annahme, daß Brenztraubensäure ein Zwischenprodukt der Gärung ist, konnte bald darauf von FERNBACH und SCHOEN[4] bestätigt werden.

Unter Berücksichtigung dieser Tatsachen und der von ihm kurz vorher entdeckten Pyruvat-decarboxylase (*Carboxylase*, vgl. S. 615) stellte NEUBERG 1912 ein Gärungs-schema auf, welches als Intermediär-produkte ein hypothetisches Methylglyoxal-aldol, Methylglyoxal, Brenztraubensäure und Acetaldehyd enthielt[5]. Das Methylglyoxal-aldol sollte aus Glucose durch Abspaltung von zwei Molekülen Wasser entstehen und dann in zwei Moleküle Methylglyoxal zerfallen. Die beiden Moleküle Methylglyoxal würden dann unter dem Einfluß zweier Wasser-moleküle einer Dismutation in Glycerin und Brenztraubensäure unterliegen; die Brenztraubensäure werde dann decarboxyliert und der entstandene Acetaldehyd setze sich mit Methylglyoxal im Sinne einer gemischten CANNIZZARO-Reaktion zu Äthanol um, während das Methylglyoxal zu Brenztraubensäure oxydiert werde, die wieder dem Abbau zu Acetaldehyd anheimfalle.

Dieses geistreich konstruierte Schema entsprach damals völlig den vorliegenden Tatsachen; heute hat es nur mehr historisches Interesse und wird hauptsächlich deshalb hier angeführt, weil auch jetzt noch manchmal dem Methylglyoxal eine Rolle beim anaeroben Kohlehydratabbau zugeschrieben wird, welche ihm sicher nicht zukommt.

Obwohl auch in der Zwischenzeit verschiedene phosphorylierte Substanzen entdeckt wurden, welche heute als Intermediär-produkte der Gärung angesehen werden müssen, wurde erst 1933 von EMBDEN und Mitarbeitern[6] die Integration der vorliegenden Befunde versucht und ein neues Schema unter Berücksichtigung dieser Verbindungen aufgestellt, welches im weiteren Verlauf von verschiedenen anderen Forschern, darunter vor allem von MEYERHOF[7] und PARNAS[8], zu dem heute gültigen Gärungs-schema umgestaltet wurde. Dabei kam hier oft die Tatsache zu Hilfe, daß zwischen der Glykolyse im Muskel und der alkoholischen Gärung sehr enge Beziehungen bestehen, so daß man häufig die Erkenntnisse, welche bei dem einen System gewonnen worden waren, ohne weiteres auf das andere System übertragen konnte.

[1] A. HARDEN und W. J. YOUNG: Proc. Roy. Soc. London B **77**, 405; B **78**, 369 (1906).
[2] A. MAGNUS-LÉVY: Arch. Anat. Physiol., Anat. Abt. **1902**, 365.
[3] O. NEUBAUER: Hoppe-Seyler's Z. physiol. Chem. **70**, 350 (1911).
[4] A. FERNBACH und M. SCHOEN: C. R. Acad. Sci. Paris **157**, 1479 (1913); **158**, 1719 (1914).
[5] C. NEUBERG und J. KERB: Z. Gärungsphysiol. **1**, 114 (1912).
[6] G. EMBDEN, H. J. DEUTICKE und G. KRAFT: Klin. Wschr. **12**, 213 (1933).
[7] Vgl. z. B. O. MEYERHOF: Exper. **4** (1948).
[8] J. K. PARNAS: Ergebn. Enzymforsch. **6**, 57 (1939); Idem: in „Handbuch der Enzymologie", herausgegeben von F. F. NORD und R. WEIDENHAGEN, S. 902. Leipzig: Akad. Verlagsges. 1940.

Schema der alkoholischen Gärung von Glucose und Galactose (Reaktions-teilnehmer, die nicht als Zwischen-produkte fungieren, sind ohne Klammer neben oder über den Pfeilen angeführt; Coenzyme und anorganische Komplemente sind durch eckige Klammern gekennzeichnet)

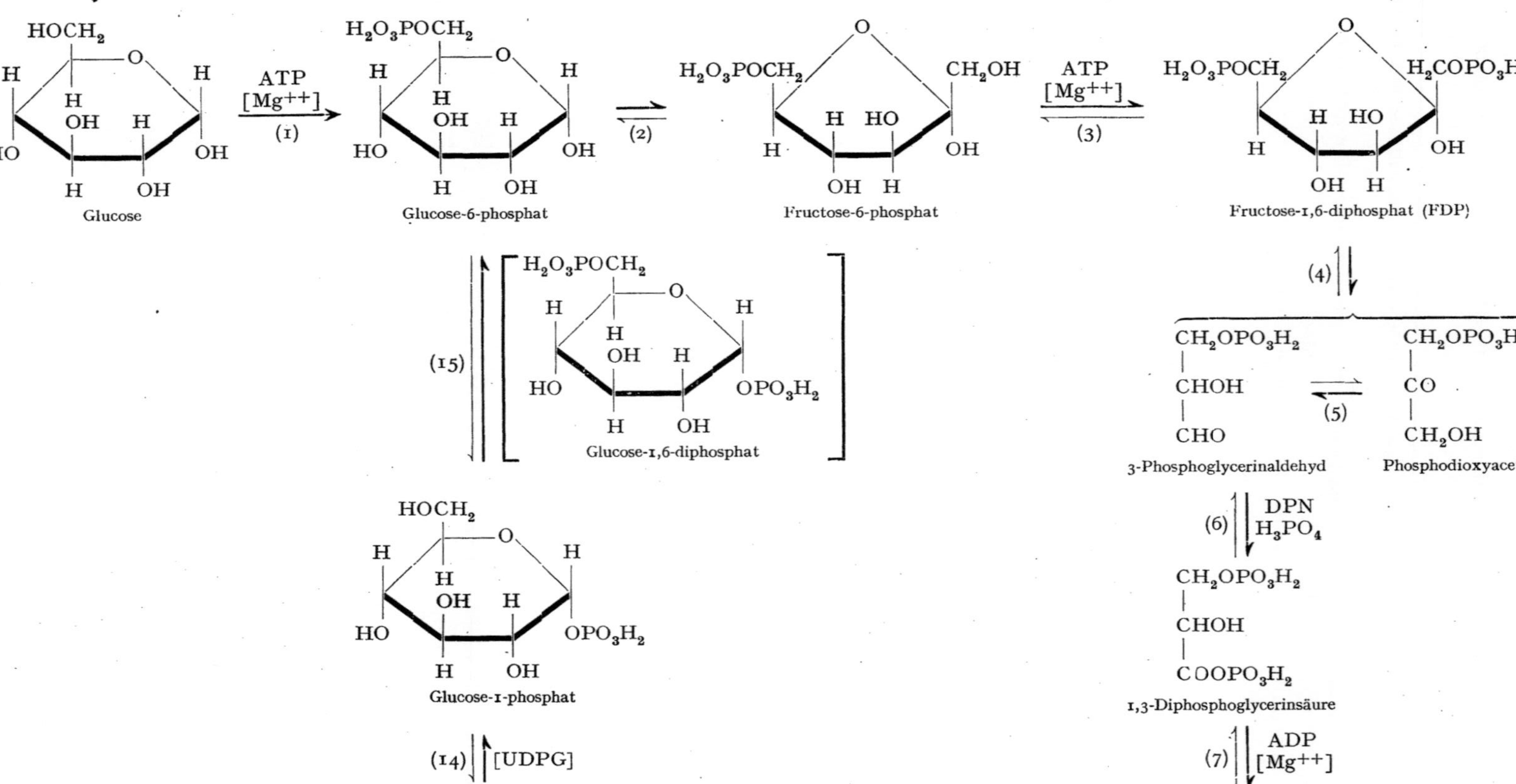

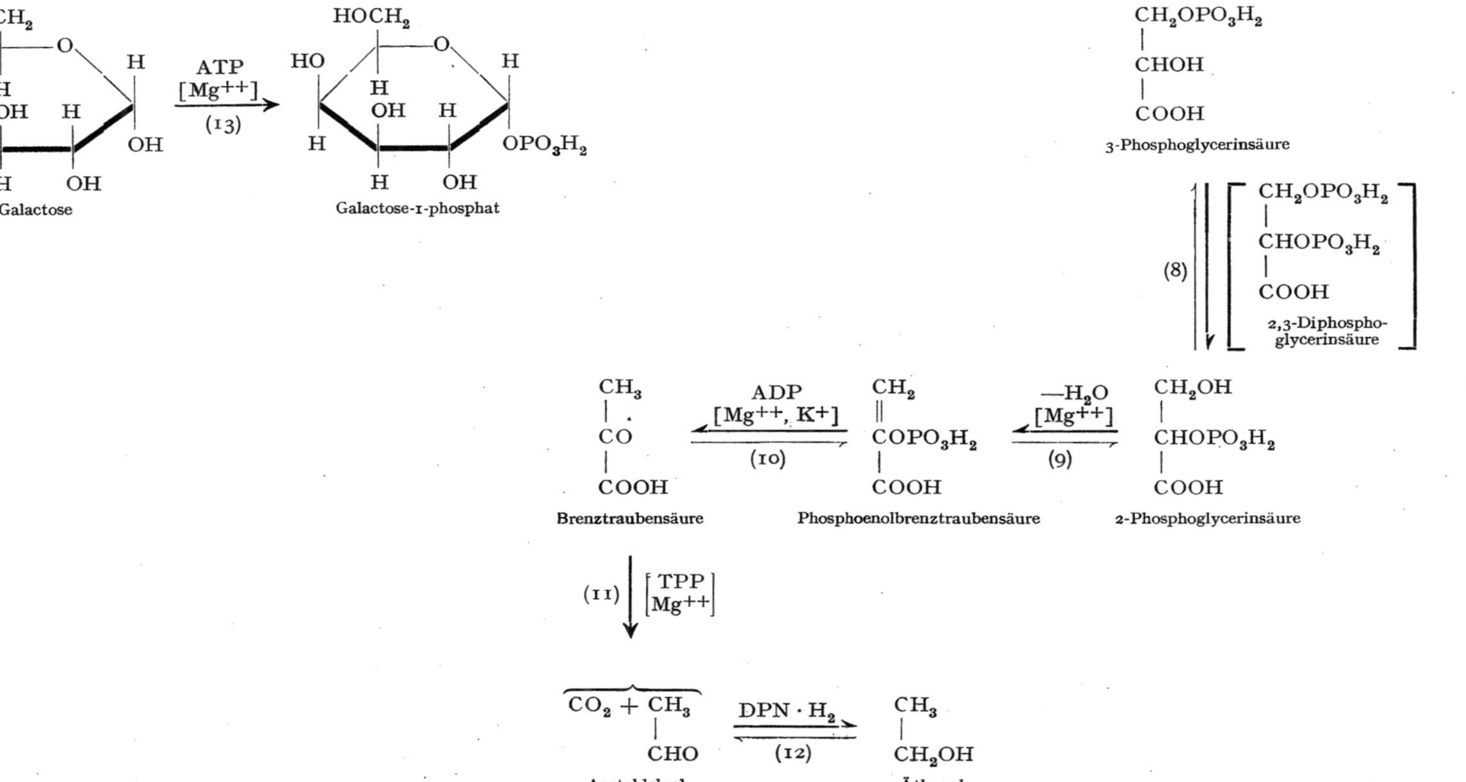
HOCH2
Galactose
ATP
[Mg++]
(13)
Galactose-1-phosphat
CH2OPO3H2
CHOH
COOH
3-Phosphoglycerinsäure
(8)
CH2OPO3H2
CHOPO3H2
COOH
2,3-Diphospho-glycerinsäure
CH3
CO
COOH
Brenztraubensäure
ADP
[Mg++, K+]
(10)
CH2
COPO3H2
COOH
Phosphoenolbrenztraubensäure
—H2O
[Mg++]
(9)
CH2OH
CHOPO3H2
COOH
2-Phosphoglycerinsäure
(11)
TPP
Mg++
CO2 + CH3
CHO
Acetaldehyd
DPN · H2
(12)
CH3
CH2OH
Äthanol

Das heute gültige Schema ist auf den zwei vorstehenden Seiten dargestellt. An der alkoholischen Gärung im engeren Sinne sind zwölf verschiedene Enzymproteine, weiters zwei enzymatische Komplemente (ATP/ADP, DPN/DPN $\cdot H_2$) sowie zwei Coenzyme (2,3-Diphosphoglycerinsäure und TPP) und zwei anorganische Komplemente (Mg^{++} und K^+) beteiligt. Für jedes vergorene Molekül Glucose werden zwei Moleküle Orthophosphat in organische Bindung überführt.

Erläuterung des Schemas. Schon bei oberflächlicher Betrachtung des Schemas der alkoholischen Gärung sieht man, daß viele Teilreaktionen mit denjenigen der Glykolyse identisch sind. Teilschritt 1 ist dem Teilschritt 13 der Glykolyse analog; die Teilschritte 2 bis 10 entsprechen den Teilschritten 3 bis 11 des Glykolyseschemas. Der wesentliche Unterschied zwischen den beiden Reaktions-abläufen liegt bei den Endreaktionen: während bei der Glykolyse die Brenztraubensäure durch DPN $\cdot H_2$ zu Milchsäure reduziert wird, erfährt sie bei der alkoholischen Gärung eine Decarboxylierung zu Acetaldehyd, welcher dann durch DPN $\cdot H_2$ zu Äthanol hydriert wird. Auch hier finden wir eine Reaktions-kopplung nach Typus (b), doch ist bei der alkoholischen Gärung die reduktive Phase, welche mit der Oxydation des 3-Phosphoglycerinaldehyds gekoppelt ist, nicht die Reduktion von Brenztraubensäure, sondern die Reduktion des Acetaldehyds zu Äthanol.

Die Teilschritte 11 und 12, welche uns von der Glykolyse noch nicht bekannt sind, sollen hier kurz besprochen werden. Teilschritt 11 ist die Decarboxylierung von Brenztraubensäure zu Acetaldehyd, welche von einer Pyruvat-decarboxylase (*Carboxylase*, vgl. S. 615) katalysiert wird. Hier fungiert Thiaminpyrophosphat (TPP) als Coenzym und Mg^{++} als anorganisches Komplement. Der Vorgang ist nicht reversibel.

Teilschritt 12, die Wasserstoff-übertragung von DPN $\cdot H_2$ auf Acetaldehyd, wird von einer spezifischen DPN $\cdot H_2 \rightarrow$ Aldehyd-transhydrogenase (*Alkohol-dehydrase*, vgl. S. 473) bewirkt. Das DPN $\cdot H_2$, welches für diese reduktive Phase der alkoholischen Gärung benötigt wird, entsteht auch hier bei der oxydativen Phase, d. h. bei der Oxydation von 3-Phosphoglycerinaldehyd (Teilschritt 6 der alkoholischen Gärung).

Verschiedene Hefe-rassen haben — besonders, wenn sie auf einem galactosehaltigen Nährboden gewachsen sind — die Fähigkeit, auch Galactose zu vergären. Die Reaktionen, welchen die Galactose dabei unterzogen wird, bis sie in den allgemeinen Gärungs-ablauf eingeht, wurden erst vor kurzem aufgeklärt; sie sind als Teilschritte 13 bis 15 in unserem Schema verzeichnet.

Teilschritt 13 ist die Phosphorylierung der Galactose zu Galactose-1-phosphat, wobei ATP als Phosphat-donator fungiert. Der Vorgang

$$\text{ATP} + \text{Galactose} \rightarrow \text{Galactose-1-phosphat} + \text{ADP}$$

wird von einer spezifischen ATP $\rightarrow$ Galactose-transphosphatase (*Galactokinase*, vgl. S. 432) katalysiert; Mg^{++} ist als enzymatisches Komplement beteiligt.

Teilschritt 14 ist die Isomerisierung von Galactose-1-phosphat zu Glucose-1-phosphat; sie wird von einem spezifischen Enzymsystem, dem Galactose-1-phosphat-isomerase-system (*Galactowaldenase*, vgl. S. 667), bewirkt. Uridinphosphat-glucose (UDP-Glucose) wirkt hier als enzymatisches Komplement.

Teilschritt 14 ist die Überführung von Glucose-1-phosphat in Glucose-6-phosphat und ist uns bereits als Teilschritt 2 der Glykolyse bekannt. Das für diesen Schritt verantwortliche Enzym ist eine Glucose(1$\rightarrow$6)-phosphomutase (*Phosphoglucomutase*, S. 670); Glucose-1,6-diphosphat ist an diesem Vorgang als Coenzym beteiligt.

Bei der Vergärung von Fructose erfolgt offenbar eine direkte Phosphorylierung zu Fructose-6-phosphat, welches dann beginnend mit Teilschritt 3 dem weiteren Ablauf der alkoholischen Gärung unterliegt. Für die Phosphorylierung der Fructose ist hier — im Gegensatz zu den Verhältnissen im Muskel — dasselbe Ferment verantwortlich, das auch Glucose zu Glucose-6-phosphat umsetzt; es ist dies eine ATP → Hexose-transphosphatase (*Hexokinase*, vgl. S. 426).

Dasselbe Ferment ist auch imstande, Mannose zu Mannose-6-phosphat zu phosphorylieren; das letztgenannte Produkt wird anscheinend durch eine spezifische Mannose-6-phosphat-isomerase zu Glucose-6-phosphat isomerisiert, welches dann weiter vergoren wird. Allerdings ist ein derartiges Enzym in der Hefe bisher noch nicht mit Sicherheit nachgewiesen worden; die Tatsache, daß Hefe allgemein zur Vergärung von Mannose befähigt ist und auch der Nachweis eines Ferments dieser Spezifität in tierischem Gewebe (vgl. S. 668) machen seine Existenz aber recht wahrscheinlich. Um das Schema nicht allzusehr zu komplizieren, sind die Reaktionen, welche die Überführung von Fructose und Mannose in vergärbare Zwischenprodukte betreffen, darin nicht verzeichnet.

Nach Angabe verschiedener Autoren ist Hefe auch zur „direkten" Vergärung von Disacchariden wie Maltose imstande, d. h. die Disaccharide werden vergoren, ohne vorher zu den entsprechenden Monosacchariden hydrolysiert zu werden. Die Mechanismen, welche für diese Leistung der Hefe verantwortlich sind, konnten aber bisher noch nicht aufgeklärt werden. Es wäre vorstellbar, daß eine Transglykosylierung auf Phosphat nach dem Schema der phosphorolytischen Rohrzucker-spaltung (S. 385) den ersten Schritt der „direkten" Disaccharid-vergärung darstellt.

Nebenprodukte der alkoholischen Gärung. Wie bereits PASTEUR 1872 feststellte, verläuft die alkoholische Gärung nicht komplett in dem Sinne, daß aus einem Mol Glucose je zwei Mole Äthanol und Kohlendioxyd entstehen, sondern es werden daneben immer kleinere Mengen Glycerin (etwa 3%) gebildet. Dies läßt nach unserer heutigen Erkenntnis darauf schließen, daß von dem bei Teilschritt 6 entstehenden $DPN \cdot H_2$ der Wasserstoff nicht ausschließlich auf Acetaldehyd übertragen wird, sondern auch in einem geringen Ausmaß, und zwar vermutlich zu Beginn des Vorgangs, wenn noch wenig Acetaldehyd zugegen ist, zur Reduktion von Phosphodioxyaceton zu α-Glycerophosphat verwendet wird, welches dann durch Hydrolyse in Glycerin überführt wird. Tatsächlich konnte gezeigt werden, daß die Hefe entsprechende Enzyme, eine $DPN \cdot H_2 \rightarrow$ Phosphodioxyaceton-transhydrogenase (*α-Glycerophosphat-dehydrase*, vgl. S. 465) sowie verschiedene gruppen-spezifische Phosphomonoesterasen (S. 197), besitzt.

Als weitere Nebenprodukte sind Bernsteinsäure und die sog. Fuselöle zu nennen. Von der Bernsteinsäure wird vielfach angenommen, daß sie aus Glutaminsäure durch Desaminierung und oxydative Decarboxylierung der entstandenen α-Ketoglutarsäure gebildet wird; andere Möglichkeiten (z. B. Carboxylierung von Brenztraubensäure zu Oxalessigsäure bzw. Äpfelsäure und folgende Reduktion) wären auch denkbar.

Die Fuselöle bestehen zur Hauptsache aus Isobutanol, Isoamylalkohol und optisch aktivem Amylalkohol. Der Mechanismus der Entstehung dieser verzweigten Alkohole konnte in ihren Grundzügen von EHRLICH[1] aufgeklärt werden. Die Fuselöle haben ihren Ursprung in Aminosäuren, und zwar vorzüglich in L-Valin, L-Leucin und L-Isoleucin. Der Primärschritt der Umwandlung ist wohl eine oxydative Desaminierung zur entsprechenden α-Ketosäure; nach unseren heutigen Kenntnissen ist es wahrscheinlich, daß dabei eine Transaminierungsreaktion (vgl. S. 402ff.) stattfindet. In einem zweiten Schritt erfährt die ent-

[1] F. EHRLICH: Biochem. Z. **1**, 8 (1906); **2**, 52 (1907); **18**, 391 (1909); **63**, 379 (1914); **79**, 232 (1917); Ber. dtsch. chem. Ges. **44**, 139, 888 (1911); **45**, 883 (1912); Mitt. landwirtsch. Inst. Univ. Breslau **6**, 705 (1913).

standende Ketosäure eine Decarboxylierung zum Aldehyd und dieser wird schließlich zum Alkohol reduziert.

$(CH_3)_2CHCH(NH_2)COOH$ — L-Valin

$(CH_3)_2CHCH_2CH(NH_2)COOH$ — L-Leucin

$(H_5C_2)(H_3C)CHCH(NH_2)COOH$ — L-Isoleucin

$(CH_3)_2CHCH_2OH$ — Isobutanol

$(CH_3)_2CHCH_2CH_2OH$ — Isoamylalkohol

$(H_5C_2)(H_3C)CHCH_2OH$ — opt. akt. Amylalkohol

Vermuteter Mechanismus der Fuselöl-bildung. Auch andere als die genannten Aminosäuren können zu den entsprechenden Alkoholen umgesetzt werden.

$$R{-}CHNH_2{-}COOH \xrightarrow{\text{Transaminierung}} R{-}CO{-}COOH \xrightarrow{-CO_2} R{-}CHO \xrightarrow{+H_2} R{-}CH_2OH$$

Es muß als erstaunlich angesehen werden, daß seit den grundlegenden Arbeiten von EHRLICH über die Fuselöl-bildung kaum mehr irgendwelche wesentlicheren Untersuchungen zur Klärung dieser Probleme angestellt worden sind; so ist über die beteiligten Fermente noch überhaupt nichts bekannt.

Modifikationen der alkoholischen Gärung. Durch verschiedene Beimengungen ist es möglich, die alkoholische Gärung in dem Sinne zu beeinflussen, daß weitaus größere Mengen Glycerin als gewöhnlich entstehen. Die wesentlichsten Entdeckungen auf diesem Gebiet sind CONNSTEIN und LÜDECKE[1] sowie NEUBERG[2] zu verdanken. Nach einem Vorschlag von NEUBERG wird die normale alkoholische Gärung als erste Form der Gärung, die verschiedenen Modifikationen hingegen als zweite, dritte und vierte Form der Gärung bezeichnet.

Die *zweite Form der Gärung* wird erhalten, wenn man dem Gärgut Natriumsulfit zusetzt. Das Sulfit verbindet sich dabei mit Acetaldehyd zu einer Acetaldehyd-Bisulfit-additionsverbindung, welche nicht mehr fermentativ reduzierbar ist. Die Folge ist, daß an Stelle von Acetaldehyd praktisch ausschließlich Phosphodioxyaceton durch $DPN \cdot H_2$ hydriert wird; das entstandene α-Glycerophosphat unterliegt, wie oben geschildert wurde, der Hydrolyse zu Glycerin. Die Glycerinausbeuten erreichen berechnet auf die angewandte Glucose fast 40%. Die Bruttogleichung des Gesamt-vorgangs ist nach NEUBERG

$$\underset{\text{Glucose}}{C_6H_{12}O_6} + Na_2SO_3 + H_2O \rightarrow \underset{\text{Glycerin}}{CH_2OHCHOHCH_2OH} + \underset{\text{Acetaldehydbisulfit}}{CH_3CHOHSO_3Na} + NaHCO_3$$

Zum Abfangen des Acetaldehyds können außer Sulfit auch Dimedon, Thiosemicarbazid und verschiedene andere Carbonyl-reagenzien, aber auch Holzkohle verwendet werden.

[1] W. CONNSTEIN und K. LÜDECKE: Ber. dtsch. chem. Ges. **52**, 99, 1385 (1919).
[2] C. NEUBERG und E. REINFURTH: Biochem. Z. **89**, 365; **92**, 234 (1918).

Diese Vergärungs-form wurde im ersten Weltkrieg großtechnisch zur Herstellung von Glycerin angewandt.

In alkalischem Medium (p_H über 8) wird die alkoholische Gärung in dem Sinne verändert, daß der Acetaldehyd zu Äthanol und Essigsäure dismutiert wird und dadurch nicht als Wasserstoff-akzeptor zur Verfügung steht; dementsprechend wird der Wasserstoff von DPN · H_2 wiederum auf Phosphodioxyaceton übertragen und Glycerin gebildet. Während bis vor kurzem angenommen wurde, daß für die Dismutation des Acetaldehyds eine sog. Aldehydmutase verantwortlich ist, scheint heute festzustehen, daß dieser Vorgang durch das Zusammenspiel zweier verschiedener Enzyme, einer DPN · H_2 → Aldehyd-transhydrogenase (*Alkohol-dehydrase*, vgl. S. 473) und einer Aldehyd → DPN-transhydrogenase (*Aldehyd-dehydrase*, S. 478) bewirkt wird.

Der Gesamt-vorgang, der als *dritte Form der Gärung* bezeichnet wird, läßt sich durch die Brutto-gleichung

$$\underset{\text{Glucose}}{2\,C_6H_{12}O_6} + H_2O \rightarrow \underset{\text{Essigsäure}}{CH_3COOH} + \underset{\text{Äthanol}}{C_2H_5OH} + \underset{\text{Glycerin}}{2\,CH_2OHCHOHCH_2OH} + 2\,CO_2$$

darstellen[1].

Als *vierte Form der Gärung*[2] wird ein Gärungs-typus bezeichnet, der nur unter ganz bestimmten Reaktions-bedingungen (verdünnte Hefe-macerationssäfte, p_H 7 bis 8) zustande kommt; dabei werden weder Äthanol noch Kohlendioxyd, sondern Brenztraubensäure und Glycerin in äquivalenten Mengen gebildet:

$$\underset{\text{Glucose}}{C_6H_{12}O_6} \rightarrow \underset{\text{Brenztraubensäure}}{CH_3COCOOH} + \underset{\text{Glycerin}}{CH_2OHCHOHCH_2OH}$$

Die Tatsache, daß bei der Gärung nicht nur Acetaldehyd reduziert werden kann, läßt sich auch für präparative Zwecke ausnützen („phytochemische Reduktion")[3]. Es konnte gezeigt werden, daß gärende Hefe imstande ist, eine große Anzahl von Aldehyden, Ketonen und ungesättigten Verbindungen, darunter viele sehr „unphysiologische" Stoffe (vergl. Tabelle 73), zu hydrieren; auf diese Weise lassen sich manchmal technisch wichtige Produkte erzeugen, die schwer auf anderem Wege erhalten werden können. Der Mechanismus dieser Vorgänge ist allerdings noch nicht völlig klar; es ist fraglich, ob DPN · H_2 in allen Fällen der unmittelbare Wasserstoff-donator ist oder ob Zwischen-überträger eingeschaltet sind.

Tabelle 73. *Beispiele für die „phytochemische Reduktion" durch gärende Hefe* (nach NORD und WEISS, *l. c.*)

Substrat-typus	Reaktion
Aliphatischer Aldehyd	$\underset{n\text{-Capronaldehyd}}{C_5H_9CHO} \rightarrow \underset{n\text{-Hexanol}}{C_5H_9CH_2OH}$
Aromatischer Aldehyd	$\underset{\text{Benzaldehyd}}{C_6H_5CHO} \rightarrow \underset{\text{Benzylalkohol}}{C_6H_5CH_2OH}$
Aliphatisches Keton	$\underset{\text{Methylpropylketon}}{CH_3COC_3H_7} \rightarrow \underset{\text{Methylpropylcarbinol}}{CH_3CHOHC_3H_7}$

[1] C. NEUBERG und E. FÄRBER: Biochem. Z. **78**, 238 (1917); C. NEUBERG und J. HIRSCH: Ibid. **96**, 115; **100**, 304 (1919); C. NEUBERG, J. HIRSCH und E. REINFURTH: Ibid. **105**, 307 (1920); C. NEUBERG und W. URSUM: Ibid. **110**, 193 (1920).

[2] C. NEUBERG und M. KOBEL: Ibid. **219**, 490 (1930); **229**, 446 (1930); M. KOBEL und M. SCHEUER: Ibid. **229**, 238 (1930); M. KOBEL: Ibid. **243**, 406 (1931).

[3] Vgl. die Übersichtsreferate: F. G. FISCHER: Ergebn. Enzymforsch. **8**, 185 (1939); Idem: In „Neuere Methoden der präparativen organischen Chemie", herausgegeben von W. FOERST, S. 155. Berlin: Verlag Chemie. 1943; C. NEUBERG: Adv. Carbohydrate Chem. **4**, 75 (1949).

Fortsetzung von Tabelle 73

Substrat-typut	Reaktion
Aromatisches Keton	$C_6H_5COCH_3 \rightarrow C_6H_5CHOHCH_3$ Acetophenon → Methylphenylcarbinol
Monooxyaldehyd	$CH_2OHCHO \rightarrow CH_2OHCH_2OH$ Glykolaldehyd → Äthylenglykol
Diketon	$C_6H_5COCOC_6H_5 \rightarrow C_6H_5CHOHCHOHC_6H_5$ Benzil → Dihydrobenzoin
Aliphatische Nitro-verbindung	$CH_3NO_2 \rightarrow CH_3NH_2$ Nitromethan → Methylamin
Aromatische Nitro-verbindung	$C_6H_5NO_2 \rightarrow C_6H_5NH_2$ Nitrobenzol → Anilin
Ungesättigter Aldehyd	$C_6H_5CH{=}CHCHO \rightarrow C_6H_5CH_2CH_2CH_2OH$ Zimtaldehyd → Hydrozimtalkohol
Nitroaldehyd	*o*-Nitrobenzaldehyd → *o*-Nitrobenzylalkohol
Heterozyklischer Aldehyd	Furfuraldehyd → Furfurylalkohol
Heterozyklisches Monoketon	Thenoin → Hydrothenoin
Heterozyklisches Diketon	Furil → Furoin
Steroid	Δ^5-Dehydroisoandrosteron → Δ^5-Androsten-3,17-diol
Ungesättigte Ketosäure	$C_6H_5CH{=}CHCOCOOH \rightarrow C_6H_5CH_2CH_2CH_2OH$ Benzylidenbrenztraubensäure → Hydrozimtalkohol

c) *Anaerobe mikrobielle Gärungs-prozesse*[1]

Im Anschluß an die Besprechung der Glykolyse und der alkoholischen Gärung sollen hier kurz einige Abbau-reaktionen der Kohlehydrate behandelt werden, die vor allem von Bakterien unter anaeroben Bedingungen verursacht werden. Ebenso wie die Hefe anaerob ihren gesamten Energie-bedarf aus der alkoholischen Gärung deckt, können die Bakterien die hier besprochenen Abbau-vorgänge zur Energie-gewinnung benützen. Es handelt sich durchwegs um zyklische Oxydoreduktions-prozesse, welche allerdings meist noch nicht so gut erforscht sind, daß man jeden Einzelschritt einem bekannten Ferment zuordnen kann. Auch die energetischen Verhältnisse sind noch nicht überall klargestellt.

Einige bakterielle Gärungen besitzen technische Bedeutung, wie z. B. die Milchsäure-gärung, die Aceton-Butanol-gärung und die bakterielle Bildung von 2,3-Butylenglykol.

Zur Zeit nimmt man vielfach an (vgl. ELSDEN, *l. c.*), daß der primäre Abbauweg der Hexosen, und zwar bis zur Brenztraubensäure, bei den meisten Bakterien in gleicher Weise vor sich geht wie bei der Glykolyse bzw. der alkoholischen Gärung der Hefe. Obwohl zahlreiche Argumente für diese Auffassungen sprechen und auch bereits in vielen Fällen nachgewiesen wurde, daß verschiedene Bakterien manche Enzymtypen besitzen, welche am Abbau von Glucose zu Brenztraubensäure auf diesem Wege beteiligt sein können, ist beim heutigen Stande unseres Wissens eine derartige Verallgemeinerung wohl noch nicht zulässig. Es ist möglich, daß es auch Bakterien gibt, die den anaeroben Kohlehydratabbau auf einem anderen, „nicht-phosphorylierenden" Weg bewerkstelligen; die Versuche von NORD und Mitarbeitern[2] über die Vergärung von Hexosen und Pentosen durch den äthanol-bildenden Schimmelpilz *Fusarium lini* scheinen recht eindeutig zu zeigen, daß dieser Organismus aus Hexose Äthanol über Brenztraubensäure erzeugen kann, ohne daß ein phosphorylierender Mechanismus beteiligt ist, d. h. daß die Brenztraubensäure aus der Glucose auf einem anderen Wege entsteht als nach dem Schema von EMBDEN und MEYERHOF.

Jedenfalls dürfte feststehen, daß als Vorstufe der meisten Endprodukte bakterieller Gärungen Brenztraubensäure fungiert und wir werden uns im folgenden vor allem mit den Mechanismen beschäftigen mit deren Hilfe die Umwandlungen dieser Substanz in die Endprodukte erfolgen.

Die Milchsäure-gärung. Es ist eine Anzahl von Bakterien-arten bekannt, die Glucose vollständig zu Milchsäure abbauen, wie z. B. *Lactobacillus delbrückii*, *L. casei*, *L. bulgaricus*, *Bacillus dextrolacticus* u. a. Derartige Organismen werden als *homofermentative* Milchsäure-bildner bezeichnet. Wenngleich es nicht streng bewiesen ist, muß doch angenommen werden, daß die Teilreaktionen der homofermentativen Milchsäure-gärung mit denjenigen der Glykolyse im Tier-gewebe identisch sind.

Verschiedene Organismen bilden verschiedene Formen der Milchsäure; so erzeugen *Streptococcus lactis* und *Lactobacillus delbrückii* D-Milchsäure, *Lactobacillus leishmannii* und *Leuconostoc mesenteroides* produzieren L-Milchsäure, während bei *Lactobacillus pentaceticus* ein racemisches Gemisch entsteht. Obwohl Fermente bekannt sind, welche Milchsäure racemisieren (Lactat-racemasen, S. 673), können damit die beschriebenen Effekte nicht er-

[1] Handbuchartikel und Übersichtsreferate: S. R. ELSDEN: In „The Enzymes", herausgegeben von J. B. SUMNER und K. MYRBÄCK, Bd. II/2, S. 791. New York: Academic Press. 1952; C. H. WERKMAN und F. SCHLENK: In „Bacterial Physiology", herausgegeben von C. H. WERKMAN und P. W. WILSON, S. 281. New York: Academic Press. 1951; K. BERNHAUER: Ergebn. Enzymforsch. **11**, 151 (1950); W. FRANKE: Ibid. **10**, 191 (1949); vgl. auch die Monographie: M. STEPHENSON: Bacterial Metabolism., 3. Aufl. London: Longmans, Green & Co. 1949.

[2] Übersichtsreferat: F. F. NORD und R. P. MULL: Adv. Enzymology **5**, 178 (1947).

klärt werden; es muß vielmehr angenommen werden, daß die Enzyme, welche in den genannten Organismen die Hydrierung der Brenztraubensäure zu Milchsäure katalysieren [vermutlich DPN · $H_2 \rightarrow$ Pyruvat-transhydrogenasen *(Milchsäure-dehydrase)*, vgl. S. 468] verschiedene optische Spezifitäten aufweisen.

In vielen Fällen wird beobachtet, daß neben Milchsäure auch andere Endprodukte des Kohlehydrat-abbaus entstehen; Organismen dieser Art werden *heterofermentative* Milchsäure-bildner genannt. Als Nebenprodukte werden Essigsäure, Äthanol, CO_2 u. a. gebildet. Bei Gärungen dieser Art ist ebenfalls meist Brenztraubensäure als Vorstufe der Milchsäure anzunehmen. So konnte KREBS[1] bei der Untersuchung von *Staphylococcus aureus* und *Gonococcus* eine Dismutation von Brenztraubensäure zu Milchsäure und Essigsäure nach der Gleichung

$$2\,CH_3COCOOH + H_2O \rightarrow CH_3CHOHCOOH + CH_3COOH + CO_2$$

nachweisen. Es muß heute als wahrscheinlich angenommen werden, daß dieser Vorgang durch Zusammenwirken einer DPN · $H_2 \rightarrow$ Pyruvat-transhydrogenase *(Milchsäure-dehydrase)* und eines decarboxylierenden Pyruvat-dehydrogenase-systems (*Pyruvat-oxydase*, S. 626) zustande kommt. Die Beobachtung, daß verschiedene Organismen bei Vergärung von Glucose in Anwesenheit von $C^{13}O_2$ Milchsäure produzieren, welche in der Carboxyl-gruppe isotop markiert ist[2], läßt sich dadurch erklären, daß die zuletzt beschriebene Brenztraubensäure-dismutation reversibel ist.

Die Bildung von Äthanol. Äthanol findet sich als Endprodukt der Gärung verschiedener Bakterien; allerdings handelt es sich hier in den meisten Fällen um verhältnismäßig geringe Mengen und nur selten, wie z. B. bei *Thermobacterium mobile*[3] oder bei *Sarcina ventriculi*[4], stellt der Alkohol das Hauptprodukt der Gärung dar. Bei den genannten Organismen dürfte der Gärungs-verlauf gleichartig wie bei der Hefe sein.

Hingegen muß man annehmen, daß der Mechanismus der Äthanolbildung in vielen anderen Fällen verschieden von demjenigen der alkoholischen Gärung der Hefe ist. Die meisten Organismen, welche Äthanol als Nebenprodukt ihrer Gärung erzeugen, besitzen wahrscheinlich keine Pyruvat-decarboxylasen und bauen deshalb Brenztraubensäure auf einem komplizierteren Weg als auf dem der einfachen Decarboxylierung ab. Obwohl zur Zeit noch keine eindeutigen Beweise vorliegen, spricht vieles dafür, daß dort Äthanol durch Reduktion einer Verbindung gebildet wird, welche auf der Oxydations-stufe der Essigsäure steht; in Frage kommen vor allem Acetyl-CoA oder auch Acetylphosphat.

Die Bildung von Bernsteinsäure. Bei den verschiedensten Bakterien-arten finden sich als Endprodukt der Gärung wechselnde Mengen von Bernsteinsäure neben Milchsäure, CO_2, Essigsäure, Ameisensäure, Äthanol und H_2. Bernsteinsäure kann auf verschiedene Weise entstehen; zwei Reaktionsmechanismen, welche zu ihrer Bildung führen, konnten bisher sichergestellt werden.

Der eine Weg wurde von WOOD, WERKMAN und Mitarbeitern[5] nachgewiesen: der primäre Schritt ist hier die Kondensation von CO_2 mit Brenztraubensäure zu Oxalessigsäure, die sog. WOOD-WERKMAN-Reaktion (vgl. S. 618); Oxalessigsäure wird dann über Äpfelsäure und Fumarsäure zu Bernsteinsäure reduziert.

---

[1] H. A. KREBS: Biochem. J. **31**, 661 (1937).

[2] H. D. SLADE, H. G. WOOD, A. O. NIER, A. HEMINGWAY und C. H. WERKMAN: J. biol. Chem. **143**, 133 (1942); R. W. BROWN, H. G. WOOD und C. H. WERKMAN: Arch. Biochem. **5**, 423 (1944).

[3] A. J. KLUYVER und W. J. HOPPENBROUWERS: Arch. Microbiol. **2**, 245 (1931).

[4] J. SMIT: Die Gärungssarcinen. Jena: Fischer. 1930.

[5] H. G. WOOD, C. H. WERKMAN, A. HEMINGWAY und A. O. NIER: J. biol. Chem. **139**, 365, 377 (1940); vgl. das Übersichtsreferat: C. H. WERKMAN und H. G. WOOD: Adv. Enzymology **2**, 135 (1942).

$$\begin{array}{c} CH_3 \\ | \\ CO \\ | \\ COOH \end{array} \xrightarrow{+CO_2} \begin{array}{c} COOH \\ | \\ CH_2 \\ | \\ CO \\ | \\ COOH \end{array} \xrightarrow{+H_2} \begin{array}{c} COOH \\ | \\ CH_2 \\ | \\ CHOH \\ | \\ COOH \end{array} \xrightarrow{-H_2O} \begin{array}{c} COOH \\ | \\ CH \\ \| \\ CH \\ | \\ COOH \end{array} \xrightarrow{+H_2} \begin{array}{c} COOH \\ | \\ CH_2 \\ | \\ CH_2 \\ | \\ COOH \end{array}$$

Brenztraubensäure — Oxalessigsäure — Äpfelsäure — Fumarsäure — Bernsteinsäure

Alle Fermente, welche für die Reduktion erforderlich sind, konnten in Bernsteinsäure-produzierenden Bakterien nachgewiesen werden[1].

Eine andere Möglichkeit für die Bildung von Bernsteinsäure, die Kondensation zweier Moleküle Essigsäure unter Dehydrierung, wurde bereits 1920 von THUNBERG[2] angenommen. Durch Versuche mit isotop markierter Essigsäure gelang es erst viel später, zu zeigen, daß ein derartiger Mechanismus tatsächlich bei manchen Bakterien funktioniert[3]. Versuche von BARRON und GHIRETTI[4] aus letzter Zeit machen es wahrscheinlich, daß nicht Essigsäure selbst, sondern zwei Moleküle „aktiver" Essigsäure (Acetyl-CoA) miteinander oxydativ kondensiert werden.

Schließlich nimmt STOKES[5] an, daß Bernsteinsäure auch durch Kondensation von Ameisensäure und Brenztraubensäure zu Äpfelsäure und folgender Reduktion entstehen kann. Dieser Mechanismus konnte bisher aber noch nicht sichergestellt werden.

Die Propionsäure-gärung. Bis vor kurzem war man allgemein der Anschauung, daß die Bildung von Propionsäure durch die verschiedenen Arten von *Propionibacterium* sowie durch *Veillonella gazogenes* PRÉVOT in der Weise erfolgt, daß Milchsäure zu Acrylsäure dehydratisiert wird und diese durch Reduktion in Propionsäure übergeht. Dagegen sprachen allerdings verschiedene Argumente: das angenommene Zwischenprodukt Acrylsäure konnte niemals nachgewiesen werden; Fluorid hemmt die Bildung von Propionsäure aus Milchsäure, nicht aber die Bildung aus Brenztraubensäure, wodurch Milchsäure als Zwischenprodukt unwahrscheinlich wird; und schließlich wurde bei Untersuchungen der Bernsteinsäure-bildung durch *Propionibacterium*-Arten mit isotop markiertem CO_2 festgestellt, daß sowohl Bernsteinsäure als auch Propionsäure in der Carboxylgruppe markiert waren[6].

Erst vor wenigen Jahren konnte dann eindeutig gezeigt werden, daß Propionsäure durch Decarboxylierung von Bernsteinsäure entstehen kann; Succinatdecarboxylase-systeme wurden in verschiedenen Propionsäure-bildenden Bakterien-arten nachgewiesen[7]. Nach neuesten Befunden unterliegt Succinyl-CoA („aktive" Bernsteinsäure) und nicht freie Bernsteinsäure selbst der Decarboxylierung[8] (vgl. S. 620).

Immerhin dürfte es aber auch einen anderen Mechanismus der Propionsäure-bildung geben; in Versuchen mit *Clostridium propionicum* fand JOHNS[9], daß dieser Organismus nicht zur Abspaltung von CO_2 aus Bernsteinsäure, Äpfelsäure oder Fumarsäure imstande

[1] H. A. KREBS und L. V. EGGLESTON: Biochem. J. 35, 676 (1941).
[2] T. THUNBERG: Skand. Arch. Physiol. 40, 1 (1920).
[3] H. D. SLADE und C. H. WERKMAN: Arch. Biochem. 2, 97 (1943); G. KALNITSKY, H. G. WOOD und C. H. WERKMAN: Ibid. 2, 269 (1943).
[4] E. S. G. BARRON und F. GHIRETTI: Biochim. biophys. Acta 12, 239 (1953).
[5] J. L. STOKES: J. Bacter. 57, 147 (1949).
[6] Vgl. C. H. WERKMAN und H. G. WOOD: Adv. Enzymology 2, 135 (1942).
[7] A. T. JOHNS: Biochem. J. 42, II (1948); Nature 164, 620 (1948); J. gen. Microbiol. 5, 326 (1951); E. A. DELWICHE: J. Bacter. 56, 811 (1948).
[8] E. A. DELWICHE, E. F. PHARES und S. F. CARSON: Federation Proc. 12, 194 (1953); H. R. WHITELEY: J. Amer. chem. Soc. 75, 1518 (1953).
[9] A. T. JOHNS: J. gen. Microbiol. 6, 123 (1952).

ist, und konnte mit Hilfe von markierten Substraten und durch Untersuchungen über die Hemmbarkeit der Propionsäure-bildung durch Fluorid wahrscheinlich machen, daß Propionsäure in *Cl. propionicum* nicht aus Bernsteinsäure entsteht.

Die Propionsäure-gärung ist bei der Reifung des Emmentaler Käses von Bedeutung. Die Loch-bildung erfolgt durch CO_2-Entwicklung[1].

Die Buttersäure-gärung[2]. Verschiedene Mikroorganismen, so z. B. *Clostridium saccharobutyricum* und verwandte Arten, können Kohlehydrate zu einem großen Prozentsatz zu Buttersäure vergären. Neben Buttersäure werden andere organische Säuren, CO_2, Alkohole sowie H_2 gebildet.

Der Mechanismus der Buttersäure-entstehung wurde erst in den letzten Jahren teilweise geklärt. Es handelt sich anscheinend um einen Vorgang, welcher völlig der Umkehr der β-Oxydation bzw. der Biosynthese der Fettsäuren über den sog. Fettsäure-zyklus (vgl. S. 719) entspricht. Als Ausgangsstoff muß Acetyl-CoA angenommen werden, das aus Brenztraubensäure durch oxydative Decarboxylierung entsteht. Zwei Moleküle Acetyl-CoA kondensieren in Umkehrung der sog. „thioklastischen" Reaktion (S. 374) zu Acetoacetyl-CoA, welches weiter über β-Oxybutyryl-CoA und Vinylacetyl-CoA zu Butyryl-CoA reduziert wird. Durch Umkehr der acyl-aktivierenden Reaktion (S. 376) oder durch Übertragung von CoA auf ein entsprechendes Akzeptor-substrat (z. B. Essigsäure) entsteht nunmehr die Buttersäure.

Die Vorgänge sind völlig reversibel; der Abbau der Buttersäure kann in genau umgekehrter Reaktionsfolge stattfinden.

$$\underset{\text{Brenztraubensäure}}{2\,CH_3COCOOH} + 2\,CoA \xrightarrow{-2\,H_2} \underset{\text{Acetyl-CoA}}{2\,CH_3CO{-}S{-}\overline{CoA}} + 2\,CO_2$$

$$\downarrow\uparrow \pm CoA$$

$$(CH_3CO{-}\overline{S}{-}CoA + CH_3COCH_2COOH \underset{}{\overset{+\,CH_3COOH}{\rightleftharpoons}})\ \underset{\text{Acetoacetyl-CoA}}{CH_3COCH_2CO{-}S{-}\overline{CoA}}$$

$$\downarrow\uparrow \pm H_2$$

$$\underset{\beta\text{-Oxybutyryl-CoA}}{CH_3CHOHCH_2CO{-}S{-}\overline{CoA}}$$

$$\downarrow\uparrow \pm H_2O$$

$$\underset{\text{Vinylacetyl-CoA}}{CH_2{=}CHCH_2CO{-}S{-}\overline{CoA}}$$

$$\downarrow\uparrow \pm H_2$$

$$CH_3CO{-}S{-}\overline{CoA} + CH_3CH_2CH_2COOH \overset{+\,CH_3COOH}{\rightleftharpoons} \underset{\text{Butyryl-CoA}}{CH_3CH_2CH_2CO{-}S{-}\overline{CoA}}$$

$$\downarrow\uparrow \pm ATP$$

$$\underset{\text{Buttersäure}}{CH_3CH_2CH_2COOH} + CoA$$

Die Butanol-gärungen. Verschiedene Bakterien-arten, und zwar vor allem solche aus der Gattung *Clostridium*, sind imstande, Kohlehydrate in einem er-

[1] Vgl. dazu H. Hostettler: Landwirtsch. Jahrb. Schweiz **57**, 729 (1943).

[2] Vgl. dazu z. B. E. P. Kennedy und A. L. Lehninger: In „Phosphorus Metabolism", herausgegeben von W. D. McElroy und B. Glass, Bd. II, S. 253. Baltimore: John Hopkins Press. 1952; F. Lynen und S. Ochoa: Biochim. biophys. Acta **12**, 299 (1953); sowie die Besprechung des Fettsäure-zyklus in dieser Darstellung (S. 719).

heblichen Ausmaß zu Butanol zu vergären. Als Nebenprodukte treten dabei Aceton, Isopropanol, Äthanol, H_2, CO_2 und andere Substanzen auf.

Unter diesen Vorgängen hat besonders die sog. *Aceton-Butanol-gärung* Bedeutung erlangt; aus 100 kg Stärke können bis zu 25 kg Butanol und bis zu 15 kg Aceton erhalten werden. Die Entwicklung zu einem technischen Verfahren ist vor allem WEIZMANN, dem späteren ersten Präsidenten des Staates Israel, zu verdanken, welcher auch den ersten für diesen Vorgang gut geeigneten Bakterien-stamm, *Clostridium acetobutylicum*, isolierte.

Was den Chemismus der Butanol-bildung betrifft, so muß heute als sicher angesehen werden, daß als Vorläufer des Butanols Buttersäure bzw. Butyryl-CoA fungieren. Buttersäure wird, wie oben geschildert wurde, durch Kondensation zweier Moleküle Acetyl-CoA zu Acetoacetyl-CoA und darauffolgende Reduktion zu Butyryl-CoA gebildet; durch weitere Reduktion entsteht dann — vielleicht über Butyrylphosphat — Butanol. Über die Fermentsysteme, welche für die Überführung von der Carbonsäure-stufe zum Alkohol verantwortlich sind, ist noch nichts bekannt. Der Mechanismus konnte aber durch Versuche mit isotop markierten Substraten sichergestellt werden[1]; sowohl Essigsäure als auch Buttersäure werden in Butanol überführt. Die Verhältnisse bei Einsatz von isotop markierter Essigsäure werden durch Tab. 74 illustriert.

Tabelle 74. *Verteilung von C^{13} aus $CH_3C^{13}OOH$ unter den Produkten der Gärung durch Butanol-bildende Bakterien* (nach WOOD, BROWN und WERKMAN)[1]

Produkte	*Clostridium acetobutylicum*		*Clostridium butylicum*	
	Millimole	C^{13} im Überschuß über dem Normalen	Millimole	C^{13} im Überschuß über dem Normalen
Aceton	5,04	0,72		
Isopropanol			5,38	0,84
Butanol	8,19	1,25	6,37	1,21
Äthanol	1,89	0,54	0,23	0,70
Essigsäure	4,40	0,43	1,06	0,24
Buttersäure	0,75	0,021	3,36	0,17
Ameisensäure	0,36	0,14	0,10	0,10
CO_2	35,4	0,38	35,0	0,53

Das neben Butanol entstehende Aceton wird ohne Zweifel aus Acetessigsäure gebildet; ein für die Decarboxylierung von Acetessigsäure spezifisches Enzym, eine Acetoacetat-decarboxylase (vgl. S. 619), konnte von DAVIES[2] nachgewiesen und isoliert werden. Die Acetessigsäure entsteht vermutlich aus Acetoacetyl-CoA, das wiederum durch Kondensation zweier Moleküle Acetyl-CoA gebildet wird.

Die Vorgänge der Aceton-Butanol-gärung lassen sich — unter Berücksichtigung der „aktiven" Formen der Carbonsäuren — durch das auf der nächsten Seite folgende Schema darstellen, welches dem momentanen Stand der Forschung wohl am besten entspricht.

Manche *Clostridium*-Arten, wie z. B. *Cl. felsineum* und *Cl. butylicum* bilden an Stelle von Aceton Isopropanol; man kann also von einer *Butanol-Isopropanol-gärung* sprechen. Isopropanol wird, wie das bereits im Schema dargestellt ist, durch Reduktion aus Aceton gebildet.

---

[1] H. G. WOOD, R. W. BROWN und C. H. WERKMAN: Arch. Biochem. 6, 243 (1945).
[2] R. DAVIES: Biochem. J. 37, 230 (1943).

$$2\,CH_3COCOOH + 2\,CoA \xrightarrow[\text{(an DPN)}]{-2\,H_2} 2\,CH_3CO{-}S{-}\overline{CoA} + CO_2$$

Brenztraubensäure — Acetyl-CoA

$$\downarrow -\,CoA$$

$$CH_3COCH_2COOH \xleftarrow{-\,CoA} CH_3COCH_2CO{-}S{-}\overline{CoA}$$

Acetessigsäure — Acetoacetyl-CoA

$$\downarrow \qquad\qquad \downarrow +\,H_2\ (\text{von DPN}\cdot H_2)$$

$$CH_3COCH_3 + CO_2 \qquad CH_3CHOHCH_2CO{-}S{-}\overline{CoA}$$

Aceton — β-Oxybutyryl-CoA

$$\downarrow +\,H_2\ (\text{von DPN}\cdot H_2?) \qquad \downarrow -\,H_2O$$

$$CH_3CHOHCH_3 \qquad CH_2{=}CHCH_2CO{-}S{-}\overline{CoA}$$

Isopropanol — Vinylacetyl-CoA

$$\downarrow +\,H_2\ (\text{von FAD}\cdot H_2)$$

$$CH_3CH_2CH_2CO{-}S{-}\overline{CoA}$$

Butyryl-CoA

$$\downarrow +\,H_2\ (\text{Donator noch unbekannt}),\ -\,CoA$$

$$CH_3CH_2CH_2CH_2OH \xleftarrow[\text{(vermutlich von DPN}\cdot H_2)]{+\,H_2} CH_3CH_2CH_2CHO$$

Butanol — Butyraldehyd

Die Entstehung von Acetoin, Diacetyl und 2,3-Butylenglykol. Die genannten Substanzen sind sehr häufig Endprodukte der Kohlehydrat-vergärung durch Bakterien. Da sie untereinander nahe verwandt sind — sie können durch Oxydation bzw. Reduktion ineinander überführt werden — erfolgt die Besprechung der Vorgänge, welche zu ihrer Bildung führen, gemeinsam.

Wie bereits an anderer Stelle (S. 616) berichtet wurde, dürfte es zumindest zwei Mechanismen geben, durch welche Acetoin (Acetylmethylcarbinol) entstehen kann. Einerseits gibt es Organismen, die unter dem Einfluß einer Pyruvat-decarboxylase Acetoin aus Brenztraubensäure und Acetaldehyd bilden (Carboligase-reaktion). Hier kondensiert der durch die Enzym-wirkung primär entstehende „nascierende" Acetaldehyd — vermutlich Acetaldehyd, gebunden an das TPP-Enzym — mit einem anderen Molekül Acetaldehyd in Art einer Benzoinkondensation zu Acetoin, wobei der Carbonyl-sauerstoff des zugesetzten Acetaldehyds zur Hydroxyl-gruppe des Ketols wird.

In Organismen, welche keine Pyruvat-decarboxylase besitzen, entsteht, wie Juni[1] vor kurzem nachweisen konnte, Acetoin durch die Reaktionsfolge

$$2\ \text{Brenztraubensäure} \rightarrow \alpha\text{-Acetylmilchsäure} \rightarrow CO_2,$$
$$\alpha\text{-Acetylmilchsäure} \rightarrow \text{Acetoin} \rightarrow CO_2.$$

Die verantwortlichen Enzyme konnten voneinander getrennt werden.

$$CH_3CHOHCHOHCH_3 \underset{+H_2}{\overset{-H_2}{\rightleftharpoons}} CH_3CHOHCOCH_3 \underset{+H_2}{\overset{-H_2}{\rightleftharpoons}} CH_3COCOCH_3$$

2,3-Butylenglykol — Acetoin — Diacetyl

2,3-Butylenglykol und Diacetyl dürften durch Reduktion bzw. Oxydation von Acetoin entstehen; Spencer und Happold[2] nehmen allerdings an, daß bei

[1] E. Juni: J. biol. Chem. **195**, 715 (1952).
[2] F. C. Happold und C. P. Spencer: Biochim. biophys. Acta **8**, 543 (1952).

Aerobacter aerogenes der „aktive“ Acetaldehyd (der Acetaldehyd-Enzym-komplex) mit freier Essigsäure direkt zu Diacetyl kondensiert.

Acetoin ist diejenige Verbindung, welche in einem Pepton-Glucose-medium mit 10%iger Kalilauge eine eosin-rote Färbung, die sog. VOGES-PROSKAUER-Reaktion, gibt, die ein wertvolles Hilfsmittel zur Unterscheidung von Bakterien ist.

2,3-Butylenglykol wurde besonders während des zweiten Weltkrieges in großem Ausmaß durch Gärung hergestellt; man verwendete es als Ausgangsmaterial für Butadien bzw. Butadien-kautschuk.

Die Bildung von Ameisensäure. Verschiedene Bakterien der *Coli-Aerogenes*-Gruppe und manche *Salmonella*-Arten spalten Brenztraubensäure scheinbar nach der Bruttogleichung

$$CH_3COCOOH + H_2O \rightarrow CH_3COOH + HCOOH.$$

Auf Grund der Beobachtung, daß für diesen Vorgang die Anwesenheit anorganischen Phosphats erforderlich ist, wurde eine Zeitlang angenommen, daß es sich um eine „phosphoroklastische“ Spaltung nach der Gleichung

$$CH_3COCOOH + H_3PO_4 \rightarrow CH_3COOPO_3H_2 + HCOOH$$

handelt. Heute ist aber klargestellt, daß der Primärschritt eine Übertragung eines Acetyl-restes von Brenztraubensäure auf CoA ist, wofür eine Pyruvat → CoA-transacetylase (*Formotransacetylase*, S. 370) verantwortlich ist[1]; dabei entsteht Ameisensäure nach der Gleichung

$$CH_3COCOOH + Co\overline{A}—SH \rightleftharpoons CH_3CO—S—Co\overline{A} + HCOOH.$$

In einem weiteren Schritt

$$CH_3CO—S—Co\overline{A} + H_3PO_4 \rightleftharpoons CH_3COOPO_3H_2 + Co\overline{A}—SH,$$

welcher von einer Acetylphosphat → CoA-transacetylase (*Phosphotransacetylase*, S. 370) katalysiert wird[2], erfolgt die Bildung von Acetylphosphat unter Freisetzung von CoA. Schließlich kann die energiereiche Phosphat-bindung im Acetylphosphat nach der Gleichung

$$CH_3COOPO_3H_2 + ADP \rightleftharpoons ATP + CH_3COOH$$

an das Adenylsäure-system abgegeben werden; diese Phosphat-übertragung wird von einer Acetylphosphat → ADP-transphosphatase (*Acetyl-kinase*, S. 421) bewirkt. Bei der Spaltung von Brenztraubensäure in Essigsäure und Ameisensäure entsteht somit eine energiereiche Phosphat-bindung.

Der weitere Abbau der Ameisensäure zu CO_2 und H_2, die sog. Hydrogenlyase-reaktion, wurde bereits auf S. 665 eingehend besprochen.

Es scheint aber, daß molekularer Wasserstoff nicht nur aus Ameisensäure durch die Hydrogen-lyase-reaktion entsteht; nach Angaben von WERKMAN und Mitarbeitern[3] produziert *Clostridium butylicum*, ohne daß Ameisensäure als Zwischenprodukt auftritt, Wasserstoff nach der Bruttogleichung

$$CH_3COCOOH + H_2O \rightarrow CH_3COOH + CO_2 + H_2.$$

Die Cellulose-vergärung[4]. Organismen, welche anaerob Cellulose abbauen können, sind meist streng anaerob lebende sporen-bildende Bakterien; viele unter ihnen sind thermophil. Ebenfalls anaerob lebende aber nicht sporen-bildende Bakterien, die Cellulose vergären, finden sich im Pansen der Wiederkäuer.

---

[1] H. CHANTRENNE und F. LIPMANN: J. biol. Chem. **187**, 757 (1950.

[2] E. R. STADTMAN, G. D. NOVELLI und F. LIPMANN: Ibid. **191**, 365 (1951).

[3] J. WILSON, L. O. KRAMPITZ und C. H. WERKMAN: Biochem. J. **42**, 598 (1948).

[4] Übersichtsreferate: A. JANKE: Österr. Botan. Z. **96**, 399 (1949); R. E. HUNGATE: Bact. Revs. **14**, 1 (1950); R. H. MCBEE: Ibid. **14**, 51 (1950); F. F. NORD und J. C. VITUCCI: Adv. Enzymology **8**, 253 (1948); A. G. NORMAN und W. H. FULLER: Ibid. **2**, 239 (1942).

Der Primärschritt des Cellulose-abbaus dürfte die Hydrolyse der Cellulose zu Glucose sein, wofür Cellulasen (S. 245) verantwortlich sein sollen. Im weiteren Verlauf der Gärung entstehen verschiedene Produkte in wechselnden Mengen: Fettsäuren, und zwar neben etwas Ameisensäure vorwiegend Essig-, Propion- und Buttersäure; Äthanol, unter Umständen auch geringe Mengen von Methanol; Milchsäure sowie geringe Mengen von Bernsteinsäure und Fumarsäure; CO_2 und meist auch H_2. Über die Mechanismen, welche bei den Cellulosebakterien zur Bildung dieser Substanzen führen, ist noch kaum etwas bekannt; da aber alle genannten Produkte auch von anderen Bakterien-arten produziert werden, ist anzudaß die Bildungs-wege bei den Cellulose-bakterien keine Besonderheiten aufweisen.

An dieser Stelle soll auch kurz angemerkt werden, daß verschiedene holz-zerstörende Pilze, wie z. B. *Lentinus lepideus* und *Trametes suaveolens*, aus dem Cellulose-anteil des Holzes, aber auch aus Glucose, Xylose oder Äthanol verschiedene aromatische Verbindungen aufbauen können[1]. Es handelt sich unter anderem um die Methyl-ester von Zimtsäure, *p*-Methoxyzimtsäure und Anissäure. Nord und Mitarbeiter[2] fanden, daß bei der Bildung dieser Substanzen Acetaldehyd als Zwischenprodukt auftritt.

$CH{=}CHCOOCH_3$ | $CH{=}CHCOOCH_3$, H_3CO | $COOCH_3$, H_3CO

Zimtsäure-methylester | *p*-Methoxyzimtsäure-methylester | Anissäure-methylester

Die Verbindungen zeigen gewisse strukturelle Ähnlichkeiten mit Stoffen, die als Vorläufer des Lignins angesehen werden (vgl. S. 606f.). Nord und Schubert[3] halten es deshalb für möglich, daß in der Pflanze Mechanismen existieren, welche in ähnlicher Weise wie die holz-zerstörenden Pilze Kohlehydrate in aromatische Lignin-bausteine umbilden.

Die Bildung von Methan. Verschiedene obligate Anaerobier der Gattungen *Methanosarcina, Methanococcus* und *Methanobacterium* vermögen in Anwesenheit von CO_2 und von bestimmten organischen Substraten (fettsauren Salzen, Alkoholen), bzw. von H_2 oder CO Methan zu bilden[4]. Methan-erzeugende Organismen finden sich häufig in Metabiose mit Bakterien, die Cellulose zu Fettsäuren abbauen. Das Zusammenwirken beider Arten ergibt eine Mischgärung: die von den Cellulose-bakterien erzeugten Fettsäuren stellen das Substrat der Methanbakterien dar. Vorgänge dieser Art finden auch zur Verwertung verschiedener Abfall-stoffe technische Verwendung.

Bis vor kurzer Zeit nahm man an, daß Methan ausschließlich durch Reduktion von CO_2 entsteht, wobei die Fettsäuren oder die Alkohole als Wasserstoff-donatoren fungieren. In letzter Zeit wurde aber erkannt, daß dies nicht der ausschließliche Bildungsweg des Methans ist. Bei Versuchen mit C^{14}-markierten Substraten konnte gezeigt werden, daß bei der Vergärung von Essigsäure[5, 6] und Methanol[7] der Methan-kohlenstoff in der Methyl-gruppe der Essigsäure bzw. im Methanol-kohlenstoff seinen Ursprung hat, während bei anderen Substraten (Wasserstoff, Kohlenmonoxyd[8], Äthanol[3], Isopropanol, Propionsäure, Buttersäure[9]) Kohlendioxyd zu Methan reduziert wird.

Über die Fermente, welche bei diesen Vorgängen beteiligt sind, ist noch nichts bekannt; ebenso wenig wissen wir über die Ausnützung der Methan-bildung zur Energie-gewinnung durch die Organismen.

Die anaerobe Vergärung von Aminosäuren (Stickland-Reaktion). Anhangsweise soll an dieser Stelle ein Vorgang besprochen werden, der zwar nicht unter die Kohlehydratvergärungen gerechnet werden kann, aber mit diesen gewisse Übereinstimmungen zeigt. Verschiedene anaerob lebende Bakterien der Gattung *Clostridium* können ihren Energiebedarf völlig decken, wenn ihnen Aminosäuren als einzige Kohlenstoff- und Stickstoffquelle zur Verfügung stehen. Die energie-liefernden Vorgänge bestehen darin, daß zwei

---

[1] J. H. Birkinshaw und W. P. K. Findlay: Biochem. J. **34**, 82 (1940).
[2] F. F. Nord und J. C. Vitucci: Arch. Biochem. **14**, 243; **15**, 465 (1947); J. V. Fiore und F. F. Nord: Ibid. **23**, 473 (1949); **26**, 382 (1950).
[3] W. J. Schubert und F. F. Nord: J. Amer. chem. Soc. **72**, 977, 3835 (1950).
[4] Vgl. das Übersichtsreferat: A. Janke: Österr. Botan. Z. **95**, 325 (1948).
[5] A. M. Buswell und F. W. Sollo: J. Amer. chem. Soc. **70**, 1778 (1948).
[6] T. C. Stadtman und H. A. Barker: Arch. Biochem. **21**, 256 (1949).
[7] T. C. Stadtman und H. A. Barker: J. Bacter. **61**, 81 (1951).
[8] A. J. Kluyver und C. G. T. P. Schnellen: Arch. Biochem. **14**, 57 (1947).
[9] T. C. Stadtman und H. A. Barker: J. Bacter. **61**, 67 (1951).

Aminosäuren gekoppelt desaminiert werden, wobei die eine als Wasserstoff-donator und die andere als -akzeptor fungiert[1]. Die Bruttogleichung eines solchen Prozesses ist z. B.

$$\underset{\text{Alanin}}{CH_3CHNH_2COOH} + 2\ \underset{\text{Glykokoll}}{H_2NCH_2COOH} + 2\ H_2O \rightarrow 3\ CH_3COOH + 3\ NH_3 + CO_2$$

oder

$$\underset{\text{Alanin}}{CH_3CHNH_2COOH} + 2\ \underset{\text{Prolin}}{\begin{array}{ccc} H_2C & — & CH_2 \\ | & & | \\ H_2C & & CHCOOH \\ & \diagdown NH \diagup & \end{array}} + 2\ H_2O \rightarrow$$

$$\rightarrow CH_3COOH + 2\ \underset{\delta\text{-Aminovaleriansäure}}{H_2N(CH_2)_4COOH} + NH_3 + CO_2$$

In beiden Beispielen stellt Alanin den Wasserstoff-donator dar, während Glykokoll bzw. Prolin die Rolle des Wasserstoff-akzeptors innehaben: Alanin wird zu Essigsäure, CO_2 und Ammoniak oxydiert, während Glykokol zu Essigsäure und Prolin zu δ-Aminovaleriansäure reduziert werden. Versuche von NISMAN und Mitarbeitern[2] einerseits und von MAMELAK und QUASTEL[3] anderseits zeigen ganz eindeutig, daß es sich hier um verhältnismäßig komplexe Vorgänge handelt. Als Wasserstoff-vermittler fungiert das System DPN/DPN · H_2; weiters sind als Cofaktoren TPP, α-Lipoinsäure, CoA und anorganisches Phosphat beteiligt. Die Reaktionsfolge bei der gekoppelten Desaminierung von Alanin und Prolin dürfte folgendermaßen zu formulieren sein:

1. Alanin + DPN + $H_2O \rightarrow$ DPN · H_2 + Brenztraubensäure + NH_3;
2. Brenztraubensäure + CoA + DPN $\rightarrow$ Acetyl-CoA + DPN · H_2 + CO_2;
3. DPN · H_2 + Prolin $\rightarrow$ δ-Aminovaleriansäure + DPN.

Reaktion 1 scheint nicht durch eine der einfachen DPN-spezifischen Transhydrogenasen katalysiert zu werden, sondern wiederum einen komplexen Vorgang darzustellen; während der Wasserstoff-übertragung muß Phosphat anwesend sein, das dabei organisch gebunden wird. Teilschritt 2 wird vermutlich von einem decarboxylierenden Pyruvat-oxydase-system (*Pyruvat-dehydrase*, S. 626) des bekannten Typus bewirkt. Über das Ferment oder Fermentsystem, das Reaktion 3 katalysiert, ist noch sehr wenig bekannt; vor kurzem gelang es, durch Vermahlen von Bakterien in Wasserstoff-atmosphäre Extrakte zu gewinnen, welche in Anwesenheit von Akzeptor-aminosäuren und DPN molekularen Wasserstoff aufnehmen.

d) *Die Hemmung des anaeroben Kohlehydrat-abbaus durch Sauerstoff; der sog.* PASTEUR-*Effekt*

Gewebe und Einzeller, welche sowohl aerob als auch anaerob Kohlehydrate abbauen können, verbrauchen unter anaeroben Bedingungen weitaus größere Mengen Substrat als bei Sauerstoff-zufuhr. Unter aeroben Bedingungen wird beträchtlich weniger Milchsäure oder Äthanol gebildet als bei Sauerstoff-ausschluß. Dieser Erscheinungs-komplex wurde zuerst von PASTEUR beobachtet und erhielt deshalb den Namen PASTEUR-Effekt.

Die nächstliegende Deutung, nämlich daß das verminderte Auftreten der Endprodukte der Glykolyse einfach durch ihre sofortige Verbrennung nach dem Entstehen zustande kommt, trifft nicht zu. In eingehenden quantitativen Untersuchungen zeigte MEYERHOF[4] eindeutig, daß in atmendem Gewebe drei-

---

[1] L. H. STICKLAND: Biochem. J. **28**, 1746 (1934); **29**, 288, 889, 896 (1935); D. D. WOODS: Ibid. **30**, 1934 (1936).

[2] B. NISMAN, M. RAYNAUD und G. N. COHEN: Arch. Biochem. **16**, 473 (1948); B. NISMAN und G. VINET: C. R. Acad. Sci. Paris **229**, 675 (1949); Ann. Inst. Pasteur **78**, 115 (1950); B. NISMAN: C. R. Acad. Sci. Paris **230**, 248 (1950); B. NISMAN und J. MAGER: Nature **169**, 243, 709 (1952).

[3] R. MAMELAK und J. H. QUASTEL: Biochim. biophys. Acta **12**, 103 (1953).

[4] O. MEYERHOF: Pflüger's Arch. ges. Physiol. **175**, 20; **185**, 11 (1920); **188**, 114 (1921); Biochem. Z. **162**, 43 (1925); Übersichtsreferat: Idem: In „Symposium on Respiratory Enzymes", S. 3. Madison: Univ. Wisconsin Press. 1942.

bis sechsmal weniger Milchsäure entsteht als von der Sauerstoff-menge, welche das Gewebe gleichzeitig aufnimmt, verbrannt werden kann. Die Ergebnisse von MEYERHOF konnten von verschiedenen Seiten bestätigt werden. Beim PASTEUR-Effekt handelt es sich somit eindeutig um eine Hemmung der anaeroben Abbauwege (Glykolyse, alkoholische Gärung) durch Sauerstoff bzw. durch das gleichzeitige Funktionieren der Atmungssysteme.

Zur Erklärung des PASTEUR-Effekts wurden verschiedene Theorien aufgestellt, von denen allerdings noch keine mit Sicherheit bestätigt werden konnte. MEYERHOF postulierte, daß die bei der Oxydation von Milchsäure freiwerdende Energie für eine Resynthese von Kohlehydraten aus Milchsäure benützt werden könne. Diese Annahme konnte aber — zumindest in ihrer verallgemeinerten Form — nicht verifiziert werden.

Die Beobachtungen von WARBURG[1], LASER[2], DICKENS[3] und anderen Forschern, daß durch Zusatz bestimmter Inhibitoren zu atmendem Gewebe die Glykolyse unter aeroben Bedingungen ungefähr die Werte annimmt, welche sie unter anaeroben Bedingungen hat, d. h. daß der PASTEUR-Effekt gehemmt werden kann, veranlaßten STERN und MELNICK[4] dazu, die Existenz eines spezifischen Enzymtypus anzunehmen, welcher für den PASTEUR-Effekt verantwortlich sein sollte. Die Tatsache, daß Kohlenmonoxyd schon in geringen, die Atmung nicht beeinträchtigenden Konzentrationen den PASTEUR-Effekt hemmt, und diese Hemmung durch Licht zumindest teilweise aufhebbar ist, führte zu der Vorstellung, daß das PASTEUR-Enzym ein den Cytochrom-oxydasen ähnliches eisen-haltiges Ferment ist. Nach neueren Untersuchungen von KEILIN und HARTREE[5] sollen allerdings die Spektren, welche dem PASTEUR-Enzym zugeschrieben wurden, in Wahrheit durch Cytochrom-oxydasen verursacht sein (vgl. S. 557). Die Annahme, daß ein einzelnes Enzym für den gesamten Erscheinungs-komplex des PASTEUR-Effekts verantwortlich sein soll, muß zur Zeit sehr bezweifelt werden.

LIPMANN[6] konnte feststellen, daß verschiedene Oxydations-mittel (Jod, Chinone, und die oxydierten Formen bestimmter Redox-farbstoffe in Anwesenheit von Sauerstoff) sowohl die Glykolyse in Muskel-extrakten als auch die Gärung von Hefe-extrakten hemmen[7]. Diese Wirkung läßt sich durch Zusatz von Cystein oder SH-Glutathion aufheben. Da aber mehrere Enzyme, die Teilreaktionen der Glykolyse oder der alkoholischen Gärung katalysieren, als Sulfhydrylproteine erkannt wurden, ist es schwer, den Angriffs-punkt der Oxydationsmittel zu bestimmen. Immerhin deuten die referierten Ergebnisse dahin, daß unter Umständen das Zusammenwirken des Sauerstoffs mit Redox-Systemen für die Unterbindungen der Glykolyse bzw. der alkoholischen Gärung unter aeroben Bedingungen, d. h. also für den PASTEUR-Effekt verantwortlich sein könnte.

Eine ähnliche Vorstellung wurde von ENGELHARDT und SAKOW[8] entwickelt. Nach diesen Forschern ist der Teilschritt der Glykolyse bzw. der alkoholischen Gärung, in dem die Phosphorylierung von Fructose-6-phosphat zu Fructose-1,6-diphosphat erfolgt, gegen oxydierende Einflüsse besonders empfindlich; die

---

[1] O. WARBURG: Biochem. Z. **172**, 432; **177**, 471 (1926).
[2] H. LASER: Biochem. J. **31**, 1677 (1937).
[3] F. DICKENS: Ibid. **30**, 1064, 1233 (1936).
[4] K. G. STERN und J. L. MELNICK: J. biol. Chem. **139**, 301 (1941).
[5] D. KEILIN und E. F. HARTREE: Nature **171**, 413 (1953).
[6] F. LIPMANN: Biochem. Z. **265**, 133 (1933); **268**, 205 (1934); vgl. das Übersichtsreferat: Idem: In „A Symposium on Respiratory Enzymes", S. 48. Madison: Univ. Wisconsin Press. 1942.
[7] C. L. GEMILL und L. HELLERMAN: Amer. J. Physiol. **120**, 522 (1937).
[8] V. A. ENGELHARDT und N. E. SAKOW: Biochimija **8**, 9 (1943).

ATP → Fructose-6-phosphatasen (*Phosphohexokinase*, S. 429) werden in ihrer Aktivität gehemmt und an Stelle des weiteren Abbaus über den glykolytischen Weg findet ein oxydativer Abbau von Glucose-6-phosphat über 6-Phosphogluconsäure zur Pentosephosphat-stufe und weiter statt. Die Phase der Hexosemonophosphate wäre somit der Punkt, an dem sich das Schicksal des Kohlehydrat-moleküls in Glykolyse und Gärung entscheidet: unter anaeroben Bedingungen (niedrigem Redox-potential) erfolgt der Abbau über den Glykolyse-weg, während bei höherem Redox-potential ein oxydativer Abbau über den in letzter Zeit eingehender erforschten Weg der Hexosemonophosphat-oxydation stattfindet (vgl. S. 716).

Im Anschluß an die Beobachtungen von DICKENS[1] und anderen Autoren[2], daß Phenosafranin, andere Phenazin-derivate und bestimmte Abkömmlinge des Pyridins, darunter in einem gewissen Ausmaß auch Nicotin, den PASTEUR-Effekt aufheben können, wurde auf die strukturellen Ähnlichkeiten dieser Verbindungen mit den Pyridinnucleotiden hingewiesen und eine Wirkung auf diese Cofaktoren der Glykolyse vermutet. MCILWAIN[3] konnte diese Vorstellung zumindest teilweise verifizieren; er zeigte, daß die sehr aktiven Enzymsysteme des DPN-Abbaus verschiedener Zellen und Gewebe spezifisch die oxydierte Form der Pyridinnucleotide angreifen. Phenazin- und Pyridin-derivate schützen die oxydierten Pyridinnucleotide vor der Zerstörung. Trotzdem kann auf Grund dieser Untersuchungen keine generelle Erklärung des PASTEUR-Effekts gegeben werden, da MCILWAIN Substanzen fand, welche wohl den PASTEUR-Effekt aufheben, hingegen die Zerstörung der oxydierten Formen der Pyridinnucleotide nicht hemmen, wie z. B. Kohlenmonoxyd, Guanidine und Amidine.

Die zur Zeit vielleicht plausibelste Deutung des PASTEUR-Effektes wurde fast gleichzeitig von LYNEN[4] und von JOHNSON[5] vorgeschlagen. Die beiden Autoren stellen fest, daß unter aeroben Bedingungen durch die Vorgänge der sog. Atmungsketten-phosphorylierung (vgl. S. 164) viel größere Mengen anorganischen Phosphats in organische Bindung überführt werden als unter anaeroben Bedingungen. Dieser große Phosphat-verbrauch durch die Atmung könnte nun zur Folge haben, daß kein anorganisches Phosphat für den phosphat-erfordernden Teilschritt von Glykolyse und Gärung, der Überführung von 3-Phosphoglycerinaldehyd in 1,3-Diphosphoglycerinsäure durch die phosphorylierende 3-Phosphoglycerinaldehyd → DPN-transhydrogenasen (*Triosephosphat-dehydrase*, S. 469), zur Verfügung steht, wodurch dieser Schritt und damit die gesamte Glykolyse bzw. Gärung gehemmt wäre. Für die Vorstellungen von LYNEN und JOHNSON sprechen vor allem die Beobachtungen, daß sämtliche Substanzen, welche Atmung und Phosphorylierung entkoppeln (vgl. S. 165), wie z. B. 2,4-Dinitrophenol und Azid[6], in gleicher Weise den PASTEUR-Effekt aufheben.

Aus dem Referierten ergibt sich, daß wir zur Zeit noch über keine Theorie verfügen, welche mit Sicherheit den Gesamt-komplex des PASTEUR-Effekts erklärt. Es wäre vorstellbar, daß diese Erscheinung durch das Zusammenwirken mehrerer Faktoren zustande kommt und dadurch auch mehrere der berichteten Theorien unter bestimmten Bedingungen zutreffen.

Die biologische Bedeutung des PASTEUR-Effekts ist wohl diejenige eines Regulations-mechanismus, dessen Sinn leicht verständlich ist, wenn wir bedenken,

---

1 F. DICKENS: Biochem. J. **30**, 1233 (1936).

2 Z. BAKER, J. F. FAZEKAS und H. E. HIMWICH: J. biol. Chem. **125**, 545 (1938).

3 H. MCILWAIN: Nature **163**, 641 (1949); Biochem. J. **46**, 612 (1950).

4 F. LYNEN: Liebig's Ann. Chem. **546**, 120 (1941).

5 M. T. JOHNSON: Science **94**, 200 (1941).

6 Vgl. z. B. I. F. SEITS und V. A. ENGELHARDT: Doklady Akad. Nauk. S. S. S. R. **66**, 439 (1949); Biochimija **14**, 487 (1949).

daß bei der Total-verbrennung (=Veratmung) eines Hexose-moleküls mehr als die zehnfache Energie-menge gewonnen werden kann als beim anaeroben Abbau (Glykolyse, alkoholische Gärung). Der Zweck des PASTEUR-Effekts scheint wohl der zu sein, den verhältnismäßig verschwenderischen Weg der Glykolyse auszuschalten, wenn der Zelle der viel nutzbringendere Weg des oxydativen Abbaus zur Verfügung steht.

II. Der oxydative Abbau der Kohlehydrate; der Citronensäure-zyklus[1]

Die bisher beschriebenen Enzymsysteme des Kohlehydrat-abbaus können ohne Sauerstoff funktionieren. Wohl finden wir auch in diesen Systemen Oxydations-vorgä··ge; diese erfolgen jedoch ohne Mitwirkung von Sauerstoff in einer Art zyklischer Oxydoreduktionen (vgl. die Rolle von DPN in der Glykolyse und der alkoholischen Gärung).

Die Mehrzahl der Organismen lebt aber unter aeroben Bedingungen und gewinnt den größten Teil seines Energie-bedarfs durch die Veratmung von Nährstoffen, d. h. durch Oxydation mittels Sauerstoff (vgl. S. 446 ff.). Wie wir aus dem 33. Kapitel wissen, kann Sauerstoff jedoch nur in wenigen Fällen als direktes Oxydans fungieren; er wirkt vielmehr meist über ein System von Überträgern, die wir als Oxydations- oder Atmungs-ketten bezeichnen. Den Aufbau dieser Systeme haben wir bereits bei der Besprechung der Cytochrome kennengelernt (S. 550); sie bestehen im wesentlichen aus einem primär am Substrat angreifenden Ferment (meist einer Pyridinnucleotid-spezifischen Transhydrogenase), einem Flavin-ferment und dem Cytochrom-Cytochrom-oxydase-system; mit diesen Systemen sind die heute noch ungeklärten Vorgänge der oxydativen Phosphorylierung verknüpft.

Wir müssen uns hier nun mit der Frage beschäftigen, welche Primär-vorgänge zu einer Veratmung, d. h. zur Oxydation der Kohlehydrate führen.

Ein wichtiger Hinweis zur Lösung dieses Problems wurde seinerzeit von SZENT-GYÖRGYI[2] gegeben, der beobachten konnte, daß kleine Mengen von Fumarsäure den Sauerstoff-verbrauch von Suspensionen aus Tauben-brustmuskel stark steigern; weiters konnte er zeigen, daß Malonsäure, ein Hemmstoff der Succinat-dehydrogenasen (S. 497), auch die Atmung hemmt. Dieser Effekt kann aber durch Fumarsäure aufgehoben werden.

Die C_4-Dicarbonsäure-theorie. Auf Grund dieser und analoger Befunde formulierte SZENT-GYÖRGYI[3] seine *C_4-Dicarbonsäure-theorie*. Nach dieser sollten die C_4-Dicarbonsäuren, d. h. Oxalessigsäure, Äpfelsäure, Fumarsäure und Bernsteinsäure, ein Wasserstoff-transport-system darstellen, und zwar seien die beiden Redoxsysteme Oxalessigsäure/Äpfelsäure und Fumarsäure/Bernsteinsäure miteinander gekoppelt. Der bei der Dehydrierung eines Substrats auf DPN übertragene Wasserstoff werde von diesem Überträger-substrat auf Oxalessigsäure weitergegeben, wodurch Äpfelsäure entstehe. Von hier erfolge der Transport des Wasserstoffs auf Fumarsäure; die so entstandene Bernsteinsäure könne dann über die Succinat-dehydrogenase den Wasserstoff auf das Cytochrom-system leiten. Die Rolle der C_4-Dicarbonsäuren wäre diesen Vorstellungen entsprechend eine rein katalytische; sie fungieren als Überträger-systeme zwischen den primär dehydrierenden Fermenten und dem Cytochrom-system.

Gegen die C_4-Dicarbonsäure-theorie wurden bald gewichtige Einwände geltend gemacht und es steht heute wohl fest, daß die Funktion dieser Substanzen beim oxydativen Abbau

[1] Übersichtsreferate: E. S. G. BARRON: In „Trends in Physiology and Biochemistry“, herausgegeben von E. S. G. BARRON, S. 471. New York: Academic Press. 1952; C. MARTIUS und F. LYNEN: Adv. Enzymology 10, 167 (1950); vgl. auch „Symposium sur le Cycle tricarboxylique“, 2e Congr. internat. Biochimie. Paris. 1952.

[2] B. GÖZSY und A. SZENT-GYÖRGYI: Hoppe-Seyler's Z. physiol. Chem. **224**, 1 (1934).

[3] E. ANNAU, I. BANGA, B. GÖZSY, S. HUSZÁK, K. LAKI, F. B. STRAUB und A. SZENT-GYÖRGYI: Ibid. **236**, 1 (1935); E. ANNAU, I. BANGA, A. BLASZO, V. BRUCKNER, K. LAKI, F. B. STRAUB und A. SZENT-GYÖRGYI: Ibid. **244**, 105 (1936).

der Kohlehydrate eine andere ist als die von SZENT-GYÖRGYI postulierte. Trotz ihrer offenbaren Unrichtigkeit haben aber diese Vorstellungen einen befruchtenden Einfluß auf die Weiter-entwicklung des Gebietes ausgeübt.

Die Formulierung des Citronensäure-zyklus. Verstreute Einzel-beobachtungen, daß atmendes Gewebe außer Glucose und den Intermediär-produkten der Glykolyse auch andere Substanzen, so vor allem die C_4-Dicarbonsäuren, Citronensäure und α-Ketoglutarsäure oxydieren kann, sowie die Feststellung von KNOOP und MARTIUS[1], daß unter bestimmten Bedingungen Brenztraubensäure und Oxalessigsäure zu Citronensäure zusammentreten können, führten schließlich zu der Auffassung, daß alle diese Stoffe in einem Kreis-prozeß miteinander verknüpft sind. Dieser wurde erstmalig von KREBS[2] formuliert und ist heute als Citronensäure-zyklus, Tricarbonsäure-zyklus oder KREBS-Zyklus bekannt.

Der Gesamt-vorgang katalysiert die komplette Oxydation von Brenztraubensäure, die über den Weg der Glykolyse, aber auch durch andere Mechanismen aus den Kohlehydraten entsteht, zu Kohlendioxyd und Wasser nach der Bruttogleichung

$$CH_3COCOOH + 2^1/_2\,O_2 \rightarrow 3\,CO_2 + 2\,H_2O$$

An dem Vorgang nehmen teil: eine noch nicht genau bekannte Anzahl von Enzymen, weiters als Cofaktoren (enzymatische Komplemente und Coenzyme) DPN/DPN · H_2, TPN/TPN · H_2, ATP/ADP, CoA, TPP und α-Lipoinsäure — die beiden letztgenannten Substanzen vermutlich konjugiert als Lipothioamidpyrophosphat (LTPP) — außerdem Mn^{++} oder Mg^{++} und schließlich eine C_4-Dicarbonsäure (Bernsteinsäure, Fumarsäure oder Oxalessigsäure) als Katalysator.

Die ursprüngliche Formulierung des Citronensäure-zyklus von KREBS enthielt bereits Citronensäure als Intermediär-produkt der Vorgänge. Diese Auffassung wurde im späteren Verlauf der Untersuchungen von verschiedenen Forschern bezweifelt. Versuche über den aeroben Abbau von Brenztraubensäure durch Lebergewebe in Anwesenheit von radioaktiv markiertem CO_2, wobei der weitere Abbau der entstehenden Bernsteinsäure durch Malonsäure gehemmt war[3], ergaben, daß die isolierte Bernsteinsäure kein isotopes Kohlenstoff-atom enthielt, während die ebenfalls gewonnene α-Ketoglutarsäure nur in der Carboxylgruppe, welche der Keto-gruppe benachbart ist, isotop markiert war. Dieser Befund schien mit einer Intermediär-bildung von Citronensäure nicht vereinbar zu sein, da das Citronensäuremolekül völlig symmetrisch ist und aus ihm demnach zwei verschiedene *cis*-Aconitsäuren, ebenso zwei verschiedene α-Ketoglutarsäuren und schließlich ein Gemisch von markierter und nicht-markierter Bernsteinsäure entstehen müßten.

Ähnliche Ergebnisse wurden auch von BUCHANAN und Mitarbeitern[4] berichtet; auf Grund aller dieser Befunde wurde postuliert, daß bei der Kondensation von Oxalessigsäure mit Brenztraubensäure nicht die symmetrisch aufgebaute Citronensäure, sondern die asymmetrische *cis*-Aconitsäure bzw. eine asymmetrische Vorstufe dieser Substanz gebildet werde; Citronensäure liege nur in einem „Nebenschluß" des Zyklus. Diese Vorstellungen brachten es auch mit sich, daß der Name Citronensäure-zyklus als unzutreffend abgelehnt wurde und an seiner Stelle die Bezeichnung „Tricarbonsäure-zyklus" vorgeschlagen wurde.

Neuere Forschungen zeigten aber, daß Citronensäure doch direkt im Zyklus liegt. Eine theoretische Widerlegung der dagegen sprechenden Anschauungen wurde von OGSTON[5] geliefert: danach könne das symmetrische Molekül bei der Bildung einer Enzym-Substrat-verbindung mit der Aconitat-hydratase (*Aconitase*, S. 649) durchaus asymmetrisch reagieren. Ein Enzym sei grundsätzlich eine asymmetrische Verbindung, welche deshalb auch imstande ist, eine

---

[1] F. KNOOP und C. MARTIUS: Hoppe-Seyler's Z. physiol. Chem. **242**, 1 (1936); C. MARTIUS und F. KNOOP: Ibid. **246**, 1 (1937): C. MARTIUS: Ibid. **247**, 104 (1937).

[2] H. A. KREBS und W. A. JOHNSON: Enzymologia **4**, 148 (1937).

[3] H. G. WOOD, C. H. WERKMAN, A. HEMINGWAY und A. O. NIER: J. biol. Chem. **142**, 31 (1942).

[4] J. M. BUCHANAN, W. SAKAMI, S. GURIN und D. W. WILSON: Ibid. **159**, 695 (1945).

[5] A. G. OGSTON: Nature **162**, 963 (1948).

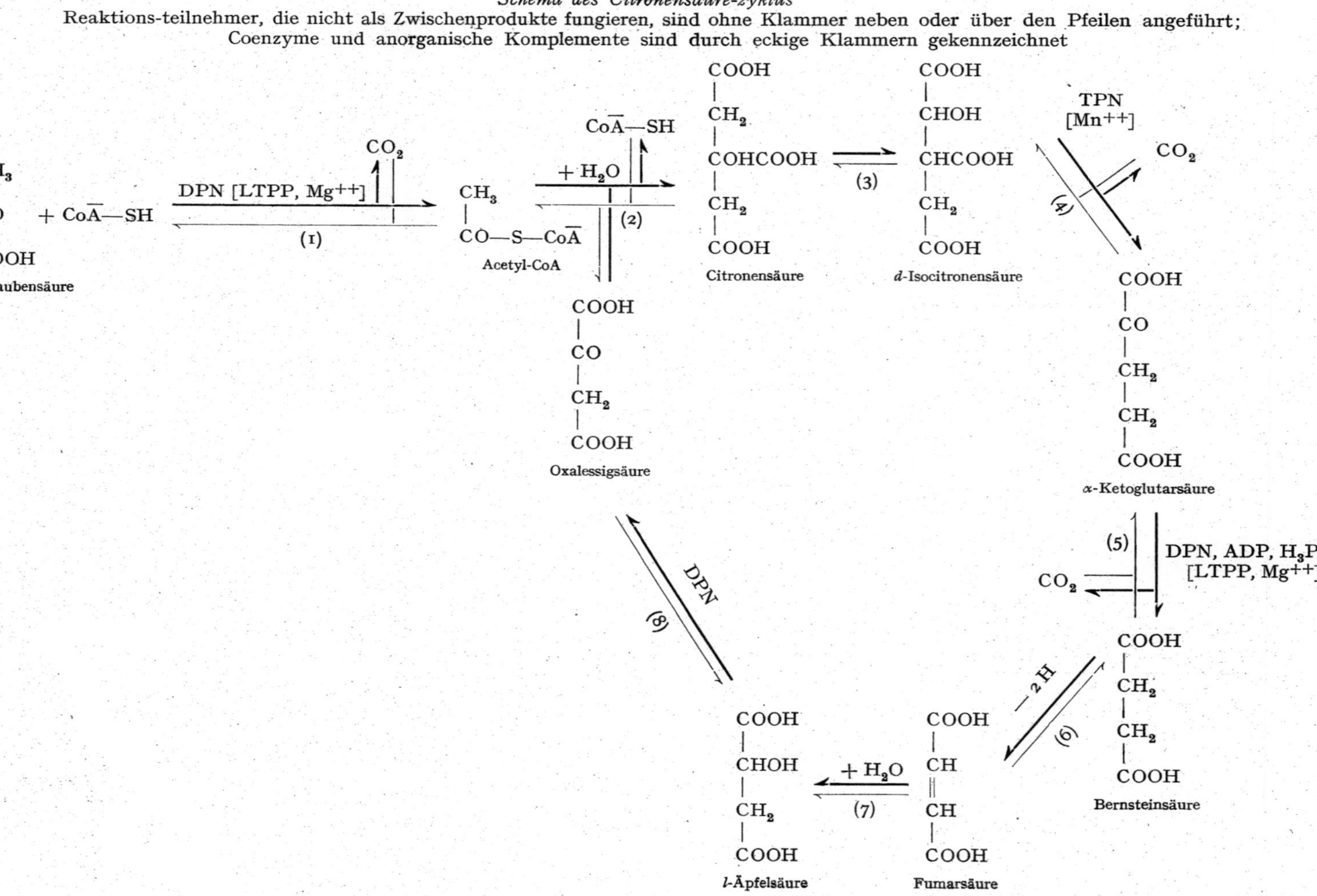
Schema des Citronensäure-zyklus
Reaktions-teilnehmer, die nicht als Zwischenprodukte fungieren, sind ohne Klammer neben oder über den Pfeilen angeführt;
Coenzyme und anorganische Komplemente sind durch eckige Klammern gekennzeichnet
Brenztraubensäure
+ CoA—SH
DPN [LTPP, Mg++]
CO2
(1)
Acetyl-CoA
+ H2O
CoA—SH
(2)
Oxalessigsäure
Citronensäure
(3)
d-Isocitronensäure
TPN
[Mn++]
CO2
(4)
α-Ketoglutarsäure
DPN, ADP, H3PO4
[LTPP, Mg++]
CO2
(5)
Bernsteinsäure
— 2 H
(6)
Fumarsäure
+ H2O
(7)
l-Äpfelsäure
DPN
(8)

symmetrische Verbindung asymmetrisch abzubauen. Wenn das Enzym das symmetrische Substrat an drei Stellen bindet und sich die beiden Stellen, an welchen die symmetrischen Gruppen des Substrat-moleküls angelagert werden, in ihrer katalytischen Wirkung unterscheiden, muß der Abbau des Substrats asymmetrisch erfolgen. Die Verhältnisse sind im Schema (Abb. 43) illustriert.

Die theoretischen Vorstellungen von OGSTON erhielten bald experimentelle Stützung[1, 2, 3, 4] und heute scheint es wohl sicher zu sein, daß tatsächlich Citronensäure innerhalb des Zyklus liegt, weshalb der Name Citronensäure-zyklus zu Recht besteht.

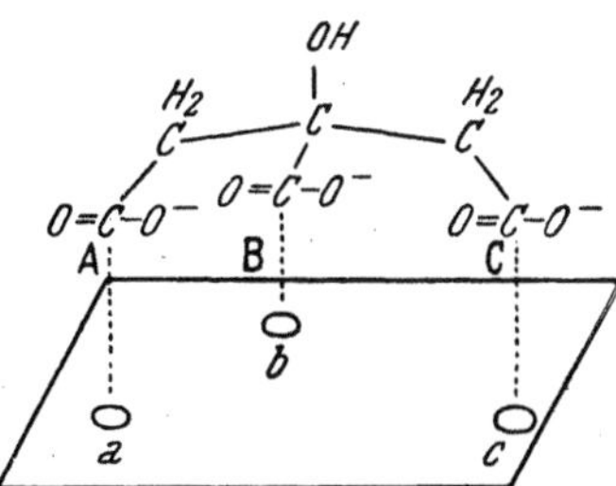

Abb. 43. Asymmetrische Bindung des Citrations an das Molekül einer Aconitat-hydratase (*Aconitase*) (nach OGSTON)

Die heute gültige Formulierung des Citronensäure-zyklus ist im vorstehenden Schema wiedergegeben; die energetischen Verhältnisse wurden bereits auf S. 162ff. besprochen.

Erläuterung des Schemas. Im Gegensatz zu den Verhältnissen bei der Glykolyse und der alkoholischen Gärung ist die Erforschung der einzelnen Teilreaktionen des Citronensäure-zyklus noch nicht so weit fortgeschritten, daß wir in der Lage sind, jeden einzelnen Teilschritt auch einem Einzelenzym zuzuschreiben. Wir wissen, daß die Teilschritte 1 und 5, die oxydativen Decarboxylierungs-reaktionen, durch Systeme von Enzymen bewirkt werden; diese Mechanismen sind aber bisher noch nicht eindeutig geklärt.

Teilschritt 1 ist die oxydative Decarboxylierung der Brenztraubensäure unter Übertragung des Acetyl-restes auf CoA. Dabei entsteht Acetyl-CoA, die „aktive" Essigsäure. Die Gesamt-reaktion wird von einem komplexeren Enzymsystem, dem System der oxydativen Pyruvat-decarboxylierung (S. 626) katalysiert; als oxydierendes Agens wirkt DPN. α-Lipoinsäure und TPP wirken — vermutlich in der Form eines Conjugats (LTPP) — als Teil-katalysatoren des Systems. Die Reaktion ist reversibel; die bei der Oxydation frei werdende Energie wird in der Acetylmercaptan-bindung des Acetyl-CoA gespeichert.

Teilschritt 2 ist die Kondensation von Acetyl-CoA mit Oxalessigsäure. Unter Wasser-aufnahme entstehen Citronensäure und freies CoA. Der Vorgang wird durch eine kondensierende Acetyl-CoA → Oxalacetat-transacetylase, dem „condensing enzyme" von STERN und OCHOA[5] (S. 372), katalysiert.

Als dritter Teilschritt ist die Isomerisierung der Citronensäure zu *d*-Isocitronensäure angeführt, welche von einer Aconitat-hydratase (*Aconitase*, S. 649) bewirkt wird. Im Sinne der Vorstellungen von MARTIUS verläuft dieser Vorgang nicht über die bisher als Zwischenprodukt angenommene *cis*-Aconitsäure, so daß diese Substanz im Schema nicht aufgenommen ist.

Teilschritt 4, die Überführung von *d*-Isocitronensäure in α-Ketoglutarsäure, ist gleichzeitig eine Dehydrierung und Decarboxylierung. Nach Untersuchungen von GRAFFLIN und OCHOA[6] ist es wahrscheinlich, daß für beide Vorgänge ein einziges Enzymprotein, eine decarboxylierende *d*-Isocitrat → TPN-transhydrogenase (*Isocitronensäure-dehydrase*, S. 621) verantwortlich ist, obwohl es möglich ist, jede einzelne der beiden Aktivitäten unabhängig von der anderen zu hemmen.

---

[1] V. R. POTTER und C. HEIDELBERGER: Ibid. **164**, 180 (1949).
[2] V. LORBEER, M. F. UTTER, H. RUDNEY und M. COOK: J. biol. Chem. **185**, 689 (1950).
[3] J. R. STERN und S. OCHOA: Ibid. **179**, 499 (1949).
[4] C. MARTIUS und G. G. SCHORRE: Liebig's Ann. Chem. **570**, 140, 143 (1950).
[5] J. R. STERN und S. OCHOA: J. biol. Chem. **179**, 491 (1949); **191**, 161 (1951).
[6] A. L. GRAFFLIN und S. OCHOA: Biochim. biophys. Acta **4**, 205 (1950).

Auf Grund der Annahme, daß sowohl Dehydrierung als auch Decarboxylierung durch einen einzigen Enzymtypus bewirkt werden, wurde die als Zwischenprodukt anzunehmende Oxalbernsteinsäure nicht in das Schema aufgenommen.

An den Vorgängen bei Teilschritt 4 sind TPN als Wasserstoff-akzeptor und Mn^{++} als anorganisches Komplement beteiligt.

Teilschritt 5, die oxydative Decarboxylierung der α-Ketoglutarsäure, wird ebenso wie Teilschritt 1 durch ein komplexeres System von Enzymen katalysiert, das in seinen Einzelheiten noch nicht völlig geklärt ist (S. 629). In einer ersten Stufe, die wahrscheinlich auch durch mehr als ein einziges Enzym bewirkt wird, erfolgt ganz analog wie bei der oxydativen Decarboxylierung gleichzeitig eine Dehydrierung, Decarboxylierung und Übertragung des Säure-restes — in diesem Falle des Succinyl-restes — auf CoA. Die zweite Stufe ist die Überführung des entstandenen Succinyl-CoA in freie Bernsteinsäure; die Reaktion verläuft aber nicht, wie vielleicht vermutet werden könnte, als einfache Hydrolyse. Die Energie der Succinylmercaptan-bindung wird vielmehr nach der Gleichung

$$\text{Succinyl-CoA} + \text{ADP} + H_3PO_4 \rightleftharpoons \text{ATP} + \text{Bernsteinsäure} + \text{CoA}$$

in eine energiereiche Phosphat-bindung überführt. Dies ist der einzige Schritt innerhalb des Citronensäure-zyklus, bei dem eine Bildung energiereichen Phosphats auf dem Substrat-niveau erfolgt.

Der komplexen Natur von Teilschritt 5 entsprechend sind dabei zahlreiche Cofaktoren beteiligt: DPN fungiert als Wasserstoff-akzeptor, CoA als intermediärer Akzeptor des Succinyl-restes; weiters müssen ADP und anorganisches Orthophosphat und schließlich anscheinend auch Mg^{++} zugegen sein.

Als Teilschritt 6 scheint im Schema die Dehydrierung der Bernsteinsäure zur Fumarsäure, welche durch eine Succinat-dehydrogenase (*Bernsteinsäure-dehydrase*, S. 497) bewirkt wird, auf. Der primäre Wasserstoff-akzeptor ist hier noch nicht bekannt.

Im folgenden Teilschritt 7 erfolgt die Überführung der Fumarsäure in *l*-Äpfelsäure durch Wasser-anlagerung. Dieser Vorgang wird von einer Fumarat-hydratase (*Fumarase*, S. 646) katalysiert.

Schließlich findet als letzter Teilschritt 7 die Dehydrierung der *l*-Äpfelsäure zur Ausgangs-substanz, nämlich zur Oxalessigsäure, statt. Die Reaktion wird durch eine *l*-Malat → DPN-transhydrogenase (*Äpfelsäure-dehydrase*, S. 483) bewirkt; DPN ist der Wasserstoff-akzeptor.

Das Schema des Citronensäure-zyklus, wie es hier gegeben wurde, gibt aber insoweit kein vollständiges Bild des oxydativen Abbaus der Brenztraubensäure, als diejenigen Systeme darin nicht verzeichnet sind, welche für den Abtransport des Wasserstoffs sorgen. Bei allen jenen Teilreaktionen, die Dehydrierungen einschließen, d. h. also bei den Teilschritten 1, 4, 5, 6 und 8, müßte eine Oxydationskette (Warburg-Keilin-System, vgl. S. 550 ff.) mit eingezeichnet sein, welche den Transport des Wasserstoffs bzw. der Elektronen bis zum Sauerstoff und gleichzeitig die oxydative Phosphorylierung bewirkt. Das Funktionieren des gesamten Zyklus hängt natürlich weitgehend von der Aktivität dieser Transportsysteme ab, welche dafür sorgen müssen, daß immer genügende Mengen an Wasserstoff-akzeptoren (DPN und TPN) vorhanden sind.

Jeder einzelne Teil-vorgang des Zyklus ist reversibel; das bedeutet, daß der Zyklus, wenn genügend „Reduktions-kraft" bzw. Phosphat-energie in das System hineingepumpt würde, auch in der umgekehrten Reihenfolge funktionieren könnte, also eine Synthese von Brenztraubensäure aus CO_2 katalysieren würde. Eine solche Umkehr des Citronensäure-zyklus konnte allerdings bisher noch niemals beobachtet werden; die geistvolle Theorie von OCHOA[1], daß die Photosynthese eine Umkehr des Citronensäure-zyklus darstellt, konnte nicht verifiziert werden, da die Intermediär-produkte des Zyklus nicht unter denjenigen Substanzen nachgewiesen werden konnten, welche bei der Photosynthese primär zu entstehen scheinen (vgl. S. 729).

Inhibitoren des Citronensäure-zyklus[2]. Die Malonsäure-hemmung der Atmung, welche über den Citronensäure-zyklus verläuft, wurde schon zu Eingang dieses Abschnitts erwähnt. Der Haupt-angriffspunkt dieses Inhibitors ist ohne Zweifel die Succinat-dehydrogenase, also Teilschritt 6; verschiedene Befunde sprechen dafür, daß auch andere Teilreaktionen gegen Malonsäure empfindlich sind.

Ein sehr spezifischer Hemmstoff des Zyklus ist Fluoressigsäure (FCH_2COOH). Die Aufklärung ihrer Wirkungsweise stellte eine recht schwierige Aufgabe dar, da die Substanz kein einziges isoliertes Ferment des Zyklus in seiner Wirksamkeit wesentlich beeinflußt. Erst in letzter Zeit konnte gezeigt werden, daß nicht Fluoressigsäure selbst als Inhibitor fungiert; dieser Körper kondensiert vielmehr, vermutlich unter dem Einfluß der kondensierenden Acetyl-CoA → Oxalacetat-transacetylase (*„condensing enzyme“*), zu einer Substanz, die wahrscheinlich eine Fluorcitronensäure ist und die Isomerisierung von Citronensäure zu Isocitronensäure durch die Aconitat-hydratase (*Aconitase*) kompetitiv hemmt.

Es handelt sich hier um einen bemerkenswerten Fall einer Inhibitor-wirkung: eine gegenüber allen Fermenten des Systems an sich inerte Substanz wird durch die Wirkung eines Teilkatalysators des Systems in einen spezifischen Hemmstoff umgewandelt.

Auch SH-Reagenzien der verschiedenen Gruppen (vgl. S. 143ff.) verursachen eine deutliche, aber recht unspezifische Hemmung des Citronensäure-zyklus; dies ist leicht verständlich, da bekannt ist, daß mehrere Fermente des Zyklus, so vor allem das System der oxydativen Pyruvat-decarboxylierung und die Succinat-dehydrogenase, für ihre Wirkung essentielle Sulfhydryl-gruppen enthalten.

Die Lokalisierung der Enzyme des Citronensäure-zyklus innerhalb der Zelle. Wie bereits an anderer Stelle (S. 86) erwähnt wurde, konnte es nachgewiesen werden, daß in vielen Zell-arten die Fermentsysteme der Oxydation von Kohlehydraten und Fettsäuren, d. h. also diejenigen Enzymsysteme, welche für den oxydativen Energie-stoffwechsel vor allem verantwortlich sind, in bestimmten größeren Zell-partikeln lokalisiert sind, die im allgemeinen mit den Mitochondrien gleichgesetzt werden können.

Bei der Untersuchung der Oxydation von Brenztraubensäure zu Essigsäure in einer Partikel-fraktion aus Kaninchen-nieren stellten GREEN und Mitarbeiter[3] fest, daß diese Fraktion nicht etwa eine einstufige Oxydation der Brenztraubensäure, sondern die komplette Oxydation der Substanz zu CO_2 und H_2O über den Citronensäure-zyklus bewirkt und sämtliche an diesem Vorgang beteiligten Enzyme in konstanten Konzentrationen enthält. Sie bezeichneten die Partikelfraktion als „Cyclophorase“. Vereinzelte ähnliche Beobachtungen waren wohl

---

[1] S. OCHOA: In „Currents of Biochemical Research“, herausgegeben von D. E. GREEN, S. 165. New York: Interscience. 1946.

[2] Übersichtsreferate: R. A. PETERS: In „Symposium sur le Cycle tricarboxylique“, S. 64, 2e Congr. internat. Biochimie. Paris. 1952; Idem: Brit. Med. Bull. **9**, 116 (1953).

[3] D. E. GREEN, W. F. LOOMIS und V. H. AUERBACH: J. biol. Chem. **172**, 389 (1948); vgl. die Übersichtsreferate: D. E. GREEN: In „Enzymes and Enzyme Systems“, herausgegeben von J. T. EDSALL, S. 15. Cambridge, Mass.: Harvard Univ. Press. 1951; Biol. Revs. Cambridge phil. Soc. **26**, 410 (1951); In „Symposium sur le Cycle tricarboxylique“, 2e Congr. Internat. Biochimie, S. 5. Paris 1952.

schon früher berichtet worden[1, 2]; es scheint aber, daß GREEN und seine Schule zuerst auf die optimale und konstante Zusammensetzung ihrer Zellpartikelfraktion hingewiesen haben und damit die Konzeption einer obligatorischen Beziehung zwischen bestimmten Zell-elementen und Enzymsystemen schufen.

Die Partikel-fraktion von GREEN konnte durch cytologische Methoden mit den Mitochondrien identifiziert werden[3]; diese Zellelemente sind somit imstande, alle Vorgänge des Citronensäure-zyklus zu katalysieren. Die entsprechenden Partikeln in Herzmuskel-gewebe werden als Sarkosomen bezeichnet; sie sind in gleicher Weise wie die Mitochondrien befähigt, die Reaktionsfolge des Citronensäure-zyklus zu bewirken[4].

Die Herstellung von Mitochondrial-präparationen bzw. „Cyclophorase"-zubereitungen wurde von verschiedener Seite beschrieben (vgl. S. 86); es handelt sich im wesentlichen um ein Homogenisieren des Gewebes und folgender fraktionierter Zentrifugation, wobei bestimmte Vorsichtsmaßnahmen zu beachten sind, damit die Enzyme nicht allzusehr geschädigt werden. Allgemein erweisen sich die Präparationen als relativ unstabil. Während kurz nach der Herstellung anscheinend alle für das Funktionieren des Citronensäure-zyklus erforderlichen Cofaktoren (enzymatische Komplemente, Coenzyme, anorganische Komplemente) in den Präparationen enthalten sind, wird es, selbst wenn die Präparation bei 0° aufbewahrt wird, nach wenigen Stunden notwendig, AMP und Mg^{++} zuzusetzen, um dieselbe Wirksamkeit zu erreichen. Noch später ist auch ein Zusatz von Pyridinnucleotiden erforderlich.

In den Mitochondrial-präparationen sind aber nicht nur die Enzyme des Citronensäure-zyklus enthalten. So wurde auch gefunden, daß die Mitochondrien die Träger des Enzymsystems des Fettsäure-zyklus sind; sie enthalten ferner zahlreiche Transaminasen sowie Fermente, welche Aminosäuren oxydativ desaminieren. Ebenso sind die WARBURG-KEILIN-Systeme (Cytochrom-Cytochromoxydase-systeme, S. 550ff.) und die damit gekoppelten Vorgänge der oxydativen Phosphorylierung in den Mitochondrien lokalisiert. Schließlich spricht viel für die Auffassung, daß sämtliche Reaktionsfolgen, welche primär eine Aktivierung der beteiligten Substrate unter Mitwirkung von ATP einschließen, durch Enzymsysteme verursacht werden, die in den Mitochondrien lokalisiert sind; als Beispiele seien genannt: die Vorgänge der Arginin-bildung aus Ornithin (Ornithinzyklus, vgl. S. 412ff.), die Synthese der Hippursäure aus Benzoesäure und Glykokoll (Zwischenprodukt: Benzoyl-CoA, vgl. S. 374), die Bildung von Ornithursäure aus Benzoesäure und Ornithin[5] (vermutlich ebenfalls über Benzoyl-CoA) und die Synthese von Phenolsulfat[6]. Hingegen finden sich die Enzyme des glykolytischen Abbaus der Kohlehydrate vorwiegend im Cytoplasma; unter ihnen konnten bisher nur die DPN-spezifischen Transhydrogenasen, und zwar phosphorylierende 3-Phosphoglycerinaldehyd → DPN-transhydrogenasen (Triosephosphat-dehydrase, S. 469), DPN · H_2 → Pyruvat-transhydrogenasen (Milchsäure-dehydrasen, S. 468) und DPN · H_2 → Phosphodioxyaceton-transhydrogenasen (*α-Glycerophosphat-dehydrasen*, S. 465) in den Mitochondrien nachgewiesen werden[7].

Beziehungen zwischen dem Citronensäure-zyklus und anderen wichtigen Stoffwechsel-vorgängen. Der oxydative Abbau der Kohlehydrate über den Citronensäure-zyklus ist aber nicht nur strukturell mit einer Reihe anderer Enzymsysteme eng verbunden. Die Beziehung zur Glykolyse wurde schon kurz gestreift; es ist zu vermuten, daß ziemlich allgemein den Vorgängen des Citronen-

[1] S. OCHOA: J. biol. Chem. **155**, 87 (1944).
[2] A. L. LEHNINGER: Ibid. **164**, 291 (1946).
[3] A. L. LEHNINGER und E. P. KENNEDY: Ibid. **179**, 957 (1949); W. C. SCHNEIDER und V. R. POTTER: Ibid. **177**, 893 (1949); J. HARMAN: Exp. Cell Res. **1**, 382, 394 (1950).
[4] K. W. CLELAND und E. C. SLATER: Biochem. J. **53**, 547 (1953).
[5] R. W. MCGILVERY und P. P. COHEN: J. biol. Chem. **183**, 179 (1950).
[6] R. H. DEMEIO und L. TKACZ: Arch. Biochem. **27**, 242 (1950).
[7] E. H. KAPLAN, J. L. STILL und H. R. MAHLER: Arch. Biochem. Biophys. **34**, 16 (1951).

säure-zyklus der Abbau der Kohlehydrate über das glykolytische System bis zur Brenztraubensäure vorangeht.

Der Citronensäure-zyklus scheint aber nicht nur das System der End-oxydation der Kohlehydrate zu sein, sondern erfüllt höchstwahrscheinlich dieselbe Funktion für den oxydativen Abbau der Fettsäuren, welcher über den noch später zu besprechenden Fettsäure-zyklus verläuft (S. 719). Das Endprodukt dieser Reaktions-folge ist nämlich Acetyl-CoA, das nun durch Kondensation mit Oxalessigsäure in den Citronensäure-zyklus eingeschaltet und über diesen komplett oxydiert werden kann. Wie bereits erwähnt wurde, finden sich die Enzyme des Fettsäure-zyklus in denselben Struktur-einheiten der Zelle wie diejenigen des Citronensäure-zyklus.

Weiters bestehen auch enge Beziehungen zwischen dem Citronensäure-zyklus und dem Stoffwechsel der Aminosäuren und Proteine. Drei Intermediärprodukte des Zyklus, α-Ketoglutarsäure, Oxalessigsäure und Brenztraubensäure können im Organismus durch spezifische Enzyme in die entsprechenden Aminosäuren überführt werden. Die α-Ketoglutarsäure wird unter dem Einfluß einer Glutaminat $\rightarrow$ PN-transhydrogenase (*Glutaminsäure-dehydrase,* S. 490) leicht reduktiv zu Glutaminsäure aminiert; außerdem sind zahlreiche Transaminasen (S. 402 ff) bekannt, welche durch Übertragung der Amino-gruppe von verschiedenen Donatoren auf α-Ketoglutarsäure die Entstehung von Glutaminsäure bewirken. Durch Transaminierung können auch Oxalessigsäure und Brenztraubensäure in Asparaginsäure und Alanin überführt werden (S. 405). In bestimmten Mikroorganismen dürfte auch die Fumarsäure, ebenfalls ein Zwischenprodukt des Zyklus, eine ähnliche Funktion erfüllen; es sind Fermente, die Aspartat-ammoniak-lyasen (*Aspartasen,* S. 650), bekannt, welche durch direkte Ammoniakanlagerung die Entstehung von Asparaginsäure aus Fumarsäure katalysieren.

Schließlich soll noch darauf hingewiesen werden, daß Succinyl-CoA, ein Zwischenprodukt der oxydativen Decarboxylierung von α-Ketoglutarsäure (Teilschritt 5 des Zyklus), nach neueren Forschungen einen Grundbaustein bei der Porphyrin-synthese darstellt (vgl. S. 651).

Vorkommen des Citronensäure-zyklus. Es besteht heute allgemeine Übereinstimmung darüber, daß der Citronensäure-zyklus im Zusammenwirken mit den Atmungs-ketten zumindest der wichtigste Weg des oxydativen Kohlehydratabbaus im tierischen Gewebe ist; dasselbe konnte in letzter Zeit auch für höhere Pflanzen wahrscheinlich gemacht werden[1]. Bei den Mikroorganismen scheint eine derartige Verallgemeinerung nicht zulässig zu sein; wohl konnte auch hier in einer Reihe von Fällen, so z. B. bei *Chlorella*[2] oder bei der Hefe[3], die Existenz eines Fermentsystems nachgewiesen werden, welches die Vorgänge des Citronensäure-zyklus katalysiert, doch sprechen verschiedene Befunde dafür, daß in aerob lebenden Mikroorganismen auch andere Mechanismen am oxydativen Abbau der Kohlehydrate beteiligt sind.

Alternative Möglichkeiten des oxydativen Kohlehydrat-abbaus[4]. Für die Organismen scheinen verschiedene Möglichkeiten des oxydativen Abbaus der Kohlehydrate zu existieren. So kann vor allem ein direkter oxydativer Angriff auf die Hexosen oder auf Hexose-phosphate erfolgen.

[1] Vgl. z. B. A. MILLARD, J. BONNER, B. AXELROD und R. S. BANDURSKI: Proc. nat. Acad. Sci. U. S. **37**, 855 (1951).

[2] N. ZÖLLNER: Hoppe-Seyler's Z. physiol. Chem. **291**, 157 (1952).

[3] Vgl. dazu H. A. KREBS: In „Symposium sur le Cycle tricarboxylique", 2e Congr. internat. Biochimie. S. 42. Paris. 1952.

[4] Übersichtsreferate: E. S. G. BARRON: Ibid. S. 94; F. DICKENS: Brit. med. Bull. **9**, 105 (1953).

Wohl finden wir in tierischen Organismen einen Fermenttypus, welcher eine direkte Dehydrierung von Glucose zu Gluconsäure bewirkt, nämlich die Glucose → DPN-transhydrogenasen (*Glucose-dehydrase*, S. 467), und es konnte auch gezeigt werden, daß Gluconsäure einer weiteren Verwertung im Tierkörper unterliegt[1], doch scheint dieser Abbau-weg für das Tier von untergeordneter Bedeutung zu sein. Hingegen sind eine Anzahl von Bakterien bekannt, für welche der direkte Abbau der Hexosen der Hauptweg der Oxydation der Kohlehydrate darstellen dürfte; dieser führt über Gluconsäure und 2-Ketogluconsäure oder 5-Ketogluconsäure bis zur Brenztraubensäure[2], doch sind die einzelnen Zwischenstufen und die daran beteiligten Fermente noch wenig erforscht (vgl. S. 597).

Ein analoger Mechanismus, dem vielleicht auch beim Tier größere Bedeutung zukommt, ist der oxydative Abbau von Glucose-6-phosphat. Auf diesen Weg der Oxydation der Kohlehydrate wurde bereits seinerzeit von WARBURG und CHRISTIAN[3] hingewiesen, welche die ersten Teilschritte dieses Vorgangs entdeckten[4]. In letzter Zeit konnten HORECKER und Mitarbeiter[5] den Mechanismus dieses Abbauwegs teilweise aufklären und einzelne daran beteiligte Fermente charakterisieren. Die oxydative Umwandlung des Glucose-6-phosphats zu einem Pentose-5-phosphat verläuft in folgenden Stufen:

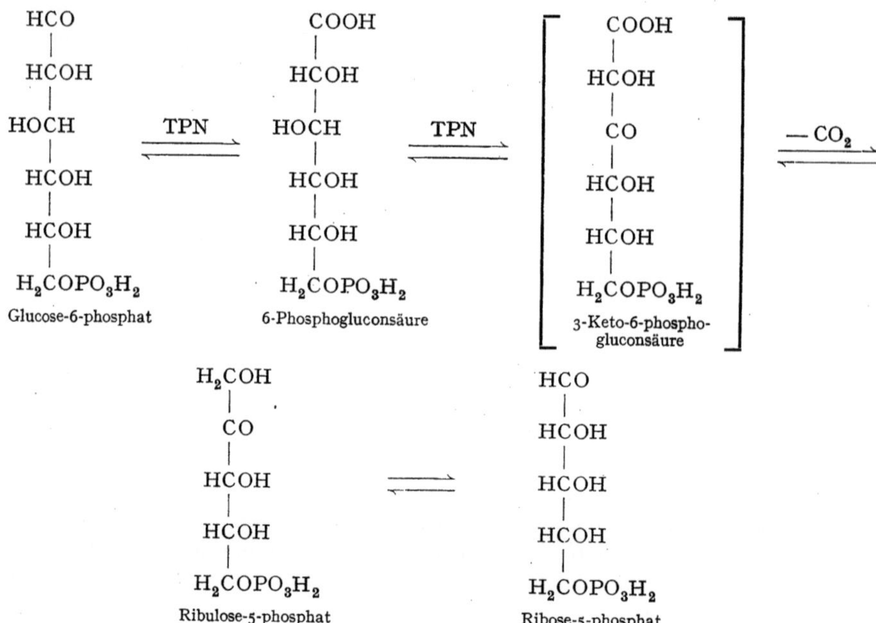

Der Vorgang geht demnach derart vor sich, daß primär durch Wasserstoffübertragung auf TPN die entsprechende Phosphohexonsäure, nämlich 6-Phosphogluconsäure, gebildet wird. Der für diesen Schritt verantwortliche Fermenttypus ist schon seit langem bekannt; es handelt sich um eine Glucose-6-phosphat →

[1] M. R. STETTEN und D. W. STETTEN, Jr.: J. biol. Chem. **187**, 241 (1950).

[2] H. J. KOEPSELL: Ibid. **186**, 743 (1950).

[3] O. WARBURG und W. CHRISTIAN: Biochem. Z. **287**, 440 (1936); **292**, 287 (1937).

[4] Vgl. auch F. LIPMANN: Nature **138**, 588 (1936); F. DICKENS: Biochem. J. **32**, 1626, 1636 (1938).

[5] B. L. HORECKER und P. Z. SMYRNIOTIS: J. biol. Chem. **193**, 371 (1951); B. L. HORECKER, P. Z. SMYRNIOTIS und J. E. SEEGMILLER: Ibid. **193**, 383 (1951); J. E. SEEGMILLER und B. L. HORECKER: Ibid. **194**, 261 (1952).

TPN-transhydrogenase (*Glucose-6-phosphat-dehydrase,* S. 489), die auch das „Zwischenferment von WARBURG" genannt wird.

Es folgt eine weitere Dehydrierung; wiederum ist TPN der Wasserstoffakzeptor und es wird vermutlich intermediär 3-Keto-6-phosphogluconsäure gebildet, welche unter CO_2-Abspaltung in das faßbare Produkt Ribulose-5-phosphat übergeht. Bisher ist es noch nicht gelungen, die beiden Fermente, welche für Wasserstoff-übertragung bzw. Decarboxylierung verantwortlich sind, voneinander zu trennen. Es ist deshalb durchaus möglich, daß analog zu ähnlichen Fällen beide Reaktionen durch ein einheitliches Fermentprotein katalysiert werden, welches in dieser Darstellung vorläufig als decarboxylierende 6-Phosphogluconat → TPN-transhydrogenase (S. 625) bezeichnet wird.

Ribulose-5-phosphat befindet sich mit Ribose-5-phosphat in einem Gleichgewicht, das durch spezifische Fermente, die Phosphopentose-isomerasen (S. 668), katalysiert wird.

Der weitere Abbau-weg von den Phosphopentosen zur Brenztraubensäure steht noch zur Diskussion. Einerseits wäre es möglich, daß durch eine ganz analoge Wiederholung des geschilderten Mechanismus über 5-Phosphoribonsäure eine oxydative Decarboxylierung zu einem Tetrosephosphat stattfindet, das dann durch eine nochmalige Wiederholung in 3-Phosphoglycerinaldehyd umgewandelt werden könnte. Ob es einen derartigen, an sich durchaus möglichen Abbau-weg gibt, ist noch nicht bekannt. Andrerseits konnten aber in letzter Zeit Fermente entdeckt werden[1], welche aus Ribulose-5-phosphat einen C_2-Körper, den „aktiven" Glykolaldehyd, auf entsprechende Akzeptoren, wie z. B. Ribose-5-phosphat, übertragen, so daß in dem gegebenen Falle eine Dismutation von zwei Molekülen Phosphopentose zu einem C_7-Zucker (Sedoheptulosephosphat) und 3-Phosphoglycerinaldehyd erfolgt. Vorgänge dieses Typus werden durch Enzyme katalysiert, welche als „Transketolasen" oder nach der hier verwendeten Nomenklatur als Glykolaldehyd-transferasen bezeichnet werden (vgl. S. 439). Die Bedeutung der geschilderten Reaktionsmechanismen für den oxydativen Abbau der Kohlehydrate ist aber noch völlig ungeklärt, wenngleich der Nachweis derartiger Fermente in den verschiedensten biologischen Materialien dafür spricht, daß es sich um Enzyme handelt, welche eine wichtige Funktion erfüllen. Bei der Photosynthese der Pflanzen könnte, wie heute vielfach angenommen wird, dem „aktiven" Glykolaldehyd eine Rolle als primärer Akzeptor von Kohlendioxyd zukommen.

Während es sich bei den zuletzt beschriebenen Mechanismen um Vorgänge handelt, welche die direkte Oxydation von Kohlehydraten bewirken und so eigentlich als oxydative Alternativ-wege zur Glykolyse aufgefaßt werden müssen, die sämtlich in irgend einer Weise zur Brenztraubensäure führen, scheint es in manchen niedrigeren Organismen auch Abbau-wege für Brenztraubensäure bzw. für das aus ihr entstehende Acetyl-CoA zu geben, über welche diese Körper auf eine andere Weise oxydiert werden als über den Citronensäure-zyklus.

Unter diesen Mechanismen ist die Existenz eines sog. *Dicarbonsäure-zyklus* am besten belegt. Obwohl THUNBERG[2] bereits 1920 auf die Möglichkeit hingewiesen hatte, daß zwei Moleküle Essigsäure oxydativ zu Bernsteinsäure kondensieren könnten, wurde erst durch entsprechende Isotopen-experimente das Vorkommen dieser Reaktion in einigen Bakterien und niedrigen Pilzen nachge-

---

[1] B. L. HORECKER und P. Z. SMYRNIOTIS: J. Amer. chem. Soc. **74**, 2123 (1953); **75**, 1009 (1953); E. RACKER, G. DE LA HABA und I. C. LEDER: Ibid. **75**, 1010 (1953); B. L. HORECKER, P. Z. SMYRNIOTIS und H. KLENOW: J. biol. Chem. **205**, 661 (1953).

[2] T. THUNBERG: Skand. Arch. Physiol. **40**, 1 (1920).

wiesen[1]. Durch diese Befunde ist die Existenz eines derartigen Dicarbonsäurezyklus sehr wahrscheinlich geworden. Der Verlauf dieser Reaktionsfolge sollte nach folgendem Schema vor sich gehen:

CH_3—COOH (Essigsäure) + CH_3—CO—S—CoA (Acetyl-CoA) $\xrightarrow[(1)]{+H_2O,\ -H_2;\ \text{CoA—SH}}$ COOH—CH_2—CH_2—COOH (Bernsteinsäure)

Bernsteinsäure $\xrightarrow[(2)]{-2H}$ COOH—CH=CH—COOH (Fumarsäure)

Fumarsäure $\xrightarrow[(3)]{+H_2O}$ COOH—CH_2—CHOH—COOH (Äpfelsäure)

Äpfelsäure $\xrightarrow[(4)]{DPN}$ COOH—CH_2—CO—COOH (Oxalessigsäure)

Oxalessigsäure $\xrightarrow[(5)]{-CO_2}$ CH_3—CO—COOH (Brenztraubensäure)

Brenztraubensäure $\xrightarrow[(6)]{DPN,\ CoA}$ Acetyl-CoA

In diesem Schema sind uns Teilschritte 2, 3, 4 und 6 wohl bekannt; sie entsprechen den Teilschritten 6, 7, 8 und 1 des Citronensäure-zyklus und werden vermutlich auch von analogen Fermenten bewirkt. Auch der Enzymtypus, welcher für Teilschritt 5 verantwortlich ist, also die Decarboxylierung von Oxalessigsäure zu Brenztraubensäure katalysiert, konnte bereits mehrfach isoliert und charakterisiert werden; es ist dies eine Oxalacetat-β-decarboxylase (S. 618). Einzig allein das Ferment oder Fermentsystem, welches die Reaktion des Teilschritts 1, eben die Kondensation zu Bernsteinsäure, bewirkt, konnte bisher nur durch die berichteten Isotopen-versuche nachgewiesen werden; im Schema ist auf Grund von Analogie-schlüssen eine Kondensation von Acetyl-CoA („aktiver" Essigsäure) mit freier Essigsäure eingezeichnet, obwohl für diesen Reaktionsmechanismus noch keinerlei Beweis vorliegt[2].

Über die Bedeutung des Dicarbonsäure-zyklus ist noch sehr wenig bekannt; es wäre durchaus möglich, daß dieser Abbau-weg den betreffenden Mikroorganismen als einziger oxydativer Abbau-weg der Kohlehydrate dient.

---

[1] H. D. SLADE und C. H. WERKMAN: Arch. Biochem. **2**, 97 (1943); G. KALNITSKY, H. G. WOOD und C. H. WERKMAN: Ibid. **2**, 269 (1943); vgl. auch z. B.: S. J. AJL und M. D. KAMEN: J. biol. Chem. **189**, 845 (1950); S. J. AJL: Bact. Revs. **15**, 211 (1951); H. E. SWIM und L. O. KRAMPITZ: Federation Proc. **11**, 296 (1952); H. G. WOOD: J. biol. Chem. **194**, 905 (1952); S. DAGLEY, G. A. MORRISON und E. A. DAWES: Arch. Biochem. Biophys. **32**, 231 (1951).

[2] In einer kürzlich erschienenen Arbeit von BARRON und GHIRETTI[3] wird wahrscheinlichgemacht, daß in verschiedenen Mikroorganismen Bernsteinsäure durch Kondensation von zwei Molekülen Acetyl-CoA entsteht.

[3] E. S. G. BARRON und F. GHIRETTI: Biochim. biophys. Acta **12**, 239 (1953).

Zweifellos existieren in verschiedenen Organismen noch andere Mechanismen des oxydativen Kohlehydrat-abbaus, denen aber wohl geringere Bedeutung zukommt und die auch noch recht ungenügend charakterisiert sind.

Nach der Auffassung von BARRON (*l. c.*) stellen die einzelnen hier besprochenen Abbau-wege Stufen in der Entwicklungs-reihe der Organismen dar, welche dazu strebt, den vom thermodynamischen Standpunkt günstigsten Weg der Verwertung der Kohlehydrate zu finden. Bei der Überführung der Hexosen in Brenztraubensäure ist die Oxydation von phosphorylierten Produkten (Glucose-6-phosphat) energetisch der direkten Oxydation überlegen; am günstigsten ist aber wahrscheinlich der glykolytische Weg. Bei der Oxydation von Brenztraubensäure ist vielleicht ein — hier nicht besprochener — Abbau über Glykolsäure am primitivsten; vorteilhafter ist der Abbau über den Dicarbonsäure-zyklus, der aber vom thermodynamischen Standpunkt sicher weniger günstig ist als der Citronensäure-zyklus, welcher somit die höchste Entwicklungs-stufe darstellt.

III. Oxydativer Abbau und Biosynthese der Fettsäuren; der Fettsäure-zyklus[1]

Obwohl das Grundprinzip des oxydativen Abbaus der Fettsäure, die β-Oxydation, bereits 1904 von KNOOP[2] entdeckt wurde, ist die Aufklärung des daran beteiligten Fermentsystems erst in allerletzter Zeit gelungen. Die Schwierigkeiten lagen vor allem darin, daß es bis vor kurzem niemals möglich war, Zwischenprodukte des Fettsäure-abbaus oder auch der Fettsäure-synthese eindeutig zu identifizieren.

Wohl hatte DAKIN[3] schon 1909 postuliert, daß die β-Oxydation der Fettsäuren über die entsprechenden α,β-ungesättigten Fettsäuren, die β-Oxyfettsäuren und β-Ketofettsäuren verlaufen müßte, worauf ein C_2-Körper abgespalten würde und dann derselbe Vorgang eine zyklische Wiederholung fände. Tatsächlich konnte beobachtet werden, daß in manchen Geweben die genannten Verbindungen in gleicher Weise oxydiert werden wie die entsprechenden Fettsäuren.

Der von VERKADE[4] entdeckten Oxydation der endständigen Methyl-gruppen von Fettsäuren, der sog. ω-Oxydation, dürfte nur eine sehr beschränkte Bedeutung zukommen. Der von diesem Forscher postulierte Abbauweg — ω-Oxydation gefolgt von bilateraler β-Oxydation — muß als widerlegt angesehen werden[5].

Die wichtigsten Befunde, welche schließlich zur Aufklärung des Gesamtmechanismus des β-oxydativen Abbau-wegs führten[6], waren die Feststellung, daß die C_2-Körper, welche bei der β-Oxydation der Fettsäuren abgespalten werden, identisch sind mit dem C_2-Körper, der bei der oxydativen Decarboxylierung von Brenztraubensäure entsteht, nämlich mit Acetyl-CoA. Weiters konnte gezeigt werden, daß dieser C_2-Körper mit einem zweiten Molekül derselben Substanz oder mit

---

[1] Übersichtsmäßige Darstellungen: F. LYNEN und S. OCHOA: Biochim. biophys. Acta 12, 299 (1953); F. LYNEN: Bull. Soc. Chim. biol. 25, 1061 (1953).

[2] F. KNOOP: Hofmeister's Beitr. Chem. Physiol. Pathol. 6, 150 (1904).

[3] H. D. DAKIN: J. biol. Chem. 6, 203, 221 (1909).

[4] Vgl. z. B.: P. E. VERKADE: Bull. Soc. Chim. biol. 18, 989 (1936); Fette und Seifen 46, 521 (1939).

[5] B. FLASCHENTRÄGER und P. B. MÜLLER: Hoppe-Seyler's Z. physiol. Chem. 251, 52 (1938); K. BERNHARD: Helv. chim. Acta 24, 1412 (1941).

[6] Vgl. hier besonders das Übersichtsreferat von E. P. KENNEDY und A. L. LEHNINGER: In „Phosphorus Metabolism", herausgegeben von W. D. MCELROY und B. GLASS, Bd. II, S. 253. Baltimore: John Hopkins Press. 1952; sowie die eingangs zitierten Arbeiten von LYNEN und OCHOA bzw. von LYNEN. Auf eine ausführlichere Bibliographie muß hier verzichtet werden.

längeren Fettsäure-ketten kondensieren kann, wodurch höhere Fettsäuren synthetisiert werden. Diese Kondensation erfolgt in der Weise, daß Acetyl-CoA mit seinem Methyl-ende an das Carboxyl-ende des Fettsäure-restes angehängt wird. Auch Versuche mit *Clostridium kluyveri* zeigten eindeutig, daß die Fettsäure-synthese als Umkehrung der β-Oxydation der Fettsäuren erfolgt. In der Folge wurde von verschiedenen Forschern beobachtet, daß die Oxydation der Fettsäuren nur dann stattfinden kann, wenn diese vorher eine „Aktivierung" erfahren, welche von der Bildung energiereich gebundenen Phosphats abhängig ist; dies ließ darauf schließen, daß die tatsächlichen Zwischenprodukte nicht als freie Säuren vorkommen. Die aktivierten Formen der Fettsäuren konnten schließlich als Acyl-derivate des CoA erkannt werden. Im Verlauf der letzten zwei Jahre ist es auch gelungen, die einzelnen am Gesamt-vorgang der β-Oxydation der Fettsäuren und ihrer Umkehr, der Biosynthese der Fettsäuren, beteiligten Fermenttypen zu identifizieren und in ihrer Wirkungsweise zu charakterisieren.

Im folgenden Schema wird der sog. Fettsäure-zyklus dargestellt; damit wird der Teilvorgang bezeichnet, welcher die Abspaltung eines C_2-Restes aus einer gesättigten Fettsäure oder den inversen Vorgang, die Verlängerung einer gesättigten Fettsäure um zwei C-Atome, umfaßt. Für den kompletten Abbau von Stearinsäure, welche 18 C-Atome enthält, zu Acetyl-CoA ist das achtmalige Durchlaufen des Fettsäure-zyklus erforderlich; ebenso muß in der umgekehrten Richtung zur Biosynthese der Stearinsäure aus 9 Molen Acetyl-CoA der Zyklus achtmal in Aktion treten.

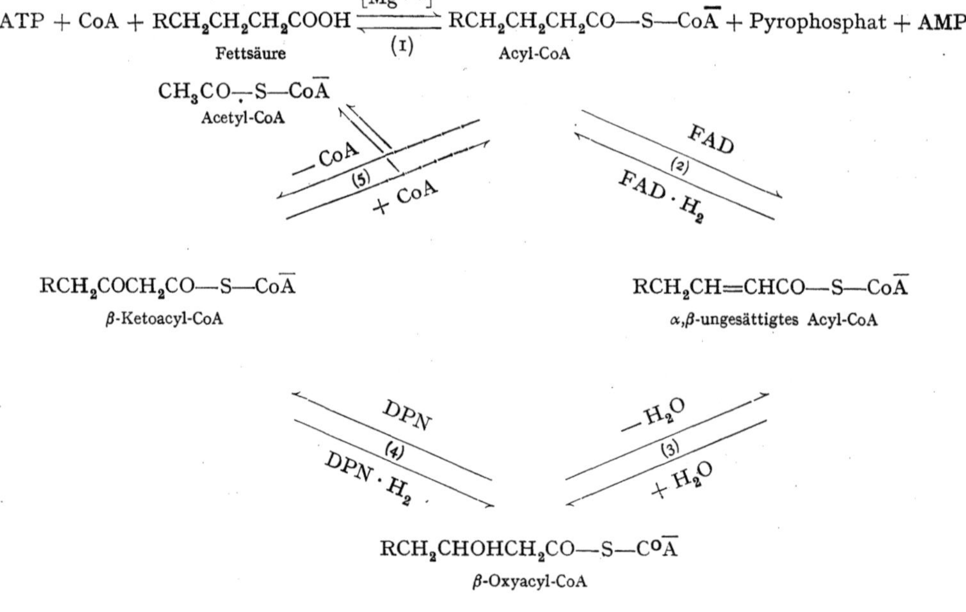

Schema des Fettsäure-zyklus

Nach dem Schema verläuft der β-oxydative Abbau einer Fettsäure in der Weise, daß in Teilschritt 1 die Fettsäure durch einen Fermenttypus, der vorläufig als Acyl-aktivierendes Enzym (S. 376) bezeichnet werden muß, mit ATP und CoA in der Weise reagiert, daß das entsprechende Acyl-derivat von CoA, Pyrophosphat und AMP entstehen. Der Vorgang ist — ebenso wie alle weiteren Reaktionen des Fettsäure-zyklus — reversibel.

Teilschritt 2 ist die Dehydrierung des Acyl-derivats von CoA zu der entsprechenden α,β-ungesättigten Verbindung; dieser Vorgang wird durch einen Fermenttypus katalysiert, der seiner Wirkungsweise entsprechend α,β-ungesättigte Acyl-CoA-reductase (*Äthylen-reductase,* S. 504) genannt wird; FAD fungiert als Wasserstoff-akzeptor.

In Teilschritt 3 wird das α,β-ungesättigte Acyl-derivat des CoA zu einem β-Oxyacyl-derivat hydratisiert. Es handelt sich hier um einen Vorgang, welcher der Überführung von Fumarsäure in Äpfelsäure im Verlauf des Citronensäurezyklus völlig analog ist. Der für Teilschritt 3 verantwortliche Fermenttypus (S. 648) muß nach unserer Nomenklatur mit dem sehr unhandlichen Namen α,β-ungesättigte Acyl-CoA-hydratase bezeichnet werden; der von den Entdeckern vorgeschlagene Name *Crotonase* wäre zwar weitaus kürzer, kann aber nur als Laboratoriums-abkürzung gewertet werden, da die Vertreter dieses Enzymtypus das im Namen bezeichnete Substrat Crotonsäure überhaupt nicht angreifen.

Durch Wasserstoff-übertragung auf DPN erfolgt in Teilschritt 4 die Dehydrierung der β-Oxyverbindung zum entsprechenden β-Ketoderivat des CoA. Dieser Teilschritt zeigt wiederum eine weitgehende Übereinstimmung mit der Dehydrierung der Äpfelsäure zu Oxalessigsäure im Verlauf des Citronensäurezyklus. Teilschritt 4 wird durch eine DPN · H_2 → β-Ketoacyl-CoA-transhydrogenase (*β-Keto-reductase,* S. 483) katalysiert.

Als letzter Teilschritt erfolgt eine Übertragung eines um zwei C-Atome ärmeren Acyl-restes vom β-Ketoacyl-CoA auf freies CoA, wobei Acetyl-CoA gebildet wird. Die neugebildete, um zwei C-Atome weniger als die ursprüngliche Fettsäure enthaltende Acyl-verbindung des CoA kann nunmehr neuerlich den Fettsäure-zyklus durchlaufen. Teilschritt 5, den man auch wegen der Beteiligung der Sulfhydryl-gruppe von CoA „thioklastische Spaltung" nennt, wird durch einen Fermenttypus katalysiert, dem nach unserer Nomenklatur der Name β-Ketoacyl-CoA → CoA-transacylase zukommt (S. 374). Von seinem Entdecker LYNEN wurde das Enzym als *β-Ketothiolase* bezeichnet.

Genau in umgekehrter Reihenfolge wird der Fettsäure-zyklus beim Aufbau der Fettsäuren durchlaufen. Als Primär-reaktion erfolgt eine Kondensation zweier Moleküle Acetyl-CoA zu Acetoacetyl-CoA, wobei freies CoA austritt. Der Vorgang ist somit eine Umkehr von Teilschritt 5. Im folgenden wird Acetoacetyl-CoA in Teilschritt 4 zu β-Oxybutyryl-CoA hydriert und dieses dann zu Crotonyl-CoA hydratisiert (Teilschritt 3). Crotonyl-CoA erfährt schließlich eine Hydrierung zu Butyryl-CoA (Teilschritt 2), welche Verbindung dann wieder unter Kondensation mit einem weiteren Molekül Acetyl-CoA ein neues Durchlaufen des Zyklus beginnen kann.

Am Fettsäure-zyklus sind, wenn wir die Aktivierungs-reaktion (Teilschritt 1) mitzählen, insgesamt fünf Fermenttypen beteiligt, außerdem, soweit das bisher bekannt ist, vier Cofaktoren (CoA, ATP/ADP, DPN/DPN · H_2 und FAD/FAD · H_2) sowie ein anorganisches Komplement, nämlich Mg^{++}.

Verschiedene Befunde scheinen dafür zu sprechen, daß die einzelnen Organismen mehrere „Sätze" der Fermente des Fettsäure-zyklus besitzen, da die bisher bekanntgewordenen Enzyme dieser Art nur für Substrate mit bestimmten Ketten-längen spezifisch sind. Es ist somit anzunehmen, daß sich in den Zellen verschiedene Acyl-aktivierende Enzyme, α,β-ungesättigte Acyl-CoA-reductasen, α,β-ungesättigte Acyl-CoA-hydratasen usw. befinden, welche jeweils nur auf Substrate einer bestimmten Ketten-länge einwirken.

IV. Enzyme in der pflanzlichen Photosynthese[1]

Die meisten höheren Tiere sowie auch viele Mikroorganismen sind *heterotroph*, d. h. sie brauchen zur Erhaltung ihres Lebens außer Mineralstoffen auch verschiedene vorgebildete organische Substanzen: Kohlehydrate, Fette, Eiweißstoffe und Vitamine.

Hingegen müssen die grünen Pflanzen und verschiedene andere Arten als *autotroph* bezeichnet werden; diese Organismen sind imstande, die vielen organischen Substanzen, welche sie für ihre Lebens-vorgänge benötigen und die in ihren Geweben und Zellen enthalten sind, aus der Kohlensäure der Luft und verschiedenen anorganischen Substanzen zu synthetisieren. Die autotrophen Organismen decken ihren Energie-bedarf, also die Energie, welche sie für die Synthese der organischen Verbindungen und auch für ihre sonstigen Lebensfunktionen benötigen, entweder aus der Strahlungs-energie des Sonnenlichtes oder — wie manche Bakterien-arten — durch die Oxydation bestimmter anorganischer Substanzen. Die heterotrophen Organismen müssen hingegen, um die notwendige Energie zu erzeugen, organische Verbindungen oxydieren.

Obwohl es nicht möglich ist, das Gebiet an dieser Stelle auch nur halbwegs erschöpfend zu behandeln, wollen wir uns hier doch kurz mit der CO_2-Assimilation der grünen Pflanzen, der sog. Photosynthese, beschäftigen, einem Vorgang der — zumindest zu einem großen Teil — ebenfalls durch Enzymsysteme katalysiert wird. Die Bedeutung der Photosynthese darf als bekannt vorausgesetzt werden; es handelt sich hier ohne Zweifel um die wichtigste biochemische Reaktion, die es überhaupt gibt und ohne die ein höherentwickeltes Leben kaum vorstellbar ist.

Der Gesamt-vorgang der Photosynthese kann etwa in folgender Weise definiert werden: CO_2 wird von den Pflanzen aufgenommen und in organische Substanzen, vor allem Kohlehydrate, umgewandelt; gleichzeitig wird molekularer Sauerstoff freigesetzt. Die Reaktion[2]

$$CO_2 + H_2O \xrightarrow{\text{Licht}} (CH_2O) + O_2$$

kann als eine Umkehrung der Kohlehydrat-veratmung angesehen werden.

Wenn die Photosynthese einen ausschließlich photochemischen Vorgang darstellen würde, wäre ihre Geschwindigkeit ausschließlich von der Strahlungsintensität abhängig und von Temperatur-schwankungen nicht zu beeinflussen. Eine Untersuchung dieser Frage durch BLACKMAN[3] zeigte aber, daß dies nur bei geringen Strahlungs-intensitäten der Fall ist; wenn stärkere Bestrahlung angewandt wird, steigt bei einer Temperatur-erhöhung um 10° die Reaktionsgeschwindigkeit etwa auf den doppelten Wert. Daraus kann geschlossen werden, daß an der Photosynthese sowohl photochemische als auch andere Chemische Vorgänge („Dunkel-reaktionen") beteiligt sind; bei geringer Licht-intensität ist der photochemische Vorgang, der vermutlich die Primärreaktion darstellt,

---

[1] Monographien, Symposia, Handbuchartikel und Übersichtsreferate aus letzter Zeit: E. I. RABINOWITCH: Photosynthesis and Related Processes. 2 Bände; bisher erschienen Bd. I und Bd. II/1. New York: Interscience. 1945, 1951; Photosynthesis in Plants, herausgegeben von J. FRANCK und W. E. LOOMIS. Ames: Iowa State College Press. 1949; W. E. LOOMIS: In „The Enzymes", herausgegeben von J. B. SUMNER und K. MYRBÄCK, Bd. II/2 S. 1052. New York: Academic Press. 1952; C. B. VAN NIEL: Ibid. S. 1074; Carbon Dioxide Fixation and Photosynthesis, Symp. Soc. exp. Biol. Nr. 5. Cambridge: University Press, 1951; E. C. WASSINK: Adv. Enzymology **11**, 91 (1951); M. F. UTTER und H. G. WOOD: Ibid. **12**, 41 (1951); R. HILL: Ibid. **12**, 1 (1951); J. FRANCK und H. GAFFRON: Ibid. **1**, 199 (1941); H. HOLZER: Angew. Chem. **66**, 65 (1954); D. BURK: Federation Proc. **12**, 611 (1953); A. H. BROWN und A. W. FRENKEL: Annu. Rev. Biochem. **22**, 423 (1953); J. G. BUCHANAN, J. A. BASSHAM, A. A. BENSON, D. F. BRADLEY, M. CALVIN, L. L. DAUS, M. GOODMAN, P. M. HAYES, V. H. LYNCH, L. T. NORRIS und A. T. WILSON: In „Phosphorus Metabolism", herausgegeben von W. D. MCELROY und B. GLASS, Bd. II, S. 440. Baltimore: John Hopkins Press. 1952; W. VISHNIAC und S. OCHOA: Ibid. S. 467; B. L. STREHLER: Ibid. S. 491.

[2] (CH_2O) soll hier die Formel eines Kohlehydrats repräsentieren; bei korrekterer Schreibweise müßte die Gesamt-gleichung mit 6 multipliziert werden.

[3] F. F. BLACKMANN: Ann. Botany **19**, 28 (1905).

langsamer und daher geschwindigkeits-bestimmend, während bei stärkerer Bestrahlung die Dunkel-reaktionen die Geschwindigkeit bestimmen.

Über die Natur der Licht-reaktion und der Dunkel-reaktionen konnte nur sehr langsam Aufschluß erhalten werden und auch heute sind noch viele wesentliche Fragen ungeklärt. Obwohl die Konstitution des Chlorophylls bis in alle Einzelheiten erforscht ist (Formel vgl. S. 188), ist über den Wirkungsmechanismus des Chlorophylls in der Photosynthese so gut wie nichts bekannt; bisher konnte noch keine der zahlreichen Hypothesen zu dieser Frage bestätigt werden.

Immerhin ist es aber gelungen, sowohl über die Licht-reaktion als auch über die Dunkel-reaktionen einige wichtige Erkenntnisse zu sammeln, die sich etwa mit folgenden Sätzen kurz zusammenfassen lassen: Die Wirkung des Lichts besteht in einer photochemischen Spaltung des Wassers; der entstehende Wasserstoff wird von einem Akzeptor aufgenommen, welcher dadurch in eine stark reduzierende Substanz übergeht. Ob der gleichzeitig gebildete Sauerstoff direkt als molekularer Sauerstoff freigesetzt wird oder zuerst ein instabiler Zwischenstoff auftritt, steht noch zur Diskussion.

Unter den Dunkel-reaktionen wurde als Primär-prozeß die Aufnahme von CO_2 erkannt, die vor allem — aber vielleicht nicht ausschließlich — nach dem Schema der reduktiven Carboxylierungen vor sich geht. Das Reduktions-vermögen des hydrierten Wasserstoff-akzeptors der Licht-reaktion wird dazu benützt, um CO_2 in ähnlicher Weise an bestimmte Akzeptoren anzulagern, wie wir das z. B. bereits bei den decarboxylierenden Malat → PN-transhydrogenasen („*malic enzymes*", S. 623) kennengelernt haben, deren decarboxylierende Wirkung bei entsprechend hoher Konzentration an reduziertem Pyridinnucleotid reversibel ist. Bei diesen reduktiven Carboxylierungen werden primäre CO_2-Additions-produkte gebildet, welche im weiteren Verlauf zu Kohlehydrat umgesetzt werden

Mit Hilfe von radioaktiv markiertem CO_2 gelang es schließlich auch, einige wahrscheinliche Zwischen-produkte des Zucker-aufbaus bei der Photosynthese zu isolieren und auf Grund dieser Kenntnisse ein wohl noch hypothetisches, aber doch schon plausibles vorläufiges Schema dieser Reaktions-folgen aufzustellen.

Die Licht-reaktion der Photosynthese. Die Erkenntnis, daß es sich bei der Licht-reaktion der Photosynthese um eine photochemische Wasser-spaltung handelt, stammt aus verschiedenen Quellen. HILL[1] konnte bei Versuchen mit isolierten Chloroplasten zeigen, daß diese bei Belichtung Eisen(III)-ionen nach der Gleichung

$$H_2O + 2\,Fe^{3+} \xrightarrow[\text{Chloroplasten}]{h\nu} 2\,Fe^{++} + 2\,H^+ + 1/2\,O_2$$

zu Eisen(II)-ionen reduzierten. In analoger Weise können auch andere Wasserstoff-akzeptoren, wie z. B. Chinone und verschiedene Redox-farbstoffe, reduziert werden[2].

$$H_2O + p\text{-Benzochinon} \xrightarrow[\text{Chloroplasten}]{h\nu} \text{Hydrochinon} + 1/2\,O_2$$

Vorgänge dieser Art werden als HILL-Reaktionen bezeichnet.

Einen anderen Hinweis in dieselbe Richtung verdanken wir vergleichend biochemischen Untersuchungen von VAN NIEL[3]. Verschiedene Schwefel-bakterien *(Thiorhodaceae)* zeigen modifizierte Formen der Photosynthese. Auch hier wird CO_2 unter dem Einfluß von Licht assimiliert, doch ist die Substanz, welche

---

[1] R. HILL: Proc. Roy. Soc. London B **127**, 192 (1939).

[2] O. WARBURG u. W. LÜTTGENS: Naturwiss. **32**, 161, 301 (1944); Biochimija **11**, 303 (1946).

[3] Vgl. die Übersichtsreferate: C. B. VAN NIEL: Adv. Enzymology **1**, 263 (1941); Bact. Revs. **8**, 1 (1944).

dabei primär der Spaltung unterliegt, nicht Wasser, sondern vorzugsweise H_2S und dementsprechend wird nicht molekularer Sauerstoff, sondern elementarer Schwefel freigesetzt. Die Photosynthese dieser Bakterien läßt sich damit durch die Gleichung

$$CO_2 + 2\,H_2S \xrightarrow{\text{Licht}} (CH_2O) + H_2O + 2\,S$$

darstellen. Bei der Photosynthese verschiedener anderer Einzeller (*Athiorhodaceae* und mancher Grünalgen) können auch andere Oxydations-stufen des Schwefels (Sulfit, Thiosulfat), Alkohole, Fettsäuren und — allerdings nur bei Anpassung — sogar molekularer Wasserstoff als Wasserstoff-donatoren fungieren. Aus diesen Erkenntnissen läßt sich eine allgemeine Gleichung der photosynthetischen Vorgänge ableiten:

$$CO_2 + 2\,H_2A \xrightarrow{\text{Licht}} (CH_2O) + H_2O + 2\,A.$$

Daraus folgt aber auch, daß bei der pflanzlichen Photosynthese der Sauerstoff nicht, wie das auf Grund der auf S. 722 gegebenen Bruttoformel zu erwarten wäre, zumindest zum Teil aus CO_2 entsteht; er stammt vielmehr aus dem Wasser und die Gleichung müßte deshalb korrekter wie folgt geschrieben werden:

$$CO_2 + 2\,H_2O^* \xrightarrow{\text{Licht}} (CH_2O) + H_2O + O_2^*.$$

Untersuchungen mit isotop markiertem Sauerstoff[1] scheinen diese Auffassung zu bestätigen, obgleich in letzter Zeit die Stichhaltigkeit dieser Ergebnisse in Frage gezogen wird[2].

Das Problem, welche Substanz bei der pflanzlichen Photosynthese als primärer Wasserstoff-akzeptor der photochemischen Wasser-spaltung fungiert, ist zur Zeit noch nicht gelöst. In den letzten Jahren konnte, wie bereits an anderer Stelle kurz erwähnt wurde (S. 466), gezeigt werden, daß die Pyridinnucleotide bei der Wasser-photolyse nach den Gleichungen

$$H_2O + DPN \xrightarrow[\text{Chloroplasten}]{h\nu} DPN \cdot H_2 + 1/2\,O_2$$

und

$$H_2O + TPN \xrightarrow[\text{Chloroplasten}]{h\nu} TPN \cdot H_2 + 1/2\,O_2$$

reduziert werden können[3]. Diese Feststellung ist deshalb von größter Bedeutung, weil fast alle bisher bekannt gewordenen Mechanismen der Carboxylierung die Beteiligung reduzierter Pyridinnucleotide einschließen. Tatsächlich ist es auch gelungen, Systeme aufzubauen, welche *in vitro* unter Ausnützung von Lichtenergie Carboxylierungen bewirken. Reduzierte Pyridinnucleotide wären somit als Produkte der Licht-reaktion gut geeignet, die Primärprozesse der folgenden Dunkel-reaktionen in Gang zu bringen.

In letzter Zeit wird allerdings die Auffassung, daß die Pyridinnucleotide die primären Wasserstoff-akzeptoren der HILL-Reaktion sind, mit verschiedenen

[1] S. RUBEN, M. RANDALL, M. D. KAMEN und J. L. HYDE: J. Amer. chem. Soc. 63, 877 (1941); A. P. WINOGRADOW und R. V. TEIS: Doklady Akad. Nauk S. S. S. R. 33, 490 (1941); 56, 59 (1947); T. YOSHIDA, N. MORITA, H. TAMIYA, H. NAKAYAMA und H. HUZISIGE: Acta Phytochimica 13, 13 (1942).

[2] M. D. KAMEN und H. A. BARKER: Proc. nat. Acad. Sci. U. S. 31, 8 (1945); A. H. BROWN und A. W. FRENKEL: Annu. Rev. Biochem. 22, 423 (1953).

[3] S. OCHOA und W. VISHNIAC: Nature 167, 946 (1951); L. J. TOLMACH: Ibid. 167, 946 (1951); D. J. ARNON: Ibid. 167, 1008 (1951); S. OCHOA und W. VISHNIAC: Science 115, 297 (1952); W. VISHNIAC und S. OCHOA: J. biol. Chem. 195, 75 (1952); 198, 501 (1952); D. I. ARNON und G. HEIMBÜRGER: Plant Physiol. 27, 828 (1952); A. P. WINOGRADOW, E. A. BIOTSCHENKO und W. I. BARANOW: Doklady Akad. Nauk S. S. S. R. 78, 323 (1951).

Argumenten angezweifelt[1]. Dabei wird vor allem betont, daß die Konzentration der Pyridinnucleotide in photosynthetisierenden Zellen und der Wirkungsgrad der von den Chloroplasten bewirkten Photoreduktion der Pyridinnucleotide zu gering seien, um die weiteren Effekte zu erklären. Außerdem werden energetische Überlegungen gegen diese Vorstellungen geltend gemacht. Die Frage muß deshalb noch als ungelöst angesehen werden.

Vor kurzem wurde von CALVIN und Mitarbeitern[2] darauf hingewiesen, daß der gesuchte Wasserstoff-akzeptor möglicherweise mit α-Lipoinsäure (vgl. S. 613) identisch ist. Bei der HILL-Reaktion entstehe — diesen Vorstellungen entsprechend — Dihydro-α-lipoinsäure, welche den Wasserstoff dann auf andere Überträger-substrate, wie z. B. die Pyridinnucleotide, weitergeben könnte. Für diese Rolle der α-Lipoinsäure sprechen unter anderem, daß die Substanz in grünen Pflanzen-teilen in reichlicher Menge vorkommt und daß bereits ein Enzymtypus bekannt ist, welcher die Wasserstoff-übertragung von Dihydro-α-lipoinsäure auf ein Pyridinnucleotid katalysiert (vgl. S. 486). Trotzdem reichen zur Zeit die experimentellen Befunde noch keinesfalls aus, um mit Sicherheit α-Lipoinsäure als den primären Wasserstoff-akzeptor der Photolyse des Wassers anzusprechen.

Am Rande soll hier ein Problem der Licht-reaktion wie auch des Gesamt-fragenkomplexes der Photosynthese erwähnt werden, das seit vielen Jahren der Inhalt zahlreicher Untersuchungen ist. Es handelt sich um die Bestimmung der Quanten-ausbeute der Photosynthese, also der Mindestzahl an Licht-quanten, welche für die Assimilation eines Moleküls CO_2 erforderlich sind. Die Energie eines Licht-quantums ist nach der Formel

$$E = h\nu$$

von der Wellenlänge des Lichtes abhängig. Für Licht verschiedener Wellenlänge werden Energie-äquivalente von 71,4 bis 40,8 Cal. berechnet. Nach der Gleichung

$$CO_2 + H_2O \rightarrow (CH_2O) + O_2 - 112 \text{ Cal.}$$

wäre für die Reduktion eines Moleküls CO_2 zu Kohlehydrat-kohlenstoff ein Aufwand von 1,6 bis 2,8 Licht-quanten notwendig. Messungen von WARBURG und Mitarbeitern[3] ergaben — unabhängig von der Wellenlänge des Lichtes — Werte zwischen 3 und 4, also einen sehr hohen Wirkungs-grad. Von anderen Autoren[4] werden allerdings weitaus höhere Werte, d. h. also eine geringere Quanten-ausbeute, berichtet.

Nach den heutigen Vorstellungen über die Licht-reaktion sind aber die Licht-quanten nur dazu erforderlich, Wasser zu spalten, wodurch Wasserstoff für die Folge-reaktionen, also für die reduktiven Carboxylierungen und wahrscheinlich auch für die Synthese energiereichen Phosphats, gebildet wird. Es darf angenommen werden, daß die Wasser-photolyse ebenso wie alle anderen bisher in ihrem Mechanismus aufgeklärten Photo-reaktionen in Wahrheit ein Ein-Quanten-prozeß ist. Die Wirkung beliebig vieler Licht-quanten kann sich dann in der Form des hydrierten Akzeptors summieren und auf diese Weise die Assimilation von CO_2 herbeiführen.

BURK und WARBURG[5] berichteten vor einiger Zeit über Experimente, welche gestatten sollen, die Ein-Quanten-Reaktion der Photosynthese direkt zu messen. Die Inter-

---

[1] Vgl. z. B. J. FRANCK: Symp. Soc. exp. Biol. 5, 160 (1951).

[2] M. CALVIN: Chem. Engng. News 31, 1622, 1735, 3548 (1953); M. CALVIN und J. A. BARLTROP: J. Amer. chem. Soc. 74, 6153 (1952); M. CALVIN und P. MASSINI: Exper. 8, 445 (1952).

[3] O. WARBURG und E. NEGELEIN: Z. physik. Chem. 102, 236 (1922); 106, 191 (1923); O. WARBURG: Amer. J. Botany 35, 194 (1948); O. WARBURG, D. BURK und A. L. SCHADE: Symp. Soc. exp. Biol. 5, 306, 212 (1951).

[4] Vgl. z. B. F. F. RIEKE: In „Photosynthesis in Plants", herausgegeben von J. FRANCK und W. E. LOOMIS, S. 251. Ames: Iowa State College Press. 1949; R. EMERSON und M. S. NISHIMURA: Ibid. S. 219; W. E. MOORE und B. M. DUGGAR: Ibid. S. 239; W. ARNOLD: Ibid. S. 273; M. S. NISHIMURA, C. P. WHITTINGHAM und R. EMERSON: Symp. Soc. exp. Biol. 5, 176 (1951).

[5] D. BURK und O. WARBURG: Naturwiss. 37, 560 (1950).

pretationen ihrer Untersuchungen sind zur Zeit der Gegenstand lebhafter Diskussionen[1, 2].

Zusammenfassend darf gesagt werden, daß nach unseren heutigen Kenntnissen die Licht-reaktion der pflanzlichen Photosynthese eine Photolyse des Wassers, d. h. die Wasserstoff-übertragung von Wasser auf einen noch nicht eindeutig bekannten Akzeptor unter gleichzeitiger Freisetzung von molekularem Sauerstoff, ist. Der Wirkungsmechanismus des Chlorophylls als Katalysator der Licht-reaktion konnte noch nicht erkannt werden.

Die CO_2-Assimilation und der weitere Weg des Kohlenstoffs bei der Photosynthese. Wie wir erfahren haben, ist die Aufnahme von CO_2 bei der Photosynthese ein Vorgang, der nur indirekt mit der photochemischen Reaktion zusammenhängt. Die Beziehung zwischen der Photolyse des Wassers und der CO_2-Assimilation besteht darin, daß ein Produkt der Wasser-photolyse, nämlich der reduzierte Wasserstoff-akzeptor, dessen Natur noch nicht eindeutig erkannt ist, die CO_2-Aufnahme steuert.

Über die Mechanismen, welche bei der CO_2-Assimilation und beim weiteren Weg des Kohlenstoffs im Verlauf der Photosynthese beteiligt sind, besitzen wir bisher nur ziemlich lückenhafte Kenntnisse, obwohl gerade in letzter Zeit auch auf diesem Gebiet wichtige Fortschritte erzielt werden konnten.

Einen wesentlichen Anstoß zur Aufklärung der Vorgänge bei der CO_2-Assimilation in photosynthetisierenden Zellen stellte die Beobachtung dar, daß nicht nur autotrophe Organismen, sondern auch verschiedene heterotrophe Lebewesen, darunter auch Tiere und Bakterien, imstande sind, CO_2 in organische Bindung zu überführen[3]. Bei eingehendem Studium dieser Vorgänge konnten Mechanismen entdeckt werden, die uns Vorstellungen über den Verlauf der CO_2-Assimilation bei der Photosynthese vermitteln können.

Wir kennen zur Zeit mit Sicherheit zwei verschiedene Mechanismen zur Aufnahme von CO_2 in organische Verbindungen: der eine ist der Typus der reduktiven Carboxylierung, wie er z. B. bei der Überführung von Oxalessigsäure in Äpfelsäure durch die decarboxylierenden *l*-Malat → PN-transhydrogenasen *(„malic enzymes")* repräsentiert wird. Das Gleichgewicht der von diesen Enzymen katalysierten Reaktion

$$\text{Äpfelsäure} + \text{PN} \rightleftharpoons \text{PN} \cdot \text{H}_2 + \text{Brenztraubensäure} + \text{CO}_2$$

kann durch ständige Nachlieferung von reduzierten Pyridinnucleotiden derartig verschoben werden, daß eine gleichzeitige Carboxylierung und Reduktion von Brenztraubensäure zu Äpfelsäure stattfindet (vgl. S. 623). Analoge Vorgänge sind die reduktiven Carboxylierungen von Oxalbernsteinsäure zu Iso-

---

[1] Vgl. dazu z. B. D. Burk und O. Warburg: Z. Naturforsch. **6** b, 12 (1951); O. Warburg und H. Geleick: Ibid. **6** b, 131 (1951); O. Warburg, H. Geleick und K. Briese: Ibid. **6** b, 285, 417 (1951); O. Warburg: Z. Elektrochem. **55**, 447 (1951); Naturwiss. **39**, 337 (1952); Z. Naturforsch. **7** b, 443 (1952); O. Warburg, G. Krippahl, W. Buchholz und W. Schröder: Ibid. **8** b, 675 (1953); O. Warburg: Biochim. biophys. Acta **12**, 356 (1953); K. Damaschke, F. Todt, D. Burk und O. Warburg: Ibid. **12**, 347 (1953).

[2] Vgl. die Kritiker dieser Auffassungen: A. H. Brown und A. W. Frenkel: Annu. Rev. Plant Physiol. **4**, 23 (1953); M. Calvin, J. A. Bassham, A. A. Benson und P. Massini: Annu. Rev. Phys. Chem. **3**, 215 (1952); A. H. Brown, A. O. Nier und R. W. van Norman: Plant Physiol. **27**, 320 (1952); A. H. Brown: Amer. J. Botany **40**, 753 (1953); F. S. Brackett, R. A. Olson und R. G. Chrickard: Federation Proc. **12**, 18 (1953); J. gen. Physiol. **36**, 529 (1953).

[3] Handbuchartikel und Übersichtsreferate: S. Ochoa: In „The Enzymes", herausgegeben von J. B. Sumner und K. Myrbäck, Bd. II/2, S. 929. New York: Academic Press. 1952; Idem: Bull. Soc. Chim. biol. **35**, 83 (1953); M. F. Utter und H. G. Wood: Adv. Enzymology **12**, 41 (1951); C. H. Werkman und H. G. Wood: Ibid. **2**, 135 (1942).

citronensäure (vgl. S. 621) und von Ribulose-5-phosphat zu 6-Phosphogluconsäure (S. 625); wahrscheinlich ist in ähnlicher Weise eine reduktive Carboxylierung von Acetyl-CoA zu Brenztraubensäure und von Succinyl-CoA zu α-Ketoglutarsäure möglich (vgl. S. 626ff.). In allen diesen Fällen ist das Reduktionsvermögen der hydrierten Pyridinnucleotide die treibende Kraft der CO_2-Aufnahme; wie wir im vorhergehenden erfahren haben, können hydrierte Pyridinnucleotide bei der Lichtreaktion der Photosynthese entstehen. Somit erscheint es durchaus plausibel, daß die CO_2-Aufnahme bei der Photosynthese analog den beschriebenen Fällen durch reduktive Carboxylierung erfolgt.

Ein zweiter noch weniger gut erforschter Mechanismus der CO_2-Aufnahme benützt als treibende Kraft Phosphat-energie. Bisher ist nur ein einziges Beispiel für einen derartigen Vorgang näher bekannt geworden: Bei Zusatz von ATP zu Taubenleber-extrakten wird CO_2 rasch in Oxalessigsäure einverleibt (vgl. S. 618). Nach neuesten Untersuchungen[1] handelt es sich um eine Reaktion, die durch die Gleichung

$$\text{Phosphoenolbrenztraubensäure} + CO_2 + \text{ADP} \rightleftharpoons \text{Oxalessigsäure} + \text{ATP}$$

dargestellt werden kann. Der erste Eindruck, den man aus dieser Gleichung gewinnt, ließe vermuten, daß bei der CO_2-Einverleibung in Oxalessigsäure Phosphat-energie nicht etwa verbraucht, sondern sogar erzeugt wird. Dies ist aber deshalb nicht zutreffend, weil für das Stattfinden der Reaktion Phosphoenolbrenztraubensäure zuerst aus ATP und Brenztraubensäure unter dem Einfluß einer Phosphoenolpyruvat → ADP-transphosphatase (*Pyruvat-kinase*, S. 422) entsteht und das Gleichgewicht des Vorganges

$$\text{ATP} + \text{Brenztraubensäure} \rightleftharpoons \text{Phosphoenolbrenztraubensäure} + \text{ADP}$$

weit auf der linken Seite der Gleichung liegt, so daß für die Synthese der für die CO_2-Aufnahme notwendigen Mengen Phosphoenolbrenztraubensäure verhältnismäßig hohe Konzentrationen von ATP erforderlich sein dürften. Wenn die geschilderten Vorstellungen stimmen, so läßt sich der Gesamtvorgang mit der Gleichung

$$\text{ATP} + \text{Brenztraubensäure} + CO_2 \rightleftharpoons \text{Oxalessigsäure} + \text{ATP}$$

wiedergegeben, d. h. ATP wird bei der CO_2-Einverleibung in Oxalessigsäure nicht verbraucht; es fungiert als Katalysator, muß aber in ziemlich hoher Konzentration anwesend sein.

Inwieweit Mechanismen dieses zweiten Typus an der CO_2-Assimilation beteiligt sind, ist noch nicht abzusehen. Zumindest im Reagensglas konnte gezeigt werden, daß durch Zusammenwirken der Lichtreaktion mit der Atmungskettenphosphorylierung eine Bildung von ATP möglich ist[2]: wenn man Chloroplasten, Mitochondrien mit DPN, ADP und anorganischem Phosphat inkubiert, so findet bei Belichtung eine ATP-Synthese statt, die sich nur durch die Reaktionsfolge

$$H_2O + \text{DPN} \xrightarrow[\text{Chloroplasten}]{\text{Licht}} \text{DPN} \cdot H_2 + 1/2\, O_2$$

$$\text{DPN} \cdot H_2 + 1/2\, O_2 + 3\ \text{Orthophosphat} + 3\ \text{ADP} \xrightarrow{\text{Mitochondrien}}$$
$$\rightarrow 3\ \text{ATP} + \text{DPN} + H_2O$$

erklären läßt. Somit wäre es also durchaus vorstellbar, daß bei der CO_2-Assimilation der Photosynthese auch eine ATP-gesteuerte Carboxylierung eine Rolle spielt.

[1] M. F. UTTER und K. KURAHASHI: J. Amer. chem. Soc. 75, 758 (1953).

[2] S. OCHOA und W. VISHNIAC: Science 115, 297 (1952); vgl. auch H. HOLZER: Z. Naturforsch. 6 b, 424 (1951).

Aus dem Berichteten sehen wir, daß es mehrere Möglichkeiten gibt, durch welche CO_2 bei der Photosynthese in organische Bindung überführt werden kann. Weitere wesentliche Aufschlüsse zum Problem der CO_2-Assimilation und des Weges des Kohlenstoffs im Verlauf der Photosynthese verdanken wir Untersuchungen mit isotop markiertem CO_2, welche zuerst von RUBEN, KAMEN und Mitarbeitern[1], später von CALVIN und seiner Schule[2] sowie von GAFFRON, FAGER und anderen[3] durchgeführt wurden. Bei Experimenten dieser Art arbeitet man allgemein mit bestimmten Grünalgen *(Chlorella, Scenedesmus)*, welche eine kurze Zeit lang in Anwesenheit von isotop markiertem CO_2 belichtet und dann abgetötet werden. Man untersucht darauf die Inhaltsstoffe, welche den markierten Kohlenstoff enthalten.

Bei Versuchen mit Hilfe dieser Technik konnte vorerst festgestellt werden, daß photosynthetisch entstandene Hexose-moleküle vornehmlich in den Stellungen 3 und 4 markiert sind. So wurde z. B. in Glucose, die unter den beschriebenen Bedingungen erhalten wurde, folgende Verteilung des radioaktiv markierten Kohlenstoffs gemessen: 61% der Isotopen fanden sich in den Stellungen 3 und 4 des Moleküls, 24% in den Stellungen 2 und 5 und nur 15% in den Stellungen 1 und 6. Die Markierung in den Stellungen 3 und 4 läßt sich wohl am zwanglosesten in der Weise deuten, daß das markierte CO_2 primär an einen C_2-Körper angelagert wird und zwei der entstandenen C_3-Körper zu einer Hexose bzw. zu einem C_6-Körper, der als Vorläufer der Hexose fungiert, kondensieren. Ein sehr wahrscheinlicher Mechanismus dieser Kondensation wäre das Zusammentreten zweier Moleküle Triosephosphat zu Fructose-1,6-diphosphat (FDP) in Umkehrung der FDP-Spaltung durch eine FDP-Triosephosphat-lyase (*Aldolase*, S. 643), welcher wir bei der Glykolyse und der alkoholischen Gärung begegnet sind.

Analoge Untersuchungen über die Kinetik der Bildung von isotop markierten Zwischenprodukten ergaben weitere wichtige Erkenntnisse über den Verlauf der „Dunkel-reaktionen" in der Photosynthese. Durch Verkürzung der Belichtungszeit wird die Möglichkeit des Weiter-reagierens der primär entstandenen Produkte immer mehr verringert, so daß man, wenn auf die Belichtungszeit Null extrapoliert wird, nur noch die primären Produkte der CO_2-Assimilation erfassen müßte. Mit Hilfe der Radioautographie wird als erstes faßbares Produkt eine Phosphoglycerinsäure nachgewiesen; wenige Sekunden später können auch Äpfelsäure und Sedoheptulosephosphat aufgefunden werden. Diese Stoffe sind somit entweder Primärprodukte der CO_2-Assimilation oder werden aus diesen in wenigen sehr schnellen Zwischenreaktionen gebildet.

Hier ist es von Interesse, daß sich unter den zuerst nachweisbaren Substanzen, wenn wir von der Äpfelsäure absehen, keine Stoffe finden, welche als Zwischenprodukte des Citronen-

[1] Vgl. z. B. S. RUBEN, W. Z. HASSID und M. D. KAMEN: J. Amer. chem. Soc. **61**, 661 (1939); S. RUBEN, M. D. KAMEN und W. Z. HASSID: Ibid. **62**, 3443 (1940); S. RUBEN, M. D. KAMEN und L. H. PERRY: Ibid. **62**, 3450 (1940); S. RUBEN und M. D. KAMEN: Ibid. **62**, 3451 (1940).

[2] A. A. BENSON, M. CALVIN, V. A. HAAS, S. ARONOFF, A. G. HALL, J. A. BASSHAM und J. W. WEIGL: In „Photosynthesis in Plants", herausgegeben von J. FRANCK und W. E. LOOMIS, S. 381. Ames: Iowa State College Press. 1949; M. CALVIN, J. A. BASSHAM, A. A. BENSON, V. H. LYNCH, C. OUELLET, L. SCHOU, W. STEPKA und N. E. TOLBERT: Symp. Soc. exp. Biol. **5**, 284 (1951); J. G. BUCHANAN, J. A. BASSHAM, A. A. BENSON, D. F. BRADLEY, M. CALVIN, L. L. DAUS, M. GOODMAN, P. M. HAYES, V. H. LYNCH, L. T. NORRIS und A. T. WILSON: In „Phosphorus Metabolism", herausgegeben von W. D. MCELROY und B. GLASS, Bd. II, S. 440. Baltimore: John Hopkins Press. 1952; M. CALVIN: Chem. Engng. News **31**, 1622, 1735 (1953).

[3] A. H. BROWN, E. W. FAGER und H. GAFFRON: In „Photosynthesis in Plants", herausgegeben von J. FRANCK und W. E. LOOMIS, S. 403. Ames: Iowa State College Press. 1949; H. GAFFRON, E. W. FAGER und J. L. ROSENBERG: Symp. Soc. exp. Biol. **5**, 262 (1951).

säure-zyklus fungieren. Damit erscheint die seinerzeit von OCHOA[1] geschaffene Arbeitshypothese, daß die Photosynthese eine Umkehrung des Citronensäure-zyklus darstellt, widerlegt.

Das Auftauchen von Phosphoglycerinsäure als anscheinend erstes Produkt der CO_2-Assimilation bestätigt die schon aus den früher berichteten Ergebnissen anzunehmende Anlagerung von CO_2 an einen C_2-Körper als wichtigen Primärschritt der CO_2-Assimilation; es scheint aber, daß außer dieser Addition an einen C_2-Körper auch noch andere Möglichkeiten der CO_2-Aufnahme existieren. So deutet das frühe Erscheinen von Seduheptulosephosphat auf eine Kondensation eines C_3-Körpers mit einem C_4-Körper; von diesem C_4Körper muß angenommen werden, daß er durch CO_2-Anlagerung an einem C_3-Körper entsteht und sehr rasch weiterreagiert, da er bisher noch nicht eindeutig unter den Primär-produkten der Photosynthese nachgewiesen werden konnte. Mit Äpfelsäure, die ja unter den zuerst nachweisbaren Produkten aufscheint, kann der C_4-Körper wohl kaum identisch sein, da eine Bildung von Seduheptulosephosphat aus Äpfelsäure schwer vorstellbar ist; von der Äpfelsäure muß angenommen werden, daß sie durch Carboxylierung von Brenztraubensäure entsteht und am weiteren Zuckeraufbau im Verlauf der Photosynthese nicht teilnimmt, sondern vielleicht als Grundkörper beim Aufbau der Aminosäuren fungiert.

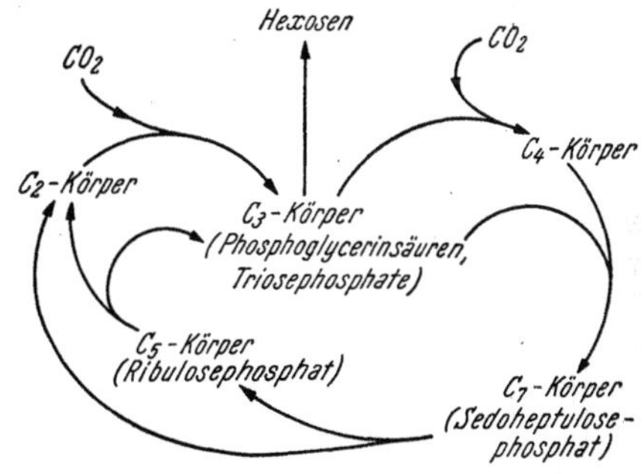

Abb. 44. Der Weg des Kohlenstoffs bei der Photosynthese („Photosynthese-zyklus") nach CALVIN und Mitarbeitern

In einem sicher nur als vorläufig anzusehendem Schema (Abb. 44) deutet die Schule von CALVIN[2] ihre Befunde über den wahrscheinlichen Mechanismus der CO_2-Assimilation und den weiteren Weg des Kohlenstoffs bei der Photosynthese. Danach gibt es zumindest zwei Eintritts-pforten für CO_2: die Addition an den zur Zeit noch unbekannten C_2-Körper unter Bildung eines C_3-Körpers (Phosphoglycerinsäure oder eine nahe Vorstufe dieser Verbindung) und die Addition an einen C_3-Körper, wobei ein C_4-Körper (ein Tetrosephosphat?) entsteht, der durch Kondensation mit einem weiteren Molekül eines C_3-Körpers zu Seduheptulosephosphat, also einem C_7-Körper, kondensiert. Diese Verbindung wird in einen C_5-Körper (Ribulosephosphat) und den hypothetischen C_2-Körper gespalten; Ribulosephosphat zerfällt wiederum in einen C_3-Körper und den unbekannten C_2-Körper. Der Sinn der Reaktions-kette, welche über einen C_4-Körper zu Seduheptulosephosphat und dann zu Ribulosephosphat führt, ist offenbar die Bereitstellung des für den Gesamtvorgang unbedingt erforderlichen C_2-Körpers, da auf diesem Wege bei Verbrauch eines Moleküls C_3-Körper zwei Moleküle C_2-Körper entstehen.

Dem Schema zufolge ist anzunehmen, daß die primär entstehende Phosphoglycerinsäure in der umgekehrten Reaktionsfolge der Glykolyse, d. h. also über Triosephosphat, zu Hexosephosphaten kondensiert.

---

[1] S. OCHOA: In „Currents in Biochemical Research", herausgegeben von D. E. GREEN, S. 165. New York: Interscience. 1946.

[2] J. G. BUCHANAN, J. A. BASSHAM, A. A. BENSON, D. F. BRADLEY, M. CALVIN, L. L. DAUS, M. GOODMAN, P. M. HAYES, V. H. LYNCH, L. T. NORRIS und A. T. WILSON: In „Phosphorus Metabolism", herausgegeben von W. D. MCELROY und B. GLASS, Bd. II, S. 440; Baltimore: John Hopkins Press. 1952; A. A. BENSON, S. KAWAUCHI, P. M. HAYES und M. CALVIN: J. Amer. chem. Soc. 74, 4481 (1952).

Über die Enzyme, welche an diesen Vorgängen beteiligt sein sollten, wissen wir allerdings noch recht wenig. So ist bis heute noch kein Enzymtypus bekannt, welcher die Carboxylierung irgend eines C_2-Körpers zu einem C_3-Körper von der Oxydationsstufe der Phosphoglycerinsäuren bewirkt. Die Systeme der oxydativen Pyruvat-decarboxylierung, deren Wirkung reversibel ist, würden bei der reduktiven Carboxylierung von Acetyl-CoA Brenztraubensäure ergeben; die kinetischen Befunde scheinen aber auszuschließen, daß Brenztraubensäure bei der Photosynthese als Vorstufe von Phosphoglycerinsäure fungiert, so daß diese Systeme hier kaum eine Rolle spielen dürften. Ebensowenig kennen wir Enzyme, welche durch Carboxylierung eines C_3-Körpers einen C_4-Körper bilden können, der entweder mit einer Tetrose bzw. einem Tetrosephosphat identisch ist, oder zumindest als Vorläufer einer solchen Substanz gelten kann.

Über Fermente, welche die Kondensation und den folgenden Abbau von Seduheptulosephosphat katalysieren, wissen wir allerdings schon etwas mehr, da 1953 in verschiedenen biologischen Materialien Enzyme entdeckt wurden, welche Reaktionen dieser Art katalysieren. Es sind dies die Glykolaldehydtransferasen (*Transketolasen*, S. 439), welche Kondensationen und Spaltungen des geschilderten Typus bewirken. Wenn tatsächlich Fermente dieser Spezifität bei den Vorgängen der Photosynthese beteiligt wären, müßte der postulierte C_2-Körper mit „aktivem“ Glykolaldehyd, d. h. mit Glykolaldehyd-TPP, identisch sein. Es scheint noch nicht festzustehen, ob das der Fall ist.

Zur Zeit ist man ziemlich allgemein der Ansicht, daß der Aufbau der Hexosen aus den Primär-produkten der CO_2-Assimilation, den Phosphoglycerinsäuren, unter der Einwirkung derselben Enzymtypen vor sich geht, welche für die umgekehrte Reaktions-folge beim Abbau der Kohlehydrate (Glykolyse, alkoholische Gärung) verantwortlich sind. Diese Auffassung wird vor allem dadurch gestützt, daß es gelungen ist, alle diese Fermenttypen in grünen Pflanzen eindeutig nachzuweisen. Als eindeutiger Beweis für die berichtete Vorstellung darf jedoch die Feststellung aller notwendigen Enzyme noch keinesfalls gewertet werden. Versuche mit Inhibitoren scheinen aber in die gleiche Richtung zu weisen; so hemmt Jodessigsäure die Photosynthese und die Dunkel-atmung bei *Chlorella* in annähernd demselben Ausmaß, was damit erklärt wird, daß dieser Stoff seine Wirkung auf eine phosphorylierende Phosphoglycerinaldehyd → DPN-transhydrogenase (*Triosephosphat-dehydrase*, S. 469) ausübt, welche somit beim photosynthetischen Aufbau der Kohlehydrate in ähnlicher Weise mitwirken sollte wie bei ihrem Abbau (vgl. HOLZER, *l. c.*).

Für das Funktionieren des postulierten Weges von Phosphoglycerinsäure bis zu den Hexosen ist unbedingt die Beteiligung energiereichen Phosphats erforderlich, da die Reduktion von 3-Phosphoglycerinsäure zu 3-Phosphoglycerinaldehyd, wie wir wissen, nur unter Verbrauch einer energiereichen Phosphatbindung möglich ist. Diese Vorstellung bietet aber keine Schwierigkeiten, da wir gesehen haben, daß eine ATP-Synthese in photosynthetisierendem Gewebe über die Atmungsketten-phosphorylierung stattfinden kann.

Die hier referierten Vorstellungen über den Weg des Kohlenstoffs von der CO_2-Aufnahme bis zur Kohlehydrat-synthese in den grünen Pflanzen bieten wohl noch ein recht lückenhaftes Bild. Trotzdem darf gesagt werden, daß die in den letzten Jahren erarbeiteten Erkenntnisse uns einen bereits viel weitergehenden Einblick in den Mechanismus der Photosynthese erlauben, als das noch vor wenigen Jahren zu erhoffen war. Das Gebiet ist zur Zeit sehr stark im Fluß und es ist anzunehmen, daß bereits in nächster Zeit weitere Aufschlüsse über diese wichtigste aller biologischen Reaktionen zu erwarten sind.

V. Die Assimilation molekularen Stickstoffs[1]

Als letztes multiples Enzymsystem sollen in diesem Kapitel die Enzyme der Fixierung molekularen Stickstoffs besprochen werden, ein Gebiet, das trotz Bearbeitung durch bedeutende Forscher auch heute noch zahlreiche Fragen offen läßt. Es gibt eine Anzahl von Mikroorganismen, welche die bemerkenswerte Fähigkeit besitzen, den molekularen Stickstoff in organische Form überführen zu können. Dazu gehören vor allem Bakterien der Gattung *Azotobacter*, welche frei leben und unter aeroben Bedingungen Stickstoff fixieren; weiters der anaerob lebende Organismus *Clostridium pasteurianum*; *Rhodospirillum rubrum*, ein Bakterium, das auch zur Photosynthese befähigt ist; manche Grünalgen der Familie *Nostocaceae*; und schließlich die Wurzelknöllchen-bakterien der Gattung *Rhizobium*, die mit verschiedenen Leguminosen-arten in Symbiose leben und nur dann, wenn sie mit der Wirtspflanze in Kontakt stehen, molekularen Stickstoff assimilieren können.

Bedauerlicherweise konnten die für die Stickstoff-fixierung verantwortlichen Enzyme bisher noch niemals von den Bakterien abgetrennt werden, so daß die Erforschung der Mechanismen auf große Schwierigkeiten stößt. Nach neueren Ergebnissen scheint die Assimilation des Stickstoffs durch aerobe und durch anaerobe Organismen über verschiedene Zwischen-produkte zu erfolgen: während bei *Clostridium pasteurianum* angenommen werden muß, daß hier der molekulare Stickstoff eine direkte Reduktion zu Ammoniak erleidet und diese Substanz dann auf den uns bereits bekannten Wegen [Addition an Fumarsäure unter Einwirkung einer Aspartat-ammoniak-lyase (*Aspartase*, S. 656) oder reduktive Aminierung von α-Ketoglutarsäure katalysiert durch eine L-Glutamat$\rightarrow$ PN-transhydrogenase (*Glutaminsäure-dehydrase*, S. 490)] in organische Bindung überführt wird, sind viele Forscher der Meinung, daß bei aeroben Organismen die Primär-reaktion der Stickstoff-fixierung in einer Oxydation von N_2 zu einem Stickstoff-oxyd besteht, welche erst dann zu Ammoniak oder vielleicht zu Hydroxylamin reduziert wird. Ammoniak könnte in gleicher Weise, wie bereits beschrieben, in organische Substanzen einverleibt werden; Hydroxylamin könnte mit α-Ketoglutarsäure oder Oxalessigsäure unter Bildung einer Oxyiminocarbonsäure reagieren, welche dann zu Glutaminsäure bzw. Asparaginsäure reduziert würde. In letzter Zeit scheint man auf Grund verschiedener experimenteller Befunde mehr zu der Auffassung zu neigen, daß Hydroxylamin oder vielleicht eine Substanz auf demselben Oxydations-niveau nur ein Zwischenprodukt der Stickstoff-fixierung ist und diejenige Verbindung, welche schließlich in organische Bindung überführt wird, bei den aeroben Stickstoff-assimilanten ebenso wie bei den anaeroben Ammoniak ist.

Die stickstoff-fixierenden Systeme mancher der genannten Organismen wurden insoweit näher untersucht, als die Abhängigkeit des Vorganges vom Partial-druck des Stickstoffs und des Sauerstoffs, vom pH, von der Anwesenheit von Mineralsalzen und ähnliche Daten gemessen wurden. Dabei konnte festgestellt werden, daß die Stickstoff-aufnahme durch Wurzelknöllchen-bakterien bereits bei verhältnismäßig niedrigen Partial-drucken von Stickstoff ($p_{N_2} = 0,2$ Atmosphären) optimal funktioniert. Bei aerob stickstoff-fixierenden Organismen hat auch der Partial-druck des Sauerstoffs einen gewissen Einfluß auf den Vorgang; die Stickstoff-aufnahme durch *Azotobacter* und *Rhizobium* wird durch erhöhte Luftzufuhr meist stimuliert, ohne daß über den Mechanismus dieser Aktivierung irgend etwas Näheres bekannt ist. Wasserstoff hemmt hingegen die Assimilation des Stickstoffs, und zwar scheint es sich hier um eine kompetitive Inhibition zu handeln. Weitere spezifische Hemmstoffe sind Kohlenmonoxyd und N_2O. Manche Angaben sprechen dafür, daß Molybdän in irgend einer Weise an den Vorgängen der Stickstoff-fixierung beteiligt ist.

Eine interessante Tatsache ist, daß in den stickstoff-fixierenden Wurzelknöllchen von Leguminosen ein rotes Pigment enthalten ist, das als ein Hämoglobin identifiziert wurde und als Leg-hämoglobin bekannt ist. Es scheint ein deutlicher Parallelismus zwischen der Fähigkeit der Wurzelknöllchen zur Stickstoff-assimilation und ihrem Gehalt an Leg-hämoglobin zu bestehen, so daß dieser Substanz vermutlich eine wesentliche Funktion bei der Stickstoff-aufnahme in diesem System zukommt, die aber in ihren Einzelheiten noch nicht erkannt ist. Leg-hämoglobin wird nur dann gebildet, wenn *Rhizobium* in Symbiose mit Leguminosen lebt; frei lebende *Rhizobium*-Bakterien oder auch Leguminosen ohne Wurzelknöllchen-bakterien sind zu seiner Synthese nicht befähigt.

Die biologische Bedeutung der Stickstoff-fixierung ist nicht zu unterschätzen; sie stellt, wenn wir von den synthetischen Verfahren absehen, die einzige Möglichkeit dar, den atmo-

---

[1] Handbuchartikel und Übersichtsreferate: A. I. VIRTANEN und N. RAUTANEN: In „The Enzymes"; herausgegeben von J. B. SUMNER und K. MYRBÄCK, Bd. II/2, S. 1089. New York: Academic Press. 1952; P. W. WILSON: In „Bacterial Physiology", herausgegeben von C. H. WERKMAN und P. W. WILSON, S. 467. New York: Academic Press. 1951; Idem: Adv. Enzymology 13, 345 (1952).

sphärischen Stickstoff für das Leben nutzbar zu machen, und so sind im wesentlichen alle Organismen, welche nicht selbst Stickstoff fixieren können, letzten Endes von den N_2-assimilierenden Mikroorganismen abhängig.

VI. Schlußbemerkung

In diesem letzten Kapitel wurden vielleicht noch mehr als in den vorhergehenden Teilen unserer Darstellung Probleme behandelt, die — zumindest dem Anschein nach — von ihrer Lösung noch weit entfernt sind. In vielen Fällen haben aber die Fragestellungen schon bestimmte Formen angenommen und es beginnen sich bereits Methoden abzuzeichnen, mit deren Hilfe eine Beantwortung möglich sein sollte. Darüber hinaus läßt die Tatsache, daß heute mehr als je in der ganzen Welt an der Lösung der verschiedenen Probleme des Intermediärstoffwechsels gearbeitet wird, wohl die Erwartung nicht zu kühn erscheinen, daß die meisten hier noch als ungelöst besprochenen Fragen bald ihre Beantwortung erfahren werden und damit gerade dieses letzte Kapitel in wenigen Jahren nur mehr historisches Interesse besitzen wird.

Autorenverzeichnis

Sachverzeichnis

Seitenzahlen mit Sternen bedeuten, daß die chemische Formel gegeben wird; fettgedruckte Seitenzahlen weisen auf eine eingehendere Besprechung

---

Manzsche Buchdruckerei, Wien IX

MIX
Papier aus verantwortungsvollen Quellen
Paper from responsible sources
FSC® C105338

If you have any concerns about our products,
you can contact us on
ProductSafety@springernature.com

In case Publisher is established outside the EU,
the EU authorized representative is:
Springer Nature Customer Service Center GmbH
Europaplatz 3, 69115 Heidelberg, Germany

Printed by Libri Plureos GmbH
in Hamburg, Germany